D1747882

Fischer | Jenisch | Stohrer | Homann |
Freymuth | Richter | Häupl

Lehrbuch der Bauphysik

Aus dem Programm Bauwesen

Sichtbeton Planung
von J. Schulz

Sichtbeton Mängel
von J. Schulz

Estriche
von H. Timm

Hinzunehmende Unregelmäßigkeiten
von R. Oswald und R. Abel

Leitfaden für Bausachverständige
von K.-H. Keldungs und N. Arbeiter

Baudichtstoffe
von M. Pröbster

Bausanierung
von M. Stahr (Hrsg.)

Formeln und Tabellen Bauphysik
von W. M. Willems, K. Schild, S. Dinter und D. Stricker

Architektur der Bauschäden
von J. Schulz

Altbausanierung
von J. Weber und U. Hafkesbrink (Hrsg.)

Lufsky Bauwerksabdichtung
von E. Cziesielski (Hrsg.)

www.viewegteubner.de

Fischer | Jenisch | Stohrer | Homann |
Freymuth | Richter | Häupl

Lehrbuch der Bauphysik

Schall – Wärme – Feuchte – Licht – Brand – Klima

6., aktualisierte und erweiterte Auflage

PRAXIS

VIEWEG+
TEUBNER

Bibliografische Information Der Deutschen Nationalbibliothek
Die Deutsche Nationalbibliothek verzeichnet diese Publikation in der
Deutschen Nationalbibliografie; detaillierte bibliografische Daten sind im Internet über
<http://dnb.d-nb.de> abrufbar.

Prof. Dr.-Ing. Heinz-Martin Fischer, Hochschule für Technik Stuttgart
Dr.-Ing. Hanns Freymuth, Institut für Tageslichttechnik Stuttgart
Prof. Dr.-Ing. Peter Häupl, Technische Universität Dresden
Prof. Dr.-Ing. Martin Homann, Fachhochschule Münster
Prof. Dr.-Ing. Richard Jenisch, Fachhochschule für Technik, Stuttgart
Dr.-Ing. Ekkehard Richter, Technische Universität Braunschweig
Prof. Dr.-Ing. Martin Stohrer, Hochschule für Technik Stuttgart

1. Auflage 1984
2. Auflage 1989
3. Auflage 1994
4. Auflage 1997
5. Auflage 2002
6., vollständig überarbeitete Auflage 2008

Alle Rechte vorbehalten
© Vieweg+Teubner Verlag | GWV Fachverlage GmbH, Wiesbaden 2008

Lektorat: Dipl.-Ing. Ralf Harms | Sabine Koch

Der Vieweg+Teubner Verlag ist ein Unternehmen von Springer Science+Business Media.
www.viewegteubner.de

Das Werk einschließlich aller seiner Teile ist urheberrechtlich geschützt. Jede Verwertung außerhalb der engen Grenzen des Urheberrechtsgesetzes ist ohne Zustimmung des Verlags unzulässig und strafbar. Das gilt insbesondere für Vervielfältigungen, Übersetzungen, Mikroverfilmungen und die Einspeicherung und Verarbeitung in elektronischen Systemen.

Die Wiedergabe von Gebrauchsnamen, Handelsnamen, Warenbezeichnungen usw. in diesem Werk berechtigt auch ohne besondere Kennzeichnung nicht zu der Annahme, dass solche Namen im Sinne der Warenzeichen- und Markenschutz-Gesetzgebung als frei zu betrachten wären und daher von jedermann benutzt werden dürften.

Technische Redaktion: Annette Prenzer
Umschlaggestaltung: KünkelLopka Medienentwicklung, Heidelberg
Druck und buchbinderische Verarbeitung: Strauss Offsetdruck, Mörlenbach
Gedruckt auf säurefreiem und chlorfrei gebleichtem Papier.
Printed in Germany

ISBN 978-3-519-55014-3

Vorwort zur 6. Auflage

Dieses Lehrbuch das alle physikalischen Einwirkungen, die bei der Planung und Konstruktion von Bauwerken berücksichtigt werden müssen, behandelt, hat in fünf aufeinander folgenden Auflagen eine weite Verbreitung bei Architekten und Bauingenieuren in den Hochschulen und in der Praxis gefunden. Dank diesem erfreulichen Widerhall in der Fachwelt kann jetzt die 6. Auflage ausgegeben werden. Für diese Neuauflage wurde das umfassende Lehrbuch dem jüngsten Stand der Wissenschaft, der Technik und der Normung angepasst.

Schall

Aufbauend auf den physikalischen Grundlagen und den Grundbegriffen der Bauakustik und des Schall-Immissionsschutzes werden die Einflüsse der Konstruktionen, vor allem auch neuer Baustoffe und Bauweisen, auf den Schallschutz behandelt. Die Effekte werden an praktischen Beispielen und Schadensfällen erläutert, um die theoretischen Zusammenhänge beim Schallschutz anschaulich für die Baupraxis und die Studierenden der Fachrichtungen Architektur, Bauingenieurwesen und Bauphysik darzustellen. Der Einfluss der Schalllängsleitung wird ausführlich behandelt, desgleichen die Anforderung der DIN 4109 „Schallschutz im Hochbau". Ergänzend zu den Planungshinweisen und Berechnungsbeispielen für Neubauten werden auch schalltechnische Probleme und Lösungsmöglichkeiten bei der Altbausanierung aufgezeigt. Wie auch in anderen technischen Bereichen wird die Normung im Bereich der Bauakustik stark durch neue europäische Normen beeinflusst. Die dadurch verursachten Veränderungen bei der Kennzeichnung und Messung der Luft- und Trittschalldämmung werden verdeutlicht. Eingegangen wird auch auf die neuen europäischen Rechenverfahren für den baulichen Schallschutz. Anhand eines vollständigen Berechnungsbeispieles für die Luftschalldämmung kann die Vorgehensweise der neuen Berechnungsmodelle nachvollzogen werden.

Wärme

Zur Einführung in den Bereich des baulichen Wärmeschutzes werden die physikalischen Grundlagen des Wärmetransportes sowie die stationären und instationären Wärmebewegungen durch Bauteile behandelt. Damit sind die Grundlagen für die Beschreibung der Wärmeleitfähigkeit der Baustoffe und deren Einflussgrößen, sowie der Kenngrößen des Wärmeschutzes der Bauteile und des Wärmeschutzes von Luftschichten gegeben.

Weiterhin werden die genormten Rechenregeln in baulichen Wärmeschutz, die zum Nachweis des ausreichenden Wärmeschutzes verwendet werden müssen, besprochen. Die Tagellen mit den in den Mitgliedsländern der Europäischen Union hierfür zu verwendenden Bemessungswerte der Wärmeleitfähigkeit nach DIN V 4108-4 und nach DIN EN 12524 sowie die Verfahren zur Bestimmung der Bemessungswerte sind dargestellt. Auch die in DIN 4108-2 neu festgelegten Mindestanforderungen an den Wärmeschutz von Bauteilen im Winter sowie die Anforderungen an den sommerlichen Wärmeschutz werden behandelt.

Der letzte Abschnitt enthält die Grundlagen des energiesparenden Wärmeschutzes bei Gebäuden. Die Berechnungsverfahren nach DIN V 4108-6 „Berechnung des Jahres-Heizwärme- und Jahres-Heizenergiebedarfs" und nach DIN V 4701-10:2001-02 „Energetische Bewertung heiz- und raumlufttechnischer Anlagen" werden in den Grundzügen erläutert; der Energiebedarfsnachweis nach der Verordnung über energiesparenden Wärmeschutz und energiesparende

Anlagentechnik bei Gebäuden, also nach EnEV 2002, wird dargelegt und an einem Beispiel aufgezeigt.

Feuchte

Nach einer Erläuterung der Ziele des Feuchteschutzes werden die Speicher- und die Transportmechanismen für das Wasser im flüssigen und im gasförmigen Zustand in der Erdatmosphäre und in den Baustoffen besprochen. Dann wird der Feuchteübergang von der Oberfläche eines oder eines flüssigen wasserhaltigen Körpers an Luft und umgekehrt erläutert.

Der Feuchtetransport in Bauteilen ist Ggenstand der beiden nächsten Abschnitte: Sofern stationäre, d.h. zeitlich gleich bleibende Verhältnisse vorliegen, können für viele Probleme relativ einfache Bemessungsregeln angegeben werden. Instationäre Feuchte-Speicher- und Transportvorgänge sindviel schwerer quantitativ zu fassen, so dass auf numerische Simulationsberechungen oder auf qualitative Empfehlungen und nur in einigen Fällen auf einfache Berechnungen hingewiesen werden kann.

Das anschließende Kapitel hat die hygrischen Beanspruchungen von Bauteilen zum Inhalt. Nach einer Definition des Quellen und Schwindens von Bauteilen werden die daraus resultierenden Verformungen und Spannungen betrachtet.

Der umfangreiche Schlussabschnitt ist dem bautechnischen Feuchteschutz gewidmet. Die an Bauwerken konkret zu ergreifenden Maßnahmen zum Schutz von Niederschlägen und dem Wasser im Baugrund, vor Tauwasser, Brauchwasser und der Baufeuchte junger oder alter Bauwerke werden hier aus bauphysikalischer Sicht aufgezählt und bewertet.

Licht

„Licht" bedeutet hier nur Tageslicht. Tageslichttechnik heißt sinnvolle Nutzung der gestreut durch Wolken oder direkt ankommenden Strahlung der Sonne, Anpassen des zu Bauenden an die astronomische unklimatische Gegebenheiten, Aufnehmen der erwünschten, Abwehr der unangenehmen Einflüsse. Wie Lichtöffnungen angeordnet und ausgebildet werden, prägte schon immer in meist höherem Maße das Gesicht von Gebäuden als die Ausbildung der Wände und Dächer. – Als Hilfe für eher gefühlsmäßig getroffene Vorentwurfsentscheidungen erläutert der erste Teil dieses Hauptabschnitts ohne Rechenverfahren die vorwiegend geometrisch bedingten Möglichkeiten und Grenzen der Raumbeleuchtung mit Tageslicht, geht dabei auch schon auf nutzungsbedingte Besonderheiten verschiedener Raumtypen ein und leitet den sinnvollen Gebrauch von Sondergläsern aus ihren Eigenschaften ab. Statt Beleuchtungsrezepte für Sporthallen, Museen oder andere Zwecke zu bieten (es gibt nie nur eines!), versucht er, Zusammenhänge darzustellen und zum Mitdenken anzuregen, damit man neue Entwurfsaufgaben zumindest vom Ansatz her selbst so zu lösen kann, dass sie auch in der Tageslichtführung dankbar sind und sich weiterentwickeln lassen. Der zweite Teil liefert die astronomischen, geometrischen (unfassender als DIN 5034), rechnerischen und materialbedingten Grundlagen für Untersuchungen, gibt an zwei Beispielen ausführliche Hinweise für die Anwendung und zeigt die bestehenden Genauigkeitsgrenzen. Der dritte Teil beschreibt die auch städtebaulich zu beachtenden Möglichkeiten, die eingestrahlte Sonnenenergie zu nutzen und sich vor unerwünschter Sonne zu schützen, der vierte kurz, welche tageslichttechnischen Messungen einfach auszuführen wären.

Brand

Die Darstellung des Teilgebietes „Brand" geht aus von möglichen Brandverläufen und Modellen zu ihrer Beschreibung und befasst sich dann zunächst mit den Hochtemperatureigenschaften der Baustoffe und dem Brandverhalten von Bauteilen. Damit werden die Grundlagen für einen vorbeugenden baulichen Brandschutz gegeben. Dann wird auf die für den Brandschutz wichtigen deutschen Richtlinien und Normungen eingegangen und die parallel verlaufende europäische Brandschutzmaßnahmen sowie Brandnebenwirkungen durch Rauch und toxische Gase erläutert.

Klima

Alle Komponenten des Außenklimas, die das Raumklima beeinflussen und die Baukonstruktion beanspruchen können, werden beschrieben und quantifiziert.

Die Forderungen, die an das Raumklima im Gebäude zu stellen sind, basieren auf der Wärmephysiologie des Menschen.

Im Abschnitt" Freie Klimatisierung" werden Modelle für eine genäherte Berechnung der Empfindungstemperaturen und der Raumluftfeuchten außerhalb der Heizperiode vorgestellt. Die Forderungen lassen sich über die Wärmespeicherfähigkeit des Baukörpers, über den Wärmewiderstand der Hüllkonstruktion, über die Begrenzung der Strahlungsbelastung, die Feuchteproduktionsrate, die Feuchtespeicherung durch die Raumumschließungsflächen und eine angepasste Lüftung realisieren. Im Gegensatz zu numerischen Simulationsverfahren bleibt der Einfluss aller Parameter transparent, und folglich können generelle Aussagen zum Raumklima in der Vorbemessungsphase von Gebäuden gemacht werden.

Ein Überblick über die Klimazonen der Erde und die autochtonen Bauweisen, die sich dort entwickelt haben, veranschaulichen die bauklimatische Wirkungsweise der Gebäude und ihrer Elemente.

Im Frühjahr 2008

H.-M. Fischer, M. Stohrer, M. Homann, H. Freymuth, E. Richter, P. Häupl

Autorenverzeichnis

Prof. Dr.-Ing. Heinz-Martin Fischer studierte Elektrotechnik mit Schwerpunkt Technische Akustik an der TU Berlin. Nach der Promotion im Bereich der Akustik und Berufstätigkeit am Fraunhofer-Institut für Bauphysik (Leitung der Abteilung Bauakustik) wurde er als Professor für Bauakustik, Raumakustik und Schallimmissionsschutz an die Hochschule für Technik Stuttgart berufen. Er ist Mitglied zahlreicher nationaler und internationaler Fach- und Normungsgremien des baulichen Schallschutzes.

Email: heinz-martin.fischer@hft-stuttgart.de

Dr.-Ing. Hanns Freymuth begann nach seinem Architekturstudium an der TH Stuttgart seine Arbeit, später in leitender Funktion am Institut für Tageslichttechnik Stuttgart. Dort promovierte er und wurde Inhaber des Institutes, das er 1997 wieder übergab. Er betreibt seine Forschung, Gutachten und Beiträge zur Wirkung und sinnvollen Nutzung von Tageslicht und Sonne in Schulen, Sporthallen, Kirchen, Museen und der Stadtplanung.

Prof. Dr.-Ing. habil. Peter Häupl studierte Physik an der TU Dresden. Nach erfolgreicher wissenschaftlicher Arbeit in Lehre und Forschung an der Hochschule für Bauwesen in Cottbus und anschließender Dissertation und Habilitation an der Fakultät Bauingenieurwesen der TU Dresden, wurde er einige Jahre später als Professor für Bauphysik an die TU Dresden berufen. Heute leitet er dort das Institut für Bauklimatik. Als Fachbuchautor hat er bereits zahlreiche Beiträge veröffentlicht und zu diesem Thema weltweit Vorträge gehalten.

Email: haeupl@ibk.arch.tu-dresden.de

Prof. Dr.-Ing. Martin Homann hat an der Universität Dortmund Architektur studiert. Danach war er wissenschaftlicher Mitarbeiter am Lehrstuhl für Bauphysik. Nach anschließender Promotion und mehrjähriger Tätigkeit für die Baustoffindustrie wurde er zum Professor für Bauphysik an die Fachhochschule Münster berufen. Als Sachverständiger befasst er sich mit den Themenbereichen Wärmeschutz, Feuchteschutz und Bauschäden.

Email: mhomann@fh-muenster.de

Prof. Dr.-Ing. Richard Jenisch wurde nach seinem Studium der Physik an der TH Stuttgart und anschließender wissenschaftlicher Mitarbeit als Professor an die FH für Technik Stuttgart berufen. Er organisierte dort unter anderem auch den Aufbau eines eigenständigen Studienganges „Bauphysik". Er war Mitglied im DIN-Normenausschuss „Wärmeschutz im Hochbau" und mehrerer nationaler und internationaler Arbeitskreise.

Dr.-Ing. Ekkehard Richter ist seit seinem abgeschlossenen Studium und der Promotion als Oberingenieur am Institut für Baustoffe, Massivbau und Brandschutz der TU Braunschweig tätig. Als Mitglied in verschiedenen nationalen und internationalen Normungsgremien wurde er auch als Experte zur Erstellung des Eurocodes 2 berufen. Er leitete unter anderem die Tunnel-Großbrandversuche in Norwegen im Rahmen des EUREKA-Projektes.

Email: e.richter@tu-bs.de

Prof. Dr. rer. nat. Martin Stohrer wurde nach seiner Promotion und Industrietätigkeit im Forschungsbereich „Neue Energiekonzepte - Wasserstofftechnologie" der Daimler-Benz AG auf eine Professur für Physik und Bauphysik an die Hochschule für Technik Stuttgart berufen. Von 1993 bis 2007 war er Rektor. Er ist Sachverständiger für thermische Bauphysik und Energieeffizienz von Gebäuden.

Email: martin.stohrer@hft-stuttgart.de

Inhaltsverzeichnis

I Schall *Von Heinz-Martin Fischer*

1 Einleitung 3

2 Grundlagen 4
   2.1 Physikalische Grundlagen 4
   2.2 Grundbegriffe der Bauakustik 8
       2.2.1 Messung von Schall 8
       2.2.2 Beurteilung zeitlich schwankender Geräusche 11
       2.2.3 Kennzeichnung und Messung der Luft- und Trittschalldämmung 12
       2.2.4 Kurzmessverfahren 18

3 Raumakustik 20

4 Schallschutz im Wohnungsbau 30
   4.1 Luftschalldämmung von Wänden 39
       4.1.1 Einschalige Wände 39
       4.1.2 Einfluss der Schalllängsleitung 42
       4.1.3 Verbesserung durch biegeweiche Vorsatzschalen 45
       4.1.4 Doppelschalige Haustrennwände 47
       4.1.5 Ausführungsbeispiele nach DIN 4109 50
       4.1.6 Berechnung der Luftschalldämmung zwischen Räumen nach EN 12354-1 55
   4.2 Luft- und Trittschalldämmung von Decken 62
       4.2.1 Massivdecken 62
       4.2.2 Holzbalkendecken 67
   4.3 Schallschutz beim Treppenhaus 69
   4.4 Schallschutz bei haustechnischen Anlagen und gegenüber Betrieben 73
   4.5 Schalltechnische Probleme bei der Altbausanierung 80

5 Schutz gegen Außenlärm 89
   5.1 Schalldämmung von Fenstern, Rolladenkästen, Lüftern 92
   5.2 Außenwände 95
   5.3 Dächer 97

6 Schallschutz in Skelettbauten mit Montagewänden 98

7 Städtebaulicher Schallschutz 101

II Wärme *Von Richard Jenisch und Martin Stohrer*

Einleitung 109

1 Grundlagen der Wärmelehre 109
   1.1 Physikalische Größen, Formelzeichen, Einheiten und Indizes 109
   1.2 Temperatur 111

1.3 Thermische Längenänderungen 111
1.4 Wärmetransport 112
    1.4.1 Wärmeleitung 113
    1.4.2 Konvektion und Wärmeübergang 114
    1.4.3 Wärmestrahlung 115
1.5 Fourier-Gleichung 122

2 Stationäre Wärmebewegungen 122
2.1 Kenngrößen des Wärmeschutzes von Bauteilen 122
    2.1.1 Wärmedurchlasswiderstand homogener Schichten 123
    2.1.2 Wärmeübergangswiderstand 126
    2.1.3 Wärmedurchgangswiderstand und Wärmedurchgangskoeffizient 126
2.2 Wärmeleitfähigkeit von Baustoffen 128
    2.2.1 Einflussgrößen 128
    2.2.2 Wärmedämmstoffe 133
2.3 Wärmedurchlasswiderstand von Luftschichten 135
2.4 Temperaturen der Bauteile 135
    2.4.1 Rechnerische Ermittlung der Temperaturen 135
    2.4.2 Graphische Ermittlung der Temperaturen 138

3 Instationäre Wärmebewegung 139
3.1 Stoffkenngrößen 139
3.2 Aperiodische Temperaturänderungen 141
    3.2.1 Auskühlen eines Raumes 141
    3.2.2 Die Aufheizung eines Raumes 142
3.3 Periodische Temperaturänderungen 143
3.4 Näherungsverfahren zur Ermittlung eindimensionaler, einstationärer Temperaturfelder 144

4 Lüftung in Wohnungen 144
4.1 Fensterlüftung 145
4.2 Fensterfuge und Luftwechsel 145
4.3 Raumlüftung und Wasserdampfproduktion 146
4.4 Lüftungswärmeverluste 147

5 Wärmeschutz von Bauteilen 148
5.1 Außenwände 148
    5.1.1 Einschalige Mauerwerkswände 149
    5.1.2 Außenwände mit Außendämmung 150
    5.1.3 Außenwände mit raumseitiger Wärmedämmung 152
    5.1.4 Zweischaliges Mauerwerk nach DIN 1053 153
    5.1.5 An das Erdreich grenzende Wände mit Perimeterdämmung 153
5.2 Decken 154
    5.2.1 Rohdecken 155
    5.2.2 Fußbodenaufbau 156
5.3 Dächer 158
    5.3.1 Das nicht belüftete Flachdach 158
    5.3.2 Das belüftete Dach 162
    5.3.3 Das geneigte Dach ohne Belüftung 164

Inhaltsverzeichnis

5.4 Fenster 166
    5.4.1 Transmissionswärmeverluste 166
    5.4.2 Wärmegewinne durch Sonnenstrahlung 167
    5.4.3 Sonnenstrahlung auf Fenster 169
    5.4.4 Äquivalenter Wärmedurchgangskoeffizient von Fenstern und temporärer Wärmeschutz 171

5.5 Transparente Wärmedämmung auf Außenwänden 174
    5.5.1 Funktionsprinzip der transparenten Wärmedämmung (TWD) 174
    5.5.2 Bestandteile der transparenten Wärmedämmung 175
    5.5.3 Wirkungsweise der transparenten Wärmedämmung 176
    5.5.4 Energetische Einflussgrößen 178
    5.5.5 Thermische und hygrische Beanspruchung von transparent gedämmten Außenwänden 179
    5.5.6 Tageslichtnutzung 179

6 Wärmebrücken 180
6.1 Definition 180
6.3 Wärmebrückenprobleme 182
6.4 Untersuchung der Wärmebrücken 185
    6.4.1 Numerische Methode zur Untersuchung von Wärmebrücken 185
    6.4.2 Wärmebrückenkataloge 191
    6.4.3 Beiblatt 2 zu DIN 4108, Wärmebrücken; Planungs- und Ausführungsbeispiele 192

7 Schwachstellen der Gebäudehülle 192
7.1 Außenwinkel und Außenecken 192
    7.1.1 Winkel zweier Außenwände 192
    7.1.2 Außenecke 196
7.2 Fensteranschlüsse 197
7.3 Deckenanschlüsse 201
    7.3.1 Wohnungstrenndecken und einschalige Außenwände 201
    7.3.3 Decken über dem nicht beheizten Untergeschoss 204
7.4 Flachdach 205
    7.4.1 Randabschluss bündig mit der Außenwand 206
    7.4.2 Überstehendes Flachdach 206
    7.4.3 Attika 207
7.5 Balkonplatten 208
    7.5.1 Thermische Trennung der Balkonplatte von der Deckenplatte ... 209
    7.5.2 Allseitig gedämmte Balkonplatte 210
    7.5.3 Einlassung von Dämmplatten in die Deckenplatte 211
7.6 Durchgehende Betonstützen im Bereich eines Luftgeschosses 211
7.7 Metallpaneele 213

8 Genormte Rechenregeln im baulichen Wärmeschutz 215
8.1 Bemessungswert der Wärmeleitfähigkeit λ 215
    8.1.1 Bezugswerte und Einflussgrößen bei der Festlegung des Bemessungswertes 215
    8.1.2 Wärmeschutztechnischer Bemessungs- und Nennwert nach DIN EN 12524 216

8.1.3 Umrechnung von einem Datensatz λ_1 in einen anderen Datensatz λ_2 218
8.1.4 Bauregelliste 221
8.1.5 Tabellenwerte nach DIN 4108-4 und DIN EN 12524 222
8.2 Bemessungswert des Wärmedurchgangskoeffizienten und Luftdichtheit von Fenstern 239
8.3 Wärmeübergangswiderstand und Wärmeübergangskoeffizient 242
    8.3.1 Wärmeübergangswiderstand bei üblichen Randbedingungen 242
    8.3.2 Wärmeübergangswiderstände bei abweichenden Randbedingungen 243
    8.3.3 Wärmeübergangswiderstand an einer nichtebenen Oberfläche 244
8.4 Wärmedurchlasswiderstand und Wärmedurchgangskoeffizient eines Bauteils mit unterschiedlichem Schichtaufbau in verschiedenen Abschnitten 245
    8.4.1 Oberer Grenzwert 245
    8.4.2 Unterer Grenzwert 247
    8.4.3 Mittelwert und relativer Fehler 248
    8.4.4 Keilförmige Schichten mit einer Neigung von höchstens 5 % 248
8.5 Wärmedurchlasswiderstand von Luftschichten nach DIN EN ISO 6946 250
    8.5.1 Ruhende Luftschicht 250
    8.5.2 Schwach belüftete Luftschicht 251
    8.5.3 Stark belüftete Luftschicht 251
    8.5.4 Wärmedurchlasswiderstand unbelüfteter Lufträume begrenzter Länge und Breite und Luftspalte in Bauteilen 251
    8.5.5 Effektiver Wärmedurchlasswiderstand über angrenzende, nicht beheizte Räume zum Freien 253
8.6 Einfluss von Störstellen auf den Wärmedurchgangskoeffizienten eines Außenbauteils 254
    8.6.1 Korrektur ΔU_g für Luftspalte zwischen Dämmschichten 255
    8.6.2 Korrektur ΔU_f für mechanische Befestigungsteile 255

9 Hygienischer Mindest-Wärmeschutz 256
9.1 Mindestanforderungen an den Wärmeschutz im Winter nach DIN 4108-2 257
    9.1.1 Ein- und mehrschichtige Außenbauteile mit einer flächenbezogenen Gesamtmasse von mindestens 100 kg/m² 258
    9.1.2 Leichte Außenbauteile sowie Rahmen- und Skelettbauarten mit einer flächenbezogenen Gesamtmasse von weniger als 100 kg/m² 259
    9.1.3 Mindestanforderungen im Bereich von Wärmebrücken 260
    9.1.4 Fenster, Fenstertüren und Außentüren 261
    9.1.5 Anforderungen an die Luftdichtheit von Außenbauteilen 261
    9.1.6 Anforderungen für Gebäude mit niedrigen Innentemperaturen 261
    9.1.7 Anwendungshinweise 261
9.2 Wärmeschutz im Sommer 263
    9.2.1 Der sommerliche Wärmeschutz nach DIN 4108-2 265
    9.2.2 Anforderungen an den sommerlichen Wärmeschutz nach DIN 4108-2 271
    9.2.3 Beispiel zum sommerlichen Wärmeschutz 273

10 Energiesparender Wärmeschutz bei wohnähnlich genutzten Gebäuden 274
10.1 Energiefluss in einem beheizten Wohngebäude 275
    10.1.1 Energieflussdiagramm 275
    10.1.2 Definitionen energetischer Wärmeschutzgrößen 277
    10.1.3 Quasistationäre Näherungsverfahren 279

10.1.4 Dynamische Simulationsrechnung 280
10.2 Grundlagen Gebäude-Wärmebedarf 280
    10.2.1 Primärenergetische Bilanzierung 281
    10.2.2 Bestimmung der Transmissions- und Lüftungs-Wärmeverluste 281
    10.2.3 Bestimmung der solaren und internen Wärmegewinne 290
    10.2.4 Einfluss der Heizunterbrechung 294
    10.2.5 Bestimmung des Warmwasserbedarfs 295
10.3 Grundlagen Heizung 296
    10.3.1 Methodik der Berechnung von Heizungsanlagen 296
    10.3.2 Primärenergie-Aufwandszahl 298
10.4 Energieeinsparverordnung EnEV 2002 299
    10.4.1 Ziele der Verordnung 299
    10.4.2 Nachweis nach EnEV 2002 für Neubauten 301
    10.4.3 Nachweis nach EnEV 2002 bei Altbauten 309
    10.4.4 Energiebedarfsausweis 309
10.5 Beispiel zur EnEV 2002
    10.5.1 Beschreibung des Bauvorhabens 311
    10.5.2 Berechnungsschritte zum Nachweis nach EnEV 2002 311

11 Gesamt-Energieeffizienz bei Gebäuden 316
11.1 Energiebilanzierung nach DIN V 18599 317
    11.1.1 Primär- und Endenergie 318
    11.1.2 Berechnung der Endenergie 319
    11.1.3 Berechnung der Nutzenergien 319
11.2 Energetische Beurteilung von Gebäuden nach EnEV 2007 322
    11.2.1 Energiebedarfsnachweis nach EnEV 2007 für Wohngebäude 323
    11.2.2 Energiebedarfsnachweis nach EnEV 2007 für Nicht-Wohngebäude 325
    11.2.3 Nachweis nach EnEV 2007 bei der Änderung bestehender
        Gebäude und Anlagen 330
    11.2.4 Energetische Bewertung bestehender Wohngebäude nach EnEV 2007 330
    11.2.5 Energetische Bewertung bestehender Nicht-Wohngebäude
        nach EnEV 2007 332
11.3 Energieausweis nach EnEV 2007 332
11.4 Kohlendioxid-Emission 335

III Feuchte   *Von Heinz Klopfer und Martin Homann*

1 Ziel 339

2 Feuchtespeicherung 341
2.1 Feuchtespeicherung in Luft 341
    2.1.1 Wasserdampfgehalt der Luft 341
    2.1.2 Abkühlung und Erwärmung feuchter Luft 347
    2.1.3 Tauwasser- und Schimmelbildung an Bauteiloberflächen 348
    2.1.4 Die Raumluftfeuchte als Gleichgewichtszustand 351
2.2 Feuchtespeicherung in Baustoffen 353
    2.2.1 Charakteristische Werte der Baustoff-Feuchte 353
    2.2.2 Hygroskopischer Wassergehalt 358

    2.2.3 Überhygroskopische Wassergehalte 362
3 **Mechanismen des Feuchtetransports** 365
 3.1 Diffusion der Wassermoleküle 365
    3.1.1 Varianten der Diffusion 365
    3.1.2 Transportgesetz der Wasserdampfdiffusion 367
    3.1.3 Diffusionswiderstandszahl und s_d-Wert 369
 3.2 Wassertransport in ungesättigten Poren 372
    3.2.1 Grenzflächenspannung, Randwinkel und Kapillardruck 372
    3.2.2 Der Flüssigkeitsleitkoeffizient κ 376
    3.2.3 Der Wasseraufnahmekoeffizient 379
 3.3 Feuchtetransport durch strömende Luft 383
    3.3.1 Schlagregenbelastung von Fassaden 383
    3.3.2 Luftströmungen in Kanälen und Luftschichten 385
    3.3.3 Fugenspaltströmungen und Raumdurchlüftung 388
 3.4 Strömung von Wasser in gesättigten Poren und in Rissen 390
 3.5 Elektrokinese 394

4 **Feuchteübergang** 396
 4.1 Der Stoffübergangskoeffizient 396
 4.2 Stoffübergang im konkreten Fall 397
 4.3 Schätzung der Wasserverdunstung von Wasseroberflächen 400

5 **Stationärer Feuchtetransport in Bauteilen** 401
 5.1 Formeln für s_d-Werte zusammengesetzter Schichten 401
 5.2 Das Glaser-Verfahren 404
    5.2.1 Beschreibung des Verfahrens 404
    5.2.2 Wahl der Randbedingungen 409
    5.2.3 Beispiele typischer Glaserdiagramme 411
    5.2.4 Unbedenkliche Bauteile 413
    5.2.5 Berechnungsbeispiele zum Nachweis der Tauwasserbildung im Bauteilinneren 416
 5.3 Sommerkondensation und Wasserdampf-Flankenübertragung 421
 5.4 Feuchtetransport bei einseitiger Wasserbelastung 423
    5.4.1 Der zugehörige Flüssigwassertransport 423
    5.4.2 Flüssigwassertransport und Diffusion in Serienschaltung 425

6 **Instationärer Feuchtetransport in Bauteilen** 427
 6.1 Differentialgleichung der instationären Feuchtebewegung 427
 6.2 Numerische Lösung der Differentialgleichung 428
 6.3 Wasserdampfspeicherung in Baustoffoberflächen 429
 6.4 Kapillares Saugen bei begrenztem Wasserangebot 432
 6.5 Austrocknungs- und Befeuchtungsvorgänge 433

7 **Hygrische Beanspruchung von Bauteilen** 436
 7.1 Quellen und Schwinden der Baustoffe 436
 7.2 Verformungen und Risse in Mauerwerk zwischen Betondecken 440
 7.3 Verformungen und Risse in Estrichen und Betonbodenplatten 443
 7.4 Verformungen und Risse in Holzbauteilen 446
 7.5 Spannungen und Dehnungen in Schichtverbundsystemen 448

8 Bautechnischer Feuchteschutz 452
8.1 Allgemeine Aspekte 452
- 8.1.1 Strategien des Feuchteschutzes 452
- 8.1.2 Feuchtetechnische Eigenschaften einiger Baustoffklassen 454
- 8.1.3 Mögliche Folgen hoher Wassergehalte in Baustoffen 457

8.2 Schutz vor dem Wasser im Baugrund 459
- 8.2.1 Lastfalle, Dränmaßnahmen 459
- 8.2.2 Abdichtung mit Dichtungsbahnen 460
- 8.2.3 Abdichtung mit Beschichtungen 463
- 8.2.4 Wasserundurchlässige Betonbauwerke 465

8.3 Schutz vor Niederschlägen 468
- 8.3.1 Dächer mit Dachdeckung 468
- 8.3.2 Dächer mit Dachabdichtung 470
- 8.3.3 Maßnahmen gegen Schlagregen und Spritzwasser 473

8.4 Schutz vor dem Wasser im Inneren des Bauwerks 478
- 8.4.1 Tauwasserschutz für Bauteiloberflächen 478
- 8.4.2 Maßnahmen gegen Tauwasseranfall im Bauteilinneren 481
- 8.4.3 Tauwasserschutz für Luftschichten, Luftkanäle usw. 483
- 8.4.4 Abführen der Baufeuchte 485
- 8.4.5 Abdichtung gegen Brauchwasser 489

IV Licht *Von Hanns Freymuth*

1 Möglichkeiten und Konsequenzen der Raumbeleuchtung mit Tageslicht 493
1.1 Hohlraum mit Licht von außen 493
- 1.1.1 Einige Erläuterungen am Beispiel der Höhle 493
- 1.1.2 Licht von oben – Licht von der Seite 494

1.2 Tageslicht durch eine Fensterwand 496
- 1.2.1 Eigenarten und Bezeichnungen von Seitenlichtöffnungen 496
- 1.2.2 Einfluss der Raum- und Fensterhöhe 498
- 1.2.3 Einfluss der Grundrissform 499
- 1.2.4 Anwendungsgrenzen und Bemessungshilfen 499

1.3 Tageslicht durch mehrere Fensterwände 502
- 1.3.1 Gegenüberliegende Fenster (zweiseitige Fensteranordnung) 502
- 1.3.2 Übereck angeordnete Fenster 502
- 1.3.3 Anwendungsgrenzen und Bemessungshilfen 503

1.4 Tageslicht durch Oberlichtöffnungen 504
- 1.4.1 Eigenarten und Bezeichnungen von Oberlichtöffnungen 504
- 1.4.2 Einfluss der Raumproportion 506
- 1.4.3 Einfluss der Oberlichtanordnung 506
- 1.4.4 Hinweise zur Bemessung 508

1.5 Oberlicht gemeinsam mit Seitenlicht 509

1.6 Schutz gegen störende Blendung 510
- 1.6.1 Blendung durch die Sonne 510
- 1.6.2 Blendung durch den Himmel 511

1.7 Einflüsse der Verglasung 512
- 1.7.1 Durchsichtige Gläser 512
- 1.7.2 Lichtstreuende und lichtlenkende Gläser 513

   1.7.3 Spiegelungen in Gläsern 514
   1.7.4 Glasreinigung 514
 1.8 Einfluss der Raumoberflächen 515
 1.9 Tageslicht-„Technik" 515

2 Grundlagen für Untersuchungen zur Tagesbeleuchtung 516
 2.1 Beleuchtungstechnische Begriffe und Größen 516
   2.1.1 Lichtstrom, Lichtstärke 516
   2.1.2 Beleuchtungsstärke 518
   2.1.3 Leuchtdichte 518
   2.1.4 Transmission, Reflexion, Absorption 520
 2.2 Sonne und Himmel als Lichtquelle 520
   2.2.1 Astronomische Gegebenheiten 520
   2.2.2 Meteorologische Gegebenheiten 522
   2.2.3 Leuchtdichteverteilung des Himmels 523
   2.2.4 Von Sonne und Himmel erzeugte Beleuchtungsstärken 523
 2.3 Bewertungsmaßstäbe für Beleuchtungsverhältnisse 524
   2.3.1 Helligkeitswahrnehmung 524
   2.3.2 Tätigkeitsbezogene Maßstäbe Leuchtdichte und Beleuchtungsstärke .. 525
   2.3.3 Raumbezogener Maßstab Tageslichtquotient 525
   2.3.4 Gütemaßstab Gleichmäßigkeit der Beleuchtung 526
 2.4 Richtwerte von Tageslichtquotienten 526
 2.5 Ermittlung von Tageslichtquotienten 528
   2.5.1 Außenanteile $D_H + D_v$ hinter durchsichtiger Verglasung 528
   2.5.2 Außenanteil Da von stark lichtstreuender Verglasung 532
   2.5.3 Lichtminderungsfaktoren 533
   2.5.4 Exkurs: Spektrale Strahlungsminderung durch Glas 537
   2.5.5 Innenreflexionsanteil DR hinter durchsichtiger Verglasung 538
   2.5.6 Innenreflexionsanteil D_{Rdif} hinter stark lichtstreuender Verglasung 543
   2.5.7 Anwendungshinweise an einfachen Beispielen 544
 2.6 Grenzen der Vorausberechnung 548
   2.6.1 Himmelslichtanteile 548
   2.6.2 Außenreflexionsanteile 548
   2.6.3 Innenreflexionsanteile 549

3 Besonnung: Gegebenheiten, Planungskonsequenzen, Arbeitshilfen 550
 3.1 Astronomische und Standorteinflüsse auf den Strahlungsempfang 550
 3.2 Konsequenzen für Stadt- und Gebäudeplanung 550
   3.2.1 Sonnenbezogene Gebäudestellung 550
   3.2.2 Sonnenschutz 552
   3.2.3 Oberlichtausbildung 552
 3.3 Untersuchungsgrundlagen 553
   3.3.1 Besonnungsmaßstäbe 553
   3.3.2 Darstellung der Besonnbarkeit 555
   3.3.3 Konstruktion von Schattenwürfen 556
   3.3.4 Sonnenwärmeeinstrahlung 556
   3.3.5 Wirksamkeit von Sonnenschutzmaßnahmen 557

4 Tageslichttechnische Messungen 559

V Brand   Von Ekkehard Richter

1 Einführung 563

2 Ordnungen und Normen 563
   2.1 Landesbauordnungen, Verordnungen für bauliche Anlagen besonderer Art und Nutzung 564
   2.2 Richtlinien 564
   2.3 Normen 565
      2.3.1 DIN 4102 „Brandverhalten von Baustoffen und Bauteilen" 565
      2.3.2 DIN 18 230 „Baulicher Brandschutz im Industriebau"; rechnerisch erforderliche Feuerwiderstandsdauer 569
      2.3.3 Sonstige als Technische Baubestimmungen eingeführte Brandschutznormen und Richtlinien im Bauwesen 569
   2.4 Europäische Brandschutznormung 570

3 Brandverlauf und Modelle zu seiner Beschreibung 572
   3.1 Wärme- und Massenbilanzen 573
   3.2 Normbrand 575
   3.3 Äquivalente Branddauer 575

4 Mechanische und thermische Hochtemperatureigenschaften der Baustoffe 576
   4.1 Stahl 577
      4.1.1 Festigkeit und Verformung 577
      4.1.2 Elastizität 579
      4.1.3 Thermische Dehnung 580
      4.1.4 Wärmeleitfähigkeit 580
      4.1.5 Spezifische Wärmekapazität 580
      4.1.6 Dichte 581
      4.1.7 Temperaturleitfähigkeit 581
      4.1.8 Temperaturverteilung 581
   4.2 Beton 584
      4.2.1 Festigkeit 584
      4.2.2 Elastizität 585
      4.2.3 Gesamtverformung 586
      4.2.4 Kritische Temperatur 586
      4.2.5 Zwängung 587
      4.2.6 Thermische Dehnung 588
      4.2.7 Wärmeleitfähigkeit 588
      4.2.8 Spezifische Wärmekapazität 588
      4.2.9 Dichte 589
      4.2.10 Temperaturleitfähigkeit 589
      4.2.11 Temperaturverteilung 589
      4.2.12 Temperaturverteilung in Stahl-Verbundquerschnitten 592
   4.3 Sonderbetone 592
   4.4 Mauerwerk 593
   4.5 Holz 593
      4.5.1 Entzündung, Abbrand 593
      4.5.2 Festigkeit 594

             4.5.3   Elastizität 595
             4.5.4   Thermische Dehnung 595
             4.5.5   Wärmeleitfähigkeit 595
             4.5.6   Spezifische Wärmekapazität 596
             4.5.7   Temperaturleitfähigkeit 596
             4.5.8   Temperaturverteilung 596
     4.6   Gips 597
             4.6.1   Produkte 597
             4.6.2   Physiko-chemische Vorgänge bei Einwirkung erhöhter Temperatur 597
             4.6.3   Mechanische Eigenschaften 598
             4.6.4   Thermische Eigenschaften 598
     4.7   Nichteisenmetalle 599
     4.8   Kunststoffe 599
     4.9   Dämmstoffe 602
             4.9.1   Spezialputze 602
             4.9.2   Dämmschichtbildner 602
             4.9.3   Dämmplatten 602

5   **Brandverhalten von Bauteilen** 603
     5.1   Bauteile aus Stahl 604
             5.1.1   Statisch bestimmte Systeme unter Biegebeanspruchung 604
             5.1.2   Statisch unbestimmte Systeme unter Biegebeanspruchung 605
             5.1.3   Vorwiegend auf Druck beanspruchte Systeme; Stützen 606
             5.1.4   Bekleidung 607
     5.2   Bauteile aus Stahlbeton und Spannbeton 608
             5.2.1   Statisch bestimmte Systeme unter Biegebeanspruchung 608
             5.2.2   Statisch unbestimmte Systeme unter Biegebeanspruchung 612
             5.2.3   Vorwiegend auf Druck beanspruchte Systeme, Stützen, Wände 613
     5.3   Bauteile aus Holz 614
             5.3.1   Vorwiegend auf Biegung beanspruchte Systeme; Balken 614
             5.3.2   Vorwiegend auf Druck beanspruchte Systeme; Stützen 615
             5.3.3   Raumabschließende Holzbauteile; Decken, Wände 615
     5.4   Unterdecken 616
     5.5   Trennwände 618
     5.6   Verglasungen 618

6   **Verhalten von Gesamttragwerken unter Brandbeanspruchung** 620

7   **Brandnebenwirkungen** 623
     7.1   Toxische Gase 623
     7.2   Rauch 624
     7.3   Korrosive Gase 624

8   **Ergänzende Maßnahmen** 625
     8.1   Früherkennungs- und -meldeanlagen 625
     8.2   Frühbekämpfungsmaßnahmen 626
     8.3   Rettungswege 626
     8.4   Rauch- und Wärmeabzuganlagen 626
     8.5   Leitungen, Schächte, Kanäle 627

8.6 Wandöffnungen; Türen und Tore 628
8.7 Brandabschnitte 629

9 Definierter Objektschutz 631

VI Klima   *Von Karl Petzold und Peter Häupl*

Einführung 635

1 Außenklima 636
1.1 Außenlufttemperatur 637
    1.1.1 Jahresgang der Außenlufttemperatur 637
    1.1.2 Simulation des tatsächlichen Temperaturganges 639
    1.1.3 Tagesgang der Außenlufttemperatur 643
    1.1.4 Summenhäufigkeit der Außenlufttemperatur 644
1.2 Wärmestrahlungsbelastung 646
    1.2.1 Kurzwellige Strahlungswärmestromdichte auf eine Horizontalfläche 647
    1.2.2 Strahlungswärmestromdichte auf beliebig orientierte und geneigte Flächen 650
    1.2.3 Langwellige Abstrahlung 660
1.3 Wasserdampfdruck und relative Luftfeuchtigkeit 661
    1.3.1 Wasserdampfsättigungsdruck 661
    1.3.2 Tatsächlicher Wasserdampfdruck 663
    1.3.3 Relative Luftfeuchtigkeit 664
1.4 Niederschlag und Wind 665
    1.4.1 Regenstromdichte 665
    1.4.2 Windgeschwindigkeit und Windrichtung 666
1.5 Schlagregenstromdichte auf eine vertikale Gebäudefläche 669
1.6 Testreferenzjahr 678
1.7 Lokalklimate 681

2 Raumklima 683
2.1 Raumtemperaturen 683
    2.1.1 Energieumsatz des Menschen 683
2.2 Raumluftfeuchte 687
    2.2.1 Relative Luftfeuchtigkeit 687
    2.2.2 Enthalpie und Wasserdampfgehalt (h-x-Diagramm) 691
    2.2.3 Taupunkttemperatur 693
    2.2.4 Einfluss der Luftfeuchte und Strömungsgeschwindigkeit auf die Behaglichkeit 696

3 Temperatur und Raumluftfeuchte bei freier Klimatisierung 698
3.1 Einführung 698
3.2 Raumtemperaturen bei freier Klimatisierung 699
    3.2.1 Wärmeabsorptionsvermögen von Bauteiloberflächen 699
    3.2.2 Tagesgang der Raumtemperaturen 705
3.3 Raumluftfeuchte bei freier Klimatisierung 726
    3.3.1 Modellierung der Stoffströme im Raum unter Berücksichtigung der Speicherfähigkeit der Raumumschließungsfläche 726

3.3.2 Feuchteabsorptionsvermögen der Raumumschließungsflächen 728
3.3.3 Jahresgang der Raumluftfeuchte 735
3.3.4 Tagesgang der Raumluftfeuchte 739

4 Lüftung 741
4.1 Windbelastung 741
4.2 Thermischer Auftrieb 745
4.3 Freie Lüftung durch thermischen Auftrieb 747

5 Klimagerechtes Bauen 750
5.1 Klimaeinteilung 750
5.2 Autochthone Bauweisen 752
   5.2.1 Kaltes Klima 753
   5.2.2 Gemäßigtes Klima 753
   5.2.3 Trockenes Klima 754
   5.2.4 Warm-feuchtes Klima 756

Anhang 759
Symbolverzeichnis 761
Literaturverzeichnis 771

Sachwortverzeichnis 801

I Schall

Bearbeitet von Heinz-Martin Fischer

1 Einleitung

Lärm ist in den letzten Jahren zu einem zentralen Problem geworden, da unsere Gesellschaft sich auch heute noch häufig darauf beschränkt, die Vorzüge der modernen Technik zu konsumieren und dabei nachteilige Begleiterscheinungen wie z. B. Lärm, hinnimmt. Das steigende Verkehrsaufkommen und die schnelle Entwicklung von städtischen und industriellen Ballungszonen haben dazu geführt, dass in der Bundesrepublik Deutschland heute sich jeder zweite Bürger durch Lärm belästigt fühlt, jeder vierte wird während der Nachtzeit gestört. Dies verwundert nicht, wenn man sich die mögliche Vielfalt der auf uns wirkenden Schallimmissionen vor Augen führt:

– Geräusche aus der Nachbarwohnung
– laute Geräte im eigenen häuslichen Bereich
– Verkehrslärm (auch im eigenen Auto!)
– Lärm von Industrie- und Gewerbebetrieben
– Lärm am Arbeitsplatz
– Lärm von Freizeitanlagen und Veranstaltungen

Durch Gebietsplanungen allein ist heute das Lärmproblem nicht mehr zu lösen, und auch eine ausreichende Lärmminderung an den Lärmquellen (z. B. leise Fahrzeuge) wird nur sehr langfristig zu realisieren sein. Baulichen Maßnahmen zum Schutz gegen Lärm kommt deshalb heute eine große Bedeutung zu, da sie bei richtiger Ausführung, in der Lage sind, den störenden Schall ausreichend zu mindern.

Die notwendigen Schallschutzmaßnahmen sollten bereits am Anfang in die Planung mit einbezogen werden, da sie häufig später nicht mehr oder nur noch mit wesentlichem Mehraufwand möglich sind (z. B. ein- oder doppelschalige Reihenhaustrennwand).

Ein mangelhafter Schallschutz entsteht oft auch aus Unkenntnis der schalltechnischen Wirkung von Baustoffen (z. B. verputzte steife Wärmedämmschichten führen zu Resonanzverschlechterungen).

Für einen guten Schallschutz eines Hauses sollte bereits bei der Entwurfsplanung folgendes bedacht werden:

1. Festlegung der Anforderungen unter Berücksichtigung geltender DIN-Normen, baurechtlichen Vorschriften und den allgemein anerkannten Regeln der Technik (z. B. Heranziehung von Normentwürfen) sowie nicht zuletzt wirtschaftlicher Gesichtspunkte (Die häufig in LV's zu findende Floskel „Schall- und Wärmeschutz nach DIN" führt oft zu Gerichtsverfahren).
2. Ausbildung der Außenbauteile (z. B. Fenster) und abgewandte Orientierung von Schlafräumen, Freibereich u. ä. bei Außenlärmbelastung.
3. Grundrissanordnung (Geräuschquellen wie z. B. Bad, WC, Aufzug nicht an Schlafräume o. ä. angrenzend).
4. Bauart (massive schwere Bauweise oder leichte Montagebauweise).
5. Festlegung der trennenden Bauteile sowie der flankierenden Bauteile (Einfluss der Schallängsleitung ist bestimmend für den erreichbaren Schallschutz).
6. Wasserinstallationen (z. B. Armaturen und Leitungen immer nur an Wänden mit $m' \geq 220$ kg/m^2 befestigen oder Montagebauteile verwenden).
7. Anordnung und Einbau von technischen Gebäudeausrüstungen (z. B. Aufzug, Heizanlage usw.).

Es müssen somit zahlreiche Einzelmaßnahmen mit gegenseitigen Wechselbeziehungen bei der Planung und Ausführung von Gebäuden berücksichtigt werden.

2 Grundlagen

Bauakustik, Raumakustik und Lärmschutz haben als Teilgebiete der Bauphysik ihre eigenen Begriffe für die Beschreibung der physikalischen Vorgänge in der Bautechnik. Die nachfolgende kurze Erläuterung einiger Begriffe ist zum Verständnis der späteren praktischen Konstruktions- und Berechnungswendungen und der subjektiven Beurteilung von Lärm notwendig.

2.1 Physikalische Grundlagen

Als Schall bezeichnet man ganz allgemein mechanische Schwingungen eines elastischen Mediums im Hörbereich des menschlichen Ohres (16 Hz bis 20000 Hz). Die Schwingungen sind dabei eine Bewegung der Teilchen um eine Ruhelage, welche sich durch die elastische Kopplung auf benachbarte Teilchen fortpflanzt, es entsteht eine **Schallwelle**. Pflanzen sich diese Schwingungen in Luft oder einem anderen Gas fort, so spricht man von **Luftschall**. Bei Schwingungen in festen Körpern, z. B. in Wänden und Decken eines Hauses, spricht man von **Körperschall**. Der Vollständigkeit halber muss hier als dritter Begriff **Trittschall** erwähnt werden. Hierbei handelt es sich um durch Körperschallanregung abgestrahlten Luftschall, z. B. beim Gehen auf einer Decke.

Zum menschlichen Ohr gelangt der Schall als Luftschall in Form von Luftverdichtungen und Luftverdünnungen, hervorgerufen durch die Pendelbewegung der Moleküle. Diese periodischen Änderungen der Luftdichte ergeben Druckschwankungen, die sich dem atmosphärischen Luftdruck (1 atm = 1,033 at = 1,013 · 10^5 N/m²) überlagern (s. Bild 2.1). Die Stärke der Luftdruckschwankungen kennzeichnet die Schallstärke, man bezeichnet sie als

Schalldruck p; Maßeinheit: [N/m²] = [Pa]

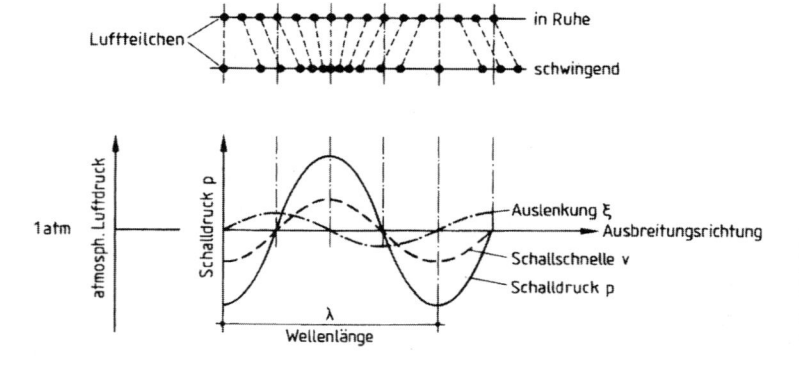

Bild 2.1
Momentbild von p, v, ξ in einer ebenen fortschreitenden Schallwelle

Die von Menschen wahrnehmbaren Schallereignisse umfassen von der Hörschwelle bis zur sogenannten Schmerzgrenze einen sehr großen Schalldruckbereich. Bei einem 1000 Hz-Ton liegt die **Hörschwelle** bei etwa $2 \cdot 10^{-5}$ Pa und die **Schmerzgrenze** bei etwa 20 Pa, also 6 Zehnerpotenzen höher. Der Schalldruck p wird mit Mikrofonen gemessen (s. auch Abschn. 2.2).

Bei einer sinusförmigen Schwingung entsteht ein **Ton,** mehrere harmonische Schwingungen ergeben zusammen einen **Klang** und viele verschiedene Töne ohne gesetzmäßigen Zusammenhang bezeichnet man als **Geräusch**.

Die Schwingungszahl je Sekunde eines Tones bezeichnet man als

Frequenz f; Maßeinheit: [Hz]

Die Frequenz ist maßgebend für die Tonhöhe bzw. den Geräuschcharakter (z. B. „heller Klang" bedeutet, dass hohe Frequenzen überwiegen). Das menschliche Ohr nimmt Töne von 16 Hz bis 20000 Hz wahr. Eine Übersicht über den akustischen Frequenzbereich zeigt Bild 2.2.

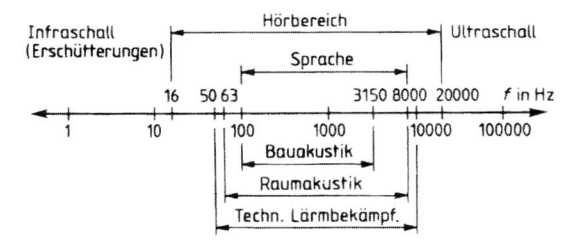

Bild 2.2
Akustischer Frequenzbereich

Für Spektralanalysen akustischer Vorgänge wurde der Frequenzbereich in rund 10 Oktaven (1 Oktave = Frequenz Verdopplung) und jede Oktave in 3 Terzen unterteilt und die in der Tafel 2.1 angegebenen Bandmittenfrequenzen festgelegt.

Tafel 2.1   Standardisierte Bandmittenfrequenzen nach [67] [68]; durch Fettdruck ist der in der Bauakustik interessierende Bereich (= 16 Terzen) hervorgehoben.

Bandmittenfrequenz in Hz	Terzfilter	Oktavfilter	Bandmittenfrequenz in Hz	Terzfilter	Oktavfilter
25	X		**800**	X	
31,5	X	X	**1000**	X	X
40	X		**1250**	X	
50	X		**1600**	X	
63	X	X	**2000**	X	X
80	X		**2500**	X	
100	X		**3150**	X	
125	X	X	**4000**	X	X
160	X		5000	X	
200	X		6300	X	
250	X	X	8000	X	X
315	X		10000	X	
400	X		12500	X	
500	X	X	16000	X	X
630	X		20000	X	

Bei der Schallausbreitung in Luft schwingen die Teilchen in Ausbreitungsrichtung (Longitudinalwelle). Die Schwinggeschwindigkeit der einzelnen Teilchen wird als **Schallschnelle** v [m/s] bezeichnet, die Ausbreitungsgeschwindigkeit der Welle als **Schallgeschwindigkeit c** [m/s]. Der Abstand zwischen zwei gleichartigen Schwingungszuständen (Phase) wird durch die **Wellenlänge** λ [m] gekennzeichnet. Es gilt folgender Zusammenhang:

$$\lambda \cdot f = c \tag{2.1}$$

In Luft ist die Schallgeschwindigkeit bei Normalbedingungen: c = 340 m/s und somit die Wellenlängen z. B.:

bei 100 Hz: $\lambda = 3{,}4$ m

bei 1 kHz: $\lambda = 0{,}34$ m

bei 3,15 kHz: $\lambda = 0{,}108$ m

Die Vorgänge der Schallausbreitung sind durch Wellengleichungen wie z. B.

$$p(x, t) = \hat{p} \sin\left[2\pi f \left(t - \frac{f}{c}\right)\right] \tag{2.2}$$

beschreibbar [3], [5]. Besonders einfache Lösungen erhält man für die sogenannte ebene Welle, bei der senkrecht zur Ausbreitungsrichtung die Momentanwerte von Schalldruck p und Schnelle v unabhängig vom Ort sind und nur in Ausbreitungsrichtung eine Ortsabhängigkeit vorliegt. Für sinusförmige Anregung gilt dann folgender Zusammenhang:

$$p = \rho c v \tag{2.3}$$

Der Proportionalitätsfaktor ρc wird als Schallkennimpedanz bezeichnet; für praktische Berechnungen wird der Wert $\rho c \approx 400$ Nsm^{-3} verwendet.

Für die **Energiegrößen des Schallfeldes** ergeben sich bei einer ebenen Welle mit den Effektivwerten von p und v folgende Gleichungen:

Schallintensität I (= Schallenergie, die je Zeiteinheit durch die Flächeneinheit strömt):

$$I = p v = \frac{p^2}{\rho c} \quad [W/m^2] \tag{2.4}$$

Schallleistung P (= Schallenergie, die je Zeiteinheit durch die Fläche S strömt):

$$P = I S = p v S = \frac{p^2}{\rho c} S \quad [W] \tag{2.5}$$

Die von einer Schallquelle insgesamt abgestrahlte Schallleistung erhält man durch Integration über die Schallintensität auf einer Hüllfläche S um die Schallquelle:

$$P = \int_S I \, dS \tag{2.6}$$

Bei akustischen Schwingungen sind sowohl bei Luftschall als auch bei Körperschall meist drei grundlegende mechanische Elemente beteiligt: Feder, Masse und Reibung [3]. Hohlräume und elastische Zwischenschichten bei mehrschaligen Konstruktionen wirken dabei als Feder zwischen zwei schwingenden Massen. Als Masse kann dabei auch die Luft in Öffnungen und Schlitzen wirken (Helmholtzresonator, s. Bild 2.4). Solche Schwingungssysteme (Masse-Feder-System) haben eine Resonanzfrequenz f_0, bei welcher die Schwingungsamplitude ein Maximum erreicht, dessen Höhe durch Masse, Feder und Reibung (Dämpfung) bestimmt wird (s. Bild 2.3).

2 Grundlagen

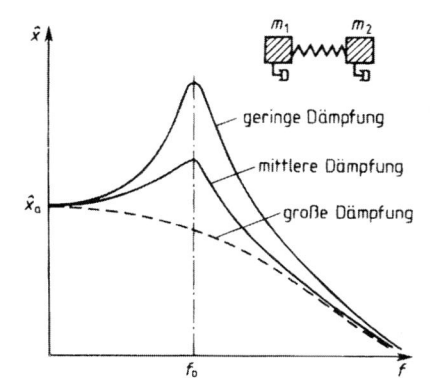

Bild 2.3
Resonanz bei erzwungener Schwingung
$\hat{x}$ Amplitude der erzwungenen Schwingung
$\hat{x}_a$ Anregungsamplitude
f_o Resonanzfrequenz

Allgemein gilt für die Resonanzfrequenz f_o (Eigenfrequenz) von zwei Massen m_1 und m_2 mit einer federnden Zwischenschicht (z. B. Dämmschicht):

$$f_o = 500 \sqrt{s' \left(\frac{1}{m'_1 + m'_2} \right)} \qquad (27)$$

Dabei bedeuten:

f_o Resonanzfrequenz in Hz
s' dynamische Steifigkeit in 10^7 N/m³
m'_1, m'_2 flächenbezogene Massen in kg/m²

Beim Masse-Feder-System (s. Bild 2.3) sind drei Frequenzbereiche zu unterscheiden:

  $f < f_o$ unterhalb der Resonanzfrequenz schwingen beide Massen, als wenn sie starr gekoppelt wären.

  $f = f_o$ Eigenschwingung des Systems stimmt mit der Anregung überein (Resonanz); Amplituden sind größer als Anregung.

  $f > f_o$ oberhalb der Resonanzfrequenz werden die Amplituden kleiner als die Anregung.

Einige Beispiele für Masse-Feder-Systeme aus der Praxis zeigt nachfolgend Bild 2.4:

Helmholtzresonator

z. B. Holzverkleidung mit offenen Fugen zur
  Schallabsorption
  V Feder (Hohlraum)
  S Masse (mitschwingende Luft in der Fuge)
  H Reibung durch Vlies- oder Mineralwollehinterlegung

Bild 2.4
Beispiele für Masse-Feder-Systeme, Fortsetzung
s. nächste Seite

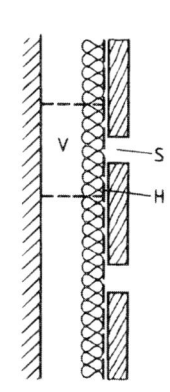

Bild 2.4, Fortsetzung

Doppelwände **Wärmedämmverkleidungen** 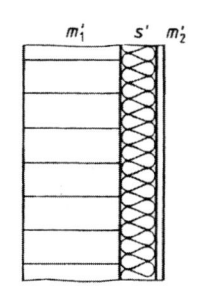 **schwimmender Estrich**

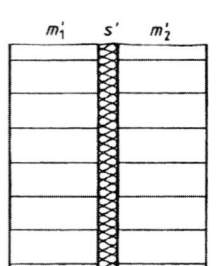

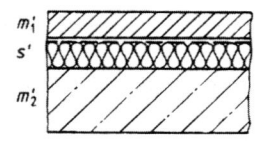

elastische Lagerung von Maschinen

z. B. Maschinenfundament auf Federn oder flächiger elastischer Schicht zur Körperschallisolierung.

2.2 Grundbegriffe der Bauakustik

2.2.1 Messung von Schall

Da die vom Menschen wahrnehmbaren Schallereignisse einen unübersichtlich großen Schalldruckbereich (6 Zehnerpotenzen, s. Abschnitt 2.1) überstreichen, hat man zur Kennzeichnung der Schallstärke ein logarithmisches Maß, den **Schalldruckpegel L** - meistens einfach Schallpegel genannt - eingeführt:

$$\text{Schalldruckpegel } L \equiv 10 \lg \frac{p^2}{p_0^2} = 20 \lg \frac{p}{p_0} \quad [\text{dB}] \tag{2.8}$$

Dabei bedeuten:

p momentaner Schalldruck
p_0 Schalldruck bei der Hörschwelle ($= 2 \cdot 10^{-5}$ N/m²)

Die Einheit dB (dezi-Bel) wurde nach Graham Bell, dem Erfinder des Telefons benannt. Mit der Einführung des logarithmischen Schallpegels ergibt sich ein Pegelbereich von 0 dB (Hörschwelle) bis 120 dB (Schmerzgrenze).

Entsprechend der Definition des Schalldruckpegels L (Gl. 2.8) sind die nachfolgenden Pegel festgelegt:

Schallschnellepegel: $\quad L_v = 20 \dfrac{v}{v_0}$ mit $\quad v_0 = 5 \cdot 10^{-8} \dfrac{m}{s}$ (2.9)

Schallleistungspegel: $\quad L_W = 10 \dfrac{P}{P_0}$ mit $\quad P_0 = 10^{-12}$ W (2.10)

Schallintensitätspegel: $L_I = 10 \lg \dfrac{I}{I_0}$ mit $\quad I_0 = 10^{-12} \dfrac{W}{m^2}$ (2.11)

Der logarithmische Schallpegel-Maßstab hat noch folgende, zunächst ungewohnte Konsequenz: Die Schallpegel verschiedener Schallquellen, die gleichzeitig Schall aussenden, dürfen nicht einfach zum **Gesamtschallpegel** aufaddiert werden, sondern es muss die Summe unter dem Logarithmus gebildet werden:

$$L_{ges.} = 10 \lg \left(\dfrac{p_1^2}{p_0^2} + \dfrac{p_2^2}{p_0^2} + ... + \dfrac{p_n^2}{p_0^2} \right) \quad (2{,}2)$$

Es muss also zunächst aus einem Schallpegel L die der Schallenergie proportionale Größe p^2 berechnet werden:

$$p^2 = p_0^2 \cdot 10^{L/10} \quad (2.13)$$

womit sich dann der Gesamtschallpegel durch die sogenannte **energetische Addition** ergibt:

$$L_{ges.} = 10 \lg \sum_{i=1}^{n} (10^{L_i/10}) \quad (2.14)$$

Für Abschätzungen in der Praxis wird häufig das sich aus Gl. (2.14) ergebende nachfolgende Nomogramm zur Addition von zwei Schallpegeln verwendet:

Bild 2.5
Nomogramm zur Addition von zwei Schallpegeln

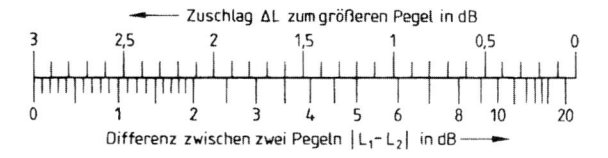

Zwei gleichlaute Schallquellen ergeben somit zusammen einen um 3 dB höheren Schallpegel. Dies entspricht zwar einer Verdopplung der Schallenergie, jedoch wird dies vom menschlichen Ohr nur bei leisen Geräuschen auch als doppelt so laut empfunden. Bei Schallpegeln über 50 dB ergibt erst eine Pegelzunahme um rund 10 dB eine Verdopplung des subjektiven Lautstärkeeindrucks.

Lautstärkeempfinden

Das menschliche Ohr ist für hohe und tiefe Frequenzen verschieden empfindlich; bei gleichen Schallpegeln werden tiefe Töne als leiser empfunden als hohe Töne. Man hat deshalb neben dem physikalischen Maß des Schallpegels L eine weitere Größe, die **Lautstärke**, eingeführt, welche das Lautstärkeempfinden des menschlichen Ohrs kennzeichnen soll und in **phon** (keine physikalische Einheit!) angegeben wird. Der „Lautstärkepegel" eines Schalls beträgt N phon, wenn dieser Schall von normal hörenden Beobachtern als gleich laut beurteilt wird wie ein reiner Ton der Frequenz 1000 Hz (Sinuston), dessen Schallpegel L = N dB beträgt [63].

Den Zusammenhang zwischen Lautstärke und Schalldruckpegel zeigt Bild 2.6.

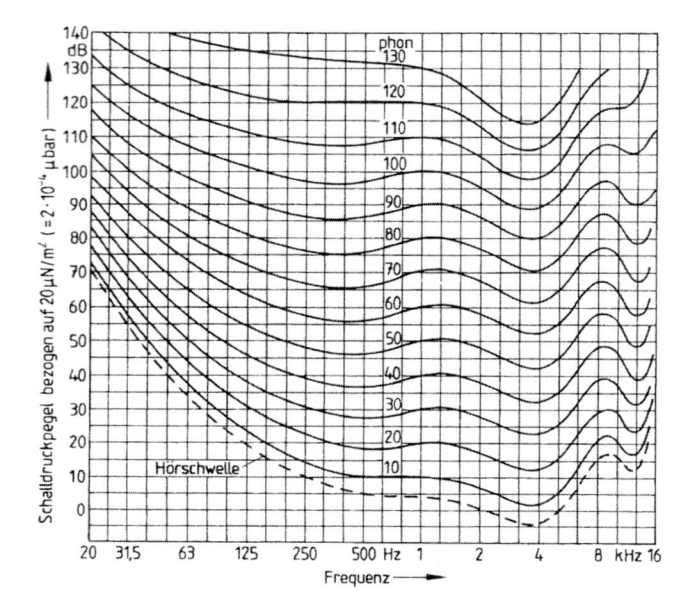

Bild 2.6
Normalkurven gleicher Lautstärkepegel nach DIN 45 630 Bl. 2 [63]

Bewerteter Schallpegel

Zur näherungsweisen Bestimmung der Lautstärke eines Geräusches mit einem einfachen, objektiven Messverfahren wurde der in Bild 2.6 gezeigte Zusammenhang stark vereinfacht und in Form von Frequenzbewertungsfiltern elektrisch nachgebildet für die Messung mit sogenannten Schallpegelmessern. Es wurden die in Bild 2.7 dargestellten drei verschieden gekrümmten **Frequenzbewertungskurven A, B, C** festgelegt, welche ursprünglich je nach Schallpegelhöhe angewendet wurden (→ DIN-phon nach DIN 5045, inzwischen zurückgezogen). Heute ist man international dazu übergegangen, zur Messung der Lautstärke eines Geräusches generell die Bewertungskurve A zu benutzen. Der so gewonnene Messwert wird als **A-Schallpegel**: L_A in dB(A) bezeichnet.

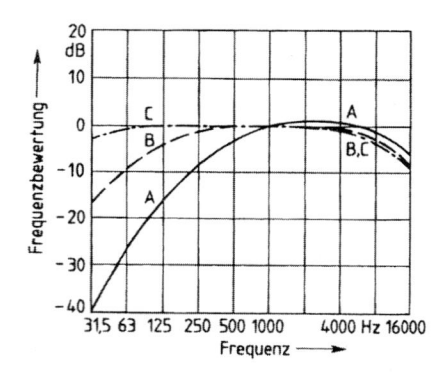

Bild 2.7 Frequenzbewertungskurven, relativer Frequenzgang in dB

Schallpegelmesser

Für Schallmessgeräte gibt es sehr genaue Vorschriften in DIN EN 60 651 (Schallpegelmesser, 1994) für sogenannte **Präzisionsschallpegelmesser**. Den prinzipiellen Aufbau zeigt Bild 2.8. Zur Nachbildung der Trägheit des Ohrs dient dabei die Zeitbewertung für die Anzeige bzw. Registrierung mit folgenden drei Stufen:

- Fast: L_{AF} in dB (AF)/Zeitkonstante ca. 125 ms
- Slow: L_{AS} in dB (AS)/Zeitkonstante ca. 1 s
- Impuls: L_{AI} in dB (AI)/Zeitkonstante ca. 35 ms mit verzögerter Abklingzeit

Bild 2.8
Prinzipieller Aufbau eines Schallpegelmessers

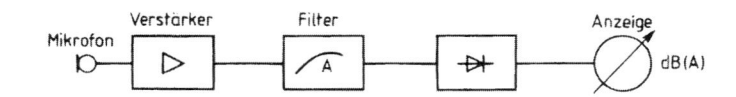

2.2.2 Beurteilung zeitlich schwankender Geräusche

Der Schallpegel eines Geräusches ist selten zeitlich konstant. Denkt man z. B. an die Lärmsituation in einem Büro, in einer Werkstatt oder an Verkehrslärm, so ist es zunächst nicht möglich, einen einzigen A-Schallpegelwert zur Kennzeichnung der Störwirkung anzugeben. Für die Beurteilung wird deshalb der **Mittelungspegel L_m** nach DIN 45 641 [65] mit folgender Beziehung:

$$L_m = 10 \lg \left[\frac{1}{T} \int_0^T 10^{0,1 L(t)} dt \right] \tag{2.15}$$

Dabei bedeuten:

T betrachtetes Zeitintervall (Messzeit, Teilzeit für Beurteilung)
L(t) Schallpegel in Abhängigkeit der Zeit

gebildet. Man versteht darunter den A-Schallpegel, welcher der über den zu kennzeichnenden Zeitraum gemittelten Schallenergie entspricht (energie-äquivalenter Dauerschallpegel).

Anmerkung: Gl. (2.15) ist der Sonderfall: Halbierungsparameter q = 3 der allgemeinen Form:

$$L_{m,q} = \frac{q}{\lg 2} \lg \left[\frac{1}{T} \int_0^T 10^{\frac{\lg 2}{q} L(t)} dt \right] \tag{2.15}$$

Mit dem Halbierungsparameter wird die Abhängigkeit der Wirkung von Dauer und Pegel der Schallvorgänge auf Menschen berücksichtigt. Zur Vereinheitlichung wird in DIN-Normen [65] der Wert q = 3 ($\rightarrow$ Mittelungspegel nach Gl. (2.15)) benutzt. Ausnahme: Im Gesetz zum Schutz gegen Fluglärm vom 30. März 1971 wird q = 4 verwendet.

Bild 2.9 zeigt als Beispiel das stark schwankende Verkehrsgeräusch neben einer städtischen Hauptverkehrsstraße. Der Mittelungspegel L_m ist durch einen Pfeil gekennzeichnet. Der Wert des Mittelungspegels liegt näher bei den Pegelmaxima als bei den Minima.

Zur Erfassung des Schwankungsbereichs von Geräuschen wird der Messbereich in Pegelklassen (2 oder 5 dB) eingeteilt und die Pegelhäufigkeiten ermittelt. Zur Darstellung werden häufig die sogenannten Summenhäufigkeitspegel $L_{x\%}$ (= Pegel, welcher in x % der Messzeit überschritten wurde) aufgetragen oder nur die nachfolgenden Werte angegeben [66]:

L_1 = mittlerer Maximalpegel

$L_{95(00)}$ = Grundgeräuschpegel

$L_5 - L_{95}$ = mittlere Schwankungsbreite des Geräusches

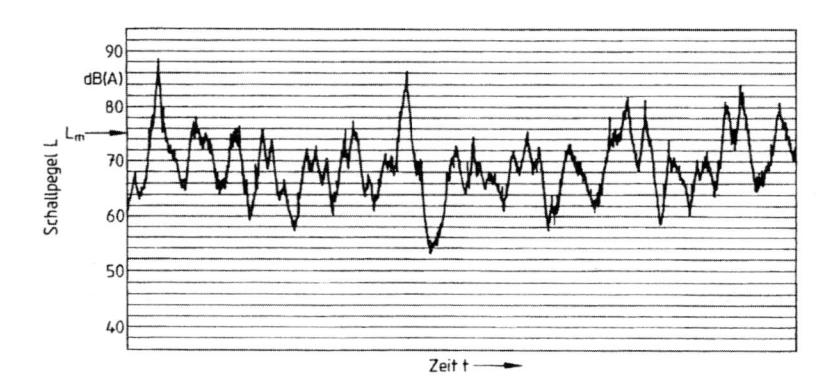

Bild 2.9 Zeitlicher Verlauf des Verkehrsgeräusches unmittelbar neben einer städtischen Hauptverkehrsstraße. Mittelungspegel L_m = 75 dB(A)

2.2.3 Kennzeichnung und Messung der Luft- und Trittschalldämmung

Bei der Kennzeichnung und Messung der Luft- und Trittschalldämmung wurden die Festlegungen der DIN 52 210 [69] weitgehend durch europäische Normen abgelöst. Die nachfolgenden Erläuterungen nehmen Bezug auf diese als DIN-Normen übernommenen Regelwerke. Bei Bedarf wird auf die Unterschiede zwischen neuen und alten Festlegungen hingewiesen.

Luftschalldämmung

Bei der Übertragung von Luftschall über ein Bauteil durchdringt nur ein Bruchteil der auffallenden Schallenergie das trennende Bauteil infolge der teilweisen Reflexion an der Oberfläche, der Umwandlung in Wärme und der Ableitung als Körperschall in benachbarte Bauteile. Gekennzeichnet wird die Schalldämmung eines Bauteils durch das sogenannte Schalldämm-Maß R.

Es ist folgendermaßen definiert:

$$R \text{ in dB} = 10 \lg \frac{P_1}{P_2} \qquad (2.16)$$

P1/P2 ist das Verhältnis der auftreffenden Schallenergie zu der auf der Rückseite in den Nachbarraum abgestrahlten Energie. Die Schalldämmung wird wie der Schallpegel in „dB" angegeben.

R = 20 dB bedeutet, dass 1/100stel der auffallenden Energie in den Nachbarraum durchgeht; dies entspricht etwa einer normalen Tür ohne Dichtung. Bei R = 53 dB, z. B. bei einer Wohnungstrennwand, ist es nur 1/200 000stel.

Das Verfahren zur Messung der Schalldämmung von Bauteilen in Prüfständen ist in DIN EN 140-3 [74] festgelegt. Die Messung der Schalldämmung zwischen Räumen in Gebäuden regelt DIN EN ISO 140-4 [75] (bisherige Regelungen für beide Bereiche enthielt DIN 52 210-1).

2 Grundlagen

Im Prüfstand wird das zu prüfende Bauteil zwischen zwei Räume eingebaut (s. Bild 2.10) und das Schalldämm-Maß R nach folgender Beziehung bestimmt:

$$R \text{ in dB} = L_1 - L_2 + 10 \lg \frac{S}{A} \tag{2.17}$$

Dabei bedeuten:

L_1 Schallpegel im lauten Raum, gemittelt über den Raum
L_2 Schallpegel im leisen Raum, gemittelt über den Raum
A Äquivalente Schallabsorptionsfläche des leisen Raumes, bestimmt durch Messung der Nachhallzeit T (s. Abschn. 3, Gl. (3.7))
S Fläche des zu prüfenden Bauteils

Durch das Korrekturglied $10 \lg \frac{S}{A}$ wird berücksichtigt, dass der Schallpegel im leisen Raum (L_2) dabei um so größer sein wird, je größer die Fläche S des Bauteils ist und je kleiner die Schallabsorption im Empfangsraum (A) ist, sodass das Schalldämm-Maß R eines Bauteils unabhängig davon ist.

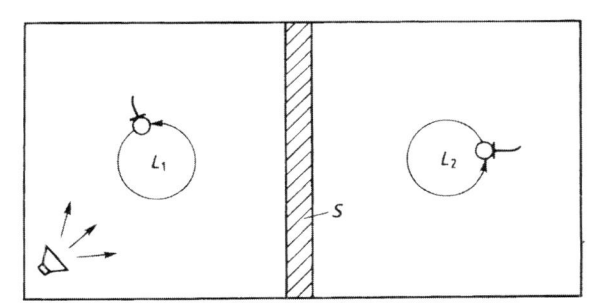

Bild 2.10
Zur Messung der Luftschalldämmung von Bauteilen

Bei der Messung des Schalldämm-Maßes R eines Bauteils wird durch die Art des Prüfstands (festgelegt in DIN EN ISO 140-1 [73]) dafür gesorgt, dass der Schall nur über das trennende Bauteil übertragen werden kann.

Die Schallübertragung zwischen zwei Räumen erfolgt jedoch normalerweise nicht nur direkt über das trennende Bauteil, sondern auch über die angrenzenden flankierenden Bauteile (→ Schalllängsleitung). Diese Schalllängsleitung ist in ausgeführten Bauten von erheblicher praktischer Bedeutung und muss bei der Planung unbedingt berücksichtigt werden (s. Abschn. 4 und 5).

Bei der Messung der Luftschalldämmung in Gebäuden (siehe DIN EN ISO 140-4 [75]) wird der Anteil der Schalllängsleitung im Messergebnis berücksichtigt. Zur Unterscheidung vom Schalldämm-Maß R im Prüfstand (ohne Schalllängsleitung) wird das Ergebnis Bau-Schalldämm-Maß genannt und mit R' bezeichnet. Schalldämm-Maße, die sich nur auf das Bauteil beziehen und Schalldämm-Maße, die die Gebäudeeigenschaften einbeziehen, können demnach durch die Bezeichnungen eindeutig voneinander unterschieden werden. Dies war bei den alten Regelwerken der DIN 52 210 [69] nicht der Fall, in der im sogenannten „Prüfstand mit bauähnlicher Flankenübertragung" auch bei der Bauteilkennzeichnung eine durch den Prüfstand festgelegte Schalllängsleitung mitberücksichtigt wurde (siehe DIN 52 210-2). Da das Messergebnis ebenfalls – wie bei Gebäuden – mit R' bezeichnet wurde, waren ständige Verwechslungen nicht ausgeschlossen. Durch die jetzigen Messnormen sind hier eindeutige Regelungen geschaffen worden, sodass auch der Anwender zweifelsfrei Bauteil- und Gebäudeeigenschaften auseinanderhalten kann.

Für die Messung der Schalldämmung von Außenbauteilen am Bau sind in DIN EN ISO 140-5 [76] Regeln angegeben. Bei der Messung der Schalldämmung z. B. eines Fensters mit Straßenverkehrslärm wird das Schalldämm-Maß dann mit R'_{tr} bezeichnet. Obige Beziehung (2.17) gilt hierbei analog.

Bei Messungen mit Lautsprecherlärm von außen ist die Schalleinfallsrichtung von gewisser Bedeutung. Der Schalleinfallswinkel wird mit 45° festgelegt und das Schalldämm-Maß mit R 45° bezeichnet.

Bei der Schalldämmungsmessung in Gebäuden kann statt des Bau-Schalldämm-Maßes R' auch die Norm-Schallpegeldifferenz D_n bestimmt werden. Für die Güteprüfung nach DIN 4109 ist die Ermittlung von D_n dann vorgesehen, wenn die Flächen des Trennbauteils im Sende- und Empfangsraum verschieden groß sind und die den beiden Räumen gemeinsame Fläche S kleiner als 10 m² ist. D_n wird nach DIN EN ISO 140-4 [75] (zuvor DIN 52 210-1) wie folgt bestimmt:

$$D_n \text{ in dB} = L_1 - L_2 + 10 \lg \frac{A_o}{A} \qquad (2.18)$$

Dabei bezieht man A auf eine vereinbarte äquivalente Schallabsorptionsfläche A_o von 10 m², um den Einfluss der Schallabsorption im Empfangsraum auszuschalten. (Nach DIN 52210-3 war bei Schulklassenräumen für A_o der Wert 25 m² anzusetzen).

Ebenfalls wird bei allen kleinformatigen Elementen wie z. B. Rolladenkästen, Schalldämmlüfter u. a. die Norm-Schallpegeldifferenz angegeben (s. hierzu auch Abschn. 5.1). Diese wird nach DIN EN 20140-10 [80] gemessen und mit $D_{n,e}$ bezeichnet. Zugrunde gelegt wird auch hier Gl. (2.18).

Das Schalldämm-Maß R und das Bau-Schalldämm-Maß R' hängen stark von der Frequenz ab. Die Schalldämmwerte werden in Terzen ermittelt, wobei nach DIN EN ISO 140-4 [75] bei Gebäudemessungen auch Oktaven verwendet werden dürfen. Der Frequenzbereich muss bei Prüfstandsmessungen zwischen 100 und 5000 Hz und bei Messungen in Gebäuden zwischen 100 und 3150 Hz liegen. Er kann bei Bedarf nach tieferen Frequenzen bis 50 Hz erweitert werden. Die ermittelten Schalldämmwerte werden in Form einer Kurve in einem Diagramm in Abhängigkeit von der Frequenz dargestellt (s. z. B. Messkurve M in Bild 2.11). Für die praktische Kennzeichnung muss dann ein Einzahlwert gebildet werden, ohne den Aussagewert der Kurve wesentlich einzuschränken.

Einzahlangaben nach DIN EN ISO 717, Teil 1 und 2

Eine einfache arithmetische Mittelwertbildung (= mittleres Schalldämm-Maß R_m) ist praktisch nicht brauchbar, da dabei die frequenzabhängige Empfindlichkeit unseres Ohres (s. Bild 2.7) nicht berücksichtigt wird. Zur annähernd gehörsrichtigen Bewertung einer Schalldämmkurve (z. B. Kurve M in Bild 2.11) wird diese deshalb nach DIN EN ISO 717-1 [81] (bislang: DIN 52 210-4) mit einer Bezugskurve (B in Bild 2.11) verglichen, indem die Bezugskurve so lange in Schritten von ganzen dB verschoben wird, bis die mittlere Unterschreitung der verschobenen Bezugskurve (B_v) durch die Messkurve (M) nicht größer als 2 dB ist, siehe schraffierter Bereich in Bild 2.11.

Zur Ermittlung des die Luftschalldämmung kennzeichnenden Einzahlwertes wird der Wert der verschobenen Bezugskurve (B_v) bei 500 Hz abgelesen (s. Bild 2.11). Dieser Wert ist das bewertete Schalldämm-Maß R_w. R_w ist Null, wenn R = 0 dB ist, also ist der Nullpunkt bei diesem

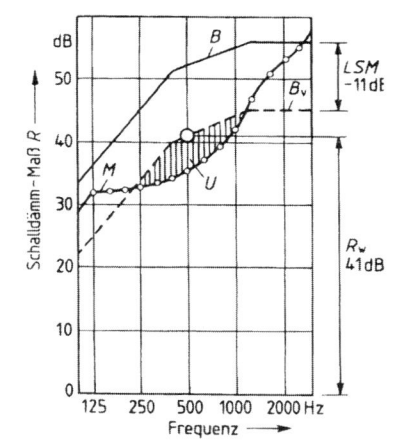

Bild 2.11
Zur Definition des bewerteten Schalldämm-Maßes R_W
B   Bezugskurve nach DIN EN ISO 717-1
B_v verschobene Bezugskurve
U   zulässige mittlere Unterschreitung von 2 dB von M gegenüber B_v
M   Messwerte
R_W bewertetes Schalldämm-Maß

Maß richtig und vor allem neutral gewählt und bei hoher Schalldämmung ist R_W groß; z. B. bei R'_W = 53 dB (Mindestanforderung für Wohnungstrennwände) sind normale Wohngeräusche und Sprechen oder ähnliches in der Nachbarwohnung kaum wahrnehmbar, sofern der Grundgeräuschpegel nicht sehr niedrig (≤ 25 dB(A)) ist (s. hierzu z. B. [55]).

In gleicher Weise kann das oben angegebene Verfahren auch zur Ermittlung des bewerteten Bau-Schalldämm-Maßes R'_W und der bewerteten Norm-Schallpegeldifferenz $D_{n,W}$ bzw. $D_{n,e,W}$ (siehe Gl. (2.18)) angewendet werden.

Trittschalldämmung

Beim Gehen, beim Rücken von Stühlen, beim Betrieb von Haushaltsgeräten usw., allgemein durch Körperschallanregung, werden Decken zu Biegeschwingungen angeregt, die im Raum darunter oder durch Weiterleitung im Haus auch oft in weiter entfernt liegenden Räumen als „Trittschall" gehört werden.

Zur **Messung** (s. Bild 2.12) der Trittschalldämmung einer Decke wird auf dieser ein Normtrittschall-Hammerwerk nach DIN EN ISO 140-6 [77] (bislang: DIN 52 210-1) betrieben und der im Empfangsraum gemessene Trittschallpegel L normiert auf A_0 = 10 m² (entspricht wenig möbliertem Raum) zum **Norm-Trittschallpegel L_n** nach Gl. (2.19).

$$L_n = L + 10 \lg \frac{A}{A_0} \qquad (2.19)$$

Dabei bedeuten:

L_n Norm-Trittschallpegel
L   gemessener Trittschallpegel im Empfangsraum
A   äquivalente Schallabsorptionsfläche des Empfangsraums, bestimmt durch Messung der Nachhallzeit (s. Abschn. 3, Gl. (3.7))
A_0 Bezugs-Absorptionsfläche (= 10 m²)

Bei Messungen in Gebäuden wird der Norm-Trittschallpegel nach DIN EN ISO 140-7 [78] (bislang: DIN 52 210-1) ermittelt und mit L'_n (analog R') bezeichnet. Die nach DIN 52210 noch mögliche Kennzeichnung der Trittschalldämmung von Decken in Prüfständen „mit bauähnlicher Flankenübertragung" ist mit Einführung der harmonisierten europäischen Normen

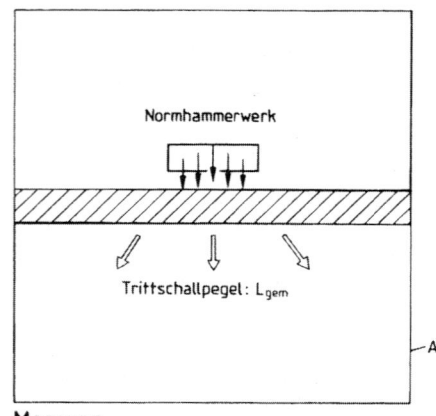

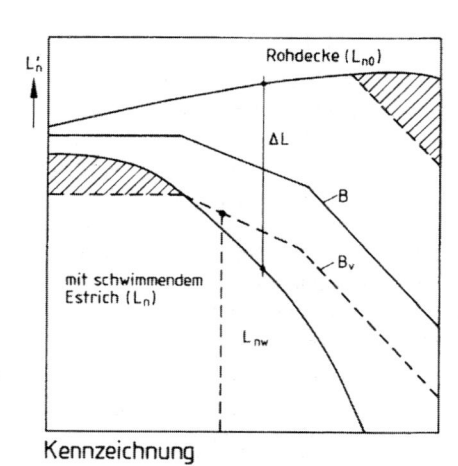

Bild 2.12 Zur Messung und Kennzeichnung des Trittschallschutzes von Decken und Fußböden im Prüfstand
  B   Bezugskurve nach DIN EN ISO 717-2 [82], siehe Einzahlangaben
  ▨   Überschreitung der verschobenen Bezugskurve B_v durch die Messkurve M (im Mittel ≤ 2 dB)
  ΔL Trittschallminderung durch den schwimmenden Estrich nach DIN EN ISO 140-8 [79]
  L_{nw} bewerteter Normtrittschallpegel nach DIN EN ISO 140-6 [77] und DIN EN ISO 717-2

entfallen. Somit kann nun auch beim Trittschall – genauso wie beim Luftschall – eindeutig zwischen der Trittschalldämmung der Decke im Prüfstand (L_n) und der Trittschalldämmung im Gebäude (L'_n) unterschieden werden. Der Norm-Trittschallpegel ist ein Maß für die zu erwartenden Störgeräusche bei Körperschallanregung, sodass – im Gegensatz zum Luft-Schalldämm-Maß R - hohe Werte einen niedrigen Trittschallschutz bedeuten.

Der Norm-Trittschallpegel L_n von Decken hängt stark von der Frequenz ab, bei Rohdecken steigt L_n mit der Frequenz an, mit aufgebrachtem Fußboden (schwimmender Estrich und/oder weichfedernder Gehbelag) ergibt sich normalerweise eine zu hohen Frequenzen hin abfallende L_n-Kurve (s. Bild 2.12). Nach DIN EN ISO 140-6 [77] wird der Trittschall mit Terzfiltern gemessen. Es wird der Frequenzbereich 100 bis 5000 Hz zugrunde gelegt. Für Trittschallmessungen in Gebäuden (DIN EN ISO 140-7 [78]) kann außer in Terzen (Frequenzbereich 100 bis 3150 Hz) auch in Oktaven gemessen werden.

Die Verbesserung des Trittschallschutzes durch eine Deckenauflage wird als **Trittschallminderung** ΔL bezeichnet. Das Messverfahren ist in DIN EN ISO 140-8 [79] (bislang: DIN 52 210-1) festgelegt:

$$\Delta L = L_{no} - L_n \quad (2.20)$$

Dabei bedeuten:

L_{no} Norm-Trittschallpegel der Decke ohne Deckenauflage
L_n Norm-Trittschallpegel der Decke mit Deckenauflage

Die Trittschallminderung ΔL von Fußböden wird, wie L'_n in Abhängigkeit von der Frequenz bestimmt (Frequenzbereich 100 bis 5000 Hz) und in einem Diagramm dargestellt.

Bei üblichen Massivdecken ist ΔL einer Deckenauflage mit hinreichender Genauigkeit gleich groß [18], also unabhängig von der Deckenstärke.

Einzahlangaben nach DIN EN ISO 717-2

Analog zum Luftschall wird für die Bewertung einer gemessenen L_n- oder L'_n-Messkurve (s. Bild 2.12) der bewertete Norm-Trittschallpegel $L_{n,w}$ oder $L'_{n,w}$ bestimmt. Das Verfahren ist in DIN EN ISO 717-2 [82] (bislang: DIN 52 210-4) geregelt/Die entsprechende Bezugskurve (B) (s. Bild 2.12) berücksichtigt wiederum, dass das menschliche Ohr bei hohen Frequenzen empfindlicher ist als bei tiefen Frequenzen. Zur Bewertung wird die Bezugskurve (B) solange in Schritten von ganzen dB verschoben, bis die mittlere Überschreitung der verschobenen Bezugskurve (B_v) durch die Messkurve nicht größer als 2 dB ist, siehe schraffierter Bereich in Bild 2.12. Als Einzahlangabe zur Kennzeichnung der Trittschalldämmung wird der Wert der verschobenen Bezugskurve bei 500 Hz herangezogen und als bewerteter Norm-Trittschallpegel $L_{n,w}$ bzw. $L'_{n,w}$ bezeichnet.

Er ist um so niedriger, je besser der Trittschallschutz, allerdings ist der $L_{n,w}$-Wert nicht ganz so anschaulich wie der R_w-Wert, welcher näherungsweise mit der mittleren A-Schallpegeldifferenz übereinstimmt. Ganz grob entspricht der $L_{n,w}$-Wert etwa dem A-Schallpegel extrem lauter Trittschallgeräusche wie z. B. Stühlerücken auf Fliesen und Hüpfen, normale Gehgeräusche u.ä. sind um rund 15 bis 25 dB(A) leiser. Für die Beurteilung des Trittschallschutzes wird in DIN 4109 der bewertete Norm-Trittschallpegel $L'_{n,w}$ verwendet, jedoch wird in Klammern auch noch das frühere **Trittschallschutzmaß TSM** angegeben (siehe z. B. Tafel 4.1). Mit hinreichender Genauigkeit für die Praxis gilt:

$$\text{TSM} = 63 \text{ dB} - L'_{n,w} \qquad (2.21)$$

bzw.

$$\text{TSM}_{eq} = 63 \text{ dB} - L_{n,w,eq} \qquad (2.22)$$

Der Trittschallschutz wird mit wachsendem TSM besser; bei TSM = 0 dB sind Gehgeräusche noch sehr laut und erst ab TSM $\cong$ + 20 dB oder mehr sind normale Gehgeräusche praktisch kaum mehr störend.

Der Trittschallschutz üblicher Massivdecken mit schwimmendem Estrich liegt heute bei einwandfreier Bauausführung bei rund L'_{nw} = 43 dB (s. Abschn. 4.2.1). Für die Kennzeichnung von **Rohdecken** wird, im Hinblick auf die noch hinzukommende Deckenauflage und eine vereinfachte Berechnung mit Einzahlangaben [19], der sogenannte äquivalente Norm-Trittschallpegel L_{nweq} bestimmt durch rechnerische Berücksichtigung einer Bezugs-Deckenauflage (Näheres s. DIN EN ISO 717-2 (bislang: DIN 52 210-4)).

Für die frequenzabhängige Trittschallminderung ΔL von **Deckenauflagen** (schwimmender Estrich, Teppichbelag o. a.) wird die Einzahlangabe: ΔL_W = **Trittschall-Verbesserungsmaß** verwendet. Zur Ermittlung nach DIN EN ISO 717-2 [82] wird ΔL rechnerisch auf eine Bezugsdecke angewendet und vom L_{nw} der Bezugsdecke mit Fußboden der L_{nweq} der Bezugsdecke abgezogen. ΔL_W gibt an, um wie viel die Trittschalldämmung einer Rohdecke durch den Fußbodenaufbau etwa erhöht wird.

Statt der aufwendigen frequenzabhängigen Berechnung von $L_{nwfertig}$ für eine fertige Decke (Rohdecke mit schwimmendem Estrich und Gehbelag) aus L_n:

$$L_n = L_{no} - \Delta L_E - \Delta L_G \qquad (2.23)$$

mit

L_{no} Normtrittschallpegel der Rohdecke
ΔL_E Trittschallminderung durch den schwimmenden Estrich
ΔL_G Trittschallminderung durch den Gehbelag

kann damit $L_{nwfenig}$ mit hinreichender Genauigkeit aus den Einzahlangaben berechnet werden nach Gl. (2.24):

$$L_{nwfertig} \approx L_{nweq} - \Delta L_w - k$$

Dabei bedeuten:
$L_{nwfertig}$ bewerteter Norm-Trittschallpegel der fertigen Decke
L_{nweq} bewerteter äquivalenter Norm-Trittschallpegel der Rohdecke
ΔL_w Verbesserungsmaß, größerer Wert von ΔL_{wE} (schwimmender Estrich) und $\Delta L'_{wG}$ (Gehbelag) (s. Tafel 4.9 in Abschn. 4.2.1)
k Korrekturfaktor zur Berücksichtigung der zweiten Auflage nach Bild 4.13 in Abschn. 4.2.1

2.2.4 Kurzmessverfahren

Frequenzabhängige Messungen nach den zuvor erläuterten Standard-Prüfverfahren (DIN EN ISO 140, Teile 4, 5, 7) sind zwar relativ genau, aber auch zeitaufwendig und dementsprechend teuer, deshalb werden oft nur einige wenige Bauteile überprüft. Aus den wenigen Stichproben kann dann oft nur unzureichend auf den Schallschutz des gesamten Hauses geschlossen werden, wenn man die Streuung in ausgeführten Bauten betrachtet, s. Bild 4.1 in Abschn. 4.

Zur vereinfachten Überprüfung des Schallschutzes in Bauten werden deshalb häufig Kurzmessverfahren angewandt [17], [20], [21], [9], um bei gleichem wirtschaftlichen Aufwand wesentlich mehr Stichproben machen zu können, wodurch dann eine bessere Übersicht über den Schallschutz des Hauses gegeben werden kann. Bei den harmonisierten europäischen Normen sind für Messungen in Gebäuden außer den Standard-Messverfahren auch Kurzmessverfahren vorgesehen. Neben diesen genormten Verfahren gibt es solche, die sich in der Praxis bereits seit langem bewährt haben und auf die hier näher eingegangen werden soll.

Nachfolgend werden drei Kurzmessverfahren angegeben, mit welchen nach eigenen Erfahrungen eine relativ hohe Genauigkeit erreicht werden kann. Die Einzahlangaben (R'_w, TSM bzw. L'_{nw}) werden dabei jeweils durch Messung von Gesamtschallpegeln bestimmt.

R'_w von Trennwänden und -decken [20]

Im Senderaum wird über einen Lautsprecher „Rosa-Rauschen" abgestrahlt, d. h. der Sendeschallpegel muss im Frequenzbereich 100 bis 3150 Hz in jeder Terz gleich groß sein. Aus den Gesamtschallpegeln in dB(A) im Sende- und im Empfangsraum wird dann das bewertete Schalldämm-Maß R'_w nach folgender Beziehung bestimmt:

$$R'_w \approx L_{A1} - L_{A2} + 10 \lg \frac{S}{A} + 2 \text{ dB} \qquad (2.25)$$

Dabei bedeuten:
L_{A1} mittlerer A-Schallpegel im Senderaum
L_{A2} mittlerer A-Schallpegel im Empfangsraum
S Fläche des zu überprüfenden Bauteils
A äquivalente Schallabsorptionsfläche des Empfangsraumes, bestimmt durch Messung des Schallpegels der geeichten Schallquelle im Empfangsraum (L_R) und in kleinem Abstand vor der Quelle (L_Q): $10 \lg A = L_Q - L_R - K$ mit K = Eichkonstante der Quelle.

Das Verfahren ergibt Abweichungen von kleiner als ± 2 dB [17] gegenüber dem Normverfahren, ist also für eine Überprüfung am Bau im Normalfall gut ausreichend.

TSM bzw. L'_{nw} von Massivdecken [21]

Bei dem stark vereinfachten Verfahren wird wie beim Normverfahren das Norm-Trittschallhammerwerk auf der zu überprüfenden Decke betrieben und dann die Körperschallpegel (L_V)

an der Deckenunterseite und eventuell auch an den Wänden des Empfangsraums gemessen, z. B. mit Hilfe einer Druckkammer nach Gösele [22]. Aus den Körperschallpegeln (L_{vi}) der einzelnen abstrahlenden Flächen (SO wird der in den Raum abgestrahlte Gesamt-Normtrittschallpegel $L'_{nges.}$ in dB(A) berechnet und daraus dann TSM bzw. L'_{nw} nach folgenden Beziehungen:

$$L'_{ni} = L_{vi} + 7 \text{ dB} + 10 \lg \frac{S_i}{10 \text{ m}^2} \qquad (2.26)$$

$$TSM = 71 \text{ dB(A)} - L'_{nges.} \text{ (in dB(A))} \qquad (2.27)$$

bzw. $L'_{nw} = L'_{nges} - 8 \text{ dB (A)}$

Durch die reine Körperschallmessung entfällt bei diesem Verfahren die Bestimmung der Schallabsorption im Empfangsraum. Außerdem kann mit diesem Verfahren der schwimmende Estrich sehr früh überprüft werden, ohne dass bereits Türen eingebaut sind.

Untersuchungen an 200 Decken ergaben eine Standard-Abweichung von 1,6 dB [21]. Nach [17] werden die Abweichungen gegenüber dem Normverfahren nur in sehr seltenen Fällen ± 3 dB überschreiten.

R'_w von Fenstern [94]

Eine vereinfachte Überprüfung von Fenstern am Bau kann bei genügend hoher Verkehrslärmeinwirkung nach der in VDI 2719 [94] angegebenen Beziehung erfolgen:

$$R'_w = L_{ma} - L_{mi} + 10 \lg \frac{S}{A} + K \text{ dB} \qquad (2.28)$$

Dabei bedeuten:

L_{ma} Mittelungspegel in dB(A) außen in rund 1 bis 2 m Abstand gemessen, oder Freifeld-Pegel L_o + 3 dB (A)
L_{mi} Mittelungspegel in dB(A) der eindringenden Verkehrsgeräusche
S Fläche des Fensters
A äquivalente Schallabsorptionsfläche des Empfangsraums (Messung s. o.)
K Korrektursummand für Außengeräusch-Spektrum: 6 dB bei innerstädtischen Straßen, sonst 3 dB, siehe [94]

Untersuchungen in [23] mit 40 verschiedenen Fenstern und innerstädtischem Verkehrsgeräusch ergaben einen Streubereich von ± 2 dB, sodass mit diesem Kurzmessverfahren zumindest grobe Einbaufehler schnell festgestellt werden können. Die Verkehrsgeräusche außen und innen müssen dabei simultan gemessen werden.

2.3 Vorschriften und allgemeine Anforderungen

Eine Übersicht über Schallwirkungen beim Menschen wird von Jansen in [5] gegeben. Vorschriften, Normen und Richtlinien für die Beurteilung von Geräuschimmissionen sind in [5] von Gottlob und Kürer zusammengestellt.

Für Wohnräume kann man daraus entnehmen, dass der Bereich für zumutbare Innenpegel nachts bei 25 bis 35 dB(A) und tagsüber bei 30 bis 40 dB(A) liegt, sofern es sich um Außengeräusche handelt. Bei Geräuschübertragungen innerhalb von Gebäuden liegt die Belästigungsschwelle häufig niedriger als für Außengeräusche, aufgrund des höheren Informationsgehaltes und abhängig vom allgemeinen Grundgeräuschpegel in der Wohnung (Näheres s. [55]).

Für den Schallschutz im Hochbau werden in DIN 4109 [62] **baurechtlich verbindliche Mindestanforderungen** und Vorschläge für einen erhöhten Schallschutz genannt. Zahlenmäßig werden diese Anforderungen und eventuell zusätzlich zu berücksichtigende Normen oder Richtlinien bei den entsprechenden Einzelabschnitten angegeben.

Bei der Planung und Bauausführung ist jedoch neben den baurechtlichen Anforderungen zu bedenken, dass **zivilrechtlich** eine Bauweise geschuldet wird, die mindestens den **allgemein anerkannten Regeln der Technik** (= a.a.R.d.T.) entsprechen muss [12]. Entspricht eine Werkleistung nicht den a.a.R.d.T., so liegt regelmäßig ein Werkmangel vor (BGH 9.7.81 Sch-Fi-H. Nr. 5 zu § 17 VOB/B).

Die a.a.R.d.T. sind nach [12] solche technische Regeln für den Bauentwurf und die Bauausführung, die in der Wissenschaft als theoretisch richtig erkannt sind und feststehen, sowie im Kreis der für die Anwendung der betreffenden Regeln maßgeblichen, nach dem neuesten Erkenntnisstand vorgebildeten Technikern durchweg bekannt und aufgrund fortdauernder praktischer Erfahrung als richtig und notwendig anerkannt sind.

Die a.a.R.d.T. unterliegen also einer ständigen technischen Fortentwicklung, wodurch dann von der technischen Entwicklung überholte DIN-Normen (z. B. bis 1989 DIN 4109(09.62)), insbesondere bezüglich des Trittschallschutzes von Decken) nicht mehr den a.a.R.d.T. entsprechen und damit zivilrechtlich unverbindlich werden. Nach geltender Rechtssprechung sind deshalb z. B. für den Schallschutz von sogenannten Komfortwohnungen (gehobene Ausstattung, ruhige Lage usw.) zumindest die erhöhten Anforderungen nach DIN 4109 maßgeblich bzw. der mit der vorgesehenen Bauweise üblicherweise erreichbare Schallschutz bei einwandfreier Bauausführung.

3 Raumakustik

Die Schallabsorption in einem Raum ist bestimmend dafür, wie „hallig" uns ein Raum erscheint und wie laut eine Geräuschquelle ist. Raumakustische Maßnahmen sollen gute Hörverhältnisse für Sprache und/oder Musik in Zuhörerräumen wie z. B. Konzertsälen, Versammlungsstätten, Hörsälen und Klassenzimmern, schaffen und zur Schallpegelminderung in Arbeitsräumen beitragen. Nachfolgend werden die Grundbegriffe besprochen und Maßnahmen für einfachere Räume aufgezeigt (Vertiefung s. [3]).

Der Schallabsorptionsgrad a ist definiert durch das Verhältnis:

$$\alpha = \frac{\text{nicht reflektierte Schallenergie}}{\text{auftreffende Schallenergie}} \tag{3.1}$$

α kann Werte zwischen 0 (vollständige Reflexion) und 1 (vollständige Absorption) annehmen und ist frequenzabhängig. Multipliziert mit der zugehörigen Fläche S erhält man die sogenannte **äquivalente Schallabsorptionsfläche A:**

$$A \text{ in } m^2 = \alpha \cdot S \, [m^2] \tag{3.2}$$

A kennzeichnet das Schallabsorptionsvermögen der Fläche S und stellt diejenige Modellfläche dar, die vollständig absorbiert. Für einen Raum ergibt sich die gesamte äquivalente Absorptionsfläche durch Addition der Schallabsorptionsflächen $A_i = \alpha_i \cdot S_i$ der Begrenzungsflächen,

3 Raumakustik

aber auch den Absorptionseigenschaften der Raumausstattung ($A_{Möblierung}$) und den im Raum befindlichen Personen ($A_{Personen}$):

$$A_{Raum} = \alpha_1 \cdot S_1 + \alpha_2 \cdot S_2 + \ldots + \alpha_i \cdot S_i + A_{Möbl.} + A_{Pers.} \tag{3.3}$$

Der im Raum auftretende Schallpegel wird wesentlich bestimmt durch den reflektierten Schall und damit vom gesamten Absorptionsvermögen (A_{Raum}). Durch häufige Reflexionen sind beim reflektierten Schall normalerweise alle Ausbreitungsrichtungen mit gleicher Wahrscheinlichkeit vorhanden, man spricht von diffusem Schallfeld. Für den Schallpegel im **diffusen Schallfeld** ($L_{diff.}$) gilt nach [2]:

$$L_{diff.} = L_W - 10 \lg \frac{A_{Raum}}{4 \cdot [m^2]} \tag{3.4}$$

mit L_W = Schallleistungspegel der Schallquelle.

Die Abnahme des Schallpegels um eine Lärmquelle (z. B. Maschine) in einem Raum bei verschiedener äquivalenter Schallabsorptionsfläche zeigt Bild 3.1:

Bild 3.1
Schallpegelverlauf in einem Raum in Abhängigkeit von der Entfernung der Schallquelle
a ursprünglicher Zustand
b Zustand nach Vergrößerung des Schallabsorptionsvermögens
c Abnahme des Direktschalls (freies Schallfeld: 6 dB je Entfernungsverdoppelung)
r Entfernung von der Schallquelle
r_g Grenzradius

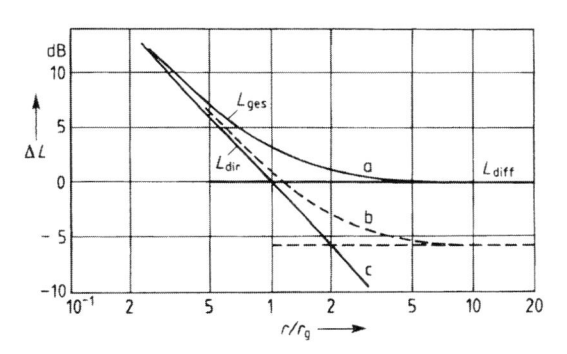

Die Entfernung von der Schallquelle, bei welcher der Schalldruck des Direktschallfeldes gleich dem des diffusen Schallfeldes ist, wird als **Grenzradius r_g** (oder Hallradius) bezeichnet. Bei einer Schallquelle auf einer reflektierenden Fläche (ungerichtete Abstrahlung in Halbraum) ergibt sich der Grenzradius zu:

$$r_g = \sqrt{\frac{A}{25}} \tag{3.5}$$

Durch eine Erhöhung von A_{vorher} auf $A_{nachher} = A_{vorh} + A_{zusätzlich}$ kann der Schallpegel in einem Raum in folgender Größenordnung (ΔL) erniedrigt werden:

$$\Delta L = 10 \lg \frac{A_{nachher}}{A_{vorher}} = 10 \lg \left(1 + \frac{A_{zus.}}{A_{vorh.}}\right) \tag{3.6}$$

In der Praxis kann die Absorptionsfläche oftmals kaum verdoppelt werden aufgrund der bereits vorhandenen Absorptionsflächen, sodass selten mehr als 3 dB Pegelsenkung erreicht werden kann.

Mit Gl. (3.4) kann der zu erwartende Schallpegel in einem Raum bei bekanntem Schallleistungspegel einer Schallquelle hinreichend genau vorherberechnet werden. Analog kann umgekehrt die abgestrahlte Schallleistung einer Quelle im Hallraum bestimmt werden (Hallraumverfahren siehe [64], [1]).

Die bisherigen Ausbreitungsbetrachtungen setzen voraus, dass die Schallwellenlängen klein sind im Verhältnis zu den Raumabmessungen. Die Schallausbreitung kann dann, unter Vernachlässigung aller Interferenzerscheinungen, strahlenförmig und an Wänden o. ä. teils nach den Spiegelgesetzen reflektiert und teils absorbiert angenommen werden (Geometrische Raumakustik). Der Schallpegel im diffusen Schallfeld stellt dann einen Mittelwert dar mit örtlichen Schwankungen, verursacht durch die Wellennatur des Schalls. In der Nähe der Schallquelle ergeben sich dadurch jedoch abweichende Nahfelder [1] und ab etwa $\lambda/4$ vor einer reflektierenden Fläche tritt durch die Überlagerung der auftreffenden und der reflektierten Schallwelle eine Druckerhöhung auf, wodurch der Schallpegel an der Reflexionsstelle sich erhöht

um 3 dB vor Flächen

um 6 dB vor Kanten

um 9 dB vor Ecken

gegenüber dem Schallpegel im diffusen Schallfeld.

Durch die äquivalente Schallabsorptionsfläche wird neben dem Schallpegel im Raum auch der **Raumeindruck** bestimmt:

A groß: geringe Halligkeit („trockene Akustik")

A klein: sehr hallig (eventuell Flatterechos)

Die Halligkeit eines Raumes wird physikalisch durch seine **Nachhallzeit** T gekennzeichnet. T ist diejenige Zeitspanne, in welcher der Schallpegel in einem Raum, nach Abschalten der Quelle, um 60 dB absinkt (siehe [71] und Bild 3.2).

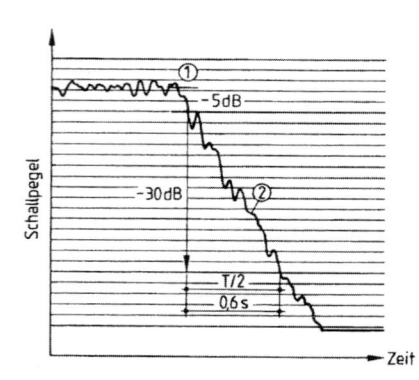

Bild 3.2
Messung der Nachhallzeit nach [71]
1 Terzrauschen abgeschaltet
2 Nachhallvorgang T = 2 · 0,6 s = 1,2 s

Die Nachhallzeit nimmt mit der Raumgröße zu durch die zunehmende mittlere freie Weglänge der Schallstrahlen. Nach statistischen Betrachtungen von Sabine [51] gilt:

$$T = 0{,}163 \cdot \frac{V}{A} \quad V \text{ in m}^3 \tag{3.7}$$

bzw. A in m^2

$$A = 0{,}163 \cdot \frac{V}{T} \quad T \text{ in s}$$

3 Raumakustik

Die Sabinesche Formel hat für die Raumakustik eine sehr große Bedeutung erlangt. Durch Messungen der Nachhallzeit können damit die schallabsorbierenden Eigenschaften von Baustoffen (Schallabsorptionsgrad, α_s, s. Tafel 3.1), Bauteilen und Räumen bestimmt werden [70] [71].

Bei der Planung eines Zuhörerraumes kann nach der Sabine-Formel die erforderliche Schallabsorptionsfläche des Raumes für die gewünschte optimale Nachhallzeit ermittelt werden und damit die Auswahl entsprechender Schallabsorber getroffen werden. Die optimale Nachhallzeit ist neben einer gleichmäßigen Schallverteilung im Raum sowohl für die Hörsamkeit in Sprechräumen als auch für den Musikeindruck in Konzertsälen eines der wichtigsten raumakustischen Kriterien.

Wie **Sprachverständlichkeit** mit zunehmender Nachhallzeit T und dem Raumvolumen nach V. O. Kundsen abnimmt, zeigt Bild 3.3.

Bild 3.3
Sprachverständlichkeit in Abhängigkeit von der Nachhallzeit T und dem Raumvolumen V
A Raumvolumen 700 m³
B Raumvolumen 11000 m³
C Raumvolumen 45000 m³

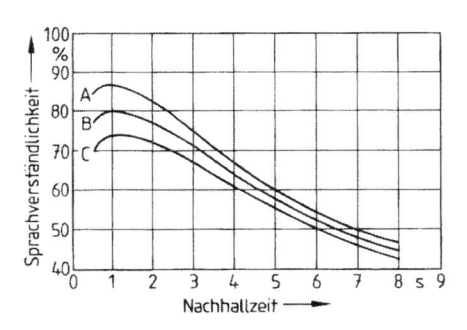

Für reine **Vortragsräume** sollte deshalb die Nachhallzeit nicht größer als $T_{opt.} \leq 1$ s sein. Maßnahmen zur Sicherung einer ausreichenden Hörsamkeit für kleine bis mittelgroße Räume (V = 125 bis 1000 m³) werden in DIN 18 041 [61] angegeben, mit folgenden Soll-Nachhallzeiten:

Raumvolumen V	m³	125	250	500	1000
Soll-Nachhallzeit T_{soll} (± 20 %) im besetzten Raum	s	0,6	0,7	0,8	0,9

Zur akustischen Gestaltung von Büroräumen enthält VDI 2569 [91] Anforderungen und Ausführungshinweise. In Großraumbüros hat sich danach eine mittlere Nachhallzeit von T ≤ 0,5 s als günstig erwiesen. Die Sorge, ein Büroraum könnte durch zu hohe Absorption „überdämpft" sein, erscheint nach heutiger Erfahrung unbegründet.

Bei **Musikdarbietungen** ist dagegen eine gewisse Räumlichkeitswirkung erforderlich, damit ein entsprechendes Klangbild entstehen kann. Grundvoraussetzung hierfür ist im Vergleich zum Optimum bei Sprache eine etwas längere Nachhallzeit des Raumes. Abhängig von der Musikart bzw. der Raumnutzung sind aus Bild 3.4 Soll-Werte (T_{soll}) für eine **optimale Nachhallzeit** und den entsprechenden frequenzabhängigen Toleranzbereich nach [3] abhängig vom Raumvolumen zu entnehmen für den besetzten Raum.

Baurechtlich verbindliche Anforderungen wurden bisher nur für **Sporthallen** in DIN 18 032 [60] festgelegt: Hallen sollen eine möglichst kurze Nachhallzeit T aufweisen, die oberhalb von 500 Hz nicht größer als 1,8 **Sekunden** sein darf (Messungen bei unbesetzter Halle). Bei Decken mit geringem Schallabsorptionsgrad sind dafür absorbierende Flächen an den Wänden

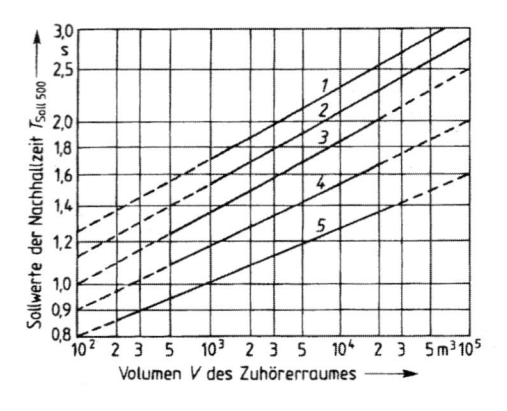

Bild 3.4 Soll-Werte der Nachhallzeit bei 500 Hz für verschiedene Raumarten in Abhängigkeit vom Volumen nach [3]
1 Räume für Oratorien und Orgelmusik; 2 Räume für sinfonische Musik; 3 Räume für Solo- und Kammermusik; 4 Opernttheater, Mehrzwecksäle für Musik und Sprache; 5 Sprechtheater, Versammlungsräume, Sporthallen

Toleranzbereiche für die Soll-Werte der Nachhallzeit in Abhängigkeit von der Frequenz
Bereich 1 bis 2: Musik
Bereich 1 bis 3: Sprache

notwendig. Die für **Schulen** in den früheren Allgemeinen Schulbaurichtlinien (ASR – 1978) enthaltenen konkreten Nachhallzeiten für Unterrichts- und Musikräume wurden leider in die 1983 bekanntgemachten ASE [57] nicht mehr aufgenommen; die ASE enthalten nur allgemeine Hinweise. Für die Planung muss hier zukünftig auf obengenannte Sollwerte nach DIN 18 041 [61] bei Unterrichtsräumen bzw. Bild 3.4 nach [3] zurückgegriffen werden.

Zur Betrachtung der Schallpegelverteilung in einem Raum können Gesetzmäßigkeiten der **geometrischen Raumakustik** angewandt werden, d. h. eine geradlinige Ausbreitung von Schallstrahlen und beim Auftreffen auf eine reflektierende Fläche das Spiegelgesetz: Einfallswinkel = Ausfallswinkel. Für eine ausreichende Versorgung der hinteren Plätze in einem Raum sind dann immer neben dem direkten Schall auch energiereiche Reflexionen, d. h. Reflexionen mit relativ kurzem Laufwegunterschied zum direkten Schall, notwendig, um den abnehmenden Pegel des Direktschalls mit der Entfernung möglichst auszugleichen.

Das menschliche Ohr nimmt zwei Schallereignisse getrennt wahr bei Zeitdifferenzen von mehr als 0,05 s entsprechend einem Laufwegunterschied von rund 17 m zwischen direktem und reflektiertem Schall. Diese Reflexion wird dann als störendes **Echo** wahrgenommen, wenn nicht schon vorher energiereiche Reflexionen von anderen Flächen dort eintreffen.

Die Anordnung von Reflektoren oder entsprechenden Deckenformen zur erforderlichen Verstärkung des Direktschalls sowie die Anordnung von Absorptionsflächen zur Vermeidung von Echoerscheinungen entsprechend den obengenannten Kriterien ist an einigen Beispielen aus [3] bzw. [61] in Bild 3.5 und Bild 3.6 dargestellt.

3 Raumakustik

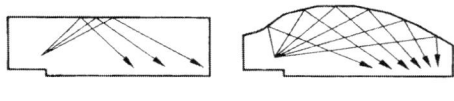

Bild 3.5
Deckenformen zur Begünstigung kurzzeitiger Reflexionen in den hinteren Publikumsbereich

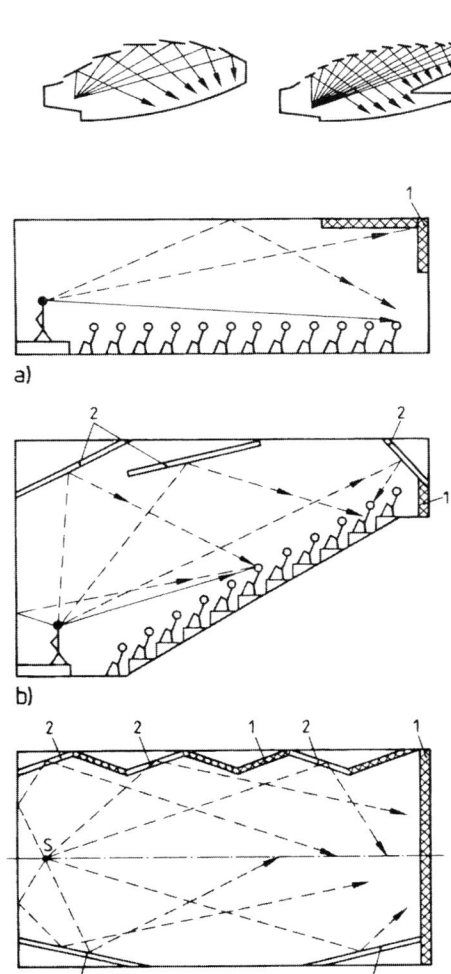

Bild 3.6
Beispiele für die Anordnung von Absorptionsflächen (1) und Reflexionsflächen (2)
a) Klassenräume u. ä.: an Rückwand und Deckenfries absorbierend, Decken-Mittelbereich reflektierend
b) nützliche Decken- und Stirnwandreflexionen bei hohen Räumen in Verbindung mit ansteigendem Gestühl
c) deutlichkeitserhöhende Wandreflexionen

Arten von Schallabsorbern

Nachfolgend wird das Absorptionsvermögen prinzipiell verschiedener Schallabsorber aufgezeigt und in Tafel 3.1 sind gemessene Schallabsorptionsgrade α_s üblicher Baustoffe zusammengestellt.

Poröse Absorber z. B. Faserplatten, offenporige Kunststoffschäume, Stoffvorhänge, Publikum.

Die Schallabsorption kommt beim porösen Absorber durch Umwandlung der Schallenergie in Wärme bei der Bewegung der Luftteilchen im Innern des Stoffes zustande. Voraussetzung dafür ist eine poröse Oberfläche des Materials und anschließende feine Kanäle, sodass die Schallwelle eindringen kann. Außerdem muss der Absorber eine ausreichende Dicke aufweisen oder mit Abstand vor der reflektierenden Fläche angeordnet werden, da im Abstand von rund $\lambda/4$ die maximale Schallschnelle (= Teilchenbewegung) auftritt und damit die größten Reibungsverluste (= Schallabsorption) erreicht werden. „Schallschluckende Tapeten" oder ähnliche sind daher unwirksam, da unmittelbar an der Wand praktisch keine Teilchenbewegung auftritt.

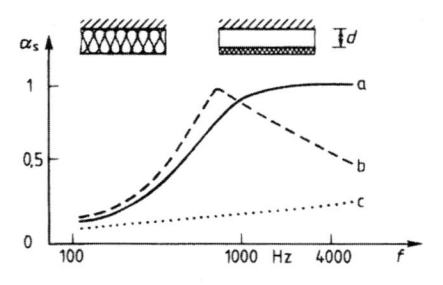

Bild 3.7
Prinzipieller Verlauf des Schallabsorptionsgrads in Abhängigkeit von der Frequenz bei porösen Absorbern
a poröse Schicht (d groß)
b poröse Schicht mit perforierter Abdeckung
c Teppichboden u. ä. (geringe Dicke d)

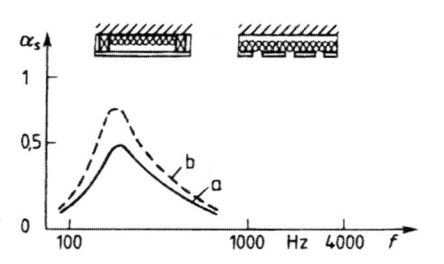

Bild 3.8
Prinzipieller Verlauf des Schallabsorptionsgrads in Abhängigkeit von der Frequenz bei Resonanz-Absorbern
a Hohlraum leer
b Mineralfaser im Hohlraum

Resonanz-Absorber z. B. Verkleidungen aus Sperrholz, Gipskartonplatten, Holzbrettern u. ä. mit Abstand vor einer Wand oder Decke ohne Fugen (= Plattenschwinger) bzw. mit Fugen oder Löchern (= Helmholtzresonator).

Die Resonanzabsorber können physikalisch als Masse-Feder-System interpretiert werden und besitzen im Bereich der Resonanzfrequenz eine ausgeprägte Schallabsorption (s. [3]).

Als Feder wirkt dabei das Luftvolumen und als schwingende Masse die Platte bzw. der Luftpfropf in den Fugen oder Löchern. Durch offenporige Dämmstoffe im Lufthohlraum kann im allgemeinen die Schallabsorption erhöht werden. Plattenschwinger und Lochplattenschwinger sind typische Schallabsorber für tiefe und mittlere Frequenzen.

Werden poröse Schallabsorberplatten mit Abstand angebracht, dann wir durch den Resonanzeffekt die Schallabsorption bei tiefen Frequenzen erhöht.

Mit solchen Verkleidungen oder z. B. abgehängten Akustik-Deckenverkleidungen wird dann nicht nur die Nachhallzeit im Raum reguliert, sondern sie verbessern nach dem Masse-Feder-Prinzip auch den Luft- und Trittschallschutz (s. Abschn. 6).

Poröse Schallschluckplatten direkt auf einer Wand oder Decke ergeben dagegen meist keine merkbare Verbesserung der Schalldämmung.

3 Raumakustik

Planungshinweise und Berechnungsbeispiel

Die Ermittlung der erforderlichen Akustik-Einbauten am Anfang der Planung kann häufig mit folgendem vereinfachten Ansatz für mittlere Frequenzen (z. B. 500 Hz) erfolgen:

$$A_{soll} = A_o + A_p + A_z \tag{3.8}$$

Dabei bedeuten:

A_{soll} Nach Gl. (3.7) ermittelte äquivalente Schallabsorptionsfläche für die optimale Nachhallzeit T_{soll} z. B. nach Bild 3.4 für den fertigen Raum mit üblicher Besetzung (Achtung: Bei Sporthallen Anforderungen für unbesetzte Halle, deshalb entfällt hier A_p).

A_o Ungefähre Schallabsorptionsfläche des leeren, unbehandelten Raums mit normaler Raumausstattung, jedoch ohne besondere Schallabsorptionsflächen ($\rightarrow A_z$); die entsprechende Nachhallzeit T_o kann mit folgender empirischer Formel abgeschätzt werden:

$$T_o \approx 1{,}6 \lg\left(\frac{V}{5\,m^3}\right) \pm 20\,\%$$

und dann A_o nach Gl. (3.7) berechnet werden (A_o siehe auch DIN 18 041 [61]).

A_p Ungefähre Schallabsorptionsfläche der Personen bei üblicher Besetzung:
 – 0,5 m² je Person (in Reihen sitzend)
 – bei Vollbesetzung und üblichem Rauminhalt von rund 5 m³
 pro Person: $A_p = \frac{V}{10}$ in m².

A_z erforderliche zusätzliche Schallabsorptionsfläche

Abhängig von den gewählten Akustik-Verkleidungen (α_s) oder der zur Verfügung stehenden Einbaufläche (S_{Einbau}) kann die erforderliche Fläche bzw. das Material ($\alpha_{erford.}$) nach folgenden Gleichungen festgelegt werden:

$$S_{Einbau} = \frac{A_z}{\alpha_s} \quad \text{oder} \quad \alpha_{erford.} = \frac{A_z}{S_{Einbau}} \tag{3.9}$$

Die Anwendung zeigt das nachfolgende **Berechnungsbeispiel** einer **Mehrzweckhalle** (24 m × 12 m) für sportliche und kulturelle Zwecke:

Volumen: V = rund 2400 m³

Nutzung: Schul- und Vereinssport, Versammlungen, Theater, Konzerte (max. 300 Personen, durchschnittlich 200 Personen)

Geplante Ausführung:
- flächenelastischer PVC-Sportboden
- Wandverkleidungen bis 2,3 m Nadelfilz-Prallwand
- darüber Holzverkleidungen einschließlich Dach
- Decke mit Mittelteil waagerecht und seitlich entsprechend Dachschräge, sichtbare Holztragkonstruktion

Anforderungen Nachhallzeit bei mittleren Frequenzen:
- nach DIN 18 032 für Sporthallen: T ≤ 1,8 s im unbesetzten Zustand
- nach Bild 3.4 für Mehrzwecknutzung: T = 1,3 s ± 20 % im besetzten Zustand (frequenzabhängig s. Bild 3.9)

erste Abschätzungen nach Gl. (3.7), (3.8) und (3.9), wobei zweitgenannte Anforderung Vorrang hat:

Größe:	A_{soll}	A_o	A_p	A_z
Wert:	300 m²	91 m²	100 m²	109 m²

Festlegung der reflektierenden und absorbierenden Flächen:
- Stirnwand gegenüber Bühne: bis 2,3 m über FFB, Nadelfilz-Prallschutz mit Schaumstoffunterlage ($\bar{\alpha}_s$ = 0,23; 44 m²) A = 10 m²
  darüber bis UK Dach offene Holzschalung (ä$_s$ = 0,48; 68 m²) A = 33 m²
- Deckenaußenseiten bis Mittelpfette mit offener Holzschalung, ($\bar{\alpha}_s$ = 0,48; 156 m²) A = 75 m²
- Deckenmittelbereich mit geschlossener Holzschalung möglichst als waagerechter Deckenspiegel
- Seitenwände und Stirnwand Bühne bis 2,3 m über FFB Nadelfilzbelag auf Spanplattenkonstruktion, darüber geschlossene Holzschalung
- Bühnenrückwand: verputztes Mauerwerk
- über Bühne: Deckenreflektoren

Damit ergibt sich A_z = 10 + 33 + 75 = 118 m² entsprechend einer mittleren zu erwartenden Nachhallzeit bei 200 Personen: T rund 1,3 s.

Die danach vorzunehmende frequenzabhängige Berechnung ergibt die in Bild 3.9 dargestellten Nachhallzeiten in Abhängigkeit von der Frequenz.

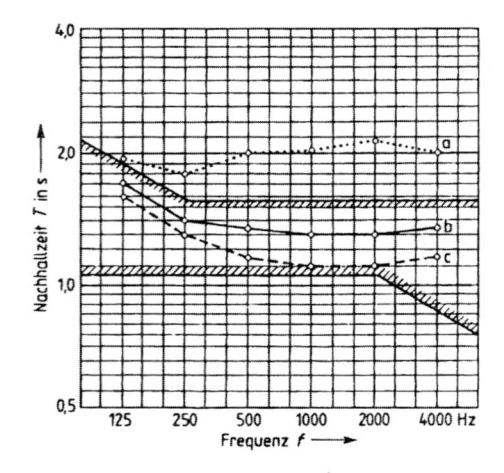

Bild 3.9
Berechnete Nachhallzeiten für die geplante Mehrzweckhalle
a leer: T_{mittel} = 2,0 s
b mit 200 Personen: T_{mittel} = 1,35 s
c mit 300 Personen: T_{mittel} = 1,15 s
   Toleranzbereich nach Bild 3.4

Bei einer durchschnittlichen Besetzung mit ca. 200 Personen ist die Halle für Mehrzwecknutzung (Musik und Sprache) somit sehr gut geeignet. Bei maximaler Besetzung liegt die Nachhallzeit an der unteren Grenze des anzustrebenden Bereichs für Mehrzwecknutzung. Musikdarbietungen werden dann etwas an Räumlichkeitseindruck vermissen lassen („trockene Akustik").

Für den Sportbetrieb ergeben sich gegenüber der Anforderung nach DIN 18 032 geringfügig zu lange Nachhallzeiten ab mittleren Frequenzen, was jedoch nach der Erfahrung zu keinen wesentlichen Störungen oder Beanstandungen führt (bis T ≤ 2,2 s).

3 Raumakustik

Tafel 3.1 Beispiele gemessener Schallabsorptionsgrade α_S üblicher Baustoffe und von Publikum [4]

lfd. Nr.	Material	Schallabsorptionsgrad α_S bei					
		125	250	500	1000	2000	4000 Hz
1	Mauerwerk verputzt	0,01	0,01	0,02	0,02	0,03	0,04
2	Harter Gehbelag (PVC o. ä.)	0,02	0,03	0,04	0,05	0,05	0,1
3	Teppichbelag, 7 mm	0,02	0,05	0,1	0,3	0,5	0,6
4	Ziegelmauerwerk, unverputzt, vollflächig vermauert	0,16	0,13	0,15	0,11	0,13	0,14
5	Hochlochziegel oder Kalksandlochsteine, Löcher dem Raum zugekehrt und offen, dahinter 60 mm Hohlraum						
	Mineralwolle im Hohlraum	0,15	0,65	0,45	0,45	0,4	0,7
	Hohlraum leer	–	0,6	0,13	0,20	0,14	0,10
6	Bimsbeton, unverputzt	0,15	0,4	0,6	0,6	0,6	0,6
7	12 mm Akustikputz direkt auf Decke	0,04	0,15	0,26	0,41	0,69	0,84
	12 mm Akustikputz auf gelochter Gipskartonplatte mit 40 mm Mineralfaserhinterlegung	0,19	0,84	0,81	0,55	0,4	0,7
8	25 mm Zementspritzputz mit Vermiculite-Zusatz	0,05	0,1	0,2	0,55	0,6	0,55
9	Gipskartonplatten mit 100 mm Luftabstand angebracht an Decken oder Wänden; im Hohlraum Mineralwolle	0,28	0,14	0,09	0,06	0,05	0,10
10	Gipskartonplatten mit Löchern versehen, oberseitig 30 mm Mineralstoffe, 200 mm Luftabstand	0,39	0,94	0,92	0,68	0,69	0,58
11	Mineralfaserplatten, unmittelbar an Wand oder Decke angebracht						
	10 mm	0,05	0,10	0,24	0,50	0,70	0,93
	50 mm	0,29	0,58	1,0	1,0	1,0	0,97
12	Mineralfaser-Akustikplatten 200 mm abgehängt	0,38	0,45	0,57	0,66	0,84	0,85
13	Holzwolle-Leichtbauplatten, 25 mm, unmittelbar an Wand	0,05	0,1	0,5	0,75	0,6	0,7
14	Metallkassetten, gelocht, mit Mineralwolleauflage	0,3	0,6	0,85	0,85	0,8	0,7
15	Holzbretter, 100 mm breit, 10 mm offene Fugen, 20 mm Mineralwolle dahinter, 30 mm Luftabstand	0,1	0,25	0,8	0,6	0,3	0,3
16	Publikum: A in m² pro Person	0,15	0,3	0,5	0,55	0,6	0,5

4 Schallschutz im Wohnungsbau

Bei der Festlegung der Schallschutzanforderungen für ein Bauvorhaben ist zu beachten, dass die DIN 4109 nur den **bauaufsichtlichen** Teil des Schallschutzes (Bauherr/Bauaufsicht) regelt, nicht jedoch die **zivilrechtlichen** Verhältnisse Bauherr/Planer bzw. Nutzer, wofür VOB (Verdingungsordnung für Bauleistungen) und BGB (Bürgerliches Gesetzbuch) maßgebend und verbindlich sind (s. hierzu auch Abschn. 2.3).

Anforderungen nach DIN 4109(11.89) und derzeitiger technischer Stand

Die DIN 4109 „Schallschutz im Hochbau" – Ausgabe 1989 enthält gegenüber der Ausgabe 1962 bzw. letztem Entwurf von 1984, welche ja für sämtliche bis Ende 1989 genehmigten Bauvorhaben anzuwenden waren, folgende wesentliche Änderungen bezüglich Aufbau und Inhalt:

- Der **Hauptteil** von **DIN 4109(11.89)** – die eigentliche Norm – enthält nur noch **Mindestanforderungen,** um Menschen in Aufenthaltsräumen vor unzumutbaren Belästigungen durch Schallübertragung zu schützen. Zum Nachweis des geforderten Schallschutzes sind im **Beiblatt 1** zu DIN 4109(11.89) Ausführungsbeispiele und Rechenverfahren angegeben. DIN 4109(11.89) wurde mit dem Beiblatt 1 im Jahr 1990 bauaufsichtlich eingeführt.
- Allgemeine Planungshinweise und Vorschläge für einen **erhöhten Schallschutz** sowie Empfehlungen für den Schallschutz im eigenen Wohn- und Arbeitsbereich sind im **Beiblatt 2** zu DIN 4109(11.89) enthalten – die Anforderungen des Entwurfes 84 wurden beibehalten.
- Für den Nachweis bei der Planung ist – wie bereits beim Entwurf 84 – von Messwerten aus Prüfständen generell ein **Vorhaltemaß** von 2 dB abzuziehen, ausgenommen bei Türen: 5 dB.
- Die Mindestanforderungen bezüglich Luftschallschutz wurden angehoben bei:
  - Wohnungstrennwänden von $R'_w = 52$ dB auf $R'_w = 53$ dB
  - Wohnungstrenndecken von $R'_w = 52$ dB auf $R'_w = 54$ dB
- Gegenüber der Ausgabe 1962 höhere Anforderungen bezüglich Trittschallschutz und Wegfall des Alterungsabschlags von 3 dB nach ≥ 2 Jahren.
- Anforderungen bezüglich Trittschallschutz bei Treppen*, Terrassen u. ä. sowie bzgl. Luftschallschutz bei Türen.
  * gegenüber Entwurf 84: statt Empfehlung TSM = 10 dB bzw. $L'_{nw} = 53$ dB jetzt Anforderung TSM = 5dB bzw. $L'_{nw} = 58$ dB.
- Höhere Anforderungen beim Schallschutz zwischen Einfamilien-Doppel/Reihenhäusern (analog Entwurf 84).
- Bei Beherbergungsstätten, Krankenanstalten und Schulen wurden die Anforderungen an Trennwände zwischen gleichartigen Räumen vermindert.
- Für Wohnungen, die an Betriebe angrenzen, wurden gegenüber den generell sehr hohen Anforderungen ($R'_w \geq 62$ dB, TSM $\geq + 20$ dB) in DIN 4109(09.62) differenziertere Anforderungen angegeben (s. Abschn. 4.4).

Nachfolgend werden die Anforderungen nach DIN 4109(11.89) an den Schallschutz von **Innenbauteilen** angegeben. Die baurechtlich maßgebenden Mindestanforderungen sind in Tafel 4.1 wiedergegeben, die Vorschläge für einen erhöhten Schallschutz enthält Tafel 4.2. Hierzu ist anzumerken, dass die Einhaltung der – gegenüber früher geringfügig höheren – Mindestanforderungen noch keinen guten Schallschutz gewährleisten (siehe hierzu [26] [55]). Entsprechend

4 Schallschutz im Wohnungsbau

Luftschallschutz von Wohnungstrennwänden

M : Mindestanforderung nach DIN 4109 (09.62)
M': Mindestanforderung nach DIN 4109 (11.89)
E : Erhöhter Schallschutz Ausgabe 1962
E': Erhöhter Schallschutz Ausgabe 1989

Luftschallschutz von Wohnungstrenndecken
(Massivdecken)

Trittschallschutz von Wohnungstrenndecken
(Massivdecken mit schwimmendem Estrich und Gehbelag (nicht bei b)).

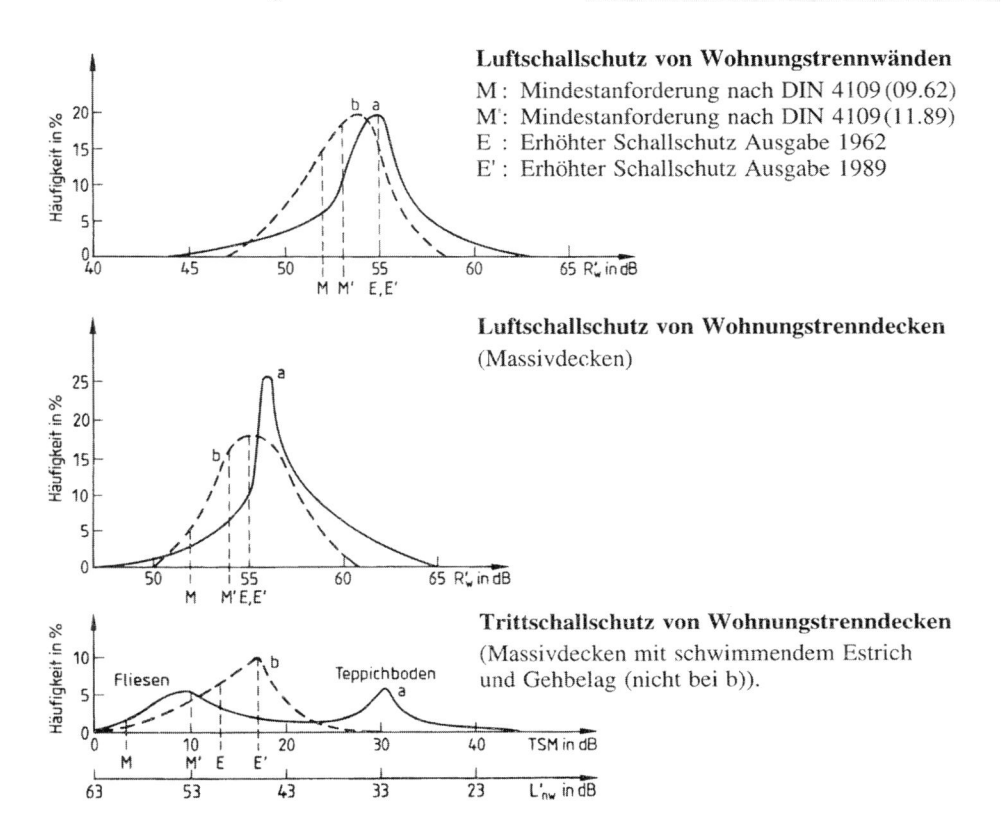

Bild 4.1　Zum Stand des Schallschutzes in Mehrfamilienhäusern
　　　　　Häufigkeitsverteilung a: eigene Überprüfung 1979-1984
　　　　　Häufigkeitsverteilung b: nach Gösele [4], Zeitpunkt der Untersuchung 1973/74

der geltenden Rechtsprechung und vor allem auch den gestiegenen Nutzer-Ansprüchen sollte deshalb heute praktisch immer die Einhaltung der erhöhten Anforderungen angestrebt werden, sofern nicht anderes vereinbart wurde, z. B. aus wirtschaftlichen Gründen wie beim kostengünstigen Wohnungsbau [40]. Eine Übersicht über den derzeitigen Stand des Schallschutzes in Mehrfamilienhäusern geben die Häufigkeitsdarstellungen in Bild 4.1. Daraus ist zu ersehen, dass die erhöhten Anforderungen ($R'_w \geq 55$ dB, $L'_{nw} \leq 46$ dB bzw. TSM $\geq + 17$ dB) in Mehrfamilienhäusern heute im Durchschnitt erfüllt werden.

Die Richtwerte für den Schallschutz innerhalb von Wohnungen und in Büro- und Verwaltungsgebäuden zeigt Tafel 4.3 (Anmerkung: Zwischen fremden Arbeitsräumen gilt jedoch Tafel 4.1). Die Anforderungen nach DIN 4109 (11.89) an **Außenbauteile** sind in Abschnitt 5 enthalten.

Für den Schallschutz gegenüber **Geräuschen aus haustechnischen Anlagen und Betrieben,** welche baulich mit Wohnungen verbunden sind, werden Anforderungen und Hinweise für die Planung und Ausführung entsprechend DIN 4109 (11.89) in Abschn. 4.4 besprochen. Für den **Nachweis des geforderten Schallschutzes** bei der Planung werden nach DIN 4109 (11.89) bei den einzelnen Bauteilen größere Anforderungen an die Sicherheit (→ Vorhaltemaß) gestellt

Tafel 4.1 Mindestanforderungen nach DIN 4109 (11.89) [62] an die Luft- und Trittschalldämmung zum Schutz gegen Schallübertragung aus einem fremden Wohn- oder Arbeitsbereich

Zeile	Bauteile	Anforderungen erf. R'_w in dB	Anforderungen erf. L'_{nw} (TSM) in dB	Bemerkungen
1 Geschosshäuser mit Wohnungen und Arbeitsräumen				
1	Decken: Decken unter allgemein nutzbaren Dachräumen, z. B. Trockenböden, Abstellräumen und ihren Zugängen	53	53 (10)	Bei Gebäuden mit nicht mehr als 2 Wohnungen betragen die Anforderungen erf. $R'_w = 52$ dB und erf. TSM = 0 dB.
2	Wohnungstrenndecken (auch -treppen) und Decken zwischen fremden Arbeitsräumen bzw. vergleichbaren Nutzungseinheiten	54	53 (10)	Wohnungstrenndecken sind Bauteile, die Wohnungen voneinander oder von fremden Arbeitsräumen trennen. Bei Gebäuden mit nicht mehr als 2 Wohnungen beträgt die Anforderung erf. $R'_w = 52$ dB. Weichfedernde Bodenbeläge dürfen bei dem Nachweis der Anforderungen an den Trittschallschutz nicht angerechnet werden; in Gebäuden mit nicht mehr als 2 Wohnungen dürfen weichfedernde Bodenbeläge berücksichtigt werden, wenn die Beläge auf dem Produkt oder auf der Verpackung mit dem entsprechenden VM gekennzeichnet sind.
3	Decken über Kellern, Hausfluren, Treppenhäusern unter Aufenthaltsräumen	52	$53^{1)}$ (10)	Weichfedernde Bodenbeläge dürfen bei dem Nachweis der Anforderungen an den Trittschallschutz nicht angerechnet werden.
4	Decken über Durchfahrten, Einfahrten von Sammelgaragen und ähnlichem unter Aufenthaltsräumen	55	$53^{1)}$ (10)	
5	Decken unter/über Spiel- oder ähnlichen Gemeinschaftsräumen	55	46 (17)	Wegen der verstärkten Übertragung tiefer Frequenzen können zusätzliche Maßnahmen zur Körperschalldämmung erforderlich sein.
6	Decken unter Terrassen und Loggien über Aufenthaltsräumen	–	53 (10)	Bezüglich der Luftschalldämmung gegen Außenlärm siehe aber Abschn. 5.
7	Decken unter Laubengängen	–	$53^{1)}$ (10)	
8	Decken und Treppen innerhalb von Wohnungen, die sich über zwei Geschosse erstrecken	–	$53^{1)}$ (10)	Weichfedernde Bodenbeläge dürfen bei dem Nachweis der Anforderungen an den Trittschallschutz nicht angerechnet werden.
9	Decken unter Bad und WC ohne/mit Bodenentwässerung	54	$53^{1)}$ (10)	Bei Gebäuden mit nicht mehr als 2 Wohnungen beträgt die Anforderung erf. $R'_w = 52$ dB und erf. TSM = 0 dB.

Fortsetzung s. nächste Seiten, Fußnote s. S. 51

4 Schallschutz im Wohnungsbau

Tafel 4.1, Fortsetzung

Zeile	Bauteile		Anforderungen		Bemerkungen
			erf. R'_w in dB	erf. L'_{nw} (TSM) in dB	
10	Decken	Decken unter Hausfluren	–	53[1]) (10)	Weichfedernde Bodenbeläge dürfen bei dem Nachweis der Anforderungen an den Trittschallschutz nicht angerechnet werden.
11	Treppen	Treppenläufe und -podeste	–	58 (5)	Keine Anforderungen an Treppenläufe in Gebäuden mit Aufzug und an Treppen in Gebäuden mit nicht mehr als 2 Wohnungen.
12	Wände	Wohnungstrennwände und Wände zwischen fremden Arbeitsräumen	53	–	Wohnungstrennwände sind Bauteile, die Wohnungen voneinander oder von fremden Arbeitsräumen trennen.
13		Treppenraumwände und Wände neben Hausfluren	52	–	Für Wände mit Türen gilt die Anforderung erf. R'_w (Wand) = erf. R_w (Tür) + 15 dB. Darin bedeutet erf. R_w (Tür) die erforderliche Schalldämmung der Tür nach Zeile 16 oder Zeile 17. Wandbreiten ≤ 30 cm bleiben dabei unberücksichtigt.
14	Wände	Wände neben Durchfahrten, Einfahrten von Sammelgaragen u. ä.	55	–	
15		Wände von Spiel- oder ähnlichen Gemeinschaftsräumen	55	–	
16	Türen	Türen, die von Hausfluren oder Treppenräumen in Flure und Dielen von Wohnungen und Wohnheimen oder von Arbeitsräumen führen	27	–	Bei Türen gilt erf. R_w.
17		Türen, die von Hausfluren oder Treppenräumen unmittelbar in Aufentshaltsräume – außer Flure und Dielen – von Wohnungen führen	37		
2 Einfamilien-Doppelhäuser und Einfamilien-Reihenhäuser					
18	Decken	Decken	–	48[1])	
19		Treppenläufe und -podeste und Decken unter Fluren	–	53 (10)	Bei einschaligen Haustrennwänden gilt: Wegen der möglichen Austauschbarkeit von weichfedernden Bodenbelägen, die sowohl dem Verschleiß als auch besonderen Wünschen der Bewohner unterliegen, dürfen diese bei dem Nachweis der Anforderungen an den Trittschallschutz nicht angerechnet werden.
20	Wände	Haustrennwände	57	–	

Fortsetzung und Fußnote s. nächste Seiten

Tafel 4.1, Fortsetzung

Zeile		Bauteile	Anforderungen		Bemerkungen
			erf. R'_w in dB	erf. L'_{nw} (TSM) in dB	
3 Beherbergungsstätten					
21	Decken	Decken	54	53 (10)	
22		Decken unter/über Schwimmbädern, Spiel- oder ähnlichen Gemeinschaftsräumen zum Schutz gegenüber Schlafräumen	55	46 (17)	Wegen der verstärkten Übertragung tiefer Frequenzen können zusätzliche Maßnahmen zur Körperschalldämmung erforderlich sein.
23		Treppenläufe und -podeste	–	58 (5)	Keine Anforderung an Treppenläufe in Gebäuden mit Aufzug.
24		Decken unter Fluren	–	53	
25		Decken unter Bad und WC ohne/mit Bodenentwässerung	54	53[1]) (10)	
26	Wände	Wände zwischen - Übernachtungsräumen - Fluren und Übernachtungsräumen	47	–	
27	Türen	Türen zwischen Fluren und Übernachtungsräumen	32	–	Bei Türen gilt erf. R_w.
4 Krankenanstalten, Sanatorien					
28	Decken	Decken	54	53 (10)	
29		Decken unter/über Schwimmbädern, Spiel- oder ähnlichen Gemeinschaftsräumen	55	46 (17)	Wegen der verstärkten Übertragung tiefer Frequenzen können zusätzliche Maßnahmen zur Körperschalldämmung erforderlich sein.
30		Treppenläufe und -podeste	–	58 (5)	Keine Anforderungen an Treppenläufe in Gebäuden mit Aufzug.
31		Decken unter Fluren	–	53[1]) (10)	
32		Decken unter Bad und WC ohne/mit Bodenentwässerung	54	53[1]) (10)	
33	Wände	Wände zwischen - Krankenräumen, - Fluren u. Krankenräumen, - Untersuchungs- bzw. Sprechzimmern, - Fluren u. Untersuchungs- bzw. Sprechzimmern, - Krankenräumen und Arbeits- u. Pflegeräumen	47	–	
34		Wände zwischen - Operations- bzw. Behandlungsräumen, - Fluren u. Operations- bzw. Behandlungsräumen	42	–	

Fortsetzung s. nächste Seite

4 Schallschutz im Wohnungsbau

Tafel 4.1, Fortsetzung

Zeile	Bauteile		Anforderungen		Bemerkungen
			erf. R'_w in dB	erf. L'_{nw} (TSM) in dB	
35	Wände	Wände zwischen - Räume der Intensivpflege, - Fluren und Räumen der Intensivpflege	37		
36	Türen	Türen zwischen - Untersuchungs- bzw. Sprechzimmern, - Fluren u. Untersuchungs- bzw. Sprechzimmern	37		Bei Türen gilt erf. R_W.
37		Türen zwischen - Fluren- und Krankenräumen, - Operations- bzw. Behandlungsräumen, - Fluren und Operations- bzw. Behandlungsräumen	32		
5 Schulen und vergleichbare Unterrichtsbauten					
38	Decken	Decken zwischen Unterrichtsräumen oder ähnlichen Räumen	55	53 (10)	
39		Decken unter Fluren	-	53[1]) (10)	
40		Decken zwischen Unterrichtsräumen oder ähnlichen Räumen und „besonders lauten" Räumen (z. B. Sporthallen, Musikräume, Werkräume)	55	46 (17)	Wegen der verstärkten Übertragung tiefer Frequenzen können zusätzlich Maßnahmen zur Körperschalldämmung erforderlich sein.
41	Wände	Wände zwischen Unterrichtsräumen oder ähnlichen Räumen	47		
42		Wände zwischen Unterrichtsräumen oder ähnlichen Räumen und Fluren	47		
43		Wände zwischen Unterrichtsräumen oder ähnlichen Räumen und Treppenräumen	52		
44		Wände zwischen Unterrichtsräumen oder ähnlichen Räumen und „besonders lauten" Räumen (z. B. Sporthallen, Musikräumen, Werkräumen)	55		
45	Türen	Türen zwischen Unterrichtsräumen oder ähnlichen Räumen und Fluren	32		Bei Türen gilt erf. R_W.

[1]) Die Anforderung an die Trittschalldämmung gilt nur für die Trittschallübertragung in fremde Aufenthaltsräume, ganz gleich, ob sie in waagerechter, schräger oder senkrechter Richtung (nach oben) erfolgt.

entsprechend etwas höherer Flächenmasse für die trennenden Bauteile und eine genauere Berücksichtigung der Schall-Längsleitung vorgeschrieben. (Näheres s. Abschn. 4.1 und 4.2) Der Planer oder Bauherr sollte deshalb zukünftig möglichst frühzeitig einen Bauphysiker einschalten, wie dies die HOAI seit 1985 vorsieht.

Tafel 4.2 Vorschläge für erhöhten Schallschutz nach DIN 4109 (11.89), Beiblatt 2 [62]; Luft- und Trittschalldämmung von Bauteilen zum Schutz gegen Schallübertragung aus einem fremden Wohn- oder Arbeitsbereich

Vorbemerkung: Die nachfolgende Tafel nach DIN 4109 (11.89) gibt nur eine Untergrenze für einen erhöhten Schallschutz an. Da die notwendige Schalldämmung nicht nur von der Lautstärke beim Nachbarn, sondern auch wesentlich von der Höhe des Grundgeräuschpegels L_G abhängt, sind im Einzelfall evtl. wesentlich höhere Schalldämmwerte notwendig, z. B. nach [55] mindestens $R'_w = 70$ dB, damit Klavierspiel nicht mehr hörbar ist bei Grundgeräuschpegeln $L_G \leq 20$ dB (A).

Spalte	1	2	3	4	5
Zeile		Bauteile	Vorschläge für erhöhten Schallschutz		Bemerkungen
			erf. R'_w in dB	erf. L'_{nw} in dB	
1 Geschosshäuser mit Wohnungen und Arbeitsräumen					
1	Decken	Decken unter allgemein nutzbaren Dachräumen, z. B. Trockenböden, Abstellräumen und ihren Zugängen	≥ 55	≤ 46	
2		Wohnungstrenndecken (auch -treppen) und Decken zwischen fremden Arbeitsräumen bzw. vergleichbaren Nutzungseinheiten	≥ 55	≤ 46	Weichfedernde Bodenbeläge dürfen für den Nachweis an den Trittschallschutz angerechnet werden.
3		Decken über Kellern, Hausfluren, Treppenräumen unter Aufenthaltsräumen	≥ 55	≤ 46[1])	
4		Decken über Durchfahrten, Einfahrten von Sammelgaragen und ähnlichem unter Aufenthaltsräumen	–	≤ 46[1])	
5		Decken unter Terrassen und Loggien über Aufenthaltsräumen	–	≤ 46	
6		Decken unter Laubengängen	–	≤ 46[1])	
7		Decken und Treppen innerhalb von Wohnungen, die sich über zwei Geschosse erstrecken	–	≤ 46[1]}	Weichfedernde Bodenbeläge dürfen für den Nachweis an den Trittschallschutz angerechnet werden.
8		Decken unter Bad und WC ohne/mit Bodenentwässerung	≥ 55	≤ 46[1])	Bei Sanitärobjekten in Bad oder WC ist für eine ausreichende Körperschalldämmung zu sorgen
9		Decken unter Hausfluren	–	≤ 46[1])	
10	Treppen	Treppenläufe und -podeste	–	≤ 46	

Fortsetzung und Fußnote siehe nächste Seite

4 Schallschutz im Wohnungsbau

Tafel 4.2, Fortsetzung

Spalte	1	2	3	4	5
Zeile		Bauteile	Vorschläge für erhöhten Schallschutz		Bemerkungen
			erf. R'_w in dB	erf. L'_{nw} in dB	
11	Wände	Wohnungstrennwände und Wände zwischen fremden Arbeitsräumen	≥ 55		
12		Treppenraumwände und Wände neben Hausfluren	≥ 55		Für Wände mit Türen gilt R'_w (Wand) = $R_{w,p}$ (Tür) + 15 dB. Darin bedeutet $R_{w,p}$ (Tür) die erforderliche Schalldämmung der Tür nach Zeile 13. Wandbreiten ≤ 30 cm bleiben dabei unberücksichtigt.
13	Türen	Türen, die von Hausfluren oder Treppenräumen in Flure und Dielen von Wohnungen und Wohnheimen oder von Arbeitsräumen führen	≥ 37		Bei Türen gelten die Werte für die Schalldämmung bei alleiniger Übertragung durch die Tür.
2 Einfamilien-Doppelhäuser und Einfamilien-Reihenhäuser					
14	Decken	Decken	–	≤ 38[1])	Weichfedernde Bodenbeläge dürfen für den Nachweis an den Trittschallschutz angerechnet werden.
15		Treppenläufe und -podeste und Decken unter Fluren	–	≤ 46[1])	
16	Wände	Haustrennwände Wohnungstrennwände	≥ 67	–	
3 Beherbergungsstätten, Krankenanstalten, Sanatorien					
17	Decken	Decken	≥ 55	≤ 46	
18		Decken unter Bad und WC ohne/mit Bodenentwässerung	≥ 55	≤ 46[1])	Weichfedernde Bodenbeläge dürfen für den Nachweis an den Trittschallschutz angerechnet werden. Bei Sanitärobjekten in Bad oder WC ist für eine ausreichende Körperschalldämmung zu sorgen.
19	Decken	Decken unter Fluren	–	≤ 46[1])	
20	Treppen	Treppenläufe und -podeste	–	≤ 46[1])	
21	Wände	Wände zwischen Übernachtungs- bzw. Krankenräumen	≥ 52	–	
22		Wände zwischen Fluren und Übernachtungs- bzw. Krankenräumen	≥ 52	–	Das R'_w gilt nur für die Wand allein.
23	Türen	Türen zwischen Fluren und Krankenräumen	≥ 37	–	Bei Türen gelten die Werte für die Schalldämmung bei alleiniger Übertragung durch die Tür.
24		Türen zwischen Fluren und Übernachtungsräumen	≥ 37	–	

[1]) Der Vorschlag für den erhöhten Schallschutz an die Trittschalldämmung gilt nur für die Trittschallübertragung in fremde Aufenthaltsräume, ganz gleich, ob sie in waagerechter, schräger oder senkrechter (nach oben) Richtung erfolgt.

Tafel 4.3 Empfehlungen für normalen und erhöhten Schallschutz; nach DIN 4109 (11.89), Beiblatt 2 [62] Luft- und Trittschalldämmung von Bauteilen zum Schutz gegen Schallübertragung aus dem eigenen Wohn- oder Arbeitsbereich

Spalte	1	2	3	4	5	6
Zeile	Bauteile	Empfehlungen für normalen Schallschutz		Empfehlungen für erhöhten Schallschutz		Bemerkungen
		erf. R'_w in dB	erf. L'_{nw} in dB	erf. R'_w in dB	erf. L'_{nw} in dB	
1 Wohngebäude						
1	Decken in Einfamilienhäusern, ausgenommen Kellerdecken und Decken unter nicht ausgebauten Dachräumen	50	56	≥ 55	≤ 46	Bei Decken zwischen Wasch- und Aborträumen als Schutz nur gegen Trittschallübertragung in Aufenthaltsräume. Weichfedernde Bodenbeläge dürfen angerechnet werden.
2	Treppen und Treppenpodeste in Einfamilienhäusern	–	–	–	≤ 53	Der Vorschlag für den erhöhten Schallschutz an die Trittschalldämmung gilt nur für die Trittschallübertragung in fremde Aufenthaltsräume, ganz gleich, ob sie in waagerechter, schräger oder senkrechter (nach oben) Richtung erfolgt. Weichfedernde Bodenbeläge dürfen angerechnet werden.
3	Decken von Fluren in Einfamilienhäusern		56		≤ 46	
4	Wände ohne Türen zwischen „lauten" und „leisen" Räumen unterschiedlicher Nutzung, z. B. zwischen Wohn- und Kinderschlafzimmer	40		≥ 47		
2 Büro- und Verwaltungsgebäude						
5	Decken, Treppen, Decken von Fluren und Treppenraumwände	52	53	≥ 55	≤ 46	Weichfedernde Bodenbeläge dürfen angerechnet werden.
6	Wände zwischen Räumen mit üblicher Bürotätigkeit	37	–	≥ 42	–	Es ist darauf zu achten, dass diese Werte durch eine Nebenwegübertragung über Flur und Türen nicht verschlechtert wird.
7	Wände zwischen Fluren und Räumen nach Zeile 6	37	–	≥ 42	–	
8	Wände von Räumen für konzentrierte geistige Tätigkeit oder zur Behandlung vertraulicher Angelegenheiten, z. B. zwischen Direktions- und Vorzimmer	45	–	≥ 52	–	
9	Wände zwischen Fluren und Räumen nach Zeile 8	45	–	≥ 52	–	
10	Türen in Wänden nach Zeile 6 und 7	27	–	≥ 32	–	Bei Türen gelten die Werte für die Schalldämmung bei alleiniger Übertragung durch die Tür.
11	Türen in Wänden nach Zeile 8 und 9	37	–	–	–	

4 Schallschutz im Wohnungsbau

4.1 Luftschalldämmung von Wänden

Die grundsätzlichen schalltechnischen Eigenschaften von Wänden werden zunächst bei einschaligen Bauteilen besprochen und dann das Verhalten zweischaliger Wände aufgezeigt.

4.1.1 Einschalige Wände

Unter einschaligen Wänden sind Bauteile zu verstehen, welche als Ganzes schwingen, d. h. sie können auch aus mehreren steifen Einzelschichten bestehen, die fest miteinander verbunden sind wie z. B. Mauerwerk und Putz. Sie können auch gewisse, nicht zu große Hohlräume aufweisen wie z. B. Hochlochziegel oder Hohlblocksteine.

Wenn allerdings die Löcher – zur Verbesserung der Wärmedämmung – versetzt angeordnet sind, schwingen die Steine nicht mehr als ganzes, sie zeigen Resonanzerscheinungen (Dickenschwingungen und Plattenschwingungen), wodurch die Schalldämmung verringert wird gegenüber der nachfolgend besprochenen Abhängigkeit von der Masse; Näheres hierzu s. z. B. [54], beim Abschn. 4.1.2 (Schalllängsleitung) und bei Außenwänden in Abschn. 5.2.

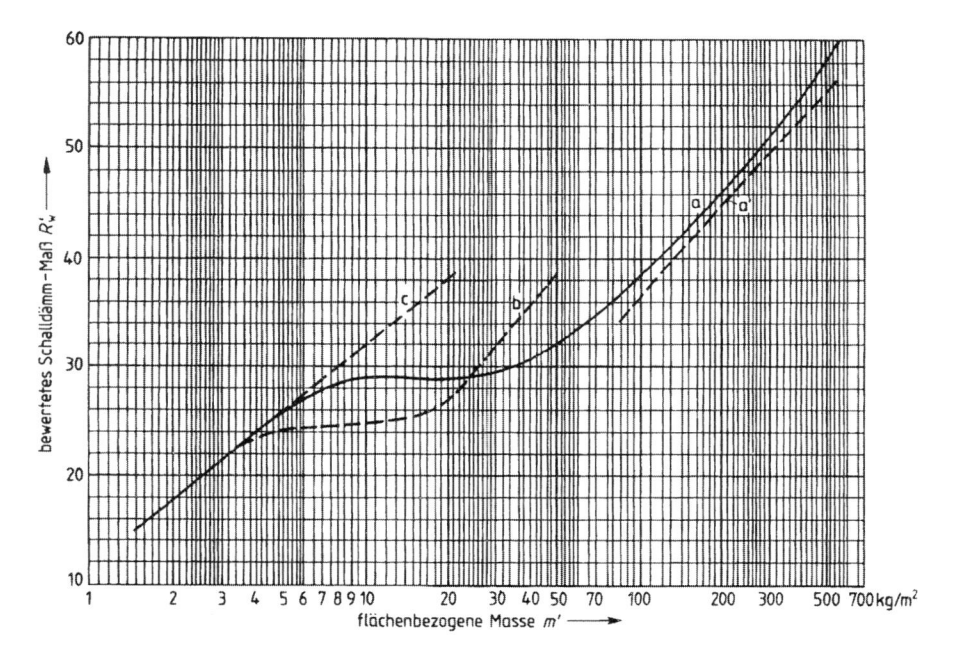

Bild 4.2 Abhängigkeit des bewerteten Schalldämm-Maßes R'_w von der flächenbezogenen Masse m' für einschalige Bauteile aus:
    a Beton, Mauerwerk, Gips, Glas u. ä. (Mittelwerte aus Messwerten bei flankierenden Bauteilen, die im Mittel etwa $\bar{m}'_L = 400$ kg/m² schwer sind)
    a' Rechenwerte für den Schallschutz-Nachweis nach DIN 4109, Beiblatt 1, einschließlich Vorhaltemaß bei $\bar{m}'_L$ ca. 300 kg/m² (s. Tafel 4.5)
    b Holzwerkstoffe
    c Stahlblech bis 2 mm Dicke, Bleiblech, Gummiplatten (Bergersches Massengesetz für biegeweiche Platten)
Werte ermittelt im Prüfstand „mit bauähnlicher Flankenübertragung" (DIN 52 210-2) [69].

Die Schalldämmung einschaliger Wände, allgemein einschaliger Bauteile (z. B. auch Türen u. ä.) hängt von folgenden Einflussgrössen ab [8], [24], [10]:

- Flächenbezogene Masse der Wand
- Biegesteife des Bauteils und Frequenz
- Undichtheiten (z. B. unverputztes Mauerwerk)
- Schalllängsleitung über flankierende Bauteile

Bei dichten einschaligen Wänden hängt die Schalldämmung in erster Linie von der flächenbezogenen Masse ab. Das ursprüngliche **Bergersche Massengesetz** [8] gilt jedoch nur für senkrechten Schalleinfall und biegeweiche Platten o. ä. (s. Bild 4.2, Kurve c). Das Massengesetz sagt aus, dass das Schalldämm-Maß bei einer Verdopplung der flächenbezogenen Masse oder der Frequenz um 6 dB zunimmt. Spätere Untersuchungen von Cremer [10] und Gösele [24] haben gezeigt, dass das Schalldämm-Maß vom Schalleinfallswinkel abhängt (→ Spuranpassung). Bei statistischem Schalleinfall (diffuses Schallfeld) ergaben Messungen von Gösele [24] die in Bild 4.2 gezeigte Abhängigkeit für das bewertete Schalldämm-Maß R'_w einschaliger Bauteile von ihrer flächenbezogenen Masse. Beispiele für Wandausführungen siehe Berechnungsbeispiel 4.1.5 und Tafel 4.7.

Das bewertete Schalldämm-Maß schwerer einschaliger Wände nimmt um rund 7 bis 8 dB pro Massenverdopplung zu. Das Plateau der Kurven a und b in Bild 4.2 ergibt sich durch den Einfluss der Spuranpassung auf den Frequenzverlauf des Schalldämm-Maßes.

Vor allem dünne Platten, wie z. B. Holzplatten, Gipskartonplatten, Glasscheiben, zeigen bei höheren Frequenzen ein Dämmungsminimum (siehe Bild 4.4). Dieses Minimum, durch Cremer [10] erstmals erklärt, beruht auf dem sogenannten **Spuranpassungseffekt,** einer Art räumlichen Resonanz, wobei die Spur einer schräg auf eine Platte auftreffenden Luftschallwelle mit der Wellenlänge und Ausbreitungsgeschwindigkeit der freien Biegeschwingung der Platte übereinstimmt. Die niedrigste Frequenz, die bei streifendem Schalleinfall parallel zur Platte (dann Luftschallwellenlänge = Biegewellenlänge) eine Koinzidenz ergibt, wird **Grenzfrequenz f_g** genannt. Die Grenzfrequenz f_g hängt ab vom Verhältnis der flächenbezogenen Masse zur Biegesteifigkeit eines Bauteils und ist um so niedriger je dicker und damit je steifer die Platte ist (Näheres s. z. B. [3], [4]).

Für übliche Baustoffe kann die Grenzfrequenz f_g aus dem Diagramm von Gösele [4] in Bild 4.3 entnommen werden. Man unterscheidet **biegesteife** Bauteile wie z. B. 240 mm Mauerwerk (f_g = rund 100 Hz) und **biegeweiche** Platten mit hoher Grenzfrequenz, z. B. 12,5 mm Gipskartonplatten (f_g = rund 2800 Hz).

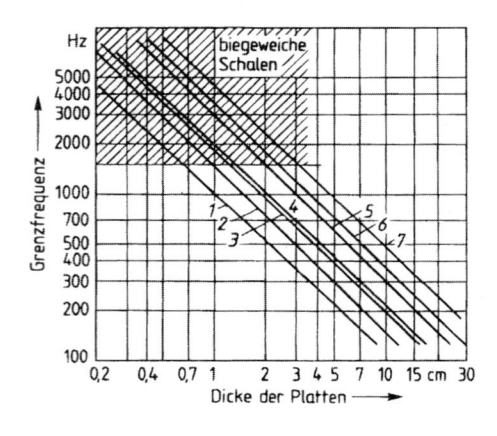

Bild 4.3
Grenzfrequenzen für Platten aus verschiedenen Baustoffen, abhängig von ihrer Dicke. Platten oder Schalen, deren Grenzfrequenz über etwa 1500 Hz liegt, werden biegeweich genannt (schraffierter Bereich) [4].
1 Glas
2 Schwerbeton
3 Sperrholz
4 Vollziegel
5 Gips
6 Hartfaserplatten
7 Porenbeton

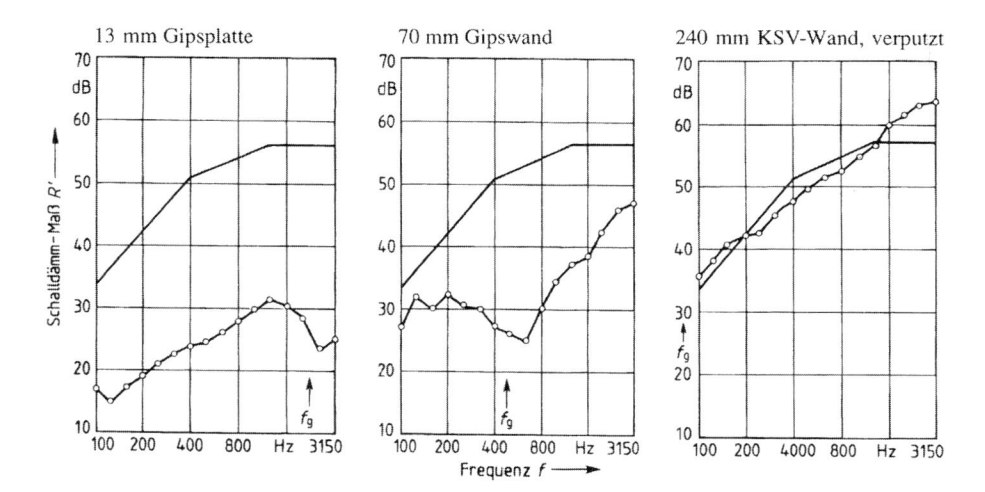

Bild 4.4 Messbeispiele für die Abhängigkeit des Schalldämm-Maßes R' von der Frequenz f und dem Einfluss der Spuranpassung oberhalb der Grenzfrequenz f_g

Da im diffusen Schallfeld alle Einfallsrichtungen gleichmäßig auftreten, vermindert der Spuranpassungseffekt oberhalb der Grenzfrequenz die Schalldämmung bei einschaligen Bauteilen; drei Beispiele hierzu mit unterschiedlicher Grenzfrequenz zeigt Bild 4.4.

Analog zum Spuranpassungseffekt ist das Biegeverhalten eines Bauteils entscheidend für die Abstrahlung von freien Biegewellen bei Körperschallanregung z. B. über Randverbindungen oder andere „Schallbrücken" bei zweischaligen Wänden. Unterhalb der Grenzfrequenz f_g ergibt sich dadurch eine um 10 bis 20 dB verringerte Abstrahlung (Näheres s. z. B. [4]) und erst oberhalb der Grenzfrequenz f_g werden die Eigenschwingungen der Platte normal abgestrahlt. Bezogen auf den Frequenzbereich 100 bis 3150 Hz strahlen bei Körperschallanregung dünne biegeweiche Platten weit weniger Schall ab als dicke biegesteife Wände (Auswirkung s. Doppelwände 4.1.4 und biegeweiche Vorsatzschalen 4.1.3).

Einfluss von Undichtheiten

Bei unverputztem Mauerwerk kann der Schall über Luftkanäle in den Stoßfugen oder/und über die offenen Poren des Wandmaterials übertragen werden; z. B. 240 mm Bims-Hohlblockmauerwerk ergab unverputzt R'_W = 16 dB und beidseitig verputzt R'_W = 49 dB. Bei Sichtmauerwerk ist die Dichtheit der Mauerwerksfugen von entscheidender Bedeutung, hier wurden Verschlechterungen bis zu rund 4 dB gemessen.

Die Undichtheit einer Wand wird durch einen **Nassputz** völlig beseitigt, wobei dessen Dicke von untergeordneter Bedeutung ist. Akustisch gesehen bildet der Putz mit der gemauerten Wand eine Einheit, da der Abstand der Befestigungsstellen klein ist (s. Bild 4.5).

Durch sogenannten **Trockenputz**, wobei Gipskartonplatten über Gipsplaster an der Rohbauwand befestigt werden, werden deren Undichtheiten nicht beseitigt und nach [27] ergaben sich gegenüber dem nass verputzten Zustand um 3 bis 6 dB, im Extremfall sogar bis zu 11 dB verschlechterte Schalldämmwerte (s. Beispiel in Bild 4.5). Wesentliche Ursache dafür ist, dass die Gipskartonplatte aufgrund des großen Abstandes der Gipsplaster (s. Bild 4.5) dazwischen frei schwingen kann und diese Schwingungen dann über die Gipsplaster auf die Rohbauwand übertragen werden.

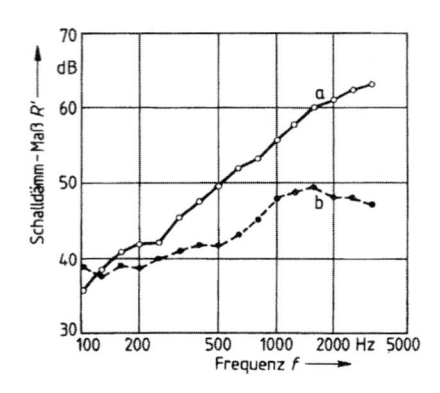

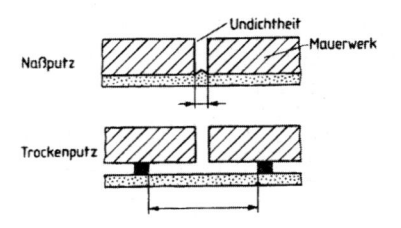

Bild 4.5
Schalldämmung von Trennwänden aus 240 mm Kalksandstein in ausgeführten Bauten nach [27]
a   nass verputzt (R'_w = 54 dB)
b   mit Trockenputz (Schadensfall: $R'w$ = 46 dB)

Zur Vermeidung der geschilderten Verschlechterung muss, zumindest auf einer Seite der Trennwand, die Gipskartonplatte über Mineralfaserplatten o. ä. (z. B. Mineralfaser-Verbundplatten) angebracht werden. Die Schalldämmung wird dadurch etwas verbessert gegenüber der nass verputzten Wand.

Einfluss von Wandschlitzen

Solange ein Wandschlitz, in dem eine Rohrleitung untergebracht ist, nicht sehr breit (kleiner 250 mm) ist und er mit Putz verschlossen wird, wird die Schalldämmung der Wand praktisch um nicht mehr 1 dB geringer. Zur Vermeidung von Geräuschen von den im Schlitz untergebrachten Wasser- oder Abwasserleitungen, Regenrohre o. ä. müssen diese eine körperschalldämmende Ummantelung erhalten und die flächenbezogene Masse der Restwand sollte mindestens 220 kg/m^2 betragen.

4.1.2 Einfluss der Schalllängsleitung

Die in Bild 4.2 enthaltenen R'_w-Kurven sind auf bestimmte Längsleitungsverhältnisse bezogen. Für die Vorherberechnung der Luftschalldämmung in einem Bau mit anderer flächenbezogenen Masse der flankierenden Bauteile muss die Längsleitung über die vier Längsbauteile berechnet und berücksichtigt werden. Die dabei zu unterscheidenden Schallübertragungswege sind in Bild 4.6 dargestellt [25], [72]:

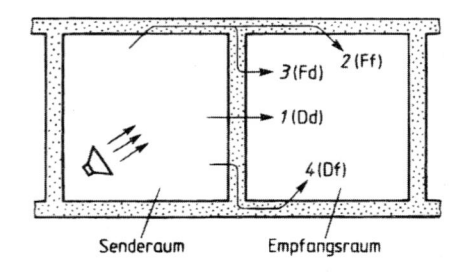

Bild 4.6
Zu unterscheidende Schallübertragungswege zwischen zwei Räumen; die Kennzeichnung der Wege nach DIN 52 217 ist jeweils in Klammern angegeben.

Weg 1: unmittelbar durch die Trennfläche
Weg 2: entlang der flankierenden Wand oder Decke
Weg 3: von der flankierenden Wand über die Trennfläche
Weg 4: von der Trennfläche auf die Längswände

Da dies für die Praxis zu umständlich erschien, wurde dieser Einfluss früher z. B. in DIN 4109(09.62) nur qualitativ behandelt. In den letzten Jahren wurden – zur Kosteneinsparung

– die flankierenden Bauteile jedoch immer leichter ausgeführt und durch erhöhte Schalllängsleitung wurde dann bei knapp dimensionierten Trennwänden und -decken der Luftschallschutz manchmal ungenügend (s. z. B. [41]). Zur sicheren Vorherberechnung ist deshalb nach DIN 4109 Ausgabe 1989 nicht nur das Vorhaltemaß (s. Kurve a' in Bild 4.2 bzw. Tafel 4.5) zu berücksichtigen, wodurch zur Erfüllung z. B. der Mindestanforderung (s. Tafel 4.1) die Trennwand statt früher 350 kg/m² (R'_w = 52 dB) zukünftig mindestens 410 kg/m² (R'_w = 53 dB) schwer sein muss, sondern zusätzlich auch der Einfluss der Schalllängsleitung mit Hilfe eines vereinfachten Rechenverfahrens nach Gösele [25] auf der Grundlage der mittleren flächenbezogenen Masse der flankierenden massiven Bauteile, siehe Berechnungsbeispiel in 4.1.5 (Tafel 4.5 und 4.6).

Für einschalige Wände ergibt die Längsleitung allerdings erst bei sehr leichten flankierenden Bauteilen einen merkbaren Einfluss (Korrektur $K_{L,1}$ = – 1 dB ab $m'_{L Mittel}$ ≤ 200 kg/m², siehe Tafel 4.6). Wesentlich größer ist der Einfluss bei Wänden mit Vorsatzschalen und Decken mit schwimmendem Estrich, da hier die Schalllängsleitung maßgebend ist für die erreichbare Schalldämmung.

Zur Berücksichtigung der Schalllängsleitung im Einzelfall oder wenn für einzelne Flankenbauteile gemessene Schalllängsdämmwerte berücksichtigt werden müssen, da sie sich nicht entsprechend der Flächenmaße verhalten (z. B. Außenwände aus Steinen mit versetzter Lochung, s. [54]), sowie für die Berechnung einzelner Übertragungswege im Schadensfall werden nachfolgend Rechenformeln angegeben (Näheres s. [25][1]). Für das Schalllängsdämm-Maß massiver flankierender Bauteile gilt beim Weg 2 (Ff):

$$R_2 = R_f + D_{v2} + 10 \lg \frac{S_{Tr}}{S_{f2}} \tag{4.1}$$

Dabei bedeuten:

R_2 Schalllängsdämm-Maß bezogen auf die Trennfläche S_{Tr}
R_f Schalldämm-Maß (für Querdurchgang) des Flankenbauteils im Senderaum (s. Gl. (4.3))
D_{v2} Verzweigungsdämm-Maß für den Weg 2 (s. Gl. (4.2))
S_{Tr} Trennfläche
S_{f2} Fläche des Flankenbauteils im Empfangsraum

Das Verzweigungsdämm-Maß, auch als „Stoßstellendämmung" bezeichnet, kann nach [25] mit folgenden empirischen Beziehungen berechnet werden:

$$D_{v2} = 20 \lg \frac{m'_{Tr}}{m'_f} + 12 \text{ dB}^{2)} \qquad \text{für } \frac{m'_{Tr}}{m'_f} \geq 0{,}4 \tag{4.2a}$$

$$D_{v2} = 4 \text{ dB} \qquad \text{für } \frac{m'_{Tr}}{m'_f} < 0{,}4 \tag{4.2b}$$

Dabei bedeuten:

m'_{Tr} flächenbezogene Maße der Trennwand oder -decke
m'_f flächenbezogene Maße des Flankenbauteils

Für Verzweigungsdämm-Maße nach obigen Beziehungen ist Voraussetzung, dass die flankierenden Bauteile fest mit der Trennwand oder -decke verbunden sind. Ohne feste Verbindung

---

[1]) Ein in den neuen europäischen Normen festgelegtes Rechenverfahren zur kompletten Erfassung des Schallschutzes ist in Abschnitt 4.1.6 beschrieben. Es berücksichtigt explizit alle Übertragungswege, die jeweilige Stoßstellendämmung und bei Bedarf auch Vorsatzkonstruktionen.

[2]) Gilt für Kreuz-Verzweigung, bei T-Stoß (z. B. bei Außenwand) statt 12 dB nur 9 dB.

kann D_v bis auf rund 3 bis 4 dB absinken, z. B. bei einer leichten durchlaufenden Außenwand kann dadurch die Schalldämmung der Trennwand ungenügend werden [54].

Das Verzweigungsdämm-Maß D_{v2} ist somit praktisch frequenzunabhängig. Gl. (4.1) kann daher mit guter Genauigkeit für die bewerteten Schalldämm-Maße $R_{2,w}$ und $R_{f,w}$ angewandt werden. Da jedoch für massive Bauteile im Rahmen der DIN 4109 und der bisherigen DIN 52 210 normalerweise nur das R'_w vorliegt, muss die enthaltene Schalllängsleitung (Wege 2 und 4) herauskorrigiert werden:

$$R_{fw} = R'_{fw} + K_{2,4} \qquad (4.3)$$

Dabei bedeuten:

R'_{fw} Bewertetes Schalldämm-Maß des Flankenbauteils nach Kurve a in Bild 4.2 (Messwerte aus Prüfstand „mit bauähnlicher Flankenübertragung" nach DIN 52 210-2 und mit Vorhaltemaß).

$K_{2,4}$ Korrektur bezüglich Schalllängsleitung im Prüfstand mit „bauähnlicher Flankenübertragung" über Wege 2 und 4:

R'_{fw}	48	50	52	54	56	58	dB
$K_{2,4}$	0	1	1	2	4	5	dB

Sinngemäß können die Gleichungen (4.1) bis (4.3) auf die Wege 3 und 4 angewandt werden. Nach dem Reziprozitätsprinzip [5] müssen die Übertragungswege 3 und 4 zahlenmäßig gleich groß sein, sodass praktisch nur Weg 2 und z. B. Weg 3 berechnet werden müssen. Nach [25] kann für die Berechnung von $R_{3,w}$ näherungsweise $D_{v3} = D_{v2}$ gesetzt werden.

$R_{3,w}$ und $R_{2,w}$ unterscheiden sich dann nur um $10 \lg \dfrac{S_{f2}}{S_{f3}}$, sodass sie häufig in 1. Näherung gleich groß sind. Analog zu Gl. (4.3) muss dann auch noch für den Weg 1 das bewertete Schalldämm-Maß $R_{1,w}$ der Trennwand ohne Nebenwege (Wege 2, 3 und 4) ermittelt werden:

$$R_{1,w} = R'_{1,w} + K_{2,3,4} \qquad (4.4)$$

Bei Gleichung (4.4) bedeuten:

$R_{1,w}$ Bewertetes Schalldämm-Maß der Trennwand nach Kurve a in Bild 4.2 (Messwert),

$K_{2,3,4}$ Korrektur bezüglich Schalllängsleitung im Prüfstand mit „bauähnlicher Flankenübertragung" über Wege 2, 3, 4:

$R'_{1,w}$	48	50	52	54	56	58	dB
$K_{2,3,4}$	1,5	2	2,5	3	4	5	dB

Das bewertete Schalldämm-Maß R'_w zwischen zwei Räumen errechnet sich dann durch energetische Addition der über das trennende Bauteil und die beteiligten Flankenbauteile (f) auf den Wegen 1 bis 4 übertragenen Schallleistungen nach folgenden Beziehungen:

$$R'_w = -10 \lg \left[10^{-0,1 R_{1w}} + \sum_{f=1}^{4} (10^{-0,1 R_{2w}} + 10^{-0,1 R_{3w}} + 10^{-0,1 R_{4w}}) \right] \qquad (4.5)$$

Mit den oben genannten Näherungen für $D_{v3} = D_{v2} = D_{vf}$ reduziert sich der Rechenaufwand praktisch auf die Berechnung für den Weg 2 bei den beteiligten Flankenbauteilen (f = 1 – 4) wie folgt:

$$R'_w = -10 \lg \left[10^{-0,1 R_{1w}} + \sum_{f=1}^{4} \left(n - 1 + \frac{S_{f2}}{S_{Tr}} \right) 10^{-0,1(R_{fw} + D_{vf})} \right] \qquad (4.6)$$

4 Schallschutz im Wohnungsbau

Dabei bedeuten:

R_{lw} Bewertetes Schalldämm-Maß der Trennwand, siehe Gl. (4.4)
R_{fw} Bewertetes Schalldämm-Maß des Flankenbauteils f, siehe Gl. (4.3)
D_{vf} Verzweigungsdämm-Maß nach Gl. (4.2 a) bzw. (4.2 b)
S_{f2}, S_{Tr} siehe Gl. (4.1)
n   Anzahl der möglichen Flankenwege (= 3 bei einschaligen Trennwänden; = 2 bei Trennwänden mit Vorsatzschale oder Decken mit schwimmendem Estrich)

4.1.3 Verbesserung durch biegeweiche Vorsatzschalen

Durch eine biegeweiche Vorsatzschale aus Gipskartonplatten o. ä. entsteht eine zweischalige Wand, deren schalltechnisches Verhalten mit dem Masse-Feder-Modell (s. Abschn. 2.1 und Bild 4.7) erklärt werden kann. Die Schalldämmung der Wand wird dabei nur oberhalb der Resonanzfrequenz f_o verbessert, bei f_o verschlechtert und für $f < f_o$ nicht verändert, siehe Bild 4.7.

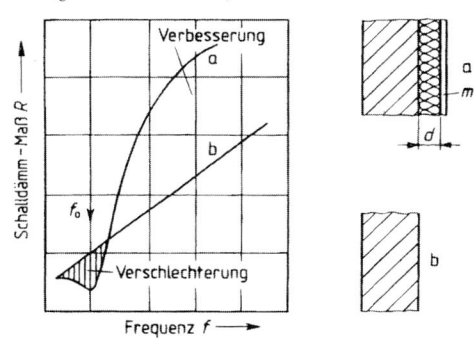

Bild 4.7
Zur akustischen Wirkung einer Vorsatzschale der Flächenmasse m' mit Wandabstand d durch Masse-Feder-System mit Resonanzfrequenz f_o (s. Gl. (4.7))

Für die Resonanzfrequenz f_o gilt nach [4]:

Fall A: Luftschicht mit schallabsorbierender Einlage, z. B. Faserdämmstoffe nach DIN 18 165

$$f_o \approx \frac{650}{\sqrt{m' d}} \text{ Hz} \tag{4.7a}$$

Fall B: Dämmschicht mit beiden Schalen vollflächig verbunden (Anwendung vor allem bei Wärmedämmverkleidungen, s. Außenwände, Abschn. 5.2)

$$f_o \approx 190 \sqrt{\frac{s'}{m'}} \text{ Hz} \tag{4.7b}$$

Dabei bedeuten:

m'   flächenbezogene Masse der biegeweichen Schale in kg/m²
d   Schalenabstand in cm
s'   dynamische Steifigkeit der Dämmschicht in $\frac{MN}{m^3}$

Damit durch die Vorsatzschale eine größtmögliche Verbesserung erreicht wird, muss die Resonanzfrequenz f_o unter 100 Hz liegen; bei einer 12,5 mm Gipskartonplatte muss der Wandabstand d dazu mindestens rund 4 cm betragen.

Die Schalldämmung ist um so besser, je weniger starr die Verbindung der beiden Schalen ist. Gewisse Verbindungen sind jedoch möglich, da biegeweiche Schalen unterhalb der Grenzfrequenz f_{gr} (s. Abschn. 4.1.1) eine um 10 bis 20 dB verringerte Abstrahlung aufweisen. Verwendet werden heute meist freistehende Ständerkonstruktionen aus Holz oder Metall-C-Profilen, welche mit schwingfähigen Elementen an der Wand gehalten werden oder die Gipskartonplatten werden direkt über Mineralfaserplatten o. ä. mit Ansetzmörtel angeklebt z. B. als Mineralfaser-Verbundplatten.

Die Schallübertragung über die Wand selbst (Weg 1 nach Bild 4.6) wird dadurch im Mittel um 10 bis 15 dB verringert. Die tatsächlich erreichbare Verbesserung für die Schalldämmung zwischen zwei Räumen wird jedoch durch die Schalllängsleitung über die flankierenden Bauteile (Wege 2 und 3 bei Vorsatzschale im lauten Raum) begrenzt und liegt am Bau zwischen etwa 3 dB bei schweren Wänden, bis etwa 10 dB bei sehr leichten Wänden, siehe Bild 4.8.

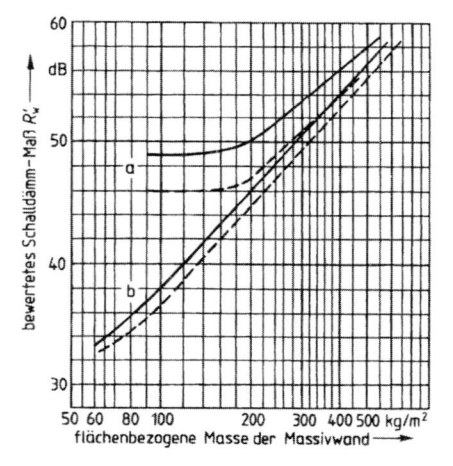

Bild 4.8
Erreichbares Schalldämm-Maß R'_w von Massivwänden mit biegeweicher Vorsatzschale mit $f_0 < 100$ Hz
a mit Vorsatzschale *
b ohne Vorsatzschale
Abhängig von der mittleren Flächenmasse der Flankenbauteile nach [62]:
—— gültig für $\bar{m}'_L = 300$ kg/m^2
– – – gültig für $\bar{m}'_L = 150$ kg/m^2
* einschließlich 2 dB Vorhaltemaß (Messwerte am Bau häufig rund 2 dB höher)

Bei genügend schwerer Massivwand und nicht zu leichten flankierenden Bauteilen kann somit $R'_w \approx 55$ bis 60 dB mit einer geeigneten Vorsatzschale am Bau erreicht werden.

Bei **Ungeeigneten Verkleidungen** sind zwei Fälle zu unterscheiden:

Fall 1: Die zu dämmenden Geräusche sind tieffrequent z. B. in Lüfterräumen, Heizungsräumen, Traforäumen, Aufzugsräumen, sodass hier die Resonanzfrequenz f_0 eventuell mit dem Geräuschmaximum zusammenfällt und dadurch keine Verminderung, sondern eher eine Verstärkung erreicht wird. Bei z. B. Gipskartonplatten auf 30 bis 40 mm Mineralfaserplatten liegt die Resonanzfrequenz häufig bei $f_0 \approx 125$ Hz. Derartige Vorsatzschalen sollten daher in o. g. Räumen nicht verwendet werden. Zur wesentlichen Verbesserung der Schalldämmung bei tiefen Frequenzen sind größere Wandabstände (≥ 60 mm) erforderlich.

Fall 2: Es werden Wärmedämmplatten mit relativ steifer Dämmschicht z. B. Mehrschicht-leichtbauplatten mit Hartschaumkern oder Gipskarton-Hartschaum-Verbundplatten verwendet.

1   200 mm Normalbeton
2   20 mm Mehrschicht-Leichtbauplatten
3   5 mm Beschichtung

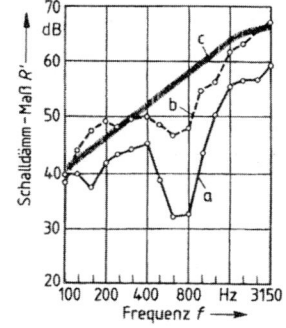

Bild 4.9
Verschlechterung der Luftschalldämmung einer Wohnungstrennwand aus Normalbeton durch eine Verkleidung mit Mehrschicht-Leichtbauplatten [43]
a ursprünglicher Zustand $R'_w = 42$ dB
b mit zusätzlicher Vorsatzschale auf einer Seite $R'_w = 54$ dB
c zu erwarten für Betonwand ohne Verkleidung $R'_w \geq 55$ dB

Durch die zu große Steifigkeit liegt die Resonanz häufig bei $f_o \approx 400$ bis 800 Hz und verschlechtert in diesem Bereich die Schalldämmung erheblich (s. auch Außenwände, Abschn. 5.2). Obwohl dieser Effekt seit 30 Jahren bekannt ist, wird dieser Fehler heute immer noch gemacht, siehe z. B. Schadensfall in Bild 4.9.

4.1.4 Doppelschalige Haustrennwände

Mit einschaligen Reihenhaustrennwänden kann im günstigsten Fall $R'_w =$ rund 57 bis 60 dB, also die Mindestanforderung nach DIN 4109 [62] erreicht werden. Durch Schalllängsleitungseffekte wird bei einschaligen Haustrennwänden die Mindestanforderung ($R'_w = 57$ dB, s. Tafel 4.1) jedoch häufig unterschritten [40]. Außerdem werden in solchen Häusern oft ein ungenügender Trittschallschutz, vor allem von Treppen, und ungenügender Körperschallschutz, z. B. Hantiergeräusche aus dem Bad o. ä. bemängelt. Reihenhaustrennwände sollten deshalb unbedingt zweischalig ausgeführt werden, ein erhöhter Schallschutz ($R'_w \geq 67$ dB, s. Tafel 4.2) kann nur zweischalig erreicht werden.

Zweischalige Wände aus zwei schweren, biegesteifen Schalen ergeben nur dann einen erheblich besseren Luft- und Körperschallschutz (12 dB und mehr, s. Bild 4.10), wenn zwischen den Schalen eine über die ganze Haustiefe und -höhe durchgehende, schallbrückenfreie Fuge angeordnet wird. Für die Resonanzfrequenz f_o des Masse-Feder-Systems aus den zwei Schalen-Massen (m') und der als Feder wirkenden Luft- oder Dämmschicht in der Fuge (d) gilt dann [4]:

Fall A: Fuge mit Mineralfasereinlage

$$f_o \approx \frac{3400}{\sqrt{m' \cdot d}} \text{ Hz} \qquad (4.8a)$$

Fall B: Fuge mit lose eingestellten steiferen Dämmplatten (z. B. Weichfaserdämmplatten) bzw. Dämmplatten mit beiden Schalen vollflächig verbunden (z. B. bei Ortbeton-Doppelwänden)

$$f_o \approx 900 \sqrt{\frac{s'}{m'}} \text{ Hz} \qquad (4.8b)$$

Dabei bedeuten:

m'   flächenbezogene Masse einer Schale in $\frac{kg}{m^2}$

d   Schalenabstand in cm

s'   dynamische Steifigkeit der Fuge bzw. Dämmschicht in $\frac{MN}{m^3}$, siehe Tafel 4.4

Tafel 4.4   Dynamische Steifigkeit s' verschiedener Dämmschichten bei Haustrennwänden nach [28].

Lfd. Nr.	Material	Dicke in mm	dynamische Steifigkeit s' in MN/m³	
			Platten lose eingelegt	Platten fest mit Schalen verbunden
1	Mineralfaserplatten	15 30	8 4	12 bis 15 6 bis 8
2	Hartschaumplatten	10 20	ca. 30 bis 50	80 bis 200 40 bis 100
3	poröse Holzfaserdämmplatten	10 20	ca. 20 ca. 10	ca. 1000 ca. 500
4	reine Luftschicht (bei unporösen Baustoffen)	30 50	ca. 15 ca. 10	– –

Um eine Resonanzfrequenz f_0 von rund 100 Hz und damit praktisch eine Verbesserung für den gesamten Frequenzbereich (100 bis 3150 Hz) zu erhalten, muss z. B. bei rund 300 kg/m^2 schweren Schalen (z. B. 240 mm HLZ-Mauerwerk) die Fuge mindestens d = 40 mm (Fall A s. S. 63) breit sein oder eine dynamische Steifigkeit von höchstens s' = $4\frac{MN}{m^3}$ (Fall B s. S. 63) aufweisen. Nach Tafel 4.4 ist dies praktisch nur mit Mineralfaserplatten zu erreichen. Die theoretisch zu erwartende Schalldämmung ist dann allerdings enorm (s. Bild 4.10).

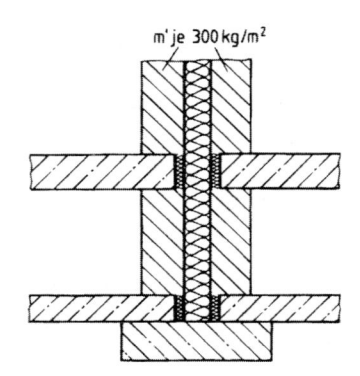

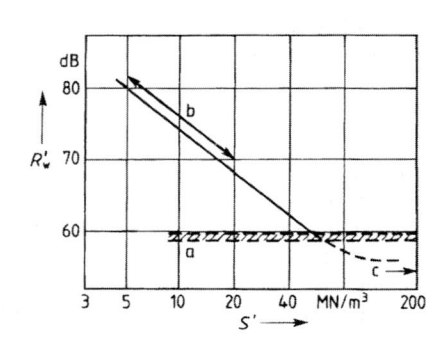

Bild 4.10   Rechnerisch zu erwartendes, bewertetes Schalldämm-Maß R'_w von doppelschaligen Haustrennwänden mit 300 kg/m^2 je Schale, abhängig von der dynamischen Steifigkeit s' der Fuge nach [28]
a   zu erwarten für einschalige Wand mit 600 kg/m^2 (s. Bild 4.2, Kurve a)
b   zu erwarten für Mauerwerks-Doppelwände mit lose eingestellten Faserdämmplatten
c   zu erwarten für Ortbeton-Doppelwände mit Weichfaser- oder Hartschaum-Dämmplatten

Bei **Mauerwerk-Doppelwänden** mit mindestens 20 mm breiter Fuge und lose eingestellten Faserdämmplatten (s. Tafel 4.4) kann nach Bild 4.10 gegenüber einer gleich schweren einschaligen Wand eine Verbesserung um 12 dB und mehr erreicht werden. Bei den eigentlich zu steifen Holzfaserdämmplatten ergibt sich jedoch nur durch das nicht vollflächige Anliegen der Platten, bedingt durch herausquellenden Mörtel bei den Fugen u. ä., eine ausreichend geringe dynamische Steifigkeit der Fuge (sogenannte Kontaktfederwirkung, s. [28]). Bei Doppelwänden aus geklebten Großformatsteinen ist diese Kontaktfederwirkung häufig nicht oder nur gering vorhanden, sodass hier nur Mineralfaserplatten verwendet werden sollten.

In DIN 4109 wird generell die Verwendung von Mineralfaser-Trittschallplatten im Fugenhohlraum empfohlen und bei m' ≤ 200 kg/m^2 der Einzelschale muss die Dicke der Trennfuge mindestens 30 mm betragen. Das bewertete Schalldämm-Maß R'_w der Haustrennwand kann dann mit folgender Dimensionierungsformel ermittelt werden:

$$R'_{w, \text{Doppelwand}} = R'_{w, \text{einschalig}} + 12 \text{ dB} \tag{4.9}$$

$R'_{w, \text{einschalig}}$ ist dazu aus der Summe der flächenbezogenen Massen der Einzelschalen (einschließlich Putz) nach Kurve a' in Bild 4.2 bzw. Tabelle 4.5 zu bestimmen.

In der Praxis sind die erreichten Schalldämmwerte heute noch häufig wesentlich niedriger, wie dies auch eine Untersuchung von Gösele [29] zeigt, s. Bild 4.11.

Ähnliche Ergebnisse ergaben auch eine neuere Untersuchung von *Nutsch* [50] und eigene Messungen.

4 Schallschutz im Wohnungsbau

Bild 4.11
Häufigkeitsverteilung des bewerteten Schalldämm-Maßes R'_w von Haustrennwänden aus 2×240 mm Hohlblocksteinen, untersucht in 40 Bauten [29]
A theoretisch zu erwarten
B zu erwarten für gleichschwere einschalige Wände

Die Ursache sind Körperschallbrücken zwischen den Wandschalen selbst und vor allem zwischen den Deckenplatten (siehe Bild 4.12), sowie teilweise ungeeignete Dämmschichten. Für die Zukunft muss deshalb dringend empfohlen werden, die Fugen von Haustrennwänden größer zu machen, mindestens 40 bis 50 mm, da die Fuge dann leichter schall-brückenfrei ausgeführt werden kann. Die Wandschalen können dazu z. B. entsprechend dünner gemacht werden (z. B. 175 mm statt 240 mm) und nur an den Enden wird die Fuge auf einer Steinbreite auf 10 bis 20 mm verringert [30].

Bei **Ortbeton-Doppelwänden** aus 150 bis 175 mm Betonschalen mit 10 bis 20 mm dicken bituminierten Holzfaserplatten dazwischen ergibt sich eine Resonanzfrequenz f_o von über 1 KHz aufgrund der hohen Steifigkeit der Platten und deren vollflächigem Anliegen. Die resultierende Schalldämmung ist daher bei Ortbeton-Doppelwänden häufig um 2 bis 4 dB geringer als bei einer gleichschweren einschaligen Wand. Es sollten daher Filigranplatten oder/und weichere Dämmplatten verwendet werden. Versuche mit $2 \times 15/10$ mm Mineralfaser-Trittschalldämmplatten zwischen 150 mm dicken Ortbetonwänden ergaben $R'_w = 68$ dB [40], also eine Verbesserung um rund 6 bis 8 dB gegenüber einer einschaligen Ausführung. Spezielle Mineralfaser-Fugendämmplatten sind inzwischen im Handel erhältlich.

Einfluss von Schallbrücken

Durch feste Verbindungen in der Fuge durch Mörtel o. ä. oder einer durchgehenden Decke wird die Schalldämmung von Doppelwänden erheblich verschlechtert und häufig wird dann kaum mehr erreicht als mit einer der beiden Wandschalen allein, siehe Bild 4.12.

Bild 4.12
Bewertetes Schalldämm-Maß R'_w, doppelschaliger Betonwände **ohne** und **mit** durchgehender Trennfuge im Vergleich mit gleich schweren, einschaligen Betonwänden nach [31]
a Werte für einschalige Wände

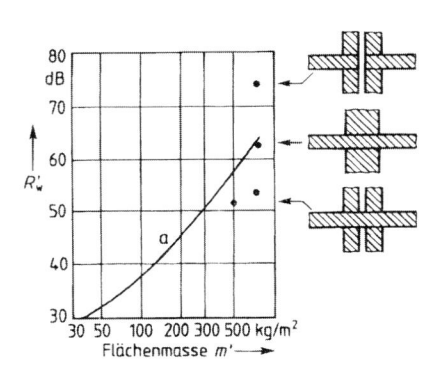

Wesentliche Ursache für diese gravierende Verschlechterung der Schalldämmung von Doppelwänden mit biegesteifen Schalen ist, dass die Körperschallanregung über die Schallbrücken Biegeschwingungen erzeugt, welche von der zweiten Schale normal abgestrahlt werden können aufgrund der tiefliegenden Grenzfrequenz ($\rightarrow$ Spuranpassung).

4.1.5 Ausführungsbeispiele nach DIN 4109

DIN 4109(11.89), Beiblatt 1, enthält die als Tafel 4.7 (einschalige Wände) und Tafel 4.8 (Doppelwände) wiedergegebenen Ausführungsbeispiele (Rechenwerte $R'_{w,R}$ einschließlich Vorhaltemaß) für Gebäude in Massivbauart.

Für die **Dimensionierung im Einzelfall** wurde die „Gewichtskurve" a' in Bild 4.2 in tabellarischer Form dargestellt, siehe Tafel 4.5, und zur vereinfachten Berücksichtigung der Schalllängsleitung die in Tafel 4.6 wiedergegebenen Korrekturen eingeführt. Das bewertete Schalldämm-Maß R'_w einschaliger Wände und Decken wird dann wie folgt berechnet:

$$R'_w = R'_{w300} + K_{L,1} \tag{4.10}$$

Dabei bedeuten:

R'_{w300} R'_w-Werte nach Tafeln 4.5 und 4.7
KL1 Korrektur nach Tafel 4.6 zur Berücksichtigung der Schalllängsleitung bei von $\overline{m}'_{Lmittel}$ = 300 kg/m² abweichenden flankierenden Bauteilen

Tafel 4.5 Bewertetes Schalldämm-Maß R'_w von einschaligen, biegesteifen Wänden und Decken (Rechenweite einschl. Vorhaltemaß) nach Beiblatt 1 zu DIN 4109, dort Tabelle 1

Anmerkung: Messergebnisse haben gezeigt, dass bei verputzten Wänden aus dampfgehärtetem Gasbeton und Leichtbeton mit Blähtonzuschlag mit Steinrohdichte $\leq$ 0,8 kg/dm³ bei einer flächenbezogenen Masse bis 250 kg/m² das bewertete Schalldämm-Maß um 2 dB höher angesetzt werden kann. Das gilt auch für zweischaliges Mauerwerk, sofern die flächenbezogene Masse der Einzelschale $\leq$ 250 kg/m² beträgt.

Zeile	flächenbezogene Masse in kg/m²	bewertetes Schalldämm-Maß $R'_w{}^1$)	Zeile	flächenbezogene Masse in kg/m²	bewertetes Schalldämm-Maß $R'_w{}^1$)
1	85²)	34	17	320	50
2	90²)	35	18	350	51
3	95²)	36	19	380	52
4	105²)	37	20	410	53
5	115	38	21	450	54
6	125	39	22	490	55
7	135	40	23	530	56
8	150	41	24	580	57
9	160	42			
10	175	43	25	630	58
11	190	44	26	680	59
12	210	45	27	740	60
13	230	46	28³)	810	61
14	250	47	29	880	62
15	270	48	30	960	63
16	295	49	31	1040	64

Fußnoten s. nächste Seite

4 Schallschutz im Wohnungsbau

Fußnoten zu Tafel 4.5
[1]) Gültig für flankierende Bauteile mit einer mittleren flächenbezogenen Masse von ≈ 300 kg/m²
[2]) Sofern Wände aus Gipswandbauplatten nach DIN 18 163 bestehen, nach DIN 4103-2 ausgeführt sind und am Rand ringsum mit Streifen von 2 bis 3 mm Bitumenfilz oder einem Material gleichwertiger Körperschalldämpfung eingebaut sind, darf das bewertete Schalldämm-Maß R'_w um 2 dB höher angesetzt werden.
[3]) Die Werte der Zeilen 25 bis 31 sind für einschalige Wände unsicher; sie können jedoch für die Ermittlung des Schalldämm-Maßes zweischaliger Wände aus biegesteifen Schalen als ausreichend gesichert angesetzt werden.

Tafel 4.6 Korrekturwert $K_{L,1}$ für von 300 kg/m² abweichende mittlere flächenbezogene Massen der flankierenden Bauteile nach DIN 4109 (11.89), Beiblatt 1; dort Tabelle 13

Art des trennenden Bauteiles	Korrektur für $K_{L,1}$ in dB für mittlere flächenbezogene Massen $m'_{L,mittel}$ in kg/m²						
	400	350	300	250	200	150	100
einschalige, biegesteife Wände und Decken	0	0	0	0	−1	−1	−1
einschalige, biegesteife Wände mit biegeweichen Vorsatzschalen und Massivdecken mit schwimmendem Estrich und/oder mit Unterdecke	+2	+1	0	−1	−2	−3	−4

Tafel 4.7 Beispiele für einschalige, in Normalmörtel gemauerte Wände nach DIN 4109 (11.89), Beiblatt 1, dort Tabelle 5 (Rechenwerte)

Zeile	bewertetes Schalldämm-Maß $R'_{w,R}$[1]) in dB	Rohdichte-Klasse der Steine und Wanddicke der Rohwand bei einschaligem Mauerwerk					
		beiderseitiges Sichtmauerwerk		beiderseitig je 10 mm Putz P IV (Gips- und Kalkgipsputz) 20 kg/m²		beiderseitig je 15 mm Putz P I, P II oder P III (Kalk, Kalkzement- Zementputz) 50 kg/m²	
		Stein-Rohdichte-Klasse	Wanddicke in mm	Stein-Rohdichte-Klasse	Wanddicke in mm	Stein-Rohdichte-Klasse	Wanddicke in mm
1	37	0,6	175	0,5[2])	175	0,4	115
2		0,9	115	0,7[2])	115	0,6[3])	100
3		1,2	100	0,8	100	0,7[3])	80
4		1,4	80	1,2	80	0,8[3])	70
5		1,6	70	1,4	70	−	−
6	40	0,5	240	0,5[2])	240	0,5[2])	175
7		0,8	175	0,7[3])	175	0,7[3])	115
8		1,2	115	1,0[3])	115	1,2	80
9		1,8	80	1,6	80	1,4	71
10		2,2	70	1,8	70	−	−

Fortsetzung und Fußnoten s. nächste Seite

Tafel 4.7, Fortsetzung

Zeile	bewertetes Schalldämm-Maß $R'_{w,R}$[1])	Rohdichte-Klasse der Steine und Wanddicke der Rohwand bei einschaligem Mauerwerk					
		beiderseitiges Sichtmauerwerk		beiderseitig je 10 mm Putz P IV (Gips- und Kalkgipsputz) 20 kg/m²		beiderseitig je 15 mm Putz P I, P II oder P III (Kalk, Kalkzement-Zementputz) 50 kg/m²	
		Stein-Rohdichte-Klasse	Wanddicke	Stein-Rohdichte-Klasse	Wanddicke	Stein-Rohdichte-Klasse	Wanddicke
	in dB	–	in mm	–	in mm	–	in mm
11	42	0,7	240	0,6[3])	240	0,5[2])	240
12		0,9	175	0,8[3])	175	0,6[3])	175
13		1,4	115	1,2	115	1,0[4])	115
14		2,0	80	1,6	100	1,2	100
15		–	–	1,8	80	1,4	80
16		–	–	2,0	70	1,6	70
17	45	0,9	240	0,8[3])	240	0,6[2])	240
18		1,2	175	1,2	175	0,9[3])	175
19		2,0	115	1,8	115	1,4	115
20		2,2	100	2,0	100	1,8	100
21	47	0,8	300	0,8[3])	300	0,6[2])	300
22		1,0	240	1,0[3])	240	0,8[3])	240
23		1,6	175	1,4	175	1,2	175
24		2,2	115	2,2	115	1,8	115
25	52	0,8	490	0,7	490	0,6	490
26		1,0	365	1,0	365	0,9	365
27		1,4	300	1,2	300	1,2	300
28		1,6	240	1,6	240	1,4	240
29		–	–	2,2	175	2,0	175
30	53	0,8	490	0,8	490	0,7	490
31		1,2	365	1,2	365	1,2	365
32		1,4	300	1,4	300	1,2	300
33		1,8	240	1,8	240	1,6	240
34		–	–	–	–	2,2	175
35	55	1,0	490	0,9	490	0,9	490
36		1,4	365	1,4	365	1,2	365
37		1,8	300	1,8	300	1,6	300
38		2,2	240	2,2	240	2,0	240
39	57	1,2	490	1,2	490	1,2	490
40		1,6	365	1,6	365	1,6	365
41		2,2	300	2,0	300	2,0	300

[1]) Gültig für flankierende Bauteile mit einer flächenbezogenen Masse $m'_{L,mittel}$ von etwa 300 kg/m²; für andere mittlere flächenbezogene Massen von flankierenden Bauteilen siehe Tafel 4.6.

[2]) Bei Schalen aus Gasbetonsteinen und -platten nach DIN 4165 und DIN 4166 sowie Leichtbetonsteinen mit Blähton als Zuschlag nach DIN 18151 und DIN 18 152 kann die Steinrohdichte-Klasse um 0,1 niedriger sein.

[3]) Bei Schalen aus Gasbetonsteinen und -platten nach DIN 4165 und DIN 4166 sowie Leichtbetonsteinen mit Blähton als Zuschlag nach DIN 18 151 und DIN 18 152 kann die Steinrohdichte-Klasse um 0,2 niedriger sein.

[4]) Bei Schalen aus Gasbetonsteinen und -platten nach DIN 4165 und DIN 4166 sowie Leichtbetonsteinen mit Blähton als Zuschlag nach DIN 18 151 und DIN 18 152 kann die Steinrohdichte-Klasse um 0,3 niedriger sein.

4 Schallschutz im Wohnungsbau

Berechnungsbeispiel:

Für den nebenstehenden Grundrisstyp [7] soll die **Wohnungstrennwand** (WTRW) aus 240 mm Mauerwerk (verputzt) so dimensioniert werden, dass ein erhöhter Schallschutz nach DIN 4109, Beibl. 2, ($R'_w \geq 55$ dB) erreicht wird (Wohnungsdecken s. Abschn. 4.2.1).

Die **Wandrohdichte** ρ_ω kann aus der Steinroh-dichte pst wie folgt berechnet werden:

$\rho_\omega = \rho_{St} - 0{,}1 \, (\rho_{St} - K)$ (ρ jeweils in kg/m³) wobei: $K = 1000$ für Normalmörtel bzw. $K = 500$ für Leichtmörtel und $\rho_{St} \leq 1000$ kg/m³.

Flankierende Bauteile:

300 mm **Außenwand** aus Leichtziegel o. ä.[*] (Rohdichteklasse 0,8 → 800 $\frac{kg}{m^3}$ mit Leichtmörtel vermauert, außen 15 mm, innen 10 mm Putz

→ $m'_{L1} = 0{,}3 \cdot 770 + 25 + 10 = 266$ kg/m²

80 mm **Innenwände** aus Gipsplatten, verspachtelt

→ $m'_{L2} = 72$ kg/m² (Herstellerangabe)

160 mm **Massivdecken**, verspachtelt

→ $m'_{L3} = 0{,}16 \cdot 2300 = 368$ kg/m²

Untere Decke trägt wegen des schwimmenden Estrichs nicht zur Schallübertragung über flankierende Bauteile bei und ist deshalb bei der Bestimmung von $m'_{L,mittel}$ nicht zu berücksichtigen:

$m'_{L,mittel} = \frac{1}{3}(266 + 72 + 368) \approx 235$ kg/m²

Gerundet auf die Werte der Tafel 4.6 ist $K_{L,1} = 0$ dB und für die Wohnungstrennwand ist dann nach Tafel 4.5 eine flächenbezogene Masse von mindestens:

$m'_{WTRW} = 490$ kg/m²

erforderlich; die erforderliche Wandrohdichte bei beidseitig 10 mm Putz ist dann:

$\rho_\omega = \frac{490 - 20}{0{,}24} \approx 1958$ kg/m

Es sind also Steine der Rohdichteklasse 2.2 (kg/dm³) notwendig.

Um Steine der Rohdichteklasse 2.0 (kg/dm³) verwenden zu können, wäre ein schwererer Putz (mindestens 2 x rund 17 kg/m²) bei der Wohnungstrennwand erforderlich (s. auch Berechnung für die Decken am Ende des Abschnitts 4.2.1).

---

[*]) Voraussetzung für die Anwendung des vereinfachten Verfahrens nach DIN 4109 (11.89) [62] ist ein schalltechnisch günstiges Lochbild und vermörtelte Lagerfugen, siehe hierzu auch [54].

Tafel 4.8 Beispiele für zweischaliges Mauerwerk, in Normalmörtel gemauert, mit durchgehender Gebäudetrennfuge (Rechenwerte) nach DIN 4109 (11.89), Beiblatt 1, dort Tabelle 6

Zeile	bewertetes Schall-dämm-Maß $R'_{w,R}$ in dB	Rohdichte-Klasse der Steine und Wanddicke der Rohwand bei zweischaligem Mauerwerk					
		beiderseitiges Sichtmauerwerk		beiderseitig je 10 mm Putz P IV (Gips- und Kalkgipsputz) $2 \cdot 10$ kg/m²		beiderseitig je 15 mm Putz P I, P II oder P III (Kalk, Kalkzement-Zementputz) $2 \cdot 25$ kg/m²	
		Stein-Rohdichte-Klasse –	Mindestdicke der Schalen ohne Putz in mm	Stein-Rohdichte-Klasse –	Mindestdicke der Schalen ohne Putz in mm	Stein-Rohdichte-Klasse –	Mindestdicke der Schalen ohne Putz in mm
1	57	0,6	$2 \cdot 240$	0,6[1])	$2 \cdot 240$	0,7[2])	$2 \cdot 175$
2		0,9	$2 \cdot 175$	0,8[2])	$2 \cdot 175$	0,9[4])	$2 \cdot 150$
3		1,0	$2 \cdot 150$	1,0[3])	$2 \cdot 150$	1,2[4])	$2 \cdot 115$
4		1,4	$2 \cdot 115$	1,4[5])	$2 \cdot 115$		
5	62	0,6	$2 \cdot 240$	0,6[6])	$2 \cdot 240$	0,5[6])	$2 \cdot 240$
6		0,9	$175 + 240$	0,8[7])	$2 \cdot 175$	0,8[7])	$2 \cdot 175$
7		0,9	$2 \cdot 175$	1,0[7])	$2 \cdot 150$	0,9[7])	$2 \cdot 150$
8		1,4	$2 \cdot 175$	1,4	$2 \cdot 115$	1,2	$2 \cdot 115$
9	67	1,0	$2 \cdot 240$	1,0[8])	$2 \cdot 240$	0,9[8])	$2 \cdot 240$
10		1,2	$175 + 240$	1,2	$175 + 240$	1,2	$175 + 240$
11		1,4	$2 \cdot 175$	1,4	$2 \cdot 175$	1,4	$2 \cdot 175$
12		1,8	$115 + 175$	1,8	$115 + 175$	1,6	$115 + 175$
13		2,2	$2 \cdot 115$	2,2	$2 \cdot 115$	2,0	$2 \cdot 115$

[1]) Bei Schalenabstand $\geq$ 50 mm und Gewicht jeder einzelnen Schale $\geq$ 100 kg/m² kann die Stein-Rohdichte-Klasse um 0,2 niedriger sein.
[2]) Bei Schalenabstand $\geq$ 50 mm und Gewicht jeder einzelnen Schale $\geq$ 100 kg/m² kann die Stein-Rohdichte-Klasse um 0,3 niedriger sein.
[3]) Bei Schalenabstand $\geq$ 50 mm und Gewicht jeder einzelnen Schale $\geq$ 100 kg/m² kann die Stein-Rohdichte-Klasse um 0,4 niedriger sein.
[4]) Bei Schalenabstand $\geq$ 50 mm und Gewicht jeder einzelnen Schale $\geq$ 100 kg/m² kann die Stein-Rohdichte-Klasse um 0,5 niedriger sein.
[5]) Bei Schalenabstand $\geq$ 50 mm und Gewicht jeder einzelnen Schale $\geq$ 100 kg/m² kann die Stein-Rohdichte-Klasse um 0,6 niedriger sein.
[6]) Bei Schalen aus Porenbetonsteinen oder -platten nach DIN 4165 oder DIN 4166 sowie aus Leichtbeton-Steinen mit Blähton als Zuschlag nach DIN 18151 oder DIN 18152 und einem Schalenabstand $\geq$ 50 mm und Gewicht jeder einzelnen Schale von $\geq$ 100 kg/m² kann die Stein-Rohdichte-Klasse um 0,1 niedriger sein.
[7]) Bei Schalen aus Porenbetonsteinen oder -platten nach DIN 4165 oder DIN 4166 sowie aus Leichtbeton-Steinen mit Blähton als Zuschlag nach DIN 18151 oder DIN 18152 und einem Schalenabstand $\geq$ 50 mm und Gewicht jeder einzelnene Schale von $\geq$ 100 kg/m² kann die Stein-Rohdichte-Klasse um 0,2 niedriger sein.
[8]) Bei Schalen aus Porenbetonsteinen oder -platten nach DIN 4165 oder DIN 4166 sowie aus Leichtbeton-Steinen mit Blähton als Zuschlag nach DIN 18 151 oder DIN 18 152 kann die Stein-Rohdichte-Klasse um 0,2 niedriger sein.

4 Schallschutz im Wohnungsbau

4.1.6 Berechnung der Luftschalldämmung zwischen Räumen nach EN 12354-1

Von CEN, dem Europäischen Komittee für Normung, wurde das (vorläufige) Mandat zur Erarbeitung von Normen im Bereich des baulichen Schallschutzes erteilt. Außer Mess- und Beurteilungsverfahren sollen auch Rechenverfahren in harmonisierten europäischen Normen verfügbar sein. Ziel sollte es sein, eine einheitliche Grundlage für die Prognose des baulichen Schallschutzes zu schaffen. Durch die Rechenverfahren sind folgende Bereiche abzudecken:

1. Luftschallschutz in Gebäuden (EN 12354-1 [83])
2. Trittschallschutz (EN 12354-2 [84])
3. Schutz gegen Außenlärm (EN 12354-3 [85])
4. Schallübertragung nach außen (EN 12354-4 [86])
5. Geräusche haustechnischer Anlagen (in Vorbereitung)
6. Schutz vor Lärm durch übermäßige Halligkeit (in Vorbereitung)

Auf Teil 1 dieser Normenreihe soll im folgenden eingegangen werden, da er den wichtigsten Bereich des baulichen Schallschutzes darstellt. Zum Anwendungsbereich des Rechenverfahrens heißt es in dieser Norm u. a.:

„Beschrieben werden Rechenmodelle zur Ermittlung der Luftschalldämmung zwischen Räumen in Gebäuden, hauptsächlich auf der Grundlage von Messdaten, die die direkte oder die Flankenübertragung durch die beteiligten Bauteile kennzeichnen, und von theoretisch abgeleiteten Verfahren der Schallausbreitung in Bauwerken. Für die Berechnung in Frequenzbändern wird ein **detailliertes Modell** beschrieben. Die Einzahlangaben können aus den Rechenergebnissen ermittelt werden. Auf Grundlage des detaillierten Modells wird ein **vereinfachtes Modell** mit eingeschränktem Anwendungsbereich abgeleitet, das unter Verwendung der Einzahlangaben der Bauteile unmittelbar die Einzahlangabe des Gebäudes berechnet. Das Modell basiert auf Erfahrungen mit Voraussagen für Wohngebäude. Sie könnten auch auf andere Arten von Gebäuden angewendet werden, soweit deren Baukonstruktionen und Maße nicht zu stark von denen in Wohnbauten abweichen."

Im Vergleich mit den zuvor behandelten Rechenverfahren (s. Abschn. 4.1.2: Verfahren nach Gösele für den Massivbau; Abschnitt 4.1.5: Verfahren der DIN 4109 für den Massivbau) ist die Vorgehensweise nach CEN die allgemeingültigste, da sie a priori nicht auf eine bestimmte Bauweise zugeschnitten ist und außer der (zuvor mehr oder weniger stark vereinfacht dargestellten) flankierenden Übertragung auch die sonstigen Nebenwege sowie Vorsatzkonstruktionen (z. B. Vorsatzschalen, schwimmende Estriche, Unterdecken) an beliebigen Bauteilen berücksichtigen kann.

Ansatz des Rechenverfahrens

Die Grundlagen zur Berechnung sind in der Literatur hergeleitet und beschrieben [14], [15], [16]. Das Modell geht davon aus, dass die Gesamtübertragung zwischen zwei Räumen systematisch in die einzelnen Übertragungswege aufgeteilt werden kann. Dabei werden alle Übertragungsmöglichkeiten berücksichtigt und jeder Weg wird mit dem zugehörigen **Transmissionsgrad τ** beschrieben. Allgemein ist der Transmissionsgrad definiert als das Verhältnis der von einem Bauteil abgestrahlten Schalleistung P_2 zur auf ein Bauteil auffallenden Schalleistung P_1

$$\tau = \frac{P_2}{P_1} \tag{4.11}$$

Der Zusammenhang zwischen dem Transmissionsgrad und dem Schalldämm-Maß R ist gegeben durch

$$R = 10 \lg \frac{1}{\tau} = -10 \lg \tau \qquad (4.12)$$

Bei den Übertragungsmöglichkeiten wird unterschieden zwischen

- **direkter Übertragung** über das Trennbauteil, die sich zusammensetzt aus der
  - Körperschallübertragung über das Trennbauteil (Transmissionsgrad: τ_d) und der
  - Luftschallübertragung über Elemente im Trennbauteil (Transmissionsgrad: τ_e) und
- **indirekter Übertragung** (Nebenwegübertragung), die sich zusammensetzt aus der
  - Körperschall-Nebenwegübertragung über flankierende Bauteile (Flankenübertragung; Transmissionsgrad: τ_f)
  - Luftschall-Nebenwegübertragung über Systeme, z. B. Lüftungsanlagen, Unterdecken, Doppel- und Hohlraumböden, Korridore (Transmissionsgrad: τ_s).

Damit kann die Gesamtübertragung durch den Gesamt-Transmissionsgrad τ_{ges} beschrieben werden, der sich aus der Summe der einzelnen Transmissionsgrade ergibt:

$$\tau_{ges} = \frac{P_{ges.}}{P_1} = \tau_d + \sum_{f=1}^{n} \tau_f + \sum_{e=1}^{m} \tau_e + \sum_{s=1}^{K} \tau_s \qquad (4.13)$$

In dieser Leistungsbilanz ist P_{ges} die gesamte im Empfangsraum abgestrahlte Schallleistung und P_1 die auf den gemeinsamen Teil des Trennbauteils auftreffende Schallleistung.

Die einzelnen Transmissionsgrade sind folgendermaßen definiert:

τ_d Verhältnis der vom gemeinsamen Teil des trennenden Bauteils abgestrahlten Schallleistung im Empfangsraum zur auf den gemeinsamen Teil des trennenden Bauteils auftreffenden Schallleistung

τ_f Verhältnis der von einem flankierenden Bauteil im Empfangsraum abgestrahlten Schallleistung zur auf den gemeinsamen Teil des trennenden Bauteils auftreffenden Schallleistung

τ_e Verhältnis der durch Luftschall-Direktübertragung von einem kleinen Element innerhalb des trennenden Bauteils abgestrahlten Schallleistung im Empfangsraum zur auf den gemeinsamen Teil des trennenden Bauteils auftreffenden Schallleistung

τ_s Verhältnis der durch Luftschall-Nebenwegübertragung über ein System im Empfangsraum abgestrahlten Schallleistung zur auf den gemeinsamen Teil des trennenden Bauteils auftreffenden Schallleistung

n Anzahl der flankierenden Bauteile
m Anzahl der Elemente mit direkter Luftschallübertragung
k Anzahl der Systeme mit Luftschall-Nebenwegübertragung

Gl. (4.13) ist die Grundlage des Berechnungsverfahrens. Sie setzt voraus, dass alle Wege voneinander unabhängig sind und separat behandelt werden können und dass diffuse Schallfelder für den Luft- und Körperschall vorliegen. Das Bau-Schalldämm-Maß R' als Zielgröße der Berechnung wird bestimmt über

$$R' = 10 \lg \frac{1}{\tau_{ges}} = -10 \lg \tau_{ges} \qquad (4.14)$$

Beim detaillierten Modell wird die Rechnung frequenzabhängig für die einzelnen Frequenzbänder durchgeführt. Beim vereinfachten Modell wird (neben weiteren Vereinfachungen) mit Einzahlwerten gerechnet.

4 Schallschutz im Wohnungsbau

Berücksichtigung der Körperschallübertragung

Mit Bezug auf die in Bild 4.6 genannten Körperschall-Übertragungswege kann die direkte Körperschallübertragung durch

$$\tau_d = \tau_{Dd} + \sum_{F=1}^{n} \tau_{Fd} \tag{4.15}$$

präzisiert werden. τ_{Dd} und τ_{Fd} sind dabei die Transmissionsgrade der Wege Dd und Fd. Entsprechend gilt für die indirekte Körperschallübertragung:

$$\tau_f = \tau_{Df} + \tau_{Ff} \tag{4.16}$$

τ_f beschreibt die Schallabstrahlung eines flankierenden Bauteils im Empfangsraum und muss für jedes der beteiligten Flankenbauteile separat bestimmt werden. Wenn jeder Flankenweg allgemein durch das Element i, auf das der Schall im Senderaum auftrifft und das abstrahlende Element j im Empfangsraum gekennzeichnet wird, dann kann der Transmissionsgrad für die flankierende Übertragung allgemein mit τ_{ij} bezeichnet werden. Damit kann das **Flanken-Schalldämm-Maß R_{ij}** des Übertragungsweges ij ausgedrückt werden durch

$$R_{ij} = -10 \lg \tau_{ij} \tag{4.17}$$

und τ_{ij} durch

$$\tau_{ij} = 10^{-R_{ij}/10} \tag{4.18}$$

Da die flankierende Übertragung eine zentrale Rolle bei der Ermittlung des Schallschutzes zwischen Räumen spielt, ist für das Rechenmodell die Bestimmung des Flanken-Schalldämm-Maßes R_{ij} von herausragender Bedeutung.

Ermittlung von R_{ij}

Mit Annahmen zur Anregbarkeit und Abstrahlung von Bauteilen sowie zur Körperschallübertragung an einer Stoßstelle werden in der Literatur (s. z. B. [14], [25]) Beziehungen für das Flanken-Schalldämm-Maß hergeleitet, die in vereinfachter Weise auch der Vorgehensweise in Abschnitt 4.1.2 zugrunde liegen (s. dort Gl. 4.1). In allgemeinerer Form, d. h. ohne Beschränkung auf an der Stoßstelle durchlaufende Bauteile und eine spezielle Stoßstellenart, kann mit Hilfe zusätzlicher Reziprozitätsbetrachtungen [14] das Flanken-Schalldämm-Maß dargestellt werden durch

$$R_{ij} = \frac{R_i}{2} + \frac{R_j}{2} + \overline{D_{v,ij}} + 10 \lg \frac{S_s}{\sqrt{S_i \cdot S_j}} \tag{4.19}$$

R_i und R_j sind die Schalldämm-Maße der Bauteile im Sende- und Empfangsraum, S_i und S_j die dazugehörenden Bauteilflächen und S_s ist die Fläche des Trennbauteils.

$\overline{D_{v,ij}}$ ist die **richtungsgemittelte Schnellepegeldifferenz**, die über folgende Beziehung ermittelt wird:

$$\overline{D_{v,ij}} = \frac{D_{v,ij} + D_{v,ji}}{2} \tag{4.20}$$

Die Schnellepegeldifferenzen $D_{v,ij}$ und $D_{v,ji}$ ergeben sich aus den mittleren Körperschall-Schnellepegeln der beiden an der Stoßstelle zusammentreffenden Bauteile, wobei bei zweimaliger Messung Sende- und Empfangsseite vertauscht werden. Angaben zur messtechnischen Bestimmung der Schnellepegeldifferenzen finden sich in [87].

Gl. (4.19) besagt, dass das Flanken-Schalldämm-Maß prinzipiell durch die Direktdämmung der beteiligten Bauteile und eine Schnellepegeldifferenz an der Stoßstelle bestimmt werden kann. Es lässt sich somit aus bekannten oder messtechnisch bestimmbaren Größen ermitteln.

Der dargestellte Zusammenhang beinhaltet, dass die Bauteile links und rechts der Stoßstelle nicht gleich sein müssen, dass die Stoßstelle beliebig sein kann (Kreuzstoß, T-Stoß, Ecke, Dickenänderung, Materialwechsel) und die Stoßstelle starr oder elastisch ausgeführt sein kann. Hauptaufgabe wird es demnach sein, für die jeweils interessierende Variante die benötigten Eingangsdaten verfügbar zu haben.

Berücksichtigung von Vorsatzkonstruktionen

Eine weitere Möglichkeit des hier dargestellten Berechnungsverfahrens gegenüber den bisher behandelten besteht darin, dass Vorsatzkonstruktionen, die sich verbessernd auf die Luftschalldämmung auswirken (z. B. Vorsatzschalen, schwimmende Estriche, Unterdecken), an jedem beliebigen Bauteil des jeweils betrachteten Übertragsweges berücksichtigt werden können. Für den Weg Dd gilt dann:

$$R_{Dd} = R_s + \Delta R_D + \Delta R_d \tag{4.21}$$

R_s ist hier das Schalldämm-Maß des Trennbauteils, ΔR_D und ΔR_d das **Luftschallverbesserungsmaß** einer Vorsatzkonstruktion auf der Sende- bzw. Empfangsseite des Trennbauteils. Entsprechend gilt für die Flankenwege als Erweiterung von Gl. (4.19):

$$R_{ij} = \frac{R_i}{2} + \Delta R_i + \frac{R_j}{2} + \Delta R_j + \overline{D_{v,ij}} + 10 \lg \frac{S_s}{\sqrt{S_i + S_j}} \tag{4.22}$$

ΔR_i und ΔR_j sind hier die Luftschallverbesserungsmaße für Vorsatzkonstruktionen auf der Sende- oder Empfangsseite des Übertragungsweges.

Berücksichtigung der Luftschallübertragung

Für die direkte Luftschallübertragung ergibt sich mit der Norm-Schallpegeldifferenz für Elemente

$$D_{n,e} = L_1 - L_2 + 10 \lg \frac{A_0}{A} \tag{4.23}$$

der Transmissionsgrad

$$\tau_e = \frac{A_0}{S_s} 10^{-D_{n,e}/10} \tag{4.24}$$

Entsprechend ergibt sich für die indirekte Luftschallübertragung mit der Norm-Schallpegeldifferenz für Systeme

$$D_{n,s} = L_1 - L_2 + 10 \frac{A_0}{A} \tag{4.25}$$

der Transmissionsgrad

$$\tau_s = \frac{A_0}{S_s} 10^{-D_{n,s}/10} \tag{4.26}$$

Umrechnung auf situationsbezogene Bedingungen

Eine weitere Besonderheit des Rechenmodells besteht in der Berücksichtigung der aktuellen akustischen Bedingungen. Dabei wird dem Umstand Rechnung getragen, dass sich aufgrund unterschiedlicher Einbaubedingungen die akustischen Kenngrößen zwischen Prüfstands- und Bausituation unterscheiden können. Dies gilt insbesondere für die Luftschall- und Stoßstellendämmung. Deshalb werden die Prüfstandswerte zuerst in sogenannte In-Situ-Werte umgerechnet, bevor sie als Eingangsgrößen im Rechenmodell verwendet werden. Die Größen in den Gln. (4.21), (4.22), (4.24) und (4.26) sind deshalb an die In-Situ-Bedingungen anzupassen, bevor sie in der Leistungsbilanz von Gl. (4.13) eingesetzt werden. Die vorzunehmende **In-Situ-Anpassung** geht davon aus, dass sich unterschiedliche Einbaubedingungen durch den **Gesamt-Verlustfaktor** eines Bauteils beschreiben lassen, der Verluste durch Materialdämpfung, Luftschallabstrahlung und insbesondere Energieableitung an den Bauteilrändern erfasst. Als messtechnische Größe dient die Körperschall-Nachhallzeit der Bauteile, über die der Verlustfaktor bestimmt werden kann. Grundlagen zu dieser In-Situ-Anpassung sind in der Literatur [16] beschrieben. Die einzelnen im detaillierten Modell vorzunehmenden Schritte werden im Normentext [83] und dessen Anhängen erläutert. Auf die für das vereinfachte Verfahren interessierende Umrechnung der Stoßstellendämmung wird nachfolgend eingegangen.

Gewinnung von Eingangsdaten

Die für die Berechnung benötigten Eingangsdaten sollen vorzugsweise aus genormten Prüfstandsmessungen stammen. Sie können aber auch aus theoretischen Berechnungen, empirischen Abschätzungen oder Messergebnissen unter Baubedingungen abgeleitet werden. Hierzu liegen in verschiedenen Anhängen zu [83] entsprechende Angaben vor. Diese Angaben haben jedoch nur informativen Charakter und sind bei der Anwendung des Rechenmodells nicht verbindlich. Im nachfolgenden Rechenbeispiel zum vereinfachten Modell wird auf Angaben dieser Anhänge zurückgegriffen.

Vereinfachtes Modell

Für das vereinfachte Modell sind gegenüber dem bislang behandelten detaillierten Modell folgende Vereinfachungen vorgesehen:

- Die Rechnung erfolgt mit Einzahlwerten statt frequenzabhängig.
- Schalldämm-Maße werden nicht an die aktuelle Situation angepasst; die In-Situ-Korrektur wird nur für die Stoßstellendämmung vorgenommen (siehe unten).
- Es wird nur die Körperschallübertragung (direkt und über die Flankenwege) berücksichtigt, nicht dagegen Luftschallübertragungswege.
- Das Modell gilt hauptsächlich für homogene Bauteile; der Anwendungsbereich liegt deshalb vorzugsweise beim Massivbau.

Zielgröße der Berechnung ist das bewertete Bau-Schalldämm-Maß R'_w, das durch „energetische" Addition der berücksichtigten Übertragungswege wie folgt ermittelt wird:

$$R'_w = -10 \lg \left[10^{-R_{Dd,w}/10} + \sum_{F=f=1}^{n} 10^{-R_{Ff,w}/10} + \sum_{f=1}^{n} 10^{-R_{Df,w}/10} + \sum_{F=1}^{n} 10^{-R_{Fd,w}/10} \right] \quad (4.27)$$

Bei vier flankierenden Bauteilen sind dies insgesamt 13 Übertragungswege. Für die Direktübertragung gilt:

$$R_{Dd,w} = R_{s,w} + \Delta R_{Dd,w} \quad (4.28)$$

mit

$R_{s,w}$ bewertetes Schalldämm-Maß des trennenden Bauteils

$\Delta R_{Dd,w}$ bewertete Verbesserung des Gesamt-Schalldämm-Maßes durch zusätzliche Vorsatzkonstruktionen auf Sende- und Empfangsseite des trennenden Bauteils

Für die Flankenwege gilt:

$$R_{Ff,w} = \frac{R_{F,w}}{2} + \frac{R_{f,w}}{2} + \Delta R_{Ff,w} + K_{Ff} + 10 \lg \frac{S_s}{l_0 \cdot l_f} \quad (4.29)$$

$$R_{Fd,w} = \frac{R_{F,w}}{2} + \frac{R_{s,w}}{2} + \Delta R_{Fd,w} + K_{Fd} + 10 \lg \frac{S_s}{l_0 \cdot l_f} \quad (4.30)$$

$$R_{Df,w} = \frac{R_{s,w}}{2} + \frac{R_{f,w}}{2} + \Delta R_{Df,w} + K_{Df} + 10 \lg \frac{S_s}{l_0 \cdot l_f} \qquad (4.31)$$

mit

$R_{F,w}, R_{f,w}$	bewertete Schalldämm-Maße der flankierenden Bauteile im Sende- und Empfangsraum
$\Delta R_{Ff,w}$	gesamtes bewertetes Luftschallverbesserungsmaß durch
$\Delta R_{Fd,w}$	zusätzliche Vorsatzkonstruktionen auf Sende- und
$\Delta R_{Df,w}$	Empfangsseite des flankierenden Bauteiles
K_{Ff}	
K_{Fd}	Stoßstellendämm-Maße der Flankenwege
K_{Df}	
S_s	Fläche des trennenden Bauteils (in m²)
l_f	gemeinsame Kopplungslänge zwischen trennendem und flankierendem Bauteil (in m)
l_0	Bezugslänge (1 m)

Die allgemein mit K_{ij} bezeichenbaren **Stoßstellendämm-Maße** sind als invariante (d. h. situationsunabhängige) Größen zur Beschreibung des Stoßstellenverhaltens definiert. Sie können messtechnisch bestimmt, theoretisch berechnet oder für ausgewählte Fälle den Anhängen der Berechnungsnorm entnommen werden. Durch die grundsätzlich vorzunehmende In-Situ-Anpassung der K_{ij}-Werte ergeben sich die in den Gln. (4.19) und (4.22) benötigten richtungsgemittelten Schnellepegeldifferenzen. Im Falle des vereinfachten Modells erfolgt eine vereinfachte In-Situ-Anpassung, die in den Gln. (4.29), (4.30) und (4.31) bereits berücksichtigt ist.

Die **gesamten bewerteten Luftschallverbesserungsmaße** können ebenfalls durch Messung bestimmt oder den informativen Anhängen der Berechnungsnorm entnommen werden. Wenn in einem Übertragungsweg Vorsatzkonstruktionen gleichzeitig auf der Sende- und Empfangsseite angebracht sind, dann ist im vereinfachten Modell die Vorsatzkonstruktion mit dem kleineren Wert nur mit dem halben Wert anzusetzen.

Rechenbeispiel für das vereinfachte Modell

Für die nebenstehende Grundrisssituation soll die Luftschalldämmung in vertikaler Richtung zwischen zwei übereinander liegenden Schlafzimmern (gleiche Grundrisse) nach dem vereinfachten CEN-Rechenmodell ermittelt werden. Es gelten folgende Angaben:

Raumabmessungen:	Länge l = 4,2 m	
	Breite b = 3,5 m	
Bauteile:	Decke:	200 mm Stahlbeton mit schwimmendem Estrich, flächenbezogene Masse nach Beiblatt 1 zu DIN 4109: 460 kg/m²
	Außenwände:	in beiden Stockwerken 300 mm Mauerwerk, flächenbezogene Masse nach Beiblatt 1 zu DIN 4109: 300 kg/m²
	Innenwand 1:	in beiden Stockwerken 115 mm Mauerwerk, flächenbezogene Masse nach Beiblatt 1 zu DIN 4109: 160 kg/m²
	Innenwand 2:	in beiden Stockwerken 175 mm Mauerwerk, flächenbezogene Masse nach Beiblatt 1 zu DIN 4109: 210 kg/m²

Für das gesamte bewertete Luftschallverbesserungsmaß des schwimmenden Estrichs wird ein Wert von 10 dB angesetzt. Die Schalldämm-Maße und Stoßstellendämm-Maße werden den Anhängen der Berechnungsnorm [83] entnommen.

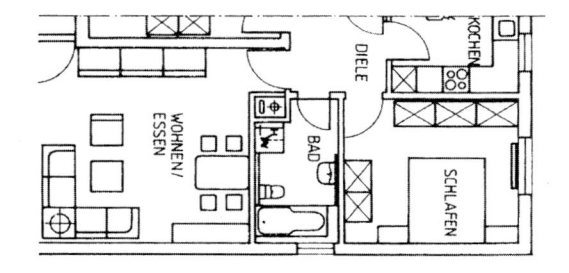

4 Schallschutz im Wohnungsbau

Damit gilt für die bewerteten Schalldämm-Maße:

$R_w = 37{,}5 \lg m' - 42$ dB   für $m' \geq 150$ kg/m²

Die Stoßstellen werden als starr angenommen und über das Verhältnis M der flächenbezogenen Massen beschrieben:

$M = \lg \dfrac{m'_s}{m'_f}$ m'_s: flächenbezogene Masse des Trennbauteils
    m'_f: flächenbezogene Masse des flankierenden Bauteils

Für den starren Kreuzstoß gilt dann:

$K_{ij} = 8{,}7 + 17{,}1\, M + 5{,}7\, M^2$ dB   für gerade Schallübertragung ohne Richtungswechsel

$K_{ij} = 8{,}7 + 5{,}7\, M^2$ dB   für Schallübertragung um die Ecke

Für den starren T-Stoß gilt:

$K_{ij} = 5{,}7 + 14{,}1\, M + 5{,}7\, M^2$ dB   für gerade Schallübertragung ohne Richtungswechsel

$K_{ij} = 5{,}7 + 5{,}7\, M^2$ dB   für Schallübertragung um die Ecke

Damit ergeben sich für den weiteren Rechenweg folgende Eingangsdaten:

	m' [kg/m²]	R_w [dB]	l_f [m]	Stoßstelle	K_{Ff} [dB]	F_{fd}, K_{Df} [dB]
Decke	460	57,9				
Flanke 1, Außenwand	300	50,9	3,5	T	8,5	5,9
Flanke 2, Außenwand	300	50,9	4,2	T	8,5	5,9
Flanke 3, Innenwand 1	160	40,7	3,5	+	17,7	9,9
Flanke 4, Innenwand 2	210	45,1	4,2	+	15,2	9,4

Für die einzelnen Übertragungswege und die Gesamtübertragung folgt:

		$R_i/2$ [dB]	$R_i/2$ [dB]	K_{ij} [dB]	$10 \lg \dfrac{S_s}{l_0 l_f}$	$\Delta R_{ij,w}$ [dB]	$R_{ij,w}$ [dB]	Beitrag des Bauteils
Trennbauteil	R_{Dd}	57,9				10	67,9	
	R_{1d}	25,4	28,9	5,9	6,2		66,4	
	R_{2d}	25,4	28,9	5,9	5,4		65,6	
	R_{3d}	20,3	28,9	9,9	6,2		65,3	
	R_{4d}	22,5	28,9	9,4	5,4		66,2	
								$R_d = 59{,}2$ dB
Flanke 1	R_{D1}	28,9	25,4	5,9	6,2	10	76,4	
	R_{11}		50,9	8,5	6,2		65,6	
								$R_{f1} = 65{,}3$ dB
Flanke 2	R_{D2}	28,9	25,4	5,9	5,4	10	75,6	
	R_{22}		50,9	8,5	5,4		64,8	
								$R_{f2} = 64{,}5$ dB
Flanke 3	R_{D3}	28,9	20,3	9,9	6,2	10	75,3	
	R_{33}		40,7	17,7	6,2		64,6	
								$R_{f3} = 64{,}2$ dB
Flanke 4	R_{D4}	28,9	22,5	9,4	5,4	10	76,2	
	R_{44}		45,1	15,2	5,4		65,7	
								$R_{f4} = 65{,}3$ dB
Endergebnis: energetischer Addition aller Übertragungswege								$R'_w = 56{,}0$ dB

Das Beispiel zeigt, wie mit Hilfe des Rechenmodells der Beitrag jedes Übertragungsweges ermittelt werden kann. Durch Variation der Bauteileigenschaften lässt sich erkennen, wie sich einzelne Maßnahmen auf die resultierende Übertragung auswirken.

4.2 Luft- und Trittschalldämmung von Decken

4.2.1 Massivdecken

Die Luft- und Trittschalldämmung von Massivdecken hängt von der flächenbezogenen Masse der Rohdecke ab und vom aufgebrachten schwimmenden Estrich sowie von einer etwaigen Unterdecke. Außerdem sind beim Luftschallschutz die flankierenden Wände von entscheidender Bedeutung.

Trittschalldämmung

Bei homogenen Deckenplatten kann der Norm-Trittschallpegel nach [11] vorherberechnet werden, er steigt mit rund 5 dB pro Frequenz-Dekade an und nimmt um rund 10 dB ab bei Verdopplung der Deckendicke. Für den äquivalenten Norm-Trittschallpegel **L_{nweq} von Rohdecken** ergibt sich daraus der nachfolgende Zusammenhang [32]:

$$L_{nweq} = 164 - 35 \lg \frac{m'}{m'_o} \tag{4.32}$$

Dabei bedeuten:

m' flächenbezogene Masse der einschaligen Decke (Rohdecke)
m'_o Bezugswert = 1 kg/m²

Der nach Gl. (4.32) gerechnete Verlauf ist in Bild 4.13 als Gerade eingetragen und zeigt die mögliche Abweichung von Messwerten. Bei großen Hohlräumen oder ähnlichem ist die

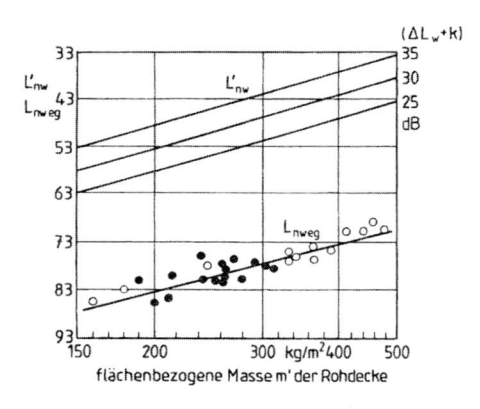

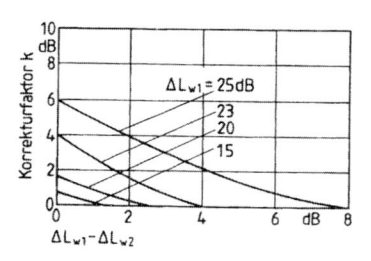

Bild 4.13 Abhängigkeit des äquivalenten Norm-Trittschallpegels L_{nweq} von einschaligen, massiven Rohdecken verschiedener Art von ihrer flächenbezogenen Masse
○ homogene Platten
● Decken mit Hohlräumen

und L'_{nw} fertiger Decken, abhängig vom Verbesserungsmaß ΔL_w des Fußbodens [4] entsprechend Gl. (2.23):
$L'_{nw} \approx L_{nweq} - (\Delta L_w + k)$

Zur Bestimmung des Korrekturfaktors k aus der Differenz der Verbesserungsmaße ΔL_{wi} und ΔL_{w2} für die Berechnung des L'_{nw} einer fertigen Decke, nach [4]

Trittschallübertragung normalerweise etwas größer als bei homogenen Decken gleichen Gewichts. Aus Bild 4.13 ergeben sich für die heute üblichen 180 mm dicken Massivplattendecken L_{nweq}-Werte von rund 73 dB.

Für einen ausreichenden Trittschallschutz (s. Tafel 4.1) sind somit Fußbodenaufbauten mit Verbesserungsmaßen ΔL_W von über 20 dB notwendig. Beispiele für das Trittschall-Verbesserungsmaß ΔL_W von schwimmendem Estrich und von Gehbelägen sind in Tafel 4.9 beim Berechnungsbeispiel am Ende des Abschn. 4.2.1 zusammengestellt. Im oberen Teil des Diagramms in Bild 4.13 ist der zu erwartende **L'_{nw}-Wert der fertigen Decke** abzulesen.

Wenn die Verbesserungsmaße ΔL_{W1} und ΔL_{W2} von schwimmendem Estrich und Gehbelag etwa gleich groß sind, ist für den resultierenden Norm-Trittschallpegel der fertigen Decke (L'_{nw} nach Gl. (2.23)) noch der Korrekturfaktor k nach Bild 4.13 zu berücksichtigen (s. Tafel 4.9).

Im Wohnungsbau ist der **schwimmende Estrich** (Ausführung s. DIN 18560-2) das wichtigste Mittel zur Verringerung der Trittschall-Übertragung. Er wirkt nach dem Masse-Feder-Prinzip (s. Abschn. 2.1) und ergibt oberhalb der Resonanzfrequenz f_0:

$$f_0 \approx 160A \sqrt{\frac{s'}{m'_e}} \text{ Hz} \tag{4.33}$$

Dabei bedeuten:

s' dynamische Steifigkeit der Dämmschicht in MN/m^3
m'_e flächenbezogene Masse des Estrichs in kg/m^2

eine stark mit der Frequenz zunehmende Trittschallminderung (ΔL s. Bild 2.11).

Da die Estrich-Masse aus praktischen Gründen relativ wenig variiert werden kann (etwa 45 bis 90 kg/m^2) hängt die Lage der Resonanzfrequenz f_0 und damit die resultierende Trittschallverbesserung maßgeblich von der dynamischen Steifigkeit s' der Dämmschicht ab. Den Zusammenhang zeigt Bild 4.14.

Bild 4.14
Zusammenhang zwischen dem Trittschallverbesserungsmaß ΔL_W eines schwimmenden Estrichs und der dynamischen Steifigkeit s' der verwendeten Dämmschicht bei Estrichen mit flächenbezogenen Massen m' von 75 und 45 kg/m^2 nach [62]; gilt nur für vollkommen schallbrückenfreie Estriche.

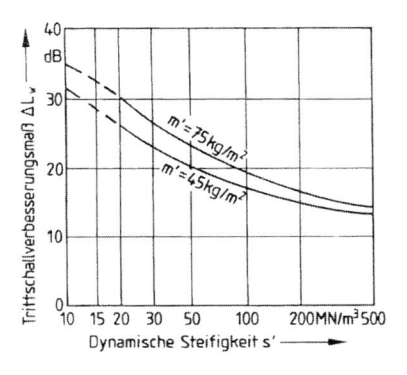

Um die notwendige Verbesserung ($\Delta L_W > 20$ dB) zu erreichen, muss die Resonanzfrequenz f_0 sehr tief liegen (etwa 60 Hz) und deshalb dürfen nur geprüfte **Trittschall-Dämmplatten nach DIN 18 165** (z. B. 20/15 mm Mineralfaser-Trittschalldämmplatten mit s' $\approx$ 10 MN/m^3) bzw. **nach DIN 18 164** (z. B. 23/20 mm Hartschaum-Trittschalldämmplatten mit s' $\approx$ 20 MN/m^3) verwendet werden. Eine so tiefe Abstimmung des Masse-Feder-Systems schwimmenden Estrichs ist notwendig, da die Trittschallanregung der relativ leichten Estrichplatte um mindestens 20 dB größer ist als der Trittschall von der rund viermal schwereren Rohdecke selbst (siehe

$L_{nw,eq}$ in Bild 4.13). Die Estrichplatte muss deshalb auch sehr sorgfältig am Rand von den umgebenden Wänden isoliert werden. Beispiele für geeignete Wandanschlüsse nach [62] zeigt Bild 4.15.

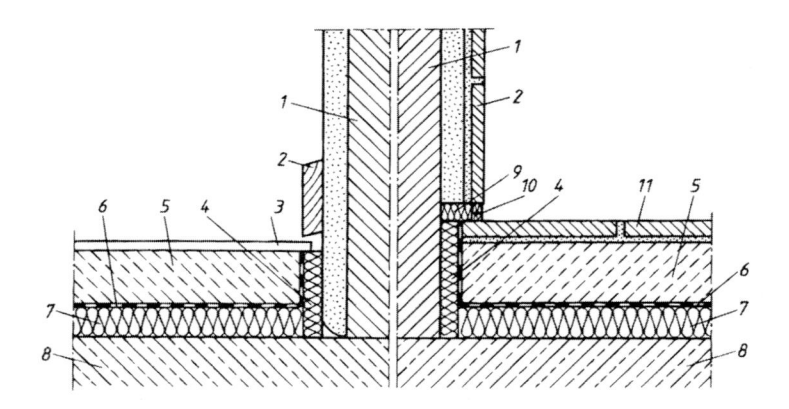

Bild 4.15 Beispiele für den Wandanschluss bei schwimmendem Estrich
  Links: bei Wandputz und weichem Gehbelag
  Rechts: bei Fliesenbelag an Wand und Boden
1 Mauerwerk oder Beton verputzt
2 Sockelleiste mit hartem Anschluss bzw. Wandfliesen oder Platten im Dickbett oder Dünnbett
3 weicher Bodenbelag
4 Randdämmstoffstreifen
5 Estrich
6 Abdichtung
7 Trittschall-Dämmschicht
8 Massivdecke
9 Dämmstreifen als Trennfuge
10 elastische Fugenmasse
11 Bodenfliesen oder Platten

Aus obengenannten Gründen wirken sich alle **Schallbrücken** beim schwimmenden Estrich verheerend aus und der resultierende Trittschallschutz ist um 10 bis 20 dB geringer als bei einwandfreier Bauausführung. Sehr häufig sind Schallbrücken in den Randfugen durch unsachgemäßes Verlegen der Randdämmstreifen und fehlende Abdeckung der Randbereiche sowie durch Spachtelmasse oder Fliesenklebemörtel, aber auch Schallbrücken zur Rohdecke durch ungenügende Abdeckung horizontal verlaufender Rohre (z. B. Heizung) auf der Rohdecke bzw. ungenügende Abdichtung der Isolierung bei senkrechten Steigleitungen zu den Heizkörpern. Die L'_{nw}-Werte bei Fliesenbelägen liegen deshalb heute im Mittel noch rund 20 dB über den Werten bei Teppichböden, siehe Bild 4.1, und häufig wird dabei die Mindestanforderung nach DIN 4109 (11.89) (L'_{nw} = 53 dB) wesentlich überschritten. Zur weitgehenden Vermeidung von Randfugen durch Fliesenklebemörtel wird empfohlen, die Randisolierung erst nach Verlegen der Beläge abzuschneiden und dann alsbald elastisch zu verfugen.

Durch Teppichbeläge o. ä. wird zwar die Verschlechterung des Trittschallschutzes durch vorhandene Schallbrücken des Estrichs weitgehend ausgeglichen, nicht jedoch die Verminderung des Luftschallschutzes durch die zusätzliche Schalllängsleitung über die Schallbrücken [44].

Luftschalldämmung

Durch einen schallbrückenfreien, schwimmenden Estrich wird die Luftschalldämmung einer Decke wesentlich verbessert (für die Decke selbst rund 15 bis 20 dB), jedoch wird die erreichbare Verbesserung wie bei der biegeweichen Vorsatzschale (s. Bild 4.8) durch die Schall-Längsleitung über die flankierenden Wände begrenzt. Das resultierende Schalldämm-Maß R'_w

4 Schallschutz im Wohnungsbau

einschaliger Massivdecken mit schwimmendem Estrich oder anderen schwimmend verlegten Fußböden mit $\Delta L_W \geq 25$ dB kann mit folgender Beziehung vorherberechnet werden:

$$R'_W \approx R'_{W300} + 4 \text{ dB} + K_{L,1} \tag{4.34}$$

Dabei bedeuten:

R'_{W300} bewertetes Schalldämm-Maß der Rohdecke nach Tafel 4.5 (einschließlich Vorhaltemaß)

$K_{L,1}$ Korrektur nach Tafel 4.6 zur Berücksichtigung der Schall-Längsleitung bei von $m'_{L,mittel} = 300$ kg/m² abweichenden flankierenden Bauteilen.

Entsprechendes gilt für Massivdecken mit biegeweicher Unterdecke oder gleichwertiger Akustikdecke.

Berechnungsbeispiel nach DIN 4109

Für die Wohnungstrenndecke im Beispiel in Abschn. 4.1.5

160 mm Massivdecke (m' = 368 kg/m²) mit schwimmendem Estrich und Gehbelag ($\Delta L_W \geq 20$ dB)

soll ein erhöhter Schallschutz ($R'_W \geq 55$ dB, $L'_{nw} \leq 46$ dB, s. Tafel 4.2) erreicht werden. Der errechnete L'_{nw}-Wert muss für den Nachweis nach DIN 4109 (11.89) dann mindestens 2 dB (Vorhaltemaß) niedriger sein, also hier 44 dB; beim R'_W ist das Vorhaltemaß im R'_{W300} (s. Gl. (4.34)) bereits enthalten. Beispiele für das Trittschallverbesserungsmaß ΔL_W von schwimmenden Estrichen und von Gehbelägen sind in Tafel 4.9 zusammengestellt.

Luftschalldämmung

Die größte Schalllängsleitung liegt beim mittleren Zimmer (siehe Grundriss in Abschn. 4.1.5) vor mit folgenden **flankierenden Bauteilen:**

2 × leichte Innenwände ($m'_L = 72$ kg/m²)

1 × tragende Innenwand ($m'_L = 300$ kg/m²)

1 × Außenwand ($m'_L = 266$ kg/m²)

Somit $m'_{LMittel} = \dfrac{1}{4}(72 + 72 + 300 + 266) = 177{,}5$ kg/m² und nach Tafel 4.6:

$K_{L,1} = -2$ dB

Damit nach Gl. (4.34):

$R'_W = 51 + 4 - 2 = 53$ dB

Mit der vorgesehenen Bauausführung wird daher noch nicht einmal die Mindestanforderung nach DIN 4109: $R'_W = 54$ dB s. Tafel 4.1 erfüllt und der angestrebte erhöhte Schallschutz ($R'_W \geq 55$ dB) um 2 dB unterschritten. Die **Decke** muss **dicker** (z. B. 180 mm) und die nichttragenden Innenwände sollten schwerer ausgeführt werden, oder durch Gipskarton-Ständerwände ersetzt werden.

Trittschalldämmung bei 180 mm Massivdecke

m' = 0,18 · 2300 = 414 kg/m², entsprechend nach Gl. (4.32) bzw. Bild 4.13: $L_{nweq} = 73$ dB, deshalb muss der schwimmende Estrich folgendes Verbesserungsmaß aufweisen:

$$\Delta L_W \geq L_{nweq} - L'_{nwAnford.} + 2 \text{ dB} = 73 - 46 + 2 = 29 \text{ dB} \tag{4.35}$$

Die entsprechende Ausführung des schwimmenden Estrichs ist aus Tafel 4.9 zu entnehmen, die dynamische Steifigkeit der Trittschalldämmplatten darf im vorliegenden Fall nicht größer sein als 10 bis 15 MN/m³ (s. auch Fußnote 1 bei Tafel 4.9).

Tafel 4.9 Trittschallverbesserungsmaß ΔL_W von schwimmenden Estrichen und von weichfedernden Gehbelägen (Rechenwerte nach DIN 4109 - Beiblatt 1, dort Tab. 17 und 18)

Zeile	Fußbodenaufbau	ΔL_W in dB	
		mit hartem Gehbelag	mit weichfederndem Gehbelag [1]) ($\Delta L_W \geq 20$ in dB)
1	Schwimmende Estriche mit und ohne Gehbelag		
1.1	Gussasphaltestriche nach DIN 18 560-2 mit einer flächenbezogenen Masse ≥ 45 kg/m² auf Dämmschichten aus Dämmstoffen nach DIN 18 164-2 oder DIN 18 165-2 mit einer dynamischen Steifigkeit s' von höchstens		
	50 MN/m³	20	20
	40 MN/m³	22	22
	30 MN/m³	24	24
	20 MN/m³	26	26
	15 MN/m³	27	29
	10 MN/m³	29	32
1.2	Estriche nach DIN 18 560-2 mit einer flächenbezogenen Masse ≥ 75 kg/m² auf Dämmschichten aus Dämmstoffen nach DIN 18 164-2 oder DIN 18 165-2 mit einer dynamischen Steifigkeit s' von höchstens		
	50 MN/m³	22	23
	40 MN/m³	24	25
	30 MN/m³	26	27
	20 MN/m³	28	30
	15 MN/m³	29	33
	10 MN/m³	30	34
2	weichfedernde Gehbeläge (direkt auf Massivdecke!)		ΔL_W in dB
2.1	PVC-Beläge mit Unterschicht auf PVC-Schaumstoff oder Korkment		16
2.2	Nadelvlies, Dicke = 5 mm		20
2.3	Polteppiche [2])		
2.3.1	Unterseite geschäumt, Gesamtdicke = 4 mm nach DIN 53 855-3		19
2.3.2	Unterseite geschäumt, Gesamtdicke = 6 mm nach DIN 53 855-3		24
2.3.3	Unterseite geschäumt, Gesamtdicke = 8 mm nach DIN 53 855-3		28
2.3.4	Unterseite ungeschäumt, Gesamtdicke = 4 mm nach DIN 53 855-3		19
2.3.5	Unterseite ungeschäumt, Gesamtdicke = 6 mm nach DIN 53 855-3		21
2.3.6	Unterseite ungeschäumt, Gesamtdicke = 8 mm nach DIN 53 855-3		24

[1]) Wegen der möglichen Austauschbarkeit von weichfedernden Gehbelägen, die sowohl dem Verschleiß als auch besonderen Wünschen der Bewohner unterliegen, dürfen diese bei dem Nachweis der Mindestanforderungen nach DIN 4109 nicht angerechnet werden.

[2]) Pol aus Polyamid, Polypropylen, Polyacrylnitril, Polyester, Wolle und deren Mischungen.

4.2.2 Holzbalkendecken

Es ist bekannt, dass der Schallschutz von alten Holzbalkendecken geringer ist als der von Massivdecken mit schwimmendem Estrich (s. auch Abschn. 4.5) Die Ursache liegt vor allem an der Übertragung über den Balken und die meist steife Befestigung der unteren Deckenbekleidung. Untersuchungen von Gösele [4], [33] haben inzwischen jedoch gezeigt, dass mit Holzbalkendecken bei geeignetem Aufbau ein sehr guter Schallschutz erreicht werden kann, der dem von guten Massivdecken praktisch nicht nachsteht. Zur Verbesserung des Schallschutzes sind folgende Maßnahmen möglich:

a) Lösen der festen Verbindungen an den Balken unten oder oben; normalerweise wird dazu die untere Verkleidung über Federbügel, Federschienen oder elastische Abhängungen befestigt. Die Trittschallminderung beträgt im Mittel rund 10 dB gegenüber einer Befestigung über Lattung.

b) Aufdoppeln einer zweiten Gipskartonplatte o. ä. auf die untere Bekleidung erhöht die Trittschalldämmung um rund 4 dB.

c) Dämpfung des Hohlraums zwischen den Balken durch absorbierendes Material ergibt eine Verringerung der Schallübertragung gegenüber einem leeren Hohlraum um rund 10 dB. Aus wirtschaftlichen Gründen wird der Hohlraum meist nicht ganz gefüllt, sondern mit z. B. 50 bis 100 mm dicken Mineralwolle-Matten u-förmig ausgekleidet.

d) Aufbringen eines schwimmend verlegten Fußbodens oder Estrichs. Allerdings ist die Verbesserung des Trittschallschutzes bei Holzbalkendecken wesentlich geringer als bei Massivdecken (z. B. schwimmender Zementestrich auf 30/25 mm Mineralfaser statt 30 dB nur rund 16 dB!). Die Verbesserung kann jedoch wesentlich erhöht werden, wenn die Rohdecke mit aufgeklebten Steinplatten oder durch Sand beschwert wird (s. Beispiel in Tafel 4.10). Auf eine einwandfreie Isolierung des schwimmenden Fußbodens gegenüber den Wänden muss geachtet werden, da sonst durch Körperschallübertragung über die Wände der erreichbare Trittschallschutz auf L'_{nw} = rund 53 dB begrenzt wird.

e) Bei sichtbaren Balken ist entweder die Maßnahme d notwendig oder/und eine Verkleidung zwischen den Balken. Mit zweitgenannter Maßnahme wird gegenüber der unverkleideten Decke eine Verbesserung um rund 10 dB erreicht.

f) Nur sehr weiche Teppichbeläge tragen merkbar zur Trittschalldämmung von Holzbalkendecken bei, z. B. Velours mit ΔL_w = 30 dB direkt auf der Rohdecke rund 16 dB und auf schwimmendem Fußboden rund 12 dB.

Erläuterung zu Tafel 4.10:

1 Spanplatte DIN 68 763, gespundet oder mit Nut und Feder
2 Holzbalken
3 Gipskartonplatte nach DIN 18 180
4 Faserdämmstoff nach DIN 18 165-2, Typ T, dynamische Steifigkeit s' ≤ 15 MN/m³
5 Faserdämmstoff nach DIN 18 165-1, Typ WZ-w oder W-w, längenbezogener Strömungswiderstand $\Xi \geq 5$ kN · s/m⁴
6 Federbügel
7 Unterkonstruktion aus Holz, Achsabstand der Latten ≥ 400 mm; Befestigung über Federbügel, sodass kein fester Kontakt zwischen Latte und Balken entsteht.
8 Mechanische Verbindungsmittel oder Verleimung
9 Bodenbelag
10 Kaltbitumenschicht
11 Gipskartonplatten nach DIN 18180, 12,5 oder 15 mm dick, oder Spanplatten nach DIN 68 763, 10 bis 16 mm dick
12 Betonplatten oder Betonsteine, Seitenlänge ≤ 400 mm, in Kaltbitumen verlegt, offene Fugen zwischen den Platten, flächenbezogene Masse mindestens 140 kg/m²
13 Zementestrich

Beispiele für Holzbalkendecken mit gutem Luft- und Trittschallschutz sind in Tafel 4.10 zusammengestellt. Die Luftschalldämmung hängt jedoch in ausgeführten Bauten praktisch nur von der Schall-Längsübertragung entlang der Wände ab. Die sich dadurch ergebende

Tafel 4.10 Schallschutz verschiedener Holzbalkendecken nach [4], [33]; untere Bekleidung jeweils über Federbügel befestigt.

Deckenausführung (1 bis 13 s. S. 76)	Fußbodenaufbau oberhalb der Balkenabdeckung	R_w bzw. R; in dB		L'_{nw} in dB (TSM)	
		im Massivbau [1])	im Holzbau	ohne Gehbelag	mit ΔL_w ≥ 26 dB
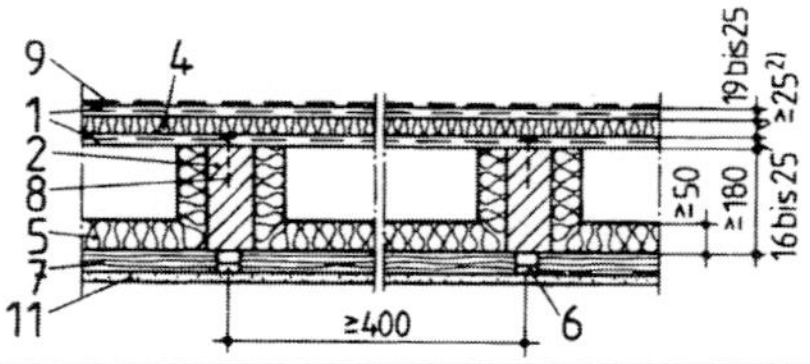	Spanplatten auf mineralischem Faserdämmstoff	53	55	58 (+ 5)	51 (+ 12)
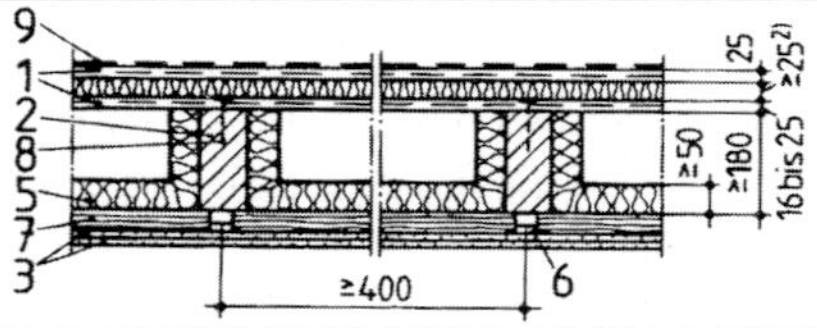		54	58	51 (+ 12)	44 (+ 19)
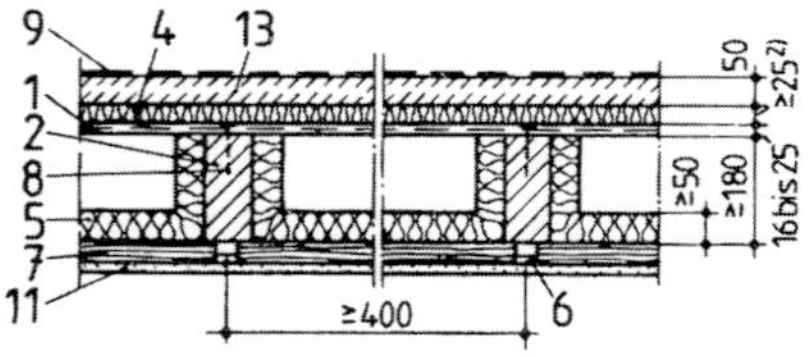	Schwimmender Estrich auf mineralischem Faserdämmstoff	55	59	50 (+ 13)	45 (+ 18)
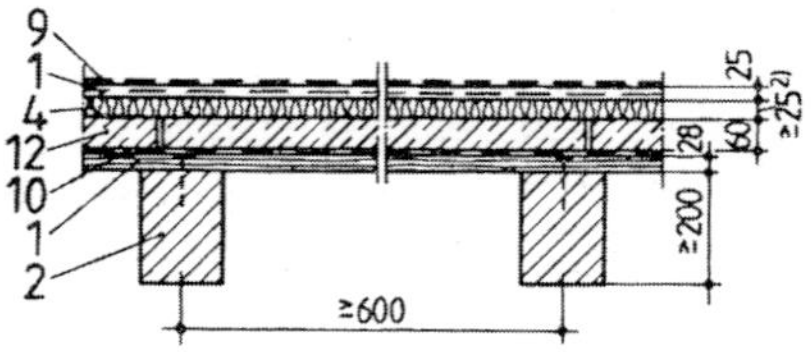	Spanplatten auf mineralischem Faserdämmstoff auf Betonplatten	54	58	52 (+ 11)	45 (+ 18)

[1]) Gültig bei rund 350 kg/m² schweren flankierenden Wänden, leichtere siehe Abschn. 4.5.
[2]) Dicke unter Belastung

4 Schallschutz im Wohnungsbau

Grenze liegt in Holzhäusern bei R'_{Lw} = 58 bis 62 dB und in Massivbauten bei R'_{Lw} = rund 55 dB, wenn alle Wände etwa 350 kg/m² schwer sind. Bei leichteren, flankierenden Wänden wird die Mindestanforderung R'_w = 54 dB sehr schnell unterschritten. Es empfiehlt sich deshalb im Einzelfall eine genauere Berechnung der Schalllängsleitung analog zu Abschn. 4.1.2, wobei für das Stoßstellendämm-Maß D_{v2} = rund 4 dB angenommen werden kann (s. hierzu auch neuere Ergebnisse in Abschn. 4.5), um damit das Schalllängsdämm-Maß für die Luftschallübertragung entlang der durchgehenden flankierenden Wände (= Weg 2 nach Gl. (4.1) in Abschnitt 4.1.2; Wege 2 und 3 spielen hier keine Rolle) zu berechnen. Die Direktübertragung über die Holzbalkendecke selbst (= Weg 1, s. Abschnitt 4.1.2) kann nach [33] näherungsweise aus dem Trittschallschutzmaß TSM ohne Gehbelag ermittelt werden:

$$R_w \approx TSM_{\text{ohne Gehbelag}} + 52 \text{ dB} \tag{4.36a}$$

bzw.

$$R_w \approx 115 \text{ dB} - L'_{nw \text{ ohne Gehbelag}} \tag{4.36b}$$

und dann durch energetische Addition entsprechend Gl. (4.5) oder mit Gl. (4.6) – wobei n = 1 zu setzen ist – das resultierende Gesamtschalldämmaß R'_w der Holzbalkendecke.

4.3 Schallschutz beim Treppenhaus

In den letzten Jahren haben Klagen über Störungen durch Sprechen und Gehgeräusche aus dem Treppenhaus stark zugenommen. Dabei spielen die heute häufig anzutreffenden „offenen Grundrisse" eine große Rolle und gerade in diesem Fall sollte auch umgekehrt gewährleistet sein, dass Gespräche in der Wohnung im Treppenhaus nicht verstanden werden können.

In DIN 4109-Ausgabe 1962 wurden baurechtliche Anforderungen nur an die Treppenraumwand gestellt. Zwar enthielt früher Blatt 5 [62] auch bereits eine Empfehlung für den Trittschallschutz (TSM ≥ + 3 dB) und für Wohnungseingangstüren, welche unmittelbar in einen Wohnraum führen (R_w etwa 42 dB), bezüglich Treppen mit folgenden konkreten Ausführungshinweisen:

– Treppen mit Abstand von der Treppenraumwand ausführen.
– Podeste mit schwimmendem Estrich oder andere trittschalldämmende Maßnahmen
– Fertigteile (Treppenläufe und eventuell auch Podest) unter Zwischenschaltung von Dämmstreifen auf Konsolen auflegen.

In der Praxis werden diese Maßnahmen jedoch erst seit Erscheinen des ersten Nachfolge-Entwurfs von DIN 4109 (1979) häufiger angewandt. Entsprechende Anforderungen, Empfehlungen und Ausführungshinweise enthält die heute gültige Ausgabe DIN 4109 (11.89) (s. Tafel 4.1 bis 4.3) und es ist zu hoffen, dass zukünftig der Schallschutz bei Treppenhäusern besser wird. Nachfolgend sind die möglichen bzw. erforderlichen Verbesserungsmaßnahmen kurz aufgezeigt.

Trittschallschutz bei Treppen

In Mehrfamilienhäusern werden heute noch häufig L'_{nw}-Werte über 53 dB gemessen, obwohl die oben genannten Maßnahmen vorgesehen waren. Die Ursache sind häufig Schallbrücken zwischen Plattenbelag und Treppenraumwänden oder andere Ausführungsmängel. Bei einwandfreier Ausführung kann jedoch nach Untersuchungen von *Ertel* [13] und *Malonn* u. a. [49] mit elastischen Lagerungen der Treppenläufe oder des Podestes (siehe Bild 4.16) und einer Fuge zu den Treppenhauswänden L'_w < 38 dB erreicht werden. Ein entsprechender Trittschallschutz kann beim Podest mit einem schwimmenden Estrich erreicht werden, wobei die Trittschalldämmplatten etwas steifer, das heißt dünner sein können als die Estrich-Dämmschichten bei Wohnungstrenndecken.

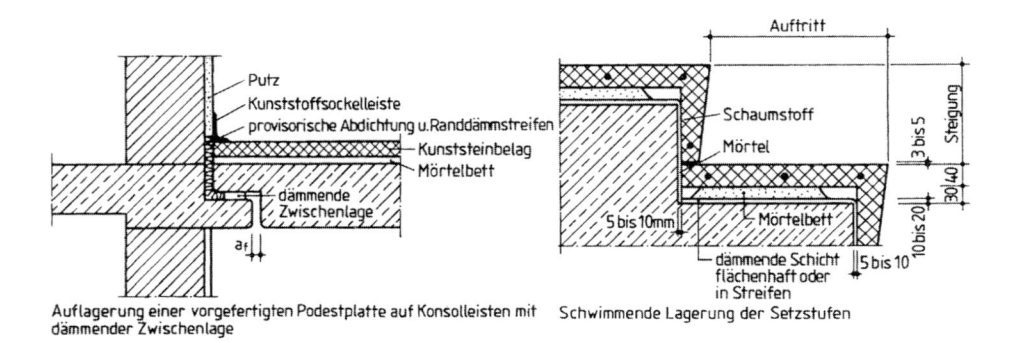

Bild 4.16 Zwei Vorschläge nach H. Malonn, H. Paschen und J. Steinen [49] für die Ausführung schalldämmender Treppen

Ausschlaggebend für die Wirksamkeit ist auch hier eine einwandfreie Randisolierung.

Mit schwimmend verlegten Trittplatten (s. Bild 4.16) wurde zwar im Labor ebenfalls ein sehr hoher Trittschallschutz erreicht, in Versuchsbauten [13], [49] wurde jedoch nur ein mittelmäßiger Trittschallschutz (L'_{nw} = 53 dB) aufgrund von Körperschallbrücken der Trittplatten mit den Wänden erreicht. Hier sind somit also noch einige Entwicklungsarbeiten notwendig.

Wohnungseingangstüren

Die Schalldämmung von Türen hängt gleichermaßen von der Schalldämmung des Türblattes wie von der Dichtung der Falze, der Fuge an der Türunterkante und den Anschlüssen der Zarge am Mauerwerk ab. Die **Anforderungen** und Richtwerte in Tafel 4.1, 4.2 und 4.3 (R_W = 27 dB bzw. 32/37 dB) beziehen sich auf die **gebrauchsfertige Tür** (Türblatt einschließlich Rahmen oder Zarge).

Türblätter mit entsprechender Schalldämmung, bis zu bewerteten Schalldämm-Maßen von R_W = 45 dB und darüber, werden heute von fast allen Herstellern angeboten, leider liegen jedoch selten Prüfzeugnisse für die gebrauchsfertige Tür vor.

Im eingebauten Zustand sind häufig die Dichtungen der Falze und der Türunterkante unbefriedigend oder teilweise nicht vorhanden, sodass sich bei Güteprüfungen heute noch überwiegend nur R'_W-Werte um 20 dB ergeben.

Zur Erfüllung der obengenannten Anforderungen muss vor allem die Dichtung des Türblattes gegen die Zarge und den Fußboden verbessert werden. Hierzu sind in Bild 4.17 einige typische Beispiele für ungünstige bzw. akustisch befriedigende **Zargendichtungen** nach [6] zusammengestellt. Für eine schalltechnisch gute Abdichtung sollte die Einfederung des Dichtungsprofils mindestens 3 mm betragen, bei verzogenen Türblättern oder ähnlichen noch größer sein. Das Anliegen der Dichtung kann am Bau auf einfache Weise geprüft werden, in dem man ein Papierblatt einklemmt und versucht dieses herauszuziehen; gelingt dies, dann ist die Dichtung ungenügend und das Türblatt muss nachjustiert werden, um einen höheren Anpressdruck zu erreichen oder es muss eine geeignetere Dichtung eingebaut werden.

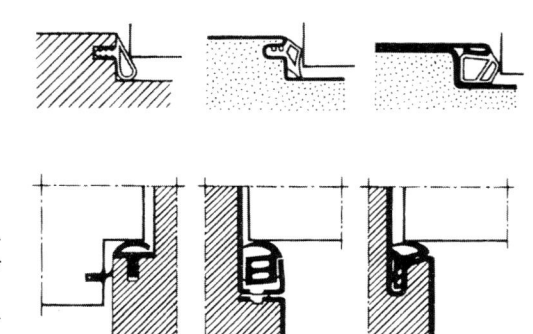

Bild 4.17
Zargendichtung bei Türen nach [6]
oben   Ungünstige Kammer- oder Schlauchprofile. Die Einfederung ist zu gering, der Anpressdruck zu groß.
unten Geeignete Lippenprofile. Gute Einfederung bei kleinem Anpressdruck möglich.

Mit **Bodendichtungen** in Form von Absenkdichtungen, Schleiflippen, Höckerschwellen u. ä. wurden von Sälzer [6] im Labor R_W-Werte von 34 bis 36 dB gemessen. Am Bau sind derartige Dichtungen häufig ungünstiger wegen Unebenheiten des Fußbodens, nicht ganz nach außen geführtem Dichtungsprofil oder die Dichtung sitzt auf dem Teppichboden auf, sodass noch Schalldurchgänge vorhanden sind, welche die Schalldämmung vermindern. Schalldämmwerte bis etwa 30 dB können auch mit sogenannten Absorptionskammern an der Türblatt-Unterseite oder den Anschluss des Türblatt-Hohlraums über eine Öffnung an die Türfuge erreicht werden.

Bei Wohnungseingangstüren ergibt sich auch häufig die Möglichkeit einer Anschlagschwelle mit Dichtung (s. Bild 4.18) durch einen etwas höheren Fußbodenaufbau im Treppenraum. Damit kann, wenn der Anschlag in der gleichen Ebene wie die Zargendichtung liegt, eine schalltechnisch optimale Dichtung und die erhöhte Anforderung $R'_W = 37$ dB auch am Bau erreicht werden. Beispiele für geeignete Bodendichtungen zeigt Bild 4.18. Orientierende Angaben zu den notwendigen Maßnahmen, abhängig von der geforderten Schalldämmung am Bau, enthält Tafel 4.11.

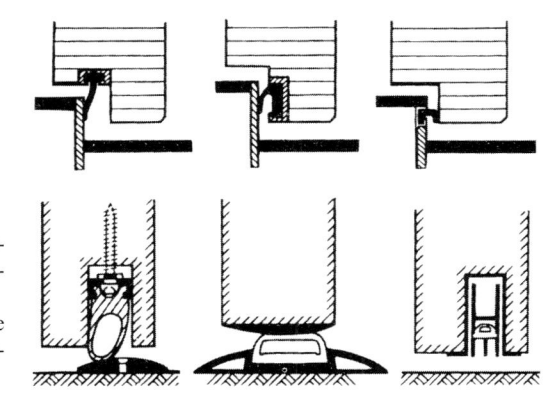

Bild 4.18
Beispiele geeigneter Bodendichtungen
oben   Anschlagdichtungen für Wohnungseingangstüren mit häufigen Schwellensituationen
unten Auflaufdichtungen mit Höckerschwelle oder Absenkdichtung bei eben durchlaufendem Fußboden

Tafel 4.11 Orientierende Angaben für das bewertete Schalldämm-Maß R'_w von Türkonstruktionen im eingebauten Zustand nach [6] aus [91] entnommen

am Bau gefordertes Schalldämm-Maß R'_w für die betriebsfertige Türanlage in dB	bewertetes Schalldämm-Maß des Türblattes im Labor	Zargendichtung	Bodendichtung	Zarge	Bemerkungen
$R'_w = 20$ dB	$R_W = 25$ dB	beliebig	keine	beliebig	–
$R'_w = 25$ dB	$R_W = 30$ dB	weiche Schlauchdichtung oder einfache Lippendichtung	keine bei 2 mm Fuge über Teppich, Absorptionskammer oder Höckerschwellendichtung über PVC	beliebig	–
$R'_w = 30$ dB	$R_W = 37$ dB	hochwertige Lippendichtung	Absorptionskammer über Teppich oder justierbare Höckerschwellendichtungen oder automatische Dichtungen	beidseitig gedichtete formstabile Holzzargen, hinterfüllte oder beidseitig gedichtete Stahlzargen	zwei dreiteilige Bänder, von außen justierbar, empfehlenswert
$R'_w = 35$ dB	$R_W = 42$ dB	Doppelfalzzargendichtungen mit hochwertigen Lippendichtungen	Höckerschwellendichtung mit einwandfreier Anbindung an die Zargendichtung oder Kombination einer Höckerschwellendichtung mit Absorptionskammer	besonders formstabile, zusätzlich beschwerte Holzzargen mit mindestens zweifacher Kitt-Dichtungsebene, umlaufend oder Spezialstahlzarge, hinterfüllt oder mit ausreichender Flächenmasse	Die Verwendung von drei von außen justierbaren Bändern, einer von außen justierbaren Bodendichtung und einer verstellbaren Schlossfalle empfiehlt sich.

Fortsetzung und Anwendung s. nächste Seite

Tafel 4.11, Fortsetzung

am Bau gefordertes Schalldämm-Maß R'_w für die betriebsfertige Türanlage in dB	bewertetes Schalldämm-Maß des Türblattes im Labor	Zargendichtung	Bodendichtung	Zarge	Bemerkungen
$R'_w = 40$ dB	$R_w = 47$ dB	Doppelfalzzargendichtungen mit hochwertigen Lippendichtungen	Höckerschwellendichtung mit einwandfreier Anbindung an die Zargendichtung oder Kombination einer Höckerschwellendichtung mit Absorptionskammer	besonders formstabile, zusätzlich beschwerte Holzzargen mit mindestens zweifacher Kitt-Dichtungsebene, umlaufend, oder Spezialstahlzarge, hinterfüllt oder mit ausreichender Flächenmasse	Individuelle Einmessung jeder Tür und Nachbesserung erforderlich.
$R'_w = 45$ dB	Am Bau nur durch Doppeltüren mit Sicherheit zu erzielen.				Individuelle Einmessung jeder Tür und Nachbesserung erforderlich.

Anmerkung: Es hat sich als erforderlich erwiesen, den vollständigen Einbau der Türen an eine Firma zu vergeben, damit die Garantieleistungen der gesamten Türkonstruktion (einschließlich Zarge, Zargen- und Bodendichtung) eindeutig erbracht werden können.

4.4 Schallschutz bei haustechnischen Anlagen und gegenüber Betrieben

Anforderungen nach DIN 4109

Geräusche von **haustechnischen Anlagen** sollen nach DIN 4109 (11.89) [62] in fremden Wohn- und Schlafräumen **nicht lauter als 35 dB(A) (Wasserversorgungsanlagen)** bzw. **30 dB(A) (sonstige Anlagen)** sein. Dabei ist der maximal auftretende Schallpegel L_{AF} nach DIN 52 219 maßgebend, wobei einzelne kurzzeitige Spitzen, die beim Betätigen der Armaturen entstehen, z. Z. nicht zu berücksichtigen sind; ebenso unterliegen Nutzergeräusche (z. B. Abstellen eines Zahnputzbechers, Spureinlauf beim WC etc.) nicht diesen Anforderungen. Für normalerweise nur tags genutzte Räume (Arbeitsräume, Unterrichtsräume) gilt nach DIN 4109(11.89) generell der erstgenannte höhere Grenzwert.

Haustechnische Anlagen im Sinne von DIN 4109 sind alle zum Gebäude gehörenden technischen Gemeinschaftseinrichtungen:
- Ver- und Entsorgungsanlagen (Wasserinstallationen, Müllabwurfanlage)
- Transportanlagen (Aufzug u. ä.)
- fest eingebaute betriebstechnische Anlagen (Heizung, Lüftung)
- Gemeinschaftswaschanlagen
- Küchenanlagen von Krankenhäusern, Hotels u. ä.
- Schwimmbad, Sauna, Sportanlagen
- Garagenanlagen, Kellertüren u. ä.

Außer Betracht bleiben Maschinen, Geräte und dergleichen, soweit sie ortsveränderlich sind, z. B. Staubsauger, Waschmaschinen, Küchengeräte u. ä.

Für Geräusche der Wasserinstallationen wurde bereits 1970 in Ergänzungserlassen der Länder zu DIN 4109 (09.62) (siehe z. B. Bekanntmachung des Innenministeriums Baden-Württemberg vom 7. April 1971 Nr. V 7115/76, Anl. 43, GA Bl. 1971) der Grenzwert von 30 auf 35 dB(A) erhöht. Allerdings gleichzeitig wurden in diesem Erlass Angaben für die Bauausführung und Grundrissanordnung entsprechend nachfolgenden Ausführungshinweisen gemacht und Untersuchungen von *Gösele* und *Voigtsberger* [34] haben gezeigt, dass bei Beachtung dieser Angaben die Installationsschallpegel zwischen 20 und 25 dB(A) liegen und nur bei dem sehr ungünstigen Fall mit Installationen an der Trennwand zu einem fremden Wohnraum der frühere Grenzwert von 30 dB(A) etwa erreicht wird. Die nach der neuen DIN 4109 (11.89) wieder zulässigen 35 dB(A) stellen somit einen Rückschritt dar und entsprechen absolut nicht den heutigen Bewohnerwünschen nach Ungestörtheit.

Für einen **guten Schallschutz** sollten nach der Erfahrung die Installationsschallpegel nicht größer als **25 dB(A)** sein. Bei heute häufig sehr niedrigem Grundgeräuschpegel in Wohnungen (rd. 20 dB(A)) führen laute Installationsgeräusche zwangsläufig zu Störungen.

Für Geräusche von **Betrieben** im selben Gebäude oder baulich damit verbundenen Gebäuden gelten nach DIN 4109(09.62) Maximalpegel ≤ 30 dB(A) bzw. 40 dB(A) (nur tags) wie für haustechnische Anlagen. Zukünftig gelten nach DIN 4109 (11.89) folgende Grenzwerte:

tags   (6.00 – 22.00 Uhr): **35 dB(A)**

nachts   (22.00 – 6.00 Uhr): **25 dB(A)**

Für den Beurteilungspegel nach DIN 45 645 (s. Abschn. 2.2.2 und [65]), und kurzzeitige Geräuschspitzen dürfen Grenzwerte um nicht mehr als 10 dB (A) überschreiten. Zur Gewährleistung eines entsprechenden Schallschutzes werden in DIN 4109 (11.89), für Bauteile zwischen „besonders lauten" und schutzbedürftigen Räumen die als Tafel 4.12 wiedergegebenen Anforderungen angegeben. Bei der Luftschalldämmung muss dabei die Flanken-Übertragung über angrenzende Bauteile (s. Abschn. 4.1.2 und 4.1.5) und sonstige Nebenwegübertragungen, z. B. über Lüftungsanlagen, beachtet werden.

Analog sind bei der Berechnung des Trittschallschutzes nach Abschnitt 4.2.1 zusätzlich die in Tafel 4.13 angegebenen Korrekturwerte K_T für die Schallausbreitungsverhältnisse zu berücksichtigen ($L'_{nw} = L_{nweq} - \Delta L_w - K_T$).

Ausführungshinweise zur Wasserinstallation

Die Einhaltung maximal zulässiger Schallpegel in Aufenthaltsräumen beim Betrieb haustechnischer Anlagen setzt sowohl Maßnahmen bei der Bauplanung als auch bei der Bauausführung voraus. Nachfolgend werden für Anlagen der Wasserinstallation Einflüsse und Maßnahmen zur Geräuschverringerung angegeben.

4 Schallschutz im Wohnungsbau

Tafel 4.12 Mindestwerte für die Luft- und Trittschalldämmung von Bauteilen zwischen „besonders lauten" Räumen und schutzbedürftigen Räumen nach DIN 4109 (11.89), dort Tabelle 5

Spalte	1	2	3	4	5
Zeile	Art der Räume	Bauteile	bewertetes Schalldämm-Maß erf. R'_w dB		bewerter Norm-Trittschallpegel erf. $L'_{n,w}$[1][2]) (Trittschallschutzmaß erf. TSM) dB
			Schalldruckpegel L_{AF} = 75 bis 80 dB (A)	Schalldruckpegel L_{AF} = 81 bis 85 dB (A)	
1.1	Räume mit „besonders lauten" haustechnischen Anlagen oder Anlageteilen	Decken, Wände	57	62	–
1.2		Fußböden	–	–	43[3] (20)[3]
2.1	Betriebsräume von Handwerks- und Gewerbebetrieben; Verkaufsstätten	Decken, Wände	57	62	–
2.2		Fußböden	–	–	43 (20)
3.1	Küchenräume der Küchenanlagen von Beherbergungsstätten, Krankenhäusern, Sanatorien, Gaststätten, Imbissstuben und dergleichen	Decken, Wände	55	–	–
3.2		Fußböden	–	–	43 (20)
3.3	Küchenräume wie vor, jedoch auch nach 22.00 Uhr in Betrieb	Decken, Wände	–	57[4])	–
		Fußböden	–	–	33 (30)
4.1	Governed, nur bis 22.00 Uhr in Betrieb	Decken, Wände	55	–	–
4.2		Fußböden	–	–	43 (20)
5.1	Gasträume (maximaler Schalldruckpegel L_{AF} ≤ 85 dB(A)), auch nach 22.00 Uhr in Betrieb	Decken, Wände	–	62	–
5.2		Fußböden	–	–	33 (30)
6.1	Räume von Kegelbahnen	Decken, Wände	–	67	–
6.2		Fußböden a) Keglerstube b) Bahn	–	–	33 (30) 13 (50)
7.1	Gasträume (maximaler Schalldruckpegel 85 dB (A) ≤ L_{AF} ≤ 95 dB (A) z. B. mit elektroakustischen Anlagen	Decken, Wände	–	72	–
7.2		Fußböden	–	–	28 (35)

[1]) Jeweils in Richtung der Lärmausbreitung
[2]) Die für Maschinen erforderliche Körperschalldämmung ist mit diesem Wert nicht erfasst; hierfür sind gegebenenfalls weitere Maßnahmen erforderlich – siehe auch Beiblatt 2 zu DIN 4109 (11.89), Abschn. 2.3. Ebenso kann je nach Art des Betriebes ein niedrigeres erf. $L'_{n,w}$ (beim Trittschallschutzmaß ein höheres erf. TSM) notwendig sein, dies ist im Einzelfall zu überprüfen.
[3]) Nicht erforderlich, wenn geräuscherzeugende Anlagen ausreichend körperschallgedämmt aufgestellt werden; eventuelle Anforderungen nach Tab. 3 bleiben hiervon unberührt.
[4]) Handelt es sich um Großküchenanlagen und darüberliegende Wohnungen als schutzbedürftige Räume, gilt erf. R'_w = 62 dB.

Tafel 4.13 Korrekturwerte K_T zur Ermittlung des Trittschallschutzes für verschiedene räumliche Zuordnungen „besonders lauter" Räume (LR) zu schutzbedürftigen Räumen (SR) nach DIN 4109 (11.89), Beibl. 1, dort Tab. 36.

Spalte	a	b	c
Zeile	Lage des schutzbedürftigen Raumes (SR)		K_T dB
1	unmittelbar unter dem „besonders lauten" Raum (LR)	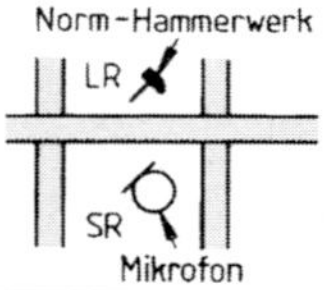	0
2	neben oder schräg unter dem „besonders lauten" Raum (LR)	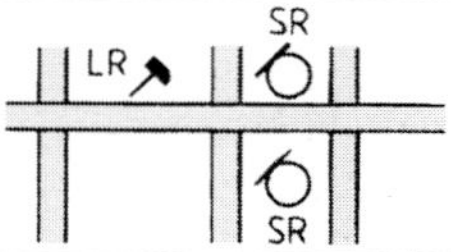	+ 5
3	wie Zeile 2, jedoch ein Raum dazwischenliegend	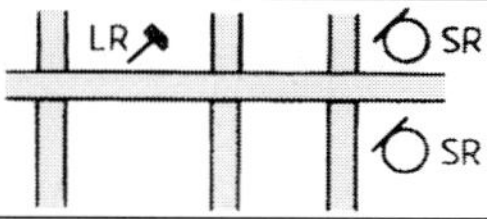	+ 10
4	über dem „besonders lauten" Raum (LR) (Gebäude mit tragenden Wänden)	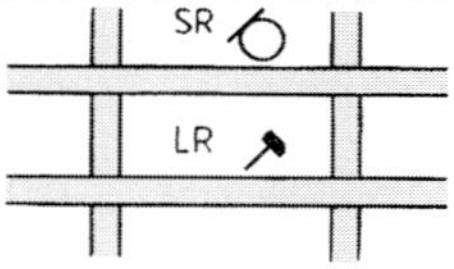	+ 10
5	über dem „besonders lauten" Raum (LR) (Skelettbau)	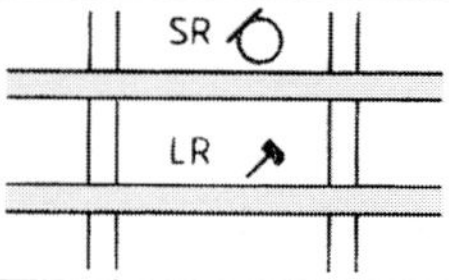	+ 20
6	über dem „besonders lauten" Kellerraum (LR)	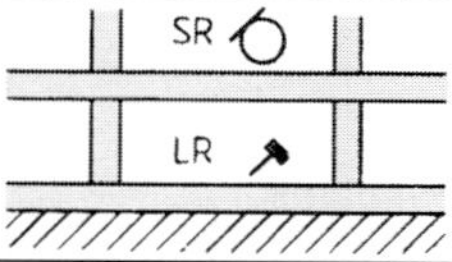	[1])
7	neben oder schräg unter dem „besonders lauten" Raum (LR), jedoch durch Haustrennfuge (d = 50 mm) getrennt	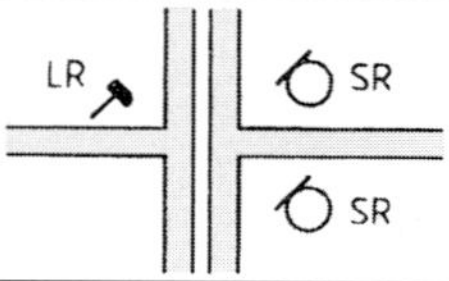	+ 15

[1]) für $L_{nw} = 48 - \Delta L_w$

4 Schallschutz im Wohnungsbau

Installationsgeräusche entstehen in erster Linie in den Armaturen bei der Wasserentnahme und eventuell beim Abfluss der Abwässer. Die Geräusche entstehen dabei an den Querschnittsverengungen in den Armaturen und breiten sich entlang der Rohrleitung und der Wassersäule aus. Durch Reduzierung des Ausflusses, vor allem durch das Anbringen eines Luftsprudlers, wurden die Armaturen in den letzten Jahren leiser und in baurechtlichen Vorschriften wurde festgelegt, wie laut Armaturen für den Wohnungsbau u. ä. sein dürfen. Armaturen und Geräte der Wasserinstallation wurden dazu in folgende zwei Gruppen eingeteilt:

Gruppe I:

Zulässiger Armaturen-Geräuschpegel bei der Prüfung im Labor ≤ 20 dB(A) für solche Grundrisse, bei denen Wasserleitungen an Wänden von Wohn- und Schlafräumen angebracht werden (s. Bild 4.19).

Gruppe II:

Zulässiger Armaturen-Geräuschpegel bei der Prüfung im Labor ≤ 30 dB(A) für solche Grundrisse, bei denen die leitungsführende Wand durch einen zwischenliegenden Raum (z. B. Küche) von Wohn- und Schlafraum getrennt ist.

Entsprechende **Grundrissanordnungen I und II** sind in den Bildern 4.19 und 4.20 dargestellt.

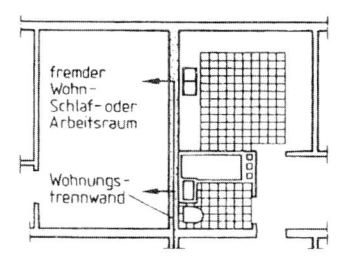

a) Armatur oder Rohrleitung an Wohnungstrennwand; fremder Wohn-, Schlaf- oder Arbeitsraum grenzt unmittelbar an; besonders starke Übertragung

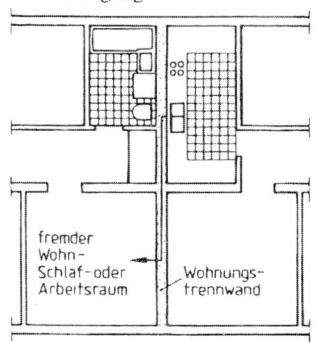

b) Armatur oder Rohrleitung an Wohnungstrennwand; fremder Wohn-, Schlaf- oder Arbeitsraum grenzt mittelbar an; starke Übertragung

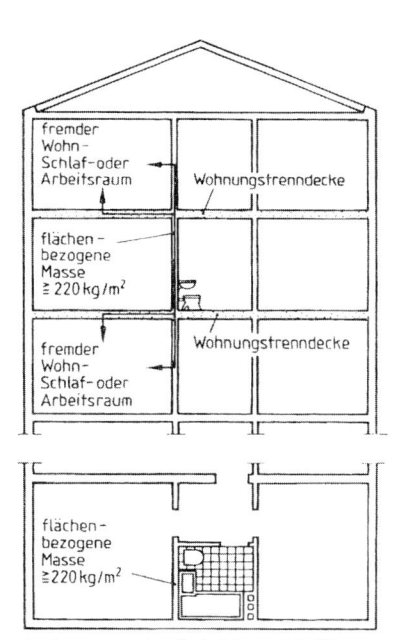

c) Armatur oder Rohrleitung an Trennwand, die einen Wohn-, Schlaf- oder Arbeitsraum begrenzt; starke Übertragung zum fremden Wohn-, Schlaf- oder Arbeitsraum im darunter- und darüberliegenden Geschoß

Bild 4.19 Grundrissanordnung I (bauakustisch ungünstig); Beispiele a, b, c für Armatur oder Rohrleitung an Wänden, die einen Wohn-, Schlaf- oder Arbeitsraum begrenzen.

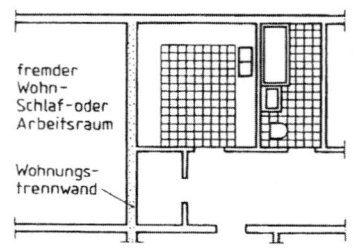

a) Armatur oder Rohrleitung nicht an Wohnungstrennwand (und nicht an Wänden, die einen Wohn-, Schlaf- oder Arbeitsraum begrenzen)

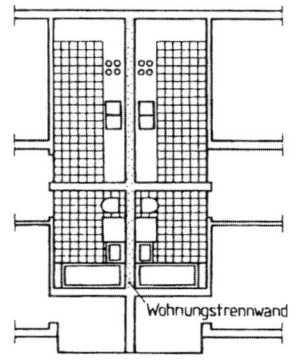

b) Armatur oder Rohrleitung zwar an Wohnungstrennwand, jedoch keine Wohn-, Schlaf- oder Arbeitsräume an Wohnungstrennwand angrenzend

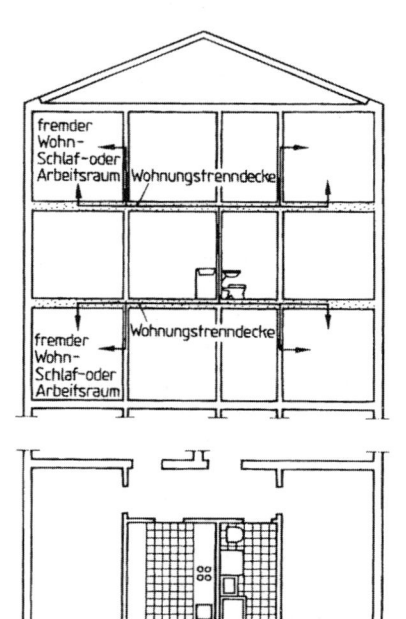

c) Armatur oder Rohrleitung nicht an Trennwand, die einen Wohn-, Schlaf- oder Arbeitsraum begrenzt, sondern an Zwischenwand zwischen Bad und Küche

Bild 4.20   Grundrissanordnung II (bauakustisch günstig); Beispiele a, b, c für Armatur oder Rohrleitung nicht an Wänden, die einen Wohn-, Schlaf- oder Arbeitsraum begrenzen (um 5 bis 10 dB(A) geringere Übertragung)

Nach [4] nimmt der Geräuschpegel von Armaturen um rund 12 dB(A) bei einer Verdopplung des Durchflusses zu. Der **Ruhedruck** der Wasserleitungsanlage vor den Armaturen darf deshalb nicht mehr als 5 **bar** betragen, bei höherem Druck müssen Druckminderer eingebaut werden.

Durchgangsarmaturen (z. B. Absperrventile u. ä.) dürfen nicht zum Drosseln verwendet werden, sondern müssen in Betrieb voll geöffnet sein.

Zur Verminderung der Schallübertragung auf die Installationswand und die entsprechende Weiterleitung werden seit langem die Rohrleitungen durch **Körperschallisolierungen** (Gummieinlagen in Rohrschellen, Rohrummantelungen) von der Wand getrennt. Diese Maßnahmen ergeben zwar im Labor eine um 5 bis 20 dB(A) verminderte Körperschallübertragung [34]; in ausgeführten Bauten wirkt sich die Körperschallisolierung der Leitungen kaum auf das in dem Wohnraum auftretende Installationsgeräusch aus, da noch feste Verbindungen zwischen Rohrleitung und Wand bestehen und auch die Armatur fest mit der Wand verbunden ist.

4 Schallschutz im Wohnungsbau

Viel wesentlicher ist die Beachtung des nachfolgenden Zusammenhangs:
Installationsgeräusche sind um so leiser, je schwerer die Wand ist, an der Rohrleitungen und Armaturen befestigt sind. Näherungsweise gilt für den Installationsschallpegel L_{In} von einer Armatur der Gruppe I im angrenzenden Nachbarraum folgende Beziehung [34]:

$$L_{In} = 30 - 20 \lg \frac{m'}{m'_o} \qquad (4.37)$$

Dabei bedeuten:

m' flächenbezogene Masse (kg/m²) der Trennwand, an der die Armatur bzw. Rohrleitung befestigt ist
m'_o Bezugsgröße 220 kg/m²

Damit das Installationsgeräusch im Nachbarraum z. B. nicht größer als 30 dB (A) wird, muss die Trennwand **mindestens 220 kg/m²** schwer sein. Eine entsprechende Anforderung wurde in DIN 4109 (11.89) [62] aufgenommen. Dabei geht man davon aus, dass das Installationsgeräusch in vertikaler Richtung nur wenig pro Stockwerk abnimmt. Neuere Untersuchungen hierzu [34] ergaben jedoch größenordnungsweise 10 dB (A) Abnahme je Geschoss. Trotzdem sind, aufgrund der heute sehr häufig anzutreffenden viel zu leichten Installationswände, die Installationsgeräusche oft lauter als 30 dB (A), wie die Häufigkeitsdarstellung und ein Einzelbeispiel in Bild 4.21 zeigen [40]. Eine Verminderung zu lauter Installationsgeräusche kann häufig nur durch Verkleiden der abstrahlenden Wand mit einer biegeweichen Vorsatzschale (s. Abschn. 4.1.3) erreicht werden.

Günstiger als leichte massive Installationswände sind Trennwände mit biegeweichen Schalen (Gipskarton-Ständerwände). Messungen in ausgeführten Bauten ergaben damit immer Werte unter 30 dB(A).

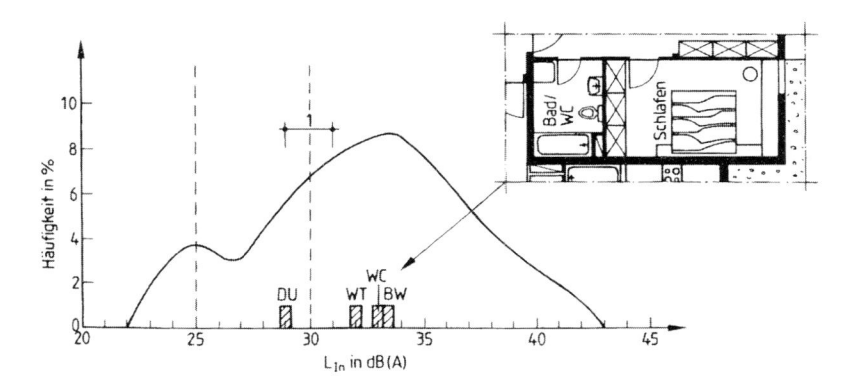

Bild 4.21 Häufigkeitsverteilung von gemessenen Installationsschallpegeln L_{In} in den Jahren 1979-84 (überwiegend Klagefälle) und Einzelmesswerte bei einem Mehrfamilienhaus mit 80 mm Gipsplattenwände (Grundrisssituation s. rechts oben):
Bereich 1 ist zu erwarten nach Gl. (4.37).
Messwerte: DU von Dusche, WT von Waschtischeinlauf, WC von WC-Spülung, BW von Badewannen-Einlauf

Für **Abwasserleitungen** gelten die zuvor genannten Regeln bezüglich Grundriss und Schwere der Wand sinngemäß. Wenn Abwasserleitungen in Wandschlitzen verlegt werden, sollte die flächenbezogene Masse der Restwand mindestens 220 kg/m^2 betragen und die Leitungen körperschallgedämmt verlegt werden. Starke Richtungsänderungen sollten vermieden werden, da bei Richtungsänderungen das Abwasserrohr durch auftretende Strömungsvorgänge zu Körperschallschwingungen angeregt wird.

Beim Benutzen der **Sanitär-Einrichtungsgegenstände** (z. B. Plätschern in der Badewanne, Brausestrahl in der Duschwanne, Becher abstellen auf Ablage u. ä.) wird, ebenso wie beim Ein- und Auslauf des Wassers, Körperschall erzeugt, der auf die umgebenden Wände und Decken übertragen wird. Die Einrichtungsgegenstände müssen daher gut körperschallisoliert werden; z. B. bei Wannen und WC wird eine sehr gute Körperschalldämmung erreicht, wenn sie auf dem schwimmenden Estrich aufgestellt werden.

Ausführungshinweise für andere technische Anlagen

Neben den Geräuschen von der Wasserinstallation werden häufig Störgeräusche von der Heizung, vom Aufzug, von Müllabwurfanlagen, von der Tiefgarage und sogar von der Türklingel bemängelt. Bei allen diesen Anlagen entstehen die Störgeräusche überwiegend durch Körperschallanregung. Zur Verminderung der störenden Geräusche ist deshalb eine körperschallgedämmte Befestigung bzw. Aufstellung der genannten Einrichtungen notwendig, z. B. wie folgt:

– Heizungsanlage auf schwimmend gelagerter Betonplatte aufstellen.
– Heizungspumpen körperschallisoliert befestigen und eventuell Leitungsschalldämpfer einbauen.
– Beim Aufzug ist die Grundrissanordnung von großer Bedeutung (z. B. Schlafräume nicht am Aufzugsschacht); körperschallgedämmte Aufstellung der gesamten Aufzugsanlage; bei einschaligem Aufzugsschacht sollte die Schachtwand und die Schachtdecke mindestens aus 250 mm Beton sein und zwischen Schacht und nächstgelegenem Schlafraum eine schwere Wand ($\geq$ 350 kg/m^2) angeordnet werden; weitere Maßnahmen siehe VDI 2566-Lärmminderung an Aufzugsanlagen.
– Bei Müllabwurfanlagen muss der innere Schacht körperschallisoliert werden gegenüber dem Bauwerk, und der Schacht sollte unten senkrecht münden in den Auffangbehälter, welcher Gummiräder haben und auf einem schwimmenden Estrich stehen sollte.
– Bei Garagentoren kann durch körperschallgedämmte Befestigung der Torrahmen und weichfedernde Puffer eine Lärmminderung erreicht werden.

4.5 Schalltechnische Probleme bei der Altbausanierung

Die Sanierung von Altbauten gewinnt in den letzten Jahren immer mehr an Bedeutung. Zum einen werden große alte Wohnhäuser, welche um die Jahrhundertwende gebaut wurden, aufgeteilt in mehrere Wohnungen oder zumindest das Dachgeschoss ausgebaut, aber auch bei Wohnungen der 50er und 60er Jahre (rund 8,3 Mio.) wird heute mit grundlegender Sanierung bereits begonnen [53], [41].

Die Bewerkstelligung eines guten Schallschutzes stellt dabei ein gewisses Problem dar, da die damals üblicherweise verwendeten Konstruktionen im Normalfall nicht ausreichen, um die heutigen Anforderungen nach DIN 4109 [62] bzw. die gestiegenen Ansprüche der Bewohner entsprechend dem heute in Neubauten erreichten Schallschutz zu erfüllen. Die Entwicklung

4 Schallschutz im Wohnungsbau

des Schallschutzes in Mehrfamilienhäusern verdeutlicht Bild 4.22 beispielhaft bei Wohnungstrenndecken.

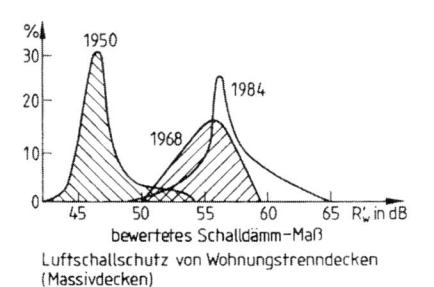

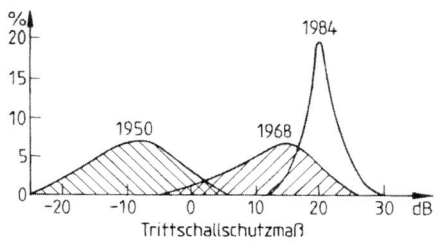

Bild 4.22 Zur Entwicklung des Schallschutzes von Wohnungstrenndecken (Häufigkeitsverteilung nach [41], [4]).

Analog dazu ist der Schallschutz von Wohnungstrennwänden aus den 50er Jahren oder früher häufig völlig unzureichend, da z. B. sehr leichtes Hohlblockmauerwerk o. ä. verwendet wurde.
Erst mit der Einführung des schwimmenden Estrichs Anfang der 60er Jahre verbesserte sich der Schallschutz von Wohnungstrenndecken erheblich und auch von Wohnungstrennwänden durch schwerere Ausführung (s. Bild 4.22).
Für eine wirkungsvolle Sanierung muss daher der vorhandene Schallschutz genau analysiert werden, einschließlich der Schalllängsleitung, damit geeignete Maßnahmen an der richtigen Stelle getroffen werden. Nachfolgend werden häufige Problempunkte bei älteren Häusern aufgezeigt und Lösungsmöglichkeiten angegeben.

- **Schalllängsleitung durch leichte Innenwände**

  Der Einfluss einer erhöhten Schalllängsleitung über zu leichte flankierende Bauteile auf die Luftschalldämmung von Wohnungstrennwänden und Massivdecken mit schwimmendem Estrich wurde bereits in Abschn. 4.1.2 sowie bei den Berechnungsbeispielen (4.1.5 und 4.2.1) aufgezeigt (s. auch Tafel 4.6).

  Bei in Altbauten häufig anzutreffenden Decken mit **Verbundestrich** ist neben einem geringeren Trittschallschutz auch der Luftschallschutz gering, wobei als Ursache eine erhöhte Schalllängsleitung vom Verbundestrich (auf Gleitschicht) auf leichte Innenwände festgestellt wurde. Ein Messbeispiel hierzu zeigt Bild 4.23. Es zeigt den starken Einfluss dieser erhöhten Schalllängsleitung durch den Verbundestrich (rund −5 dB statt nur rund −1 dB bei massiver einschaliger Decke, s. Tafel 4.6).

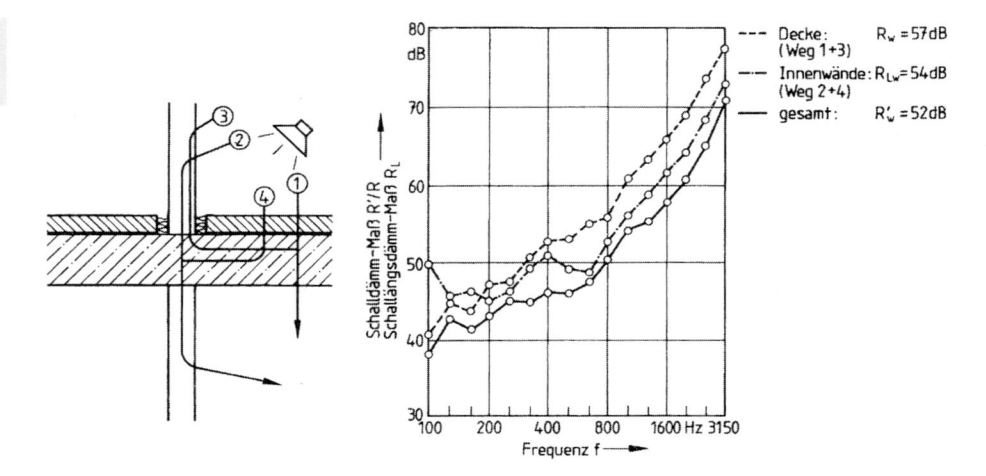

Bild 4.23   Beispiel zum Einfluss der erhöhten Schallängsleitung über Verbundestrich und leichte Gipsplattenwände auf die Luftschalldämmung von Massivdecken

Zur Verminderung dieser hohen Schalllängsleitung müssen leichte Innenwände mit einer biegeweichen Vorsatzschale (s. Abschn. 4.1.3) verkleidet oder die Innenwände als Gipskartonplatten-Ständerwand ausgeführt werden, da über solche Montagewände praktisch keine Längsleitung erfolgt, siehe Messbeispiel in Bild 4.24.

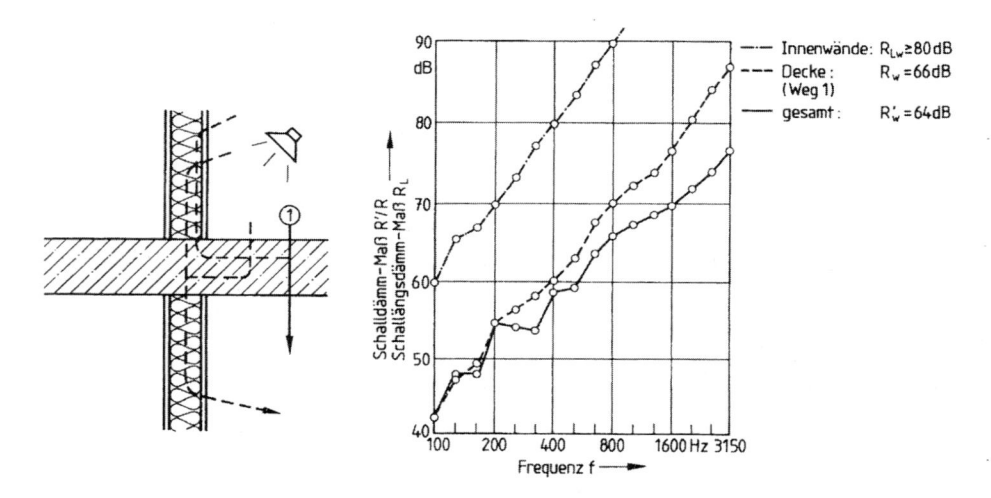

Bild 4.24   Beispiel zum Einfluss der sehr geringen Schalllängsleitung über Gipskarton-Ständerwände als leichte Innenwände auf die Luftschalldämmung von Wohnungstrenndecken

4 Schallschutz im Wohnungsbau

- **Hohlkörperdecken**

  Da alte Hohlkörperdecken in der Regel sehr leicht sind, ist der Schallschutz zwischen den Geschossen normalerweise ungenügend (s. Beispiel in [4]). Außerdem kommt bei Hohlkörperdecken zu oben behandeltem Problem noch eine erhöhte Schalllängsleitung in horizontaler Richtung durch Resonanzerscheinungen der Hohlräume hinzu. Mit folgenden Maßnahmen wie
  - schwimmendem Estrich auf Mineralfasertrittschalldämmplatten
  - abgehängter dichter Deckenverkleidung aus Gipskartonplatten
  - leichten massiven Innenwänden mit biegeweicher Vorsatzschale
  - neuen Innenwänden als Montagewände

  wurde beim Umbau alter Fabrikgebäude mit Hohlkörperdecken zu Wohnungen ein sehr guter Schallschutz ($R'_w \geq 55$ dB, TSM $\leq +21$ dB (ohne Gehbelag)) erreicht.

- **Schalllängsleitung bei Holzbalkendecken**

  Bei älteren Mehrfamilienhäusern ist zumindest die Decke zum Dachgeschoss meist als Holzbalkendecke ausgeführt. Das schalltechnische Verhalten von Holzbalkendecken und Maßnahmen zur Verbesserung des Schallschutzes der Decke selbst wurden bereits in Abschn. 4.2.2 besprochen. Entscheidend für die erreichbare Luftschalldämmung ist jedoch die Schalllängsleitung über die flankierenden Wände (Berechnungsmöglichkeit s. Abschn. 4.2.2).

  Bei **durchgehenden Massivwänden** ist die erreichbare Luftschalldämmung aufgrund der geringeren Stoßstellendämmung [48] wesentlich niedriger als bei Massivdecken. Bild 4.25 zeigt die erreichbare Luftschalldämmung abhängig von der Flächenmasse der flankierenden Wände im Vergleich zu Massivdecken.

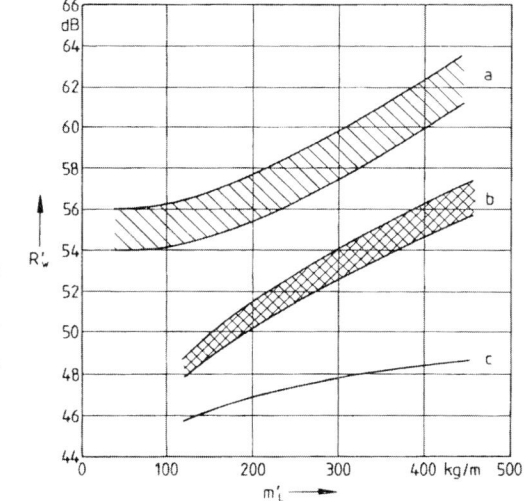

Bild 4.25
Bewertetes Schalldämm-Maß R'_w von Wohnungsdecken
a 160 bis 200 mm Massivplattendecken mit schwimmendem Estrich nach [4]
b (alte) Holzbalkendecken mit schwimmendem Estrich (TSM = + 10 bis + 20 dB)
c alte Holzbalkendecken mit PVC-Belag oder Bretterboden (TSM = rund – 3 dB)
Abhängigkeit von der flächenbezogenen Masse m'_L der flankierenden massiven Wände (bei Berechnung vereinfachend vier gleichschwere Wände angenommen)

Neuere Untersuchungen [52] ergaben bei leichten Wänden mit Wandbalken wesentlich höhere Stoßstellendämm-Maße (z. B. bei $m'_L = 150$ kg/m²: Dv = 14 dB), sodass dann höhere R'_w-Werte als nach Bild 4.25 erreicht werden können. In jedem Fall empfiehlt sich deshalb eine genaue Untersuchung der Schalllängsleitung, um evtl. notwendige Verkleidungen der Wände festzulegen. Im Beispiel in Bild 4.26 wurde dadurch ein sehr großer Schallschutz erreicht.

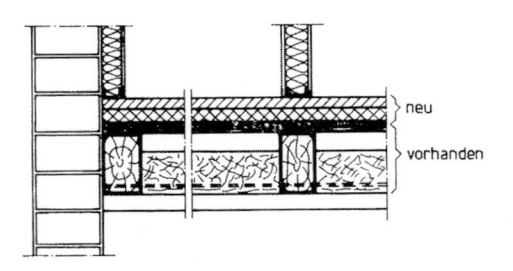

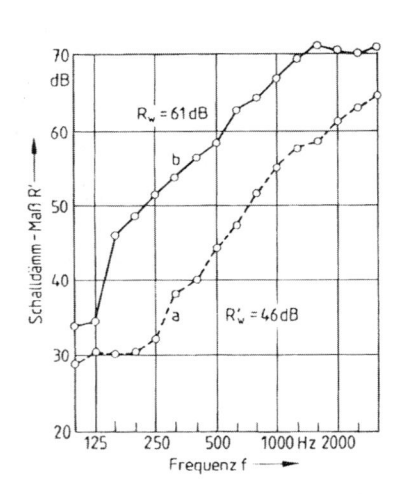

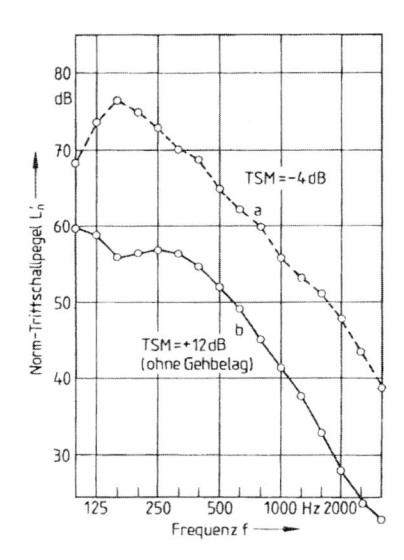

Bild 4.26 Schallschutz einer Holzbalkendecke in einem Mehrfamilienhaus zwischen DG und 2. OG [48]
 a ursprüngliche Konstruktion
 b nach DG-Ausbau (Maßnahmen: schwimmender Gussasphaltestrich, Gipskartonplatten-Ständerwände und massive durchgehende Wände mit biegeweicher Vorsatzschaie verkleidet)

- **Verbesserung von Trennwänden durch biegeweiche Vorsatzschale**

In Altbauten sind häufig Wände aus Hohlblocksteinen (Ziegel, Bims o. ä.) oder rund 120 bis 140 mm dicke ausgemauerte Holzfachwerkwände anzutreffen, welche dann nur ein bewertetes Schalldämm-Maß von R'_w = etwa 45 bis 50 dB aufweisen. Durch Verkleiden mit einer **biegeweichen Vorsatzschale** (s. Abschn. 4.1.3) können solche Wände wesentlich verbessert werden, wie das Messbeispiel in Bild 4.27 zeigt (siehe jedoch auch Bild 4.28).

Damit die Mindestanforderung nach DIN 4109 (11.89) von R'_w = 53 dB erfüllt wird, müssen dann allerdings häufig auch noch flankierende Bauteile (z. B. eine leichte Innenwand o. ä.) verkleidet werden.

4 Schallschutz im Wohnungsbau

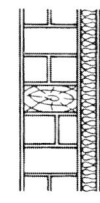

Bild 4.27
Schalldämm-Maß R' in Abhängigkeit von der Frequenz einer ausgemauerten rund 140 mm dicken Fachwerkwand
a   Angetroffener Zustand: R'_w = 45 dB
b   nach Verkleiden mit einer biegeweichen Vorsatzschale R'_w = 52 dB

In diesem Zusammenhang ist außerdem zu beachten:

1. Unter der Wohnungstrennwand darf auf keinen Fall ein schwimmender Estrich durchlaufen, da sonst die erreichbare Luftschalldämmung auf R'_w = rund 42 bis 44 dB begrenzt wird und damit für Wohnungstrennwände ungenügend ist. Bei nachträglich einzubauenden Wohnungstrennwänden, z. B. wenn ältere, sehr große Wohnungen in kleinere Wohnungseinheiten aufgeteilt werden, muss der schwimmende Estrich unbedingt getrennt werden.

2. Sofern ein vorhandener schwimmender Estrich **Schallbrücken** aufweist – bezüglich Trittschallschutz ist dies bei Teppichböden kaum merkbar – kann dadurch eine erhöhte Schalllängsleitung [44] die Verbesserung der Vorsatzschale zunichte machen, siehe Messbeispiel in Bild 4.28.

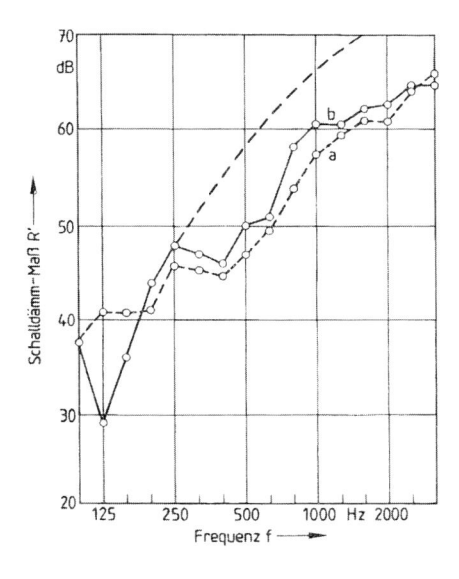

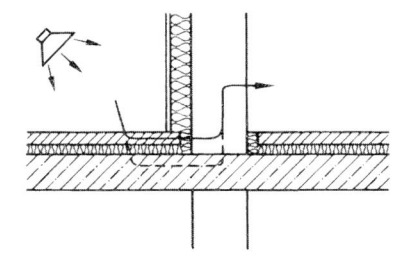

Bild 4.28
Erhöhte Schalllängsleitung durch Schallbrücken bei schwimmendem Estrich, wodurch Vorsatzschale umgangen wird.
a   Ursprünglicher Zustand: R'_w = 53 dB
b   Mit Vorsatzschale: R'_w = 53 dB
– – –   ohne Schallbrücke zu erwarten

3. **Massive Vormauerungen** auf einer durchgehenden Decke sind **ungeeignet**; wie nachfolgendes Beispiel in Bild 4.29 zeigt, kann damit keine Verbesserung erreicht werden. Hauptursache hierfür ist die durchgehende Deckenplatte, die durch Schalllängsleitung die Vormauerung zu Biegeschwingungen anregt, welche diese, da es sich um eine **biegesteife Schale** handelt, normal abstrahlt. Eine gute Verbesserung der Schalldämmung hätte dagegen durch Anbringen einer biegeweichen Vorsatzschale erreicht werden können, bei weniger als halbem Platzbedarf.

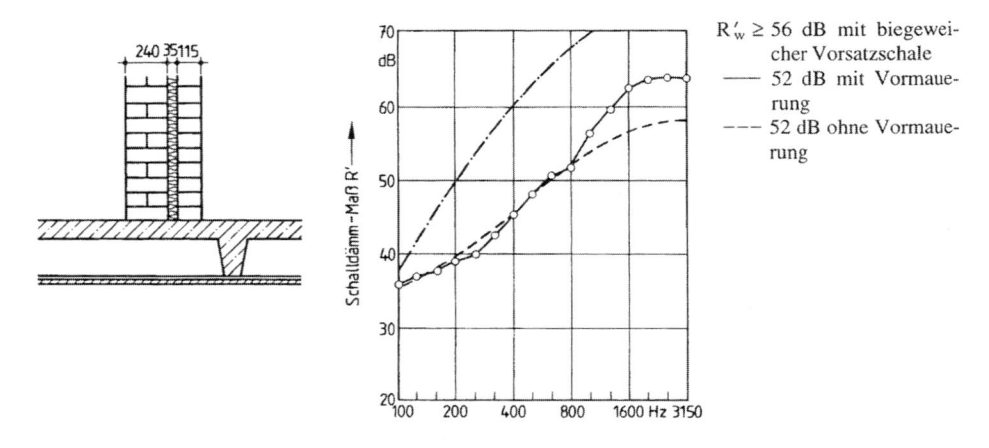

Bild 4.29 Schalldämm-Maß R'_w in Abhängigkeit von der Frequenz einer Massivwand mit Vormauerung: $R'_w = 52$ dB und zu erwartende Schalldämmung ohne Vormauerung bzw. mit biegeweicher Vorsatzschale

- **Schalldämmung und Schalllängsleitung bei Dächern (s. auch Abschn. 5.3)**

Beim Dachgeschossausbau wird häufig eine (schalltechnisch) undichte Nut- und Feder-Bretterverkleidung angebracht, wodurch die Schalldämmung des Daches gegen außen relativ gering ist (R'_w = rund 37 bis 38 dB), aber auch die Schalllängsleitung über das Dach zu groß wird. Sofern dann noch eine große Schallübertragung über undichte Fugen am Trennwandanschluss des Daches hinzukommt, ist die Schalldämmung der Trennwand im Dachgeschoss wesentlich geringer als in den darunterliegenden Geschossen, um bis zu 10 dB bei einschaligen Trennwänden und sogar bis zu 20 dB bei zweischaligen Haustrennwänden [56].

Damit die Schallübertragung über den Dachhohlraum möglichst gering ist, müssen zur Wärmedämmung zwischen den Sparren Mineralfaserplatten verwendet werden (s. auch Abschn. 5.3). Eine weitere Minderung kann dann noch erreicht werden durch Bedampfen des Hohlraumes zwischen den Dachlatten über der Trennwand durch Mineralfaserplatten. Bei dichten Anschlussfugen und einer dichten Innenbekleidung (z. B. Gipskartonplatten) wurden dann Schalldämmwerte von $R'_w = 55$ dB erreicht (s. Beispiel in Bild 4.30). Um eine höhere Schalldämmung, z. B. zwischen Reihenhäusern, zu erreichen, muss dann die Trennwand selbst, einschließlich der flankierenden massiven Wände ein höheres Schalldämm-Maß aufweisen und das Dach evtl. eine doppelte Beplankung mit Gipskartonplatten erhalten. Mit einer in [56] angegebenen Vorherberechnungsmethode für das Schalllängsdämm-Maß des Daches können die erforderlichen Maßnahmen zukünftig genauer geplant und die zu erwartende resultierende Schalldämmung analog zu Gl. (4.5) in Abschn. 4.1.2 berechnet werden.

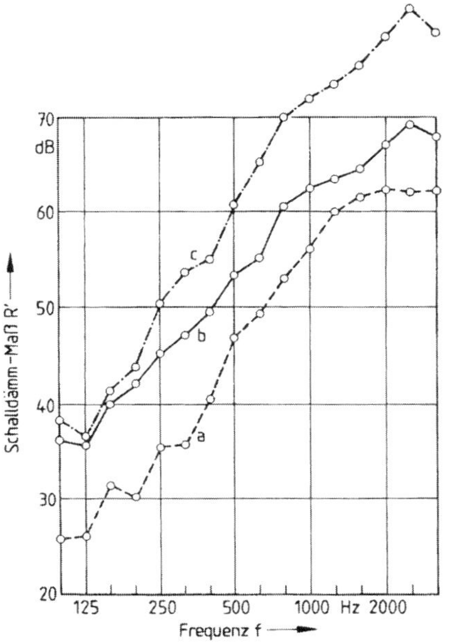

Bild 4.30
Schalldämm-Maß R' bzw. R_v in Abhängigkeit von der Frequenz einer Wohnungstrennwand im Dachgeschoss
a angetroffener Zustand: R'_w = 47 dB
b Fugen gedichtet und Mineralwolleauflage über der Trennwand: R'_w = 55 dB
c Schalldämmung der Trennwand allein, ermittelt aus Körperschallmessungen: $R'_{v,w}$ = 60 dB

- **Verbesserung der Wärmedämmung von Außenwänden**

  Der Einfluss von wärmedämmenden Verkleidungen auf die Schalldämmung gegen außen sowie auf die Schalllängsleitung im Gebäude wird in Abschn. 5.2 besprochen, Näheres siehe dort.

- **Verbesserung der Schalldämmung von Fenstern (s. auch Abschn. 5.1)**

  Die Schalldämmung alter Fenster, in der Regel Verbundfenster, liegt, aufgrund der Schallübertragung über undichte Fensterfälze und evtl. auch Anschlussfugen, meist im Bereich $R_W \approx$ bis 26 dB. Eine Verbesserung der Schalldämmung auf R_W = 30 bis 35 dB, die in vielen Fällen – ausgenommen sehr hohe Außenlärmbelastung – ausreichend ist, kann durch folgende einfache Maßnahmen erreicht werden:

  – Einbau einer umlaufenden, weichfedernden Dichtung (Hohlprofil- oder Lippendichtung), die in eine in den Falz eingefräste Nut eingedrückt wird.
  – Ersetzen der Außenscheibe bei Verbundfenstern durch eine 4 bis 6 mm dicke Scheibe bzw. Einbau einer Isolierglasscheibe mit $R_W \geq$ 35 dB bei Einfachfenstern.

  Voraussetzung dabei ist, dass das Fenster noch in gutem Zustand ist, sodass das Fenster evtl. nachjustiert werden kann, damit ein einwandfreies Anliegen der Dichtung gewährleistet ist. Den Erfolg sorgfältig ausgeführter Sanierungsmaßnahmen an einem alten Fenster zeigen die Messergebnisse in Bild 4.31.

  Die Schalldämmung des sanierten Fensters entpricht damit etwa der Schalldämmung von heute üblichen Einfachfenstern mit Isolierglas (4/12/4). Eine noch höhere Verbesserung (bis $R_W \approx$ 50 dB) kann durch ein innen angebrachtes Vorsatzfenster erreicht werden; es entsteht dabei ein Kastenfenster (s. hierzu Abschn. 5.1). Diese Maßnahme bietet sich bei extremem Außenlärm, wenn z. B. nur einzelne Fenster einer Wohnung verbessert werden sollen oder aus Denkmalschutzgründen alte Fenster nicht verändert werden dürfen, an.

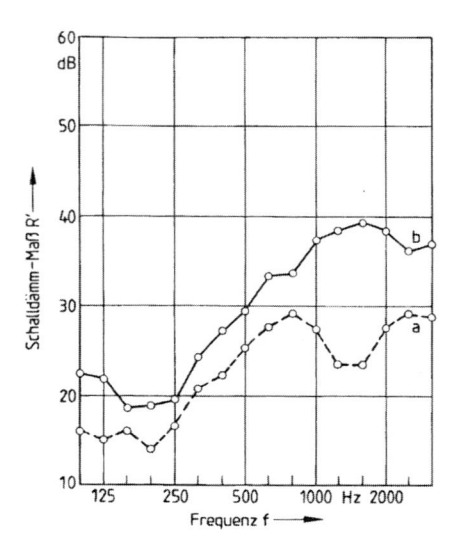

Bild 4.31
Schalldämm-Maß in Abhängigkeit von der Frequenz eines alten Verbundfensters (2/30/2)
a   Angetroffener Zustand: $R'_w = 26$ dB
b   Mit umlaufender Dichtung und 4 mm dicker Außenscheibe: $R'_w = 33$ dB

- **Verbesserung alter Rolladenkästen**

Alte Rolladenkästen haben häufig eine dünne Innenwand (Sperrholz o. ä.) und einen ebenso leichten Montagedeckel, aber vor allem wegen undichten Fugen im Bereich der Montagedeckel ist der Schallschutz relativ gering. Die Schalldämmung kann wesentlich verbessert werden durch folgende Maßnahmen, siehe auch Beispiel in Bild 4.32:

a   Beschwerung des Montagedeckels und der Innenwand mit einer Schwerfolie o. ä.
b   Einbau einer Absorptionsschicht zur Bedämpfung des Kastenhohlraumes, z. B. mit rund 20 mm dicken Mineralfaserplatten auf dem Montagedeckel
c   Dichten der Fugen des Montagedeckels

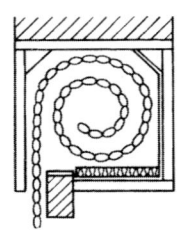

Bild 4.32
Norm-Schallpegeldifferenz D_n in Abhängigkeit von der Frequenz
o--o   Ursprünglicher Zustand: $D_{nw} = 39$ dB
o–o   Mit Beschwerung (Maßnahme a) und rund 20 mm dicker Mineralfaserplatte auf dem Montagedeckel: $D_{nw} = 50$ dB
(ohne Fugendichtung)

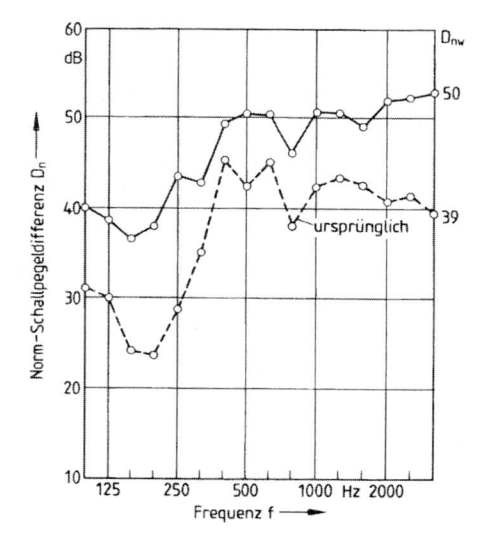

Sofern der Einbau einer Absorptionsschicht – welche auch die Wärmedämmung verbessert – aus Platzgründen nicht möglich ist, müssen die Fugen des Montagedeckels unbedingt, z. B. dauerelastisch, gedichtet werden. Bei dem Beispiel in Bild 4.32 konnte damit ebenfalls D_{nw} = 50 dB erreicht werden (nur Beschwerung: D_{nw} = 45 dB). Der verbesserte Rolladenkasten (umgerechnet auf Fensterfläche R_w = rund 43 dB) liegt damit z. B. rund 10 dB über dem sanierten Fenster nach Bild 4.31, sodass die Schallübertragung über den Rolladenkasten praktisch keinen wesentlichen Einfluss mehr auf die Gesamtschalldämmung (Fenster einschließlich Rolladenkasten) hat.

Abschließend kann aufgrund der durchgeführten Untersuchungen [36], [39], [41], [48], [52], [53] festgestellt werden, dass in Altbauten derselbe schalltechnische Standard wie in Neubauten erreicht werden kann, sofern die Maßnahmen auf die vorhandene Bausubstanz abgestimmt werden. Bei konsequenter Anwendung der Montagebauweise können sogar bessere Schalldämmwerte als im Massiv-Neubau erreicht werden.

5 Schutz gegen Außenlärm

Der Straßenverkehrslärm ist im letzten Jahrzehnt, neben Industrie und Gewerbelärm, die störendste Lärmquelle für viele Wohnbereiche geworden. Der Wunsch nach „lärmgeschützten Wohnungen" wurde deshalb immer stärker. Für die Planung von neuen Baugebieten hat man bereits 1971 in der VN DIN 18 005 [59] Immissionsgrenzwerte festgelegt, siehe Abschn. 7. Diese Richtwerte (z. B. WA nachts 40 dB(A)) können beim Straßenverkehrslärm jedoch oftmals nicht eingehalten werden, aber vor allem bei bestehenden Baugebieten (Baulücke, Sanierung) ist ein Abschirmwall (oder -wand) nicht mehr möglich. Die notwendige Lärmminderung für den Wohnbereich muss dann durch eine entsprechende Schalldämmung der Außenbauteile (Fenster, Außenwände, Dach, Rolladenkasten u. ä.) erreicht werden.

Welche Anforderungen man an die Außenbauteile stellen muss, hängt einmal vom Außenlärm ab und zum anderen von der Art der Nutzung des Raumes (z. B. Schlafraum oder tags genutzter Büroraum) bzw. dementsprechend noch zulässigen Verkehrsgeräusch innen.

Damit der von außen eindringende Verkehrslärm (Mittelungspegel L_m) nicht lauter ist als [94], [23]

z. B. in Wohnräumen: tags rund 30 bis 35 dB(A)

in Schlafräumen: nachts rund 25 bis 30 dB(A)

ergeben sich die in der Tafel 5.1 (Teil A) wiedergegebenen **Anforderungen** an das resultierende Schalldämm-Maß $R'_{w,res}$ der **Außenbauteile** (Wand einschl. Fenster, Rolladenkasten u. ä.) von Aufenthaltsräumen. Abhängig vom Verhältnis der gesamten Außenfläche $S_{(W+F)}$ zur Grundfläche S_G eines Raumes sind dann die Anforderungen (Teil A) nach Teil B in Tafel 5.1 noch zu erhöhen oder zu mindern; für übliche Wohngebäude (Raumhöhe rund 2,5 m, Raumtiefe ≥ 4,5 m) beträgt der Korrekturwert -2 dB.

Tafel 5.1 Anforderungen an die Luftschalldämmung von Außenbauteilen nach DIN 4109 (11.89), dort Tab. 8 und 9

Teil A: erforderliche resultierende Gesamt-Schalldämmung					
Zeile	Lärmpegel-bereich	„Maß-geblicher Außen-lärmpegel"	Raumarten		
			Bettenräume in Krankenanstalten und Sanatorien	Aufenthaltsräume in Wohnungen, Übernachtungsräume in Beherbergungsstätten, Unterrichtsräume u. ä.	Büroräume [1]) u. ä.
		in dB(A)	erf. $R'_{w,res}$ des Außenbauteils in dB		
1	I	bis 55	35	30	–
2	II	56 bis 60	35	30	30
3	III	61 bis 65	40	35	30
4	IV	66 bis 70	45	40	35
5	V	71 bis 75	50	45	40
6	VI	76 bis 80	[2])	50	45
7	VII	> 80	[2])	[2])	50
Teil B: Korrekturwerte für $R_{w,res}$					
1	$S_{(W+F)}/S_G$		2,5 2,0 1,6 1,3 1,0 0,8 0,6 0,5 0,4		
2	Korrektur		+ 5 + 4 + 3 + 2 + 1 0 – 1 – 2 – 3		

[1]) An Außenbauteile von Räumen, bei denen der eindringende Außenlärm aufgrund der darin ausgeübten Tätigkeiten nur einen untergeordneten Beitrag zum Innenraumpegel leisten, werden keine Anforderungen gestellt.

[2]) Die Anforderungen sind hier aufgrund der örtlichen Gegebenheiten festzulegen.

Der **„maßgebliche Außenlärmpegel"** kann überschlägig nach Tafel 5.2 abgeschätzt werden, nach RLS 90 [89] berechnet werden oder nach DIN 45 642 [66] gemessen werden; zu dem berechneten oder gemessenen (0,5 in vor offenem Fenster) Freifeldpegel sind 3 dB(A) zu addieren (entspricht L_{ma} in Gl. (2.28)). Gemeint ist dabei der Mittelungspegel L_m bzw. bei um mehr als 10 dB(A) höherem mittleren Maximalpegel L] (s. Abschn. 2.2.2) der Wert (L] – 10 dB(A)) am Tag. Für die Nachtzeit ist ein Abnehmen des Außenpegels um mindestens 5 dB(A) vorausgesetzt. Sofern dies nicht der Fall ist, z. B. bei einer Bahnlinie oder ähnlichem, sollte dies berücksichtigt werden und die Anforderungen entsprechend höher gewählt werden.

Die erforderliche Schalldämmung der Außenbauteile kann im Einzelfall auch mit der Gl. (2.28) nach VDI 2719 [94] bestimmt werden bzw. nach Gl. (5.1) zur Abstimmung der Schalldämmung der Einzelelemente aufeinander. Bei üblichen Wohngebäuden (s. o.) ist z. B. wenn die Wand ein um 5 dB höheres Schalldämm-Maß aufweist als in Tafel 5.1, Teil A, gefordert, bis 40 % Fensterflächenanteil ein um 5 dB geringeres Schalldämm-Maß des Fensters ausreichend.

5 Schutz gegen Außenlärm

Tafel 5.2 Nomogramm nach DIN 4109 zur Abschätzung von Verkehrslärm (s. Beispiel mit DTV = 9000 Kfz/24 h → in 25 m: rund 67,5 dB(A)/)

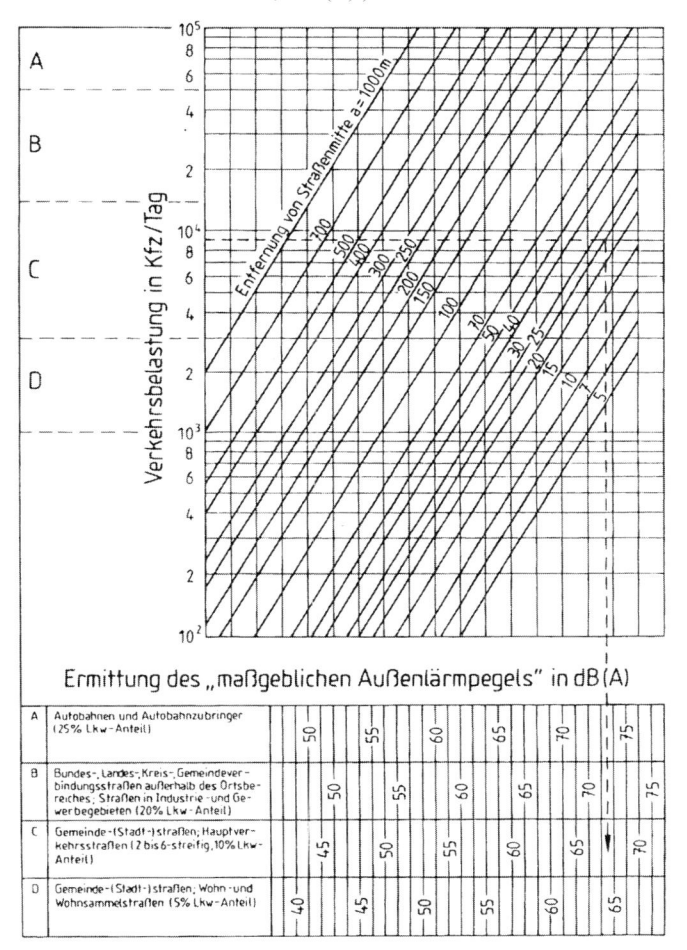

Für das resultierende Schalldämm-Maß des Gesamtaußenbauteils $R'_{w,res}$ gilt:

$$R'_{w,res} = -10 \lg \left(\frac{1}{S_g} \sum_{i=1}^{n} S_i 10^{-R_{w,i}/10} \right) \quad (5.1)$$

Dabei bedeuten:

S_g Gesamtfläche in m², die sich aus den Teilflächen S_i zusammensetzt: $S_g = S_1 + ... S_i + ... S_n$
S_i Fläche des i-ten Elements in m²
$R_{w,i}$ bewertetes Schalldämm-Maß in dB des i-ten Elements

Die schalltechnischen Eigenschaften und Kennzeichnungen der Außenbauteile von Wohnungen – Fenster, Außenwände, Dach, Rolladenkasten, Lüftungseinrichtungen – werden nachfolgend besprochen.

5.1 Schalldämmung von Fenstern, Rolladenkästen, Lüftern

Fenster

Die Schalldämmung eines Fensters hängt entscheidend von der Dichtheit der Funktionsfugen ab. Untersuchungen von Koch und *Mechel* [39] ergaben die in Bild 5.1 dargestellten Abweichungen zwischen Laborwerten und dem am Bau erreichten Schalldämm-Maß (R'_w) Die Ursachen waren Undichtheiten im Fensterfalz und teilweise zwischen Blendrahmen und Außenwand (grobe Einbaufehler).

Heute als schalldämmend angebotene Fenster sollten daher unbedingt mit Mehrfachverriegelungen (4- bis 7-fach) versehen sein und eventuell mit zwei Fugendichtungen (für $R_w \geq 40$ dB praktisch erforderlich). Bei fugendichten Fenstern erfolgt die Schallübertragung dann im wesentlichen über die Verglasung und nur bei hochschalldämmender Verglasung auch über den Fensterrahmen, wodurch z. B. mit Einfachfenstern kaum höhere Werte als etwa 45 dB erreicht werden.

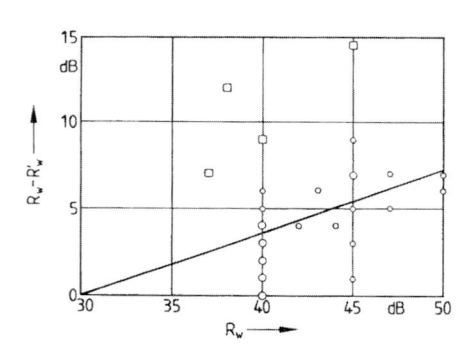

Bild 5.1
Unterschied zwischen Laborwert R_w und am Bau gemessenen Werten des bewerteten Schalldämm-Maßes R'_w von Fenstern nach [39]
——— Regressionsgerade ohne die Fälle mit groben Einbaufehlern (□)

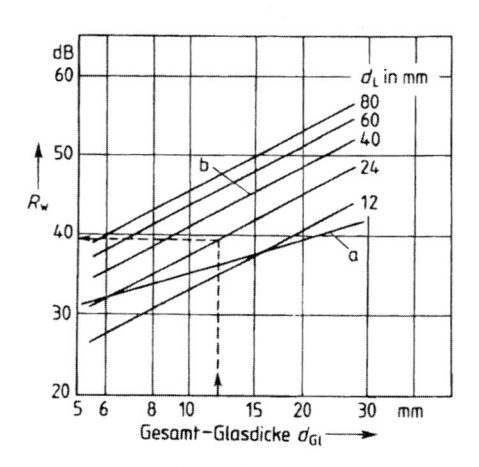

Bild 5.2
Bewertetes Schalldämm-Maß R_w von Doppelscheiben abhängig von der Gesamtglasdicke d_{Gl} und dem Luftabstand d_L zwischen den Scheiben (Geradenschar b [23], nur Schallübertragung über Luftschicht)
Zum Vergleich: Einfachscheiben (Gerade a)

Die Schalldämmung von heute, schon aus Gründen des Wärmeschutzes verwendeten doppelschaligen Verglasungen ist aus Bild 5.2 zu entnehmen [23]. Doppelverglasungen stellen ein Masse-Feder-System (s. Abschn. 2.1) dar und bei kleinen Scheibenabständen, z. B. 12 mm wie bisher häufig bei Isolierglasscheiben, liegt die Resonanzfrequenz über 100 Hz, wodurch bis zu einer Gesamtglasdicke (d_{Gl}) von etwa 15 mm die Schalldämmung geringer ist, verglichen mit einer gleich dicken Einfachscheibe (Gerade a in Bild 5.2). Bei Isolierglasscheiben kann durch Gasfüllungen die Schalldämmung um rund 3 bis 6 dB verbessert werden gegenüber den Werten nach Bild 5.2. Allerdings bleibt von der Verbesserung durch Gasfüllungen bei fertigen Fenstern wegen einer starken Übertragung über die Randverbindung der Scheiben im Mittel nur 1 dB übrig [4].

5 Schutz gegen Außenlärm

Die **erreichbare Schalldämmung** mit verschiedenen Fensterausführungen beträgt heute: R_W in dB

- Einfachfenster   normale Isolierglasscheibe   30 bis 40
                           hochschalldämmendes Isolierglas   bis 45
- Verbundfenster   normale Ausführung   35 bis 43
                           hochschalldämmende Ausführung   bis 48
- Kastenfenster   je nach Verglasung und Rahmen   48 bis 55

Bei alten Fenstern, welche häufig noch keine Dichtung haben, kann mit nachträglich leicht einzubauenden Dichtungsprofilen eine Verbesserung um 5 bis 10 dB erreicht werden, abhängig von der Verglasung [36], siehe auch Beispiel in Bild 4.31, Abschn. 4.5.

Um die Kennzeichnung und Auswahl von Fenstern zu vereinfachen, wurden in VDI 2719 [94] die Schallschutzklassen nach Tafel 5.3 eingeführt. Der Laborwert des Fensters sollte danach mindestens 2 dB (s. hierzu auch Bild 5.1) über der Anforderung am Bau (s. Tafel 5.1) liegen. Für Fenster mit $R_W \geq 40$ dB sollte nach [94], [39] das bewertete Schalldämm-Maß der Verglasung nochmals etwa 3 dB höher gewählt werden, insgesamt also 5 dB höher als am Bau gefordert.

Tafel 5.3   Schallschutzklassen von Fenstern nach VDI 2719.

Schallschutzklasse	bewertetes Schalldämm-Maß R'_W des am Bau funktionsfähig eingebauten Fensters, gemessen nach DIN 52 210 Teil 5 in dB	erforderliches bewertetes Schalldämm-Maß R_W des im Labor funktionsfähig eingebauten Fensters, gemessen nach DIN 52 210 Teil 2 in dB
1	25 bis 29	≥ 27
2	30 bis 34	≥ 32
3	35 bis 39	≥ 37
4	40 bis 44	≥ 42
5	45 bis 49	≥ 47
6	≥ 50	≥ 52

Rolladenkästen, Lüftungselemente

Zur Kennzeichnung der Schalldämmung von Rolladenkästen und Lüftungselementen wird nach DIN EN 20 140-10 [80] die Normschallpegeldifferenz $D_{n,e}$ bzw. $D_{n,e,W}$ (s. Abschn. 2.2.3, Gl. (2.18)) bestimmt. Diese unterschiedliche Kennzeichnung führt leicht zu falschen Schlüssen beim Vergleich des R_W-Wertes eines Fensters mit dem $D_{n,e,W}$-Wert z. B. eines Rolladenkastens. Zum überschlägigen Vergleich bei normal großen Fenstern (rund 2 m²) muss vom $D_{n,e,W}$-Wert etwa 7 dB abgezogen werden; z. B. ein Fenster mit $R_W = 42$ dB und ein Rolladenkasten mit $D_{ne,W} = 49$ dB ($\rightarrow$ bezogen auf die Fensterfläche: 49 – 7 = 42 dB) übertragen gleich viel Schall in einen Raum und das resultierende Gesamtschalldämm-Maß des Fensters einschließlich Rolladenkasten beträgt $R_{W,res} = 39$ dB. Für die genaue Berechnung des Gesamtschalldämm-Maßes $R_{W,res}$ nach Gl. (5.1) muss der $D_{n,e,W}$-Wert umgerechnet werden nach folgender Beziehung:

$$R_W = D_{n,e,W} - 10 \lg \frac{A_o}{S_{Prü}} \tag{5.2}$$

Dabei bedeuten:

A_o Bezugsabsorptionsfläche = 10 m²
$S_{Prü}$ lichte Einbaufläche des Elementes in der Prüfwand in m²

Die Schalldämmung von **Rolladenkästen** ist besser als ihr Ruf. Eine Untersuchung von verschiedenen handelsüblichen Rolladenkästen ergab die in Tafel 5.4 angegebenen $D_{n,e,w}$-Werte [45] [23]. Für den Vergleich mit Fenstern umgerechnet (7 dB Abzug, s. o.) lagen die Werte zwischen 42 und 52 dB, also meist über den R_w-Werten von Fenstern; lediglich bei einem extrem leichten sogenannten Mini-Rolladenkasten sank der Wert auf 35 dB, sodass nur bei diesem Kasten etwa gleich viel Schall übertragen wird wie über ein dichtes Einfach-Fenster.

Aus Tafel 5.4 ist zu ersehen, dass für eine hohe Schalldämmung der Montagedeckel genügend schwer und dicht sein muss und der Kastenhohlraum durch Schallabsorptionsmaterial (Mineralfaser o. ä.) gedämpft werden muss, Näheres siehe [45]. Mit diesen Maßnahmen kann häufig auch bei Altbauten eine wesentliche Verbesserung der Schalldämmung erreicht werden, siehe Beispiel in Abschn. 4.5.

Tafel 5.4   Bewertete Normschallpegeldifferenz $D_{n,e,w}$ von handelsüblichen Rolladenkästen, gemessen im Labor, Kastenlänge jeweils ca. 1 m, Rolladen im Kasten

lfd. Nr.	Aufbau des Rolladenkastens Kasten	Montagedeckel	$D_{n,e,w}$ dB
1	Formkörper aus zementgebundener Holzwolle, außenseitig Hartschaumstreifen, verputzt	10 mm dicke Holzspanplatte	49
2	Formkörper aus zementgebundener Holzwolle, verputzt; im Hohlraum raumseitig 1 mm Bleiblech und 20 mm dicke Mineralfaserplatte	10 mm dicke Holzspanplatte mit 1 mm Bleiblech beklebt, Mineralfaserauflage	59
3	wie lfd. Nr. 2, jedoch ohne Bleiblech	wie lfd. Nr. 2, ohne Bleiblech	57
4	Formkörper aus Hartschaum, beidseitig Holzwolle-Leichtbauplatte, verputzt	10 mm dicke Holzspanplatte, Hartschaumauflage	51
5	wie lfd. Nr. 4, Hohlraum zur Hälfte mit 20 mm Mineralfaserplatten ausgekleidet	wie lfd. Nr. 4	54
6	Kasten aus 1,25 mm Stahlblech, außen- und innenseitig 20 mm dicke, besandete Hartschaumplatten, verputzt	19 mm dicke Holzspanplatte, 10 mm Hartschaumauflage	50
7	wie lfd. Nr. 6, Hohlraum zur Hälfte mit 20 mm Mineralfaserplatten ausgekleidet	19 mm dicke Holzspanplatte, 1 mm Stahlblech aufgeklebt, 20 mm Mineralfaserplatte	55
8	wie lfd. Nr. 7	wie lfd. Nr. 7, jedoch Fugen am Montagedeckel mit plastischer Masse gedichtet	59
9	Kasten außen: 2 mm Stahlblech, 15 mm Holzwolle-Leichtbauplatte, Putz; Kasten innen: 13 mm Holzspanplatte, 15 mm Hartschaum, Putz	13 mm dicke Holzspannplatte	54
10*	Kasten aus 2 mm dicken Aluminiumprofilen	Kunststoff-Hohlprofil	42
11*	Kasten aus 7 mm dicken PVC-Profilen	7 mm dickes PVC-Profil	51
12*	wie lfd. Nr. 11	wie lfd. Nr. 11, mit 1 mm Stahlblech beklebt	55

*   Hierbei handelt es sich um platzsparende Mini-Rolladenkästen.

5 Schutz gegen Außenlärm

Ein ausreichender Schutz gegen Außenlärm ist nur dann gegeben, wenn die Fenster geschlossen sind. Die Fugendurchlässigkeit schalldämmender Fenster ist jedoch so gering (a-Wert < 1), dass der notwendige Mindestluftwechsel (rund 20 m³ Frischluft pro Person und Stunde) nicht mehr gewährleistet ist und diese Fenster dann viel häufiger als z. B. alte Fenster zum Lüften geöffnet werden müssen. Fenster in Spaltlüftungsstellung vermindern den eindringenden Verkehrslärm jedoch nur um etwa 15 bis 20 dB(A). Bei höherem Außengeräuschpegel sollten deshalb zumindest bei Schlafräumen schalldämmende **Lüftungseinrichtungen** vorgesehen werden. In Zusammenhang mit dem Fenster gibt es zwei Möglichkeiten (zur Ausführung s. [46]):
- Lüftungselemente mit Ventilator
- Zuluftschleuse im Fensterbereich und zentrale Absaugung über Bad, Küche

Damit die Schalldämmung des Fensters nicht wesentlich verschlechtert wird, müssen die Zuluftschleusen, je nach Außenlärm und Größe des Fensters ungefähr folgende D_{nw}-Werte aufweisen:

Außenlärmpegel in dB(A)	tritt z. B. auf in	D_{nw} in dB erforderlich für Zuluftschleuse
50 bis 60	Wohnstraßen	41 bis 45
61 bis 65	innerstädtischen Wohnbereichen	46 bis 50
66 bis 70	innerstädtischen Wohnbereichen	51 bis 55
> 70	städtischen Hauptverkehrsstraßen	56 bis 60

5.2 Außenwände

Die schall- und wärmetechnischen Anforderungen sind bei **einschaligen Außenwänden** gegenläufig: Für einen guten Wärmeschutz sollten möglichst leichte, porige Materialien verwendet werden, wodurch entsprechend der niedrigen flächenbezogenen Masse der Wand dann aber die Schalldämmung niedrig ist. Die mindest notwendige Flächenmasse (m') zur Erfüllung der Anforderungen nach Tafel 5.1 kann aus dem Diagramm in Bild 4.2 oder nach Tafel 4.5 ermittelt werden. Die Schalllängsleitung auf die oftmals leichten Innenwände muss dabei berücksichtigt werden. Nach Untersuchungen hierzu von Gösele, siehe Teil 2 in [36], ist bei Außenwänden der Einfluss der Schalllängsleitung jedoch etwas größer als bei Trennwänden, bedingt durch die Zuleitung von benachbarten Außenwandbereichen und die um 3 dB geringere Verzweigungsdämmung (T-Stoß, s. Gl. (4.2 a)). Die Schalldämmung von Außenwänden kann dadurch bei leichten Innenwänden (m'$_I$ ≈ 150 kg/m²) um bis zu 5 dB geringer sein gegenüber gleich schweren Trennwänden, siehe Bild 5.3.

Bild 5.3
Rechnerisch zu erwartendes bewertetes Schalldämm-Maß R'$_W$ einer einschaligen, massiven Außenwand, abhängig von ihrer flächenbezogenen Masse m'$_A$ (Kurve a) nach Gösele [36], gültig für Innenwände mit m'$_I$ = 150 kg/m²
M   gemessene Dämmung für Außenwand aus 240 mm Bimshohlblocksteinen
b   zum Vergleich die Werte als Trennwand nach Bild 4.2

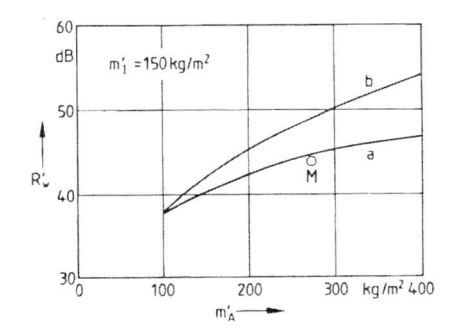

Einfluss von wärmedämmenden Verkleidungen

Verkleidungen unter Verwendung von Hartschaum als Dämmschicht verschlechtern generell die Schalldämmung durch die mitten im interessierenden Frequenzbereich liegende Resonanzfrequenz des Masse-Feder-Systems [35].

Verkleidungen innen mit steifer Dämmschicht, z. B. Gipskarton-Hartschaum-Verbundplatten führen zu einer Verringerung der Schalldämmung der Außenwand um im Mittel $\Delta R_W = -5$ dB. Viel schlimmer ist jedoch, dass die Schalllängsleitung über die Außenwand zwischen über- und nebeneinanderliegenden Wohnungen um ca. 10 bis 15 dB erhöht wird, siehe Beispiele in Bild 5.4.

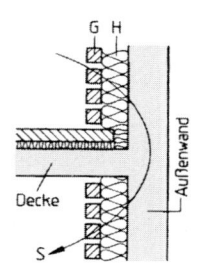

Bild 5.4 Zwei Beispiele für die Schalldämmung zwischen zwei übereinanderliegenden Wohnungen von Mehrfamilienhäusern, bei denen die Außenwände mit Gipskartonplatten (G) auf Hartschaumplatten (H) verkleidet worden sind [35]:
a mit Verkleidung ($R'_W = 45$ bzw. 47 dB)
b Vergleichsbereich aus anderen Bauten (R'_W rund 55 bis 57 dB)

Entsprechend wirkt sich eine steife Wärmedämmschicht in der Heizkörpernische aus, sodass bei großflächigen Nischen dadurch die Luftschalldämmung ebenfalls unzulässig vermindert werden kann.

Um diesen Mangel zu vermeiden, müssen weichfedernde Dämmschichten, z. B. Mineralfaserplatten, verwendet werden, wobei eventuell eine Dampfbremse zwischen Gipskartonplatte oder ähnlichem und Dämmschicht angeordnet werden muss. Mit einer solchen biegeweichen Vorsatzschale wird die Schalldämmung der Außenwand verbessert (Näheres s. [36]).

Bei **außenseitigen Verkleidungen** zur Verbesserung des Wärmeschutzes werden folgende zwei Ausführungen häufig angewandt:

      a aufgeklebte Hartschaumschicht mit einem Kunststoffputz o. ä. (sogenannte Thermohaut)

Bei diesen Systemen ergibt das Masse-Feder-System eine Resonanz-Verschlechterung bei mittleren bis hohen Frequenzen und dadurch im Mittel eine Verminderung der Schalldämmung gegen außen um $\Delta R_W = -2$ bis -5 dB; die Schalllängsleitung wird nicht beeinflusst.

Mit entsprechenden Systemen mit Mineralfaserplatten als Dämmschicht und rund 15 mm mineralischem Putz kann dieser Mangel weitgehendst vermieden werden und die Schalldämmung der Außenwand eventuell sogar etwas verbessert werden.

5 Schutz gegen Außenlärm

b Plattenverkleidungen mit Luftabstand und Mineralfaserplatten dahinter

Eine Außenverkleidung mit Fassadenplatten ist zwar eine schalltechnisch günstige Vorsatzschale mit weichfedernder Zwischenschicht, infolge der aus anderen Gründen erwünschten Fugen (Abfuhr des durch die Wand diffundierenden Wasserdampfes aus dem Wandhohlraum) ist die Wirkung relativ gering, nur rund + 3 dB, bezogen auf Verkehrslärm.

Zweischalige Außenwände mit einer Vormauerung (Abstand rund 60 bis 120 mm), welche über einzelne Drahtanker mit der tragenden Wandschale verbunden ist, ergaben im Labor Schalldämmwerte um etwa 5 bis 8 dB höher als für eine gleich schwere Einfachwand. Damit sind R_W-Werte von 55 bis 60 dB zu erreichen, die auch bei extrem großem Außenlärm einen ausreichenden Schallschutz gewährleisten.

5.3 Dächer

Bei Wohnräumen im ausgebauten Dachgeschoss muss die Schalldämmung des Daches die Anforderung an die Außenwand nach Tafel 5.1 (Achtung: Korrektur nach Teil B häufig ≥ + 2 dB) erfüllen. Allerdings wird in vielen Fällen der Schallpegel an der Außenseite der Dächer, bedingt durch Abschirmeffekte, kleiner sein als bei Außenwänden, die der Straße unmittelbar zugewandt sind.

Mit **massiven Dächern** wird wegen der hohen Flächenmasse praktisch immer eine ausreichend hohe Schalldämmung erreicht.

Bei **Schrägdächern** mit Deckung aus Ziegeln oder Betondachsteinen liegt aufgrund des zweischaligen Aufbaus bei dichter **Innenverkleidung** und mit **Mineralwolle** im Hohlraum das bewertete Schalldämmass meist über 45 dB [23]. Für Schalldämmwerte von 50 dB und darüber ist zusätzlich eine dichte Außenschale z. B. in Form einer Rauhspundschalung notwendig und eventuell eine Aufdoppelung der Innenbekleidung, siehe hierzu auch [56] und Abschn. 4.5 bezüglich Schalllängsleitung.

Dächer mit **Hartschaumdämmschicht** ergeben eine geringere Schalldämmung, bedingt durch den kleineren und unbedämpften Hohlraum; bei Anordnung des Hartschaums zwischen den Sparren wurden R_W-Werte zwischen 33 bis 40 dB gemessen. Hartschaum-Anordnungen auf einer äußeren Beplankung (Rauhspundschalung o. ä.) ergeben bei innen sichtbaren Sparren ähnliche Schalldämmwerte und nur mit einer dichten Innenverkleidung wurden bis zu 45 dB erreicht. Außerdem ist die **Schalllängsleitung** bei hartschaumgedämmten Dächern wesentlich **größer** als bei Dächern mit Mineralwolle im Hohlraum, bedingt durch eine starke Übertragung längs des Hohlraums zwischen Dämmschicht und Dachdeckung, sodass damit ohne zusätzliche Maßnahmen (z. B. erstes Sparrenfeld beidseitig der Trennwand mit Mineralwolledämmung) kein ausreichender Luftschallschutz im Dachgeschoss zwischen Reihenhäusern erreicht wird [40] [56], siehe hierzu auch Abschn. 4.5.

6 Schallschutz in Skelettbauten mit Montagewänden

Verwaltungsbauten, Schulen und Krankenhäuser werden häufig als Skelettbau mit leichtem Innenausbau ausgeführt. Die Schalldämmung in solchen Bauten ist häufig in horizontaler Richtung relativ gering, dagegen zwischen den Geschossen meist sehr gut.

Die Ursachen für eine geringe Schalldämmung zwischen nebeneinander liegenden Räumen sind in der Regel nicht die Trennwände selbst, sondern:
1. Undichtheiten beim Anschluss an Fassade, Fußboden und Decke
2. Schalllängsleitungen der flankierenden Bauteile

Die Auswirkungen des erstgenannten Mangels und mögliche Verbesserungsmaßnahmen werden in [37] und [6] ausführlich behandelt, Näheres hierzu siehe dort. Zur Einhaltung der gestellten Anforderungen (s. z. B. Tafel 4.3) muss bereits bei der Planung (vor Ausschreibung!) der Einfluss der Schalllängsleitung vorherberechnet werden. Hierfür enthält DIN 4109 (11.89), Beiblatt 1, ein **Rechenverfahren** mit Beispielen und umfangreiche Ausführungsbeispiele für die verschiedenen Bauteile:

- Montagewände mit biegeweichen Schalen aus Gipskartonplatten oder Spanplatten als Trennwand und flankierende Wand
- Deckenverkleidungen aus Gipskartonplatten u. ä. oder Akustikplatten
- Massivdecken mit Verbundestrich oder schwimmendem Estrich

Als **vereinfachte Regel** für die Planung sollten für die Berücksichtigung der verschiedenen Schallübertragungswege die Trennwand, untere und obere Decke, Fassade, Flurwand, eventuell der Kabelkanal, ähnliche und gewisse Undichtheiten am Bau, die Schalllängsdämm-Maße R'_{Lw} um 5 bis 8 dB und das Schalldämm-Maß R_W der Trennwand um rund 5 dB höher sein als das geforderte Bau-Schalldämm-Maß R'_w (s. z. B. Tafel 4.3). Ein entsprechendes vereinfachtes Nachweisverfahren enthält auch DIN 4109 (11.89), Beiblatt 1, Näheres siehe dort.

Nachfolgend werden die Eigenschaften von Montagewänden, Deckenverkleidungen, schwimmendem Estrich und Fassaden kurz besprochen.

Montagewände

Montagewände werden zweischalig ausgebildet mit biegeweichen Schalen aus Gipskartonplatten, Holzspanplatten oder Blechtafeln und Ständerwerken aus Holz oder Stahlprofilen. Bei geeigneter Ausführung (s. hierzu [4], [6], [37]) werden die in der Tafel 6.1 angegebenen Schalldämmwerte erreicht.

Durchgehende Deckenverkleidungen

In oben genannten Bauten sollen Deckenverkleidungen die meist umfangreiche Installation (z. B. Lüftungskanäle, Elektro- und Sanitärinstallationen) verdecken und als „Akustikdecke" für eine Schallabsorption im Raum sorgen. Bei durchgehenden Deckenverkleidungen darf außerdem die Schalllängsübertragung über den Deckenhohlraum nicht zu groß werden. Vertikale Abschottungen über den Trennwänden sind an den durchlaufenden Rohrleitungen nur sehr schwer dicht zu bekommen; außerdem müssen sie beim Versetzen der Trennwand neu gemacht werden. Diese Nachteile können durch die sogenannte horizontale Abschottung (dichte Akustikdecke mit Mineralfaserauflage) vermieden werden. Das Schalllängsdämm-Maß R'_{Lw} solcher Deckenverkleidungen hängt von der Schalldämmung der Decke selbst und ganz wesentlich von der Mineralfaserauflage ab, siehe Bild 6.1.

6 Schallschutz in Skelettbauten mit Montagewänden

Tafel 6.1 Luftschalldämmung zweischaliger Trennwände mit zwei dünnen, biegeweichen Schalen, untersucht in einem Prüfstand mit bauähnlichen Schallnebenwegen nach [4]

lfd. Nr.	Schalen-material	Schalen-verbindung	Schalen-beschwerung	Wanddicke in mm	flächenbezogene Masse in kg/m²	bewertetes Schalldäm-Maß in dB
1	12,5 mm Gipskartonplatten	getrennte Schalen	keine Beschwerung	125	25	52
2			2. Lage Gipskartonplatten	155	52	55
3		gemeinsame Ständer aus Stahlblech C-Profilen	keine Beschwerung	75	24	45
4				100	24	47
5			2. Lage Gipskartonplatten	100	49	51
6				125	50	52
7		gemeinsame Holzständer		85	30	37
8	16 mm Holzspanplatten	getrennte Schalen	keine Beschwerung	200	25	55
9				100	25	50
10			mit Beschwerung	100 bis 150	45 bis 50	51 bis 55
11		gemeinsame Ständer oder Rahmen	keine Beschwerung	80 bis 100	25 bis 30	40 bis 45
12			mit Beschwerung	90 bis 120	35 bis 50	43 bis 50
13	1 mm Stahlblech	getrennte Schalen	mit Beschwerung	80 bis 150	35 bis 40	51 bis 55
14		gemeinsame Ständer bzw. Verbindungen	keine Beschwerung	60	20 bis 25	39 bis 45
15			mit Beschwerung	80 bis 100	35 bis 40	47 bis 50

Mit relativ leichten Deckenverkleidungen (8 bis 10 kg/m²) können somit bei 100 mm dicker Mineralfaserauflage R_{Lw}-Werte von 50 bis 60 dB erreicht werden.

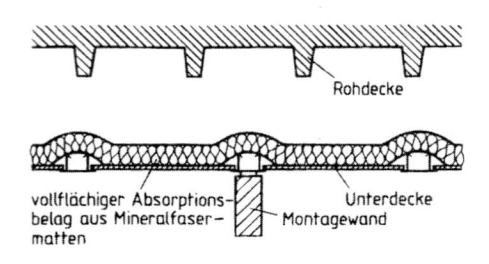

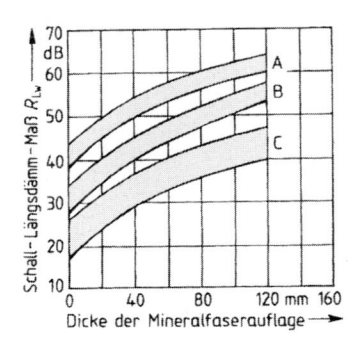

Bild 6.1   Erhöhung der Schalllängsdämmung von abgehängten Unterdecken mit vollflächiger Mineralfaserauflage mit Raumgewichten zwischen 15 und 30 kg/m³ und einem Strömungswiderstand zwischen 8 und 12 kNs/m⁴ [6]

A   Abhängehöhe: 30 bis 50 cm
Nicht absorbierende Unterdecken aus ungelochten Gipskarton-Elementen
Absorbierende Unterdecken aus gelochten Metall-Elementen mit schallabsorbierender Einlage und zusätzlicher Abdeckung aus ungelochtem Gipskarton,
porösen Holzspan-Elementen mit zusätzlicher Abdeckung aus ungelochtem Gipskarton, Mineralfaserplatte ohne Dekor (20 mm dick)

B   Abhängehöhe: 30 bis 50 cm
Nicht absorbierende Unterdecken aus ungelochten Metall-Elementen,
Absorbierende Unterdecken aus gelochten Metall-Elementen mit schallabsorbierender Einlage und zusätzlicher Abdeckung aus ungelochtem Blech,
Mineralfaserplatten mit starkem Dekor (Lochung)

C   Abhängehöhe: 80 bis 100 cm
Absorbierende Unterdecken aus gelochten Metall-Elementen mit schallabsorbierender Einlage und zusätzlicher Abdeckung aus ungelochtem Blech,
Mineralfaserplatten

Schwimmender Estrich

Wenn im Hinblick auf die Versetzbarkeit der Trennwand ein schwimmender Estrich von einem Raum zum anderen durchläuft, wird durch die Schalllängsleitung der erreichbare Schallschutz begrenzt. Der Trittschallschutz in horizontaler Richtung ist dann geringer als bei einer Rohdecke nach unten. Vor allem ist aber auch die erreichbare Luftschalldämmung relativ gering, bei Zementestrichen R'_w = max. rund 40 dB.

Bei Gussasphaltestrichen liegen die Werte um rund 5 bis 8 dB höher, bedingt durch eine höhere Körperschalldämpfung im Gussasphaltestrich. Für einen höheren Schallschutz muss der schwimmende Estrich an der Trennwand getrennt werden (s. hierzu [6] [62]) oder besser, auf den schwimmenden Estrich verzichtet werden. In horizontaler Richtung ist die Schalllängsdämmung der Massivdecke mit Verbundestrich ausreichend hoch, z. B. eine flächenbezogene Gesamtmasse von rund 300 kg/m² ergibt bereits R_{Lw} = 56 dB. Auch in vertikaler Richtung ergibt sich ein sehr guter Schallschutz bei Bauten mit einigermaßen dichter Deckenverkleidung und leichten Trennwänden mit biegeweichen Schalen, da die untergehängte Deckenverkleidung schalltechnisch den schwimmenden Estrich ersetzt. Der Luft- und Trittschallschutz der Decke wird durch die Deckenverkleidung um 10 dB oder mehr verbessert.

Fassaden

Bei leichten Fassaden aus einzelnen Elementen ist die Schalllängsübertragung gering, wenn eine Stoßfuge auf Höhe der Trennwand vorhanden ist und biegeweiche Platten verwendet werden. Das Schalllängsdämm-Maß liegt dann zwischen R_{Lw} = rund 50 bis 60 dB. Entsprechendes gilt für leichte Flurwände. Für massive Brüstungen kann das Schalllängsdämm-Maß R_{Lw} nach Gl. (4.1) mit D_v = 4 dB berechnet werden.

Beim Anschluss der Trennwand an die Fassade sind in der Praxis häufig grobe Undichtheiten vorhanden, bedingt z. B. durch einen durchlaufenden Kabelkanal. Es ist zu empfehlen, hier alle Fugen elastisch abzudichten und den Kabelkanal beidseitig der Trennwand auf rund 0,5 m Länge mit Mineralwolle auszufüllen.

7 Städtebaulicher Schallschutz

Für die Berücksichtigung eines angemessenen Schallimmissionsschutzes bei der städtebaulichen Planung (Flächennutzungsplan, Bebauungsplan) enthält DIN 18 005 [59] – Schallschutz im Städtebau – Berechnungsverfahren und im Beiblatt 1 Orientierungswerte (Planungsrichtpegel) für Baugebiete abhängig von der Nutzung, siehe Tafel 7.1.

Die Berechnungsverfahren in DIN 18 005 sind für die Zwecke der Bauleitplanung vereinfacht. Genauere Verfahren zur Berechnung der Schallausbreitung sind in den „Richtlinien für den Lärmschutz an Straßen" RLS 90 [89] und den Richtlinien VDI 2714 [93] und VDI 2571 [92] sowie in [38] und [47] angegeben.

Vergleicht man die Planungsrichtpegel nach Tafel 7.1 mit den tatsächlich vorhandenen Verkehrslärmpegeln in der Nähe von Straßen wie

- Wohnstraßen (tags rund 55 bis 65 dB(A) und nachts rund 10 dB(A) weniger)
- Durchgangsstraßen (tags rund 65 bis 70 dB(A) und nachts rund 7 dB(A) weniger)
- städtische Hauptverkehrsstraßen (tags über 70 dB(A) und nachts rund 5 dB(A) weniger),

so sieht man, dass die Planungsrichtpegel nach DIN 18 005 eine strenge Forderung darstellen und heute nur noch in seltenen Fällen ohne Maßnahmen eingehalten werden können. Für den Neubau oder die wesentliche Änderung von Straßen sowie von Schienenwegen wurden deshalb in der Verkehrslärmschutzverordnung – 16. BimSchV [95] höhere Immissionsgrenzwerte festgelegt, z. B. für Wohngebiete (WR, WA, WS) tags 59/nachts 49 dB(A); Näheres siehe [95].

Eine Übersicht der erreichbaren Abschirmwirkungen mit verschiedenen Maßnahmen zeigt Bild 7.1. Aus Bild 7.1 ist zu entnehmen, dass auf der abgewandten Gebäudeseite (Abschirmwirkung rund 20 bis 30 dB(A)) die Richtwerte von DIN 18 005 meist eingehalten werden können, sodass hier ein relativ ungestörtes Wohnen möglich ist. Schlafräume sollten deshalb immer abgewandt von der Lärmquelle orientiert werden. Für die der Lärmquelle zugewandten Gebäudeseiten sind bauliche Maßnahmen nach Abschn. 5 notwendig.

Anders als beim Straßenverkehrslärm kann und muss bei Industrie und Gewerbebetrieben die Lärmemission durch geeignete Maßnahmen auf das jeweils zulässige Maß beschränkt werden;

Tafel 7.1 Schalltechnische Orientierungswerte für die städtebauliche Planung nach Beiblatt 1 zu DIN 18 005-1

Bei der Bauleitplanung sind in der Regel den verschiedenen schutzbedürftigen Nutzungen (z. B. Bauflächen, Baugebieten, sonstigen Flächen) folgende Orientierungswerte für den Beurteilungspegel zuzuordnen. Ihre Einhaltung oder Unterschreitung ist wünschenswert, um die mit der Eigenart des betreffenden Baugebietes bzw. der betreffenden Baufläche verbundene Erwartung auf angemessenen Schutz vor Lärmbelastungen zu erfüllen:			
a) Bei Reinen Wohngebieten (WR), Wochenendhausgebieten, Ferienhausgebieten	tags nachts	50 40/35	dB(A) dB(A)
b) Bei Allgemeinen Wohngebieten (WA), Kleinsiedlungsgebieten (WS) und Campingplatzgebieten	tags nachts	55 45/40	dB(A) dB(A)
c) Bei Friedhöfen, Kleingartenanlagen und Parkanlagen	tags und nachts	55	dB(A)
d) Bei besonderen Wohngebieten (WB)	tags nachts	60 45/40	dB(A) dB(A)
e) Bei Dorfgebieten (MD) und Mischgebieten (MI)	tags nachts	60 50/45	dB(A) dB(A)
f) Bei Kerngebieten (MK) und Gewerbegebieten (GE)	tags nachts	65 55/50	dB(A) dB(A)
g) Bei sonstigen Sondergebieten, soweit sie schützbedürftig sind, je nach Nutzungsart	tags nachts	45 bis 65 35 bis 65	dB(A) dB(A)
h) Bei Industriegebieten*)			
Diese Werte sollten bereits auf den Rand der Bauflächen bzw. der überbaubaren Grundstücksflächer in den jeweiligen Baugebieten oder der Flächen sonstiger Nutzung bezogen werden. Bei zwei angegebenen Nachtwerten soll der niedrigere für Industrie- und Gewerbelärm sowie für Geräusche von vergleichbaren öffentlichen Betrieben gelten. Bei Beurteilungspegeln über 45 dB(A) ist selbst bei nur teilweise geöffnetem Fenster ungestörter Schlaf häufig nicht mehr möglich.			

*) Für Industriegebiete kann – soweit keine Gliederung nach § 1 Abs. 4 und 9 BauNVO erfolgt – kein Orientierungswert angegeben werden.

für Schallquellen in Gebäuden durch eine entsprechende Schalldämmung der Außenbauteile und bei Schallquellen im Freien z. B. durch Abschirmung durch das Gebäude selbst [47]. Eine Zusammenstellung von Schalldämmwerten üblicher Außenbauteile von Industriebauten enthält Tafel 7.2. Verfahren zur Berechnung der Schallimmission in der Nachbarschaft von Gewerbebetrieben und Industrieanlagen enthalten die Richtlinien VDI 2714 – Schallausbreitung im Freien – [93] und VDI 2571 – Schallabstrahlung von Fabrikbauten – [92], siehe hierzu auch [38].

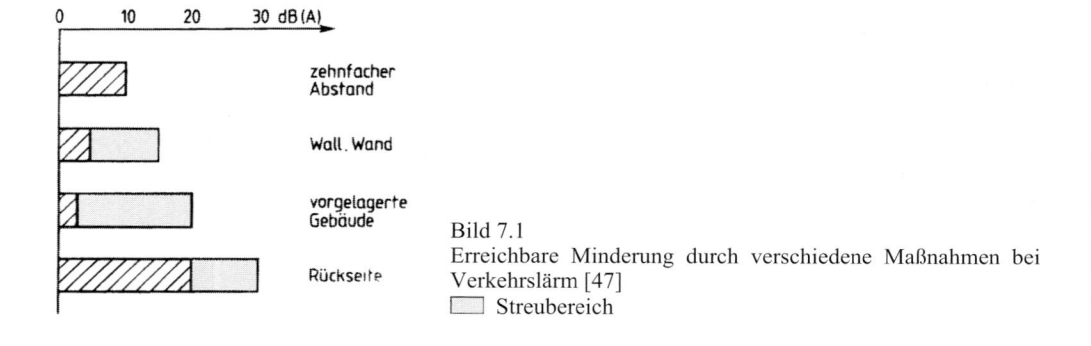

Bild 7.1
Erreichbare Minderung durch verschiedene Maßnahmen bei Verkehrslärm [47]
☐ Streubereich

7 Städtebaulicher Schallschutz

Für die Beurteilung der Schallimmission von einem bestehenden Betrieb bei einem benachbarten Wohngebäude oder Gebiet wurden in VDI 2058 [90] bzw. TALärm Immissionsrichtwerte aufgestellt, welche bei Betriebsneubauten in jedem Fall einzuhalten sind. Die Immissionsrichtwerte von VDI 2058 bzw. TALärm stimmen überein mit den Festlegungen der DIN 18 005, siehe Tafel 7.1. Nach VDI 2058 sollen zusätzlich auch kurzzeitige Überschreitungen der Richtwerte um mehr als 30 dB(A) tags und 20 dB(A) nachts vermieden werden, außerdem wird nach VDI 2058 die lauteste Stunde während der Nachtzeit beurteilt.

Tafel 7.2 Zusammenstellung von Werten des bewerteten Schalldämm-Maßes R'_w üblicher Bauelemente für Industriebauten

\multicolumn{4}{l}{Wände, Dächer, einfache Fenster, Tore}			
Nr.	Bauelement	Gesamtdicke in mm	Flächengewicht in kg/m^2	R'_w nach DIN 52 210 in dB
1	Wände, Mauerwerk jeweils verputzt			
1.1	Vollziegel, Kalksandstein	145 270	270 460	49 55
1.2	Hochlochziegel	145 270	200 350	47 53
1.3	Kalksandlochsteine	145 270	180 320	42 51
1.4	Leichtbeton-Hohlblocksteine Bims-Hohlblocksteine	205 270	245 270	45 50
1.5	Bimsbeton-Vollsteine	145 270	150 340	42 52
1.6	Schwerbeton, porendicht	120 190	300 430	50 54
1.7	Stahlbetonplatten aus Kiesbeton	100 150	230 345	47 54
1.8	Porenbeton, mit Putz (5 bis 10 mm)	110 170 220 250	85 100 130 190	36 40 2 46
1.9	Porenbetonplatten, unverputzt (Fugen nicht zusätzlich gedichtet)	150		34
1.10	Holzwolle-Leichtbauplatten, beidseitig verputzt	80	75	36
1.11	Well-Asbestzement-Platten (6 mm dick), siehe auch bei Dächern	55	12,5	19
1.12	1 mm Stahlblech, Trapezprofil	45	11	25
1.13	1 mm Stahlblech, Trapezprofil, mit 50 mm dicken Mineralfaserplatten innen	120		32
1.14	1,5 mm Aluminium-Trapez-Profil auf 55 mm Schaumpolystrol in Aluminiumblech	170	13	25
1.15	Aluminiumblech, unbedämpft	2 0,5	5 2,3	24 19

Fortsetzung s. nächste Seiten

Tafel 7.2, Fortsetzung

Wände, Dächer, einfache Fenster, Tore					
Nr.	Bauelement	Gesamt-dicke in mm	Flächenge-wicht in kg/m²	R'_w nach DIN 52 210 in dB
2	Dächer			
2.1	Stahlbetonplatten aus Kiesbeton nach DIN 1045	100 180	230 430	47 57
2.2	Stahlsteindecke (DIN 4159) Porenbeton-Deckenplatten (DIN 4164) Spannbeton-Hohldielen (DIN 4227) Bimsbeton-Hohldielen	165 240 120 120	250 160 220 185	46 45 49 49
2.3	Beton-Stahlzellendecke (1,3 mm Stahlblech, Profilhöhe 50 mm)	100	165	39
2.4	Well-Asbestzement-Platten, siehe 1.11, mit Unterdecke in ca. 0,5 m Abstand, aus: a) 20 mm Mineralfaserplatten (10 kg/m²) b) 18 mm Akustikplatten mit Auflage aus 40 mm Mineralfasermatten (zus. 11 kg/m²) c) 12,5 mm Gipskartonplatte mit Auflage aus 40 mm Mineralfasermatten (zus. 14 kg/m²)	55	12,5	19 35 42 42
2.5	Dachhaut aus geklebter Bitumenpappe auf Holzschalung (Dachspanplatten) mit Unterdecken wie bei 2.4 Ausführung a Ausführung b Ausführung c			 38 43 40
2.6	Trapezblech, siehe 1.12, mit Unterdecken wie bei 2.4 Ausführung a Ausführung b Ausführung c	45	11	25 31 39 40
2.7	Stahltrapezblech-Decke (Profilhöhe 90 mm) mit 30 mm dicker Glasfaser-Dachisolierplatten-Auflage (ca. 150 kg/m³) und Bekiesung (ca. 15 kg/m²), dazwischen bituminös abgedichtet	ca. 150	ca. 40	48
3	Fenster			
	Richtwert für einfache Fenster ohne besondere Dichtung Fensterflügel zum Lüften gekippt offene Fenster			ca. 20 ca. 10 0
4	Tore, Türen, Öffnungen			
	im geöffneten Zustand Richtwert für übliche Tore und Türen Rolltore			0 20 10 bis 15
Industrieverglasungen				
Lfd. Nr.	Art der Verglasung	Aufbau		R'_w nach DIN 52 210 in dB
1	Glasscheiben	festverglast Dicke: 3 mm Dicke: 6 mm Dicke: 12 mm		 29 33 36

Fortsetzung s. nächste Seite

Tafel 7.2, Fortsetzung

Industrieverglasungen			
Lfd. Nr.	Art der Verglasung	Aufbau	R'_w nach DIN 52 210 in dB
2	kittlose Einfachverglasung	Stahlsprossen, 7 mm Drahtglas, Randwinkel verkittet	20 bis 23
3	kittlose Doppelverglasung	Stahlsprossen, 7 mm Drahtglas, 15 mm Luftzwischenraum, 7 mm Rohglas nicht verkittet Randwinkel verkittet	24 27
4	kittlose Doppelverglasung	Stahlsprossen, 7 mm Drahtglas, 45 mm Luftzwischenraum, 7 mm Rohglas, Randwinkel verkittet	30
5	kittlose Einfachverglasung mit Isolierglas	Stahlsprossen, 1 Drehflügel, Isolierglas 5,5/12/5,5 mm, nicht verkittet	28
6	kittlose Doppelverglasung mit Isolierglas	Stahlsprossen, Isolierglas 5,5/12/5,5 mm, in 100 mm Abstand, 7 mm Rohglasscheibe, ringsumlaufend Randdampfungselemente, nicht verkittet	38
7	Lichtband mit Einfachverglasung	Aluminiumrahmen, 7 mm Drahtglas, Glasstöße außen mit Silikon abgedichtet	28
8	Lichtband mit Einfachverglasung	Aluminiumrahmen, PLEXIGLAS-XT (Stegdoppelplatte), umlaufend verkittet	23
9	Lichtband mit Doppelverglasung	Aluminiumrahmen, 7 mm Rohglas, 15 mm Luftzwischenraum, 7 mm Drahtglas, Glasstöße außen mit Silikon abgedichtet umlaufend verkittet	29 33
10	Kombination von kittloser Verglasung und Lichtband-Konstr. (ohne Verbindung	Aluminiumrahmen, Isolierglas 8/16/5,5 mm, 160 mm Luftzwischenraum, 7 mm Rohglas im Lichtband, nicht verkittet	48
11	Lichtband mit Profilglas-Verglasung	einfach 16 kg/m² einfach 21 kg/m² einfach 29 kg/m außen jeweils ringsumlaufend und zwischen den einzelnen Elementen mit Silikon gedichtet	26 30 31
12	Lichtband mit Profilglas-Verglasung	doppelt 32 kg/m² außen ringsumlaufend und zwischen den einzelnen Elementen mit Silikon gedichtet	36
13	Glasbausteine	Dicke: 50 mm Dicke: 80 mm	37 45
14	Lichtkuppel	einschalig 1200 mm × 1800 mm	21
15	Lichtkuppel	doppelschalig 1200 mm × 1800 mm	24
16	Lichtkuppel	wie Nr. 15, zusätzlich 6 mm Drahtglasscheibe dicht an Unterseite der Massivdecke eingebaut	44

Quellen: [3], [4], [6], [92]

II Wärme

Von Richard Jenisch und Martin Stohrer

Einleitung

Wohn- und Nutzräume müssen in unseren geografischen Breitengraden während des Winters beheizt werden, um ein für die Menschen thermisch behagliches Raumklima herzustellen; die Gebäudehülle muss eine diese Forderungen entsprechende Schutzfunktion übernehmen und erfüllen (s. Kapitel Klima). Die hierzu erforderlichen wärmeschutztechnischen Maßnahmen an der Gebäudehülle richten sich aber nicht allein nach Erwartungen im Hinblick auf das Raumklima, zusätzlich sind neben Fragen der Wirtschaftlichkeit bei der Herstellung und späteren Unterhaltung des Gebäudes auch Umweltprobleme zu beachten. Bei der Verbrennung von fossilen Brennstoffen entsteht CO_2. Um die Erdatmosphäre von CO_2-Emissionen zu entlasten, muss der Verbrauch von Energie für die Gebäudeheizung drastisch gesenkt werden. Um dies zu erreichen, muss der quantitative Wärmeschutz der Gebäudehülle nach den Vorgaben der Energieeinsparverordnung bemessen werden. Nicht zuletzt hat man sich bei der Dimensionierung des Wärmeschutzes und der Auswahl der Baustoffe auch mit dem Problem zu befassen, wie Schäden an Bauteilen durch Feuchteeinwirkung zu verhindern sind. Ein unzureichender Wärmeschutz, z.B. im Bereich von Wärmebrücken, begünstigt die Entstehung von Tauwasserniederschlägen, die wiederum häufig das Auftreten von Schimmelpilzen auf Bauteiloberflächen zur Folge haben.

Um wärmeschutztechnische Maßnahmen sowohl beim Neubau als auch bei der Sanierung von älteren Gebäuden richtig und sinnvoll planen zu können, sind eingehende Kenntnisse auf dem Gebiet der Wärmelehre erforderlich.

1 Grundlagen der Wärmelehre

Wärme ist eine Energieform und das Maß für den Wärmezustand eines räumlich begrenzten Bereiches ist dessen Temperatur. Wird Wärmeenergie dem räumlich begrenzten Bereich zugeführt oder entzogen, erhöht oder verringert sich dessen Temperatur, folglich ändert sich sein Zustand, wobei diese Veränderung auch von den Eigenschaften der betreffenden Materialien des betrachteten Bereiches abhängig ist. Behandelt werden diese Vorgänge in der Wärmelehre.

Auf dem Gebiet der Bauphysik ist der Transport von Wärmeenergie durch Bauteile als Folge von Temperaturdifferenzen besonders wichtig und wird in den nachfolgenden Abschnitten behandelt. Untersucht werden die Vorgänge des Wärmetransportes in festen Stoffen, Flüssigkeiten und Gase in der Regel mittels mathematischer Gleichungen bzw. Rechenverfahren, die auf physikalischen Gesetzen beruhen. Hierbei werden die verschiedenen physikalischen Größen durch Formelzeichen und ihr Zahlenwert durch festgelegte Einheiten gekennzeichnet.

1.1 Physikalische Größen, Formelzeichen, Einheiten und Indizes

Die im Bereich des baulichen Wärmeschutzes verwendeten Formelzeichen der physikalischen Größen sind in der Norm DIN EN ISO 7345 [101] einheitlich für alle Länder der Europäischen Gemeinschaft festgelegt; sie unterscheiden sich in manchen Fällen von den alten in Deutschland verwendeten Formelzeichen. Das Kapitel Wärme trägt dieser Regelung Rechnung und verwendet die international genormten Bezeichnungen nach DIN EN ISO 7345. Um die Zuordnung von den bisher üblichen zu den neuen Formelzeichen zu erleichtern, sind beide in der Tafel 1.1, einschließlich der zugehörigen SI-Einheiten, zusammengestellt.

Die früher für die Wärmemenge bzw. für den Wärmestrom genutzten Einheiten kcal bzw. kcal/h werden entsprechend den nachfolgenden Faktoren in SI-Einheiten umgerechnet.

$1 \text{ kcal} = 4186,8 \text{ J} \qquad 1 \text{ kcal/h} = 1,163 \text{ W}$

Um bei einem mathematisch dargestellten Vorgang die Formelzeichen genauer zu kennzeichnen, werden diese oft mit Indizes versehen. In DIN EN ISO 7345 werden die in Tafel 1.2 genannten Buchstaben bzw. -kombinationen empfohlen.

Tafel 1.1 Physikalische Größen, Formelzeichen und Einheiten

Physikalische Größe	Formelzeichen nach Norm	Formelzeichen bisher üblich	SI - Einheit
Wärmemenge	Q	Q	J (1 J = 1 Ws)
Wärmestrom	Φ	Φ	W
Wärmestromdichte	q	q	W/m^2
Wärmeleitfähigkeit	λ	λ	W/(m · K)
Wärmedurchlasskoeffizient	Λ	Λ	W/(m^2 · K)
Wärmedurchlasswiderstand	R	1/Λ	m^2 · K/W
Wärmeübergangskoeffizient	h	α	W/(m^2 · K)
Wärmeübergangswiderstand	R_s	1/α	m^2 · K/W
Wärmedurchgangskoeffizient	U	k	W/(m^2 · K)
Wärmedurchgangswiderstand	R_T	1/k	m^2 · K/W
Spezifische Wärmekapazität	c	c	J/(kg · K)
Massebezogener Feuchtegehalt[1]	u	u_m	kg/kg
Volumenbezogener Feuchtegehalt[2]	ψ	u_v	m^3/m^3
Massebezogener Umrechnungsfaktor für den Feuchtegehalt[3]	f_u	–	kg/kg
volumenbezogener Umrechnungsfaktor für den Feuchtegehalt[3]	f_ψ	–	m^3/m^3
Luftwechselrate	n	n, β	1/h
Fugendurchlasskoeffizient	–	a	
Gesamtenergiedurchlassgrad	–	g	m^3/(h · m · (daPa$^{2/3}$))
Abminderungsfaktor[4]	–	z	1
Thermodynamische Temperatur	T	T	1
Celsius-Temperatur	θ	ϑ	K
Dicke	d	d	°C
Länge	l	l	m
Fläche	A	A	m^2
Volumen	V	V	m^3
Zeit	t	t	s
Dichte	ρ	ρ	kg/m^3

[1] Quotient aus Masse des verdampften Wassers und Trockenmasse des Baustoffs
[2] Quotient aus Volumen des verdampften Wassers und dem Trockenvolumen des Baustoffs
[3] Zur Umrechnung der wärmeschutztechnischen Eigenschaften von Baustoffen
[4] steht für das Verhältnis zweier gleicher Einheiten

1 Grundlagen der Wärmelehre

Tafel 1.2 Empfohlene Buchstaben und -kombinationen für Indizes

Bezeichnung	Indizes	Bezeichnung	Indizes
innen	i	Wärmeleitung	cd
außen	e	Konvektion	cv
Oberfläche	s	Strahlung	r
innere Oberfläche	si	Kontakt	c
äußere Oberfläche	se	angrenzende Umgebung	a

1.2 Temperatur

Der Wärmehaushalt des Menschen wird sehr stark vom Umgebungsklima bestimmt (s. Einführung zum Kapitel Klima). Ist die Umgebungstemperatur höher als die Körpertemperatur, wird diesem Wärme zugeführt, ist sie niedriger als die Körpertemperatur, erleidet der Körper einen Wärmeverlust. Je nachdem, ob dem Körper aus seiner Umgebung Wärme zugeführt wird, oder er Wärme abführt, empfinden die Menschen dies als unbehaglich und verbinden diese Zustände mit der subjektiven Empfindung warm oder kalt. Folglich ist die Temperatur für die Behaglichkeitsempfindung eine wesentliche Bewertungsgröße und ihre Angabe muss in einem, vom subjektiven Empfinden unabhängigen Maßstab erfolgen.

Nach dem Gesetz über Einheiten im Messwesen ist für Temperaturangaben die thermodynamische Temperatur mit der Einheit Kelvin (K), grundsätzlich anzuwenden. Es sind jedoch Ausnahmen zulässig, wenn eine abweichende Einheit **anschaulich** und in einem **einfachen Verhältnis** mit der SI-Einheit verbunden ist. Dies trifft auf die Temperatureinheit ° Celsius zu und diese ist deshalb im technischen Bereich für Temperaturangaben nach wie vor üblich. Der Betrag der Temperaturdifferenz ist bei beiden Temperaturskalen gleich groß und um den Betrag 273,15 K gegeneinander verschoben. Der Celsius-Temperatur $\theta = 0\,°C$ entspricht dem Kelvin-Wert $T = 273{,}15\,K$.

$$\Delta T = \Delta\theta \qquad (1.1)$$

$$\theta = T - 273{,}15 \text{ mit T in K und } \theta \text{ in °C} \qquad (1.2)$$

Große Wärmeabgaben des menschlichen Körpers werden mit dem Begriff „Kälte" verknüpft und davon ausgehend wird von „Kälteenergie" und „Kältebrücken" gesprochen. Subjektive Empfindungen sind jedoch kein objektiver Maßstab, deshalb sind die Begriffe „Kälteenergie" und „Kältebrücke" falsch und sollten im wissenschaftlich technischen Bereich nicht verwendet werden.

1.3 Thermische Längenänderungen

Bei einer Erwärmung erfahren feste Stoffe in der Regel eine materialabhängige Längenänderung Δl. Neben der Temperaturzunahme ΔT bzw. $\Delta\theta$ ist der vom Material abhängige Proportionalitätsfaktor α und die Ausgangslänge l_0 für die lineare Längenzunahme Δl maßgebend. Es ist:

$$\Delta l = l_0\,\alpha\Delta T \text{ bzw. } \Delta l = l_0\,\alpha\Delta\theta \qquad (1.3)$$

Wenn ein Stab der Länge l_1 und der Temperatur θ_1 auf die Temperatur θ_2 erwärmt wird, beträgt die Endlänge l_2:

$$l_2 = l_1 + \Delta l = l_1 + l_1 \alpha \Delta \theta = l_1 [1 + \alpha (\theta_2 \cdot \theta_1)] \tag{1.4}$$

Die Proportionalitätskonstante α wird als Längenausdehnungskoeffizient bezeichnet, dessen Wert mit zunehmender Temperatur leicht ansteigt. In einem begrenzten Temperaturbereich kann er jedoch mit ausreichender Genauigkeit als konstant betrachtet werden. Tafel 1.3 enthält einige Mittelwerte für den Temperaturbereich $0\,°C \leq \theta \leq 100$.

Tafel 1.3 Mittlerer linearer Ausdehnungskoeffizient einiger Feststoffe im Temperaturbereich $0\,°C \leq \theta \leq 100\,°C$.

Material	Längenausdehnungskoeffizient α in $10^{-6}\,K^{-1}$	Material	Längenausdehnungskoeffizient α in $10^{-6}\,K^{-1}$
Aluminium	23	Quarzglas	0,51
Kupfer	16	Stahlbeton	12
Stahl C 60	11	Granit	3 8
Rostfreier Stahl	16	Holz, längs zur Faser	8
Normalglas	9	Gips	25

Die thermische Ausdehnung von Bauteilen kann zu thermischen Spannungen und eventuell auch Schäden führen, sofern der Ausdehnung Widerstand entgegengesetzt wird. Dehnfugen sind eine der Möglichkeiten thermische Spannungen zu vermeiden. Bei Außenbauteilen ist die **Anordnung** (innen- oder außenseitig) und der **Betrag** des Wärmewiderstandes einer eventuell notwendigen Wärmedämmschicht bezüglich der Wärmedehnung im massiven Bestandteil des Bauteils ein wesentlicher Einflussfaktor. Flachdächer müssen z.B. nach DIN 4108-2 einen Mindestwert des Wärmedurchlasswiderstandes von $R \geq 1,2\,m^2 \cdot K/W$ (s. Tafel 9.1) aufweisen. Die generell oben aufgebrachte Wärmedämmschicht reduziert die in der Betonplatte im Laufe eines Jahres auftretende Temperaturdifferenz sehr stark (s. Abschn. 5.3.1 und Bild 5.6). Wird die Wärmedämmschicht entgegen den Vorgaben in der DIN 18530 „Massive Deckenkonstruktionen" [90] an der Unterseite der Massivdecke angebracht, müssen Spannungen als Folge der thermischen Ausdehnung durch besondere Maßnahmen vermieden werden (s. Abschn. 5.3.1.4 und Bild 5.11).

Probleme können auch entstehen, wenn Baustoffe mit sich stark unterscheidenden Längenausdehnungskoeffizienten miteinander kombiniert werden, z.B. Aluminium mit Stahlbeton. Der Ausdehnungskoeffizient von Aluminium ist rund doppelt so groß wie der von Stahlbeton.

1.4 Wärmetransport

Örtlich unterschiedliche Temperaturen führen zu einer Wärmebewegung in Richtung des Temperaturgefälles. Je nachdem, ob die Temperaturen zeitlich konstant oder veränderlich sind, ergeben sich stationäre oder instationäre Wärmeströme.

Der Wärmetransport kann auf unterschiedliche Art erfolgen: in festen Stoffen durch Wärmeleitung, in Gasen und Flüssigkeiten zusätzlich durch Konvektion und bei strahlungsdurchlässigen Stoffen durch Wärmestrahlung. Diese verschiedenen Arten des Wärmetransportes können allein oder miteinander kombiniert auftreten.

1.4.1 Wärmeleitung

In festen Stoffen erfolgt die Wärmeübertragung durch Leitung. Darunter versteht man einen an Materie gebundenen Energietransport, wobei der Wärmeaustausch zwischen unmittelbar benachbarten Molekülen stattfindet.

Bei homogenen und isotropen Stoffen besteht zwischen der Wärmestromdichte q und der Temperaturverteilung im Körper die Beziehung

$$q = -\lambda \cdot \frac{\partial T}{\partial n} \qquad (1.5)$$

wobei n die Normale zu den Isothermen ist (s. Bild 1.1). Das negative Vorzeichen bringt zum Ausdruck, dass der Wärmestrom entgegengesetzt zur positiven Änderung des Temperaturfeldes gerichtet ist. Die physikalische Größe λ ist ein Stoffwert, der ausdrückt, wie gut die Wärmeübertragung im Material erfolgt und wird Wärmeleitfähigkeit genannt. Je nach Struktur und Aufbau schwankt sie bei festen Stoffen in sehr weiten Grenzen. Bei Metallen ist die Wärmeleitfähigkeit wegen der vorhandenen freien Elektronen sehr groß. Nach dem Gesetz von *Wiedemann-Franz* ist bei diesen das Verhältnis der thermischen zur elektrischen Leitfähigkeit näherungsweise konstant. Gute elektrische Leiter wie Kupfer und Aluminium sind deshalb auch gute Wärmeleiter. „Verunreinigungen" beeinträchtigen sowohl die elektrische Leitfähigkeit der Metalle als auch die Wärmeleitfähigkeit.

Nichtmetallische Stoffe leiten generell die Wärme bedeutend schlechter als Metalle; ihre physikalische und chemische Struktur ist eine wesentliche Einflussgröße. So ist bei amorphen Stoffen die Wärmeleitfähigkeit kleiner als bei solchen mit einer kristallinen Struktur. Anisotrope Stoffe folgen nicht mehr der Regel, dass die Wärmeleitfähigkeit unabhängig von der Richtung des Wärmestromes ist. Bei Holz z.B. unterscheidet sich die Wärmeleitfähigkeit sehr deutlich beim Wärmestrom senkrecht und parallel zur Faserrichtung.

Tafel 1.4 auf S. 114 zeigt den Einfluss der vorgenannten Größen auf die Wärmeleitfähigkeit einiger Stoffe.

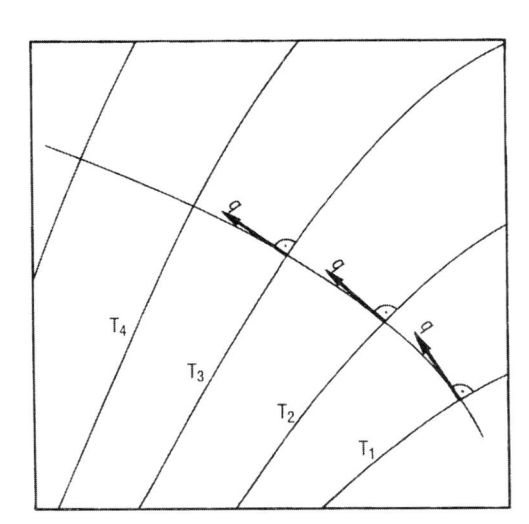

Bild 1.1
Isothermen $T_1 \ldots T_n$ in einen Körper in Richtung abnehmender Temperaturen bei einer Wärmestromdichte q

Tafel 1.4 Wärmeleitfähigkeit λ und Rohdichte ρ einiger Stoffe nach [53] [57] bei 20 °C

Art	Stoff	ρ in kg/m³	λ in W/(m · K)
Metall	Aluminium, rein	2700	238
	Kupfer, rein	8960	394
	Kupfer, technisch	8300	372
	Stahl	7900	52
kristalline Struktur	Quarzit	2800	6,0
	Marmor	2600	2,8
	Granit	2750	2,9
amorpher Aufbau	Bitumen	1000	0,16
	Acrylglas	1180	0,18
	Hartgummi	1150	0,16
anisotroper Aufbau	*Schiefer*		
	senkrecht zur Schichtung	2700	1,83
	parallel zur Schichtung	2700	2,90
	Tanne		
	senkrecht zur Faserrichtung	450	0,12
	parallel zur Faserrichtung	450	0,26
	Kiefer		
	senkrecht zur Faserrichtung	520	0,14
	parallel zur Faserrichtung	520	0,35
	Eiche		
	senkrecht zur Faserrichtung	690	0,16
	parallel zur Faserrichtung	690	0,30

In der Regel ist die Wärmeleitfähigkeit temperaturabhängig. Bei Stoffen, die wasseraufnahmefähig sind, beeinflusst auch deren Wassergehalt die Wärmebewegung. Als Stoffwert ist die Wärmeleitfähigkeit nur experimentell bestimmbar.

1.4.2 Konvektion und Wärmeübergang

In Gasen und Flüssigkeiten erfolgt der Wärmetransport zusätzlich zur Wärmeleitung durch die Fortbewegung der Moleküle innerhalb des zur Verfügung stehenden Raumes, wobei diese ihren Energieinhalt mit sich führen. Die Strömungen innerhalb der Gase oder Flüssigkeiten können entweder durch örtliche Temperatur- bzw. Dichteunterschiede oder durch mechanische Hilfsmittel wie Pumpen und dergleichen verursacht werden. Im ersten Fall handelt es sich um eine freie oder natürliche, im zweiten Fall um eine erzwungene Konvektion.

Die mathematischen Ansätze zur Behandlung der Wärmeübertragung durch Konvektion müssen neben den Gesetzen der Wärmeleitung auch die der Hydrodynamik erfassen. Die Gleichungen lassen sich in der Regel nur für bestimmte Rand- und Anfangsbedingungen bei vereinfachenden Annahmen zu den Randwerten der Temperatur und der Geschwindigkeit an den Grenzen des Systems lösen. Untersuchungsergebnisse anwendungsorientierter Probleme werden teilweise in der Literatur angegeben, so z.B. auch rechnerische und experimentelle Untersuchungen der Wärmeübertragungsvorgänge in Luftschichten hinter Vorhangfassaden und im belüfteten Steildach [58], [65].

Findet ein Wärmeaustausch zwischen Gas oder Flüssigkeiten und einer angrenzenden, festen Oberfläche statt, bezeichnet man diesen Vorgang als Wärmeübergang. Im Bereich des baulichen Wärmeschutzes muss der Wärmeübergang von der Luft zum Bauteil bzw. umgekehrt in die Berechnungen mit einbezogen werden. Die Übertragungsvorgänge sind auch hier relativ kompliziert und mathematisch nicht einfach zu erfassen. Für die praktische Anwendung wurde deshalb ein Wärmeübergangskoeffizient h_{cv} durch Konvektion nach folgender Gleichung definiert:

$$\Phi = h_{cv} \cdot A \cdot (\theta_f - \theta_s) \qquad (1.6)$$

θ_f ist die Fluid- und θ_s die Oberflächentemperatur. Die Lufttemperatur muss noch näher definiert werden, denn in unmittelbarer Nähe der Oberfläche ist in der Luft ein Temperaturgradient vorhanden, der aber mit zunehmender Distanz von der Oberfläche kleiner wird.

Der Wärmeübergangskoeffizient h_{cv} ist kein Stoffwert, denn er ist abhängig von mehreren Veränderlichen wie Temperatur, Strömungsgeschwindigkeit, Oberflächenbeschaffenheit und den geometrischen Verhältnissen. Da die Strömungsgeschwindigkeit eine entscheidende Einflussgröße ist, unterscheidet man zwischen dem Wärmeübergang bei freier oder erzwungener Konvektion. Die Tafel 1.5 enthält Angaben über die Größenordnung des Wärmeübergangskoeffizienten h_{cv} in den Fluiden Luft und Wasser bei freier und erzwungener Konvektion nach [52] und [57].

Tafel 1.5 Wärmeübergangskoeffizient h_{cv} bei freier und erzwungener Konvektion in Luft und Wasser

Art der Konvektion	Medium	Wärmeübergangskoeffizient h_{cv} in W/(m² · K)
freie	Luft	3 bis 10
	Wasser	100 bis 600
erzwungene	Luft	10 bis 100
	Wasser	500 bis 10000

1.4.3 Wärmestrahlung

Jeder Körper emittiert elektromagnetische Strahlung, deren Intensität und spektrale Energieverteilung von seiner Temperatur und Oberflächenbeschaffenheit abhängt. Da die Temperatur hierbei die entscheidende Einflussgröße ist, spricht man auch von Temperaturstrahlung [84]. Die Ausbreitung der Strahlung ist nicht an Materie gebunden und deshalb auch im Vakuum möglich.

Die Wellenlängen verschiedener Strahlungen sind in Tafel 1.6 zusammengestellt.

Die Thermographie, die nur mit Einschränkungen zur Bewertung des Wärmeschutzes von Gebäuden herangezogen werden kann, beruht auf der Messung von Temperaturstrahlung.

Tafel 1.6   Strahlung und Wellenlänge

Bezeichnung der Strahlung	Wellenlänge in m
Höhenstrahlung	$< 0{,}05 \cdot 10^{-12}$
Gamma-Strahlung	$0{,}5$ bis $30 \cdot 10^{-12}$
Röntgen-Strahlung	$0{,}006$ bis $30 \cdot 10^{-9}$
ultraviolette Strahlung	$0{,}01$ bis $0{,}4 \cdot 10^{-6}$
sichtbare Strahlung	$0{,}4$ bis $0{,}8 \cdot 10^{-6}$
Wärmestrahlung	$0{,}8$ bis $300 \cdot 10^{-6}$
Radiowellen	$> 0{,}2 \cdot 10^{-3}$

1.4.3.1 Strahlungsgesetze

Die von einem Körper ausgestrahlte Energie wird durch die Kelvintemperatur T und den Strahlungseigenschaften der Oberfläche bestimmt. Einen Körper, der bei der Temperatur T die höchstmögliche Energiemenge abstrahlt, bezeichnet man als einen „schwarzen Strahler" (oder „schwarzen Körper").

Die spektrale spezifische Ausstrahlung eines schwarzen Strahlers ist durch das *Planck*sche Strahlungsgesetz gegeben:

$$M_\lambda = c_1 \cdot \frac{\lambda^{-5}}{\left(\exp\dfrac{c_2}{\lambda \cdot T} - 1\right)} \qquad (1.7)$$

Hierin bedeuten:

$c_1 = 2\pi \cdot c^2 \cdot h$
$c_2 = c \cdot h/k$
c Lichtgeschwindigkeit in Vakuum
h Plancksches Wirkungsquantum
k Boltzmann-Konstante

Die spektrale spezifische Ausstrahlung M_λ ist temperaturabhängig. Außerdem verteilt sie sich nicht gleichmäßig auf alle Wellenlängen der Strahlen, sondern steigt von kleinsten Wellenlängen ausgehend mit zunehmender Wellenlänge an bis zu einem Maximalwert bei der Wellenlänge λ_{max}, um dann wieder abzunehmen, wobei der Wert von λ_{max} von der Temperatur des Strahlers abhängt (Bild 1.2).

Integriert man die vom schwarzen Strahler in den Halbraum ausgestrahlte Energie über alle Wellenlängen, dann erhält man das *Stefan-Boltzmann*sche Gesetz der Gesamtstrahlung (spezifische Ausstrahlung):

$$M_s = \sigma \cdot T^4 \qquad (1.8)$$

wobei er die Stefan-Boltzmann-Konstante, T die thermodynamische Temperatur oder Kelvin-Temperatur ist. Zwischen der Celsius-Temperatur θ und der Kelvin-Termperatur T besteht die Beziehung

$$T = \theta + 273{,}15$$

In der Praxis wird in der Regel die Gleichung (1.8) in der folgenden Form angewandt:

$$M_s = C_s \cdot (T/100)^4 \qquad (1.9)$$

Dabei ist $C_s = \sigma \cdot 10^8$ die Strahlungskonstante des schwarzen Strahlers.

1 Grundlagen der Wärmelehre

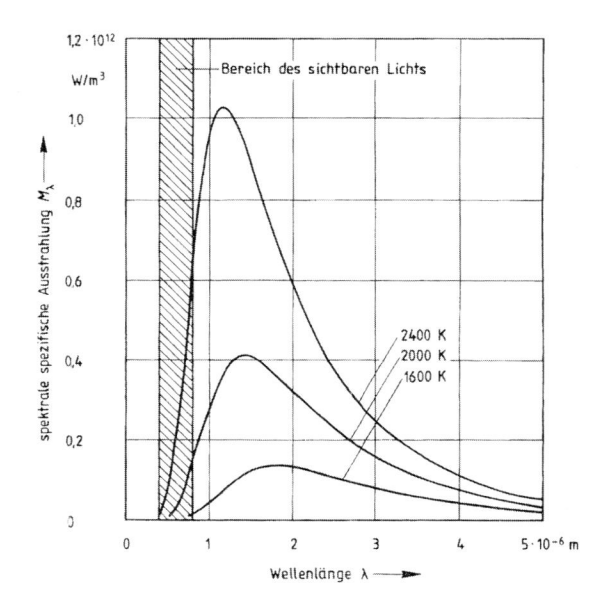

Bild 1.2
Spektrale spezifische Ausstrahlung M_λ
der Strahlung des schwarzen Strahlers
nach dem Planckschen Gesetz

Bild 1.2 zeigt, dass das Maximum der spektralen Energie-Ausstrahlung sich mit steigender Temperatur zu kleinen Wellenlängen verschiebt. Aus dem *Planck*schen Strahlungsgesetz ergibt sich, dass das Produkt aus λ_{max} und der zugehörigen Temperatur T konstant ist (*Wien*sches Verschiebungsgesetz).

$$\lambda_{max} \cdot T = 2896 \cdot 10^{-6} \, \text{m} \cdot \text{K} \tag{1.10}$$

Die in den Grundgesetzen der Temperaturstrahlung auftretenden Konstanten sind in Tafel 1.7 zusammengestellt.

Tafel 1.7   Konstanten der Temperaturstrahlung

Bezeichnung	Konstante
Lichtgeschwindigkeit	$c = 2{,}9979 \cdot 10^8$ m/s
Plancksches Wirkungsquantum	$h = 6{,}625 \cdot 10^{-34}$ J $\cdot$ s
Boltzmann-Konstante	$k = 1{,}3805 \cdot 10^{-23}$ J/K
Erste Strahlungskonstante	$c_1 = 3{,}7415 \cdot 10^{-16}$ W $\cdot$ m^2
Zweite Strahlungskonstante	$c_2 = 1{,}4388 \cdot 10^{-2}$ m $\cdot$ K
Stefan-Boltzmann-Konstante	$\sigma = 5{,}6697 \cdot 10^{-8}$ W/(m$^2 \cdot$ K^4)
Strahlungskonstante des schwarzen Strahlers	$c_s = 5{,}67$ W/(m$^2 \cdot$ K^4)

Reflexion, Absorption, Transmission

Strahlung, die auf die Oberfläche eines Körpers auftritt, kann reflektiert, absorbiert oder bei transparenten Stoffen durchgelassen werden. Bei der reflektierten Strahlung unterscheidet man zwischen der spiegelnden und diffusen Reflexion. Eine spiegelnde oder gerichtete Reflexion liegt vor, wenn Ein- und Ausfallswinkel der Strahlung im Vergleich zu Flächennormalen gleich sind; bei der diffusen oder nicht gerichteten Reflexion verteilt sich die zurückgeworfene

Strahlung gleichmäßig über den ganzen Raum. In der Regel wird nicht die gesamte auftreffende Strahlung reflektiert, sondern nur ein Bruchteil, der durch den Reflexionsgrad ρ gekennzeichnet wird:

$$\rho = \frac{\text{reflektierte Strahlung}}{\text{auftreffende Strahlung}} \qquad (1.11)$$

Der nichtreflektierte Teil der auftreffenden Strahlung kann den Körper passieren, wenn er aus einem strahlungsdurchlässigen Material besteht oder von ihm absorbiert wird. Die Absorptionsfähigkeit der Materialfläche wird durch den Absorptionsgrad a ausgedrückt:

$$\alpha = \frac{\text{absorbierte Strahlung}}{\text{auftreffende Strahlung}} \qquad (1.12)$$

Als Transmissionsgrad τ bezeichnet man den Anteil an durchgelassener Strahlung:

$$\tau = \frac{\text{durchgelassene Strahlung}}{\text{auftreffende Strahlung}} \qquad (1.13)$$

Zwischen diesen drei Größen besteht die Beziehung:

$$\rho + \alpha + \tau = 1 \qquad (1.14)$$

Emission und Absorption

Die spektrale spezifische Ausstrahlung M_λ eines Temperaturstrahles nach dem Planckschen Strahlungsgesetz (Gl. 1.7) ergibt einen Maximalwert, der nur vom schwarzen Strahler erreicht wird. Bei realen Körpern ist die Ausstrahlung geringer und man unterscheidet je nach Art zwischen grauer und selektiver Strahlung. Wird, wie im Bild 1.3 dargestellt, die spektrale spezifische Ausstrahlung um einen konstanten Faktor über den ganzen Wellenlängenbereich gegenüber der schwarzen Strahlung (a) reduziert, nennt man dies eine graue Strahlung (b), weist die Ausstrahlung jedoch eine unregelmäßige Verteilung auf, spricht man von einer selektiven Strahlung (c). In vielen technischen Bereichen kann man eine graue Strahlung mit ausreichender Näherung annehmen. Das Verhältnis, der von der Oberfläche eines realen Körpers emittierten spezifischen Ausstrahlung M, zu der des schwarzen Körpers M_s, nennt man dessen Emissionsgrad ε

$$\varepsilon = \frac{M}{M_s} \qquad (1.15)$$

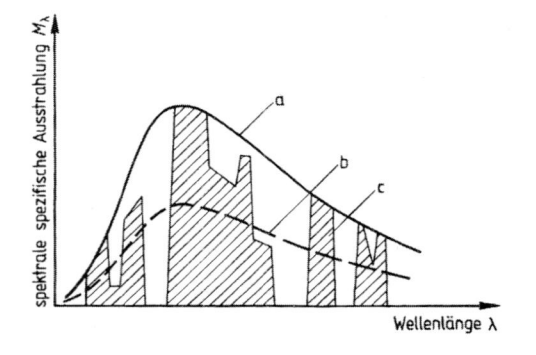

Bild 1.3
Schematische Darstellung der spektralen spezifischen Ausstrahlung M_λ schwarzer (a), grauer (b), selektiver (c) Strahlung

1 Grundlagen der Wärmelehre

Ähnlich der Strahlungskonstanten C_s des schwarzen Strahlers nach Gl. (1.9) kann man die Strahlungskonstante C eines beliebigen Körpers definieren. Dann ist auch

$$\varepsilon = \frac{C}{C_s} \tag{1.16}$$

Die spezifische Ausstrahlung M eines derartigen Körpers in den Halbraum ist

$$M = \varepsilon \cdot \sigma \cdot T^4 \tag{1.17}$$

bzw.

$$M = \varepsilon \cdot C_s (T/100)^4 \tag{1.18}$$

Der Emissionsgrad ε ist eine für jeden Strahler charakteristische Funktion der Temperatur. Er ist kein reiner Stoffwert, sondern wird auch von der Oberflächenbeschaffenheit (glänzend, matt) beeinflusst. Die im Bereich des Bauwesens zu erwartenden Strahlertemperaturen sind in der Regel nicht höher als 100 °C. In Tafel 1.8 wird der Emissionsgrad einiger Stoffe für den Temperaturbereich von 0 bis 100 °C angegeben. Bei diesen niedrigen Strahlertemperaturen kann man eine grobe Einteilung in zwei Gruppen unterschiedlicher Oberflächen vornehmen. Man unterscheidet zwischen Metallflächen mit einem mittleren Emissionsgrad ε von rund 0,05 und nichtmetallischen Oberflächen mit einem mittleren Emissionsgrad ε von rund 0,9. Hierbei spielt die optische Farbe der Oberfläche praktisch keine Rolle. Zwischen dem Emissionsgrad einer mit schwarzer oder mit weißer Ölfarbe gestrichenen Oberfläche besteht kaum ein Unterschied.

Jeder Temperaturstrahler kann über seine Oberfläche sowohl Strahlung emittieren als auch absorbieren. Nach dem *Kirchhoff*schen Gesetz ist der Emissionsgrad ε der Oberfläche des Strahles bei jeder Temperatur und für jede Wellenlänge gleich dem Absorptionsgrad α der Oberfläche.

$$\varepsilon = \alpha \tag{1.19}$$

1.4.3.2 Strahlungsaustausch zwischen parallelen, ebenen Flächen

Die bisherigen Angaben bezogen sich auf die Strahlung einer einzelnen Fläche. In der Praxis sind immer mehrere Körper unterschiedlicher Temperaturen vorhanden, deren Oberflächen gegenseitig Wärme durch Strahlung austauschen. Dabei emittieren sowohl die wärmeren als auch die kälteren Körper Strahlungsenergie. Die bei diesem Wärmeaustausch übertragene Wärmemenge ist gleich der Differenz der von den Flächen jeweils absorbierten Strahlungsanteile. Neben den Temperaturen und Emissionsgraden der Oberflächen bestimmt auch deren Geometrie und gegenseitige Lage den Wärmeaustausch. Ein relativ einfacher Fall liegt vor, wenn sich zwei parallele, gleich große, ebene Flächen gegenüberstehen, deren Abstand im Vergleich zu der Fläche A klein ist. Wenn die Flächen die Temperaturen T_1 und T_2 und die Emissionsgrade ε_1 und ε_2 aufweisen, tritt zwischen ihnen folgender Wärmestrom Φ auf:

$$\Phi = C_{1,2} \cdot A \left[(T_1/100)^4 - (T_2/100)^4 \right] \tag{1.20}$$

Die Größe $C_{1,2}$ ist die Strahlungsaustauschkonstante und hängt ab von den Emissionsgraden der beiden Oberflächen.

$$C_{1,2} = \frac{C_s}{1/\varepsilon_1 + 1/\varepsilon_2 - 1} \tag{1.21}$$

Tafel 1.8 Emissionsgrad technischer Oberflächen zwischen 0 und 100 °C nach E. Schmidt, Eckert und Reinders

Oberfläche	Emissionsgrad
Silber, poliert	0,03
Kupfer, poliert	0,04
Kupfer, schwarz oxydiert	0,82
Aluminium, walzblank	0,05
Eisen, blank geätzt	0,16
Eisen, geschmirgelt	0,26
Eisen, stark verrostet	0,85
Glas	0,88
Linoleum	0,88
Papier	0,89
Holz	0,91
Mörtel, Putz, Beton	0,93
Ziegel	0,93
Dachpappe	0,93
Aluminiumbronzeanstrich	0,40
Ölfarbenanstrich, schwarz, matt	0,97
Ölfarbenanstrich, schwarz, glänzend	0,88
Ölfarbenanstrich, weiß	0,89
Heizkörperlack	0,93

Um den Wärmeaustausch durch Strahlung formal wie eine Wärmeübertragung nach Gl. (1.6) berechnen zu können, führt man den Temperaturfaktor a und den Wärmeübergangskoeffizienten h_r der Strahlung ein.

$$a = \frac{(T_1/100)^4 - (T_2/100)^4}{T_1 - T_2} \tag{1.22}$$

$$h_r = a \cdot \frac{C_s}{1/\varepsilon_1 + 1/\varepsilon_2 - 1} \tag{1.23}$$

Die Wärmeübertragung infolge von Strahlung zwischen den beiden Flächen ist

$$\Phi = h_r \cdot A \cdot (T_1 - T_2) \tag{1.24}$$

bzw.

$$\Phi = h_r \cdot A \cdot (\theta_i - \theta_e) \tag{1.25}$$

Der Temperaturfaktor a in Abhängigkeit der beiden Oberflächentemperaturen ist in Bild 1.4 dargestellt. Tafel 1.9 enthält den Wärmeübergangskoeffizienten h_r der Strahlung für drei verschiedene Fälle.

1 Grundlagen der Wärmelehre

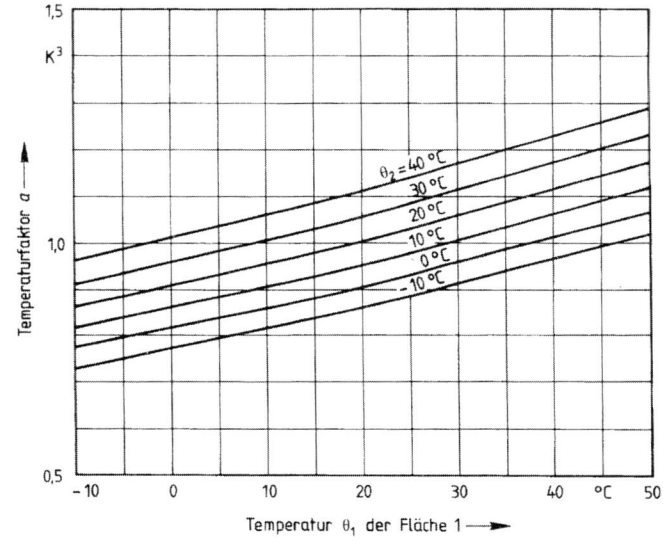

Bild 1.4
Temperaturfaktor a in Abhängigkeit der beiden Oberflächentemperaturen θ_1 und θ_2

Tafel 1.9 Wärmeübergangskoeffizient α_r der Strahlung bei Oberflächen unterschiedlicher Emissionsgrade

Oberflächen-kombination	Temperatur θ_1 der Oberfläche 1 in °C	Wärmeübergangskoeffizient h_r in W/(m² · K) bei der Temperatur θ_1 der Oberfläche 2			
		−10 °C	10 °C	30 °C	50 °C
A	−10	3,4	3,8	4,2	4,7
	10	3,8	4,2	4,7	5,2
	30	4,2	4,7	5,2	5,7
	50	4,7	5,2	5,7	6,3
B	−10	0,21	0,23	0,26	0,29
	10	0,23	0,26	0,28	0,32
	30	0,26	0,28	0,31	0,35
	50	0,29	0,32	0,35	0,38
C	−10	0,11	0,12	0,13	0,15
	10	0,12	0,13	0,15	0,16
	30	0,13	0,15	0,16	0,18
	50	0,15	0,16	0,18	0,20

A: 2 nichtmetallische Oberflächen; $\varepsilon_1 = \varepsilon_2 = 0{,}9$,
   Strahlungskonstante $C_{1,2} = 4{,}639$ W/(m² · K⁴)
B: 1 nichtmetallische und 1 metallische Fläche; $\varepsilon_1 = 0{,}9$ und $\varepsilon_2 = 0{,}05$
   Strahlungskonstante $C_{1,2} = 0{,}282$ W/(m² · K⁴)
C: 2 metallische Oberflächen $\varepsilon_1 = \varepsilon_2 = 0{,}05$,
   Strahlungskonstante $C_{1,2} = 0{,}145$ W/(m² · K⁴)

1.5 Fourier-Gleichung

Nach *Fourier* gilt für zeitlich veränderliche Temperaturfelder θ(t) mit inneren Wärmequellen W folgende partielle Differentialgleichung 2. Ordnung

$$\frac{\partial \theta}{\partial t} = \frac{\lambda}{c \cdot \rho}\left(\frac{\partial^2 \theta}{\partial x^2} + \frac{\partial^2 \theta}{\partial y^2} + \frac{\partial^2 \theta}{\partial z^2}\right) + \frac{W}{c \cdot \rho} \qquad (1.26)$$

wobei vorausgesetzt wird, dass die Wärmeleitfähigkeit λ, die spezifische Wärmekapazität c und die Dichte ρ zeit-, orts- und temperaturunabhängig sind. Für den Quotienten λ/(c · ρ) wird das Formelzeichen a verwendet und diese Größe als Temperaturleitfähigkeit bezeichnet.

Die Gl. (1.26) für den räumlichen und zeitlichen Verlauf der Temperatur in einem Körper lässt sich nur in Fällen mit einfachen Anfangs- und Randbedingungen geschlossen integrieren. Die Lösungen zu einer größeren Anzahl technischer Fragestellungen findet man in [57] und [58], Ansonsten muss man numerische Lösungsmethoden anwenden, die in der Regel rechnerisch sehr aufwendig sind und die Verwendung von Rechenanlagen voraussetzen [72].

2 Stationäre Wärmebewegungen

Vom baulichen Wärmeschutz werden Aussagen zur wärmeschutztechnischen Qualität der Bauteile über längere Zeiträume, z.B. während einer Heizperiode, erwartet. Hierbei stützt man sich in der Regel auf Berechnungen, die auf der Annahme stationärer Temperaturverhältnisse beruhen, obwohl solche zwar im Labor einstellbar, unter natürlichen Verhältnissen aber nie vorhanden sind. Bei instationären Temperaturverhältnissen wird zeitweise im Bauteil Wärme gespeichert, zeitweise erfolgt eine Auskühlung derselben (s. Abschn. 3 „Instationäre Wärmebewegung"); dies sind Vorgänge, die bei der Anwendung der Rechenregeln für stationäre Temperaturen nicht erfasst werden. Trotzdem liefern die im Abschnitt 2 abgeleiteten physikalischen Größen ausreichend genaue Resultate, z.B. bei der Berechnung des Jahres-Heizwärmebedarfs. Dies ergibt sich aus der Tatsache, dass sich die bei instationären Vorgängen stattfindenden Wärmespeicher- und Auskühlvorgänge in Bauteilen, wenn sie über einen längeren Zeitraum integriert werden, ausmitteln und einen gegen Null gehenden Wert ergeben. Der Anteil intationärer Wärmeströme am Heizwärmebedarf kann gegenüber der während einer längeren Periode (> 2 Wochen) durch das Bauteil fließende Wärmemenge vernachlässigt werden.

2.1 Kenngrößen des Wärmeschutzes von Bauteilen

Bauteile wie Wände, Decken und Dächer sind plattenförmige Körper und die verwendeten Baustoffe sind quasihomogen. Deshalb kann man, wenn man die Randanschlüsse und eventuell vorhandene Wärmebrücken ausschließt, einen eindimensionalen Wärmestrom annehmen.

2 Stationäre Wärmebewegungen

Beim Wärmedurchgang von einem Raum durch ein Bauteil zum Freien unterscheidet man drei Einzelvorgänge (s. Bild 2.1), wobei der Vorgang II vom Bauteil selbst bestimmt wird. Materialeigenschaft und Geometrie des Bauteils sind die maßgebenden Größen bezüglich der Wärmebewegung und Grundlage zur Beurteilung der wärmeschutztechnischen Qualität des Bauteiles.

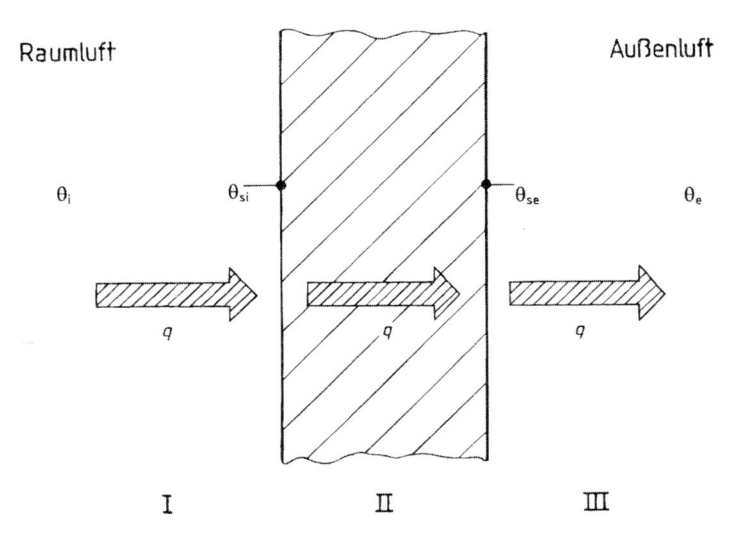

Bild 2.1 Schematische Darstellung des Wärmedurchganges durch ein Bauteil
I Wärmeübergang von der Raumluft zur raumseitigen Bauteiloberfläche,
II Wärmedurchgang durch das Bauteil,
III Wärmeübergang von der außenseitigen Bauteiloberfläche an die Außenluft
q Wärmestromdichte

2.1.1 Wärmedurchlasswiderstand homogener Schichten

Bei einem plattenförmigen isotropen Körper ohne innere Wärmequellen (s. Bild 2.2), dessen Temperaturfeld nicht von der Zeit abhängt, ist der durch ihn fließende Wärmestrom eindimensional und es gilt nach den Gl. (1.1) und (1.22):

$$q = -\lambda \frac{d\theta}{dx} \qquad (2.1)$$

und

$$\frac{d^2\theta}{dx^2} = 0 \qquad (2.2)$$

Aus den Lösungen dieser beiden Differentialgleichungen erhält man die Gleichungen für die Wärmestromdichte q und für das Temperaturfeld in dem plattenförmigen Bauteil.

Die Integration der Gl. (2.1) liefert die allgemeine Lösung

$$q \cdot x = -\lambda \cdot \theta + C$$

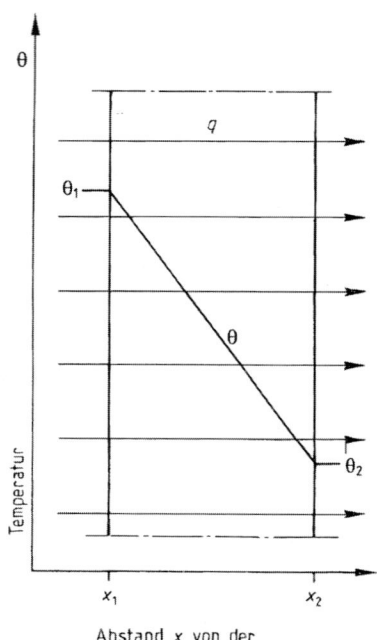

Bild 2.2
Temperaturverlauf in einer einschichtigen, ebenen Platte bei stationärer Wärmestromdichte q
Dicke der Platte: $d = x_2 - x_1$

mit der willkürlichen Integrationskonstante C. Um C zu bestimmen, müssen die Randbedingungen an beiden Plattenoberflächen festgelegt werden. Üblicherweise trifft man die in Bild 2.2 gezeigte Zuordnung von Ort und Temperatur. Damit erhält man die Gleichung der Wärmestromdichte durch die Platte.

$$q = \frac{\lambda}{s}(\theta_1 - \theta_2) \qquad (2.3)$$

Die doppelte Integration der Gl. (2.2) ergibt für den Temperaturverlauf in der Platte folgende allgemeine Lösung:

$$\theta = C_1 \cdot x + C_2$$

Um die Integrationskonstanten C_1 und C_2 zu bestimmen, werden auch hier die Randbedingungen entsprechend Bild 2.2 herangezogen. Es ist dann:

$$C_1 = \frac{\theta_1 - \theta_2}{x_1 - x_2} = \frac{\theta_1 - \theta_2}{d}$$

und

$$C_2 = \theta_1 + \frac{\theta_1 - \theta_2}{d} \cdot x_1$$

Damit erhält man die Gleichung für den Temperaturverlauf über den Plattenquerschnitt zu

$$\theta = \theta_1 - \frac{\theta_1 - \theta_2}{d}(x - x_1)$$

2 Stationäre Wärmebewegungen

Legt man, wie dies üblicherweise getan wird, den Anfang der x-Achse in die Ebene der raumseitigen Oberfläche des Bauteils ($x_1 = 0$), dann ist

$$\theta = \theta_1 - \frac{\theta_1 - \theta_2}{d} \cdot x \tag{2.4}$$

Im plattenförmigen homogenen Bauteil besteht somit an jeder Stelle ein konstantes Temperaturgefälle. Daraus folgt, dass die Isothermen im Bauteil parallel zur Oberfläche verlaufen und die Wärmestromlinien senkrecht zur Oberfläche gerichtet sind. Dieses auf mathematischem Weg abgeleitete Ergebnis war zu erwarten, denn wenn keine innere Wärmequellen im Bauteil vorhanden sind und die Temperaturen sich zeitlich nicht ändern, muss der Betrag von q in jeder Ebene des Bauteils gleich und konstant sein.

Nach Gl. (2.1) ist aber dann auch der Gradient θ konstant und dies bedeutet eine stetige Temperaturabnahme innerhalb der Platte in Richtung des Wärmestromes.

Den Quotienten aus Wärmeleitfähigkeit λ des Materials und der Dicke d der Platte in Gl. (2.3) bezeichnet man als den Wärmedurchlasskoeffizienten Λ:

$$\Lambda = \frac{\lambda}{d} \tag{2.5}$$

Der Wärmedurchlasskoeffizient Λ ist zahlenmäßig gleich der Wärmestromdichte durch das Bauteil für den Fall, dass die Temperaturdifferenz zwischen den beiden Bauteiloberflächen 1 Kelvin beträgt. Die wärmeschutztechnische Qualität einer Bauteilschicht wird in der Regel in der Angabe seines Wärmedurchlasswiderstandes R ausgedrückt. Er ist der Kehrwert des Wärmedurchlasskoeffizienten nach Gl. (2.5):

$$R = \frac{d}{\lambda} \tag{2.6}$$

Bisher wurde nur eine einzelne Schicht untersucht; in der Praxis besteht ein Bauteil jedoch in der Regel aus mehreren Schichten und für jede gilt die Gl. (2.3). Es werden nun zwei hintereinander angeordnete Schichten der Dicken d_1 und d_2, bestehend aus unterschiedlichen Stoffen mit den Wärmeleitfähigkeiten λ_1 und λ_2 betrachtet werden. Die den Wärmestrom hervorrufenden Temperaturen seien θ_1, θ_2 und θ_3, wobei θ_1 der wärmeren, θ_3 der kälteren Oberfläche und θ_2 der Trennfläche zugeordnet sei. Dann ist

$$q_1 = \frac{\lambda_1}{d_1}(\theta_1 - \theta_2) \quad \text{und} \quad q_2 = \frac{\lambda_2}{d_2}(\theta_2 - \theta_3)$$

Bei stationären Temperaturverhältnissen muss $q_1 = q_2 = q$ sein, wenn keine inneren Wärmequellen vorhanden sind. Folglich ist

$$q = \frac{\lambda_1}{d_1}(\theta_1 - \theta_2) = \frac{\lambda_2}{d_2}(\theta_2 - \theta_3)$$

Löst man die beiden Gleichungen nach der jeweiligen Temperaturdifferenz auf und addiert diese, so ist:

$$\theta_1 - \theta_2 = q \cdot \left(\frac{d_1}{\lambda_1} + \frac{d_2}{\lambda_2}\right) = q \cdot (R_1 + R_2)$$

und

$$q = \frac{1}{R_1 + R_2} \cdot (\theta_1 - \theta_3) = \frac{1}{R} \cdot (\theta_1 - \theta_3)$$

mit

$$R = R_1 + R_2$$

R ist der Gesamtwiderstand beider Schichten und besteht aus der Summe der Einzelwiderstände R_1 und R_2.

Besteht ein Bauteil aus n Schichten der Dicken d_1 ... d_n und der Wärmeleitfähigkeiten λ_1 ... λ_n so gilt die Beziehung

$$R = \frac{d_1}{\lambda_1} + \frac{d_2}{\lambda_2} + ... + \frac{d_n}{\lambda_n}$$

2.1.2 Wärmeübergangswiderstand

Besteht eine Temperaturdifferenz zwischen der Oberfläche eines Bauteils und seiner Umgebung, fließt ein Wärmestrom in Richtung des Temperaturgefälles. Dieser Prozess wird als Wärmeübergang bezeichnet und durch den Wärmeübergangskoeffizienten h charakterisiert, der sich aus einem konvektiven Anteil h_{cv} (s. Abschn. 1.4.2) und einem Anteil aus Wärmestrahlung h_r (s. Abschn. 1.4.3) zusammensetzt. Für die praktische Anwendung im Bereich des Bauwesens werden die Wärmeübergangskoeffizienten der Konvektion h_{cv} und der Strahlung h_r zu einem gemeinsamen Wärmeübergangskoeffizienten h zusammengefasst:

$$h = h_{cv} + h_r \tag{2.8}$$

Die Wärmestromdichte beim Übergang von Luft an die Bauteiloberfläche bzw. umgekehrt, ist nach Bild 2.1 bei der Temperaturdifferenz $\theta_i - \theta_{si}$ bzw. $\theta_{se} - \theta_e$

$$q = h_i \cdot (\theta_i - \theta_{si}) \quad \text{bzw.} \quad h_e \cdot (\theta_{se} - \theta_e) \tag{2.9}$$

Die Kehrwerte der Wärmeübergangskoeffizienten h_i und h_e sind die Wärmeübergangswiderstände R_{si} und R_{se}, deren Werte für die Berechnung des Wärmdurchgangskoeffizienten erforderlich sind (s. Abschn. 2.1.3).

Es ist

$$R_{si} = \frac{1}{h_i} \quad \text{und} \quad R_{se} = -\frac{1}{h_e}$$

2.1.3 Wärmedurchgangswiderstand und Wärmedurchgangskoeffizient

Die in Bild 2.1 dargestellten Wärmestromdichten q für die drei Einzelvorgänge beim Wärmedurchgang durch ein Bauteil vom Rauminnern zum Freien sind

2 Stationäre Wärmebewegungen

– beim Wärmeübergang von der Raumluft zur raumseitigen Oberfläche

$$q = h_i \cdot (\theta_i - \theta_{si}) \tag{2.10}$$

– beim Wärmedurchgang durch das Bauteil

$$q = \Lambda \cdot (\theta_{si} - \theta_{se}) \tag{2.11}$$

– und beim Wärmeübergang von der außenseitigen Bauteiloberfläche an die Außenluft

$$q = h_e \cdot (\theta_{se} - \theta_e) \tag{2.12}$$

Bei stationären Temperaturverhältnissen sind die drei Wärmestromdichten der Gl. (2.10) bis (2.12) gleich groß. Folglich ist:

$$q = h_i (\theta_i - \theta_{si}) = \Lambda (\theta_{si} - \hat{\theta}_{se}) = h_e (\theta_{se} - \theta_e)$$

Löst man diese drei Gleichungen nach der jeweiligen Temperaturdifferenz auf und addiert diese, so erhält man die nachfolgende Gleichung:

$$\theta_i - \theta_e = q \cdot \left(\frac{1}{h_i} + \frac{1}{\Lambda} + \frac{1}{h_e} \right) = q \cdot (R_{si} + R + R_{se}) = q \cdot R_T \tag{2.13}$$

Die Summe der drei Widerstände R_{si}, R und R_{se} in Gl. (2.13), also Wärmedurchlasswiderstand R des Bauteils und die beiden Wärmeübergangswiderstände R_{si} und R_{se}, ergeben den Wärmedurchgangswiderstand R_T des Bauteils.

$$R_T = R_{si} + R + R_{se} \tag{2.14}$$

Wird GL (2.13) in Verbindung mit Gl. (2.14) nach q aufgelöst, ist:

$$q = \frac{1}{R_T} \cdot (\theta_i - \theta_e) \tag{2.15}$$

Wenn

$$U = \frac{1}{R_T} \tag{2.16}$$

wird

$$q = U \cdot (\theta_i - \theta_e) \quad \text{bzw.} \quad \Phi = U \cdot A \cdot (\theta_i - \theta_e) \tag{2.17}$$

U ist der Wärmedurchgangskoeffizient in W/(m² · K) und A die Fläche des Bauteils in m².

Besteht ein Bauteil aus mehreren Schichten wird zuerst sein Wärmedurchlasswiderstand R nach Gl. (2.7), dann der Wärmedurchgangswiderstand R_T nach Gl. (2.14) und schließlich der Wärmedurchgangskoeffizient U nach Gl. (2.16) ermittelt:

$$u = \frac{1}{R_{si} + R + R_{se}} = \frac{1}{R_{si} + \sum_{i=1}^{n} \frac{d_i}{\lambda_i} + R_{se}} \tag{2.18}$$

2.2 Wärmeleitfähigkeit von Baustoffen

2.2.1 Einflussgrößen

In der Praxis trifft man selten reine Stoffe an, meistens liegen natürliche oder künstliche Mischungen aus mehreren Bestandteilen vor, wobei die Wärmeleitfähigkeit der einzelnen Komponenten und deren Anteil, die Wärmeleitfähigkeit des Endprodukts bestimmen. Deshalb kann die Art und Menge eines Zuschlags erheblichen Einfluss auf die Wärmeleitfähigkeit eines Materials ausüben. Beimengungen von Quarzsand bei Beton z.B. erhöht dessen Wärmeleitfähigkeit wegen der Fähigkeit des Quarzes, Wärme besonders gut zu leiten (s. Tafel 1.4). Bild 2.3 zeigt die an Probekörpern aus Blähton-Beton mit unterschiedlichem Quarzgehalt gemessene Wärmeleitfähigkeiten [69]. Bei Materialien, die sich wärmeschutztechnisch günstig verhalten sollen, ist es deshalb zweckmäßig, auf Zuschläge aus Quarzsand zu verzichten.

Ruhende Luft weist eine sehr kleine Wärmeleitfähigkeit auf. Bei porösen Stoffen, die sehr viel Luft enthalten, führt dies zu einem verringerten Wärmedurchgang. Je poröser der Stoff ist, desto kleiner wird seine Wärmeleitfähigkeit sein. Deshalb wird bei vielen Baustoffen versucht, durch Erhöhung der Porosität die Wärmeleitfähigkeit zu verringern. Dies erfolgt durch eine künstliche Porenbildung durch Treibmittel, der Beimengung von porösen Zuschlägen oder durch Lochbildung bei Mauersteinen.

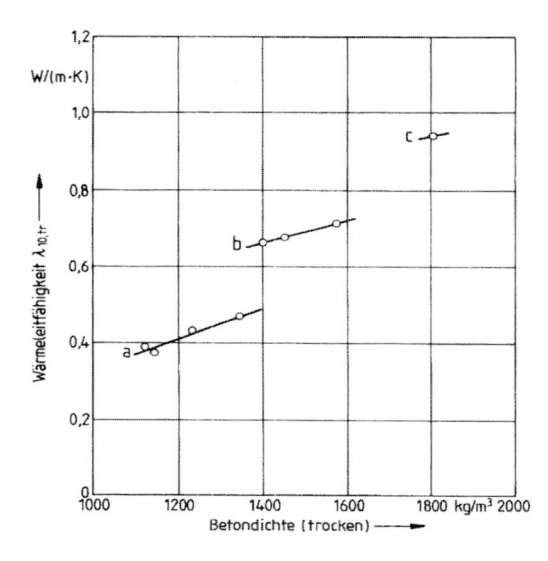

Bild 2.3
Gemessene Werte der Wärmeleitfähigkeit an trockenen Probenkörpern aus Blähton-Beton bei einer Probenmitteltemperatur von 10 °C, abhängig von der Trockenrohdichte und Gehalt an Quarzsand
a ohne Quarzsandzusatz
b mit 26 % Quarzsandzusatz
c mit 47 % Quarzsandzusatz

Wegen der geringen Dichte der Luft (1,29 kg/m³ bei 0 °C und Normaldruck) verringert diese ihrem Volumanteil entsprechend auch die Materialrohdichte. Viele Luftporen reduzieren also nicht nur die Wärmeleitfähigkeit, sondern auch die Rohdichte. Deshalb gilt die Faustformel, dass Stoffe geringer Rohdichte kleine, Stoffe hoher Rohdichte große Wärmeleitfähigkeitswerte aufweisen. Bild 2.4 zeigt den Zusammenhang zwischen der Wärmeleitfähigkeit λ lufttrockner Baustoffe und deren Rohdichte ρ nach J. S. Cammerer.

2 Stationäre Wärmebewegungen

Die Abhängigkeit der Wärmeleitfähigkeit von der Rohdichte lässt sich näherungsweise durch eine Exponentialfunktion der Form

$$\lambda = a \cdot e^{b \cdot \rho} \qquad (2.19)$$

darstellen, wobei b ein Maß für die Zunahme der Wärmeleitfähigkeit mit der Dichte ist. In der halb logarithmschen Darstellung wird die Abhängigkeit der Wärmeleitfähigkeit von der Rohdichte zu einer Geraden (s. Bild 2.5).

Neben dem Luftanteil beeinflusst auch das Gerüstmaterial die Wärmeleitfähigkeit der Baustoffe. Deshalb wird in der Regel die Wärmeleitfähigkeit unterschiedlicher Stoffe trotz gleicher Rohdichte differieren. Je nach Zusammensetzung der Stoffe entsteht ein Streubereich, wie in Bild 2.6 am Beispiel vier verschiedener Betone gezeigt wird.

Die experimentell gefundene Gesetzmäßigkeit über die exponentielle Abhängigkeit der Wärmeleitfähigkeit von der Rohdichte gilt nicht für sehr leichte Wärmedämmstoffe. Bei extrem porösen Stoffen mit hohem Luftanteil spielt die Wärmeübertragung durch Konvektion und Strahlung in den Luftporen eine zunehmende Rolle. Dies hat zur Folge, dass bei geringer werdender Rohdichte die Wärmeleitfähigkeit wieder zunimmt, wie Bild 2.7 zeigt. Bestätigt wird dieses Verhalten der extrem leichten Dämmstoffe auch durch rechnerische Untersuchungen mit kubischen Modellen [12], [36], [73].

Die Wärmeleitfähigkeit eines Stoffes ist, wenn man von den Einflüssen der Materialeigenschaften absieht, kein konstanter Wert. Sie hängt sowohl von der Temperatur als auch vom Wassergehalt des Material ab.

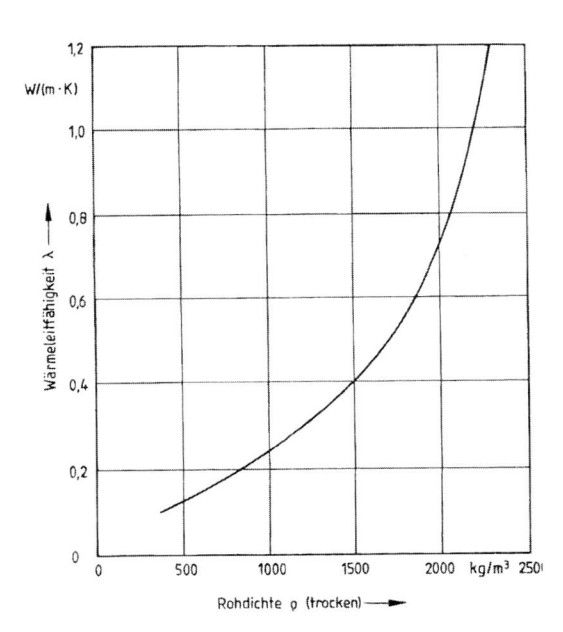

Bild 2.4
Durchschnittswerte der Wärmeleitfähigkeit λ lufttrockener Baustoffe, abhängig von der Rohdichte nach J. S. Cammerer

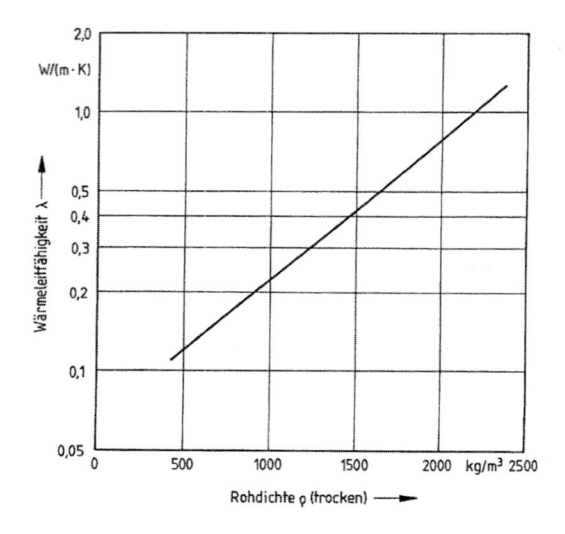

Bild 2.5
Durchschnittswerte der Wärmeleitfähigkeit λ lufttrockener Baustoffe, abhängig von der Rohdichte

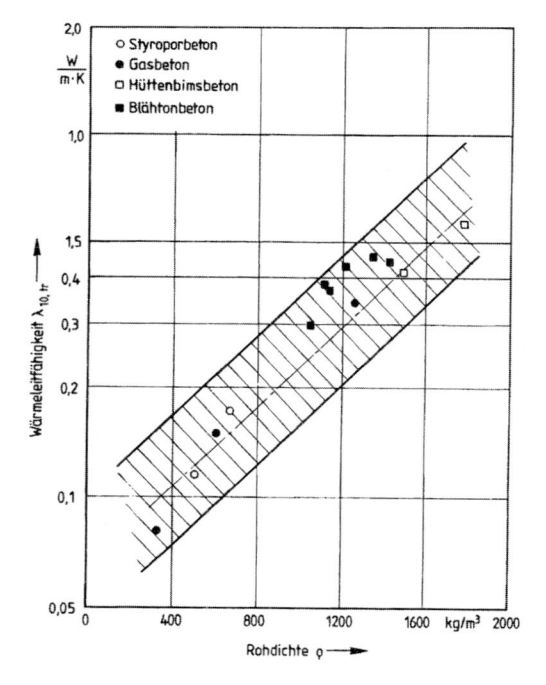

Bild 2.6
Streubereich der Wärmeleitfähigkeit λ verschiedener Leichtbetone, gemessen an trockenen Probekörpern
– – – – Gerade nach Bild 2.5

Temperatureinfluss. In dem im Bauwesen interessierenden Temperaturbereich von 0 bis 100 °C ändert sich die Wärmeleitfähigkeit der Baustoffe in erster Linie linear mit der Temperatur (s. Bild 2.8). Bei amorphen Stoffen nimmt sie um etwa 0,1 bis 0,4 % je 1 Kelvin Temperaturanstieg zu, bei Kristallen nimmt sie mit steigender Temperatur ab.

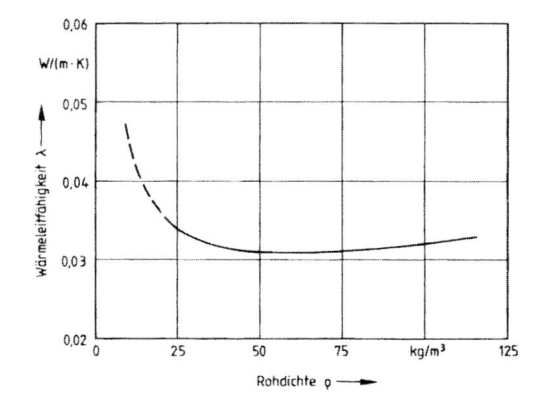

Bild 2.7
Wärmeleitfähigkeit λ von Faserdämmstoffen, abhängig von der Rohdichte

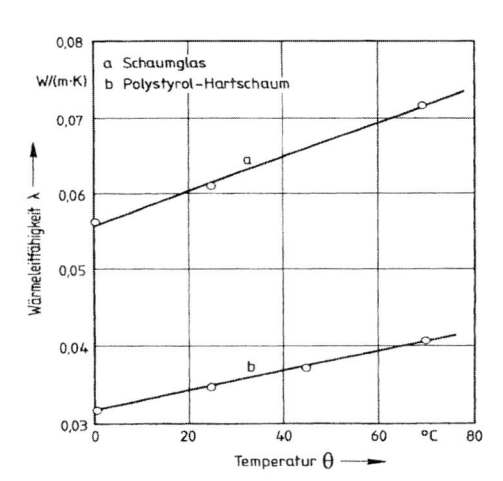

Bild 2.8
Wärmeleitfähigkeit λ von Schaumstoffen, abhängig von der Materialtemperatur
Schaumglas:
$\rho = 156$ kg/m^3
Polystyrol-Hartschaum:
$\rho = 20$ kg/m^3

Einfluss des Wassergehaltes. Der Einfluss des Wassergehaltes der Baustoffe auf die Wärmeleitung im Material ist groß und muss bei der Bewertung derer wärmetechnischen Eigenschaften beachtet werden. Mit steigendem Wassergehalt nimmt die Wärmeleitfähigkeit des Materials zu [40], [41]. Diese Zunahme ist aber nur zum Teil auf die hohe Wärmeleitfähigkeit des in den Poren oder Kapillaren vorhandenen Wassers im Vergleich mit der Wärmeleitfähigkeit der Luft ((Wasser: λ = 0,60 W/(m · K) bei 0 °C; ruhende Luft: λ = 0,025 W/(m · K)) zuführen; auch der Energietransport bei dem in den Poren stattfindenden Wasserdampfdiffusionsvorgang wirkt sich auf den Wert der Wärmeleitfähigkeit aus. Bild 2.9 zeigt am Beispiel verschiedener Betone, wie der Wassergehalt des Materials die Wärmeleitfähigkeit beeinflusst.

Einfluss von Mörtelfugen. Mauerwerk ist in seinem Aufbau nicht homogen und es ist deshalb streng genommen nicht möglich, von der Wärmeleitfähigkeit des Mauerwerks zu sprechen. Sowohl die Steine als auch der Mörtel verhalten sich in ihrer Wärmeleitfähigkeit in der Regel recht unterschiedlich, weshalb örtlich schwankende Wärmestromdichten und Oberflächentemperaturen

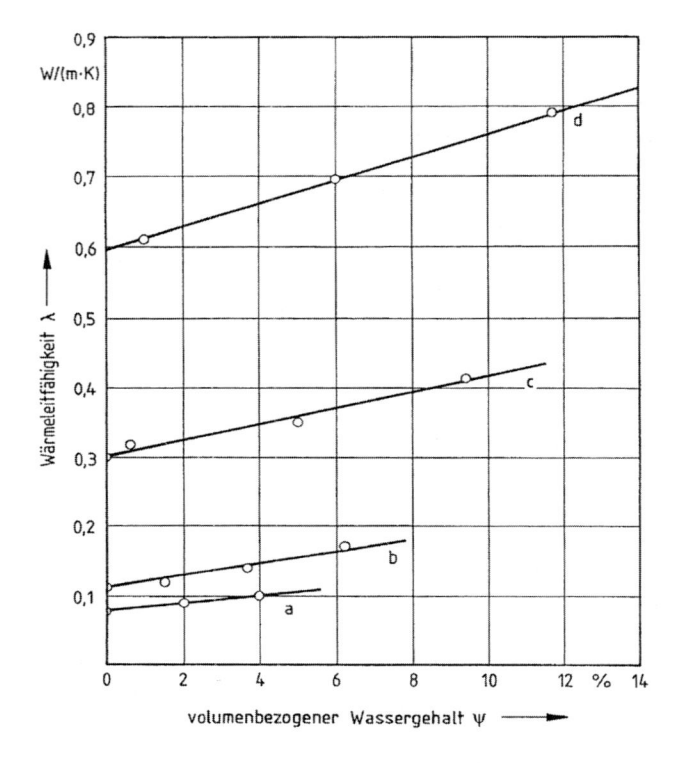

Bild 2.9 Wärmeleitfähigkeit λ verschiedener Leichtbetone, abhängig vom Wassergehalt des Materials
a) Porenbeton (510 kg/m^3)
b) Styroporbeton (330 kg/m^3)
c) Blähbeton (1060 kg/m^3)
d) Hüttenbimsbeton (1925 kg/m^3)

auftreten. Wegen der genormten Steinabmessungen entsteht ein sich stets wiederholendes Muster von Temperaturschwankungen. Der Gesamtwärmestrom Φ durch die Wandfläche A und die gemittelte Differenz der Oberflächentemperatur erlauben es, eine mittlere Wärmeleitfähigkeit des Mauerwerks zu definieren, für die die Gleichung

$$\Phi = \frac{\lambda_m}{d} \cdot A \cdot (\theta_{si} - \theta_{se})_m \qquad (2.20)$$

gilt. Die mittlere Wärmeleitfähigkeit λ_m des Mauerwerkes kann experimentell an größeren Probekörpern von mindestens 1 m Kantenlänge oder mit Hilfe numerischer Rechenverfahren ermittelt werden.

Bemessungswert der Wärmeleitfähigkeit. Um alle diese Einflüsse zu berücksichtigen und vergleichbare Wärmeleitfähigkeitswerte für unterschiedliche Produkte zu erhalten, wurde der Bemessungswert der Wärmeleitfähigkeit definiert (s. Abschn. 8.1). Tabellen mit den Bemessungswerten der Baustoffe sind im Abschnitt 8.1.5 zu finden.

2.2.2 Wärmedämmstoffe

2.2.2.1 Wärmeleitfähigkeit, Material und Stoffnorm

Stoffe mit einer geringen Rohdichte und Wärmeleitfähigkeit $\lambda < 0{,}1$ W/(m · K) werden als Wärmedämmstoffe bezeichnet. Es handelt sich um werksmäßig hergestellte Produkte aus unterschiedlichen Materialien. Wie in Abschn. 2.2.1 angegeben liegt der Grund der geringen Wärmeleitfähigkeit an dem großen Bestandteil des eingeschlossenen Gases im Materials. Dies wird durch eine Faserstruktur erreicht oder es wird durch ein Schäumvorgang eine Porenstruktur erzeugt. Der große Gasanteil des Materials ist auch die Ursache der geringen Rohdichte der Wärmedämmstoffe.

Abhängig ist die Wärmeleitfähigkeit der Wärmedämmstoffen

– von der Struktur der festen Bestandteile (faserig oder geschäumt),
– der Art, Größe und Anordnung der Poren bzw. der Fasern,
– vom Porengas (Luft oder Gas),
– von der Wärmeleitfähigkeit des Basismaterials.

Bei einigen Schaumkunststoffen enthalten die Poren ein hochmolekulares Gas mit einer wesentlich kleineren Wärmeleitfähigkeit als Luft. Bei solchen Schaumkunststoffen ist die Wärmeleitfähigkeit niedriger als bei Stoffen, deren Poren Luft beinhalten. Durch Diffusionsvorgänge wird im Laufe der Zeit das Zellgas im Material teilweise gegen Luft ausgetauscht und die Wärmeleitfähigkeit steigt an. Dieser Alterungsprozess erstreckt sich über viele Jahre, kann aber deutlich abgeschwächt werden, wenn das als Platten gelieferte Produkt mit gasdiffusionsdichten Deckschichten (z.B. Metallfolien von mindestens 0,05 mm Dicke) abgedeckt wird. Wegen der Vielfalt des Materials und der Struktur der Wärmedämmstoffe sind Wärmeleitfähigkeitswerte zwischen $0{,}02$ W/(m · K) und $0{,}10$ W/(m · K) anzutreffen.

Um beim Einsatz der verschiedenen Wärmedämmstoffe bei der Planung von Wärmeschutzmaßnahmen Fehler zu vermeiden, sind eingehende Kenntnisse über die speziellen Eigenschaften der Dämmstoffe erforderlich. Die notwendigen Informationen sind in der Regel in den entsprechenden Normen zu finden. Die bisherigen Normen der Wärmedämmstoffe werden durch harmonisierte Europäische Normen (s. Tafel 2.1) abgelöst.

Die Stoffnormen behandeln **werksmäßig** hergestellte Dämmstoffe, die grundsätzlich einer werksmäßigen Produktionskontrolle unterliegen. Alle Produkte müssen eine **CE-Kennzeichnung** aufweisen, die auf einer Konformitätsbewertung beruht und werden entweder einer Kategorie I oder II zugewiesen. In die Kategorie I mit den kleineren Wärmeleitfähigkeitswerten werden nur solche Produkte aufgenommen, die zusätzlich zur CE-Kennzeichnung einer Fremdüberwachung bei einer von den Ländern zugelassenen Stelle unterliegen.

Produkte, die diesen Normen entsprechen, sind entweder auf einem Etikett oder auf der Verpackung mit relevanten Angaben zu kennzeichnen. Unter anderem muss auch der Bemessungswert der Wärmeleitfähigkeit bzw. des Wärmedurchlasswiderstandes des Produktes angegeben werden. Tabellen mit den Wärmeleitfähigkeitswerten der genormten Wärmedämmstoffe befinden sich im Abschnitt 8.1.5.

2.2.2.2 Anwendungsbezogene Anforderungen an Wärmedämmstoffe nach DIN V 4108-10

In DIN V 4108-10 „Wärmeschutz und Energieeinsparung in Gebäuden – Anwendungsbezogene Anforderungen an Wärmedämmstoffe – Werksmäßig hergestellte Wärmedämmstoffe" werden

Tafel 2.1 Stoffnormen werksmäßig hergestellter Wärmedämmstoffe

Norm	Bezeichnung	Kurzzeichen
DIN EN 13162	Wärmedämmstoffe für Gebäude – Werksmäßig hergestellte Produkte aus Mineralwolle (MW)	MW
DIN EN 13163	Wärmedämmstoffe für Gebäude – Werksmäßig hergestellte Produkte aus expandiertem Polystyrolschaum (EPS)	EPS
DIN EN 13164	Wärmedämmstoffe für Gebäude – Werksmäßig hergestellte Produkte aus extrudiertem Polystyrolschaum (XPS)	XPS
DIN EN 13165	Wärmedämmstoffe für Gebäude – Werksmäßig hergestellte Produkte aus Polyurethan-Hartschaum (PUR)	PUR
DIN EN 13166	Wärmedämmstoffe für Gebäude – Werksmäßig hergestellte Produkte aus Phenolharz-Hartschaum (PF)	PF
DIN EN 13167	Wärmedämmstoffe für Gebäude – Werksmäßig hergestellte Produkte aus Schaumglas (CG)	CG
DIN EN 13168	Wärmedämmstoffe für Gebäude – Werksmäßig hergestellte Produkte aus Holzwolle (WW)	WW
DIN EN 13169	Wärmedämmstoffe für Gebäude – Werksmäßig hergestellte Produkte aus Blähperlit (EPB)	EPB
DIN EN 13170	Wärmedämmstoffe für Gebäude – Werksmäßig hergestellte Produkte aus expandiertem Kork (ICB)	ICB
DIN EN 13171	Wärmedämmstoffe für Gebäude – Werksmäßig hergestellte Produkte aus Holzfaserdämmstoffe (WF)	WF

in Verbindung mit den Europäischen Stoffnormen der Tafel 2.1 neue anwendungsbezogene Anforderungen an werksmäßig hergestellte Wärmedämmstoffe festgelegt und den Dämmstoffen Anwendungsgebiete zugeordnet, die durch Kurzzeichen charakterisiert werden. Damit sind Planer und Anwender von Dämmstoffen in der Lage, die für die vorgesehene Nutzung geeigneten Anwendungstypen auszuwählen. Die Norm enthält viele Tabellen, eine davon mit diesen Kurzzeichen für die Anwendungsgebiete der Dämmstoffe, eine weitere mit Kurzzeichen zur Differenzierung bestimmter Produkteigenschaften. Außerdem ist für jeden Dämmstoff jeweils eine Tabelle mit einem Bezeichnungsschlüssel in Bezug auf Mindestanforderungen an wesentliche Eigenschaften bei der Anwendung der Dämmstoffe vorhanden.

Der Hersteller ist verantwortlich für die Konformität seiner Produkte mit den Anforderungen der entsprechenden Europäischen Norm. Er muss eine EC-Konformitätserklärung anfertigen und erhält dann ein Konformitätszertifikat mit dem Recht, eine CE-Kennzeichnung auf seinem Produkt oder dessen Verpackung bzw. dem Etikett anzubringen. Das Konformitätszeichen besteht aus den Buchstaben CE der nachstehenden Form.

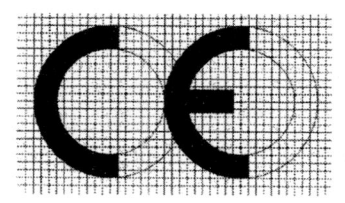

In der zuständigen Norm ist festgelegt, welche Angaben außer der CE-Kennzeichnung das Produkt bzw. das Etikett oder die Verpackung aufzuweisen hat. Hierzu zählen auch der Wärmedurchlasswiderstand oder die Wärmeleitfähigkeit des Produktes.

2.3 Wärmedurchlasswiderstand von Luftschichten

In abgeschlossenen Luftschichten erfolgt der Wärmetransport durch Wärmeleitung, Konvektion und Strahlung. Der Anteil der Wärmeleitung ist sehr gering und spielt nur bei sehr dünnen Luftschichten oder im Luftspalt eine Rolle, dagegen ist der Einfluss der Strahlung und der Konvektion relativ groß.

Die Wärmeübertragung durch Strahlung ist unabhängig von der Dicke der Luftschicht und wird in erster Linie von den Strahlungszahlen der beiden begrenzenden Oberflächen bestimmt (s. Tafel 1.6). Bei Temperaturen niedriger als 100 °C wird praktisch nur zwischen metallischen Oberflächen mit kleinem Emissionsgrad und nicht-metallischen mit großem Emissionsgrad unterschieden.

Der Konvektionsanteil an der Wärmeübertragung in einer Luftschicht hängt von deren Lage und Dicke ab. Je dicker eine Luftschicht ist, um so mehr Wärme wird durch Konvektion transportiert. Bei waagrechten Luftschichten spielt auch die Richtung des Wärmestromes eine Rolle. Geht sie von oben nach unten und somit entgegengesetzt zum konvektiven Auftrieb, dann erhöht sich der Widerstand gegen die Wärmebewegung.

Beim Wärmetransport durch großflächige Luftschichten sind die maßgebenden Größen die Dicke und Lage der Luftschicht, die Richtung des Wärmestromes, die Emissionszahl und Temperatur der einander gegenüberliegenden Begrenzungsflächen. In den Tafeln 2.2 und 2.3 werden die Wärmedurchlasswiderstände unterschiedlicher Luftschichten angegeben.

Tafel 2.2 Wärmedurchlasswiderstand von ruhenden Luftschichten zwischen nichtmetallischen Begrenzungsflächen ($\varepsilon = 0,9$), abhängig von der Dicke der Schicht und der Richtung des Wärmestromes nach DIN EN ISO 6946

Dicke der Luftschicht in mm	Wärmedurchlasswiderstand der Luftschicht in $(m^2 \cdot K)/W$ Richtung des Wärmestromes		
	Aufwärts	Horizontal	Abwärts
0	0,00	0,00	0,00
5	0,11	0,11	0,11
7	0,13	0,13	0,13
10	0,15	0,15	0,15
15	0,16	0,17	0,17
25	0,16	0,18	0,19
50	0,16	0,18	0,21
100	0,16	0,18	0,22
300	0,16	0,18	0,23

2.4 Temperaturen der Bauteile

2.4.1 Rechnerische Ermittlung der Temperaturen

Wählt man die Schicht- und Temperaturbezeichnungen nach Bild (2.10), dann ist

$$R_T = R_{si} + R_1 + R_2 + R_3 + R_4 + R_{se}$$

und nach Gl. (2.14)

Tafel 2.3 Wärmedurchlasswiderstand von senkrechten Luftschichten zwischen Begrenzungsflächen mit unterschiedlichen Emissionsgraden ε, abhängig von der Dicke der Luftschicht nach [52]
ε = 0,9: nichtmetallische Begrenzungsfläche, ε = 0,05: metallische Begrenzungsfläche

Dicke der Luftschicht in cm	Wärmedurchlasswiderstand bei Emissionsgeraden der Begrenzungsflächen von		
	ε = 0,9/0,9 in m² · K/W	ε = 0,9/0,05 in m² · K/W	ε = 0,05/0,05 in m² · K/W
0,5	0,12	0,22	0,22
1	0,15	0,39	0,41
2	0,17	0,55	0,60
4	0,18	0,63	0,69
6	0,18	0,62	0,68
8	0,18	0,60	0,65
10	0,18	0,59	0,64
15	0,17	0,56	0,60
20	0,17	0,53	0,57

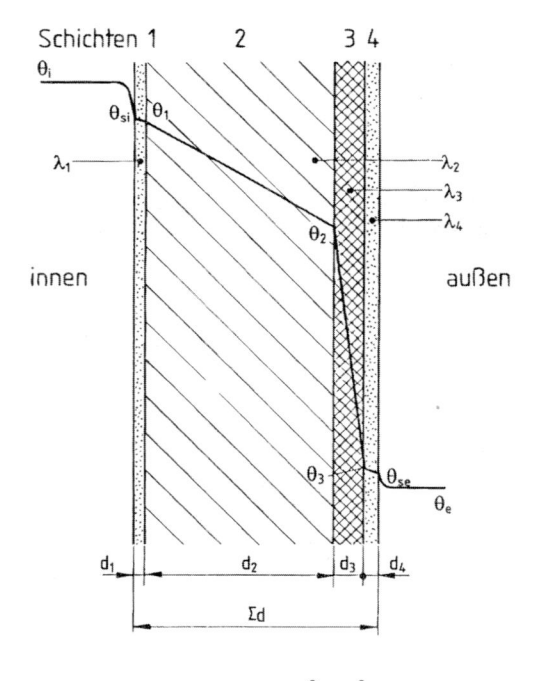

Bild 2.10
Temperaturverlauf in einem mehrschichtigen Bauteil

$$q = U \cdot (\theta_i - \theta_e) = \frac{\theta_i - \theta_e}{R_T} \qquad (2.21)$$

Da der Betrag der Wärmestromdichte in jeder einzelnen Schicht denselben Wert aufweisen muss, gilt auch

2 Stationäre Wärmebewegungen

$$q = h_i \, (\theta_i - \theta_{si})$$
$$q = \Lambda_1 \, (\theta_{si} - \theta_1)$$
$$\cdot$$
$$\cdot \qquad (2.22)$$
$$\cdot$$
$$q = \Lambda_4 \, (\theta_3 - \theta_{se})$$
$$q = h_e \, (\theta_{se} - \theta_e)$$

Nimmt man Gl. (2.21) und die erste Gleichung aus der Gleichungsgruppe (2.22), dann ist wegen der Gleichheit der Wärmeströme

$$U \cdot (\theta_i - \theta_e) = h_i \cdot (\theta_i - \theta_{si}) \quad \text{bzw.} \quad \frac{(\theta_i - \theta_e)}{R_T} = \frac{(\theta_i - \theta_{si})}{R_{si}} \qquad (2.23)$$

In der Regel sind die Lufttemperaturen θ_i und θ_e bekannt. Dann kann die unbekannte Oberflächentemperatur θ_{si} nach folgender Gleichung berechnet werden:

$$\theta_{si} = \theta_i - R_{si} \cdot \frac{(\theta_i - \theta_e)}{R_T} = \theta_i - R_{si} \cdot q \qquad (2.24)$$

Wenn man in gleicher Weise mit jeder weiteren Gleichung der Gleichungsgruppe (2.22) verfährt, erhält man folgendes Gleichungsschema zur Berechnung der Temperatur der beiden Oberflächen und der Trennebenen der einzelnen Bauteilschichten:

$$\theta_{si} = \theta_i - R_{si} \cdot q \qquad \theta_2 = \theta_1 - R_2 \cdot q \qquad \theta_{se} = \theta_3 - R_4 \cdot q$$
$$\theta_1 = \theta_{si} - R_1 \cdot q \qquad \theta_3 = \theta_2 - R_3 \cdot q$$

Beispiel Für den nachfolgend beschriebenen Aufbau einer Außenwand wird für die Lufttemperaturen $\theta_i = 20$ C und $\theta_e = -10$ C die Temperaturverteilung berechnet. Die wärmeschutztechnischen Kennwerte der Wärmeübergangswiderstände und der Wärmeleitzahlen sind den Abschnitten 8.1 und 8.3 entnommen.:

Wandaufbau:

15 mm Innenputz	$\lambda = 0{,}7$ W/(m · K)
300 mm Porenbeton-Mauerwerk	$\lambda = 0{,}24$ W/(m · K)
20 mm Außenputz	$\lambda = 0{,}87$ W/(m · K)

Wärmewiderstände:

Wärmeübergangswiderstand an der Innenseite:	R_{si}	$= 0{,}13$ m² · K/W
Wärmedurchlasswiderstand des Innenputzes:	$R_1 = 0{,}015/0{,}7$	$= 0{,}02$ m² · K/W
Wärmedurchlasswiderstand des Mauerwerks:	$R_2 = 0{,}030/0{,}24$	$= 1{,}25$ m² · K/W
Wärmedurchlasswiderstand des Außenputzes:	$R_3 = 0{,}02/0{,}87$	$= 0{,}02$ m² · K/W
Wärmeübergangswiderstand an der Außenseite:	R_{se}	$= 0{,}04$ m² · K/W
Wärmedurchgangswiderstand	R_T	$= 1{,}46$ m² · K/W

Wärmestromdichte:

$$q = \frac{(20{,}0 + 10{,}0)}{1{,}46} = 20{,}55 \text{ W}/\text{m}^2$$

Temperaturen:

$\theta_i = 20{,}0$ °C $\qquad\qquad\qquad\qquad\qquad$ $\theta_2 = 16{,}9 - 1{,}25 \cdot 20{,}55 = -8{,}8$ °C
$\theta_{si} = 20{,}0 - 0{,}13 \cdot 20{,}55 = 17{,}3$ °C $\qquad$ $\theta_{se} = -8{,}8 - 0{,}02 \cdot 20{,}55 = -9{,}2$ °C
$\theta_1 = 17{,}3 - 0{,}02 \cdot 20{,}55 = 16{,}9$ °C $\qquad$ $\theta_e = -9{,}2 - 0{,}04 \cdot 20{,}55 = -10{,}0$ °C

2.4.2 Graphische Ermittlung der Temperaturen

In einem Diagramm werden auf der Ordinate eine Temperaturskala mit den Temperaturen θ_i und θ_e sowie auf der Abszisse der Wärmedurchgangswiderstand R_T aufgetragen (s. Bild 2.11). Verbindet man den Wert der Innentemperatur θ_i bei $R = 0$ mit dem Wert der Außentemperaur θ_e bei $R = R_T$ durch eine Gerade, dann ist deren Steigung $(\theta_i - \theta_e)/R_T$ nach Gl. 2.20 zahlenmäßig gleich dem Wert der Wärmestromdichte q durch das Bauteil. Da in jeder einzelnen Schicht dieselbe Wärmestromdichte q vorhanden ist (s. Gl 2.22), muss die Steigung der Geraden bei jeder einzelnen Schicht identisch sein mit der Steigung der Geraden des ganzen Querschnittes. Infolgedessen ergeben die Schnittstellen der Abszissenwerte der einzelnen Wärmewiderstände mit der Geraden an der Ordinate des Diagramms die zugehörigen Temperaturen. In Bild 2.11 werden die Temperaturen des im Beispiel des Abschn. 2.4.1 beschriebenen Bauteils graphisch bestimmt.

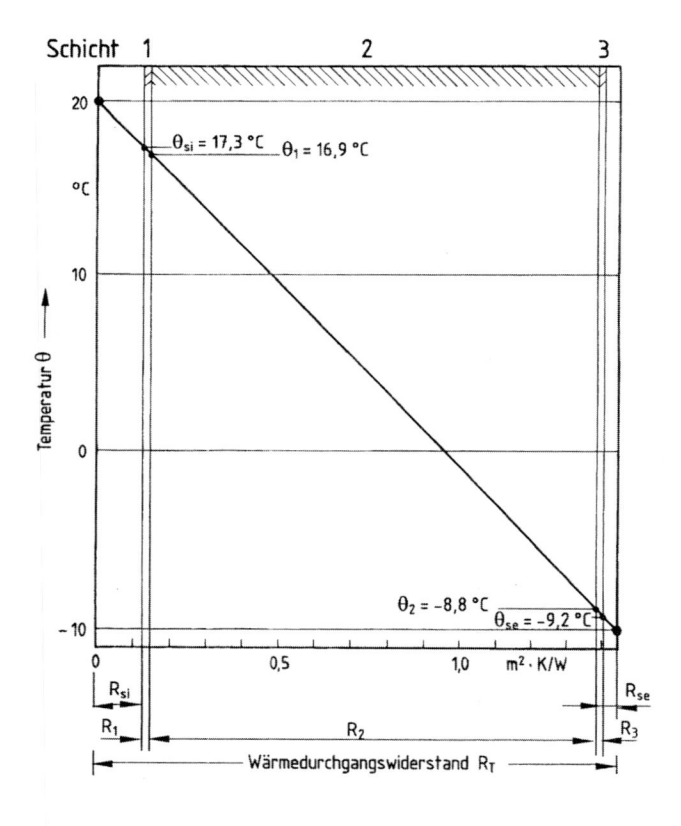

Bild 2.11
Graphische Ermittlung der Temperaturen in der Außenwand nach Abschnitt 2.4.1

Raumlufttemperatur:
$\theta_i = 20 \; °C$

Außenlufttemperatur:
$\theta_e = -10 \; °C$

3 Instationäre Wärmebewegung

Nicht immer ist die Lufttemperatur zu beiden Seiten eines Bauteils konstant. Wenn sie sich zeitlich ändert und zu instationären Wärmebewegungen führt, wird das wärmeschutztechnische Verhalten der Bauteile nicht mehr allein von der Wärmeleitfähigkeit λ des Materials bestimmt. Neben ihr sind noch die Rohdichte ρ und die spezifische Wärmekapazität c von Bedeutung. Je nach dem vorliegenden Problem treten sie zusammengefasst als Temperaturleitfähigkeit

$$a = \frac{\lambda}{c \cdot \rho} \qquad (3.1)$$

oder als Wärmeeindringkoeffizient

$$b = \sqrt{\lambda \cdot c \cdot \rho} \qquad (3.2)$$

in Erscheinung.

Starke Temperaturänderungen in Räumen liegen bei Aufheiz- und Auskühlvorgängen vor, oder im Sommer, wenn die Lufttemperatur auf Grund der Sonnenzustrahlung schwankt.

3.1 Stoffkenngrößen

Die spezifische Wärmekapazität c ist eine Materialeigenschaft und gibt an, wie groß die Wärmemenge ist, die 1 kg eines Stoffes aufnimmt oder abgibt, wenn dessen Temperatur um 1 K erhöht oder gesenkt wird. Die Einheit ist J/(kg · K). Gemeinsam mit der Flächenmasse m in kg/m² bestimmt sie die Wärmespeicherfähigkeit Q_{sp} eines Bauteils von 1 m²

$$Q_{sp} = m \cdot c \qquad (3.3)$$

in J/(m · K). Für Berechnungen für den baulichen Wärmeschutz sind Rechenwerte der spezifischen Wärmekapazität verschiedener Stoffe in DIN EN 12524, angegeben. Da Schwankungen innerhalb der einzelnen Materialarten relativ gering sind, werden diese in Stoffgruppen mit einem einzigen Zahlenwert zusammengefasst (s. Tafel 3.1).

Tafel 3.1   Bemessungswerte der spezifischen Wärmekapazität c verschiedener Stoffe

Zeile	Stoff	Spezifische Wärmekapazität c in J/(kg · K)
1	anorganische Bau- und Dämmstoffe	1000
2	Holz und Holzwerkstoffe einschließlich Holzwolle-Leichtbauplatten	2100
3	pflanzliche Fasern und Textilfasern	1300
4	Schaumkunststoffe und Kunststoffe	1500
5	Metalle	
5.1	Aluminium	800
5.2	Sonstige Metalle	400
6	Luft (ρ = 1,25 kg/m³)	1000
7	Wasser	4200

Die Temperaturleitfähigkeit a in der Fourier-Gleichung (Gl. (1.26)) bestimmt die Ausbreitungsgeschwindigkeit des Temperaturfeldes.

Je größer die Temperaturleitfähigkeit a ist, um so größer ist die Geschwindigkeit, mit der sich die Temperaturänderung im Stoff vollzieht.

Der Wärmeeindringkoeffizient b nach Gl. (3.2) kennzeichnet den Einfluss der thermischen Materialeigenschaften auf den Wärmestrom in der Wand. Bei kleinen Werten des Wärmeeindringkoeffizienten ist auch der von einer Temperaturänderung verursachte Wärmestrom klein. In der Tafel 3.2 werden Zahlenwerte der Wärmeeindringkoeffizienten einiger Stoffe angegeben.

Wenn zwei halbunendliche Körper unterschiedlicher Stoffe, die die Temperaturen θ_1 und θ_2 aufweisen, zur Berührung gebracht werden, stellt sich in der Berührungsebene die Berührungstemperatur

$$\theta_0 = \frac{\theta_1 \cdot b_1 + \theta_2 \cdot b_2}{b_1 + b_2} \qquad (3.4)$$

ein, die hauptsächlich von der Temperatur des Körpers mit dem größeren Wärmeeindringkoeffizienten bestimmt wird. Dies erklärt, warum sich zwei Körper aus unterschiedlichen Stoffen, jedoch derselben Temperatur beim Anfassen mit der Hand unterschiedlich anfühlen, wie an folgendem Beispiel gezeigt wird:

Betrachtet werden jeweils ein Körper aus Beton (b = 2200 J/(m² · K · s^(1/2)) und aus Polystyrol-Hartschaum (b = 15 J/(m² · K · s^(1/2)), die jeweils eine Temperatur von 50 °C aufweisen.

Bei der Annahme einer Hauttemperatur von θ = 28 °C und einem Wärmeeindringkoeffizienten der Haut von b = 1000 J/(m² · K · s^(1/2)) ergeben sich nach Gl. (3.4) folgende Berührungstemperaturen:

    bei Beton: $\qquad\qquad\qquad\theta_0 = 43$ °C

    bei Polystyrol-Hartschaum: $\qquad\theta_0 = 29$ °C.

Bei dieser Berechnung wurde die Fähigkeit des menschlichen Körpers, durch interne Regelvorgänge die Hauttemperatur zu beeinflussen, nicht beachtet.

Tafel 3.2   Wärmeeindringkoeffizient b einiger Baustoffe

Stoff	Rohdichte ρ in kg/m³	Wärmeeindringkoeffizient b in J/(m² · K · s^{0,5})
Normalbeton	2400	rund 2200
Leichtbeton	1000	rund 600
Porenbeton	400	rund 250
Kalksandstein	1600	rund 1100
Holz	600	rund 400
Kork	120	rund 100
Schaumkunststoff	20	rund 35

3 Instationäre Wärmebewegung

3.2 Aperiodische Temperaturänderungen

Sowohl das Auskühl- als auch das Aufheizverhalten eines Raumes wird von der Wärmespeicherfähigkeit der raumumschließenden Bauteile bestimmt. Je größer deren Wärmespeicherfähigkeit ist, desto langsamer kühlt ein Raum aus und um so langsamer lässt er sich aufheizen.

3.2.1 Auskühlen eines Raumes

Je langsamer ein Raum nach dem Abstellen der Raumheizung auskühlt, desto länger bleibt die Raumlufttemperatur im behaglichen Bereich. Daraus wird oft der Schluss gezogen, dass bei unterbrochenem Heizbetrieb (z.B. Nachtabsenkung bei Zentralheizungen) bei schweren Bauweisen mit hoher Wärmespeicherfähigkeit der Bauteile die Einsparung an Heizenergie größer sei als bei leichten Bauweisen. Experimentelle Untersuchungen [19] haben dies nicht bestätigt,

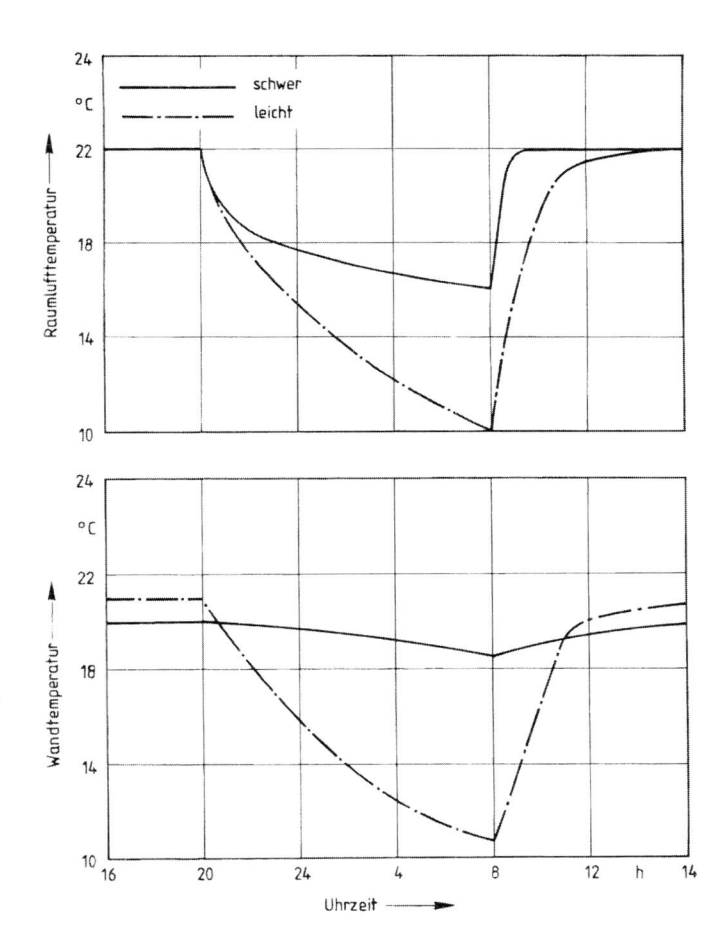

Bild 3.1
Raumluft- und Wandtemperaturen in einem Raum schwerer und leichter Bauart während einer Tagesperiode bei 12stündiger Nachtabsenkung der Heizung bei durchschnittlichen winterlichen Außenbedingungen (Außenlufttemperatur – 2 °C)

sondern ergaben für schwere und leichte Bauweisen bei automatischer Nachtabsenkung etwa gleich große Einsparungen, bei vollständiger Heizunterbrechung war die Energieeinsparung bei leichter Bauweise höher als bei schwerer. Dies ist damit zu erklären, dass die über Tag und Nacht gemittelte Raumlufttemperatur, die für die Wärmeverluste maßgebend ist, bei Bauteilen mit hohem Wärmespeichervermögen wegen des langsamen Absinkens der Lufttemperatur höher ist, als bei leichten Bauteilen, bei denen die Raumlufttemperatur schneller fällt.

Anhang C der DIN 4108-6 enthält ein vereinfachtes Berechnungsverfahren um die Auswirkung der Heizunterbrechung (Nacht- und Wochenendabsenkung) auf den Jahres-Heizenergiebedarf zu ermitteln. Das Berechnungsverfahren ist für solche Heizsysteme geeignet, die sich in ihrer Wärmeabgabe relativ schnell auf sich ändernde Heizanforderungen reagieren.

3.2.2 Die Aufheizung eines Raumes

Die Aufheizung eines Raumes soll in der Regel rasch vor sich gehen. Nach [26] kann der Anstieg der Lufttemperatur $\theta_i(t)$ bzw. der Oberflächentemperatur $\theta_{si}(t)$ eines Bauteils aus homogenem Material in Abhängigkeit von der Zeit nach folgenden Gleichungen berechnet werden:

$$\theta_i(t) = \theta_{si}(0) + q_0 \left(R_{si} + \frac{2}{\sqrt{\pi}} \cdot \frac{1}{b} \cdot \sqrt{t} \right) \qquad (3.5)$$

$$\theta_{si}(t) = \theta_{si}(0) + q_0 + \frac{2}{\sqrt{\pi}} \cdot \frac{1}{b} \sqrt{t} \qquad (3.6)$$

Dabei ist q_0 die Wärmestromdichte von der Raumluft zur Bauteiloberfläche, $\theta_{si}(0)$ die Oberflächentemperatur vor Beginn des Heizens. Die Gleichungen (3.5) und (3.6) gelten für die Zeitspanne, bis der eindringende Wärmestrom die andere Seite des Bauteils erreicht. Wird auf der raumseitigen Oberfläche des Bauteils eine Wärmedämmschicht mit einem Wärmedurchlasswiderstand R_D angebracht, bei der man wegen der geringen Rohdichte und Dicke ihre Wärmespeicherfähigkeit vernachlässigen kann, dann nimmt Gl.(3.6) die Form an:

$$\theta_{si}(t) = \theta_{si}(0) + q_0 \left(R_D + \frac{2}{\sqrt{\pi}} \cdot \frac{1}{b} \cdot \sqrt{t} \right) \qquad (3.7)$$

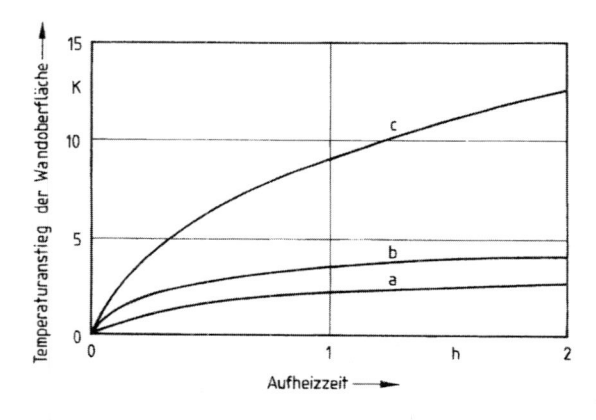

Bild 3.2
Anstieg der Oberflächentemperatur verschiedener Wandausführungen bei einer Heizleistung von 55 W/m²
a Normalbeton
b 10 mm Gipsplatten auf Normalbeton
c 10 mm Gipsplatten auf 10 mm Polystyrol-Hartschaum auf Normalbeton

Wärmeeindringkoeffizient b:
Beton   b = 2100 J/(m² · K · s^{0,5})
Gips   b = 850 J/(m² · K · s^{0,5})
Polystyrol-
Hartschaum   b =   30 J/(m² · K · s^{0,5})

3 Instationäre Wärmebewegung

Nicht immer sind die Voraussetzungen gegeben, die Gl. (3.5) bis (3.7) anzuwenden. In solchen Fällen kann der Anstieg der Oberflächentemperatur θ_{si} auch experimentell mit Hilfe einer Flächenheizfolie ermittelt werden [20]. Bild 3.2 zeigt den Temperaturanstieg, der an einigen Probekörpern gemessen wurde. Er erfolgt umso rascher, je kleiner der Wärmeeindringkoeffizient b bzw. je geringer die Wärmespeicherfähigkeit ist. Wird nach dem Einschalten der Heizung ein rascher Temperaturanstieg gewünscht, ist ein kleiner Wärmeeindringkoeffizient b und folglich eine geringe Wärmespeichfähigkeit der oberflächennahen Schichten an der Raumseite der Bauteile erforderlich.

3.3 Periodische Temperaturänderungen

An strahlungsreichen Tagen im Sommer schwankt die Außenlufttemperatur in einem 24-Stunden-Rhythmus und bewirkt eine Wärmewelle durch die Außenbauteile in Richtung der eingeschlossenen Räume. Während des Durchganges wird ihre Amplitude abgeschwächt und

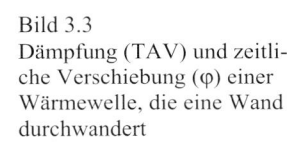

Bild 3.3
Dämpfung (TAV) und zeitliche Verschiebung (φ) einer Wärmewelle, die eine Wand durchwandert

θ_{se}, θ_{si} Oberflächentemperaturen der Wand
t Zeit
TAV Temperaturamplitudenverhältnis
φ Phasenverschiebung

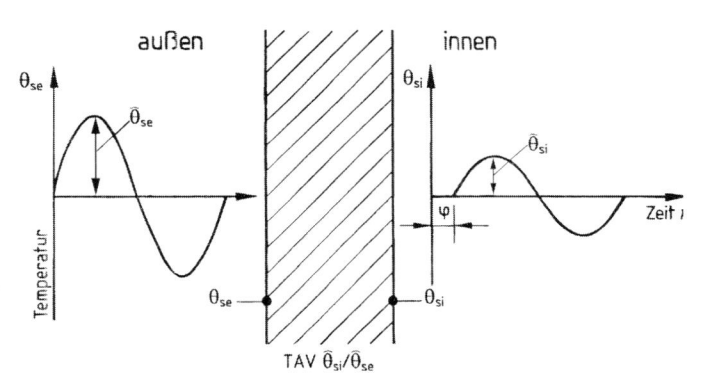

Tafel 3.3   Temperaturamplitudenverhältnis einiger Wand- und Dachkonstruktionen

Aufbau	TAV
240 mm Ziegel-Mauerwerk, beidseitig verputzt	0,14
365 mm Ziegel-Mauerwerk, beidseitig verputzt	0,04
250 mm Porenbeton-Mauerwerk, beidseitig verputzt	0,13
200 mm Leichtbetonwand	0,28
300 mm Mauerwerk mit außenseitigem Wärmedämmsystem	0,03
200 mm Beton mit raumseitigem Wärmedämmsystem	0,35
unbelüftetes Dach mit 50 mm Dämmschicht auf Stahlbetonplatte	0,03
belüftetes Sparrendach mit 100 mm Mineralfaserdämmstoff und 15 mm Gipskartonplatten	0,35
Trapezblechdach mit 40 mm Polystyrol-Hartschaum	0,88

zeitlich verschoben. Das Verhältnis der maximalen Temperaturschwankung an der inneren zur maximalen Schwankung an der äußeren Oberfläche wird als Temperaturamplitudenverhältnis TAV [60] und die zeitliche Verzögerung der Wellenbewegung durch das Bauteil als Phasenverschiebung φ bezeichnet (s. Bild 3.3).

Abgesehen von einigen Sonderfällen, z.B. bei Bauteilen besonders großer Räume mit kleinen Fensterflächen und mit relativ geringen Speichermassen der Innenbauteile, wird in der Praxis dem Temperaturamplitudenverhältnis und der Phasenverschiebung keine besondere Bedeutung zugeordnet.

Für einige Wand- und Deckenkonstruktionen wird in Tafel 3.3 das Temperaturamplitudenverhältnis angegeben.

3.4 Näherungsverfahren zur Ermittlung eindimensionaler, einstationärer Temperaturfelder

Geschlossene Lösungen der Fourier-Gleichung bei der Untersuchung instationärer Temperaturfelder sind in der praktischen Anwendung selten zu finden. Abhilfe schaffen nur numerische oder graphische Näherungsverfahren, bei denen die Differentialgleichung von Fourier in eine Differenzengleichung umgewandelt wird. Bei ebenen Bauteilen mit einem eindimensionalen Wärmestrom in Richtung der x-Koordinate lautet die Differenzengleichung

$$\frac{\Delta \theta}{\Delta t} = a \cdot \frac{\Delta^2 \theta}{(\Delta x)^2} \tag{3.8}$$

4 Lüftung in Wohnungen

In Wohnräumen werden bei deren Nutzung durch Menschen Schad-, Geruchsstoffe und Wasserdampf produziert. Die in der Raumluft anzutreffenden Schadstoffkonzentrationen und Wasserdampfmengen hängen stark von der körperlichen Betätigung der Menschen ab. Damit aus hygienischer Sicht erforderliche Toleranzwerte dieser Schad- und Geruchsstoffe nicht überschritten werden, müssen Wohnräume grundsätzlich gelüftet werden, d.h., die mit Schadstoffen und Wasserdampf belastete Raumluft muss gegen unverbrauchte Außenluft ausgetauscht werden [70], [71].

Als Maßgröße für die Intensität der Raumlüftung dient entweder die Luftwechselrate oder die Luftwechselzahl. Bei der Luftwechselrate wird angegeben, welche Raumluftmenge in m³ je Stunde durch Außenluft ersetzt wird. Unter der Luftwechselzahl versteht man die Aussage, wie oft während einer Stunde das Luftvolumen eines ganzen Raumes gegen Außenluft ausgetauscht wird. Bei einer Luftwechselzahl $n = 2\ h^{-1}$ wird demnach die Raumluft in einer Stunde zweimal durch Außenluft erneuert.

In Wohnungen erfolgt in der Regel die Raumlüftung durch das Öffnen von Fenstern oder Fenstertüren (Fensterlüftung). Aber auch bei geschlossenen Fenstern findet ein wenn auch minimaler Luftaustausch über die Fensterfugen zwischen innen und außen statt (Fugenlüftung).

4 Lüftung in Wohnungen

Angaben über die Mindestluftrate zur Gewährleistung eines gesunden Raumklimas sind im Abschnitt „Klima" unter 1.5 enthalten.

4.1 Fensterlüftung

Bei der Fensterlüftung ist die Lüftungsrate zahlenmäßig nicht erfassbar, da diese von der individuellen Handhabung des Nutzers abhängt. Möglich ist sowohl die Dauerlüftung, z.B. wenn Fenster während längerer Zeit in Kippstellung gebracht werden, als auch die Stoßlüftung, wenn Fenster kurzzeitig voll geöffnet werden. Je nach Art der Lüftung sind Luftwechselzahlen zwischen 0,3 h^{-1} und 10 h^{-1} möglich.

4.2 Fensterfuge und Luftwechsel

Sowohl Fenster- als auch Türfugen sind mehr oder weniger luftdurchlässig, daher kann auch im geschlossenen Zustand Luft durch die Fugen strömen, sofern eine Luftdruckdifferenz zu beiden Seiten des Fensters oder der Tür vorhanden ist. Der hierbei zwischen dem Inneren eines Gebäudes und dem Freien stattfindende Luftwechsel führt während der kalten Jahreszeit zu einem Lüftungswärmeverlust, der umso größer ist, je undichter die Fugen sind. Es ist also notwendig, die Dichtheit der Fenster, bzw. Türfugen zu ermitteln. Dies erfolgt in der Regel durch Messungen an entsprechenden Prüfobjekten im Labor und das Ergebnis wird nach dem Klassifizierungsschema der DIN EN 12207 bewertet. Die Zuteilung zu einer Klasse erfolgt anhand der gemessenen Luftdurchlässigkeit des Prüfkörpers bei einer Referenzdruckdifferenz von 100 Pa, wobei die durchströmende Luftmenge auf die Gesamtfläche des Prüfkörpers oder die Länge der Fugen bezogen wird. Die Klassifizierung umfasst die Klassen 1 bis 4 (s. Tafel 4.1).

Bisher wurde die Dichtheit von Fenster- bzw. Türfugen mittels des Fugendurchlasskoeffizienten a bewertet. Er wird bei einer Referenzdruckdifferenz von 10 Pa (1 daPa) ermittelt und ist deshalb nicht direkt mit den Klassifizierungswerten nach DIN EN 12207 vergleichbar. Eine Umrechnung kann nach folgender Gleichung erfolgen:

$$Q = Q_{100} \left(\frac{P}{100} \right)^{2/3}$$

Q_{100}: Referenzluftdurchlässigkeit bei einem Prüfdruck von 100 Pa
Q: Luftdurchlässigkeit beim Prüfdruck P

Tafel 4.1 Klassifizierung der Luftdurchlässigkeit von Fenster- und Türfugen nach DIN EN 12207 und Fugendurchlasskoeffizient a von Fenster- und Türfugen.

Klasse	Referenzluftdurchlässigkeit bei 100 Pa bezogen auf die		Fugendurchlasskoeffizient a bei 1 daPa bezogen auf die
	Gesamtfläche $m^3/(h \cdot m^2)$	Fugenlänge $m^3/(h \cdot m)$	Fugenlänge $m^3/(h \cdot m \cdot (daPa)^{2/3})$
1	50	12,50	2,69
2	27	6,75	1,45
3	9	2,25	0,48
4	3	0,75	0,16

4.3 Raumlüftung und Wasserdampfproduktion

Eine ausreichende Raumlüftung ist aus hygienischen Gründen notwendig; unter anderem auch um Tauwasserschäden wegen zu hoher Luftfeuchte zu vermeiden. Der Feuchtegehalt der Luft rührt von in der Erdathmosphäre ablaufenden meteorologischen Vorgängen her und in Gebäuden von deren Nutzung durch Menschen. Aufnehmen kann die Luft allerdings nur eine begrenzte Menge an Wasserdampf, wenn diese Höchstmenge erreicht ist, ist sie „gesättigt", die zugehörige Wasserdampfmenge wird als Sättigungsmenge bezeichnet und hängt stark von der Lufttemperatur ab. Die Grenztemperatur der Luft, wenn diese den Sättigungszustand erreicht hat, wird als Taupunkttemperatur θ_c bezeichnet (s. auch Kapitel Feuchte). Ist mehr Wasserdampf vorhanden als die Luft aufnehmen kann, verwandelt sich die über die Sättigungsmenge hinausgehende Wasserdampfmenge in flüssiges Wasser. Diese Wasserabgabe erfolgt entweder als Nebel oder als Tauwasser auf festen Gegenständen, z.B. im Winter auf der Oberfläche eines Bauteils, wenn deren Temperatur θ geringer als die Taupunkttemperatur θ_c der angrenzenden Luft ist. Je höher die Raumluftfeuchte ist, umso größer ist die Gefahr eines Tauwasserniederschlages.

Einen wesentlichen Beitrag zum Wasserdampfgehalt der Raumluft in Wohn- und Arbeitsräumen liefert die Wasserdampfproduktion der Nutzer (s. Tafel 4.2).

Der in Räumen anfallende Wasserdampf stammt teils aus der Atemluft der anwesenden Personen, teils entsteht er beim Kochen, Baden, Duschen und dergleichen. Aber auch in den Räumen vorhandene Topfpflanzen tragen zum Wassergehalt der Raumluft bei. Bis auf ganz geringe, für das Wachstum benötigte Wassermengen, verdunstet das gesamte Gießwasser und erhöht den Wasserdampfgehalt der Raumluft. Auch wenn die Verdunstungsmengen der einzelnen Pflanzen in den Räumen gering sind, können sich die an die Raumluft abgegebenen Wasserdampfmengen beim Vorhandensein vieler Pflanzen auf recht erhebliche Beträge aufsummieren.

Tafel 4.2   Wasserdampfabgabe von Pflanzen, von Menschen, sowie die bei Trocknungsvorgängen und in Nasszellen entstehenden Wasserdampfmengen in Wohnungen

Quelle des Wasserdampfes		Wasserdampfmenge
Mensch,	leichte Arbeit	30 bis 60 g/h
	mittelschwere Arbeit	120 bis 200 g/h
	schwere Arbeit	200 bis 300 g/h
Bad,	Wannenbad	ca. 700 g/h
	Duschen	ca. 2600 g/h
Küche,	Koch- und Arbeitsvorgänge	600 bis 1500 g/h
	Im Tagesmittel	ca. 100 g/h
Trocknende Wäsche (4,5 kg Trommel), geschleudert		50 bis 200 g/h
tropfnass		100 bis 500 g/h
Topfpflanzen, z.B. Farn,		7 bis 15 g/h
z.B. mittelgroßer Gummibaum		10 bis 20 g/h
Freie Wasseroberfläche – Aquarium		ca. 40 g/m²h

Um zu verhindern, dass in Wohnräumen wegen des von den Nutzern produzierten Wasserdampfes (s. Tafel 4.2) die Luftfeuchte während der kalten Jahreszeit auf sehr hohe Werte ansteigt,

4 Lüftung in Wohnungen

muss ein Teil der von der Luft aufgenommenen Wasserdampfmenge durch Lüftung der Raumluft entzogen werden. Im Winter ist die Raumlüftung zur Verringerung der Raumluftfeuchte besonders wirkungsvoll, denn bei den um diese Jahreszeit im Freien vorhandenen Lufttemperaturen ist der Wasserdampfgehalt der Außenluft deutlich geringer als der Wasserdampfgehalt der Raumluft in einem beheizten Gebäude, auch wenn die relative Luftfeuchte im Freien einen sehr hohen Wert aufweist. Mit Wasserdampf gesättigte Luft enthält bei 0 °C nur 4,84 g Wasserdampf je m³ während die Wasserdampfsättigungsmenge der Luft bei 20 °C 17,3 g je m³ beträgt. Weist die Raumluft bei einer Lufttemperatur von 20° C eine relative Feuchte von 50 % auf, enthält sie 0,5 · 17,3 = 8,65 g/m³ Wasserdampf, während die Luft im Freien bei 0 °C im gesättigten Zustand, also bei 100 % relativer Feuchte nur 4,84 g Wasserdampft je m³ beinhaltet. Bei dem Austausch von 1 m³ Raumluft gegen 1 m³ Außenluft wird somit der Raumluft 8,65 – 4,84 = 3,81 g Wasserdampf entzogen. Dieser Vergleich der unterschiedlichen Beträge der in der „warmen" Raumluft und in der „kalten" Außenluft vorhandenen Wasserdampfmengen zeigt, dass bei intensiver Lüftung im Winter die Raumluftfeuchte wirkungsvoll gesenkt werden kann.

Bild 4.1 zeigt den Einfluss der Raumlüftung im Winter auf die relative Feuchte der Luft eines auf 20 °C beheizten Raumes bei einem ständigen Wasserdampfanfall von 80 g/h, abhängig von der Luftwechselzahl n und der Außentemperatur θ_e. Zu erkennen ist, dass die Raumluftfeuchte einen umso niedrigeren Wert annimmt, je intensiver der Luftwechsel ist. Wenn also während der kalten Jahreszeit ein zu starker Anstieg in bewohnten Räumen verhindert werden soll, müssen diese ausreichend gelüftet werden; in der Regel durch gezielte Fensterlüftung.

Bild 4.1
Relative Luftfeuchte, die sich in einem auf 20° C beheizten Raum mit einem Volumen von 75 m³ bei einem Wasserdampfanfall von 80 g je Stunde einstellt, abhängig von der Luftwechselzahl n bei verschiedenen Außentemperaturen mit einer relativen Luftfeuchte φ = 100 %.

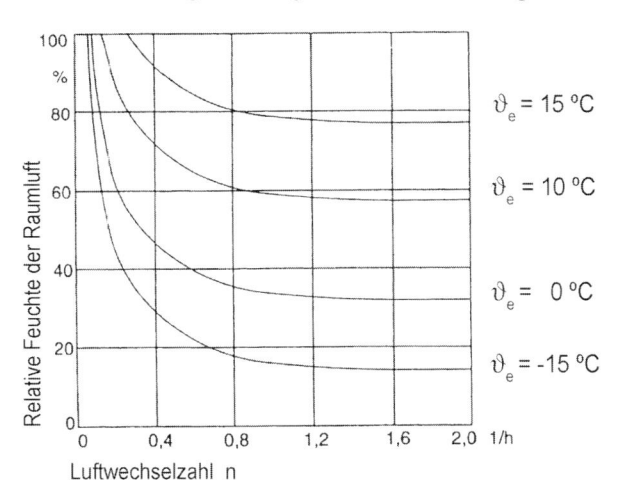

4.4 Lüftungswärmeverluste

Bei einem Luftaustausch zwischen innen und außen entsteht ein Lüftungswärmeverlust, da warme Raumluft durch kalte Außenluft ersetzt wird. Er wird bei der Auslegung der Heizeinrichtungen und Heizflächen zur Beheizung von Gebäuden durch den Norm-Lüftungsbedarf berücksichtigt. Der Lüftungswärmestrom ist die stündlich aufzubringende Wärmemenge, um die Luft des aus dem Luftwechsel herrührenden Luftvolumenstromes von der Außentemperatur θ_e auf die Innentemperatur θ_i zu erwärmen. Der Lüftungswärmestrom ist

$$\Phi = \dot{V} \cdot c_p \cdot \rho_L \cdot (\theta_i - \theta_e) \tag{4.1}$$

c_p ist die spezifische Wärmekapazität und ρ_L die Dichte der Luft. Aus dem Raumluftvolumen V_R und der Luftwechselzahl n berechnet sich der Luftvolumenstrom zu

$$\dot{V} = n \cdot V_R \tag{4.2}$$

Für $c_p = 1005$ J/(kg · K) und $\rho_L = 1{,}205$ kg/m³ der Luft bei 20 °C ist

$$\Phi = 1211 \cdot n \cdot V_R \, (\theta_i - \theta_e) \quad \text{in J/h} \tag{4.3}$$

bzw.

$$\Phi = 0{,}34 \cdot n \cdot V_R \, (\theta_i - \theta_e) \quad \text{in W} \tag{4.4}$$

Der für den Lüftungswärmeverlust maßgebende Luftvolumenstrom $\dot{V} = n \cdot V$ hängt ab von der Luftdruckdifferenz $(p_e - p_i)$ in Pa zu beiden Seiten des Fensters, von der für die Luftdurchlässigkeit der Fensterfugen charakteristischen Größe a' in m³/h, die entweder auf die Fugenlänge oder die Fensterfläche bezogen wird (s. Abschn. 4.2). Der Luftvolumenstrom kann für eine vorgegebene Luftdruckdifferenz $(p_e - p_i)$ wie folgend berechnet werden:

$$\dot{V} = a' \cdot l \cdot (p_e - p_i)^{2/3} \tag{4.5}$$

Nach Abschn. 4.2 kann die Luftdurchlässigkeit der Fensterkonstruktion entweder in der Form des Fugendurchlasskoeffizienten a bei einer Referenzdruckdifferenz von 10 Pa (1 daPa) oder der Referenzdurchlässigkeit Q_{100} bei 100 Pa ermittelt werden.

Je nachdem, ob der Fugendurchlasskoeffizient a oder die Referenzdurchlässigkeit Q_{100} als für die Dichtheit der Fensterfugen maßgebenden Größe gewählt wird, berechnet sich der auf die Fugenlänge bezogene Luftvolumenstrom nach folgenden Zahlenwertgleichungen:

$$\dot{V} = 0{,}215 \cdot a \cdot l \cdot (p_e - p_i)^{2/3} \tag{4.6}$$

oder

$$\dot{V} = 0{,}0464 \cdot Q_{100} \cdot l \cdot (p_e - p_i)^{2/3} \tag{4.7}$$

Dabei ist a in Gl. (4.6) in m³/(m · h · (daPa)^{2/3}) bzw. Q_{100} in Gl. (4.7) m³/(m · h) einzusetzen. Wird die Referenzdurchlässigkeit Q_{100} auf die Fensterfläche A_F in m² bezogen, ist

$$\dot{V} = 0{,}0464 \cdot Q_{100} \cdot A \cdot (p_e - p_i)^{2/3} \tag{4.8}$$

wobei Q_{100} die Einheit m³/(m² · h) aufweist (s. Tafel 4.1).

Der Versuch, Lüftungswärmeverluste zur Einsparung von Heizenergie durch minimale Lüftung oder durch Abdichten der Fensterfugen zu reduzieren, ist aus den in Abschn. 4.3 genannten Gründen abzulehnen.

5 Wärmeschutz von Bauteilen

5.1 Außenwände

Außenwände sind Gebäudeteile mit großen Variationsmöglichkeiten in Ausführung und Materialauswahl. Häufig werden sie als ein- oder zweischaliges Mauerwerk unterschiedlichster

Steine mit oder ohne zusätzliche Wärmedämmung errichtet. Andere Bauarten bestehen aus zwei Fertigteilplatten, z.B aus Beton, mit zwischenliegender Wärmedämmschicht oder aus beidseitig bekleideten Holzrahmenkonstruktionen mit Wärmedämmmaterial im Gefach. Die beiden letzten Außenwandbauarten werden in der Regel fabrikmäßig hergestellt und die Bauteile werden an der Baustelle zusammengefügt.

Soll eine Außenwand einen guten Wärmeschutz aufweisen, muss der Planer vorab die Entscheidung treffen, ob der Wärmeschutz ohne oder mit zusätzlichen Wärmedämmschichten erreicht werden soll. Bei Mauerwerk allein ist die Auswahl des Steinmaterials (Rohdichte und Wärmeleitfähigkeit) und die Wanddicke entscheidend. Wenn der Wärmeschutz durch zusätzlich angebrachte Wärmedämmschichten verbessert wird, sind auch die Eigenschaften der Dämmstoffe und deren Lage mit zu beachten. Drei Möglichkeiten bestehen zur Anordnung der Dämmschicht:

- außenseitige Dämmung,
- raumseitige Dämmung,
- Kerndämmung bei zweischaligem Mauerwerk.

5.1.1 Einschalige Mauerwerkswände

Wie in Abschnitt 2.2 „Wärmeleitfähigkeit von Baustoffen" ausgeführt wurde, sind die in Tabellen angegebenen Werte der Wärmeleitfähigkeit des Mauerwerks größer, als die der Steine allein.

Grund hierfür ist die hohe Wärmeleitfähigkeit des Normalmörtels von $\lambda_R = 1,0$ W/(m · K). Um den Wärmeschutz des Mauerwerks zu verbessern, werden zum Aufmauern der Außenwände Leichtmörtel, sofern deren Festigkeit ausreicht, verwendet. Hergestellt werden Leichtmauermörtel in zwei unterschiedlichen Qualitäten, nämlich als Leichtmörtel LM 21 ($\lambda_R = 0,21$ W/(m · K); $\rho \leq 700$ kg/m³) und als Leichtmörtel LM 36 ($\lambda_R = 0,36$ W/m · K); $\rho \leq 1000$ kg/m³).

Bei nichtgenormten Mauerwerkssteinen wird der Rechenwert der Wärmeleitfähigkeit des Mauerwerks bei Vermauerung mit den verschiedenen Mörtelarten im Bundesanzeiger veröffentlicht, ebenso für Mauerwerkssteine mit einer in einem Bescheid bestätigten, von der Norm abweichenden Wärmeleitfähigkeit.

Für Mauerwerk aus genormten Steinen wird der Rechenwert der Wärmeleitfähigkeit in DIN 4108-4 teilweise bei Vermauerung mit Normalmörtel, teilweise auch bei Vermauerung mit Leichtmörtel angegeben. Bei Wänden, die mit einem Leichtmörtel aufgemauert werden, wurde bisher der Tabellenwert der DIN 4108 durch einen Abzug $\Delta\lambda$ korrigiert, der als Verbesserungsmaß bezeichnet wurde. Dieses hängt nicht nur von der Qualität des Leichtmörtels, sondern auch von seinem Flächenanteil in den Fugen und von der wärmeschutztechnischen Qualität der Steine ab.

Rechnerische Untersuchungen [28] und Messungen an Versuchswänden ergaben, dass das Verbesserungsmaß umso größer ist, je höher der Mörtelanteil und je kleiner die Wärmeleitfähigkeit der Steine und des Mörtels ist (s. Bild 5.1). Der Mörtel- bzw. Fugenanteil hängt vom Steinformat und der Vermauerungsart ab. Bei den üblichen Steinabmessungen schwankt er zwischen etwa 7 % und 13 %. Das Verbesserungsmaß $\Delta\lambda$ erstreckt sich dann für die in Bild 5.1 angenommenen Werte von 0,03 W/(m · K) bis 0,12 W/(m · K).

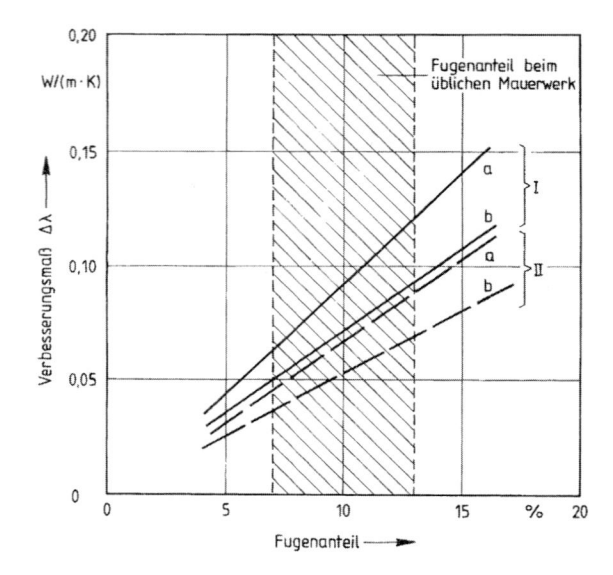

Bild 5.1
Verbesserungsmaß Δλ von Vollsteinen und Vollblöcken, abhängig vom Anteil der Mörtelfugen am Mauerwerk
a $\lambda_{stein} = 0{,}1$ W/(m · K)
b $\lambda_{stein} = 0{,}2$ W/(m · K)
I Mörtel = 0,15 W/(m · K)
II Mörtel = 0,3 W/(m · K)

5.1.2 Außenwände mit Außendämmung

Ist beabsichtigt, den Wärmeschutz einer Außenwand durch eine zusätzliche Dämmmaßnahme zu verbessern und dies durch eine außenseitig angebrachte Wärmedämmschicht zu erreichen, dann sind die meisten, sich aus Wärmebrücken ergebenden Probleme gelöst. Die außenseitige Wärmedämmung ist eine über die Umfassungswände gelegte Außenschicht und überdeckt gefährdete Stellen, wie Decken im Bereich des Deckenauflagers, Betonstürze und dergleichen.

Die Wärmedämmsysteme, die außenseitig an den Außenwänden angebracht werden können, lassen sich in 3 Gruppen einteilen:
– Wärmedämmputze
– Wärmedämmverbundsysteme (Thermohaut)
– Wärmedämmsystem mit hinterlüfteter Außenfassade.

Die quantitative Verbesserung des Wärmeschutzes einer Wand durch eine zusätzliche Wärmedämmung wirkt sich nicht bei allen Wänden gleich stark aus. Die gleiche Zusatzdämmung erbringt bei sehr kleinen Wärmedurchlasswiderständen der Wände eine wesentlich stärkere Reduzierung des Wärmedurchgangskoeffizienten als bei einer Wand mit hohem Wärmedurchlasswiderstand (s. Bild 5.2). Bild 5.3 zeigt, wie sich der Wärmedurchgangskoeffizient U einer Wand ohne Wärmedämmung ändert, wenn diese wärmeschutztechnisch verbessert wird, wobei die zusätzlich angebrachte Wärmedämmung einen Wärmedurchlasswiderstand R_{ZD} aufweist.

a) Außenwände mit Wärmedämmputz

Einschalige Außenwände aus Mauerwerk erhalten üblicherweise einen Außenputz als Witterungsschutz. Die Überlegung liegt nahe, durch poröse Zuschläge, die Wärmeleitfähigkeit des Putzes zu verringern und ihn zur Verbesserung des Wärmeschutzes der Außenwand heranzuziehen. Einen derartigen Putz bezeichnet man als Wärmedämmputz. Da er hinsichtlich seiner Festigkeit nicht so widerstandsfähig ist wie ein normaler Außenputz, muss er durch einen Oberputz gegen mechanische Beschädigungen geschützt werden. Ausführungsvorschriften sind in DIN 18 550-3 festgelegt. Hinsichtlich ihrer wärmetechnischen Eigenschaften sind die Wärmedämmputze in Wärmeleitfähigkeitsgruppen von 060 bis 100 unterteilt.

b) Außenwände mit Dämmsystem und Außenputz

Zur Verbesserung des Wärmeschutzes einer Außenwand wird oft außenseitig eine Wärmedämmung aus Polystyrol-Hartschaumplatten, Mineralfaserplatten oder Mehrschicht-Leichtbauplatten angeklebt oder angedübelt und verputzt. Solche Konbinationen werden als Wärmedämm-Verbundsystem bezeichnet. Der Wärmeschutz der Außenwand wird in erster Linie durch die Art und Dicke der Wärmedämmplatten bestimmt, das Mauerwerksmaterial und die Mauerwerksdicke sind unter diesen Umständen nach wirtschaftlichen Gesichtspunkten festzulegen.

Der Putz des Systems ist als Folge der Jahres- und tageszeitlichen Schwankungen der Lufttemperatur, Luftfeuchte und der Sonneneinstrahlung Wärmespannungen ausgesetzt. Je nach Farbgebung der Oberfläche und der Orientierung der Wand können Temperaturschwankungen im Putz bis zu 70 K auftreten. Die hierdurch hervorgerufenen Spannungen dürfen keine Risse im Putz verursachen. Um dies zu verhindern, müssen mechanische und thermische Eigenschaften des Putzes und des Wärmedämmstoffes aufeinander abgestimmt sein. Zur Vermeidung einer schädlichen Tauwasserbildung zwischen Wärmedämmschicht und Außenputz darf letzterer keinen zu großen Diffusionswiderstand aufweisen (s. Abschn. „Feuchte").

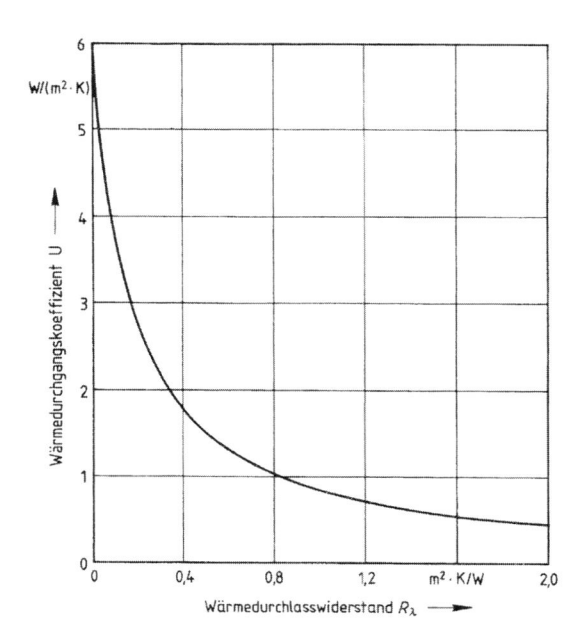

Bild 5.2
Wärmedurchgangskoeffizient U, abhängig vom Wärmedurchlasswiderstand R_λ einer Wand Wärmeübergangswiderstand
innen: $R_{si} = 0{,}13$ m$^2 \cdot$ K/W
außen: $R_{se} = 0{,}04$ m$^2 \cdot$ K/W

c) Außenwände mit Dämmsystem und hinterlüfteten Außenwandbekleidungen

Ein dauerhafter Witterungsschutz der Außenwände ergibt sich bei deren Bekleidung mit Fassadenplatten, die hinterlüftet werden. Die Hinterlüftung hat nicht nur die Aufgabe, Schlagregen von der Tragkonstruktion fernzuhalten, sondern dient auch dazu, durch die Wand diffundierenden Wasserdampf an die Außenluft abzuführen. In der Regel muss die Spaltbreite des Belüftungsraumes mindestens 2 cm betragen (s. Abschn. „Feuchte"), sie darf aber bei Außenwandbekleidungen aus kleinformatigen Faserzementplatten auf 1 cm reduziert werden.

Als Wärmedämmmaterial haben sich Mineralfaserplatten durchgesetzt, die mit Rechenwerten der Wärmeleitfähigkeit von $\lambda_R = 0{,}04$ W/(m $\cdot$ K) und 0,035 W/(m $\cdot$ K) geliefert werden.

5.1.3 Außenwände mit raumseitiger Wärmedämmung

Während die außenseitig angebrachte Wärmedämmung aus bauphysikalischer Sicht als nahezu problemlos zu bezeichnen ist, stecken in der raumseitigen Wärmedämmung einige Schwierigkeiten. So kann sich bei manchen Wärmedämmmaterialien aus der Art, wie sie an der Wand befestigt und wie sie bekleidet werden, ein Einfluss auf die Schalldämmung ergeben (Kapitel Schall). Die Auswahl des Dämmsystems wirkt sich also nicht nur auf den Wärme- und Feuchteschutz, sondern auch auf den Schallschutz aus. Beim Wärme- und Feuchteschutz sind zwei Punkte zu beachten:

a) Zwischen Dämmstoff und Außenwand kann ein unzulässig großer Tauwasserniederschlag entstehen.
b) Im Bereich der Deckenauflager und an den angrenzenden Innenwänden entstehen Wärmebrücken mit der Gefahr, dass Oberflächen-Tauwasser im Winter auftritt.

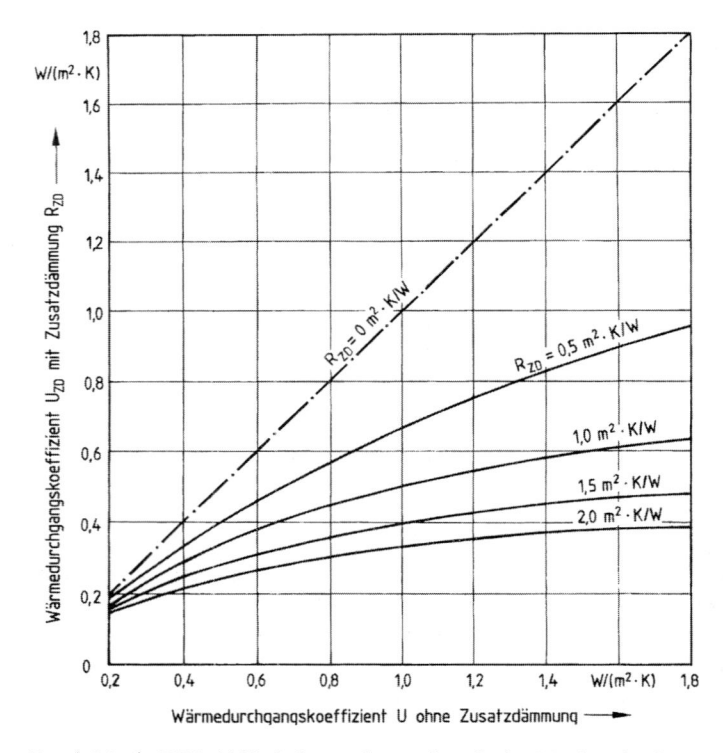

Bild 5.3
Wärmedurchgangskoeffizient U_{ZD} einer Wand, abhängig vom Wärmedurchgangskoeffizienten U der Wand allein
R_{ZD} Wärmedurchlasswiderstand der Zusatzdämmung

Zu a) Nach DIN 4108-3, kann der rechnerische Nachweis des ausreichenden Feuchteschutzes entfallen, wenn die diffusionsäquivalente Luftschichtdicke s_d der raumseitig angebrachten Wärmedämmung einschließlich Innenputz bzw. Bekleidungsplatten auf saugfähigen Baustoffen (z.B. Mauerwerk) einen Wert $s_d \geq 0,5$ m und bei nicht saugfähigen Baustoffen einen Wert $s_d \geq 1,0$ m aufweist, sofern der Wärmedurchlasswiderstand der Dämmschicht $R \leq 1,0$ m² · K/W ist (s. Abschn. „Feuchte").

Zu b) Durch die raumseitig angebrachte Wärmedämmung wird die Wirkung der Stahlbetonplattendecke als Wärmebrücke verstärkt. Um Feuchteschäden an dieser Stelle zu verhindern, sind weitere Dämmmassnahmen in diesem Bereich notwendig (s. Abschn. 7.3.2). Die raumseitige

Wärmedämmung ist vorteilhaft, wenn ein unterbrochener Heizbetrieb vorausgesagt werden kann. Wegen der geringen Wärmespeicherfähigkeit des Wärmedämmsystems lassen sich die Räume relativ schnell aufheizen.

5.1.4 Zweischaliges Mauerwerk nach DIN 1053

Bei Sichtmauerwerk ist zum Schutz gegen Schlagregen die zweischalige Ausführung mit Luftschicht nach DIN 1053 „Mauerwerk" [74] besonders gut geeignet. Der zum Regenschutz notwendige Hohlraum zwischen den beiden Schalen bietet sich auch zur Aufnahme von Wärmedämmstoff an. Nach DIN 1053 muss die Luftschicht mindestens 40 mm dick und der Schalenabstand darf nicht größer als 150 mm sein. Ist dies der Fall, gibt es keine Beschränkungen für die verwendeten Dämmstoffe. Die Wandkonstruktion ist relativ aufwendig und je nach Ausführung 350 mm bis 480 mm dick. Für die Außenschale dürfen nur witterungs- und frostbeständige Mauersteine verwendet werden. Bei Ausnützung des gesamten zur Verfügung stehenden Raumes kann beim zweischaligen Mauerwerk mit Wärmedämmung und Luftschicht eine Dämmschicht von 110 mm Dicke im Hohlraum untergebracht werden (Bild 5.4).

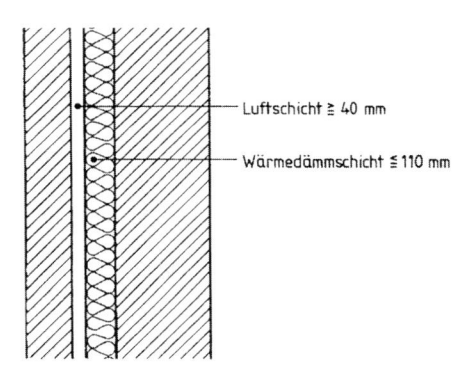

Bild 5.4
Zweischaliges Mauerwerk nach DIN 1053 mit Wärmedämmung und Luftschicht

Wenn der Hohlraum ganz mit Dämmstoff ausgefüllt wird, berührt dieser die Außenschale und kann bei Schlagregen nass werden, da die Außenschale allein nicht schlagregensicher ist. Damit eventuell eindringendes Regenwasser keinen Schaden am Dämmstoff anrichtet, muss dieser wasserunempfindlich und wasserabweisend (hydrophob) sein. Es müssen Wärmedämmstoffe (Kerndämmung) verwendet werden, die für diesen Anwendungsbereich genormt sind oder deren Eignung nachgewiesen und durch eine bauaufsichtliche Zulassung bestätigt wird. Solche wurden erteilt für Mineralfaserdämmstoffe, Schaumkunststoffplatten, lose Dämmstoffe und Ortschäume.

Die losen Dämmstoffe und Ortschäume können auch noch später bei bereits bestehenden Wänden in den Hohlraum eingefüllt werden.

5.1.5 An das Erdreich grenzende Wände mit Perimeterdämmung

An das Erdreich angrenzende Wände beheizter Räume müssen nach DIN 4108-2 einen ausreichenden Wärmeschutz aufweisen. Da diese Wände häufig aus Beton bestehen, muss diese Forderung durch zusätzliche Dämmmassnahmen realisiert werden, wobei außenseitig angebrachte Wärmedämmplatten eine häufig praktizierte Lösung darstellen. Diese Anordnung wird als Perimeterdämmung bezeichnet, sie ist zulässig, wenn die Dämmwirkung der Dämmstoffe durch den Kontakt mit der Erdfeuchte nicht unzulässig beeinträchtigt wird.

An das Erdreich grenzende Wände müssen generell auch gegen Wassereinwirkung geschützt werden. Dies erfolgt in der Regel durch eine Abdichtung aus einer fugenlosen, wasserdichten, flexiblen Schicht, die außenseitig am Bauteil angeordnet wird.

Nach den Vorschriften der DIN 4108-2 dürfen bei der Berechnung des Wärmedurchlasswiderstandes eines der Wassereinwirkung ausgesetzten Bauteiles nur solche Schichten berücksichtigt werden, die zwischen der raumseitigen Bauteiloberfläche und der Abdichtung angeordnet sind. Ausgenommen von dieser Festlegung ist die Perimeterdämmung, wenn die verwendeten Wärmedämmstoffe nur geringe Wassermengen aufnehmen und ausreichend druckfest sind. Hierzu zählen Wärmedämmstoffe aus Schaumkunststoff und aus Schaumglas, wenn die folgend genannten Anforderungen erfüllt werden:

Polystyrol-Extruderschaum nach DIN 18164-1 bzw. DIN EN 13164, Anwendungstyp WD und WS.

Die Dämmplatten
- müssen beidseitig je eine Schaumhaut haben,
- ihre Druckfestigkeit bzw. Druckspannung muss bei 10 % Stauchung > 0,30 N/mm^2 sein,
- die Wasseraufnahme in der Prüfung nach DIN EN 12088 im Temperaturgefälle 50 °C zu 1 °C darf auf das Volumen bezogen den Betrag von 3 % nicht überschreiten und
- sie müssen dichtgestoßen im Verband verlegt werden und auf dem Untergrund eben aufliegen. Langanhaltendes Stauwasser oder drückendes Wasser ist im Bereich der Wärmedämmplatte zu vermeiden; der Untergrund, auf dem die Dämmplatten aufgebracht werden, muss ausreichend eben sein.

Schaumglas nach DIN 18174-1 bzw. DIN EN 13167, Anwendungstyp WDS und WDH.

Die Schaumglasplatten müssen dicht gestoßen im Verbund verlegt werden, mit Bitumenkleber großflächig an die ausreichend ebenen Bauteilflächen angeklebt und die Fugen mit Bitumenkleber voll verfüllt werden. Weiterhin muss die Oberfläche der Dämmplatten mit einer bituminösen, frostbeständigen Deckschicht versehen sein, die entweder werksmäßig aufgebracht ist oder nachträglich angebracht wird. Einige Schaumglastypen dürfen laut Zulassung auch in Bereichen mit ständig oder langanhaltend drückendem Wasser (Grundwasser) bis zu einer maximalen Eintauchtiefe von 12 m verwendet werden.

5.2 Decken

Bei Decken liegen die in DIN 4108 verlangten Mindestwerte des Wärmedurchlasswiderstandes zwischen $R = 0{,}17$ m^2 · K/W in zentralbeheizten Bürogebäuden und $R = 1{,}75$ m^2 · K/W, wenn sie über das Freie auskragen (s. Abschn. 8). Der Grund liegt in den unterschiedlichen Lufttemperaturen unterhalb der Decken. Bei der auskragenden Decke muss durch einen besonders guten Wärmeschutz gewährleistet werden, dass im Winter bei tiefen Außentemperaturen die Fußbodentemperatur so hoch ist, dass bei einem längeren Aufenthalt im Raum keine unbehaglichen Verhältnisse für die Anwesenden entstehen.

Decken als Gesamtkonstruktion bestehen aus der Rohdecke mit Unterputz und dem Fußboden bzw. der Deckenauflage. Für beide Teile bestehen konstruktive Variationsmöglichkeiten mit wärmeschutztechnisch unterschiedlichen Qualitäten. Deshalb ist der Wärmeschutz der Rohdecke und der Deckenauflage getrennt zu betrachten und erst am Schluss zum Gesamtergebnis zusammenzufassen. Bei der Planung muss beachtet werden, dass in der Regel bei Decken auch schalltechnische Anforderungen bestehen. Wie beim Wärmeschutz sind Rohdecke und Deckenauflager zusammen maßgebend für den erreichbaren Schallschutz, wobei die Fußbodenkonstruktion sowohl beim Schall- als auch beim Wärmeschutz dominierend ist.

5.2.1 Rohdecken

Übliche Deckenkonstruktionen sind die Stahlbetonplattendecke und die verschiedenen Massivdecken mit Füllkörpern. Während der Wärmedurchlasswiderstand der Stahlbetonplattendecke sich mit den einfachen Rechenregeln nach Abschnitt 2.1 bestimmen lässt, ist dies bei den Massivdecken mit Füllkörpern nicht möglich. Im Teil 4 der DIN 4108 wird daher der Wärmedurchlasswiderstand der gängigsten Deckenkonstruktionen in Tabellen angegeben (s. Tafel 5.1). Deckenkonstruktionen in Holzbauweisen sind wärmeschutztechnisch unproblematisch. In der Regel lässt sich die Decke in zwei Bereiche unterteilen, den Balken und den Gefachbereich. Der Wärmeschutz der Decke wird berechnet, indem die beiden Wärmedurchgangskoeffizienten

Tafel 5.1 Wärmedurchlasswiderstand R von Decken

Spalte	1	2	3	4
Zeile	Bezeichnung und Darstellung	Dicke d in mm	Wärmedurchlasswiderstand in m² · K/W im Mittel	an der ungünstigsten Stelle
1	**Stahlbetonrippen- und Stahlbetonbalkendecken** nach DIN 1045 mit Zwischenbauteilen nach DIN 4158			
1.1	Stahlbetonrippendecke (ohne Aufbeton, ohne Putz)	120	0,20	0,06
		140	0,21	0,07
		160	0,22	0,08
		180	0,23	0,09
		200	0,24	0,10
		220	0,25	0,11
		250	0,26	0,12
1.2	Stahlbetonbalkendecke (ohne Aufbeton, ohne Putz)	120	0,16	0,06
		140	0,18	0,07
		160	0,20	0,08
		180	0,22	0,09
		200	0,24	0,10
		220	0,26	0,11
		240	0,28	0,12
2	**Stahlbetonrippen- und Stahlbetonbalkendecken** nach DIN 1045 mit Deckenziegeln nach DIN 4160			
2.1	Ziegel als Zwischenbauteile nach DIN 4160 ohne Querstege (ohne Aufbeton, ohne Putz)	115	0,15	0,06
		140	0,16	0,07
		165	0,18	0,08
2.2	Ziegel als Zwischenbauteile nach DIN 4160 mit Querstegen (ohne Aufbeton, ohne Putz)	190	0,24	0,09
		225	0,26	0,10
		240	0,28	0,11
		265	0,30	0,12
		290	0,32	0,13

Fortsetzung s. nächste Seite

Tafel 5.1 Wärmedurchlasswiderstand R von Decken

Spalte	1		2	3	4
Zeile	Bezeichnung und Darstellung		Dicke d in mm	Wärmedurchlasswiderstand in m² · K/W	
				im Mittel	an der ungünstigsten Stelle
3	**Stahlsteindecken** nach DIN 1045 aus Deckenziegeln nach DIN 4159				
3.1	Ziegel für teilvermörtelbare Stoßfugen nach DIN 4159		115	0,15	0,06
			140	0,18	0,07
			165	0,21	0,08
			190	0,24	0,09
			215	0,27	0,10
			240	0,30	0,11
			265	0,33	0,12
			290	0,36	0,13
3.2	Ziegel für vollvermörtelbare Stoßfugen nach DIN 4159		115	0,13	0,06
			140	0,16	0,07
			165	0,19	0,08
			190	0,22	0,09
			215	0,25	0,10
			240	0,28	0,11
			265	0,31	0,12
			290	0,34	0,13
4	**Stahlbetonhohldielen** nach DIN 1045-1, DIN 1045-2				
4.1	(ohne Aufbeton, ohne Putz)		65	0,13	0,03
			80	0,14	0,04
			100	0,15	0,05

flächenanteilmäßig nach Abschn. 2.1.4 ermittelt werden. Vorschläge für Ausführungsmöglichkeiten findet man in [63].

5.2.2 Fußbodenaufbau

Um einen ausreichenden Trittschallschutz zu gewährleisten, wird in der Regel ein schwimmender Estrich als Fußbodenaufbau vorgesehen. Er besteht aus einem auf Trittschalldämmplatten verlegten Estrich (s. Kapitel Schall). Die Trittschalldämmplatten tragen auf Grund ihrer Struktur und des Herstellungsmaterials auch wesentlich zum Wärmeschutz der Decke bei und die gewählte Plattendicke richtet sich in der Regel nach den wärmeschutztechnischen Anforderungen an die Decke. Hierbei ist zu beachten, dass vom Hersteller neben der Lieferdicke auch die Dicke im eingebauten Zustand (unter Belastung) angegeben werden muss, z.B. 20/15 mm bei einer Lieferdicke von 20 mm und einer Dicke unter Belastung von 15 mm. Maßgebend für den Wärmedurchlasswiderstand R ist die Dicke unter Belastung.

Trittschalldämmplatten bestehen meistens aus mineralischen Faserdämmstoffen nach DIN

5 Wärmeschutz von Bauteilen

18 165-2 [89] oder Schaumkunststoffen nach DIN 18 164-2 [87]. Beide Stoffarten weisen nur geringe Unterschiede in ihrer Wärmeleitfähigkeit auf, welche näherungsweise für beide Stoffarten $\lambda = 0{,}04$ W/(m · K) beträgt. Es ist daher möglich, den Wärmedurchlasswiderstand eines schwimmenden Estrichs auf einer Stahlbetonplatte üblicher Dicke mit genügender Genauigkeit anzugeben. Bild 5.5 zeigt die Werte in Abhängigkeit der Dicke der Trittschalldämmplatten. Auch die Mindestanforderungen der DIN 4108 an den Wärmeschutz verschiedener Deckenarten sind eingetragen, sodass man ablesen kann, wie dick die Trittschalldämmplatten sein müssen, um den gestellten Anforderungen zu genügen.

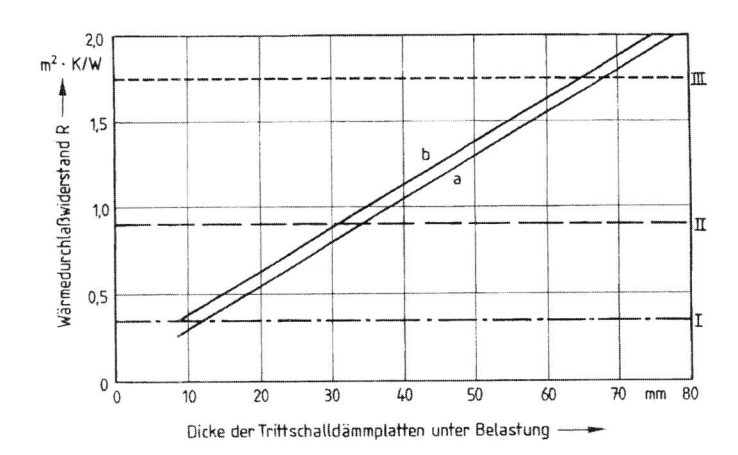

Bild 5.5 Wärmedurchlasswiderstand R eines schwimmenden Estrichs allein (a) und verlegt auf einer 180 mm dicken Stahlbetonplattendecke (b), abhängig von der Dicke der Trittschalldämmplatten ($\lambda_R = 0{,}04$ W/(m · K))

Mindestanforderungen an den Wärmeschutz von Decken nach DIN 4108:
I   Wohnungstrenndecken $R = 0{,}35$ m² · K/W
II Kellerdecken $R = 0{,}90$ m² · K/W
III Auskragende Decke $R = 1{,}75$ m² · K/W

Beim Nachweis des ausreichenden Wärmeschutzes einer Decke wird in der Regel der Bodenbelag nicht berücksichtigt, er ist unabhängig von den schall- und wärmeschutztechnischen Anforderungen frei wählbar. Da er verhältnismäßig leicht ausgewechselt werden kann, würde eine Berechnung des Wärmedurchlasswiderstandes unter Beachtung des Bodenbelages nach einer Auswechslung desselben nicht mehr zutreffen, sofern der Ersatz wärmeschutztechnisch nicht gleichwertig ist. Abgewichen von dieser Regel wird nur bei Decken in zentralbeheizten Bürogebäuden, denn hier ist es infolge der Schall-Längsübertragung oft nicht möglich, einen schwimmenden Estrich einzubauen. In diesem Fall muss der geforderte Trittschallschutz durch einen weichfedernden Gehbelag erbracht werden, der direkt auf die Deckenplatte aufgebracht wird. Meist werden textile Bodenbeläge gewählt, die auch maßgeblich zum Wärmeschutz beitragen.

5.3 Dächer

Bei Dächern unterscheidet man hinsichtlich ihrer Neigung zwischen Steildach, flachgeneigtem Dach und Flachdach. Eine allgemein verbindliche Definition der verschiedenen Dacharten gibt es jedoch nicht. Als Witterungsschutz erhalten Flachdächer eine Abdichtung, geneigte Dächer eine Dachdeckung.

Bauphysikalisch wird zwischen belüfteten und nichtbelüfteten Dachkonstruktionen unterschieden. Erstere werden häufig als Kaltdach, letztere als Warmdach bezeichnet. Diese Differenzierung nach Art der Belüftung beruht auf dem unterschiedlichen Verhalten der beiden Konstruktionsarten bei Diffusionsvorgängen und führt daher auch zu unterschiedlichen feuchteschutztechnischen Anforderungen. Während das Flachdach vorzugsweise als nichtbelüftetes Dach ausgeführt wird, sind beim geneigten Dach beide Ausführungsarten üblich.

5.3.1 Das nicht belüftete Flachdach

Beim nichtbelüfteten Flachdach bilden Tragkonstruktion, Wärmedämmschicht und Dachhaut eine konstruktive Einheit, die in ihren Einzelelementen so aufeinander abzustimmen ist, dass das Dach den bauphysikalischen Anforderungen genügt. In der Regel ist davon auszugehen, dass die Wärmedämmschicht oberhalb der Tragkonstruktion angeordnet wird, um diese vor großen Temperaturdehnungen – eine Folge von großen Temperaturdifferenzen, die sich aus dem jahreszeitlichen Gang der Außenlufttemperaturen und der Sonneneinstrahlung auf die Dachhaut ergeben – zu schützen. Bild 5.6 zeigt den Temperaturverlauf in einem nicht belüfteten

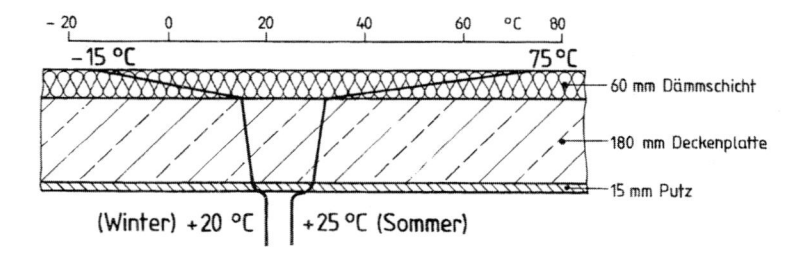

Bild 5.6 Temperaturverlauf in einem nichtbelüfteten Flachdach im Sommer und im Winter.

Flachdach im Sommer und im Winter bei der Annahme von stationären Temperaturverhältnissen. Man erkennt, dass die große Temperaturschwankung an der Dachoberfläche durch die Dämmschicht stark abgeschwächt wird. Die Annahme stationärer Temperaturen im Dach ist nur für den Winter gerechtfertigt. Bei der sommerlichen Wärmebeanspruchung schwankt die Temperatur entsprechend dem 24stündigen Rhythmus der Sonneneinstrahlung (s. Bild 5.7).

Die entstehende Wärmewelle dringt nur bis zu einer gewissen Tiefe in die Konstruktion. Die Temperaturdifferenz in der Tragplatte ist daher nicht so extrem wie in Bild 5.6 gezeichnet. Die für die Wärmedehnung der Tragkonstruktion verantwortliche jährliche Schwankung der Mitteltemperatur klingt mit zunehmender Dicke der Dämmstoffschicht relativ rasch ab, wie in Bild 5.8 gezeigt wird [13]. In dem untersuchten Beispiel wird dieser Zustand bei einer Dämmstoffdicke von etwa 60 mm erreicht. Eine Erhöhung der Dicke über diesen Wert hinaus wirkt sich auf die Wärmedehnung praktisch nicht mehr aus.

5 Wärmeschutz von Bauteilen

Bild 5.7
Schematische Darstellung der Temperaturverteilung über dem Querschnitt eines nichtbelüfteten Flachdaches an einem Wintertag und einem Sommertag

Bild 5.8
Jährliche Schwankung der Mitteltemperatur der Stahlbetonplatte eines nichtbelüfteten Flachdaches in Abhängigkeit der Dicke der Wärmedämmschicht
Dicke der Stahlbetonplatte: 150 mm
Wärmeleitfähigkeit des Dämmstoffes:
□ = 0,04 W/(m · K)

5.3.1.1 Das konventionelle Flachdach

Das Bild 5.9 zeigt den schematischen Aufbau eines einschaligen, nichtbelüfteten Flachdaches. Nach DIN 4108-2 muss ein Wärmedurchlasswiderstand von mindestens R = 1,2 m² · K/W erreicht werden. Beim Nachweis des ausreichenden Wärmeschutzes werden die Dampfsperre, Dachabdichtung und der Oberflächenschutz nicht mitgerechnet, da sie wärmeschutztechnisch nicht relevant sind. Bei Planung und Ausführung sind die Flachdachrichtlinien [107] zu beachten.

Bild 5.9
Schematischer Aufbau eines nichtbelüfteten Flachdaches
a Oberflächenschutz z.B. Kiesschüttung
b Dachabdichtung und Dampfdruckausgleichsschicht
c Wärmedämmung
d Dampfsperre
e Tragkonstruktion

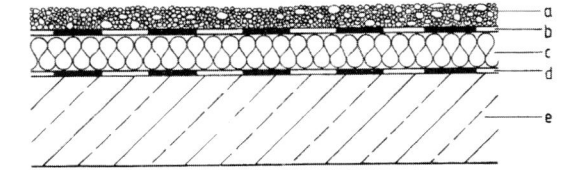

b) Das Umkehrdach

Eine völlig andere Reihenfolge der Schichten weist das Umkehrdach auf. Dieser Dachtyp wurde in den USA entwickelt und zuerst unter dem Namen IRMA-Dach (Insulated Roof Membrane Assembly) bekannt. Hier schützt nicht die Dachhaut die Wärmedämmschicht, sondern umgekehrt, die Dachhaut wird von der Wärmedämmschicht geschützt (s. Bild 5.10). Da letztere oberhalb der Abdichtung liegt, ist sie der Einwirkung der Niederschlagsfeuchte ausgesetzt, weshalb für Umkehrdächer nur solche Wärmedämmstoffe verwendet werden dürfen, die eine geringe Wasseraufnahme aufweisen.

Generell ist in DIN 4108-2 festgelegt, dass bei der Berechnung des Wärmedurchlasswiderstandes eines Bauteiles mit Abdichtung nur die Schichten berücksichtigt werden dürfen, die innenseits der Bauwerksabdichtung angeordnet sind. Zu den in der Norm genannten Ausnahmen von dieser Vorschrift gehört auch das Umkehrdach, sofern die einlagig verlegten Dämmplatten mit Stufenfalz aus Schaumkunststoff nach DIN 18164-1 des Anwendungstypes WD oder WS bestehen und die nachfolgend genannten Anforderungen erfüllen:

Die Dämmplatten müssen nach den Verlegevorschriften der Hersteller dichtgestoßen im Verbund verlegt werden und eben auf dem Untergrund aufliegen, Sie

– müssen beidseitig je eine Schaumhaut haben,
– ihr Druckfestigkeit bzw. Druckspannung muss bei 10 % Stauchung $\geq 0{,}30$ N/mm^2 sein und
– die Wasseraufnahme in der Prüfung nach DIN 12088 im Tempraturgefälle 50 °C zu 1 °C darf auf das Volumen bezogen den Betrag von 3 % nicht überschreitene.

Als Wärmedämmstoff erfüllt z.Zt. extrudierter Polystyrolhartschaum diese Forderung zur Verwendung als Wärmedämmaterial bei Umkehrdächern. Eine wichtige Eigenschaft dieser Dämmplatten ist, dass der Diffusionswiderstand der Schaumhaut relativ groß ist. Aber nicht nur dies allein, sondern auch die Dicke der Wärmedämmplatten ist von Bedeutung. Je dicker die Dämmplatten sind, desto geringer ist die Wasseraufnahme derselben. Um ein Abheben der Dämmplatten durch Sogkräfte bei Wind oder das „Aufschwimmen" bei Regen zu verhindern, müssen die Wärmedämmplatten durch eine mindestens 50 mm dicke Kiesschicht oder durch Gehwegplatten beschwert werden. Bei der Ausbildung der Dachentwässerung muss durch die Planung entsprechender Maßnahmen ein langfristiges Überstauen der Wärmedämmplatten bei Regen ausgeschlossen werden. Ein kurzfristiges Überstauen, z.B. während intensiver Niederschläge, kann jedoch als unbedenklich angesehen werden.

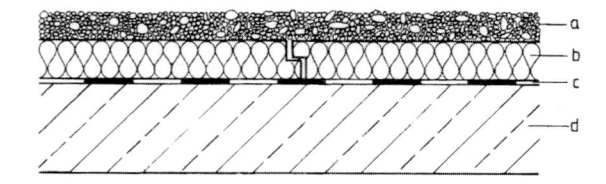

Bild 5.10
Schematischer Aufbau des Umkehrdaches (UK-Dach)
a   Kiesschüttung
b   Wärmedämmung
c   Dachabdichtung
d   Tragkonstruktion

Bei Regen werden die Dämmplatten von Wasser unterströmt, das dabei durch den Wärmestrom aus der Unterkonstruktion erwärmt wird. Somit entstehen zusätzliche, unvermeidbare Wärmeverluste, die von der Menge und Temperatur des Regenwassers wie auch vom Wärmedämmwert sowohl der Unterkonstruktion als auch der Wärmedämmschicht abhängen [23]. Bei der Bewertung des Wärmeschutzes des Daches werden diese Wärmeverluste dadurch berücksichtigt, dass nach DIN 4108-2 der berechnete Wärmedurchgangskoeffizient des Daches U_{ber} um einen Betrag ΔU erhöht wird. Der Wert von ΔU hängt vom prozentualen Anteil des Wärmedurchlasswiderstandes der Unterkonstruktion zu dem des gesamten Daches ab. Der bei allen Nachweisverfahren anzuwendende Wärmedurchgangskoeffizient U_D ist dann

$$U_D = U_{ber} + \Delta U \qquad (5.1)$$

Tafel 5.2 Betrag ΔU, um den der berechnete Wärmedurchgangskoeffizient U_{ber} eines Umkehrdaches erhöht werden muss

Prozentualer Anteil des Wärmedurchlasswiderstandes raumseitig der Abdichtung am gesamten Wärmedurchlasswiderstand in %	Betrag ΔU, um den der berechnete Wert U_{ber} erhöht wird in W/(m² · K)
unter 10	0,05
von 10 bis 50	0,03
über 50	0

Der auf die Unterströmung durch Regenwasser zurückzuführende Wärmeverlust wird um so geringer sein, je besser der Wärmeschutz der Unterkonstruktion ist. Daher wurden die in Tafel 5.2 genannten Korrekturen ΔU in Abhängigkeit der Wärmedämmung festgelegt.

Bei leichter Unterkonstruktion mit einer flächenbezogenen Masse unter 250 kg/m² muss der Wärmedurchlasswiderstand unter der Decke mindesten 0,15 m² · K/W betragen.

Das Umkehrdach kennt keine diffusionstechnischen Probleme, da Dachhaut und Dampfsperre hier identisch sind.

Ein Kompromiss zwischen Umkehrdach und konventionellem Flachdach ist das DUO-Dach, das jedoch bei Neuplanungen wegen des hohen Aufwandes kaum in Frage kommt, bei bestehenden Gebäuden jedoch eine überlegenswerte Sanierungsmaßnahme darstellt. Es ermöglicht, den Wärmeschutz eines konventionellen Flachdaches zu verbessern, ohne das ganze Dach erneuern zu müssen, sofern das bereits vorhandene technisch noch in einem guten Zustand ist. Auf der Dachhaut des bestehenden Daches werden Wärmedämmplatten des Umkehrdaches aufgebracht und nach Vorschrift beschwert. Voraussetzung ist, dass die Tragkonstruktion die zusätzliche Belastung der Kiesschicht erlaubt, der Regenabfluss gewährleistet ist und die Dämmplatten in ihrer Lage gesichert werden können.

5.3.1.3 Dächer mit Ortschaum

Polyurethan-Ortschäume, die auf die Tragplatte aufgespritzt werden, bilden Wärmedämmung und Dachabdichtung in einer Einheit. Beim Spritzvorgang entsteht eine geschlossene Oberfläche, die praktisch wasserundurchlässig ist, aber gegen UV-Strahlung geschützt werden muss. Der Polyurethan-Ortschaum selbst ist ein geschlossenzelliger Hartschaum mit einer relativ niedrigen Wärmeleitfähigkeit, nämlich λ = 0,035 W/(m · K). Er passt sich nahtlos und formgetreu an die Dachgeometrie an. Der Schaum entsteht durch chemische Reaktion aus zwei Reaktionskomponenten und einem Treibmittel, und seine Eigenschaften werden durch die Zusammensetzung der Komponenten bestimmt. Bei der Beschichtung des Daches wird das Gemisch unter Druck über die Düsen eines Mischkopfes auf die zu dämmende Fläche aufgespritzt, auf der es sofort aufschäumt und zu Schaumstoff erhärtet. Da die Dicke der Schicht, die in einem Arbeitsgang aufgesprüht werden kann, begrenzt ist, muss mehrfach gespritzt werden. Das Aufbringen des Schaumstoffes erfordert große Erfahrung und die Arbeit lässt sich nur bei günstigen Witterungsverhältnissen durchführen [32].

5.3.1.4 Sperrbetondach

Beim konventionellen, nichtbelüfteten Flachdach gibt es immer wieder Probleme mit der Dachhaut. Dies führte zu der Entwicklung des Sperrbetondaches, bei dem die Betonplatte wasserundurchlässig ausgeführt wird und die Aufgabe der Dachabdichtung übernimmt. Die Wärmedämmung ist entgegen den Angaben in der DIN 18 530 „Massive Deckenkonstruktionen" [90] an der Unterseite der Tragplatte angebracht. Dadurch treten im Laufe eines Jahres in der Betonplatte relativ große Temperaturschwankungen auf (s. Bild 5.11). Durch konstruktive Maßnahmen muss gewährleistet werden, dass die sich hieraus ergebenden Wärmedehnungen zu keinen Schäden führen. Ein besonderes Augenmerk ist auf einwandfrei funktionierende Gleitlager zu richten und auf die richtige Planung des Festhaltebereiches. Um im Sommer den Temperaturanstieg durch Sonnenzustrahlung zu bremsen, ist das Aufbringen einer mindestens 60 mm dicken Kiesschicht zu empfehlen.

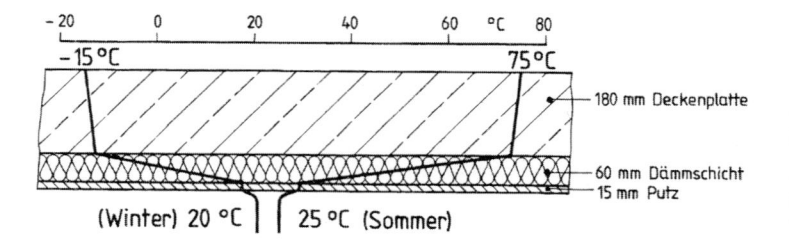

Bild 5.11 Temperaturverlauf in einem Sperrbetondach im Sommer und im Winter

5.3.2 Das belüftete Dach

In der Regel besteht beim belüfteten Dach die Tragkonstruktion aus Holz, wobei alle Neigungen möglich sind. In seltenen Fällen trifft man das belüftete Dach auch über Stahlbetonplattendecken an.

Belüftet werden Dächer, um aus dem Gebäudeinnern in das Dach eindiffundierende Feuchte an die Außenluft abzuführen, ohne dass am Dach ein Schaden entsteht. Die die Feuchtigkeit aufnehmende und weitertransportierende Luftschicht hat ihren Platz im Gefach zwischen den Sparren bzw. Balken und zwischen Wärmedämmschicht und Unterspannbahn bzw. Dachdeckung. Sie steht mit der Außenluft durch am Dachrand - beim geneigten Dach auch am First - angeordneten Ein- und Auslassöffnungen in Verbindung. Von dieser Luftschicht kann Feuchtigkeit aber nur in ausreichendem Umfang aus dem Dach abtransportiert werden, wenn die Luft im Hohlraum zwischen Wärmedämmschicht und Dachdeckung sich bewegt bzw. strömt. Die Antriebskraft der Luftströmung im Spalt sind vom Wind verursachte Druckdifferenzen zwischen Ein- und Austrittsöffungen der Luftschicht und beim geneigten Dach zusätzlich der thermische Auftrieb der Luft im Spalt, wenn letztere wärmer als die Außenluft ist. Für die Erwärmung der Luft im Hohlraum ist einerseits während der Heizperiode der nach außen gerichtete Wärmestrom aus dem Hausinnern und andererseits die bei Sonnenschein von der Dachdeckung absorbierte Sonnenenergie verantwortlich. Behindert wird die Luftströmung im Belüftungshohlraum durch die Reibungswiderstände der begrenzenden Oberflächen und durch ungewollte Querschnittsverengungen im Gefach durch eventuell aufquellende Wärmedämmstoffe sowie durch konstruktiv bedingte Querschnittsverengungen an den Ein- und Auslassöffnungen am Dachrand bzw. Traufe und First.

Um die Luftströmung im Hohlraum zu sichern, gibt es in den technischen Regelwerken Vorgaben über die Mindesthöhe der Luftschicht und den Mindestwert des freien Querschnittes der Zu- und Abluftöffnungen am Dachrand und -first. Dies ist aber nicht, wie häufig angenommen wird, eine Muss-Vorschrift, sondern die Einhaltung dieser Vorgaben entbinden lediglich den Planer vom rechnerischen Nachweis nach DIN 4108-3, dass in der Dachkonstruktion keine schädliche Tauwasserbildung durch Wasserdampfdiffusion zu erwarten ist (s. Abschn. „Feuchte").

Wegen der wechselnden Windrichtung und der sich dadurch verändernden Druckverteilung an den Ein- und Auslassöffnungen des Daches können sich die Strömungsrichtungen in der Luftschicht ändern. Es kann daher nicht eindeutig festgelegt werden, was eine Einlass- und was eine Auslassöffnung ist. Die in manchen Regelwerken ausgesprochene Empfehlung, die Auslassöffnung größer zu dimensionieren als die Einlassöffnung, ist somit unbrauchbar.

5.3.2.1 Geneigte Dächer mit Belüftung

Beim geneigten Dach mit Belüftung besteht die Tragkonstruktion aus Sparren und die für den Wärmeschutz notwendige Wärmedämmung kann

– zwischen den Sparren eingelegt (Bild 5.12) oder
– unten an den Sparren befestigt werden (Bild 5.13).

Um Wärmeverluste durch Undichtheiten in der Dachkonstruktion so gut wie möglich zu begrenzen, sind eventuell vorhandene Fugen dauerhaft und luftundurchlässig abzudichten. Falls die raumseitige Bekleidung der Dachschräge durch eine Holzschalung erfolgt, muss, da die Stoßstellen einer Nut- und Federschalung luftdurchlässig sind, zwischen Sparren und Holzschalung eine Windsperre eingebaut werden. In der Regel wird hierzu eine Folie verwendet, deren Überlappungen winddicht verklebt und deren Anschlüsse an die angrenzenden Bauteile winddicht ausgebildet werden müssen. Bei richtiger Materialwahl wird die Windsperre auch die Aufgabe der Dampfsperre übernehmen.

Bei sachgerechter Ausführung sind geneigte Dächer regen- und schneesicher, aber nicht regen- und schneedicht. Deshalb wird in der Regel zusätzlich eine Unterspannbahn oder ein Unterdach eingebaut.

Wärmedämmung zwischen den Sparren

Dies ist der konventionelle Aufbau des geneigten Daches (s. Bild 5.12). Der Sparren ist im Vergleich zum daneben eingebauten Wärmedämmstoff eine Wärmebrücke und beeinflusst den Wärmeschutz des Daches erheblich (siehe Beispiel in Abschn. 8.1.2). Wegen der durch konstruktive Vorgaben begrenzten Sparrenhöhe und der Mindestdicke der Luftschicht zwischen Wärmedämmung und Unterspannbahn sind dem erreichbaren Wärmeschutz des Daches Grenzen gesetzt.

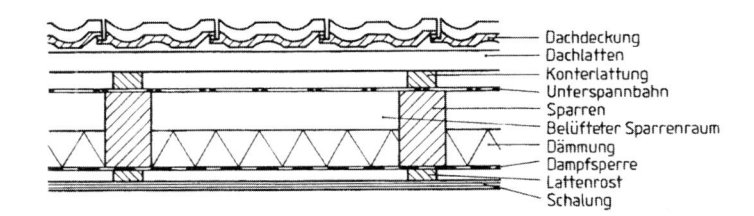

Bild 5.12
Wärmedämmung zwischen den Sparren

Dachdeckung
Dachlatten
Konterlattung
Unterspannbahn
Sparren
Belüfteter Sparrenraum
Dämmung
Dampfsperre
Lattenrost
Schalung

Wärmedämmung unter den Sparren

Diese Ausführung (siehe Bild 5.13) trifft man bei der Neuplanung eines Daches praktisch nicht an, eher beim nachträglichen Ausbau eines bisher nicht für Wohnzwecke genutzten Dachgeschosses. Die auf der ganzen Fläche durchgehende Wärmedämmung kommt voll zur Geltung und die Dachsparren beeinträchtigen nicht den Wärmeschutz des Daches.

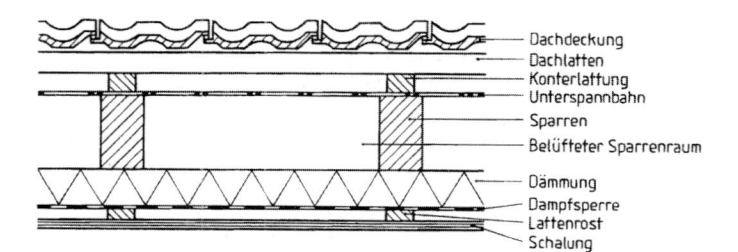

Bild 5.13
Wärmedämmung unter den Sparren

(Beschriftung: Dachdeckung, Dachlatten, Konterlattung, Unterspannbahn, Sparren, Belüfteter Sparrenraum, Dämmung, Dampfsperre, Lattenrost, Schalung)

5.3.2.2 Belüftete Dächer über einer Stahlbetondecke

Diese Konstruktion kommt praktisch nur als Flachdach zur Ausführung. Die Stahlbetonplatte ist das statische Tragwerk. Die tragende Schale für die Dachhaut liegt in der Regel auf Holzbalken oder Holzbinder auf.

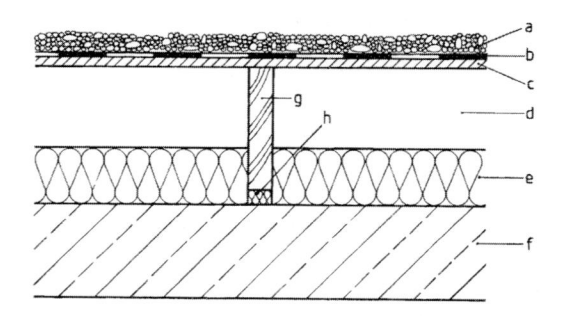

Bild 5.14
Schematischer Aufbau eines belüfteten Daches auf einer Stahlbetonplatte
a   Oberflächenschutz (z.B. Kiesschüttung)
b   Dachabdichtung
c   Schalung
d   belüfteter Hohlraum
e   Wärmedämmung
f   Stahlbetonplattendecke
g   Holzkonstruktion
h   Dämmstoffstreifen

5.3.3 Das geneigte Dach ohne Belüftung

Beim geneigten Dach ohne Belüftung kann die für den Wärmeschutz notwendige Wärmedämmung

– auf den Sparren aufgelegt (Bild 5.15) oder
– zwischen den Sparren eingelegt werden (Bild 5.16).

5.3.3.1 Wärmedämmung auf den Sparren

Diese Dachsausführung kommt vor allem dann zur Ausführung, wenn gewünscht wird, dass die Sparren im Raum sichtbar sein sollen (s. Bild 5.15).

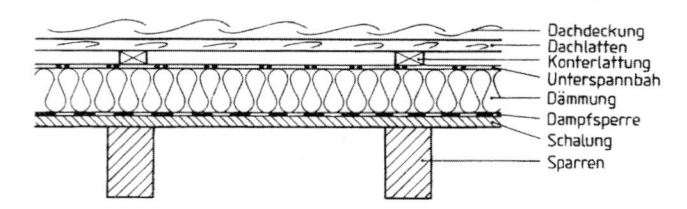

Bild 5.15
Wärmedämmung auf den Sparren

(Beschriftung: Dachdeckung, Dachlatten, Konterlattung, Unterspannbah, Dämmung, Dampfsperre, Schalung, Sparren)

Manche für diese Dachausführung produzierte Dämmstoffe sind obenseitig mit einer dampfdurchlässigen, wasserabweisenden Pappe kaschiert. Wenn ein solcher Dämmstoff zur Anwendung kommt, kann auf den gesonderten Einbau einer Unterspannbahn verzichtet werden.

Auch bei dieser Dachausführung ist die durchgehende Wärmedämmschicht voll wirksam.

5.3.3.2 Wärmedämmung zwischen den Sparren

Beim belüfteten Dach nach Bild 5.12 begrenzt die vorgeschriebene Mindestdicke der Luftschicht zwischen Wärmedämmung und Unterspannbahn die Einbaudicke der Wärmedämmschicht und damit auch den erreichbaren Wärmeschutz des Daches. Wenn dieser deutlich verbessert werden soll, muss auch der von der Luftschicht eingenommene Raum mit Wärmedämmaterial ausgefüllt werden. Damit entfällt aber die in vielen Regelwerken geforderte und nach weit verbreiteter Meinung unbedingt erforderliche Dachbelüftung. Diese Ansicht beruht auf der irrtümlichen Annahme, dass belüftete Dächer sicherer seien als unbelüftete. Begünstigt wird diese Ansicht durch die Festlegung in DIN 4108-3, dass nur belüftete Dachkonstruktionen ohne rechnerischen Nachweis des Tauwasserschutzes als geeignet gelten, sofern die dort festgelegten Belüftungshöhen und -querschnitte eingehalten werden. Übersehen wird, dass auch nichtbelüftete Konstruktionen zulässig sind, wenn ein rechnerischer Nachweis nach DIN 4108-3 geführt wird, dass kein schädlicher Tauwasserausfall zu erwarten ist (s. „Feuchte"). Dass belüftete Dächer nicht sicherer als unbelüftete sind, ja sogar das Gegenteil der Fall sein kann, haben sowohl Freilandversuche an belüfteten und nichtbelüfteten Dächern [25] als auch Schadensfälle in der Praxis [64] bewiesen. Bei richtiger Konstruktion sind die Holzteile bei nichtbelüfteten Dächern trockener als bei belüfteten. Dies hat auch Auswirkungen auf den chemischen Holzschutz [43].

Beim nichtbelüfteten, voll gedämmten Steildach muss immer eine Konterlattung vorgesehen werden (s. Bild 5.16), sonst kann eventuell eingedrungenes Wasser nicht mehr unbehindert auf der Unterspannbahn in Richtung Traufe ablaufen. Bei voller Verfüllung des Raumes zwischen den Sparren mit Wärmedämmstoff kann dieser, wegen der zulässigen Maßtoleranzen über die Oberkante der Sparren hinausstehen. Bei fehlender Konterlattung drücken dann die Dachlatten den Wärmedämmstoff in ihrer Auflagestelle zusammen und es fehlt der freie Raum zwischen Dachlatte und Unterspannbahn; eventuell eingedrungenes Wasser staut sich an den Dachlatten und es entstehen Schäden am Dach.

Bild 5.16
Das vollgedämmte, geneigte Dach
ohne Belüftung

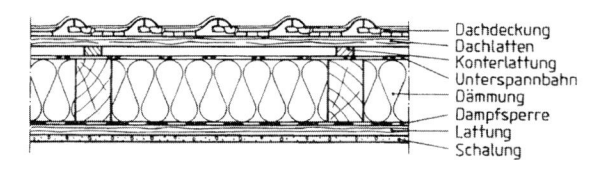

Wird auf den Sparren eine durchgehende Holzschalung angebracht, darf diese oberseitig nur mit einer diffusionsdurchlässigen Bahn abgedeckt werden.

Eine weitere Verbesserung des Wärmeschutzes des vollgedämmten Daches lässt sich einfach durch eine zusätzliche, durchgehend auf den Sparren aufgelegte Wärmedämmschicht verwirklichen.

5.4 Fenster

5.4.1 Transmissionswärmeverluste

Die wärmeschutztechnische Qualität des Fensters wird von den wärmedämmenden Eigenschaften der Verglasung, des Rahmenmaterials und auch noch vom Randverbund der Isolierscheiben bestimmt. Der Wärmeschutz aller drei Elemente kann nicht mehr nach den einfachen Rechenregeln nach Abschn. 2.2 bestimmt werden. Wenn der jeweilige Wärmedurchgangskoeffizient U_g der Verglasung, des Rahmens U_f und der längenbezogene Wärmedurchgangskoeffizient ψ des Randverbunds bekannt sind, lässt sich der Wärmedurchgangskoeffizient U_w des Fensters näherungsweise nach folgender Gleichung berechnen:

$$U_w = \frac{U_g \cdot A_g + U_f \cdot A_f + \psi \cdot L}{A_w} \tag{5.2}$$

A_g ist die Verglasungsfläche,
A_f die Rahmenfläche und
A_w die Fensterfläche
L die Länge des Randverbunds

5.4.1.1 Rahmenmaterial und Wärmeschutz

Fensterrahmen werden aus Holz, Kunststoff, Metall oder aus Kombinationen dieser Materialien hergestellt. Je nach dem verwendeten Werkstoff liegen die Wärmedurchgangskoeffizienten der Rahmen U_f zwischen rd. 1 W/(m^2 · K) bei Holz- und Kunststoffrahmen und rd. 4 bei Metallrahmen. Der hohe Wärmedurchgangskoeffizient letzterer beruht auf der hohen Wärmeleitfähigkeit des hierzu verwendeten Metalls. Um den Wärmeschutz von Metallrahmen zu verbessern, muss der direkte Wärmedurchgang von innen nach außen im Metallprofil unterbrochen werden. Hierzu wird dieses in eine innere und äußere Profilschale getrennt und mit einem Material kleinerer Wärmeleitfähigkeit und ausreichender Festigkeit miteinander verbunden. Derartig verbesserte Metallprofile bezeichnet man als wärmegedämmte Metallprofile.

Der Wärmedurchgangskoeffizient U_f der Rahmenkonstruktion wird entweder durch genormte Rechen- oder genormte Prüfverfahren bestimmt.

5.4.1.2 Verglasung und Wärmeschutz

Bei Mehrscheiben-Isoliergläsern hängt der Wärmedurchgang vom Scheibenabstand, der Anzahl der Zwischenräume, der Wärmeleitfähigkeit des eingeschlossenen Gases, dem Emissionsgrad einer eventuell vorhandenen metallischen Beschichtung der Scheibenoberfläche und dem Randverbund ab.

Ermittelt wird der Wärmedurchgangskoeffizient U_g der Verglasung entweder messtechnisch oder rechnerisch nach genormten Verfahren. Die Werte der Wärmedurchgangskoeffizienten können zwischen 0,5 W/(m^2 · K) oder 3,3 W/(m^2 · K) liegen.

Über einen langen Zeitraum hinweg wurde der Einfluss des Randverbundes auf den Wärmedurchgangskoeffizienten U_g ignoriert, obwohl er bei kleineren Scheibenabmessungen den Wärmedurchgangskoeffizienten U_g deutlich erhöht (s. Bild 5.17). Rechnerisch kann entsprechend Gl. (5.2) der Einfluss des erhöhten Abflusses an Wärmeenergie über den Randverbund durch einen längenbezogenen Wärmedurchgangskoeffizienten ψ erfasst werden (s. Bild 5.18 und Abschn. 6.4.1.4).

5 Wärmeschutz von Bauteilen

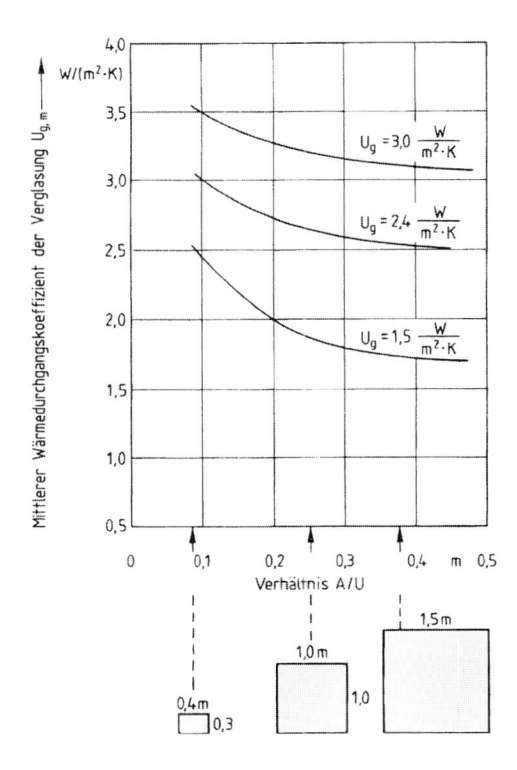

Bild 5.17
Mittlerer Wärmedurchgangskoeffizient von $U_{g,m}$ Verglasungen, abhängig von der Scheibengröße nach [50].

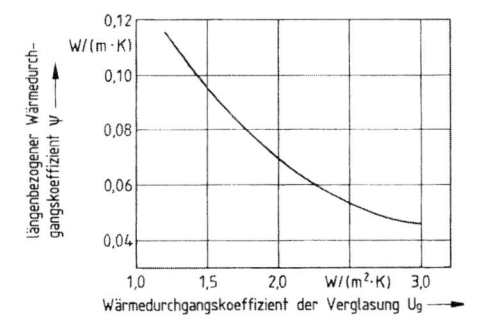

Bild 5.18
Längenbezogener Wärmedurchgangskoeffizient Ψ für den Verglasungsrand in Abhängigkeit vom Wärmedurchgangskoeffizienten U_g für die Verglasung im ungestörten Bereich nach [50]

5.4.2 Wärmegewinne durch Sonnenstrahlung

Ein wesentliches Unterscheidungsmerkmal der Fenster im Vergleich zu anderen Bauteilen ist die Transparenz der Verglasung, d.h., dass beim Fenster, im Gegensatz zu nichttransparenten Bauteilen, die Wärmestrahlung am Energietransport mitbeteiligt ist. Die Wärmestrahlung kann entweder von außen nach innen oder umgekehrt gerichtet sein. Im ersten Fall handelt es sich um Sonnenstrahlung, die Wärmeenergie in das Gebäudeinnere überträgt und einen Wärmegewinn darstellt, im zweiten Fall um langwellige Wärmestrahlung, die Wärmeenergie aus dem Gebäudeinneren zum Freien transportiert und somit zum Wärmeverlust beiträgt.

Bewertet wird die Strahlungsdurchlässigkeit der Verglasung durch den Gesamtenergiedurchlassgrad g. Er ist definiert als das Verhältnis der durch die Verglasung in das Gebäudeinnere übertragenen Wärmeenergie zur auftreffenden Strahlungsenergie (s. Bild 5.19) und wird nach [95] experimentell bestimmt.

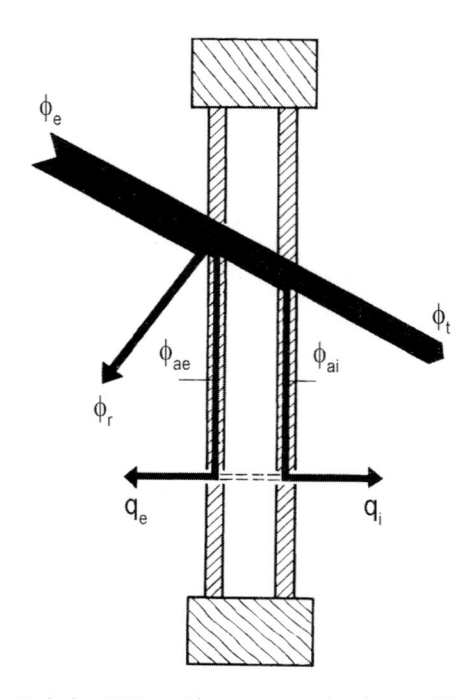

Bild 5.19
Schematische Darstellung des Strahlendurchganges, Reflexion und Absorption von Sonnenstrahlung an einer Isolierglasscheibe

ϕ_e auftreffende Strahlungsleistung
ϕ_r reflektierte Strahlungsleistung
ϕ_t transmittierte Strahlungsleistung
A_j, A_e absorbierte Strahlungsleistung innen bzw. außen
q_i, q_e Wärmeabgabe von der inneren und äußeren Scheibe auf Grund der absorbierten Strahlungswärme
g   Gesamtenergiedurchlassgrad

$$g = \frac{\phi_t + q_i}{\phi_e}$$

Bei der Wärmeübertragung der langwelligen Wärmestrahlung von innen nach außen ist der Strahlungsanteil am Wärmetransport im Wärmedurchgangskoeffizienten U_v enthalten (s. Abschn. 2.3). Im Bereich der restriktiven Wärmeschutzvorschriften zur Begrenzung des Heizenergieverbrauches wurde jahrelang der Wärmeschutz des Fensters nur durch den Wärmedurchgangskoeffizienten U_v der Verglasung bewertet. Unberücksichtigt blieb der Wärmegewinn aus der durch die Verglasung in den Raum gelangenden Sonnenenergie, die im Winter die Raumheizung entlastet. Diese Energiezufuhr hängt von der Intensität I der auf das Fenster auftreffenden Sonnenstrahlung und vom Energiedurchlassgrad g der Verglasung ab.

Der im Winter und in der Übergangszeit im Gebäude durch Solarenergie erzielbare Wärmegewinn kann zeitweise größer als von innen nach außen gerichtete Transmissionswärmeverluste durch die Verglasung sein. Dies lässt sich an Hand einer einfachen Energiebilanzbetrachtung zwischen Transmissionswärmeverlust und Gewinn an Wärmeenergie durch Sonnenstrahlung beim Fenster belegen, die auch durch Messungen bestätigt werden.

Der Transmissionswärmeverlust Φ_T durch ein Fenster der Fläche A_W und dem Wärmedurchgangskoeffizienten U_W ist

$$\Phi_T = U_W \cdot A_W \cdot (\theta_i - \theta_e) \tag{5.3}$$

Durch Sonneneinstrahlung der Intensität I_S erzielt der Raum einen Wärmegewinn Φ_S von

$$\Phi_S = A_S \cdot I_S \quad \text{mit} \quad A_S = g_\perp \cdot F_F \cdot F_S \cdot F_C \cdot F_W \cdot A_F. \tag{5.4}$$

Es ist: F: Abminderungsfaktoren; die Indizes bedeuten: F: Rahmenmaterial; S: Verschattung; C: Sonnenschutzvorrichtung; W: Strahlung trifft nicht senkrecht auf das Glas.
$g_\perp$: Ist der Gesamtenergiedurchlassgrad der Verglasung bei senkrechtem Strahlungseinfall.
I_S: In der Heizperiode auf die Fensterfläche A_F auftreffende Solarstrahlung in W/m^2.

5 Wärmeschutz von Bauteilen

Die Wärmebilanz ist:

$$\Phi_{eff} = \Phi_T - \Phi_S = U_F \cdot A_F \cdot (\theta_i - \theta_e) - g_\perp F \cdot F_S \cdot F_C \cdot F_W \cdot A_F \cdot I_S \tag{5.5}$$

$$\Phi_{eff} = \left(U_F - \frac{g_\perp \cdot F_F \cdot F_S \cdot F_C \cdot F_W \cdot I_S}{(\theta_i - \theta_e)} \right) \cdot A_F \cdot (\theta_i - \theta_e)$$

Wenn Φ_{eff} negativ ist, überwiegt die Wärmezufuhr durch Solar Strahlung Φ_S den Transmissionswärmeverlust Φ_T und es entsteht ein Wärmegewinn. Der Übergang von Wärmeverlust zu Wärmegewinn ($\Phi_{eff} = 0$) findet beim Schwellenwert $I_{S,0}$ der Solarstrahlung statt.

$$I_{S,0} = \frac{U_F \cdot (\theta_i - \theta_e)}{g_\perp \cdot F_F \cdot F_S \cdot F_C \cdot F_W} \tag{5.6}$$

Der Schwellenwert $I_{S,0}$ der Solarstrahlung ist umso niedriger, je kleiner der Wärmedurchgangskoeffizient U_F des Fensters und je größer der Gesamtenergiedurchlassgrad $g_\perp$ der Verglasung ist.

Bild 5.20 zeigt den Gesamtwärmedurchgang durch zwei verschiedene Verglasungen, abhängig von der auftreffenden Sonnenstrahlung. Daraus ist zu ersehen, dass beim Übergang vom Wärmeverlust zum Wärmegewinn durch Sonneneinstrahlung der Gesamtenergiedurchlassgrad g sich stärker auswirkt als der Wärmedurchgangskoeffizient U_F. Bei einer normalen Isolierverglasung mit $U_v = 3{,}0$ W/(m² · K) und g = 0,7 ist der Wärmegewinn bei Sonneneinstrahlung größer als bei einem Sonnenschutzglas mit $U_v = 1{,}7$ W/(m · K) und einem angenommenen Energiedurchlassgrad g = 0,4. Dabei ist der Schwellenwert I_s bei beiden Gläsern nahezu gleich groß, nämlich $I_s = 86$ W/m² beim Isolierglas und $I_s = 85$ W/m² beim Wärmeschutzglas. Dass Wärmegewinne durch Sonneneinstrahlung auch in bewohnten Häusern zu erwarten sind, wurde durch Wärmeverbrauchsmessungen in zwei fünfgeschossigen Wohnbauten mit je 20 Wohnungen mit Außenwänden unterschiedlich hoher Wärmedämmung in Holzkirchen/Obb. bestätigt [22]. In den Wohnungen wurde der Wärmeverbrauch als Wochenmittel in Abhängigkeit der Globalstrahlung ermittelt (s. Bild 5.21).

5.4.3 Sonnenstrahlung auf Fenster

Die auf ein Fenster auftreffende Strahlung besteht aus der direkten Sonnenstrahlung, der diffusen und der von der Umgebung reflektierten Strahlung (s. Bild 5.22). Während die direkte Strahlung sowohl richtungs- als auch zeitabhängig ist, liegt bei der diffusen und reflektierten Strahlung nur eine Zeitabhängigkeit vor (Bild 5.23). Daher kann z.B. auch ein gegen Norden orientiertes Fenster einen Strahlungsgewinn erzielen, ohne dass eine direkte Strahlung auftrifft. Alle drei Strahlungsarten zusammengefasst, ergeben die Globalstrahlung. Die meteorologischen Stationen des deutschen Wetterdienstes messen in vielen Städten die Globalstrahlung als Tagesmittelwert und geben sie in den Wetterberichten bekannt. Die Messwerte hängen von der Jahreszeit und dem Grad der Bewölkung ab. Um abschätzen zu können, wie stark sich die Sonnenstrahlung auf das Fenster als Energiegewinn bemerkbar macht, muss man wissen, wie oft der Schwellenwert I_s überschritten wird. Hierzu liefern die Tagesmittelwerte der Globalstrahlung nur eine unzureichende Aussage, man benötigt vielmehr Angaben über die Häufigkeit des Auftretens verschiedener Strahlungsintensitäten auf verschieden orientierten Flächen im Laufe eines Tages, abhängig von der Jahreszeit. Globalstrahlungen, die nach dieser Forderung ausgewertet wurden, sind in Bild 5.24 dargestellt. Es zeigt die auf die Tageslänge bezogene prozentuale Dauer des Auftretens verschiedener Sonneneinstrahlungen auf unterschiedlich

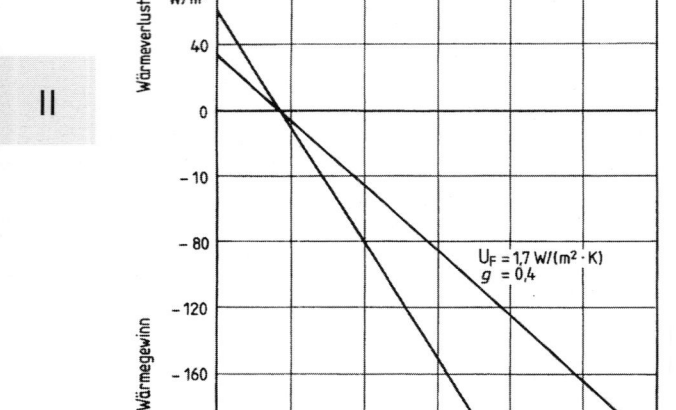

Bild 5.20
Wärmeverlust und Wärmegewinn durch unterschiedliche Verglasungen in Abhängigkeit der Sonneneinstrahlung bei einer Temperaturdifferenz zwischen Raum- und Außenluft von 20 K

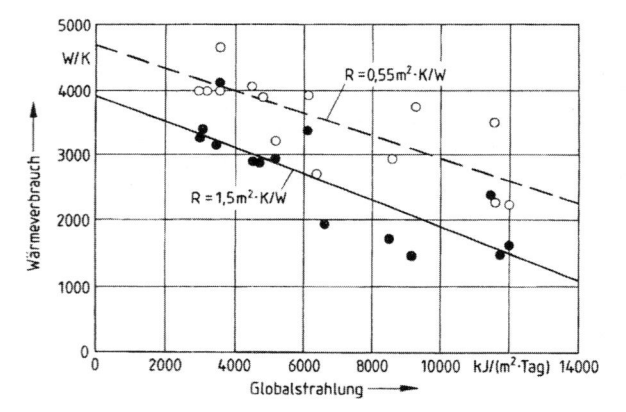

Bild 5.21
Gemessener Wärmeverbrauch in zwei Wohnblöcken mit je 20 Wohnungen bei Holzkirchen mit Außenwänden unterschiedlich hoher Wärmedämmung, abhängig von der Globalstrahlung

orientierte Fensterflächen im Winter (November bis Januar) und in der Übergangszeit (März und September) in Holzkirchen [11]. Wenn der Schwellenwert einer Verglasung nach Gl. (5.6) berechnet wird, kann daraus abgelesen werden, wie häufig dieser Wert überschritten wird. Dabei ist natürlich zu berücksichtigen, dass der Schwellenwert nicht nur vom Wärmedurchgangskoeffizienten U_V und dem Gesamtenergiedurchlassgrad g abhängt, sondern auch von der Temperaturdifferenz zwischen innen und außen. Bei Annahme einer Temperaturdifferenz im Winter (November bis Januar) von 21 K und während der Übergangszeit (März) von 14 K erhält man bei Normalverglasungen Schwellenwerte von I_s = 90 W/m² (Winter) und I_s = 60 W/m² (Übergangszeit). Aus den Bildern 5.25 und 5.26 kann man ablesen, dass bei einem Südfenster der Schwellenwert I_s im Winter mit einer Häufigkeit von rund 55 % und im März von rund 70 % überschritten wird. Diese Zahlenangaben treffen natürlich unmittelbar nur auf die Klimawerte von Holzkirchen zu. Sie sind in der Tendenz jedoch auch auf andere Orte übertragbar.

5 Wärmeschutz von Bauteilen

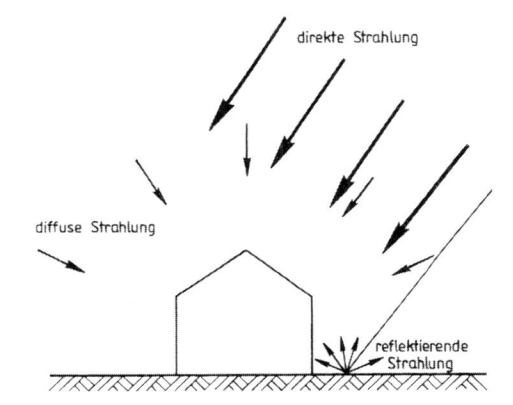

Bild 5.22
Schematische Darstellung der Strahlung,
die auf ein Bauwerk trifft

5.4.4 Äquivalenter Wärmedurchgangskoeffizient von Fenstern und temporärer Wärmeschutz

Über viele Jahre hinweg wurde in den Anforderungsvorschriften die Energieeinsparung nur nach den Transmissionswärmeverlusten, d.h. durch den Wärmedurchgangskoeffizienten U der

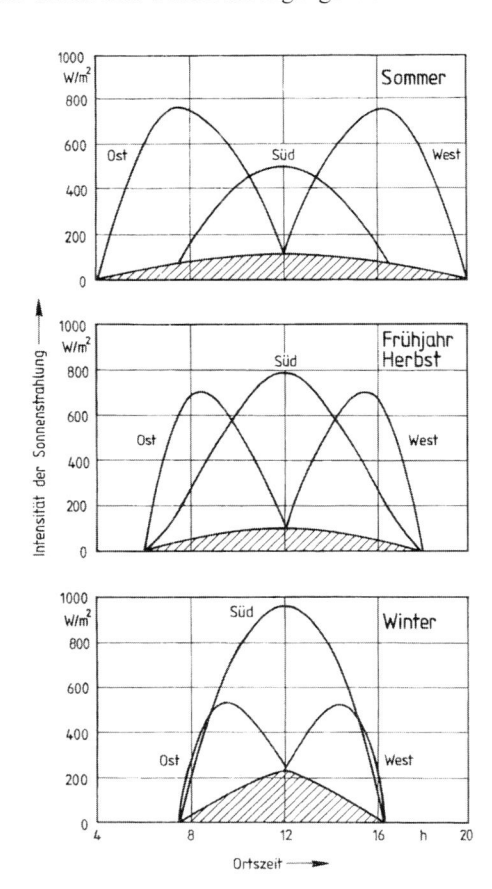

Bild 5.23
Zeitlicher Verlauf des Strahlungsempfanges unterschiedlich orientierter Flächen zu unterschiedlichen Jahreszeiten
Der schraffierte Bereich ist die von der Himmelsrichtung unabhängige diffuse und reflektierte Strahlung

Bauteile bewertet. Mögliche Energiegewinne durch Sonnenzustrahlung blieben weitgehend außer acht. Diese Betrachtungsweise ist bei nichttransparenten Bauteilen, sofern sie nicht mit einer transparenten Wärmedämmung (s. Abschn. 5.4.5) versehen sind, angebracht, denn die Gewinne an Solarenergie durch an der Außenoberfläche absorbierte Sonnenstrahlung sind relativ gering. Dies ist darauf zurückzuführen, dass die durch Absorption aufgenommene Sonnenenergie hauptsächlich durch Konvektion und Wärmeabstahlung an die Außenluft abgegeben wird, und nicht wie gewünscht durch Wärmeleitung dem Inneren der Gebäude zugeführt wird. Experimentelle Untersuchungen in bewohnten Gebäuden [10] und in Versuchshäusern [24] bewiesen jedoch, dass bei Fenstern oder sonstigen transparenten Bauteilen es nicht gerechtfertigt ist, den Strahlungsgewinn außer acht zu lassen, denn Fenster können einen beachtlichen Beitrag zur passiven Solarenergienutzung beitragen. Auf die Dauer war es nicht tragbar, die solaren Wärmegewinne bei der Bewertung des Heizenergieverbrauchs bei Gebäuden zu ignorieren.

Dies änderte sich mit der Einführung der 3. Wärmeschutzverordnung: WSV-1995.

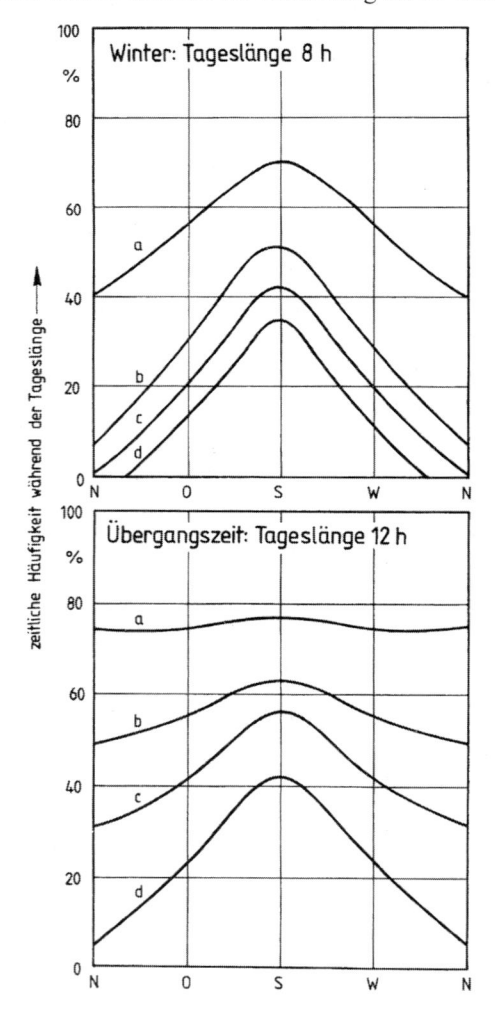

a 50 W/m^2 Sonneneinstrahlung
b 100 W/m^2 "
c 150 W/m^2 "
d 200 W/m^2 "

Bild 5.24
Auf die Tageslänge bezogene prozentuale Dauer des Auftretens verschiedener Strahlungsintensitäten auf unterschiedlich orientierte Fensterflächen im Winter (November bis Januar) und in der Übergangszeit

5 Wärmeschutz von Bauteilen

In der Energieeinsparverordnung EnEV 2002 wird der solare Wärmegewinn wie in DIN V 4106-6 mittels dem aus Gl. (5.4) abgeleiteten solaren Wärmestrom Φ_S durch das Fenster berechnet:

$$\Phi_S = \sum_j I_{S,j} \cdot \sum_i^n A_{S,j,i} \cdot g_{\perp,i} \tag{5.7}$$

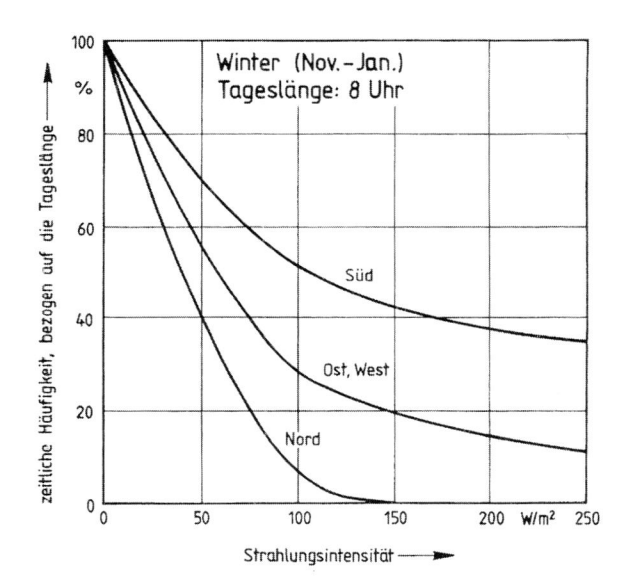

Bild 5.25
Auf die Tageslänge bezogene prozentuale Dauer des Auftretens von Strahlung auf unterschiedlich orientierten Fensterflächen im Winter, abhängig von der Strahlungsintensität

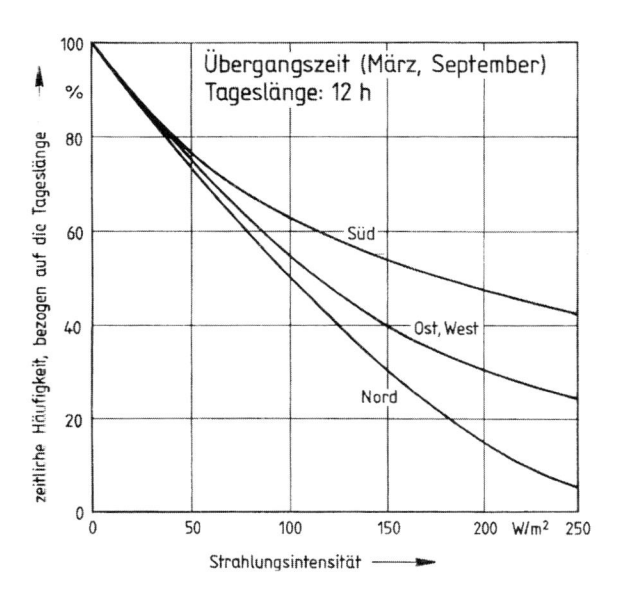

Bild 5.26
Auf die Tageslänge bezogene prozentuale Dauer des Auftretens von Strahlung auf unterschiedlich orientierten Fensterflächen in der Übergangszeit, abhängig von der Strahlungsintensität

Dabei ist: I: Strahlungsintensität in W/m² (s. DIN V 4108-6, Tabelle A1)
　　　　　 i: ein Bauteil
　　　　　 j: Die Orientierung des Fensters
　　　　　 A_S: die effektive Glasfläche der Verglasung
　　　　　 $g_{\perp,i}$: Gesamtenergiedurchlassgrad der Verglasung

5.5 Transparente Wärmedämmung auf Außenwänden

Im Bestreben, Energie einzusparen, hat in den vergangenen Jahren die Sonnenstrahlung als Energiequelle zur Beheizung von Gebäuden an Bedeutung stark gewonnen. Je nach Art der Sonnenenergienutzung unterscheidet man zwischen aktiven und passiven Solarenergie-Systemen. Bei den aktiven Solarenergie-Systemen wird die Sonnenenergie mittels thermischer Kollektoren oder Photovoltaikanlagen in transportierbare Energie umgewandelt und an den Ort der Verwertung verlagert, es sind also technische Hilfen notwendig, ehe die Sonnenenergie genutzt werden kann. Dagegen wird bei den passiven Solarenergie-Systemen die Sonnenenergie direkt am Ort in nutzbare Wärmeenergie umgewandelt und zur unmittelbaren Erwärmung der Raumluft genutzt.

Die zur Zeit wohl wirkungsvollste Maßnahme bei der passiven Solarenergienutzung besteht in der Nutzung der Fenster als Sonnenkollektoren. Der Gewinn an Sonnenenergie durch Fenster ist heute ein berechenbarer Vorgang (s. Abschn. 5.4) und wird demzufolge auch im Gebäudeentwurf bei der Planung der Fenstergröße und -Orientierung beachtet. Auch in den Rechenverfahren zur Abschätzung des Jahres-Heizwärmebedarfes von Gebäuden wird die durch das Fenster in das Gebäudeinnere gelangende Sonnenstrahlung als Energiequelle berücksichtigt (s. Abschn. 10).

Eine weitere Möglichkeit der passiven Solarenergienutzung ist das in der Entwicklung schon sehr weit fortgeschrittene System der transparenten Wärmedämmung auf opaken Außenbauteilen. Sie hat das Versuchsstadium im Labor hinter sich und hat sich in einer größeren Anzahl von Versuchsbauten unter natürlichen Bedingungen auch bewährt. Ein Hindernis bei der praktischen Anwendung sind z.Z. noch die hohen Kosten hierfür. Neue Entwicklungen lassen aber spürbare Kostensenkungen erwarten. Vielversprechend ist auch folgender Aspekt: als alleiniges Bauelement in die Außenfassade eines Gebäudes eingesetzt, kann sie wegen ihrer Lichtdurchlässigkeit und Lichtstreuung zur besseren Nutzung des Tageslichts in den angrenzenden Räumen beitragen.

5.5.1 Funktionsprinzip der transparenten Wärmedämmung (TWD)

Wenn eine Wand von der Sonne beschienen wird, absorbiert sie eine vom Absorptionsgrad der Wandoberfläche abhängige Energiemenge und erwärmt die Wandoberfläche. Je größer der Absorptionsgrad der Außenwandoberfläche ist, desto größer ist die absorbierte Energiemenge und um so höher wird die Temperatur auf der äußeren Wandoberfläche sein. Die absorbierte Wärmemenge wird aber größtenteils sofort wieder in die Außenluft abgegeben, nur ein geringer Teil der Wärme gelangt ins Gebäudeinnere. Durch das Anbringen einer transparenten, wärmedämmenden Beschichtung auf der Außenwandoberfläche kann die Abgabe der von der Wandoberfläche absorbierten Wärme an die Außenluft gebremst und damit zu einem großen Teil ins Gebäudeinnere weitergeleitet werden (s. Bild 5.27). In diesem Fall wird die Außenwand zu einem Sonnenkollektor und kann Nutzwärme für das Gebäude produzieren [5], [7], [30], [55]. Die von der Wandoberfläche absorbierte Sonnenenergie soll erst mit einer zeitlichen Verzögerung von mehreren Stunden bis zur raumseitigen Oberfläche der Außenwand vordringen, damit die Wärmeabgabe der Wand an den Raum nicht zur selben Zeit wie die Wärmeeinstrahlung über die Fensterflächen erfolgt und eine eventuelle Überwärmung des Raumes vermieden wird. Die Phasenverschiebung zwischen dem Maximum der Temperatur an der Absorberschicht und dem an der raumseitigen Wandoberfläche hängt von der Wärmeleitfähigkeit und dem Wärmespeichervermögen des Wandmaterials ab.

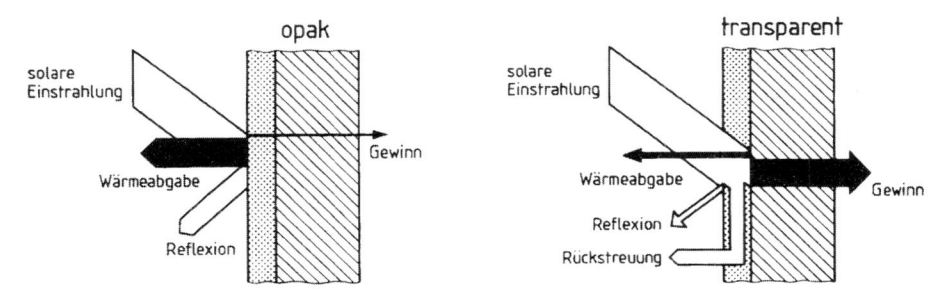

Bild 5.27 Wirkungsweise der transparenten Wärmedämmung im Vergleich mit der opaken Wärmedämmung

5.5.2 Bestandteile der transparenten Wärmedämmung

Für die transparenten Wärmedämmsysteme werden z.Zt. hauptsächlich Kapillarplatten aus Plexiglas oder Polycarbonat verwendet. Berichtet wird auch über Untersuchungen mit Papierwaben als Dämmmaterial [18] und Versuche mit mikroporösen, transparenten Stoffen (Aerogelen) mit sehr viel kleineren Wärmeleitfähigkeitswerten als die der üblichen Wärmedämmstoffe [4]. Prinzipiell können auch Wärmeschutzgläser als transparente Wärmedämmung verwendet werden, ihr Wirkungsgrad ist aber in der Regel nicht so gut wie der von transparenten Dämmstoffen.

Die transparenten Wärmedämmplatten müssen vor der Witterung und der ultravioletten Strahlung geschützt werden, es ist also erforderlich, sie mit einem Witterungsschutz zu versehen, der selbst transparent sein muss. Vielfach werden die transparenten Wärmedämmplatten beidseitig mit Glasplatten bekleidet, die Witterungs- und Oberflächenschutz sind und ihnen auch eine mechanische Stabilität verleihen. Um derartig aufgebaute Platten an der Fassade anbringen zu können, werden sie in eine Rahmenkonstruktion eingesetzt. Neue Systeme erlauben eine direkte Verklebung der transparenten Wärmedämmplatten auf der Außenwand, wobei ein transparenter Putz als Witterungsschutz der Dämmplatten dient. In der Regel muss auch ein Sonnenschutz oder eine Verschattungseinrichtung vorgesehen werden, um eine Überhitzung des Raumes im Sommer zu verhindern und die transparente Wärmedämmung vor der direkten Sonnenstrahlung zu schützen.

Eine transparent gedämmte Außenwand besteht aus folgenden Bestandteilen:
— der raumabschließenden Absorberwand,
— der transparenten Wärmedämmschicht mit
— einem transparenten Witterungsschutz und in der Regel einer
— sommerlichen Verschattungseinrichtung.

In Bild 5.28 werden prinzipielle Konstruktionsmöglichkeiten von Außenwänden mit transparenter Wärmedämmung gezeigt.

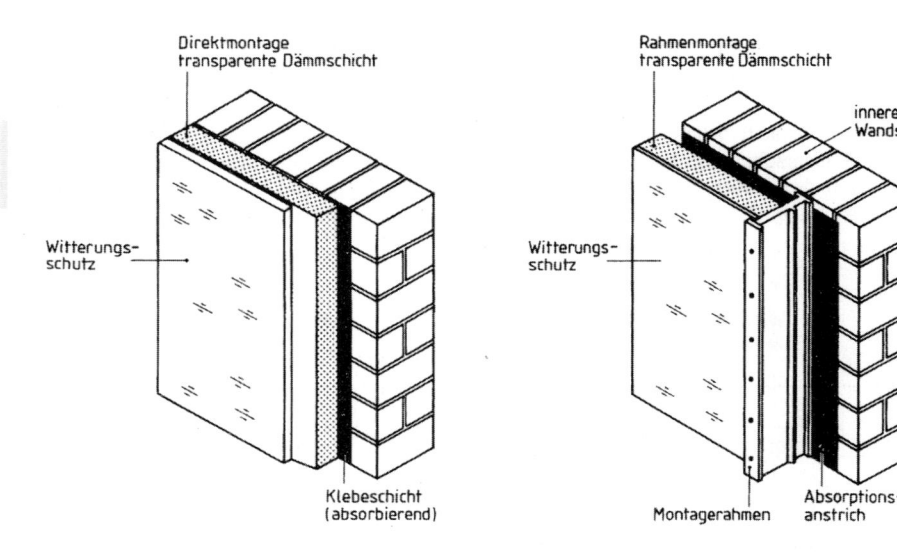

Bild 5.28 Konstruktionsmöglichkeiten von transparent gedämmten Außenwänden

5.5.3 Wirkungsweise der transparenten Wärmedämmung

Der Grad des Nutzungsgewinnes der Sonnenenergie durch die transparente Wärmedämmung hängt von folgenden Faktoren ab:

- Transparenz der Wärmedämmung, gekennzeichnet durch den Energiedurchlassgrad g des Dämmaterials,
- Wärmedämmwert der transparenten Beschichtung,
- Wärmeleitfähigkeit, spezifische Wärmekapazität und Rohdichte des Wandmaterials,
- Dicke der Außenwand.

Erwünscht ist, dass der Wärmegewinn durch die transparente Wärmedämmung in der Wand vorübergehend gespeichert und die Wärme am Abend genutzt werden kann. Die Phasenverschiebung zwischen der Wärmeerzeugung an der äußeren Wandoberfläche und der Wärmeabgabe an den Raum hängt von der Rohdichte, der Wärmekapazität und der Wärmeleitfähigkeit der Wand ab (s. Bild 5.29).

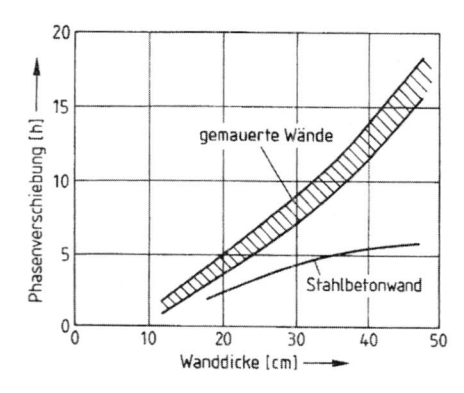

Bild 5.29
Zeitliche Verschiebung der maximalen Energielieferung in den Raum, bezogen auf den Zeitpunkt der Spitzentemperatur an der Absorberoberfläche, abhängig von der Dicke der Wand [30]

5 Wärmeschutz von Bauteilen

Die Sonneneinstrahlung auf eine Absorberwand hängt von der Orientierung der Wand und von der Jahreszeit ab. Im Winter erreicht die Intensität der auf eine Südwand auftreffenden Sonnenstrahlung hohe Werte, während sie im Sommer deutlich geringer ist (s. Bild 5.23). Daher werden die Spitzentemperaturen an der Absorberfläche und an der Raumseite der Außenwand, je nach Wandorientierung und Jahreszeit, sehr unterschiedlich ausfallen, wie aus Bild 5.30 ersehen werden kann. Die graphischen Darstellungen des Bildes zeigen den Streubereich der Temperaturen im Querschnitt einer Ost- und Südaußenwand mit transparenter Wärmedämmung an einem strahlungsreichen Winter- und Sommertag.

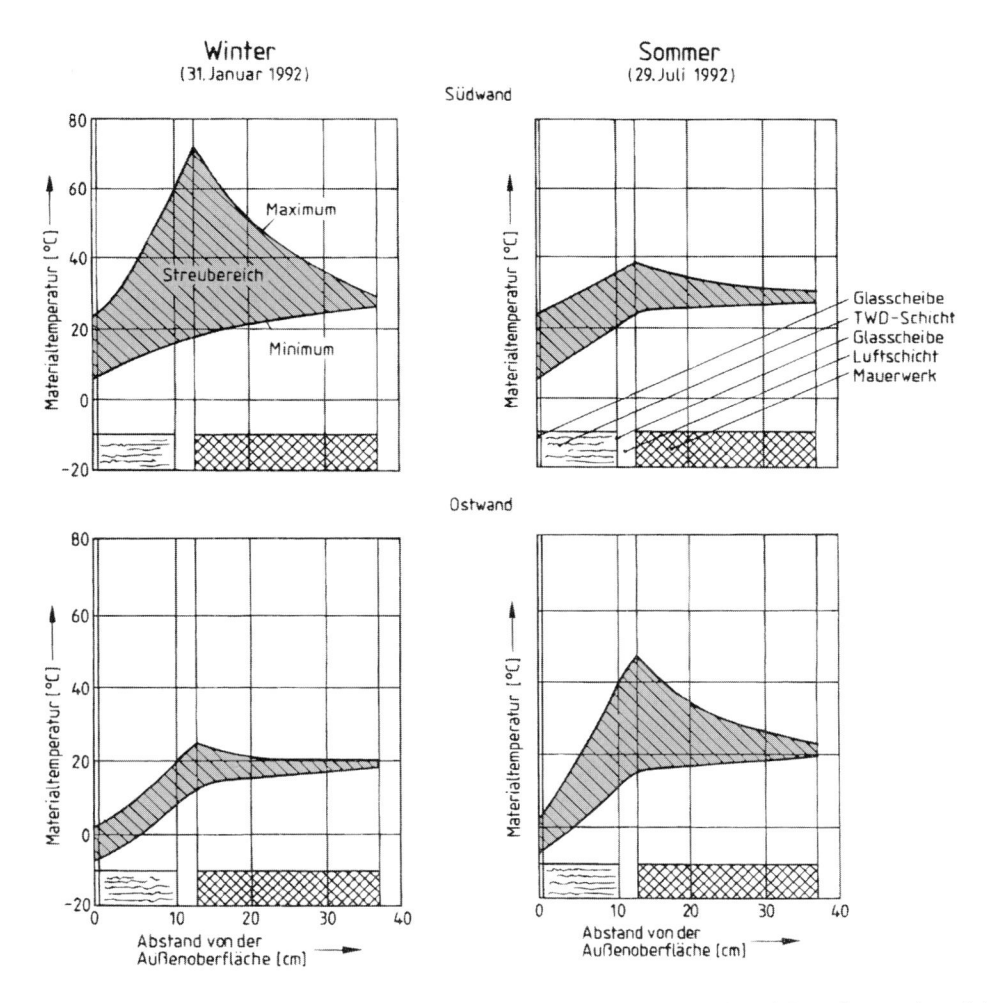

Bild 5.30   Streubereich der Temperaturen über den Querschnitt einer Süd- und Ostaußenwand aus leichtem Mauerwerk mit transparenter Wärmedämmung an einem strahlungsreichen Winter- und Sommertag [30]

5.5.4 Energetische Einflussgrößen

Wärmeverlust durch nichttransparente Bauteile werden durch ihren Wärmedurchgangskoeffizienten bewertet. Bei Bauteilen, die transparent sind bzw. bei Bauteilen mit außenseitig angebrachten transparenten Beschichtungen reicht der Wärmedurchgangskoeffizient allein nicht aus, um sie wärmeschutztechnisch richtig beurteilen zu können, denn der Gewinn an Solarenergie wird bei dieser Berechnung nicht berücksichtigt. Beim Fenster wird das Problem durch die Definition des äquivalenten Wärmedurchgangskoeffizienten des Fensters gelöst (s. Abschn. 5.4.4). Um den Strahlungsgewinn bei der transparenten Wärmedämmung rechnerisch erfassen zu können, gibt es für eine solche Wand einen ähnlichen Ansatz wie beim Fenster. Zu diesem Zweck ist ein effektiver Wärmedurchgangskoeffizient eingeführt, der nach folgender Gleichung bestimmt wird.

$$U_{eff} = U_{W+TWD} - \eta_0 \cdot \frac{I}{\Delta\theta} \tag{5.8}$$

U_{W+TWD} ist der Wärmedurchgangskoeffizient der Außenwand einschließlich der transparenten Wärmedämmung
η_0 ist der solare Wirkungsgrad der transparenten Wärmedämmung
I ist die Intensität der Sonnenstrahlung
$\Delta\theta$ ist die Temperaturdifferenz zwischen der Innen- und Außenluft

Das Verhältnis $I/\Delta\theta$ in Gl. (5.8) entspricht dem Strahlungsgewinnkoeffizienten beim äquivalenten Wärmedurchgangskoeffizienten des Fensters. Dieser Quotient ist aber nicht nur abhängig von der mit der Wandorientierung und der Jahreszeit sich verändernden Intensität der Sonnenstrahlung, sondern auch von der durch den Gebäudestandort sich ergebenden Differenz der Außen- und Raumlufttemperatur. Der solare Wirkungsgrad der transparenten Wärmedämmung kann nach folgender Gl. berechnet werden.

$$\eta_0 = \alpha_{si} \cdot g_{TWD} \frac{(R_{TWD} + R_{se})}{(R_{si} + R_W + R_{TWD} + R_{se})} \tag{5.9}$$

α_{si} ist der Strahlungsabsorptionsgrad der Oberfläche des opaken Bauteils
g_{TWD} ist der Energiedurchlassgrad der transparenten Wärmedämmung
R_W ist der Wärmedurchlasswiderstand der Wand ohne TWD
R_{TWD} ist der Wärmedurchlasswiderstand der transparenten Wärmedämmung
R_{si}, R_{se} sind die Wärmeübergangswiderstände innen und außen.

Nach Gl. (5.9) ist der solare Wirkungsgrad umso höher, je größer der Absorptionsgrad der Wand, je größer der Energiedurchlassgrad der transparenten Wärmedämmung und je größer der Wärmedurchlasswiderstand der transparenten Wärmedämmung im Vergleich zum Wärmedurchlasswiderstand der Wand allein ist.

Im Bild 5.31 wird der solare Wirkungsgrad von 4 verschiedenen transparenten Dämmsystemen in Abhängigkeit des Wärmedurchgangskoeffizienten der Außenwand gezeigt. Sehr deutlich ist der Einfluss des Energiedurchlassgrades der transparenten Wärmedämmung auf den solaren Wirkungsgrad zu erkennen. Obwohl das System 1 mit einem Wärmedurchgangskoeffizienten von $U = 1{,}3$ W/(m² · K) einen größeren Wert als das System 3 mit $U = 0{,}8$ W/(m² · K) aufweist, also nach dem sonst üblichen Maßstab von den beiden Systemen ungünstiger beurteilt wird, ist dessen solarer Wirkungsgrad größer, als der des Systemes 3 und somit auch der erzielbare Wärmegewinn höher als beim System 3. Der Grund für die effektivere Wirkung des Systemes 1 hinsichtlich der Solarenergienutzung im Vergleich zum System 3 liegt im größeren Energiedurchlassgrad $g = 0{,}67$ des dort verwendeten transparenten Wärmedämmmaterials im

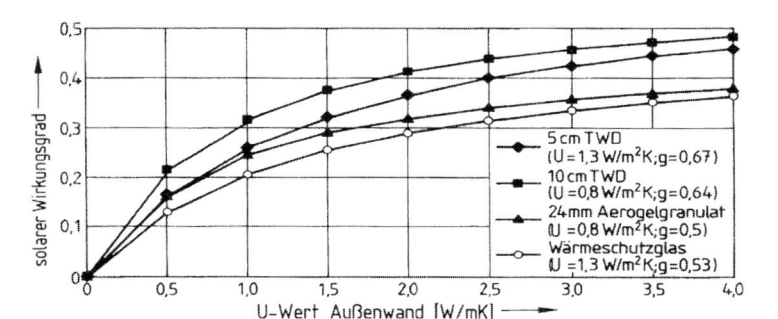

Bild 5.31
Solarer Wirkungsgrad von Außenwänden mit 4 verschiedenen transparenten Wärmedämmsystemen

Vergleich zu g = 0,5 des Systems 3. Auch ist aus Bild 5.31 erkennbar, dass die transparente Wärmedämmung umso wirkungsvoller ist, je größer der Wärmedurchgangskoeffizient der Wand allein ist. Daraus folgt, dass transparente Wärmedämmsysteme besonders effektiv bei der Sanierung von Altbauten sind.

5.5.5 Thermische und hygrische Beanspruchung von transparent gedämmten Außenwänden

Bei transparent gedämmter Wand erreicht die als Absorber dienende Oberfläche der Wand hohe Temperaturen mit Werten bis zu 75 °C. Die Spitzenwerte der Temperatur sind nicht nur von der Orientierung der Wand und der Jahreszeit abhängig, sondern auch von der Wärmeleitfähigkeit des Wandmaterials und in einem eingeschränkten Umfang auch der Wanddicke. In der Wand entsteht ein Temperaturgefälle, das eine Verkrümmung der Wand hervorruft. Enthält das Wandmaterial viel Feuchtigkeit, wie es bei Neubauten der Fall ist, trocknet die an die transparente Wärmedämmung grenzende Materialschicht wegen der dort auftretenden hohen Temperatur schneller als die raumseitige Oberfläche der Wand. Hinter der transparenten Wärmedämmung schwindet das Material und es entstehen Schwindrisse, die bisher überwiegend in vertikaler Richtung beobachtet wurden [31]. Von den 1 bis 2 mm breiten Rissen wird die Standsicherheit oder Tragfähigkeit der Wand nicht beeinträchtigt. Entgegenwirken kann man der Rissebildung, indem in Neubauten in den Wänden vertikale Dehnfugen eingeplant werden.

5.5.6 Tageslichtnutzung

Wegen ihrer hohen Lichtdurchlässigkeit können transparente Wärmedämmsysteme als Bauelemente auch zur Unterstützung der Raumbeleuchtung herangezogen werden. Auf Grund der lichtlenkenden Wirkung und der Lichtstreuung des transparenten Wärmedämmmaterials (s. Bild 5.32) werden Räume in der Tiefe besser ausgeleuchtet als bei der direkten Lichteinstrahlung durch die Fenster. Damit kann die in Verwaltungsgebäuden oft notwendige Kunstlichtbeleuchtung verringert und der Energieverbrauch reduziert werden.

Auch die an fensternahen Arbeitsplätzen oft vorhandene Blendwirkung durch direkte Sonneneinstrahlung auf Schreibtische oder dgl. wird reduziert, wenn transparente Wärmedämmelemente in der Außenwand eingesetzt werden. In [44] wird von einem Bibliotheksraum berichtet, in dessen Südfassade ergänzend zu den Fenstern transparente Oberlicht- und Brüstungselemente eingebaut wurden. Der 15 m tiefe Raum kommt auch an bedeckten Tagen ohne Kunstlicht aus.

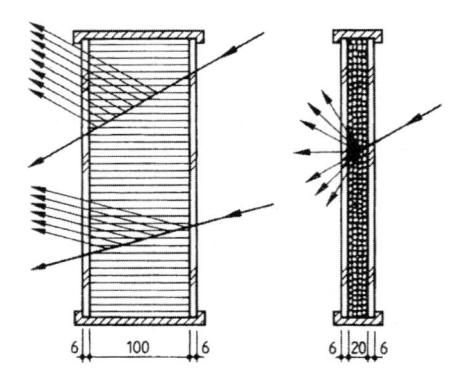

Bild 5.32
Lichtlenkung und Lichtstreuung durch transparente Wärmedämmstoffe aus Kapillarmaterial und aus Aerogelen [44]

Weiterhin dürfen die guten Dämmeigenschaften der transparenten Wärmedämm-Elemente nicht übersehen werden. Ihre Wärmedurchgangskoeffizienten sind in der Regel kleiner, als die der heute üblichen Wärmeschutzgläser.

6 Wärmebrücken

Wärmebrücken sind Schwachstellen in einer Baukonstruktion. Ihre Auswirkungen werden oft als Tauwasserschäden erkennbar und sind dann häufig der Anlass für Auseinandersetzungen zwischen Bauherr und Architekt. Für den Planer ist es daher wichtig, zu erkennen, wo eine Wärmebrücke vorliegt und ob eine Verbesserung des Wärmeschutzes an dieser Stelle der Baukonstruktion notwendig ist. Die Wahl der Schutzmaßnahmen kann erfolgen, auf Grund

- der auf langjähriger Bewährung basierenden allgemein anerkannten Regeln der Bautechnik sowie den von den obersten Baubehörden durch öffentliche Bekanntmachung als Technische Baubestimmungen eingeführten technischen Regeln,
- von Informationen über Wärmebrücken und deren Auswirkung auf den Wärmeschutz in der Fachliteratur [27], [29] und [54],
- rechnerischer Untersuchungen von Wärmebrücken, sofern entsprechende Rechner und Rechnerprogramme zur Verfügung stehen [103].

6.1 Definition

Als Wärmebrücken werden örtlich begrenzte Stellen bezeichnet, die im Vergleich zu den angrenzenden Bauteilbereichen eine höhere Wärmestromdichte aufweisen. Ihr physikalisches Merkmal ist, dass die Wärmestromlinien an dieser Stelle nicht mehr eindimensional, also parallel zueinander verlaufen, sondern verzerrt, d.h. divergent oder konvergent sind. Diese örtlich erhöhte Wärmestromdichte verursacht nicht nur einen zusätzlichen Wärmeverlust im Vergleich zum ungestörten Bauteil, sondern reduziert auch in dem betreffenden Bereich die Oberflächentemperatur des Bauteils

Die wesentlichen Merkmale von Wärmebrücken sind also
- erhöhte Wärmeverluste sowie
- verringerte Oberflächentemperaturen in diesem Bereich.

6 Wärmebrücken

6.2 Arten von Wärmebrücken

Wenn zwischen den beiden Oberflächen eines ebenen, plattenförmigen Bauteils eine Temperaturdifferenz vorhanden ist, fließt durch das Bauteil ein Wärmestrom, dessen Richtung nach Gl. (1.1) vom Temperaturgefälle bestimmt wird. Wenn es sich um homogenes Material handelt, verlaufen, wie in Abschn. 2.1.1 gezeigt wird, die Wärmestromlinien über den gesamten Bauteilquerschnitt senkrecht zur Oberfläche und parallel zueinander. Entstehen – aus welchen Gründen auch immer – Temperaturunterschiede in einer Ebene parallel zur Bauteiloberfäche, dann ändern die Wärmestromlinien wegen der Querkomponente ihre Richtung und weichen vom parallelen Verlauf ab. Dies ist der Fall, wenn entweder Stoffe unterschiedlicher Wärmeleitfähigkeit nebeneinander angeordnet sind, oder wenn die Bauteile von der Plattenform abweichen, beispielsweise an der Anschlussstelle zweier senkrecht aufeinander stehender Bauteile. Im ersten Fall spricht man von einer stoffbedingten, im zweiten Fall von einer form- oder geometriebedingten Wärmebrücke. Bild 6.1 zeigt beispielhaft die beiden Wärmebrückenarten.

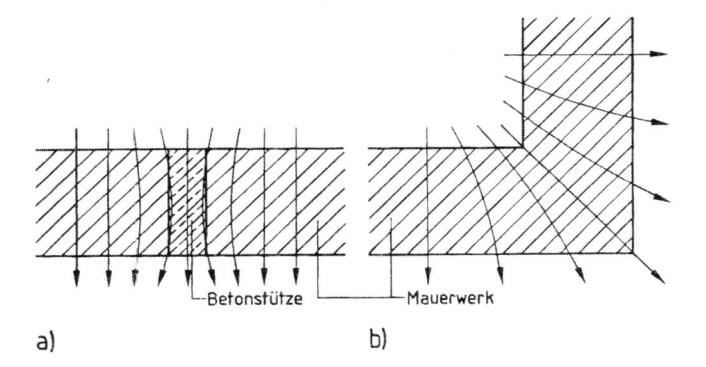

Bild 6.1
Wärmestromlinien in einer stoffbedingten (a) und formbedingten (b) Wärmebrücke

In der Literatur werden teilweise auch noch lüftungs- und umgebungsbedingte Wärmebrücken erwähnt [6], [66]. Hier wird der Lüftungswärmeverlust durch Gebäudeundichtheiten oder ein erhöhter Wärmeverlust als Folge einer höheren Umgebungstemperatur, z.B. in der Heizkörpernische, angesprochen. Da in beiden Situationen nur ein nicht von der Baukonstruktion verursachter erhöhter Wärmeverlust ohne das charakteristische Merkmal einer gleichzeitigen Erniedrigung der Oberflächentemperatur in Erscheinung tritt, ist es nicht angebracht, diese Form des erhöhten Wärmeverlustes als Wärmebrücke zu bezeichnen.

In der Umgangssprache werden Wärmebrücken oft als Kältebrücken bezeichnet und der auftretende Wärmeverlust als Kältezufuhr beschrieben. Physikalisch ist diese Aussage nicht korrekt, denn bei dem in der Schwachstelle der Baukonstruktion stattfindenden Vorgang wird Energie in Form von Wärme von einem höheren zu einem niedrigeren Energieniveau transportiert. Der Begriff Kälte aber beschreibt einen menschlichen thermischen Behaglichkeitszustand und bezieht sich auf Empfindungen und Reaktionen des Menschen, wenn die Umgebungstemperatur im Vergleich zur „normalen", behaglichen Temperatur wesentlich niedriger ist. In diesem Zustand wird der Abfluss der Wärme an der Körperoberfläche nicht mehr von der normalen Produktion an Körperwärme gedeckt und ruft eine Kälteempfindung hervor. Es ist durchaus möglich, dass der erhöhte Wärmeverlust einer Wärmebrücke die Oberflächentemperaturen eines Außenbauteiles so weit absenkt und die angrenzende Raumluftschicht sich so weit abkühlt, dass ein Mensch in diesem Bereich eine stark asymmetrische Entwärmung des Körpers verspürt und diese Raumklimasituation als unbehaglich „kalt" charakterisiert, daher wohl der Ausdruck „Kältebrücke".

6.3 Wärmebrückenprobleme

Wärmebrücken sind immer Schwachstellen in der Baukonstruktion. Sie verursachen sowohl erhöhte Wärmeverluste als auch eine Absenkung der Oberflächentemperatur.

Ihre Auswirkungen auf die Oberflächentemperatur hängen vom Grad der Schwächung des Wärmeschutzes an dieser Stelle ab. Wenn die Oberflächentemperatur so stark absinkt, dass sie den Wert der Taupunktstemperatur unterschreitet, treten in ihrem Bereich oft Tauwasserschäden auf. Bei weniger ausgeprägten Wärmebrücken ist deren Oberflächentemperatur nicht niedriger als die Taupunktstemperatur der Raumluft, Tauwasserschäden bleiben deshalb aus. Die Bereiche solcher Wärmebrücken machen sich trotzdem durch verstärkte Staubablagerungen an diesen Stellen bemerkbar.

Erhöhte Wärmeverluste. Der erhöhte Wärmeverlust im Bereich von Wärmebrücken verursacht einen höheren Wärmeverbrauch eines Raumes bzw. eines Gebäudes. Bei Gebäuden mit einem hohen Wärmeschutz können Wärmeverluste über Wärmebrücken im Vergleich zu den gesamten Wärmeverlusten relativ groß werden und müssen bei der Ermittlung des Jahres-Heizwärmebedarfes nach der Energie-Einsparverordnung berücksichtigt werden.

Wärmebrücken verursachen außerdem höhere Investitionskosten und erzeugen infolge des höheren Heizenergieverbrauches eine zusätzliche Belastung der Erdatmosphäre durch CO_2-Emission.

Verringerte Oberflächentemperatur. Mit Hilfe der folgenden Überlegungen soll verdeutlicht werden, wieso die Oberflächentemperatur im Bereich einer Wärmebrücke niedriger ist als im restlichen Bereich des Bauteils. Betrachtet werde eine Außenwand mit einer darin enthaltenen Wärmebrücke, der Wärmedurchgangskoeffizient des ungestörten Bauteils sei U. Für den Bereich der Wärmebrücke kann ein ortsabhängiger Wärmedurchgangskoeffizient $U_{wbr}(x)$ definiert werden, der wegen der erhöhten Wärmestromdichte an dieser Stelle (x) größer als U sein muss. Nach Abschn. 2.4.1 ist die Oberflächentemperatur im ungestörten Teil der Wand

$$\theta_{si} = \theta_i - \frac{U}{h_i} \cdot (\theta_i - \theta_e)$$

und im Bereich der Wärmebrücke an der Stelle x

$$\theta_{si,wbr}(x) = \theta_i - \frac{U_{wbr}(x)}{h_i} \cdot (\theta_i - \theta_e)$$

Bei unveränderten Umgebungstemperaturen θ_i und θ_e sowie unverändertem Wärmeübergangskoeffizient h_i muss die Oberflächentemperatur $\theta_{si,wbr}$ kleiner als θ_{si} sein, da U_{wbr} größer als U ist.

Wird die Oberflächentemperatur durch eine vorhandene Wärmebrücke abgesenkt, muss unterschieden werden, ob an dieser Stelle die Taupunkttemperatur der Raumluft unterschritten wird oder nicht. Bei Unterschreitung entsteht ein Tauwasserniederschlag auf der Bauteiloberfläche mit entsprechend negativen Folgeerscheinungen, z.B. einer Schimmelpilzbildung, im anderen Fall tritt nur eine verstärkte Staubablagerung auf.

Schimmelpilze. Eine häufig zu beobachtende Folge von Tauwasser auf Bauteiloberflächen ist das Wachsen von Schimmelpilzen, die nicht nur aus ästhetischer Sicht zu beanstanden sind, sondern vordringlich auch aus hygienischen Gründen, denn die von ihnen abgeschiedenen Sporen können bei den Bewohnern allergische Erkrankungen hervorrufen. Die Schimmelpilze gehören hauptsächlich zur Gattung Penicillin und Aspergillus, sie bilden sich, wenn freies

Wasser und Nährstoffe vorhanden sind, wobei im einzelnen folgende Randbedingungen erfüllt sein müssen [2], [3], [46].

- **Feuchtigkeit:** Zum Keimen, Wachsen und zur Fortpflanzung der Pilze muss freies Wasser auf der Oberfläche des Bauteils oder innerhalb der Materialporen vorhanden sein. Es wird in der Regel aus Tauwasser auf der Bauteiloberfläche stammen.
- **Temperatur:** Schimmelpilze überleben in einem relativ breiten Temperaturbereich zwischen 0 °C und 50 °C. Bildung und Fortpflanzung erfolgt jedoch besonders schnell bei Temperaturen zwischen etwa + 15 °C und + 30 °C, also bei Temperaturbedingungen, die in bewohnten Gebäuden während des ganzen Jahres anzutreffen sind.
- **Nahrung:** Für Bildung und Wachstum benötigt der Schimmelpilz Proteine. Die Ausgangssubstanzen für die Entstehung sind vielfältig und praktisch immer gegeben, sei es aus den Baustoffen, sei es aus Ablagerungen auf der Oberfläche aus der Luft.
- **Sauerstoff:** Der Wachstumsprozess der Schimmelpilze gewinnt die Wachstumsenergie aus der Oxidation der Proteine. Dazu muss das Schimmelpilzmycel aus der Umgebung Sauerstoff aufnehmen können.
- **Günstiger Untergrund:** Die Hyphen der Schimmelpilze müssen sich auf nicht waagrechten Flächen verankern können, poröse Untergründe mit Porengrößen über 0,05 mm sind dazu besonders günstig. Ist das Untergrundmaterial fungizid, d.h. schädigt zum Beispiel wie das stark alkalische Porenwasser kalkhaltiger Baustoffe die Zellstruktur der Schimmelpilze, dann kommt es nicht zum Schimmelpilzwachstum.
- **Zeit:** Sporen von Pilzen sind in der Luft stets in großen Mengen vorhanden, nämlich etwa 10^3 bis 10^6 Sporen je m^3, die sich auf den Oberflächen absetzen und dort wachsen können, wenn Feuchtigkeit und Nahrung vorhanden sind. Die Inkubationszeit für die Bildung von Hyphen, der Grundstruktur der Pilze, beträgt etwa eine Woche.

Damit Schimmelpilze auf der Oberfläche von Bauteilen wachsen können, ist eine der wichtigsten Bedingungen für das Keimen von Schimmelpilzsporen, dass freies Wasser auf der Oberfläche des Bauteils oder in den oberflächennahen Materialporen vorhanden ist [2], [3], [47]. Freies Wasser bedeutet, dass es weder physikalisch noch chemisch gebunden sein darf.

Bekannt ist, dass auf sorptionsfähigen Gegenständen und Oberflächen Schimmelbildungen auftreten können, wenn diese konstant über sehr lange Zeiträume sehr hohen relativen Luftfeuchtigkeiten ausgesetzt waren, siehe z.B. [64]. Für die Schimmelbildungen an thermischen Schwachstellen von wohnähnlich genutzten Räumen bei stark wechselnden Klimaverhältnissen und instationären Oberflächentemperaturen wird jedoch bisher davon ausgegangen [2], [47], dass das für das Wachsen von Schimmelpilzen erforderliche Wasser von Tauwasserniederschlägen auf der Bauteiloberfläche und nicht von Sorptionsvorgängen herrührt.

Seit einiger Zeit wird von mehreren Seiten [8], [15] die Ansicht vertreten, dass diese Annahme nicht mehr dem Stand der Wissenschaft entspreche. Die Tauwasserbildung auf Bauteiloberflächen sei nicht mehr Voraussetzung für das Schimmelpilzwachstum, vielmehr würden bereits bei Werten der relativen Feuchtigkeit der angrenzenden Raumluft ≥ 80 % Schimmelpilze auftreten; als optimale Wachstumsbedingungen werden Werte von 90 % relativer Feuchte bis 97 % genannt. Diese Aussagen beruhen auf Versuchen, die ausschließlich im Labor an Proben im Temperaturgleichgewicht und mit geringen Temperaturgradienten unter genau festgelegten konstanten Randbedingungen bei Werten der Luftfeuchtigkeit zwischen 83 % und 97 % durchgeführt wurden. In der Versuchsdurchführung strömte an den Oberflächen gefilterte Luft von 21 °C und 68 % relativer Luftfeuchtigkeit einseitig vorbei, die Oberflächentemperaturen der Proben und damit die relative Luftfeuchtigkeit in der oberflächennahen Luftschicht wurden über eine rückseitige Probenkühlung eingestellt [8]. Das bei diesen Versuchen für das Auskeimen von Schimmelpilzsporen erforderliche Wasser wird vom Baustoff durch einen Sorptionsvorgang aus der angrenzenden Luft entnommen, wobei entsprechend der Sorptionsisotherme der Oberflächenschicht, die aufgenommene Wassermenge umso größer ist, je höher die relative Feuchtigkeit der angrenzenden Luft ist (s. Kapitel Feuchte). Es werden unterschiedliche Zeitdauern von 2 bis 6 Wochen angegeben, bis erkennbar Schimmelpilze wachsen [3], [46].

Bisher fehlen Aussagen darüber, inwiefern sich die Ergebnisse der Laborversuche auf die realen Verhältnisse in Wohnungen übertragen lassen. Der gravierende Unterschied zwischen den Versuchen im Labor und den realen Verhältnissen in Wohnungen besteht darin, dass bei wohnähnlichen Nutzungen, die Außenbauteile im Winter ein starkes Temperaturgefälle von innen nach außen aufweisen und auch ein starkes Wasserdampfdruckgefälle von innen nach außen vorhanden ist, wobei Wasserdampf in Richtung des Temperatur bzw. Dampfdruckgefälles transportiert wird. In Baustoffen mit freiem Wasser in den Poren kann dabei der Wasserdampfdiffusionsstrom ins Freie erheblich größer sein, als die pro Zeiteinheit an der Innenoberfläche absorbierten Wassermengen. Der Wasserdampfdiffusionsprozess nach außen reduziert das für das Schimmelpilz Wachstum notwendige freie Wasser in der raumseitigen Oberflächenschicht. Außerdem wird, wenn in den Poren die Dicke der Sorbatschicht angewachsen ist, auch ein Flüssigwassertransport in Richtung des Wassergehaltsgefälles stattfinden (s. Kapitel Feuchte). Bei den Laborversuchen nach [8] kann dagegen weder ein Wasserdampfdiffusionstrom noch ein Flüssigwassertransport stattfinden, denn die Rückseite der Proben ist durch den Plattenwärmetauscher dampf- und wasserdicht abgeschlossen. Folglich muss das durch Sorption aufgenommene Wasser im Versuchskörper verbleiben. Dessen Menge nimmt im Laufe der Zeit zu bis die Kapillaren mit Wasser gefüllt sind, dann ist in den Poren freies Wasser vorhanden und somit können Schimmelpilze wachsen. Diese Bedingungen sind jedoch bei realen Bauteilen und Wohnverhältnissen nicht vorhanden.

Die publizierten Ergebnisse [8], [15] der Laborversuche widerlegen nicht die Annahme, dass die Schimmelpilzbildung auf der raumseitigen Oberfläche der Außenbauteile von Wohnungen in erster Linie von Tauwasserniederschlägen herrühren. Ob Wasser aus einem Sorptionsvorgang für das Wachsen von Schimmelpilzen auf Bauteiloberflächen von Wohnungen verantwortlich sein kann, ist ungeklärt.

Staubablagerungen. Bei weniger ausgeprägten Wärmebrücken unterschreitet in der Regel die Oberflächentemperatur nicht die Taupunkttemperatur der Raumluft, Tauwasserschäden bleiben aus. Die Bereiche der Wärmebrücken machen sich trotzdem durch verstärkte Staubablagerungen an dieser Stelle bemerkbar, weil als Folge der abgesenkten Oberflächentemperatur im Grenzschichtbereich die relative Feuchte der angrenzenden Luft ansteigt und die oberflächennahe Bauteilschicht, je nach Verlauf deren Sorptionsisothermen, Wasserdampf aus der Luft aufnimmt. Wegen der elektrischen Wechselwirkung zwischen den Wasserdipolen und den Staubionen, die sich gegenseitig anziehen, lagert sich Staub vermehrt im Bereich der Wärmebrücke ab und die Oberfläche wird allmählich dunkler als die Umgebung. Nach mehreren Heizperioden zeichnen sich z.B. die Ränder der beim Deckenauflager in die Deckenplatte eingelegten Wärmedämmplatten ab. Diese Oberflächenverfärbungen sind grundsätzlich kein Baumangel, sie werden in der Regel nur dann sichtbar, wenn die üblichen Zeitintervalle für Schönheitsreparaturen überschritten werden.

6.4 Untersuchung der Wärmebrücken

Um die Wirkung von Wärmebrücken auf die Temperaturverteilung auf der Bauteiloberfläche und auf die erhöhten Wärmeverluste bewerten zu können, müssen ausreichend genaue Untersuchungsmöglichkeiten experimenteller oder rechnerischer Art zur Verfügung stehen, wobei im ersten Fall die erforderlichen Messungen entweder im Labor [37] oder im fertigen Bauwerk [38] stattfinden. Da experimentelle Untersuchungen zur Ermittlung wärmeschutztechnischer Größen und Eigenschaften von Bauteilen in der Regel sehr zeitaufwendig sind, war man sowohl bei der praxisorientierten Anwendung als auch in der Forschung schon immer bestrebt, wenn möglich die rechnerische Untersuchung dem sehr zeitaufwendigen Experiment vorzuziehen. In den nachfolgenden Abschnitten wird das Prinzip der rechnerischen Untersuchungsmethoden beschrieben.

6.4.1 Numerische Methode zur Untersuchung von Wärmebrücken

6.4.1.1 Allgemeine Angaben

Wärmebrücken lassen sich in der Regel nicht mittels der in Abschn. 2 beschriebenen Rechenregeln der DIN EN ISO 6946 untersuchen. Hierzu muss die Fourier-Gleichung (s.Gl. (1.26)) für stationäre Temperaturfelder und wärmequellenfreie Fälle herangezogen werden:

$$\frac{\partial^2 \vartheta}{\partial x^2} + \frac{\partial^2 \vartheta}{\partial y^2} + \frac{\partial^2 \vartheta}{\partial z^2} = 0 \tag{6.1}$$

Sie beschreibt die Temperatur- und damit auch die Wärmestromlinien in einem Körper im stationären Temperaturzustand; x, y und z sind die Ortskoordinaten in einem räumlichen, kartesischen Koordinatensystem. Geschlossene, analytische Lösungen dieser Differentialgleichung existieren nur für wenige Beispiele mit bestimmten Geometrie- und Randbedingungen, die in der Praxis selten anzutreffen sind. Die Lösung der Differentialgleichung (6.1) ist für beliebige Randbedingungen durch numerische Verfahren möglich, z.B. nach der Methode der finiten Elemente. Über eine Wärmebilanz der Wärmeströme durch die Oberfläche eines jeden dieser Elemente werden die Wärmeströme mit der Temperatur im Kern des Elementes verbunden, wobei die Wärmeleitfähigkeit des Materials in die Berechnung mit eingeht. Je feiner der Körper in solche Elemente unterteilt wird, umso geringer wird der berechnete Näherungswert von dem tatsächlichen Wert abweichen, umso größer wird jedoch auch der Rechenaufwand sein. Untersuchungen mittels numerischer Metheoden sind nur mit Rechner ausreichender Speicherkapazität zu bewältigen. Auf diesem Prinzip basierende Rechnerprogramme werden vielfach zur Untersuchung von Wärmebrücken angeboten. Vor der Anwendung eines solchen Programmes sollten die Ergebnisse auf Plausibilität geprüft werden.

Unterzieht man sich der relativ aufwendigen Arbeit, Temperatur- und Wärmestromfelder in einem Bauteil mit Wärmebrücken mittels einer Finiten-Elemente-Methode oder ähnlichem zu berechnen, dann erwartet man in der Regel Aussagen zu folgenden Punkten:

1. Wie ist der Temperaturverlauf auf der raumseitigen Bauteiloberfläche?
2. Wo ist die niedrigste Oberflächentemperatur und wie ist ihr Betrag?
3. Wie groß sind die durch die Wärmebrücke verursachten, zusätzlichen Wärmeverluste?

Die Antwort zu Punkt 1 kann ein Diagramm oder eine Tabelle mit Temperaturwerten liefern, die Aussagen zu den Punkten 2 und 3 sollten in Form temperaturunabhängiger Einzahlangaben erfolgen. Ergänzt werden diese durch die Aufzeichnung der Isothermen im Bauteil [66] oder durch die Wärmestromlinien [62].

6.4.1.2 Randbedingungen bei rechnerischen Untersuchungen

Werden Wärmebrücken mittels einer Finiten-Elemente-Methode untersucht, hängt das Endergebnis der Berechnung entscheidend von den geometrischen Randbedingungen, der Unterteilung des Modells in Raum- oder Flächenelemente, den wärmetechnischen Randbedingungen und den wärmetechnischen Kennwerten der Stoffe ab. Damit die Resultate solcher Berechnungen aus unterschiedlichen Programmen vergleichbar werden, müssen Spezifikationen für die Rechenmodelle festgelegt werden. Diese beinhalten

– geometrische Randbedingungen und
– die Anleitung zur Unterteilung des Modells in Konstruktionselemente.

Um möglichst einheitliche Randbedingungen für die rechnerische Untersuchung von Wärmebrücken zu schaffen, sind entsprechende Spezifikationen in DIN EN ISO 10211-1 [103] und DIN EN ISO 10211-2 [104] festgelegt. Sie beruhen auf folgenden Annahmen:

– Die Temperaturen im Modell sind stationär.
– Die physikalischen Kennwerte sind temperaturunabhängig.
– Im Bauteil sind keine Wärmequellen vorhanden.

6.4.1.3 Bewertung der Oberflächentemperatur – Temperaturfaktor

Die Oberflächentemperatur eines flächigen Bauteils wird nach Abschn. 2.4.1 durch die Gl. (2.22) bestimmt. Sie hängt nicht nur vom Wärmeübergangskoeffizienten U des Bauteils und vom raumseitigen Wärmeübergangskoeffizienten h_i, sondern auch von den beidseitigen Lufttemperaturen θ_i und θ_e ab. Aus Gl. (2.23) lässt sich die konstruktionsabhängige, dimensionslose Bewertungsgröße

$$f_s = \frac{\theta_i - \theta_{si}}{\theta_i - \theta_e} = \frac{U}{h_i} = \frac{R_{si}}{R_T} \tag{6.2}$$

ableiten, die als spezifische Temperaturabsenkung bezeichnet wird [27]. Ihr Zahlenwert liegt zwischen 0 und 1. Analog zu Gl. (6.2) gilt dann für eine Wärmebrücke, deren Oberflächentemperatur $\theta_{si,min}$ mit den zugehörigen Lufttemperaturen θ_i und θ_e bekannt ist

$$f_{s,min} = \frac{\theta_i - \theta_{si,min}}{\theta_i - \theta_e} = \frac{U_{WBR}}{h_i} \tag{6.3}$$

Mit der spezifischen Temperaturabsenkung der Wärmebrücke $f_{si,min}$ lässt sich für jede beliebige Kombination der Lufttemperaturen die Oberflächentemperatur $\theta_{si,min}$ berechnen.

$$\theta_{si,min} = \theta_i - f_{s,min} \cdot (\theta_i - \theta_e) \tag{6.4}$$

In DIN EN ISO 10211-1 [103] wird außer der spezifischen Temperaturabsenkung $f_{si,\,min}$, in der Norm als Temperaturdifferenzen-Quotient ζ_{Rsi} bezeichnet, auch der Temperaturfaktor f_{Rsi} definiert:

$$f_{Rsi} = \frac{\theta_{si,min} - \theta_e}{\theta_i - \theta_e}$$

Mit f_{Rsi} lässt sich gleichfalls die Oberflächentemperatur für jede beliebige Kombination der Lufttemperaturen zu beiden Seiten des Bauteils nach folgender Gleichung berechnen:

$$\theta_{s,min} = \theta_e + f_{Rsi} \cdot (\theta_i - \theta_e) \tag{6.6}$$

Auch hier liegt der Zahlenwert zwischen 0 und 1. Wie zu erwarten ist, besteht zwischen beiden Beziehungen ein Zusammenhang. Aus der Addition der Gl. (6.3) und Gl. (6.6) folgt:

$$f_{s,min} + f_{Rsi} = 1 \tag{6.7}$$

In DIN 4108 wird der Temperaturfaktor f_{Rsi} für die Bewertung von Wärmebrücken verwendet.

6.4.1.4 Berechnung der zusätzlichen Wärmeverluste – Wärmeverlustwert

Erhöhte Wärmeverluste als Folge von Wärmebrücken können so groß sein, dass sie den Jahres-Heizwärmebedarf eines Gebäudes merkbar beeinflussen. Ihr relativer Anteil am Gesamtwärmeverlust nimmt zu, wenn der Heizwärmebedarf eines Gebäudes durch hochwertige Dämmmaßnahmen reduziert wird; damit ist ihr Betrag nicht mehr vernachlässigbar.

Grundsätzlich sollten sich Verfahren zur Erfassung der durch Wärmebrücken hervorgerufenen Wärmeverluste in die vorhandenen Berechnungsregeln auf einfache Weise integrieren lassen. Dies ist möglich, wenn ein wärmebrückenabhängiger Wärmeverlustwert eingeführt wird, der die Länge oder Anzahl der Wärmebrücken berücksichtigt [79].

Durch Wärmebrücken verursachte Transmissionswärmeverluste sind in ihrem Absolutwert nicht nur von der Geometrie und dem verwendeten Material, sondern auch von der Differenz der Temperaturen der Raum- und Außenluft abhängig. Für den Vergleich verschiedener Wärmebrücken und der Berechnung der zusätzlichen Wärmeverluste ist eine konstruktionsspezifische, von den Lufttemperaturen unabhängige Größe zu definieren. Man wählt hierzu den durch die Wärmebrücke hervorgerufenen zusätzlichen Wärmeverlust $\Delta\Phi$. Er ist die Differenz zwischen dem Wärmestrom Φ_{WB} im Bereich der Wärmebrücke mit der Fläche A_{WB} und dem Wärmestrom Φ_0, der sich ohne Wärmebrücke einstellen würde. Es ist

$$\Delta\Phi = \Phi_{WB} - \Phi_0 \tag{6.8}$$

mit

$$\Phi_0 = U_0 \cdot A_{WB} \cdot (\theta_i - \theta_e) \tag{6.9}$$

U_0 ist der Wärmedurchgangskoeffizient des ungestörten Bauteils. Den Wärmestrom Φ_{WB} im Wärmebrückenbereich erhält man, indem über die Wärmestromdichte q im Wärmebrückenbereich (Fläche A_{WB}) integriert wird, also über den Bereich, dessen Oberflächentemperatur sich von derjenigen des ungestörten Bereichs unterscheidet. Nach dem Energieerhaltungssatz ist der Transmissionswärmestrom über die Oberfläche der Wärmebrücke A_{WB} in das Bauteil, gleich dem Wärmestrom des Wärmeüberganges von der Raumluft auf die Wärmebrückenoberfläche.

$$\Phi_{WB} = \int_{A_{WB}} h_i \cdot (\theta_i - \theta_e) \cdot dA \tag{6.10}$$

Begrenzt wird die Integrationsfläche A_{WB} durch die Linie auf der Bauteiloberfläche, an der die erniedrigte Oberflächentemperatur der Wärmebrücke in die Oberflächentemperatur des ungestörten Bauteils übergeht. Der zusätzliche Wärmeverlust $\Delta\Phi$ nach Gl. (6.8) wird im Falle einer linienförmigen Wärmebrücke durch den längenbezogenen Wärmedurchgangskoeffizienten ψ in W/(m·K), im Falle einer punktförmigen Wärmebrücke durch den punktförmigen Wärmedurchgangskoeffizienten χ in W/K charakterisiert. Linienförmige geometrische Wärmebrücken liegen vor im Winkel am Anschluss zweier Bauteile, stoffbedingte linienförmige Wärmebrücken, im Bereich ungenügend gedämmter Stützen in einem Außenbauteil. Punktförmige Wärmebrücken entstehen z.B. durch die metallische Verankerung von Vorsatzschalen von Betonsandwich-Wänden in Tragteilen. Bei linearen Wärmebrücken tritt ein zusätzlicher Wärmeverlust von

$$\Delta\Phi_t = \psi \cdot l \cdot (\theta_i - \theta_e) \tag{6.11}$$

und bei punktförmigen Wärmebrücken von

$$\Delta\Phi_p = \chi \cdot n \cdot (\theta_i - \theta_e) \tag{6.12}$$

auf, wobei in Gl. (6.11) l die lineare Ausdehnung der Wärmebrücke und in Gl. (6.12) n die Anzahl der Wärmebrücken ist. Im Falle der linearen Wärmebrücken berechnet sich die Einzugsfläche A_{WB} derselben, aus der Länge ι und der wirkungsvollen Breite b_{WB} der Wärmebrücke zu

$$A_{WB} = l \cdot b_{WB} \tag{6.13}$$

Setzt man die Gl. (6.10), (6.11) und (6.13) in die Gl. (6.8) ein, dann ergibt sich folgende Definition für den linearen Wärmeverlustwert ψ:

$$\psi = \int_{b_{WB}} h_i \cdot \frac{(\theta_i - \theta_{si})}{(\theta_i - \theta_e)} \cdot db - U_o \cdot b_{Wb} \tag{6.14}$$

Analog findet man die Definition für den Wärmeverlustwert χ einer punktförmigen Wärmebrücke zu

$$\chi = \int_{A_{WB}} h_i \cdot \frac{(\theta_i - \theta_{si})}{(\theta_i - \theta_e)} \cdot dA - U_o \cdot A_{Wb} \tag{6.15}$$

Für konkrete Wärmebrücken lässt sich das Flächenintegral in Gl. (6.14) bzw. in Gl. (6.15) entweder durch graphische Integration aus Temperaturmessungen oder durch numerische Integration aus berechneten Oberflächentemperaturen bestimmen. Ein Unsicherheitsfaktor liegt noch im Zahlenwert des Wärmeübergangskoeffizienten h_i. Bei ebenen Oberflächen liegt der Wert h_i zwischen 6 W/(m² · K) und 8 W/(m² · K). In Ecken und Winkeln sinkt er ab auf Werte von 5 W/(m² · K) und teilweise noch niedriger. In der Praxis wird zur Vereinfachung h_i in den Ecken und in der Fläche als gleich angesetzt. Um bei der Bewertung einer Wärmebrücke bezüglich der Tauwassergefahr auf der sicheren Seite zu liegen, wird nach DIN 4108-2 mit $h_i = 4$ W/(m² · K) gerechnet [27], [62], [66]. Der Wärmeverlust durch das Bauteil mit Wärmebrücke wird dann nach folgenden Gleichungen bestimmt:

bei linearen Wärmebrücken der Länge l:

$$\Phi = (U_o \cdot A + \psi \cdot l) \cdot (\theta_i - \theta_e) \tag{6.16}$$

bei n punktförmigen Wärmebrücken:

$$\Phi = (U_o \cdot A + \chi \cdot n) \cdot (\theta_i - \theta_e) \tag{6.17}$$

Bei diesem Rechenverfahren beziehen sich die Flächenangaben auf die lichten Raummaße. Es liegt also eine Abweichung vor, im Vergleich zu den beim Wärmeschutznachweis nach der Energieeinsparverordnung zu verwendenden Außenmaße des Gebäudes. Die innenmaßbezogenen ψ-Werte müssen für die Verwendung beim Nachweis nach der Energieeinsparverordnung En EV 2002 auf außenmaßbezogene Werte ψ_a umgerechnet werden.

6.4.1.5 Berechnungsbeispiel - Außenwand mit gedämmter Betonstütze

Ein anschauliches Beispiel für die Unterschiede zwischen den Ergebnissen aus dem einfachen Verfahren ohne Querleitung nach DIN 4108 und einem numerischen, rechnergestützten Verfahren mit Querleitung besteht im Fall einer Außenwand mit Betonstütze, die wahlweise raum- oder außenseitig gedämmt ist (s. Bild 6.2) [49].

Bild 6.2
Temperaturverlauf entlang der Oberfläche einer Wand mit gedämmter Betonstütze bei Lufttemperaturen innen und außen von 20 °C und – 10 °C
Normalbeton:
$\lambda = 2{,}1$ W/(m · K)
Leichtbeton:
$\lambda = 0{,}2$ W/(m · K)
Dämmstoff:
$\lambda = 0{,}04$ W/(m · K)
Ungestörte Wand:
$U_o = 0{,}86$ W/(m² · K)
$h_i = 8$ W/(m² · K)
Wärmeverlust der Wand
mit Querleitung
$\Phi = 28{,}6$ W
ohne Querleitung
$\Phi = 25{,}4$ W

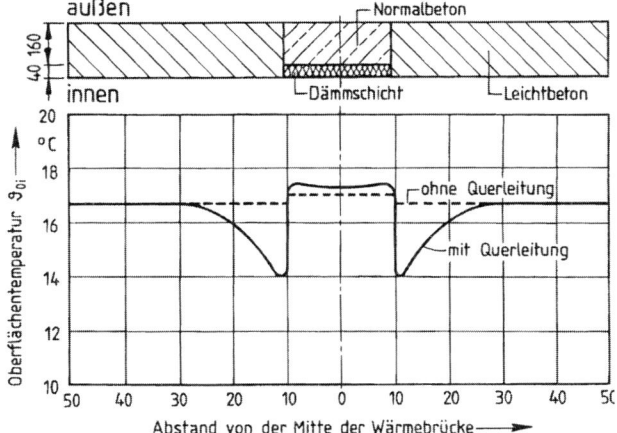

Berechnet wurden für den stationären Temperaturzustand die raumseitigen Oberflächentemperaturen und der Wärmeverlust mit und ohne Querleitung. Die Ergebnisse sind in den Diagrammen des Bildes 6.2 enthalten. Demnach wäre, wenn die Querleitung ignoriert wird, in diesem Beispiel die Oberflächentemperatur im Stützenbereich unabhängig von der Lage der Wärmedämmschicht und immer höher als im Wandbereich, ein Ergebnis, das erfahrungsgemäß mit der Wirklichkeit nicht übereinstimmt. Eine auf der raumseitigen Oberfläche eines Außenbauteils angebrachte Wärmedämmschicht wirkt sich auf die Oberflächentemperatur grundsätzlich günstiger aus als eine außenseitige Anordnung. Die Ergebnisse aus der Berechnung mit Querleitung stimmen mit diesen Kenntnissen überein und zeigen weiterhin, dass die raumseitige Oberflächentemperatur stellenweise deutlich niedriger ist, als sie sich nach den Berechnungen nach DIN 4108 ergibt. Bei den gewählten Randbedingungen beträgt die Oberflächentemperatur der ungestörten Wandfläche 16,8 °C und bleibt unverändert bis zu einem Abstand von etwa 40 cm von der Stützenachse. Das Temperaturminimum tritt, je nach Lage der Wärmedämmschicht, in der Mitte der Stütze oder rechts und links derselben im Anschlussbereich zur angrenzenden Wand auf. In beiden Fällen ist die niedrigste Temperatur 14,0 °C. Nach Gl. (6.5) ist bei dieser Konstruktion der Temperaturfaktor der Wärmebrücke f_{Rsi} = 0,8 und damit größer, als der als Kriterium für Tauwasser geltende Wert von $f_{Rsi} \geq 0,7$ (s. Abschn. 9.1.4). Folglich besteht bei den Klimaverhältnissen der Raumluft, wie sie bei üblicher Heizung und Lüftung zu erwarten sind, keine Gefahr eines Tauwasserniederschlags. Die reduzierte Oberflächentemperatur wird jedoch, wenn längere Zeiträume zwischen den Renovierungsmaßnahmen auftreten, eine erhöhte Staubablagerung an diesen Stellen zur Folge haben.

Auch bei der Berechnung der Wärmeverluste durch die Wand gibt es Unterschiede zwischen den beiden Berechnungsarten. Ist die Stütze – wie in Bild 6.2 gezeigt – in der Mitte eines Wandelementes von 1 m Höhe angeordnet, beträgt der Wärmeverlust ohne Querleitung (DIN 4108) Φ = 25,4 W, mit Querleitung Φ = 28,6 W. Er ist somit um rund 13 % höher als nach der einfachen Rechnung.

Die Betonstütze ist eine lineare Wärmebrücke, deren längenbezogener Wärmeverlust h_i durch graphische Integration des Flächenintegrals nach Gl. (6.14) berechnet werden kann. Es ist

$$\psi = \frac{h_i \sum_{n=1}^{n} (\theta_i - \theta_{si,n}) \Delta b}{(\theta_i - \theta_e)} - U_o \cdot b_{WB}$$

für Δb = 0,05 m, b_{WB} = 0,8 m, h_i = 8 W/(m² · K), $(\theta_i - \theta_e)$ = 30 K und U_o = 0,86 W/(m² · K):

$$\psi = \frac{8 \cdot 29,4 \cdot 2 \cdot 0,05}{30} - 0,86 \cdot 0,8 = 0,096 \text{ W/(m · K)}$$

Nach Gl. (6.16) ist dann der Wärmeverlust

$$\Phi = (0,86 + 0,096) \cdot 30 = 28,7 \text{ W}.$$

6.4.1.6 Raumseitiger Wärmeübergangswiderstand R_{si} und Oberflächentemperatur

Der Wärmeübergangswiderstand R_{si} hat nicht nur Auswirkung auf den Wärmedurchgangskoeffizienten U, sondern nach Gl. (2.23) auch auf die Oberflächentemperatur des Bauteils, wobei mit zunehmenden Werten von R_{si} die Oberflächentemperatur niedriger wird.

Die DIN 4108 schreibt unterschiedliche Werte für R_{si} vor. Soll der Wärmedurchgangskoeffizient für Bauteile um deren Wärmeverlust zu ermitteln, berechnet werden, ist nach DIN V 4104-4, Tabelle 7 (s. Tafel 8.12) mit den von der Lage der Bauteile und der Richtung des Wärmestromes abhängigen Werten R_{si} = 10 m² · K/W, R_{si} = 13 m² · K/W oder R_{si} = 17 m²·K/W zu rechnen. Diese Werte gelten für Bauteilflächen, nicht aber an der Anschlussstelle zweier Bauteile (Winkel) oder an der Anschlussstelle dreier Bauteile (Ecke). Wegen der verringerten Luftströmung an diesen Stellen steigt der Wert des Wärmeübergangswiderstandes R_{si} auf 0,2 m² · K/W an. Nach DIN 4108-2 ist mit R_{si} = 0,25 m² · K/W zu rechnen.

Den Einfluss des Zahlenwertes von R_{si} auf die Oberflächentemperatur im Wandwinkel und in der Ecke zeigt Bild 6.3

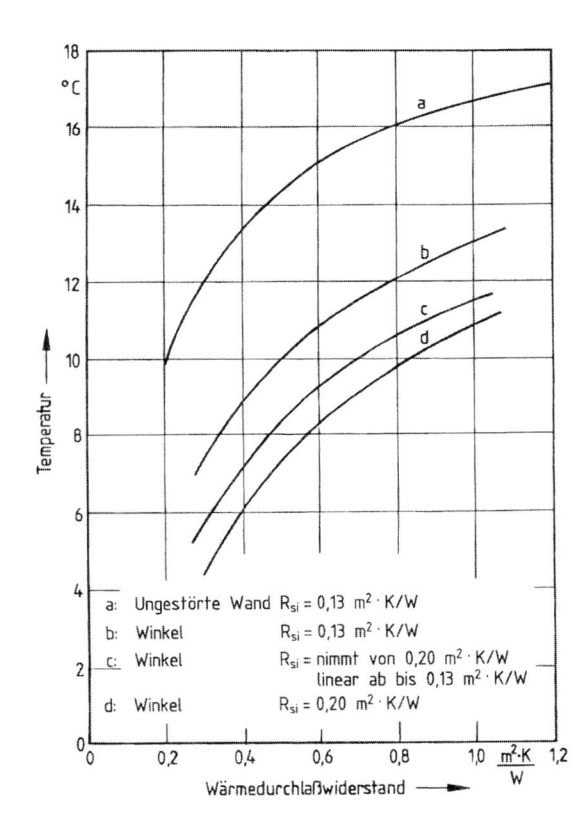

Bild 6.3
Oberflächentemperatur der Wandfläche bzw. Winkeltemperatur bei verschiedenen Wärmeübergangskoeffizienten in Abhängigkeit vom Wärmedurchlasswiderstand der Wand
Lufttemperaturen:
innen: 20 °C
aussen: – 10 °C nach [27]

a: Ungestörte Wand $R_{si} = 0{,}13$ m²·K/W
b: Winkel $R_{si} = 0{,}13$ m²·K/W
c: Winkel $R_{si} =$ nimmt von $0{,}20$ m²·K/W linear ab bis $0{,}13$ m²·K/W
d: Winkel $R_{si} = 0{,}20$ m²·K/W

6.4.2 Wärmebrückenkataloge

Wie im Abschnitt 6.4.1 erwähnt wurde, ist der Aufwand zur Untersuchung von Wärmebrücken nach einer numerischen Methode sehr groß. Mit derartigen Berechnungen, hauptsächlich an Forschungs-, Prüf- und Universitäts- bzw. Hochschulinstituten, wurden Wärmebrücken unterschiedlichster Art untersucht und die Ergebnisse in Fachzeitschriften veröffentlicht, siehe z.B. [6], [16], [27], [29] und [33]. Für den in der Praxis arbeitenden Ingenieur wurden von mehreren Autoren Wärmebrückenkataloge zusammengestellt [59], [62], [66]. In [66] werden die Untersuchungsergebnisse von ca. 180, in [62] von ca. 100 verschiedenen Wärmebrücken vorgestellt. [62] und [66] enthalten Diagramme mit dem Temperaturverlauf entlang der Bauteiloberflächen. Aus ihnen kann Ort und Betrag der niedrigsten Oberflächentemperatur abgelesen werden. Hinsichtlich der Angaben über die durch die Wärmebrücken verursachten, zusätzlichen Wärmeverluste unterscheiden sich die beiden Werke. Während [66] für jede Wärmebrücke den längen- oder punktbezogenen Wärmeverlustwert, wie er in Abschn. 6.4.1.4 definiert wurde, nennt, verwendet [62] für diese Angaben einen eigens definierten, längenbezogenen Leitwert.

Eine Umrechnung des Leitwertes zum Wärmeverlustwert ist an Hand der gegebenen Daten möglich. Zwischenzeitlich stehen kommerzielle Wärmebrückenprogramme zur Verfügung.

6.4.3 Beiblatt 2 zu DIN 4108, Wärmebrücken; Planungs- und Ausführungsbeispiele

Das Beiblatt 2 zu DIN 4108 enthält 96 Planungs- und Ausführungsbeispiele von Maßnahmen zur Verbesserung des Wärmeschutzes von Wärmebrücken mit Angaben des Wärmeverlustwertes ψ. Der Temperaturfaktor der Beispiele ist $f_{Rsi} > 0{,}7$. Die im Beiblatt aufgeführten Beispiele betreffen Ausführungen von Bauteilanschlüssen, z.B. eines Fensters an ein außengedämmtes Mauerwerk (s. Bild 6.4). Bei Einhaltung der genannten Wärmeleitfähigkeitswerte und Dicken gelten die Wärmebrücken als ausreichend gedämmt. Es muss kein zusätzlicher Nachweis zur Vermeidung von Schimmelpilzbildung geführt werden.

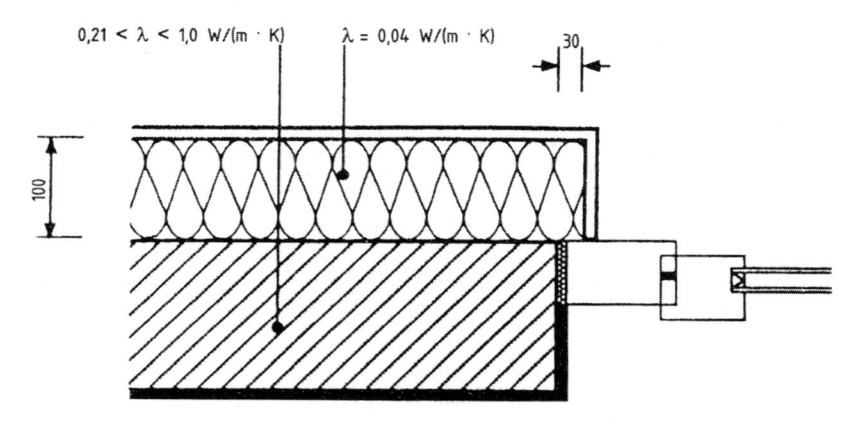

Bild 6.4   Anschlussstelle Fenster – außengedämmtes Mauerwerk

7 Schwachstellen der Gebäudehülle

Im folgenden Abschnitt werden einige immer wiederkehrende Formen von Wärmebrücken angesprochen und über in der Fachliteratur publizierte Untersuchungsergebnisse berichtet. Dabei wird in den meisten Fällen die spezifische Temperaturabsenkung bewertet und sofern möglich, auch Angaben zum längen- oder punktbezogenen Wärmeverlustwert gemacht.

7.1 Außenwinkel und Außenecken

7.1.1 Winkel zweier Außenwände

Auf Grund der geometrischen Verhältnisse ist beim Außenwandwinkel die Erwärmungsfläche an der Innenseite und die Auskühlfläche an der Außenseite unterschiedlich groß. Je nachdem, ob es sich um einen vorspringenden oder eingezogenen Außenwinkel (s. Bild 7.1) handelt, wirkt sich dies negativ oder positiv aus.

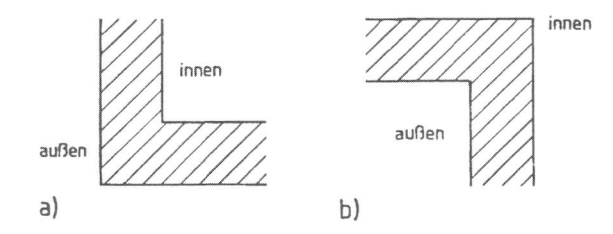

Bild 7.1
Vorspringender (a) und
eingezogener (b) Außenwinkel

Nur beim vorspringenden Außenwandwinkel besteht eine kritische Situation, denn hier ist die wärmeabgebende Außenfläche größer als die wärmeaufnehmende Innenfläche. Dadurch divergieren die Wärmestromlinien, wie in Bild 6.1 gezeigt, und die Temperatur im Wandwinkel ist niedriger als in der Wandfläche.

Der Verlauf der Oberflächentemperatur entlang der Wandoberfläche zum Wandwinkel ist in Bild 7.2 für Außenwände mit unterschiedlichem Wärmedurchlasswiderstand dargestellt.

Deutlich zu erkennen ist eine starke Abnahme der Oberflächentemperatur in Richtung zum Wandwinkel. Sie setzt ein bei einem Abstand vom Wandwinkel von etwa dem eineinhalbfachen Betrag der Wanddicke.

Die Abhängigkeit der Winkeltemperatur θ_W vom Wärmedurchlasswiderstand einer homogenen Außenwand kann aus Bild 7.3 abgelesen werden. Zum Vergleich wird auch die Oberflächentemperatur θ_{si} der Wand in das Diagramm mit eingezeichnet.

Spezifische Temperaturabsenkung im Wandwinkel

Aus den Temperaturwerten in Bild 7.3 lässt sich die spezifische Temperaturabsenkung nach Gl. (6.3) bzw. (6.4) berechnen. Das Ergebnis ist in Bild 7.4 enthalten.

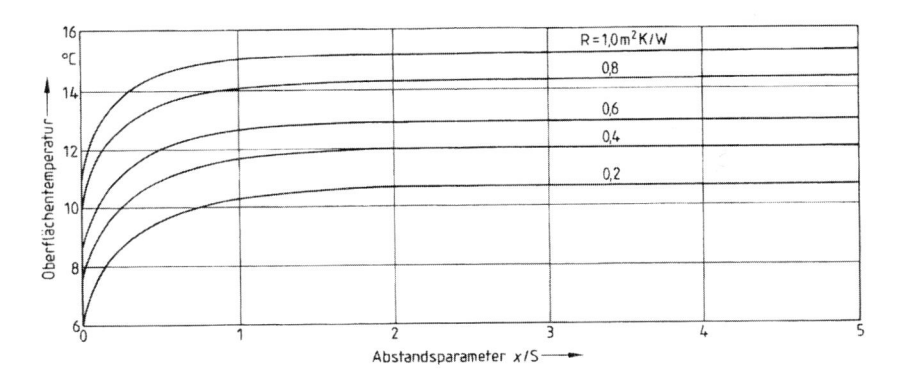

Bild 7.2 Oberflächentemperatur in Abhängigkeit von dem Abstandsparameter x/s (x = Abstand vom Winkel, s = Dicke der Wand) bei verschiedenen Wärmedurchlasswiderständen nach [27] Innenlufttemperatur 20 °C, Außenlufttemperatur – 10 °C

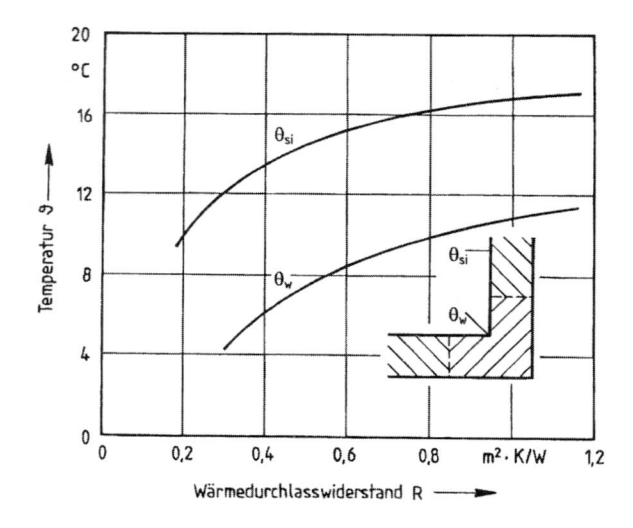

Bild 7.3
Oberflächentemperatur der Wand θ_{si} und des Außenwinkels θ_W, abhängig vom Wärmedurchlasswiderstand R der Außenwand für eine Raumlufttemperatur von 20 °C und einer Außenlufttemperatur von 10 °C nach [27]
Wand: $h_i = 8$ W/(m² · K)
Winkel: $h_i = 5$ W/(m² · K)

Mindestwärmedurchlasswiderstand nach DIN 4108

In der Ausgabe DIN 4108:1981-08 wurde bei Außenwänden nur ein Mindestwert des Wärmedurchlasswiderstands von R = 0,55 m² · K/W gefordert, ein Zahlenwert, der bereits in der Ausgabe der DIN 4108 vom Juli 1952 für das damalige Wärmedämmgebiet III enthalten war. Nach dem Erfahrungsstand jener Zeit wurde dieser Wert als ausreichend betrachtet, um Feuchteschäden an Außenwänden zu verhindern. Dabei ist bei diesem Wärmedurchlasswiderstand nach Bild 7.4 der Temperaturfaktor $f_{Rsi} = 0{,}59$ deutlich kleiner als der in der neuesten Ausgabe der DIN 4108-2 genannte Wert $f_{Rsi} = 0{,}70$. Demnach war eine Außenwand, deren Wärmeschutz gerade noch den Anforderungen der damaligen DIN 4108 entsprach, in den Außenwinkeln tauwassergefährdet. Dass trotzdem in älteren Gebäuden nicht in jedem Außenwinkel Tauwasser auftrat, hängt wohl mit nachfolgenden Tatsachen zusammen.

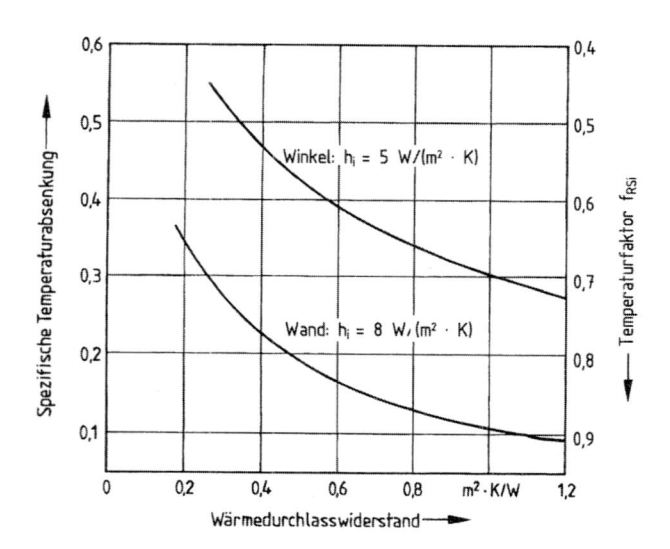

Bild 7.4
Spezifische Temperaturabsenkung f_s und Temperaturfaktor des Wandwinkels bzw. der ungestörten Wand in Abhängigkeit vom Wärmedurchlasswiderstand der Wand nach [27]
Wand: $h_i = 8$ W/(m² · K)
Winkel: $h_i = 5$ W/(m² · K)

Zum einen ist die Bezugstemperatur von $\theta_e = -15\ °C$ sehr niedrig angesetzt. Als Tagesmitteltemperatur wird dieser Wert höchstens alle 5 Jahre über einen Zeitraum von mehr als zwei Tagen in Folge unterschritten [67]. Damit aber Schimmelpilze wachsen, muss flüssiges Wasser aus Kondensations- und Verdunstzeitraum mindestens für eine Zeitdauer von sieben Tagen vorhanden sein. Viel entscheidender ist jedoch, dass bei natürlicher Raumlüftung die relative Feuchte in Wohnräumen oft nicht höher als 40 % war [39]. Die Fensterfugen waren früher vergleichsweise undicht und die Luftwechselrate bei Einzel- oder Kachelofenfeuerung wegen des Verbrennungsluftbedarfs hoch. Bei 20 °C und 40 % rel. Feuchte beträgt die Taupunktstemperatur $\theta_T = 6{,}0\ °C$ und hierfür ergibt sich ein Temperaturfaktor $f_{Rsi} = 0{,}60$ der geringfügig größer, als der in Bild 7.4 abgelesene Wert von $f_{Rsi} = 0{,}59$ ist.

Inzwischen haben sich sowohl die Konstruktionswerte der Fenster als auch das Nutzerverhalten geändert. Die Fensterfugen sind heute wesentlich dichter als früher und um Lüftungswärmeverluste zu reduzieren, werden Nutzräume nicht immer im notwendigen Maß gelüftet. Deshalb wurde folgerichtig in der neuen Ausgabe der DIN 4108-2 der Mindestwärmeschutz der Außenwände auf einen Wert von $R \geq 1{,}2\ m^2\cdot K/W$ angehoben.

Den Auskühleffekt in der Außenecke könnte man durch eine in die Außenecke eingelassene Dämmplatte wesentlich entschärfen (s. Bild 7.5). Die Ausführung scheitert in der Praxis allerdings meist an Schwierigkeiten, die sich aus der Maßanordnung der Steine ergeben.

Wärmeverlustwert

Der erhöhte Wärmeverlust im Außenwinkel wird durch den längenbezogenen Wärmedurchgangskoeffizienten Ψ berechnet, der in Bild 7.6 in Abhängigkeit von der Dicke der Wand für verschiedene Wärmedurchlasswiderstände dargestellt ist.

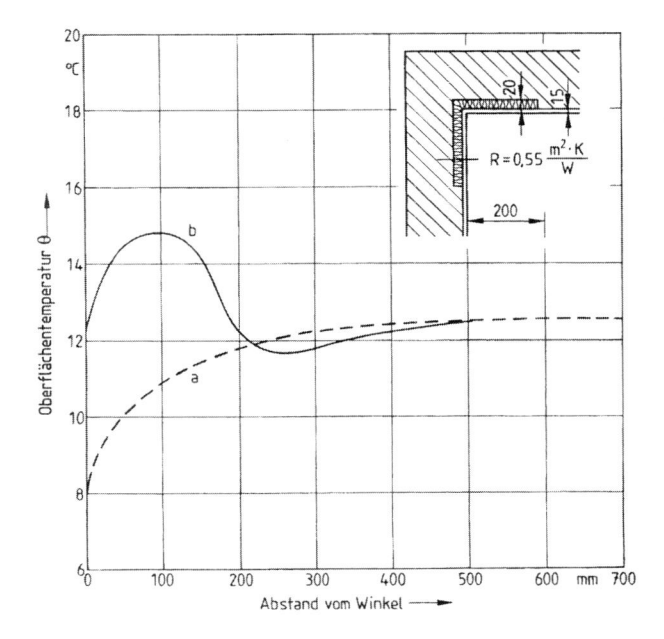

Bild 7.5 Oberflächentemperatur einer Wand, abhängig vom Abstand von der Außenecke ohne (a) und mit (b) einer Dämmplatte ($\lambda = 0{,}04\ W/(m^2 \cdot K)$) im Außenwinkel nach [27]
Lufttemperaturen innen und außen: 20 °C und – 10 °C

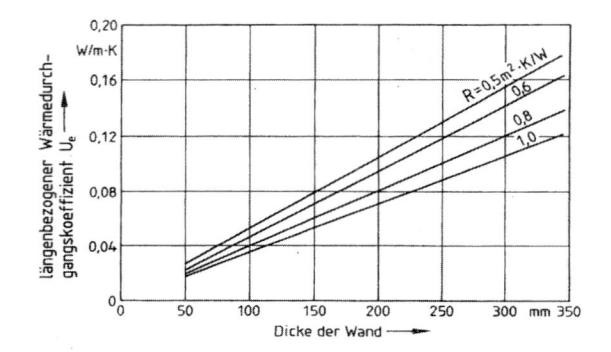

Bild 7.6
Längenbezogener Wärmedurchgangskoeffizient ψ des Außenwinkels einer Außenwand in Abhängigkeit der Dicke für verschiedene Wärmedurchlasswiderstände nach [27]

7.1.2 Außenecke

Beim Stoß von drei senkrecht aufeinanderstehenden Bauteilen (dreidimensionale Ecke) wird die Oberflächentemperatur noch stärker abgesenkt. Dieser Fall ist in Bild 7.7 dargestellt bei der Annahme, dass alle drei Bauteile denselben Wärmedurchlasswiderstand aufweisen.

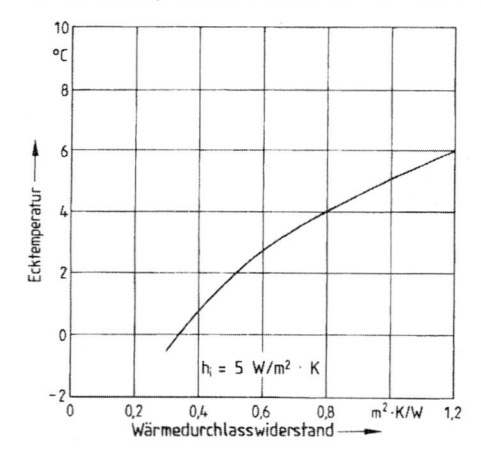

Bild 7.7
Ecktemperatur bei einer dreidimensionalen Ecke in Abhängigkeit vom Wärmedurchlasswiderstand der angrenzenden Bauteile
Lufttemperatur innen: 20 °C
Lufttemperatur außen: – 10 °C nach [27]

Ein Vergleich mit Bild 7.3 zeigt, wie stark sich der dreidimensionale Verlauf der Wärmestromlinien im Vergleich zum zweidimensionalen bemerkbar macht und er die Oberflächentemperatur noch weiter absenkt.

Häufig anzutreffen sind dreidimensionale Ecken beim Anschluss des Flachdaches an zwei Außenwände. Bild 7.8 zeigt als Beispiel, die Ecke eines bündig abschließenden Daches und eines Flachdaches mit einer Attika. Wände und Deckenplatte bestehen aus Beton. Die Anordnung und Dicke der Wärmedämmschichten gehen aus dem Bild 7.8 hervor. Berechnet wurde die Ecktemperatur für verschiedene Dicken der Wärmedämmschicht (λ = 0,04 W/(m² · K)) der Außenwand und der Attika. Beim Dach selbst beträgt in beiden Fällen die Dicke der Wärmedämmschicht 80 mm.

Durch die Attika wird die wärmeabgebende Außenfläche zusätzlich vergrößert und dadurch die Ecktemperatur im Vergleich zum Dach ohne Überstand noch stärker abgesenkt. Um das Tauwasserrisiko in der Ecke möglichst gering zu halten, sollte die Wärmedämmschicht beim Dach ohne Überstand mindestens 60 mm und beim Dach mit Attika mindestens 80 mm dick sein.

7 Schwachstellen der Gebäudehülle

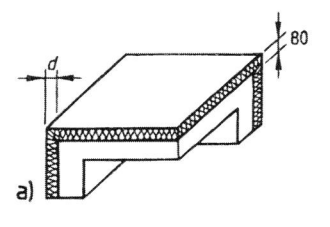

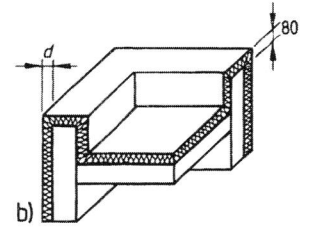

Bild 7.8
Ecktemperatur eines Flachdaches ohne Überstand (a) und eines Flachdaches mit Attika (b) bei $\theta_i = 20$ °C und $\theta_e = -10$ °C nach [6]
Dämmmaterial:
$\lambda = 0{,}04$ W/(m · K); $h_i = 5$ W/(m² · K)

	d in mm	θ_{si} in °C	f_{Rsi}
a	40	11,3	0,71
	60	13,0	0,77
b	40	7,8	0,59
	60	9,6	0,65

7.2 Fensteranschlüsse

Auch Fensteranschlüsse an die Laibung sind kritische Stellen für Tauwasserschäden. Je nachdem, ob die Fenster außenbündig, innenbündig oder mittig eingesetzt werden, verändert sich das Verhältnis der Innen- zur Außenfläche und damit der Verlauf der Wärmestromlinien bzw. der Isothermen. Die Ergebnisse von Berechnungen [66] sind in Tafel 7.1 für zwei monolithische, 365 mm dicke Wände enthalten, deren Wärmedurchlasswiderstand sich etwa um den Faktor zwei unterscheiden. Um die Werte der spezifischen Temperaturabsenkung vergleichbar zu machen, wurden sie in Bild 7.9 einander gegenübergestellt.

Bild 7.9
Spezifische Temperaturabsenkung f_s und Temperaturfaktor f_{Rsi} im Bereich des Fensterabschlusses an die Laibung
(s. Tafel 7.1) nach [66]
a) Anschluss innenbündig
b) Anschluss mittig
c) Anschluss außenbündig
d) Anschluss außenbündig und 20 mm Wärmedämmschicht auf der Laibung
Wärmedurchlasswiderstand R
▨ = 0,56 m² · K/W
▧ = 1,15 m² · K/W

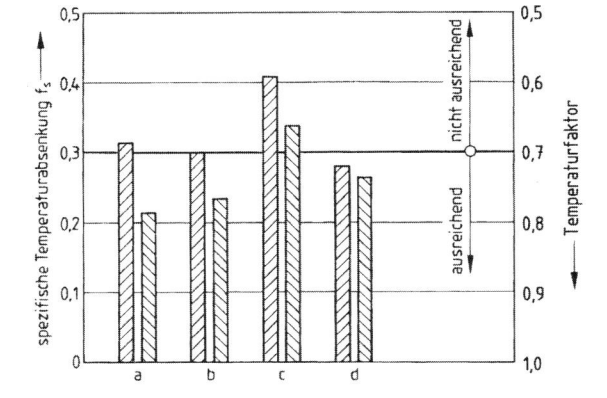

Wie zu erwarten, wird mit zunehmendem Wärmedurchlasswiderstand R der Wand, an der gefährdeten Stelle die Oberflächentemperatur höher bzw. die spezifische Temperaturabsenkung niedriger. Auch der Wärmeverlustwert verringert sich bei verbessertem Wärmeschutz der Wand.

Deutliche Unterschiede sind bei der spezifischen Temperaturabsenkung zwischen den drei Arten der Fensteranschlüsse festzustellen. Die Anordnung des Fensters in der Mitte der Laibung bzw. innenbündig an der Wand ist deutlich günstiger als der außenbündige Anschluss. Während die ersten beiden Arten der Fensteranschlüsse bei gut wärmedämmenden Außenwänden nicht durch Tauwasser gefährdet sind, ist der außenbündige Anschluss immer problematisch. Hier muss die raumseitige Fensterlaibung (s. Tafel 7.1, Bild D) mit mindestens 20 mm Wärmedämmmaterial belegt werden, um bei Werten der Luftfeuchte von etwa 55 % tauwasserfrei zu bleiben. Den Temperaturverlauf entlang der Oberfläche der Außenwand und der Fensterlaibung für die drei Arten der Fensteranschlüsse zeigt Bild 7.10. Es ist zu erkennen, dass die Oberflächentemperatur der Laibung geometriebedingt zur Kante ansteigt und dass der Anstieg um so ausgeprägter ist, je größer die Laibungsfläche wird. Weiterhin ist festzustellen, dass die Temperatur im Winkel zwischen Fensterrahmen und -laibung um so höher ist, je näher der Anschluss zum Innenraum rückt. Im ersten Moment ist überraschend, dass bei dem innenbündigen Fensteranschluss das Temperaturminimum nicht wie bei den anderen beiden Anordnungen im Winkel zwischen Rahmen und Laibung liegt, sondern um knapp 100 mm neben die Laibungskante gerückt ist. Verständlich wird diese Tatsache, wenn man sich den Verlauf der Wärmestromlinien vorstellt.

Tafel 7.1 Einfluss des Fensteranschlusses bei monolithischen Wänden auf die Oberflächentemperatur $\theta_{si,min}$ und den längenbezogenen Wärmedurchgangskoeffizienten ψ nach [66]
$\theta_i = 20\ °C$, $\theta_e = -10\ °C$
Wände: 365 mm Dicke; R = 0,56 m² · K/W und 1,15 m² · K/W

Bild	Fensteranschluss	R in m² · K/W	$\theta_{si,\,min}$ in °C	f_{Rsi} –	ψ in W/(m · K)
A	 außen	0,56	10,6	0,69	0,17
		1,15	13,6	0,79	0,13
B	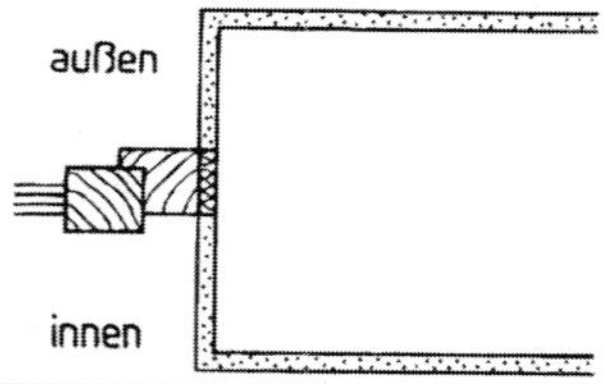 außen / innen	0,56	11,0	0,70	0,12
		1,15	13,0	0,77	0,07
C	 innen	0,56	7,7	0,56	0,29
		1,15	9,8	0,66	0,21
D	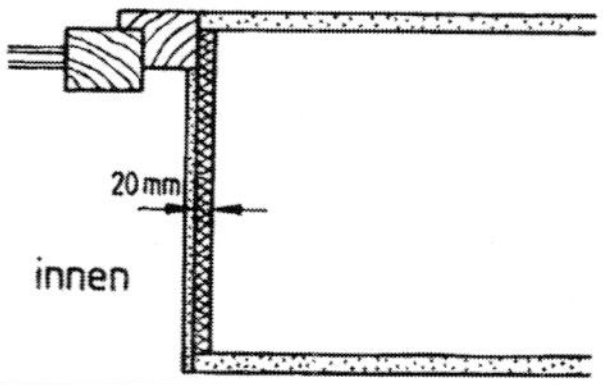 innen	0,56	11,6	0,72	0,14
		1,15	12,1	0,74	–

7 Schwachstellen der Gebäudehülle

Tafel 7.2 Einfluss des Fensteranschlusses auf die Oberflächentemperatur $\theta_{si,min}$ und den längenbezogenen Wärmedurchgangskoeffizienten ψ bei Außenwänden mit zusätzlicher Außen- oder Innendämmung nach [66]
$\theta_i = 20\ °C$, $\theta_e = -10\ °C$
Mauerwerk: $R = 0{,}34\ m^2 \cdot K/W$

Bild	Fensteranschluss	$\theta_{si,min}$ in °C	f_{Rsi} —	ψ in W/(m·K)
A	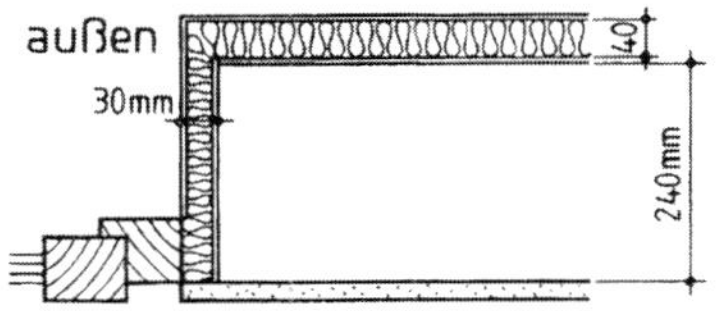	15,1	0,84	0,10
B	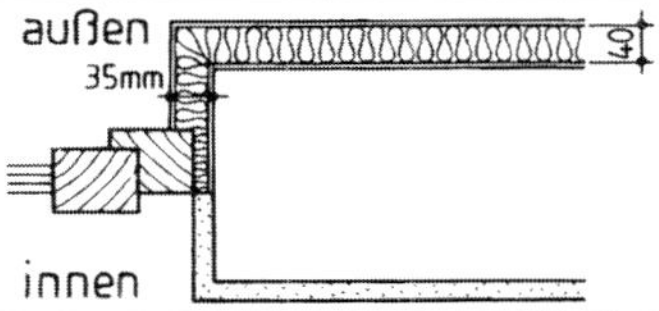	15,1	0,84	0,05
C	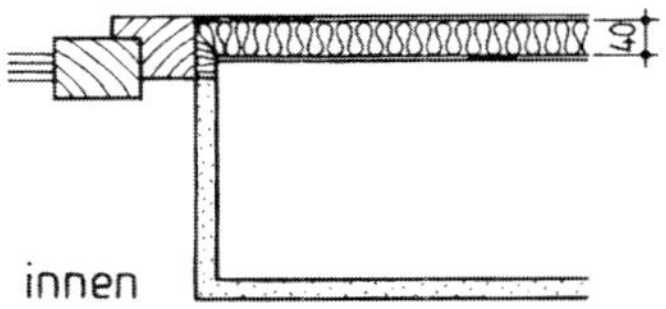	15,1	0,84	0,02
D	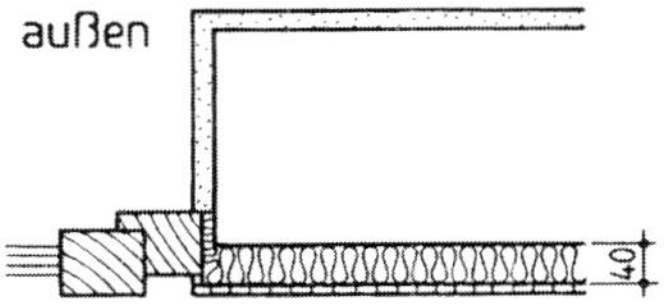	16,7	0,89	0,04
E	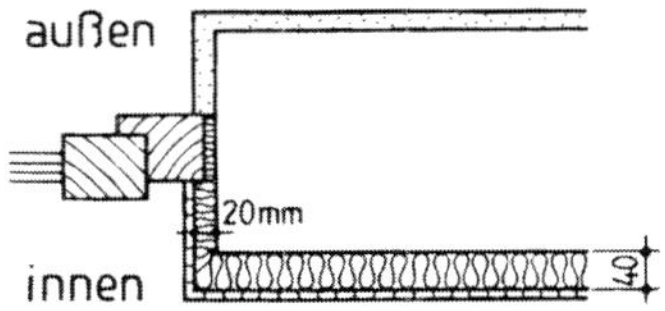	10,4	0,68	0,09
F	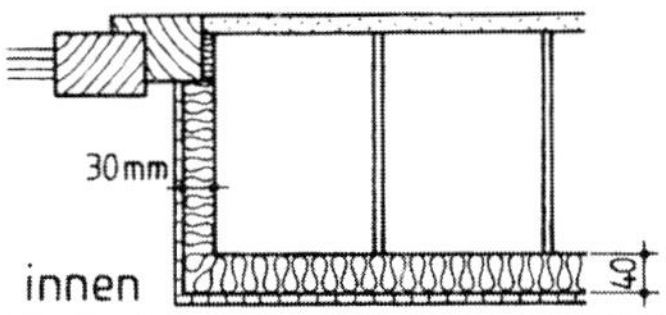	10,0	0,67	0,15

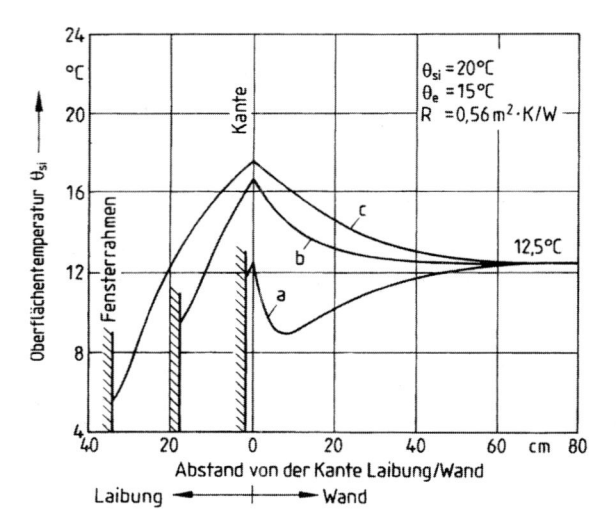

Bild 7.10
Oberfächentemperatur der Außenwand
und der Fensterlaibung [66]
Dicke der Wand: 365 mm
a) Fensteranschluss innenbündig
b) Fensteranschluss mittig
c) Fensteranschluss außenbündig

Wegen der hohen Wärmeleitfähigkeit des Mauerwerkmaterials im Vergleich zu Holz entsteht neben dem Rahmenanschluss in der Wand ein thermischer Kurzschluss mit erhöhter Wärmestromdichte, welche die Temperaturabnahme verursacht. Bild 7.11 zeigt, wie bei außenbündigem Anschluss eine 20 mm dicke Wärmedämmung auf der Fensterlaibung die Winkeltemperatur anhebt.

Die Verhältnisse bei einer Außenwand mit zusätzlicher Außen- oder Innendämmung sind in Tafel 7.2 wiedergegeben. Bei raumseitiger Wärmedämmung sind die Temperaturverhältnisse bei dem außenbündigen Anschluss (s. Tafel 7.2, Bild F) sehr kritisch, er sollte daher vermieden werden.

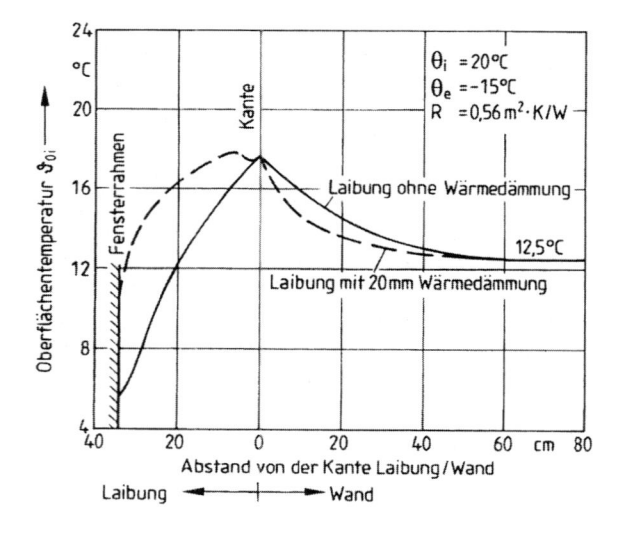

Bild 7.11
Oberflächentemperatur der Außenwand
und der Fensterlaibung bei außenbündigem Anschluss ohne und mit Wärmedämmung auf der Laibung nach [66]

7.3 Deckenanschlüsse

7.3.1 Wohnungstrenndecken und einschalige Außenwände

Im Winkel des Deckenauflagers sind die Flächenverhältnisse der wärmeaufnehmenden und -abgebenden Flächen anders als beim Außenwandwinkel. Einer größeren Erwärmungsfläche an der Raumseite (Unterseite der Deckenplatte) steht eine kleinere Auskühlungsfläche an der Außenseite (Stirnseite der Deckenplatte) gegenüber (s. Bild 7.12). Dies wirkt sich normalerweise temperaturerhöhend aus. Bei Verwendung von Normalbeton für die Decke wird jedoch die positive Wirkung des günstigen Verhältnisses der Erwärmungs- zur Auskühlungsfläche durch die hohe Wärmeleitfähigkeit des Betons überdeckt und dadurch die Winkeltemperatur am Deckenauflager abgesenkt. Um die Auswirkung der hohen Wärmeleitfähigkeit des Betons auf die Oberflächentemperatur zu verringern, wird an der Stirnseite der Stahlbetonplatte eine Wärmedämmschicht angebracht (s. Bild 7.12).

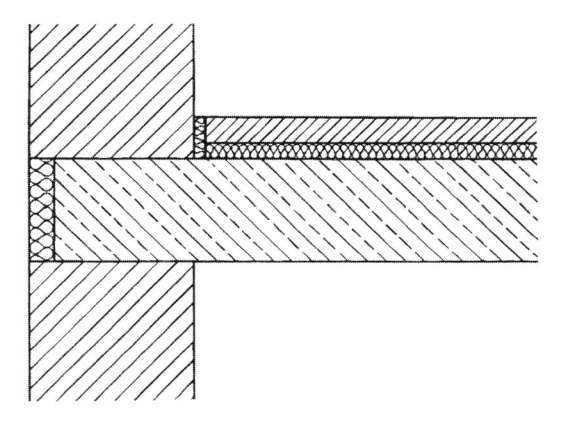

Bild 7.12
Dämmung an der Stirnseite der Stahlbetonplattendecke

Temperaturfaktor

Die Temperatur am Deckenauflager zur Außenwand (Dicke 300 mm); Wärmedurchlasswiderstand R = 0,55 m² · K/W), abhängig von der Dicke der Dämmschicht an der Stirnseite der Deckenplatte zeigt Bild 7.13, den Temperaturfaktor Bild 7.14.

Bei einer Außenwand, deren Wärmeschutz bisher gerade den Mindestanforderungen entsprach, reichte eine ca. 15 mm dicke Dämmschicht der Wärmeleitfähigkeit λ = 0,04 W/(m · K) bereits aus, um bei durchschnittlichen Temperatur- und Feuchteverhältnissen der Raumluft, einen Tauwasserniederschlag in der Ecke zu verhindern (s. Bild 7.14). Normalerweise wird man jedoch aus Sicherheitsgründen und um die Wärmeverluste in diesem Bereich zu reduzieren, die Dämmschicht an der Stirnseite der Decke dicker wählen, z.B. 60 mm. Auch Dicke und Wärmedurchlasswiderstand der Wand beeinflussen die Oberflächentemperatur. Mit zunehmender Wanddicke verlängert sich die Wegstrecke der Wärmestromlinien durch die Wärmebrücke und damit steigt die Oberflächentemperatur an. Bei größerem Wärmedurchlasswiderstand der Wand erhöht sich die Temperatur der Wandoberfläche und damit auch am Deckenauflager (s. Bild 7.14). Ebenso wirkt sich die Dicke der Betonplatte auf die Oberflächentemperatur an dieser Stelle aus, die Auswirkung ist jedoch relativ gering und kann in der Praxis vernachlässigt werden.

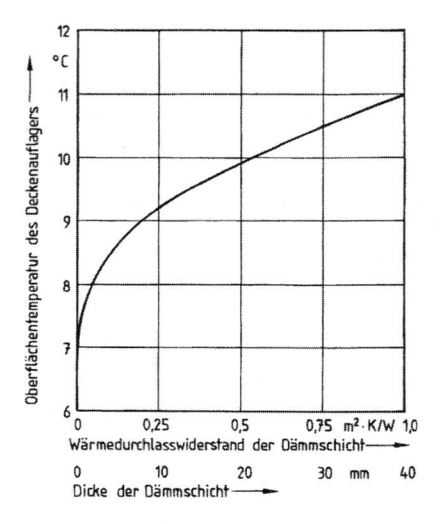

Bild 7.13
Temperatur des Deckenauflagers, abhängig von der Dicke der Wärmedämmschicht an der Stirnseite der Stahlbetonplatte nach [27]
$\theta_i = 20\ °C$, $\theta_e = -15\ °C$ Dicke der Wand: 300 mm
Wärmedurchlasswiderstand:
$R = 0{,}55\ m^2 \cdot K/W$

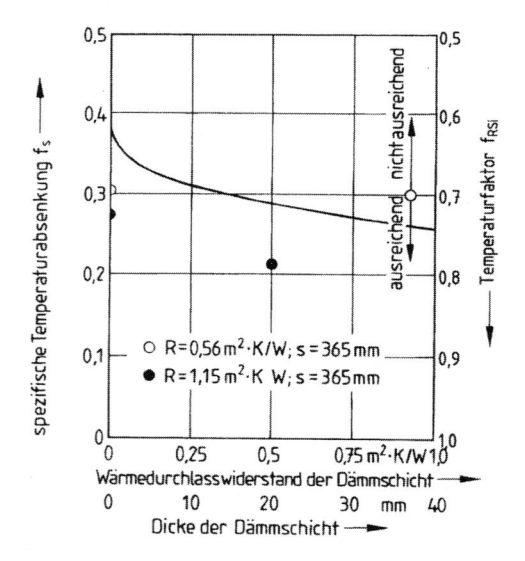

Bild 7.14
Temperaturfaktor des Deckenauflagers, abhängig von der Dicke der Wärmedämmschicht an der Stirnseite der Stahlbetonplatte nach [27] und [66]
Dicke der Wand: 300 mm
Wärmedurchlasswiderstand der Wand:
$R = 0{,}55\ m^2 \cdot K/W$

Längenbezogener Wärmedurchgangskoeffizient

Bei einer Wohnungstrenndecke setzt sich der längenbezogene Wärmedurchgangskoeffizient aus einem Anteil aus dem oberen und einem Anteil aus dem unteren Raum zusammen. Da bei einer Wohnungstrenndecke immer beide Räume zum Wärmeverlust beitragen, ist eine getrennte Angabe der Anteile nicht erforderlich. In Bild 7.15 wird der längenbezogene Wärmedurchgangskoeffizient als zusammengefasster Betrag angegeben.

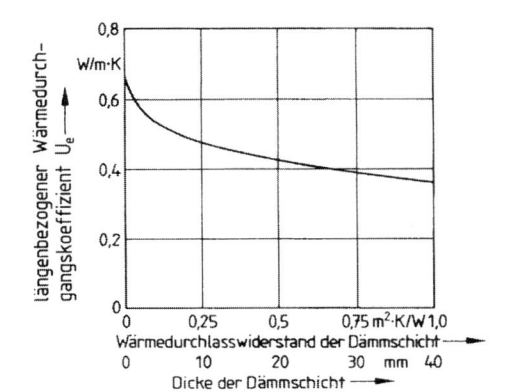

Bild 7.15
Längenbezogener Wärmedurchgangskoeffizient ψ am Deckenauflager, abhängig von der Dicke der Wärmedämmschicht an der Stirnseite der Deckenplatte nach [27]

7.3.2 Wohnungstrenndecken und Außenwände raumseitig gedämmt

Wird der Wärmeschutz einer Außenwand durch eine raumseitig angebrachte Wärmedämmung verbessert, so beeinflusst diese Maßnahme die Temperatur im Winkel des Deckenauflagers. Beim Durchgang der Wärme durch die gedämmte Außenwand ist der Temperaturgradient in der Dämmschicht wesentlich größer als in der eigentlichen Wand, da die Wärmeleitfähigkeit des Dämmmaterials kleiner als die des Mauerwerksmaterials ist. Folglich ist die Temperatur in der Berührungsebene der Wand mit der Wärmedämmschicht deutlich niedriger als bei einer gleichen Außenwand ohne Wärmedämmschicht. Am Deckenauflager bildet die neben der Wärme-

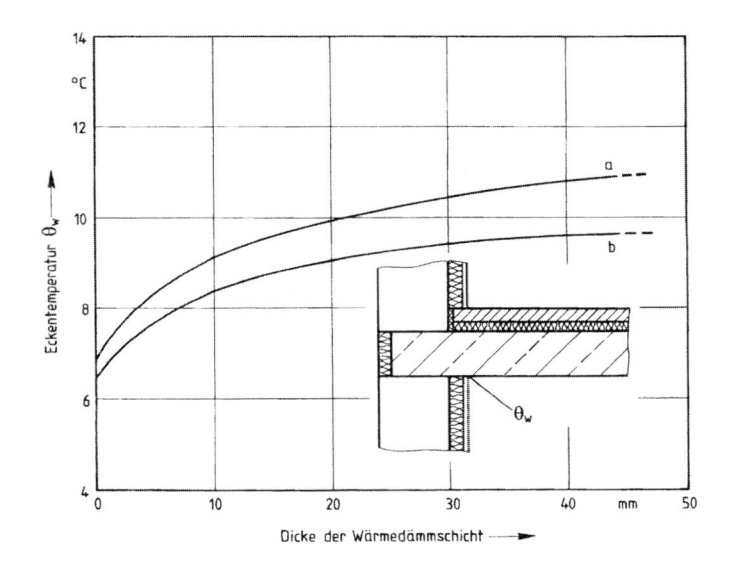

Bild 7.16   Eckentemperatur θ_W am Deckenauflager, abhängig von der Dicke der Wärmedämmschicht an der Stirnseite der Betonplatte bei einer Außenwand (R = 0,56 m² · K/W) ohne (a) und mit raumseitiger Wärmedämmung (b) und Lufttemperaturen innen und außen von 20 °C und − 15 °C
Raumseitige Wärmedämmung: d = 20 mm, λ_R = 0,04 W/(m · K)

dämmschicht verlaufenden Deckenplatte aus Beton einen thermischen Kurzschluss. Die Folge ist, dass an dieser Stelle im Beton eine erhöhte Wärmestromdichte auftritt und die Oberflächentemperatur im Winkel des Deckenauflagers niedriger ist als bei einer gleichen Außenwand ohne Wärmedämmschicht an der Raumseite, die Gefahr der Tauwasserbildung an dieser Stelle nimmt zu. Bild 7.16 zeigt die rechnerisch ermittelten Ecktemperaturen zwischen Decke und Außenwand mit und ohne raumseitige Wärmedämmung.

Um das Auftreten von Feuchteschäden bei raumseitiger Wärmedämmung zu verhindern, muss an der Deckenunterseite eine Dämmschicht von mindestens 20 mm Dicke angebracht werden. Die Eckentemperatur wird dadurch bei den im Bild 7.16 angenommenen Temperaturen um ca. 3 K erhöht. Wärmeschutztechnisch genügt eine Breite der Dämmplatten von 500 mm, aus optischen Gründen wird aber in der Regel die gesamte Deckenunterseite bekleidet werden.

Den gleichen Effekt kann man erreichen, indem man in die Betondecke Dämmplatten einlegt. Diese müssen mindestens 500 mm breit sein und bündig mit der Wand abschließen (siehe Bild 7.17). Diese Lösung ist allerdings problematisch, denn durch die verputzten Dämmplatten kann der Schallschutz der Decke beeinträchtigt werden, vor allem, wenn die belegte Fläche groß ist. Außerdem zeichnet sich der Rand der Dämmplatten zur Betonplatte nach etwa 1 bis 2 Jahren als dunkler Streifen ab; ebenso die Stoßstellen der Dämmplatten, wenn sie nicht dicht gestoßen und die Stoßfuge gegen durchlaufenden Mörtel abgedichtet wird. Im Extremfall können bei schlecht verlegten Dämmplatten massive Wärmebrücken entstehen und Feuchteschäden auftreten [64].

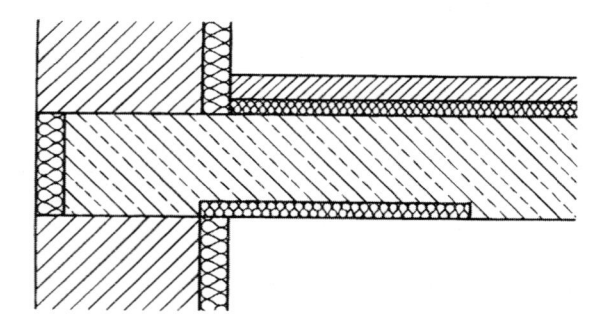

Bild 7.17
In die Decke eingelegte Dämmplatte bei einer Außenwand mit raumseitiger Wärmedämmung

7.3.3 Decken über dem nicht beheizten Untergeschoss

Untergeschosswände bestehen meistens aus Normalbeton. Die Auflagestelle des Außenwandmauerwerkes ist eine Wärmebrücke, die sich vom Fußpunkt der Erdgeschoss-Außenwand sowohl zum Freien als auch zum Keller erstreckt. Üblicherweise wird hier zur Bekämpfung der Wärmebrücke eine Wärmedämmplatte an der Stirnseite der Deckenplatte angebracht, was eine unbefriedigende Teilmaßnahme ist, denn die Wärmebrücke setzt sich über die Dämmplatte hinaus in der Betonwand fort. Daher sollte die Wärmedämmschicht nach unten in die Untergeschosswand verlängert werden (s. Bild 7.18). Damit wird jedoch der Wärmebrückenanteil der Betondecke und Betonwand zum Keller nicht bekämpft. Um an dieser Stelle den Wärmeschutz zu verbessern, wäre es notwendig, Wärmedämmplatten an der Deckenunterseite und an der Betonaußenwand anzubringen. Doch ist dieser Wärmebrückenanteil, da die Kellertemperaturen selten auf Werte niedriger als 10 °C absinken, nicht besonders kritisch, daher sind zusätzliche Dämmmaßnahmen im Keller in der Regel nicht erforderlich.

7 Schwachstellen der Gebäudehülle

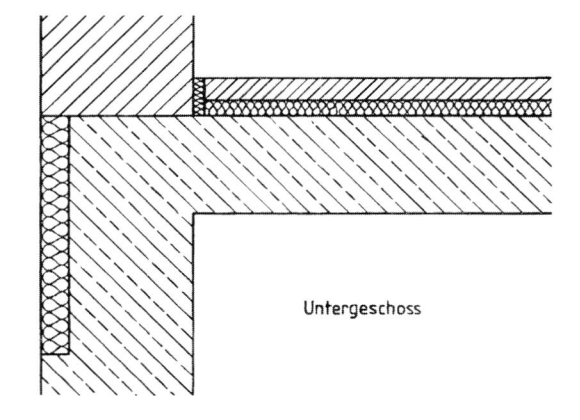

Bild 7.18
Dämmung in der Untergeschosswand am
Fußpunkt der Erdgeschosswand

7.3.4 Auskragende Decke

Bei auskragenden Decken setzt sich eine Betonplatte aus dem Bauwerk nach außen fort, wodurch eine formbedingte Wärmebrücke entsteht (Bild 7.19). Derartige Decken müssen wärmeschutztechnisch so ausgeführt werden, dass auch bei tiefsten Außentemperaturen die Fußbodentemperatur nicht unbehaglich niedrig ist. In DIN 4108 wird gefordert, dass der Wärmedurchlasswiderstand der Decke mindestens 1,75 m² · K/W beträgt. Erreicht wird dies üblicherweise durch eine an der Unterseite der auskragenden Betonplatte angebrachten Wärmedämmschicht, die auch die Wirkung der an der Auflagestelle vorhandenen Wärmebrücke vermindert.

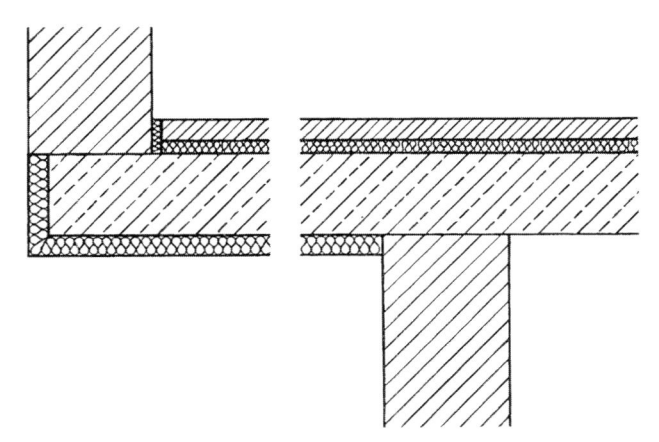

Bild 7.19
Auskragende Decke mit
Dämmung an der Unterseite

7.4 Flachdach

Am Rand des Flachdaches ist eine stoff- und formbedingte Wärmebrücke anzutreffen. Beim Randabschluss ist zu unterscheiden, ob dieser bündig mit der Außenwand erfolgt oder die Deckenplatte übersteht bzw. als Attika ausgebildet wird. Der bündige Randabschluss ist thermisch günstiger als ein Überstand bzw. eine Attika, da diese wegen der vergrößerten Außenflächen einen Kühlrippeneffekt hervorruft.

7.4.1 Randabschluss bündig mit der Außenwand

Oberflächentemperaturen und Wärmeverlustwert wurden von [66] für verschiedene Variationen der Außenwand und des Daches berechnet. In Tafel 7.3 werden die Ergebnisse für die in Bild 7.20 gezeigte, oft bei Altbauten anzutreffende Konstruktion wiedergegeben.

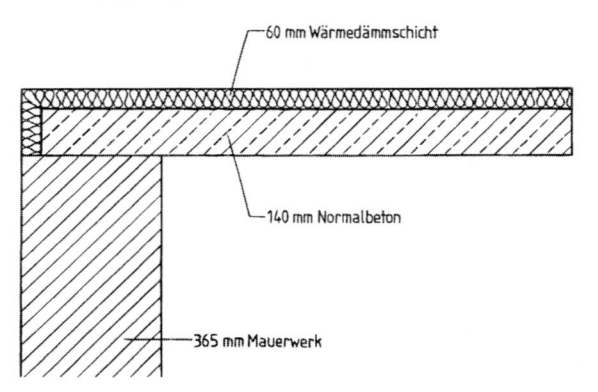

Bild 7.20
Rand des Flachdaches mit bündigem Abschluss

Bei einem gutem Wärmeschutz der Außenwand und des Flachdaches werden normalerweise keine Tauwasserprobleme entstehen. Sehr günstig wirkt sich eine Weiterführung der Wärmedämmschicht an der Stirnseite in das Mauerwerk hinein sowohl auf die Oberflächentemperatur als auch auf den Wärmeverlust aus. Bei der Wand mit dem Wärmedurchlasswiderstand R = 0,64 m² · K/W ergibt sich ein Temperaturfaktor f_{Rsi} = 0,74 und ein längenbezogener Wärmedurchgangskoeffizient von ψ = 0,11 W/(m² · K). Leider scheitert diese Maßnahme in der Praxis meist an den Schwierigkeiten, die sich aus der Maßordnung der Steine ergeben.

Tafel 7.3   Temperaturfaktor f_{Rsi} und längenbezogener Wärmedurchgangskoeffizient ψ im Winkel zwischen Außenwand und Deckenplatte beim Flachdach mit bündigem Abschluss nach

Wärmedurchlasswiderstand R der Außenwand in m² · K/W	Temperaturfaktor f_{Rsi}	längenbezogener Wärmedurchgangskoeffizient ψ in W/(m · K)
0,64	0,70	0,23
1,15	0,74	0,22

7.4.2 Überstehendes Flachdach

Beim überstehenden Flachdach vergrößert sich, wie aus Bild 7.21 ersichtlich, die wärmeabgebende Dachfläche; der überstehende Rand des Daches wirkt wie eine Kühlrippe. Je größer der Überstand ist, um so größer ist die Wärmeabgabe des Daches und um so niedriger die Oberflächentemperatur im Winkel zwischen Außenwand und Deckenplatte.

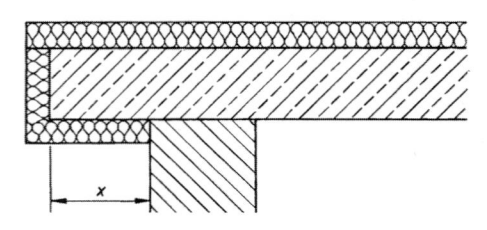

Bild 7.21
Dämmung der überstehenden Betonplatte eines Flachdaches

Bild 7.22 zeigt den Temperaturfaktor f_{Rsi} und den längenbezogenen Wärmedurchgangskoeffizienten ψ aus einer Altbau-Außenwandkonstruktion mit $R = 0{,}55 \; m^2 \cdot K/W$ und einer Betonplatte mit 50 mm dicker Wärmedämmschicht auf dem Dach.

Bild 7.22
Temperaturfaktor f_{Rsi} und längenbezogener Wärmedurchgangskoeffizient ψ_t, abhängig von der Länge der überstehenden Betonplatte nach [27]
Außenwand:
$R = 0{,}55 \; m^2 \cdot K/W$
Dämmschicht:
50 mm Dicke mit
$\lambda = 0{,}04 \; W/(m \cdot K)$

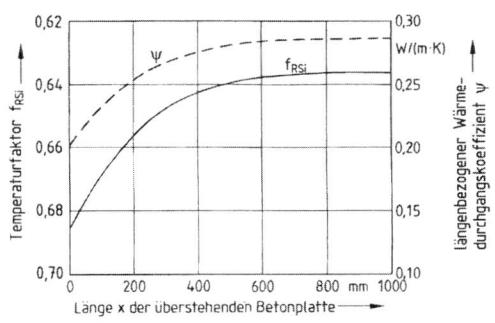

Bei dieser Dachausführung, die einen wohl ausreichenden, aber nicht besonders befriedigenden Wärmeschutz aufweist, kann man deutlich den negativen Einfluss des Dachüberstandes auf die Oberflächentemperatur und den Wärmeverlust erkennen. Wenn ein Dachüberstand aus planerischen Gründen notwendig ist, sollte er möglichst klein bleiben, die Dicke der Wärmedämmschicht des Daches muss auf mindestens 80 mm erhöht werden und der Wärmedurchlasswiderstand der Außenwand sollte $R = 1{,}2 \; m^2 \cdot K/W$ nicht unterschreiten. In kritischen Fällen muss eine Dämmplatte wie in Bild 7.23 gezeigt in die Betonplatte eingelegt werden, die rund 50 mm in die Außenwand eingreift.

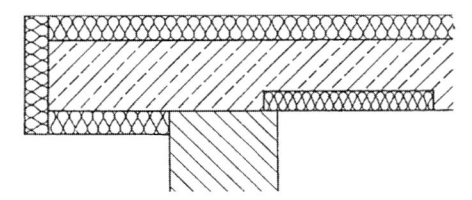

Bild 7.23
In die Deckenplatte eingelegte Dämmplatte zur Verbesserung des Wärmeschutzes

7.4.3 Attika

Bei der Attika liegen geometrisch ähnliche Verhältnisse vor wie beim auskragenden Flachdach (s. Bild 7.24). Entsprechende Dämmmaßnahmen sind erforderlich, damit die Temperatur im Winkel nicht zu niedrig und der Wärmeverlust nicht zu groß wird. Grundsätzlich ist eine ringsumlaufende Wärmedämmung notwendig. Wenn die Oberkante der Attika die Deckenplatte um mehr als 700 mm überragt, bringt eine Wärmedämmung auf der oberen Abschlussfläche der Attika keinen Vorteil mehr und kann entfallen.

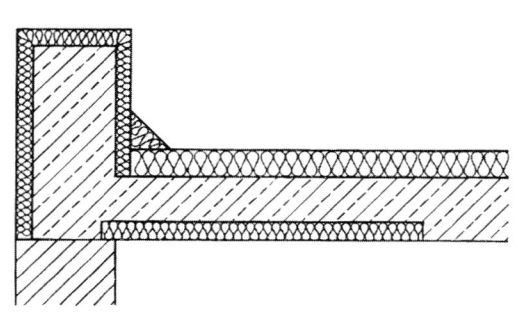

Bild 7.24
Dämmung einer Attika

Wie aus Bild 7.25 entnommen werden kann, ist die Oberflächentemperatur im Winkel relativ niedrig. Nur bei einer Dicke der Wärmedämmschicht von mindestens 60 mm und einer Attika aus Leichtbeton sind akzeptable Oberflächentemperaturen zu erwarten.

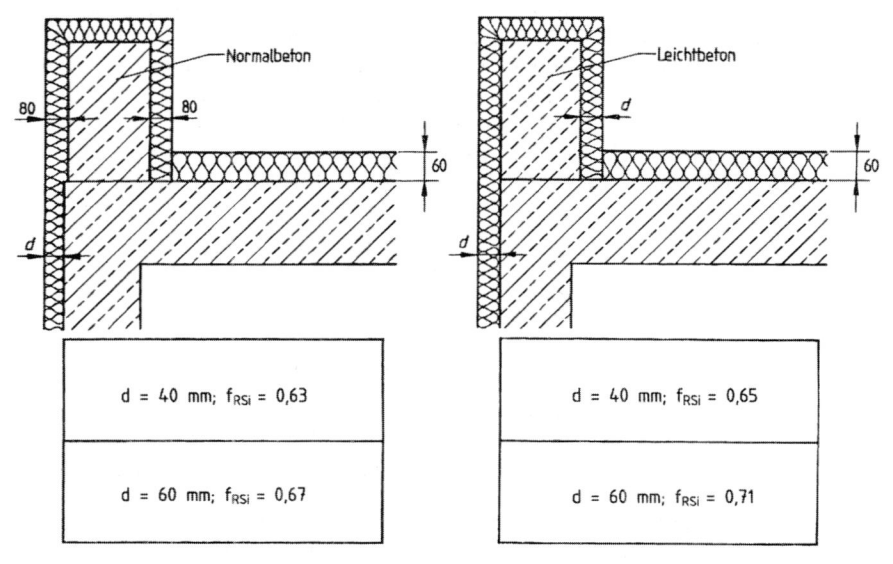

Bild 7.25 Temperaturfaktor f_{RSi} im Winkel zwischen Decke und Wand, abhängig von der Dicke der Wärmedämmung im Bereich Attika aus Normal- und Leichtbeton nach [6]

7.5 Balkonplatten

Die aus dem Baukörper herausragende Balkonplatte ist sowohl eine form- als auch eine stoffbedingte Wärmebrücke. Wegen der außenseitigen Flächenvergrößerung (s. Bild 7.26) entsteht ein erhöhter Wärmeverlust und eine Temperaturabsenkung im Winkel zwischen Außenwand und Deckenplatte. Meistens ist die Oberflächentemperatur des unterseitigen Winkels niedriger als die des oberseitigen Winkels, der durch den schwimmenden Estrich geschützt ist. Bei der in Bild 7.26 gezeigten Konstruktion mit einem ca. 70 mm hochstehenden Betonkranz liegen geometrisch

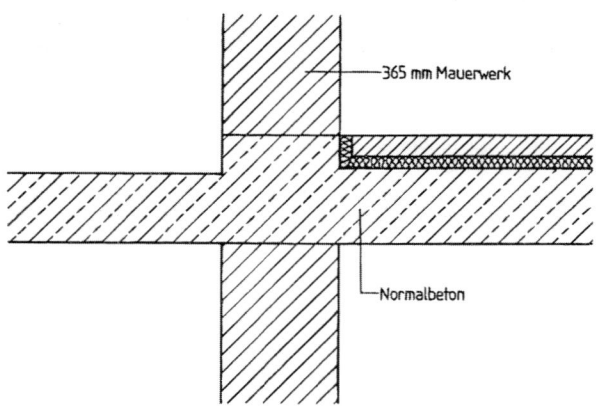

Bild 7.26
Balkonplatte als Wärmebrücke

ungünstige Verhältnisse vor und es gibt fast keinen Unterschied zwischen den beiden Oberflächentemperaturen in den beiden Winkeln. Für diese Konstruktion wurde der Temperaturfaktor f_{Rsi} berechnet. Das Ergebnis zeigt Bild 7.27 für Außenwände mit unterschiedlichem Wärmedurchlasswiderstand. Die Temperaturverhältnisse sind bei der Balkonplatte nicht so ungünstig wie bei der überstehenden Balkonplatte eines Flachdaches, denn oberhalb der Decke befindet sich ein beheizter Wohnraum, der den Verlauf der Wärmestromlinien in der Weise beeinflusst, dass die Oberflächentemperatur an den kritischen Stellen angehoben wird. Bei gut wärmedämmenden Außenwänden kann auf Zusatzmaßnahmen zur Vermeidung von Tauwasser verzichtet werden, wenn raumklimatisch günstige Verhältnisse zu erwarten sind, z.B. in gut belüfteten Büroräumen und dergleichen.

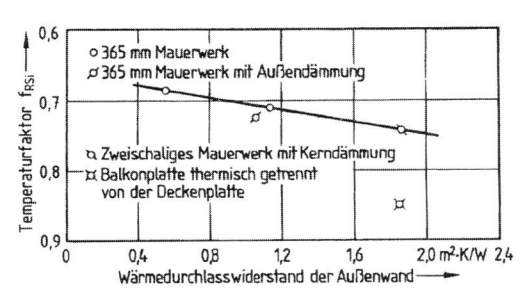

Bild 7.27
Temperaturfaktor f_{Rsi} einer Balkonplatte nach [66]

Der längenbezogene Wärmedurchgangskoeffizient ψ der Balkonplatte ist relativ groß und bewegt sich bei den von [66] untersuchten Konstruktionen zwischen Werten von ψ = 0,66 W/(m · K) und ψ = 0,72 W/(m · K), und zwar wird ψ um so größer, je besser der Wärmeschutz der Außenwand ist. Dies ist physikalisch verständlich, denn ein höherer Wärmedurchlasswiderstand bewirkt eine höhere Oberflächentemperatur und Wärmeverluste sind proportional zur Temperaturdifferenz an der Wärmebrücke. Um erhöhte Wärmeverluste zu reduzieren und um kritische Temperaturen am Übergang der Betonplatte an die Außenwand zu verhindern, sind Dämmmaßnahmen in diesem Bereich zweckmäßig. Konstruktiv bestehen mehrere Möglichkeiten, den Wärmeschutz der Balkonplatte zu verbessern.

7.5.1 Thermische Trennung der Balkonplatte von der Deckenplatte

Durch das Einlegen einer Wärmedämmschicht in die Trennfuge (s. Bild 7.28) wird der Wärmestrom in die Balkonplatte verringert und damit die Oberflächentemperatur an der kritischen Stelle angehoben. Die Verankerung der Balkonplatte mit dem Baukörper kann auf verschiedene Weisen erfolgen, von denen sich jede anders auf Oberflächentemperatur und Wärmeverlust auswirken.

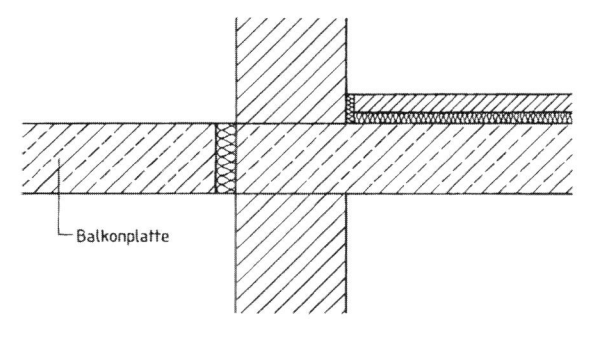

Bild 7.28
Verbesserung des Wärmeschutzes der Balkonplatte durch Abtrennung vom Baukörper

Edelstahlanker

Die Balkonplatte wird durch speziell hierzu entwickelte Edelstahlanker mit integrierter Wärmedämmplatte mit dem Baukörper verbunden. Nach [66] wird dadurch nicht nur die spezifische Temperaturabsenkung wesentlich verringert (s. Bild 7.27), sondern auch der längenbezogene Wärmeverlustwert ψ um rund 50 % reduziert.

Auflagerung auf Kragarmen

Die im Gebäude verankerten Kragarme aus Beton, die die Balkonplatten tragen, bilden eine Wärmebrücke. Um raumseitig Tauwasser zu vermeiden, müssen die Tragarme mit einer Außendämmung an den drei freien Oberflächen belegt werden. Nach [6] reicht hierzu eine 40 mm dicke Dämmschicht mit der Wärmeleitfähigkeit $\lambda = 0{,}04$ W/(m · K) aus. Es ist unnötig, die Stirnseite am Ende der Tragarme zu dämmen.

Auflagerung auf Querscheiben

Eine wärmeschutztechnisch günstige Konstruktion liegt vor, wenn die Balkonplatte in tragenden Querwandscheiben gelagert werden kann, da hierbei die Balkonplatte nicht mehr direkt in der Außenwand verankert wird.

7.5.2 Allseitig gedämmte Balkonplatte

Durch die Einhüllung der Balkonplatte in Wärmedämmstoff (Bild 7.29) wird die Wärmeabgabe derselben an die Außenluft verringert und so der Wärmeschutz verbessert. Da rechnerische Untersuchungen ergeben haben, dass wegen des Kühlrippeneffektes der Betonplatte sich die Wirkung der Wärmedämmung auf einen Abstand von etwa 700 mm von der Hauswand beschränkt, ist es bei Balkonen mit üblichen Tiefen nicht notwendig, die Stirnfläche der Platte zu dämmen. Bei entsprechendem Aufbau kann die oberseitige Wärmedämmung auch zur Verbesserung des Trittschallschutzes der Balkonplatte beitragen (Kapitel Schall).

Bei Außenwänden mit einem Wärmedurchlasswiderstand größer 1,0 m^2 · K/W wird ein Temperaturfaktor größer 0,75 erreicht.

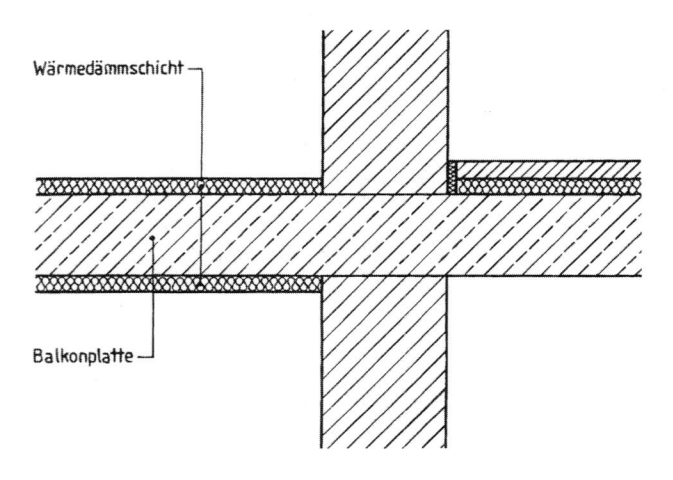

Bild 7.29
Verbesserung des Wärmeschutzes der Balkonplatte durch ober- und unterseitige Wärmedämmung

7 Schwachstellen der Gebäudehülle

7.5.3 Einlassung von Dämmplatten in die Deckenplatte

Eine wärmeschutztechnisch mögliche Lösung besteht im Einlegen einer Dämmschicht in die Deckenplatte, die aber etwa 50 mm beim Auflager in die Außenwand hineingeführt werden muss (s. Bild 7.30). Der Nachteil dieser Maßnahme besteht darin, dass der Rand der Dämmplatte zur Deckenplatte sich nach einiger Zeit als dunkler Streifen abzeichnet und der Luftschallschutz eventuell verschlechtert wird.

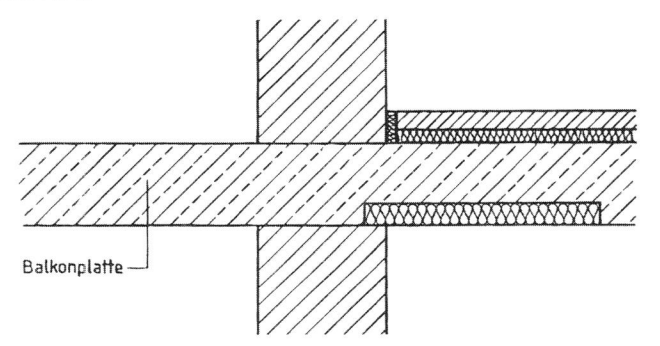

Bild 7.30
Verbesserung des Wärmeschutzes der Balkonplatte durch in die Stahlbetonplatte eingelegte Dämmplatten

7.6 Durchgehende Betonstützen im Bereich eines Luftgeschosses

In Luftgeschossen und Tiefgaragen werden häufig durchgehende Betonstützen angetroffen (s. Bild 7.31), die form- und stoffbedingte Wärmebrücken darstellen. Am Fußpunkt der Stütze, wo diese die Decke durchdringt, wird die niedrigste Oberflächentemperatur auftreten. Diese und der Wärmeverlust durch die Betonstütze hängen von deren Abmessungen ab. Um die Oberflächentemperatur an der kritischen Stelle zu erhöhen, und um die Wärmeverluste durch die Stütze zu verringern, wird diese in der Regel unterhalb der Decke ringsum mit Wärmedämmstoff eingehüllt. Rechnerische Untersuchungen wurden von [6] zur Ermittlung der niedrigsten

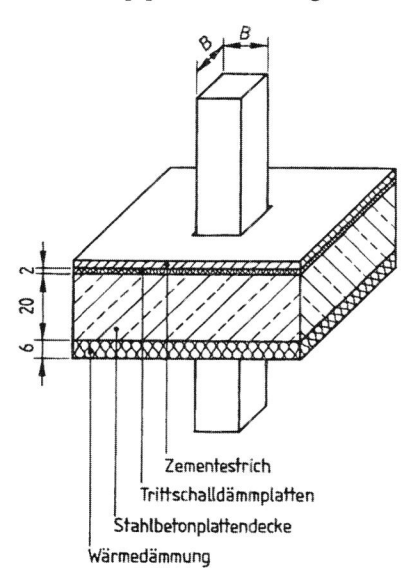

Bild 7.31
Durchgehende Betonstütze im Bereich eines Luftgeschosses
Wärmeschutz der Trenndecke
Forderung:
$R \geq 1{,}75 \ m^2 \cdot K/W$
im Beispiel vorhanden:
$R = 2{,}14 \ m^2 \cdot K/W$

Oberflächentemperatur und der Wärmeverluste der in Bild 7.31 gezeigten Decke durchgeführt. Die daraus errechnete spezifische Temperaturabsenkung und der daraus errechnete Wärmedurchgangskoeffizient wird in den Bildern 7.32 und 7.33 dargestellt.

Der große Wärmedurchlasswiderstand R = 2,14 m · K/W der Trenndecke zum Luftgeschoss wirkt sich günstig auf die spezifische Temperaturabsenkung aus. Nach Bild 7.32 ist es grundsätzlich möglich, bei Stützenabmessungen bis zu 30 cm × 30 cm gänzlich auf zusätzliche Dämmmaßnahmen zu verzichten, wenn das Raumklima keine erhöhte Luftfeuchte aufweist. Um jedoch auch Tauwasser bei erhöhten Luftfeuchten zu vermeiden, sollte nach Möglichkeit immer eine allseitige Dämmung von 40 mm Dicke eingeplant werden.

Die für die Stützen mit quadratischem Querschnitt berechneten Werte können auch auf rechteckige Querschnitte übertragen werden, denn für Stützen mit gleichem Verhältnis des Umfanges U zur Querschnittfläche A ergeben sich die gleichen minimalen Oberflächentemperaturen und die gleichen punktbezogenen Wärmedurchgangskoeffizienten.

Aus vorher besprochenen Baukonstruktionen ist bekannt – z.B. bei der auskragenden Dachplatte (s. Abschn. 7.4.2) –, dass die Wirkung der Wärmedämmschicht mit zunehmendem Abstand vom Baukörper nachlässt. Dies trifft auch auf die Stütze im Luftgeschoss zu. Bei einer nur bereichsweise angebrachten Dämmung von 500 mm unterhalb der Decke werden bereits dieselben minimalen Oberflächentemperaturen erreicht wie bei der vollständigen Dämmung der Stütze.

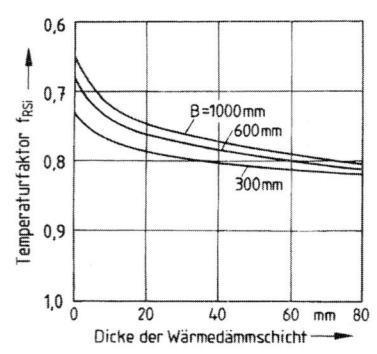

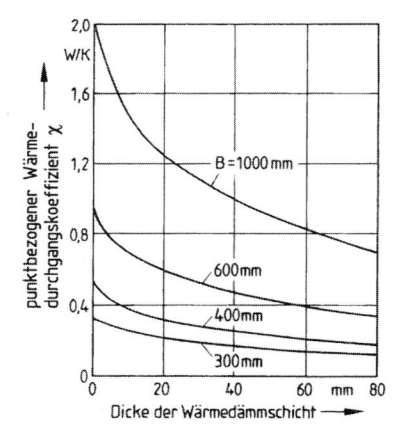

Bild 7.32 Temperaturfaktor f_{Rsi} am Fußpunkt der Betonstütze, abhängig von der Dicke der Mantel-Wärmedämmschicht (λ = 0,04 W/m · K) für verschiedene Stützenabmessungen B

Bild 7.33 Punktbezogener Wärmedurchgangskoeffizient χ durch die Betonstütze, abhängig von der Dicke der Mantel-Wärmedämmschicht (λ = 0,04 W/m · K) für verschiedene Stützenabmessungen B
Stützenlänge unterhalb der Decke: 3000 mm

Decken über Luftgeschossen ruhen öfters unterhalb der Außenwände auf Betonwänden. Wenn die sich nach oben fortsetzenden Außenwände ebenfalls aus Beton bestehen und eine Außendämmung als Wärmeschutz erhalten, darf diese nicht auf der Höhe der Deckenplatte enden, sondern muss um mindestens 500 mm in den Geschossbereich verlängert und durch eine mindestens ebenso weit reichende Wärmedämmung auf der Luftgeschossseite ergänzt werden, wie in Bild 7.34 gezeigt wird. Dadurch wird die Auswirkung der dort vorhandenen Wärmebrücke gemildert.

7 Schwachstellen der Gebäudehülle

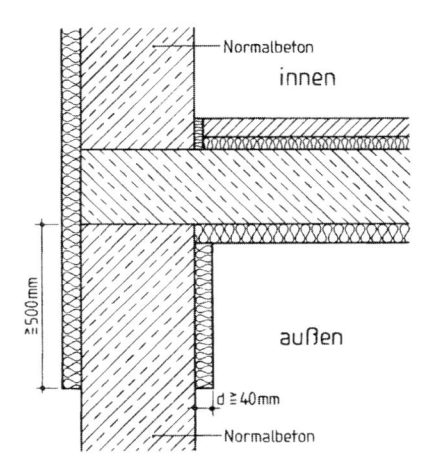

Bild 7.34
Beidseitige Dämmung der Betonwand eines Luftgeschosses

Bei gemauerten Außenwänden oberhalb des Luftgeschosses sind die Verhältnisse nicht so kritisch wie bei Beton-Außenwänden, doch sollte auch in diesem Fall die tragende Betonwand beidseitig entsprechend Bild 7.34 gedämmt werden.

7.7 Metallpaneele

Leichte Metallpaneele werden als vorgefertigte Elemente für die nichttransparente Ausfachung in Metallfassaden verwendet. Sie bestehen aus zwei Deckschichten, die am Rand durch einen druckfesten Umleimer miteinander verbunden sind. In der Regel werden für die Deckschichten ca. 1 bis 3 mm dicke Aluminium- oder Stahlbleche, aus gestalterischen Gründen für die außenseitige Deckschicht manchmal auch 4 bis 10 mm dicke Colorgläser verwendet. Der Rand wird entweder als Stufenfalz oder mit glatter Oberfläche ausgeführt (s. Bild 7.35). Um zu verhindern, dass Wasserdampf in den Kernbereich der Paneele eindringen kann, wird die Stirnfläche des Umleimers mit einer als Feuchtesperre dienenden Folie verklebt.

Bild 7.35
Paneel mit verschiedenen Randausbildungen nach [501]
a) Randbereich mit glatter Oberfläche
b) Randbereich mit Stufenfalz

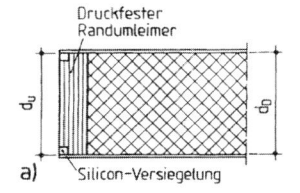

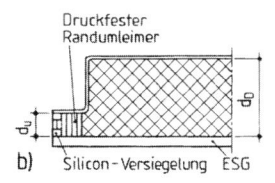

Der Wärmeschutz der Paneele hängt sowohl vom Wärmedurchlasswiderstand des Kernbereichs als auch von dem des Umleimers ab, wobei letzterer immer kleiner als der des Kernbereiches ist. Auch die Wärmeleitfähigkeit des für die Deckschicht verwendeten Metalls beeinflusst den Wärmeschlitz des Paneels, ebenso die der Randfolie, sofern sie aus Aluminium besteht.

Wegen der unterschiedlichen Dämmwerte zwischen Paneelmitte und Umleimer ist die raumseitige Oberflächentemperatur in der Mitte des Paneels höher als am Rand. Daher tritt in der aus Metall bestehenden Deckschicht ein Wärmestrom parallel zur Paneeloberfläche in Richtung zum Rand auf, der wegen der hohen Wärmeleitfähigkeit des Metalls recht erheblich ist. Berechnet man den mittleren Wärmedurchgangskoeffizienten eines Paneels nach den einfachen Rechenregeln der

DIN EN ISO 6946 (s. Abschnitt 2.1.4), dann werden hierbei die Wärmeströme parallel zur Bauteiloberfläche nicht erfasst und das Ergebnis wird einen sehr großen Fehler aufweisen. Realistische Werte sind nur mit Hilfe numerischer Rechenverfahren zu erhalten.

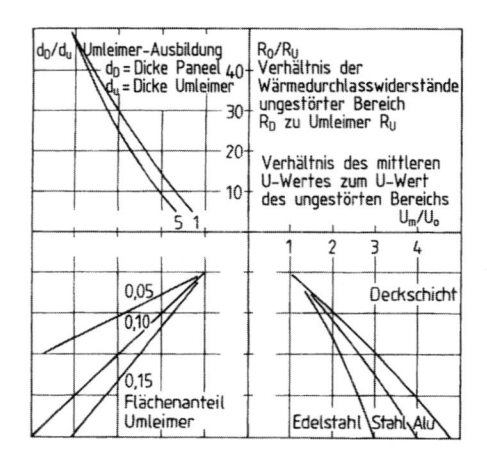

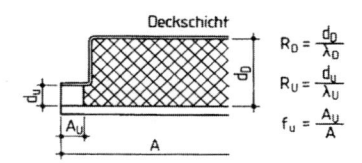

Bild 7.36 Nomogramm zur näherungsweisen Bestimmung des Wärmedurchgangskoeffizienten von Paneelen

Achtziger [50] hat viele Metallpaneele experimentell und rechnerisch untersucht und an Hand dieser Ergebnisse ein Nomogramm entwickelt, mit dessen Hilfe der mittlere Wärmedurchgangskoeffizient von Metallpaneelen abgeschätzt werden kann. Dieses Nomogramm ist in Bild 7.36 zu sehen, Bild 7.37 zeigt ein Anwendungsbeispiel.

Um bei Metallpaneelen einen vergleichsweise guten Wärmeschutz zu erreichen, sollten folgende Forderungen eingehalten werden:

1. Im ungestörten Feld des Paneels soll der Wärmedurchgangskoeffizient nicht größer als 0,40 W/(m² · K) sein.
2. Der Umleimer soll möglichst dick und die Wärmeleitfähigkeit des Materials kleiner 0,1 W/(m · K) sein.
3. Für die Abdeckung der freien Stirnfläche des Umleimers darf nicht eine Aluminiumfolie verwendet werden, da sie wegen der hohen Wärmeleitfähigkeit des Aluminiums eines thermischen Kurzschluss am Rand des Paneels bildet und dessen Wärmedurchgangskoeffizienten bis zu 80 % vergrößern kann. Das Eindringen von Wasser oder Wasserdampf durch die Randverbindung in das Paneel kann auch durch eine Kunststofffolie verhindert werden.

Metallpaneele und -rahmen mit den Wärmedurchgangskoeffizienten U_p und U_R werden zu Metallfassaden zusammengefügt. Deren Wärmedurchgangskoeffizient U_{Fa} wird nach folgender Gleichung berechnet:

$$U_{Fa} = \frac{U_p \cdot A_p + U_R \cdot A_R}{A_p + A_R} \tag{7.1}$$

Dabei ist A_p die Fläche des Paneels und A_R die des Rahmens.

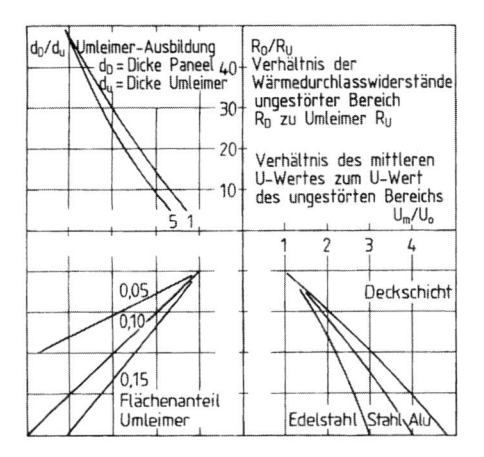

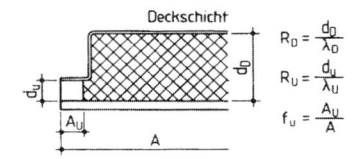

Bild 7.37   Beispiel zur Bestimmung des mittleren Wärmedurchgangskoeffizienten für ein Paneel

8 Genormte Rechenregeln im baulichen Wärmeschutz

8.1 Bemessungswert der Wärmeleitfähigkeit λ

Damit bei Berechnungen zur Bewertung des Wärmeschutzes von Bauteilen die Wärmeleitfähigkeitswerte der verwendeten Baustoffe vergleichbar sind, wurde der Bemessungswert der Wärmeleitfähigkeit definiert. Er berücksichtigt die Einflüsse der Temperatur, des Wassergehaltes der Baustoffe, material- und herstellungsbedingte Schwankungen der Materialeigenschaften sowie das eventuelle Alterungsverhalten der Baustoffe auf die Wärmeleitfähigkeit. Die für den Nachweis des Wärmeschutzes von Bauteilen zu verwendenden Bemessungswerte der Wärmeleitfähigkeit sind in DIN V 4108-4 und DIN EN 12524 enthalten.

Anmerkung: Der bisher in Normen und Literatur verwendete Begriff **Rechenwert der Wärmeleitfähigkeit** λ_R wurde im Rahmen der Ablösung bzw. Anpassung der nationalen Normen an die europäische Normen durch die neu definierte Bezeichnung Bemessungswert der Wärmeleitfähigkeit ersetzt (s. Abschn. 8.1.2).

8.1.1 Bezugswerte und Einflussgrößen bei der Festlegung des Bemessungswertes

Temperatur: Als Bezugstemperatur ist für Deutschland der Wert 10 °C festgelegt [92], [94].

Wassergehalt: Baustoffe nehmen durch Sorption Wasser aus der angrenzenden Luft auf. Lagern Proben über einen längeren Zeitraum bei definierten Klimaverhältnissen, wird der sich einstellende Wassergehalt des Materials als **Gleichgewichtsfeuchte** bezeichnet, sie wird umso größer sein, je höher die relative Luftfeuchte ist (s. Abschn. Feuchte).

Wegen der stark schwankenden Luftverhältnisse in Wohn- und Arbeitsräumen schwankt auch der durch Sorptionsvorgänge bewirkte Wassergehalt der Baustoffe der angrenzenden Bauteile. Um einen Bezugswert für den Wassergehalt der Materialien in von Menschen genutzten Räumen zu ermitteln, wurde einstmalig der **praktische Feuchtegehalt** der Baustoffe definiert. Bestimmt wurde er an aus Außenwänden aller Himmelsrichtungen entnommenen Proben. Die ausgewählten Bauwerke mussten genügend ausgetrocknet sein und zum dauernden Aufenthalt von Menschen dienen. Der praktische Feuchtegehalt ist dann der Wert, der in 90 % aller Fälle nicht überschritten wurde. Inzwischen wurden sowohl die Bezeichnung als auch die Definition geändert; an Stelle des praktischen Feuchtegehaltes ist die **Ausgleichsfeuchte** getreten. Dies ist der Wert der **Gleichgewichtsfeuchte** eines Materials, die sich in Materialproben einstellt, die genügend lang in einem Prüfraum bei einem Klima von 23 °C und 50 % relativer Luftfeuchte gelagert werden. Tafel 8.1 enthält Zahlenwerte der Ausgleichsfeuchte einiger Baustoffe. Weitere Werte sind in Tafel 8.5 zu finden.

Materialschwankungen: Ermittelt wird die Wärmeleitfähigkeit eines Stoffes experimentell durch Messungen an einer größeren Anzahl von Probekörpern. Die Messwerte werden wegen mateial- und herstellungsbedingten Streuungen um einen Mittelwert schwanken. Mittels statistischer Rechenmethoden wird bei einem vorgegebenen Vertrauensbereich die obere und untere Vertrauensgrenze berechnet. Für den Bemessungswert wurde der Vertrauensbereich 90 % festgelegt. Dann liegen mit einer Wahrscheinlichkeit von 90 % die in der Norm angegebenen Wärmeleitfähigkeitswerte der Stoffe unter der oberen Vertrauensgrenze. Dadurch soll erreicht werden, dass die in der Norm genannten und für die Heizenergieverluste mitverantwortlichen Wärmeleitfähigkeitswerte mit einer gewissen Sicherheit nicht überschritten werden.

Tafel 8.1   Ausgleichsfeuchtegehalt von einigen Baustoffen nach DIN V 4108-4

Zeile		Baustoffe	Feuchtegehalt u kg/kg l
1		Beton mit geschlossenem Gefüge mit porigen Zuschlägen	0,13
2	2.1	Leichtbeton mit haufwerkporigem Gefüge mit dichten Zuschlägen nach DIN 4226-1	0,03
	2.2	Leichtbeton mit haufwerkporigem Gefüge mit dichten Zuschlägen nach DIN 4226-2	0,045
3		Gips, Anhydrit	0,02
4		Gußasphalt, Asphaltmastix	0
5		Holz, Sperrholz, Spanplatten, Holzfaserplatten, Schilfrohrplatten und -matten, organische Faserdämmstoffe	0,15
6		Pflanzliche Faserdämmstoffe aus Seegras, Holz-, Torf und Kokosfasern und sonstige Fasern	0,15

Weitere Ausgleichsfeuchtegehalte sind DIN EN 12524: 2000-07, Tabelle 2 zu entnehmen.

8.1.2 Wärmeschutztechnischer Bemessungs- und Nennwert nach DIN EN 12524

Der **Bemessungswert** der Wärmeleitfähigkeit ist grundsätzlich die Basis wärmeschutztechnischer Berechnungen und wird aus Messungen abgeleitet. Da die Wärmeleitfähigkeit von Baustoffen sowohl von der Temperatur als auch vom Wassergehalt des Probenmaterials abhängt, müssen als Grundlage für die Messung Probentemperatur und Feuchtegehalt der Proben festgelegt werden, um die Messwerte vergleichbar zu machen. Deshalb wurden Randbedingungen für die Messungen festgelegt (s. Tafel 8.2), an die sich das Prüflabor nach Möglichkeit halten soll. Das Ergebnis solcher Messungen ist der **Nennwert** der Wärmeleitfähigkeit. Bei abweichenden Randbedingungen ist aus den Messwerten der **Nennwert** für 10 °C und einem Feuchtegehalt, der der Ausgleichsfeuchte in Luft bei 23 °C und einer relativen Feuchte von 50 % entspricht, zu ermitteln. Somit ist der **Nennwert** der Wärmeleitfähigkeit eines Baustoffes definiert als der zu erwartende Wert, der sich aus der **Bewertung von Messdaten** bei vorgegebenen **Referenzbedingungen** für Temperatur und Feuchtegehalt für eine unter normalen Bedingungen zu erwartete Nutzungsdauer ergibt. Aus dem Nennwert der Wärmeleitfähigkeit wird dann der **Bemessungswert** der Wärmeleitfähigkeit abgeleitet. Die Regeln, um diese beiden Werte zu ermitteln, sind in der Norm DIN EN ISO 10456 „Wärmeschutz. Baustoffe und -produkte. Bestimmung der Nenn- und Bemessungswerte" festgelegt.

Tafel 8.2 Randbedingungen für den Nennwert nach DIN EN ISO 10456

Eigenschaft	Randbedingungen			
	I(10 °C)		II(10 °C)	
	a	b	a	b
Referenztemperatur	10 °C	10 °C	23 °C	23 °C
Feuchte	u_{tr}	$u_{23,50}$	u_{tr}	$u_{23,50}$
Alterung	gealtert	gealtert	gealtert	gealtert

u_{tr} ist ein niedriger Feuchtegehalt, der durch Trocknung erreicht wird
$u_{23,50}$ ist der Feuchtegehalt, der sich im Gleichgewicht bei 23 °C Lufttemperatur und einer relativen Luftfeuchte von 50 % einstellt.

Die Vorgehensweise zur Festlegung des Bemessungswertes der Wärmeleitfähigkeit eines Baustoffes ist in den Mitgliedsländern der Europäischen Union prinzipiell gleich, nur die Randbedingungen zur Feststellung sowohl des Nenn- als auch des Bemessungswertes unterscheiden sich teilweise in den einzelnen Ländern.

Tafel 8.3 Symbole und Einheiten für die Umrechnung der physikalischen Größen

Symbol	Physikalische Größe	Einheit
c_p	Spezifische Wärmekapazität bei konstantem Druck	$J/(kg \cdot K)$
λ	Wärmeleitfähigkeit	$W/(m \cdot K)$
ρ	Rohdichte	kg/m^3
s_d	Wasserdampfdiffusionsäquivalente Luftschichtdicke	m
μ	Wasserdampf-Diffusionswiderstandszahl	–
u	Massebezogener Feuchtegehalt[1]	kg/kg
ψ	Volumenbezogener Feuchtegehalt[2]	m^3/m^3
f_u	Massebezogener Umrechnungsfaktor für den Feuchtegehalt[3]	kg/kg
f_ψ	Volumenbezogener Umrechnungsfaktor für den Feuchtegehalt[3]	m^3/m^3

[1] Quotient aus Masse des verdampfbaren Wassers und Trockenmasse des Baustoffs
[2] Quotient aus Volumen des verdampfbaren Wassers und Trockenvolumen des Baustoffs
[3] Zur Umrechnung der wärmeschutztechnischen Eigenschaften

Je nach der von den Mitgliedsländern vorgegebenen Ausgangslage wird der **Bemessungswert**
– von einem Nennwert ermittelt,
– aus Messdaten abgeleitet oder
– aus Tabellen mit genormten Werten entnommen.

Umrechnungen der Nenn- oder Bemessungsweite wegen unterschiedlicher Bezugswerte in den verschiedenen europäischen Ländern erfolgen nach DIN EN ISO 10456. Die hierbei verwendeten Symbole der betreffenden physikalischen Größen sind in Tafel 8.3 zusammengestellt.

Der Bemessungswert der Wärmeleitfähigkeit eines Baustoffes bzw. -produktes wird in **Deutschland** in der Regel an einer vorgeschriebenen Anzahl von vorgetrockneten Probekörpern bei einer Mitteltemperatur von 10 °C gemessen. Aus den Messwerten wird der Wert $\lambda_{10,tr}$ für die Fraktile 90 % und den Vertrauensbereich 90 % ermittelt (s. DIN EN 10456, Anhang B). Von diesem Wert ausgehend wird der Bemessungswert der Wärmeleitfähigkeit λ entsprechend den Regeln des Abschnittes 8.1.3 ermittelt.

8.1.3 Umrechnung von einem Datensatz λ_1 in einen anderen Datensatz λ_2

Umrechnungen von einem Datensatz λ_1 in einen anderen Datensatz λ_2 zur Berücksichtigung unterschiedlicher Randbedingungen erfolgen nach der Gleichung:

$$\lambda_2 = \lambda_1 \cdot F_T \cdot F_m \cdot F_a \tag{8.1}$$

Die Umrechnungsfaktoren F berücksichtigen folgende Einflussgrößen:
F_T: Umrechnungsfaktor für die Temperatur
F_m: Umrechnungsfaktor für die Feuchte
F_a: Umrechnungsfaktor für die Alterung

Es ist: **Temperatur:** $F_T = e^{f_T \cdot (T_2 - T_1)}$ mit Temperaturumrechnungskoeffizient f_T

T_1: Temperatur des Datensatzes 1

T_2: Temperatur des Datensatzes 2

Feuchte: $F_m = e^{f_\psi \cdot (\psi_2 - \psi_1)}$ mit massebezogenem Feuchteumrechnungskoeffizient f_ψ

u_1: massebezogener Feuchtegehalt des Datensatzes 1

u_1: massebezogener Feuchtegehalt des Datensatzes 2

bzw. $F_m = e^{f_\upsilon \cdot (\upsilon_2 - \upsilon_1)}$ mit volumenbezogenem Feuchteumrechnungskoeffizient f_υ

ψ_1: volumenbezogener Feuchtegehalt des Datensatzes 1

ψ_1: volumenbezogener Feuchtegehalt des Datensatzes 2

Alterung: Die Norm DIN EN ISO 10456 enthält nur allgemeine Angaben zur Alterung von Stoffarten. Umrechnungskoeffizienten, um einen Alterungsfaktor F_a zu ermitteln, werden nicht angegeben.

Die für die Umrechnung erforderlichen Temperaturumrechnungskoeffizienten f_T sind in DIN EN 10456, Anhang A, die Umrechnungsfaktoren für die Feuchte F_m (für Trockenwerte) in Tafel 8.4 und massebezogene bzw. volumenbezogene Feuchteumrechnungskoeffizienten f_u bzw. f_ψ in Tafel 8.5 enthalten.

Tafel 8.4 Umrechnungsfaktoren für den Feuchtegehalt und Zuschlagswerte für Wandbaustoffe

Zeile	Mauerwerk- und Wandkonstruktionen, Mörtel, Estriche	Umrechnungsfaktor F_m [1]
1	Mauerziegel	1,13
2	Kalksandstein	1,27
3	Porenbeton	1,20
4	Beton mit Blähtonzuschlägen	1,08
5	Beton mit überwiegend Blähtonzuschlägen	1,13
6	Beton mit Bimszuschlägen	1,15
7	Beton mit Polystyrolzuschlägen	1,13
8	Beton mit mehr als 70 % geblähter Hochofenschlacke	1,17
9	Beton mit Zuschlägen, vorwiegend bei hohen Temperaturen aus taubem Gestein aufbereitet	1,17
10	Beton mit Leichtzuschlägen	1,22
11	Mörtel (Mauermörtel und Putzmörtel)	1,27
12	Beton mit nichtporigen Zuschlägen und Kunststein	1,17
13	Beton mit geschlossenem Gefüge und mit porigen Zuschlägen	1,45
14	Gips, Anhydrit	1,25
15	Steinholz	1,60
16	Asphalt, Bitumen	1,00

[1] F_m bezogen auf den Trockenwert der Wärmeleitfähigkeit

Tafel 8.5 Feuchteschutztechnische Eigenschaften und spezifische Wärmekapazität von Wärmedämm- und Mauerwerksstoffen

Werkstoff	Rohdichte	Feuchtegehalt[1] bei 23 °C, 50 % relativer Luftfeuchte		Feuchtegehalt[1] bei 23 °C, 80 % relativer Luftfeuchte		Umrechnungsfaktor für den Feuchtegehalt		Wasserdampf-Diffusionswiderstandszahl		Spezifische Wärmekapazität
	ρ kg/m³	u kg/kg	ψ m³/m³	u kg/kg	ψ m³/m³	f_u	f_ψ	trocken	feucht	c_p J/(kg·K)
Expandierter Polystyrol-Hartschaum	10 bis 50	0		0		4		60	60	1450
Extrudierter Polystyrol-Hartschaum	20 bis 65	0		0		2,5		150	150	1450
Polyurethanhartschaum	28 bis 55	0		0		3		60	60	1400
Mineralwolle	10 bis 200	0		0		4		1	1	1030
Phenolharz-Hartschaum	20 bis 50	0		0		5		50	50	1400
Schaumglas	100 bis 150	0		0		0		00	00	1000
Perliteplatten	140 bis 240	0,02		0,03		0,8		5	5	900
Expandierter Kork	90 bis 140		0,008		0,011	6		10	5	1560
Holzwolle-Leichtbauplatten	250 bis 450		0,03		0,05	1,8		5	3	1470
Holzfaserdämmplatten	150 bis 250	0,1		0,16		1,5		10	5	1400
Harnstoff-Formaldehydschaum	10 bis 30	0,1		0,15		0,7		2	2	1400
Polyurethan-Spritzschaum	30 bis 50	0		0		3		60	60	1400
Lose Mineralwolle	15 bis 60	0		0		4		1	1	1030
Lose Zellulosefasern	20 bis 60	0,11		0,18		0,5		2	2	1600
Blähperlite-Schüttung	30 bis 150	0,01		0,02		3		2	2	900
Schüttung aus expandiertem Vermiculit	30 bis 150	0,01		0,02		2		3	2	1080
Blähtonschüttung	200 bis 400	0		0,001		4		2	2	1000 1
Polystyrol-Partikelschüttung	10 bis 30	0		0		4		2	2	1400
Vollziegel (gebrannter Ton)	1000 bis 2400	0,007		0,012		10		16	10	1000
Kalksandstein	900 bis 2200	0,012		0,024		10		20	15	1000 1
Beton mit Bimszuschlägen	500 bis 1300	0,02		0,035		4		50	40	1000
Beton mit nichtporigen Zuschlägen und Kunststein	1600 bis 2400	0,025		0,04		4		150	120	1000
Beton mit Polystyrolzuschlägen	500 bis 800	0,015		0,025		5		120	60	1000
Beton mit Blähtonzuschlägen	400 bis 700	0,02		0,03		2,6		6	4	1000
Beton mit überwiegend Blähbetonzuschlägen	800 bis 170	0,2		0,03		4		8	6	1000
Beton mit mehr als 70 % geblähter Hochofenschlacke	1100 bis 1700	0,02		0,04		4		30	20	1000
Beton mit vorwiegend aus hochtemperaturbehandeltem taubem Gestein aufbereitet	1100 bis 1500	0,02		0,04		4		15	10	1000
Porenbeton	300 bis 1000	0,026		0,045		4		10	6	1000 1
Beton mit Leichtzuschlägen	500 bis 2000		0,03		0,05	4		15	10	1000
Mörtel (Mauermörtel und Putz-Mörtel)	250 bis 2000		0,04		0,06	4		20	10	1000

[1] Die angegebenen Werte werden allgemein nicht überschritten

8.1.4 Bauregelliste

Der Rat der Europäischen Gemeinschaft hat als Grundlage für die Beseitigung von Handelshemmnissen im Bereich des Bauwesens die Bauprodukten-Richtlinie erlassen. Deren Zweck ist die Sicherstellung eines ungehinderten Handelsaustausches und die freie Verwendung von Bauprodukten im Bereich der EG. Die Richtlinie sieht vor, Grundlagendokumente zu schaffen, die sowohl Terminologie und technische Grundlagen harmonisieren als auch Klassen und Anforderungen an Bauprodukte benennen. Umgesetzt werden diese Forderungen durch harmonisierte Europäische Normen (EN-Normen), die vom CEN (Europäisches Komitee für Normung) erarbeitet werden. Mitglieder des CEN sind Vertreter der EG-Länder, die in der Regel von den nationalen Normungsinstituten ernannt werden.

Soweit das Wirtschaftsrecht hiervon betroffen ist, also Maßnahmen zur Beseitigung der Handelshemmnisse festgelegt werden müssen, fällt diese Aufgabe in den Zuständigkeitsbereich des Bundes. Zur Regelung haben Bundestag und Bundesrat das Bauproduktengesetz verabschiedet.

Für die Anwendung der Bauprodukte auf Baustellen und dem Nachweis derer wesentlichen Eigenschaften ist das Bauordnungsrecht der Länder maßgebend. In den jeweiligen Landesbauordnungen ist festgelegt, wie die Brauchbarkeit der Bauprodukte nachzuweisen ist. Eine wichtige Stütze hierbei ist die Bauregelliste des Deutschen Institutes für Bautechnik. Durch die hier genannten Regeln soll sichergestellt werden, dass die vom Hersteller eines Bauproduktes in den technischen Produktunterlagen genannten Eigenschaften tatsächlich vorhanden sind. Hierzu legt die Bauregelliste Einzelheiten über die Art und den Umfang der erforderlichen Nachweise fest. Nur wenn für die Bauprodukte ein Übereinstimmungsnachweis, der die Einhaltung der Anforderungen bestätigt, vorliegt, dürfen sie am Bau verwendet werden.

Für die Übereinstimmungsnachweise gibt es drei Abstufungen:
- Die Übereinstimmungserklärung des Herstellers (ÜH).
- Die Übereinstimmungserklärung des Herstellers nach vorheriger Prüfung des Bauproduktes durch eine anerkannte Prüfstelle (ÜHP).
- Das Übereinstimmungszertifikat durch eine anerkannte Zertifizierungsstelle (ÜZ). Die Zertifizierungsstellen müssen nach den Richtlinien EG für diesen Zweck zugelassen sein.

Der Produzent ist verpflichtet, seine Produkte mit dem Übereinstimmungszeichen (Ü-Zeichen) auf der Verpackung oder, wenn dies nicht möglich ist, auf dem Lieferschein zu kennzeichnen.

Je nach Art der Bauprodukte wird bezüglich des Eignungsnachweises zwischen den Bauregellisten A und B sowie der Liste C unterschieden. Die Bauregelliste A wird in 3, die Bauregelliste B in 2 Teile unterteilt.

Bauregelliste A Teil 1 „Geregelte Bauprodukte" umfasst Baustoffe, deren Eigenschaften in Normen oder Richtlinien festgelegt sind.

Bauregelliste A Teil 2 „Nicht geregelte Bauprodukte" beinhaltet solche Produkte, deren Verwendung nicht der Erfüllung erheblicher Anforderungen an die Sicherheit baulicher Anlagen dient und für die es keine allgemein anerkannten Regeln der Technik gibt oder die nach allgemein anerkannten Prüfverfahren beurteilt werden. Die Eignung muss durch ein allgemeines bauaufsichtliches Prüfzeugnis nachgewiesen werden.

Bauregelliste A Teil 3 „Nicht geregelte Bauarten". Deren Verwendung dient nicht der Erfüllung erheblicher Anforderungen an die Sicherheit baulicher Anlagen, für sie gibt es keine allgemein anerkannten Regeln der Technik oder sie werden nach allgemein anerkannten Prüfverfahren beurteilt. Die Eignung muss durch ein allgemeines bauaufsichtliches Prüfzeugnis nachgewiesen werden

Bauregelliste B Teil 1 umfasst Bauprodukte, auch aus anderen Mitgliedstaaten der Europäischen Union, die auf Grund von nach EG-Richtlinien umzusetzenden Vorschriften das Konformitätszeichen CE tragen.

Bauregelliste B Teil 2 umfasst Bauprodukte, die neben dem Konformitätszeichen CE auf Grund eines Übereinstimmungsnachweises ein Ü-Zeichen tragen.

Liste C beinhaltet Bauprodukte von untergeordneter Bedeutung, für die es weder Technische Baubestimmungen noch allgemein anerkannte Regeln der Technik gibt.

Die Bauregellisten A und B sowie die Liste C werden seit ihrer Erstausgabe halbjählich ergänzt bzw. geändert und in den „Mitteilungen des Institutes für Bautechnik" veröffentlicht.

Diese Angaben können nur einen einfachen Überblick zur Ordnung der Bauregelliste geben. Wenn genauere Informationen erforderlich sind, können diese beim Institut für Bautechnik Berlin angefordert werden.

8.1.5 Tabellenwerte nach DIN 4108-4 und DIN EN 12524

Die Angaben wärmeschutztechnischer Größen in der Norm DIN EN 12524: 2000-07 „Baustoffe und -produkte. Wärme- und feuchteschutztechnische Eigenschaften; Tabellierte Bemessungswerte", sind gegenüber DIN V 4108-4 erweitert um Werte der spezifischen Wärmekapazität von Baustoffen (Tafel 8.5 und 8.8), der Wasserdampfdiffusionswiderstandszahlen für Trocken- und Feuchtbereich (Tafel 8.5).

Tafel 8.6   Wärmeschutztechnische Bemessungswerte für Baustoffe nach DIN V 4108-4

Zeile	Stoff	Rohdichte[1),2)] ρ kg/m³	Bemessungswert der Wärmeleitfähigkeit λ W/(m·K)	Richtwert der Wasserdampf-Diffusionszahl[3)] μ
1	Putze, Mörtel und Estriche			
1.1	Putze			
1.1.1	Putzmörtel aus Kalk, Kalkzement und hydraulischem Kalk	(1800)	1,0	15/35
1.1.2	Putzmörtel aus Kalkgips, Gips, Anhydrit und Kalkanhydrit	(1400)	0,70	10
1.1.3	Leichtputz	< 1300	0,56	
1.1.4	Leichtputz	≤ 1000	0,38	15/20
1.1.5	Leichtputz	≤ 700	0,25	
1.1.6	Gipsputz ohne Zuschlag	(1200)	0,51	10
1,1.7	Wärmedämmputz nach DIN 18550-3 Wärmeleitfähigkeitsgruppe 060 070 080 090 100	(≥ 200)	0,060 0,070 0,080 0,090 0,100	5/20

Fortsetzung s. nächste Seite

Tafel 8.6　Fortsetzung

Zeile	Stoff	Rohdichte[1),2)] ρ kg/m^3	Bemessungswert der Wärmeleitfähigkeit λ W/(m·K)	Richtwert der Wasserdampf-Diffusionszahl[3)] μ
1.1.8	Kunstharzputz	(1100)	0,70	50/200
1.2	Mauermörtel			
1.2.1	Zementmörtel	(2000)	1,6	
1.2.2	Normalmörtel NM	(1800)	1,2	
1.2.3	Dünnbettmauermörtel	(1600)	1,0	15/35
1.2.4	Leichtmauermörtel nach DIN 1053-1	≤ 1000	0,36	
1.2.5	Leichtmauermörtel nach DIN 1053-1	≤ 700	0,21	
1.2.6	Leichtmauermörtel	250	0,10	
		400	0,14	
		700	0,25	5/20
		1000	0,38	
		1500	0,69	
1.3	Asphalt	Siehe DIN EN 12524		
1.4	Estriche			
1.4.1	Zement-Estrich	(2000)	1,4	
1.4.2	Anhydrit-Estrich	(2100)	1,2	15/35
1.4.3	Magnesia-Estrich	1400	0,47	
		2300	0,70	
2	Beton-Bauteile			
2.1	Beton nach DIN EN 206	Siehe DIN EN 12524		
2.2	Leichtbeton und Stahlleichtbeton mit geschlossenem Gefüge nach DIN EN 206 und DIN 1045-1, hergestellt unter Verwendung von Zuschlägen mit porigem Gefüge nach DIN 4226-2 ohne Quarzsandzusatz[4)]	800	0,39	
		900	0,44	
		1000	0,49	
		1100	0,55	
		1200	0,62	
		1300	0,70	70/150
		1400	0,79	
		1500	0,89	
		1600	1,0	
		1800	1,3	
		2000	1,6	

Fortsetzung s. nächste Seite

Tafel 8.6 Fortsetzung

Zeile	Stoff		Rohdichte[1),2)] ρ kg/m^3	Bemessungswert der Wärmeleitfähigkeit λ W/(m·K)	Richtwert der Wasserdampf-Diffusionszahl[3)] μ
2.3	Dampfgehärteter Porenbeton nach DIN 4223-1		300	0,10	5/10
			350	0,11	
			400	0,13	
			450	0,15	
			500	0,16	
			550	0,18	
			600	0,19	
			650	0,21	
			700	0,22	
			750	0,24	
			800	0,25	
			900	0,29	
			1000	0,31	
2.4	Leichtbeton mit haufwerkporigem Gefüge				
2.4.1	–	mit nichtporigen Zuschlägen nach DIN 4226-1, z.B. Kies	1600	0,81	3/10
			1800	1,1	
			2000	1,4	5/10
2.4.2	–	mit porigen Zuschlägen nach DIN 4226-2, ohne Quarzsandzusatz[4)]	600	0,39	5/15
			700	0,44	
			800	0,49	
			1000	0,55	
			1200	0,62	
			1400	0,70	
			1600	0,79	
			1800	0,89	
			2000	1,0	
2.4.2.1	–	ausschließlich unter Verwendung von Naturbims	500	0,16	5/15
			600	0,18	
			700	0,21	
			800	0,24	
			900	0,28	
			1000	0,32	
			1100	0,37	
			1200	0,41	
			1300	0,47	

Fortsetzung s. nächste Seite

Tafel 8.6. Fortsetzung

Zeile	Stoff	Rohdichte[1),2)] ρ kg/m³	Bemessungswert der Wärmeleitfähigkeit λ W/(m·K)	Richtwert der Wasserdampf-Diffusionszahl[3)] μ
2.4.2.2	– ausschließlich unter Verwendung von Blähton	400 500 600 700 800 900 1000 1100 1200 1300 1400 1500 1600 1700	0,13 0,16 0,19 0,23 0,27 0,30 0,35 0,39 0,44 0,50 0,55 0,60 0,68 0,76	5/15
3	Bauplatten			
3.1	Porenbeton-Bauplatten und Porenbeton-Planbauplatten, unbewehrt nach DIN 4166			
3.1.1	Porenbeton-Bauplatten (Ppl) mit normaler Fugendicke und Mauermörtel nach DIN 1053-1 verlegt	400 500 600 700 800	0,20 0,22 0,24 0,27 0,29	5/10
3.1.2	Porenbeton-Planbauplatten (Pppl), dünnfugig verlegt	300 350 400 450 500 550 600 650 700 750 800	0,10 0,11 0,13 0,15 0,16 0,18 0,19 0,21 0,22 0,24 0,25	5/10
3.2	Wandplatten aus Leichtbeton nach DIN 18162	800 900 1000 1200 1400	0,29 0,32 0,37 0,47 0,58	5/10
3.3	Wandbauplatten aus Gips nach DIN 18163, auch mit Poren, Hohlräumen, Füllstoffen oder Zuschlägen	600 750 900 1000 1200	0,29 0,35 0,41 0,47 0,58	5/10
3.4	Gipskartonplatten nach DIN 18180	900	0,25	

Fortsetzung s. nächste Seite

Tafel 8.6. Fortsetzung

Zeile	Stoff	Rohdichte[1),2)] ρ kg/m^3	Bemessungswert der Wärmeleitfähigkeit λ W/(m · K)		Richtwert der Wasserdampf-Diffusionszahl[3)] μ
4	Mauerwerk, einschließlich Mörtelfugen				
4.1	Mauerwerk aus Mauerziegeln nach DIN 105-1 bis E DIN 105-6				
			NM/DM		
4.1.1	Vollklinker, Hochlochklinker, Keramikklinker	1800	0,81		
		2000	0,96		
		2200	1,2		50/100
		2400	1,4		
4.1.2	Vollziegel, Hochlochziegel, Füllziegel	1200	0,50		
		1400	0,58		
		1600	0,68		
		1800	0,81		5/10
		2000	0,96		
		2200	1,2		
		2400	1,4		
			LM21/LM36[6)]	NM/DM[6)]	
4.1.3	Hochlochziegel mit Lochung A und B nach DIN 105-2 und E DIN 105-6	550	0,27	0,32	
		600	0,28	0,33	
		650	0,30	0,35	
		700	0,31	0,36	
		750	0,33	0,38	5/10
		800	0,34	0,39	
		850	0,36	0,41	
		900	0,37	0,42	
		950	0,38	0,44	
		1000	0,40	0,45	
			LM21/LM36[6)]	NM[6)]	
4.1.4	Hochlochziegel HLzW und Wärmedämmziegel WDz nach DIN 105-2, h ≥ 238 mm	550	0,19	0,22	
		600	0,20	0,23	
		650	0,20	0,23	
		700	0,21	0,24	
		750	0,22	0,25	5/10
		800	0,23	0,26	
		850	0,23	0,26	
		900	0,24	0,27	
		950	0,25	0,28	
		1000	0,26	0,29	

Fortsetzung s. nächste Seite

Tafel 8.6. Fortsetzung

Zeile	Stoff	Rohdichte[1],[2] ρ kg/m^3	Bemessungswert der Wärmeleitfähigkeit λ W/(m · K)	Richtwert der Wasserdampf-Diffusionszahl[3] μ
4.1.5	Plan-Wärmedämmziegel PWDz nach DIN 105-6, h ≥ 248 mm	550	0,20	
		600	0,21	
		650	0,21	
		700	0,22	
		750	0,23	5/10
		800	0,24	
		850	0,24	
		900	0,25	
		950	0,26	
		1000	0,27	
			NM/DM[6]	
4.2	Mauerwerk aus Kalksandsteinen nach DIN 106-1 und DIN 106-2	1000	0,50	
		1200	0,56	5/10
		1400	0,70	
		1600	0,79	
		1800	0,99	15/25
		2000	1,1	
		2200	1,3	
4.3	Mauerwerk aus Hüttensteinen nach DIN 398	1000	0,47	
		1200	0,52	
		1400	0,58	70/100
		1600	0,64	
		1800	0,70	
		2000	0,76	
4.4	Mauerwerk aus Porenbeton-Plansteinen (PP) nach DIN 4165		DM[6]	
		300	0,10	
		350	0,11	
		400	0,13	
		450	0,15	
		500	0,16	
		550	0,18	5/10
		600	0,19	
		650	0,21	
		700	0,22	
		750	0,24	
		800	0,25	

Fortsetzung s. nächste Seite

Tafel 8.6. Fortsetzung

Zeile	Stoff		Rohdichte[1),2)] ρ kg/m³	Bemessungswert der Wärmeleitfähigkeit λ W/(m · K)			Richtwert der Wasserdampf-Diffusionszahl[3)] μ
4.5	Mauerwerk aus Betonsteinen						
4.5.1	Hohlblöcke (Hbl) nach DIN 18151, Gruppe 1[5)]			LM21[6)]	LM36[6)]	NM[6)]	
			450	0,20	0,21	0,24	
			500	0,22	0,23	0,26	
	Steinbreite, in cm	Anzahl der Kammerreihen	550	0,23	0,24	0,27	
			600	0,24	0,25	0,29	
	17,5	≥ 2	650	0,26	0,27	0,30	
	24	≥ 3	700	0,28	0,29	0,32	5/10
	30	≥ 4	800	0,31	0,32	0,35	
	36,5	≥ 5	900	0,34	0,36	0,39	
	49	≥ 6	1000			0,45	
			1200			0,53	
			1400			0,65	
4.5.2	Hohlblöcke (Hbl) nach DIN 18151 und Hohlwandplatten nach DIN 18148, Gruppe 2		450	0,22	0,23	0,28	
			500	0,24	0,25	0,30	
			550	0,26	0,27	0,31	
	Steinbreite, in cm	Anzahl der Kammerreihen	600	0,27	0,28	0,32	
			650	0,29	0,30	0,34	
	11,5	≤ 1	700	0,30	0,32	0,36	5/10
	17,5	≤ 1	800	0,34	0,36	0,41	
	24	≤ 2	900	0,37	0,40	0,46	
	30	≤ 3	1000			0,52	
	36,5	≤ 4	1200			0,60	
	49	≤ 5	1400			0,72	
4.5.3	Vollblöcke (Vbl, S-W) nach DIN 18152		450	0,14	0,16	0,18	
			500	0,15	0,17	0,20	
			550	0,16	0,18	0,21	
			600	0,17	0,19	0,22	
			650	0,18	0,20	0,23	5/10
			700	0,19	0,21	0,25	
			800	0,21	0,23	0,27	
			900	0,25	0,26	0,30	
			1000	0,28	0,29	0,32	

Fortsetzung s. nächste Seite

Tafel 8.6. Fortsetzung

Zeile	Stoff	Rohdichte[1),2)] ρ kg/m³	Bemessungswert der Wärmeleitfähigkeit λ W/(m · K)			Richtwert der Wasserdampf-Diffusionszahl[3)] μ
4.5.4	Vollblöcke (Vbl) und Vbl-S nach DIN 18152 aus Leichtbeton mit anderen leichten Zuschlägen als Naturbims und Blähton	450	0,22	0,23	0,28	5/10
		500	0,23	0,24	0,29	
		550	0,24	0,25	0,30	
		600	0,25	0,26	0,31	
		650	0,26	0,27	0,32	
		700	0,27	0,28	0,33	
		800	0,29	0,30	0,36	
		900	0,32	0,32	0,39	
		1000	0,34	0,35	0,42	
		1200			0,49	
		1400			0,57	
		1600			0,69	10/15
		1800			0,79	
		2000			0,89	
4.5.5	Vollsteine (V) nach DIN 18152	450	0,21	0,22	0,31	5/10
		500	0,22	0,23	0,32	
		550	0,23	0,25	0,33	
		600	0,24	0,26	0,34	
		650	0,25	0,27	0,35	
		700	0,27	0,29	0,37	
		800	0,30	0,32	0,40	
		900	0,33	0,35	0,43	
		1000	0,36	0,38	0,46	
		1200			0,54	
		1400			0,63	
		1600			0,74	10/15
		1800			0,87	
		2000			0,99	
4.5.6	Mauersteine nach DIN 18153 aus Beton	800			0,60	5/15
		900			0,65	
		1000			0,70	
		1200			0,80	
		1400			0,90	20/30
		1600			1,1	
		1800			1,2	
		2000			1,4	
		2200			1,7	
		2400			2,1	
5	Wärmedämmstoffe - siehe Tafel 8.7					
6	Holz- und Holzwerkstoffe	Siehe DIN EN 12524				
7	Beläge, Abdichtstoffe und Abdichtungsbahnen					
7.1	Fußbodenbeläge	Siehe DIN EN 12524				
7.2	Abdichtstoffe	Siehe DIN EN 12524				
7.3	Dachbahnen, Dachabdichtungsbahnen					

Fortsetzung s. nächste Seite

Tafel 8.6. Fortsetzung

Zeile	Stoff	Rohdichte[1),2)] ρ kg/m^3	Bemessungswert der Wärmeleitfähigkeit λ W/(m · K)	Richtwert der Wasserdampf-Diffusionszahl[3)] μ
7.3.1	Bitumendachbahn nach DIN 52128	(1200)	0,17	10000/80000
7.3.2	Nackte Bitumenbahnen nach DIN 52129	(1200)	0,17	2000/20000
7.3.3	Glasvlies-Bitumendachbahnen nach DIN 52143	–	0,17	20000/60000
7.3.4	Kunststoff-Dachbahn nach DIN 16729 (ECB)	–	–	50000/75000 (2,0 K) 70000/90000 (2,0)
7.3.5	Kunststoff-Dachbahn nach DIN 16730 (PVC-P)	–	–	10000/30000
7.3.6	Kunststoff-Dachbahn nach DIN 16731 (PIB)	–	–	40000/1750000
7.4	Folien	Siehe DIN EN 1252		
7.4.1	PTFE-Folien Dicke d ≥ 0,05 mm	–	–	10000
7.4.2	PA-Folie Dicke d ≥ 0,05 mm	–	–	50000
7.4.3	PP-Folie Dicke d ≥ 0,05 mm	–	–	1000
8	Sonstige gebräuchliche Stoffe[7)]			
8.1	Lose Schüttungen, abgedeckt[8)]			
8.1.1	– aus porigen Stoffen:			
	Blähperlit	(≤ 100)	0,060	
	Blähglimmer	(≤ 100)	0,070	
	Korkschrot, expandiert	(≤ 200)	0,055	
	Hüttenbims	(≤ 600)	0,13	3
	Blähton, Blähschiefer	(≤ 400)	0,16	
	Bimskies	(≤ 1000)	0,19	
	Schaumlava	(≤ 1200)	0,22	
		(≤ 1500)	0,27	
8.1.2	– aus Polystyrolschaumstoff-Partikeln	(15)	0,050	3
8.1.3	– aus Sand, Kies, Split (trocken)	(1800)	0,70	3
8.2	Fliesen	Siehe DIN EN 12524		
8.3	Glas			
8.4	Natursteine			

Fortsetzung s. nächste Seite

Tafel 8.6 Fortsetzung

Zeile	Stoff	Rohdichte[1),2)] ρ kg/m³	Bemessungswert der Wärmeleitfähigkeit λ W/(m·K)	Richtwert der Wasserdampf-Diffusionszahl[3)] μ
8.5	Lehmbaustoffe	500	0,14	5/10
		600	0,17	
		700	0,21	
		800	0,25	
		900	0,30	
		1000	0,35	
		1200	0,47	
		1400	0,59	
		1600	0,73	
		1800	0,91	
		2000	1,1	
8.6	Böden, naturfeucht	Siehe DIN EN 12524		
8.7	Keramik und Glasmosaik			
8.8	Metalle			
8.9	Gummi			

[1)] Die in Klammern angegebenen Rohdichtewerte dienen nur zur Ermittlung der flächenbezogenen Masse, z.B. für den Nachweis des sommerlichen Wärmeschutzes.
[2)] Die bei den Steinen genannten Rohdichten entsprechen den Rohdichteklassen der zitierten Stoffnormen.
[3)] Es ist jeweils der für die Baukonstruktion ungünstigere Wert einzusetzen. Bezüglich der Anwendung der μ-Werte siehe DIN 4108-3.
[4)] Bei Quarzsand erhöhen sich die Bemessungswerte der Wärmeleitfähigkeit um 20 %.
[5)] Die Bemessungswerte der Wärmeleitfähigkeit sind bei Hohlblöcken mit Quarzsandzusatz für 2 K Hbl um 20 % und für 3 K Hbl bis 6 K Hbl um 15 % zu erhöhen.
[6)] Bezeichnung der Mörtelarten nach DIN 1053-1: 1996-11:
  – NM - Normalmörtel
  – LM21 - Leichtmörtel mit $\lambda = 0,21$ W/(m·K);
  – LM36 - Leichtmörtel mit $\lambda = 0,36$ W/(m·K);
  – DM - Dünnbettmörtel.
[7)] Diese Stoffe sind hinsichtlich ihrer wärmeschutztechnischen Eigenschaften nicht genormt. Die angegebenen Wärmeleitfähigkeitswerte stellen obere Grenzwerte dar.
[8)] Die Dichte wird bei losen Schüttungen als Schüttdichte angegeben.

Tafel 8.7 Wärmeschutztechnische Bemessungswerte von Wärmedämmstoffen nach DIN V 4108-4

Zeile	Stoff	Rohdichte ρ kg/m^3	Wärmeleitfähigkeit W/(m · K)			Richtwert der Wasserstoffdiffusionswiderstandszahl μ
			Nennwert λ_D	Bemessungswert λ		
				Kategorie I	Kategorie II	
5.1	Mineralwolle nach DIN EN 13162		0,030 0,031 0,032 0,033 0,034 0,035 . . . 0,050	0,030 0,031 0,032 0,033 0,034 0,035 . . . 0,050	0,036 0,037 0,038 0,040 0,041 0,042 . . . 0,060	1
5.2	Expandierter Polystyrolschaum nach DIN EN 13163		0,030 0,031 0,032 0,033 0,034 0,035 . . . 0,050	0,030 0,031 0,032 0,033 0,034 0,035 . . . 0,050	0,036 0,037 0,038 0,040 0,041 0,042 . . . 0,060	20 bis 100
5.3	Extrudierter Polystyrolschaum nach DIN EN 13164		0,026 0,027 0,028 0,029 0,030 . . . 0,040	0,026 0,027 0,028 0,029 0,030 . . . 0,040	0,031 0,032 0,034 0,035 0,036 . . . 0,048	80 bis 250
5.4	Polyurethan-Hartschaum nach DIN EN 13165		0,020 0,021 0,022 0,023 0,024 0,025 . . . 0,040	0,020 0,021 0,022 0,023 0,024 0,025 . . . 0,040	0,024 0,025 0,026 0,028 0,029 0,030 . . . 0,048	40 bis 200

Fortsetzung s. nächste Seite

Tafel 8.7 Fortsetzung

Zeile	Stoff	Rohdichte ρ kg/m³	Wärmeleitfähigkeit W/(m · K)			Richtwert der Wasserstoffdiffusionswiderstandszahl μ
			Nennwert λ_D	Bemessungswert λ		
				Kategorie I	Kategorie II	
5.5	Phenolharz-Hartschaum nach DIN EN 13166		0,020 0,021 0,022 0,023 0,024 0,025 . . . 0,045	0,020 0,021 0,022 0,023 0,024 0,025 . . . 0,045	0,024 0,025 0,026 0,028 0,029 0,030 . . . 0,054	10 bis 50
5.6	Schaumglas nach DIN EN 13167		0,038 0,039 0,040 0,055	0,038 0,039 0,040 0,055	0,046 0,047 0,048 0,066	praktisch dampfdicht $s_d \geq 1500$ m
5.7	Holzwolleleichtbauplatten nach DIN EN 13168					
5.7.1	Homogene Platten (WW)	360 bis 460	Zement / Kauster 0,060 / 0,060 0,061 / 0,061 0,062 / 0,062 0,063 / 0,063 0,064 / 0,064 0,065 / 0,065 . . . 0,10 / 0,10	Zement / Kauster 0,063 / 0,061 0,064 / 0,062 0,065 / 0,063 0,066 / 0,064 0,068 / 0,065 0,069 / 0,066 . . . 0,11 / 0,11	Zement / Kauster 0,076 / 0,073 0,077 / 0,074 0,078 / 0,076 0,079 / 0,077 0,082 / 0,078 0,083 / 0,079 . . . 0,13 / 0,13	2 bis 5
5.7.2	Mehrschicht-Leichtbauplatten nach DIN EN 13168 (WW-C)					
	– mit Hartschaumschicht nach DIN EN 13163		0,030 0,031 0,032 0,033 0,034 0,035 . . 0,050	0,030 0,031 0,032 0,033 0,034 0,035 . . 0,050	0,036 0,037 0,038 0,040 0,041 0,042 . . 0,060	20 bis 50

Fortsetzung s. nächste Seite

Tafel 8.7 Fortsetzung

Zeile	Stoff	Rohdichte ρ kg/m³	Wärmeleitfähigkeit W/(m·K)						Richtwert der Wasserstoffdiffusionswiderstandszahl μ
			Nennwert λ_D		Bemessungswert λ				
					Kategorie I		Kategorie II		
	– mit Mineralfaserschicht nach DIN EN 13162		0,035 0,036 0,037 0,038 0,039 . . . 0,050		0,035 0,036 0,037 0,038 0,039 . . . 0,050		0,042 0,043 0,044 0,046 0,047 . . . 0,060		1
	– mit Holzwolleschicht nach DIN EN 13162	460 bis 650	Zement 0,10 0,11 0,12 0,13 0,14	Kauster 0,10 0,11 0,12 0,13 0,14	Zement 0,11 0,12 0,13 0,14 0,15	Kauster 0,10 0,11 0,12 0,13 0,14	Zement 0,14 0,15 0,16 0,17 0,18	Kauster 0,13 0,14 0,15 0,16 0,17	2 bis 5
5.8	Blähperlit nach DIN EN 13169		0,038 0,039 0,040 . . . 0,055		0,038 0,039 0,040 . . . 0,055		0,046 0,047 0,048 . . . 0,066		5
5.9	Expandierter Kork nach DIN EN 13170		0,040 0,041 0,042 0,043 0,044 0,045 . . . 0,055		0,041 0,042 0,043 0,044 0,045 0,046 . . . 0,056		0,049 0,050 0,052 0,053 0,054 0,055 . . . 0,067		5 bis 10
5.10	Holzfaserdämmstoff nach DIN EN 13171		0,032 0,033 0,034 0,035 0,036 0,037 0,038 0,039 0,040 . . 0,065		0,035 0,036 0,037 0,038 0,039 0,040 0,041 0,043 0,044 . . 0,071		0,043 0,044 0,045 0,046 0,047 0,048 0,049 0,052 0,053 . . 0,085		5

Fortsetzung s. nächste Seite

Anmerkung: Die Werte nach Tafel 8.7 gelten für Produkte nach harmonisierten Europäischen Normen, die nach Bauregelliste eingeführt sind. Bei der Ermittlung des Bemessungswertes ist der Nennwert wegen der zu erwartenden Materialstreuung mit einem Sicherheitsbeiwert $\gamma = 1{,}2$ zu multiplizieren (Kategorie II). Dieser Sicherheitsbeiwert kann bei einer Fremdüberwachung der Produktion nach DIN EN 13172: 2001-10, Anhang A gleich 1,0 gesetzt werden (Kategorie I). In die Kategorie II werden alle Produkte aufgenommen, die CE gekennzeichnet sind. In die Kategorie I werden Produkte aufgenommen, die zusätzlich zur CE-Kennzeichnung einer Fremdüberwachung einer von den Ländern zugelassenen Stelle unterliegen.

Tafel 8.8 Wärmeschutztechnische Bemessungswerte für Baustoffe nach DIN EN 12524

Stoffgruppe oder Anwendung	Rohdichte ρ kg/m³	Bemessungswärmeleitfähigkeit λ W/(m·K)	Spezifische Wärmespeicherkapazität c_p J/(kg·K)	Wasserdampfdiffusionswiderstandszahl μ	
				trocken	feucht
Asphalt	2100	0,70	1000	50000	50000
Bitumen als Stoff	1050	0,17	1000	50000	50000
als Membran/Bahn	1100	0,23	1000	50000	50000
Beton[1)]					
mittlere Rohdichte	1800	1,15	1000	100	60
	2000	1,35	1000	100	60
	2200	1,65	1000	120	70
hohe Rohdichte	2400	2,00	1000	130	80
armiert (mit 1 % Stahl)	2300	2,3	1000	130	80
armiert (mit 2 % Stahl)	2400	2,5	1000	130	80
Fußbodenbeläge					
Gummi	1200	0,17	1400	10000	10000
Kunststoff	1700	0,25	1400	10000	10000
Unterlagen, poröser Gummi oder Kunststoff	270	0,10	1400	10000	10000
Filzunterlage	120	0,05	1300	20	15
Wollunterlage	200	0,06	1300	20	15
Korkunterlage	< 200	0,05	1500	20	10
Korkfliesen	> 400	0,065	1500	40	20
Teppich/Teppichböden	200	0,06	1300	5	5
Linoleum	1200	0,17	1400	1000	800
Gase					
trockene Luft	1,23	0,025	1008	1	1
Kohlendioxid	1,95	0,014	820	1	1
Argon	1,70	0,017	519	1	1
Schwefelhexafluorid	6,36	0,013	614	1	1
Krypton	3,56	0,0090	245	1	1
Xenon	5,68	0,0054	160	1	1
Glas					
Natronglas (einschließlich Floatglas)	2500	1,00	750	∞	∞
Quarzglas	2200	1,40	750	∞	∞
Glasmosaik	2000	1,20	750	∞	∞

Fortsetzung s. nächste Seite

Tafel 8.8   Fortsetzung

Stoffgruppe oder Anwendung	Rohdichte ρ kg/m³	Bemessungswärmeleitfähigkeit λ W/(m·K)	Spezifische Wärmespeicherkapazität c_p J/(kg·K)	Wasserdampfdiffusionswiderstandszahl μ	
				trocken	feucht
Wasser					
Eis bei -10 °C	920	2,30	2000		
Eis bei 0 °C	900	2,20	2000		
Schnee, frisch gefallen (< 30 mm)	100	0,05	2000		
Neuschnee, weich (30 … 70 mm)	200	0,12	2000		
Schnee, leicht verharscht (70 … 100 mm)	300	0,23	2000		
Schnee, verharscht (< 200 mm)	500	0,60	2000		
Wasser bei 0 °C	1000	0,60	4190		
Wasser bei 40 °C	990	0,63	4190		
Wasser bei 80 °C, Fortsetzung	970	0,67	4190		
Metalle					
Aluminiumlegierungen	2800	160	880	∞	∞
Bronze	8700	65	380	∞	∞
Messing	8400	120	380	∞	∞
Kupfer	8900	380	380	∞	∞
Gusseisen	7500	50	450	∞	∞
Blei	11300	35	130	∞	∞
Stahl	7800	50	450	∞	∞
Nichtrostender Stahl	7900	17	460	∞	∞
Zink	7200	110	380	∞	∞
Massive Kunststoffe					
Akrylkunststoffe	1050	0,20	1500	10000	10000
Polykarbonate	1200	0,20	1200	5000	5000
Polytetrafluorethylenkunststoffe (PTFE)	2200	0,25	1000	10000	10000
Polyvinylchlorid (PVC)	1390	0,17	900	50000	50000
Polymethylmethakrylat (PMMA)	1180	0,18	1500	50000	50000
Polyazetatkunststoffe	1410	0,30	1400	100000	100000
Polyamid (Nylon)	1150	0,25	1600	50000	50000
Polyamid 6.6 mit 25 % Glasfasern	1450	0,30	1600	50000	50000
Polyethylen/hoher Rohdichte	980	0,50	1800	100000	100000
Polyethylen/niedriger Rohdichte	920	0,33	2200	100000	100000
Polystyrol	1050	0,16	1300	100000	100000
Polypropylen	910	0,22	1800	10000	10000
Polypropylen mit 25 % Glasfasern	1200	0,25	1800	10000	10000
Polyurethan (PU)	1200	0,25	1800	6000	6000
Epoxyharz	1200	0,20	1400	10000	10000
Phenolharz	1300	0,30	1700	100000	100000
Polyesterharz	1400	0,19	1200	10000	10000

Fortsetzung s. nächste Seite

Tafel 8.8 Fortsetzung

Stoffgruppe oder Anwendung	Roh-dichte ρ kg/m³	Bemes-sungswärme-leitfähigkeit λ W/(m·K)	Spezifische Wärmespei-cherkapazität c_p J/(kg·K)	Wasserdampf-diffusions-widerstands-zahl μ	
				trocken	feucht
Gummi					
Naturkautschuk	910	0,13	1100	10000	10000
Neopren (Polychloropren)	1240	0,23	2140	10000	10000
Butylkautschuk (Isobutylenkautschuk), hart/heiß geschmolzen	1200	0,24	1400	200000	200000
Schaumgummi	60 bis 80	0,06	1500	7000	7000
Hartgummi (Ebonit), hart	1200	0,17	1400	∞	∞
Ethylen-Propylenedien, Monomer (EPDM)	1150	0,25	1000	6000	6000
Polyisobutylenkautschuk	930	0,20	1100	10000	10000
Polysulfid	1700	0,40	1000	10000	10000
Butadien	980	0,25	1000	100000	100000
Dichtungsstoffe, Dichtungen und wärmetechnische Trennungen					
Silicagel (Trockenmittel)	720	0,13	1000		
Silikon ohne Füllstoff	1200	0,35	1000	5000	5000
Silikon mit Füllstoffen	1450	0,50	1000	5000	5000
Silikonschaum	750	0,12	1000	10000	100000
Urethan-/Polyurethanschaum (als wärmetechnische Trennung)	1300	0,21	1800	60	60
Weichpolyvinylchlorid (PVC-P) mit 40 % Weichmacher	1200	0,14	1000	100000	100000
Elastomerschaum, flexibel	60 bis 80	0,05	1500	10000	10000
Polyurethanschaum (PU)	70	0,05	1500	60	60
Polyethylenschaum	70	0,05	2300	100	100
Gips					
Gips	600	0,18	1000	10	4
Gips	900	0,30	1000	10	4
Gips	1200	0,43	1000	10	4
Gips	1500	0,56	1000	10	4
Gipskartonplatten[2]	900	0,25	1000	10	4
Putze und Mörtel					
Gipsdämmputz	600	0,18	1000	10	6
Gipsputz	1000	0,40	1000	10	6
Gipsputz	1300	0,57	1000	10	6
Gips, Sand	1600	0,80	1000	10	6
Kalk, Sand	1600	0,80	1000	10	6
Zement, Sand	1800	1,00	1000	10	6
Erdreich					
Ton oder Schlick oder Schlamm	1200 bis 1800	1,5	1670 bis 2500	50	50
Sand und Kies	1700 bis 2200	2,0	910 bis 1180	50	50

Fortsetzung s. nächste Seite

Tafel 8.8 Fortsetzung

Stoffgruppe oder Anwendung	Roh-dichte ρ kg/m³	Bemessungswärmeleitfähigkeit λ W/(m·K)	Spezifische Wärmespeicherkapazität c_p J/(kg·K)	Wasserdampfdiffusionswiderstandszahl μ	
				trocken	feucht
Gestein					
Kristalliner Naturstein	2800	3,5	1000	10000	10000
Sediment-Naturstein	2600	2,3	1000	250	200
Leichter Sediment-Naturstein	1500	0,85	1000	30	20
Poröses Gestein, z.B. Lava	1600	0,55	1000	20	15
Basalt	2700 bis 3000	3,5	1000	10000	10000
Gneis	2400 bis 2700	3,5	1000	10000	10000
Granit	2500 bis 2700	2,8	1000	10000	10000
Marmor	2800	3,5	1000	10000	10000
Schiefer	2000 bis 2800	2,2	1000	1000	800
Kalkstein, extraweich	1600	0,85	1000	30	20
Kalkstein, weich	1800	1,1	1000	40	25
Kalkstein, halbhart	2000	1,4	1000	50	40
Kalkstein, hart	2200	1,7	1000	200	150
Kalkstein, extrahart	2600	2,3	1000	250	200
Sandstein (Quarzit)	2600	2,3	1000	40	30
Naturbims	400	0,12	1000	8	6
Kunststein	1750	1,3	1000	50	40
Dachziegelsteine					
Ton	2000	1,0	800	40	30
Beton	2100	1,5	1000	100	60
Platten					
Keramik/Porzellan	2300	1,3	840	∞	
Kunststoff	1000	0,20	1000	10000	10000
Konstruktionsholz[3)]					
	500	0,13	1600	50	20
	700	0,18	1600	200	50

Fortsetzung s. nächste Seite

8 Genormte Rechenregeln im baulichen Wärmeschutz

Tafel 8.8 Fortsetzung

Stoffgruppe oder Anwendung	Roh-dichte ρ kg/m³	Bemes-sungswärme-leitfähigkeit λ W/(m·K)	Spezifische Wärmespei-cherkapazität c_p J/(kg·K)	Wasserdampf-diffusions-widerstands-zahl μ	
				trocken	feucht
Holzwerkstoffe					
Sperrholz [4]	300	0,09	1600	150	50
Sperrholz [4]	500	0,13	1600	200	70
Sperrholz [4]	700	0,17	1600	220	90
Sperrholz [4]	1000	0,24	1600	250	110
Zementgebundene Spanplatte	1200	0,23	1500	50	30
Spanplatte	300	0,10	1700	50	10
Spanplatte	600	0,14	1700	50	15
Spanplatte	900	0,18	1700	50	20
OSB-Platten	650	0,13	1700	50	30
Holzfaserplatte, einschließlich MDF [5]	250	0,07	1700	5	2
Holzfaserplatte, einschließlich MDF [5]	400	0,10	1700	10	5
Holzfaserplatte, einschließlich MDF [5]	600	0,14	1700	10	12
Holzfaserplatte, einschließlich MDF [5]	800	0,18	1700	10	20

Anmerkung 1: Für Computerberechnungen kann der ∞-Wert durch einen beliebig großen Wert, wie z.B. 10^6, ersetzt werden.

Anmerkung 2: Wasserdampf-Diffusionswiderstandszahlen sind als Werte nach den in EN ISO 12572: 1999, Wärme- und feuchteschutztechnisches Verhalten von Baustoffen und -produkten - Bestimmung der Wasserdampfdurchlässigkeit, festgelegten „Dry cup-" und „Wet cup-Verfahren" angegeben.

[1] Die Rohdichte von Beton ist als Trockenrohdichte angegeben.
[2] Die Wärmeleitfähigkeit schließt den Einfluss der Papierdeckschichten ein.
[3] Die Rohdichte von Nutzholz und Holzfaserplattenprodukten ist die Gleichgewichtsdichte bei 20 °C und 65 % relativer Luftfeuchte.
[4] Als Interimsmaßnahme und bis zum Vorliegen hinreichend zuverlässiger Daten können für Hartfaserplatten/solid wood panels (SWP) und Bauholz mit Furnierschichten (LVL, laminated veneer lumber) die für Sperrholz angegebenen Werte angewendet werden.
[5] MDF bedeutet Medium Density Fibreboard/mitteldichte Holzfaserplatte, die im sog. Trockenverfahren hergestellt worden ist.

8.2 Bemessungswert des Wärmedurchgangskoeffizienten und Luftdichtheit von Fenstern

Der Bemessungswert des Wärmedurchgangskoeffizienten $U_{W,BW}$ von Fenstern, Fenstertüren und Dachfenstern ist abhängig vom Nennwert U_W des Fensters nach Tafel 8.9 und der Korrektur ΔU_W nach Tafel 8.10 und wird nach folgender Gleichung bestimmt.

$$U_{w,BW} = U_w + \Sigma \Delta U_w \tag{8.1}$$

Der Nennwert U_w des Fensters ist abhängig vom Nennwert des Wärmedurchgangskoeffizienten U_g der Verglasung und vom Bemessungswert $U_{f,BW}$ des Rahmens, die beide vom jeweiligen Produzenten nachgewiesen werden müssen. Der Hersteller von Isolierverglasungen kann die eigene Werkskontrolle durch eine Fremdüberwachung überprüfen lassen. In diesem Fall muss das Isolierglas mit einer Kennzeichnung versehen werden, welche die Fremdüberwachung dokumentiert.

Anmerkung: Die Nennwerte der Wärmedurchgangskoeffizienten U_W von Fenstern nach Tafel 8.9 sind für die Standardgröße 1,23 × 1,48 abgeleitet. In den Berechnungsnormen und Nachweisen für den baulichen Wärmeschutz und die Energieeinsparung im Hochbau wird der Index BW für Bemessungswert nicht verwendet.

Die **Luftdurchlässigkeit** von Fensterfugen bestimmt den Lüftungswärmeverlust bei geschlossenen Fenstern. Bewertet wird die Luftdurchlässigkeit durch 4 Klassen (s. Tafel 4.1). Tafel 8.11 enthält die in DIN V 4108-2 genannten Angaben über den Zusammenhang zwischen Konstruktionsmerkmal der Fensterfuge und der zugehörigen Klasse der Luftdurchlässigkeit der Fensterfuge.

Tafel 8.9 Nennwert U_W des Wärmedurchgangskoeffizienten von Fenstern, abhängig vom Nennwert U_g der Verglasung und vom Bemessungswert $U_{f,BW}$ des Rahmens

	$U_{f,BW}$ W/(m·K)	0,8	1,0	1,2	1,4	1,8	2,2	2,6	3,0	3,4	3,8	7,0
An der Verglasung	U_g W/(m²·K)	U_W W/(m²·K)										
Einfachglas	5,7	4,2	4,3	4,3	4,4	4,5	4,6	4,8	4,9	5,0	5,1	6,1
	3,3	2,6	2,7	2,8	2,8	2,9	3,1	3,2	3,4	3,5	3,6	4,4
	3,2	2,6	2,6	2,7	2,8	2,9	3,0	3,2	3,3	3,4	3,5	4,3
	3,1	2,5	2,6	2,6	2,7	2,8	2,9	3,1	3,2	3,3	3,5	4,3
	3,0	2,4	2,5	2,6	2,6	2,7	2,9	3,0	3,1	3,3	3,4	4,2
	2,9	2,4	2,4	2,5	2,5	2,7	2,8	3,0	3,1	3,2	3,3	4,1
	2,8	2,3	2,4	2,4	2,5	2,6	2,7	2,9	3,0	3,1	3,3	4,1
	2,7	2,2	2,3	2,3	2,4	2,5	2,6	2,8	2,9	3,1	3,2	4,0
	2,6	2,2	2,3	2,3	2,4	2,5	2,6	2,8	2,9	3,0	3,1	4,0
	2,5	2,1	2,2	2,3	2,3	2,4	2,6	2,7	2,8	3,0	3,1	3,9
	2,4	2,1	2,1	2,2	2,2	2,4	2,5	2,7	2,8	2,9	3,0	3,8
Zweischeiben-Isolierverglasung	2,3	2,0	2,1	2,1	2,2	2,3	2,4	2,6	2,7	2,8	2,9	3,8
	2,2	1,9	2,0	2,0	2,1	2,2	2,3	2,5	2,6	2,8	2,9	3,7
	2,1	1,9	1,9	2,0	2,0	2,2	2,3	2,4	2,5	2,7	2,8	3,6
	2,0	1,8	1,8	1,9	2,0	2,1	2,2	2,4	2,5	2,6	2,7	3,6
	1,9	1,7	1,8	1,8	1,9	2,0	2,1	2,3	2,4	2,5	2,7	3,5
	1,8	1,6	1,7	1,8	1,8	1,9	2,1	2,2	2,4	2,5	2,6	3,4
	1,7	1,6	1,6	1,7	1,8	1,9	2,0	2,2	2,3	2,4	2,5	3,3
	1,6	1,5	1,6	1,6	1,7	1,8	1,9	2,1	2,2	2,3	2,5	3,3
	1,5	1,4	1,5	1,6	1,6	1,7	1,9	2,0	2,1	2,3	2,4	3,2
	1,4	1,4	1,4	1,5	1,5	1,7	1,8	2,0	2,1	2,2	2,3	3,1
	1,3	1,3	1,4	1,4	1,5	1,6	1,7	1,9	2,0	2,1	2,2	3,1
	1,2	1,2	1,3	1,3	1,4	1,5	1,7	1,8	1,9	2,1	2,2	3,0
	1,1	1,2	1,2	1,3	1,3	1,5	1,6	1,7	1,9	2,0	2,1	2,9
	1,0	1,1	1,1	1,2	1,3	1,4	1,5	1,7	1,8	1,9	2,0	2,9

Fortsetzung s. nächste Seite

Tafel 8.9 Fortsetzung

$U_{f,BW}$ W/(m·K)		0,8	1,0	1,2	1,4	1,8	2,2	2,6	3,0	3,4	3,8	7,0
An der Verglasung	U_g W/(m²·K)	\multicolumn{11}{c}{U_W W/(m²·K)}										
Dreischeiben-Isolierverglasung	2,3	1,9	2,0	2,1	2,1	2,2	2,4	2,5	2,7	2,8	2,9	3,7
	2,2	1,9	1,9	2,0	2,1	2,2	2,3	2,5	2,6	2,7	2,8	3,6
	2,1	1,8	1,9	1,9	2,0	2,1	2,2	2,4	2,5	2,6	2,8	3,6
	2,0	1,7	1,8	1,9	1,9	2,0	2,2	2,3	2,5	2,6	2,7	3,5
	1,9	1,7	1,7	1,8	1,8	2,0	2,1	2,3	2,4	2,5	2,6	3,4
	1,8	1,6	1,7	1,8	1,8	1,9	2,1	2,2	2,4	2,5	2,6	3,4
	1,7	1,6	1,6	1,7	1,7	1,8	1,9	2,1	2,2	2,4	2,5	3,3
	1,6	1,5	1,6	1,6	1,7	1,8	1,9	2,1	2,2	2,3	2,5	3,3
	1,5	1,4	1,5	1,6	1,6	1,7	1,9	2,0	2,1	2,3	2,4	3,2
	1,4	1,4	1,4	1,5	1,5	1,7	1,8	2,0	2,1	2,2	2,3	3,1
	1,3	1,3	1,4	1,4	1,5	1,6	1,7	1,9	2,0	2,1	2,2	3,1
	1,2	1,2	1,3	1,3	1,4	1,5	1,7	1,8	1,9	2,1	2,2	3,0
	1,1	1,2	1,2	1,3	1,3	1,5	1,6	1,7	1,9	2,0	2,1	2,9
	1,0	1,1	1,1	1,2	1,3	1,4	1,5	1,7	1,8	1,9	2,0	2,9
	0,9	1,0	1,1	1,1	1,2	1,3	1,4	1,6	1,7	1,8	2,0	2,8
	0,8	0,9	1,0	1,1	1,1	1,3	1,4	1,5	1,7	1,8	1,9	2,7
	0,7	0,9	0,9	1,0	1,1	1,2	1,3	1,5	1,6	1,7	1,8	2,6
	0,6	0,8	0,9	0,9	1,0	1,1	1,2	1,4	1,5	1,6	1,8	2,6
	0,5	0,7	0,8	0,9	0,9	1,0	1,2	1,3	1,4	1,6	1,7	2,5

Tafel 8.10 Korrekturweite ΔU_W zur Berechnung des Bemessungswertes $U_{W,BW}$

Bezeichnung des Korrekturwertes	Korrekturwert ΔU_W W/(m²·K)	Grundlage
Glasbeiwert	+ 0,1	Bei Verwendung einer Verglasung ohne Überwachung nach Anhang B
	± 0,0	Bei Verwendung einer Verglasung mit Überwachung nach Anhang B j
Korrektur für wärmetechnisch verbesserten Randverbund des Glases	− 0,1	Randverbund erfüllt die Anforderung nach Anhang C
	± 0,0	Randverbund erfüllt die Anforderung nach Anhang C nicht
Korrekturen für Sprossen – aufgesetzte Sprossen	± 0,0	Abweichungen in den Berechnungsannahmen und bei der Messung
– Sprossen im Scheibenzwischenraum (einfaches Sprossenkreuz)	+ 0,1	
– Sprossen im Scheibenzwischenraum (mehrfache Sprossenkreuze)	+ 0,2	
– Glasteilende Sprossen	+ 0,3	

Tafel 8.11 Luftdichtheitsklasse nach DIN EN 12207 in Abhängigkeit der Konstruktionsmerkmale von Fenstern und Fenstertüren

Konstruktionsmerkmale	Klasse nach DIN EN 12207
Holzfenster (auch Doppelfenster) mit Profilen nach DIN 68121-1 ohne Dichtung	2
Alle Fensterkonstruktionen mit alterungsbeständiger, leicht auswechselbarer, weichfedernder Dichtung, in einer Ebene umlaufend angeordnet	3

8.3 Wärmeübergangswiderstand und Wärmeübergangskoeffizient

Bei der Ermittlung des Wärmedurchgangskoeffizienten U eines Bauteils sind nach Gl. (2.14) und Gl. (2.16) die Wärmeübergangswiderstände zu beiden Seiten eines Bauteiles Bestandteile des Berechnungsvorganges. Die Werte der Wärmeübergangswiderstände sind bei üblichen Randbedingungen der DIN EN ISO 6946 zu entnehmen oder bei vom Normalfall abweichenden Randbedingungen rechnerisch zu ermitteln.

8.3.1 Wärmeübergangswiderstand bei üblichen Randbedingungen

Die im Bereich des Bauwesens vorkommenden Oberflächen sind in der Regel nichtmetallisch und der vorhandene Temperaturbereich ist kleiner 100 °C. Deshalb kann man in erster Näherung alle Oberflächen als stark absorbierend mit $\varepsilon = 0{,}9$ betrachten (s. Tafel 1.8). Unter diesen Voraussetzungen ist es zulässig, vereinfachend einen konstanten, einheitlichen Wert für den Wärmeübergangskoeffizienten der Strahlung anzunehmen. Da der konvektive Wärmeübergang von der Luft zur Bauteiloberfläche bzw. umgekehrt in erster Linie durch die Luftgeschwindigkeit in der Nähe der Bauteiloberfläche bestimmt wird, ist hier zwischen dem Rauminneren mit natürlicher Konvektion und dem Freien mit einer durch Wind erzwungenen Konvektion zu unterscheiden. Diese Vereinfachungen ermöglichen es, mit den wenigen, in Tafel 8.12 angeführten Werten von Wärmeübergangskoeffizienten im Anwendungsbereich des Bauwesens auszukommen.

Tafel 8.12 Wärmeübergangswiderstände an Bauteiloberflächen nach DIN EN ISO 6946

Richtung des Wärmestroms	Wärmeübergangswiderstand innen R_{si} in m² · K/W	Wärmeübergangswiderstand außen R_{se} in m² · K/W
Horizontal[1]	0,13	0,04
Aufwärts	0,10	0,04
Abwärts	0,17	0,04

[1] Richtung des Wärmestroms ± 30° zur Horizontalen

Enthält das Bauteil eine mit der Außenluft in Verbindung stehende, stark belüftete Luftschicht, ist nach Abschn. 8.4.3 der Wärmeübergangswiderstand an der Außenseite R_{se} gleich dem Wert an der Innenseite R_{si} zu setzen.

8.3.2 Wärmeübergangswiderstände bei abweichenden Randbedingungen

Bei Randbedingungen, die stark von den Ausgangswerten des Abschn. 8.3.1 abweichen, kann der Wärmeübergangswiderstand mittels folgender Angaben abgeschätzt werden.

Nach Abschn. 2.1.2 ist:

$$h = h_{cv} + h_r \quad \text{bzw.} \quad R_s = \frac{1}{h_{cv} + h_r} \qquad (8.2)$$

h_{cv}: Wärmeübergangskoeffizient durch Konvektion
$h_r = \varepsilon \, h_{rs}$: Wärmeübergangskoeffizient durch Strahlung
$h_{rs} = 4\sigma \, T_m^3$: Wärmeübergangskoeffizient durch Strahlung eines schwarzen Strahlers
ε: Emissionsgrad der Oberfläche
σ: Stefan-Boltzmann-Konstante ($5{,}67 \cdot 10^{-8}$ W/(m² · K⁴))
T_m: mittlere thermodynamische Temperatur der wärmeübertragenden Oberfläche und der raumwinkelgemittelten Oberflächentemperatur ihrer Umgebung

Um den Wärmeübergangswiderstand nach Gl. (8.2) berechnen zu können, müssen die Werte von h_{cv} und h_r für die abweichenden Randbedingungen ermittelt werden.

Wärmeübergangskoeffizient durch Strahlung h_r

Mittels der physikalischen Beziehung $h_r = \varepsilon \cdot h_{rs} = \varepsilon \cdot 4\sigma \cdot T_m^3$ lässt sich h_r sowohl für unterschiedliche Emissionszahlen ε als auch für unterschiedliche mittlere Temperaturen der wärmeübertragenden Oberflächen und der Umgebung berechnen. Tafel 8.13 enthält Werte der Wärmeübergangskoeffizienten der Strahlung eines schwarzen Strahlers h_{rs} ($\varepsilon_1 = \varepsilon_2 = 1$) und eines grauen Strahlers (s. Bild 1.3) h_{rg} ($\varepsilon_1 = \varepsilon_2 = 0{,}9$) bei Mitteltemperaturen der Wärmeübertragenden Oberfläche und ihrer Umgebung zwischen -10 °C und 30 °C.

Tafel 8.13 Werte des Wärmeübergangskoeffizienten der Strahlung h_{rs} eines schwarzen und h_{rg} eines grauen Strahlers

Temperatur °C	h_{rs} ($\varepsilon_1 = \varepsilon_2 = 1$) W/(m² · K)	h_{rg} ($\varepsilon_1 = \varepsilon_2 = 0{,}9$) W/(m² · K)
−10	4,1	3,3
0	4,6	3,7
10	5,1	4,2
20	5,7	4,6
30	6,3	5,1

Wärmeübergangskoeffizient durch Konvektion h_{cv}

Beim Wärmeübergangskoeffizienten durch Konvektion h_{cv} muss unterschieden werden, ob der Vorgang an der Raum- oder Außenseite eines Bauteils stattfindet. Raumseitig wird der Wärmeübergangskoeffizient vom natürlichen Auftrieb bestimmt, außenseitig von der Windgeschwindigkeit.

Innenoberflächen: Der Wärmeübergangskoeffizient der Konvektion h_{cvi} wird von der Richtung des Wärmestromes mitbestimmt; der natürliche Auftrieb kann den Wärmestrom unterstützen oder ihm entgegenwirken. Je nach Richtung des Wärmestromes ist mit folgenden Werten zu rechnen:

Beim horizontalen Wärmestrom: $h_{cvi} = 2{,}5$ W/(m² · K)
Beim aufwärts gerichteten Wärmestrom: $h_{cvi} = 5{,}0$ W/(m² · K)
Beim abwärts gerichteten Wärmestrom: $h_{cvi} = 0{,}7$ W/(m² · K)

Außenoberflächen von Bauteilen: Der Wärmeübergangskoeffizient der Konvektion h_{cve} ist von der Windgeschwindigkeit abhängig. Er lässt sich mittels der nachfolgenden Zahlengleichung näherungsweise berechnen, wobei v die Windgeschwindigkeit an der Oberfläche des Bauteils in m/s ist.

$$h_{cve} = 4 + 4\,v = 4\,(1 \cdot v) \tag{8.4}$$

In Tafel 8.14 werden Werte des Wärmeübergangswiderstandes R_{se} an der Außenseite eines Bauteils für verschiedene Windgeschwindigkeiten bei einem Emissionsgrad von 0,9 und bei 0 °C angegeben.

Tafel 8.14 Wärmeübergangswiderstand R_{se} für verschiedenen Windgeschwindigkeiten v bei $h_{rg} = 3{,}7$ W/(m² · K), ($\theta = 0$ °C, $\varepsilon = 0{,}9$; s.Tafel 8.13)

Windgeschwindigkeit m/s	R_{se} m² · K/W
1	0,08
2	0,06
3	0,05
4	0,04
5	0,04
7	0,03
10	0,02

8.3.3 Wärmeübergangswiderstand an einer nichtebenen Oberfläche

Ist in einer sonst ebenen Bauteiloberfläche ein Vorsprung, z.B. ein Pfeiler oder eine Lisene, vorhanden (s. Bild 8.1), wird in deren Bereich die Wärmeabgabe bzw. Wärmeaufnahme an der Oberfläche des Bauteils aus der angrenzenden Luft erhöht, je nachdem ob der Vorsprung sich an der Außenseite oder Raumseite des Bauteils befindet. Der Grad der Zunahme ist nicht nur von der Vergrößerung der Oberfläche, sondern auch von der Wärmeleitfähigkeit des vorspringenden Materials abhängig.

– Weist das vorspringende Material eine Wärmeleitfähigkeit von 2,0 W/(m · K) oder mehr auf, wird der Einfluss des Vorsprunges bei der Berechnung des Wärmeübergangswiderstandes vernachlässigt und die Oberfläche als eben betrachtet.

– Ist die Wärmeleitfähigkeit des vorspringenden Materials kleiner als 2,0 W/(m · K) und der Vorsprung ist nicht gedämmt, wird der Wärmeübergangskoeffizient R_{sp} des Vorsprungs durch das Verhältnis der Projektionsfläche zur vorspringenden Oberfläche korrigiert.

Der Wärmeübergangswiderstand am Vorsprung ist:

$$R_{sp} = R_s \cdot \frac{A_p}{A_v} \tag{8.5}$$

Mit R_s: Wärmeübergangswiderstand des ebenen Bauteils
 A_p: Projektionsfläche des Vorsprungs
 A_v: Tatsächliche Oberfläche des Vorsprungs

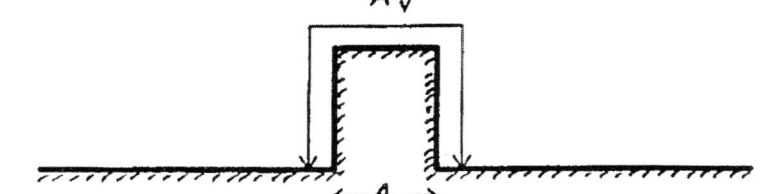

8 Genormte Rechenregeln im baulichen Wärmeschutz

Bild 8.1 Oberfläche eines Bauteils mit Vorsprung und dessen projezierte Fläche

8.4 Wärmedurchlasswiderstand und Wärmedurchgangskoeffizient eines Bauteils mit unterschiedlichem Schichtaufbau in verschiedenen Abschnitten

Die bisherigen Betrachtungen des Wärmedurchgangs durch ein Bauteil in den Abschnitten 2.1.1 bis 2.1.3 beruhen auf der Annahme, dass das Bauteil in seiner ganzen Ausdehnung aus mehreren aufeinanderfolgenden homogenen, senkrecht zur Richtung des Wärmestromes angeordneten Schicht besteht; dass die Wärmestromlinien senkrecht zur Oberfläche gerichtet sind und parallel zueinander verlaufen.

Veränderte Verhältnisse liegen vor, wenn nebeneinander liegende Abschnitte einen unterschiedlichen Materialaufbau aufweisen (s. Bild 8.2). Der Temperaturgradient in den einzelnen Schichten hängt von deren Dicke und der Wärmeleitfähigkeit des Materials ab (s. Bild 2.10). Da die verschiedenen Abschnitte aus unterschiedlichen Materialien mit unterschiedlicher Wärmeleitfähigkeit bestehen, wird in keinem Abschnitt der Temperaturgradient mit dem des danebenliegenden Abschnittes übereinstimmen. Folglich sind an den Berührungsstellen der Abschnitte Temperaturdifferenzen zwischen den nebeneinanderliegenden Materialien vorhanden und es entstehen Wärmestromkomponenten parallel zur Oberfläche, die bei der Anwendung der Gleichungen (2.1) bis (2.16) nicht erfasst werden. Berechnungen, die auf diesen Gleichungen beruhen, weisen bei Bauteilen mit einem inhomogenen Aufbau einen mehr oder weniger großen Fehler auf, der von der Differenz der wärmeschutztechnischen Qualität der einzelnen, nebeneinander liegenden Bereiche, abhängt.

In DIN EN ISO 6946-1 „Bauteile – Wärmedurchlasswiderstand und Wärmedurchgangskoeffizient – Berechnungsverfahren" wird ein Rechenverfahren vorgestellt, das es ermöglicht, den Wärmedurchgangskoeffizienten eines Bauteils mit inhomogenem Aufbau mit einer in vielen Fällen ausreichenden Genauigkeit zu ermitteln. Berechnet wird der Wärmedurchgangswiderstand R_T des Bauteils bei zwei sich stark unterscheidenden Randbedingungen. Die jeweiligen Rechenergebnisse ergeben Extremwerte, die als oberer Grenzwert R'_T und unterer Grenzwert R''_T bezeichnet werden. Das Endergebnis ist der Mittelwert aus beiden Berechnungen.

8.4.1 Oberer Grenzwert R'_T

Die Randbedingungen zur Bestimmung des oberen Grenzwertes R'_T sind identisch mit denjenigen des früheren Rechenverfahrens nach DIN 4108-5. Im Gegensatz zu den wirklichen Verhältnissen wird dort vorausgesetzt, dass ein Wärmeaustausch zwischen den einzelnen, nebeneinanderliegenden Abschnitten des Bauteils nicht stattfindet. Für jeden Abschnitt wird getrennt der Wärmedurchgangskoeffizient U berechnet und mit den jeweiligen Flächenanteilen der einzelnen Abschnitte der gewichtete Mittelwert des Wärmedurchgangskoeffizienten des Bauteils ermittelt. Wegen der fehlenden Wärmequerleitung zwischen den einzelnen Abschnitten ändert sich rechnerisch die Oberflächentemperatur sprunghaft von Abschnitt zu Abschnitt, ein Vorgang der in Widerspruch mit den realen Verhältnissen steht (s. Bild 6.2). Da bei diesen Randbedingungen der berechnete Wärmedurchgangswiderstand größer als der wirklich vorhandene Wert ist, wird er als oberer Grenzwert R'_T bezeichnet.

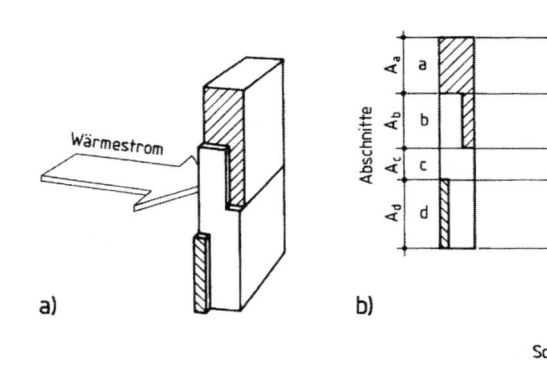

Bild 8.2
Abschnitte (a) und Schichten (b) eines thermisch inhomogenen Bauteils. Die Lufttemperaturen innen und außen sind θ_i und θ_e

Bei einem Aufbau eines Bauteils nach Bild 8.2 ergeben sich folgende Wärmeströme durch die einzelnen Abschnitte des Bauteils:

$$\Phi_a = U_a \cdot A_a \cdot (\theta_i - \theta_e)$$
$$\Phi_b = U_b \cdot A_b \cdot (\theta_i - \theta_e)$$
$$\vdots$$
$$\Phi_n = U_n \cdot A_n \cdot (\theta_i - \theta_e)$$

(8.6)

Die Gesamtfläche des Bauteils ist $\quad A = A_a + A_b + \ldots + A_n$

und der Gesamtwärmestrom ist $\quad \Phi = \Phi_a + \Phi_b + \ldots + \Phi_n$

Summiert man die einzelnen Wärmeströme Φ_i der Gl. (8.6), ergibt sich für den Gesamtwärmestrom der Betrag:

$$\Phi = \left(U_a \frac{A_a}{A} + U_b \cdot \frac{A_b}{A} + \ldots + U_n \cdot \frac{A_n}{A} \right) \cdot A \cdot (\theta_i - \theta_e) \qquad (8.7)$$

Die auf die Gesamtfläche A bezogenen Flächenanteile A_i sind:

$$f_a = \frac{A_a}{A}, \ f_b = \frac{A_b}{A}, \ \ldots \ f_n = \frac{A_n}{A} \quad \text{und}$$
$$f_a + f_b + \ldots + f_n = 1$$

Der Klammerausdruck in Gl. (8.7) ist der gewichtete Wärmedurchgangskoeffizient U' des Bauteils

$$U' = U_a \cdot f_a + U_b \cdot f_b + \ldots + U_n \cdot f_n \qquad (8.8)$$

Der Wärmedurchgangswiderstand R'_T ist:

$$R'_T = \frac{1}{U'} \tag{8.9}$$

Über viele Jahre hinweg wurden Wärmedurchgangskoeffizienten eines inhomogenen Bauteils nur nach diesem Verfahren berechnet. Das Ergebnis wurde als ausreichend genau angesehen, wenn das Verhältnis der Wärmedurchlasswiderstände nebeneinander angeordneter Bereiche sich höchstens um den Faktor 5 unterschied [78].

8.4.2 Unterer Grenzwert R''_T

In dieser Berechnung wird vorausgesetzt, dass alle Ebenen parallel zu den beiden Oberflächen des Bauteils isotherm sind, d.h. in den einzelnen Schichtebenen nach Bild 8.2b) müssen über alle Abschnitte hinweg durchgehend gleiche Temperaturen vorhanden sein. Dieser Zustand könnte in Wirklichkeit nur durch eine in den Schichtebenen vorhandenen Querleitungskomponente des Wärmestromes verwirklicht werden. Bei diesem Rechenansatz wird versucht, die Querleitungskomponente dadurch nachzuvollziehen, dass für jede Bauteilschicht entsprechend der Flächenanteile der verschiedenen Abschnitte die gewichtete Wärmeleitfähigkeit jeder Schicht bestimmt wird. Dann kann der Wärmedurchlasswiderstand jeder Schicht berechnet und der Wärmedurchgangswiderstand der Gesamtkonstruktion ermittelt werden. Diese Randbedingung hat zur Folge, dass der berechnete Wärmedurchgangswiderstand R_T kleiner als der wirklich vorhandene ist und er wird deshalb als unterer Grenzwert R''_T bezeichnet.

Wenn das Bauteil n Abschnitte nach Bild 8.2 aufweist, ist die mittlere Wärmeleitfähigkeit der Schicht i:

$$\lambda_{m,i} = \lambda_{i,a} \cdot f_a + \lambda_{i,b} \cdot f_b + ... + \lambda_{i,n} \cdot f_n \tag{8.10}$$

Mit $\quad R_{m,i} = \dfrac{d_i}{\lambda_{m,i}} \tag{8.11}$

wird der Wärmedurchgangswiderstand R''_T des i-schichtigen Bauteils:

$$R''_T = R_{si} + R_{m,i} + R_{m,2} + ... + R_{m,i} + R_{se} \tag{8.12}$$

Ausgehend von Gl. (2.5) kann an Stelle der mittleren Wärmeleitfähigkeit $\lambda_{m,i}$ der Schicht i deren mittlerer Wärmedurchlasskoeffizient $\Lambda_{m,i}$ bestimmt werden. Dieser ist:

$$\Lambda_{m,i} = \Lambda_{i,a} \cdot f_a + \Lambda_{i,b} \cdot f_b + ... + \Lambda_{i,n} \cdot f_n \tag{8.13}$$

bzw. $\quad \dfrac{1}{R_{m,i}} = \dfrac{f_a}{R_{i,a}} + \dfrac{f_b}{R_{i,b}} + ... + \dfrac{f_n}{R_{i,n}} \tag{8.14}$

Sind in einem Bauteil Schichten vorhanden, von denen nur der Wärmedurchlasswiderstand bekannt ist, z.B. Luftschichten, ist es sinnvoller, die Gl. (8.14) statt die Gl. (8.10) anzuwenden. Wenn, wie es häufig der Fall ist, das Bauteil nur aus zwei Abschnitten a und b besteht, wird die Berechnung mittels des mittleren Wärmedurchlasswiderstandes $R_{m,i}$ nach Gl. (8.14) übersichtlicher. Dann ist:

$$\frac{1}{R_{m,i}} = \frac{f_a}{R_{i,a}} + \frac{f_b}{R_{i,b}} = \frac{f_a \cdot R_{i,b} + f_b \cdot R_{i,a}}{R_{i,a} \cdot R_{i,b}} \tag{8.15}$$

bzw. $\quad R_{m,i} = \dfrac{R_{i,a} \cdot R_{i,b}}{f_a \cdot R_{i,b} + f_b \cdot R_{i,a}} \tag{8.16}$

Sind bei einer an eine Luftschicht grenzenden Fläche schmälere Einschnitte oder Überstände wie in Bild 8.3 gezeigt wird vorhanden, dann wird die Berechnung so durchgeführt, als ob die Fläche eben wäre. Die schmäleren Einschnitte werden verlängert, ohne deren Wärmedurchlasswiderstand zu verändern. Die überstehenden Abschnitte werden verkürzt, wobei deren Wärmedurchlasswiderstand entsprechend der Dicke der angrenzenden Bereiche vermindert wird.

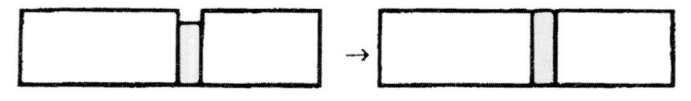

Schmälere Einschnitte werden verlängert ohne den Wärmedurchlasswiderstand zu verändern,

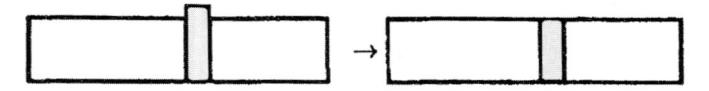

Überstehende Abschnitte werden verkürzt, wobei deren Wärmedurchlasswiderstand vermindert wird. Bild 8.3 Beispielhafte Darstellung von nichtebenen, an Luftschichten grenzende Flächen

8.4.3 Mittelwert und relativer Fehler

Das Mittel aus oberem und unterem Grenzwert liefert den Näherungswert des Wärmedurchgangswiderstandes R_T des Bauteils.

$$R_T = \frac{R_T' + R_T''}{2} \tag{8.17}$$

Der größtmögliche relative Fehler e des Wärmedurchgangswiderstandes nach Gl. (8.17) ist wie folgt abzuschätzen:

$$e = \frac{R_T' - R_T''}{2 R_T} \tag{8.18}$$

Der tatsächliche Fehler ist gewöhnlich viel geringer als der größtmögliche Fehler. Ab einem größtmöglichen Fehler von 10 % sollte geprüft werden, ob nicht eine genauere Berechnung erforderlich ist. Ein Beispiel für die Anwendung dieser Regel befindet sich im Abschnitt 9.1.7.2.

8.4.4 Keilförmige Schichten mit einer Neigung von höchstens 5 %

Um Flachdächer mit einer Neigung zu versehen, kann die Wärmedämmung des Daches aus keilförmigen Teilen aufgebaut werden. Bei der Berechnung des Wärmedurchlasswiderstandes der Dämmschicht muss beachtet werden, dass dieser sich entlang der Neigungslinie ändert.

Die Dämmschicht besteht in der Regel aus einem Teil gleicher Dicke und einem keilförmigen Teil mit der Dicke Null an einem und der Dicke d am anderen Ende (s. z.B. Skizze bei „Rechteckige Fläche"). Grundsätzlich lässt sich, wie Bild 8.4 zeigt, die Dachdämmung aus rechteckigen und dreieckigen Flächen zusammensetzen, deren Wärmeschutz jeweils getrennt ermittelt werden muss. Die dickste Stelle der keilförmigen Dämmschicht kann in der Dachmitte (Neigung zum Dachrand) oder am Dachrand (Neigung zur Dachmitte) liegen. Unter der Voraussetzung, dass die Neigung der Dämmschicht höchstens 5 % beträgt, wird der Wärmedurchgangskoeffizient U, je nach Form des keilförmigen Teiles, mittels der bei den nachfolgenden Skizzen angegebenen Gleichungen berechnet.

8 Genormte Rechenregeln im baulichen Wärmeschutz

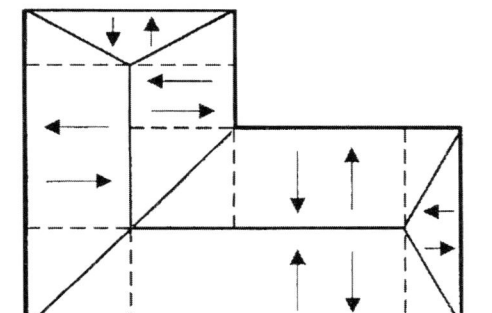

→ Gibt die Richtung der Neigung an
--- Unterteilung der Keilförmigen Einzelflächen

Bild 8.4 Unterteilung eines Daches in rechteckige und dreieckige Flächen

Nachfolgend werden die Gleichungen zur Berechnung des Wärmedurchgangskoeffizienten für die verschiedenen Keilformen der Wärmedämmschicht angegeben.

Rechteckige Grundfläche

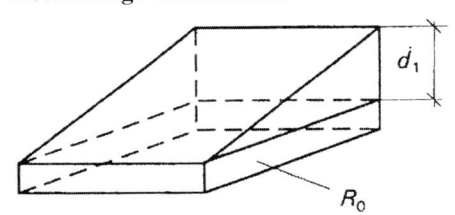

$$U = \frac{1}{R_1} \ln\left[1 + \frac{R_1}{R_0}\right] \qquad (8.19)$$

Dreieckige Fläche - dickste Stelle am Scheitelpunkt

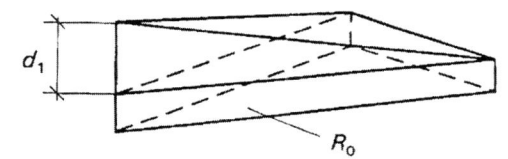

$$U = \frac{2}{R_1}\left[\left(1 + \frac{R_0}{R_1}\right)\ln\left(1 + \frac{R_1}{R_0}\right) - 1\right] \qquad (8.20)$$

Dreieckige Fläche - dünnste Stelle am Scheitelpunkt

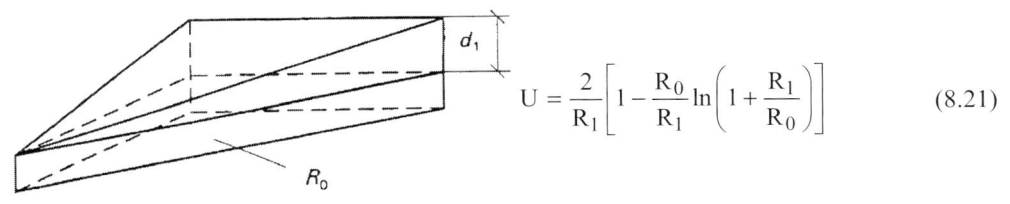

$$U = \frac{2}{R_1}\left[1 - \frac{R_0}{R_1}\ln\left(1 + \frac{R_1}{R_0}\right)\right] \qquad (8.21)$$

- R_0 ist der Wärmedurchgangswiderstand des flächigen Bauteils konstanter Dicke ohne den keilförmigen Teil der Schicht (einschließlich der Wärmeübergangswiderstände an beiden Seiten des Bauteils).
- d_1 ist die maximale Dicke des keilförmigen Teils der Schicht (mit der Dicke Null an seinem Ende).
- R_1 ist der Wärmedurchlasswiderstand an der dicksten Stelle d_1 der keilförmigen Schicht.
- Die Fläche mit keilförmigen Schichten ist in einzelne Flächenteile A_i entsprechend Bild 8.4 zu unterteilen.

- Der Wärmedurchgangskoeffizient U_i der Einzelteile ist nach den zutreffenden Gleichungen (8.19), (8.20) oder (8.21) zu berechnen.

Der Wärmedurchgangskoeffiziet U der Gesamtfläche A des Bauteils wird aus den Einzelwerten U_i und A_i nach folgender Geichung berechnet:

$$U = \frac{\Sigma (U_i \cdot A_i)}{\Sigma A_i} \tag{8.22}$$

8.5 Wärmedurchlasswiderstand von Luftschichten nach DIN EN ISO 6946

Wie in Abschn. 2.3 gezeigt, wird der Wärmeschutz von Luftschichten nicht nur von der Wärmeleitung der Luft, sondern auch von der Konvektion in der Luftschicht sowie von der Wärmeübertragung durch Strahlung zwischen den beiden die Luftschicht begrenzenden Flächen bestimmt. DIN EN ISO 6946 enthält alle notwendigen Angaben um den Wärmeschutz von Lufteinschlüssen in Außenbauteilen zu ermitteln. Bei der Bewertung des Wärmeschutzes wird zwischen ruhenden, schwach belüfteten und stark belüfteten **Luftschichten** sowie kleinen, unbelüfteten **Lufträumen (Luftspalten)** unterschieden. Sowohl bei der Luftschicht als auch beim Luftraum wird vorausgesetzt, dass beide die Luftschicht begrenzenden Flächen parallel zueinander verlaufen und jeweils einen Emissionsgrad von mindestens 0,8 besitzen. Weiterhin muss gesichert sein, dass ein Luftaustausch zwischen der Luftschicht bzw. dem Luftraum und der Luft auf der Raumseite des Bauteils nicht erfolgen kann. Im Gegensatz zur Luftschicht kann beim kleinen Luftraum der Einfluss des Randabschlusses auf die Wärmeübertragung nicht vernachlässigt werden.

Luftschicht und kleiner **Luftraum** unterscheiden sich durch das Verhältnis von der jeweiligen Dicke zu den Flächenabmessungen. Die Bezeichnung Dicke einer Luftschicht oder einer Luftkammer bezieht sich auf die Abmessung in Richtung des Wärmestromes.

- **Luftschicht:** Die kleinere der beiden Flächenabmessungen ist größer als die 10-fache Dicke der Luftschicht, die aber nicht dicker als 0,3 m sein darf.
- **Luftspalt:** Die Breite oder Länge ist geringer als die 10-fache Dicke des Luftraumes.

Hinweis: Wenn eine Luftschicht in einem Bauteil dicker als 0,3 m ist, sollte der Wärmestrom durch das Bauteil mittels einer Wärmebilanz, z.B. nach DIN EN ISO 13789 „Wärmetechnisches Verhalten von Gebäuden. Spezifischer Transmissionswärmeverlustkoeffizient. Berechnungsverfahren", ermittelt werden.

8.5.1 Ruhende Luftschicht

Eine Luftschicht wird als ruhend bezeichnet, wenn keine Verbindung mit der das Bauteil umgebenden Luft besteht. Kleine Verbindungen zwischen der Luftschicht und der Umgebung sind unter der Voraussetzung zulässig, dass das Entstehen eines Luftstromes ausgeschlossen ist und zwischen ihr und der Außenschale keine Dämmschicht vorhanden ist. Die Querschnittsflächen dieser Verbindungsöffnungen dürfen dann folgende Werte nicht übersteigen:

- Bei vertikaler Luftschicht: 500 mm^2/m; bezogen auf die horizontale Kantenlänge des Bauteils
- Bei horizontaler Luftschicht: 500 mm^2/m^2; bezogen auf die Oberfläche des Bauteils

Entwässerungsöffnungen in Form von offenen vertikalen Fugen in der Außenschale eines zweischaligen Mauerwerks nach DIN 1053-1 werden nicht als Lüftungsöffnungen angesehen, folglich sind Luftschichten bei zweischaligem Mauerwerk nach DIN 1053-1 hier einzuordnen.

8 Genormte Rechenregeln im baulichen Wärmeschutz

Luftschichten, die diese Randbedingungen erfüllen, weisen, abhängig von der Richtung des Wärmestromes, die in Tafel 2.2 genannten Wärmedurchlasswiderstände auf. Als horizontal sind Luftschichten bis zu einem Winkel ± 30° gegenüber der horizontalen Ebene einzustufen.

8.5.2 Schwach belüftete Luftschicht

Luftschichten gelten als schwach belüftet, wenn die den Luftaustausch mit der Umgebung ermöglichenden Öffnungen auf folgende Werte begrenzt sind:
- Bei vertikaler Luftschicht: 1500 mm^2/m; bezogen auf die horizontale Kantenlänge des Bauteils,
- Bei horizontaler Luftschicht: 1500 mm^2/m^2; bezogen auf die Oberfläche des Bauteils.

Für solche Luftschichten beträgt der Bemessungswert des Wärmedurchlass Widerstandes die Hälfte des entsprechenden Wertes der Tafel 8.15. Wenn jedoch der Wärmewiderstand zwischen der Luftschicht und der **Außenumgebung** den Wert 0,15 m$^2 \cdot$ K/W überschreitet, muss mit einem Höchstwert von 0,15 m$^2 \cdot$ K/W gerechnet werden.

8.5.3 Stark belüftete Luftschicht

Eine Luftschicht gilt als stark belüftet, wenn ihre Querschnittsfläche den bei der schwach belüfteten Luftschicht festgelegten Grenzwert übersteigt. In diesem Fall wird der Wärmeschutz sowohl der Luftschicht, als auch der zwischen ihr und der Umgebung angeordneten Bauteilschichten vernachlässigt. Dagegen wird der Wert des äußeren Wärmeübergangswiderstandes R_{se} gleich dem Wert des inneren Wärmeübergangswiderstandes R_{si} des Bauteils gesetzt, also $R_{se} = R_{si}$.

8.5.4 Wärmedurchlasswiderstand unbelüfteter Lufträume begrenzter Länge und Breite und Luftspalte in Bauteilen

Bei kleineren Hohlräume in Bauteilen, z.B. Luftkammern in Hohlblocksteinen oder relativ schmale Lufträume in Bauelementen, deren Breite vergleichbar mit der Dicke der Luftschicht ist, beeinflussen die seitlichen, parallel zu den Wärmestromlinien verlaufenden Randflächen die Wärmeübertragung. Folglich lässt sich deren Wärmeschutz nicht mehr nach Tafel 2.2 bewerten, die nur für breite Luftschichten gilt.

Anderson [1] berichtet über ein einfaches Rechenverfahren, mit dessen Hilfe sich der Wärmedurchlasswiderstand solcher Luftkammern oder Luftspalte unter Berücksichtigung des Randeinflusses mit für die praktische Anwendung ausreichender Genauigkeit bestimmen lässt. Dieses Rechenverfahren ist die Grundlage der Vorgaben in DIN EN ISO 6946.

Bei Luftschichten begrenzter Breite (s. Bild 8.5) beeinflussen die Spaltgeometrie, die Temperatur und Emissionsgrad ε der seitlichen Randflächen die Wärmeübertragung durch Wärmestrahlung. Bei der Ableitung des Rechenverfahrens wurde die Annahme getroffen, dass die Temperatur der Randfläche als Mittelwert der Temperaturen der beiden Begrenzungsflächen vorgegeben ist und der Emissionsgrad der Randfläche den gleichen Wert wie die beiden Begrenzungsflächen habe.

Der Einfluss des Randabschlusses auf die Wärmeübertragung durch Konvektion wird im Berechnungsverfahren stark vereinfacht. Da in der Regel die Wärmeübertragung durch Konvektion geringer als die durch Wärmestrahlung ist, wird auf eine genauere Korrektur des konvektiven Anteils verzichtet, denn eine exaktere Korrektur hat auf das Endergebnis nur einen unwesentlichen Einfluss.

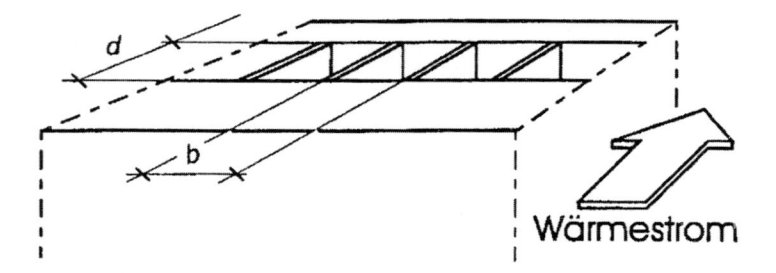

Bild 8.5 Maße von kleinen Lufträumen

Die Wärmeübertragung in einer von zwei Flächen begrenzten Luftschicht erfolgt im Prinzip wie der Wärmeübergang von einer Fläche an die angrenzende Luft. Deshalb wird der Wärmedurchlasswiderstand R_g des Luftraumes analog zu Gl. (8.3) ermittelt. Somit ist:

$$R_g = \frac{1}{h_a + h_r} \qquad (8.23)$$

Um den Wärmedurchlasswiderstand R_g des Luftraumes berechnen zu können, müssen zuvor die Wärmeübergangs- bzw. Wärmedurchlasskoeffizienten h_a (Wärmetransport durch Wärmeleitung und Konvektion) und h_r (Wärmetransport durch Wärmestrahlung) mittels der nachfolgenden Regeln bestimmt werden.

Bestimmung von h_a

Die für die Berechnung von R_g nach Gl. (8.23) erforderlichen Werte von h_a sind nach Tafel 8.15 zu bestimmen.

Tafel 8.15 Wert von h_a für Konvektion mit Wärmeleitung, abhängig von der Dicke des Luftraumes und der Richtung des Wärmestromes

Richtung des Wärmestromes	Dicke d des Spaltes in Richtung des Wärmestromes m	h_a W/(m² · K)
Horizontal	< 0,02	0,025/d
	≥ 0,02	1,25
Aufwärts	< 0,013	0,025/d
	≥ 0,013	1,95
Abwärts	< 0,061	0,025/d
	≥ 0,061	$0,12 \cdot d^{-0,44}$

Die in Tafel 8.15 angegebenen Regeln zur Bestimmung von h_a sind stark vereinfacht. So wird angenommen, dass bei geringen Luftschichtdicken Konvektion nicht am Wärmetransport beteiligt ist und deshalb der Wärmeschutz des betrachteten Luftraumes allein von der Wärmeleitfähigkeit der „ruhenden" Luft (λ = 0,025 W/(m · K) bei 10 °C) bestimmt wird. Der konvektive Anteil am Wärmetransport wird erst bei Überschreitung einer von der Richtung des Wärmestromes abhängigen Dicke berücksichtigt.

Bei aufwärts und horizontal gerichtetem Wärmestrom wird angenommen, dass jenseits dieser Grenzdicke die Konvektion die Abnahme des Wärmetransportes durch Wärmeleitung kompensiert und der Wert von h_a dann konstant ist.

Beim abwärtsgerichteten Wärmestrom schließt die Temperaturschichtung von oben nach unten eine deutlich bemerkbare Luftbewegung durch Konvektion aus und der abnehmende Wärmetransport durch Wärmeleitung bei steigender Dicke der Luftschicht wird nicht vollständig durch Konvektion ausgeglichen; deshalb nimmt der Wärmetransport jenseits der Grenzdicke weiterhin ab, allerdings nicht in den Umfang wie bei einer absolut ruhenden Luftschicht.

Bestimmung von h_r

Der Wärmedurchlasskoeffizient der Strahlung h_r ist vom Emissionsgrad der Oberflächen, der Lufttemperatur im Luftraum und vom Verhältnis der Dicke zur Länge bzw. Breite des Hohlraumes abhängig. Sofern es sich um einen in seiner Länge oder Breite begrenzten Hohlraum oder Spalt handelt, wird der Einfluss von dessen Geometrie durch einen Formfaktor F berücksichtigt [1], [100].

$$h_r = E \cdot h_{rs} \cdot F \qquad (8.24)$$

$$E = \frac{1}{1/\epsilon_1 + 1/\epsilon_2 - 1}$$

$$F = \frac{1}{2}\left(1 + \sqrt{1 + \frac{d^2}{b^2}} - \frac{d}{b}\right) \qquad (8.25)$$

E: Strahlungsaustauschgrad
ϵ_1, ϵ_2: hemisphärische Emissionsgrade der den Luftraum begrenzenden Oberflächen
h_{rs}: Wärmeübergangskoeffizient der Strahlung eines schwarzen Strahlers (s. Tafel 8.13)
F: Formfaktor nach GL 8.25
d: Dicke des Luftraums
b: Breite des Luftraums

Für Lufträume in Bauprodukten mit einem Emissionsgrad der beiden Oberflächen des Luftraumes von $\epsilon_1 = \epsilon_2 = 0{,}9$, einer Mitteltemperatur von 10 °C und dem Formfaktor F lässt sich h_r nach folgender Zahlenwertgleichung bestimmen:

$$h_r = E \cdot h_{rs} \cdot F = 0{,}818 \cdot 5{,}1 \cdot F = 4{,}2 \cdot F \qquad W/(m^2 \cdot K)$$

Hinweis: Wenn die Breite b des Luftraumes größer als das 10fache der Luftschichtdicke d ist, darf nach DIN EN ISO 6946 der Formfaktor F gleich 1 gesetzt werden.

8.5.5 Effektiver Wärmedurchlasswiderstand über angrenzende, nicht beheizte Räume zum Freien

Wenn unbeheizte Räume mit einem beheizten Gebäude verbunden sind, wird der Wärmeverlust des beheizten Raumes von den Abmessungen und der Ausführung der Außenbauteile des unbeheizten Raumes beeinflusst. Der spezifische Transmissionswärmeverlustkoeffizient zwischen dem beheiztem Raum und der Außenumgebung unter Einbeziehung des Wärmedurchganges durch den unbeheizten Raum kann nach dem in DIN EN ISO 13789 [106] beschriebenen Rechenverfahren ermittelt werden.

Für den Fall, dass die äußeren Umfassungsflächen des unbeheizten Raumes nicht gedämmt sind, ist es nach DIN EN ISO 6946 zulässig, ein vereinfachtes Verfahren anzuwenden, um den Wärmeverlust des beheizten Raumes zu ermitteln. Dabei wird der unbeheizte Raum wie ein zusätzlicher Wärmedurchlasswiderstand R_u behandelt. Bei den unbeheizten Räumen kann es sich z.B. um Dachräume, Garagen, Lagerräume und Wintergärten handeln.

Unbeheizte Dachräume: Ist bei einer Dachkonstruktion mit Schrägdach nur die Decke zwischen dem unbeheizten Dachraum und dem darunterliegenden Geschoss gedämmt, kann der Dachraum einschließlich Schrägdach wie eine wärmetechnisch homogene Schicht mit einem Wärmedurchlasswiderstand R_u nach Tafel 8.16 behandelt werden.

Tafel 8.16 Wärmedurchlasswiderstand von Dachräumen

Beschreibung des Daches	R_u $m^2 \cdot K/W$
Ziegeldach ohne Pappe, Schalung oder ähnlichem	0,06
Plattendach oder Ziegeldach mit Pappe oder Schalung oder Ähnlichem unter den Ziegeln	0,2
Wie 2, jedoch mit Aluminiumverkleidung oder einer anderen Oberfläche mit geringem Emissionsgrad an der Dachunterseite	0,3
Dach mit Schalung und Pappe	0,3

Anmerkung: Die Werte der Tafel 8.16 enthalten den Wärmedurchlasswiderstand des Dachraumes und der Schrägdachkonstruktion. Sie enthalten nicht den äußeren Wärmeübergangswiderstand.

Andere unbeheizte Räume: Auch hier wird der unbeheizte Raum wie eine zusätzliche homogene Schicht mit einem Wärmedurchlasswiderstand R_u behandelt und in die Berechnung des Wärmedurchgangskoeffizienten mit einbezogen werden, sofern der Betrag von R_u den Wert 0,5 m² · K/W nicht übersteigt. R_u wird nach folgender Zahlenwertgleichung bestimmt:

$$R_u = 0,09 + 0,4 \cdot \frac{A_i}{A_e} \tag{8.26}$$

Dabei ist:
A_i: Die Gesamtfläche aller Bauteile zwischen Innenraum und unbeheiztem Raum,
A_e: Die Gesamtfläche aller Bauteile zwischen unbeheiztem Raum und Außenumgebung.

8.6 Einfluss von Störstellen auf den Wärmedurchgangskoeffizienten eines Außenbauteils

Wird der Wärmeschutz eines Außenbauteils durch in ihren Abmessungen begrenzte Störstellen möglicherweise gemindert, muss nach DIN EN ISO 6946 der Wärmedurchgangskoeffizient des Bauteils korrigiert werden, um die Beeinträchtigung des Wärmeschutzes des Bauteils zu berücksichtigen. Solche gestörte Stellen können z.B. Luftspalte zwischen Wärmedämmschichten oder mechanische, die Bauteilschichten durchdringende Befestigungselemente sein. Den korrigierten Wärmedurchgangskoeffizienten U_c erhält man durch die Addition des Korrekturterms zum ungestörten Wärmedurchgangskoeffizienten U.

$$U_c = U + \Delta U \tag{8.27}$$

und $\quad \Delta U = \Delta U_g + \Delta U_f \tag{8.28}$

ΔU_g ist die Korrektur für Luftspalte, ΔU_f ist die Korrektur für mechanische Befestigungselemente

Anmerkung: Korrekturwerte für das Umkehrdach sind im Abschn. 5.3.1 enthalten.

8.6.1 Korrektur ΔU_g für Luftspalte zwischen Dämmschichten

Der Korrekturwert ΔU_g wird von dem Korrekturkoeffizient $\Delta U''$, vom Wärmedurchlasswiderstand R_1 der den Luftspalt enthaltenden Schicht und dem Wärmedurchgangswiderstand R_T des Bauteils bestimmt. Es ist:

$$\Delta U_g = \Delta U'' \cdot \left(\frac{R_1}{R_T}\right) \tag{8.29}$$

Beim Luftspalt gibt es drei Korrekturstufen zum Korrekturkoeffizienten $\Delta U''$, die von der Größe und dem Ort der Spalte abhängen. Der jeweiligen Korrekturstufe ist ein Korrekturkoeffizient $\Delta U''$ zugeordnet, der von den nachfolgend genannten Angaben zur Lage und Art des Luftspaltes abhängt:

Stufe 0: $\Delta U'' = 0{,}00$ Die Dämmschicht ist so angebracht, dass keine Luftzirkulation auf der warmen Seite der Dämmschicht möglich ist und keine die Dämmschicht durchdringende Luftspalte sind vorhanden.

Stufe 1: $\Delta U'' = 0{,}01$ Die Dämmschicht ist so angebracht, dass keine Luftzirkulation auf der warmen Seite der Dämmschicht möglich ist. Die Dämmschicht durchdringende Luftspalte können jedoch vohanden sein.

Stufe 2: $\Delta U'' = 0{,}04$ Luftzirkulation ist auf der warmen Seite der Dämmschicht möglich und die Dämmschicht durchdringende Luftspalte können vorhanden sein.

Beispiele zu den drei Korrekturstufen:

Korrekturstufe 0:
– Mehrlagige Dämmung mit versetzten Fugen.
– Einlagige Dämmung mit Stufenfalz, Nut-Federverbindung oder abgedichtete Fugen.
– Einlagige, stumpfgestoßene Dämmung unter der Voraussetzung, dass die Längen-, Breiten- und Rechtwinkligkeitstoleranzen und die Maßhaltigkeit der Dämmung so sind, dass Luftspalte zwischen den Dämmplatten nicht dicker als 5 mm sind. Diese Anforderung gilt als erfüllt, wenn die Summe entweder der Längen- oder Breitentoleranzen und der Maßänderungen weniger als 5 mm beträgt und die Abweichung der Rechtwinkligkeit von Platten geringer als 5 mm ist.

Korrekturstufe 1:
– Einlagige Dämmung zwischen Sparren, Querbalken, Stützen oder ähnlichen Konstruktionen.
– Einlagige, stumpfgestoßene Dämmung, bei der Längen-, Breiten und Rechtwinkligkeitstoleranzen plus Maßhaltigkeit der Dämmung so beschaffen sind, dass die Luftspalte dicker als 5 mm sind. Dies ist der Fall, wenn die Summe entweder der Längen- oder Breitentoleranzen und die Maßänderungen mehr als 5 mm betragen, oder wenn die Abweichung von der Rechtwinkligkeit der Platten mehr als 5 mm beträgt.

Korrekturstufe 2:
– Konstruktion mit der Möglichkeit einer Luftzirkulation auf der warmen Seite der Dämmung, z.B. wenn bei einem zweischaligen Mauerwerk in den Luftraum eingebrachte Dämmplatten wegen unzureichender Befestigung sich von der raumseitigen sich Schale lösen.
– in den Luftraum eingebrachte Dämmplatten wegen unzureichender Befestigung von der raumseitigen Schale lösen.

8.6.2 Korrektur ΔU_f für mechanische Befestigungsteile

Bei Bauteilen aus zwei Schalen werden diese in der Regel mittels eines Befestigungsteiles miteinander verbunden. Beim zweischaligen Mauerwerk z.B. sorgen Drahtanker für die Verbindung der Vorsatzschale mit der tragenden Innenschale. Befindet sich eine Wärmedämmschicht zwischen den beiden Schalen, wird sie notwendigerweise von den Befestigungsteilen durchdrungen. Diese Befestigungsteile können, wenn sie aus einem Material hoher Wärmeleitfähigkeit bestehen, eine Erhöhung des Wärmedurchganges durch das Bauteil bewirken. Die Zunahme des Wärmestromes wird durch den Korrekturterm ΔU_f berücksichtigt. Dieser kann mittels der Gleichung (8.30) abgeschätzt werden, deren Anwendungsbereich auf einfache Befestigungselemente, wie Drahtanker o.ä., beschränkt ist.

$$\Delta U_f = \alpha \cdot \lambda_f \cdot \eta_f \cdot A_f \tag{8.30}$$

Die Formelzeichen der Gl. (8.30) symbolisieren folgende physikalische Größen:

α: Koeffizient zur Art des Befestigungselementes (s. Tafel 8.17) in m^{-1}
λ_f: Wärmeleitfähigkeit des Befestigungsteiles in $W/(m \cdot K)$
η_f: Anzahl der Befestigungsteile je m^2 in m^{-2}
A_f: Querschnittsfläche eines Bauteils in m^2

Tafel 8.17 Koeffizient α der Befestigungselemente

Typ des Befestigungsteiles	α m^{-1}
Mauerwerksanker bei zweischaligem Mauerwerk	6
Dachbefestigung	5

Nicht bei jeder Konstruktion ist eine Korrektur nach Gl. (8.30) erforderlich. In folgenden Fällen kann sie entfallen:

– Mauerwerksanker im zweischaligen Mauerwerk mit Luftschicht ohne Dämmung
– Mauerwerksanker zwischen einer Mauerwerksschale und Holz
– Wärmeleitfähigkeit des Befestigungsteils oder ein Teil desselben ist ≤ 1 W/(m · K)

Anmerkung: Sind an beiden Enden der Befestigungselemente diese mit Metallteilen miteinander verbunden, z.B. durch ein Metallgitter, ist es nicht mehr zulässig den Korrekturterm mittels der einfachen Gl. (8.28) zu berechnen. Bei derartigen Konstruktionen muss die Zunahme des Wärmedurchganges durch das Bauteil nach DIN EN ISO 10211-1 „Wärmebrücken im Hochbau – Wärmeströme und Oberflächentemperaturen allgemeine Berechnungsverfahren" ermittelt werden.

9 Hygienischer Mindest-Wärmeschutz

Nach den allgemeinen Anforderungen der Bauordnungen der Länder sind Gebäude so zu erstellen, dass Leben und Gesundheit nicht bedroht werden und dass sie ihrem Zweck entsprechend ohne Missstände nutzbar sind, d.h., dass ein ihrer Nutzung und den klimatischen Verhältnissen entsprechender Wärmeschutz vorhanden ist. Die Baukonstruktion soll vor Schäden durch Feuchteeinwirkung aus der Luft geschützt werden und der Verbrauch an Heizenergie soll in tragbaren Grenzen bleiben. Wegen dieser im Grundsatz verschiedener Betrachtungsweisen – einerseits Schutz der Konstruktion, andererseits Einsparung an Heizenergie – gibt es zwei Anforderungen an den Wärmeschutz:

– Den hygienischen Mindest-Wärmeschutz nach der Landesbauordnung LBO und damit verbunden nach der technischen Regel DIN 4108-2, die sowohl Mindestweste des Wärmedurchlasswiderstandes der wärmeübertragenden Bauteile, Anforderungen an die Mindest-

9 Hygienischer Mindest-Wärmeschutz

Oberflächentemperatur an jeder Stelle des Raumes als auch an den maximalen Sonneneintrag formuliert.
- Den energiesparenden Wärmeschutz nach der Energieeinsparverordnung EnEV und damit verbunden nach den technischen Regeln (EnEV 2002: DIN V 4108-6, DIN V 4701-10 bzw. EnEV 2007: DIN V 18599). Abschnitt 10 behandelt den energiesparenden Wärmeschutz.

Es werden folgende Größen definiert, die in den verschiedenen, sich mit dem Wärmeschutz der Bauteile oder dem Verbrauch an Heizenergie befassenden Normen bzw. Verordnungen, verwendet werden.

Systemgrenze: Darunter versteht man die Abgrenzung eines beheizten Bereiches, für den eine Wärmebilanz mit einer bestimmten Raumlufttemperatur erstellt wird, zu seiner Umgebung. Es kann sich hierbei um ein ganzes Gebäude handeln oder nur um eine beheizte Zone innerhalb eines Gebäudes. Inbegriffen in die Systemgrenze sind auch Räume, die direkt oder indirekt durch Raumverbund (z.B. Hausflure und Dielen) beheizt sind.

Mindestwärmeschutz: Dieser Begriff bezieht sich auf Maßnahmen, die sicherstellen, dass an den Systemgrenzen des Gebäudes Schimmelbildung auf wärmebrückenfreien Innenoberflächen von Außenbauteilen ganz und in Ecken weitgehend vermieden wird. Vorausgesetzt wird, dass die betreffenden Räume bei üblicher Nutzung ausreichend beheizt und belüftet werden (20 °C Raumlufttemperatur und 50 % relative Luftfeuchte) und somit ein hygienisches Raumklima gewährleistet ist. Unter dieser Annahme ist zu erwarten, dass unter den Klimaverhältnissen in Deutschland ein dauerhafter Schutz der Konstruktion gegen feuchtebedingte Einwirkungen gesichert ist. Hierzu werden Grenzwerte des Wärmedurchlasswiderstandes der Einzelbauteile der betreffenden Räume festgelegt.

Energiesparender Wärmeschutz: Maßnahme, die den Heizenergiebedarf in einem Gebäude oder beheizten Zone bei entsprechender Nutzung nach vorgegebenen Anforderungen begrenzt.

Heizwärmebedarf: Rechnerisch ermittelte Wärmemengen, die ein Heizsystem abgibt, um eine bestimmte mittlere Raumtemperatur in einem Gebäude oder in einer Zone eines Gebäudes aufrechtzuerhalten. Dieser Wert wird auch als Netto-Heizenergiebedarf bezeichnet.

Heizenergiebedarf: Rechnerisch ermittelte Energiemenge, die dem Heizsystem des Gebäudes zugeführt werden muss, um den Heizwärmebedarf abdecken zu können.

Heizenergieverbrauch: Über einen bestimmten Zeitraum gemessener Wert an Heizenergie (Menge eines Energieträgers), der zur Aufrechterhaltung einer bestimmten Temperatur einer Zone erforderlich ist.

Sonneneintragskennwert: Rechnerisch ermittelte Anforderungsgröße zur Bewertung des Sonnenenergieeintrags von transparenten Außenbauteilen zur Vermeidung von Überhitzung im Sommer.

9.1 Mindestanforderungen an den Wärmeschutz im Winter nach DIN 4108-2

Die Mindestanforderungen an die Wärmedämmung von Bauteilen sind im Teil 2 der DIN 4108 enthalten und betreffen Aufenthaltsräume von Gebäuden, die auf eine Temperatur von mindestens 19 °C beheizt, sowie belüftete Nebenräume, die durch angrenzende Aufenthaltsräume indirekt beheizt werden. Betroffen von den Anforderungen sind alle Außenbauteile der Hüllfläche und trennende Bauteile von Räumen unterschiedlicher Temperatur.

Nachgewiesen wird der ausreichende Wärmeschutz eines Bauteils dadurch, dass dessen Wärmedurchlasswiderstand berechnet und sein Wert mit den in den Abschnitten 9.1.1 bis 9.1.5 genannten Mindestwerten verglichen wird.

Bei Erfüllung dieser Mindestanforderungen ist zu erwarten,

- dass bei ausreichenden Heizungs- und Lüftungsverhältnissen und üblicher Nutzung ein hygienisches Raumklima sichergestellt ist und die Außenbauteile nicht durch klimabedingte Feuchteschäden gefährdet werden,
- dass Fußböden ausreichend fußwarm sind,
- dass die Deckenkonstruktion von Flachdächern vor Wärmespannungen geschützt ist.

Bei der rechnerischen Ermittlung der Wärmedämmung von Bauteilen, um den gesetzlich geforderten Mindestwärmeschutz nachzuweisen, dürfen nur die in DIN 4108-4, DIN EN 12524 und in der Bauregelliste genannten wärmeschutztechnischen Kennwerte verwendet werden (s. Abschn. 8.1.1 bis 8.1.3). Die Bestimmung des Wärmedurchlasswiderstandes und des Wärmedurchgangskoeffizienten erfogt nach DIN EN ISO 6946 (s. Abschn. 8.2 bis 8.5).

9.1.1 Ein- und mehrschichtige Außenbauteile mit einer flächenbezogenen Gesamtmasse von mindestens 100 kg/m²

Für diese Bauteile sind die Grenzwerte in Tafel 9.1 angegeben. Sie gelten auch für die ungünstigste Stelle.

Tafel 9.1 Mindestwerte für Wärmedurchlasswiderstände von Bauteilen

Spalte			2
Zeile	Bauteile		Wärmedurchlasswiderstand, R $m^2 \cdot K/W$
1	Außenwände; Wände von Aufenthaltsräumen gegen Bodenräume, Durchfahrten, offene Hausflure, Garagen, Erdreich		1,2
2	Wände zwischen fremdgenutzten Räumen; Wohnungstrennwände		0,07
3	Treppenraumwände	zu Treppenräumen mit wesentlich niedrigeren Innentemperaturen (z.B. indirekt beheizte Treppenräume); Innentemperatur $\theta \leq 10°$ C, aber Treppenraum mindestens frostfrei	0,25
4		zu Treppenräumen mit Innentemperaturen $\theta_i \geq 10°$ C (z.B. Verwaltungsgebäuden, Geschäftshäusern, Unterrichtsgebäuden, Hotels, Gaststätten und Wohngebäude)	0,07

Fortsetzung s. nächste Seite

Tafel 9.1 Fortsetzung

Spalte			2
Zeile	Bauteile		Wärmedurchlasswiderstand, R $m^2 \cdot K/W$
5	Wohnungstrenndecken, Decken zwischen fremden Arbeitsräumen; Decken unter Räumen zwischen gedämmten Dachschrägen und Abseitenwänden bei ausgebauten Dachräumen	allgemein	0,35
6		in zentralbeheizten Bürogebäuden	0,17
7	Unterer Abschluss nicht unterkellerter Aufenthaltsräume	unmittelbar an das Erdreich bis zu einer Raumtiefe von 5 m	0,90
8		über einen nicht belüfteten Hohlraum an das Erdreich grenzend	
9	Decken unter nicht ausgebauten Dachräumen; Decken unter bekriechbaren oder noch niedrigeren Räumen; Decken unter belüfteten Räumen zwischen Dachschrägen und Abseitenwänden bei ausgebauten Dachräumen, wärmegedämmte Dachschrägen		
10	Kellerdecken; Decke gegen abgeschlossene, unbeheizte Hausflure u. ä.		
11	11.1	Decken (auch Dächer), die Aufenthaltsräume gegen die Außenluft abgrenzen	nach unten, gegen Garagen (auch beheizte), Durchfahrten (auch verschließbare) und belüftete Kriechkeller1)	1,75
			nach oben, z.B. Dächer nach DIN 18530, Dächer und Decken unter Terrassen; Umkehrdächer nach 5.3.1.2	1,2
	11.2		Für Umkehrdächer ist der berechnete Wärmedurchgangskoeffizient U nach DIN EN ISO 6946 mit den Korrekturwerten ΔU nach Tafel 5.2 zu erhöhen	

9.1.2 Leichte Außenbauteile sowie Rahmen- und Skelettbauarten mit einer flächenbezogenen Gesamtmasse von weniger als 100 kg/m²

Für leichte Außenwände, Decken unter nicht ausgebauten Dachgeschossen und Dächern muss der Mindestwert des Wärmedurchlasswiderstandes $R \geq 1{,}75 m^2 \cdot K/W$ sein. Bei Rahmen- und Skelettbauarten gelten diese Anforderungen nur für den Gefachbereich. Zusätzlich ist darauf zu achten, dass der Wärmedurchlasswiderstand des Bauteils im Mittel den Wert $R = 1{,}0\ m^2 \cdot K/W$ nicht unterschreitet.

Der mittlere Wärmedurchlasswiderstand von Rolladenkästen darf nicht kleiner als $R = 1{,}0\ m^2 K/W$ sein und beim Deckel des Rolladenkastens muss der Wert $R \geq 0{,}55\ m^2 \cdot K/W$ sein.

Bei Fensterfassaden und Fenstertüren mit nichttransparenten Ausfachungen darf der Wärmedurchgangskoeffizient des Rahmens den Wert $U_f = 0{,}28\ W/(m^2 \cdot K)$ nicht überschreiten. Ist der Flächenanteil des nichttransparenten Anteiles der Ausfachung größer als 50 % der gesamten Ausfachungsfläche, muss der Wärmeschutz des nichttransparenten Teiles der Ausfachungen die Mindestanforderungen der Tafel 9.1 erfüllen, ist der Flächenanteil kleiner als 50 %, muss $R \geq 1{,}0$ m² · K/W sein.

Die Wärmebrückenwirkung leichter Metallfassaden ist nach E DIN EN ISO 10077-2 in Verbindung mit DIN EN ISO 10221-1 und DIN EN ISO 10221-2 zu berechnen.

9.1.3 Mindestanforderungen im Bereich von Wärmebrücken

Um die Tauwasserbildung auf der Innenoberfläche von Bauteilen bei niedrigen Oberflächentemperaturen zu vermeiden, fordert DIN 4108-2, dass der Temperaturfaktor nach Gl. 6.5 (s.Abschn. 6.4.3.1)

$$f_{Rsi} \geq 0{,}7$$

sein muss. Dann ergibt sich für die spezifische Temperaturabsenkung nach Gl. (6.3) folgender Wert:

$$f_s \leq 0{,}3$$

Diese Zahlenwerte leiten sich aus der in der DIN 4108-3: 1981-08 enthaltenen Forderung ab, dass bei einer Außenlufttemperatur $\theta_e = -15$ °C die Oberflächentemperatur θ_{si} nicht unter 9,3 °C (Taupunktstemperatur bei $\theta_i = 20$ °C Innenlufttemperatur und $\phi_i = 50$ % rel. Luftfeuchte) absinkt.

DIN 4108-2 fordert unter Berücksichtigung eines Sicherheitszuschlages für die planerische Dimensionierung des Wärmeschutzes, dass die Oberflächentemperatur θ_{si} eines Bauteils an jeder Stelle $\geq 12{,}6$ °C sein muss. Berechnet wird die Oberflächentemperatur bei folgenden Randbedingungen.

Randbedingungen zur Berechnung der einzuhaltenden Oberflächentemperatur:

Innenlufttemperatur relative Luftfeuchte innen		$\theta_i = 20$ °C
		$\phi_i = 50$ %
Außenlufttemperatur		$\theta_e = -5$ °C
Umgebungstemperaturen:	Keller	$\theta_a = 10$ °C
	unbeheizte Pufferzone	$\theta_a = 10$ °C
	unbeheizter Dachraum	$\theta_a = -5$ °C
	Erdreich	$\theta_a = 5$ °C
Wärmeübergangswiderstand:	innen außen	$R_{si} = 0{,}25$ m² · K/W
		$R_{se} = 0{,}04$ m² · K/W

Verzicht auf den rechnerischen Nachweis:

Nach DIN 4108-2 kann in folgenden Fällen kann darauf verzichtet werden rechnerisch nachzuweisen, dass $f_{Rsi} \geq 0{,}7$ ist:

– Bei Ecken von Außenbauteilen mit gleichartigem Aufbau, wenn die Wände die Anforderungen der Tafel 9.1 erfüllen.
– Bei den in DIN 4108 Bbl. 2 aufgeführten Beispielen von geometrischen und stoffbedingten Wärmebrücken, wenn die dort angegebenen Dicken und Dämmwerte der Baustoffe eingehalten werden.

9.1.4 Fenster, Fenstertüren und Außentüren

Die DIN 4108 stellt keine zahlenmäßigen Anforderungen an den Wärmeschutz von Fenstern und Fenstertüren in Außenwänden; sie schreibt lediglich vor, dass diese mit Isolier- oder Doppelverglasung versehen werden müssen, d.h. U_g darf nicht größer als 3,3 W/(m² · K) sein.

Außentüren werden in der DIN 4108 nicht behandelt. Türen mit zu kleinem Wärmedurchlasswiderstand sind jedoch anfällig bezüglich Tauwasserniederschlägen, die zu unmittelbaren Feuchteschäden führen können (Empfehlung: $U_T \leq 1{,}7$ W/(m² · K)).

9.1.5 Anforderungen an die Luftdichtheit von Außenbauteilen

Alle Fugen in den wärmeübertragenden Umfassungsflächen von Gebäuden müssen nach dem Stand der Technik dauerhaft und luftundurchlässig abgedichtet werden. Planungs- und Ausführungsbeispiele sind in DIN V 4108-7 zu finden [80]. Ohne weiteren Nachweis erfüllen Konstruktionen, die den dort gezeigten Ausführungsbeispielen entsprechen, die Anforderungen.

Die Luftdichtheit von Gebäuden kann nach E DIN EN ISO 9972 bestimmt werden [102]. Der aus Messergebnissen abgeleitete Fugendurchlasskoeffizient von Bauteilanschlussfugen muss kleiner als 0,1 m³/(m · h · (da P_a)$^{2/3}$) sein.

9.1.6 Anforderungen für Gebäude mit niedrigen Innentemperaturen

Für Gebäude mit niedrigen Innentemperaturen (12 °C $\leq \theta_i \leq$ 19 °C) gelten dieselben in Tafel 9.1 genannten Anforderungen für den Wärmedurchlasswiderstand von Bauteilen. Ausgenommen von dieser Regelung sind Bauteile nach Zeile 1 der Tafel 9.1, bei diesen darf R jedoch nicht kleiner als 0,55 m · K/W sein.

9.1.7 Anwendungshinweise

9.1.7.1 Außenwände

Bei Außenwänden muss der Mindestwärmeschutz an jeder Stelle vorhanden sein, z.B. auch an Fensterbrüstungen, Fensterstürzen, auf der Außenseite von Heizkörpern und Rohrkanälen. Darüber hinaus fordert die Energieeinsparverordnung, dass der Wärmedurchgangskoeffizient im Bereich von Heizkörpern den Mittelwert der nichttransparenten Außenwände nicht überschreitet.

Werden Heizungs- und Warmwasserrohre in Außenwänden angeordnet, ist es auf der raumabgewandten Seite der Rohre empfehlungswert, eine im Vergleich zu den Werten in Tafel 9.1, Zeile 1 verstärkte Wärmedämmung einzubauen.

9.1.7.2 Belüftete Außenbauteile

Bei zweischaligen Wänden nach DIN 1053-1 mit Luftschicht wird diese als ruhend betrachtet, unabhängig davon, ob eine Wärmedämmschicht sich im Zwischenraum befindet oder nicht; ebenso bei Holzkonstruktionen mit vorgesetzten hinterlüfteten Mauerwerksschalen.

Bei Außenbauteilen mit stark belüftetem Gefachbereich erbringen die Bauteilschichten zwischen der belüfteten Luftschicht und der Außenluft keinen wesentlichen Anteil zum Wärmeschutz, sie werden deshalb beim rechnerischen Nachweis nicht berücksichtigt. Da die hinterlüftete Außenschale jedoch einen Schutz gegen Wärmeverluste durch Wärmestrahlung darstellt und wegen der geringen Luftgeschwindigkeit im Spalt der konvektive Wärmeübergang reduziert wird, ist an der Außenseite des Bauteils mit demselben Wert des Wärmeübergangswiderstandes wie an der Raumseite zu rechnen. Es ist also $R_{se} = R_{si}$ zu setzen (s. Abschn. 8.5.3.).

Beispiel: **Wärmedurchgangskoeffizienten einer belüfteten Dachschräge (s. Abschn. 8.4)**

Dachdeckung mit Dachlattung
Sparren 80 × 160 mm; $\lambda_R = 0{,}13$ W/(m · K)
Belüfteter Luftraum
120 mm Mineralfaserdämmstoff; $\lambda_R = 0{,}04$ W/(m·K)
(Dampfsperre (wird nicht berücksichtigt)
15 mm Gipskartonplatte; $\lambda_R = 0{,}25$ W/(m · K)
Gefachanteil: $f_a = A_a/A = 0{,}6/0{,}68 = 0{,}882$
Sparrenanteil: $f_b = A_b/A = 0{,}08/0{,}68 = 0{,}118$

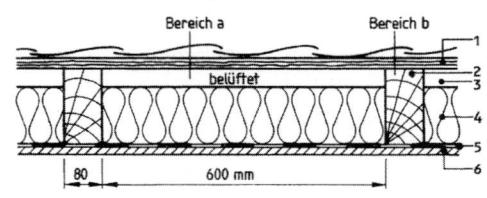

Die Luftschicht zwischen den Dachlatten oberhalb des Sparrens verbindet die Gefachräume miteinander. Daher ist die Dachfläche stark belüftet und folglich auch am Sparren mit $R_{se} = R_{si} = 0{,}13$ m² · K/W zu rechnen. Wegen der durchgehenden Luftschicht ist der Sparren nach Abschn. 8.4.2 ein in den Luftraum überstehender Bauteil mit reduziertem Wärmedurchlasswiderstand.

Oberer Grenzwert R'_T

Bereich a (Gefach):
- 15 mm Gipskartonplatte: $R_6 = 0{,}015/0{,}25 = 0{,}060$ m² · K/W
- 120 mm Mineralfaserdämmstoff: $R_4 = 0{,}12/0{,}04 = 3{,}000$ m² · K/W
- 40 mm Luftschicht, stark belüftet: $R_3 = 0{,}000$ m² · K/W
- Dachdeckung mit Lattung (stark belüftet): $R_1 = 0{,}000$ m² · K/W

$R_a = 3{,}060$ m² · K/W
$R'_{T,a} = R_{si} + R_a + R_{se}$
$= 0{,}13 + 3{,}060 + 0{,}13$
$= 3{,}320$ m² · K/W
$U'_a = 1/3{,}320 = 0{,}301$ W/(m² · K)

Bereich b (Sparren):
- 15 mm Gipskartonplatte: $R_6 = 0{,}015/0{,}25 = 0{,}060$ m² · K/W
- 120 mm Holzsparren: $R_2 = 0{,}12/0{,}13 = 0{,}923$ m² · K/W
- Dachdeckung mit Lattung (stark belüftet): $R_1 = 0{,}000$ m² · K/W

$R_b = 0{,}983$ m² · K/W
$R'_{T,b} = R_{si} + R_b + R_{se}$
$= 0{,}13 + 0{,}983 + 0{,}13$
$= 1{,}243$ m² · K/W
$U'_b = 1/1{,}243 = 0{,}805$ W/(m² · K)

Wärmedurchgangskoeffizient der Dachschräge:
$U' = U'_a \cdot f_a + U'_b \cdot f_b$
$= 0{,}301 \cdot 0{,}882 + 0{,}805 \cdot 0{,}118$
$= 0{,}361$ W/(m² · K)

Wärmedurchgangswiderstand der Dachschräge: $R'_{T,b} = 1/0{,}361 = 2{,}774$ m² · K/W

Unterer Grenzwert R''_T

Beim unteren Grenzwert muss zuerst die Anzahl der Schichten (s. Skizze), die den Wärmeschutz des Bauteils bestimmen, festgelegt werden. Bei der aus zwei Abschnitten bestehenden Dachschräge sind dies zwei Schichten, nämlich die Schicht I mit den durchgehenden Gipskartonplatten und Schicht II aus 120 mm Mineralfaserplatten und 120 mm Sparren, deren Dicke nach Abschn. 8.4.2 nur mit 120 mm berücksichtigt werden darf. Die Fläche zwischen dem Mineralfaserdämmstoff und der Luftschicht ist durchgehend als eben zu betrachten, weshalb die angrenzende, stark belüftete Luftschicht sowie die Dachdeckung keinen Beitrag zum Wärmeschutz der Dachschräge liefert.

Mittlere Wärmeleitfähigkeit der Schichten:

Schicht I: $\lambda_I = 0{,}25$ W/(m · K)

Schicht II: $\lambda_{II,a} = 0{,}04$ W/(m · K); $\lambda_{II,b} = 0{,}13$ W/(m · K)

$\lambda_{II,m} = f_a \cdot \lambda_{II,a} + f_b \cdot \lambda_{II,b} = 0{,}882 \cdot 0{,}04 + 0{,}118 \cdot 0{,}13 = 0{,}0505$ W/(m · K)

Wärmedurchlasswiderstände der beiden Schichten:

Schicht I: $R_I = 0{,}015/0{,}25 = 0{,}060$ m² · K/W

Schicht II: $R_{II} = 0{,}12/0{,}0505 = 2{,}372$ m² · K/W

Wärmedurchgangswiderstand:

$R_T'' = R_{si} + R_I + R_{II} + R_{se} = 0{,}13 + 0{,}060 + 2{,}372 + 0{,}13 = 2{,}692$ m² · K/W

Mittelwert des oberen und unteren Grenzwertes:

$R_T = (R_T' + R_T'')/2 = (2{,}774 + 2{,}692)/2 = 2{,}733$ m² · K/W

Wärmedurchgangskoeffizient:

$U = 1/2{,}733 = 0{,}366$ W/(m² · K) = 0,37 W/(m² · K)

Größtmöglicher relativer Fehler:

$e = (R_T' - R_T'')/2 \cdot R_T = (2{,}774 - 2{,}692)/2 \cdot 2{,}733 = 0{,}015$ oder 1,5 %

9.1.7.3 Bauteile mit Abdichtungen

Werden Bauteile gegen Erdfeuchtigkeit oder gegen von außen drückendes Wasser abgedichtet, dürfen beim Nachweis des ausreichenden Wärmeschutzes nur jene Baustoff schichten berücksichtigt werden, die raumseitig zur Bauwerksabdichtung angeordnet sind. Ausgenommen von dieser Festlegung sind Dämmstoffsysteme für Perimeterdämmung und Umkehrdach, wenn diese die Vorgaben in den Abschnitten 5.1.5 und 5.3.1.2 erfüllen.

9.1.7.4 Ausgebaute Dachgeschosse und Dachgeschossdecken

In einem Gebäude mit nicht ausgebautem Dachgeschoss muss die Trenndecke zwischen den beheizten Räumen und dem Dachgeschoss einen Wärmeschutz nach Tafel 9.1, Zeile 6 oder einen erhöhten Wärmeschutz für leichte Außenbauteile aufweisen. Dies trifft auch für den Deckenteil unter dem Raum zwischen gedämmter Dachschräge und Abseitenwand eines ausgebauten Dachraumes zu.

Generell sollte, wenn das Dachgeschoss ausgebaut und in den Räumen Abseitenwände vorhanden sind, die Wärmedämmung in der Dachschräge bis zum Fußpunkt des Daches hinabgeführt werden.

9.2 Wärmeschutz im Sommer

Im Hochsommer können in Aufenthaltsräumen durch Sonneneinstrahlung unbehaglich hohe Raumlufttemperaturen auftreten. Eine nähere Betrachtung zeigt, dass das Raumklima im Sommer von deutlich mehr bautechnischen und physikalischen Größen beeinflusst wird, als dies im Winter der Fall ist. Während im Winter in erster Linie der für stationäre Temperaturverhältnisse ausgelegte Wärmeschutz der Bauteile (s. Abschn. 2) in Verbindung mit der Heizanlage für das Raumklima verantwortlich ist, ist die Situation im Sommer komplizierter. Neben der direkten Energiezufuhr über die Fenster durch die auftreffende Sonnenstrahlung hat sowohl der durch den Tagesverlauf der Lufttemperatur verursachte instationäre Wärmetransport durch die Außenbauteile, als auch die Wärmespeicherfähigkeit der raumbegrenzenden Bauteile (s. Bild 9.1) und eventuell vorhandene Sonnenschutzvorrichtungen Einfluss auf die Raumlufttemperatur. Wie Bild 9.2 zeigt, kann auch durch gezielte Raumlüftung die Raumlufttemperatur beeinflusst werden. Inbesondere wegen der durch den zeitlichen Verlauf der Außenlufttemperatur verursachten instationären Wärmebewegungen in den Bauteilen sind mehr oder weniger zutreffende Aussagen über den Verlauf der Raumlufttemperatur nur mittels dynamischer Simulationsrechenverfahren möglich.

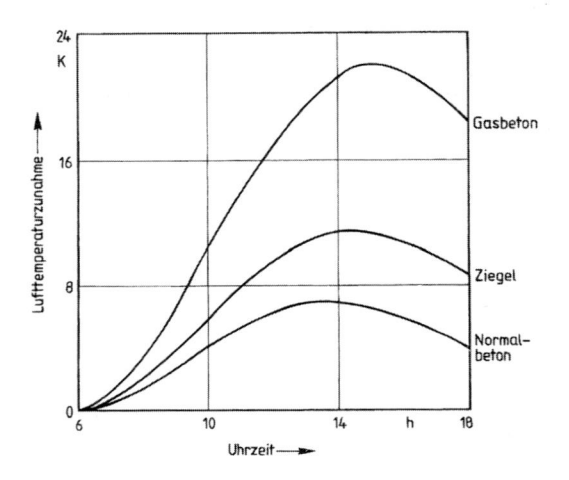

Bild 9.1
Zeitlicher Verlauf der Lufttemperatur eines Raumes mit Innenbauteilen aus verschiedenen Baustoffen

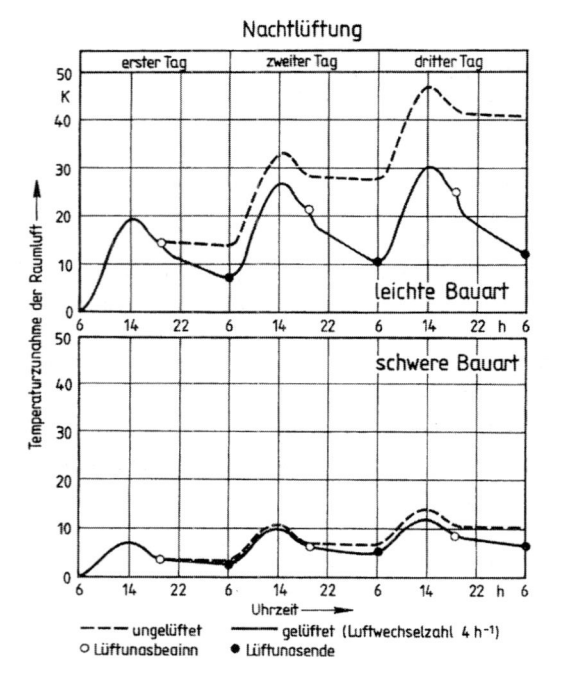

Bild 9.2
Zeitlicher Verlauf der Lufttemperatur in einem Raum leichter und schwerer Innenbauart an 3 aufeinanderfolgenden Tagen mit Sonneneinstrahlung ohne Lüftung und mit Nachtlüftung

9.2.1 Der sommerliche Wärmeschutz nach DIN 4108-2

Da dynamische Simulationsrechenverfahren zur Vorausberechnung des Raumklimas sehr aufwändig und die Voraussetzungen für solche rechnerische Untersuchung oft nicht gegeben sind, wird in der DIN 4108-2 ein relativ einfaches Verfahren beschrieben, das es erlaubt in Aufenthaltsräumen in Gebäuden ohne raumlufttechnische Anlagen den sommerlichen Wärmeschutz in einem normalerweise zufriedenstellenden Maß zu bewerten. Weiterhin liefert die Norm auch Hinweise um Maßnahmen zur Verbesserung des Raumklimas zu planen. Um das Raumklima im gewünschten Sinne zu beeinflussen, muss einerseits die Energiezufuhr durch Sonneneinstrahlung in die Räume begrenzt und andererseits die Abgabe der der Raumluft zugeführten Wärmeenergie an die Umgebung gefördert werden. Beide Größen, Energiezufuhr und Energieabgabe, werden sowohl von baulichen Maßnahmen als auch vom Nutzerverhalten beeinflusst.

Die in DIN 4108-2 beschriebenen Maßnahmen um Temperaturanstieg infolge von Sonneneinstrahlung in den betroffenen Räumen zu dämpfen, bewerten:

    die Fenstergröße,
    die Energiedurchlässigkeit der Verglasung,
    die Qualität von Sonnenschutzmaßnahmen,
    die Innenbauart,
    die Raumgeometrie und
    die Lüftungsmöglichkeiten.

9.2.1.1 Der Anwendungsbereich

Bei folgenden Gebäudearten sollte der Nachweis für die Begrenzung der solaren Energiezufuhr in vom Temperaturanstieg betroffenen Räumen geführt werden.
- Wohngebäude,
- Büro- und Verwaltungsgebäude,
- Schulen und Bibliotheken,
- Krankenhäuser, Altenheime, Altenwohnheime, Pflegeheime, Entbindungs- und Säuglingsheime sowie Aufenthaltsgebäude in Justizvollzugsanstalten und Kasernen,
- Gebäude des Gaststättengewerbes,
- Waren- und sonstige Geschäftshäuser
- Betriebsgebäude, soweit sie nach ihrem Verwendungszweck während der Sommermonate Juni, Juli und August auch zum Aufenthalt von Menschen bestimmt sind,
- Gebäude für Sport- und Versammlungszwecke, soweit sie nach ihrem üblichen Verwendungszweck während der Sommermonate Juni, Juli und August einer Nutzung unterliegen,
- Gebäude, die gemischte oder ähnliche Nutzung der zuvor genannten Verwendungen aufweisen.

Nachzuweisen ist die Begrenzung der solaren Energiezufuhr für Raumbereiche an der Außenfassade, die der Sonneneinstrahlung besonders ausgesetzt sind.

Sonderfälle, die zur Anwendung des vereinfachten Verfahrens nicht geeignet sind

Die vereinfachte Methode nach DIN 4108-2 zur Bewertung der Wärmezufuhr in Nutzräumen ist nicht geeignet, wenn die betroffenen Räume oder Raumbereiche mit folgenden baulichen Einrichtungen in Beziehung stehen:
- Wintergärten,
- Pufferzonen,
- Doppelfassaden oder
- transparente Wärmedämmsysteme (TWD).

In diesen oder ähnlichen Fällen sind Aussagen über den Verlauf der Raumlufttemperatur nur mittels dynamischer Simulationsrechenverfahren möglich.

Fälle, bei denen auf die Anwendung des vereinfachten Verfahrens verzichtet werden kann

Auf einen Nachweis des ausreichenden sommerlichen Wärmeschutzes kann verzichtet werden, wenn der Fensterflächenanteil unter den in Tafel 9.2 genannten Grenzwerten liegt. Ebenso ist ein Nachweis nicht erforderlich, wenn bei Ein- und Zweifamilienhäusern mit Ost-, Süd- oder Westorientierung diese mit Sonnenschutzvorrichtungen mit einem Abminderungsfaktor $F_C < 0,3$ (s. Tafel 9.4) ausgestattet sind.

Tafel 9.2 Zulässige Werte des Fensterflächenanteils unterhalb dessen auf einen sommerlichen Wärmeschutznachweis verzichtet werden kann

Zeile	Neigung der Fenster gegenüber der Horizontalen	Orientierung der Fenster und der Fassade	Fensterflächenanteil[1] f %
1	Über 60° bis 90°	West über Süd bis Ost	10
2		Nordost über Nord bis Nordwest	15
3	von 0° bis 60°	Alle Orientierungen	7

Anmerkung: Den angegebenen Fensterflächenanteilen liegen Klimawerte der Klimaregion B nach DIN V 4108-6 zugrunde.

[1] Der Fensterflächenanteil f ergibt sich aus dem Verhältnis der Fensterfläche Summe alles (lichte Rohbaumaße) zu der Grundfläche des betrachten Raumes

9.2.1.2 Energiedurchlässigkeit von Verglasungen

Trifft Sonnenstrahlung auf eine Verglasung, wird entsprechend dem Bild 5.19 der Strahlungsdurchgang durch Reflexion und Absorption verringert. Somit gelangt nur ein begrenzter Anteil in den anschließenden Raum, die Energiedurchlässigkeit der Verglasung ist reduziert. Definiert ist die Energiedurchlässigkeit einer Verglasung durch deren Gesamtenergiedurchlassgrad g nach DIN EN 410. Er ist das Verhältnis der transmittierten Strahlung einschließlich der Wärmeabgabe der durch absorbierte Sonnenenergie erwärmten inneren Scheibe an die Raumluft zur auftreffenden Strahlung und wird bei senkrechtem Strahlungseinfall gemessen und mit $g_\perp$ bezeichnet (s. Tafel 9.3).

Tafel 9.3 Richtwerte für den Gesamtenergiedurchlassgrad $g_\perp$ von Verglasungen nach DIN V 4108-6

Transparentes Bauteil	Gesamtenergiedurchlassgrad $g_\perp$
Einfachverglasung	0,87
Doppelverglasung	0,75
Wärmeschutzverglasung, doppelverglast mit selektiver Beschichtung	0,50 bis 0,70
Dreifachverglasung, normal	0,60 bis 0,70
Dreifachverglasung, mit 2-fach selektiver Beschichtung	0,35 bis 0,50
Sonnenschutzverglasung	0,20 bis 0,50

9.2.1.3 Sonnenschutzmaßnahmen

Sonnenschutzvorrichtungen sollen die direkte Sonneneinstrahlung durch Verglasungen in den anschließenden Raum verhindern. Sie können auch dazu dienen, Blendung durch Sonne und Reflektion auf Bildschirmen zu unterbinden. Sonnenschutzvorrichtungen können sowohl an der Außenseite als auch an der Innenseite der Fenster angebracht werden, wobei der außenseitige Sonnenschutz wirksamer als der innenseitige ist.

Bewertet wird die Wirkung des Sonnenschutzes durch den Abminderungsfaktor F_C, der als das Verhältnis der durchgelassenen Wärmeenergie zur auftreffenden Sonnenstrahlungsenergie definiert ist. Abminderungsfaktoren üblicher Sonnenschutzvorrichtungen werden in Tafel 9.4 aufgeführt.

Tafel 9.4 Anhaltswerte der Abminderungsfaktoren F_C von fest installierten Sonnenschutzvorrichtungen

Zeile		Sonnenschutzvorrichtung	F_C
1		Ohne Sonnenschutzvorrichtung	1,0
2		Innenliegend oder zwischen den Scheiben	
	2.1	weiß oder reflektierende Oberfläche mit geringer Transparenz	0,75
	2.2	helle Farben oder geringe Transparenz	0,8
	2.3	dunkle Farbe oder höhere Transparenz	0,9
3		Außenliegend	
	3.1	drehbare Lamellen, hinterlüftet	0,25
	3.2	Jalousien und Stoffe mit geringer Transparenz	0,25
	3.3	Jalousien, allgemein	0,4
	3.4	Rolläden, Fensterläden	0,3
	3.5	Vordächer, Loggien	0,5
	3.6	Markisen, oben und seitlich ventiliert	0,4
	3.7	Markisen, allgemein	0,5

Vertikalschnitt durch Fassade — Süd (β)

Horizontalschnitt durch Fassase — West (γ), Ost (γ)

Anmerkungen zu den Angaben in Tafel 9.4:

Zeile 1: Sonnenschutzvorrichtungen müssen fest installiert sein. Dekorative Vorhänge dürfen nicht als Sonnenschutzvorrichtung bewertet werden. Für sie gilt $F_C = 1,0$.

Zeile 2: Die in der Tafel aufgeführten F_C-Werte der innen und zwischen den Scheiben liegenden Sonnenschutzvorrichtungen sind obere Grenzwerte. Sind derartige Sonnenschutzvorrichtungen geplant, empfiehlt es sich genauere Werte zu ermitteln.

Zeile 2.2: Eine Transparenz der Sonnenschutzvorrichtung unter 15 % gilt als gering.

Zeile 3: Bei außenliegenden Sonnenschutzvorrichtungen ist die zusätzliche Wärmezufuhr über die Fensterlüftung bei geschlossenem Sonnenschutz zu berücksichtigen. Werden an Stelle der Werte der Tafel 9.4 Angaben des Herstellers verwendet, muss F_C zur Berücksichtigung dieser zusätzlichen Wärmezufuhr um mindestens 0,2 erhöht werden, es sie denn, dieser Einfluss der Fensterlüftung wurde bei der Produktprüfung berücksichtigt.

Zeile 3.2: Eine Transparenz der Sonnenschutzvorrichtung unter 15 % gilt als gering.

Zeile 3.6 und 3.7: Sind Markisen als Sonnenschutzvorrichtung geplant, muss näherungsweise sichergestellt werden, dass das Fenster nicht direkt besonnt wird. Dies ist der Fall, wenn

- bei Südorientierung der Abdeckwinkel β ≥ 50° ist,
- bei Ost- oder Westorientierung der Abdeckwinkel β ≥ 85° oder γ ≥ 115° ist
  Zu den jeweiligen Orientierungen gehören Winkelbereiche ± 22,5°. Bei Zwischenorientierungen ist der Abdeckwinkel β ≥ 80° erforderlich. Tafel 9.4 zeigt die graphische Darstellung der Winkel β und γ.

9.2.1.4 Gesamtenergiedurchlässigkeit g_{total} von Verglasungen mit Sonnenschutzmaßnahmen

Sowohl die Gesamtenergiedurchlässigkeit g von Verglasungen als auch der Abminderungsfaktor F_C eventuell vorhandener Sonnenschutzvorrichtungen reduzieren gemeinsam die durch direkt auftreffende Sonnenstrahlung verursachte Wärmezufuhr in die Räume. Der Einfluss beider Größen wird zusammengefasst zum Gesamtenergiedurchlassgrad g_{total}, der wie folgt definiert ist:

$$g_{total} = g \cdot F_C \tag{9.1}$$

Es ist: g der Gesamtenergiedurchlassgrad der Verglasung nach DIN EN 410 und
F_C der Abminderungsfaktor eventuell vorhandener Sonnenschutzvorrichtungen nach Tafel 9.4

9.2.1.5 Einfluss der Innenbauart

Bild 9.1 zeigt, wie die Masse und somit die Wärmespeicherfähigkeit der Innenbauteile den durch Sonneneinstrahlung hervorgerufenen Anstieg der Raumlufttemperatur dämpfen kann. Folglich ist die Wärmespeicherfähigkeit der Innenbauteile eine wesentliche Einflussgröße und muss in die Bewertung des sommerlichen Wärmeschutzes einbezogen werden. Bewertet wird in DIN 4108-2 die Wärmespeicherfähigkeit der Innenbauteile durch die Unterscheidung zwischen schwerer, mittlerer und leichter Bauart (s. Tafel 9.5).

Wenn die vereinfachte Unterteilung der Bauarten nach DIN 4108-2 als nicht ausreichend betrachtet wird, kann die Bauart auch mittels der wirksamen Wärmespeicherfähigkeit C_{wirk} nach DIN V 4108-6 bestimmt werden. Sie ist:

$$C_{wirk} = \Sigma_j (c_j \cdot \rho_j \cdot d_j \cdot A_j) \tag{9.2}$$

Dabei ist: j die jeweilige Schicht des Bauteils,
c die spezifische Wärmekapazität des Baustoffs,
ρ die Rohdichte des Baustoffs,
d die wirksame Schichtdicke des Baustoffs und
A die Fläche des Bauteils (lichte Rohbaumaße).

Wirksame Schichtdicke. Die zeitweise wirksame Speicherung von in den Raum eingestrahlten Sonnenenergie durch raumbegrenzende Bauteile kann nicht über den ganzen Bauteilquerschnitt erfolgen, sondern ist auf eine begrenzte Dicke beschränkt. So wird z.B. eine Wärmedämmschicht die in Richtung des Wärmestromes nachfolgenden Schichten abschirmen, sodass die Wärmespeicherfähigkeit des hinter dem Wärmedämmstoff angeordneten Materials nicht zum Tragen kommen kann. Oder wenn ein Bauteil zwei Nutzräume trennt, steht nur das halbe Bauteil zur Aufnahme von Wärmeenergie zur Verfügung. Beeinflusst wird die in das Bauteil eindringende Wärmewelle auch vom Wärmeeindringkoeffizienten b des Baustoffs (s. Abschn. 3), also von dessen Wärmeleitfähigkeit. Daraus ergeben sich folgende Festlegungen zur Definition der wirksamen Schichtdicke zur Berechnung der wirksamen Wärmespeicherfähigkeit nach Gl. (9.2).

- Bei Schichten mit einer Wärmeleitfähigkeit $\lambda \geq 0{,}1$ W/(m · K) wurde festgelegt:
  - Wenn das Bauteil einseitig an die Raumluft grenzt (z.B. Außenbauteil) werden alle Schichten in Richtung des Wärmestromes aufsummiert bis zu einer Maximaldicke $d_{i.max} = 0{,}1$ m.
  - Wenn das Bauteil beidseitig an Raumluft grenzt (Innenbauteil) werden nur die Schichtdicken – bis zur halben Bauteildicke auf summiert, sofern die Gesamtdicke $d \leq 0{,}2$ m ist. Bei Bauteildicken $d > 0{,}2$ m ist $d_{i.max} = 0{,}1$ m. In beiden Fällen darf der ermittelte Wert von d auf beiden Seiten angesetzt werden.
- Sind Wärmedämmschichten mit einer Wärmeleitfähigkeit $\lambda \leq 0{,}1$ W/(m · K) raumseitig angebracht (wie z.B. beim schwimmenden Estrich), dürfen die Schichten zwischen Dämmstoff und Raum nur bis maximal $d = 0{,}1$ m in die Berechnung eingehen. Als Wärmedämmschicht gelten Baustoffe mit einer Wärmeleitfähigkeit $\lambda < 0{,}1$ W/(m · K) und einem Wärmedurchlasswiderstand $R > 0{,}25$ m² · K/W.

9.2.1.6 Wirksame Wärmespeicherfähigkeit C_{wirk} nach DIN 4108-2 und Bauart

Bezüglich der Wärmeaufnahmefähigkeit der raumbegrenzenden Bauteile wird in DIN 4108-2 zwischen extrem leichter, leichter und schwerer Bauweise unterschieden. Definiert werden die drei Bauweisen an Hand der wirksamen Wärmespeicherfähigkeit C_{wirk} (s. Abschn. 9.2.1.5) und der Nettogrundfläche A_G des Raumes wie folgt:

- Leichte Bauart, wenn $\dfrac{C_{wirk}}{A_G} < 50$ Wh/(m² · K)

- Leichte Bauart, wenn 50 Wh/(m² · K) $\leq \dfrac{C_{wirk}}{A_G} \leq 130$ Wh/(m² · K)

- Schwere Bauart, wenn $\dfrac{C_{wirk}}{A_G} > 130$ Wh/(m² · K)

9.2.1.7 Lüftungseinfluss

Ein Teil der dem Raum zugeführten Strahlungsenergie kann, sofern die Außentemperatur niedriger als die Raumlufttemperatur ist, an die Außenluft abgeführt werden. Bei diesem einfachen Nachweisverfahren ist eine quantitative Bewertung der Lüftung nicht möglich; man kann nur registrieren, ob die Lüftung die Temperaturverhältnisse im Raum verbessern kann oder nicht. Während der heißen Jahreszeit verspricht in der Regel nur die Nachtlüftung Erfolg, ein Vorgang der auf Grund der Gebäudenutzung meist nur in Wohnungen möglich ist. Die Lüftung in der zweiten Nachthälfte wird als erhöhte Nachtlüftung bezeichnet.

9.2.1.8 Randbedingungen und Anwendungsgrenzen

Für Berechnungen mittels dynamischer Simulationsverfahren wurden zum Nachweis des sommerlichen Wärmeschutzes allgemein geltende Randbedingungen und Anwendungsgrenzen festgelegt. Da diese Bedingungen auch für instationäre Verfahren gültig sind, enthalten sie mehr Angaben, als für das vereinfachte nach DIN 4108-2 notwendig sind.

- **Raumlufttemperatur**
  Soll-Raumtemperatur für Heizzwecke (ohne Nachtabsenkung): 20 °C

- **Klimazonen**
  Beim sommerlichen Außenklima für das Gebiet Deutschland wird zwischen den im Abschn. 9.2.2 festgelegten drei Klimazonen unterschieden. Grundlage der Zuordnung sind die 15 Klimaregionen nach DIN V 4108-6.
- **Luftwechselrate im Sommer**
  Der Luftwechsel in Gebäuden hängt von der Windgeschwindigkeit, der Windrichtung, der Gebäudeform, der Dichtheit des Gebäudes, den Lüftungsgewohnheiten der Nutzer und gegebenenfalls vom Lüftungssystem ab. Sind RTL-Anlagen nicht vorhanden, ist eine Erhöhung des Luftwechsels nur sinnvoll, wenn die Außenlufttemperatur niedriger als die Raumlufttemperatur ist.
  Eventuellen Berechnungen sind die Grundluftwechselraten nach DIN V 4108-6 zugrunde zu legen. s. Rückseite.
- **Interne Wärmegewinne**
  Innere Wärmequellen (z.B. Elektrogeräte, anwesende Personen und dergl.) sind während des ganzen Jahres vorhanden und deshalb entstehen auch im Sommer interne Wärmebelastungen, die die Raumlufttemperatur beeinflussen. Bei genaueren Rechenverfahren müssen diese berücksichtigt werden, wobei sie als auf den m^2 bezogene Mittelwerte über eine Zeitdauer von 24 h angegeben werden. Es wird empfohlen mit folgenden mittleren internen Wärmegewinn zu rechnen.

  Wohngebäude: 120 Wh/(m^2d),
  Nichtwohngebäude: 144 Wh/(m^2d).

  Die Bezugsfläche ist die Nettogrundfläche des Raumes.
- **Nettogrundfläche des Raumes und Raumtiefe**
  Da der Temperaturanstieg der Raumluft bei Zufuhr von Wärmeenergie auch von der Wärmespeicherfähigkeit der raumumschließenden Flächen beeinflusst wird, sind deren Flächen auch von Belang.
  Nettogrundfläche und Raumtiefe sind dabei wie folgt zu ermitteln.
  - **Nettogrundfläche:** Die Nettogrundfläche A_G wird mittels der lichten Rohbaumaße bestimmt. Bei sehr tiefen Räumen nimmt der Einfluss der Wärmespeicherfähigkeit mit wachsendem Abstand von der Außenwand ab. Deshalb muss bei sehr tiefen Räumen die für den Nachweis anzusetzende Raumtiefe begrenzt werden.
  - **Maximale Raumtiefe:** Sie beträgt das dreifache der lichten Raumhöhe. Bei Räumen mit gegenüberliegenden Fassaden gibt es keine Begrenzung der Raumtiefe, sofern der Abstand der beiden Fassaden ≤ der sechsfachen lichten Raumhöhe ist. Ist der Abstand größer, muss der Nachweis für beide Fassadenbereiche durchgeführt werden.
  - **Wirksame Wärmespeicherfähigkeit:** Nach DIN V 4108-6 sind bei der Ermittlung der wirksamen Wärmespeicherfähigkeit der raumschließenden Bauteile diese nur soweit zu berücksichtigen, wie sie das Volumen bestimmen, das aus der Nettogrundfläche A_G und lichter Raumhöhe gebildet wird.
- **Fensterrahmenanteil**
  Das vereinfachte Verfahren nach DIN 4108-2 ist für Fenster mit einem Rahmenanteil von 30 % abgeleitet worden. Näherungsweise kann dieses Verfahren auch bei Gebäuden mit Fenstern, deren Rahmenanteil ungleich 30 % ist, angewendet werden.
  Soll der Einfluss des Fensterrahmenanteils genauer berücksichtigt werden, muss auf anerkannte Verfahren zur thermischen Gebäudesimulation zurückgegriffen werden.
- **Fensterfläche:**
  Zur Bestimmung der Fensterfläche A_W wird das Maß bis zum Anschlag des Blendrahmens verwendet. Als lichtes Rohbaumaß gilt das Maueröffnungsmaß, bei dem das Fenster angeschlagen wird (siehe Bild 9.3) Dabei sind Putz oder ggf. vorhandene Verkleidungen (z.B.

9 Hygienischer Mindest-Wärmeschutz

Gipskartonplatten beim Holzbau) nicht zu berücksichtigen. Von der so ermittelten Fenstergröße kann auch (unter Berücksichtigung der Einbaufuge) auf das zu bestellende Fenster geschlossen werden.

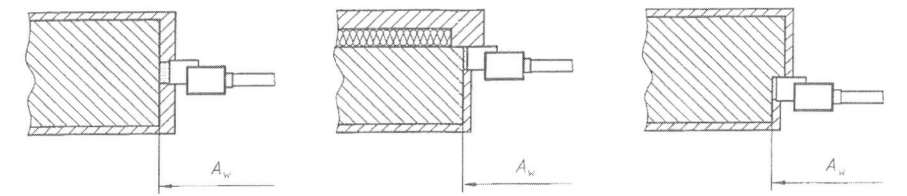

Bild 9.3 Ermittlung des lichten Rohbaumaßes bei Fensteröffnungen (stumpfer Anschlag, zweischaliges Mauerwerk, mit Innenanschlag) A_w = Fensterfläche (Index w – window, Fenster)

Bei Dachflächenfenstern kann analog das Außenmaß des Blendrahmens als lichtes Rohbaumaß angenommen werden. Dies gilt unabhängig vom Glasanteil und der Rahmenausbildung.

9.2.2 Anforderungen an den sommerlichen Wärmeschutz nach DIN 4108-2

Durch die Vorgaben zum sommerlichen Wärmeschutz nach DIN 4108-2 soll erreicht werden, dass in Wohnungen und ähnlichen Zwecken dienenden Gebäuden die Raumlufttemperatur nicht auf unbehaglich hohe Werte ansteigt. Durch die Empfehlungen soll verwirklicht werden, dass drei vom Außenklima abhängige Höchstwerte $\theta_{i,max}$ an nicht mehr als 10 % der Aufenthaltszeit überschritten werden und somit eine Kühlung der Raumluft mittels einer RTL-Anlage nicht notwendig ist.

Um jedoch Maßnahmen planen zu können, muss zuvor klargelegt werden, welche Außenlufttemperaturen der Bewertung des Raumklimas zugrunde gelegt werden. Da die Außenlufttemperatur und auch die Intensität der Sonneneinstrahlung am Gebäudestandort stark variiert, wird das Gebiet der Bundesrepublik in drei Klimaregionen A, B und C unterteilt. Als Grundlage dieser Unterteilung dient der am Gebäudestandort anzutreffende Höchstwert der mittleren monatlichen Außenlufttemperatur $\theta_{a,max,M}$ nach DIN V 4108-6, Anhang A – Meteorologische Daten. Die drei Klimaregionen sind wie folgt festgelegt:

– Sommer-Klimaregion A: sommerkühle Gebiete: $\theta_{a,max,M} \leq 16{,}5\ °C$
– Sommer-Klimaregion B: gemäßigte Gebiete: $16{,}5\ °C < \theta_{a,max,M} < 18\ °C$
– Sommer-Klimaregion C: sommerheiße Gebiete: $\theta_{a,max,M} \geq 18\ °C$

In den betreffenden Gebäuden sind den drei Klimaregionen folgende Höchstwerte der Raumlufttemperatur $\theta_{i,max}$ zugeordnet:

– Sommer-Klimaregion A: sommerkühle Gebiete: $\theta_{i,max.} \leq 25\ °C$
– Sommer-Klimaregion B: gemäßigte Gebiete: $\theta_{i,max.} \leq 26\ °C$
– Sommer-Klimaregion C: sommerheiße Gebiete: $\theta_{i,max.} \leq 27\ °C$

9.2.2.1 Kennwert S der Sonneneinstrahlung

Die Bewertungsgröße für die Wärmebelastung eines Raumes durch die Sonneneinstrahlung wird in der Norm DIN 4108-2 als Sonneneintragskennwert S bezeichnet. Bestimmt wird er mittels folgender Gleichung:

$$S = \frac{\Sigma_j (A_{W,j} \cdot g_{total,j})}{A_G} \tag{9.3}$$

Dabei ist: $A_{W,j}$ Die Fläche des Fensters j in m², ermittelt aus den lichten Rohbauöffnungen,

$g_{total,i}$ der Gesamtenergiedurchlassgrad $g_\perp$ der Verglasung nach DIN EN 440 (s. Tafel 9.3) und der Sonnenschutzvorrichtung F_C (s. Tafel 9.4) des Fensters j nach Gl. (9.1) und

A_G: die Nettogrundfläche des Raumes in m².

Die Summe in Gl. (9.3) betrifft alle Fenster des Raumes oder Raumbereiches.
Je größer der Kennwert S der Sonneneinstrahlung ist, auf umso höhere Werte wird die Raumlufttemperatur ansteigen. Um die Forderungen nach Abschn. 9.2.2 einzuhalten, muss der Wert von S begrenzt werden, er darf den im nachfolgenden Abschnitt definierten maximalen Kennwert S_{max} nicht überschreiten.

9.2.2.2 Zulässiger Maximalwert des Kennwertes S_{max} der Sonneneinstrahlung

Damit die Raumlufttemperatur die Höchstwerte $\theta_{i.max}$ nicht übersteigt, soll der nach Gl. (9.3) ermittelte Kennwert S der Sonneneinstrahlung nicht größer, als der in der Norm festgelegt zulässige Höchstwert S_{zul} sein. Die Forderung ist:

$$S \leq S_{zul} \qquad (9.4)$$

Der zulässige Sonneneintragskennwert S_{zul} ergibt sich aus:

$$S_{zul} = \Sigma\, S_X$$

– **Zuschlagswerte S_X nach Tafel 9.5**
  Die für die Ermittlung des Maximalwertes S_{zul} erforderlichen Zuschlagswerte S_X der Tafel 9.5 sind abhängig von:
  - der Klimaregion,
  - der wirksamen Wärmespeicherfähigkeit der raumumschließenden Flächen (Raumgeometrie),
  - der Raumlüftung, insbesondere in der zweiten Nachthälfte,
  - der Fensterorientierung und -neigung,

– **Raumgeometrie**
  Bewertet wird die Raumgeometrie durch den gewichteten Formfaktor f_{gew}.

$$f_{gew} = \frac{A_W + 0{,}3 \cdot A_{AW} + 0{,}1 \cdot A_D}{A_G} \qquad (9.6)$$

Es ist A_W: Fensterfläche, einschließlich Dachfenster
A_{AW}: Außenwandfläche (Außenmaß)
A_D: Dachfläche und Deckenfläche nach oben oder unten gegen Außenluft, Erdreich und unbeheizte Dach - bzw. Kellerräume (Außenmaß)
A_G: Nettogrundfläche des Raumes nach Abschn. 9.2.1.8 (lichtes Maß)

– **Fensterneigung**
  Berücksichtigt wird der Einfluss der Fensterneigung durch den Neigungsfaktor f_{neig}

$$f_{neig} = \frac{A_{W,neig}}{A_G} \qquad (9.7)$$

Es ist: A_{Wneig}: geneigte Fensterfläche (lichtes Rohbaumaß)
A_G: Nettogrundfläche des Raumes (lichtes Maß)

– **Fensterorientierung (Nord, Nordost- und Nordwestorientierung)**
  Berücksichtigt wird die Nordorientierung der Fenster durch den Orientierungsfaktor f_{nord}

$$f_{nord} = \frac{A_{W,nord}}{A_{W,gesamt}} \qquad (9.8)$$

Es ist: A_{Wnord}: Nord-, Nordost, und Nordwestorientierte Fenster mit Fensterneigung > 60 gegenüber der Horizontalen und vom Gebäude selbst verschattete Fensterflächen
$A_{Wgesamt}$: Die gesamte Fensterfläche

9 Hygienischer Mindest-Wärmeschutz

Tafel 9.5   Anteilige Sonneneintragskennwerte zur Ermittlung des zulässigen Kennwertes der Sonneneinstrahlung S_{zul} nach Gl. (9.5)

1	2	3	4
Zeile		Gebäudelage bzw. Bauart, Fensterneigung und Orientierung	S_X
1		Klimaregion	
	1.1	Gebäude in Klimaregion A	0,04
	1.2	Gebäude in Klimaregion B	– 0,03
	1.3	Gebäude in Klimaregion C	– 0,015
2		Bauart	
	2.1	leichte Bauart: z.B. zwei oder mehr Kombinationen aus Zeile 2.2 bzw. bei vorwiegend Innendämmung, große Halle, kaum raumumschließende Flächen (ohne Nachweis von C_{win}/A_G)	$0,06 \cdot f_{gew}$
	2.2	mittlere Bauart: z.B. Holzständerkonstruktion, leichte Trennwände, untergehängte Decken	$0,10 \cdot f_{gew}$
	2.3	schwere Bauart	$0,115 \cdot f_{gew}$
3		Erhöhte Nachlüftung während der zweiten Nachthälfte n ≥ 1,5 h^{-1}	
	3.1	bei leichter und mittlerer Bauart	+ 0,02
	3.2	bei schwerer Bauart	+ 0,03
4		Sonnenschutzverglasung mit $g_{total} < 0,4$	+ 0,03
5		Fensterneigung: 0° ≤ Neigung ≤ 60° (gegenüber der Horizontalen)	$- 0,12 \cdot f_{neig}$
6		Orientierung: Nord-, Nordost- und Nordwest-orientierte Fenster soweit die Neigung gegenüber der Horizontalen > 60° ist, sowie Fenster, die dauernd vom Gebäude selbst verschattet sind	$+ 0,10 \cdot f_{nord}$

Anmerkungen zu den Angaben der Tafel 9.5:

Zeile 1:   Maßgebend für die Zuordnung zu einer Klimaregion ist der am Gebäudestandort anzutreffende Höchstwert der mittleren monatlichen Außentemperatur nach DIN V 4108-6, Anhang A – Meteorologische Daten. Siehe hierzu auch Abschn. 9.2.1.5

Zeile 2:   Siehe Gl. (9.2) in Abschn. 9.2.1.5 sowie weitere Angaben zur Bauart in Abschn. 9.2.1.6

Zeile 3:   Bei Wohnungen sowie bei Ein- und Zweifamilienhäusern kann in der Regel eine erhöhte Nachtlüftung als gegeben angenommen werden.

Zeile 4:   Sonnenschutzvorrichtungen, welche die diffuse Strahlung permanent reduzieren und wenn $g_{total} < 0,4$ ist, gelten als gleichwertige Maßnahme

Zeile 5:   Der Einfluss der Fensterneigung wird mittels des Neigungsfaktors f_{neig} nach Gl. (9.7) berücksichtigt.

Zeile 6:   Der Einfluss der Fensterorientierung wird mittels des Orientierungsfaktors f_{nord} nach Gl. (9.8) berücksichtigt

9.2.3 Beispiel zum sommerlichen Wärmeschutz

Bei einem Wohnraum eines Einfamilienhauses mit einem Südfenster wird geprüft, ob Anforderungen an den sommerlichen Wärmeschutz bestehen und ob diese Anforderungen erfüllt werden. Am Standort ist die mittlere monatliche Außentemperatur > 18 °C.

Angaben zu den Abmessungen und Ausführung der Bauteil-Komponenten und Klimaregion

Bauweise des Hauses: Holzständerkonstruktion mit leichten Trennwänden.
Raumabmessungen: Raumbreite: (Nennmaß: 6,75 m; Außenmaß: 7,25); Raumhöhe: (Innenmaß: 2,50 m);
Geschosshöhe (Außenmaß: 2,75 m): 2,75 m; Raumtiefe (Innenmaß: 4,5 m)
Nettogrundfläche: $A_G = 6,75 \cdot 4,5 = 30,38 \text{ m}^2$
Außenwandfläche: $A_{AW} = 7,25 \cdot 2,75 = 19,94 \text{ m}^2$

Fensterabmessungen: Fensterbreite: 5,5 m
Fensterhöhe: 2,0 m
Fensterfläche: $A_W = 5,5 \cdot 2,0 = 11 \text{ m}^2$

Fensterverglasung: Wärmeschutzglas mit g = 0,59 lt. Prüfzeugnis des Herstellers
Fensterrahmenanteil: 30 %, Südfenster senkrecht

Sonnenschutz: Markise, oben und seitlich ventiliert mit β > 50°
$F_C = 0,4$ nach Tafel 9.4

$\theta_{a,max,M} > 18° \text{ C}$ Klimaregion C – sommerheißes Gebiet da $\theta_{a,max,M} \geq 18 °C$

Gewichtete Außenwandfläche:

$$f_{gew} = \frac{A_W + 0,3 \cdot A_{AW} + 0,1 \cdot A_D}{A_G} = \frac{11 + 0,3 \cdot 19,94}{30,38} = \frac{16,98}{30,38} = 0,559$$

Der Raum grenzt nicht an das Dach, deshalb ist $A_D = 0 \text{ m}^2$

Bewertungsgrößen zur Bestimmung des Kennwertes S der Sonneneinstrahlung nach Gl. (9.3)

Gesamtenergiedurchlassgrad: $g_{total} = g \cdot F_C = 0{,}59 \cdot 0{,}4 = 0{,}236$
Fensterfläche: $A_W = 11\ m^2$
Grundfläche: $A_G = 30{,}38\ m^2$

Kennwert S der Sonneneinstrahlung nach GL (9.3)

$$S = \frac{\Sigma(A_{W,j} \cdot g_{total,j})}{A_G} = \frac{11 \cdot 0{,}236}{30{,}38} = 0{,}085$$

Kennwerte S_X nach Tafel 9.5 und Berechnung von S_{zul}

Klimaregion:	Zeile 1.3:	$S_X = 0{,}015$
Bauart:	Zeile 2.2: $0{,}10 \cdot f_{gew} = 0{,}10 \cdot 0{,}559$	$S_X = 0{,}056$
Lüftung:	Zeile 3.1:	$S_X = 0{,}02$
Sonnenschutzverglasung:	Zeile 4: $g_{total} = 0{,}236 < 0{,}4$	$S_X = 0{,}03$
Fensterneigung	Zeile 5: Neigung 90°	$S_x = 0$
Fensterorientierung	Zeile 6: Südorientierung (ohne Verschattung)	$S_x = 0$
Summe der Zuschlagswerte		$S_{zul} = 0{,}121$
Zulässiger Höchstwert:	$S_{zul} = \Sigma\ S_X = 0{,}121$	

Bewertung des sommerlichen Wärmeschutzes:

Zulässiger Höchstwert S_{max}: $\quad S_{zul} = 0{,}121$
Vorhandener Kennwert S der Sonneneinstrahlung: $\quad S\ = 0{,}085$

Da $S < S_{max}$, werden die Anforderungen an den sommerlichen Wärmeschutz erfüllt.

10 Energiesparender Wärmeschutz bei wohnähnlich genutzten Gebäuden

Die Verordnung über energiesparenden Wärmeschutz und energiesparende Anlagentechnik bei Gebäuden (Energieeinspar-Verordnung- EnEV 2002) stellt Anforderungen an den maximalen Primärenergiebedarf für die Beheizung von Gebäuden und die Versorgung mit Trinkwarmwasser. Zur Berechnung verweist die EnEV 2002 auf die technischen Regelwerke DIN V 4108:2003 [75 bis 81] und DIN V 4701:2003 [83] mit ihren jeweiligen Teilen und Beiblättern.

Initiiert durch die EU-Richtlinie 2002/9 l/EG über die Gesamtenergieeffizienz von Gebäuden wurden das Energiespargesetz EnEG und die Energieeinsparverordnung novelliert. Die neue Energieeinspar-Verordnung EnEV 2007 von 24 Juli 2007 formuliert für Wohngebäude Anforderungen an den Primärenergiebedarf für Heizung, Lüftung und Trinkwarmwasserbereitung; bei Nicht-Wohngebäuden wird in der Primärenergie-Bilanzierung über die Heizung und Lüftung hinaus der Energiebedarf für die Klimatisierung, die Kühlung und die Beleuchtung mit allen Energieverlusten berücksichtigt. Dafür wurde ein erweitertes Berechnungsregelwerk geschaffen, die DIN V 18599:2005 „Energetische Bewertung von Gebäuden - Berechnung des Nutz-, End- und Primärenergiebedarfs für Heizung, Kühlung, Lüftung, Trinkwarmwasser und Beleuchtung" Sie gliedert sich in die 10 Teile:

Teil 1: Allgemeine Bilanzierungsverfahren, Begriffe, Zonierung und Bewertung der Energieträger
Teil 2: Nutzenergiebedarf für Heizung und Kühlung von Gebäuden
Teil 3: Nutzenergiebedarf für die energetische Luftaufbereitung
Teil 4: Nutz- und Endenergiebedarf für Beleuchtung
Teil 5: Endenergiebedarf von Heizsystemen

10 Energiesparender Wärmeschutz

Teil 6: Energiebedarf von Wohnungslüftungsanlagen und Luftheizungsanlagen für den Wohnungsbau
Teil 7: Endenergiebedarf von Raumlufttechnik- und Klimakältesystemen für den Nichtwohnungsbau
Teil 8: Nutz- und Endenergiebedarf von Warmwasserbereitungssystemen
Teil 9: End- und Primärenergiebedarf von Kraft-Wärme-Kopplungsanlagen
Teil 10: Nutzungsrandbedingungen, Klimadaten

Die Berechnung der Energieeffizienz wohnähnlicher Gebäude nach EnEV 2007 unterscheidet sich von den Berechnungsschritten für die Energieeinsparung nach EnEV 2002 nicht. Allerdings sind vereinzelt die Randbedingungen in DIN V 18599 anders gewählt als in DIN V 4108-6 und DIN V 4701-10.

10.1 Energiefluss in einem beheizten Wohngebäude

10.1.1 Energieflussdiagramm

Zum menschlichen Aufenthalt geeignete Wohn- und Aufenthaltsräume benötigen aus den thermophysiologischen Behaglichkeitserfordernissen des Menschen empfundene thermische **Komforttemperaturen** θ_C (c: comfort) im Bereich von θ_C = 19 bis 23 °C. Diese Komforttemperatur beschreibt die Wärmeabgabe des menschlichen Körpers über Konvektion an die Raumluft und über Wärmestrahlung an die Umgebungsflächen. In der Heizungstechnik wird die empfundene Komforttemperatur durch das arithmetische Mittel aus der Raumlufttemperatur θ_i und der mittleren Umgebungsflächentemperatur θ_u genähert; im baulichen Wärmeschutz wird die empfundene Temperatur näherungsweise einer Innentemperatur von θ_i = + 19 °C gleichgesetzt, weil durch die Mindestwerte für den Wämedurchgangswiderstand R der Außenbauteile, die Oberflächentemperaturen der Außenbauteile ausreichend hoch liegen und unter Einbeziehung des Strahlungsaustausches mit den warmen Innenbauteilen die mittlere Umgebungsflächentemperatur sich im räumlichen Mittel nur wenig von der Lufttemperatur unterscheidet. Der **Transmissions-Wärmeverlust** Q_T durch die Außenbauteile an die Außenluft (s. GL (2.17)) aber auch an das Erdreich und das Grundwasser bei erdberührten Außenbauteilen muss durch die dem Raum oder Gebäude zugeführte Heizwärme ausgeglichen werden, damit die Innentemperatur nicht unter θ_i = 19 °C absinkt.

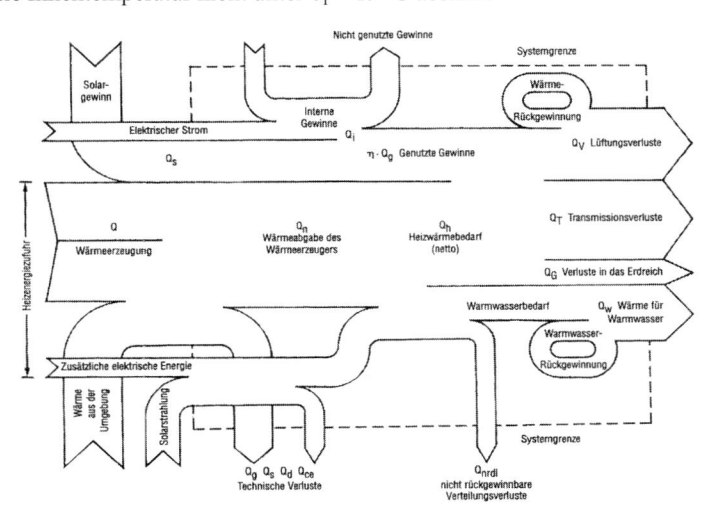

Bild 10.1
Energieflussdiagramm in einem Gebäude

Der Mensch, aber auch Baustoffemissionen belasten die Raumluft mit Schadgasen wie Kohlendioxid, Geruchsstoffen, gesundheitsgefährdenden Chemikalien oder Wasserdampf, der Tauwasserrisiken verursacht. Durch einen ausreichenden Luftaustausch mit der Außenluft, entweder durch aktive Stoßlüftung oder durch mechanische Lüftungsanlagen, muss ein hygienisches Raumklima sichergestellt werden. Die zur Erwärmung der Außenlufttemperatur auf die Innentemperatur notwendige Heizwärme soll diesen **Lüftungswärmeverlust** Q_V (V: Ventilation) (s. Gl. (4.1)) decken.

Zu der Heizwärme zur Kompensation der Transmissions- und Lüftungswärmeverluste kommt bei der wohnähnlichen Gebäudenutzung noch der **Heizwärmebedarf für die Warmwasserbereitung** Q_W (W: hot water).

Dieser **Nutzwärmebedarf** Q_N ist durch ein Heizungs- und Lüftungssystem mit möglichst geringem Einsatz an Brennstoff und Elektroenergie aufzubringen:

$$Q_N = Q_T + Q_V + Q_W \tag{10.1}$$

Baulicherseits ist die Solarenergiezufuhr Q_S in die beheizte Gebäudezone durch transparente Außenbauteile, transparente Wärmedämmungen und verglaste Pufferräume zu maximieren. Zusammen mit den **internen Wärmegewinnen** Q_i aus der Personenwärme, aus den Beleuchtungs und Elektroabwärmen der technischen Geräte sowie aus den Wärmeverlusten des Warmwassernetzes reduzieren die solaren **Wärmegewinne** Q_S (s. Gl. (5.8)) den Heizwärmebedarf. Der Nutzungsgrad η dieser Wärmegewinne steigt, wenn durch eine wärmespeichernde Bauweise ein eventueller Übergewinn an solarer und interner Wärme während der Tageszeit zur Nachtzeit nutzbar gemacht wird. Die baulich beeinflussten Wärmeströme werden nach DIN V 4108-6 [79] zum **Heizwärmebedarf** Q_h zusammengefasst:

$$Q_h = Q_T + Q_V - \eta \cdot (Q_S + Q_i) \tag{10.2}$$

Wie das Energieflussdiagramm von Bild 10.1 zeigt, sind anlagentechnisch die technischen **Verluste** Q_t bei der Wärmeerzeugung Q_g (g: generation), der Wärmespeicherung Q_s

Tafel 10.1 Primärenergiefaktoren nach DIN V 4701-10 (nicht erneuerbarer Anteil)

Energieträger		Primärenergiefaktor
Brennstoffe	Heizöl EL	1,1
	Erdgas H	1,1
	Flüssiggas	1,1
	Steinkohle	1,1
	Braunkohle	1,2
	Holz	0,2
Nah-/Fernwärme aus Kraft-Wärme-Kopplung	Fossiler Brennstoff	0,7
	Erneuerbarer Brennstoff	0,0
Nah-/Fernwärme aus Heizwerken	Fossiler Brennstoff	1,3
	Erneuerbarer Brennstoff	0,1
Elektrischer Strom	Strom-Mix	3,0
	Heizstrom (bis 2010)	2,0

(s: storage), der Wärmeverteilung Q_d (d: distribution) und der Wärmeübergabe Q_{ce} (ce: control and emission), definiert in DIN V 4701-10 [83] als:

$$Q_t = Q_g + Q_s + Q_d + Q_{ce} \tag{10.3}$$

10 Energiesparender Wärmeschutz

sowie die nach Bild 10.2 benötigte elektrische **Hilfsenergie** Q_{He} zu minimieren und der Einsatz der **regenerativen Energien** Q_r von Solarkollektoren und Wärmepumpen zu optimieren.

Die im System Gebäude zur Bereitstellung der Nutzwärme an der Systemgrenze Gebäude/Umwelt benötigte Energie Q, geliefert in Form von direkter Fern- oder Nahwärme, von in Brennstoffen gespeicherter Wärmeenergie und von elektrischer Energie als Hilfsenergie oder Heizenergie, ist die **Endenergie Q** eines externen Energiebereitstellungsprozess aus fossilen Energieträgern wie Erdöl, Erdgas, Kohle oder Uran und regenerativen Energieerzeugungsanlagen unter Nutzung der Wind- und Wasserkraft, der Photovoltaik, von Solarkollektoranlagen oder von Biomasse-Heizkraftwerken. An der Systemgrenze Gebäude gilt:

$$Q = Q_h + Q_W + Q_t - Q_r \qquad (10.4)$$

Die Energieverluste in den vorgelagerten Prozessketten bei der Gewinnung, Umwandlung und Verteilung der jeweils eingesetzten Brennstoffe bzw. bei der Bereitstellung der elektrischen Energie, aber auch die Beiträge erneuerbarer Brennstoffe werden durch einen Energieträger bezogenen **Primärenergiefaktor** f_P bewertet; die Primärenergiefaktoren nach DIN V 4701-10:2001-02 sind in Tafel 10.1 aufgelistet. Der **Primärenergiebedarf Q_P** für ein Gebäude ergibt sich aus dem Endenergiebedarf Q und den benötigten elektrischen Hilfsenergie Q_{HE} unter Verwendung der jeweiligen Primärenergiefaktoren f_{PQ} und f_{HE} zu:

$$Q_P = Q \cdot f_{PQ} + Q_{HB} \cdot f_{HE} \qquad (10.5)$$

10.1.2 Definitionen energetischer Wärmeschutzgrößen

Die in einem realen Gebäuden in einer Heizperiode unter realen Nutzungs- und Klimaverhältnissen messtechnisch erfasste, eingesetzte Brennstoffmenge ist der **Energieverbrauch.** Zur Messung dienen Gas- oder Stromzähler, Tankuhren von Heizölvorratsbehältern oder die Wärmezähler der Übergabestationen von Fern- oder Nahwärmeversorgungsnetzen bzw. Warmwasseruhren. Durch Umrechnung der Verbrauchsmessgrößen auf Energiewerte mit Hilfe der Verbrennungsenergien pro Liter oder m^3 werden die Energieverbrauchswerte im Allgemeinen in kWh pro Jahr oder Ableseintervall angegeben. Die Energie- oder Wärmeverbrauchswerte sind sehr stark vom Klimaverlauf und dem Nutzverhalten ab; sie schwanken von Ableseperiode zu Ableseperiode in aller Regel erheblich. Aussagekräftige Verbrauchswerte müssen über so lange Zeitabschnitte gemittelt werden, dass kurzfristige Abnormalitäten vernachlässigbar sind.

Der **Energie- oder Wärmebedarf** ist dagegen eine rechnerisch ermittelte Größe. Der Rechnung werden standardisierte Klimaverhältnisse und ein standardisiertes Nutzverhalten zugrunde gelegt. Der Heizenergiebedarf ist die rechnerisch bestimmte Energiemenge, welche dem Heizungssystem eines Gebäudes zugeführt werden muss, um den rechnerisch ermittelten Heizwärmebedarf zu decken. In aller Regel ist die Maßeinheit der Energie- und Wärmebedarfswerte die Einheit kWh/Jahr oder kWh/Monat; die Maßeinheit weist darauf hin, dass die zeitliche Mitteilung über einen langen Zeitintervall (Monat, Jahr) erfolgt.

Die **Wärmeleistung** ist die rechnerisch nach DIN EN 12831 bestimmte Wärmeabgabe von Raumheizkörpern oder Raumwärmeversorgungseinrichtungen, damit unter extremen, ungünstigen Klimaverhältnissen und standardisierten Nutzeranforderungen die Behaglichkeitstemperatur von Wohn- und Aufenthaltsräumen oder Bädern erreicht wird. Dieser Raumklimazustand ist kurzfristig zu realisieren, die momentan erforderliche Wärmeabgabe des Heizungssystems wird deshalb in Watt (W) angegeben. In früheren Regelwerken wurde die Wärmeleistung eines Heizungssystems auch als Wärmebedarf bezeichnet, was immer wieder zur Verwirrung führt.

Um flächen- oder volumenbezogene Vergleichsgrößen angeben zu können, muss das beheizte Volumen oder die beheizte Geschossfläche durch eine **Systemgrenze** abgegrenzt werden. Nach DIN V 4108-6 ist die bauliche Systemgrenze eines beheizten Gebäudes die Hüllfläche um das beheizte Volumen im **Außenmaß,** also die Grenzfläche der Außenbauteile an die Außenluft oder das Erdreich. Die anlagentechnische Systemgrenze umschließt die Energieumwandlungssysteme im Gebäude, die Grenze sind die Übergabestationen für die Brennstoffe bzw. die Fernversorgungen.

Die energetische Qualität der anlagentechnischen Bereitstellung von Nutzwärme charakterisiert die **Aufwandszahl e.** Sie beschreibt, wie viel kWh Energie anlagentechnisch eingesetzt werden muss, um eine kWh Nutzenergie oder Nutzwärme zu erzeugen. In einer Prozesskette (z.B. die Kette: Wärmeerzeugung-Wärmespeicherung-Wärmeverteilung-Wärmeübergabe) multiplizieren sich die Aufwandszahlen der Prozessschritte. Besonders wichtig für die energetische Bewertung eines Heizungssystems ist die primärenergiebezogene **Gesamtanlagenaufwandszahl e_P.** Gl. (10.5) in Gl. (10.4) eingesetzt ergibt:

$$Q_P = (Q_h + Q_W + Q_t - Q_r) \cdot f_{PQ} + Q_{HE} \cdot f_{HE} = (Q_h + Q_W + Q_{WR}) \cdot e_P \tag{10.6}$$

$$e_P = 1 + \frac{(Q_t - Q_r - Q_{WR}) \cdot f_{PQ} + Q_{HE} \cdot f_{HE}}{Q_h + Q_W + Q_{WR}} \tag{10.7}$$

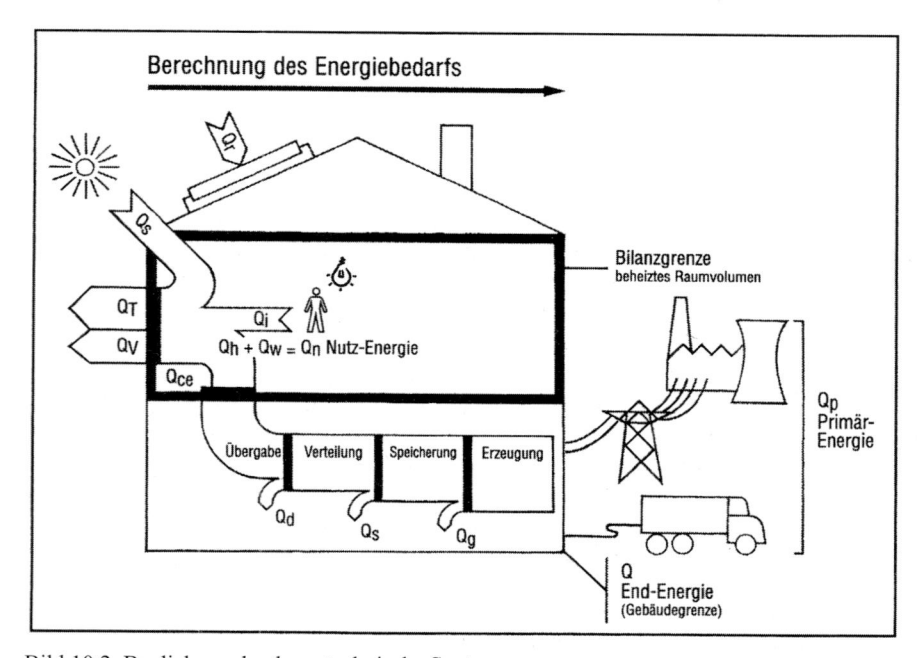

Bild 10.2 Bauliche und anlagentechnische Systemgrenzen

Obwohl der Wärmerückgewinn Q_{WR} einer mechanischen Lüftungsanlage mit Zuluft/Abluft-Wärmetauscher eine anlagentechnische Größe ist, wird in der früheren Wärmeschutzverordnung WSV 1995 und aus dieser Tradition heraus auch in der neuen EnEV 2002 diese Rückgewinnung von Lüftungswärme über einen verminderten Luftwechsel-Volumenstrom V (siehe Gl. 4.1)) bei der Berechnung des Heizwärmebedarfs Q_h berücksichtigt. Nach DIN V 4701-10 ist Q_{WR} in der primärenergiebezogenen Gesamtanlagen-Aufwandszahl e_P zu berücksichtigen; konsequenterweise muss deshalb der bauliche Wärmebedarf für Heizung und Warmwasser um den Lüftungs-Wärmerückgewinn Q_{WR} additiv ergänzt werden. Auf diese Art haben Heizungsanlagen mit Lüftungswärmerückgewinnung eine reduzierte Gesamtanlagen-Aufwandszahl.

10.1.3 Quasistationäre Näherungsverfahren

Obwohl der Verlauf des Außenklimas und das Nutzerverhalten in einem Gebäude im Tagesverlauf und über die Heizperiode hinweg alles andere als zeitlich konstant ist, lassen sich die Energie- und Wärmeflüsse im Gebäude mit Lösungen der Fourier-Gleichung für stationäre Temperaturfelder (s. Gl. (6.1)) beschreiben **(quasistationäre Näherung)**. Wird die instationäre Fouriersche Wärmetransportgleichung (s. Gl. (1.26)) in wärmequellenfreien Materialien (W = 0) über einen Zeitraum $\tau = t_1 - t_0$ (z.B. eine Heizperiode) integriert, folgt:

$$\frac{\theta(t_1) - \theta(t_0)}{\tau} = \frac{\lambda}{c \cdot \rho} \left(\frac{\partial^2 \theta}{\partial x^2} + \frac{\partial^2 \theta}{\partial y^2} + \frac{\partial^2 \theta}{\partial z^2} \right) \xrightarrow{\theta(t_1) \approx \theta(t_0)} 0$$

Für über ausreichend lange Zeiträume τ gemittelte Temperaturfelder θ (x, y, z) und Transmissions-Wärmeströme q_T (x, y, z) lassen sich instationäre Wärmetransportprozesse durch die Gleichungen der stationären Fourier Wärmeleitungsgleichung beschreiben. Auch unter quasistationären Verhältnissen wie im Fall der langen Heizperiode und ähnlichen Außentemperaturen zu Beginn und am Ende der Heizperiode bestimmt der Wärmedurchgangskoeffizient U den **mittleren Transmissions-Wärmeverlust Q_T**:

$$Q_T = \overline{q}_T \cdot A \cdot \tau = U \cdot A \cdot (\overline{\theta}_i - \overline{\theta}_e) \cdot \tau \tag{10.9}$$

Die Bedingung einer ausreichend langen Integrationszeit wird auch bereits bei einer Bilanzierung in Monats-Zeitintervallen, dem **Monatsbilanz-Verfahren** zur Bestimmung des Heizwärmebedarfs, mit ausreichender Genauigkeit erfüllt; zeitverzögernde Wärmespeichereffekte und instationäre Innen- und Außentemperaturschwankungen mitteln sich aus. Im Monatsbilanzverfahren lassen sich die Heizmonate feststellen; übersteigen in einem Monat die Wärmeverluste die nutzbaren Wärmegewinne, so entsteht ein positiver Heizwärmebedarf $Q_h > 0$ und dieser Monat ist Heizmonat.

Alternativ kann ein Heizmonat auch dadurch bestimmt werden, indem die Außenlufttemperatur $\theta_{e,M}$ des Monats M mit der **Heizgrenztemperatur** θ_{ed} verglichen wird. Beginnen bei einer bestimmten Außenlufttemperatur die nutzbaren solaren und internen Wärmegewinne die Transmissions- und Lüftungswärmeverluste zu übersteigen, dann wird keine Heizwärme mehr benötigt; diese so spezifizierte Außenlufttemperatur ist die Heizgrenztemperatur. Ist also die Heizgrenztemperatur höher als die Außentemperatur, dann zählen die zugehörigen Tage zur Heizzeit. Die Bestimmung der zusätzlichen Heiztage in den Übergangsmonaten im Herbst und im Frühjahr geschieht durch lineare Interpolation zwischen den Monaten mit einer monatlichen Außenlufttemperatur über bzw. unter der Heizgrenztemperatur. Nach DIN V 4108-6 Gl. (27) wird die Heizgrenztemperatur wie folgt bestimmt:

$$\theta_{ed} = \theta_i - \eta_0 \cdot (\theta_i - \theta_e) \cdot \frac{Q_s + Q_i}{Q_T + Q_V} \tag{10.10}$$

η_0 ist dabei der Ausnutzungsgrad für den Fall, dass die Wärmegewinne gleich den Wärmeverlusten sind (s. Gl. 10.39).

Die **Heizzeit** t_H (Maßeinheit: d) ist die Summe aus den Tagen der Heizmonate und den Heiztagen aus den Interpolationen in den Übergangsmonaten. Die Heizzeit hängt wie die Heizgrenztemperatur von der Höhe des baulichen Wärmeschutzes und den solaren Wärmegewinnen eines Gebäudes ab. Beide Werte sind demnach gebäudespezifisch.

Wird dieser Zusammenhang ignoriert und eine gebäudeunabhängige einheitliche Heizzeit festgelegt, so kann der Außentemperatureinfluss auf den Transmissions- und Lüftungs-Wärmeverlust während dieser festgelegten Heizzeit durch eine **Gradtagzahl** F_{Gt} (Maßeinheit: K · d = 0,024 kKh) beschrieben werden:

$$F_{Gt} = \sum_{j=1}^{tH} \{\theta_i(t_j) - \theta_e(t_j) \cdot \Delta t\} \tag{10.11}$$

Üblicherweise wird als Zeitschritt $\Delta t = 1$ d gewählt; die Innen- und Außentemperaturen sind dann die Tagesmittelwerte des j-ten Tages.

Eine gebäudeunabhängige Gradtagzahl für eine festgelegte Heizdauer sind der Kern der **Jahresbilanzverfahren** zur Bestimmung des Heizwärmebedarfs. Die Bilanzierung reduziert sich dabei auf eine Gleichung, die Prüfung über die Heizgrenztemperatur entfällt. Das **vereinfachte Nachweisverfahren der EnEV 2007** für Wohngebäude basiert auf einem solchen Jahresbilanzverfahren.

10.1.4 Dynamische Simulationsrechnung

Quasistationäre Berechnungsverfahren sind nicht geeignet, den Tagesgang von Wärmetransportvorgängen zu simulieren. Die Wärmespeicherungsvorgänge mitteln sich nicht heraus. Auch lässt sich der Tagesgang der solaren Einstrahlung und ein eventuell vorhandener Tagesgang des Lüftungsverhaltens nicht mehr durch Mittelwerte kennzeichnen. In diesen Fällen muss die instationäre Fouriersche Wärmeleitungsgleichung (s. Gl. (1.26)) numerisch in Zeitschritten gelöst werden. Die Außentemperaturweite und die solare Einstrahlung müssen dazu in mindestens stündlicher Auflösung vorliegen; Testreferenzjahre für verschiedene Klimaregionen sind als Datensätze bei Wetterämtern erhältlich bzw. sind in kommerziellen Software-Programmen zur dynamischen Simulation der Energieflüsse in Gebäuden integriert.

Durch dynamische Simulationsprogramme für den Wärmebedarf lassen sich nicht nur die Heizlasten von Wintertagen berechnen; sie eignen sich auch für Kühllastrechnungen im Sommer. Zur Beurteilung der sommerlichen Überhitzung von Räumen sind quasistationäre Abschätzungen ungeeignet, der Tagesgang der solaren Last und die dynamische Wärmespeicherung in oberflächennahen Bauteilschichten dominieren. Die Analyse sommerlicher Raumklimazustände ist deshalb mit dynamischen Rechenverfahren und mindestens stündlichen Klimasätzen durchzuführen; Analysen nach dem Typtagverfahren der VDI-Kühllastregeln sind durch die quasistationäre Näherung der Vorgänge nur sehr grobe Abschätzungen.

10.2 Grundlagen Gebäude-Wärmebedarf

Die Grundlagen zur Berechnung des Heizwärmebedarfs von Gebäuden und des Wärmebedarfs für die Trinkwarmwasserbereitung sind in den Normen DIN V 4108-6:2004-03 [79], DIN V 18599-1: 2007-02 [96] und DIN EN 832:2003-60 [96] zusammengestellt.

10.2.1 Primärenergetische Bilanzierung

Nach Gl. 10.6 bestimmen zwei Faktoren den Primärenergiebedarf Q_P eines Gebäudes:

- die anlagentechnische Gesamtanlagen-Aufwandszahl e_P, welche entsprechend der Gl. 10.7 nach DIN V 4701-10 für heiz- und raumlufttechnische Anlagen zu ermitteln ist, und
- die Summe aus baulichem Heizwärmebedarf Q_h, Warmwasserbedarf Q_W und dem Wärmerückgewinn Q_{WR} einer Lüftungswärme-Rückgewinnungsanlage, deren Bestimmung in der DIN V 4108-6 geregelt ist.

Der Primärenergiebedarf, in den die ökologische Bewertung der Energieträger eingeht, ist das energetisches Merkmal eines Gebäudes; volumen- oder flächenbezogen charakterisiert der berechnete Primärenergiebedarf die Effizienz der Energienutzung und ist auch ein Maß für die Begrenzung der Kohlendioxid-CO_2-Emission des Gebäudes. Die Energieeinsparverordnung EnEV 2007 formuliert Anforderungen an den flächenbezogenen Primärenergiebedarf von Gebäuden.

10.2.2 Bestimmung der Transmissions- und Lüftungs-Wärmeverluste

In Bild 10.3 sind die Wärmeverluste zusammengestellt, für die DIN V 4108-6 Algorithmen zur Wärmeverlust-Berechnung bereitstellt. Die verschiedenen Arten des Transmissions-Wärmeverlusts unterscheiden sich im Temperaturgefälle; während bei Dächern oder Fenstern der Transmissions-Wärmestrom durch den Temperaturgradienten zwischen der Innentemperatur θ_i und der Außentemperatur θ_e bestimmt wird, hängt bei den Wärmeverlusten an einen unbeheizten Raum der Wärmeverlust vom dem, in der Regel im Vergleich zum Gradienten $(\theta_i - \theta_e)$ geringeren Temperaturunterschied $(\theta_i - \theta_u)$ zwischen der Innentemperatur und der Raumlufttemperatur θ_u des unbeheizten Raumes ab.

Durch den Bezug der Wärmeverluste auf die Temperaturdifferenz $(\theta_i - \theta_e)$ ist der **spezifische Wärmeverlust H** (Maßeinheit: W/K) definiert:

$$H = \frac{Q_T + Q_V}{(\theta_i - \theta_e) \cdot t_H} \tag{10.12}$$

H ist eine klimaunabhängige, baukonstruktive Größe und setzt sich aus dem spezifischen Transmissions-Wärmeverlust H_T und dem spezifischen Lüftungswärmeverlust H_V zusammen:

$$H = H_T + H_V \tag{10.13}$$

10.2.2.1 Transmissions- Wärmeverlust

Der **Transmissions-Wärmeverlust Q_T** (Maßeinheit: kWh) hängt von den Temperaturwerten im Gebäudeinneren θ_i, der Außentemperatur θ_e und dem Verlustzeitraum Δt ab:

$$Q_T = H_T \cdot (\theta_i - \theta_e) \cdot \Delta t \tag{10.14}$$

Der spezifische Transmissions-Wärmeverlust H_T charakterisiert die Wärmedämmung des Gebäudes und setzt sich aus den spezifischen Wärmeverlusten der in Bild 10.3 aufgeführten Teilwärmeströmen zusammen:

$$H_T = H_{T,A} + H_{WB} + L_s + \Delta H_{T,FH} \tag{10.15}$$

Wärmestrom durch Bauteilflächen an die Außenluft oder in unbeheizte Räume

Der Wärmschutz scheibenförmiger Außenbauteilflächen A_i an die Außenluft oder zu unbeheizten Räumen, welche die Hüllfläche um das beheizte Gebäudevolumen bilden, wird durch die Wärmedurchgangskoeffizienten U_i charakterisiert. Der spezifische **Transmissions-Wärmeverlust durch Bauteilflächen $H_{T,A}$** (Maßeinheit: W/K) berechnet sich wie folgt:

$$H_{T,A} = \sum_i (F_{xi} \cdot U_i \cdot A_i) \tag{10.16}$$

Durch **Temperatur-Reduktionsfaktoren F_x** lassen sich die spezifischen Transmissions-Wärmeverluste H_T an der Systemgrenze eines Gebäudes trotz unterschiedlicher Temperaturgefälle addieren:

$$F_x = \frac{\theta_i - \theta_u}{\theta_i - \theta_e} \tag{10.17}$$

Die Tafel 10.2 zeigt die in DIN V 4108-6 aufgelisteten Temperatur-Korrekturfaktoren F_x.

Wärmeverlust über Wärmebrücken

Der Wärmeverlust von Außenbauteilen mit punktförmigen Wärmebrücken wie Ankern oder mit Randverbünden wird bei der Festlegung des Wärmedurchgangskoeffizienten des betreffenden Bauteils berücksichtigt. **Die spezifischen Wärmebrückenverluste H_{WB} linienförmiger Wärmebrücken** der Kantenlänge L betragen:

$$H_{WB} = \sum_j F_{xj} \cdot (\psi_j \cdot L_j) \tag{10.18}$$

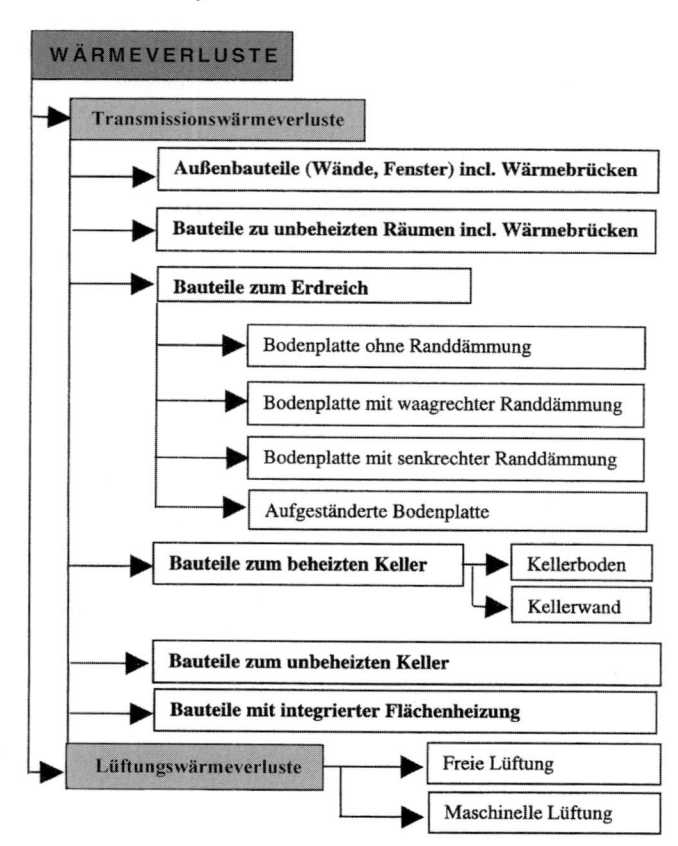

Bild 10.3
Wärmeverluste des beheizten Gebäudevolumens nach DIN V 4108-6

Tafel 10.2 Temperatur-Korrekturfaktoren F_x zu unbeheizten Räumen

Wärmestrom nach außen über:		Temperatur-Korrekturfaktor	
		Faktor	Wert
Außenwand		F_{AW}	1,0
Dach als Systemgrenze		F_D	1,0
Dachgeschossdecke unter nicht ausgebautem Dachraum		F_D	0,8
Abseitenwand, Drempel		F_u	0,8
Wände und Decken zu unbeheizten Räumen		F_u	0,5
Wände und Fenster zu unbeheiztem Glasvorbau bei einer Verglasung des Glasvorbaus mit:	Einfachverglasung	F_u	0,8
	Zweischeibenverglasung	F_u	0,7
	Wärmeschutzverglasung	F_u	0,5
Abschluss des beheizten Gebäudes nach unten mit Pauschalwert:	Kellerdecke, Kellerwand eines unbeheizten Kellers	F_G	0,6
	Fußboden auf Erdreich	F_G	0,6
	Flächen des beheizten Kellers gegen Erdreich	F_G	0,6

Der Temperatur-Korrekturfaktor F_x (Werte s. Tafel 10.2) berücksichtigt wieder, ob die linienförmige Wärmebrücke an Außenluft grenzt oder in einen unbeheizten Raum führt. Wärmebrücken zu niedrig beheizter Nebenräume mit Innentemperaturen zwischen 12 °C und 16 °C haben vernachlässigbare Wärmeverluste.

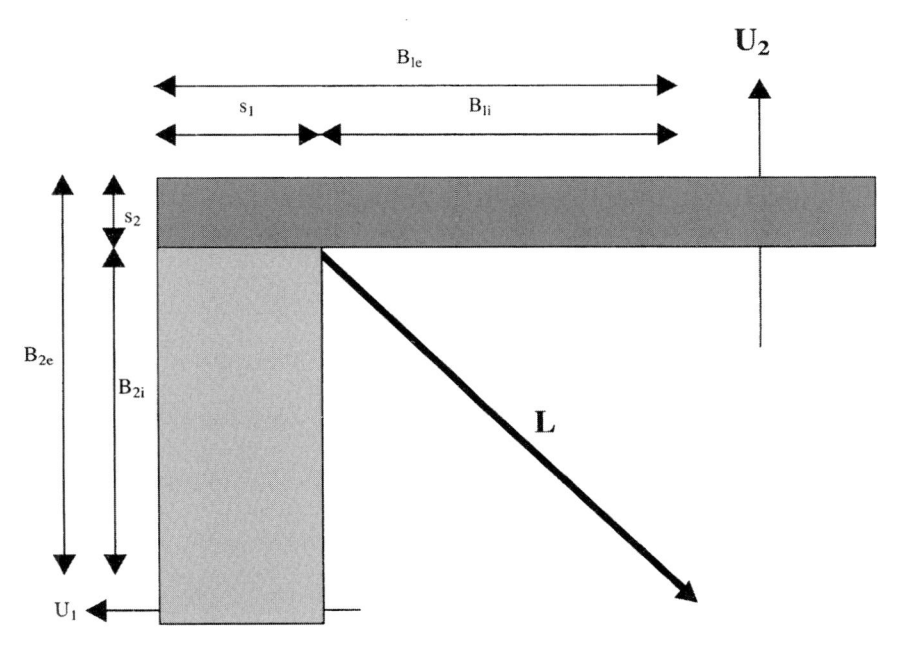

Bild 10.4 Umrechnung von innen- auf außenmaßbezogene Wärmebrückenverlustwerte ψ bei einer linienförmigen Wärmebrücke der Kantenlänge L im Innenmaß:
Innenmaßbezogen:
$B_{2i} L \cdot U_1 + B_{li} L \cdot U_2 + \psi_i \cdot L =$

Außenmaßbezogen:
$B_{2e} \cdot L \cdot U_1 + B_{le} \cdot L \cdot U_2 + \psi_e \cdot L = (B_{2i} + s_2) \cdot L \cdot U_1 + (B_{li} + s_1) \cdot L \cdot U_2 + \psi_e \cdot L$

Weil die Systemgrenze um das beheizte Volumen außenseitig liegt und deshalb die wärmeübertragenden Flächen im Außenmaß eingesetzt werden, müssen die zweidimensionalen längenbezogenen Wärmeverlustwerte ψ außenmaßbezogen eingesetzt werden. Auf eine gesonderte Berechnung des Wärmeverlustes von dreidimensionalen Außenecken kann verzichtet werden, da deren Beitrag zum Transmissions-Wärmeverlust Q_T in aller Regel vernachlässigbar ist; es ist ausreichend, wenn dieser zusätzliche Wärmeverlust über Außenecken durch die Verwendung von Außenmaßen für die angrenzenden linienförmigen Wärmebrücken pauschal berücksichtigt werden.

Nach DIN EN ISO 10211-2 berechnete ψ-Werte werden in Wärmebrückenkatalogen und Wärmebrückenprogrammen häufig nur als innenmaßbezogene ψ_i-Werte angegeben. Diese müssen auf außenmaßbezogene ψ_e-Werte umgerechnet werden. Im Fall einer Bauteilkante, wie in Bild 10.4 dargestellt, beträgt der **außenmaßbezogene Wärmebrückenverlustwert ψ_e** (Maßeinheit: W/(m · K):

$$\psi_e = \psi_i - (s_1 \cdot U_2 + s_2 \cdot U_1) \tag{10.19}$$

Die außenmaßbezogenen ψ_i-Werte können auch negativ werden; dann ist der geometrische Wärmebrückenverlust durch die Außenmaß-Näherung der Bauteilflächen überkompensiert, das heißt zu hoch abgeschätzt.

Näherungsweise kann der spezifische Wärmebrückenverlust H_{WB} zur Hüllfläche A des beheizten Volumens V_e in Bezug gebracht und die Wärmedämmung der Wärmebrücken des Gebäudes durch einen pauschalen Wärmebrücken-Durchgangskoeffizienten ΔU_{WB} (Maßeinheit: W/(m · K) abgeschätzt werden:

$$H_{WB} = \Delta U_{WB} \cdot (A - A_{cw}) \tag{10.20}$$

Bei Vorhangfassaden (curtain walls) in Pfosten-Riegel-Konstruktion dürfen die verglasten Fassadenflächen A_{cw} abgezogen werden. Normale Fensterflächen A_w sind dagegen Teil der Hüllfläche A.

Wärmestrom durch die Bodengrundfläche zum Keller und Erdreich

Die Transmissionswärmeströme über unbeheizte Kellerräume oder durch erdberührte Bauteile mit der Bauteilfläche A_i im Außenmaß und dem Wärmedurchgangskoeffizienten U_i führen geometrisch kompliziert durch unterschiedlich dicke Erdschichten entweder ins Freie oder zum Grundwasser. Die Algorithmen zur Beschreibung des spezifischen Wärmeverlust L_s über Kellerdecken oder erdberührte Bauteile sind komplex, wie Tafel 10.3 zeigt. In Anlehnung an die Methode der Temperatur-Korrekturfaktoren werden **Grundflächen-Korrekturfaktoren F_G** für die wärmeübertragenden Bauteile in diesem Bereich (Fläche A_B, Wärmedurchgangskoeffizient U_B) definiert. Damit gilt für den thermischen Leitwert des Erdreich-Wärmeverlust L_s (Maßeinheit: W/K):

$$L_s = \sum_j (F_G \cdot U_{Bj} \cdot A_{Bj}) \tag{10.21}$$

Der Transmissions-Wärmeverlust über das Erdreich hängt stark ab von der Größe A_G der Bodengrundfläche und der zugehörigen Grundflächengeometrie, charakterisiert durch den Umfang P (Perimeter) von A_G. Die geometrischen Verhältnisse werden durch die Grundflächen-Geometriegröße B′ (Maßeinheit: m) charakterisiert:

$$B' = \frac{A_G}{0{,}5 \cdot P} \tag{10.22}$$

In Tafel 10.3 sind für Abschätzungen und zur Vereinfachung von Nachweisen nach der Energieeinsparverordnung EnEV 2007 Zahlenwerte für den Grundflächen-Korrekturfaktor F_G zusammengestellt, geordnet nach der Grundflächen-Korrekturgröße B'. Bei Bauteilen, welche an das Erdreich grenzen, sollten jedoch im Fall einer monatsbezogenen Bilanzierung des Heizwärmebedarfs die pauschalen Erdreich-Korrekturfaktoren der Tafel 10.4 wegen der großen Trägheit des Erdreiches nicht verwendet werden.

Tafel 10.3 Grundflächen-Korrekturfaktoren F_G für die Außenbauteile beheizter Kellerräume, die Kellerdecken unbeheizter Keller und für Fußböden auf Erdreich nach DIN V 4108-6

Wärmeübertragende Flächen		F_G	Parameter B' in m nach Gl. (10.16)					
			$B' < 5$		$5 \leq B' \leq 10$		$B' > 10$	
			$R_W \leq 1$	$R_W > 1$	$R_W \leq 1$	$R_W > 1$	$R_W \leq 1$	$R_W > 1$
Wand des beheizten Kellers		$F_G = F_{bw}$	0,40	0,60	0,40	0,60	0,40	0,60
			$R_f \leq 1$	$R_f > 1$	$R_f \leq 1$	$R_f > 1$	$R_f \leq 1$	$R_f > 1$
Fußboden des beheizten Kellers		$F_G = F_{bf}$	0,30	0,45	0,25	0,40	0,20	0,35
Fußboden[a] auf Erdreich ohne Randdämmung		$F_G = F_{bw}$	0,45	0,60	0,40	0,50	0,25	0,35
Fußboden[b] auf Erdreich mit Randdämmung	2 m breit, waagrecht	$F_G = F_{bw}$	0,30		0,25		0,20	
	2 m breit, senkrecht	$F_G = F_{bw}$	0,25		0,20		0,15	
Kellerdecke zum unbeheizten Keller	mit Perimeterdämmung	F_G	0,55		0,50		0,45	
	ohne Perimeterdämmung	F_G	0,70		0,65		0,55	
Aufgeständerter Fußboden über Erdreich		F_G	0,90					
Bodenplatte niedrig beheizter Räume[c]		F_G	0,20	0,55	0,15	0,50	0,10	0,35

[a] Bei fließendem Grundwasser erhöhen sich die Temperatur-Korrekturfaktoren um 15 %.
[b] Bei einem Wärmedurchlasswiderstand der Randdämmung > 2 m² K/W; Bodenplatte ungedämmt.
[c] Bei einer Kellerdecke (KD) mit Trittschalldämmung: $R_{KD} < 0{,}5$ m² K/W; Kellerfußboden ungedämmt; Räume mit Innentemperaturen zwischen 12° C und 19° C.

R_f: Wärmedurchlasswiderstand der Bodenplatte; R_W: Wärmedurchlasswiderstand der Kellerwand.

Wärmeverluste von Bauteilen mit integrierten Flächenheizungen

Die **spezifischen Transmissions-Wärmeverluste von Flächenheizungen** $\Delta H_{T,FH}$, die in Fußböden, Decken und Wänden integriert sind und die an die Außenluft, an unbeheizte Räume oder an das Erdreich grenzen, hängen zum einen vom Verhältnis des Wärmedurchlasswiderstandes R_{Hi} der Bauteilschichten zwischen der Heizebene und der Innenluft zum Wärmedurchlasswiderstand R_{He} der Bauteilschichten zwischen der Heizebene und der Außenluft ab, zum anderen vom spezifischen Wärmeverlust $H_{0R} = H_{T0R} + H_{V0R}$ des mit der Flächenheizung beheizten Raumes. Der spezifische Transmissions-Wärmeverlust des Raumes H_{T0R} wird für die Außenbauteile des Raumes nach Gl. (10.14) ermittelt ohne Berücksichtigung des Heizelements im Außenbauteil, des spezifischen Lüftungs-Wärmeverlusts H_{V0R} nach Gl. (10.22) auf der Basis des Raumvolumens. Nach DIN 4108-6 gilt die Näherungsgleichung:

$$\Delta H_{t,FH} = H_{0R} \cdot \frac{R_{Hi}}{R_{He}} = H_{0R} \cdot \frac{R_{Hi}}{U_0^{-1} - R_{Hi}} \qquad (10.23)$$

Für Bauteile mit Flächenheizungen, die an die Außenluft oder an unbeheizte Räume grenzen, ist $U_0 = F_x \cdot (R_{Hi} + R_{He})^{-1}$; F_x ist Tafel 10.2 zu entnehmen. Für erdberührte Bauteile ist anstatt U_0 der Faktor (L_s/A_H) einzusetzen, wobei L_s der Transmissionswärme-Verlust nach Gl. (10.20) ist und A_H die Heizfläche im erdberührten Bauteil.

Tafel 10.4 Algorithmen zur Berechnung der Grundflächen-Korrekturfaktoren F_G nach DIN EN ISO 13370

Bodenplatte gegen Erdreich
Für $d_t < B'$: $U_0 = \dfrac{2\lambda}{\pi B' + d_t} \ln\left(\dfrac{\pi B'}{d_t} + 1\right)$ Für $d_t > B'$: $U_0 = \dfrac{\lambda}{0.457\, B' + d_t}$
mit $B' = A_G /(0.5\, P)$ und $d_t = w + \lambda(R_{si} + R_f + R_{se})$

ohne Randdämmung:
Grundflächen-Korrekturfaktor $F_{G,oR,M} = \dfrac{\phi_{G,oR,M}}{U_B \cdot A_B(\theta_i - \theta_{e,M})}$ mit $U_B = (R_{si} + R_B)^{-1}$ $A_B = A_G$
Beziehungen:
$\phi_{G,oR,M} = L_s^*(\overline{\theta}_i - \overline{\theta}_{e_r,M}) + L_{pe} \cdot \hat{\theta}_e \cdot \cos\left(2\pi\dfrac{m - \tau + 1}{12}\right)$ $L_s^* = A_G \cdot U_0$
$L_{pe} = 0.37\, P\lambda \cdot \ln\left(\dfrac{3.2}{d_t} + 1\right)$

waagrechte Randdämmung:
Grundflächen-Korrekturfaktor $F_{G,mR,M} = \dfrac{\phi_{G,oR,M}}{U_B \cdot A_B(\theta_i - \theta_{e,M})}$ mit $U_B = (R_{si} + R_B)^{-1}$ $A_B = A_G$
$\phi_{G,oR,M} = L_s^*(\overline{\theta}_i - \overline{\theta}_{e_r,M}) + L_{pe} \cdot \hat{\theta}_e \cdot \cos\left(2\pi\dfrac{m - \tau + 1}{12}\right)$ $L_s^* = A_G \cdot U_0 + P \cdot \Delta\psi$
$\Delta\psi = -\dfrac{\lambda}{\pi}\left[\ln\left(\dfrac{D}{d_t} + 1\right) - \ln\left(\dfrac{D}{d_t + d'} + 1\right)\right]$
$L_{pe} = 0.37\, P\lambda\left[(1 - e^{-D/\delta}) \cdot \ln\left(\dfrac{3.2}{d_t + d'} + 1\right) + e^{-D/\delta} \cdot \ln\left(\dfrac{3.2}{d_t} + 1\right)\right]$

Fortsetzung s. nächste Seite

10 Energiesparender Wärmeschutz

Tafel 10.4 Fortsetzung

---

senkrechte Randdämmung:

Grundflächen-Korrekturfaktor $F_{G,mR,M} = \dfrac{\phi_{G,mR,M}}{U_B \cdot A_B (\theta_i - \theta_{e,M})}$ mit $U_B = (R_{si} + R_B)^{-1}$

$A_B = A_G$

Beziehungen:

$$\phi_{G,mR,M} = L_s^* (\overline{\theta}_i - \overline{\theta}_{e,M}) + L_{pe} \cdot \hat{\theta}_e \cdot \cos\left(2\pi \dfrac{m - \tau + 2}{12}\right) \quad \text{mit} \quad L_s^* = A_G \cdot U_0 + P \cdot \Delta\psi$$

$$\Delta\psi = -\dfrac{\lambda}{\pi} \left[\ln\left(\dfrac{2D}{d_t} + 1\right) - \ln\left(\dfrac{2D}{d_t + d'} + 1\right) \right]$$

$$L_{pe} = 0.37\, P\lambda \left[(1 - e^{-2D/\delta}) \cdot \ln\left(\dfrac{3.2}{d_t + d'} + 1\right) + e^{-2D/\delta} \cdot \ln\left(\dfrac{3.2}{d_t} + 1\right) \right]$$

Kellerfußboden gegen Erdreich im beheizten Keller

für $(d_t + 0.5z) < B'$: $U_{bf} = \dfrac{2\lambda}{\pi B' + d_t + 0.5z} \ln\left(\dfrac{\pi B'}{d_t + 0.5z} + 1\right)$

für $(d_t + 0.5z) \geq B'$: $U_{bf} = \dfrac{\lambda}{0.457\, B' + d_t + 0.5z}$

$B' = A_G / (0.5\, P)$

$d_t = w + \lambda (R_{si} + R_f + R_{se})$

Grundflächen-Korrekturfaktor $F_{bf,M} = \dfrac{\phi_{bf,M}}{U_B \cdot A_B (\theta_i - \theta_{e,M})}$

Beziehungen:

$$\phi_{bf,M} = L_s^* (\overline{\theta}_i - \overline{\theta}_{e,M}) + L_{pe} \cdot \hat{\theta}_e \cdot \cos\left(2\pi \dfrac{m - \tau + \beta}{12}\right) \quad \text{mit} \quad L_{s,bf}^* = A_{bf} \cdot U_{bf}$$

$$L_{pe} = 0.37\, P\lambda \cdot e^{-z/\delta} \ln\left(\dfrac{3.2}{d_t} + 1\right)$$

Fortsetzung s. nächste Seite

Tafel 10.4 Fortsetzung

Kellerfußwand gegen Erdreich im beheizten Keller

für $\quad d_{bw} \geq d_t : U_{bw} = \dfrac{2\lambda}{\pi \cdot z}\left(1 + \dfrac{0.5\, d_t}{d_t + z}\right) \cdot \ln\left(\dfrac{z}{d_w} + 1\right)$

für $\quad d_{bw} < d_t : U_{bw} = \dfrac{2\lambda}{\pi \cdot z}\left(1 + \dfrac{0.5\, d_{bw}}{d_{bw} + z}\right) \cdot \ln\left(\dfrac{z}{d_{bw}} + 1\right)$

$d_{bw} = \lambda(R_{si} + R_{bw} + R_{se})$

$d_t = w + \lambda(R_{si} + R_f + R_{se})$

Grundflächen-Korrekturfaktor $F_{bw,M} = \dfrac{\phi_{bw,M}}{U_W \cdot A_W(\theta_i - \theta_{e,M})}$

Beziehungen:

$\phi_{bw,M} = L^*_{s,bw}(\overline{\theta}_i - \overline{\theta}_{e,M}) + L_{pe} \cdot \hat{\theta}_e \cdot \cos\left(2\pi\dfrac{m - \tau + 1}{12}\right)$ mit $L^*_{s,bw} = zPU_{bw} = A_{bw} \cdot U_{bw}$

$L_{pe} = 0.37\, P\lambda 2 \cdot (1 - e^{-z/\delta})\ln\left(\dfrac{\delta}{d_{bw}} + 1\right)$

Bauteile gegen unbeheizten Keller:

$\dfrac{1}{U} = \dfrac{1}{U_F} + \dfrac{A_G}{A_G U_{bf} + zPU_{bw} + +hPU_{kw} + 0.33\, nV}$

Grundflächen – Korrekturfaktor $F_{uK,M} = \dfrac{\phi_{uK,M}}{U_B \cdot A_B(\theta_i - \theta_{e,M})}$

Beziehungen:

$\phi_{uK,M} = L^*_{s,uK}(\overline{\theta}_i - \overline{\theta}_{e,M}) + L_{pe} \cdot \hat{\theta}_e \cdot \cos\left(2\pi\dfrac{m - \tau + 1}{12}\right)$ mit $L^*_{s,uK} = U \cdot A_G$

$L_{pe} = A_G U_F \dfrac{0.37\, P\lambda \cdot (2 - e^{z/\delta}) \cdot \ln\left(\dfrac{\delta}{d_t}\right) + hPU_{KW} + 0.33\, nV}{(A_G + zP)\lambda/\delta + hPU_{KW} + 0.33\, nV + A_G U_F}$

Fortsetzung s. nächste Seite

Tafel 10.4 Algorithmen zur Berechnung der Grundflächen-Korrekturfaktoren F_G nach DIN EN ISO 13370 (Legende)

Zeichen	Bezeichnung:	Einheit:
A	Bodenplattenfläche	[m²]
B'	charakteristisches Bodenplattenmaß	[m]
D	Breite oder Höhe der Randdämmung	[m]
L_s	stationärer thermischer Leitwert	[W/K]
L_{pe}	äußerer harmonischer Leitwert	[W/K]
p	Umfang der Bodenplatte (Perimeter)	[m² · K/W]
R_f	Wärmedurchlasswiderstand der Bodenplattenkonstruktion	[m² · K/W]
R_{si}	innerer Wärmeübergangswiderstand	[m² · K/W]
R_{se}	äußerer Wärmeübergangswiderstand	[m² · K/W]
U	Wärmedurchgangskoeffizient zwischen äußerer und innerer Umgebung	[W/m² · K]
U_o	Grundwert des Wärmedurchgangskoeffizienten von Bodenplatte und äußerer Umgebung	[W/m² · K]
U_{bf}	Wärmedurchgangskoeffizient der Kellerbodenplatte	[W/m² · K]
U_B	Wärmedurchgangskoeffizient des erdberührten Bauteils (R_{se} = 0.0)	[W/m² · K]
u_{bw}	Wärmedurchgangskoeffizient der Kellerwände	[W/m² · K]
U'	wirksamer Wärmedurchgangskoeffizient des gesamten Kellergeschosses	[W/m² · K]
d_t	wirksame Gesamtdicke der Bodenplatte	[m]
d_w	wirksame Gesamtdicke der Kellerwand	[m]
c	spezifische Wärmekapazität des Erdreichs	[J/kgK]
d'	zusätzliche wirksame Dicke infolge der Randdämmung	[m]
h	Höhe der Bodenplattenoberfläche oberhalb der Erdreichoberkante	[m]
w	Dicke der Außenwände	[m]
z	Tiefe der Bodenplatte-Unterkante unter Erdreichoberfläche	[m]
δ	periodische Eindringtiefe	[m]
λ	Wärmeleitfähigkeit des Erdreichs	[W/mK]
$λ_n$	Wärmeleitfähigkeit der Wärmedämmung	[W/mK]
ρ	Dichte des Erdreichs	[kg/m³]
Φ	Wärmestrom	[W]
Δψ	Korrekturwert zum Wärmedurchgangskoeffizienten bei Randdämmung der Bodenplatte	[W/mK]

10.2.2.2 Lüftungs-Wärmeverlust

Der **Lüftungs-Wärmeverlust** Q_V (Maßeinheit: kWh) hängt ebenfalls von den Temperatur-Randbedingungen im Inneren und im Freien sowie vom Verlustzeitraum Δt ab:

$$Q_V = H_V \cdot (θ_i - θ_e) \cdot Δt \tag{10.24}$$

Der **spezifische Lüftungs-Wärmeverlust** H_V wird bestimmt durch den **Luftwechsel n** (Maßeinheit: h⁻¹), der in einem Gebäude mit dem **beheizten Luftvolumen** V durch freie oder maschinelle Lüftung und durch den **Infiltrations-Luftwechsel** n_x durch Gebäudeundichtigkeiten im Mittel zum Schutz der menschlichen Gesundheit und zur Vermeidung von Tauwasserschäden vorhanden sein muss:

$$H_V = n \cdot V \cdot \rho_L \cdot c_{pL} \tag{10.25}$$

Es gilt: $\rho_L \cdot c_{pL} = 0{,}34$ Wh/(m³ · K) für die Dichte und die spezifische Wärmekapazität von Luft. Der **Volumenfaktor F_V** verknüpft das beheizte Luftvolumen V mit dem Gebäudevolumen V_e: (Wohngebäude bis zu 3 Vollgeschossen: $F_V = 0{,}76$; sonst: $F_V = 0{,}80$):

$$V = F_V \cdot V_e \tag{10.26}$$

Der **Luftwechsel n_A einer maschinellen Lüftung** wird durch den **Volumenstrom $\dot{V}$ der Lüftungsanlage** bestimmt:

$$n_A = \frac{\dot{V}}{V} \tag{10.27}$$

Wird mit dem **Wärmerückgewinnungsgrad** η_V der Abluft der maschinellen Lüftung Wärme entzogen und der Zuluft zugeführt, dann vermindert sich bei einem gegebenen Infiltrations-Luftwechsel n_x der energetisch wirksame Luftwechsel auf:

$$n = n_A \cdot (1 - \eta_V) + n_x \tag{10.28}$$

Der **Wärmerückgewinn Q_{WR}** (Maßeinheit: kWh) in der Zeitspanne Δt und damit die Verminderung des Lüftungswärmeverlusts beträgt dabei:

$$Q_{WR} = n_A \cdot \eta_V \cdot \rho_L \cdot c_{pL} \cdot F_v \cdot V_e \cdot (\theta_i - \theta_e) \cdot \Delta t \tag{10.29}$$

10.2.3 Bestimmung der solaren und internen Wärmegewinne

Es werden nur die für die Reduzierung des Heizwärmebedarfs Q_h nutzbaren, dem Raumvolumen direkt zugeführten Wärmegewinne bilanziert; in Bild 10.5 sind diese dargestellt. Anlagentechnische solare Wärmegewinne beispielsweise über Solarkollektoren werden als regenerative Wärmegewinne Q_r verbucht.

10.2.3.1 Interne Wärmegewinne

Die Wärmegewinne durch Wärmequellen in den Räumen des beheizten Gebäudevolumens hängen von der Nutzung als Wohn- oder Bürogebäude sowie von der Personenbelegung, der jeweiligen technischen Ausstattung und vom Betrieb vorhandener Anlagen ab. In Tafel 10.4 sind Mittelwerte für die interne Wärmeleistung bei wohnähnlicher Nutzung sowie Pauschalwerte für flächenbezogene interne Wärmegewinne von Wohn-, Büro- und Verwaltungsgebäuden zusammengestellt.

Der interne **Wärmegewinn Q_i** (Maßeinheit: kWh) in der Zeitspanne Δt berechnet sich zu:

$$Q_i = q_{i,m} \cdot A_B \cdot \Delta t \tag{10.30}$$

A_B ist die Bezugsfläche, auf die die flächenbebezogene mittlere Wärmeleistung $q_{i,m}$, der inneren Wärmequellen bezogen ist. Für den Energiebedarfsnachweis nach EnEV 2007 gilt $A_B = A_N = 0{,}32 \cdot V_e$; auf A_N bezogen wird: für wohnähnliche Nutzungen der Wert $q_{i,m} = 5$ W/m² angegeben.

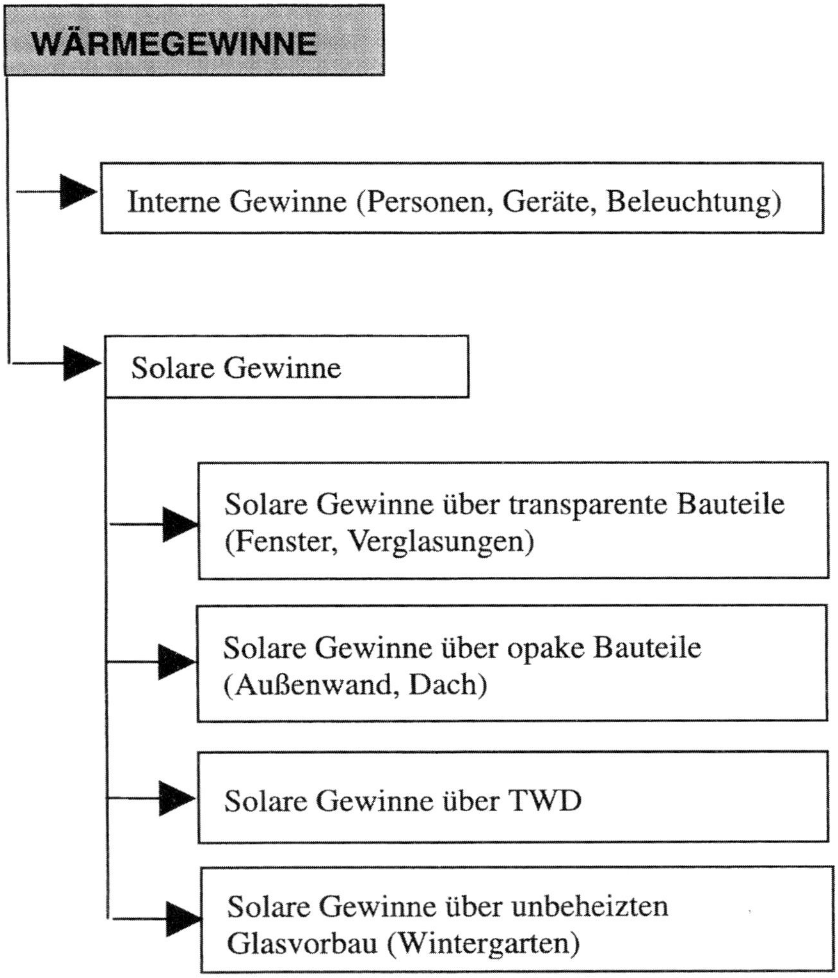

10 Energiesparender Wärmeschutz

WÄRMEGEWINNE

→ Interne Gewinne (Personen, Geräte, Beleuchtung)

→ Solare Gewinne

　→ Solare Gewinne über transparente Bauteile (Fenster, Verglasungen)

　→ Solare Gewinne über opake Bauteile (Außenwand, Dach)

　→ Solare Gewinne über TWD

　→ Solare Gewinne über unbeheizten Glasvorbau (Wintergarten)

Bild 10.5 Nutzbare Wärmegewinne

10.2.3.2 Solare Wärmegewinne

Der **solare Wärmegewinn Q_S** (Maßeinheit: kWh) der beheizten Zone eines Gebäudes setzt sich zusammen aus dem solaren Wärmegewinn durch transparente Bauteile Q_{St}, solaren Wärmegewinnen Q_{Ss} über unbeheizte Glasvorbauten, den solaren Wärmegewinnen Q_{Sop} opaker Bauteile und den solaren Wärmegewinnen Q_{STWD} opaker Bauteile mit transparenter Wärmedämmung.

$$Q_S = S_{St} + Q_{Ss} + Q_{Sop} + Q_{STWD} \tag{10.31}$$

Tafel 10.5 Richtwerte der Wärmeleistung internen Wärmequellen und Pauschalwerte flächenbezogener interner Wärmegewinne nach DIN V 4108-6

Wärmequelle		Mittlere interne Wärmeleistung $\Phi_{i,m}$ in W
Personen (Anzahl NP)		65 N_P
Warmwasser		25 + 15 N_P
Kochen		110
Technische Geräte:	Fernsehapparat	35
	Kühlschrank	40
	Wasserkocher	20
	Gefriertruhe	90
	Waschmaschine	10
	Geschirrspüler	20
	Wäschetrockner	20
Beleuchtung bei Wohneinheiten	von 50 m² bis 100 m²	30
	über 100 m²	45
Nutzungsart der Gebäude		Pauschale Richtwerte für flächenbezogene interne Wäremgewinne q_i in W/m²
1 Wohngebäude (24 h/Tag)		5
Büro- und Verwaltungsgebäude	Allgemein	6
	In den Bürozeiten (t_A)	15
	In den Nicht-Bürozeiten (24 H – t_A)	2

Der Großteil der solaren Gewinne eines Gebäudes rührt von der Sonneneinstrahlung durch transparente Bauteile her. Nach Gl. (5.4) bestimmt der **solare Wärmestrom** Φ_S (Maßeinheit: W), der bei der mittleren Strahlungsintensität $I_{s,j}$ aus der Himmelsrichtung j durch transparente Bauteile wie Fenster und Verglasungen im Zeitintervall Δt (z.B. ein Monat) in die beheizte Zone gelangt, den **Wärmegewinn Q_{St} transparenter Bauteile:**

$$Q_{St} = \Phi_{St} \cdot \Delta t = \left\{ \sum_j I_{Sj} \cdot \sum_i A_{S,ji} \right\} \cdot \Delta t \qquad (10.32)$$

Die **effektive Kollektorfläche** $A_{s,ii}$ (Maßeinheit: m²) des transparenten Bauteils i steht mit der Bruttofläche A der strahlungsaufnehmenden Oberfläche, also z.B. der Fensterfläche einschließlich Rahmen im lichten Rohbaumaß, in folgender Beziehung:

$$A_s = A \cdot F_s \cdot F_c \cdot F_F \cdot F_W \cdot g_\perp \qquad (10.33)$$

Der **Abminderungsfaktor F_s** (shading) für die Verschattung durch Verbauungen, horizontale Überhänge und seitliche Abschattungsflächen, der **Abminderungsfaktor F_c** (curtain) für permante Sonnenschutzeinrichtungen wie Jalousien, der **Abminderungsfaktor F_F** (frame) für den Rahmenanteil sowie der Abminderungsfaktor F_W (window) infolge des im Mittel nicht senkrechten Solarstrahlungseinfalls auf ein reales Fenster beschreiben die Verminderung des im Labor bei senkrechtem Strahlungseinfall gemessenen **Gesamtenergiedurchlassgrad $g_\perp$**.

Die Algorithmen für die Berechnung der solaren Wärmegewinne Q_{Ss} durch transparente Bauteile zu unbeheizten Glasvorbauten wie Wintergärten sowie der solaren Wärmegewinne Q_{STWD} durch transparente Wärmedämmungen sind komplex; sie sind in DIN V 4108-6 angegeben.

Mit der Absorption von Sonnenstrahlung durch opake Bauteile am Tage muss, wie in DIN V 4108-6 gezeigt wird, die nächtliche Infrarotabstrahlung der opaken Flächen an den Himmel gegenbilanziert werden. In den kalten Wintermonaten mit kurzen Tageslängen überwiegt die nächtliche Abstrahlung und es ergibt sich im Monatsmittel ein Wärmeverlust durch diese Strahlungsvorgänge; solare Wärmegewinne treten bei dunklen Bauteiloberflächen in den Übergangsmonaten der Heizperiode ein. Bilanziert über eine Heizperiode sind in aller Regel die solaren Wärmegewinne opaker Bauteile ohne transparente Wärmedämmung vernachlässigbar.

10.2.3.3 Nutzungsgrad der Wärmegewinne

Übersteigen die Wärmegewinne die Wärmeverluste, dann lassen sich die Wärmegewinne nicht mehr vollständig nutzen. **Der Ausnutzungsgrad** η hängt vom **Verhältnis** γ des Wärmegewinns zum Wärmeverlust ab:

$$\gamma = \frac{Q_i + Q_s}{Q_T + Q_V} \tag{10.34}$$

Einen starken Einfluss auf den Ausnutzungsgrad hat die raumklimatisch wirksame **Wärmespeicherfähigkeit C_{wirk}** (Maßeinheit: Wh/K) der Innen- und Außenbauteile, wobei in der Regel die Wärmespeicherfähigkeit der Innenbauteile wegen des größeren Flächenanteils entscheidend ist.

$$C_{wirk} = \sum_j (c_j \cdot \rho_j \cdot d_j \cdot A_j) \tag{10.35}$$

Dabei kann die Schichtdicke d_j einer raumseitigen Wärmespeicherschicht j nur bis zu einer Wärmedämmschicht oder bis maximal 10 cm berücksichtigt werden, da die dahinter liegenden Bauteilschichten in der Zeitspanne der Wärmeein- und -ausspeicherung von der Wärmewelle nicht erreicht werden.

Die Berechnung der wirksamen Wärmespeicherfähigkeit über die Summation der Wärmespeicherfähigkeiten aller zur Wärmespeicheung geeigneten Oberflächenschichten der beheizten Zone mit der Speicherschichtdicke d, der spezifischen Wärmekapazität c, der Dichte ρ und der Fläche A ist sehr aufwendig; deshalb wird in der Nachweispraxis mit einem Schätzwert gearbeitet:

$$C_{wirk} = C'_{wirk} \cdot V_e \tag{10.36}$$

Gebäude in Holztafelbauart ohne massive Innenbauteile, Gebäude mit abgehängten Decken und überwiegend leichten Trennwänden und Gebäude mit hohen Räumen werden nach DIN V 4108-6 als leichte, gering wärmespeichernde Gebäude eingestuft und mit $C'_{wirk} = 15$ Wh/(m³ · K) abgeschätzt. Gebäude mit massiven Innen- und Außenwänden ohne untergehängte Decken werden dagegen als schwere, hoch wärmespeicherfähige Bauweise durch einen Wert $C'_{wirk} = 50$ Wh/(m³ · K) gekennzeichnet.

Die **Gebäude-Zeitkonstante** τ (Maßeinheit: h) beschreibt den Zeitverlauf, mit dem ein Gebäude auskühlt oder sich aufheizen lässt. τ hängt zum einen von der Höhe der Wärmespeicherfähigkeit der beheizten Zone ab, zum anderen bestimmen die spezifischen Transmissions- und Lüftungswärmeverluste das Zeitverhalten; Zonen mit großer Zeitkonstante haben eine hohe

Wärmespeicherfähigkeit und vergleichsweise geringe Wärmeverluste. Die Gebäude-Zeitkonstante T ist definiert:

$$\tau = \frac{C_{wirk}}{H_T + H_V} \tag{10.37}$$

Nach DIN EN 832 kann der Ausnutzungsgrad der Wärmegewinne wie folgt abgeschätzt werden:

$$\eta = \frac{1 - \gamma^a}{1 - \gamma^{a+1}} \qquad \text{für} \qquad \gamma \neq 1 \tag{10.38}$$

$$\eta_0 = \frac{a}{a + 1} \qquad \text{für} \qquad \gamma = 1 \tag{10.39}$$

Der numerische Parameter a ist dabei über die, aus Simulationsverfahren gewonnene Parameter a_0 und τ_0 mit der Gebäude-Zeitkonstante τ verknüpft:

$$a = a_0 + \frac{\tau}{\tau_0} \tag{10.40}$$

Nach DIN V 4108-6 ist für monatliche Berechnungsschritte $a_0 = 1$ und $\tau_0 = 16$ h anzusetzen.

10.2.4 Einfluss der Heizunterbrechung

Durch eine Heizunterbrechung bzw. intermittierende Heizung kann der Heizwärmebedarf vermindert werden. Bei der Nachtabschaltung der Heizung sinkt die geregelte Soll-Bauteil-Innentemperatur θ_c (central) während der Heizunterbrechungszeit t_u unkontrolliert auf immer tiefere Werte ab, während bei der Nachtabsenkung nach einer Nichtheizzeit t_{nh} durch einen abgesenkten Nachtheizbetrieb die Innentemperatur in der Regelzeit t_{sb} auf einer Mindest-Sollinnentemperatur θ_{isb} gehalten wird, siehe Bild 10.5. Im Anschluss an die Heizunterbrechungsphase folgt jeweils eine Aufheizphase der Dauer t_{bh} bis zur **Norm-Sollinnentemperatur** θ_{isp}.

Der Zeitverlauf der Innentemperatur während der Heizunterbrechung und Aufheizungsphase hängt zum einen vom Auskühlverhalten der Gebäudebauweise und zum anderen von der Heizungsdynamik ab. Das Auskühlverhalten bestimmen die spezifischen Transmissions- und Lüftungs-Wärmeverluste und die Wärmespeicherfähigkeit der Baukonstruktion (s. Gl. 10.35); die Anheizphase hängt davon ab, welche kurzfristige Spitzenheizleistung das Heizungssystem in die beheizte Zone abgeben kann.

Durch die Heizunterbrechung wird die mittlere Innentemperatur θ_{im} im Vergleich zur Norm-Innentemperatur θ_i abgesenkt. Dadurch vermindern sich die Transmissions- und Lüftungs-Heizwärmeverluste. Durch einen **Heizunterbrechungsfaktor** F_{HU} in Gl. (10.13) lässt sich formal die Reduktion der Wärmeverluste durch die Heizunterbrechung beschreiben:

$$H_{HU} = F_{HU} \cdot (H_T + H_V) \tag{10.41}$$

Dabei ist F_{HU} analog Gl. (10.16) als Temperatur-Reduktionsfaktor definiert:

$$F_{HU} = \frac{\theta_{im} - \theta_e}{\theta_{isp} - \theta_e} \tag{10.42}$$

10 Energiesparender Wärmeschutz

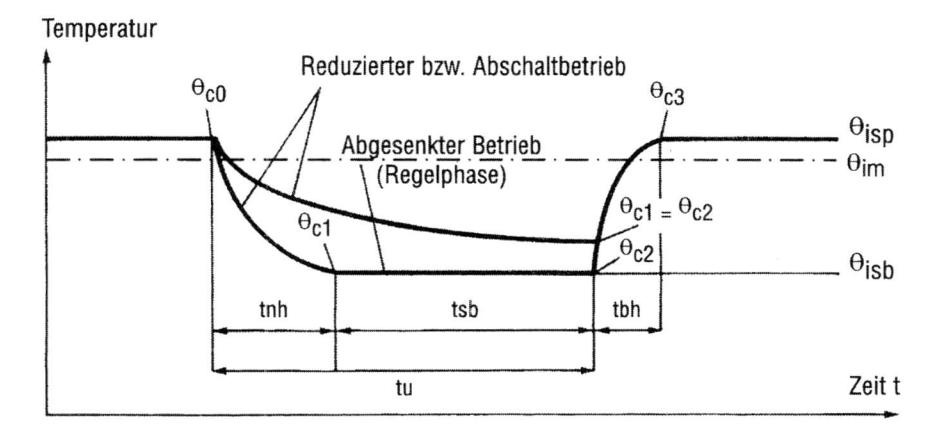

Bild 10.60 Heizunterbrechung mit Abschalt- bzw. Absenkbetrieb und zeitgeregeltem Aufheizbetrieb
- θ_c Regeltemperatur
- θ_{isp} Soll-Innentemperatur
- θ_{isb} Mindest-Innentemperatur im Absenkbetrieb
- θ_{im} mittlere Innentemperatur
- t_c Heizunterbrechungszeit
- t_{nh} Nicht-Heizzeit
- t_{sb} Regelphasen-Zeitintervall im Absenkbetrieb
- t_{bh} Anheizzeit

Im vereinfachten Jahres-Heizperiodenverfahren werden die baulichen Einflüsse auf die Innentemperaturabsenkung durch den Heizunterbrechungsfaktor $F_{HU} = f_{NA} = 0{,}95$ abgeschätzt; für das Monatsverfahren sind in DIN V 4108-6 die Algorithmen und Randbedingungen formuliert, mit denen auf die Monatsdauer t_M bezogen, die **Reduzierung ΔQ_{il} des Wärmeverlustes** infolge intermittierender Beheizung (Nachtabsenkung, Nachtabschaltung, Wochenendabsenkung) berechnet werden können. Der Heizunterbrechungsfaktor $F_{HU,M}$ ist nur schwach monatsabhängig und lässt sich aus der monatlichen Wärmeverlust-Reduktion $\Delta Q_{il,M}$ berechnen:

$$F_{HU,M} = 1 - \frac{\Delta Q_{il,M}}{(H_T + H_V) \cdot (\theta_{isp} - \theta_{e,M}) \cdot t_M} \quad (10.43)$$

Ist beispielsweise aufgrund von Messkurven der Verlauf der Innentemperatur einer Beheizung mit Heizunterbrechung bekannt, so kann der Heizunterbrechungsfaktor F_{HU} für den Messzeitraum berechnet werden, indem die zeitlichen Mittelwerte der Innentemperatur $\theta_{im} = \theta(t)_{i,\,mittel}$ und der Außentemperatur $\theta_{e,m} = \theta(t)_{e,\,mittel}$ in Gl. (10.42) eingesetzt werden.

10.2.5 Bestimmung des Warmwasserbedarfs

Nach DIN EN 832 und DIN V 4108 wird der **Wärmebedarf Q_W** (Maßeinheit: kWh) für die Warmwassererzeugung durch das im Berechnungszeitraum Δt verbrauchte **Warmwasservolumen V_W** und dem Temperaturunterschied zwischen der **Warmwassertemperatur θ_W** und der **Wassereintritts-Temperatur θ_0** in das Warmwassersystem bestimmt:

$$Q_W = (c \cdot \rho)_W \cdot V_W \cdot (\theta_W - \theta_0) \quad (10.44)$$

Für die Warmwasserbereitung wird als **volumenspezifische Wärmekapazität** angesetzt $(c \cdot \rho)_W$ = 1,161 kWh/(m³ · K).

Im Wohnbereich liegt der mittlere Warmwasserverbrauch bei höheren Ansprüchen im Bereich von 20 bis 40 Liter Warmwasser pro Person und Tag. Bei einer Wassereintrittstemperatur von $\theta_0 = 10$ °C und einer Warmwassertemperatur von $\theta_W = 50$ °C führt dies auf einen täglichen Warmwasser-Wärmebedarf von $Q_{W,P} = 0{,}93$ bis $1{,}86$ kWh/(Person · d). Der Ansatz in EnEV 2002 für den flächenbezogenen jährlichen Warmwasser-Wärmebedarf q_{Wa} folgt unter der Annahme einer mittleren Wohnfläche von 34 m² bzw. der 1,2-fach größeren Nutzfläche A_N pro Person von 40 m²/Person in Deutschland und der Bereitstellungsdauer für Trinkwarmwasser $\Delta t = 350$ d/a:

$$q_{W,a} = 1{,}4 \text{ kWh/(Pers.d)} \cdot (40 \text{ m}^2\text{/Pers.})^{-1} \cdot 350 \text{d/a} = 12{,}3 \text{ kWh/(m}^2 \text{ a)} \tag{10.45}$$

EnEV 2007 und DIN V 4701-10 rechnen mit dem Pauschalwert von 12,5 kWh/(m² a) für den flächenbezogenen jährlichen Wärmebedarf zur Warmwasserbereitung.

10.3 Grundlagen Heizung

Die Grundlagen der Berechnung von Heizungsanlagen zur Erzeugung von Heizwärme und zur Erwärmung von Trinkwasser enthält DIN V 4701-10:2001-02.

10.3.1 Methodik der Berechnung von Heizungsanlagen

Die Berechnung von Heizungsanlagen bezieht sich nur auf den Bereich eines Gebäudes, der von der gleichen Anlagentechnik beheizt wird. Werden Bereiche eines Gebäudes mit verschiedenen Anlagen versorgt, so werden diese Heizungsanlagen getrennt berechnet und der jeweilige Heizwärmebeitrag durch den **Erzeuger-Deckungsanteil** α_g in der Gesamtberechnung berücksichtigt.

Eingangsgrößen der Heizanlagenberechnung sind der Heizwärmebedarf Q_h des Gebäudes nach Gl. (10.2), der Trinkwarmwasserbedarf Q_W nach Gl. (10.39) und der Wärmegewinn Q_{WR} einer Lüftungswärme-Rückgewinnung nach Gl. (10.27). Wie Bild 10.7 zeigt, wird die Anlagenberechnung von der Bedarfsseite aus rückwärts zum Primärenergiebedarf ausgeführt. Der Primärenergiebedarf der einzelnen Heizstränge für die Raumheizung, die Trinkwarmwassererwärmung und eventuell die Zulufterwärmung unter Berücksichtigung des Wärmegewinns von Zuluft-/Abluft-Wärmetauschern werden sowohl bezüglich der Wärmebereitstellung als auch der dazu benötigten elektrischen Hilfsenergie getrennt berechnet, gewichtet mit den jeweiligen Primärenergiefaktoren f_P nach Tabelle 10.1. Dabei sind die Wärmeverluste der Trinkwarmwasser-Speicherung und -verteilung an die beheizten Räume als Heizwärmegutschriften für die Raumheizung genauso zu berücksichtigen wie der Wärmegewinn einer Lüftungs-Wärmegewinnungsanlage.

Der Gesamt-Primärenergiebedarf Q_P einer Heizungsanlage zur Deckung des Heizwärme- und Trinkwarmwasserbedarfs $Q_h + Q_W$ ist das Ziel der Anlagenberechnungen. DIN V 4108-10 stellt für die Berechnungsschritte die Algorithmen, Randbedingungen, Auslegungstemperaturen, Korrekturfaktoren und standardisierten Nutzungswerte bereit.

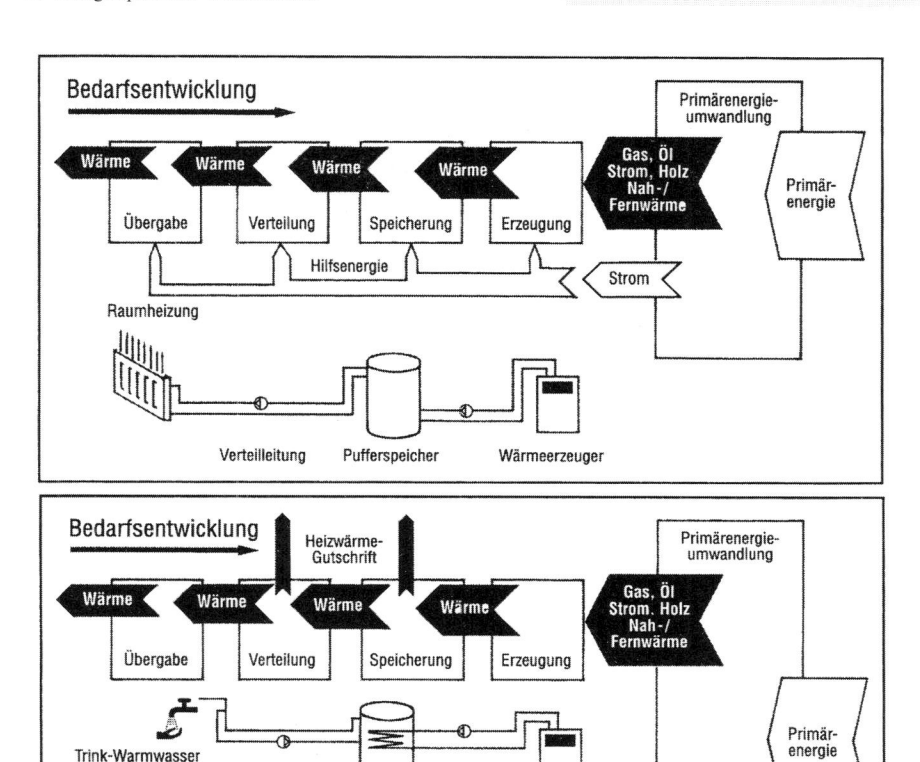

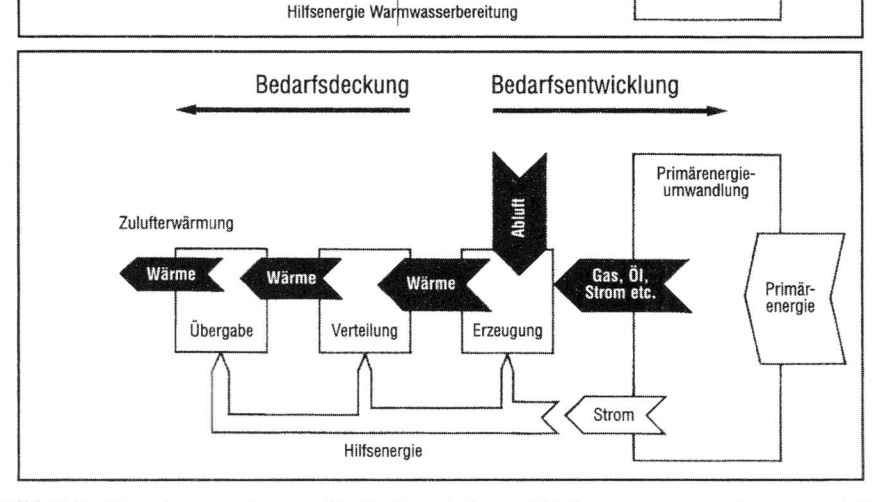

Bild 10.7 Berechnungsschemata für die Raumheizung, Trinkwarmwassererwärmung und die Zulufterwärmung

10.3.2 Primärenergie-Aufwandszahl

Nach Gl. (10.6) vereinfacht sich der Aufwand zur Berechnung ders Primärenergiebedarfs eines Gebäudes ganz erheblich, wenn die Primärenergie-Aufwandszahl e_P nach Gl. 10.7 einer Heizungsanlage anlagenseits als Eingangsgröße bereitgestellt werden kann.

Differenziert (s. Tafel 10.7) nach der Erzeugung, Speicherung, Verteilung und Übergabe der Heizwärme, der Erzeugung, Speicherung und Verteilung des Warmwassers und der Erzeugung, Verteilung und Übergabe der Lüftungswärme lassen sich verschiedene Anlagenkonfigurationen berechnen. Mit den auf die Nutzfläche A_N bezogenen Werten des Primärenergiebedarfs q_P:

$$q_P = \frac{Q_P}{A_N} \qquad (10.46)$$

und des Heizwärmebedarf q_h:

$$q_h = \frac{Q_h}{A_N} \qquad (10.47)$$

sowie mit dem nutzflächenbezogenen Warmwasserbedarf q_w nach Gl. (10.40) können Tabellen und Nomogramme für die Primärenergie-Aufwandszahl e_P in Abhängigkeit von der Nutzfläche A_N und dem Heizwärmebedarf q_h entwickelt werden:

$$e_P = \frac{q_P}{q_h + q_w} \qquad (10.48)$$

Tafel 10.6 Tabellierte primärenergiebezogene Aufwandszahlen e_P des Nomogramms von Bild 10.8

q_h in $\frac{KWh}{m^2 a}$	Nutzfläche A_N in m²										
	100	150	200	300	500	750	1000	1500	2500	5000	10000
40	2,11	1,86	1,74	1,61	1,50	1,45	1,42	1,39	1,36	1,34	1,33
50	1,96	1,75	1,64	1,53	1,44	1,40	1,37	1,35	1,33	1,31	1,29
60	1,85	1,67	1,57	1,48	1,40	1,36	1,34	1,32	1,30	1,28	1,27
70	1,76	1,60	1,52	1,44	1,37	1,33	1,31	1,29	1,28	1,26	1,25
80	1,70	1,55	1,48	1,41	1,34	1,31	1,29	1,27	1,26	1,24	1,23
90	1,64	1,51	1,45	1,38	1,32	1,29	1,27	1,26	1,25	1,23	1,22

Bild 10.8 und Tafel 10.6 zeigen als Beispiele die Werte der Primärenergieaufwandszahl einer Zentralheizung mit einem Brennwertkessel und gebäudezentraler Trinkwassererwärmung. Der Brennwertkessel steht außerhalb des beheizten Gebäudevolumens, die maximale Vorlauftemperatur beträgt 55 °C, die maximale Rücklauftemperatur 45 °C, die horizontalen Heizleitungen liegen außerhalb, die vertikalen Stränge innerhalb des beheizten Volumens. Die Heizkreispumpe ist geregelt und die Radiatoren haben Thermostatventile mit 1 K Regelhub. Das Trinkwarmwasser wird durch den Brennwertkessel erzeugt, in einem indirekt beheizten Speicher außerhalb des beheizten Volumens gespeichert und mit einer Zirkulationspumpe an die Warmwasserzapfstellen geführt, wobei die horizontalen Warmwasser-Verteilleitungen ebenfalls außerhalb des beheizten Volumens liegen. Der Warmwasserbedarf beträgt 12,5 kWh/(m²a), das Gebäude wird durch freie Lüftung belüftet.

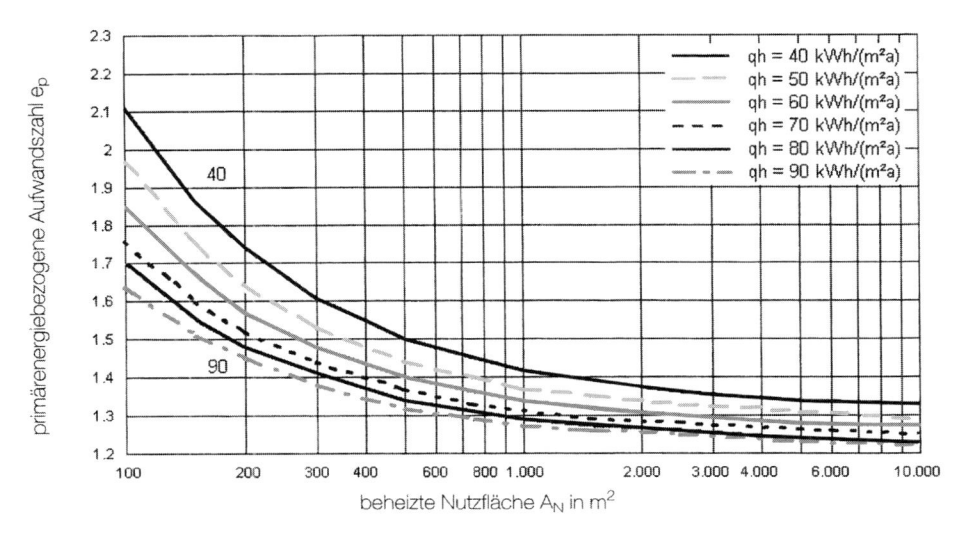

Bild 10.8 Nomogramm für die Primärenergie-Aufwandszahl eines Brennwertkessels mit gebäudezentraler Trinkwassererwärmung

Tafel 10.7 Anlagenkonfigurationen in DIN V 4701-10

Energieträger	Fossile Brennstoffe, Nah-/Fernwärme, Strom, Solarenergie
Wärmeträger	Wasserheizung, Luftheizung, Elektroheizung
Verteilung	Horizontale Verteilung beheizt/unbeheizt Verteilungsstränge innen-/ außenliegend Dezentrale/zentrale Systeme
Pumpen	Geregelt/ungeregelt
Wärmeerzeuger	Konstanttemperaturkessel, Niedertemperaturkessel, Brennwertkessel, Elektrowärmepumpe, Elektroheizung, Nah-/Fernwärme-Übergabestation
Trinkwarmwasser	Verteilung mit/ohne Zirkulation, zentral/dezentral
Wasserspeicherung	Indirekt/direkt beheizter Trinkwarmwasserspeicher, Tag-/Nacht-/Klein-Elektrospeicher
Solaranlagen	Trinkwassererwärmung, Heizungsunterstützung durch Kollektoranlage

10.4 Energieeinsparverordnung EnEV 2002

10.4.1 Ziele der Verordnung

Die EnEV 2002 [108], war Teil der Umsetzung europarechtlicher Vorgaben und deutscher Klimaschutzziele; bis zum Jahre 2005 sollten die CO_2-Emissionen in Deutschland gegenüber dem Stand von 1990 um 25 % gesenkt werden.

Die EnEV 2002 fasste erstmals die energiesparenden Anforderungen an den baulichen Wärmeschutz und die anlagentechnische Bereitstellung von Heizwärme und Warmwasser zusammen. Für die energetische Planung bei Neubauten sind die Anforderungen auf den Gebäudenutzflächen bezogenen Jahres-Primärenergiebedarf Q_P (s. Gl. 10.6) ausgerichtet. Ganzheitlich werden die Wärmedämmung von Außenbauteilen und Wärmebrücken, die Reduktion der Lüftungswärmeverluste, die Verminderung der Anlagenverluste der Heizwärme- und Warmwasserbereitstellung, der Aufwand an elektrischer Hilfsenergie, die primärenergetischen Verluste in der Vorkette bei der Versorgung mit Strom und Brennstoffen sowie der klimaentlastende Einsatz erneuerbarer Energien betrachtet. Diese integrierte Energiebedarfsbestimmung wurde erst durch die europäische und deutsche Normungsarbeit auf diesen Gebieten möglich. Konsequenterweise verzichtet deshalb die EnEV 2002 auf Rechenvorschriften; es wird beim baulichen Wärmeschutz auf DIN V 4108-6:200-11 (s. Kap. 10.2) und für die anlagentechnische Dimensionierung auf DIN V 4701-10:2001-02 (s. Kap. 10.3) verwiesen. In diesen technischen Regeln sind auch die klimatischen, anlagentechnischen und nutzerspezifischen standardisierten Randbedingungen zusammengestellt und die primärenergetischen Bewertungsfaktoren für Strom, Gas und Heizöl tabelliert (s. Tafel 10.1).

Anders als bei früheren Einzelanforderungen an Bauteile und Heizungsanlagen wird durch die ganzheitliche energetische Betrachtung die Handlungsfreiheit von Bauherrn und Planern erweitert; anlagentechnische Maßnahmen wie beispielsweise eine regenerative solare Warmwassererzeugung können überzogene unwirtschaftliche bauliche Wärmedämmungen kompensieren und umgekehrt. Damit jedoch der im Neubau eingeführte bauliche Wärmeschutzstandard durch überwachungs- und wartungsaufwendige anlagentechnische Lösungen nicht reduziert wird, sind in der EnEV 2002 für den Neubau zusätzliche Mindestanforderungen für den energiesparenden baulichen Wärmeschutz der wärmeübertragenden Umfassungsfläche aufgestellt. Für Wohngebäude, bei denen der Fensterflächenanteil an der Fassade 30 % nicht überschreitet, darf auch nach einem vereinfachten Jahresberechnungsverfahren der Nachweis geführt werden.

Die Berechnungsschritte der DIN V 4108-6 und DIN V 4701-10 sind so ausgelegt, dass sie am effektivsten EDV – gestützt durchgeführt werden. Diese Programme eignen sich ohne großen Mehraufwand auch dazu, im Rahmen der energetischen Beratung Planungsentscheidungen und standortbezogene Variationen, wie beispielsweise die voraussichtliche Heizzeit zu untersuchen. Das vereinfachte, auf eine Handrechnung ausgerichtete Verfahren zur Ermittlung des Jahres-Heizwärmebedarfs (s. Kap. 10.4.3) eignet sich nicht für die Feinplanung und verlangt im Allgemeinen höhere, in der Regel unwirtschaftlichere Wärmedämmungen oder Anlagenstandards.

Die EnEV 2002 stellt Anforderungen an Gebäude mit normalen Innentemperaturen ($\theta_i \geq + 19$ °C Heizzeit $t_H \geq 4$ Monate/Jahr) und an Gebäude mit niedrigen Temperaturen (12 °C $\leq \theta_i$ + 19 °C; Heizzeit $t_H \geq 4$ Monate/Jahr) einschließlich der Anlagen, die zur Beheizung, Raumluftbehandlung und Warmwasserbereitung dienen. Generell ausgenommen sind:

– Betriebsgebäude, die überwiegend zur Aufzucht oder Haltung von Tieren genutzt werden,
– Betriebsgebäude, soweit sie nach ihrem Verwendungszweck großflächig und lang anhaltend offengehalten werden müssen,
– Unterirdische Bauten,
– Unterglasanlagen und Kulturräume für Aufzucht, Vermehrung und Verkauf von Pflanzen,
– Traglufthallen, Zelte und Gebäude, die dazu bestimmt sind, wiederholt aufgestellt und zerlegt zu werden,
– Kleine beheizte Gebäude, wenn deren beheiztes Gebäudevolumen 100 m³ nicht übersteigt und die Wärmedurchgangskoeffizienten der Außenbauteile die Anforderungen an Altbauten erfüllen.

Auf Antrag können die nach Landesrecht zuständigen Behörden bei Baudenkmalen oder sonstigen besonders erhaltenswerten Bausubstanzen Ausnahmen von der Erfüllung der Anforderungen der EnEV 2002 gewähren. Sind die baulichen und anlagentechnischen Aufwendungen unwirtschaftlich oder führen zu einer unbilligen Härte, so kann bei den Landesbehörden eine Befreiung von den Anforderungen der EnEV 2002 beantragt werden.

Die Anforderungen der EnEV 2002 richten sich sowohl an Neubauvorhaben als auch an die Sanierung von Altbauten. Die energetische Qualität der Bausubstanz und der Anlagentechnik ist aufrechtzuerhalten; Außenbauteile dürfen wärmetechnisch nicht verschlechtert werden, energiebedarfssenkende Einrichtungen sind betriebsbereit zu erhalten und bestimmungsgemäß zu nutzen, Heizungs- und Warmwasseranlagen sowie raumlufttechnische Anlagen sind sachgerecht zu bedienen, fachkundig zu warten und instand zu halten.

Zusätzlich gibt es Nachrüstverpflichtungen zum Austausch alter Heizkessel, zur nachträglichen Wärmedämmung von Wärmeverteilungs- und Warmwasserleitungen sowie Armaturen, die sich nicht in beheizten Räumen befinden, sowie zur Wärmedämmung ($U_D \leq 0{,}30$ W/(m² · K)) nicht begehbarer, aber zugänglicher oberster Geschossdecken beheizter Räume.

10.4.2 Nachweis nach EnEV 2002 für Neubauten

Die Anforderungen der EnEV 2002 sind auf Bezugsgrößen bezogen. Zum einen ist dies das beheizte **Gebäudevolumen V_e**; dieses ist das Volumen der beheizten Gebäudezone nach DIN EN 832-1998-12 und liegt innerhalb der Systemgrenze nach DIN ISO 13789:1999-10. Die **Umfassungs- oder Hüllfläche** A aus den Teilflächen aller wärmeübertragenden Außenbauteile im Außenmaß bildet die Systemgrenze. Zum anderen ist bei Wohngebäuden die **Gebäudenutzfläche A_n** Bezugsgröße; diese ist nach EnEV 2002 wie folgt zu ermitteln:

$$A_N = 0{,}32 \text{ m}^{-1} \cdot V_e \tag{10.49}$$

Die EnEV 2002 formuliert zum einen für Wohngebäude Höchstwerte des auf die Gebäudenutzfläche A_N bezogenen Jahres-Primärenergiebedarfs Q_P'' (Maßeinheit: kWh/(m² a) und zum anderen für alle anderen beheizten Gebäude Höchstwerte für den auf das beheizte Gebäudevolumen V_e bezogenen Jahres-Primärenergiebedarfs Q_P' (Maßeinheit: kWh/(m² a):

$$Q_P' = \frac{Q_P}{V_e} \tag{10.50}$$

$$Q_P'' = \frac{Q_P}{A_n} \tag{10.51}$$

Die Anforderungen hängen von der Gebäudekompaktheit A/V_e ab, d.h. vom Verhältnis der Hüllfläche A zum beheizten Gebäudevolumen V_e. Die Tabelle der Höchstwerte der EnEV 2002 für neu zu errichtende Gebäude zeigt Tafel 10.8. Die Zwischenwerte ergeben sich aus folgenden Beziehungen:

Wohngebäude mit überwiegend anderer als elektrischer Warmwasserbereitung:

$$Q_P'' = 50{,}94 + 75{,}29 \cdot A/V_e + 2600/(100 + A_N) \tag{10.52}$$

Wohngebäude mit überwiegender Warmwasserbereitung aus elektrischem Strom:

$$Q_P'' = 72{,}94 + 75{,}29 \cdot A/V_e \tag{10.53}$$

Alle anderen Gebäude wie Büro- oder Verwaltungsgebäude, Schulen, Kliniken etc.:

$$Q_P' = 9{,}9 + 24{,}1 \cdot A/V_e \tag{10.54}$$

Tafel 10.8 Anforderungen der EnEV 2002 (Anhang 1, Tabelle 1)

Verhältnis A/Va	Jahresprämienbedarf			Spezifischer, auf die wärmeübertragende Umfassungsfläche bezogener Transmissionswärmeverlust	
	Q_P'' in kWh/(m² · a) bezogen auf die Gebäudenutzfläche		Q_P' in kWh/(m³ · a) bezogen auf das beheizte Gebäudevolumen	H_T' in $\frac{W}{m^2 K}$	
	Wohngebäude außer solchen nach Spalte 3	Wohngebäude mit überwiegender Warmwasserbereitung aus elektrischem Strom	andere Gebäude	Nichtwohngebäude mit einem Fensterflächenanteil ≤ 30 % und Wohngebäude	Nichtwohngebäude mit einem Fensterflächenanteil > 30 %
1	2	3	4	5	6
≤ 0,2	66,00 + 2600/(100 + A_N)	88,00	14,72	1,05	1,55
0,3	73,53 + 2600/(100 + A_N)	95,53	17,13	0,80	1,15
0,4	81,06 + 2600/(100 + A_N)	103,06	19,54	0,68	0,95
0,5	88,58 + 2600/(100 + A_N)	110,58	21,95	0,60	0,83
0,6	96,11 + 2600/(100 + A_N)	118,11	24,36	0,55	0,75
0,7	103,64 + 2600/(100 + A_N)	125,64	26,77	0,51	0,69
0,8	111,17 + 2600/(100 + A_N)	133,17	29,18	0,49	0,65
0,9	118,70 + 2600/(100 + A_N)	140,70	31,59	0,47	0,62
1	126,23 + 2600/(100 + A_N)	148,23	34,00	0,45	0,59
≥ 1,05	130,00 + 2600/(100 + A_N)	152,00	35,21	0,44	0,58

In der Gl. (10.52) ist ein iterativer Ansatz von $Q_W = 20 + 2600/(100 + A_N)$ als Zuschlag für die Warmwasserbereitung enthalten, mit dem der Priärenergiebedarf einer zentralen Warmwasserbereitung durch einen Niedertemperaturkessel mit einem indirektem Speicher und einer Verteilung außerhalb der thermischen Hülle nachgebildet wird. Durch die Abhängigkeit der Anforderungen von der Gebäudenutzfläche A_N wird berücksichtigt, dass bei kleinen Gebäuden mit einem niedrigen A_N-Wert die Wärmeverluste der Warmwasserbereitstellung im Vergleich zum personenbezogenen Warmwasserbedarf höher sind als bei großen Wohnbauten.

Der Jahres-Primärenergiebedarf ist im Allgemeinen nach Gl. (10.5) bzw. Gl. (10.6) nach dem Monatsverfahren (s. Kap. 10.4.2.1) zu berechnen. Bei Wohngebäuden, deren Fensterflächenanteil an der gesamten Fassade den Wert $F_W = 0,30$ nicht überschreitet, kann der Nachweis alternativ durch ein vereinfachtes Jahresverfahren (s. Kap. 10.4.2.2) erbracht werden. Der zur Berechnung des spezifischen Lüftungswärmeverlusts nach Gl. (10.23) in Gl. (10.24) definierte **Volumenfaktor F_V** hat nach EnEV 2002 in der Regel den Wert $F_V = 0,80$; bei Gebäuden bis zu 3 Vollgeschossen gilt der erniedrigte Wert $F_V = 0,76$.

Damit ein Mindeststandard an baulicher Wärmedämmung gesichert ist und der energiesparende Wärmeschutz nicht überwiegend von der wartungs- und verschleißempfindlichen Anlagentechnik abhängt, sind obere Grenzwerte des **spezifischen, auf die wärmeübertragende Umfassungsfläche A bezogenen Transmissions-Wärmeverlusts H_T'** (Maßeinheit: W/(m² · K))

10 Energiesparender Wärmeschutz

einzuhalten (s. Tafel 10.7); dabei wird bei Nicht-Wohngebäuden nach dem Verhältnis der gesamten Fensterfläche A_W zur gesamten Außenwandfläche A_{AW}, also dem **Fensterflächenanteil f_w** differenziert:

$$f_W = \frac{A_W}{A_W + A_{AW}} \tag{10.55}$$

Für alle Wohngebäude sowie Nichtwohngebäude mit einem Fensterflächenanteil $f_w \leq 0{,}30$ fordert die EnEV 2002:

$$H'_T = 0{,}3 + 0{,}15/(A/V_e) \tag{10.56}$$

Die Anforderung der EnEV 2002 für die Nichtwohngebäude mit einem Fensterflächenanteil $f_w > 0{,}30$ lautet:

$$H'_T = 0{,}35 + 0{,}24/(A/V_e) \tag{10.57}$$

Von der Einhaltung der Anforderungen der EnEV 2002 an den Primärenergiebedarf sind ausgenommen Gebäude, die:
- zu mindestens 70 % durch Wärme aus einer Kraft-Wärme-Kopplung, also durch Abwärme aus einer Stromerzeugungsanlage beheizt werden,
- zu mindestens 70 % über selbsttätig arbeitende Wärmeerzeuger erneuerbare Energien zugeführt erhalten oder
- die überwiegend durch Einzelfeuerstätten oder sonstige Wärmeerzeuger beheizt werden, für die keine Regeln der Technik vorliegen.

Diese überwiegend regenerativ beheizten Gebäude müssen jedoch einen erhöhten energiesparenden baulichen Wärmeschutz aufweisen; nach EnEV 2002 wird für den spezifischen, auf die Umfassungsfläche bezogenen Wärmeverlust H'_T dieser Gebäude ein Grenzwert gefordert, der 24 % unter den Grenzwerten der Tafel 10.7 bzw. der Gln. (10.56) und (10.57) liegt.

10.4.2.1 Nachweis nach dem Monatsbilanzverfahren

Das Monatsbilanzverfahren (s. Kap. 10.1.3) ist der Standard, nachdem der Nachweis des energiesparenden Wärmeschutzes zu führen ist. Monatsweise ist nach Gl. (10.2) der Heizwärmebedarf zu berechnen; dabei sind folgende Berechnungsschritte durchzuführen:
- Bestimmung des spezifischen Transmissionswärmeverlustes H_T nach den Gln. (10.15) bis (10.23), wobei die U-Werte nach Gl. (2.16) zu ermitteln sind und zu beachten ist, dass für die Wärmebrückendurchgangskoeffizienten AU_{WB} pauschale Werte nach Tafel 10.9 angesetzt werden dürfen und im Fall von erdberührten Bauteilen H_T eventuell monatsabhängig wird;
- Bestimmung des spezifischen Lüftungswärmeverlustes H_V nach den Gln. (10.25) bis (10.28), wobei für den Luftwechsel n die Werte aus Tafel 10.9 einzusetzen sind;
- Bestimmung der monatlichen Wärmeverluste $Q_T + Q_T$ nach den Gln. (10.14) und (10.24);
- Bestimmung des internen Wärmegewinns Q_i nach Gl. (10.30) mit den Standardwerten der EnEV 2002 in Tafel 10.9;
- Bestimmung der solaren Wärmegewinne Q_S nach Gl. (10.31) mit den Klimawerten des Referenzklimas Deutschland von Tafel 10.10 und den Abminderungs- und Verschattungsfaktoren F der Tafel 10.9;
- Berechnung des monatsbezogenen Ausnutzungsgrads η_M der Wärmegewinne nach Gl. (10.38) bzw. (10.39) unter Berücksichtigung des Wärmegewinn zu Wärmeverlust Verhältnisses γ_M nach Gl. (10.34) und den Vorgaben der Tafel 10.9 für die wirksame Wärmespeicherfähigkeit $C_{wirk,\eta}$ nach Gl. (10.36);

- Bestimmung des monatsbezogenen Heizunterbrechungsfaktors $F_{HU,M}$ nach Gl. (10.42) und Korrektur des spezifischen Heizwärmeverlustes $H_T + H_V$ nach Gl. (10.41) in diesem Monat
- Monatsweise Berechnung des Heizwärmebedarfs $Q_{h,M}$ nach Gl. (10.2)
- Bestimmung der Heizmonate nach der Bedingung $Q_{h,M} > 0$ oder alternativ nach der Bedingung, dass die Heizgrenztemperatur θ_{ed} nach Gl. (10.10) unter der mittleren monatlichen Außentemperatur θ_{eM} liegt;
- Berechnung des Jahresheizwärmebedarfs Q_h durch Aufsummieren über die Heizmonate M:

$$Q_h = \sum_M Q_{h,M,pos} \qquad (10.58)$$

- Bestimmung der Heiztage in den Übergangsmonate zu Beginn und am Ende der berechneten Heizperiode durch Interpolation zwischen den Außentemperaturen des Heizmonats θ_{eHM} und des folgenden Nicht-Heizmonats $\theta_{e.NichtHM}$ und Aufteilung der Monatstage t_M im Verhältnis der Heizgrenztemperatur $\theta_{ed,M}$ zur Außentemperatur des Heizmonats:

$$\Delta t_{Hd} = \frac{t_{HM} + t_{NHM}}{2} \cdot \left(1 - \frac{1}{1 + \dfrac{\theta_{eHM} - \theta_{edHM}}{\theta_{edNHM} - \theta_{eNHM}}}\right) \qquad (10.59)$$

- Bestimmung der Heizzeit t_H durch Addition der Heiztage $\Delta t_{Hd,Anfang}$ und $\Delta t_{Hd,Ende}$ in den beiden Übergangsmonaten zu den Monatstagen der Heizmonate;
- Bestimmung des Trinkwarmwasserbedarfs Q_W nach Gl. (10.45);
- Berechnung des Wärmerückgewinns Q_{WR} einer mechanischen Lüftungsanlage mit Wärmegewinnung nach Gl. (10.29), bei einer Heizunterbrechung ist Q_{NR} mit F_{HU} nach Gl. (10.42) zu multiplizieren;
- Berechnung der Gebäudenutzfläche A_N nach Gl. (10.49) und Bestimmung des nutzflächenbezogenen Wärmebedarfs q_h bzw. q_W nach Gl. (10.47);
- Ermittlung der primärenergetischen Aufwandszahl e_P aus Tabellen (analog Tafel 10.5) oder Nomogrammen (analog Bild 10.8) nach DIN V 4701-10;
- Berechnung des Jahres-Primärenergiebedarfs Q_P nach Gl. (10.6);
- Berechnung des volumenbezogenen Primärenergiebedarfs Q'_P bzw. des flächenbezogenen Primärenergiebedarfs Q''_P nach den Gln. (10.50) bzw. (10.51);
- Vergleich mit den Anforderungen der EnEV 2002 nach Gl. (10.52) bis (10.54) und Beurteilung, ob der berechnete Primärenergiebedarf die Anforderungen der EnEV 2002 einhält.

10.4.2.2 Nachweis nach dem vereinfachten Jahresverfahren

Für Wohngebäude kann zum Nachweis nach der EnEV 2002 ein vereinfachtes Jahresverfahren mit einer festen Gradtagszahl F_{Gt} (s. Gl. (10.11)) verwendet werden, wenn der nach Gl. (10.55) berechnete Fensterflächenanteil 30 % nicht übersteigt.

Wird in die Gln. (10.14) und (10.24) eine Gradtagzahl von F_{Gt} = 2900 Kd = 69,6 kKh eingesetzt und der Heizunterbrechungsfaktor F_{HU} nach Gl. (10.42) mit F_{HU} = 0,95 angesetzt, so folgt für die Wärmeverluste in Gl. (10.2) der Wert: $Q_T + Q_V = 66,12 \cdot (H_T + H_V)$. Mit einem Schätzwert für den in Gl. (10.38) definierten Ausnutzungsgrad von η = 0,95 ergibt sich die in der EnEV 2002 angegebene Bestimmungsgleichung:

$$Q_h = 66 \cdot (H_T + H_V) - 0{,}95 \cdot (Q_S + Q_i) \qquad (10.60)$$

10 Energiesparender Wärmeschutz

Die weiteren Berechnungsschritte sind in folgender Weise auszuführen:
– Berechnung des spezifischen Transmissions-Wärmeverlusts H_T nach der Gl. (10.15) mit den Temperatur-Korrekturfaktoren der Tafel 10.2, wobei der Wärmebrückenverlust H_{WB} durch eine Pauschale $\Delta U_{WB} = 0{,}05$ W/(m² · K) nach Gl. (10.20) und der thermische Leitwert des Erdreich-Wärmeverlustes L_S durch die Grundflächen-Korrekturfaktoren der Tafel 10.3 beschrieben werden und der spezifische Transmissions-Wärmeverlust von Flächenheizungen $\Delta H_{T,FH}$ unberücksichtigt bleibt:

$$H_T = \sum_i (F_{xi} \cdot U_i \cdot A_i) + 0{,}05 \cdot A \qquad (10.61)$$

– Berechnung des spezifischen Lüftungswärmeverlusts H_V nach Gl. (10.25) ohne Berücksichtigung einer Lüftungsanlage; der Luftwechsel n hängt von der geprüften Dichtigkeit des Gebäudes ab, er beträgt n = 0,7 h^{-1} für ungeprüfte Gebäude und n = 0,6 h^{-1} für Gebäude mit gemessener Luftdichtheit ($n_{50} \leq 3$ h^{-1}, s. Kap. 10.2.2.2); mit einem Volumenfaktor $F_V = 0{,}8$ nach Gl. (10.27) folgen die Gleichungen der EnEV 2002:

$H_V = 0{,}19 \cdot V_e$ (ohne Dichtheitsprüfung) $\qquad (10.62)$

$H_V = 0{,}163 \cdot V_e$ (mit bestandener Dichtheitsprüfung) $\qquad (10.63)$

Tafel 10.9 Randbedingungen für das Monatsbilanzverfahren nach DIN V 4108-6, Anhang D

	Kenngröße	Hinweis	Randbedingung für den Nachweis
1	Mittlere Gebäude-Innentemperatur		$\theta_i = +19$ °C für Gebäude mit normalen Innentemperaturen
2	Referenzklima	Tafel 10.7	Monatliche Strahlungsintensitäten und Außenlufttemperaturen Referenzklima Deutschland
3	Wärmeübertragende Umfassungsfläche A		Außenmaß; Vorsprünge in den Bauteilen bis zu 20 cm können vernachlässigt werden
4	Reduktionsfaktoren	Tafel 10.2 Tafel 10.3	Temperatur-Reduktionsfaktor F_X Grundflächen-Reduktionsfaktor F_G
5	Erdreich		Wärmeleitfähigkeit $\lambda = 2{,}0$ W/(M · K)
6	Mittlerer interner Wärmegewinn	Gl. (10.30)	$\Phi = q_i \cdot A_N$; dabei ist: $A_B = A_N = 0{,}32\, V_e$ $q_i = 5$ W/m² bei Wohngebäuden $q_i = 6$ W/m² bei Büro- und Verwaltungsgebäuden $q_i = 5$ W/m² bei allen weiteren Gebäuden, soweit hierfür in anderen Regeln der Technik keine anderen Werte festgelegt sind
7	Verschattungsfaktor	Gl. (10.33)	$F_s = 0{,}9$ für übliche Anwendungsfälle Soweit aufgrund baulicher Bedingungen (z.B. Auskragende Decken etc.) Verschattung vorliegt, können abweichende Werte verwendet werden.
8	Abminderungsfaktor für Sonneneintrag	Gl. (10.33)	$F_c = 1{,}0$ für Sonnenschutzeinrichtungen $F_w = 0{,}9$ wegen nicht senkrechter Sonneneinstrahlung
9	Beheiztes Volumen	Gl. (10.26)	$V = 0{,}76\, V_e$ bei Gebäuden bis zu 3 Vollgeschossen und nicht mehr als 2 Wohnungen sowie bei Ein- und Zweifamilienhäusern mit bis zu 2 Vollgeschossen und 3 Wohneinheiten. $V = 0{,}80\, V_e$ in den übrigen Fällen.

Fortsetzung s. nächste Seite

Tafel 10.9 Fortsetzung

	Kenngröße	Hinweis	Randbedingung für den Nachweiss
10	Luftwechsel	Gl. (10.25)	Bei freier Lüftung/Fensterlüfung: $n = 0{,}7\ h^{-1}$ ohne Nachweis der Luftdichtigkeit $n = 0{,}6\ h^{-1}$ mit Nachweis der Luftdichtigkeit ($n_{50} < 3\ h^{-1}$)
		Gl. (10.28) s. 10.2.2.2	Bei raumlufttechnischen Anlagen mit Nachweis der Luftdichtigkeit ($n_{50} < 3\ h^{-1}$) $n = n_A (1 - \eta_V) + n_x$ mit: $n_A = 0{,}4\ h^{-1}$ nach DIN V 4701-10 $n_x = 0{,}2\ h^{-1}$ für Zu- und Abluftanlagen $n_x = 0{,}15\ h^{-1}$ für Abluftanlagen η_V Nutzungsfaktor des Luft/Luft- Wärmerückgewinnungssystems nach DIN V 4701-10 Die angegebene Anlagenluftwechselraten sind zeitliche und räumliche Mittelwerte; Betriebsweisen, die für die Abluft kurzfristig für erhöhte Luftbelastungen einstellbar sind, bleiben unberücksichtigt.
11	Luftwechselrate unbeheizter Räume		Zwischen unbeheizten Räumen und der Außenluft $n_{ue} = 0{,}5\ h^{-1}$
12	Wärmebrücken	Gl. (10.18)	Der spezifische Wärmebrückenverlustwert HWB kann nach einer der folgenden Ansätze bestimmt werden: 1. Berechnung nach DIN EN ISO 10211-2 Ermittlung der Kantenlängen L und längenbezogenen Wärmedurchgangskoeffizienten ψ von: Gebäudekanten, umlaufenden Laibungen (Fenster, Türen) Deckenauflagern Wärmetechnisch entkoppelten Balkonplatten 2. Pauschalwert $H_{WB} = \Delta U_{WB} \cdot A$ $\Delta U_{WB} = 0{,}05\ W/(m^2 \cdot K)$ mit Berücksichtigung von DIN 4108 Bbl. 2 $\Delta U_{WB} = 0{,}10\ W/(m^2 \cdot K)$ ohne Berücksichtigung von DIN 4108 Bbl. 2
		Gl. (10.20)	Bei verglasten Fassaden (Vorhangfassade als Pfosten-Riegel-Konstruktion) ist die Fläche A_{cW} der verglasten Fassade einschließlich eventueller Paneele bei der pauschalen Berücksichtigung der verglasten Fassade von der Hüllfläche A auszunehmen.
13	Wirksame Wärmespeicherfähigkeit	Gl. (10.35) Gl. (10.36)	Zur Ermittlung des Ausnutzungsgrades η: $C_{wirk.NA} = 15\ Wh/(m^3 \cdot K) \cdot V_e$ für „leichte" Gebäude $C_{wirk.T} = 50\ Wh/(m^3 \cdot K) \cdot V_e$ für „schwere" Gebäude $C_{wirk.M}$ kann auch genau ermittelt werden, wenn alle Innen- und Außenbauteile festgelegt sind.
14	Heizunterbrechung durch Nachtabschaltung	Gl. (10.43)	Für die Zeitspanne des Abschaltbetriebs ist anzunehmen: 7 h bei Wohngebäuden 10 h bei Büro- und Verwaltungsgebäuden Längere Abschaltzeiten sind nicht vorgesehen. Bei Nachtabschaltung ist als wirksame Wärmespeicherfähigkeit anzusetzen: $C_{wirk.\eta} = 12\ Wh/(m^3 \cdot K) \cdot V_e$ für „leichte" Gebäude $C_{wirk.\eta} = 18\ Wh/(m^3 \cdot K) \cdot V_e$ für „schwere" Gebäude $C_{wirk.\eta}$ kann auch genau ermittelt werden, wenn alle Innen- und Außenbauteile festgelegt sind. Für die Normheizlast des Wärmeerzeugers gilt: $\Phi_{DD} = 1{,}5 \cdot (H_T + H_V) \cdot 31\ K$ Randbedingung: $n = 0{,}5\ h^{-1}$
15	Solare Wärmegewinne über opake Bauteile	Gl. (10.31)	Solare Wärmegewinne über opake Bauteile brauchen nicht berücksichtigt zu werden. Werden die Effekte dennoch berechnet, sind folgende Annahmen zu treffen: $\varepsilon = 0{,}8$ Außenflächen-Emissionsgrad für Wärmestrahlung $\alpha = 0{,}5$ Strahlungsabsorptionsgrad opake Oberflächen $\alpha = 0{,}8$ dunkle Dächer

Tafel 10.10   Referenzklima Deutschland nach DIN V 4108-6

Referenzklima Deutschland		Strahlungsangebot											Jahreswert [kWh/m²]	Wert für die Heizperiode [kWh/m²]
		Monatliche Mittelwerte W/m²												
Orientierung	Monat Neigung	Jan	Feb	Mrz	Apr	Mai	Jun	Jul	Aug	Sep	Okt	Nov	Dez	Jan – Dez	Okt–Mrz[a]
Horizontal	0	33	52	82	190	211	256	255	179	135	75	39	22	1120	225
Süd	30	51	67	99	210	213	250	252	186	157	93	55	31	1216	295
	45	57	71	101	205	200	231	235	178	157	97	59	34	1187	310
	60	60	71	98	190	179	203	208	162	150	95	60	35	1104	310
	90	56	61	80	137	119	130	135	112	115	81	54	33	810	270
Süd-Ost	30	45	62	93	203	211	248	251	183	149	87	49	28	1177	270
	45	49	64	92	198	200	232	236	175	148	88	51	30	1142	275
	60	49	62	88	185	182	208	213	161	140	85	51	30	1063	270
	90	44	52	70	140	132	146	153	120	109	69	44	26	809	225
Süd-West	30	45	62	93	203	211	248	251	183	149	87	49	28	1177	270
	45	49	64	92	198	200	232	236	175	148	88	51	30	1142	275
	60	49	62	88	185	182	208	213	161	140	85	51	30	1063	270
	90	44	52	70	140	132	146	153	120	109	69	44	26	809	225
Ost	30	33	51	78	181	199	238	240	170	129	72	38	21	1062	220
	45	32	49	74	172	187	221	224	160	123	69	37	20	1002	210
	60	30	46	68	160	171	201	205	148	114	65	35	19	923	196
	90	25	37	53	125	131	150	156	115	90	51	28	15	713	155
West	30	33	51	78	181	199	238	240	170	129	72	38	21	1062	220
	45	32	49	74	172	187	221	224	160	123	69	37	20	1002	210
	60	30	46	68	160	171	201	205	148	114	65	35	19	923	195
	90	25	37	53	125	131	150	156	115	90	51	28	15	713	155
Nord-West	30	22	39	63	151	180	222	221	150	105	57	28	16	819	170
	45	20	35	56	132	158	194	194	133	91	51	26	14	808	150
	60	18	32	49	116	139	168	170	118	81	46	23	13	711	135
	90	14	25	38	89	105	124	128	90	62	35	18	10	541	105
Nord-Ost	30	22	39	63	151	180	222	221	150	105	57	28	16	918	170
	45	20	35	56	132	158	194	194	133	91	51	26	14	808	150
	60	18	32	49	116	139	168	170	118	81	46	23	13	711	135
	90	14	25	38	89	105	124	128	90	62	35	18	10	541	105
Nord	30	20	34	54	137	173	217	214	142	90	49	26	15	857	150
	45	19	32	47	101	143	184	180	115	66	45	24	14	710	135
	60	17	29	44	79	109	143	139	90	59	41	22	13	575	125
	90	14	23	34	64	81	99	100	70	48	33	18	10	433	100
Temperatur	°C	–1.3	0.6	4.1	9.5	12.9	15.7	18	18.3	14.4	9.1	4.7	1.3	8.9	3.3

a) Okt – Mrz besagt, dass die hier zugrunde gelegte Heizperiode, bis auf wenige Tage abweichend, fast genau dem 1 Monatszeitraum Oktober bis März entspricht. Die Heizzeit t_{HP} beträgt 185 Tage und gilt nur für das Referenzklima Deutschland mit einer Gradtagzahl von 2900 Kd.

– Bestimmung der internen Wärmegewinne zu Q_i nach Gl. (10.30) mit einer Heizzeit von $t_H = 185$ d und eine mittlere interne Wärmeleistung von $q_{i,m} = 5$ W/m²; es folgt:

$$Q_i = 22{,}2 \cdot A_n = 22 \cdot \frac{kWh}{m^2 a} \cdot A_N \tag{10.64}$$

- Berechnung der solaren Wärmegewinne Q_S nach Gl. (10.32), dabei werden für die Abminderungsfaktoren nach Gl. (10.33) die Werte $F_s = 0{,}9$, $F_c = 1$, $F_F = 0{,}7$ und $F_W = 0{,}9$ gesetzt und die solare Einstrahlung $\Sigma_j\ I_{S,j} \cdot \Delta t$ in der Heizperiode Δt_{HP} durch die Werte $I_{Sj,HP}$ der Tafel 10.11 vorgegeben:

$$Q_S = \sum_j I_{s,j,HP} \cdot \sum_i 0{,}567 \cdot g_\perp \cdot A_i \qquad (10.65)$$

Die Fensterflächen A_i sind die lichten Rohbaumaße, $g_\perp$ der Gesamtenergiedurchlassgrad der Verglasung für senkrechten Strahlungseinfall.

Tafel 10.11 Heizperiodenwerte der Solareinstrahlung

	Orientierung	Solare Einstrahlung nach Gl. (10.65) $\Sigma_j\ I_{S,j,HP}$ in kWh/(m² a)
1	Südost bis Südwest	270
2	Nordwest bis Nordost	100
3	Ost, West, übrige Richtungen	155
4	Dachflächenfenster Neigung < 30° Dachflächenfenster mit Neigung ≥ 30° Sind wie senkrechte Fenster zu behandeln	225

- Bestimmung des Trinkwarmwasserbedarfs Q_W nach Gl. (10.45);
- Berechnung der Gebäudenutzfläche A_N nach Gl. (10.49) und Bestimmung des nutzflächenbezogenen Wärmebedarfs q_h bzw. q_W nach Gl. (10.47);
- Ermittlung der primärenergetischen Aufwandszahl e_P aus Tabellen (analog Tafel 10.5) oder Nomogrammen (analog Bild 10.8) nach DIN V 4701-10;
- Berechnung des Jahres-Primärenergiebedarfs Q_P nach Gl. (10.6);
- Berechnung des flächenbezogenen Primärenergiebedarfs Q_P'' nach der Gl. (10.51);
- Vergleich mit den Anforderungen der EnEV 2002 nach Gl. (10.52) bzw. (10.53) und Beurteilung, ob der berechnete Primärenergiebedarf die Anforderungen der EnEV 2002 einhält.

10.4.2.3 Nachweis eines energiesparenden baulichen Wärmeschutzes

Zum Nachweis eines ausreichenden baulichen Wärmeschutzes ist nach der EnEV 2002 der spezifische, auf die Umfassungsfläche A bezogene spezifische Transmissionswärmeverlust H_T' zu berechnen:

$$H_T' = \frac{H_T}{A} \qquad (10.66)$$

Im Monatsverfahren (s. Kap. 10.4.2.1) kann zwar H_T nach Gl. (10.15) exakt berechnet und im Falle eine Monatsabhängigkeit über die Heizmonate gemittelt werden, doch ist es ausreichend, für die Wärmeverluste über das Erdreich die Grundflächen-Korrekturfaktoren F_G der Tafel 10.3 anzusetzen und die Monatsabhängigkeit von H_T zu eliminieren. Diese Vereinfachung ist gerechtfertigt, da diese Nebenanforderung der EnEV 2002 nur die Kompensation eines geringen baulichen Wärmeschutzes durch anlagentechnische Maßnahmen begrenzen möchte. Anschließend ist zu prüfen, ob der Wert nach Gl. (10.66) die Anforderungen nach Gl. (10.56) bzw. (10.57) erfüllt.

Im vereinfachten Verfahren (s. Kap. 10.4.2.2) ist in Gl. (10.66) für H_T der Wert der Gl. (10.61) einzusetzen. Da dieses Jahresverfahren nur für Wohngebäude mit begrenztem Fensterflächenanteil zulässig ist, gelten als Anforderungen nur die Werte nach Gl. (10.56).

10.4.3 Nachweis nach EnEV 2002 bei Altbauten

Wie bisher werden bei Änderungen an bestehenden Gebäuden wie dem Ersatz, dem erstmaligen Einbau und der Erneuerung von Außenbauteilen sowie von Teilen der Heizungsanlage, verschärfte Anforderungen an die energetische Qualität dieser Bauteile und Anlagen gestellt, s. Tafel 10.12. Die erhöhten Anforderungen entsprechen dem fortgeschrittenen Stand der Technik; ihre Amortisationsdauern belegen die wirtschaftliche Vertretbarkeit.

Wiederum sind die Anforderungen der EnEV 2002 an bauliche Maßnahmen im Gebäudebestand als Höchstwerte für die Wärmedurchgangskoeffizienten formuliert. Sanierungserfahrungen im Gebäudebestand weisen aus, dass eine energetische Gesamtplanung der baulichen und anlagentechnischen Maßnahmen für eine wirtschaftliche Sanierung Voraussetzung ist. Eine fortschrittliche Förderung der sinnvollen energetischen Gesamtplanung in der Bestandssanierung ist in der neuen EnEV 2002 verwirklicht; die Sanierung des bestehenden Gebäudes ist vorschriftsmäßig gelungen, wenn das geänderte Gebäude einschließlich der Heizungsanlage primärenergiebezogen den Höchstwert für Neubauten mit gleichem A/V-Verhältnis (A: Hüllfläche um das beheizte Gebäudevolumen im Außenmaß, V: Gebäudevolumen innerhalb der Hüllfläche A), also die Anforderungen der Gln. (10.52) bis (10.54) um nicht mehr als 40 % überschreitet:

$$Q''_{P\,\text{Altbau}} \leq 1{,}4 \cdot Q''_{P\,\text{Neubau, EnEV 2002}} \tag{10.67}$$

So können auch bei Gebäuden mit bautechnisch schwierig nachzudämmenden Außenbauteilen, wie zum Beispiel mit architektonischen Schmuckfassaden, durch abgestimmte anlagentechnische Lösungen in Verbindung mit der kompensierenden erhöhten Wärmedämmung anderer Außenbauteile, wie beispielsweise des Daches, die Ziele der EnEV 2002 erfüllt werden.

10.4.4 Energiebedarfsausweis

Die Ergebnisse der Energieplanung und die bauliche Realisierung sind nach der EnEV 2002 in aussagefähige Gebäude-Energieausweise einzutragen, welche für Bauherrn, Käufer, Mieter und sonstige Nutzungsberechtigte Transparenz in der energetischen Qualität des Bauwerks und in der diesbezüglichen Verantwortlichkeit und Haftung schaffen sollen. Die Details sind in der Allgemeinen Verwaltungsvorschrift der Bundesregierung geregelt.

Für den Gebäudebestand wird in der EnEV 2002 die Verpflichtung zu einem Energiebedarfsausweis und die Offenlegung der Verbrauchsdaten wegen rechtlicher Bedenken nicht formuliert. Lediglich im Falle wesentlicher Gebäudeänderungen und umfassender Sanierungen unter Einschluss der Heizungsanlage sind die Berechnungen in einem Energiebedarfsausweis zu hinterlegen. Jedoch sollen behördlicherseits für den Gebäudebestand Energieverbrauchskennwerte veröffentlicht werden. Durch diese Informationsmöglichkeit soll ein Marktmechanismus auch ohne ordnungsrechtliche Verpflichtung eingeleitet werden, der die energetische Qualität im Gebäudebestand thematisiert und über Marktreaktionen energiesparende Sanierungen herbeiführt.

Tafel 10.12 Anforderungen der EnEV 2002 bei Änderungen von Außenbauteilen bestehender Gebäude und bei der Errichtung von Gebäuden mit geringem Volumen ($V_e \leq 100\ m^3$)

	Bauteil	Maßnahmen bei Änderungen von Außenbauteilen	Gebäude mit normalen Innentemperaturen U_{max} in W/m^2K)[1]	Gebäude mit niedrigen Innentemperaturen U_{min} in W/m^2K)[1]
	1	2	2	4
1a	Außenwände	Allgemein	0,45	0,75
1b		Bekleidungen in Form von Platten oder plattenartigen Bauteilen oder Verschalungen auf der Außen- oder Innenseite sowie Mauerwerks-Vorsatzschalen	0,35	0,75
1c		Außenputzerneuerung bei bestehender Wand mit $U_{Bestand} > 0,9\ W/(m^2\ K)$	0,35	0,75
2a	Außenliegende Fenster, Fenstertüren, Dachflächenfenster	Ersatz oder erstmaliger Einbau, zusätzlicher Einbau von Vor- oder Innenfenster	1,7[2]	2,8[2]
2b	Verglasungen	Ersatz der Verglasung	1,5[3]	keine Anforderung
2c	Vorhangfassaden	Allgemein	1,9[4]	3,0[4]
3a	Außenliegende Fenster, Fenstertüren, Dachflächenfenster mit Sonderverglasungen	Ersatz oder erstmaliger Einbau, zusätzlicher Einbau von Vor- oder Innenfenster	2,0[2]	2,8[2]
3b	Sonderverglasungen	Ersatz der Verglasung	1,6[3]	keine Anforderung
3c	Vorhangfassade mit Sonderverglasungen	Ersatz oder erstmaliger Einbau, Ersatz der Füllung (Verglasung oder Paneel)	2,3[4]	3,0[4]
4a	Decken, Steildächer und Dachschrägen	Ersatz, erstmaliger Einbau, Erneuerung der Dachhaut bzw. außenseitigen Bekleidung oder Verschalung, der innenseitigen Bekleidungen oder Verschalungen, dem Einbau von Dämmschichten, bei zusätzlichen Bekleidungen oder Dämmschichten an Wänden zum unbeheizten Dachraum	0,30	0,40
4b	Flachdächer		0,25	0,40
5a	Decken und Wände gegen unbeheizte Räume oder Erdreich	Anbringen oder Erneuern von außenseitigen Bekleidungen oder Verschalungen, Feuchtigkeitssperren oder Drainagen, Anbrigen von Deckenbekleidungen auf der Kaltseite.	0,40	keine Anforderung
5b		Ersatz oder erstmaliger Einbau der Decke oder Wand, innenseitige Bekleidung oder Verschalung, Fußbodenaufbauten auf der beheizten Deckenseite oder beim Einbau von Dämmschichten	0,50	keine Anforderung

1) Wärmedurchgangskoeffizient des Bauteils unter Berücksichtigung der neuen und der vorhandenen Bauteilschichten; für die Berechnung opaker Bauteile ist DIN EN ISO 6946:1996-11 zu verwenden.
2) Wärmedurchgangskoeffizient des Fensters; er ist technischen Produkt-Spezifikationen zu entnehmen oder nach DIN EN ISO 10077:2000-11 zu ermitteln.
3) Wärmedurchgangskoeffizient der Verglasung; er ist technischen Produkt-Spezifikationen zu entnehmen oder nach DIN EN 673:2001-1 zu ermitteln.
4) Wärmedurchgangskoeffizient der Vorhangfassade; er ist nach den anerkannten Regeln der Technik zu ermitteln.

10.5 Beispiel zur EnEV 2002 10.5.1 Beschreibung des Bauvorhabens

Der Wärmeschutz eines Personalwohnheims (s. Bild 10.9) soll untersucht werden. Die Außenbauteilflächen (im Außenmaß) und die jeweiligen Wärmedurchgangskoeffizienten der Außenbauteile des Gebäudes sind in Tafel 10.13 zusammengestellt; Wärmebrückendetails enthält die Tafel 10.12. Das beheizte Gebäudevolumen beträgt $V_e = 1673$ m³. Das verglaste Treppenhaus ist nach Norden ausgerichtet. Der Kellerraum ist unbeheizt. Das Gebäude erfüllt die Anforderungen der Luftdichtigkeit ($n_{50} < 3$ h^{-1} nach Blowerdoortest). Die Nachtabsenkung soll pauschal mit einem Nachtabsenkungsfaktor von $F_{HU} = 0{,}96$ angesetzt werden.

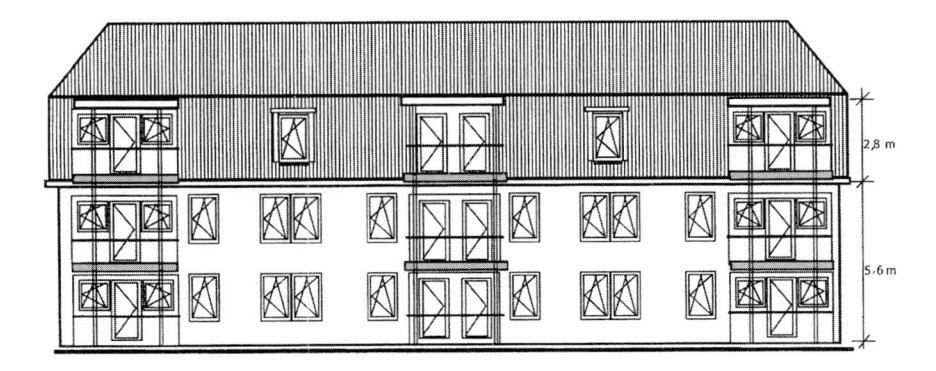

Bild 10.9 Beispiel Personalwohnheim.

Als Heizungsanlage ist eine zentrale Erdgas-Brennwertkesselanlage mit zentraler Trinkwarmwasser-Erwärmung geplant (s. Bild 10.8). Der indirekt beheizte Speicher ist im Spitzboden unter dem Dach untergebracht, die horizontale Verteilung mit Zirkulation liegt über der Dachgeschossdecke. Auch die Verteilungsleitungen zu den vertikalen Heizsträngen liegen im Spitzboden. Die Regelgröße der Thermostatventile der Radiatoren soll 1 K betragen.

10.5.2 Berechnungsschritte zum Nachweis nach EnEV 2002

10.5.2.1 Nachweis eines ausreichenden baulichen Wärmeschutzes

Der spezifische Transmissions-Wärmebedarf H_T der Außenbauteile einschließlich Wärmebrücken wird nach Tafel 10.15 berechnet; es ergibt sich: $H_T = 596{,}3$ W/K. Daraus folgt für den auf die Umfassungsfläche bezogenen spezifischen Transmissionswärmeverlust $H'_T = 0{,}501$ W/(m² K).

Das Gebäude hat eine Gebäudekompaktheit $A/V_e = 0{,}71$ m^{-1} und eine Gebäudenutzfläche von $A_N = 535{,}4$ m². Der Fensterflächenanteil beträgt nach Gl. (10.55) $f_W = 42$ %, wobei sinngemäß die Vertikalverglasung des Treppenraums als Fenster und die steile Dachschräge als Außenwand gerechnet ist. Nach Gl. (10.56) der EnEV 2002 ergeben sich daraus für das Personalwohnheim als Wohngebäude die folgenden Anforderungen:

$$H'_T \leq 0{,}511 \, \text{W/(m}^2\text{K)}$$

Mit einem Wert von $H'_T = 0{,}50$ W/(m² K) wird die Anforderung der EnEV 2002 erfüllt.

Tafel 10.13 Beispiel Personalwohnheim; Flächen (im Außenmaß) und Wärmedurchgangskoeffizienten der Außenbauteile

	Außenbauteil	Fläche A in m²	Wärmedurchgangskoeffizient U in W/(m² K)
	1	2	3
1	Außenwand EG, OG, DG Giebel	272,8	0,34
2	Kellerdecke	297,9	0,25
3	Dachgeschossdecke	252,7	0,18
4	Dachschräge	81,5	0,18
5	Gauben (Wände, Decke)	21,6	0,27
6	Fenster Wohnräume		
	Norden	50,2	1,3
	Osten	35,2	1,3
	Süden	118,9	1,3
	Westen	35,2	1,3
7	Treppenraum		
	Vertikalverglasung	15,4	1,3
	Schrägverglasung oben 20°	5,0	1,3
	Glas-Eingangstüre	2,6	1,8

Tafel 10.14 Beispiel Personalwohnheim; Länge und längenbezogene Wärmedurchgangskoeffizienten der Wärmebrücken

	Wärmebrücke	Länge L in m	Längenbezogener Wärmebrückenverlustwert ψ in W/(m · K)	
			Innenmaßbezogen ψ_i	Außenmaßbezogen ψ_e
	1	2	3	4
1	Kellerdeckenanschluss an Außenwand	75,2	0,45	0,08
2	Innenwände auf Kellerdecke	91,9	0,05	0,01
3	Außenwandkante	22,4	0,20	−0,16
4	Innenwände an Außenwand	67,2	0,15	0,03
5	Traufe	75,2	0,35	−0,07
6	Deckananschluss an Außenwand	97,80	0,20	−0,05
7	Dachgeschossdecke an Außenwand	17,60	0,25	−0,03
8	Anschluss Dachgeschossdecke/Dach	52,60	0,15	0,04
9	Fensteranschluss	664,2	0,05	0,05
10	Gaubenanschlüsse	37,6	0,35	0,12

10.5.2.2 Nachweis nach dem vereinfachten Heizperiodenverfahren

Das Personalwohnheim hat einen Fensterflächenanteil über 30 %. Nach der EnEV 2002 darf der Nachweis nicht nach dem vereinfachten Heizperiodenverfahren geführt werden; im Folgenden wird er exemplarisch dargestellt.

Bei freier Lüftung ergibt sich bei einem Luftwechsel von n = 0,6 h^{-1} ein spezifischer Transmissions-Wärmeverlust H_V = 272,7 W/K. Die monatlichen solaren Wärmegewinne zeigt Tafel 10.16. Die internen Wärmegewinne berechnen sich nach Gl. (10.30) zu Q_i = 64,2 kWh/d.

Nach dem vereinfachten Verfahren (s. Kap. 10.4.2.2) erreicht das Personalwohnheim nach Tafel 10.16 einen flächenbezogenen Heizwärmebedarf von q_h = 56,5 kWh/(m² a). Mit dem Trinkwarmwasserbedarf von q_W = 12,5 kWh/(m² a) errechnet sich daraus nach den Gln. (10.6) und (10.51) ein flächenbezogener Primärenergiebedarf von Q''_P = (56,5 + 12,5) · 1,42 = 98,0 kWh/(m² a).

Das Gebäude hat eine Gebäudekompaktheit A/V_e = 0,71 m^{-1} und eine Gebäudenutzfläche von A_N = 535,4 m². Der Fensterflächenanteil beträgt nach Gl. (10.55) f_W = 42 %. Nach der EnEV 2002 ergeben sich daraus für das Personalwohnheim als Wohngebäude die folgenden Anforderungen:

$Q''_{P,Anf.}$ ≤ 108,5 kWh/(m²a)

$Q''_{P,Ist.}$ < 98,0 kWh/(m²a)

Die Anforderungen der EnEV 2002 werden demnach von dieser baulichen und anlagentechnischen Konzeption erfüllt.

10.5.2.3 Nachweis nach dem Monatsverfahren

Mit dem Software-Programm THERMPLAN errechnet, ergibt sich, wie Tafel 10.18 zeigt, durch die direkte Berücksichtigung der Wärmebrückenlängen und Wärmebrückenverlustwerte im Monatsverfahren nach DIN V 4108-6 bei den Randbedingungen nach Tafel 10.9 ein niedriger spezifischer Transmissions-Wärme verlustwert von H_T = 581,9 W/K.

Im Monatsverfahren werden die Transmissions- und Lüftungswärmeverluste sowie die internen und solaren Wärmegewinne für alle Monate des Heizjahres berechnet. Tafel 10.17 zeigt die Ergebniss für den monatlichen Wärmeverlust Ql (l: lost); der Transmissions-Wärmeverlust beträgt 68 %, der Lüftungswärmeverlust 32 %; die Fenster sind besondere wärmetechnische Schwachstellen.

Nach dem Ausnutzungsgrad η_M und nach dem monatsweisen Heizwärmebedarf $Q_{h,M}$ sind die Monate Oktober bis April Heizmonate, wobei die Übergangsmonate Oktober und April vergleichsweise wenige Heiztage aufweisen. Der Jahres-Heizwärmebedarf ist nach den Ergebnissen des Monats Verfahrens Q_h = 27894 kWh/a. Unter Berücksichtigung der Nutzfläche A_N = 535,4 m² folgt daraus ein flächenbezogener Heizwärmebedarf q_h = 52,1 kWh/(m² a); dieser Wert liegt erwartungsgemäß niedriger als der Wert des vereinfachten Verfahrens.

Wird mit dem Wert q_h = 52,1 kWh/(m² a) in der Tafel 10.6 durch Interpolation bei einer Bezugsfläche von A_N = 5.35,4 m² die primärenergiebezogene Aufwandszahl e_P bestimmt, so ergibt sich ein Wert von e_P = 1,426.

Tafel 10.15 Beispiel Personalwohnheim: Berechnung des spezifischen Transmissions-Wärmeverlusts

	Außenbauteil	Fläche A in m²	Wärmedurch-gangskoeffi-zient U in W/(m² K)	Gesamt-Energie-durchlassgrad g	Temperatur-Grundflächen-Korrekturfaktor F_x	Spezifischer Transmissions-Wärmeverlust H_T in W/K
		1	2	3	4	5	6
1	Außenwand EG, OG, DG Giebel	272,8	0,34		1,0	92,75
2	Kellerdecke	297,9	0,25		0,6	44,69
3	Dachgeschossdecke	252,7	0,18		0,8	36,39
4	Dachschräge	81,5	0,18		1,0	14,67
5	Gauben (Wände, Decke)	21,6	0,27		1,0	5,83
6	Fenster Wohnräume:					
	Norden	50,2	1,3	0,58	1,0	65,26
	Osten	35,2	1,3	0,58	1,0	45,76
	Süden	118,9	1,3	0,58	1,0	154,57
	Westen	35,2	1,3	0,58	1,0	45,76
7	Treppenraum nach Norden:					
	Vertikalverglasung	15,4	1,3	0,58	1,0	20,02
	Schrägverglasung oben 20°	5,0	1,3	0,58	1,0	6,50
	Glas-Eingangstüre	2,6	1,8	0,70	1,0	4,68
	Summe	1189				536,88
8	Wärmebrückenpauschale		0,05		Gl. (10.20)	59,45
	Summe H_T					596,33

$A_N = 1189\ m^2$ (Gl. 10.66) $H'_T = 0,501\ W/(m^2\ a)$

Tafel 10.16 Beispiel Personalwohnheim; Berechnung der solaren Wärmegewinne, des Gewinn-zu-Verlust-Verhältnisses, des monatlichen Ausnutzungsgrads und des monatlichen Heizwärmebedarfs.

	Wärmestrom	Bezugswert	Gl.		Fakt, in (10.60)	Q in kWh/a
1	Transmissions-Wärmeverlust		(10.61)	$H_T = 596,33\ W/K$	66	+ 39358
2	Lüftungs-Wärmeverlust	$n = 0,6\ h^{-1}$	(10.63)	$H_V = 272,70\ W/K$	66	+ 18020
3	Interner Wärmegewinn	$q_i = 5\ W/m^2$	(10.64)		0,95	− 11190
4	Solarer Wärmegewinn Süd	$I_S = 270\ kWh/(m^2\ a)$	(10.65)	$A_w = 118,9\ m^2$	0,95	− 10030
5	Solarer Wärmegewinn Ost	$I_S = 155\ kWh/(m^2\ a)$	(10.65)	$A_w = 118,9\ m^2$	0,95	− 1705
6	Solarer Wärmegewinn West	$I_S = 155\ kWh/(m^2\ a)$	(10.65)	$A_w = 35,2\ m^2$	0,95	− 1705
7	Solarer Wärmegewinn Nord	$I_S = 100\ kWh/(m^2\ a)$	(10.65)	$A_w = 65,6\ m^2$	0,95	− 2049
8	Solarer Wärmegewinn Nord	$I_S = 100\ kWh/(m^2\ a)$	(10.65)	$A_w = 2,6\ m^2$	0,95	− 98
9	Solarer Wärmegewinn horizontal	$I_S = 255\ kWh/(m^2\ a)$	(10.65)	$A_w = 5,0\ m^2$	0,95	− 351
	Heizwärmebedarf					30250

$AN = 535,4\ m^2$ (Gl. 10.47) $q_h = 56,5\ W/(m^2\ a)$

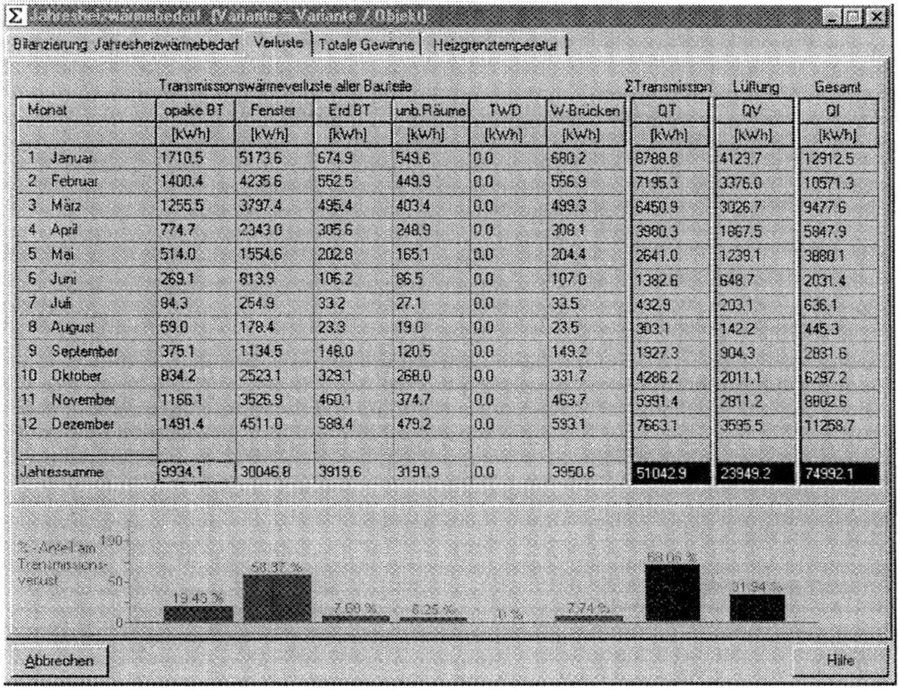

10 Energiesparender Wärmeschutz

Monat	Transmissionswärmeverluste aller Bauteile						ΣTransmission	Lüftung	Gesamt
	opake BT	Fenster	Erd BT	unb. Räume	TWD	W-Brücken	QT	QV	Ql
	[kWh]	[kWh]	[kWh]	[kWh]	[kWh]	[kWh]	[kWh]	[kWh]	[kWh]
1 Januar	1710.5	5173.6	674.9	549.6	0.0	680.2	8788.8	4123.7	12912.5
2 Februar	1400.4	4235.6	552.5	449.9	0.0	556.9	7195.3	3376.0	10571.3
3 März	1255.5	3797.4	495.4	403.4	0.0	499.3	6450.9	3026.7	9477.6
4 April	774.7	2343.0	305.6	248.9	0.0	308.1	3980.3	1867.5	5847.9
5 Mai	514.0	1554.6	202.8	165.1	0.0	204.4	2641.0	1239.1	3880.1
6 Juni	269.1	813.9	106.2	86.5	0.0	107.0	1382.6	648.7	2031.4
7 Juli	84.3	254.9	33.2	27.1	0.0	33.5	432.9	203.1	636.1
8 August	59.0	178.4	23.3	19.0	0.0	23.5	303.1	142.2	445.3
9 September	375.1	1134.5	148.0	120.5	0.0	149.2	1927.3	904.3	2831.6
10 Oktober	834.2	2523.1	329.1	268.0	0.0	331.7	4286.2	2011.1	6297.2
11 November	1166.1	3526.9	460.1	374.7	0.0	463.7	5991.4	2811.2	8802.6
12 Dezember	1491.4	4511.0	588.4	479.2	0.0	593.1	7663.1	3595.5	11258.7
Jahressumme	9934.1	30046.8	3919.6	3191.9	0.0	3950.6	51042.9	23949.2	74992.1

Bild 10.10 Beispiel Personalwohnheim. Berechnung des monatlichen spezifischen Transmissions-Wärmeverlusts QT, des Lüftungswärmeverlusts QV und der monatlichen Wärmeverluste Ql. (Software THERMPLAN).

Das Gebäude hat eine Gebäudekompaktheit $A/V_e = 0,71$ m^{-1} und eine Gebäudenutzfläche von $A_N = 535,4$ m^2. Der Fensterflächenanteil beträgt nach GL (10.55) $f_W = 42$ %. Nach der EnEV 2002 ergeben sich daraus für das Personalwohnheim als Wohngebäude die folgenden Anforderungen:

$$Q_P'' \leq 108,5 \text{ kWh/(m}^2\text{ a)}$$

Mit dem Standardwert für die Trinkwarmwasserbereitung von $q_W = 12,5$ kWh/(m^2 a) folgt nach Gl. (10.6) ein Primärenergiebedarf von $Q_P'' = 92,1$ kWh/(m^2 a). Der Wert liegt unter dem Grenzwert von $Q_{P,Anf}'' = 108,5$ kWh/(m^2 a) der EnEV 2002. Die bauliche und anlagentechnische Konzeption des Personalwohnheims erfüllt die Anforderungen der EnEV 2002.

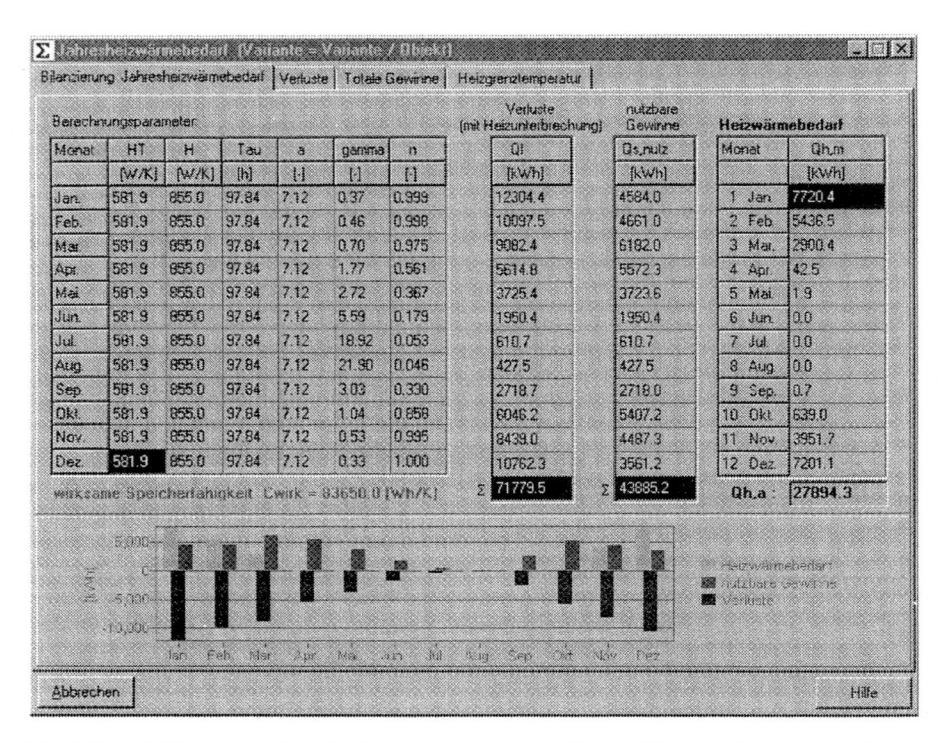

Bild 10.11 Beispiel Personalwohnheim. Berechnung der monatlichen Wärmeverluste und nutzbaren Wärmegewinne sowie den monatlichen Heizwärmebedarf. (Software THERMPLAN)

11 Gesamt-Energieeffizienz bei Gebäuden

Der Jahres-Energiebedarf von Büro-, Verkaufs- und Verwaltungsgebäuden mit sehr hohen solaren Lasten (z.B. vollverglaste Fassaden) bzw. komplexen internen Lastverläufen (z.B. hohe Beleuchtungs-Wärmelasten), so genannte „non-residential buildings" oder Nicht-Wohngebäude, oder aber auch von klimatisierten Wohngebäuden wird mit der Methode der DIN EN 832 und der EnEV 2002 nur sehr unzureichend beschrieben. Nicht nur der Primärenergiebedarf für Kühlung und Raumluftkonditionierung bleibt unberücksichtigt, auch der Strombedarf der Raumbeleuchtung wird in der Gesamt-Primärenergiebilanz nicht berücksichtigt. Ein niedriger Heizwärmeverbrauch ist häufig gekoppelt an einen hohen Stromverbrauch.

Angestoßen durch die am 4. Januar 2003 in Kraft getretene EU-Richtlinie 2002/9 l/EG „Gesamtenergieeffizienz von Gebäuden" (EPBD: Energy Performance of Building Design), welche ab 1. Januar 2006 von den europäischen Staaten bei der Primärenergiebilanzierung die Berücksichtigung des Kunstlicht- und Kühlenergiebedarfs fordert, werden Nicht-Wohngebäude mit Hilfe der Norm DIN V 18599 berechnet, welche die Primärenergie-Bilanzierung der DIN 4108-6 um den Energiebedarf für Beleuchtung, Kühlung und Klimatisierung entsprechend der tatsächlichen Nutzung erweitert.

11 Gesamt-Energieeffizienz bei Gebäuden

Zur Beurteilung der Höhe des Primär-Energiebedarfs eines Nicht-Wohngebäudes werden Anforderungswerte in Form von Vergleichswerten benötigt. Die angekündigte Energieeinspar-Verordnung EnEV 2007 diese Beurteilungskriterien festlegt. Nicht nur Neubauten, sondern auch die Gebäude im Bestand werden nach dem Willen der EU-Richtlinie primärenergetisch beurteilt. In einem öffentlich zugänglichen Energieeffizienz-Ausweis soll die energetische Qualität eines Gebäudes und seiner Anlagentechnik dokumentiert werden.

11.1 Energiebilanzierung nach DIN V 18599

Die Energiebilanz folgt einem integralen Ansatz; der Baukörper, die Nutzung und die Anlagentechnik werden unter Berücksichtigung der gegenseitigen Wechselwirkungen gemeinschaftlich bewertet. Die Bilanzierung für Nicht-Wohngebäude erweitert die Aufwendungen für die Heizwärme und die Trinkwarmwasserbereitung wohnähnlicher Nutzungen nach Bild 10.2 auf die Nutzenergien :
– die Heizung
– die Lüftung
– die Klimatisierung einschließlich Kühlung und Befeuchtung
– die Trinkwarmwasserversorgung und
– die Beleuchtung sowie
– die elektrischen Hilfsenergien,
– die mit der Energieversorgung des Gebäudes und den Anforderungen der Nutzer zusammenhängen. Mit den angegebenen Primärenergiefaktoren und Kohlenstoffdioxid-Äquivalenten lässt sich die Umweltwirksamkeit des Energiebedarfs eines Gebäudes bewerten. Bild 11.1 zeigt schematisch den Umfang der Energiebilanzierung nach DIN V 18599.

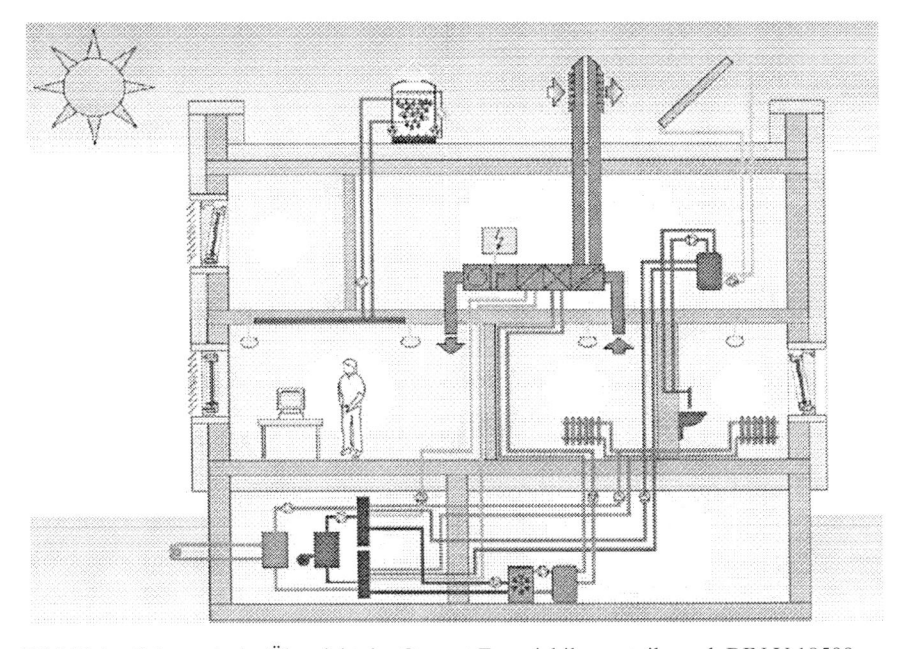

Bild 11.1 Schematische Übersicht der Gesamt-Energiebilanzanteile nach DIN V 18599

11.1.1 Primär- und Endenergie

Die Endenergie Q_f (f: final) wird für jeden Energieträger der Tafel 11.1 getrennt nach Gl. (11.1) berechnet.

$$Q_f = Q_{h,f} + Q_{h^*,f} + Q_{c,f} + Q_{c^*,f} + Q_{m^*,f} + Q_{rv,f} + Q_{w,f} + Q_{l,f} + Q_{f,aux} \qquad (11.1)$$

Die Bilanzierung erstreckt sich auf die Endenergien für das Heizsystem $Q_{h,f}$ (h: heating) und **Kühlsystem $Q_{c,f}$** (c: cooling), für die Heizfunktion $Q_{h^*,f}$ und Kühlfunktion $Q_{c^*,f}$ der raumlufttechnischen Anlage, für die Befeuchtung $Q_{m^*,f}$ (m*: moisten) in der Klimaanlage, für die freie und mechanische Raumlüftung $Q_{rv,f}$ (rv: room Ventilation), für Trinkwarmwasser $Q_{w,f}$ (w: hot water), für Beleuchtung $Q_{l,f}$ (l: lighting) und für die Hilfsenergien $Q_{f,aux}$ (aux: auxilary System) zum Betrieb der Versorgungstechnik. Die Hilfsenergie wird nach Gl. (11.2) aus den jeweiligen Hilfsenergien zur Bereitstellung der einzelnen Nutzenergien Q_h, Q_c, Q_{rv}, Q_{h^*}, Q_{c^*}, Q_w, Q_l berechnet.

$$Q_{f,aux} = Q_{h,aux} + Q_{h^*,aux} + Q_{c,aux} + Q_{c^*,aux} + Q_{m^*,aux} + Q_{rv,aux} + Q_{w,aux} + Q_{l,aux} \qquad (11.2)$$

Die nach den verschiedenen Energieträgern j getrennt berechnete Endenergie wird mit dem jeweiligen **Primärenergiefaktor f_p** und den unterschiedlichen Umrechnungsfaktoren f_u für die Endenergie nach Tafel 11.1 gewichtet. Die Primärenergie Q_p wird nach Gl. (11.3) bestimmt.

$$Q_p = \Sigma_j \, (Q_{f,j} \cdot f_{pj} \cdot f_{u,j}) \qquad (11.3)$$

Wird ein Gebäude wegen starker Nutzungsunterschiede in verschiedene Zonen aufgeteilt, so wird diese Primärenergiebilanzierung für jede Zone getrennt durchgeführt.

Tafel 11.1 Primärenergiefaktoren (Bezugsgröße unterer Heizwert Hu) und energieträgerabhängige Umrechnungsfaktoren nach DIN V 18599-1

Energieträger		Primärenergiefaktoren f_p		Verhältnis Brennwert/Heizwert H_s/H_i	Umrechnungs-Faktor für die Endenergie
		insgesamt	nicht erneuerbarer Anteil		
		A	B	$f_{Hs/Hi}$	f_U
Brennstoffe	Heizöl EL	1,1	1,1	1,06	0,943
	Erdgas H	1,1	1,1	1,11	0,901
	Flüssiggas	1,1	1,1	1,09	0,917
	Steinkohle	1,1	1,1	1,04	0,962
	Braunkohle	1,2	1,2	1,07	0,935
	Holz	1.2	0,2	1,08	0,926
Nah-/Fernwärme aus Kraft-Wärme-Kopplung (Wärmeanteil 70 %)	Fossiler Brennstoff	0,7	0,7	–	1,000
	Erneuerbarer Brennstoff	0,7	0,0	–	1,000
Nah-/Fernwärme aus Heizwerken	Fossiler Brennstoff	1,3	1,3	–	1,000
	Erneuerbarer Brennstoff	1,3	0,1	–	1,000
Elektrizität	Strom-Mix	3,0	2,7	–	1,000
Umweltenergie	Solarenergie	0,0	0,0	–	1,000
	Umgebungswärme	0,0	0,0	–	1,000

11.1.2 Berechnung der Endenergie

Prinzipiell werden alle Endenergien Q_f nach dem in Bild 10.7 skizzierten und in Gleichung (10.4) beschriebenen Berechnungsschema aus dem jeweiligen Nutz-Energiebedarf Q_N berechnet.

$$Q_f = Q_g + Q_s + Q_d + Q_{ce} + Q_N \tag{11.4}$$

In den Endenergiebedarf Q_f gehen zusätzlich zum Nutzenergiebedarf Q_N die Energieverluste bei der Energie- bzw. **Wärmeübergabe Q_{ce}** (ce: control and emission losses), bei der **Verteilung Q_d** (d: distribution losses) und bei der eventuellen **Wärmespeicherung Q_s** (s: storage losses) sowie die Verluste bei der **Wärmeerzeugung Q_g** (g: generation losses) ein.

Die Berechnungsalgorithmen sind sehr anlagenspezifisch und komplex. Für die Ermittlung der verschiedenen Endenergien sind folgende Teile der DIN V 18599 heranzuziehen:

DIN V 18599-3: für Luftaufbereitung $Q_{m^*,f}$
DIN V 18599-4: für Beleuchtung $Q_{l,f}$
DIN V 18599-5: für die Heizwärmeerzeugung $Q_{h,f}$
DIN V 18599-6: für Wohnungslüftungs- und Luftheizungsanlagen $Q_{rv,f}$
DIN V 18599-7: für Raumlufttechnik- und Klimakältesysteme $Q_{h^*,f}$, $Q_{c,f}$, $Q_{c^*,f}$
DIN V 18599-8: für Warmwasser-Bereitungssysteme $Q_{w,f}$
DIN V 18599-9: für Kraft-Wärme-Kopplungsanlagen KWK $Q_{h,f}$

Die benötigten elektrischen Hilfsenergien $Q_{f,aux}$ werden in den jeweiligen Teilen der DIN V 18599 zusammen mit den Endenergien berechnet.

11.1.3 Berechnung der Nutzenergien

11.1.3.1 Heizwärmebedarf

Wie Bild 11.2 zeigt, ist auch nach DIN V 18599-2 der Heizwärmebedarf Q_h entsprechend Gl. (10.2) zu ermitteln. Die Definitionen der Wärmesenken Q_{sink} und Wärmequellen Q_{source} sind in den Gln. (11.3) und (11.4) zusammengestellt.

$$Q_{sink} = Q_T + Q_V + Q_{S,opak} \tag{11.3}$$

$$Q_{source} = Q_i + Q_S \tag{11.4}$$

Der Transmissionswärmeverlust Q_T wird nach den Gln. (10.14-23), der Lüftungswärmeverlust Q_V mit den Gln. (10.24-28) berechnet. Zusätzlich wird der Wärmeverlust $Q_{S,opak}$ durch die nächtliche Abstrahlung opaker Außenbauteile berücksichtigt, wobei in Gl. (10.5) der Wärmegewinn durch die Absorption von Sonneneinstrahlung während des Tages gegen gerechnet wird. $Q_{S,opak}$ ist in den Wintermonaten positiv, in den Sommer- und Übergangsmonaten wird $Q_{S,opak}$ negativ.

$$Q_{S,opak} = R_{se} \cdot U \cdot A \cdot (F_f \cdot h_r \; \Delta\theta_{er} - \alpha \cdot I_{s,max}) \cdot t \tag{11.5}$$

R_{se} ist der Wärmeübergangswiderstand außen, U der Wärmedurchgangskoeffizient, A die Fläche und α der Absorptionskoeffizient für Solarstrahlung des Außenbauteils. $I_{s,max}$ ist die solare Strahlungsleistung aus Tafel 10.10, die entsprechend der Himmelsrichtung und dem Neigungswinkel der Außenbauteilfläche auftrifft, $h_r \approx 4,5$ W/(m² K) der äußere Abstrahlungskoeffizient nach Gl. (1.20), $\Delta\theta_{er} = 10$ K die Temperaturdifferenz zwischen Luft- und Himmelstemperatur und F_f ein Formfaktor der Bauteilorientierung (waagrecht bis 45°: $F_f = 1$; senkrecht bis 45°: $F_f = 0,5$). Summiert wird über den Zeitraum t in Tageseinheiten.

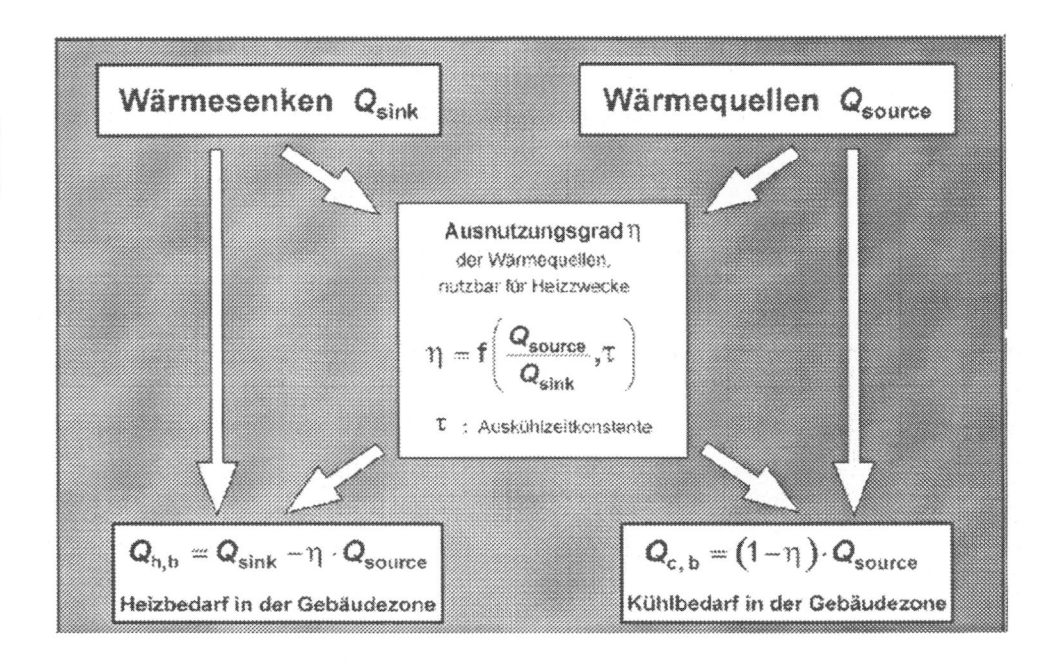

Bild 11.2 Berechnungsschemata für den Heiz- und Kühlbedarf nach DIN V 18599

Der interne Wärmegewinn Q wird im Vergleich zum Ansatz der Gl. (10.30) wesentlich differenzierter ermittelt.

$$Q_i = Q_{i,source,P} + Q_{i,source,L} + Q_{i,source,fac} + Q_{i,source,h} + Q_{i,source,goods} \tag{11.6}$$

Neben dem Wärmeeintrag $Q_{i,source,P}$ durch Personen werden die Wärmeeinträge durch die künstliche Beleuchtung $Q_{i,source,L}$, durch Geräte und Maschinen $Q_{i,source,fac}$ sowie die Verlustwärmen $Q_{i,source,h}$ der im beheizten Bereich installierten Heizungstechnik und sogar die Abwärmen $Q_{i,source,goods}$ eingebrachter heißer Waren berücksichtigt.

Der solare Wärmeeintrag Q_S in die Gebäudezone wird nach den Gln. (10.31-33) bestimmt. Nach DIN V 18599 kann in Gl. (10.33) für Verglasungen noch ein Verschmutzungsfaktor F_v einbezogen werden.

Der Algorithmus zur Bestimmung des Ausnutzungsgrades η entspricht den Formeln in den Gln. (10.34-40).

Die Außentemperaturen können der Tafel 10.10 für das Referenzklima Deutschland entnommen werden. Die Innentemperaturen sind durch die Nutzungsrandbedingungen und Klimadaten von DIN V 18599-10 vorgegeben; der Heizbetrieb mit Heizabschaltung oder Nachtabsenkung wird in eine Innentemperaturabsenkung umgerechnet.

11.1.3.2 Wärmebedarf für Trinkwarmwasser

Der Nutzenergiebedarf Q_W für verschiedene Warmwasser-Bereitungssysteme wird nach Gl. (11.7) über einen flächenbezogenen Nutzenergiebedarf Trinkwarmwasser q_W ermittelt.

$$Q_W = q_W \cdot A_B \tag{11.7}$$

Nach den Nutzungsrandbedingungen in DIN V 18599-10 ist bei Wohngebäuden die Bezugsfläche A_B die Wohnfläche; für Einfamilienhäuser ist $q_W = 12$ kWh/(m² a), für Mehrfamilienhäuser $q_W = 16$ kWh/(m² a) zu setzen. Die Richtwerte für q_W bei Nicht-Wohngebäuden werden nach der Gebäudenutzung spezifiziert, wobei die Bezugsfläche je nach Nutzung unterschiedlich ist.

11.1.3.3 Nutzenergiebedarf der energetischen Luftaufbereitung

Der Nutzenergiebedarf der energetischen Luftaufbereitung für Heizen Q_h^*, Kühlen Q_c^* oder Klimatisieren Q_m^* setzt sich nach den Gln. (11.8-10) zusammen aus den Energieanteilen für die Luftförderung $Q_{E,h}$ und den jeweiligen Nutzenergiebedarf für Wärme $Q_{V^*,h}$ (h*: heat), Kälte $Q_{V,c}^*$ (c*: cold) und Dampf $Q_{V,st}^*$ (st*: steam).

$$Q_h^* = Q_{E,h} + Q_{V^*,h}^* \tag{11.8}$$
$$Q_c^* = Q_{E,c} + Q_{V^*,c} \tag{11.9}$$
$$Q_m^* = Q_{E,st} + Q_{V^*,st} \tag{11.10}$$

In Abhängigkeit von vorgegeben Komponenten-Nutzungszeiten, den Außenzuluft- und Zonenabluftzuständen und den jeweiligen Volumenströmen und Druckunterschieden sowie von Wärmetauscher-Kenngrößen wird in DIN 18599-3 der Nutzenergiebedarf der energetischen Luftaufbereitung berechnet.

11.1.3.4 Nutzenergiebedarf der Beleuchtung

Der Nutzenergiebedarf entsteht durch den Bedarf an elektrischem Strom für die Kunstlicht-Beleuchtung. Der Endenergiebedarf $Q_{f,l}$ ist deshalb gleich dem **Nutzenergiebedarf $Q_{N,l}$** der Beleuchtung. Die Bilanzierungszone des Gebäudes wird entsprechend den Beleuchtungserfordernissen in mehrere Berechnungsbereiche j untergliedert und der Nutzenergiebedarf der Beleuchtung nach Gl. (11.11) aufsummiert.

$$Q_{N,l} = F_t \cdot \Sigma_j Q_{l,j} \tag{11.11}$$

Der **Teilbetriebsfaktor F_t** der Gebäude- oder Zonenbetriebszeit für Beleuchtung ist für die unterschiedlichen Nutzungsprofile in Nicht-Wohngebäuden in DIN V 18599-10 tabelliert. Der Energiebedarf $Q_{l,j}$ für den Berechnungsbereich j mit der Gesamt-Bodenfläche A_j berechnet sich nach der Gl. (11.12).

$$Q_{l,j} = p_j \cdot [A_{TL,j} \cdot (t_{eff,Tag,TL,j} + t_{eff,Nacht,j}) + (A_j - A_{TL,j}) \cdot (t_{eff,Tag,KTL,j} + t_{eff,Nacht,j})] \tag{11.12}$$

Die spezifische elektrische Bewertungsleistung p_j des Berechnungsbereichs j ist nach Gl. (11.13) zu bestimmen.

$$p_j = p_{j,lx} \cdot \overline{E}_m \cdot k_A \cdot k_L \cdot k_R \tag{11.13}$$

Die Rechenwerte $p_{j,lx}$ für die spezifischen elektrischen Bewertungsleistungen, bezogen auf die Netto-Grundfläche und den Wartungswert der Beleuchtungsstärke auf der Nutzebene, sind in Tafel 11.2 für stabförmige Leuchtstofflampen mit unterschiedlichen Vorschaltgeräten zusammengestellt. Der Anpassungsfaktor k_L (L: lamp) für nicht stabförmige Leuchtstofflampen ist Tafel 11.3, der Anpassungsfaktor k_R (R: room) Tafel 11.4 zu entnehmen. Der Wartungswert $\overline{E}_m$ der Beleuchtungsstärke und der Minderungsfaktor k_A zur Berücksichtigung des Bereichs der Sehaufgabe sind als Nutzungsrandbedingungen in DIN V 18599-10 aufgeführt.

$A_{TL,j}$ ist die Teil-Grundfläche des Bereichs j, der mit Tageslicht versorgt wird, $t_{eff,Tag,TLj}$ die effektive Betriebszeit des Beleuchtungssystems im tageslichtversorgten Bereich j zur Tagzeit, $t_{eff,Nacht,j}$ die effektive Betriebszeit des Beleuchtungssystems im Bereich j zur Nachtzeit, $t_{eff,Tag,KTL,j}$ die effektive Betriebszeit des Beleuchtungssystems im nicht tageslichtversorgten Bereich j zur Tagzeit. Die effektiven Betriebszeiten werden nach DIN V 18599-3 unter Berücksichtigung der nutzungsabhängigen Vorgaben in DIN V 18599-10 für den Berechnungsbereich j bestimmt.

Tafel 11.2   Rechenwerte der spezifischen elektrischen Bewertungsleistung für stabförmige Leuchtstofflampen mit unterschiedlichen Vorschaltgeräten

Beleuchtungsart	Spezifische elektrische Bewertungsleistung $p_{j,lx}$, bezogen auf die Netto-Grundfläche und den Wartungswert der Beleuchtungsstärke in $W/(m^2 \cdot lx)$		
	Elektronische Vorschaltgeräte EVG	Verlustarme Vorschaltgeräte VVG	Vorschaltgeräte konventioneller Bauart KVG
direkt	0,05	0,057	0,062
direkt/indirekt	0,06	0,068	0,074
indirekt	0,10	0,114	0,123

Tafel 11.3   Anpassungsfaktor für unterschiedliche Lampentypen

Lampenart		Anpassungsfaktor k_L
Glühlampen		6
Halogenglühlampen		5
Leuchtstofflampen kompakt	mit EVG	1,2
	mit VVG	1,4
	mit KVG	1,5
Metall-Halogendampf-Hochdruck mit KVG		1
Natriumdampf-Hochdruck mit KVG		0,8
Quecksilberdampf-Hochdruck mit KVG		1,7

Tafel 11.4   Anpassungsfaktor k_R zur Berücksichtigung des Einflusses der Raumauslegung in Abhängigkeit vom Raumindex k, der von der Raumbreite, der Raumtiefe und der Höhendifferenz zwischen der Leuchtenhöhe und Nutzebene abhängt. Anhaltswerte für k sind für unterschiedliche Nutzungsprofile DIN V 18599-10 zu entnehmen.

Beleuchtungsart	Anpassungsfaktor k_R										
	Raumindex k										
	0,6	0,7	0,8	0,9	1,0	1,25	1,5	2,0	2,5	3	4	5
direkt	1,08	0,97	0,89	0,82	0,77	0,68	0,63	0,58	0,55	0,53	0,51	0,48
direkt/indirekt	1,3	1,17	1,06	0,97	0,90	0,79	0,72	0,64	0,58	0,56	0,53	0,53
indirekt	1,46	1,25	1,08	0,95	0,85	0,69	0,60	0,52	0,47	0,44	0,42	0,39

11.2   Energetische Beurteilung von Gebäuden nach EnEV 2007

Für einen Vergleich des berechneten Primärenergiebedarfs unterschiedlicher Gebäude wird eine Gebäudebezugsgröße wie das Gebäudevolumen V_e, die Gebäudenutzfläche A_N oder die

11 Gesamt-Energieeffizienz bei Gebäuden

Reinigungsfläche A_R benötigt. Die Qualität der Energieeffizienz lässt sich nur mit Hilfe eines Vergleichswertes oder eine Tabelle mit Mindestanforderungen beurteilen. Die neue Energieeinsparungs-Verordnung EnEV 2007 vom 24 Juli 2007 gibt diese Werte und weitere standardisierte Randbedingungen vor.

Die EnEV 2007 behandelt im Gegensatz zur alten EnEV 2002 Wohngebäude und Nicht-Wohngebäude getrennt. Während für Wohngebäude im Anforderungsniveau und in der Nachweismethode nahezu alles unverändert ist, orientiert sich der Nachweis bei Nicht-Wohngebäuden in der Berechnungsmethode an der neuen DIN V 18599 und beim Nachweis an einer Vergleichsrechnung des Gebäudes mit detailliert vorgegebenen, nutzungsbezogenen Randbedingungen.

11.2.1 Energiebedarfsnachweis nach EnEV 2007 für Wohngebäude

Die Höchstwerte des auf die Gebäudenutzfläche A_N bezogenen Jahres-Primärenergiebedarfs Q_P'' der neuen EnEV zeigt Tafel 11.5; sie sind gegenüber denjenigen der EnEV 2002 im Wesentlichen unverändert geblieben. Die Spalten 2 und 4 der Tafeln 10.8 und 11.5 sind gleich, die Spalten 4 und 6 der Tafel 10.8 weggefallen. Die Höchstwerte für den Jahres-Primärenergiebedarf von Wohngebäuden mit überwiegender Warmwasserbereitung aus elektrischem Strom sind in der neuen Tafel 11.5 um 4,2 kWh/(m²a) gegenüber denen der alten Tafel 10.8 abgesenkt.

Tafel 11.5: Anforderungen der EnEV 2007 (Anhang 1, Tabelle 1)

Verhältnis A/V$_e$	Höchstwerte des Jahres-Primärenergiebedarfs Q_P'' in kWh/(m² · a) bezogen auf die Gebäudenutzfläche A_N		Spezifischer, auf die wärmeübertragende Umfassungsfläche A bezogener Transmissions-Wärmeverlust H_T' in W/(m² · K)
	Wohngebäude außer solchen nach Spalte 3	Wohngebäude mit überwiegender Warmwasserbereitung aus elektrischem Strom	Wohngebäude
1	2	3	4
≤0,20	66,00 + 2600/(100 + A_N)	83,80	1,05
0,3	73,53 + 2600/(100 + A_N)	91,33	0,80
0,4	81,06 + 2600/(100 + A_N)	98,86	0,68
0,5	88,58 + 2600/(100 + A_N)	106,39	0,60
0,6	96,11 + 2600/(100 + A_N)	113,91	0,55
0,7	103,64 + 2600/(100 + A_N)	121,44	0,51
0,8	111,17 + 2600/(100 + A_N)	128,97	0,49
0,9	118,70 + 2600/(100 + A_N)	136,50	0,47
1,0	126,23 + 2600/(100 + A_N)	144,03	0,45
≥1,05	130,00 + 2600/(100 + A_N)	147,79	0,44

Für die Zwischenwerte der Tafel 11.5 gelten folgende Interpolationspolynome:

Spalte 2: $\quad Q_P'' = 50,94 + 75,29 \cdot A/V_e + 2600/(100 + A_N)\quad$ in kWh/(m² · a) \hfill (11.14)

Spalte 3: $\quad Q_P" = 68{,}74 + 75{,}29 \cdot A/V_e \quad$ in kWh/(m²·a) $\hspace{3cm}$ (11.15)

Spalte 4: $\quad H_T' = 0{,}3 + 0{,}15/(A/V_e) \quad$ in W/(m²·K) $\hspace{3.5cm}$ (11.16)

Wird das Wohngebäude unter Verwendung von elektrischem Strom oder fossiler Brennstoffe gekühlt, dann erhöhen sich die Höchstwerte des Jahres-Primärenergiebedafs $Q_{P,c}"$ solchermaßen gekühlter Wohngebäude gegenüber den Werten $Q_P"$ der Tafel 11.5 bzw. der Gl. (11.14) und Gl. (11.15) im Verhältnis der gekühlten Gebäude-Nutzfläche $A_{N,c}$ zur gesamten Gebäude-Nutzfläche A_N:

$$Q_{P,c}" = Q_P" + 16{,}2 \text{ kWh/(m}^2 \cdot \text{a)} \cdot A_{N,c}/A_N \hspace{2cm} (11.17)$$

Der Jahres-Primärenergiebedarf Q_P von nicht gekühlten Wohngebäuden ist auch bei der EnEV 2007 nach Gl. (10.5) bzw. Gl. (10.6) zu bestimmen. Zum Vergleich mit den Anforderungen ist Q_P auf die Gebäude-Nutzfläche A_N zu beziehen. Bei Wohngebäuden mit einer gekühlten Nutzflächen $A_{N,c}$ sind der berechnete Primär-Energiebedarf $Q_P"$ sowie der elektrische Endenergiebedarf Q_{HE} wie folgt zu erhöhen:

$$Q_{P,c} = Q_P + f_{P,c} \cdot A_{N,c} \hspace{4cm} (11.18)$$

$$Q_{HE,c} = Q_{HE} + f_{HE,c} \cdot A_{N,c} \hspace{3.5cm} (11.19)$$

Nach der EnEV 2007 sind die Erhöhungsparameter $f_{P,c}$ und $f_{HE,c}$ der Tafel 11.6 anzusetzen.

Tafel 11.6: Erhöhungsparameter für Primärenergie und elektrischer Endenergie gekühlter Wohngebäude

	Art der eingesetzten Raumkühlung	Erhöhungsparameter Primärenergie $f_{P,c}$	Erhöhungsparameter elektrische Endenergie $f_{HE,c}$
1	2	3	
1	Fest installierte Raumklimageräte (Split-, Multisplit- oder Kompaktgeräte) der Energieeffizienzklassen A, B oder C der Richtlinie 2002/31/EG vom 22. März 2002	16,2 kWh/(m² · a)	6 kWh/(m² · a)
2	Kühlung mittels Wohnungslüftungsanlage mit reversibler Wärmepumpe	16,2 kWh/(m² · a)	6 kWh/(m² · a)
3	Raum-Kühlflächen in Verbindung mit Kaltwasserkreisen und elektrischer Kälteerzeugung z.B. über reversible Wärmepumpe	10,8 kWh/(m² · a)	4 kWh/(m² · a)
4	Kühlung aus erneuerbaren Wärmesenken wie Erdsonden, Erdkollektoren, Zisternen	2,7 kWh/(m² · a)	1 kWh/(m² · a)
5	Alle anderen Anlagen (nicht unter 1 bis 4)	18,9 kWh/(m² · a)	7 kWh/(m² · a)

Der Jahres-Heizwärmebedarf Q_h des Wohngebäudes ist in der Regel nach dem Monatsverfahren (s. Kap. 10.4.2) zu berechnen. Für Wohngebäude mit einem Fensterflächenanteil $f_W < 0{,}30$, ermittelt nach Gl. (10.55), darf auch nach dem vereinfachten Jahresverfahren (s. Kap. 10.4.3) angewandt werden. Der Heizwärmebedarf für die Warmwasserbereitung Q_W ist wie bisher mit dem Pauschalwert $Q_W" = 12{,}5$ kWh/(m² · a) anzusetzen. Die Gesamtanlagen-Aufwandszahl e_P nach Gl. (10.7) ergibt sich wie bei der EnEV 2002 aus einer Berechnung nach DIN V 4701-10. Alternative Energieversorgungssysteme (z.B. Kraft-Wärme-Kopplung, Wärmepumpe, Fern-

und Blockheizung) dürfen bei zu errichtenden Wohngebäuden mit einer Gebäudenutzfläche $A_N > 1000$ m² rechnerisch berücksichtigt werden, wenn sie entsprechend dem allgemeinen, fachlichen Wissensstand begründet sind.

Der spezifische, auf die wärmeübertragende Umfassungsfläche A bezogene Transmissions-Wärmeverlust H_T' berechnet sich wie bisher nach Gl. (10.66).

11.2.2 Energiebedarfsnachweis nach EnEV 2007 für Nicht-Wohngebäude

Der Energieeffizienznachweis nach EnEV 2007 für Nicht-Wohngebäude basiert auf einer Berechnung des Jahres-Primärenergiebedarfs für das Heizungssystem und die Heizfunktion der raumlufttechnischen Anlage $Q_{p,h}$, für die Warmwasserbereitung $Q_{p,w}$, für das Kühlsystem und die Kühlfunktion der raumlufttechnischen Anlage $Q_{p,c}$, für die Dampfversorgung einer Klimaanlage $Q_{p,m}$, für den Strombedarf der Beleuchtung $Q_{p,l}$ sowie die elektrischen Hilfsenergie aller Anlagen $Q_{P,aux}$. Der nach Gl. (11.14) ermittelte Gesamt-Jahres-Primärenergiebedarf Q_P ist die Nachweisgröße bei Nicht-Wohngebäuden; im Vergleich zu den Wohngebäuden kommen die Primärenergieanteile für Kühlung und Licht dazu.

$$Q_p = Q_{p,h} + Q_{p,w} + Q_{p,c} + Q_{p,m} + Q_{p,l} + Q_{P,aux} \tag{11.20}$$

Zur Berechnung der einzelnen Primärenergie-Bedarfswerte hat nach DIN V 18599:2005 zu erfolgen. Die Norm besteht aus 10 Teilen:

Teil 1: Allgemeine Bilanzierungsverfahren, Begriffe, Zonierung und Bewertung der Energieträger
Teil 2: Nutzenergiebedarf für Heizen und Kühlen von Gebäudezonen
Teil 3: Nutzenergiebedarf für die energetische Luftaufbereitung
Teil 4: Nutz- und Endenergiebedarf für Beleuchtung
Teil 5: Endenergiebedarf von Heizsystemen
Teil 6: Endenergiebedarf von Wohnungslüftungsanlagen und Luftheizungsanlagen für den Wohnungsbau
Teil 7: Endenergiebedarf von Raumlufttechnik- und Klimakältesystemen für den Nicht-Wohnungsbau
Teil 9: End- und Primärenergiebedarf von Kraft-Wärme-Kopplungsanlagen
Teil 10: Nutzungsrandbedingungen, Klimadaten

Die Themenschwerpunkte der Normteile zeigt Bild 11-2. DIN V 18599 beinhaltet dabei Algorithmen für die Berücksichtigung solarer Wärmegewinne über Kollektoren, für Wärmepumpen, für Kraft-Wärme-Kopplungsanlagen und für diverse Kühlsysteme.

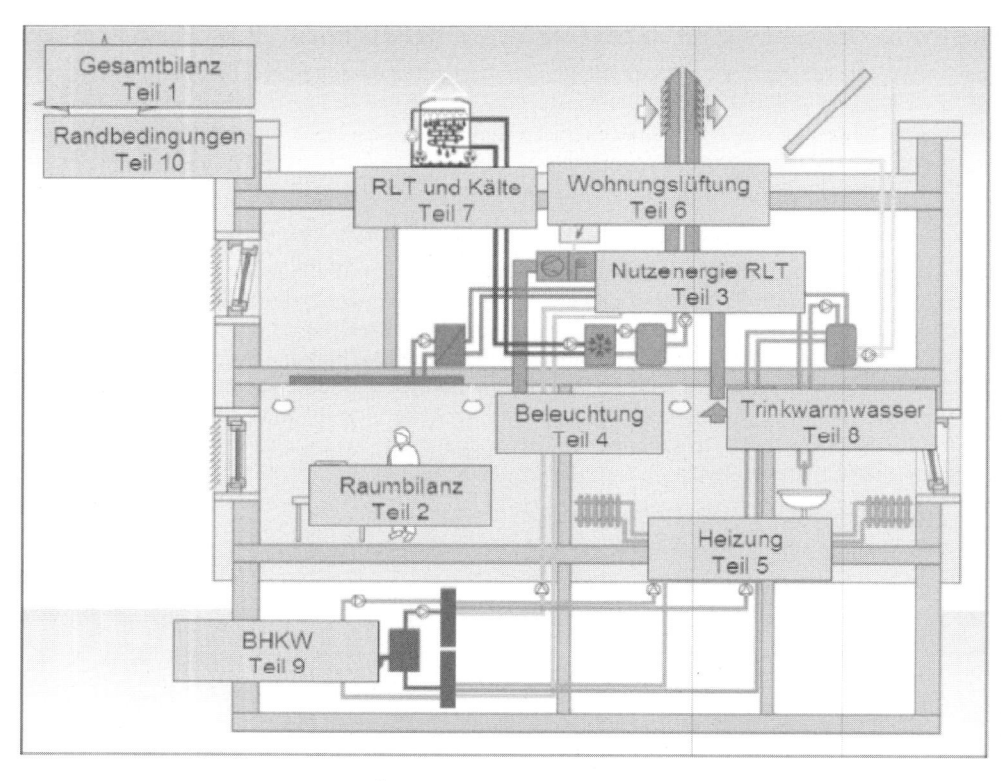

Bild 11.2 Themenschwerpunkte und Übersicht über die Teile der DIN V 18599

EnEV 2007 setzt Höchstwerte für den baulichen Wärmeschutz der Gebäudehülle und für den Jahres-Gesamt-Primärenergiebedarf. Die Höchstwerte für den spezifischen, auf die wärmeübertragende Umfassungsfläche bezogenen Transmissionswärme-Transferkoeffizienten H_T' sind in Tafel 11.7 zusammengestellt. Der Höchstwerte für den, auf die Nettogrundfläche bezogenen Primarenergiebedarf des Nicht-Wohngebäudes $Q_{P,max}''$ ergibt sich aus der Vergleichsrechnung für ein Referenzgebäude gleicher Geometrie und Nutzung wie das zu errichtende Gebäude; dabei sind die detaillierten Vorgaben der EnEV 2007, Anhang 2, Tabelle 1 einzusetzen, siehe Tafel 11.7.

11 Gesamt-Energieeffizienz bei Gebäuden

Tafel 11.7: Ausführung des Referenzgebäudes für den Nachweis bei Nicht-Wohngebäude

Lfd. Nr.	Rechengröße bzw. Systemgröße		Referenzausführung bzw. Referenzwert
1	Spezifischer, auf die wärme-übertragende Umfassungsfläche bezogener Transmissionswärmetranferkoeffizient H_T' einer Zone	Gebäude und Gebäudeteile mit Raum-Solltemperaturen im Heizfall $\geq 19°C$ und Fensterflächenanteile $\leq 30\%$	$H_T' = 0{,}23 + 0{,}12 * (A/V_e)^{-1}$ (in $W/(m^2K)$)
		Gebäude und Gebäudeteile mit Raum-Solltemperaturen im Heizfall $\geq 19°C$ und Fensterflächenanteile $> 30\%$	$H_T' = 0{,}27 + 0{,}18 * (A/V_e)^{-1}$ (in $W/(m^2K)$)
		Gebäude und Gebäudeteile mit Raum-Solltemperaturen im Heizfall von 12 bis 19°C	$H_T' = 0{,}53 + 0{,}10 * (A/V_e)^{-1}$ (in $W/(m^2K)$)
2	Gesamtenergiedurchlassgrad $g_\perp$	Transparente Bauteile in Fassaden und Dächern	0,65 Zwei-Scheiben-Verglasung 0,48 Drei-Scheiben-Verglasung 0,35 Sonnenschutz-Verglasung
		Lichtbänder	0,70
		Lichtkuppeln	0,72
3	Lichttransmissionsgrad der Verglasung τ_{D65}	Transparente Bauteile in Fassaden und Däche	0,78 Zwei-Scheiben-Verglasung 0,72 Drei-Scheiben-Verglasung 0,62 Sonnenschutz-Verglasung
		Lichtbänder	0,62
		Lichtkuppeln	0,73
4	Gebäudedichtheit Bemessungswert n_{50}	Ohne raumlufttechn. Anlage	3,0 (in h^{-1})
		Mit raumlufttechnischer Anlage	1,5 (in h^{-1})
5	Tageslichtversorgungsfaktor bei Sonnen- und/oder Blendschutz $C_{TL;Vers.,SA}$	Kein Sonnen- oder Blendschutz vorhanden	0,7
		Blendschutz vorhanden	0,15
6	Sonnenschutzvorrichtung		Annahme der tatsächlichen, sich mindestens nach DIN 4108-2 ergebenden Sonnenschutzvorrichtung
7	Beleuchtungsart		Direkte Beleuchtung mit verlustarmen Vorschaltgerät und stabförmiger Leuchtstofflampe
8	Regelung der Beleuchtung	Präsenzkontrolle	Manuelle Kontrolle ohne Präsenzmelder
		Tageslichtabhängige Kontrolle	Manuelle Kontrolle
9	Heizung	Wärmeerzeuger	Niedertemperaturkessel, Gebläsebrenner, Erdgas, Aufstellung außerhalb der thermischen Hülle, Wasserinhalt $> 0{,}15$ l/kW

		Wärmeverteilung	Zweirohrnetz, außenliegende Verteilleitungen, innenliegende Steigstränge, innenliegende Anbindeleitungen, Systemtemperatur 55/45°C, hydraulisch abgeglichen, Δp konstant, Pumpe auf Bedarf ausgelegt, Rohrleitungslängen nach DIN V 18599-5:2007-02
		Wärmeübergabe	Freie Heizflächen an der Außenwand, bei Glasflächen mit Strahlungsschutz, P-Regler (2K), keine Hilfsenergie
10	Warmwasser	Zentraler Wärmeerzeuger	Gemeinsame Wärmeerzeugung mit Heizung
		Zentrale Wärmespeicherung	Indirekt beheizter Speicher (stehend), Aufstellung außerhalb der thermischen Hülle
		Wärmeverteilung	Außenliegende Verteilleitungen, innenliegende Steigstränge, innenliegende Anbindeleitungen, mit Zirkulation, dp konstant, Pumpe auf Bedarf ausgelegt, Rohrleitungslänge entsprechend Planung für das zu errichtende Gebäude
		Dezentrale Wärmeerzeugung	Elektrischer Durchlauferhitzer, eine Zapfstelle pro Gerät, Rohrleitungslänge entsprechend Planung für das zu errichtende Gebäude
11	Raumlufttechnik	Abluftanlage	Spezifische Leistungsaufnahme Ventilatoren $P_{SFP} = 1{,}25$ kW/(m³/s)
		Zu- und Abluftanlage ohne Nachheiz- und Kühlfunktion	Spezifische Leistungsaufnahme Zuluftventilator $P_{SFP} = 1{,}6$ kW/(m³/s); spezifische Leistungs-aufnahme Abluftventilator $P_{SFP} = 1{,}25$ kW/(m³/s); Wärmerückgewinnung über Kreislaufverbund-Kompaktwärmeübertrager mit der Rückwärme-zahl $\eta_t = 0{,}45$
		Zu- und Abluftanlage mit geregelter Luftkonditionierung	Spezifische Leistungsaufnahme Zuluftventilator $P_{SFP} = 2{,}0$ kW/(m³/s); spezifische Leistungs-aufnahme Abluftventilator $P_{SFP} = 1{,}25$ kW/(m³/s); Wärmerückgewinnung über Kreislaufverbund-Kompaktwärmeübertrager mit der Rückwärme-zahl $\eta_t = 0{,}45$; Zulufttemperatur 18°C; Druckverhältniszahl $\pi = 0{,}4$; Außenluftvolumenstrom ≤ 15000 m³/h je Gerät: Elektrodampfbefeuchter; Außenluftvolumenstrom > 15000 m³/h je Gerät: Wasserbefeuchter, Hochdruckbefeuchter;
		Nur-Luft-Klimaanlagen als Variabel-Volumenstrom-System	Druckverhältniszahl $\pi = 0{,}4$ Luftführung innerhalb Gebäude

12	Kühlbedarf für Gebäudezonen	≤ 180 Wh/(m²*Tag)	Primärenergiebedarf i.d.R. gleich Null; Ausnahmen siehe DIN V 18599-10:2005-07
		> 180 Wh/(m²*Tag), durch spezielle Nutzung über internen Wärmeeintrag (Personen, Arbeitsmittel) nachgewiesen	Übernahme der Kühlbedarfsplanung für das zu errichtende Nicht-Wohngebäude
13	Raumkühlung	Kältesystem	Kaltwasser Fan-Coil 14/18°C Kaltwassertemperatur; Brüstungsgerät
		Kaltwasserkreis Raumkühlung	10% Überströmung; spezifische elektrische Leistung der Verteilung $P_{d,spez}$ = 35 $W_{el}/kW_{Kälte}$ hydraulisch abgeglichen, geregelte Pumpe, saisonale sowie Nacht- und Wochenend-abschaltung
14	Kälteerzeugung	Erzeuger bis 500 kW je Kälteerzeuger	Kolben/Scroll-Verdichter mehrstufig schaltbar, R134a, luftgekühlt, Kaltwassertemperatur 6/12°C
		Kaltwasserkreis Erzeuger inklusive RLT-Kühlung	30% Überströmung; spezifische elektrische Leistung der Verteilung $P_{d,spez}$=25 $W_{el}/kW_{Kälte}$ hydraulisch abgeglichen, geregelte Pumpe, saisonale sowie Nacht- und Wochenend-abschaltung
		Erzeuger über 500 kW je Kälteerzeuger	Schraubenverdichter, R134a; wassergekühlt; Kühlwassereintritt Kältemaschine konstant, Kaltwassertemperatur 6/12°C
		Kaltwasserkreis Erzeuger inklusive RLT Kühlung	30% Überströmung; spezifische elektrische Leistung der Verteilung $P_{d,spez}$=25 $W_{el}/kW_{Kälte}$ hydraulisch abgeglichen, ungeregelte Pumpe, saisonale sowie Nacht- und Wochenend-abschaltung
		Rückkühlung	Verdunstungskühler mit offenem Kreislauf ohne Zusatzschalldämpfer, Kühlwassertemperatur 27/33°C
		Rückkühlkreis	50% Überströmung; spezifische elektrische Leistung der Verteilung $P_{d,spez}$=20 $W_{el}/kW_{Kälte}$ hydraulisch abgeglichen, ungeregelte Pumpe, bedarfsgesteuerter Betrieb
15	Nutzungsrandbedingungen	allgemein	Grenzwerte und Nutzungsrandbedingungen nach DIN V 18599-10:2005-07, Tabellen 4 bis 8
		Verschattungsfaktor	$F_S = 0{,}9$
		Verbauungsindex	$I_V = 0{,}9$
		Solare Wärmegewinne über opake Bauteile	U = 0,50 W/(m²·K) $\varepsilon = 0{,}8$ Emissionsgrad Wärmestrahlung $\alpha = 0{,}5$ Strahlungsabsorptionsgrad (allgemein) $\alpha = 0{,}8$ Strahlungsabsorptionsgrad (dunkle Dächer)

Für Nicht-Wohngebäude, die nur je eine Anlage zur Beheizung und Warmwasserbereitung haben und die ohne Kühlung geplant werden bzw. bei denen nur ein Serverraum durch ein Kühlgerät mit einer Nennleistung unter 12 kW gekühlt wird, kann der Jahres-Primärenergiebedarf Q_P durch ein vereinfachtes Verfahren berechnet werden. Für den Warmwasser-Nutzenergiebedarf sind standardisierte Bemessungswerte anzusetzen, die elektrische Bewertungsleistung für die vorgesehenen Beleuchtungseinrichtungen ist nach DIN V 18599-4:2005-07 zu berechnen. Allerdings sind die rechnerisch ermittelten Werte für den Jahres-Primärenergiebedarf Q_P und für den, auf die wärmeübertragenden Umfassungsfläche bezogene Transmissionswärmetransferkoeffizienten H_T' jeweils um 10% zu erhöhen.

11.2.3 Nachweis nach EnEV 2007 bei der Änderung bestehender Gebäude und Anlagen

Die Höchstwerte der Wärmedurchgangskoeffizienten U_{max} der Tafel 10.12 sind bei erstmaligem Einbau, beim Ersatz und bei der Erneuerung von Bauteilen unverändert weiterhin einzuhalten. Wirken sich die Änderungen auf weniger als 20 % einer Bauteilfläche gleicher Orientierung aus, dann entfällt die Anforderung an das geänderte Bauteil.

Energetisch sanierte Altbauten erfüllen auch dann die Anforderungen der EnEV 2007, wenn für die geänderten Wohngebäude die Höchstwerte des Jahres-Primärenergieverbrauchs $Q_{P,max}''$ und des spezifischen, auf die Wärme übertragende Umfassungsfläche A bezogenen Höchstwerte des Transmissions-Wärmetransferkoeffizienten $H'_{T,max}$ für Neubauten nach Tafel 11-5 je einzeln um nicht mehr als 40 % überschritten werden. Auch im Falle der energetischen Sanierung von Nicht-Wohngebäuden gilt, dass die berechneten Werte für den Primärenergiebedarf Q_P'' und des Transmissions-Wärmetransferkoeffizienten H_T' jeweils unterhalb des 1,4-fachen der Höchstwerte neu errichteter Nicht-Wohngebäude sind.

Wird ein beheiztes oder gekühltes Gebäude um zusammenhängend mindestens 10 m² Gebäudenutzfläche oder Nettogrundfläche erweitert, dann muss dieser neue Gebäudeteil als separate Zone die Anforderung an Neubauten einhalten.

11.2.4 Energetische Bewertung bestehender Wohngebäude nach EnEV 2007

Zur energetischen Bewertung bestehender Wohngebäude mit einer durchschnittlichen Geschosshöhe h_G der Vollgeschosse des Gebäudes von $h_G > 2{,}5$ m darf das vereinfachte Verfahren der Tafel 11.7 zur Berechnung des Jahres-Heizwärmebedarfs Q_h angewendet werden. Die Gebäudenutzfläche A_N ist in diesem Falle nach Gl. (11.15) zu ermitteln. Die Geschosshöhe h_G eines Vollgeschosses ist die Höhendifferenz von der Oberkante Rohfußboden bis zur Oberkante Rohfußboden der darüber liegenden Decke in Meter.

$$A_N = 0{,}32 \cdot V_e - 0{,}12 \cdot (h_G - 2{,}5) \quad \text{in m}^2 \tag{11.21}$$

Wird das Monatsverfahren nach Abschn. 10.4.2.1 zur Berechnung von Q_h verwendet, dann sind die Zeilen 2, 3 und 5 der Tafel 11.7 zu übernehmen und bei der Ermittlung der solaren Gewinne der Verschattungsfaktor $F_S = 0{,}9$ und Minderungsanteil für den Rahmenanteil von Fenstern mit $F_F = 0{,}6$ anzusetzen.

Die EnEV 2007 verlangt die Wärmedämmung nicht begehbarer, aber zugänglicher oberster Geschossdecken beheizter Räume in bestehenden Wohngebäuden, so dass ein Wärmedurchgangskoeffizient $U \leq 0{,}30$ W/(m²K) erreicht wird. Darüber hinaus werden eine Vielzahl von Nachrüstungsauflagen bei Anlagen und Wärmeverteileinrichtungen gemacht sowie Verpflich-

11 Gesamt-Energieeffizienz bei Gebäuden

tungen zur Qualität der Wärmeerzeugungs-, Kühl- und RLT-Anlagen, zur Aufrechterhaltung dieser energetischen Qualität und zur energetischen Inspektion formuliert.

Tafel 11.8: Vereinfachtes Verfahren zur Ermittlung des Jahres-Heizwärmebedarfs von bestehenden Wohngebäuden

	Zu ermittelnde Größen	Gleichung	Zu verwendende Randbedingungen		
	1	2	3		
1	Jahres-Heizwärme-Bedarf Q_h	$Q_h = F_{GT} \cdot (H_T + H_V) - \eta_{HP} \cdot (Q_s + Q_i)$	$(H_T+H_V)/A_N$ W/(m²·K)	F_{GT} kKh/a	η_{HP} —
			< 2	66	0,95
			2 – 4	75	0,90
			> 4	82	0,85
2	Spezifischer Transmissions-Wärmeverlust H_T	$H_T = \Sigma (F_{xi} \cdot U_i \cdot A_i) + A \cdot \Delta U_{WB}$	$\Delta U_{WB} = 0{,}15$ W/(m²·K) Außenwand mit Innendämmung und einbindender Massivdecke		
	Auf die wärme-übertragende Umfassungsfläche A bezogener Transmissions-Wärmeverlust H_T'	$H_T' = H_T/A$	$\Delta U_{WB} = 0{,}10$ W/(m²·K) Regelfall ohne Innendämmung		
			$\Delta U_{WB} = 0{,}05$ W/(m²·K) Wärmedämmung der zugänglichen Wärmebrücken nach DIN 4108 Beiblatt 2		
			ΔU_{WB} aus Wärmebrückenberechnung		
3	Spezifischer Lüftungs-Wärmeverlust H_V	$H_V = 0{,}27 \cdot V_e$	$n = 1{,}0$ h⁻¹ offensichtliche Undichtigkeiten		
		$H_V = 0{,}19 \cdot V_e$	$n = 0{,}7$ h⁻¹ ohne Dichtheitsprüfung		
		$H_V = 0{,}163 \cdot V_e$	$n = 0{,}6$ h⁻¹ mit Dichtheitsprüfung (Blower-Door: $n_{50} < 3$ h⁻¹)		
4	Solare Gewinne Q_S	$Q_S = \Sigma (I_s)_{j,HP} \cdot \Sigma 0{,}567 \cdot g\perp_i \cdot A_i$ $(I_s)_{j,HP}$: solare Einstrahlung in der Heizperiode HP aus der Himmelsrichtung j	Orientierung	$(H_T+H_V)/A_N$ W/(m²·K)	$(I_s)_{j,HP}$ kWh/(m²·a)
			Südost bis Südwest	< 2	270
				2 – 4	410
				> 4	584
			Nordwest bis Nordost	< 2	100
				2 – 4	215
				> 4	400
			Übrige Richtungen	< 2	155
				2 – 4	300
				> 4	480
			Dachflächenfenster mit Neigungen < 30°	< 2	225
				2 – 4	455
				> 4	745
5	Interne Gewinne Q_i	$Q_i = q_i \cdot A_N$ A_N: Gebäudenutzfläche nach Gl. (10.49) bzw. Gl. (11.21)		< 2	22
				2 – 4	29
				> 4	36

11.2.5 Energetische Bewertung bestehender Nicht-Wohngebäude nach EnEV 2007

Bei Nicht-Wohngebäuden erfolgt die Bewertung der Energieeffizienz durch Vergleich des auf die Netto-Grundfläche bezogenen, über mindestens drei Abrechnungsperioden witterungsbereinigt gemittelten Jahres-Energieverbrauchs mit Energieverbrauchskennwerten, die für Nicht-Wohngebäude von der Bundesregierung im Bundesanzeiger bekannt gemacht werden. Die Energieverbrauchskennwerte in $kWh/(m^2 \cdot a)$beziehen sich auf die Nutzenergieverbräuche für Heizung, Warmwasserbereitung, Kühlung, Lüftung und für die eingebaute Beleuchtung.

11.3 Energieausweis nach EnEV 2007

Nach der EU-Richtlinie 2002/91/EG über die Gesamteffizienz der Gebäude ist sicher zu stellen, dass beim Bau, beim Verkauf und bei der Vermietung von Gebäuden dem künftigen Eigentümer, dem potenziellen Käufer oder Mieter ein Ausweis über die Gesamtenergieeffizienz vorgelegt wird. Dieser Ausweis muss Referenzwerte wie Normwerte aus Rechtsverordnungen

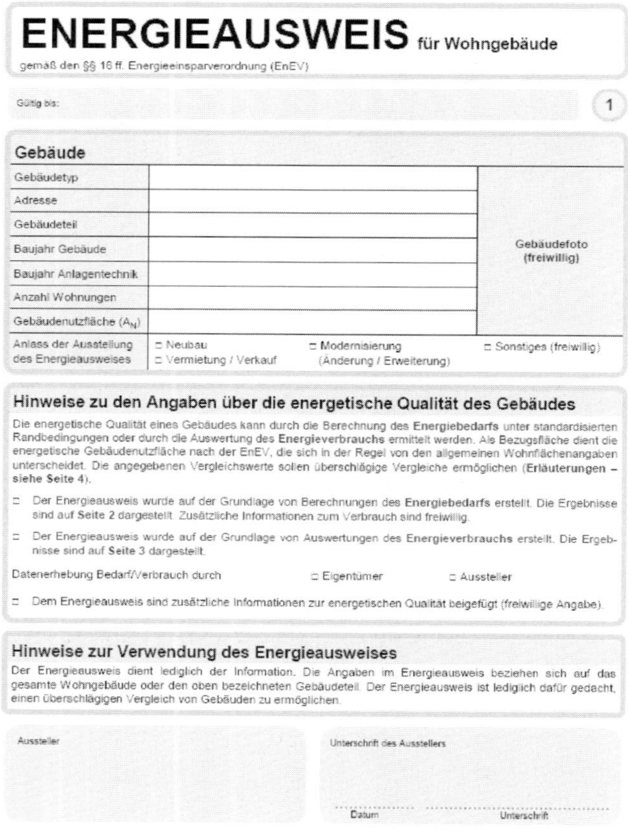

ENERGIEAUSWEIS für Wohngebäude

gemäß den §§ 16 ff. Energieeinsparverordnung (EnEV)

Gültig bis: 1

Gebäude

Gebäudetyp		Gebäudefoto (freiwillig)
Adresse		
Gebäudeteil		
Baujahr Gebäude		
Baujahr Anlagentechnik		
Anzahl Wohnungen		
Gebäudenutzfläche (A_N)		
Anlass der Ausstellung des Energieausweises	□ Neubau □ Vermietung / Verkauf □ Modernisierung (Änderung / Erweiterung)	□ Sonstiges (freiwillig)

Hinweise zu den Angaben über die energetische Qualität des Gebäudes

Die energetische Qualität eines Gebäudes kann durch die Berechnung des **Energiebedarfs** unter standardisierten Randbedingungen oder durch die Auswertung des **Energieverbrauchs** ermittelt werden. Als Bezugsfläche dient die energetische Gebäudenutzfläche nach der EnEV, die sich in der Regel von den allgemeinen Wohnflächenangaben unterscheidet. Die angegebenen Vergleichswerte sollen überschlägige Vergleiche ermöglichen (**Erläuterungen – siehe Seite 4**).

□ Der Energieausweis wurde auf der Grundlage von Berechnungen des **Energiebedarfs** erstellt. Die Ergebnisse sind auf **Seite 2** dargestellt. Zusätzliche Informationen zum Verbrauch sind freiwillig.

□ Der Energieausweis wurde auf der Grundlage von Auswertungen des **Energieverbrauchs** erstellt. Die Ergebnisse sind auf **Seite 3** dargestellt.

Datenerhebung Bedarf/Verbrauch durch □ Eigentümer □ Aussteller

□ Dem Energieausweis sind zusätzliche Informationen zur energetischen Qualität beigefügt (freiwillige Angabe).

Hinweise zur Verwendung des Energieausweises

Der Energieausweis dient lediglich der Information. Die Angaben im Energieausweis beziehen sich auf das gesamte Wohngebäude oder den oben bezeichneten Gebäudeteil. Der Energieausweis ist lediglich dafür gedacht, einen überschlägigen Vergleich von Gebäuden zu ermöglichen.

Aussteller

Unterschrift des Ausstellers

Datum Unterschrift

Bild 11.3
Muster des Energieausweises für Wohngebäude nach EnEV 2007
(1: Gebäudebeschreibung, 2: Bedarfsausweis;
3: Verbrauchsausweis)

11 Gesamt-Energieeffizienz bei Gebäuden

ENERGIEAUSWEIS für Wohngebäude
gemäß den §§ 16 ff. Energieeinsparverordnung (EnEV)

Berechneter Energiebedarf des Gebäudes (2)

Energiebedarf

Primärenergiebedarf „Gesamtenergieeffizienz"
$kWh/(m^2 \cdot a)$

0 50 100 150 200 250 300 350 400 >400

$kWh/(m^2 \cdot a)$

Endenergiebedarf CO_2-Emissionen * $kg/(m^2 \cdot a)$

Nachweis der Einhaltung des § 3 oder § 9 Abs. 1 der EnEV (Vergleichswerte)

Primärenergiebedarf		Energetische Qualität der Gebäudehülle	
Gebäude Ist-Wert	$kWh/(m^2a)$	Gebäude Ist-Wert H_T	$W/(m^2K)$
EnEV-Anforderungswert	$kWh/(m^2a)$	EnEV-Anforderungswert H_T	$W/(m^2K)$

Endenergiebedarf „Normverbrauch"

Energieträger	Jährlicher Endenergiebedarf in $kWh/(m^2a)$ für			Gesamt in $kWh/(m^2a)$
	Heizung	Warmwasser	Hilfsgeräte	

Erneuerbare Energien
☐ Einsetzbarkeit alternativer Energieversorgungssysteme nach § 5 EnEV vor Baubeginn berücksichtigt
Erneuerbare Energieträger werden genutzt für:
☐ Heizung   ☐ Warmwasser
☐ Lüftung

Lüftungskonzept
Die Lüftung erfolgt durch:
☐ Fensterlüftung   ☐ Schachtlüftung
☐ Lüftungsanlage ohne Wärmerückgewinnung
☐ Lüftungsanlage mit Wärmerückgewinnung

Vergleichswerte Endenergiebedarf
0 50 100 150 200 250 300 350 400 >400

Erläuterungen zum Berechnungsverfahren
Das verwendete Berechnungsverfahren ist durch die Energieeinsparverordnung vorgegeben. Insbesondere wegen standardisierter Randbedingungen erlauben die angegebenen Werte keine Rückschlüsse auf den tatsächlichen Energieverbrauch. Die ausgewiesenen Bedarfswerte sind spezifische Werte nach der EnEV pro Quadratmeter Gebäudenutzfläche (A_N).

* freiwillige Angabe ** EFH – Einfamilienhäuser, MFH – Mehrfamilienhäuser

---

oder Vergleichskennwerte sowie Empfehlungen für die kostengünstige Verbesserung der Gesamtenergieeffizienz enthalten. Für größere öffentliche Gebäude ist dieser Ausweis an für die Öffentlichkeit gut sichtbarer Stelle auszuhängen. Das Vorliegen oder das Zugänglichmachen eines Energieausweises ist jedoch weder Voraussetzung für die Rechtswirksamkeit eines Kauf- oder Mietvertrags noch für die Auflassung bzw. die Eintragung eines Eigentumswechsels in das Grundbuch.

Im Anhang 6 der EnEV 2007 sind Muster-Energieausweise für Wohngebäude und Nichtwohngebäude sowohl für den berechneten Energiebedarf als auch für den gemessenen Energieverbrauch enthalten. Die Energiekennwerte werden in der Einheit $kWh/(m^2a)$ angegeben.

ENERGIEAUSWEIS für Wohngebäude
gemäß den §§ 16 ff. Energieeinsparverordnung (EnEV)

Gemessener Energieverbrauch des Gebäudes (3)

Energieverbrauchskennwert

Dieses Gebäude: kWh/(m²·a)

0 50 100 150 200 250 300 350 400 >400

Energieverbrauch für Warmwasser: ☐ enthalten ☐ nicht enthalten

Verbrauchserfassung – Heizung und Warmwasser

Energieträger	Abrechnungszeitraum von	bis	Brennstoffmenge [kWh]	Anteil Warmwasser [kWh]	Klimafaktor	Energieverbrauchskennwert in kWh/(m²·a) (zeitlich bereinigt, klimabereinigt) Heizung	Warmwasser	Kennwert
								Durchschnitt

Vergleichswerte Endenergiebedarf

0 50 100 150 200 250 300 350 400 >400

Die modellhaft ermittelten Vergleichswerte beziehen sich auf Gebäude, in denen die Wärme für Heizung und Warmwasser durch Heizkessel im Gebäude bereitgestellt wird.
Soll ein Energieverbrauchskennwert verglichen werden, der keinen Warmwasseranteil enthält, ist zu beachten, dass auf die Warmwasserbereitung je nach Gebäudegröße 20 – 40 kWh/(m²·a) entfallen können.
Soll ein Energieverbrauchskennwert eines mit Fern- oder Nahwärme beheizten Gebäudes verglichen werden, ist zu beachten, dass hier normalerweise ein um 15 – 30 % geringerer Energieverbrauch als bei vergleichbaren Gebäuden mit Kesselheizung zu erwarten ist.

Erläuterungen zum Verfahren

Das Verfahren zur Ermittlung von Energieverbrauchskennwerten ist durch die Energieeinsparverordnung vorgegeben. Die Werte sind spezifische Werte pro Quadratmeter Gebäudenutzfläche (A_N) nach Energieeinsparverordnung. Der tatsächlich gemessene Verbrauch einer Wohnung oder eines Gebäudes weicht insbesondere wegen des Witterungseinflusses und sich änderndem Nutzerverhaltens vom angegebenen Energieverbrauchskennwert ab.

* EFH – Einfamilienhäuser, MFH – Mehrfamilienhäuser

Beim Energieausweis für Wohngebäude und Nicht-Wohngebäude wird zuerst eine Gebäudebeschreibung verlangt. In Bild 11.3 ist der Energieausweis für Wohngebäude nach der EnEV 2007 dargestellt. Bei Neubauten ist immer ein Energiebedarfsausweis aufzustellen. Auch für bestehende Gebäude mit weniger als 5 Wohnungen ist nur ein Energiebedarfsausweis zulässig. Bei größeren bestehenden Wohngebäuden und bei Nicht-Wohngebäuden ist es freigestellt, ob ein Energieausweis auf der Basis eines rechnerisch ermittelten Energiebedarfs oder der gemessenen, über örtliche Klimawerte witterungsbereinigten Energieverbräuche erstellt wird. Beim Energiebedarfsausweis, siehe Bild 11.3.2 wird der Jahres-Primärenergiebedarf und der Endenergiebedarf rechnerisch unter standardisierten Randbedingungen (Klima, Nutzung) ermittelt. Beim Energieverbrauchsausweis, siehe Bild 11.3.3 wird immer der Energieverbrauch des gesamten Gebäudes und nicht einzelner Wohnungen oder Nutzereinheiten zugrunde gelegt (Mittelungseffekt). Über Klimafaktoren wird der gemessene Energieverbrauch für die Heizung hinsichtlich der konkreten örtlichen Verhältnisse auf einen deutschlandweiten Mittelwert umgerechnet. Entsprechende Gradtagzahlen müssen dazu amtlicherseits zur Verfügung gestellt werden.

Sind Maßnahmen zur kostengünstigen Verbesserung der Energieeffizienz möglich, sind dem Energieausweis Modernisierungsempfehlungen beizufügen. Nach Möglichkeit ist ein Vergleich von Modernisierungsvarianten vorzunehmen. Die EnEV 2007 enthält ein Musterformular für die Modernisierungsempfehlungen.

Nicht jeder ist berechtigt, für bestehende Gebäude einen Energieausweis auszustellen. Berechtigt zur Ausstellung von Energieausweisen sind nur bau- und anlagentechnisch qualifizierte Ingenieure oder Handwerksmeister, die sowohl einen Ausbildungsschwerpunkt im Bereich des energiesparenden Bauens als auch eine erfolgreiche Fortbildung in der Energie- und Modernisierungsberatung nachweisen können. Die Ausstellungsberechtigung ist in der EnEV 2007 detailliert geregelt.

11.4 Kohlendioxid-Emission

Förderprogramme zum Klimaschutz zielen auf die Verminderung von Kohlendioxid-CO_2-Emissionen in die Atmosphäre. So kann bei der Altbau-Modernisierung das aus Bundesmittel zinsverbilligte KfW-Darlehensprogramm zur genutzt werden, wenn über die Reduktion des Heizwärmebedarfs fachkundig nachgewiesen wird, dass durch die energetische Sanierung eine CO_2-Einsparung von mindestens 40 kg CO_2 pro m^2 Gebäudenutzfläche A_N im Jahr erreicht wird.

Die Berechnung der CO_2-Emission erfolgt nach Gl. (11.22), wobei die jeweiligen für ein Gebäude nach Gl. (11.1) ermittelten Endenergien Q_f für Heizung, Trinkwarmwasser, Lüftung, Kühlung und Beleuchtung mit dem Energieträger spezifischen Faktor f_{CO2} der Tafel 11.8 multipliziert werden.

$$m(CO_2) = \Sigma \, (f_{CO2,j} \cdot Q_{f,j}) \tag{11.22}$$

Tafel 11.8 Faktoren f_{CO2} zur Bestimmung der CO_2-Emissionen

	Energieträger-Heizsystem	Faktor f_{CO2} in kg(CO_2)/kWh
1	Kohle-Festbrennstoffkessel, Einzelofen	0,74
2	Elektro-Speicherheizung	0,81
3	Elektro-Wärmepumpe, Luft	0,31
4	Elektro-Wärmepumpe, Erdreich	0,23
5	Elektro-Wärmepumpe, Wasser	0,21
6	Heizöl-Standardkessel (alt), Einzelofen	0,56
7	Heizöl-Niedertemperaturkessel (alt)	0,49
8	Heizöl-Niedertemperaturkessel (nach 01.01.1995)	0,40
9	Heizöl-Brennwertkessel (nach 01.01.1995)	0,37
10	Erdgas-Standardkessel (alt), Einzelofen	0,45
11	Erdgas-Niedertemperaturkessel (alt)	0,40
12	Erdgas-Niedertemperaturkessel (nach 01.01.1995)	0,32
13	Erdgas-Brennwertkessel (nach 01.01.1995)	0,30
14	Flüssiggas-Standardkessel (alt)	0,50
15	Flüssiggas-Niedertemperaturkessel (alt)	0,44
16	Flüssiggas-Niedertemperaturkessel (nach 01.01.1995)	0,36
17	Flüssiggas-Brennwertkessel (nach 01.01.1995)	0,33
18	Biogas-Heizungen	0,00
19	Solar-Kollektor zur Raumheizung	0,00
20	Biomasse-Heizanlagen	0,05
21	Fernwärme-aus fossilen Brennstoffen (alt)	0,33
22	Fernwärme-aus fossilen Brennstoffen (neue Übergabestation)	0,30
23	Fernwärme-aus erneuerbaren Energien	0,00
24	Fernwärme-aus fossilen Blockheizkraftwerken	0,30
25	Fernwärme-aus regenerativen Blockheizkraftwerken	0,00
26	Brennstoffzellen	0,00

III Feuchte

Bearbeitet von Martin Homann

1 Ziel

Der Staat darf durch Vorschriften in das Baugeschehen nur dann eingreifen, wenn eine Gefährdung des Lebens oder der Gesundheit der Menschen oder der Umwelt zu befürchten ist. In den Bauordnungen der Bundesländer wird in diesem Sinne Folgendes gefordert (Auszug aus BauO-NW) [54]:
– Bauliche Anlagen ... sind so anzuordnen, zu errichten, zu ändern und in Stand zu halten, dass
– ... insbesondere Leben, Gesundheit oder die natürlichen Lebensgrundlagen nicht gefährdet sind (§ 3).
– ... durch Wasser, Feuchtigkeit ... Gefahren oder unzumutbare Belästigungen nicht entstehen ... (§ 16).

Mit welchen Maßnahmen den Gefahren oder unzumutbaren Belästigungen durch Wasser und Feuchtigkeit begegnet werden soll, ist dem Bauherrn weitgehend freigestellt. Er muss allerdings eine geregelte Bauweise (z.B. gemäß DIN-Normen) oder eine generell oder für den Einzelfall zugelassene Bauweise wählen. Für Aufenthaltsräume fordert der Staat jedoch aus den oben genannten Gründen zwingend die Einhaltung der DIN 4108, Teil 3 [58.2]. Dort heißt es in Abschnitt 1:

Diese Norm enthält
– Anforderungen an den Tauwasserschutz von Bauteilen für Aufenthaltsräume.
– Empfehlungen für den Schlagregenschutz von Wänden sowie
– feuchteschutztechnische Hinweise für Planung und Ausführung von Hochbauten.

Dagegen ist DIN 18195, Bauwerksabdichtungen [72], heute nicht mehr bauaufsichtlich eingeführt, d.h. die Art der Abdichtung ist den Bauenden nunmehr freigestellt, weil die heutige Bauweise auch bei nicht voll funktionierender Abdichtung keine Gefahren für Leben und Gesundheit der Menschen in sich birgt.

Für die Besitzer und die Nutzer von Bauwerken ist ein Feuchteschutz aus folgenden zusätzlichen Gründen notwendig bzw. sinnvoll:

a) Nutzbarkeit der Räume
   Viele Nutzungen von Räumen erfordern ein relativ eng definiertes Raumklima, welches nur dann gewährleistet werden kann, wenn eine unkontrollierte äußere Feuchteeinwirkung ausgeschaltet ist. Auch die Leistungsfähigkeit des Menschen ist nur in einem relativ eng begrenzten Klimabereich optimal. Bauwerke und Räume müssen ferner ästhetischen Bedürfnissen genügen, die durch Folgen von Durchfeuchtungen erheblich beeinträchtigt werden können. Schließlich sind feuchte Baustoffe Quellen für Keime und Geruchstoffe und deshalb unerwünscht.

b) Wärmeschutz der Bauwerke
   Der Energieaufwand zur Beheizung wird davon beeinflusst, ob ein Bauwerk trocken gehalten wird oder nicht. Die Wärmeleitfähigkeit der Baustoffe steigt nämlich mit der Stoff-Feuchte an. Zu verdunstende Wassermengen aus durchfeuchteten Baustoffen und die Abführung zu feuchter Raumluft erfordern einen zusätzlichen Energieaufwand.

c) Erhaltung der Bausubstanz
   Einer der wichtigsten Beschleuniger für den allmählichen, langfristig allerdings unvermeidlichen Zerfall der Bauwerke ist ohne Zweifel das Wasser. Es ermöglicht vielerlei chemische, physikalische und biologische Prozesse, welche bei Trockenheit nicht ablaufen können. Daher gibt es seit langem die These: Bauen ist Kampf gegen das Wasser. Die Erfahrung [22] zeigt, dass die meisten Bauschäden auf den Einfluss von Wasser zurückgehen.

In welch vielfältiger Form das Wasser auf Bauwerke einwirkt und welche Bezeichnung es dann hat, ist auf Bild 1.1 dargestellt.

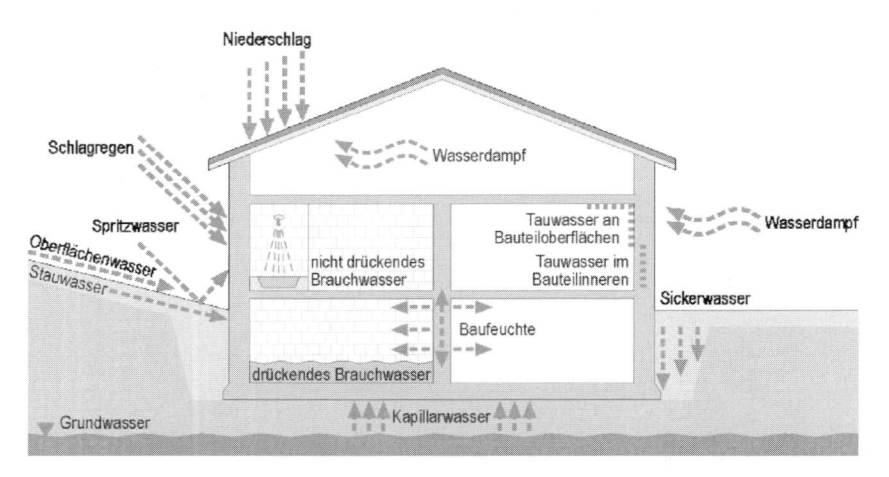

Bild 1.1 Bezeichnungen für das auf Bauwerke einwirkende Wasser

Die jeweils optimalen Maßnahmen zum Feuchteschutz kann man nur finden, wenn man spezielle Kenntnisse hat, welche im vorliegenden Buchkapitel vermittelt werden. Dessen Gliederung ist auf Tafel 1.1 erläutert, die Nummerierung der sich mit den einzelnen Teilaspekten befassenden Abschnitte ist in Klammern angegeben: Nach der Zielsetzung in Abschnitt 1 werden die hier benötigten wissenschaftlichen Grundlagen in den Abschnitten 2 bis 4 vermittelt: Wie das Wasser in Baustoffen und in der Luft gespeichert und in welch vielfältiger Weise es in den Baustoffen transportiert wird, beschreiben die Abschnitte 2 und 3. Der Übergang des Wassers von einem Baustoff zu einem anderen oder an die Atmosphäre, wird in Abschnitt 4 behandelt. Die Planungsinstrumente zur Lösung praktischer Feuchteprobleme in Bauteilen unter stationären und instationären Bedingungen, d.h. das Werkzeug zum sog. Feuchtemanagement, werden in den Abschnitten 5 und 6 erläutert. Unter stationären Bedingungen ist das sog. Glaserverfahren, unter instationären Bedingungen die Computersimulation das wichtigste Planungsinstrument. In Abschnitt 7 werden die mechanischen Folgen der hygrischen Belastung der Baustoffe, d.h. der Spannungen, Verformungen, Rissbildungen usw., aufgezeigt. Schließlich folgen dann in Abschnitt 8 die konkreten Konsequenzen für die Ausbildung

Tafel 1.1 Gewählte Gliederung des Buchkapitels Feuchte

„Feuchte"
Ziel (1)
Wissenschaftliche Grundlagen
– Feuchtespeicherung (2)
– Feuchtetransport (3)
– Feuchteübergang (4)
Planungsinstrumente
– Stationärer Feuchtetransport (5)
– Instationärer Feuchtetransport (6)
Hygrische Beanspruchung von Bauteilen (7)
Bautechnischer Feuchteschutz (8)
– allgemeine Aspekte (8.1)
– gegen Wasser im Baugrund (8.2)
– gegen Niederschläge (8.3)
– gegen Wasser im Bauwerk (8.4)

der Bauteile und des Bauwerks, d.h. der bautechnische Feuchteschutz. Dabei werden nach der Behandlung von allgemeingültigen Aspekten die notwendigen Maßnahmen entsprechend der Herkunft des Wassers erörtert: Im zweiten Unterabschnitt wird das auf erdberührte Wandflächen und die Bauwerkssohle einwirkende Wasser aus dem Erdreich behandelt. Dann folgt der Schutz gegen Niederschlagswasser, das auf Dächer und die Fassadenflächen einwirkt. Schließlich werden das im Inneren von Gebäuden auftretende Brauchwasser, die Baufeuchte sowie der in der Raumluft enthaltene Wasserdampf, der an Oberflächen und im Inneren von Bauteilen kondensieren kann, hinsichtlich der möglichen Gegenmaßnahmen besprochen.

2 Feuchtespeicherung

2.1 Feuchtespeicherung in Luft

2.1.1 Wasserdampfgehalt der Luft

Luft kann nur eine begrenzte Menge Wasser in Gasform (Wasserdampf) aufnehmen, nämlich nur so viel, bis sie gesättigt ist. Diese Menge ist allerdings sehr stark von der Temperatur abhängig, wobei die Aufnahmefähigkeit mit der Temperatur zunimmt (Tafel 2.1). Auch

Tafel 2.1   Wasserdampfkonzentration in Luft im Sättigungszustand als Funktion der Temperatur

θ [°C]	v_{sat} [g/m³]	θ [°C]	v_{sat} [g/m³]	θ [°C]	v_{sat} [g/m³]
− 15	1,39	± 0	4,85	+ 15	12,8
− 14	1,52	+ 1	5,20	+ 16	13,7
− 13	1,65	+ 2	5,57	+ 17	14,5
− 12	1,80	+ 3	5,95	+ 18	15,4
− 11	1,96	+ 4	6,36	+ 19	16,3
− 10	2,14	+ 5	6,79	+ 20	17,3
− 9	2,33	+ 6	7,25	+ 21	18,3
− 8	2,53	+ 7	7,74	+ 22	19,4
− 7	2,75	+ 8	8,26	+ 23	20,6
− 6	2,98	+ 9	8,81	+ 24	21,8
− 5	3,23	+ 10	9,39	+ 25	23,0
− 4	3,50	+ 11	10,0	+ 26	24,4
− 3	3,81	+ 12	10,7	+ 27	25,8
− 2	4,14	+ 13	11,3	+ 28	27,2
− 1	4,49	+ 14	12,1	+ 29	28,8

Luft, welche kälter als 0 °C ist, kann noch eine entsprechend kleine Menge Wasserdampf enthalten. Ab 100 °C kann der Wasserdampf einen vorgegebenen Raum völlig ausfüllen, sodass dann im Extremfall nur noch Wasserdampf und gar keine Luft mehr vorliegt.

Luft kann aber auch mit Wasserdampf übersättigt sein. Das bedeutet, die lösliche Menge Wasserdampf, welche unsichtbar ist wie die Luft selbst, wurde überschritten. Der Überschuss ist nicht mehr in der Luft als Wasserdampf gelöst, sondern bildet feine Tröpfchen, welche als Nebel oder Wolken in Erscheinung treten.

Ist der Wasserdampf in der Luft in geringerer Konzentration vorhanden als bei der betreffenden Temperatur löslich wäre, so nennt man die Luft ungesättigt. Zur Kennzeichnung dieses Zustandes gibt man das Verhältnis der vorhandenen Wasserdampfkonzentration ν zur maximal löslichen Konzentration ν_{sat} bei der betreffenden Temperatur an und bezeichnet es als relative Luftfeuchte φ:

$$\phi = \frac{\nu}{\nu_{sat}} \qquad (2.1)$$

Die relative Luftfeuchte wird entweder in Prozent oder als Zahl angegeben, z.B. 45 % oder 0,45. In allen Gleichungen dieses Buchkapitels ist φ stets nur als Zahl einzusetzen. In Analogie zum Begriff „relative Luftfeuchte" bezeichnet man die Wasserdampfkonzentration in Luft als „absolute Luftfeuchte". Auf Bild 2.1 ist der Wasserdampfgehalt von Luft in

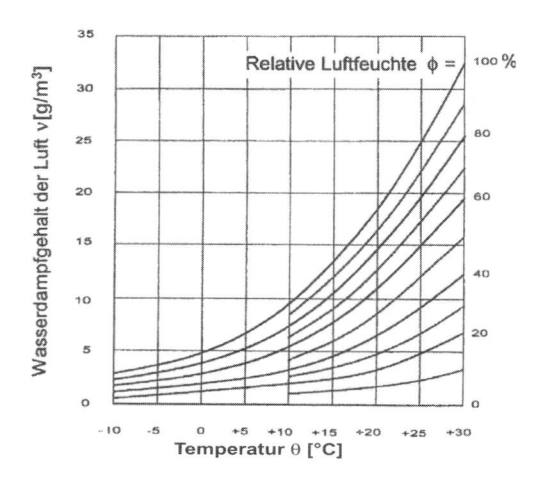

Bild 2.1
Carrier-Diagramm (Wasserdampfgehalt der Luft als Funktion der Temperatur und der relativen Luftfeuchte)

Abhängigkeit der Temperatur und der relativen Luftfeuchte dargestellt (sog. Carrier-Diagramm), wobei derjenige Temperaturbereich herausgegriffen wurde, in dem sich die Außenluft in Mitteleuropa normalerweise bewegt. Die mit φ = 100 % bezeichnete Kurve stellt die Sättigungsfeuchte dar; die Kurven für kleinere relative Luftfeuchten verlaufen so, dass sie bei jeder Temperatur den Ordinatenabschnitt zwischen der Temperaturachse und der Sättigungsfeuchte entsprechend dem durch die relative Luftfeuchte gegebenen Verhältnis teilen. Bei der Temperatur von 0 °C hat der Verlauf der Kurven einen kaum erkennbaren Knick mit nach oben zeigender Spitze.

Es ist in der Bauphysik üblich, die Wasserdampfmenge in Luft nicht als Konzentration, sondern als Partialdruck anzugeben. Der sog. Wasserdampfpartialdruck ist derjenige Druck,

2 Feuchtespeicherung

Tafel 2.2 Sattdampfdruck des Wasserdampfs in Luft als Funktion der Temperatur nach DIN 4108-3 [58.2]

θ_L in [°C]	Wasserdampfsättigungsdruck p_{sat} über Wasser bzw. Eis [Pa]									
	0,0	0,1	0,2	0.3	0,4	0,5	0,6	0,7	0,8	0,9
30	4244	4269	4294	4319	4344	4369	4394	4419	4445	4469
29	4006	4030	4053	4077	4101	4124	4148	4172	4196	4219
28	3781	3803	3826	3848	3871	3894	3916	3939	3961	3984
27	3566	3588	3609	3631	3652	3674	3695	3717	3739	3759
26	3362	3382	3403	3423	3443	3463	3484	3504	3525	3544
25	3169	3188	3208	3227	3246	3266	3284	3304	3324	3343
24	2985	3003	3021	3040	3059	3077	3095	3114	3132	3151
23	2810	2827	2845	2863	2880	2897	2915	2932	2950	2968
22	2645	2661	2678	2695	2711	2727	2744	2761	2777	2794
21	2487	2504	2518	2535	2551	2566	2582	2598	2613	2629
20	2340	2354	2369	2384	2399	2413	2428	2443	2457	2473
19	2197	2212	2227	2241	2254	2268	2283	2297	2310	2324
18	2065	2079	2091	2105	2119	2132	2145	2158	2172	2185
17	1937	1950	1963	1976	1988	2001	2014	2027	2039	2052
16	1818	1830	1841	1854	1866	1878	1889	1901	1914	1926
15	1706	1717	1729	1739	1750	1762	1773	1784	1795	1806
14	1599	1610	1621	1631	1642	1653	1663	1674	1684	1695
13	1498	1508	1518	1528	1538	1548	1559	1569	1578	1588
12	1403	1413	1422	1431	1441	1451	1460	1470	1479	1488
11	1312	1321	1330	1340	1349	1358	1367	1375	1385	1394
10	1228	1237	1245	1254	1262	1270	1279	1287	1296	1304
9	1148	1156	1163	1171	1179	1187	1195	1203	1211	1218
8	1073	1081	1088	1096	1103	1110	1117	1125	1133	1140
7	1002	1008	1016	1023	1030	1038	1045	1052	1059	1066
6	935	942	949	955	961	968	975	982	988	995
5	872	878	884	890	896	902	907	913	919	925
4	813	819	825	831	837	843	849	854	861	866
3	759	765	770	776	781	787	793	798	803	808
2	705	710	716	721	727	732	737	743	748	753
1	657	662	667	672	677	682	687	691	696	700
0	611	616	621	626	630	635	640	645	648	653
− 0	611	605	600	595	592	587	582	577	572	567
− 1	562	557	552	547	543	538	534	531	527	522
− 2	517	514	509	505	501	496	492	489	484	480
− 3	476	472	468	464	461	456	452	448	444	440
− 4	437	433	430	426	423	419	415	412	408	405
− 5	401	398	395	391	388	385	382	379	375	372
− 6	368	365	362	359	356	353	350	347	343	340
− 7	337	336	333	330	327	324	321	318	315	312
− 8	310	306	304	301	298	296	294	291	288	286
− 9	284	281	279	276	274	272	269	267	264	262
− 10	260	258	255	253	251	249	246	244	242	239
− 11	237	235	233	231	229	228	226	224	221	219
− 12	217	215	213	211	209	208	206	204	202	200
− 13	198	197	195	193	191	190	188	186	184	182
− 14	181	180	178	177	175	173	172	170	168	167
− 15	165	164	162	161	159	158	157	155	153	152
− 20	103	102	101	100	99	98	97	96	95	94

III

den man dem Wasserdampf entsprechend seinem Anteil am Gasgemisch Luft zuteilen müsste, damit zusammen mit den übrigen Gasbestandteilen der Luft, die ebenfalls einen ihrer Menge entsprechenden Partialdruck zugeteilt bekommen, ein Gesamtdruck von etwa 1 bar vorliegt, der für das Luftgemisch auf der Erdoberfläche kennzeichnend ist. Viele Missverständnisse beruhen darauf, dass man statt der korrekten, aber umständlichen Bezeichnung „Wasserdampfpartialdruck" oft kurz „Wasserdampfdruck" sagt. Daraus wird dann gelegentlich der irrige Schluss gezogen, der in der Luft vorhandene Wasserdampf könne einen mechanischen Druck ausüben, während tatsächlich nur das Gasgemisch „Luft" als Ganzes einen Druck auf Festkörper- und Flüssigkeitsoberflächen ausüben kann.

Mit für baupraktische Belange ausreichender Genauigkeit kann Luft als „ideales" Gas angesehen werden. Das bedeutet, dass Proportionalität besteht zwischen dem Wasserdampfpartialdruck p und der Wasserdampfkonzentration ν gemäß folgender Beziehung, die unter dem Namen „ideale Gasgleichung" bekannt ist:

$$p = \nu \cdot R \cdot T \tag{2.2}$$

Der Wasserdampfkonzentration ν entspricht der Wasserdampfpartialdruck p, der maximalen Wasserdampfkonzentration ν_s oder Sättigungsfeuchte entspricht ein maximaler Wasserdampfdruck p_{sat} oder Sattdampfdruck. Auf Tafel 2.2 ist der Sattdampfdruck als Funktion der Temperatur für ein Temperaturintervall von 0,1 K angegeben. Aus der Definition der relativen Luftfeuchte und der Proportionalität zwischen Partialdruck und Konzentration folgt, dass die relative Luftfeuchte als das Verhältnis von vorhandenem Wert zu maximalem Wert nicht nur der Wasserdampfkonzentration, sondern auch des Wasserdampfpartialdrucks angesehen werden kann:

$$\phi = \frac{\nu}{\nu_{sat}} = \frac{p}{p_{sat}} \tag{2.3}$$

Der Wasserdampfpartialdruck im Sättigungszustand kann für die im folgenden angegebenen Temperaturbereiche nach einer in DIN 4108 [58] mitgeteilten Zahlenwertgleichung berechnet werden:

$$p_{sat} = a \left(b + \frac{\phi}{100\,°C} \right)^n \tag{2.4}$$

p_{sat}	ϕ	a	b	n
Pa	°C	Pa	–	–

Das rechts von Gl. (2.4) stehende Kästchen kennzeichnet hier und im Folgenden die betreffende Gleichung als Zahlenwertgleichung. Es enthält die in der Gleichung auftretenden Größen und schreibt die bei ihrer zahlenmäßigen Anwendung einzuhaltenden Dimensionen vor. Partialdrücke werden durch Kleinbuchstaben (p) als solche kenntlich gemacht, Gesamtdrücke durch Großbuchstaben (P).

Den drei Parametern a, b und n sind folgende Werte zuzuteilen:

	0 °C ≤ θ ≤ 30 °C	– 20 °C ≤ θ ≤ 0 °C
a	288,68 Pa	4,689 Pa
b	1,098	1,486
n	8,02	12,30

In abgeschlossenen Räumen mit einer genügend großen freien Oberfläche einer Salzlösung stellen sich für die Salzlösung typische relative Luftfeuchten ein, wie DIN 50008 [91] angibt und durch Bild 2.2 erläutert wird: Eine relative Luftfeuchte von 100 % findet man nur über reinem Wasser. Stark wirkende Trocknungsmittel, wie Phosphorpentoxid und Silicagel, kön-

2 Feuchtespeicherung

nen die Luft in abgeschlossenen Räumen nahezu wasserfrei halten, sodass in diesen praktisch 0 % relative Luftfeuchte herrscht. Die in Bild 2.2 genannten Salze führen in wässriger Lösung nur dann zur angegebenen Luftfeuchte über der Lösung, wenn die Lösung gesättigt ist. Mit abnehmender Salzkonzentration steigt die relative Luftfeuchte über der betreffenden Lösung an.

Die Ausbildung eines spezifischen Gleichgewichts im Wasserdampfgehalt der Luft über einer gesättigten Salzlösung wird in der Labortechnik häufig dazu benützt, um in Lufträumen gewünschte relative Luftfeuchten aufrechtzuerhalten. Gegen Änderungen der Luftfeuchte weitgehend stabile Verhältnisse ergeben sich allerdings nur dann, wenn man die Lösung im Überschuss mit Salz versieht, sodass die gesättigte Salzlösung einen Bodenkörper aus zugehörigem Salz besitzt. Wird dann nämlich dem Luftraum über der Salzlösung aus irgendeiner Quelle Wasserdampf zugeführt, so steigt die relative Luftfeuchte dennoch nicht an, weil der von der Salzlösung aufgenommene Wasserdampf Salz aus dem Bodenkörper löst und damit die Menge

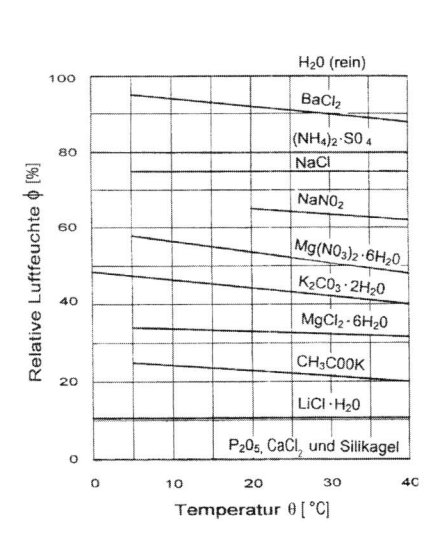

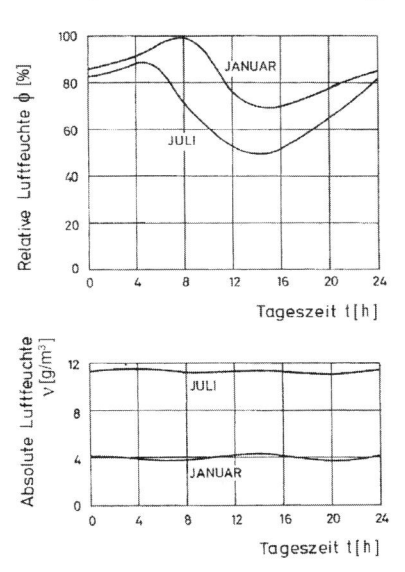

Bild 2.2 Die relative Luftfeuchte über gesättigten Salzlösungen

Bild 2.3 Relative und absolute Luftfeuchte der Außenluft im Tagesverlauf

an gesättigter Salzlösung vermehrt. Wird dem Luftraum dagegen Wasserdampf entzogen, so verdunstet Wasser aus der gesättigten Salzlösung und der Bodenkörper wächst. Da es viel Aufwand erfordert, die Temperatur eines Luftraumes über längere Zeit genügend genau konstant zu halten, ist es erwünscht, solche Salze zur Herstellung gesättigter Salzlösungen zur Verfügung zu haben, deren Gleichgewichts-Luftfeuchte sich nur wenig mit der Temperatur ändert. Folgende Salze erfüllen diese Forderung weitgehend. (Bild 2.2):

Ammoniumsulfat $(NH_4)_2 \cdot SO_4$
Bariumchlorid $BaCl_2$
Calciumchlorid $CaCl_2$
Kaliumacetat CH_3COOK
Kaliumcarbonat $K_2CO_3 \cdot 2H_2O$
Lithiumchlorid $LiCl \cdot H_2O$

Magnesiumchlorid $MgCl_2 \cdot 6H_2O$
Magnesiumnitrat $Mg(NO_3)_2 \cdot 6H_2O$
Natriumchlorid $NaCl$
Natriumnitrit $NaNO_2$
Phosphorpentoxid P_2O_5

Die relative Luftfeuchte der Außenluft ändert sich gemäß Bild 2.3 im Normalfall im Laufe eines Tages in dem Sinne, dass am frühen Nachmittag zur Zeit der größten Temperatur die relative Luftfeuchte auf einen Minimalwert absinkt und am frühen Morgen kurz vor Sonnenaufgang bei der tiefsten Temperatur Maximalwerte erreicht werden. Die absolute Luftfeuchte ändert sich dabei bemerkenswert wenig. Daraus lässt sich folgern, dass die relative Luftfeuchte der Außenluft im Tagesrhythmus in erster Linie durch die Temperaturänderung der Luft gesteuert wird und dass die Feuchtigkeitsaufnahme der Luft beim Kontakt mit dem Erdboden, freien Wasserspiegeln usw. und die Feuchtigkeitsabgabe durch Tauwasserausscheidung usw. für den Tagesgang der relativen Luftfeuchte nur eine Nebenrolle spielen.

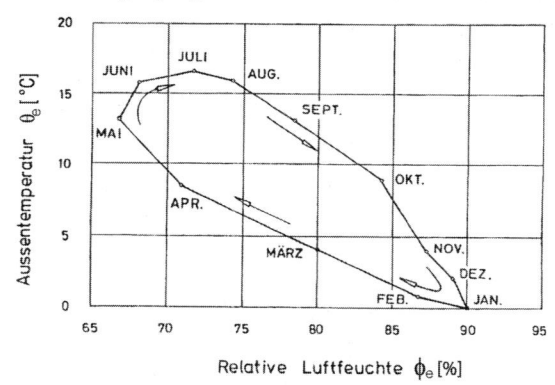

Bild 2.4
Temperatur und relative Luftfeuchte der Außenluft in Hannover im Jahresverlauf (Monatsmittelwerte)

Einen Überblick über die jahreszeitliche Veränderung der relativen Luftfeuchte und der Temperatur der Außenluft (Monatsmittel) in einer mitteleuropäischen Stadt (Hannover) erhält man durch Bild 2.4. Die Hystereseschleife zeigt, dass die Temperaturen und die relativen Luftfeuchten in der ersten Jahreshälfte niedriger sind als in der zweiten (Aufheizungs- und Abkühlungs-Phase). Ferner nehmen die relativen Luftfeuchten generell mit abnehmender Temperatur zu. Bemerkenswert ist auch die hohe relative Luftfeuchte von etwa 82 %, welche den Mittelwert für das Freiluftklima in der Bundesrepublik darstellt (Tafel 2.3). Bei Nebel und bei Regen sind stets 100 % relative Luftfeuchte vorhanden. Die in Räumen sich einstellenden, durch die Bauweise, die Nutzung und die Lüftung bedingten relativen Luftfeuchten werden in Abschn. 2.3 näher untersucht.

Tafel 2.3   Typische Werte der Temperatur und der relativen Luftfeuchte in Räumen und im Freien

Bedingungen	Temperatur θ_e [C]	relative Luftfeuchte ϕ_e [%]
In der freien Atmosphäre		
Mittelwert für Hannover im Winterhalbjahr	~ 4	~ 87
Mittelwert für Hannover im Sommerhalbjahr	~ 14	~ 78
Wohn- und Arbeitszimmer		
im Sommerhalbjahr	20	50 bis 70
im Winterhalbjahr	20	30 bis 55
Badezimmer	24	50 bis 100
Nebenräume, Treppenhäuser	10 bis 15	50 bis 70
Kühl- und Lagerräume für Lebensmittel	4 bis 10	75 bis 100
Kaufhäuser	18	50 bis 70
Betriebe, Werkstätten	18	40 bis 50
Theater, Turnhallen	15 bis 20	50 bis 80
Wäschereien, Schwimmbäder	20 bis 25	80 bis 95
Arztzimmer, Krankenhäuser	24	40 bis 60

2.1.2 Abkühlung und Erwärmung feuchter Luft

Der hier interessierende Zusammenhang zwischen der Wasserdampfkonzentration in Luft, der Temperatur und der relativen Luftfeuchte ist durch Bild 2.1 vollständig beschrieben. Auf Bild 2.5 ist das Carrier-Diagramm nochmals wiedergegeben und mit weiteren Einzelheiten versehen, welche seine Anwendungsmöglichkeiten erläutern. Dazu folgende Beispiele:

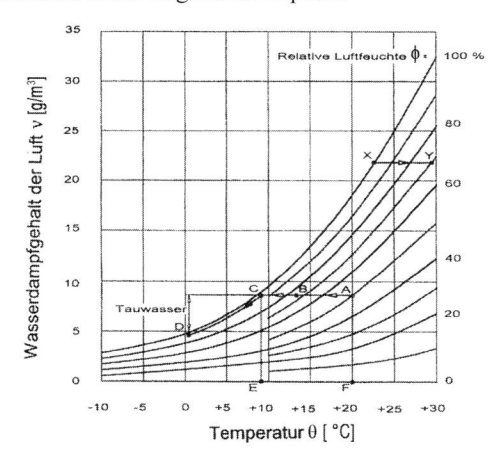

Bild 2.5
Carrier-Diagramm mit eingetragenen Anwendungsbeispielen

Wird feuchte Luft unter solchen Bedingungen (z.B. sehr schnell) abgekühlt, dass sie dabei keinen Wasserdampf abgeben kann, so bedeutet dies in Bild 2.5, dass der geometrische Ort des Luftzustandes sich auf einer Geraden parallel zur Temperaturachse in Richtung fallender Temperatur bewegen muss (beispielsweise von A nach B). Bei einer solchen Abkühlung erhöht sich die relative Luftfeuchte kontinuierlich, bis sie schließlich den Wert 100 % erreicht (bei C). Dann besitzt die abgekühlte Luft den bei dieser Temperatur maximal möglichen Gehalt an Wasserdampf, d.h. sie ist wasserdampfgesättigt. Man sagt, die Luft hat nun ihren Taupunkt – besser ihre Tautemperatur – erreicht. Bei weiterer Abkühlung fällt notwendigerweise Wasserdampf aus, der als Nebel oder Tau bezeichnet wird, und die relative Luftfeuchte bleibt bei 100 %. Die ausgefällte Tauwassermenge ist die Differenz zwischen dem Wasserdampfgehalt bei der Tautemperatur und dem maximalen Wasserdampfgehalt bei derjenigen Temperatur, auf die abgekühlt wurde (z.B. bei D).

Für die theoretische Ermittlung der Tautemperatur θ_s von Luft bei vorgegebenen Werten der Lufttemperatur θ_L und der relativen Luftfeuchte ϕ_L stehen drei Wege zur Verfügung:

a) Mit Hilfe des Carrier-Diagrammes, wie oben gezeigt.
b) Mit Hilfe von Tafel 2.2, d.h. einer eng unterteilten Tabelle der Sattdampfdrücke. Man ermittelt zunächst für θ_L den Sattdampfdruck, aus dem man mit Hilfe von ϕ_L den Dampfdruck der Raumluft berechnet. Dann sucht man diejenige Temperatur θ_s in der Tabelle auf, deren Sattdampfdruck dem errechneten Dampfdruck gleich ist.
c) Man berechnet θ_s mit der aus Gl. (2.4) abgeleiteten Formel:

$$\theta_s = \phi_L^{1/8} \cdot (110\ °C + \theta_L) - 110\ °C \tag{2.5}$$

Der Exponent 1/8 ergibt sich bei elektronischen Taschenrechnern durch dreimaliges Drücken der Wurzeltaste.

Die Messung der Tautemperatur von Luft kann man mit sogenannten Taupunktspiegeln vornehmen: Ein kleiner Spiegel wird mit einer Geschwindigkeit von z.B. 1 °C pro 10 Sekunden abgekühlt und dabei mit der betreffenden Luft angeblasen. Hat der Spiegel die Tautemperatur θ_s erreicht, bildet sich auf dem Spiegel ein gut erkennbarer Taubelag.

Aus der Lufttemperatur und der Tautemperatur kann dann die relative Luftfeuchte z.B. mit Gl. (2.5) errechnet oder graphisch mit dem Carrierdiagramm ermittelt werden: z.B. auf Bild 2.5 von Punkt $E(\theta_s)$ zu $C(\nu_{sat})$, von $F(\theta_L)$ vertikal nach oben bis zum Schnittpunkt $A(\phi)$ mit der Horizontalen durch C.

Es besteht Anlass zur Feststellung, dass der Begriff Tautemperatur nur ein Kennwert für feuchte Luft ist und angibt, bis auf welche Temperatur diese Luft abgekühlt werden darf, bevor sie eine nicht saugfähige und nicht hygroskopische Oberfläche befeuchtet. Es wäre aber falsch, von einem Taupunkt im Inneren eines Bauteils zu reden, da die Frage, ob in einem Bauteil Tauwasser anfällt oder nicht, auch die Berücksichtigung der die Dampfdiffusion behindernden Wirkung der zu durchdringenden Baustoffschichten erfordert (s. Abschn. 5.2) und nicht nur die Bestimmung der Tautemperatur von Luft und des Temperaturprofils in einem Bauteil.

Außerdem erfolgt an Baustoffoberflächen kein spontanes Auftreten von Tauwasser wie bei verschieben einem Spiegel, wenn die betreffende Oberfläche die Tautemperatur der Luft hat (s. Abschn. 2.1.3).

Eine weitere Anwendung von Bild 2.5 ist die Ermittlung der notwendigen Lufttemperatur eines abgegrenzten Luftvolumens über einer größeren Wasseroberfläche, z.B. in einem Hallenbad, um eine bestimmte relative Luftfeuchte nicht zu überschreiten. Ausgangspunkt der Überlegungen ist der Wasserspiegel, weil die dort vorbeistreichende Luft einerseits die Wassertemperatur und andererseits eine relative Luftfeuchte von 100 % annimmt (beispielsweise Punkt X für eine Wassertemperatur von 23 °C). Die derartig konditionierte Luft wird beim Hochwirbeln in den freien Luftraum erwärmt, indem sie dort mit wärmerer Luft und wärmeren Oberflächen in Kontakt tritt. Dem entspricht auf Bild 2.5 eine Ortsveränderung von Punkt X parallel zur Temperatur-Achse in den Bereich niederer relativer Luftfeuchte hinein, z.B. nach Y.

Es ist also möglich, durch Anhebung der Lufttemperatur über die Wassertemperatur die Raumluft auf eine bestimmte relative Luftfeuchte zu senken. Das ist für die Werkstoffe der Einbauteile und die Baustoffe der raumbegrenzenden Bauteile in Hallenbädern von Wichtigkeit, weil gemäß den Ausführungen in Abschn. 2.2.2 der Wassergehalt von Baustoffen entscheidend von der relativen Luftfeuchte, aber kaum von der Temperatur bestimmt wird. Die angestellte Überlegung setzt aber voraus, dass das Luftvolumen keinen Luftaustausch erfährt, d.h., sie gilt beim Beispiel Hallenbad nur für den betriebsfreien Zustand, wenn alle Lüftungsgeräte abgestellt sind. In diesem Fall steht die wärmere Raumluft im hygrischen Gleichgewicht zur kälteren Wasseroberfläche und es ist dann auch kein Anlass zur Wasserverdunstung vorhanden.

Schließlich sei noch der die Raumluftfeuchte senkende Effekt der Stoßlüftung angesprochen. Dabei wird durch kurzfristiges, kräftiges Lüften die „verbrauchte" und bei der Raumnutzung befeuchtete warme Luft durch trockene, kalte Außenluft ersetzt. Wenn der Luftaustausch abgeschlossen ist und die Lüftungsöffnungen wieder geschlossen werden, so erwärmt sich die Außenluft im Raum rasch, ohne zunächst Feuchte mit den Raumbegrenzungsflächen oder den im Raum aufgestellten Gegenständen austauschen zu können. Darauf wird im folgenden Abschnitt eingegangen.

2.1.3 Tauwasser- und Schimmelbildung an Bauteiloberflächen

Wenn warmfeuchte Luft sich an einer kalten Glas- oder Metall-Oberfläche abkühlt, tritt ein Tauwasserbelag genau dann auf, wenn die Oberfläche 100 % relative Luftfeuchte aufweist, d.h. wenn die Tautemperatur der Raumluft erreicht wird. Bei feinporigen, saugfähigen Oberflächen sind die Verhältnisse komplexer: Mit dem Absinken der Oberflächentemperatur steigt

2 Feuchtespeicherung

der Wassergehalt in der Oberflächenzone allmählich an (Bild 2.6). Nach Versuchen tritt Schimmelbefall dann auf, wenn wenigstens vier Wochen lang eine relative Luftfeuchte von mindestens 80 % an der Oberfläche geherrscht hat.

Geht man von einer Raumluft-Temperatur von 20 °C mit einer relativen Luftfeuchte von 50 % aus, so ist Schimmelbefall dann zu erwarten, wenn

bei saugfähigen Oberflächen $\theta_{si} \leq 12{,}6\ °C$
bei nicht saugfähigen Oberflächen $\theta_{si} \leq 9{,}3\ °C$

ist, wie ein Vergleich der Dampfdrücke an der Bauteiloberfläche mit dejenigen der Raumluft von 20° C und 50 % r. L. ergibt.

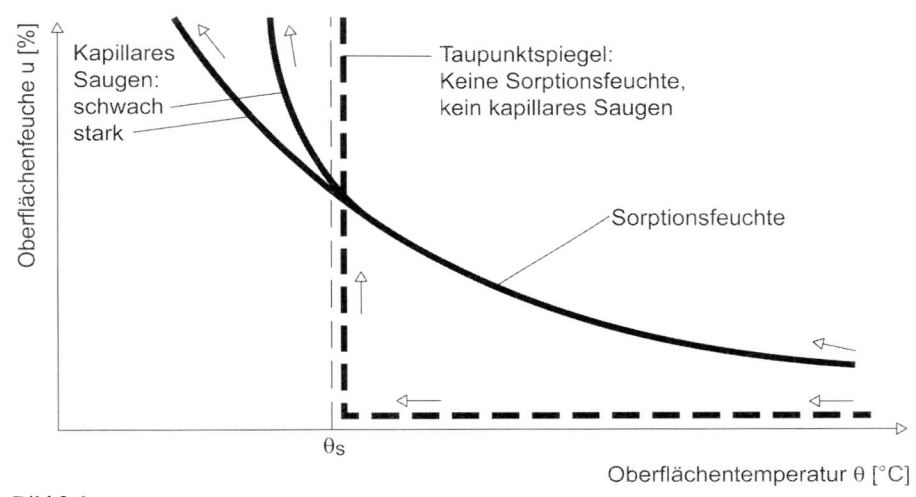

Bild 2.6
Allmähliches Ansteigen der Baustoff-Feuchte bei saugfähigen Oberflächen und spontaner Tauwasserbelag auf Glas oder Metall bei Abkühlung

Der tiefste Monatsmittelwert der Außenlufttemperatur in Deutschland ist im Januar mit 1° C gegeben. Mit einer gewissen Sicherheitsreserve kann man daher festhalten, dass zur Vermeidung von Schimmelbefall ein Außenbauteil dann als genügend wärmedämmend anzusehen ist, wenn die oben genannte Oberflächentemperatur von 12,6° C bei − 5° C Außenlufttemperatur nicht unterschritten wird. Ausgedrückt durch die dimensionslose Temperatur bzw. den Temperaturfaktor f_{Rsi},

$$f_{Rsi} = \frac{\theta_{si} - \theta_e}{\theta_i - \theta_e} \tag{2.6}$$

bedeutet dies, dass

$f_{Rsi} \geq 0{,}70$

sein muss.

Die Tauwasserbildung bzw. der Schimmelbefall treten naturgemäß zuerst an den raumseitigen Oberflächen von Wärmebrücken auf, weil dort die geringsten Temperaturen vorliegen. Die Mindestwerte für den Wärmedurchlasswiderstand von Außenbauteilen in der Neufassung von

DIN 4108-2 [58.1] sind so gewählt, dass bei günstig gestalteten Wärmebrücken die Bedingung $f_{Rsi} \geq 0{,}70$ erfüllt wird. Die richtige Vorgehensweise besteht also darin, mit Hilfe von Wärmebrückenkatalogen, Berechnungen usw. alle Wärmebrücken in den Außenbauteilen darauf zu überprüfen, ob der Temperaturfaktor f_{Rsi} über dem Grenzwert von 0,70 liegt. Ist dies der Fall, ist bei Schimmelbefall die Ursache nicht in der unzureichenden wärmetechnischen Qualität der Außenbauteile zu sehen.

Es ist also festzustellen, dass die in der Baupraxis meist gegebenen Oberflächen aus saugfähigen, hygroskopischen Baustoffen nicht das Verhalten eines Taupunktspiegels zeigen, sondern zunehmend feuchter werden, wenn sie kälter werden als die Raumluft. Bereits bei Luftfeuchten von 80 % über eine Zeit von einigen Wochen ist mit Schimmelwachstum auf Wandoberflächen zu rechnen.

Im üblichen Wohnungsbau oder in vergleichbaren Situationen ist die Forderung, dass der Temperaturfaktor $f_{Rsi} \geq 0{,}7$ betragen muss, aus den genormten Klimarandbedingungen herleitbar. In besonderen Situationen jedoch, z.B. bei der wärme- und feuchtetechnischen Dimensionierung von Außenbauteilen privater Schwimmbäder, muss der erforderliche Temperaturfaktor zunächst ermittelt werden. Beispielhaft davon ausgehend, dass die Raumlufttemperatur $\theta_i = 34\,°C$ beträgt und die relative Raumluftfeuchte in einem Schwimmbad durch Klimatisierung auf $\phi_i = 0{,}7$ konstant gehalten werden kann, errechnet sich der Wasserdampf-Partialdruck der Raumluft gemäß Gl. (2.3) zu $p_i = 3723$ Pa. An einem durchschnittlichen Wintertag mit einer Temperatur von $-5\,°C$ und einer relativen Luftfeuchte von $\phi_i = 0{,}8$ beträgt der außenseitige Wasserdampf-Partialdruck $p_e = 321$ Pa. Gemäß Gl. (2.7) und (2.8) nach DIN EN ISO 13788 [67] werden der niedrigste zulässige Sattdampfdruck an der Bauteiloberfläche p_{sat} und die niedrigste zulässige Oberflächentemperatur $\theta_{si,min}$ berechnet:

$$p_{sat}(\theta_{si}) = p_i / 0{,}8 \qquad \text{Gl. (2.7)}$$

$$p_{sat}(\theta_{si}) = 3723 / 0{,}8 = 4654 \text{ Pa}$$

$$\theta_{si,min} = \frac{237{,}3 \cdot \log_e\left(\dfrac{p_{sat}}{610{,}5}\right)}{17{,}269 - \log_e\left(\dfrac{p_{sat}}{610{,}5}\right)} \qquad \text{Gl. (2.8)}$$

$$\theta_{si,min} = \frac{237{,}3 \cdot \log_e\left(\dfrac{4654}{610{,}5}\right)}{17{,}269 - \log_e\left(\dfrac{4654}{610{,}5}\right)} = 31{,}6\,°C$$

Der Mindestwert des Temperaturfaktors $f_{Rsi,min}$ ergibt sich nach Gl. (2.6):

$$f_{Rsi} = \frac{31{,}6 - (-5)}{34 - (-5)} = 0{,}94\,[-]$$

Der Temperaturfaktor des vorgesehenen Wärmebrückendetails muss mindestens den Wert des erforderlichen Temperaturfaktors erreichen. Dieser kann durch Berechnungen mit Hilfe von PC-Programmen ermittelt werden (s. Kapitel „Wärme").

2.1.4 Die Raumluftfeuchte als Gleichgewichtszustand

Die in einem Raum unter stationären Bedingungen sich einstellende relative Luftfeuchte stellt einen Gleichgewichtszustand dar, welcher in einer Bilanzbetrachtung ermittelt werden kann. Vereinfachend wird angenommen, dass die Luftfeuchte im Raum gleichmäßig verteilt ist und dass nur Außenluft in den Raum einströmt. Es ist die im Raum bei dessen Nutzung produzierte sowie die in der zufließenden Außenluft enthaltene Wasserdampfmenge derjenigen Wasserdampfmenge gegenüberzustellen, welche mit der entweichenden Raumluft abtransportiert wird (Bild 2.7). Der Austausch der Raumluft wird in erster Linie durch bewusstes Lüften und durch windbedingte Fugenspaltströmungen an Fenstern und Türen hervorgerufen. Bei der Bilanz-Betrachtung greift man einen bestimmten Zeitabschnitt, zweckmäßig eine Stunde, heraus und vernachlässigt die Wasserdampfmenge, welche durch die Wände, Decken usw. nach außen diffundiert. Es kann nämlich leicht gezeigt werden, dass durch Luftwechsel in Form von beabsichtigter Lüftung und infolge der Fugendurchlässigkeit an Fenstern, Türen, Anschlussfugen von Bauteilen usw. viel mehr Wasserdampf abgeführt wird als durch das Diffundieren von Wasserdampf durch Bauteile hindurch.

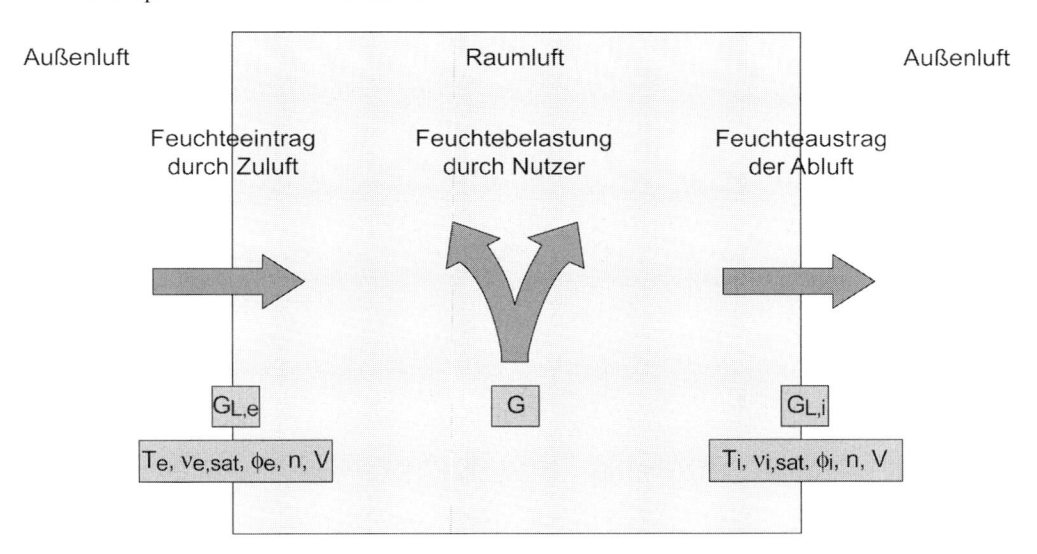

Bild 2.7
Zur Bilanz der Wasserdampfströme in einem durchlüfteten Raum bei konstantem Feuchteintrag G (vereinfachte Berechnung)

Für die Bilanz muss bekannt sein, in welchem Umfang Raumluft durch Außenluft ersetzt wird, wofür als Maß die Luftwechselrate n benützt wird. Diese gibt an, wie oft das Raumvolumen V je Stunde ausgetauscht wird. Welche Luftwechselraten zu erwarten sind, wird später (s. Abschn. 3.3.3) eingehender untersucht. Damit kann für den von außen in den Raum eindringenden Wasserdampfstrom $G_{L,e}$ wie folgt geschrieben werden:

$$G_{L,e} = n \cdot V \cdot v_{sat,e} \cdot \phi_e \cdot \frac{T_e}{T_i} \qquad (2.9)$$

Durch das Verhältnis der absoluten Temperaturen T_e und T_i wird berücksichtigt, dass die Luft sich beim Erwärmen ausdehnt.

Analog ist der mit der entweichenden Luft abfließende Wasserdampfstrom $G_{L,i}$ anzugeben:

$$G_{L,i} = n \cdot V \cdot v_{sat,i} \cdot \phi_i \tag{2.10}$$

Der im Raum produzierte Wasserdampfstrom G muss ebenfalls bekannt sein. Er ergibt sich aus der Art der Raumnutzung. Damit kann nun die Bilanz aufgestellt werden:

$$G_{L,e} + G = G_{L,i} \tag{2.11}$$

Durch Einsetzen von (2.9) und (2.10) in (2.11) erhält man:

$$n \cdot V \cdot v_{sat,e} \cdot \phi_e \cdot \frac{T_e}{T_i} + G = n \cdot V \cdot v_{sat,i} \cdot \phi_i \tag{2.12}$$

Die Auflösung nach ϕ_i ergibt:

$$\phi_i = \phi_e \cdot \frac{v_{sat,e}}{v_{sat,i}} \cdot \frac{T_e}{T_i} + \frac{G}{n \cdot V \cdot v_{sat,i}} \tag{2.13}$$

Die rechte Seite von Gl. (2.13) lässt die beiden Beiträge zur Raumluftfeuchte erkennen: der erste Anteil ist der Beitrag der Außenluft, der zweite Anteil ist der durch Wasserdampfproduktion im Raum verursachte.

Für eine Vier-Personen-Wohnung mit einem Volumen V = 375 m³, einer Raumlufttemperatur θ_i = 20 °C, einer nutzungsbedingten Wasserdampfproduktion G = 300 g/h und einer relativen Außenluftfeuchte ϕ_e = 80 % sind die nach Gl. (2.13) errechneten Raumluftfeuchten bei verschiedenen Luftwechselraten n über den Jahreslauf in Bild 2.8 dargestellt. Grundlage der Temperatur und der relativen Luftfeuchte der Außenluft sind Monatsmittelwerte für Deutschland. Bei Berechnungen zum energiesparenden Wärmeschutz wird unter bestimmten Bedingungen von einer Luftwechselrate n = 0,6 h^{-1} ausgegangen. Bild 2.8 zeigt, dass sich dann während der Heizperiode relative Luftfeuchten im Bereich zwischen ϕ_i = 29 % (Januar) und ϕ_i = 50 % (Oktober) einstellen. Im Juli beträgt die relative Luftfeuchte ϕ_i = 79 %. Wird der Luftwechsel eingeschränkt, nimmt die relative Raumluftfeuchte entsprechend zu. Bei sehr intensivem Luftwechsel (und gleichbleibender Raumlufttemperatur) wird eine untere Grenze der relativen Raumluftfeuchte erreicht, die nicht mehr unterschritten werden kann. Es handelt sich um denjenigen Zustand, bei dem der Wasserdampfgehalt der Raumluft genauso groß ist wie der Wasserdampfgehalt der Außenluft. Für n → ∞ folgt aus Gl. (2.13):

$$\phi_i \cdot v_{sat,i} \cdot T_i = \phi_e \cdot v_{sat,e} \cdot T_e \tag{2.14}$$

Das aber bedeutet:

$$p_i = p_e \tag{2.15}$$

Zur Wasserdampfproduktion G können folgende Angaben gemacht werden: Ein Erwachsener gibt bei leichter Bürotätigkeit pro Stunde etwa 50 g Wasserdampf über Haut und Atemluft an seine Umgebung ab (Tafel 2.4). Ein Handwerker bringt es auf etwa 150 g, ein Hochleistungssportler setzt etwa 1000 g pro Stunde frei. Beim Kochen und Braten in einer Küche werden pro Stunde etwa 500 bis 1000 g Wasserdampf freigesetzt, beim Geschirrspülen fallen pro Spülgang etwa 200 g Wasserdampf an. Es ist beim Bilanzieren im Einzelfall zu prüfen, ob man die Spitzenproduktion, die nur in bestimmten Tagesstunden auftritt, oder einen auf den gesamten Tag bezogenen Mittelwert einer Berechnung zugrunde legt. Pflanzen geben in weitgehend gleichmäßigem Umfang so viel Wasserdampf ab, wie man ihnen in Form von Wasser beim Gießen zuführt.

2 Feuchtespeicherung

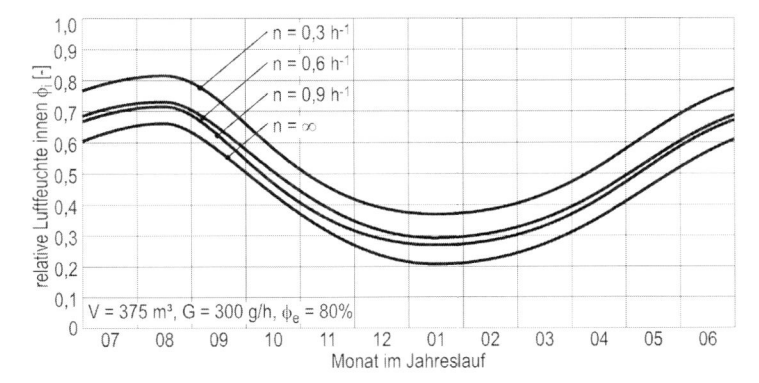

Bild 2.8
Relative Feuchte der Raumluft in einem durchlüfteten Wohnraum üblicher Größe und Nutzung als Funktion der Luftwechselrate n

Tafel 2.4 Wärme- und Wasserdampfabgaben des Menschen als Funktion der Lufttemperatur bei leichter Tätigkeit

Lufttemperatur [°C]	Gesamtwärmeabgabe [W]	Wasserdampfabgabe [g/h]	Lufttemperatur [°C]	Gesamtwärmeabgabe [W]	Wasserdampfabgabe [g/h]
10	157	30	22	118	47
12	147	30	24	118	58
14	136	30	26	118	70
16	127	30	28	117	85
18	121	33	30	116	98
20	119	38	32	114	116

Welche Menge Wasserdampf an Wasseroberflächen durch Verdunstung freigesetzt wird, wird in Abschn. 4 beschrieben. In welchem Ausmaß die Oberflächen der Raumbegrenzungen und der Raumausstattung den Wasserdampf der Luft bei instationärer Nutzung bzw. Wasserdampfbelastung vorübergehend speichern können, wird in Abschn. 6.3 behandelt.

2.2 Feuchtespeicherung in Baustoffen

2.2.1 Charakteristische Werte der Baustoff-Feuchte

Die in einem Baustoff enthaltene Menge an Wasser (Feuchte) kann als baustoffvolumenbezogene Masse des Wassers w, als baustoffvolumenbezogenes Volumen des Wassers ψ oder als baustoffmassebezogene Masse des Wassers u angegeben werden:

$$w = \frac{\text{Masse des Wassers}}{\text{Volumen des Baustoffs}} \qquad \psi = \frac{\text{Volumen des Wassers}}{\text{Volumen des Baustoffs}}$$

$$u = \frac{\text{Masse des Wassers}}{\text{Masse des Baustoffs}}$$

Während die baustoffvolumenbezogene Masse des Wassers in kg/m³ angegeben wird, sind die volumen- und massebezogenen Wassergehalte ψ und u dimensionslose Größen und werden entweder als Brüche oder in Prozent angegeben. Es gilt die Beziehung:

$$u = \frac{\rho_W}{\rho_B} \cdot \psi \qquad (2.16)$$

Die möglichen Wassergehalte in einem feinporigen, mineralischen Baustoff von absoluter Trockenheit bis zur völligen Porenfüllung mit Wasser sind in dem Diagramm auf Bild 2.9 schematisch dargestellt. Man kann danach drei Wassergehaltsbereiche unterscheiden [31]

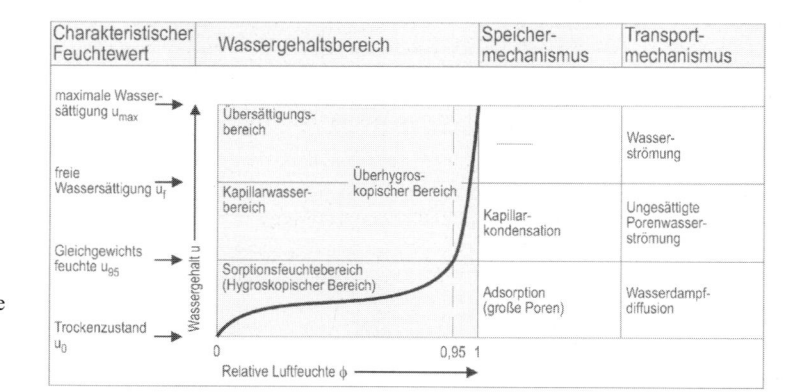

Bild 2.9
Wassergehaltsbereiche in einem feinporigen, hygroskopischen Baustoff

Charakteristischer Feuchtewert	Wassergehaltsbereich	Speichermechanismus	Transportmechanismus
maximale Wassersättigung u_{max}	Übersättigungsbereich	—	Wasserströmung
freie Wassersättigung u_f	Kapillarwasserbereich (Überhygroskopischer Bereich)	Kapillarkondensation	Ungesättigte Porenwasserströmung
Gleichgewichtsfeuchte u_{95}	Sorptionsfeuchtebereich (Hygroskopischer Bereich)	Adsorption (große Poren)	Wasserdampfdiffusion
Trockenzustand u_0			

Den Bereich niedriger Feuchte, den sog. hygroskopischen Bereich, in dem Diffusionsvorgänge den Feuchtetransport und Absorptionsvorgänge die Wasserspeicherung bestimmen. Den Bereich höherer Feuchte, den Kapillarkondensations-Bereich, wo der Wassertransport durch ungesättigte Porenwasserströmung bestimmt wird und die Oberflächenspannung des Wassers und der dadurch bedingte Kapillardruck das Wasser entscheidend beeinflussen. Die Wasserspeicherung wird durch Füllung von Porenbereichen, beginnend bei den kleinsten Porenweiten und ansteigend zu immer größeren Porenweiten, bewerkstelligt. Im Übersättigungsbereich hat die relative Luftfeuchte den Wert 1, die Menisken sind entspannt und ein echter Gleichgewichtszustand zwischen Luft- und Wasser-Gehalt existiert nicht mehr.

Folgende charakteristische Feuchtewerte sind in Baustoffen möglich:

Gleichgewichtsfeuchte u_ϕ:

Im Sorptionsfeuchtebereich, auch bezeichnet als hygroskopischer Wassergehaltsbereich, bestimmt die relative Luftfeuchte die Baustoff-Feuchte. Diese hygroskopischen Gleichgewichts-Feuchten kennzeichnet man durch einen Index mit derjenigen relativen Luftfeuchte, mit der sie im Gleichgewicht stehen. So entspricht z.B. die Feuchte u_{50} dem Wassergehalt bei 50 % relativer Luftfeuchte und damit etwa dem Wert, den Baustoffe in bewohnten Räumen annehmen. Die Stofffeuchte u_{95} kennzeichnet den Zustand, in dem alle Mikroporen mit Wasser gefüllt sind: Dann herrscht in der Porenluft eine relative Luftfeuchte von etwa 95 % und ein Massetransport durch Dampfdiffusion in den Poren ist nur noch im Temperaturgefälle möglich. Die obere Grenze des hygroskopischen Wassergehaltsbereiches ist hier erreicht.

2 Feuchtespeicherung

Im Sorptionsfeuchtebereich ist der Einfluss der Temperatur für bauphysikalische Betrachtungen vernachlässigbar.

Zur Festsetzung der Wärmeleitfähigkeit von Baustoffen wird der Begriff Ausgleichsfeuchtegehalt verwendet, welcher mit der Gleichgewichtsfeuchte zu 80 % Luftfeuchte u_{80} identisch ist. Tabelle 4 in Teil 4 von DIN 4108 [58.3] enthält Zahlenwerte des Ausgleichsfeuchtegehaltes von Baustoffen.

Freier Wassergehalt u_f:

Dieser stellt sich dann ein, wenn man einen Stoff einige Zeit der Einwirkung drucklosen Wassers aussetzt. Grobporige, wasserbenetzbare Stoffe durchfeuchten dann rasch und vollständig ($u_f = u_{max}$). Bei hydrophilen, feinporigen Stoffen (wie fast alle mineralischen Baustoffe) stellt sich dagegen zunächst eine Teildurchfeuchtung ein. Im Laufe vieler Jahre nimmt der Wassergehalt eines ständig so mit drucklosem Wasser beaufschlagten Baustoffes allerdings über den Wert von u_f hinaus langsam zu und erreicht schließlich den Wert u_{max}, denn die das Eindringen weiteren Wassers zunächst verhindernde eingeschlossene Luft löst sich langsam im Porenwasser und entweicht dadurch. Bei Holz bezeichnet man u_f traditionsgemäß als Faser-Sättigungsfeuchte. Bei hohlraumfreien wasser-quellbaren Stoffen fallen u_f, u_{100} und u_{max} zusammen. Die Differenz zwischen dem maximalen und dem freiwilligen Wassergehalt ist für die Frostbeständigkeit von Baustoffen von Bedeutung.

Maximaler Wassergehalt u_{max}:

Bei einem feinporigen Baustoff entspricht er der völligen Füllung aller dem Wasser zugänglichen Hohlräume oder der maximalen Wasseraufnahme quellbarer porenfreier Stoffe.

Darüberhinaus werden folgende Begriffe verwendet:

Der **kritische Wassergehalt** u_{kr} gibt die Grenze an, wann die Leistungsfähigkeit für Flüssigwassertransport in einem austrocknenden Baustoff so weit abgesunken ist, dass die Wasserverdunstung an der Baustoffoberfläche nicht mehr befriedigt werden kann. Dann sinkt die Baustoff-Feuchte in der Oberflächenzone in kurzer Zeit stark ab und die Verdunstung geht stark zurück. Der kritische Wassergehalt ist also dem Knickpunkt in der Knickpunktskurve nach Krischer zugeordnet (s. Abschn. 6.5).

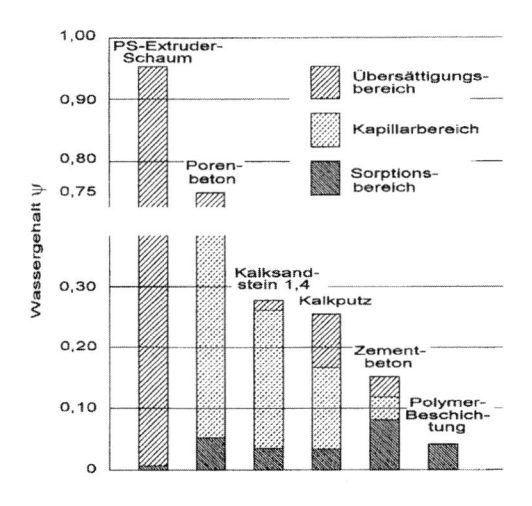

Bild 2.10
Säulendiagramme verschiedener Baustoffe mit Kennzeichnung der Bereiche der Sorptionsfeuchte, der Kapillarkondensation und der Übersättigung

Bei zementgebundenen Baustoffen gibt es den weiteren charakteristischen **Wassergehalt u_H** der nach dem völligen Hydratisieren des Zementes vorliegt, wenn in dieser Zeit keine Wasserabgabe an die Umgebung erfolgt ist. Es handelt sich also um die „Ausgangsfeuchte", mit welcher der betreffende Baustoff nach Abschluss seiner Verfestigung in seine Nutzungsphase hineingeht.

Auf Bild 2.10 sind die Säulendiagramme von 6 Baustoffen dargestellt. Die drei Wassergehaltsbereiche sind jeweils gekennzeichnet. Beton zeichnet sich von den anderen mineralischen Baustoffen durch seinen kleinen Kapillarbereich aus. Polymerbeschichtungen besitzen nur einen Sorptionsbereich, während der Extruderschaum nur einen sehr kleinen Sorptionsbereich und einen riesigen Übersättigungsbereich aufweist, und ein Kapillarbereich völlig fehlt.

Demnach können polymere Beschichtungen und Folien, hygroskopische kapillaraktive Stoffe sowie nicht hygroskopische, nicht kapillaraktive Baustoffe gemäß Bild 2.11 in charakteristische Wassergehaltsbereiche eingegliedert werden.

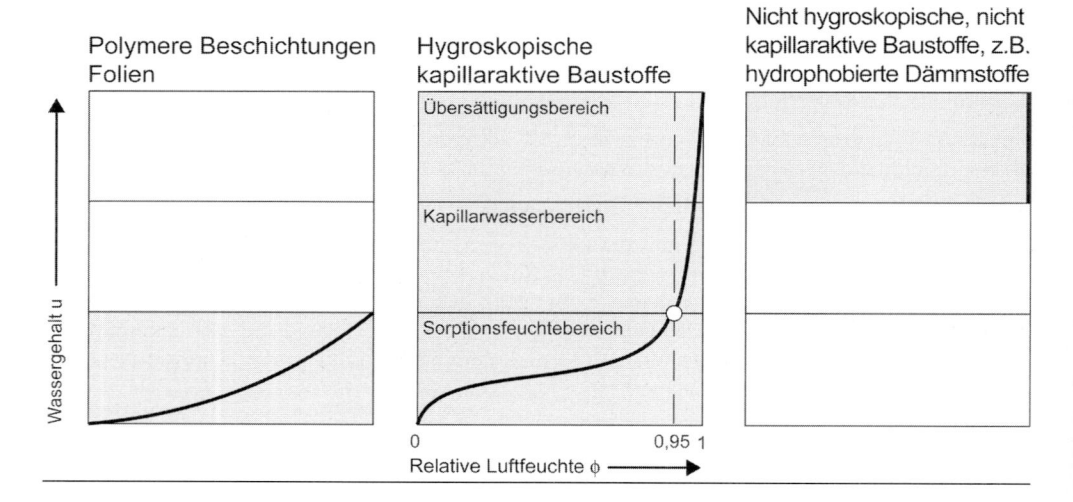

Bild 2.11: Charakteristische Wassergehaltsbereiche verschiedener Baustoffe

Auf Tafel 2.5 sind für einige mineralische Baustoffe kennzeichnende Wassergehalte und die innere Oberfläche verzeichnet.

2 Feuchtespeicherung

Tafel 2.5 Maximaler Wassergehalt, freier Wassergehalt, Gleichgewichtsfeuchten für 95 % und 50 % Luftfeuchte und die Größe der inneren Oberfläche von verschiedenen Baustoffen

Baustoff	u_{max}	u_f	u_{95}	u_{50}	O_i [m²/g]
Schlaitdorfer Sandstein	0,16	0,11	0,006	0,002	1,5
Rüthener Sandstein	0,22	0,16	0,016	0,005	4,3
Obernkirchner Sandstein	0,17	0,11	0,0050	0,0014	1,2
Krenzheimer Muschelkalk	0,14	0,07	0,0050	0,0020	0,4
Klinker	0,17	0,16	0,075	0,040	0,2
Vormauerziegel	0,19	0,16	0,050	0,027	0,2
Lochporotonziegel	0,26	0,24	0,15	0,070	0,4
Handschlagziegel	0,24	0,18	0,035	0,021	0,3
Kalksandstein ρ = 1,4	0,28	0,27	0,024	0,009	10
1,8	0,25	0,24	0,050	0,019	18
2,0	0,21	0,20	0,050	0,023	25
Beton, alkalisch B15	0,14	0,11	0,061	0,022	24
B25	0,16	0,12	0,064	0,024	25
B35	0,15	0,12	0,072	0,027	31
B45	0,14	0,11	0,079	0,032	39
Porenbeton	0,72	0,40	0,050	0,010	38
Zementputz	0,14	0,13	0,08	0,02	16
Kalkzementputz	0,15	0,14	0,065	0,013	11
Kalkputz	0,24	0,18	0,020	0,004	3
Gipsputz (Maschinenputz)	0,52	0,40	0,015	0,0025	6
Brandschutzputz	0,75	0,30	0,20	0,075	250

Beim zunehmenden Durchfeuchten poröser Stoffe können nach *Rose* [17] sechs verschiedene Stadien unterschieden werden, welche in Bild 2.12 dargestellt sind. Dabei soll in der Reihenfolge von A bis F der Wassergehalt zunehmen:

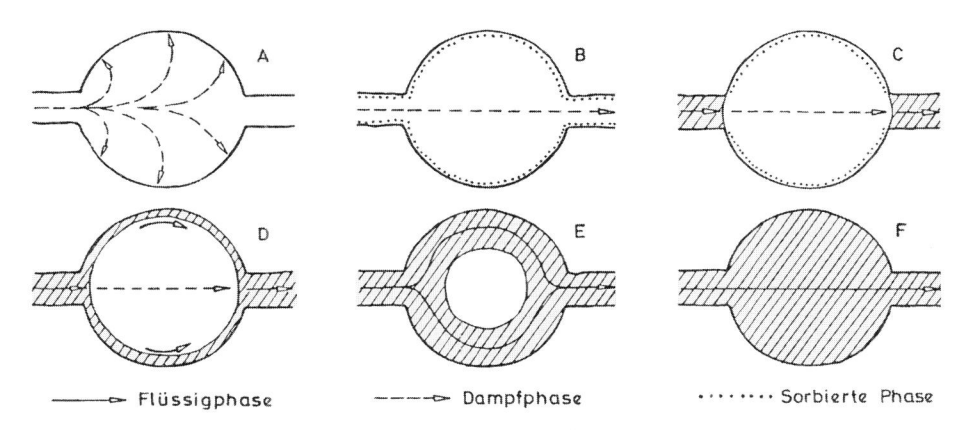

Bild 2.12 Schematische Darstellung der fortschreitenden Wassereinlagerung in einer Baustoffpore bei steigendem Wassergehalt

In einem sehr trockenen Baustoff (A) wird aller in die Poren eindringende Wasserdampf an den Wänden absorbiert (s. Abschn. 2.2.2), sodass in diesem Stadium von einem eigentlichen „Transport" noch nicht gesprochen werden kann. Es wird nur gespeichert. Sind die Porenwände dann mit einer oder mehreren Molekülschichten belegt (B), ist der Porenraum für Wasserdampf diffundierbar. Die Dicke des absorbierten Wasserfilms steht im Gleichgewicht zur relativen Luftfeuchte der Porenluft.

Im Stadium C sind die Porenengpässe als Folge von Kapillarkondensation mit flüssigem Wasser gefüllt, während sich in den Erweiterungen Luft und Wasserdampf und an den Wänden eine Sorbatschicht befindet. Bei Stadium C ist die Sorbatschicht noch so dünn, sodass der Wassertransport in der Porenerweiterung nur durch Wasserdampfdiffusion erfolgt, während in den Engpässen der Wassertransport in der Flüssigphase mit nur kleinem Widerstand bewerkstelligt wird.

Im Stadium D ist die Dicke der Sorbatschicht in der Erweiterung so angewachsen, dass in ihr infolge von Flüssigwassertransport (s. Abschn. 3.2) Wasser in nennenswerter Menge transportiert wird. Weil nun kontinuierlicher Wassertransport in der Flüssigphase möglich ist, ist die Leistungsfähigkeit für Wassertransport im Vergleich zur Wasserdampfdiffusion deutlich gesteigert.

Im Stadium E enthalten die Erweiterungen bereits so viel Wasser, dass sich eine wirksame ungesättigte Strömung nach dem Gesetz von Krischer (s. Abschn. 3.2.2) ausbilden kann. In der Porenerweiterung ist zwar noch eine Luftblase eingeschlossen, doch kann diese als im Wasser frei schwimmend charakterisiert werden.

Im Stadium F ist der Porenraum wassergesättigt und der Transport gehorcht voll dem Darcyschen Gesetz (s. Abschn. 3.4).

2.2.2 Hygroskopischer Wassergehalt

Derjenige Wassergehalt, der sich in einem Baustoff nach längerer Lagerung in Luft konstanter relativer Luftfeuchte und Temperatur einstellt, wird als Gleichgewichtsfeuchte zu der betreffenden Luft bezeichnet. Die in Bezug auf feuchte Luft möglichen Gleichgewichtsfeuchten eines Baustoffes fasst man in der sog. Sorptionsisotherme zusammen, d.h. in einem für jeden Baustoff charakteristischen funktionalen Zusammenhang zwischen dessen Wassergehalt und der relativen Luftfeuchte. Man bezeichnet diese Gleichgewichtsfeuchten auch als hygroskopische Feuchten. Es ist bemerkenswert, dass der Verlauf von Sorptionsisothermen poröser mineralischer Baustoffe im Achsensystem „Wassergehalt – relative Luftfeuchte" so wenig von der

Bild 2.13
Der generelle Verlauf der Speicherisothermen von Luft, feinporigen Baustoffen und organischen Polymeren

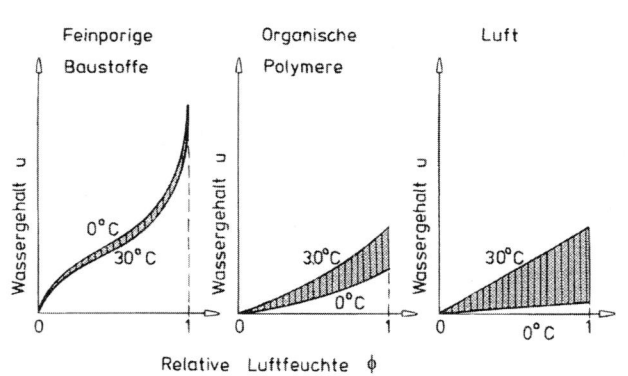

Temperatur abhängt, dass für die Belange des Bauwesens die Temperaturabhängigkeit außer Betracht bleiben kann (Bild 2.13). Das ist keineswegs selbstverständlich, weil der Gehalt an Wasserdampf in Luft ja in einem ausgeprägten Maße temperaturabhängig ist und die Sorptionsisotherme den Gleichgewichtszustand zwischen feuchter Luft und dem am Feststoff absorbierten Wasser beschreibt. Der Verlauf der „Sorptionsisotherme von Wasserdampf in Luft" ist linear, weil die relative Luftfeuchte in diesem Sinne definiert ist, und deutlich temperaturabhängig. Bei organischen Polymeren ist der Temperatureinfluss nicht immer vernachlässigbar.

Sorptionsisothermen, ermittelt nach DIN EN ISO 12571 [65], gehen immer durch den Koordinatenursprung. Bei porigen Baustoffen haben sie bei $\phi \to 1$ einen steilen Verlauf, während sie bei quellbaren Polymeren in einem mehr oder weniger stumpfen Winkel gegen die Vertikale bei $\phi = 1$ stoßen.

Der Verlauf der Sorptionsisothermen kann mit der von Brunauer, Emmett und Teller [3] aufgestellten und später [4] verbesserten, sog. BET-Theorie gut erklärt werden: Die Gleichung der Sorptionsisotherme lautet dort:

$$u(\phi) = u \cdot \frac{c \cdot \phi}{1 - \phi} \cdot \frac{1 - (n+1)\phi^n + n \cdot \phi^{n+1}}{1 + (c-1)\phi - c \cdot \phi^{n+1}} \tag{2.17}$$

Danach wird der Verlauf von drei Parametern bestimmt:
- u ist derjenige Wassergehalt, der ausreicht, die gesamte innere (und äußere) Oberfläche des Baustoffes mit einer monomolekularen Wasserschicht zu bedecken.
- c ist der Wechselwirkungsparameter, der die Energie beschreibt, mit welcher die erste Lage Wassermoleküle physikalisch an die Oberfläche des Baustoffs gebunden wird.
- n ist die mittlere Anzahl der Lagen Wassermoleküle, welche die Oberfläche bedecken.

Auf Bild 2.14 ist schematisch die Auswirkung der drei genannten Parameter auf den Verlauf der Isothermen dargestellt: u_m geht linear in die Größe des Wassergehalts ein, verändert aber die Form der Isotherme nicht. Der Wechselwirkungsparameter c bestimmt, ob die erste Lage Wassermoleküle schon bei niedrigen oder erst bei höheren Luftfeuchten voll ausgebildet ist, d.h. c bestimmt die Steigung der Sorptionsisotherme bei $\phi = 0$. Mit zunehmender Anzahl n sich anlagernder, weiterer Wassermolekülschichten tritt ein Steilanstieg der Sorptionsisothermen bei höheren Luftfeuchten auf.

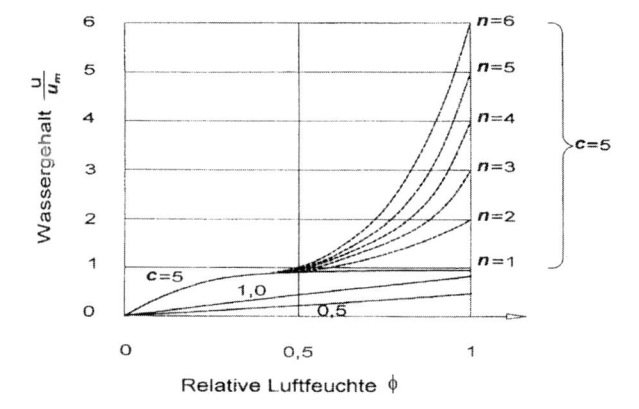

Bild 2.14
Der Einfluss der drei Bestimmungsgrößen u_m, c und n auf die Gestalt der Sorptionsisotherme gemäß der BET-Theorie

Wenn n → ∞ geht, vereinfacht sich Gl. (2.17) zu

$$u(\phi) = u \cdot \frac{c \cdot \phi}{1 - \phi} \cdot \frac{1}{1 + (c - 1)\phi} \qquad (2.18)$$

Diese Näherung ist bei großen Porenweiten oder spaltartigen Poren brauchbar. Wenn zur Bedingung n → ∞ noch c ≫ 1 hinzukommt, wird aus (2.18):

$$u(\phi) = u \cdot \frac{1}{1 - \phi} \qquad (2.19)$$

Diese Näherung gilt für mineralische und metallische Oberflächen (c ≫ 1) und große Poren- bzw. Spaltweiten (n → ∞), jedoch nicht bei sehr kleinen relativen Luftfeuchten. Bei porigen, mineralischen Baustoffen kann die Größe der inneren Oberfläche O_i aus u wie folgt berechnet werden:

$$O_i = u \cdot O_o \qquad (2.20)$$

Die Größe O_o hat den Zahlenwert 3850 m^2/g, sie gibt an, wie viel Quadratmeter Oberfläche mit 1 g Wasser bedeckt werden können. Zahlenwerte von O_i findet man auf Tafel 2.5.

Die spezifische Oberfläche von Feststoffen durch Gasadsorption nach dem BET-Verfahren wird nach DIN ISO 9277 [64] bestimmt.

Die Sorptionsisothermen **feinporiger mineralischer Baustoffe** zeigen einen s-förmig gekrümmten Verlauf, dessen unterer Teil dadurch verursacht wird, dass die Anlagerung der ersten Molekülschicht Wasser auf der inneren Baustoffoberfläche bei niederen relativen Luftfeuchten stark exotherm (c ≥ 1) erfolgt. Die weiteren Schichten Wasser werden erst bei deutlich höheren Luftfeuchten und mit geringerer Wärmetönung (der Kondensationswärme von Wasser) aufgenommen.

Organische Polymere, die sich bei mikroskopischer Betrachtung als von Natur aus porenfrei erweisen, nehmen als (eingefrorene) Flüssigkeiten Wasser vorzugsweise durch einen Lösungsvorgang auf. Ihre Sorptionsisothermen haben in der Regel einen nur langsam ansteigenden (c < 1) und nur schwach und einseitig gekrümmten Verlauf. Die Menge an aufgenommenem Wasser hängt natürlich nicht von der Größe der (nicht vorhandenen) inneren Oberfläche, sondern von der Dichte polarer Gruppen im Polymermolekül entscheidend ab, doch spielen auch die Vernetzungsdichte und die Anteile kristalliner Bereiche im normalerweise amorphen Polymer eine Rolle. In mit Füllstoffen und Pigmenten versehenen Polymeren bilden sich unter Umständen Wasserhüllen um diese „Fremdkörperteilchen" oder es lagert sich aufgrund osmotischer Effekte bei höheren relativen Luftfeuchten Wasser in das Gefüge ein. Dann zeigt die Sorptionsisotherme bei höheren relativen Luftfeuchten einen deutlichen Anstieg, ähnlich wie bei porigen Baustoffen. Das gilt auch für geschäumte Polymere.

Auf Bild 2.15 sind Sorptionsisothermen von feinporigen, mineralischen Baustoffen, Hölzern sowie von synthetischen organischen Polymeren, welche im Bauwesen viel verwendet werden, dargestellt. Organische Polymere haben im Vergleich zu den meisten Baustoffen kleine Wassergehalte, weshalb der Ordinatenmaßstab bei den Bildern verschieden gewählt wurde. Außerdem münden die Isothermen von organischen Polymeren in einem definierten Winkel in die vertikale Gerade ein, welche 100 % Luftfeuchte entspricht.

Bei der Messung von Sorptionsisothermen ist es üblich, die Wassergehalte entweder bei allmählicher Steigerung oder bei allmählicher Erniedrigung der relativen Luftfeuchte zu bestimmen. Dann erhält man beim üblichen Vorgehen zwei verschiedene Isothermen, einen sog. Adsorptionsast und einen sog. Desorptionsast und spricht von Hysterese.

2 Feuchtespeicherung

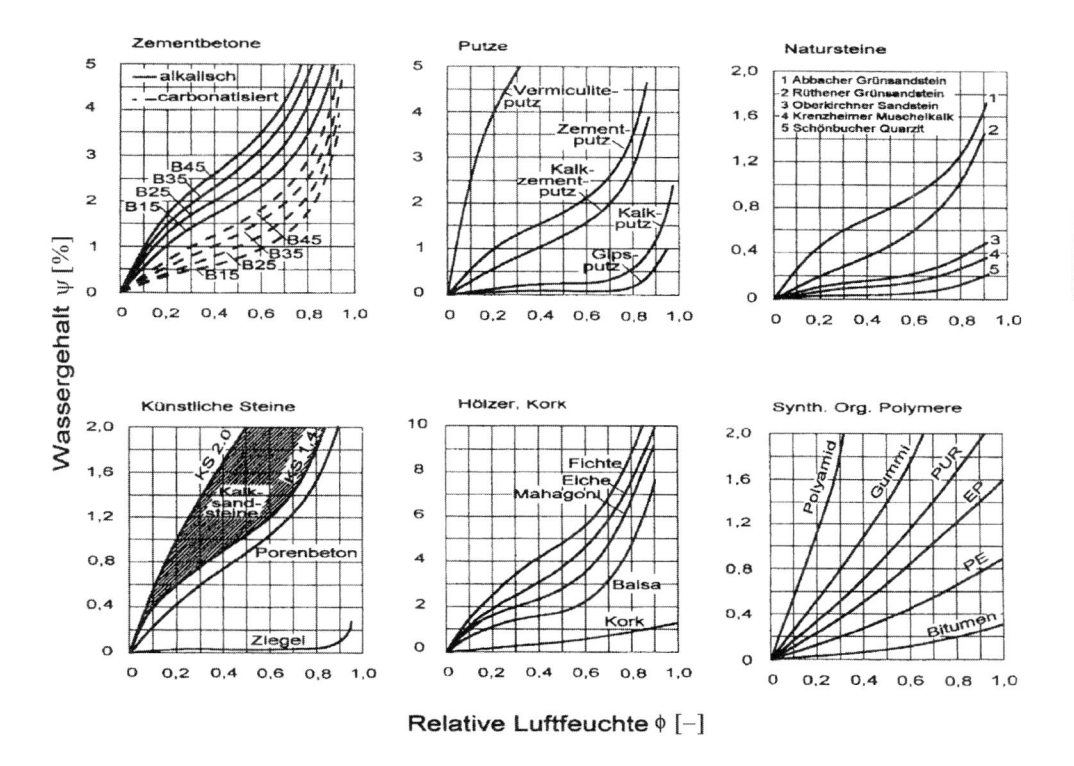

Bild 2.15 Speicherisothermen von Baustoffen

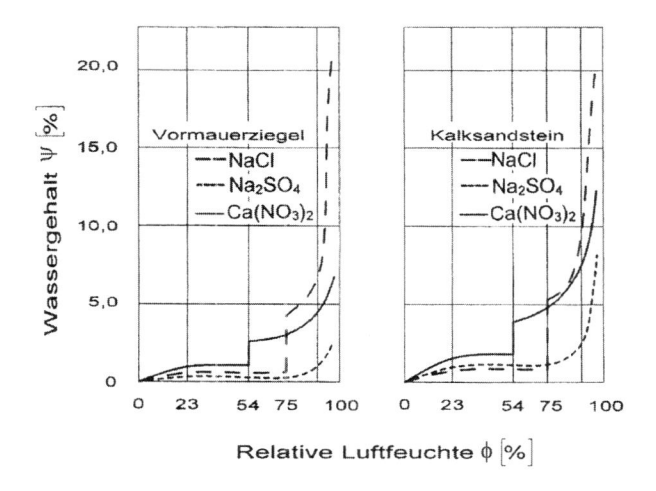

Bild 2.16 Der Einfluss von drei wasserlöslichen Salzen auf den Verlauf von Speicherisothermen

Enthalten Baustoffe wasserlösliche Salze in nennenswerter Menge, wie z.B. in alten Bauwerken, dann steigt die Gleichgewichtsfeuchte bei derjenigen Luftfeuchte sprunghaft an, welche für die Bildung einer gesättigten Salzlösung bei dem betreffenden Salz notwendig ist. Bild 2.16 zeigt dies am Beispiel zweier Baustoffe und dreier Salze. Beim Salz Natriumsulfat tritt die Besonderheit auf, dass infolge Hydratwasseranlagerung keine sprungartige Wassergehaltserhöhung sondern eine allmählich verstärkt ansteigende auftritt.

2.2.3 Überhygroskopische Wassergehalte

Wassergehalte, welche größer sind als die Gleichgewichtsfeuchten zu 95 % relativer Luftfeuchte, werden als überhygroskopisch bezeichnet. Man unterscheidet dabei zwei Bereiche (s. Bild 2.9):

a) den Kapillarwasserbereich, der bis zur freien Wasseraufnahme u_f reicht
b) den Übersättigungsbereich, der sich von u_f bis zu u_{max} erstreckt.

Von Kapillarporen spricht man nur dann, wenn diese für flüssiges Wasser zugänglich sind, und eine wasserbenetzbare Porenwandung vorliegt. Wegen der nur teilweisen Füllung des Porenraums mit Wasser treten an zahlreichen Stellen Menisken auf, welche die Wassergehaltsverteilung dadurch beeinflussen, dass an engen Querschnitten größere Kapillardrücke auftreten als an weiteren Querschnitten (s. Abschn. 3.2.1). Daher saugen die feinen Poren die weiteren leer, so lange, bis alle Porenräume bis zu einem bestimmten Durchmesser wassergefüllt sind und ein einheitlicher Kapillardruck als Unterdruck im Porenwasser vorliegt. Die Porendurchmesser, in welchen dieses Geschehen abläuft, reichen von etwa 0,1 mm bis etwa 100 nm.

Im Übersättigungsbereich kann eine Porenfüllung nur durch Überdruck, Tauwasserniederschlag oder sehr lange Wassereinwirkung erreicht werden. Dies wird dadurch bedingt, dass bei zunehmender Porenfüllung mit Wasser in Erweiterungen des Porenraums Luftblasen eingeschlossen werden. Diese Luft kann nur durch Diffusion in das Porenwasser hinein entweichen, was unter natürlichen Bedingungen sehr lange dauert.

Weil im Gleichgewichtszustand alle Kapillarporen bis zu einem bestimmten Durchmesser wassergefüllt und alle weiteren Poren (von der Sorptionsfeuchte abgesehen) leer sind, kann jedem hygroskopischen Wassergehalt ein größter Porendurchmesser und der entsprechende Kapillardruck zugeordnet werden. Für das Porengefüge in einem Baustoff ist der funktionale Zusammenhang zwischen dem Wassergehalt und dem Kapillardruck die entscheidende Charakterisierung für sein kapillares Wasserspeichervermögen. Erst Krus [33] hat die in der Bodenmechanik seit längerem gebräuchliche Saugspannungsmessung auf Baustoffe angewendet, und damit die Charakterisierung der kapillaren Wasserspeicherung von Baustoffen in befriedigender Weise ermöglicht. Die von ihm verwendete Saugspannungsmessanlage ist auf Bild 2.17 dargestellt: In einen stählernen Drucktopf wird die bis zur freiwilligen Wasseraufnahme u_f gewässerte Baustoffprobe eingelegt. Dabei wird sie auf wassergesättigtem Kaolinmehl gelagert, das wiederum auf einer wassergesättigten Keramikplatte aufliegt, deren Wassergehalt sich nach außen entspannen kann. Wenn nun der die Probe oben umgebende Luftraum unter Überdruck gesetzt wird, verdrängt die Luft einen Teil des Wassergehaltes der Probe, bis der Kapillardruck mit dem Luftdruck im Gleichgewicht ist. Durch wiederholtes Wägen der Probe, jeweils nach definierter Überdruckbelastung, erhält man den gewünschten Zusammenhang zwischen Wassergehalt und Kapillardruck, die sogenannte Saugspannungskurve.

2 Feuchtespeicherung

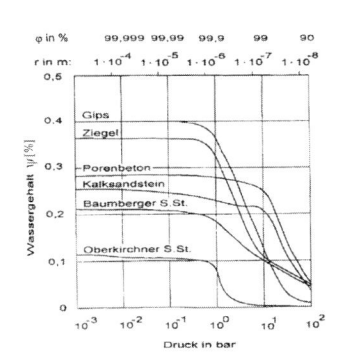

Bild 2.17 Saugspannungsmessgerät nach Krus [33]

Bild 2.18 Saugspannungskurven verschiedener Baustoffe

Auf Bild 2.18 sind solche Saugspannungskurven für sechs verschiedene Baustoffe dargestellt. Der Druckbereich beginnt bei 1 Millibar, dem die Baustoffe mit ihrem Wassergehalt u_F ausgesetzt werden. Mit steigendem Druck nimmt der Wassergehalt in einer für das Porensystem kennzeichnenden Weise ab. Weil der Zusammenhang zwischen dem Durchmesser einer kreisförmigen Kapillarröhre und dem Kapillardruck bei Wasser und sehr gut benetzbarer Porenwandung eindeutig bekannt ist (Gl. 3.15), wurde der obere Bildrand mit dem entsprechenden Kapillarenradius bemaßt.

Nach einer Theorie von W. Thomson alias Lord Kelvin tritt über Wassermenisken in sehr feinen Kapillaren eine Dampfdruckerniedrigung auf, was bedeutet, dass Wasserdampf dort bereits vor Erreichen seiner Sättigung kondensiert und damit die Poren mit flüssigem Wasser füllt. Die betreffende Beziehung lautet:

$$\phi_K = \exp\left(-\frac{2\sigma}{\rho_w \cdot r \cdot R \cdot T}\right) \qquad (2.21)$$

Der in Gl. (2.21) enthaltene Zusammenhang zwischen der relativen Luftfeuchte und dem Radius der größten noch mit Wasser gefüllten Pore geht aus der folgenden Aufstellung hervor:

$\phi = 0,9$ $r = 10^{-8}$
$\phi = 0,99$ $r = 10^{-7}$ m
$\phi = 0,999$ $r = 10^{-6}$ m
$\phi = 0,9999$ $r = 10^{-5}$ m
...   ...

Aufgrund dieser für Kapillarporen gültigen Beziehung konnten auf Bild 2.18 am oberen Bildrand die dort angegebenen Kapillar-Halbmesser mit den zugehörigen relativen Luftfeuchten ergänzt werden. Damit verfügt man für die Kapillarporen mit den Saugspannungskurven über eine ähnliche Kennfunktion wie für die Mikroporen mit den Sorptionsisothermen: In beiden Fällen wird der Wassergehalt auf die relative Luftfeuchte zurückgeführt. Die Kombination von Sorptionsisotherme und Saugspannungskurve wird als Speicherfunktion des betreffenden Baustoffes bezeichnet (s. Bild 2.19), wie Kießl [28] vorgeschlagen hat. Die Speicherisotherme ist die umfassende Kenngröße für das Wasserspeichervermögen von Baustoffen, da sie sowohl die hygroskopischen als auch die überhygroskopischen (kapillaren) Wassergehalte als Funktion der relativen Luftfeuchte erfasst.

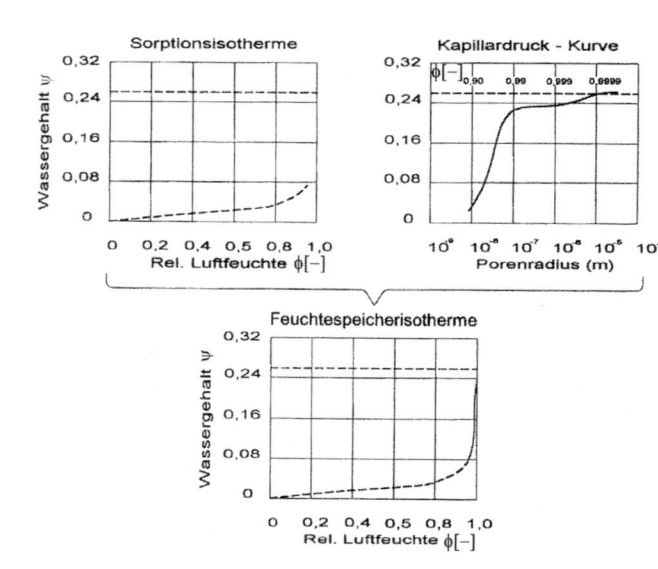

Bild 2.19
Zusammenfügen von Sorptionstherme und Saugspannungskurve eines Baustoffes zur Speicherisotherme

Während die obere Grenze des Messbereiches für Sorptionsisothermen bei einer relativen Luftfeuchte von ϕ = 95 % liegt, wird der Kurvenverlauf bis zur freien Wassersättigung im überhygroskopischen Bereich auf Basis von Saugspannungsmessungen ermittelt und schließt ohne Unterbrechung an die Sorptionsisotherme an (Bild 2.19). Für abschätzende Berechnungen schlägt Künzel [31] folgende Näherung für eine Feuchtespeicherfunktion vor, die jedoch nicht generell für alle Baustoffe geeignet ist:

$$\psi = \psi_f \cdot \frac{(b-1) \cdot \phi}{b - \phi} \qquad (2.22)$$

Der Approximationsfaktor b wird aus der Gleichgewichtsfeuchte bei einer relativen Luftfeuchte von ϕ = 80 % durch Einsetzen der Zahlenwerte in Gl. (2.22) bestimmt. Für die Baustoffe Kalksandstein, Porenbeton, Ziegel und Gipskarton hat Künzel [31] eine gute Übereinstimmung zwischen Approximation und Messwerten dieser Baustoffe festgestellt.

Die der Feuchtespeicherisotherme zugrunde liegende Feuchtespeicherfunktion wird bei der Berechnung instationären Feuchtetransports benötigt, wenn das betrachtete Bauteil direkt kapillarverbundene Schichten aufweist und der Flüssigwassertransport von Schicht zu Schicht von Bedeutung ist, beispielsweise von Putz auf Mauerwerk. Bei diesen Baustoffen ist der überhygroskopische Wassergehalt größer als der hygroskopische. Bei feinporigen Baustoffen wie Beton ist die Sorptionsfeuchte bei ϕ = 93 % bereits so hoch, dass der Isothermenverlauf im überhygroskopischen Bereich bis zur freien Wasseraufnahme extrapoliert werden kann [25]. Dies gilt ebenfalls für Holz und Holzwerkstoffe. Bei nicht hygroskopischen Baustoffen wie Glas, Metall oder einigen Schaumkunststoffen lagert sich ohne Unterschreitung der Tautemperatur kein Wasser ein. Sie trocknen bei Umgebungsbedingungen unter ϕ = 100 % vollständig aus.

3 Mechanismen des Feuchtetransports

3.1 Diffusion der Wassermoleküle

3.1.1 Varianten der Diffusion

„Diffusion" ist das Wandern einzelner sehr kleiner Teilchen (Atome, Ionen, kleine Moleküle), verursacht durch die thermische Eigenbeweglichkeit (Brown'sche Molekularbewegung) dieser kleinen Teilchen. Bei makroskopischer Betrachtung herrscht in dem Medium, in welchem Diffusion stattfindet, anscheinend Bewegungslosigkeit. Die diffundierenden Teilchen fliegen mit gleicher statistischer Wahrscheinlichkeit in alle Raumrichtungen. Dennoch tritt bei unterschiedlicher Konzentration der diffundierenden Teilchen ein makroskopisch feststellbarer, gerichteter Massenstrom in Richtung geringerer Konzentration auf (Ausgleich von Konzentrationsunterschieden). Das beruht darauf, dass von Stellen größerer Konzentration mehr Teilchen wegdiffundieren als von Stellen kleinerer Konzentration.

Adolf Fick hat als erster das allen Diffusionsvorgängen zugrunde liegende Gesetz erkannt, weshalb man dieses in der Literatur unter dem Namen „1. Fick'sches Gesetz" findet:

$$g = -D \cdot \frac{\Delta v}{\Delta x} \tag{3.1}$$

Der in Gl. (3.1) rechts stehende Bruch wird als Konzentrationsgefälle bezeichnet, weil er angibt, wie sehr sich die Konzentration bzw. die volumenbezogene Luftfeuchte längs des Weges ändert. Der Diffusionskoeffizient D ist das Maß für die Durchlässigkeit eines Mediums gegenüber den darin diffundierenden Teilchen. Er hängt sowohl von der Art der diffundierenden Teilchen als auch von der Art des Mediums ab. Das Minuszeichen ist erforderlich, weil in der Realität der Massenstrom in die Richtung fallender Konzentration gerichtet ist, d.h. ein positives Gefälle einen Massenstrom in negativer x-Richtung erzeugt. Die Größenordnung der Diffusionskoeffizienten verschiedener Teilchen in verschiedenen Medien geht aus Bild 3.1 hervor.

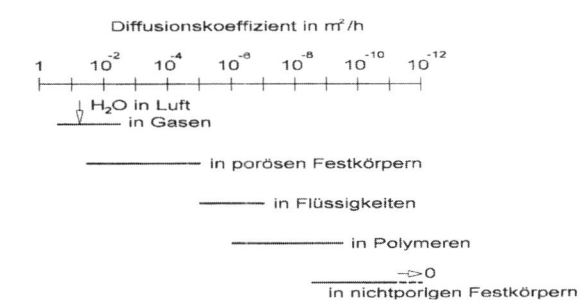

Bild 3.1
Wertebereiche des Diffusionskoeffizienten kleiner Teilchen in verschiedenen Medien

Für das Bauwesen sind folgende Varianten der Diffusion von Wassermolekülen von Interesse (Bild 3.2): Wasserdampfdiffusion, Effusion und Lösungsdiffusion.

Wasserdampfdiffusion liegt vor, wenn die Wassermoleküle in Luft, also im Gaszustand, diffundieren. Auch der Wasserdampf der in den Poren von Baustoffen enthaltenen, ruhenden

Luft diffundiert, und bewirkt einen Massenstrom von Stellen größerer zu kleinerer Wasserdampfkonzentration. Die Wasserdampfdiffusion durch die meist geschichteten, raumumschließenden Bauteile geheizter Räume, die unter Freisetzung von Wasserdampf genutzt werden, ist insbesondere für den Winterzustand zu berücksichtigen.

Wenn Wassermoleküle diffundieren, entspricht der zurückgelegte Weg einem geknickten Linienzug. Die Knickpunkte entsprechen den Orten des Zusammenstoßes mit anderen Teilchen oder begrenzenden Wandungen. Auf Bild 3.2 ist links der Zickzackweg eines diffundieren Wassermoleküles in einer relativ weiten Pore bzw. in Luft dargestellt. Den mittleren Abstand von Knickpunkt zu Knickpunkt heißt man die mittlere freie Weglänge X. Diese ist bei der Diffusion von Gasen sowohl von der Temperatur als auch vom Gesamtdruck abhängig, wobei mit abnehmender Temperatur und steigendem Druck die mittlere freie Weglänge kleiner wird. Für Wassermoleküle in Luft von 20 °C und 1 bar Gesamtdruck beträgt die mittlere freie Weglänge etwa 40 nm. Porendurchmesser müssen also mindestens 100 nm betragen, damit die Wassermoleküle mehr miteinander zusammenstoßen, als mit den Porenwandungen, d.h. damit Wasserdampfdiffusion vorliegt.

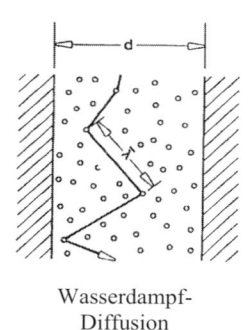

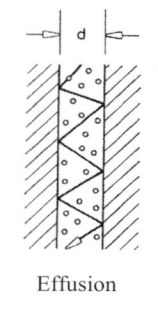

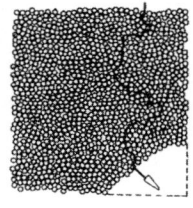

Wasserdampf-Diffusion   Effusion   Lösungsdiffusion

Bild 3.2
Die mittlere freie Weglänge der Wassermoleküle bei Wasserdampfdiffusion, Effusion und Lösungsdiffusion

Die Erforschung der Wasserdampfdiffusion begann in Deutschland in den fünfziger Jahren aufgrund von Problemen beim Flachdachbau und ist mit den Namen deutscher Forscher wie Krischer (Begriff der Diffusionswiderstandszahl), Glaser (Berechnung der Tauwassergefahr) und weiterer eng verbunden.

Effusion

In den sehr feinen Poren eines Feststoffes, z.B. in den sog. Gelporen des Zementsteins, deren Durchmesser kleiner ist als die freie Weglänge der diffundierenden Moleküle $\bar{\lambda}$ (Bild 3.2, Mitte), wird der Widerstand durch Zusammenstöße mit den Porenwandungen mehr bestimmt als durch Zusammenstöße mit anderen diffundierenden Molekülen. Man spricht dann von Effusion, oder von (Knudsen'scher) Molekularbewegung.

Die Massenstromdichte g, welche in einem feinporigen Feststoff infolge Effusion auftritt, wird durch folgende Beziehung beschrieben, sofern für die Poren eine kreiszylindrische Form mit dem Durchmesser 2 r vorausgesetzt werden darf:

$$g = \left(\frac{8}{3} \cdot r \cdot \sqrt{\frac{1}{2\rho\bar{R}}} \cdot \sqrt{\frac{\bar{M}}{T}}\right) \cdot \frac{dp}{dx} = E \cdot \frac{dp}{dx} \qquad (3.2)$$

Hierbei ist $\bar{R}$ die universelle Gaskonstante (= 8,315 kJ/(kmol · K)), während $\bar{M}$ die relative Molmasse der diffundierenden Teilchen (bei Wasser: 18 g) darstellt. Der Druck p kann entweder ein Wasserdampfpartialdruck oder ein Gesamtdruck sein. Der Temperatureinfluss ist im

Anwendungsbereich Bauwesen relativ gering, da die absolute Temperatur nur mit der Wurzel eingeht. E wird als Effusionskoeffizient bezeichnet.

Wenn in Porengefügen mit breiter Verteilung der Porendurchmesser auch Wasserdampfdiffusion neben der Effusion auftritt, ist es meist berechtigt, die Effusion der Diffusion „zuzuschlagen", da die Transportgesetze (3.1) und (3.2) sehr verwandt und die Massenstromdichten infolge Effusion relativ klein sind.

Lösungsdiffusion ist die Bewegung kleiner Teilchen in einem flüssigen oder quasi-flüssigen Medium, in dem sie gelöst, d.h. molekular verteilt sind. So kann sich Wasser nicht nur in vielen Flüssigkeiten, sondern auch in organischen Polymeren (Kunststoffe, Bitumen, Holz, Cellulose usw.) lösen, wobei der Umfang der Löslichkeit und damit die Durchlässigkeit für Wassermoleküle mit der Dichte der hydrophilen Gruppen in Polymeren und mit der Temperatur zunimmt. Durch die Wassereinlagerung in ein Polymer wird dieses gequollen, was die Diffusion der Wassermoleküle erleichtert und zu konzentrationsabhängiger Lösungsdiffusion führt. Die mittlere freie Weglänge $\bar{\lambda}$ hat bei der Lösungsdiffusion etwa die gleiche Größe wie der Teilchendurchmesser des Lösemittels (Medium) und der gelösten Teilchen (hier Wassermoleküle), der bei 0,3 nm liegt (Bild 3.2 rechts).

Auch die Bewegung von Lösemitteln und Weichmachern in organischen Polymeren unterliegt dem Mechanismus Lösungsdiffusion. Das Medium braucht keine Poren aufzuweisen, die diffundierenden Teilchen schaffen sich den benötigten Platz durch Quellung.

3.1.2 Transportgesetz der Wasserdampfdiffusion

Der Diffusionskoeffizient D im 1. Fick'schen Gesetz, Gl. (3.1), kennzeichnet die Durchlässigkeit des Werkstoffgefüges gegenüber den diffundierenden Teilchen. Der Zahlenwert des Diffusionskoeffizienten gibt den Betrag der Massenstromdichte beim Konzentrationsgefälle 1 an. Wendet man das 1. Fick'sche Gesetz auf die Wasserdampfdiffusion in ruhender Luft an,

$$g = D_0 \cdot \frac{\Delta v}{\Delta x} \qquad (3.3)$$

so ist der Diffusionskoeffizient D_0 derjenige für Wasserdampf in Luft. Als Konzentration ist selbstverständlich diejenige des Wasserdampfes in der Luft zu verstehen.

Nach der früheren DIN 52 615 [96] kann der Diffusionskoeffizient D_0 in Abhängigkeit von der absoluten Temperatur T und dem Luftdruck p aus folgender Zahlenwertgleichung ermittelt werden, in der $T_0 = 273$ K und $p_0 = 101\,325$ Pa den atmosphärischen Normzustand charakterisieren:

$$D_0 = 0{,}083 \cdot \frac{p_0}{p} \cdot \left(\frac{T}{T_0}\right)^{1{,}81} \qquad (3.4)$$

D_0	p	T
m²/h	Pa	K

Je niedriger der Luftdruck und je höher die Temperatur, desto größer ist der Diffusionskoeffizient D_0, d.h. die Beweglichkeit der Wassermoleküle in der Luft.

Greift man nun auf die schon in Abschn. 2.1 gemachte Feststellung zurück, dass Luft sich weitgehend „ideal" verhält, d.h. den sog. Gasgesetzen mit ausgezeichneter Genauigkeit folgt, so darf man anstelle der Wasserdampfkonzentration den Wasserdampfpartialdruck in entsprechendem Sinne benützen. Durch Einsetzen von Gl. (2.2) in (3.3) erhält man:

$$g = \frac{D_0}{R \cdot T} \cdot \frac{\Delta p}{\Delta x} = \delta_a \cdot \frac{\Delta p}{\Delta x} \qquad (3.5)$$

Der Diffusionsleitkoeffizient δ_a für Wasserdampfdiffusion in Luft hat die analoge Bedeutung wie der Diffusionskoeffizient D_0, nur ist der erstere dann anzuwenden, wenn ein Wasserdampfpartialdruckgefälle als auslösende Ursache der Diffusion vorliegt, während der letztere Anwendung findet, wenn ein Konzentrationsgefälle den Diffusionsvorgang verursacht. Physikalisch gesehen ist es gleichwertig, ob man Konzentrationsgefälle oder Partialdruckgefälle betrachtet, so lange die Temperatur etwa gleich groß bleibt. Dann wird das gleiche Geschehen nur mit verschiedenen Begriffen unterschiedlich beschrieben. Aus mathematischer Sicht kann jedoch die eine oder die andere Betrachtungsweise vorteilhafter sein. So werden die instationären Vorgänge der Lösungsdiffusion zweckmäßigerweise als Folge von Konzentrationsunterschieden betrachtet. Die stationäre und die instationäre Wasserdampfdiffusion in porösen Baustoffen dagegen wird hier auf der Basis des Wasserdampfpartialdruckes behandelt, weil dies in Deutschland nach dem zweiten Weltkriege sich eingebürgert hat.

Geht die Wasserdampfdiffusion von einer Wasseroberfläche aus, d.h. wird Wasser verdunstet, so wird dabei aus jeweils 18 g Wasser 22,4 l Wasserdampf erzeugt. Das erzeugte Gas verdrängt ein entsprechendes Volumen angrenzender Luft. Dadurch entsteht eine Luftverschiebung von der Verdunstungsfläche hinweg, welche die Verdunstung beschleunigt. Dann muss Gl. (3.5) um ein Korrekturglied (den sog. Stefan-Faktor) erweitert werden:

$$g = \delta_a \cdot \frac{p}{p - p_s} \cdot \frac{\Delta p}{\Delta x} \qquad (3.6)$$

Der Stefan-Faktor enthält den Gesamtdruck p der Luft, in welche der Wasserdampf eingeschleust wird und den Sattdampfdruck p_s des Wasserdampfes. In Tafel 3.1 ist neben anderen in diesem Abschnitt erläuterten Kenngrößen der Stefan'sche Korrekturfaktor für den betrachteten Temperaturbereich angegeben. Man kann daraus entnehmen, dass der Stefan-Faktor erst bei Temperaturen über etwa 30 °C merklich größer als eins wird und daher im Bauwesen normalerweise nicht berücksichtigt zu werden braucht.

Tafel 3.1 Verschiedene Kenngrößen der Theorie der Wasserdampfdiffusion als Funktion der Temperatur

θ [°C]	$R_v \cdot T$ [kJ/kg]	D_0 [m²/h]	δ_a [kg/mhPa]	$1/\delta_a$ [mhPa/kg]	$\frac{p}{p-p_s}$ [–]
30	140,2	0,101	0,723/– 6	1,38/+ 6	1,044
25	137,9	0,0976	0,710/– 6	1,41/+ 6	1,033
20	135,6	0,0943	0,697/– 6	1,43/+ 6	1,024
15	133,3	0,0914	0,685/– 6	1,46/+ 6	1,017
10	131,0	0,0886	0,675/– 6	1,48/+ 6	1,012
5	128,7	0,0857	0,665/– 6	1,50/+ 6	1,009
± 0	126,3	0,0828	0,655/– 6	1,53/+ 6	1,006
– 5	124,0	0,0803	0,646/– 6	1,55/+ 6	1,004
– 10	121,7	0,0774	0,637/– 6	1,57/+ 6	1,003
– 15	119,4	0,0745	0,628/– 6	1,59/+ 6	1,002
– 20	117,1	0,0724	0,619/– 6	1,62/+ 6	1,001

Betrachtet man die Diffusion der Wassermoleküle in Baustoffen als Wasserdampfdiffusion, so kann das Transportgesetz aus Gl. (3.5) abgeleitet werden. Die geringere Diffundierbarkeit der Baustoffe im Vergleich zu ruhender Luft wird nach einem Vorschlag von Krischer durch die sog. Diffusionswiderstandszahlen μ der Baustoffe im Sinne eines Abminderungsfaktors berücksichtigt:

$$g = \frac{\delta_a}{\mu} \cdot \frac{\Delta p}{\Delta x} \qquad (3.7)$$

Der Diffusionsleitkoeffizient δ_a ändert sich mit der Temperatur nur wenig (s. Tafel 3.1). Daher ist es erlaubt, bei der Berechnung der Diffusionsstromdichte im für das Bauwesen maßgeblichen Temperaturbereich von etwa − 10 °C bis etwa + 20 °C von einem Mittelwert auszugehen. In diesem Sinne findet man in DIN 4108-3 folgende Zahlenwertgleichung zur Berechnung der Diffusionsstromdichte beim Nachweis des Tauwasserschutzes:

$$g = \frac{\Delta p}{1,5 \cdot 10^6 \cdot \mu \cdot d} \qquad (3.8)$$

g	p	μ	d
kg/m²h	Pa	–	m

Der Zahlenfaktor $1,5 \cdot 10^6$ als Kehrwert des Wasserdampf-Diffusionsleitkoeffizienten δ_a entspricht, wie aus Tafel 3.1 hervorgeht, der Temperatur 5 °C und ist daran gebunden, dass die bei Gl. (3.8) angegebenen Dimensionen zur Berechnung der Massenstromdichte verwendet werden.

3.1.3 Diffusionswiderstandszahl und s_d-Wert

Als Maß für die Dichtigkeit eines Baustoffgefüges gegen diffundierende Wassermoleküle wird, wie im vorigen Abschnitt erwähnt, die (Wasserdampf-) Diffusionswiderstandszahl μ benützt. Sie ist eine dimensionslose Größe, deren Zahlenwert angibt, wie viel Mal kleiner die Massenstromdichte ist, wenn die diffundierenden Wassermoleküle nicht durch ruhende Luft sondern durch das Baustoffgefüge diffundieren.

Als Grund dafür, dass es sinnvoll ist, bei der Definition der Diffusionswiderstandszahl den bei einem Baustoff vorliegenden Widerstand gegen Wasserdampfdiffusion auf den analogen Widerstand in ruhender Luft zu beziehen, kann man Folgendes sagen: Würde man einen zunächst sehr dichten Stoff durch immer weitere Vergrößerung des Porenraumes entmaterialisieren, so würde die Diffusionswiderstandszahl von anfänglich großen Zahlenwerten ausgehend immer kleiner werden. Wenn das die Poren bildende Festkörpergerüst schließlich fast verschwunden ist, wie z.B. bei Mineralwolle, so steht den Wassermolekülen praktisch nur noch die ruhende Luft als Hindernis entgegen. Das ist die kleinste mögliche Behinderung für die diffundierenden Wassermoleküle in der Erdatmosphäre. Da der Widerstand ruhender Luft als Bezugspunkt dient, hat diese die Diffusionswiderstandszahl μ = 1. Das heißt aber, der mögliche Wertebereich von Diffusionswiderstandszahlen liegt zwischen eins und unendlich:

$$1 \leq \mu \leq \infty \qquad (3.9)$$

Gegen diffundierende Wassermoleküle absolut dichte Werkstoffgefüge entsprechend einer unendlich großen Diffusionswiderstandszahl haben nur Metalle und Gläser, alle anderen Stoffe sind mehr oder weniger wasserdampfdurchlässig. Wie die praktische Anwendung ergeben hat, lässt sich die Diffusionswiderstandszahl wegen ihres Bezuges auf die Dichtigkeit ruhender Luft hervorragend in theoretischen Betrachtungen „weiterverarbeiten". Das wird in Abschn. 5.1 ersichtlich.

Um die Dichtigkeit einer Baustoffschicht, nicht eines Baustoffes, gegen Wasserdampfdiffusion zu kennzeichnen, genügt die Angabe der Diffusionswiderstandszahl des verwendeten Baustoffes natürlich nicht, da sowohl die Art des Baustoffes als auch die Dicke einer Schicht für das Ausmaß des Widerstandes gegen Wasserdampfdiffusion entscheidend sind. Die einfachste Definition, welche den Widerstand einer Baustoffschicht kennzeichnet, ist deshalb das Produkt aus Schichtdicke und Diffusionswiderstandszahl. Daher wird der Begriff „äquivalente Luftschichtdicke s_d" gemäß folgender Definition als Maß für den Diffusionswiderstand einer Baustoffschicht in der Bauphysik verwendet:

$$s_d = \mu \cdot d \tag{3.10}$$

Der Name „äquivalente Luftschichtdicke" gibt die Bedeutung sehr anschaulich wieder: Die Dichtigkeit einer Baustoffschicht gegen diffundierende Wassermoleküle unter stationären Bedingungen wird durch diejenige Dicke einer Schicht ruhender Luft angegeben, die vorhanden sein müsste, damit in dieser Luftschicht unter den vorgegebenen Bedingungen die Massenstromdichte der diffundierenden Wassermoleküle genau so groß wie in der Baustoffschicht ist.

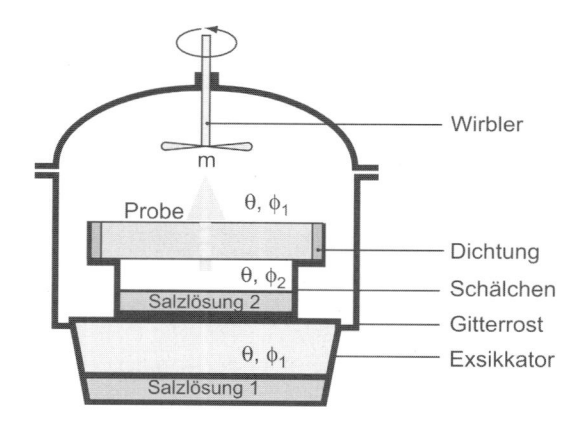

Bild 3.3   Versuchsanordnung zur Messung der Diffusionswiderstandszahl (sog. Schälchenmethode)

Bei der normgerechten Messung von Diffusionswiderstandszahlen gemäß DIN ISO 12572 [66] werden Scheiben aus dem zu untersuchenden Baustoff zwischen zwei Lufträume (außerhalb und innerhalb eines mit der Scheibe verschlossenen Schälchens) mit gleicher Temperatur, aber verschiedener relativer Luftfeuchte eingebracht (Bild 3.3). Durch Wägung der Schälchen in gewissen Zeitabständen stellt man fest, wie viel Wasser in einer bestimmten Zeit die Probe mit bekannter Fläche durchdrungen hat. Die betreffende Massenstromdichte wird rechnerisch bezogen auf diejenige Massenstromdichte, welche auftreten würde, wenn anstelle der Baustoffprobe eine ruhende Luftschicht vorgelegen hätte. Dieses Verhältnis ist die Diffusionswiderstandszahl. Da nun aber in ruhender Luft nur Wasserdampfdiffusion stattfindet, in einem Feststoff aber Effusions-, Lösungs- und Dampfdiffusion und sogar Flüssigwassertransport denkbar sind, ist die Größe der Diffusionswiderstandszahl möglicherweise auch von weiteren Faktoren abhängig und nicht nur von der Differenz der relativen Luftfeuchten gemäß der nur für Wasserdampfdiffusion geltenden Gesetzmäßigkeit bei isothermen Verhältnissen. Bei wissenschaftlichen Betrachtungen muss man also beachten, dass die Diffusionswiderstandszahl eines Baustoffs insbesondere von der relativen Luftfeuchte in dem Sinne beeinflusst werden kann, dass mit steigender mittlerer relativer Luftfeuchte in den Proben die Diffusionswiderstandszahl kontinuierlich abnimmt. Nach DIN EN ISO 12572 unterscheidet man verschiedene Prüfumgebungen:

  A: $\theta = 23\ °C$, $\phi = 0\ ...\ 50\ \%$
  B: $\theta = 23\ °C$, $\phi = 0\ ...\ 85\ \%$
  C: $\theta = 23\ °C$, $\phi = 50\ ...\ 93\ \%$
  D: $\theta = 38\ °C$, $\phi = 0\ ...\ 93\ \%$

Auf Bild 3.4 ist für einige mineralische Baustoffe der Verlauf der Diffusionswiderstandszahl als Funktion der relativen Luftfeuchte dargestellt. Für den Baustoff Beton B 45 sind

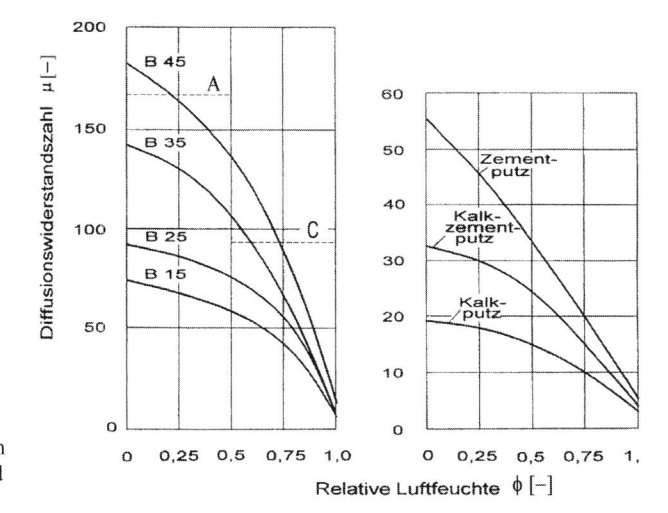

Bild 3.4
Veränderlichkeit der Diffusionswiderstandszahl mit der relativen Luftfeuchte, gezeigt an Betonen und Putzen

zusätzlich die beiden (gemittelten) Diffusionswiderstandszahlen für den Trockenbereich (A) und den Feuchtbereich (C) durch eine gestrichelte Linie angedeutet. Insbesondere Baustoffe mit Bindemitteln aus organischen Polymeren, wie Kunstharzputze, Polymeranstriche, Schaumkunststoffe usw. zeigen diese Abhängigkeit der Diffusionswiderstandszahl von der mittleren relativen Luftfeuchte sehr stark.

In DIN 4108-4 sind in einer umfassenden Zusammenstellung viele Diffusionswiderstandszahlen enthalten, welche bauphysikalischen Berechnungen zugrunde gelegt werden sollten. Man findet diese Tabelle im vorliegenden Buch ab Seite 116 abgedruckt. Bei den meisten Baustoffen sind dort für die Diffusionswiderstandszahl zwei Zahlenwerte angegeben, welche obere und untere Grenzwerte darstellen. Bei Berechnungen soll gemäß einem Hinweis in DIN 4108-3 immer der bei der Betrachtung der Tauperiode ungünstigere Wert verwendet werden. Die Zusammenstellung der Diffusionswiderstandszahlen in DIN 4108-4 ist hinsichtlich der Stoffe auf Basis von organischen Polymeren jedoch recht unvollständig. Daher enthält Tafel 3.2 eine ergänzende Zusammenstellung. Die gemessenen Substanzen sind durch die Art ihres Bindemittels, gegebenenfalls auch ihres Pigment-Füllstoff-Gemisches charakterisiert. Da die angegebenen Stoffe in der Regel in dünner Schicht Verwendung finden, ist anstelle der Diffusionswiderstandszahl die Schichtdicke und der zugehörige s_d-Wert angegeben.

Tafel 3.2 Diffusionswiderstände von Beschichtungen, Abdichtungen und Bodenbelägen auf Polymerbasis

Durchdrungener Stoff	d in mm	s_d in m	
Silikatanstrich	0,15	0,03	
Acryldispersionsanstrich	0,15	0,05	
Polyesterbeschichtung, flexibel	1,0	2,5	Beschichtungen
2 K PUR, flexibel, lösemittelhaltig	0,25	0,12	
PUR, feuchtigkeitshärtend	0,08	1,5	
Acrylharz-Zement-Spachtel			
feinkörnig	1,0	0,15	
grobkörnig	2,0	0,20	
Kunstharzdispersionsputz	3,0	0,45	
Dispersionszement-Schlämme			
starr	3,0	0,6	
flexibel	3,0	2,0	
Bitumenvoranstrich, wässerig	0,15	0,15	Abdichtungen
Heißbitumenaufstrich	1,5	150	
Bitumenemulsion, fasergefüllt	2,0	5	
Bitumenlösung, gefüllt	0,30	30	
Bitumenmastix	3	100	
Bitumendachbahn	2,5	100	
PVC-Folie	0,1	4,0	
PE-Folie	0,4	40,0	
Teppichboden	6,0	0,15	Bodenbeläge
Linoleum	3,0	30	
PVC-Bahnen	2,5	50	
Gummibelag	3,0	90	
Epoxidbeschichtung	3,0	50	

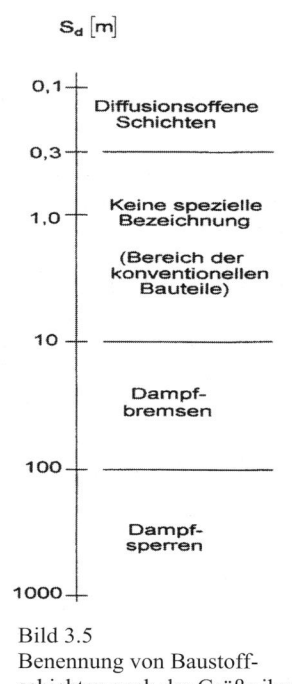

Bild 3.5
Benennung von Baustoffschichten nach der Größe ihrer äquivalenten Luftschichtdicke (s_d-Werte)

Nach der Größe des Diffusionswiderstandes einer Schicht bezeichnet man sie als diffusionsoffen, dampfbremsend und dampfsperrend (s. Bild 3.5). Derjenige Bereich, in dem der Widerstand der meisten Bauteile anzutreffen ist, nämlich von ~ 0,3 m bis 10 m, hat keinen speziellen Namen.

3.2 Wassertransport in ungesättigten Poren

3.2.1 Grenzflächenspannung, Randwinkel und Kapillardruck

Unter dem Begriff „Kapillarität" fasst man diejenigen physikalischen Erscheinungen bei Flüssigkeiten zusammen, welche von einer spezifischen Kraftwirkung an der Flüssigkeitsoberfläche maßgeblich beeinflusst werden. Auf Bild 3.6 sind einige Beispiele dieser Kraftwirkung, nämlich die Kugelgestalt von frei fallenden Tropfen, die gute und die schlechte Benetzung einer Festkörperoberfläche, die Depression (Absinken) und die Aszension (Aufsteigen) des Wassers in einer engen Röhre und die Ausbildung von Menisken an Berandungen von Wasserflächen, dargestellt. Die diese Erscheinungen verursachende Kraftwirkung nennt man Grenzflächenspannung. Dieser Begriff ist mit dem der mechanischen Spannung in einem Festkörper als Folge einer Krafteinwirkung nur verwandt, also keinesfalls wesensgleich.

3 Mechanismen des Feuchtetransports

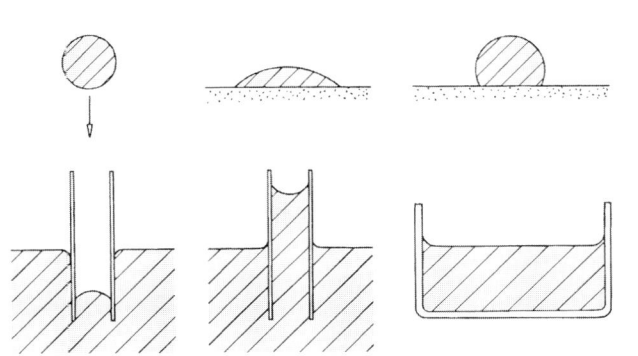

Bild 3.6
Häufig beobachtbare Wirkungen der Oberflächenspannung des Wassers (Fallender Tropfen, aufliegender Tropfen, Depression und Aszension in einer Kapillaren, Randaszension)

Die mechanische Spannung ist definiert als Kraft pro Fläche. Eine solche Spannung tritt dann auf, wenn Körper gewaltsam verformt werden. Mit zunehmender Verformung wachsen die Spannungen an, bis schließlich der Zusammenhalt des Festkörpers durch Bruch verlorengeht. Die Grenzflächenspannung dagegen ist die an der Grenzfläche zwischen zwei Stoffen in einer sehr dünnen Schicht auftretende Kraft pro Länge, wobei die Länge einer gedachten Schnittkante in der Grenzfläche gemeint ist.

Die Grenzflächenspannung als physikalisches Phänomen kann auf zwei letztlich identische Weisen gedeutet werden: Einmal als die Kraft pro Länge in einem gedachten Schnitt senkrecht durch die Grenzfläche, womit diese als eine spezielle Membran aufgefasst wird. Die entsprechende mathematische Behandlung der Grenzfläche idealisiert diese Übergangszone zwischen zwei Stoffen als dickenlose Fläche, während in Wirklichkeit die Grenzfläche eine gewisse Dicke von allerdings nur wenigen Moleküllagen hat. Andererseits kann man die Grenzflächenspannung deuten als die Energie, welche notwendig ist, neue Grenzfläche zu schaffen bzw. als die Energie, die frei wird, wenn die Grenzfläche sich um ein bestimmtes Maß verkleinert. In der jüngeren physikalischen Literatur wird diese energetische Deutung der Grenzflächenspannung bevorzugt, oft wird die Kraftwirkung nicht einmal mehr erwähnt. Im hier behandelten Zusammenhang wird nur auf die Kraftwirkung Bezug genommen.

Die beiden Deutungsmöglichkeiten gehen auch aus der Dimension der Grenzflächenspannung hervor:

$$\sigma \text{ in N/m ist } \begin{cases} \text{Kraft in } N / \text{Schnittlänge in m} \\ \text{Energie in } N \cdot m / \text{Fläche in } m^2 \end{cases}$$

Im Folgenden wird bevorzugt die Grenzfläche von Wasser gegen Luft angesprochen. Grenzflächen gegen Gase heißt man Oberflächen, die entsprechende Grenzflächenspannung bezeichnet man daher auch als Oberflächenspannung. Oberflächen sind in ihrer mechanischen Wirkung mit Membranen gleichzusetzen, welche an allen Stellen und in jeder Richtung tangential zur Grenzfläche unter einer stets gleich großen Zugkraft stehen und sich gegen den Widerstand der flüssigen Phase zusammenziehen wollen. Aus diesem Grunde nehmen Flüssigkeitstropfen im schwerelosen Raum Kugelgestalt an, und die Flüssigkeit im Tropfen steht unter Überdruck. Unabhängig davon, ob die Grenzfläche sich krümmt, sich verkleinert oder vergrößert, die Kraft pro Länge in der Oberfläche bleibt dennoch konstant. Demzufolge hat ein Flüssigkeitstropfen, der im Schwerefeld auf einer Unterlage aufliegt, keine exakte Kugelgestalt, da der im liegenden Tropfen zusätzlich vorhandene hydrostatische Druck höhenveränderlich ist und die konstante Oberflächenspannung dem veränderlichen Innendruck nur durch veränderliche Krümmung der Oberfläche das Gleichgewicht halten kann.

Ein weiterer charakteristischer Unterschied zwischen der mechanischen Spannung in einem Festkörper und einer Grenzflächenspannung ist der, dass die mechanischen Spannungen in Festkörpern im wesentlichen nur von der Verformung des Körpers und kaum von den Umgebungsbedingungen abhängen, in welchen der Festkörper sich befindet. Umgekehrt wird die Größe von Grenzflächenspannungen durch eine Biegung oder Dehnung der Grenzfläche nicht beeinflusst. Für den Zahlenwert der Grenzflächenspannung entscheidend sind die stoffliche Natur der beiden aneinandergrenzenden Partner bzw. die Verhältnisse im Gasraum über der Flüssigkeitsoberfläche. Wenn daher vereinfachend nur von der „Oberflächenspannung einer Flüssigkeit" gesprochen wird, ohne die Verhältnisse im Gasraum näher zu beschreiben, dann ist dabei stillschweigend vorausgesetzt, dass der Gasraum in der unmittelbaren Nähe der Flüssigkeitsoberfläche aus Luft besteht, welche den Dampf der jenseits der Grenzfläche befindlichen Flüssigkeit im maximal möglicher Menge enthält. Das ist nämlich der natürliche Zustand über einer Flüssigkeitsoberfläche.

Die Grenzflächenspannung wirkt nicht nur in den Grenzflächen zwischen Flüssigkeiten und Gasen, sie tritt auch an den Grenzflächen zwischen Festkörpern und Gasen, zwischen verschiedenen Flüssigkeiten, zwischen Festkörpern und Flüssigkeiten sowie zwischen zwei Festkörpern auf. Das wird wenig beachtet, wahrscheinlich deshalb, weil nur die an der Grenze zwischen einer Flüssigkeit und einem Gas leicht beobachtbare Krümmung der Flüssigkeitsoberfläche zur allgemeinen Erfahrung gehört.

Die Größe der Grenzflächenspannung hängt nach den erst in jüngster Zeit aufgeklärten Gesetzmäßigkeiten von den Kraftwirkungen zwischen den jeweiligen Molekülen oder Atomen der beiden Stoffe diesseits und jenseits der Grenzfläche entscheidend ab [29]. Die Temperaturabhängigkeit ist – gesehen mit den Augen des Bauphysikers – vergleichsweise gering.

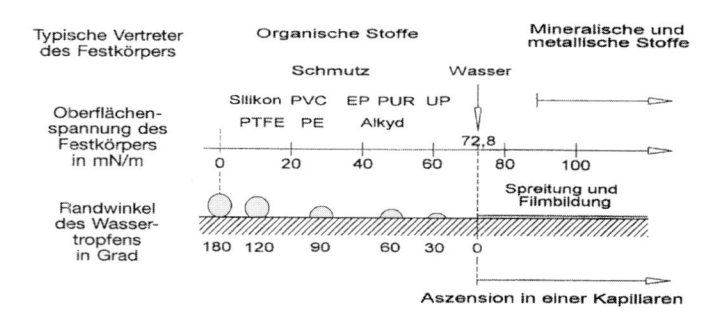

Bild 3.7
Zusammenhang zwischen der Festkörper-Oberflächenspannung und dem Randwinkel eines aufliegenden Wassertropfens

In Bild 3.7 sind die Oberflächenspannungen von Festkörpern und die zugehörigen Randwinkel aufliegender Wassertropfen nach Untersuchungen von Neumann und Sell [15] einander gegenübergestellt. Zahlenwerte der Oberflächenspannung von Wasser als Funktion der Temperatur findet man in Tafel 3.9. Relativ kleine Oberflächenspannungen haben organische Polymere, große Oberflächenspannungen haben alle anorganischen Stoffe. Im Bereich zwischen $\sigma = 0$ und $\sigma = 72{,}8$ mN/m (Wasser) ist der sich einstellende Randwinkel eines Wassertropfens angegeben, welcher die entsprechende Festkörperoberfläche kontaktiert.

Ein besonderer Effekt tritt dort auf, wo drei verschiedene Stoffe, z.B. ein Festkörper, eine Flüssigkeit und ein Gas aneinandergrenzen. Diese Situation ist auf Bild 3.8 dargestellt. Nur im Punkt A, der in Wirklichkeit eine Kante ist, greifen alle drei Grenzflächenspannungen, gekennzeichnet durch die beiden Indizes, welche den beiden Stoffen diesseits und jenseits der Grenzfläche zugeordnet sind, gemeinsam an. Der rechte Teil von Bild 3.8 zeigt das Vektordia-

3 Mechanismen des Feuchtetransports

gramm dieser Kräftekonstellation. Die Gleichgewichtsbedingung für die Horizontalkräfte lautet:

$$\sigma_{1,3} + \sigma_{2,3} \cdot \cos\theta = \sigma_{1,2} \tag{3.11}$$

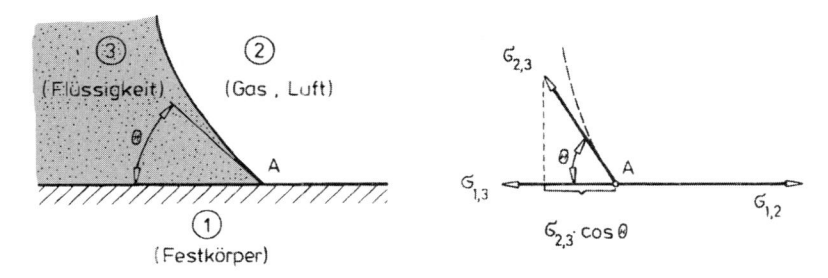

Bild 3.8 Zum Kräftegleichgewicht an der gemeinsamen Kante von Festkörper, Flüssigkeit und Gas

Daraus folgt für den Randwinkel θ:

$$\cos\theta = \frac{\sigma_{1,2} - \sigma_{1,3}}{\sigma_{2,3}} \tag{3.12}$$

Gl. (3.12) heißt nach ihrem Entdecker „Zweiter Laplace'scher Satz". Danach ist der Randwinkel festgelegt durch die Größe der drei Grenzflächenspannungen und nicht etwa durch die geometrische Situation in der Umgebung von A. Es kommt demnach für die Größe von θ nur auf die stoffliche Natur der drei aneinandergrenzenden Medien an. Bei einer gegebenen Kombination von drei Stoffen hat also der sich einstellende Randwinkel immer die gleiche Größe. Vorausgesetzt ist dabei allerdings, dass die Festkörperoberfläche ideal eben und energetisch homogen ist. Durch Alterung, Oxidation, Adsorption, Verschmutzung, Aufrauhung usw. einer Oberfläche wird der Randwinkel einer berührenden Flüssigkeit natürlich verändert.

Zur Erläuterung des zweiten Laplace'schen Satzes seien folgende Überlegungen angestellt:

Ein Gleichgewicht mit definiertem Randwinkel θ ist wegen des beschränkten Existenzbereiches der Cosinusfunktion nur möglich, wenn die rechte Seite von Gl. (3.12) zwischen den beiden Grenzen – 1 und + 1 liegt, wenn also die drei Grenzflächenspannungen innerhalb gewisser Grenzen in einem bestimmten gegenseitigen Verhältnis vorliegen. Nach Gl. (3.11) dürfen sich die Grenzflächenspannungen des Festkörpers gegen das Gas einerseits und gegen die Flüssigkeit andererseits maximal um den Wert der Grenzflächenspannung der Flüssigkeit gegen das Gas unterscheiden, wenn ein Gleichgewicht möglich sein soll.

Wenn bei einer gegebenen Kombination von Festkörper, Flüssigkeit und Gas die Oberflächenspannung $\sigma_{2,3}$ zwischen Flüssigkeit und Gas z.B. durch Zugabe bestimmter Chemikalien zur Flüssigkeit reduziert wird, dann muss nach Gl. (3.12) der Randwinkel θ kleiner werden. Das ist die Wirkungsweise der Tenside, welche die Oberflächenspannung des Wassers reduzieren und damit die Benetzung eines vom reinem Wasser nicht oder schlecht benetzbaren Festkörpers verbessern bzw. überhaupt ermöglichen.

Die Oberflächenspannung von Metallen und Mineralien gegen Luft ist sehr groß. Benetzt man Festkörper mit derart großer Oberflächenspannung mit Wasser, so bedeutet dies für Gl. (3.11), dass $\sigma_{1,2}$ die überragende Größe ist und die Gleichung nicht erfüllt werden kann. Der Punkt A auf Bild 3.7 wandert wegen des nicht kompensierbaren Überschusses an nach rechts ziehender Kraft unaufhörlich nach rechts, die Flüssigkeit breitet sich auf dem Festkörper aus und der Benetzungswinkel θ ist Null. Aus Gl. (3.11) wird dann die Ungleichung

$$\sigma_{1,2} > \sigma_{1,3} + \sigma_{2,3} \tag{3.13}$$

Die überschüssige Kraft am Punkt A, welche das Ausbreiten der Flüssigkeit, das sog. Spreiten, bewirkt, heißt man den Spreitungsdruck P_{sp}:

$$P_{sp} = \sigma_{1,2} \cdot (\sigma_{1,3} + \sigma_{2,3}) \tag{3.14}$$

Die Spreitung des Wassers auf einer Baustoffoberfläche ist vermutlich die Voraussetzung für das kapillare Aufsaugen von Wasser durch feinporige Baustoffe.

Durch Beschichten einer Festkörperoberfläche mit einer Substanz kleiner Oberflächenspannung, z.B. mit Silikon, wird erreicht, dass $\sigma_{1,2}$ die kleinste Größe unter den drei Grenzflächenspannungen am Rande eines aufgebrachten Flüssigkeitstropfens wird. Die rechte Seite von Gl. (3.12) wird nun negativ und damit der Randwinkel θ größer als π/2. In dieser Situation wirken die Oberflächenspannungen am Punkt A so, dass sie die Flüssigkeit an der Ausbreitung auf der Oberfläche behindern. Man klassifiziert daher nach der Größe von Γ die Benetzbarkeit eines Festkörpers wie folgt:

vollständig benetzbar:	$\theta = 0$
unvollständig benetzbar:	$0 \leq \theta \leq 90°$
nicht benetzbar:	$90° \leq \theta \leq 180°$

Ist die Grenzfläche gekrümmt, so folgt aus der Deutung der Grenzflächenspannung als Kraft pro Schnittlänge, dass ein Druck von der Grenzfläche in Richtung senkrecht zur Grenzfläche ausgeübt wird. Wäre ein solcher Druck nicht existent, dann müsste die Grenzfläche immer eben sein, denn eine unter Zugspannung stehende Membran nimmt immer eine ebenflächige Gestalt an, es sei denn, sie wird durch seitliche Drücke ausgelenkt. Schon Laplace hat die Beziehung zwischen der Grenzflächenspannung a, den beiden Hauptkrümmungsradien R_1 und R_2 der Grenzfläche und dem erzeugten Druck, dem sog. Kapillardruck P_K, angegeben (Erster Laplace'scher Satz):

$$P_K = \sigma \left(\frac{1}{R_1} + \frac{1}{R_2} \right) \tag{3.15}$$

Für rotationssymetrische Oberflächen gilt

$$r = R_1 = R_2 \rightarrow P_K = \frac{2\sigma}{r} \tag{3.16}$$

Nach Gl. (3.16) nimmt die Größe des Kapillardrucks mit steigender Krümmung der Oberfläche, das heißt mit kleiner werdenden Krümmungsradien zu. Der Kapillardruck wird als positiv bezeichnet, wenn er Zugspannungen bzw. Unterdruck erzeugt. Das ist dann der Fall, wenn die Grenzfläche vom unter Zugspannung stehenden Stoff aus konkav erscheint. Für die ebene Flüssigkeitsoberfläche, das heißt für unendlich große Krümmungsradien, wird der Kapillardruck nach Gl. (3.16) zu Null.

3.2.2 Der Flüssigkeitsleitkoeffizient κ

Beim heutigen Kenntnisstand erscheint eine das tatsächliche Geschehen nachbildende, mathematische Erfassung des Feuchtetransports in teilweise wassergefüllten Poren der Baustoffe

3 Mechanismen des Feuchtetransports

wegen deren bizarren Wandungen und Verästelungen und der chaotischen Verteilung von luftgefüllten und wassergefüllten Porenbereichen als aussichtslos. Deshalb hat Krischer schon in der Mitte dieses Jahrhunderts eine makroskopische Betrachtungsweise vorgeschlagen: Es wird das Wassergehaltsgefälle und nicht der Kapillarduck als treibendes Potential angesehen. Der Ansatz für das betreffende Transportgesetz lautet [32]:

$$g = \rho_w \cdot \kappa(u) \cdot \frac{da_v}{dx} \tag{3.17}$$

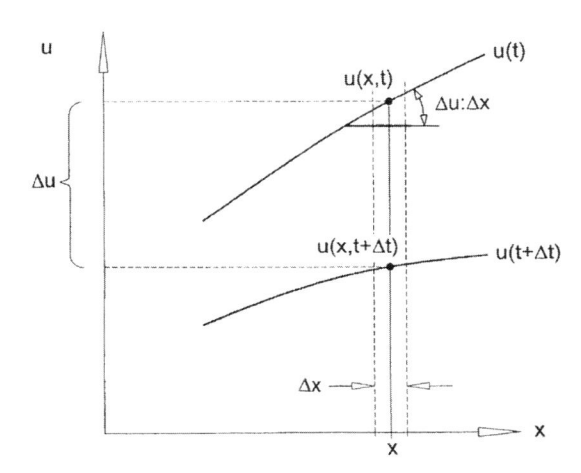

Bild 3.9
Zur Ableitung des Flüssigkeitskoeffizienten aus gemessenen Wassergehaltsverteilungen

Die Flüssigkeitsleitzahl κ ist die zentrale Kennfunktion dieser Theorie. Sie verknüpft die Feuchtestromdichte mit dem Wassergehaltsgefälle. Weil die Anwendung der Flüssigkeitsleitzahl in einem großen Wassergehaltsbereich der Baustoffe erfolgen soll, in dem mit Sicherheit eine sehr unterschiedliche Leistungsfähigkeit für Wassertransport vorliegt, muss K eine ausgeprägte Abhängigkeit vom Wassergehalt aufweisen. Die Bestimmung von K aus Experimenten ergibt sich aus folgender Überlegung (Bild 3.9):

Sind in einem Baustoff die Wassergehalts Verteilungen zur Zeit t und kurz danach (t + Δt) in der Umgebung eines Ortes x bekannt, so kann das Wassergehaltsgefälle Δu/Δx direkt abgelesen werden. Die Feuchtestromdichte ergibt sich aus der Wassergehaltsänderung Δu_v an der betreffenden Stelle im Zeitraum Δt zu

$$g = \frac{M}{A \cdot \Delta t} = \frac{A \cdot \Delta x \cdot \rho_w \cdot u_v}{A \cdot \Delta t} = \frac{\rho_w \cdot \Delta u_v \cdot \Delta x}{\Delta t} \tag{3.18}$$

Damit hat der Flüssigkeitsleitkoeffizient an der Stelle x zur Zeit t folgende Größe:

$$\kappa(x,t) = \frac{g}{\rho_w \cdot \frac{\Delta u_v}{\Delta x}} = \frac{\Delta u_v \cdot \Delta x}{\frac{\Delta u_v}{\Delta x} \cdot \Delta t} \tag{3.19}$$

Hat man also in einem Baustoff an verschiedenen Stellen x und zu verschiedenen Zeiten t die Wassergehalte ermittelt, so kann man entsprechend viele Zahlenwerte des Flüssigkeitsleitkoeffizienten daraus ableiten. Wenn der Ansatz nach Gl. (3.17) sinnvoll gewählt ist, hängt K weder von x noch von t ab, wenn der Baustoff homogen ist und sich während der Messung nicht verändert hat. Dagegen muss eine Abhängigkeit vom Wassergehalt u_v erwartet werden, da mit zunehmendem Wassergehalt mehr transportierbares Wasser zur Verfügung steht und die Transportleistung steigt.

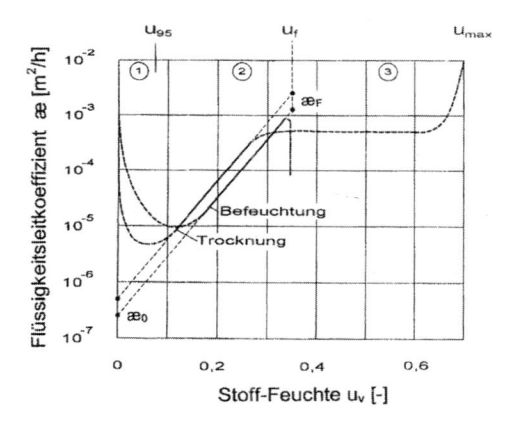

Bild 3.10
Gemessener Funktionsverlauf von $K(u_v)$ für Porenbeton beim Befeuchten und beim Trocknen

Als ein typisches Beispiel einer solchen Analyse ist auf Bild 3.10 der Funktionsverlauf $K(u_v)$ für den vollen Wassergehaltsbereich von Porenbeton dargestellt. Die natürliche Streuung der Einzelwerte ist nicht dargestellt, sondern nur der gemittelte Kurvenzug durch die Einzelwerte. Dazu ist folgendes anzumerken:

a) Der Austrocknungsvorgang ergibt eine andere Kurve als der Befeuchtungsvorgang. Es sollte demgemäß bei K unterschieden werden in Werte für das „Saugen" und für das „Umverteilen" von Wasser.

b) Der Bereich von 0 bis etwa 7 Prozent Feuchte (u_{95}) entspricht dem Gültigkeitsbereich der Wasserdampfdiffusion (Bereich ①. Ob hier noch Flüssigwassertransport erfolgt und wenn ja, in welcher Größe, wird in der Fachwelt noch diskutiert.

c) Der Kurvenanstieg um mehr als zwei Zehnerpotenzen im Bereich von etwa 7 bis etwa 35 Prozent volumenbezogener Feuchte, Bereich ②, gibt die beschleunigende Wirkung des zunehmenden Wassergehaltes auf den Flüssigwassertransport wieder. Dies ist der eigentliche Gültigkeitsbereich des Transportgesetzes von Krischer gemäß Gl. (3.16).

d) Oberhalb der freiwilligen Wasseraufnahme, also im Übersättigungsbereich ③, gilt der Krischer'sche Ansatz nur für den Trocknungsvorgang, während bei der einseitigen Wasserbelastung nur noch extrem langsam Wasser aufgenommen wird und deshalb k steil absinkt.

e) Bei Annäherung an u_{max} steigt κ assymptotisch gegen unendlich, weil im dann wassergesättigten Porenbeton ohne Wassergehaltsgefälle nach dem Mechanismus der gesättigten Porenströmung (s. Abschn. 3.4) Wasser durch den Baustoff bewegt werden kann.

Vereinfachend darf bei vielen Überlegungen bei feinporigen mineralischen Baustoffen ein im semilogarithmischen Achsensystem linearer Anstieg der Flüssigkeitsleitzahl K mit dem Wassergehalt angenommen werden. Verlängert man, wie auf Bild 3.10 dargestellt, die entsprechende Gerade bis u = 0, so kann dort für die Flüssigkeitsleitzahl K der Wert K_0 angegeben werden, ebenso wie für $u = u_f$ ein Wert $K = K_F$ existiert. Der gradlinige ansteigende Verlauf von k kann also mit den beiden Punkten

$u = 0 \quad \rightarrow \kappa = \kappa_0$

$u = u_f \rightarrow \kappa = \kappa_F$

3 Mechanismen des Feuchtetransports

festgelegt und nach einem Vorschlag von K. Kießl [28] wie folgt formuliert werden:

$$\kappa(u) = \kappa_0 \cdot \exp\left(\frac{u}{u_f} \cdot \ln \frac{\kappa_F}{\kappa_0}\right) \tag{3.20}$$

Das Transportgesetz (Gl. (3.17)) und in vielen Fällen auch die exponentiell wassergehaltsabhängige Flüssigkeitsleitzahl (Gl. (3.20)) charakterisieren den Flüssigwassertransport im ungesättigten Porensystem von Baustoffen, den sog. kapillaren Wassertransport.

In Tafel 3.3 sind die Extremwerte K_0 und K_f der Flüssigkeitsleitzahlen einiger Baustoffe nach Kießl [28] und Krus [33] angegeben. Diese Werte können nur die Größenordnung kennzeichnen. Insbesondere M. Krus hat viele Wassergehaltsmessungen nach der sog. NMR-Methode, welche eine rasche und zerstörungsfreie Wassergehaltsbestimmung im Labor an allerdings recht kleinen Baustoffproben ermöglicht, durchgeführt und daraus die Flüssigkeitsleitzahlen errechnet. Er fand unter anderem, dass beim Umverteilen des Wassers die K-Werte bei hohen Wassergehalten etwa 10 × kleiner sind als solche, welche beim Saugen gemessen werden.

Tafel 3.3 Extremwerte K_0 und K_F des Flüssigwasser-Leitkoeffizienten nach Krus [33] und anderen

Baustoff	$K(u=0)$ m²/h	$K(u_F)$ m²/h	$K_F : K_0$	Baustoff	$K(u=0)$ m²/h	$K(u_F)$ m²/h	$K_F : K_0$
Porenbeton	$8 \cdot 10^{-6}$	$8 \cdot 10^{-4}$	100	Kalkzementputz	$8 \cdot 10^{-9}$	$4 \cdot 10^{-5}$	5000
Obernkirchner Sandstein	$1 \cdot 10^{-5}$	$1 \cdot 10^{-3}$	100	Kalkputz	$2 \cdot 10^{-8}$	$2 \cdot 10^{-3}$	100000
Baumberger Sandstein	$8 \cdot 10^{-6}$	$1 \cdot 10^{-4}$	12	Beton B25	$1 \cdot 10^{-8}$	$3 \cdot 10^{-6}$	300
Ziegel	$5 \cdot 10^{-4}$	$1 \cdot 10^{-2}$	20	B35	$1 \cdot 10^{-8}$	$2 \cdot 10^{-6}$	200
Kalksandstein	$4 \cdot 10^{-6}$	$1 \cdot 10^{-4}$	25	B45	$1 \cdot 10^{-8}$	$1 \cdot 10^{-6}$	100
Zementputz	$8 \cdot 10^{-9}$	$4 \cdot 10^{-6}$	500				

3.2.3 Der Wasseraufnahmekoeffizient

Wenn porige, wasserbenetzbare Baustoffe mit Wasser in Kontakt kommen, zieht der an den Menisken erzeugte Kapillardruck dieses in die Poren hinein. Dabei wird mit zunehmender Eindringtiefe der viskose Fließwiderstand des Wassers immer größer. Deshalb nimmt die Eindringtiefe h des Wassers mit der Zeit immer langsamer zu, was sowohl Berechnungen auf der Basis des Gesetzes von Krischer für den ungesättigten Flüssigwassertransport, Gl. (3.17), als auch zahlreiche Experimente bestätigen. Die Eindringtiefe nimmt nur mit der Wurzel der Zeit zu:

$$h = W'_w \cdot \sqrt{t} \tag{3.21}$$

Der vor der Wurzel stehende Ausdruck wird nach Künzel als Wassereindringkoeffizient W'_w bezeichnet. Durch zahlreiche Experimente an realen Baustoffen ist das theoretisch vorausgesagte parabolische Zeitgesetz des Eindringens von Wasser in saugfähige Baustoffe sehr gut bestätigt worden. Darauf basiert die folgende Prüfmethode zur Charakterisierung der kapillaren Saugfähigkeit von Baustoffoberflächen. Man taucht die zu prüfende Baustoffprobe mit der maßgeblichen Oberfläche nach unten gerichtet wenige Millimeter in ein Wasserbad ein (Bild 3.11). Durch regelmäßiges Beobachten der Baustoffprobe ermittelt man den zeitlichen Verlauf der Eindringtiefe des Wassers. Trägt man die Eindringtiefe in Abhängigkeit von der Eintauchzeit in ein Diagramm ein, erhält man die erwartete Parabel. Zweckmäßiger ist es allerdings, die Zeitachse im Wurzelmaßstab zu teilen, dann verläuft die Eindringtiefe als Funktion der Zeit entsprechend einer Geraden.

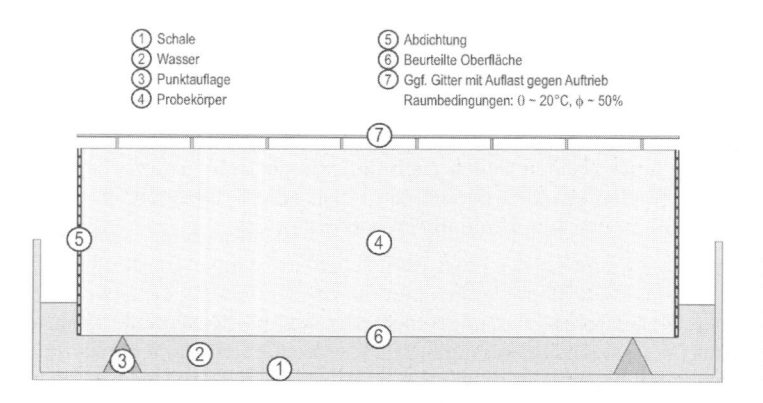

① Schale   ⑤ Abdichtung
② Wasser   ⑥ Beurteilte Oberfläche
③ Punktauflage   ⑦ Ggf. Gitter mit Auflast gegen Auftrieb
④ Probekörper   Raumbedingungen: θ ~ 20°C, φ ~ 50%

Bild 3.11
Versuchsanordnung zur Bestimmung der kapillaren Wasseraufnahme von Baustoffen (Saugversuch)

Entsprechendes gilt auch für die pro Flächeneinheit und als Funktion der Zeit aufgenommene Wassermasse Δm_t, welche sich leichter und genauer bestimmen lässt als die Saughöhe und deshalb zur Kennzeichnung des kapillaren Saugvermögens von Baustoffen bevorzugt wird. In Analogie zu Gl. (3.21) kann die flächenbezogene Wasseraufnahme m wie folgt definiert werden:

$$m = W_w \cdot \sqrt{t} \qquad (3.22)$$

Gemäß DIN EN ISO 15148 [69] wird die aufgenommene Wassermasse Δm_t aus der Ausgangsmasse des Probekörpers m_i und der Masse des Probekörpers m_t nach der Zeit t berechnet (Gl. (3.23)) und in ein Auswertediagramm eingetragen (Bild 3.12).

$$\Delta m_t = \frac{(m_t - m_i)}{A} \qquad \text{Gl. (3.23)}$$

$\Delta m_t = (m_t - m_i)/A$

m_i: Ausgangsmasse des Probekörpers [kg]

m_t: Ausgangsmasse des Probekörpers nach der Zeit t [kg]

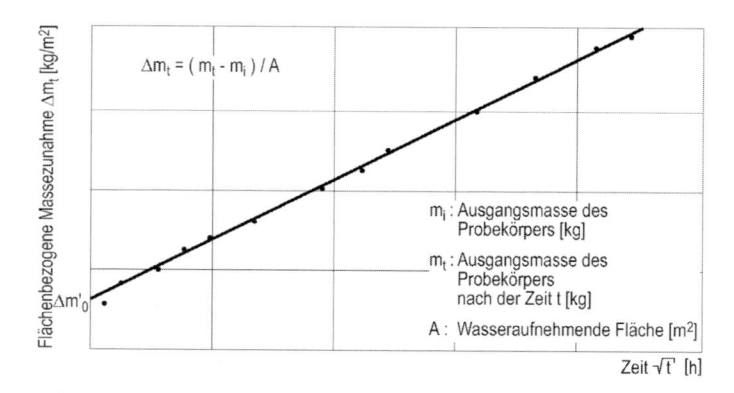

A: Wasseraufnehmende Fläche [m²]

Flächenbezogene Massezunahme Δm_t [kg/m²]

$\Delta m_0'$

Zeit $\sqrt{t}$ [h]

Bild 3.12

Nach einer kurzen, anfänglichen Stabilisierungsphase nimmt die Wasseraufnahme als Funktion der Zeit (im Wurzelmaßstab) einen linearen Verlauf an. Bei der Versuchsauswertung wird dann eine gerade Linie durch die Werte von Δm_t über $\sqrt{t}$ gezeichnet. Diese Linie, auf den Zeitpunkt t = 0 extrapoliert, schneidet die vertikale Achse bei $\Delta m_0'$. Der Wasseraufnahmekoeffizient W_w' wird dann aus dem Wert der Wasseraufnahme auf der Auswertegeraden $\Delta m_{tf}'$ zum Zeitpunkt t und dem Wert der extrapolierten Auswertegeraden $\Delta m_0'$ bei t = 0 ermittelt:

3 Mechanismen des Feuchtetransports

$$W_W = \frac{\Delta m'_{tf} - \Delta m'_0}{\sqrt{t_f}} \qquad (3.24)$$

Der Zahlenwert des Wasseraufnahmekoeffizienten W_W ist die als Ergebnis eines Saugversuchs ermittelbare aufgesaugte, flächenbezogene Wassermasse für eine bestimmte Saugzeit, im Regelfall von einem Tag:

$$W_W = \frac{\Delta m'_{24h} - \Delta m'_0}{\sqrt{24}} \qquad (3.25)$$

In Tafel 3.4 sind Wasseraufnahmekoeffizienten von Baustoffen zusammengestellt. Der Wasseraufnahmekoeffizient kann nach DIN EN ISO 9346 und DIN EN ISO 15148 auch sekundenbezogen angegeben werden. In diesem Fall lautet das Formelzeichen A_W. Es sei darauf hingewiesen, dass zur Ermittlung der Wasseraufnahme von Baustoffen auch produktspezifische Normen vorliegen. Während DIN EN ISO 15148 für Bau- und Dämmstoffe gilt, ist die Wasseraufnahme von Ziegel, Betonwerkstein, Porenbeton und Naturstein in DIN EN 772-11 [48] sowie von Putz und Sanierputz in DIN EN 1015-18 [49] geregelt. Dabei ist zu beachten, dass die Prüfbedingungen und die Ergebnisse zum Teil unterschiedlich, d.h. nicht vergleichbar sind. Verschiedene Normen haben die frühere DIN 52617 [97] abgelöst.

Tafel 3.4 Wasseraufnahmekoeffizienten W_W von Baustoffen

Baustoff	Wasseraufnahme-koeffizient W_W [kg/m²h^{0,5}]	Baustoff	Wasseraufnahme-koeffizient W_W [kg/m²h^{0,5}]
Klinker	0,5 bis 5	Gips, Gipsmörtel	20 bis 70
Handschlagziegel	1 5 bis 25		
Lochporoton	5 bis 10	Weißkalkputz	7 bis 15
Vormauerziegel	5 bis 10	Kalkzementputz	0,5 bis 4,0
		Zementputz	0,1 bis 2,0
Kalksandstein	2,5 bis 10		
Schlaitdorfer Sandstein	1,5	Polymerdispersions-Beschichtungen	0,05 bis 0,20
Rüthener Sandstein	6 bis 15		
Obernkirchner Sandstein	1,5 bis 3,0	2-Komponenten-Polymer-Beschichtungen	< 0,01
Krenzheimer Muschelkalk	1,5		
Zementbeton	0,1 bis 1,0	Silikonimprägnierte mineralische Baustoffe	0,01 bis 0,10
Bimsbeton	2 bis 4		
Porenbeton	2 bis 8		

Die durch wiederholtes Wägen feststellbare Wasseraufnahme als Funktion der Zeit (im Wurzelmaßstab) nimmt in aller Regel den in Bild 3.12 bezeichneten Verlauf. Das Saugverhalten kann aber auch andere Verläufe zeigen (Bild 3.13): Der linear ansteigende Ast entspricht dem eigentlichen kapillaren Saugen (Kurve A). Der an der Ordinate auftretende Schwellenwert wird von Haftwasser verursacht, das an der Saugfläche verbleibt, wenn die Probe zum Wägen aus dem Wasserbad entnommen wird. Am Knickpunkt hat die vordringende Wasserfront die Oberseite der Probescheibe erreicht. Der flach ansteigende weitere Verlauf von A entspricht dem Umverteilen des Wassers von gröberen in feinere Kapillaren und ist verbunden mit einem geringen Nachsaugen. Bei manchen Baustoffen, z.B. mit Kunststoffen oder Hydrophobierungsmitteln ausgestatteten mineralischen Baustoffen, findet man eine gekrümmte Saugkurve

(Kurve B). Dann wird vereinbarungsgemäß der Wasseraufnahmekoeffizient aus der Wasseraufnahme nach 24 Stunden wie folgt berechnet:

$$W_w = \frac{\Delta m_{24h}}{\sqrt{24}} \qquad (3.26)$$

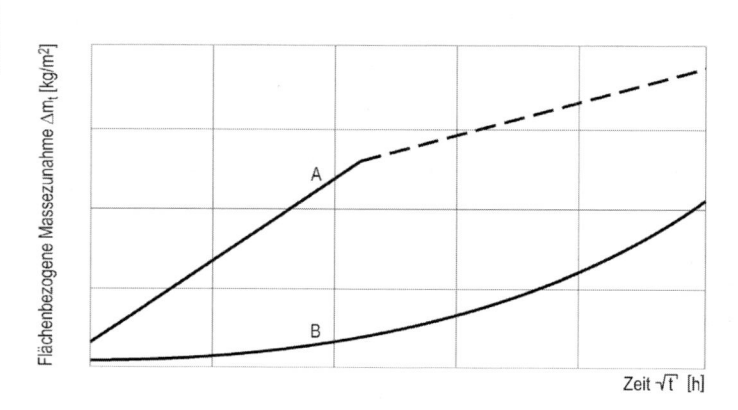

Bild 3.13
Weitere Zeitverläufe der Wasseraufnahme beim Saugversuch

Die Größe des Wasseraufnahmekoeffizienten W_w wird dazu benützt, die kapillare Saugfähigkeit von Baustoffen zu klassifizieren, wobei die folgenden Begriffe Verwendung finden:

stark saugend:	W_w	> 2,0	kg/(m² · h^{0,5})
wasserhemmend:	0,5 < W_w	≤ 2,0	kg/(m² · h^{0,5})
wasserabweisend:	0,001 < W_w	≤ 0,5	kg/(m² · h^{0,5})
wasserdicht:	W_w	≤ 0,001	kg/(m² · h^{0,5})

Die Anwendung dieser Saugfähigkeitsgruppen beim Schlagregenschutz wird in Abschn. 8.3.3 vorgestellt.

Zwischen dem Wasseraufnahmekoeffizienten W_w und den Flüssigkeitsleitkoeffizienten κ_F und κ_0 für das Saugen muss eine Beziehung bestehen, da beide die Wasseraufnahme eines kapillar saugenden Baustoffes beschreiben können. Diese lautet, wie aus Abschn. 5.4 deutlich werden wird:

$$\kappa_F = \frac{W_w^2}{4 \cdot \rho_w^2 \cdot u_f^2} \cdot \ln \frac{\kappa_F}{\kappa_0} \qquad (3.27)$$

Dabei ist der Einfluss des Faktors ln κ_F/κ_0 sehr gering, sodass er mit einem Schätzwert berücksichtigt werden kann. Mit Gl. (3.27) kann also aus dem relativ leicht zu messenden Wasseraufnahmekoeffizienten K_F bestimmt werden.

3.3 Feuchtetransport durch strömende Luft

3.3.1 Schlagregenbelastung von Fassaden

Luftströmungen werden von Gesamt-Druckunterschieden ausgelöst, wobei die hier in Abschn. 3.3 zu betrachtenden, vom Wind, von der Temperatur und von Lüftungseinrichtungen erzeugten Druckunterschiede maximal etwa 400 Pa betragen. Durch Mitführen von Wassertropfen und Wasserdampf kann strömende Luft Feuchte-Massenstromdichten erzeugen, welche diejenigen der Wasserdampfdiffusion um Zehnerpotenzen übersteigen können.

Für die Bauphysik sind die langfristigen Mittelwerte des Windes von vorrangiger Bedeutung, nicht die maximalen Windkräfte, welche für die Standsicherheit eines Bauwerkes oder einzelner Bauteile maßgeblich sind. Als Bezugshöhe für Windangaben gilt die 10-Metermarke, die entsprechende Windgeschwindigkeit wird mit v_{10} bezeichnet. Mittlere Windgeschwindigkeiten im norddeutschen Raum sind etwa 5 m/s, im süddeutschen Raum etwa 1,5 m/s, wiederum in 10 m Höhe. Ein Mittelwert für die Bundesrepublik ist etwa 3,0 m/s. Zu berücksichtigen ist, dass die in der Bundesrepublik vorherrschende Windrichtung etwa Südwest ist und deshalb Nord- und Ost-Fassaden relativ selten unter Staudruck bzw. Schlagregenbelastung stehen. Die Höhenabhängigkeit der Windgeschwindigkeit gehorcht einem Exponentialgesetz, dessen Exponent von der Rauhigkeit der windbestrichenen Erdoberfläche bestimmt wird, wie auf Bild 3.14 dargestellt. Die Gleichung der Höhenprofile des Windes lautet:

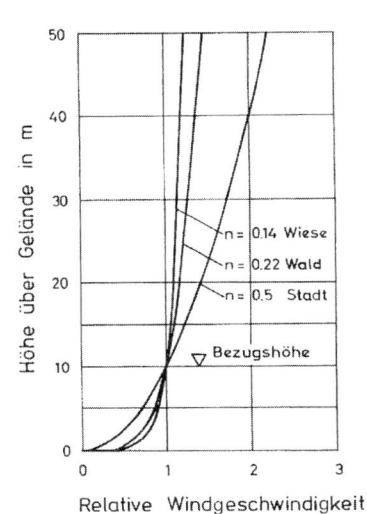

$$\frac{v(h)}{v_{10}} = \left(\frac{h}{10m}\right)^n \tag{3.28}$$

Bild 3.14
Verteilung der Windgeschwindigkeit
über die Höhe in Abhängigkeit von
der Rauhigkeit n

Als Staudruck bezeichnet man denjenigen Druck, der beim senkrechten Anblasen einer ebenen Platte unmittelbar vor deren Flächenzentrum (Staupunkt) auftritt. Die Größe des Staudruckes errechnet sich aus der Windgeschwindigkeit v und der Dichte ρ_L der Luft zu:

$$p_{ST} = \frac{v^2 \cdot \rho_L}{2} \tag{3.29}$$

Aus Tafel 3.5 können Staudrücke des Windes in Abhängigkeit von der Windgeschwindigkeit entnommen werden.

Tafel 3.5 Staudruck des Windes in Abhängigkeit der Windgeschwindigkeit v

v	km/h	3,6	11	18	36	54	72	90
	m/s	1	3	5	10	15	20	25
P_{ST}	in Pa	0,64	5,74	16,0	63,8	143	255	399
	in mm WS	0,06	0,6	1,6	6,4	14,3	25	40

Die an Gebäudehüllflächen auftretenden Über- und Unterdrücke werden auch von der Geometrie des angeblasenen Gebäudes sowie der Anblasrichtung bestimmt. Die an einer Gebäudehülle auftretende Druckverteilung wird dadurch berücksichtigt, dass man einen Formfaktor C einführt, der angibt, welchen Bruchteil des Staudruckes der Winddruck an der betreffenden Stelle hat. Formfaktoren werden im Experiment bestimmt oder am Bauwerk gemessen; sie sind dimensionslos und können positives oder negatives Vorzeichen haben, um anzuzeigen, ob Überdruck oder Unterdruck vorliegt:

$$P_W = C \cdot P_{ST} \tag{3.30}$$

Auf Bild 3.15 sind die Druckverteilung und die Stromlinien des Windes an einem Haus dargestellt. Diese Winddruckbelastung ist ursächlich für den natürlichen Luftwechsel in Räumen und mitbestimmend für die natürliche Durchlüftung von zweischaligen Dächern und hinterlüfteten Fassaden. Die für die Gebäudedurchlüftung wirksame Druckdifferenz setzt sich aus dem Überdruck auf der Einströmseite und dem Unterdruck auf der Ausströmseite zusammen.

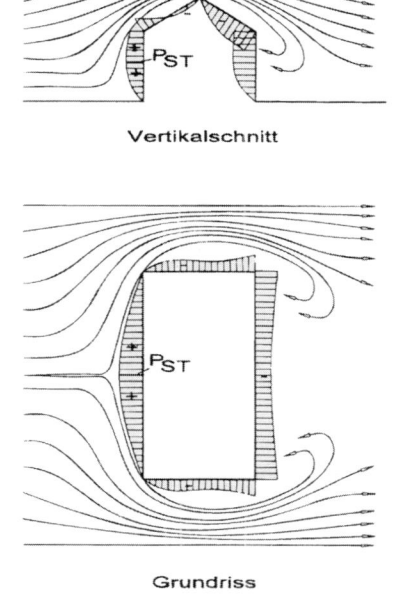

Bild 3.15 Stromlinien des Windes und die Winddruckverteilung an einer Gebäudehülle

Bild 3.16 Jährliche Niederschlagshöhen in Deutschland nach [102]

3 Mechanismen des Feuchtetransports

Schlagregen an Fassaden entsteht dadurch, dass die fallenden Regentropfen durch den Wind aus ihrer Bahn abgelenkt werden. Daher wird die Intensität der Schlagregenbelastung einer Fassade von der Windrichtung, der Windgeschwindigkeit, der Niederschlagsintensität und der Windströmung an der Gebäudehülle bestimmt. Die Windgeschwindigkeit nimmt mit der Höhe über dem Boden zu. Wegen der relativ hohen Windgeschwindigkeit an den Gebäudekanten, erkenntlich auf Bild 3.15 an den eng verlaufenden Stromlinien, weist dort die Schlagregenbelastung Spitzenwerte auf.

Bei der Wahl der Maßnahmen gegen Schlagregen an Außenwänden leisten die Empfehlungen in DIN 4108-3 Hilfe: Dazu muss zunächst die Einordnung des Gebäudes in eine von drei Beanspruchungsgruppen vorgenommen werden:

Gruppe I: Geringe Schlagregenbeanspruchung
Gruppe II: Mittlere Schlagregenbeanspruchung
Gruppe III: Starke Schlagregenbeanspruchung

Die Kriterien dafür sind in Tafel 3.6 wiedergegeben, wozu man auf Bild 3.16 die jährlichen Niederschlagshöhen in Deutschland kartiert vorfindet.

Tafel 3.6 Kriterien für die Einstufung eines Gebäudes in die Schlagregenbeanspruchungsgruppen gemäß DIN 4108-3

Beanspruchungsgruppe I
Geringe Schlagregenbeanspruchung:
Im Allgemeinen Gebiete mit Jahresniederschlägen unter 600 mm sowie besonders windgeschützte Lagen auch in Gebieten mit größeren Niederschlagsmengen.
Beanspruchungsgruppe II
Mittlere Schlagregenbeanspruchung:
Im Allgemeinen Gebiete mit Jahresniederschlagsmengen von 600 bis 800 mm sowie windgeschützte Lagen auch in Gebieten mit größeren Niederschlagsmengen, Hochhäuser und Häuser in exponierter Lage in Gebieten, die auf Grund der regionalen Regen- und Windverhältnisse einer geringen Schlagregenbeanspruchung zuzuordnen wären.
Beanspruchungsgruppe III
Starke Schlagregenbeanspruchung:
Im Allgemeinen Gebiete mit Jahresniederschlagsmengen über 800 mm sowie windreiche Gebiete auch mit geringeren Niederschlagsmengen (z.B. Küstengebiete, Mittel- und Hochgebirgslagen, Alpenvorland), Hochhäuser und Häuser in exponierter Lage in Gebieten, die auf Grund der regionalen Regen- und Windverhältnisse einer mittleren Schlagregenbeanspruchung zuzuordnen wären.

3.3.2 Luftströmungen in Kanälen und Luftschichten

In vertikal vor Fassadenflächen montierten Rohren wurden die in diesen auftretenden Luftströmungen gleichzeitig mit der Anströmgeschwindigkeit des Windes gegen diese Fassadenflächen festgestellt. Dabei wurden die in Bild 3.17 aufgezeichneten Strömungsgeschwindigkeiten gemessen. Man erkennt, dass mit dem Rohrdurchmesser die Geschwindigkeiten ansteigen und dass bei Windstille eine nach oben gerichtete Luftströmung infolge thermischem Auftriebs eintritt. Mit steigender Windgeschwindigkeit kehrt sich die Richtung der Luftströmung um. Dies ist wie folgt zu erklären:

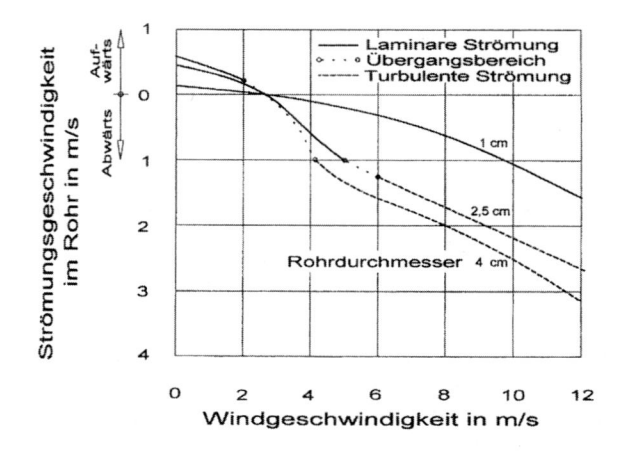

Bild 3.17
Gemessene Strömungsgeschwindigkeiten in einer vertikal angeordneten Röhre vor einer Fassade

Für die Luftströmung in Luftspalten oder in Luftkanälen, die an der gleichen Gebäudeseite, aber in verschiedener Höhenlage ihre Ein- und Austrittsöffnung haben, ist die Druckdifferenz aus Windbelastung durch Einsetzen von Gl. (3.28) und (3.29) in (3.30) zu gewinnen:

$$\Delta P_w = C \cdot \frac{\rho_L}{2} \cdot v_{10}^2 \left[\left(\frac{h_o}{10m} \right)^{2n} - \left(\frac{h_u}{10m} \right)^{2n} \right] \quad (3.31)$$

Die aus Dichteunterschieden der Luft herrührenden Druckunterschiede lassen sich wie folgt angeben, wenn h die Höhenausdehnung der Luftsäule angibt:

$$\Delta P_A = g \cdot h \cdot (\rho_{Lo} - \rho_{Lu}) \quad (3.32)$$

Die Dichte von Luft in Abhängigkeit von der Temperatur und der relativen Luftfeuchte kann Tafel 3.7 entnommen werden. Man erkennt, dass die Dichte feuchter Luft sowohl mit der Temperatur als auch mit der relativen Luftfeuchte abnimmt, wobei jedoch die relative Luftfeuchte im Vergleich zur Temperatur nur einen bescheidenen Einfluss ausübt.

Tafel 3.7 Dichte und Viskosität (dynamische und kinematische) von Luft als Funktion der Temperatur

θ °C	ρ_L in kg/m³ $\phi=0$	$\phi=1$	η Pa·s	ν m²/s	θ °C	ρ_L in kg/m³ $\phi=0$	$\phi=1$	η Pa·s	ν m²/s
−20	1,394	1,393	16,2·10⁻⁶	11,6·10⁻⁶	50	1,092	1,042	19,5	17,9
−10	1,341	1,340	16,7	12,4	60	1,060	0,981	20,0	18,9
0	1,292	1,290	17,1	13,2	70	1,028	0,909	20,5	19,9
+10	1,246	1,241	17,6	14,1	80	0,999	0,823	20,9	20,9
20	1,204	1,193	18,1	15,0	90	0,972	0,718	21,4	21,9
30	1,164	1,146	18,6	16,0	100	0,946	0,588	21,8	23,0
40	1,127	1,096	19,1	16,9					

Bei der Berechnung der Strömungsgeschwindigkeit in Kanälen muss man also die gleichzeitige Wirkung des Windes, der stets eine nach unten gerichtete Strömung bewirken will und des thermischen Auftriebs als Motor der Strömung sowie die Reibung der strömenden Luft als

3 Mechanismen des Feuchtetransports

Bremse berücksichtigen [23.2]. Nach den Gesetzen der Strömungslehre (Gleichung von Bernoulli) erhält man dann die mittlere Strömungsgeschwindigkeit zu:

$$v = \sqrt{\frac{2}{\rho_L} \cdot \frac{\Delta P_W - \Delta P_A}{1 + \lambda \cdot \frac{1}{d} + \lambda_E + \lambda_A + ...}} \qquad (3.33)$$

Der Reibungsbeiwert λ kann aus der bekannten Darstellung von Colebrooke, Prandtl und Karman in Abhängigkeit von der Reynolds-Zahl der Strömung,

$$Re = \frac{v \cdot d \cdot \rho_L}{\eta_L} \qquad (3.34)$$

entnommen werden. Dieser und die weiteren Reibungsbeiweite für lokale Strömungswiderstände, z.B. am Einlauf, am Auslauf usw. findet man in der einschlägigen Fachliteratur, z.B. in [34.1], [34.3], [39]. Man wird beim Nachrechnen baupraktischer Verhältnisse mit den angegebenen Formeln feststellen, dass die hier behandelten Rohr- oder Spaltströmungen Geschwindigkeiten von 0,1 bis 2 m/s aufweisen und die Reynolds-Zahl oft im Bereich des Übergangs von der laminaren zur turbulenten Strömung liegt. Wegen der vielen Imponderabilien bei der Berechnung von Durchlüftungsströmungen wird es daher als ausreichend angesehen, vereinfachend nur mit $\lambda = 0,04$ zu rechnen.

Die Wasserdampf abführende Wirkung der strömenden Luft ergibt sich aus einer Betrachtung an einem Streifen der Höhe dh des Kanals bzw. Luftspaltes (Bild 3.18). Die zugeführte Feuchte, meist infolge Wasserdampfdiffusion von hinten her, wird durch die nach oben strömende Luft abgeführt, wobei deren relative Luftfeuchte ansteigt. Dies ergibt:

$$g \cdot b \cdot dh = d\phi \cdot v_{sat}(\theta_L) \cdot V_L \cdot d \cdot b \qquad (3.35)$$

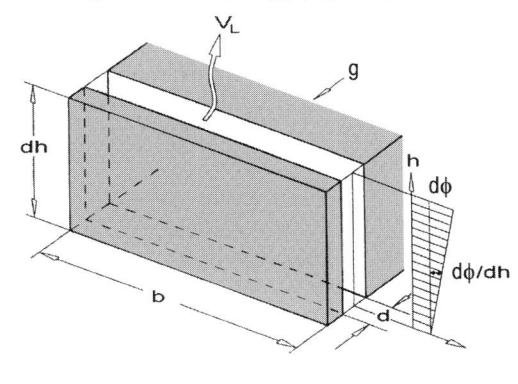

Bild 3.18 Zur Bilanz der Feuchte an einem Wandelement einer hinterlüfteten Vorsatzschale

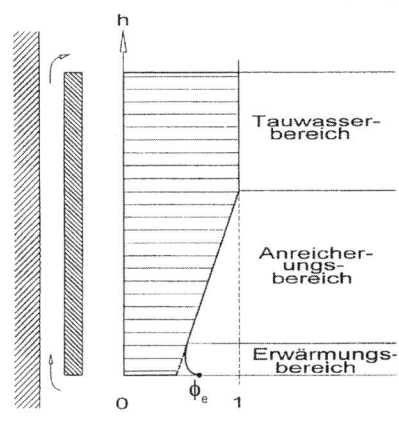

Bild 3.19 Vertikalschnitt eines Luftspaltes hinter einer Fassade mit der Verteilung der relativen Luftfeuchte über die Höhe

Daraus folgt der Anstieg der relativen Luftfeuchte im luftführenden Querschnitt entlang der Strömungsrichtung zu

$$\frac{d\phi}{dh} = \frac{g}{v_{sat}(\theta_L) \cdot V_L \cdot d} \tag{3.36}$$

Auf Bild 3.19 ist schematisch ein Vertikalschnitt durch eine hinterlüftete Fassade mit dem Verlauf der relativen Luftfeuchte in der Hinterlüftung dargestellt:

Nach dem Einströmen der Außenluft in den Kanal bzw. Spalt tritt zunächst eine Erwärmung durch die von hinten her zugeleitete Wärme auf, wobei die relative Luftfeuchte an der Lufteintrittsöffnung zurückgeht

$$\text{von } \phi_e \text{ auf } \phi_e \cdot \frac{v_{se}}{v_{si}} \tag{3.37}$$

Dann folgt die Anreicherungsphase der strömenden Luft mit Wasserdampf, welche bei entsprechend großem Strömungsweg zur Luftsättigung und Tauwasseranfall führt.

Durchströmte bzw. hinterlüftete Bauteile, welche zudringende Feuchte abführen sollen, dürfen also nicht zu lange Strömungswege haben und sollen weder zu stark noch zu schwach durchströmt werden, weil man zwar einerseits den Wärmeschutz nicht schädigen, andererseits aber die entfeuchtende Wirkung der Luftströmung nutzen will.

3.3.3 Fugenspaltströmungen und Raumdurchlüftung

Die baupraktische Bedeutung der unter atmosphärischen Druckunterschieden auftretenden Fugenspaltströmungen ist einerseits in der natürlichen Durchlüftung von Räumen mit Auswirkung auf das Raumklima zu sehen (s. Abschn. 2.3, 6.3 und 8.4.3). Ferner kann an Undichtigkeiten in den raumumschließenden Bauteilen Raumluft in die Baukonstruktion eindringen und der in der strömenden Luft enthaltene Wasserdampf an einer unerwünschten Stelle kondensieren. Eine solche Wasseranreicherung an Wandungen durchströmter Spalte ist besonders im Winterhalbjahr zu erwarten ([22], Band 5, Seiten 90/91). Es muss daher an Außenbauteile die Forderung der Luftdichtheit gestellt werden, nicht nur um unnötige Heizenergieverluste zu vermeiden, sondern auch um die Gebäudehülle vor Durchfeuchtungsschäden zu schützen. Eine evtl. vorhandene Klimaanlage sollte so eingestellt werden, dass im Raum ein leichter Unterdruck gegenüber der Außenluft herrscht ([22], Band 2, Seiten 130/131).

Mehr oder weniger durchlässig für strömende Luft sind die schmalen Spalten zwischen aneinandergefügten Elementen, z.B. im Fertighausbau, zwischen Fensterrahmen und Fensterflügel bzw. zwischen Türrahmen und Türblatt, die Fugen in Verschalungen aus Brettern, Schindeln, klein- oder mittelformatigen Platten usw. Das Baustoffgefüge von feinporigen Stoffen wie Putz, Beton, Mauerwerk usw. ist in der Regel als luftdicht zu betrachten. Wenn allerdings porige Baustoffe für raumumschließende Bauteile von mit größerem Über- oder Unterdruck betriebenen Räumen dienen sollen, dann ist deren Gasdurchlässigkeit unter den im Einzelfall vorliegenden Bedingungen zu prüfen, vor allem, wenn sie die im Hochbau übliche kleine Gleichgewichtsfeuchte haben. Auch geeignete Anstriche und Tapeten können dichtend wirken.

Die Größe des durch eine einzelne Fuge der Länge 1 dringenden Luftvolumenstromes ergibt sich aus folgender Gleichung:

$$\dot{V} = 1 \cdot a \cdot \Delta P_{wi}^{2/3} \tag{3.38}$$

Der Exponent 2/3 bei der Druckdifferenz ist durch die turbulente Strömung bedingt. Der Fugendurchlasskoeffizient a ist von der Spaltweite und der Spaltlänge, gemessen in Richtung der Luftströmung, abhängig. Bild 3.20 erlaubt es, den Luftvolumenstrom pro Meter Fugenlänge aus a und Δp zu bestimmen.

3 Mechanismen des Feuchtetransports

Bild 3.20
Diagramm zur Ermittlung des Luftvolumenstroms bei einer Fugenspaltströmung (Spaltlänge 0,1 m)

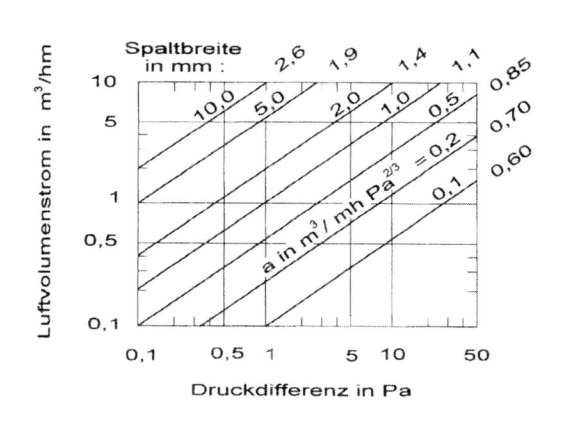

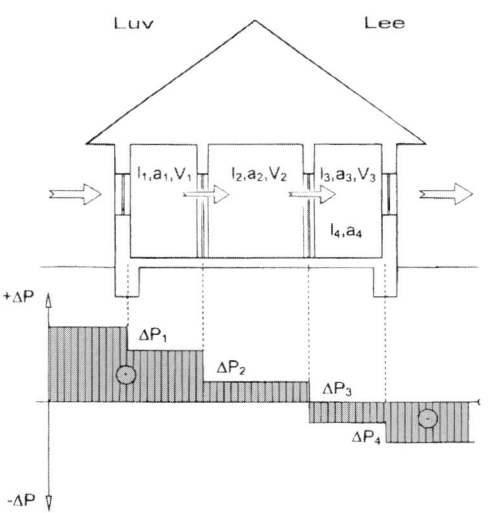

Bild 3.21
Vertikalschnitt eines horizontal von Luft durchströmten Gebäudes und die zugehörige Druckverteilung

Wenn nun in Strömungsrichtung nacheinander verschiedene Fugen der Länge l_i und der Durchlasskoeffizienten a_i auftreten, z.B. Fensterfugen – Zwischenwandtürfugen – Fensterfugen (Bild 3.21), so stellt sich ein Luftstrom folgender Größe ein:

$$\dot{V} = \frac{\Delta P_w^{2/3}}{\left[\Sigma_i \left(\frac{1}{l_i \cdot a}\right)^{3/2}\right]^{2/3}} \qquad (3.39)$$

Der Druckabfall an der Fuge i besitzt den Wert:

$$\Delta P_{wi} = \left(\frac{\dot{V}}{l_i \cdot a_i}\right)^{3/2} = \frac{\Delta P_w}{(l_i \cdot a_i)^{3/2} \cdot \Sigma \left(\frac{1}{l_i \cdot a_i}\right)^{3/2}} \qquad (3.40)$$

Die Luftwechselrate n im Raum i mit dem Volumen V_i hat dann die Größe:

$$n = \frac{\dot{V}}{V_i} \qquad (3.41)$$

Übliche Fugendurchlasskoeffizienten älterer Gebäude kann man Tafel 3.8 entnehmen, welche aus DIN 4701-2 [63] stammt. Die Energieeinsparverordnung begrenzt die Fugendurchlasskoeffizienten neuer außenliegender Fenster, Fenstertüren und Außentüren auf Werte a ≤ 2m³/(m · h · (daPa)$^{2/3}$) für Gebäude bis zu zwei Vollgeschossen bzw. auf Werte a ≤ 1 m³ (m · h · (daPa)$^{2/3}$) für Gebäude mit mehr als 2 Vollgeschossen (1 m³/(m · h · Pa$^{2/3}$) = 0,21 m³/m h (daPa$^{2/3}$). Die Energieeinsparverordnung verlangt die größtmögliche Dichtheit der wärmeübertragenden Umschließungsfläche beheizter Gebäude. Dies wird dadurch geprüft, dass man alle Räume eines Bauwerks unter einen Überdruck oder Unterdruck von 50 Pa setzt. Der zur Erhaltung dieses Druckes erforderliche Luftvolumenstrom, bezogen auf gesamte Luftvolumen im Gebäude, darf dann, ausgedrückt als Luftwechselrate, eine bestimmte Grenze nicht überschreiten. (s. Kapitel „Wärme")

Tafel 3.8 Fugendurchlasskoeffizienten von Wandelementfugen und Fugen an Fenstern und Fenstertüren nach DIN 4701-2

Bauteil		Gütemerkmal	a m³/(m · h · Pa$^{2/5}$)	a · l m³/(h · Pa$^{2/3}$)
Fenster	zu öffnen	Beanspruchungsgruppen B, C, D A	0,3 0,6	–
	nicht zu öffnen	normal	0,1	1
Türen	Außentüren, Drehtüren Schiebetüren Pendeltüren Karusseltüren	sehr dicht, umlaufender Anschlag normal, Schwelle normal normal	1 2 20 30	–
	Innentüren	dicht mit Schwelle normal ohne Schwelle	3 9	–
Außenwand- elemente	durchgehende Fugen	sehr dicht ohne garantierte Dichtheit	0,1 1	–
Rolläden, Außenjalousien		von außen zugänglich von innen zugänglich	–	0,2 4

3.4 Strömung von Wasser in gesättigten Poren und in Rissen

Wenn Flüssigkeiten genügend langsam – man sagt „laminar"– strömen, ändern sich die Geschwindigkeit und deren Richtungssinn von Teilchen zu Teilchen nur allmählich. Man kann daher Stromlinien und Geschwindigkeitsprofile angeben. Die auch in strömenden Flüssigkeiten oder Gasen auftretende Diffusion der Teilchen führt zu einer Art Verzahnung unterschiedlich schnell fließender Schichten. Der entsprechende Widerstand in den Grenzflächen zwischen Schichten mit verschiedenen Fließgeschwindigkeiten wird durch den sogenannten Viskositätskoeffizienten η gekennzeichnet, der im Newton'sehen Fließgesetz definiert ist:

3 Mechanismen des Feuchtetransports

Gemäß Bild 3.22 sei eine Flüssigkeitsschicht der Dicke dx betrachtet, die sich zwischen zwei Platten der Fläche A befindet. Werden die Platten relativ langsam und parallel so gegeneinander verschoben, dass ihre Relativgeschwindigkeit dv ist, dann wird diesem Verschieben ein Widerstand F entgegengesetzt, der in hohem Maß von der Art der Flüssigkeit und ihrer Temperatur abhängt. Bezeichnet man wie üblich die Widerstandskraft F bezogen auf die Fläche A als Scherspannung τ und die Relativgeschwindigkeit dv der Platten bezogen auf den Plattenabstand dx als Geschwindigkeitsgefälle (v'), so ist nach Messungen an zahlreichen Flüssigkeiten und Gasen bei nicht zu großen Geschwindigkeitsgefällen die Scherspannung mit guter Genauigkeit proportional dem Geschwindigkeitsgefälle (Newton'sches Fließgesetz):

$$\tau = \frac{F}{A}$$
$$\frac{dv}{dx} = v'$$
$$\tau = \eta \cdot v'$$

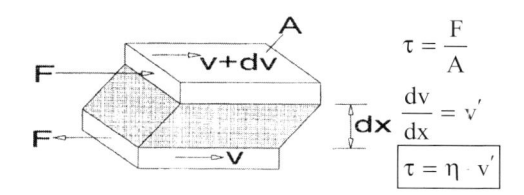

Bild 3.22 Zur Erläuterung des Newton'schen Fließgesetzes an einem planparallelen Spalt mit Scherströmung

$$\tau = \eta \cdot \frac{dv}{dx} = \nu \cdot \rho \cdot \frac{dv}{dx} \qquad (3.42)$$

Der dynamische Viskositätskoeffizient ist ebenso wie der analoge kinematische Viskositätskoeffizient ν eine charakteristische Stoffkenngröße von Flüssigkeiten und Gasen und ist in der Regel sehr temperaturabhängig. Zahlenwerte des dynamischen und des kinematischen Viskositätskoeffizienten sowie die Dichte von Wasser als Funktion der Temperatur sind in Tafel 3.9 zusammengestellt. Dabei gilt die Definition:

$$\eta = \nu \cdot \rho \qquad (3.43)$$

Tafel 3.9 Dichte, dynamische und kinematische Viskosität sowie Oberflächenspannung von Wasser als Funktion der Temperatur

θ °C	ρ_W kg/m³	η Pa·s	ν m²/s	σ N/m	θ °C	ρ_W kg/m³	η Pa·s	ν m²/s	σ N/m
0	1000	$1{,}787 \cdot 10^{-3}$	$1{,}787 \cdot 10^{-6}$	0,0756	60	983	0,467	0,475	0,0662
10	1000	1,307	1,307	0,0742	70	978	0,404	0,413	0,0646
20	998	1,002	1,004	0,0727	80	972	0,355	0,365	0,0626
30	996	0,798	0,801	0,0712	90	965	0,315	0,326	0,0608
40	992	0,653	0,658	0,0696	100	958	0,282	0,294	0,0589
50	988	0,547	0,554	0,0679					

Wenn das Strömen von Flüssigkeiten und Gasen dem Newton'schen Fließgesetz (3.42) genügt, spricht man von viskosem Fließen.

Nun werde eine kreiszylindrische glatte Röhre vom Durchmesser d betrachtet (Bild 3.23 links), in der Wasser unter der Wirkung eines Druckunterschiedes dP zwischen zwei im Abstand dx voneinander entfernten Querschnitten viskos fließt. Hagen und Poiseuille haben das Gesetz dieser Rohrströmung errechnet. Es lautet:

$$g = \frac{\rho_w \cdot d^2}{32\,\eta} \cdot \frac{dP}{dx} \quad \text{bzw. } G = \frac{\rho_w \cdot \pi\, d^4}{128\,\eta} \cdot \frac{dP}{dx} \qquad (3.44)$$

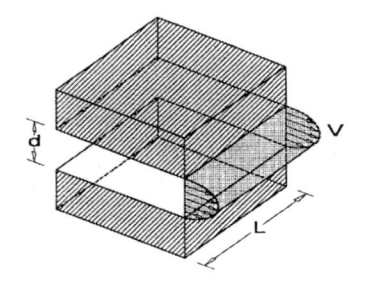

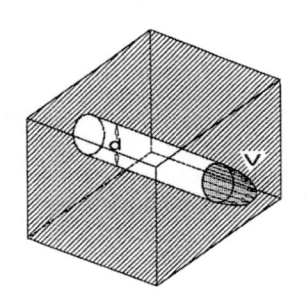

Bild 3.23
Vergleich der viskosen Strömung durch ein Rohr und durch einen Spalt

Die rechten Seiten von Gl. (3.44) können, wie durch den unterbrochenen Bruchstrich angezeigt, als das Produkt zweier Größen aufgefasst werden: Der erste Bruch ändert sich nicht, wenn stets der gleiche Rohrdurchmesser und die gleiche Flüssigkeit (mit gleicher Dichte und gleichem Viskositätskoeffizienten) vorhanden sind. Der zweite Bruch stellt das Druckgefälle dar, d.h. der auf die Rohrlänge bezogene Druckverlust zur Überwindung der Viskosität des Wassers.

Für einen Spalt der Weite d zwischen zwei ebenen, glatten, planparallelen Wandungen (Bild 3.23 links) ergibt sich die Massenstromdichte laminar fließenden Wassers bzw. der Massenstrom bei der Spaltlänge L bei analoger Berechnung zu

$$g = \frac{\rho_w \cdot d^2}{12\,\eta} \cdot \frac{dP}{dx} \quad \text{bzw. } \quad G = \frac{\rho_w \cdot d^3 \cdot L}{12\,\eta} \cdot \frac{dP}{dx} \qquad (3.45)$$

wenn wiederum die Viskosität der einzige Widerstand für das Strömen des Wassers darstellt.

Nun sind die Poren in Böden bzw. in Baustoffen weder kreiszylindrische Röhren sondern dreidimensionale, bizarr gestaltete Hohlräume, noch sind die Wandungen von Poren und von Rissen glatt und der Strömungsquerschnitt an allen Stellen gleich groß. Deshalb treten durch Querströmungen, Wirbel, Beschleunigungen an Engpässen und Verlangsamungen an Erweiterungen usw. beachtliche Energieverluste auf, welche zur Folge haben, dass die Massenstromdichte weit kleiner ausfällt, als man aufgrund der Gln. (3.44) und (3.45) erwarten würde.

Für die gesättigte Porenwasserströmung in rolligen Böden hat deshalb Darcy schon im Jahre 1856 folgende Formulierung vorgeschlagen:

$$g = k_D \cdot \frac{dP}{dx} \qquad (3.46)$$

Die mit k_D bezeichnete Größe nennt man spezifische Durchlässigkeit nach Darcy. Sie wird ausschließlich durch Messung ermittelt. Zahlenwerte für rollige Böden enthält Tafel 3.10.

3 Mechanismen des Feuchtetransports

Tafel 3.10 Spezifische Durchlässigkeit nach Darcy für einige Bodenarten

Bodenart	Durchlässigkeitsbeiwert k		Bodenart	Durchlässigkeitsbeiwert k	
	m/s	$\frac{g}{m^2 h} \cdot \frac{m}{Pa}$		m/s	$\frac{g}{m^2 h} \cdot \frac{m}{Pa}$
Feinkies	$10^{-4} - 3 \cdot 10^{-4}$	40 bis 120	Schluff, sandig	$10^{-6} - 10^{-4}$	0,4 bis 40
Grobkies	$0,5 \cdot 10^{-4} - 10^{-4}$	20 bis 40	Schluff	$10^{-9} - 10^{-6}$	0,0004 bis 0,4
Mittelsand	$0,5 \cdot 10^{-5} - 10^{-5}$	2 bis 4	Löss	$10^{-8} - 10^{-5}$	0,004 bis 4
Feinsand	$10^{-7} - 10^{-6}$	0,04 bis 0,4	Lehm	$10^{-10} - 10^{-6}$	0,00004 bis 0,4

Der Einfachheit halber wird bei der Berechnung der Massenstromdichte in Gl. (3.46) der gesamte Probenquerschnitt A anstelle der Querschnittsfläche der Stromkanäle in Rechnung gestellt. In Wirklichkeit strömt das Wasser natürlich nur durch die Poren des betrachteten Körpers. Nachdem aber k_D stets durch Messungen ermittelt werden muss, bedeutet der Bezug auf den gesamten Querschnitt des durchströmten Stoffes lediglich eine Änderung der Kenngröße k_D um einen bestimmten Faktor gegenüber dem auf die Porenfläche bezogenen Wert.

Bei der Anwendung des Darcy'schen Gesetzes ist zu beachten, dass die spezifischen Durchlässigkeiten k_D immer nur an völlig wassergesättigten Porensystemen gemessen werden.

Das bedeutet, dass in den Porenkanälen neben Wasser keine Luft vorhanden sein darf, weil sonst die Oberflächenspannung große Kräfte auf das Wasser auszuüben vermag. In weitporigen Körpern, z.B. in Kiesen, tritt der Effekt der Oberflächenspannung bei Anwesenheit von Luft außerdem in den Hintergrund.

Das Darcy'sche Gesetz der laminaren Porenwasserströmung findet seine praktische Anwendung im Bauwesen vor allem bei der Berechnung von Sickerwasserströmungen in rolligen Böden und Sickerschichten und bei Konsolidationsvorgängen in bindigen Böden. Für die klassischen Baustoffe liegen nur wenige Werte der spezifischen Durchlässigkeit k_D vor, weil die Gültigkeit des Darcy'schen Gesetzes an eine völlige Wassersättigung und an Gesamtdruckunterschiede gebunden ist - Voraussetzungen, die in Bauteilen selten erfüllt sind.

Der für die Bauphysik wichtigste Fall einer gesättigten Strömung von Wasser ist derjenige durch Risse in Bauteilen, insbesondere in Beton. Der hemmende Einfluss der Rauhigkeit der Spaltwandungen wird durch einen sog. Durchflussbeiwert ξ berücksichtigt, mit dem Gl. (3.45) jetzt wie folgt lautet:

$$G = \xi \cdot \frac{\rho_w \cdot d^3 \cdot L}{12 \eta} \cdot \frac{dP}{dx} \qquad (3.47)$$

Der Durchflussbeiwert nähert sich nach Versuchen an Beton [40] bei glatten Wandungen und weiten Rissen dem oberen Grenzwert 1, und geht bei Spaltweiten von etwa 0,05 mm gegen Null. Je größer die Wandrauhigkeit im Vergleich zur Spaltweite, desto kleiner ist der Durchflussbeiwert. So liegt er bei Rissen in Beton mit einem Größtkorn von 16 mm und bei einer Spaltweite von 0,15 mm bei 0,01. Im Laufe der Zeit fällt der Beiwert um bis zu 90 % ab, wenn die Spaltwandungen sich nicht bewegen und das Wasser nicht betonaggressiv ist, weil ein enger Riss als Filter wirkt, der sich langsam zusetzt. Weil Risse nicht geradlinig verlaufen und eine Wandrauhigkeit haben und weil sie nicht nur Aufweitbewegung sondern auch Scherbewegungen zeigen, kommt es in Betonbauteilen bei Rissweiten von ~ 0,1 mm und kleiner zu lokalem Verschluss und die Risse können wasserundurchlässig sein.

3.5 Elektrokinese

Das in wassergesättigten, feinporigen Stoffen wie Steinen, Putzen, bindigen und sandigen Böden, Baumstämmen, Ästen und Pflanzenstengeln sowie in organischen Polymeren enthaltene Wasser beginnt zu fließen, wenn das Wasser elektrisch geladene Teilchen (Ionen) enthält und einem elektrischen Spannungsgefälle ausgesetzt wird. Dabei wird das Wasser in Richtung zur Kathode hin bewegt. Umgekehrt beobachtet man ein Spannungsgefälle, wenn geladene Teilchen enthaltendes Porenwasser aus irgendeinem Grunde zum Fließen gebracht wird. Diese Art des Wassertransports wird gewöhnlich als „Elektro-Osmose" bezeichnet; hier soll von „elektrokinetischem Wassertransport" gesprochen werden,.

Die Erscheinung der Elektrokinese kann durch folgenden Versuch (Bild 3.24) demonstriert werden:

Man bringt eine entsprechende Stoffprobe in eine u-förmige Apparatur, in der sie unterhalb des Wasserspiegels liegt und der Wirkung einer elektrischen Spannung ausgesetzt wird. Dass sie von Wasser durchströmt wird, zeigt ein entsprechender Abfluss. Längs der Röhre angebrachte Piezometerrohre lassen erkennen, dass in der Probe kein Gesamtdruck-Gefälle vorliegt, solange der Abfluss des Wassers gewährleistet ist. Eine derartige Versuchsanordnung wird als Fließversuch (Bild 3.24 rechts) bezeichnet und dazu benützt, den Zusammenhang zwischen dem elektrischen Spannungsgefälle und der Massenstromdichte an Wasser zu messen.

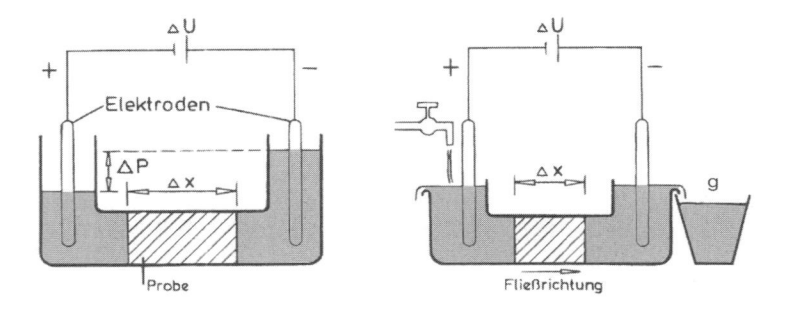

Bild 3.24   Prinzip der elektrokinetischen Stau- und Fließversuche

Der beschriebene Versuch lässt sich dadurch abwandeln, indem der Abfluss des Wassers verhindert und statt dessen ein Steigrohr angebracht wird, sodass die durch die Probe strömende Wassermenge allmählich einen Druck aufbauen muss. Dann spricht man von einem Stauversuch (Bild 3.24 links). Nach einer gewissen Anlaufzeit stellt sich ein Gleichgewichtszustand ein, derart, dass zu jedem elektrischen Spannungsgefälle im Fließversuch ein bestimmtes Gesamtdruckgefälle im Stauversuch gehört.

Die theoretischen Zusammenhänge zwischen der Gesamtdruckdifferenz und der elektrischen Spannungsdifferenz beim Stauversuch sowie zwischen dem elektrischen Spannungsgefälle und der transportierten Wassermenge beim Fließversuch wurden von Helmholtz, Lamb, Perrin und Smoluchowsky aufgeklärt. Die entsprechenden Gleichungen enthalten einige physikalische Größen, die nur schwer messbar und für die technische Anwendung ohne direkten Belang sind. Es hat sich daher eingebürgert, in Analogie zum Darcy'schen Gesetz (s. Abschn. 3.4) die beim „Fließversuch" transportierte Wassermenge durch eine vereinfachte Gleichung zu beschreiben, die nur noch den Zusammenhang zwischen dem Spannungsgefälle und der geförderten Wassermenge wiedergibt:

$$g = k_e \cdot \frac{dU}{dx} \tag{3.48}$$

Betrachtet man nun den Gleichgewichtszustand beim Stauversuch als eine exakte Kompensation einer Darcy'schen Sickerströmung gemäß Gl. (3.46) durch elektrokinetischen Wassertransport gemäß Gl. (3.48), so liefert das Gleichsetzen der beiden Gleichungen folgende Beziehung:

$$dP = \frac{k_e}{k_d} \cdot dU = h_e \cdot dU \tag{3.49}$$

Die spezifische elektrokinetische Steighöhe h_e ist, wie in Gl. (3.49) angegeben, das Verhältnis der beiden Durchlässigkeitskoeffizienten für gesättigte Porenwasserströmung unter hydrostatischem Wasserdruckgefälle (k_D) und für elektrokinetischen Wassertransport (k_e). Anwendungen findet der elektrokinetische Wassertransport in der Form, dass er als Methode zur Messung von Wasserbewegungen in Bauteilen, Böden und Bäumen [19], zur Verbesserung von Bodeneigenschaften durch Entwässerung und Eintragung stabilisierender Fremdionen [18], zur Entwässerung von Baustoffen und zur Verhinderung des Aufsteigens der Bodenfeuchte in Wänden [5], [21] benützt wird.

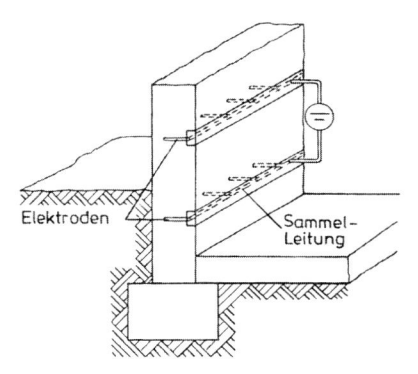

Bild 3.25
Elektrodenanordnung einer aktiven elektrokinetischen Anlage gegen aufsteigende Wandfeuchte, schematisch

Die auf elektrokinetischer Basis arbeitenden Verfahren zur Unterdrückung aufsteigender Wandfeuchte werden in zwei Varianten eingesetzt: Bei **aktiven** elektrokinetischen Mauerentfeuchtungsanlagen wird mit Fremdstrom über zwei in unterschiedlicher Wandhöhe befindliche Elektrodenreihen ein nach unten gerichteter Wasserstrom bis zum Erreichen eines bestimmten Trockenheitsgrades erzwungen (Bild 3.25). Bei den **passiven** Anlagen werden die ebenfalls in verschiedener Wandhöhe verlaufenden Elektrodenreihen kurzgeschlossen. Weil dann kein Spannungsgefälle mehr vorliegen kann, muss gemäß Gl. (3.48) auch die Wasserstromdichte Null sein.

Es muss jedoch gesagt werden, dass die aktive und die passive elektrokinetische Bauwerkstrockenlegung umstritten sind, weil die Anwendung nicht immer erfolgreich ist.

4 Feuchteübergang

4.1 Der Stoffübergangskoeffizient

Luftbespülten Oberflächen von Bauteilen oder Gewässern haftet eine wenige Millimeter dicke, mehr oder weniger ruhende Luftschicht an, welche Grenzschicht heißt und den Übergang zur Atmosphäre darstellt (Bild 4.1). Feuchtetransport durch diese Grenzschicht hindurch ist nur möglich nach dem Mechanismus der Wasserdampfdiffusion. Die Massenstromdichte durch die Grenzschicht hindurch kann berechnet werden, wenn die Wasserdampfdruckdifferenz $p_{vs} - p_{va}$ und die effektive Dicke d bekannt sind, weil die Diffusionswiderstandszahl von Luft bekanntlich $\mu = 1$ ist. Es ist jedoch üblich, für den Feuchtetransport durch die Grenzschicht folgenden Ansatz zu benützen:

$$g = \beta_p \cdot \Delta p \tag{4.1}$$

Dabei ist β_p der sog. Wasserdampfübergangskoeffizient. Anstelle der Dicke d, welche im Wesentlichen von der Luftbewegung beeinflusst wird, gibt man den Wasserdampfübergangskoeffizienten direkt in Abhängigkeit von der Luftgeschwindigkeit an. Als treibendes Potential für den Stoffübergang kann man die Wasserdampfdruckdifferenz, wie in Gl. (4.1), oder die Konzentrationsdifferenz Δv des Wasserdampfes benützen. Auch kann man die äquivalente Luftschichtdicke der Grenzschicht als das Maß für deren Widerstand gegen Wasserdampfdiffusion verwenden:

$$g = \beta_p \cdot \Delta p = \beta_v \cdot \Delta v = \frac{\delta}{s_d} \cdot \Delta p \tag{4.2}$$

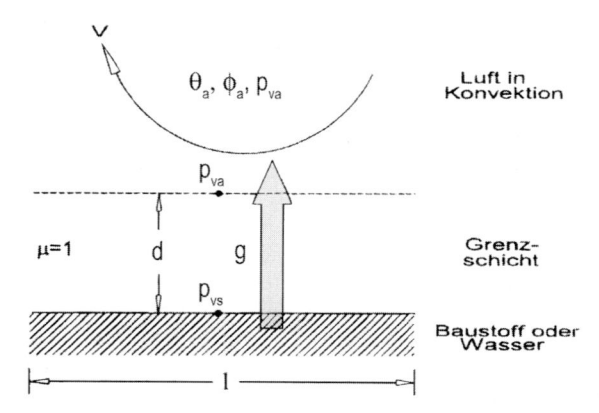

Bild 4.1
Die Situation an der Grenzschicht

Im Sinne dieser drei Möglichkeiten ist auf Tafel 4.1 der Stoffübergang durch β_v, β_p und s_d in Abhängigkeit von der Strömungsgeschwindigkeit v der Luft vor der Grenzschicht beschrieben. Am anschaulichsten dürfte der s_d-Wert sein. Da für Luft die Diffusionswiderstandszahl $\mu = 1$ beträgt, ist der angegebene s_d-Wert identisch mit der effektiven Dicke der Grenzschicht.

4 Feuchteübergang

Tafel 4.1 Wasserdampfübergangskoeffizienten und deren äquivalente Luftschichtdicke als Funktion der Luftgeschwindigkeit

Situation	Luftbewegung v in m/s	Wasserdampfübergangskoeffizient β_v in m/h	Wasserdampfübergangskoeffizient β_p in kg/m²h Pa	s_d-Wert der Übergangsschicht in mm
in Räumen	0,10	3,0	$0,22 \cdot 10^{-4}$	31
(h = 2,5 m)	0,15	4,0	0,30	23
	0,25	6,0	0,45	16
	0,50	10	0,75	9,3
Ecken		10	0,75	9,3
l im Freien	1,0	16	$1,2 \cdot 10^{-4}$	5,6
(l = 5 m)	2,5	35	2,6	2,6
	5	55	4,5	1,5
	10	100	7,8	0,9
	25	200	16	0,4

Krischer und *Kast* [32] haben für parallel zur Oberfläche angeblasene Platten im Temperaturgleichgewicht den konvektiven Wärmeübergangskoeffizienten angegeben, aus dem der Stoffübergangskoeffizient in folgender Größe abgeleitet werden kann:

bei turbulenter Strömung:

$$\beta_v = 22 \cdot \frac{v^{0,81}}{l^{0,19}}$$

β_v	v	l
m/h	m/s	m

(4.3)

bei laminarer Strömung:

$$\beta_v = 13 \cdot \frac{v^{0,5}}{l^{0,5}}$$

β_v	v	l
m/h	m/s	m

(4.4)

Dabei ist l die Längenausdehnung der Platte in Strömungsrichtung und v die Strömungsgeschwindigkeit der Luft. Der Umschlag von laminerer in turbulente Luftströmung erfolgt bei einer Luftgeschwindigkeit von etwa 0,1 m/s. Die Zahlenwerte in Tafel 4.1 wurden mit diesen Gleichungen berechnet, wobei für den Stoffübergang in Räumen der Wert von l mit 2,5 m gewählt wurde, weil dort die Luftströmung praktisch immer vertikal verläuft (Geschosshöhe). Für den Stoffübergang im Freien wurde l = 5,0 m zugrundegelegt, weil der Strömungsweg vom Staupunkt in der Fassadenmitte zu den Gebäudekanten bei kleineren und mittleren Gebäuden in dieser Größenordnung liegen dürfte.

4.2 Stoffübergang im konkreten Fall

Wenn man für eine konkrete Situation die Feuchtestromdichte durch die Grenzschicht hindurch berechnen will, so muss man außer dem Stoffübergangskoeffizienten bzw. der äquivalenten Luftschichtdicke auch die Dampfdruckdifferenz kennen. Diese ist aber nur schwer anzugeben, weil der Stofftransport an einer Baustoff- oder Wasseroberfläche immer auch mit einem Wärmetransport verbunden und von weiteren Faktoren in unübersichtlicher Weise abhängig ist. So wird die Temperatur der Baustoff- oder Wasseroberfläche von der Sonneneinstrahlung $\dot{q}_J$, dem Wärmenachschub $\dot{q}_i$ aus dem Baustoff- oder Wasser, der Wärmeabgabe $\dot{q}_{k+s}$ durch Konvektion und Strahlung an die Atmosphäre und dem Energieverbrauch q_v zum

Verdampfen des Wassers bestimmt wird [24.2]. Die für den Stoffübergang maßgebliche Dampfdruckdifferenz hängt aber entscheidend von der Oberflächentemperatur des Baustoffs bzw. des Wasserspiegels ab. Die Energiebilanz für die Oberfläche lautet (Bild 4.2):

$$\dot{q}_J + \dot{q}_i - \dot{q}_V - \dot{q}_{k+s} = 0 \tag{4.5}$$

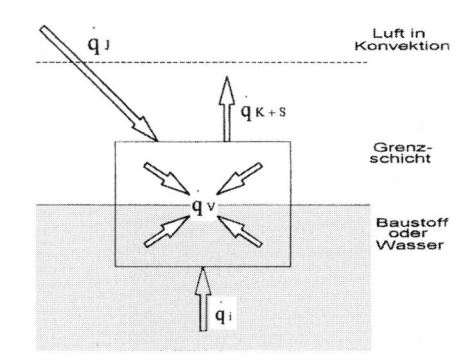

Bild 4.2
Zur Bilanz der Energiestromdichten an einer Baustoff- bzw. Wasseroberfläche

Zu den Komponenten der Bilanzgleichung kann Folgendes gesagt werden:

Die Energiestromdichte q_V ist proportional zur Feuchtestromdichte beim Verdunsten bzw. Kondensieren:

$$\dot{q}_V = g \cdot r = r \cdot \beta_p \cdot \Delta p \tag{4.6}$$

Die sog. Verdunstungswärme r ist auf Bild 4.3 in Abhängigkeit von der Temperatur des Wassers dargestellt. Daraus geht hervor, dass beim Verdunsten von Eis oder Schnee die als Schmelz-, Flüssigkeits- und Verdampfungswärme bezeichneten Energiebeträge aufgewendet werden müssen, während zum Verdampfen aus 100 °C warmen Wasser „nur noch" die Verdampfungswärme zugeführt werden muss.

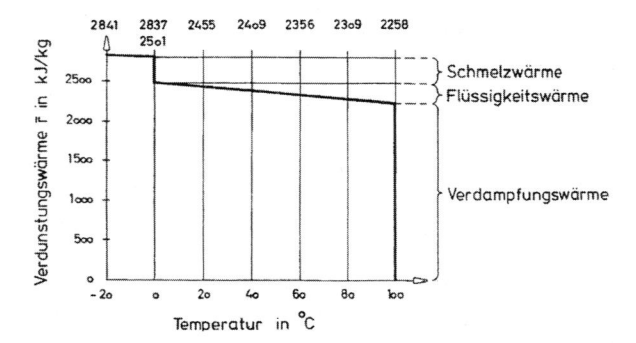

Bild 4.3
Die Verdunstungswärme von Wasser als Funktion der Temperatur

Die Wärmeabgabe durch Konvektion und Strahlung von der Baustoff- bzw. Wasseroberfläche an die Atmosphäre wird bekanntlich durch den Ansatz

$$\dot{q}_{k+s} = h \cdot (\theta_s - \theta_a) \tag{4.7}$$

beschrieben, wobei der Wärmeübergangskoeffizient h sowohl den Konvektions- als auch den Strahlungsanteil enthält. Die Wärmestromdichte infolge Sonneneinstrahlung ergibt sich aus dem Absorptionskoeffizienten a und der Strahlungsintensität I der Sonne zu

$$\dot{q}_J = a \cdot I \tag{4.8}$$

4 Feuchteübergang

Schließlich ist die Wärmezufuhr von der Wasser- bzw. Baustoffseite her, die sog. Transmissionswärme, durch den Ansatz

$$\dot{q}_i = \frac{\theta_i - \theta_s}{R_{si} + \Sigma \frac{d_i}{\lambda_i}} \qquad (4.9)$$

zu beschreiben, wobei θ_i die Temperatur der Raumluft bedeutet. Einsetzen der Gln. (4.6) bis (4.8) in Gl. (4.5) liefert:

$$a \cdot I + \frac{\theta_i - \theta_s}{R_{si} + \Sigma \frac{d_i}{\lambda_i}} - r \cdot \beta_p [\phi_s \cdot p_s(\phi_s) - \phi_a \cdot p_s(\phi_a)] - h(\theta_i - \theta_a) = 0 \qquad (4.10)$$

Aus Gl. (4.10) kann z.B. durch systematische Variation der Temperatur θ_s mittels Computer diejenige Temperatur θ_s bestimmt werden, welche die Bilanz erfüllt.

Tafel 4.2 Energiestromdichten infolge Verdunsten/Tauen von Wasserdampf, Transmission von Wärme durch Bauteile und Sonnenstrahlung (Richtwerte)

Bezeichnung	Bedingungen	Größe W/m²
Verdunstungswärme $\dot{q}_V$	Nasse Oberfläche im Sommer	
	windgeschützt	30
	stark angeblasen	300
	Tauen von Wasserdampf an 5 °C	
	warmen Raumoberflächen	20
Transmissionswärme $\dot{q}_i$	Gut gedämmte Außenwand	10
	Schleckt gedämmte Außenwand	80
Strahlungswärme $\dot{q}_J$	Südfassade, Tagesmittel Sommer und Winter	
	Kalksandstein hell	150
	Ziegel rot	300
	Nordfassade, Tagesmittel Sommer und Winter	
	Kalksandstein hell	25
	Ziegel rot	50

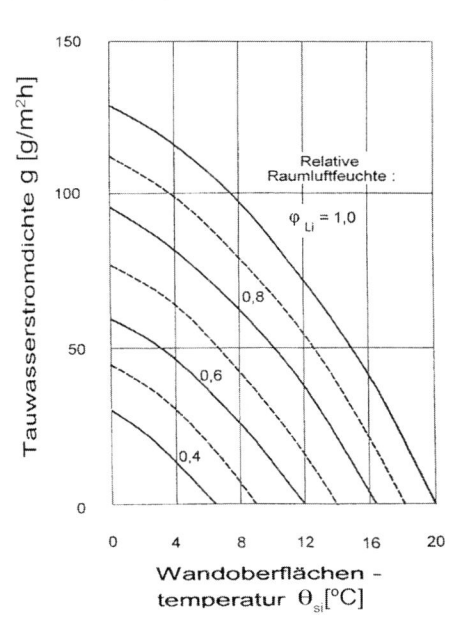

Bild 4.4
Tauwasserstromdichte an einer kalten Raumoberfläche ($\vartheta_1 = 20°$ C, $\beta' = 0{,}75 \cdot 10^{-4}$ kg/m²hPa) als Funktion der Raumluftfeuchte und der Wandoberflächentemperatur

Eine Parameterstudie [24.2] hat unter anderem ergeben, dass an Fassaden im Sommer die Verdunstung von Wasser durch Luftbewegung und durch hohe Außenlufttemperaturen deutlich gefördert wird. Im Winter dagegen wird die Trocknung von Fassaden durch den Wind praktisch nicht beeinflusst, weil der Wind zwar den Stoffübergangskoeffizienten erhöht, zugleich aber die Temperatur der Fassadenoberfläche senkt. Von großem Einfluss ist die Sonneneinstrahlung, weshalb bei deren Vorliegen immer eine bilanzierende Betrachtung erforderlich ist, wenn realitätsnahe Ergebnisse erwartet werden. Andererseits ist die kühlende Wirkung der Wasserverdunstung so groß, dass im Sommer trotz intensiver Sonnenstrahlung eine feuchte Fläche nicht wärmer als 40 °C werden kann. In Tafel 4.2 sind zur Orientierung Werte für die Wärmestromdichten infolge Verdunsten/Tauen, die Transmission und die Sonneneinstrahlung genannt. Die Wärmeabgabe durch Konvektion und Strahlung hängt stark von der Temperaturdifferenz Oberfläche-Luft ab, sodass allgemein verwertbare Hinweise nicht möglich sind.

Beim Stoffübergang in Räumen ist der Einfluss der Luftkonvektion und der Strahlung in der Regel als gering zu bewerten. Deshalb wurde ohne Bilanzierung auf Basis von Gl. (4.1) die Tauwasserabgabe auf im Vergleich zur Raumluft kalte Raumoberflächen berechnet und auf Bild 4.4 graphisch dargestellt, wobei für die Raumluft 20 °C und für β_p der Wert $0{,}75 \cdot 10^{-4}$ kg/m²hPa entsprechend einer Luftgeschwindigkeit von etwa 0,5 m/s vorausgesetzt wurde.

Mit dem Diagramm kann also geschätzt werden, ob und gegebenenfalls welche Tauwassermengen an den Innenseiten von Außenwänden beheizter Wohnräume bei bekannter Wandoberflächentemperatur und bei bekannter Raumluftfeuchte ϕ_i zu erwarten sind. Erfahrungsgemäß tritt Tauwasser in Räumen vorzugsweise an Wärmebrücken, z.B. an nach außen vorspringenden Ecken auf, weil dort die tiefsten Temperaturen herrschen und daher dort die größte Dampfdruckdifferenz bzw. die größte Tauwasserstromdichte auftritt.

Das Tauen (Kondensieren) des Wasserdampfes ist die Umkehrung der Wasserverdunstung. Alle Betrachtungen gelten in gleicher Weise für beide Vorgänge.

4.3 Schätzung der Wasserverdunstung von Wasseroberflächen

In Anlehnung an *Sprenger* [39] kann man die Wasserverdunstung durch eine im Freien befindliche ruhende Wasseroberfläche wie folgt beschreiben:

$$g = (1{,}6 + 1{,}2 \cdot v) \cdot 10^{-4} \cdot \Delta p \qquad \begin{array}{|c|c|c|} \hline g & v & 1 \\ \hline \text{kg/m}^2\text{h} & \text{m/s} & \text{Pa} \\ \hline \end{array} \qquad (4.11)$$

In dieser Zahlenwertgleichung ist der Einfluss der Luftgeschwindigkeit v unmittelbar zu erkennen. Bei der Berechnung der Wasserdampfpartialdruckdifferenz ist für die Wasseroberfläche naturgemäß $\phi = 1$ zu setzen.

Die Wasserverdunstung in (nicht genutzten) Hallenbädern ist deutlich kleiner als in Freibädern, Seen usw. Biasin und Krumme [2] unterscheiden, ob die Lufttemperatur über dem Wasser größer, kleiner oder gleich groß ist wie die Wassertemperatur:

$$\begin{array}{l} \theta_a < \theta_w : g = -0{,}055 + 1{,}0 \cdot 10^{-4} \cdot \Delta p \\ \theta_a = \theta_w : g = -0{,}055 + 0{,}8 \cdot 10^{-4} \cdot \Delta p \\ \theta_a > \theta_w : g = -0{,}055 + 0{,}7 \cdot 10^{-4} \cdot \Delta p \end{array} \qquad \begin{array}{|c|c|} \hline g & \Delta p \\ \hline \text{kg/m}^2\text{h} & \text{Pa} \\ \hline \end{array} \qquad (4.12)$$

Beim benutzten Hallenbad ist nach Kappler die Zahl der zur gleichen Zeit im Becken badenden Personen pro Quadratmeter (p^x) von entscheidendem Einfluss:

$$g = 0{,}12 + 8{,}9 \cdot 10^{-4} \cdot p^x \cdot \Delta p \qquad \begin{array}{|c|c|c|} \hline g & p^x & \Delta p \\ \hline \text{kg/m}^2\text{h} & \text{m}^{-2} & \text{Pa} \\ \hline \end{array} \qquad (4.13)$$

Aus den Gln. (4.12) geht hervor, dass die Verdunstung erst einsetzt, wenn Δp einen bestimmten Betrag überschreitet und die Gleichungen gelten nur dann, wenn die Massenstromdichte positiv ist. Als Grund für das zunächst etwas merkwürdig anmutende Ergebnis wird von Kappler eine im Wasserbecken ruhende, relativ dicke Grenzschicht angesehen. Die bei kleiner werdender Lufttemperatur im Verhältnis zur Wassertemperatur größer werdende Massenstromdichte in den Gln. (4.12) lässt sich mit der dann zunehmenden Konvektion der Raumluft begründen. Die mit Gl. (4.13) errechenbare Massenstromdichte bezieht sich bei Becken ohne Freibord auch auf den normalen Überflutungsbereich des Beckenumgangs. Eine Besucherzahl von 0,3 m^{-2} ist als Maximum, eine solche von 0,15 m^{-2} als gute Belegung anzusehen. Die Gleichung für das benutzte Bad ist nur auf die Benutzungszeiten anzuwenden, in der übrigen Tageszeit ist die Verdunstung aus den Gln. (4.12) zu berechnen. Bei den Gln. (4.12) und (4.13) ist vorausgesetzt, dass die Lüftung die Wasseroberfläche nicht anbläst, was in der Praxis ja auch normalerweise erfüllt ist.

5 Stationärer Feuchtetransport in Bauteilen

5.1 Formeln für s_d-Werte zusammengesetzter Schichten

Betrachten wir zunächst ein Schichtenpaket, das sich aus planparallel begrenzten Einzelschichten der Dicken d_i mit den Diffusionswiderstandszahlen μ_i zusammensetze. Der Diffusionsstrom durchdringe das Schichtenpaket senkrecht zu den Schichtebenen und es herrschen stationäre Verhältnisse.

Die Voraussetzung stationärer Verhältnisse bedeutet, dass die Massestromdichte in allen Einzelschichten gleich groß ist. Wäre dies nämlich nicht der Fall, so würde es entweder zur Anreicherung oder Verarmung an Wasser in einer der Schichten kommen, d.h. die Wassergehaltsverteilung würde sich ändern. Das aber widerspricht der Voraussetzung stationärer Verhältnisse. Es gilt also:

$$g_1 = g_2 = \ldots = \frac{\Delta p_1}{1,5 \cdot 10^6 \cdot s_{d1}} = \frac{\Delta p_2}{1,5 \cdot 10^6 \cdot s_{d2}} = \ldots \quad (5.1)$$

Gl. (5.1) besagt, dass das Verhältnis von Wasserdampfpartialdruckabfall Δp_i zu zugehöriger äquivalenter Luftschichtdicke s_{di} in allen Schichten des Schichtenpakets gleich groß sein muss. Deshalb wurde auf Bild 5.1 das im Querschnitt dargestellte Schichtenpaket so verzerrt abgebildet, dass die Schichten nicht in ihrer wahren Dicke, sondern in ihrer äquivalenten Luftschichtdicke als Dicke erscheinen. Die Steigung des Wasserdampfpartialdruckes muss hier nicht nur in jeder Einzelschicht die gleiche sein, sondern auch der gesamte Verlauf durch das Schichtenpaket muss eine Gerade sein und nicht etwa ein geknickter Linienzug. Denn nur dann ist immer der Partialdruckabfall Δp_i proportional der äquivalenten Luftschichtdicke s_{di}. Wendet man diese Erkenntnis auf das Schichtenpaket als Ganzes an, so muss der gesamten Wasserdampfpartialdruckdifferenz Δp folgende Summe als äquivalente Luftschichtdicke des Schichtenpaketes zugeordnet werden:

$$s_{d,ges} = s_{d1} + s_{d2} + \ldots = \Sigma_i \, s_{di} \quad (5.2)$$

Es gilt also die Additionsregel für die äquivalenten Luftschichtdicken hintereinander liegender Schichten, wenn stationäre Wasserdampfdiffusion vorliegt.

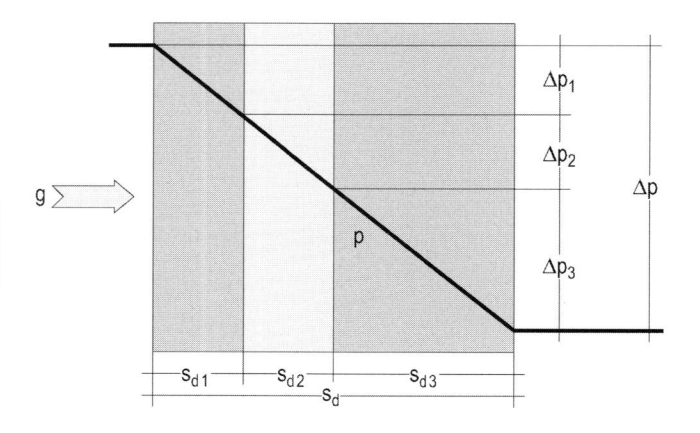

Bild 5.1
Dampfdruckverlauf bei stationärer Diffusion senkrecht durch ein Schichtenpaket

Das Transportgesetz der Wasserdampfdiffusion, Gl. (3.7), lautet bei mehrschichtigen Bauteilen und bei stationären Verhältnissen demgemäss

$$g = \frac{\delta \cdot \Delta p}{\Sigma(\mu_i \cdot d_i)} \qquad (5.3)$$

Bedenkt man den in bestimmten Fällen zu berücksichtigenden Einfluss der an beiden Baustoffoberflächen vorhandenen Luftgrenzschicht, d.h. den Stoffübergang, so wird aus Gl. (5.3) die folgende Beziehung:

$$g = \frac{\delta \cdot \Delta p}{\frac{1}{\beta_{pi}} + \frac{1}{\delta} \cdot \Sigma(\mu_i \cdot d_i) + \frac{1}{\beta_{pe}}} \qquad (5.4)$$

Diese Beziehung lässt die Analogie zwischen Wärmeleitung und Diffusion bei mehrschichtigen Bauteilen unter stationären Bedingungen gut erkennen, weil der Nenner in Gl. (5.4) dem Wärmedurchgangswiderstand $R_T = 1/U$ völlig analog aufgebaut ist.

Wenden wir uns nun einer Schicht zu, die ebenfalls senkrecht zum Diffusionsstrom orientiert sei, die aber unterschiedlich beschaffene Teilflächen mit unterschiedlichen äquivalenten Luftschichtdicken nebeneinander besitze (Bild 5.2). Die gesamte Fläche A soll also aus Teilflächen A_1 bis A_n mit zugehörigen äquivalenten Luftschichtdicken s_{d1} bis s_{dn} bestehen. Welche mittlere äquivalente Luftschichtdicke s_d muss der Gesamtfläche A zugeordnet werden, damit der Diffusionsstrom gleich bleibt, wenn auch hier stationäre Verhältnisse herrschen und ein Wasserdampfaustausch unter den Teilflächen (also senkrecht zur Diffusionsrichtung) nicht möglich ist? Die Lösung ergibt sich, indem man zunächst den gesamten Diffusionsstrom durch Addition der Teilströme durch die Teilflächen berechnet und dann denjenigen s_d-Wert ermittelt, der den gleichen Diffusionsstrom ergeben würde. Aus Gründen der einfacheren Schreibweise seien bei der Herleitung der Gleichung nur zwei Teilflächen betrachtet.

5 Stationärer Feuchtetransport in Bauteilen

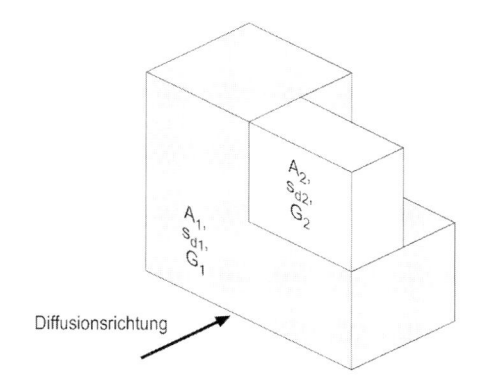

Bild 5.2
Zur Ableitung des Diffusionsstroms durch ein aus zwei Teilflächen bestehendes Bauteil

Diffusionsrichtung

Der Diffusionsstrom durch die Teilfläche A_1 ist gemäß den Diffusionsgesetzen folgender:

$$G_1 = A_1 \cdot g_1 = \frac{\Delta p_1 \cdot A_1}{1{,}5 \cdot 10^6 \cdot s_{d1}} \tag{5.5}$$

Die Summe der Diffusionsströme durch beide Teilflächen ist:

$$G = G_1 + G_2 = \frac{\Delta p}{1{,}5 \cdot 10^6} \left[\frac{A_1}{s_{d1}} + \frac{A_2}{s_{d2}} \right] \tag{5.6}$$

Wenn der Diffusionsstrom bekannt ist, so ergibt sich die zugehörige äquivalente Luftschichtdicke aus folgender Beziehung, die man durch Umstellung von Gl. (3.7) erhält:

$$s_d = \frac{\Delta p \cdot A}{1{,}5 \cdot 10^6 \cdot G} \tag{5.7}$$

Einsetzen von Gl. (5.6) in Gl. (5.7) liefert unmittelbar die gesuchte mittlere äquivalente Luftschichtdicke:

$$s_d = \frac{\Delta p \cdot A}{1{,}5 \cdot 10^6 \cdot \frac{\Delta p}{1{,}5 \cdot 10^6} \left[\frac{A_1}{s_{d1}} + \frac{A_2}{s_{d2}} \right]} = \frac{1}{\frac{A_1}{A} \cdot \frac{1}{s_{d1}} + \frac{A_2}{A} \cdot \frac{1}{s_{d2}}} \tag{5.8}$$

Bei beliebig vielen Teilflächen lautet die Beziehung:

$$s_d = \left(\Sigma i \frac{A_1}{A} \cdot \frac{1}{s_{d1}} \right)^{-1} \tag{5.9}$$

Wenn Schichten keine ebene, sondern eine profilierte Oberfläche haben, so ist die Diffusionsstromdichte größer, als man aufgrund des Mittelwertes der Schichtdicke erwarten würde. Das liegt daran, dass die Dünnstellen durchlässiger sind als die Verdickungsstellen undurchlässiger. Das sei am Beispiel der auf Bild 5.3 dargestellten scheinbaren Diffusionswiderstandszahlen aufgezeigt, welche für drei Arten von Profilierung, abhängig von der Amplitude des Profils, d_0 bezogen auf die mittlere Dicke der Schicht, d_0, angegeben sind. Für die Rechteckprofilierung gilt folgendes:

Beträgt die Dicke der Dünnstelle 50 % des Mittelwertes, die Dicke der Verdickungsstelle 150 % des Mittelwertes, so sind die Diffusionsstromdichten folgende:

Dünnstelle: 200 % der Stromdichte bei mittlerer Schichtdicke
Dickstelle: 67 % der Stromdichte bei mittlere Schichtdicke $\Sigma = 267\ \%$

Der Mittelwert der Diffusionsstromdichte beträgt damit: $0{,}5 \cdot 267 = 133\ \%$ derjenigen Stromdichte, welche bei ebener Oberfläche und dem Mittelwert der Schichtdicke auftreten würde.

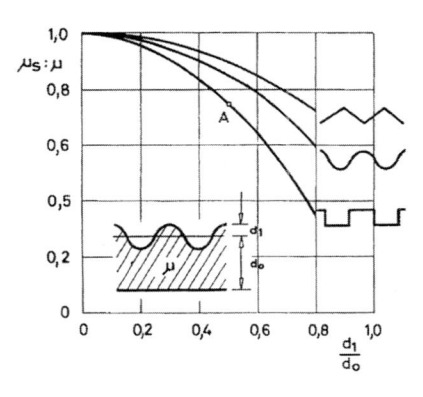

Bild 5.3
Scheinbare Diffusionswiderstandszahlen von Schichten veränderlicher Schichtdicke mit drei verschiedenen Dickenprofilen

Dieses Beispiel für die größere Durchlässigkeit profilierter Schichten im Vergleich zu planparallelen Schichten wird durch Punkt A bestätigt, der dem Rechteckprofil und einem maximalen Ausschlag der Profilierung von 50 % der mittleren Dicke zugeordnet ist, und eine Reduzierung der effektiven Diffusionswiderstandszahl auf 75 % angibt, was dem Kehrwert von 133 % entspricht.

Für den Zustand stationärer Wasserdampfdiffusion lassen sich viele weitere Formeln zur Abschätzung äquivalenter Luftschichtdicken oder scheinbarer Diffusionswiderstandszahlen von Schichten komplizierterer Struktur herleiten. Unter anderem hierin zeigt sich die kluge Definition der Diffusionswiderstandszahl.

5.2 Das Glaser-Verfahren

5.2.1 Beschreibung des Verfahrens

In Abschn. 5.1 wurde gezeigt, dass bei stationärer Diffusion der Partialdruck in senkrecht zur Richtung des Diffusionsstromes geschichteten Bauteilen linear verläuft, wenn das Bauteil im Querschnitt so dargestellt ist, dass die einzelnen Schichten nicht im geometrisch richtigen Dickenverhältnis, sondern entsprechend ihrer äquivalenten Luftschichtdicke erscheinen. Wenn also die Wasserdampfpartialdrücke p_i und p_e an den beiden Oberflächen eines Bauteiles bekannt sind, z.B. weil man die Klimate zu beiden Seiten des Bauteiles kennt, so kann der Verlauf des Wasserdampfpartialdruckes bei der vorausgesetzten Darstellungsart leicht durch lineare Verbindung der beiden Partialdrücke p_i und p_e an den Oberflächen des Bauteiles ermittelt werden. Diese Erkenntnis liegt dem sog. Glaser-Verfahren zugrunde, welches als halbgraphisches Verfahren von Glaser bereits im Jahre 1959 [8] veröffentlicht, jedoch erst im Jahre 1981 in DIN 4108 [58], genormt worden ist. Das Glaser-Verfahren ist bei den Bauphysikern seit langem gebräuchlich und wird allgemein als bewährt und sehr nützlich angesehen, weil man damit rechnerisch ermitteln kann, ob in einem Bauteil in einer stationären Situation oder in einem Außenbauteil infolge der jahreszeitlichen Klimaveränderung in Mitteleuropa Tauwasser als Folge von Wasserdampfdiffusion zu erwarten ist oder nicht.

Die Durchführung des Verfahrens gemäß DIN 4108-3 geschieht zweckmäßig in folgenden Schritten:

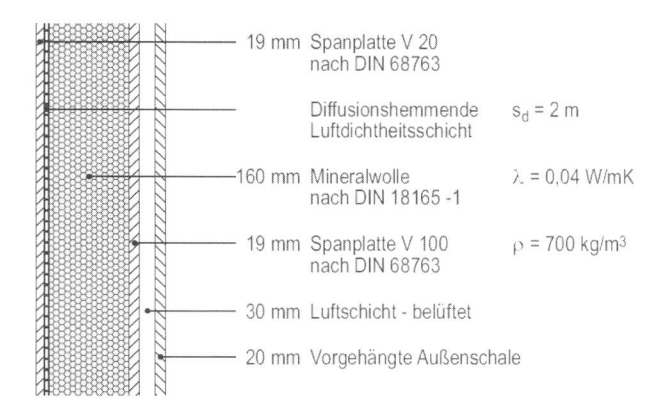

Bild 5.4   Beispiel zur Durchführung des Glaser-Verfahrens (Bauteil Außenwand)

- 19 mm Spanplatte V 20 nach DIN 68763
- Diffusionshemmende Luftdichtheitsschicht $s_d = 2$ m
- 160 mm Mineralwolle nach DIN 18165-1 $\lambda = 0{,}04$ W/mK
- 19 mm Spanplatte V 100 nach DIN 68763 $\rho = 700$ kg/m³
- 30 mm Luftschicht - belüftet
- 20 mm Vorgehängte Außenschale

a) Tabellarische Berechnung

Die einzelnen Schichten des der Norm entnommenen und zu beurteilenden Bauteils (Bild 5.4) einschließlich der beiden Luftgrenzschichten sind gemäß Tafel 5.1 in der ersten Spalte untereinander aufzuführen. Die letzte Zeile ist für die Summe der Werte in den darüberstehenden Zeilen reserviert. In den folgenden Spalten sind die zugehörigen Dicken d, Diffusionswiderstandszahlen μ, äquivalenten Luftschichtdicken s_d und Wärmeleitfähigkeiten λ der einzelnen Schichten anzugeben. Um das bei stationären Verhältnissen sich einstellende Temperaturprofil in der Tauperiode berechnen zu können, enthält die nächste Spalte die Wärmeübergangswiderstände der beiden Grenzschichten und die Wärmedurchlasswiderstände der Bauteilschichten. Die letzte Zeile in dieser Spalte enthält als Summe den Wärmedurchgangswiderstand R_T des Bauteils. Die in allen Bauteilschichten und in den thermischen Grenzschichten auftretenden Temperaturdifferenzen ergeben sich aus dem Wärmedurchgangswiderstand des Bauteils, der Gesamttemperaturdifferenz zwischen den durch das Bauteil getrennten Klimaten und dem Übergangs- bzw. Durchlasswiderstand der betreffenden Schicht unter Beachtung von Gl. (5.10):

$$\theta_2 = \theta_1 - q \cdot R \tag{5.10}$$

mit

$$q = (\theta_i - \theta_e) \cdot \frac{1}{R_T} \tag{5.11}$$

Die nächste Spalte enthält die an den Schichtgrenzen auftretenden Temperaturen für die Tauperiode, also das Temperaturprofil.

Tafel 5.1 Vorbereitende tabellarische Berechnung beim Glaser-Verfahren (Tauperiode)

Schicht	d [m]	μ [–]	s_d [m]	λ [W/mK]	R [m²K/W]	θ [°C]	p_s [Pa]
Raumluft	–	–	–	–	–	20,0	2340
Wärmeübergang innen	–	–	–	–	0,13		
						19,1	2212
Spanplatte V 20	0,019	50	0,95	0,13	0,15		
						18,1	2079
Diffusionshemmende Luftdichtheitsschicht	–	–	2,00	–	–		
						18,1	2079
Mineralwolle	0,160	1	0,16	0,04	4,00		
						– 8,5	296
Spanplatte V 100	0,190	100	1,90	0,13	0,15		
						– 9,5	272
Luftschicht - belüftet	0,300	–	–	–	–		
						–	–
Außenschale	0,020	–	–	–	–		
						–	–
Wärmeübergang außen	–	–	–	–	0,08		260
						10,0	
Außenluft	–	–	–	–	–		
			Σ s_d =	5,01	R_T =	4,51	

Weil allein aufgrund der Kenntnis der Temperatur der zugehörige Sattdampfdruck des Wasserdampfes eindeutig angegeben werden kann, sind in der folgenden Spalte die Sattdampfdrücke an den Schichtgrenzen aufgeführt, welche man aus der auf Temperaturwerte von 0,1 zu 0,1 K verdichteten Tabelle der Sattdampfdrücke (Tafel 2.2) ablesen kann.

Bei der weiteren Anwendung des Glaser-Verfahrens werden folgende genormte Klimarandbedingungen zugrunde gelegt:

Tauperiode:
Außenklima: – 10 °C, 80 % relative Luftfeuchte
Innenklima: 20 °C, 50 % relative Luftfeuchte
Dauer: 1440 Stunden (60 Tage)
Verdunstungsperiode:

a) Wandbauteile und Decken unter nicht ausgebauten Dachräumen

   Außenklima: 12 °C, 70 % relative Luftfeuchte
   Innenklima: 12 °C, 70 % relative Luftfeuchte
   Klima im Tauwasserbereich: 12 °C, 100 % relative Luftfeuchte
   Dauer: 2160 Stunden (90 Tage)

b) Dächer, welche Aufenthaltsräume gegen die Außenluft abschließen

   Außenklima, Innenklima und Dauer wie a)
   Temperatur der Dachoberfläche: Wahlweise auch 20 °C anstatt 12 °C

In nicht beheizten, belüfteten Nebenräumen, z.B. in belüfteten Dachräumen und Garagen, ist Außenklima anzunehmen.

Die Wärmeübergangswiderstände sind wie folgt festgelegt:

Raumseitig:
- 0,13 m²K/W für Wärmestromrichtungen horizontal, aufwärts sowie für Dachschrägen;
- 0,17 m²K/W für Stromrichtungen abwärts.

Außenseitig:
- 0,04 m²K/W für alle Wärmestromrichtungen, wenn die Außenoberfläche an Außenluft grenzt (gilt auch für die Außenoberfläche von zweischaligem Mauerwerk mit Luftschicht nach DIN 1053-1);
- 0,08 m²K/W für alle Wärmestromrichtungen, wenn die Außenoberfläche an belüftete Luftschichten grenzt (z.B. hinterlüftete Außenbekleidungen, belüftete Dachräume, belüftete Luftschichten in belüfteten Dächern);
- 0 m²K/W für alle Wärmestromrichtungen, wenn die Außenoberfläche an das Erdreich grenzt.

Bei innen liegenden Bauteilen ist zu beiden Seiten mit demselben Wärmeübergangswiderstand zu rechnen.

b) Erstellung des Glaser-Diagramms

Unter einem Glaser-Diagramm versteht man die Darstellung eines Bauteils in einem kartesischen Achsensystem, dessen Ordinate dem Wasserdampfpartialdruck einschließlich dem Sattdampfdruck zugeordnet ist, während die Abszisse die äquivalente Luftschichtdichten der Bauteilschichten repräsentiert (Bild 5.5). In dieses Achsensystem zeichnet man das Bauteil im Querschnitt so ein, dass die Richtung des Diffusionsstromes mit der Abszissenrichtung übereinstimmt.

Der Verlauf des Sattdampfdruckes p_s durch den Bauteilquerschnitt wird nun aus der Tabelle in das Glaser-Diagramm übertragen. Dabei werden die für die Schichtgrenzen ermittelten Sattdampfdrücke linear verbunden, wenn die Temperaturdifferenzen pro Schicht nicht größer als etwa 10 Kelvin sind. Sind sie größer, werden die Sattdampfdrücke auch für Zwischenpunkte, z.B. für die Mittelebenen der betreffenden Schichten, ermittelt und eingetragen.

Nun wird die lineare Verbindung zwischen den beiden Wasserdampfpartialdrücken p_i und p_e an den Bauteiloberflächen hergestellt, welche gemäß den Ausführungen in Abschn. 5.1 den Verlauf des Wasserdampfpartialdruckes im Bauteil darstellt. Die Werte für p_i und p_e an den Bauteiloberflächen ergeben sich aus den Temperaturen und relativen Luftfeuchten der beidseitigen Klimate. Ist die lineare Verbindung möglich, ohne den Polygonzug des Sattdampfdruckes zu schneiden, ist der lineare Wasserdampfdruckverlauf richtig und eine Tauwasserbildung ist im ganzen Querschnitt nicht zu erwarten. Ist die lineare Verbindung zwischen den beiden Dampfdruckwerten an den Bauteiloberflächen nicht möglich, ohne den Polygonzug des Sattdampfdruckprofils zu schneiden, so muss der Dampfdruckverlauf nach der Seilregel bestimmt werden (Bild 5.6): Die beiden Punkte, welche den bekannten Wasserdampfpartialdrücken p_i und p_e an den Bauteiloberflächen entsprechen, stellt man sich als Seilrollen vor, über die ein gewichtsloses Seil mit reichlichem Durchhang (durch Strichelung gekennzeichnet) gelegt sei. Der Sattdampfdruckverlauf stelle die untere Kante eines nicht überschreitbaren Hindernisses dar. Wird nun an den beiden Seilenden jeweils außerhalb des Bauteilquerschnittes gezogen, bis sich das Seil strammt, dann legt es sich an bestimmten Stellen an das ein unüberwindliches Hindernis darstellende Sattdampfdruckprofil an; in den übrigen Bereichen verläuft das Seil gradlinig und berührungslos. Der Verlauf des straffgespannten Seiles ist der Verlauf des Wasserdampfpartialdruckes. An Berührungsstellen mit dem Sattdampfdruckprofil wird Wasserdampf ausgeschieden.

Auch dann, wenn im Wandquerschnitt unter den betrachteten Klimabedingungen kein Tauwasser auftritt, gibt die Seilregel den Dampfdruckverlauf richtig wieder, nämlich als lineare Verbindung zwischen den Dampfdrücken an den beiden Bauteiloberflächen mit gleich großer Stromdichte beim Eindiffundieren wie beim Ausdiffundieren.

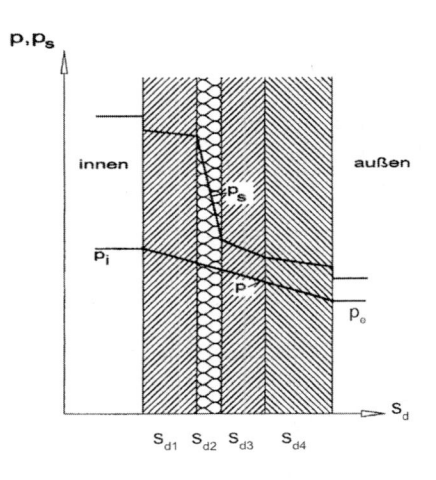

Bild 5.5
Schematische Darstellung eines Glaserdiagramms für die Tauperiode

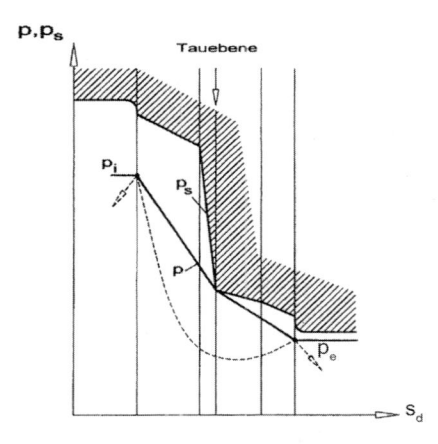

Bild 5.6
Die Seilregel zur Ermittlung des Dampfdruckverlaufs im Glaserdiagramm bei Tauwasserabscheidung

c) **Berechnung der Tauwasser -und Verdunstungswassermasse**

Die Diffusionsstromdichte, welche sich in der 60 Tage dauernden Tauperiode an der Tauebene einstellt, ergibt sich gemäß Bild 5.7 zu:

$$g = g_i - g_e = \frac{\Delta p_i}{1,5 \cdot 10^6 \cdot s_{d,i}} - \frac{\Delta p_e}{1,5 \cdot 10^6 \cdot s_{d,e}} \quad (5.12)$$

Die Tauwassermasse wird wie folgt ermittelt:
$$m_{w,T} = t_T (g_i - g_e) \quad (5.13)$$

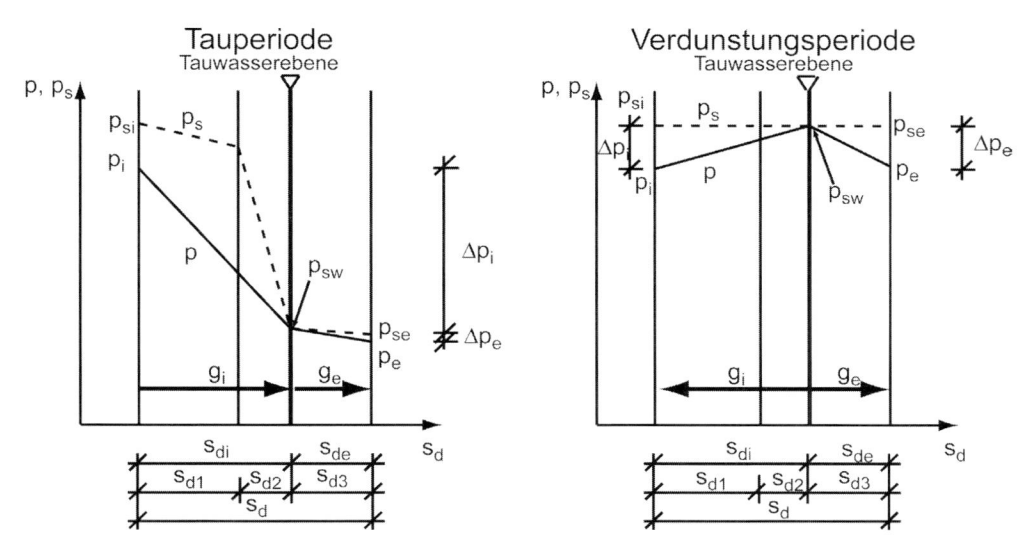

Bild 5.7 Erläuterungen zur Berechnung der Feuchtestromdichten in der Tauperiode und in der Verdunstungsperiode

In dem der Tauperiode zugehörigen Diagramm soll der Index i den Bereich des Eindiffundierens von Raum her bis zur Stelle des Tauwasseranfalls, der Index e den Bereich des Ausdiffundierens vom Tauwasserbereich weg kennzeichnen. p_i und $s_{d,i}$ stellen die Dampfdruckdifferenz und die äquivalente Luftschichtdicke dar, die der Wasserdampf beim Vordringen zur Tauwasserebene überwinden muss. Entsprechendes gilt für den Bereich des Ausdiffundierens. Die Diffusionsstromdichte g ist also nichts anderes als die Differenz zwischen der Stromdichte des eindiffundierenden und der des ausdiffundierenden Wasserdampfes.

Fällt Tauwasser in der Tauperiode an, so ist ein zweites Glaserdiagramm für die sog. Verdunstungsperiode (Sommer) anzufertigen. Es ist außen wie innen die gleiche Temperatur von 12 °C anzunehmen. Während in der Tauebene 100 % relative Luftfeuchte herrschen, sind innen und außen 70 % relative Luftfeuchte zu wählen. Die Diffusionsstromdichte g ergibt sich nun zu (Bild 5.6):

$$g = g_i + g_e \qquad (5.14)$$

Die Verdunstungswassermasse beträgt:

$$m_{w,v} = t_v \cdot (g_i + g_e) \qquad (5.15)$$

In DIN EN ISO 13788 wird die Berechnung der Tauwasserbildung im Bauteilinneren so geregelt, dass für jeden Monat eines Jahres unter Beachtung der monatlichen mittleren Außenbedingungen die Tauwasserbildung und die Verdunstung festgestellt werden. Die akkumulierte Masse des Tauwassers am Ende der Monate, in denen sich Tauwasser gebildet hat, wird mit dem Gesamtwert der Verdunstung während der verbleibenden Monate des Jahres verglichen.

5.2.2 Wahl der Randbedingungen

Bei der Untersuchung der Frage, ob mit Tauwasseranfall im Inneren von Außen-Bauteilen im Winterhalbjahr unter deutschen Außenklimabedingungen zu rechnen ist, sind drei Fälle zu unterscheiden:

A) Beim Bauteil handelt es sich um eine bekannte und bewährte Bauweise, bei der erfahrungsgemäß beim Einsatz in Wohn- und Bürogebäuden oder Gebäuden ähnlicher Nutzung keine Tauwasserbildung zu erwarten ist. Eine Aufzählung von in diesem Sinne unbedenklichen Außenwänden, belüfteten und nicht belüfteten Dächern enthält DIN 4108-3, Nr. 4.3 (s. auch Abschnitt 5.2.4) Vorausgesetzt ist dabei, dass das Gebäude nicht klimatisiert ist, dass in ihm Wohn- bzw. Büroklima, also etwa 20 % C, 50 % r.L. herrscht, und es im Gebiet der Bundesrepublik Deutschland gelegen ist. Durch diese Bedingungen soll sicher gestellt werden, dass die vorausgesetzten Klimarandbedingungen innen und außen auch tatsächlich vorliegen. Selbst wenn eine Berechnung nach B) ein negatives Ergebnis liefern sollte, wäre die praktische Bewährung dennoch das entscheidende Kriterium.

B) Die Bauteile erfüllen die bereits genannten Klimabedingungen, sind jedoch nicht von der in DIN 4108-3 enthaltenen Aufzählung (Abschnitt 5.2.5) erfasst und nicht erfahrungsgemäß eindeutig unbedenklich. Dann ist das Glaser-Verfahren, wie in Abschn. 5.2.1 beschrieben, mit den auf S. 68 genanten Klimarandbedingungen anzuwenden.

Das Glaser-Verfahren wird zunächst für die Winterbedingungen repräsentierende Tauperiode durchgeführt. Tritt dabei kein Tauwasser auf, ist die Unbedenklichkeit hinsichtlich Tauwasseranfall als gegeben anzusehen. Tritt jedoch in der Tauperiode Tauwasser auf, so ist dieses dennoch als unbedenklich anzusehen, sofern folgende weitere Bedingungen (gemäß DIN 4108-3, Nr. 4.2.1) erfüllt sind:

a) Das in der Tauperiode angefallene Wasser kann gemäß einer weiteren Berechnung nach dem Glaser-Verfahren unter den für die Verdunstungsperiode genannten Bedingungen wieder austrocknen. Je ein typisches Glaser-Diagramm für die Tauperiode bei Tauwasseranfall und für die zugehörige Verdunstungsperiode zeigt Bild 5.7.

b) Die Baustoffe, welche mit dem Tauwasser in Berührung kommen, dürfen dadurch nicht geschädigt werden, z.B. durch Korrosion, Pilzbefall usw.

c) Bei Dächern und Wänden darf die in der Tauperiode anfallende Menge an Wasser insgesamt 1,0 kg/m^2 nicht überschreiten. Ausnahmen sind unter d) und e) genannt.

d) Tritt das Tauwasser an der Grenzfläche von nicht kapillar saugenden Schichten auf, so darf zwecks Begrenzung des Ablaufens oder Abtropfens die Tauwassermenge den Betrag von 0,5 kg/m^2 nicht überschreiten.

e) Bei Holz darf durch den Tauwasseranfall der massebezogene Wassergehalt nicht mehr als 5 %, bei Holzwerkstoffen (Holzwolleleichtbauplatten und Mehrschichtleichtbauplatten nach DIN 1101 [53] sind davon ausgenommen) nicht mehr als 3 % zunehmen.

C) Darf das Bauteil wegen eines speziellen Außenklimas, z.B. infolge Hochgebirgslage, oder wegen eines besonderen Innenklimas, z.B. als Hallenbad oder wegen Klimatisierung, nicht mit den genormten Klimarandbedingungen gemäß B) beurteilt werden, so kann auf folgende Berechnungsmethoden zurückgegriffen werden, welche ebenfalls das Glaser-Verfahren zur Grundlage haben, jedoch die speziellen Bedingungen berücksichtigen und deshalb arbeitsaufwendiger sind:

R. Jenisch [11] hat ein Verfahren hergeleitet, das von dem Jahresmittelwert der Außenluft ausgehend zunächst festzustellen gestattet, ob die Kondensations-Austrocknungsbilanz insgesamt positiv oder negativ ist. Dann wird diejenige Außentemperatur rechnerisch festgestellt, ab welcher Kondensat in der Wand auftritt. Für die sieben Städte Braunschweig, Bremen, Clausthal, Hamburg, Karlsruhe, München und Münster kann dann aus einer Tabelle entnommen werden, wie lange die Tauperiode dauert und welche mittlere Temperatur die Außenluft in dieser Zeit hat. Aus einem Glaser-Diagramm für die mittlere Temperatur der Außenluft in der Tauperiode kann die Tauwassermenge berechnet werden.

Recht einfach und durchsichtig ist die alternative Methode, die Berechnung nach dem Glaser-Verfahren für jeden Monat des Jahres mit den dazu gehörigen tatsächlichen Monatsmittelwerten der Temperatur und der Luftfeuchte des Außenklimas durchzuführen. Dies liegt nahe, weil das Glaser-Verfahren schon auf relativ kleinen Elektronenrechnern programmiert werden kann. Dabei erhält man für die Winterperiode, sofern in dieser überhaupt Tauwasser auftritt, die gesamte Tauwassermenge und den Ort des Tauwasseranfalls. Setzt man dann am Ort des Tauwasseranfalls die relative Luftfeuchte in der Verdunstungsperiode mit 100 % an, so erhält man die in der wärmeren Jahreszeit austrockenbare Wassermenge.

Bei der Beurteilung von Berechnungsergebnissen nach dem Glaser-Verfahren sollte man folgendes bedenken:

Beim Glaserverfahren werden stationäre Verhältnisse vorausgesetzt. Solche sind z.B. gegeben, wenn eine Trennwand zwischen zwei Räumen betrachtet wird, die konstante aber verschiedene Klimate haben. In einem solchen Fall ist das Glaserverfahren grundsätzlich ein geeignetes und recht realitätsnahes Kriterium. Wenn aber zwar ein konstantes Raumklima, jedoch ein veränderliches Außenklima vorliegt, wie dies meist der Fall ist, darf das Glaserverfahren nur mit den in DIN 4108-3 aufgeführten Klimarandbedingungen und Bewertungskriterien für den Nachweis verwendet werden, denn:

a) Es wird nur der Transportmechanismus „Wasserdampfdiffusion" berücksichtigt. Bei größeren Stofffeuchten tritt in fast allen Baustoffen eine starke Steigerung der Wassertransportfähigkeit auf, welche beim Glaser-Verfahren keine Beachtung findet.

b) Die Speicherfähigkeit der Baustoffe für Feuchte wird nicht berücksichtigt. Daher liefert das Glaser-Verfahren nur dann realitätsnahe Aussagen, wenn die Baustoffe relativ wenig Feuchte speichern,

c) Die genormten Klimarandbedingungen sind gegenüber den tatsächlichen Gegebenheiten eines Jahresablaufs radikal vereinfacht und verschärft.

Aus den genannten Gründen ist die Berechnung von Außenbauteilen mit deutschem Außenklima nach Glaser mit den genormten Randbedingungen und Bewertungskriterien nicht als realitätsnah anzusehen. Eine Tauwassermenge nach Glaser wird in Außenbauteilen also nur zufällig mit einer an einem Bauobjekt feststellbaren Tauwassermenge übereinstimmen. Das Ergebnis liegt aber auf der sicheren Seite: Wenn ein Außenbauteil nach Glaser mit den Normbedingungen als unbedenklich bewertet wird, ist es immer auch tatsächlich unbedenklich. Wird ein Außenbauteil bei der Beurteilung mittels des Glaser-Verfahrens jedoch als bedenklich angesehen, so kann es bedenklich sein, muss aber nicht.

Das Glaser-Verfahren darf nicht bei begrünter Dachkonstruktion sowie zur Berechung des natürlichen Austrocknungsverhaltens von Bauteilen angewendet werden.

5.2.3 Beispiele typischer Glaserdiagramme

Glaserdiagramme von Bauteilquerschnitten mit Wärmedämmschichten werden wesentlich von deren Lage beeinflusst. Die möglichen Formen der Diagramme sollen beispielhaft an Bild 5.8 erklärt werden, in dem vier Wandaufbauten aus einem Wandbildner oder aus jeweils einem Wandbildner und einem Wärmedämmstoff in unterschiedlicher Anordnung im Glaserdiagramm dargestellt sind:

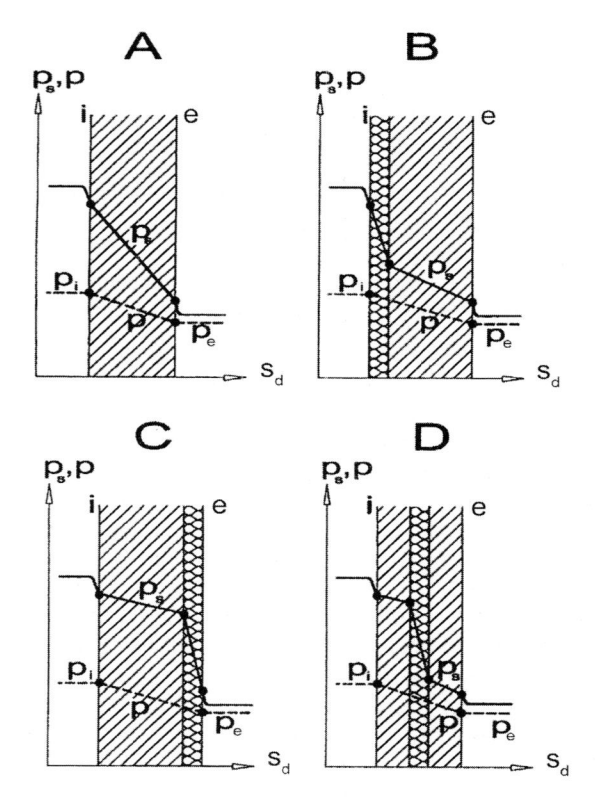

Bild 5.8 Glaserdiagramme von Bauteilquerschnitten mit unterschiedlicher Lage der Wärmedämmschicht

Wandaufbau A ist eine homogene Wand aus einem einzigen Baustoff. Wandaufbau B stellt eine Wand aus einem Wandbaustoff mit innenliegender Wärmedämmschicht dar. Wandaufbau C behandelt den analogen Fall mit außenliegender Wärmedämmschicht, während Fall D den Wandbildner mit Kerndämmung darstellt. Man erkennt, dass der Sattdampfdruck p_s relativ hohe Werte im Wandquerschnitt annimmt, wenn die Wärmedämmschicht an der Außenseite angeordnet ist, und dass er eine nach unten orientierte, ungünstige Spitze erhält, wenn die Wärmedämmschicht innenseitig plaziert ist. Diese Spitze wird um so gefährlicher, je kleiner die äquivalente Luftschichtdicke des innenliegenden Wandbildners und je größer der Wärmedurchlasswiderstand der Dämmschicht ausfällt.

Die Wirkung einer Dampfsperre im Wandquerschnitt sei anhand von Bild 5.9 erläutert: Der Wandaufbau A besteht aus einem Wandbildner mit raumseitig angeordneter Dampfsperre, der Wandaufbau B mit außenliegender Dampfsperre. Ein sog. Sandwich mit beidseitiger Dampfsperre ist unter Buchstabe C dargestellt. Eigentlich muss eine Dampfsperre im Glaserdiagramm durch eine Schicht von unendlich großem s_d-Wert, d.h. unendlich großem Abzissenwert dargestellt werden, was natürlich unmöglich ist. Denkt man sich jedoch ein solches Diagramm dargestellt und schneidet die Dampfsperre durch zwei Schnitte parallel zur Ordinate heraus und fügt die beiden übrigen Teile des Diagramms wieder zusammen, so erhält man die mit A, B und C bezeichneten Glaserdiagramme.

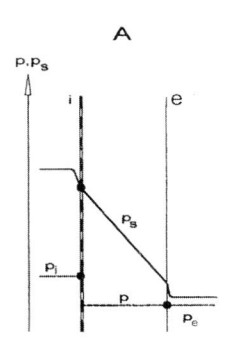

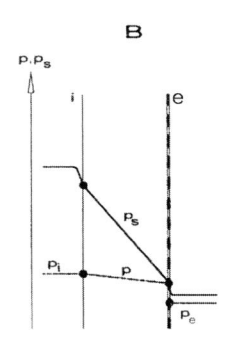

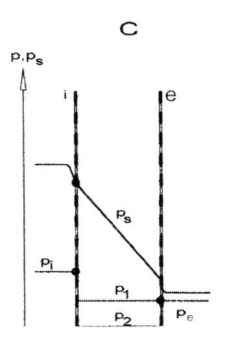

Bild 5.9   Glaserdiagramme von Bauteilquerschnitten mit unterschiedlicher Lage von Dampfsperrschichten

Der Verlauf des Sattdampfdruckes ist praktisch unabhängig davon, ob eine Dampfsperre angebracht ist oder nicht, denn die geringe Schichtdicke der gebräuchlichen Dampfsperrschichten beeinflusst das Temperaturprofil im Wandquerschnitt, und damit den Sattdampfdruckverlauf nicht. Der Dampfdruckverlauf im „normalen" Glaserdiagramm kommt durch lineare Verbindung von p_i und p_e zustande, sofern kein Tauwasseranfall erfolgt. Weil nun aus den Glaserdiagrammen die Dampfsperren mit unendlich großem s_d-Wert herausgetrennt wurden, sind die Dampfdrücke p_i und p_e bei den Rest-Querschnitten eigentlich unendlich weit voneinander entfernt. Deshalb muss der Dampfdruckverlauf zwischen p_i und p_e eigentlich horizontal verlaufen. Beim Schichtaufbau A pflanzt sich der Dampfdruck p_e deshalb in gleichbleibender Größe in das Innere des Querschnittes hinein, während sich der Dampfdruck p_i wegen der innenseitigen Dampfsperre auf den Querschnitt nicht auswirken kann. Die Anordnung A bleibt daher nach Glaser tauwasserfrei. Bei der Anordnung B kann der Dampfdruck p_e wegen der außenseitigen Dampfsperre im Inneren des Bauteils nicht wirksam werden. Da jedoch p_i im Querschnitt bei horizontalem Verlauf in spitzem Winkel auf p_s treffen würde, was wegen der Seilregel unmöglich ist, treffen sich p und p_s erst an der Innenseite der außenseitigen Dampfsperre. Dort fällt dann Tauwasser an.

Beim Sandwich C verhindern die beiden Dampfsperren sowohl eine Einwirkung des innenseitigen als auch des außenseitigen Dampfdruckes auf den Baustoff zwischen den Dampfsperren. Es stellt sich daher bei nicht zu hohen Wassergehalten ein horizontaler Dampfdruckverlauf im Bauteil ein, dessen Betrag p_1, p_2 usw. von der Größe des Wassergehaltes des Baustoffes vor dem Aufbringen der beiden Dampfsperren bestimmt wird.

5.2.4 Unbedenkliche Bauteile

DIN 4108-3 enthält eine Auflistung von Bauteilen, für die kein rechnerischer Nachweis des Tauwasserausfalls infolge Wasserdampfdiffusion erforderlich ist. Dabei wird vorausgesetzt, dass die Bauteile die Anforderungen an den Mindestwärmeschutz (s. Kapitel „Wärme") aufweisen, luftdicht ausgeführt werden und die Klimarandbedingungen aus Kapitel 5.2.1 gelten. Bei den aufgeführten Bauteilen besteht erfahrungsgemäß kein Tauwasserrisiko, selbst dann, wenn die Berechnung mit Hilfe des Glaser-Verfahrens zu diesem Ergebnis führen würde. Dies gilt insbesondere für kapillaraktive Baustoffe, in denen der Feuchtetransport im Wesentlichen durch Kapillaritätseffekte und nur zum Teil durch die beim Glaser-Verfahren allein berücksichtigten Diffusionsvorgänge bestimmt wird. Für folgende Bauteile ist ein rechnerischer Tauwasser-Nachweis nicht erforderlich:

- Außenwände
  - Ein- und zweischaliges Mauerwerk nach DIN 1053-1 [52] (auch mit Kerndämmung), Wände aus Normalbeton nach DIN EN 206-1 [46] bzw. DIN 1045-2 [50], Wände aus gefügedichtem Leichtbeton nach DIN 4219-1 [59.1] und DIN 4219-2 [59.2], Wände aus haufwerkporigem Leichtbeton nach DIN 4232 [62], jeweils mit Innenputz und folgenden Außenschichten:
    - Putz nach DIN 18550-1 [89] oder Verblendmauerwerk nach DIN 1053-1;
    - angemörtelte oder angemauerte Bekleidungen nach DIN 18515-1 [84.1] und DIN 18515-2 [84.2], bei einem Fugenanteil von mindestens 5 %;
    - hinterlüftete Außenwandbekleidungen nach DIN 18516-1 [85.1] mit und ohne Wärmedämmung;
    - Außendämmungen nach DIN 1102 [54] oder nach DIN 18550-3 [89] oder durch ein zugelassenes Wärmedämmverbundsystem.
  - Wände mit Innendämmung, mit folgenden Konstruktionsvarianten:
    - Wände, wie o.g. Außenwände, aber mit Innendämmung mit einem Wärmedurchlasswiderstand der Wärmedämmschicht $R \leq 1{,}0$ m^{2}K/W sowie einem Wert der wasserdampfdiffusionsäquivalenten Luftschichtdicke der Wärmedämmschicht mit Innenputz bzw. Innenbekleidung $s_{d,i} \geq 0{,}5$ m;
    - Wände aus Mauerwerk nach DIN 1053-1 und Wände aus Normalbeton nach DIN EN 206-1 bzw. DIN 1045-2, jeweils mit den unter der Aufzählung „Außenwände" genannten Außenschichten (ohne Außendämmung), mit Innendämmung aus verputzten bzw. bekleideten Holzwolle-Leichtbauplatten nach DIN 1101 [53] mit einem Wärmedurchlasswiderstand der Innendämmung $R \leq 0{,}5$ m^{2}K/W.
  - Wände in Holzbauart nach DIN 68800-2: 1996-05, 8.2 [98.1], mit vorgehängten Außenwandbekleidungen, zugelassenen Wärmedämmverbundsystemen oder Mauerwerk-Vorsatzschalen, jeweils mit raumseitiger diffusionshemmender Schicht mit $s_{d,i} \geq 2$ m.
  - Holzfachwerkwände mit Luftdichtheitsschicht, in folgenden Konstruktionsvarianten:
    - mit wärmedämmender Ausfachung (Sichtfachwerk);
    - mit Innendämmung (über Fachwerk und Gefach) aus Holzwolleleichtbauplatten nach DIN 1101;
    - mit Außendämmung (über Fachwerk und Gefach) als Wärmedämmverbundsystem oder Wärmedämmputz, wobei die wasserdampfdiffusionsäquivalente Luftschichtdicke der genannten äußeren Konstruktionsschicht $s_{d,e} \leq 2$ m ist oder mit hinterlüfteter Außenwandbekleidung.
  - Kelleraußenwände aus einschaligem Mauerwerk nach DIN 1053-1 oder Beton nach DIN EN 206-1 bzw. DIN 1045-2 mit außen liegender Wärmedämmung (Perimeterdämmung).
- Dächer
  - Nicht belüftete Dächer

    Der Wärmedurchlasswiderstand der Bauteilschichten unterhalb einer raumseitigen diffusionshemmenden Schicht darf bei Dächern ohne rechnerischen Nachweis höchstens 20 % des Gesamtwärmedurchlasswiderstandes betragen (bei Dächern mit nebeneinander liegenden Bereichen unterschiedlichen Wärmedurchlasswiderstandes ist der Gefachbereich zugrunde zu legen).

- Nicht belüftete Dächer mit Dachdeckungen:
  - nicht belüftete Dächer mit belüfteter Dachdeckung oder mit zusätzlich belüfteter Luftschicht unter nicht belüfteter Dachdeckung und einer Wärmedämmung zwischen, unter und/oder über den Sparren und zusätzlicher regensichernder Schicht bei einer Zuordnung der Werte der wasserdampfdiffusionsäquivalenten Luftschichtdicken s_d (Tafel 5.2)
  - nicht belüftete Dächer mit nicht belüfteter Dachdeckung und einer diffusionshemmenden Schicht mit $s_{d,i} \geq 100$ m unterhalb der Wärmedämmschicht.

Tafel 5.2: Wasserdampfdiffusionsäquivalente Luftschichtdicken der außen- und raumseitig zur Wärmedämmschicht liegenden Schichten

Wasserdampfdiffusionsäquivalente Luftschichtdicke s_d [m]	
außen	innen
$s_{d,e}$ [a]	$s_{d,i}$ [b]
< 0,1	> 1,0
< 0,3 [c]	> 2,0
> 0,3	$s_{d,i} > 6 \cdot s_{d,e}$

[a] $s_{d,e}$ ist die Summe der Werte der wasserdampfdiffusionsäquivalenten Luftschichtdicken aller Schichten, die sich oberhalb der Wärmedämmschicht befinden bis zur ersten belüfteten Luftschicht.

[b] $s_{d,i}$ ist die Summe der Werte der wasserdampfdiffusionsäquivalenten Luftschichtdicken aller Schichten, die sich unterhalb der Wärmedämmschicht bzw. unterhalb gegebenenfalls vorhandener Untersparrendämmungen befinden bis zur ersten belüfteten Luftschicht.

[c] Bei nicht belüfteten Dächern mit $s_{d,e} < 0,2$ m kann auf chemischen Holzschutz verzichtet werden, wenn die Bedingungen nach DIN 68800-2 eingehalten werden.

- Nicht belüftete Dächer mit Dachabdichtung
  - nicht belüftete Dächer mit Dachabdichtung und einer diffusionshemmenden Schicht mit $s_{d,i} \geq 100$ m unterhalb der Wärmedämmschicht, wobei der Wärmedurchlasswiderstand der Bauteilschichten unterhalb der diffusionshemmenden Schicht höchstens 20 % des Gesamtwärmedurchlasswiderstandes betragen darf. Bei diffusionsdichten Dämmstoffen (z.B. Schaumglas) auf starren Unterlagen kann auf eine zusätzliche diffusionshemmende Schicht verzichtet werden;
  - nicht belüftete Dächer aus Porenbeton nach DIN 4223 [60] mit Dachabdichtung und ohne diffusionshemmende Schicht an der Unterseite und ohne zusätzliche Wärmedämmung
  - nicht belüftete Dächer mit Dachabdichtung und Wärmedämmung oberhalb der Dachabdichtung (so genannte „Umkehrdächer") und dampfdurchlässiger Auflast auf der Wärmedämmschicht (z.B. Grobkies).
- Belüftete Dächer
  - Belüftete Dächer mit einer Dachneigung < 5° und einer diffusionshemmenden Schicht mit $s_{d,i} \geq 100$ m unterhalb der Wärmedämmschicht, wobei der Wärmedurchlasswiderstand der Bauteilschichten unterhalb der diffusionshemmenden Schicht höchstens 20 % des Gesamtwärmedurchlasswiderstandes betragen darf.
  - Belüftete Dächer mit einer Dachneigung $\geq 5°$ unter folgenden Bedingungen:
    - Die Höhe des freien Lüftungsquerschnitts innerhalb des Dachbereiches über der Wärmedämmschicht muss mindestens 2 cm betragen.
    - Der freie Lüftungsquerschnitt an den Traufen bzw. an Traufe und Pultdachabschluss muss mindestens 2 ‰ der zugehörigen geneigten Dachfläche betragen, mindestens jedoch 200 cm²/m.

- Bei Satteldächern sind an First und Grat Mindestlüftungsquerschnitte von 0,5 ‰ der zugehörigen geneigten Dachfläche erforderlich, mindestens jedoch 50 cm²/m.
- Der s_d-Wert der unterhalb der Belüftungsschicht angeordneten Bauteilschichten muss insgesamt mindestens 2 m betragen.

— Fenster, Außentüren und Vorhangfassaden
 Werden Fenster, Außentüren und Vorhangfassaden ausschließlich aus wasserdampfdiffusionsdichten Elementen gefertigt, ist kein Tauwassernachweis erforderlich.

5.2.5 Berechnungsbeispiele zum Nachweis der Tauwasserbildung im Bauteilinneren

Am Beispiel von zwei Außenbauteilen, die der DIN 4108-3 entnommen wurden, soll der Ablauf des Nachweises der Tauwasserbildung im Bauteilinneren erläutert werden. Gemäß der Ausführungen in den Kapiteln 5.2.1 und 5.2.2 erfolgt der Nachweis im wesentlichen in 4 Schritten (Bild 5.10).

Schritt 1: Randbedingungen eingehalten (Standort, Gebäudeart und -klimatisierung)?	
↓ ja	↓ nein
Glaser-Verfahren anwenden	Glaser-Verfahren nicht anwendbar, ggf. auf andere Verfahren ausweichen

Schritt 2: Tabellarische Vorberechnung
↓

Schritt 3: Erstellung des Diagramms zur Tauperiode, Berechnung der vorhandenen und maximal zulässigen Tauwassermasse, erste Bewertung des Bauteils

$m_{W,T} \leq m_{W,zul}$	$m_{W,T} > m_{W,zul}$
	↓ Bauteil ist bedenklich, ggf. Schichtenfolge ändern

Schritt 4: Erstellung des Diagramms zur Verdunstungsperiode, Berechnung der Verdunstungswassermasse, abschließende Bewertung des Bauteils

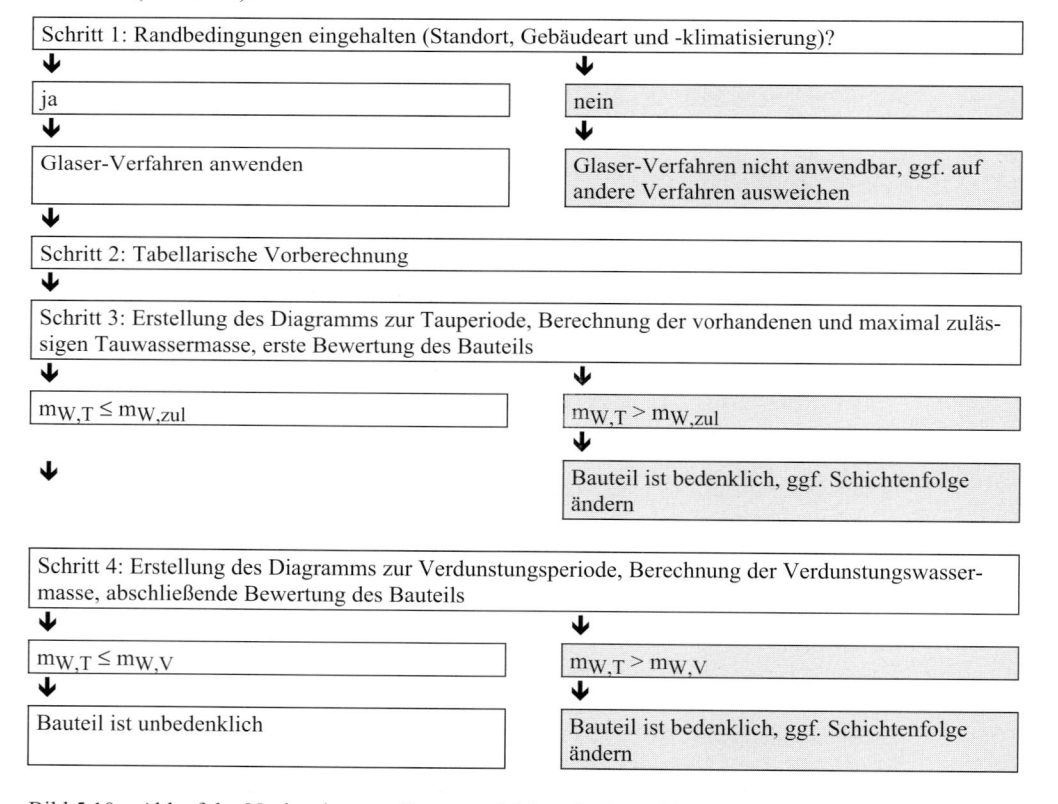

$m_{W,T} \leq m_{W,V}$	$m_{W,T} > m_{W,V}$
↓ Bauteil ist unbedenklich	↓ Bauteil ist bedenklich, ggf. Schichtenfolge ändern

Bild 5.10 Ablauf des Nachweises zur Tauwasserbildung im Bauteilinneren

Beispiel Außenwand

Nachdem im ersten Schritt festgestellt wurde, das Bauteil nicht in der liste unbedenklichen Bauteile enthalten ist und die Randbedingungen (Standort, Art und Klimatisierung des Gebäudes) zutreffend sind, ergibt sich die Notwendigkeit, das Bauteil hinsichtlich der Tauwasserbildung mit Hilfe des Glaser-

5 Stationärer Feuchtetransport in Bauteilen

Verfahrens zu untersuchen. Eine Bauteilskizze und die tabellarische Vorberechnung geben Bild 5.4 und Tafel 5.1 wieder. Auf dieser Grundlage stellt sich das Glaser-Diagramm der Außenwand für die Tauperiode wie folgt dar (Bild 5.11):

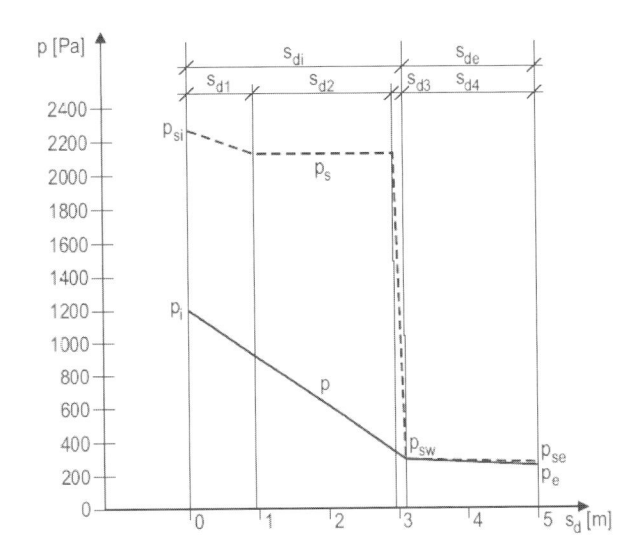

Bild 5.11
Diffusionsdiagramm für die Tauperiode (Beispiel Außenwand)

Die Tauwassermasse berechnet sich unter Beachtung des Diffusionsleitkoeffizienten (Gl. (3.8)) und der Klimarandbedingungen (Kapitel 5.2.1) nach Gl. (5.13) zu

$$m_{W,T} = 1440 \cdot \left(\frac{1170 - 296}{1,5 \cdot 10^6 \cdot 3,11} - \frac{296 - 208}{1,5 \cdot 10^6 \cdot 1,9} \right) = 0,225 \, kg/m^2$$

Im nächsten Schritt ist zu prüfen, ob die Anforderungen an die Menge des in der Tauperiode anfallenden Wassers eingehalten wurden. Für Holzwerkstoffe gilt, dass der auf die Masse des Werkstoffs bezogene Wassergehalt um nicht mehr als 3 % zunehmen darf:

$$\Delta m_{W,T,zul} = \rho_{Holzwerkstoff} \cdot d_{Bauteilschicht} \cdot 0,03 \qquad \text{Gl. (5.15)}$$

$$\Delta m_{W,T,zul} = 700 \, kg/m^3 \cdot 0,019 \, m \cdot 0,03 = 0,399 \, kg/m^2$$

Die baustoffbezogene, zulässige Grenze der Tauwasserbildung wird nicht überschritten:

$$m_{W,T} = 0,225 \, kg/m^2 \quad < \quad m_{W,T,zul} = 0,399 \, kg/m^2$$

Da diese Voraussetzung erfüllt wurde, kann im nächsten Schritt überprüft werden, ob die während der Tauperiode anfallende Tauwassermasse in der Verdunstungsperioden wieder austrocknen kann. Hierzu wird zunächst das Glaserdiagramm für die Verdunstungsperiode erstellt (Bild 5.12) und danach die Verdunstungswassermasse gemäß Gl. (5.15) berechnet.

$$m_{W,V} = 2160 \cdot \left(\frac{1403 - 982}{1,5 \cdot 10^6 \cdot 3,11} - \frac{1403 - 982}{1,5 \cdot 10^6 \cdot 1,9} \right) = 0,514 \, kg/m^2$$

Die Bewertung des Bauteils führt zu dem Ergebnis, dass die Tauwasserbildung unschädlich ist, da die maximale Tauwassermasse nicht überschritten wurde und die Verdunstungswassermasse größer ist als die Tauwassermasse:

$$m_{W,T} = 0{,}225 \text{ kg/m}^2 \quad < \quad m_{W,V} = 0{,}514 \text{ kg/m}^2$$

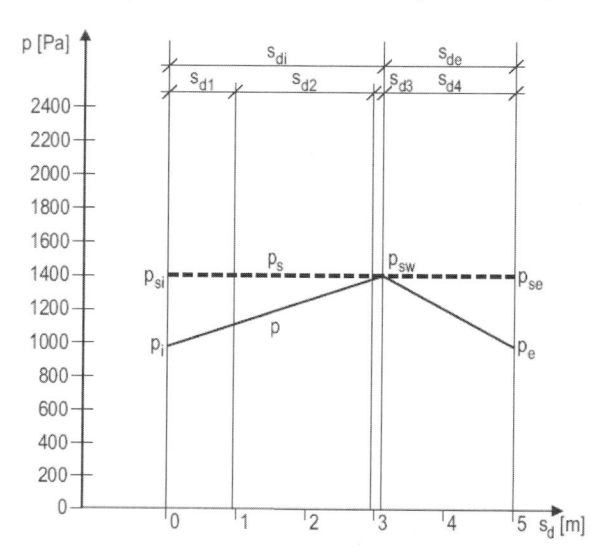

Bild 5.12 Diffusionsdiagramm für die Verdunstungsperiode (Beispiel Außenwand)

Beispiel Flachdach

Der Aufbau des Bauteil ist Bild 5.13 zu entnehmen.

Dachabdichtung, auch mit zusätzlicher Kiesschüttung

140 mm Polystyrol-Partikelschaum Typ WD nach DIN 18164-1, $\lambda = 0{,}04$ W/mK, $\rho \geq 20$ kg/m³

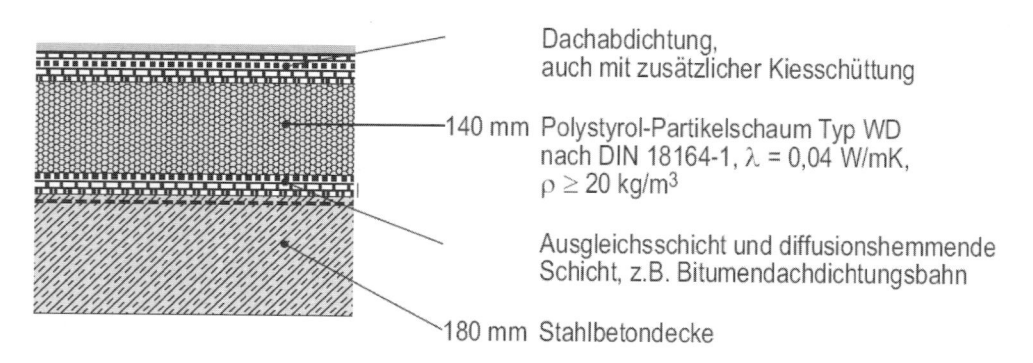

Ausgleichsschicht und diffusionshemmende Schicht, z.B. Bitumendachdichtungsbahn

180 mm Stahlbetondecke

Bild 5.13 Beispiel zur Durchführung des Glaser-Verfahrens (Bauteil Flachdach)

Schritt 1: Die Randbedingungen sind eingehalten. Das Flachdach ist nicht in der Liste der unbedenklichen Bauteile enthalten. Anwendung des Glaserverfahrens.

Schritt 2: Tabellarische Vorberechnung für die Tauperiode (Tafel 5.3)

5 Stationärer Feuchtetransport in Bauteilen

Tafel 5.3 Vorbereitende tabellarische Berechnung beim Glaser-Verfahren für die Tauperiode (Beispiel Flachdach)

Schicht	d [m]	μ [–]	s_d [m]	λ [W/mK]	R [m²K/W]	θ [°C]	p_s [Pa]
Raumluft	–	–	–	–	–	20,0	2340
Wärmeübergang innen	–	–	–	–	0,13		
						19,0	2197
Stahlbeton	0,180	70	12,6	2,1	0,09		
						18,2	2105
Bitumendach-Dichtungsbahn	0,002	10 000	20,0	–	–		
						18,2	2105
Polystyrol-Partikelschaum Typ WD nach DIN 18164-1, Rohdichte ≥ 20 kg/m³	0,140	30	4,2	0,04	3,50		
						–9,7	274
Dachabdichtung	0,006	100 000	600,0	–	–		
						–9,7	274
Wärmeübergang außen	–	–	–	–	0,04		
						–10,0	260
Außenluft	–	–	–	–	–		
			Σ s_d =	636,8	R_T =	3,76	

Schritt 3: Diffusionsdiagramm für die Tauperiode (Bild 5.14), Berechnung der vorhandenen und maximal zulässigen Tauwassermasse.

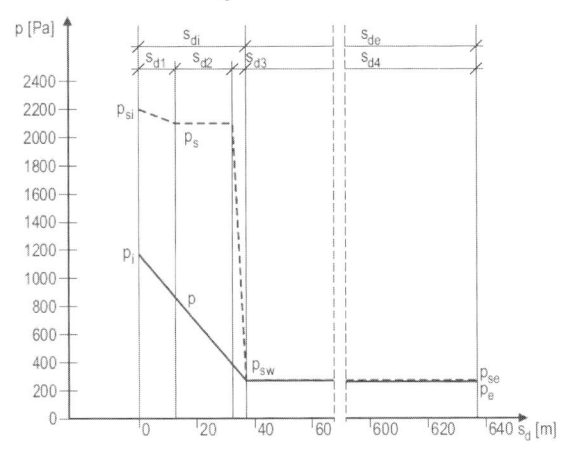

Bild 5.14 Diffusionsdiagramm für die Tauperiode (Beispiel Flachdach)

$$m_{W,T} = 1440 \cdot \left(\frac{1170 - 274}{1,5 \cdot 10^6 \cdot 36,8} - \frac{274 - 208}{1,5 \cdot 10^6 \cdot 600} \right) = 0,023 \ \text{kg/m}^2$$

$\Delta m_{W,T,zul} = 0,5$ kg/m² (kapillar nicht wasseraufnahmefähige Schicht)

$m_{W,T} = 0,023$ kg/m² $<$ $m_{W,T,zul} = 0,5$ kg/m²

Schritt 4: Tabellarische Vorberechnung (Tafel 5.4) und Diffusionsdiagramm (Bild 5.15) für die Verdunstungsperiode, Berechnung der Verdunstungswassermasse

Tafel 5.4 Vorbereitende tabellarische Berechnung beim Glaser-Verfahren für die Verdunstungsperiode (Beispiel Flachdach)

Schicht	d [m]	µ [–]	s_d [m]	λ [W/mK]	R [m²K/W]	θ [°C]	p_s [Pa]
Raumluft	–	–	–	–	–	12,0	1403
Wärmeübergang innen	–	–	–	–	0,13		
						12,3	1431
Stahlbeton	0,180	70	12,6	2,10	0,09		
						12,5	1451
Bitumendach-Dichtungsbahn	0,002	10 000	20,0	–	–		
						12,5	1451
Polystyrol-Partikelschaum Typ WD nach DIN 18164-1, Rohdichte 20kg/m³	0,140	30	4,2	0,04	3,50		
						20,0	2340
Dachabdichtung	0,006	100 000	600,0	–	–		
						20,0	2340
			$\Sigma s_d =$	636,8	$R_T =$	3,72	

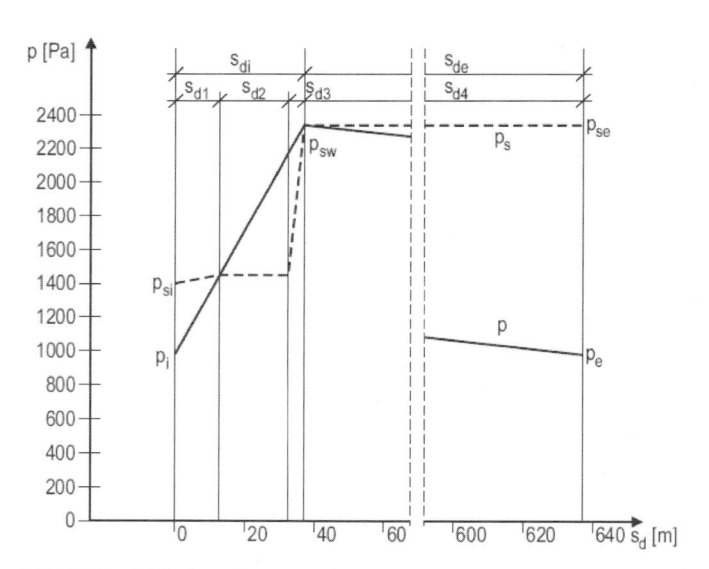

Bild 5.15 Diffusionsdiagramm für die Verdunstungsperiode (Beispiel Flachdach)

$$m_{W,V} = 2160 \cdot \left(\frac{2340 - 982}{1,5 \cdot 10^6 \cdot 36,8} - \frac{2340 - 982}{1,5 \cdot 10^6 \cdot 600} \right) = 0,056 \, kg/m^2$$

$m_{W,T} = 0,023 \, kg/m^2 \quad < \quad m_{W,V} = 0,056 \, kg/m^2$

Bauteil ist unbedenklich hinsichtlich Tauwasserbildung im Bauteilinneren.

5 Stationärer Feuchtetransport in Bauteilen

5.3 Sommerkondensation und Wasserdampf-Flankenübertragung

Im Band 10 der Bauschädensammlung [22] ist ein Feuchtigkeitsschaden beschrieben, der die Erscheinung „Sommerkondensation" gut demonstriert und der den Effekt der Flankenübertragung bei der Wasserdampfdiffusion, der vorher in der Bauphysik nicht bekannt war, erkennen lässt. Der Sachverhalt war folgender:

In einem 1989 errichteten Wohnhaus wird das beheizte Aufenthaltsräume nach oben abschließende Satteldach (s. Bild 5.16) aus Dachsparren von 60×140 mm Querschnitt mit oberseitiger 22 mm dicker Holzschalung und Bitumenschweißbahn V60 als Unterdach gebildet. Dann folgen Konterlattung und Lattung mit Betondachsteinen als unterlüftete Dachdeckung. Zwischen die Sparren wurde über deren ganze Höhe Mineralfaserfilz als sog. Volldämmung eingebaut. In der Ebene der Sparrenunterkante ist eine Dampfsperre (Polyethylenfolie) verlegt. Auf einer den Sparrenunterkanten folgenden Lattung ist eine Holzbekleidung in Form einer Nut- und Feder-Schalung angebracht. Der Anschluss der Dampfsperre an die Berandungen der Dachuntersichten aus Leichthochlochziegelmauerwerk mit Gipsputz ist vom Hauseigentümer selbst besonders sorgfältig mit Klebebändern und Klemmleisten ausgeführt worden.

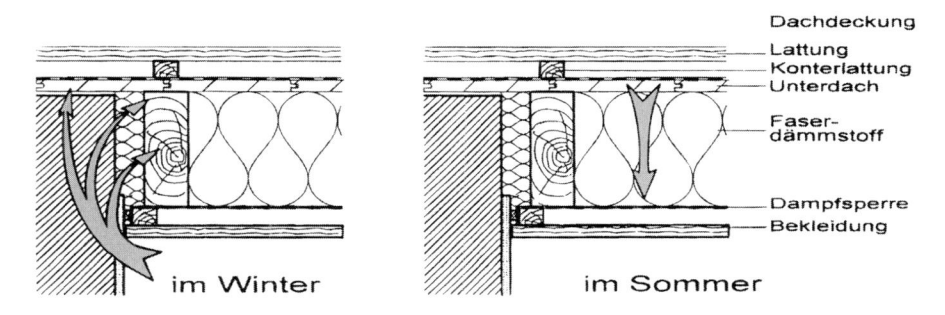

Bild 5.16 Schema des Feuchtestroms in einem Sparrendach mit Zwischensparrenvolldämmung im Winter und im Sommer

Im ersten Sommer nach Bezug des Hauses tropfte Wasser an den Tiefpunkten der Dachflächen aus der Bekleidung heraus. Man führte dies zunächst auf Baufeuchte zurück, welche dem sommerlichen Dampfdruckgefälle von außen nach innen folgend an der Dampfsperre kondensiert sei. Während das Dach in den folgenden Winterperioden immer trocken zu sein schien, nahm das Abtropfen des Wassers an der Dachunterseite im Sommer von Jahr zu Jahr zu. Weil das nicht mit der Baufeuchte erklärt werden konnte, wurde das Dach gründlich untersucht und dabei folgende Erklärung gefunden:

Im Winterhalbjahr diffundiert im Sinne einer Flankenübertragung Wasserdampf durch die Wände nach oben und dann teilweise auch zur Seite in den Raum zwischen Bitumenschweißbahn und Dampfsperre hinein. Weil diese beiden Schichten nur sehr wenig dampfdurchlässig sind, befindet sich der Wasserdampf nun in einer Falle. Wegen des Temperaturgefälles muss der Wasserdampf im Winter in der Holzschalung kondensieren, wo er zunächst kapillar festgehalten wird. Im Sommer kehrt sich das Temperaturgefälle um, was durch die Aufheizung der Dachsteine bei Sonneneinstrahlung gefördert wird. Das in der Schalung vorhandene Kondensat wird nun verdampft, diffundiert durch die Faserdämmschicht nach unten und kondensiert auf der Oberseite der Dampfsperre. Der Schwerkraft folgend fließt es dort auf der geneigten Ebene nach unten, bis es an eine Pfette oder eine Wand gelangt, wo es sichtbar nach unten austritt.

Bei einer Öffnung des Daches im Jahre 1994 wurde festgestellt, dass die Dachschalung in einem Bereich von etwa 1 m Breite über den Wandkronen stark durchfeuchtet ist und Fäulnis eingesetzt hat. Durch verschiedene weitere Untersuchungen konnte ausgeschlossen werden, dass Feuchtigkeit in den Raum zwischen Unterdach und Dampfsperre auf einem anderen Wege als flankierend über die Mauerwerkswände eindringt.

Einfache Berechnungen haben ergeben, dass die flankierende Wasserdampfdiffusion in den Wänden wesentlich mehr Wasser in den Raum zwischen Dampfsperre und Unterdach gelangen lässt als die direkte Wasserdampfdiffusion durch die wenig durchlässige Dampfsperre, und dass die Flankendiffusion tatsächlich auch die beobachteten Kondensatmengen liefern kann. Ferner wurde durch eine Computersimulation, wie in Abschn. 6.2 beschrieben, nachgewiesen, dass die Kondensatanreicherung nicht auftritt, wenn als Unterdeckung statt der sehr wasserdampfundurchlässigen Schweißbahn ($s_d \sim 200$ m) eine diffusionsoffene Unterspannbahn mit einem s_d-Wert $\leq 0{,}3$ m eingesetzt wird. Für die künftige Konzeption von Dächern ist also festzuhalten, dass eine Wasserdampf-Flankenübertragung grundsätzlich möglich ist und berücksichtigt werden sollte, und dass Unterdächer und Unterspannbahnen sowie Dachdichtungen einen geringen Widerstand gegen Wasserdampfdiffusion besitzen sollten.

Die geschilderte Sommerkondensation ist schon öfters an Industriedächern (Trapezbleche mit Dampfsperre, Faserdämmschicht und Polymerdachbahn) beobachtet worden, wenn die Windsogsicherung durch Dübel die Dampfsperre an vielen Stellen beschädigt hatte. An Außenwänden aus zwei schaligem Mauerwerk wurde eine analoge Sommer-Kondensatbildung als Folge von Wasserdampftransport von der durchfeuchteten Vormauerschale durch die Kerndämmung aus Mineralfasern hindurch bis zur Außenseite der Innenschale festgestellt, welche bei Sonneneinstrahlung stark forciert wurde. Infolge Kondensation an der Außenseite der Innenschale und nach kapillarem Aufsaugen des Wassers waren die Innenschalen jeweils im Sommer deutlich feuchter als im Winter, während ohne diesen Effekt die Außenschalen im ganzen Jahr feuchter als die Innenschalen sein müssten.

Ein weiteres Beispiel von Wasserdampf-Flankenübertragung ist in einem Buch der Reihe Schadenfreies Bauen [43.3] beschrieben: Wie auf Bild 5.17 dargestellt, diffundierte aus den Wohnräumen eines Reihenhauses Wasserdampf in die Haustrennwandfugen hinein und kondensierte dann an der Folie auf der Rückseite der Vormauerschale aus Ziegel. Dies wurde an der Fassade in Form sog. Wasserflecken entlang der senkrecht verlaufenden Verfugung mit dauerelastischem Dichtstoff deutlich sichtbar.

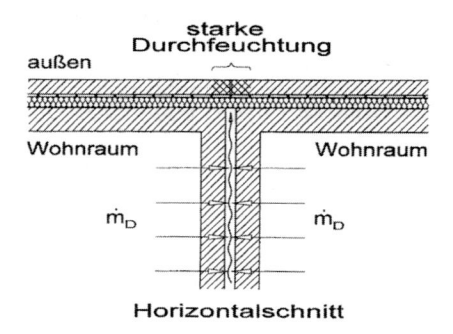

Bild 5.17
Flankenübertragung von Wasserdampf über eine Haustrennfuge zur Vorsatzschale aus Ziegeln

5 Stationärer Feuchtetransport in Bauteilen

5.4 Feuchtetransport bei einseitiger Wasserbelastung

5.4.1 Der zugehörige Flüssigwassertransport

Wie Krischer vorgeschlagen hat, kann ungesättigter Flüssigwassertransport mit Gl. (3.17) beschrieben werden. Kießl hat vorgeschlagen, die Abhängigkeit vom Wassergehalt beim Flüssigkeitsleitkoeffizienten κ (u), der mit dem Wassergehalt weit überproportional ansteigt, durch den Exponentialansatz Gl. (3.20) anzunähern.

Setzt man in diesem Sinne Gl. (3.20) in Gl. (3.17) ein, ergibt sich:

$$g = -\rho_w \, \kappa_0 \, \exp\left(\frac{u}{u_f} \cdot \ln \frac{\kappa_F}{\kappa_0}\right) \cdot \frac{\delta u}{\delta x} \tag{5.16}$$

Diese Gleichung beschreibt den Zusammenhang zwischen der Feuchtemassenstromdichte und der Steigung des Wassergehaltsprofils. Durch Integration kann daraus die Massenstromdichte im stationären Zustand gewonnen werden, weil diese dann von der Wegkoordinate x unabhängig sein muss:

$$\int_0^{\bar{x}} g \, dx = -\int_{u_f}^{\bar{u}} \rho_w \cdot \kappa_0 \cdot \exp\left(\frac{u}{u_f} \cdot \ln \frac{\kappa_F}{\kappa_0}\right) du \tag{5.17}$$

Hierbei sind die Grenzen der Integrationsbereiche so gewählt worden, dass der Wegkoordinate $x = 0$ der Wassergehalt u_f zugeordnet ist (wasserberührte Oberfläche) und der Wegkoordinate $\bar{x}$ der Wassergehalt $\bar{u}$ (wasserabgewandte Oberfläche). Führt man diese Integration durch und setzt die angegebenen Bereichsgrenzen ein, so erhält man, aufgelöst nach der Massenstromdichte $\dot{m}$:

$$g = \frac{\rho_w \cdot u_f \cdot \kappa_F}{\bar{x} \cdot \ln \frac{\kappa_F}{\kappa_0}} \left[1 - \left(\frac{\kappa_0}{\kappa_F}\right)^{1-\frac{\bar{u}}{u_f}}\right] \tag{5.18}$$

Wenn nun die Feuchteleitkoeffizienten κ_0 und κ_F bei den Wassergehalten $u = 0$ und $u = u_f$ sich um Zehnerpotenzen unterscheiden, was den Regelfall darstellt, ist es erlaubt, das Glied in der eckigen Klammer gleich der Einheit zu setzen, wenn auch $\bar{u}$ deutlich kleiner ist als u_F. Dies wird durch Bild 5.18 bewiesen, welches den Zahlenwert des in der eckigen Klammer befindlichen Ausdruckes als Funktion von $\bar{u} : u_F$ und $\kappa_0 : \kappa_F$ wiedergibt. Durch Schraffur ist der nahe bei 1,0 liegende Wertebereich des Klammerausdrucks kenntlich gemacht, der eingehalten wird, sofern $\bar{u} : u_f < 0{,}6$ und $\kappa_0 : \kappa_F < 10^{-2}$ ist, eine Bedingung, welche z.B. von gefügedichtem Beton erfüllt wird, wenn an der Luftseite nicht mehr als 95 % relative Luftfeuchte herrschen. Unter dieser Bedingung lautet die vereinfachte Bestimmungsgleichung für die Massenstromdichte des Wassers durch eine einseitig wasserbelastete Baustoffschicht der Dicke $\bar{x}$:

$$g = \frac{\rho_w \cdot u_f \cdot \kappa_f}{\bar{x} \cdot \ln \frac{\kappa_F}{\kappa_0}} \tag{5.19}$$

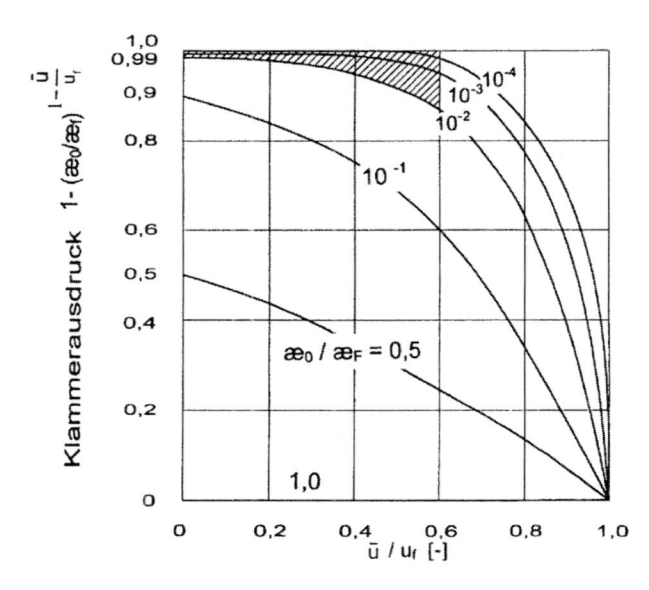

Bild 5.18
Zahlenwert des Klammerausdrucks in Gleichung (5.18) als Funktion von $u : u_f$ und von $\kappa_q : \kappa_F$

Zur Gewinnung des Wassergehaltsprofils u (x) setzt man zunächst Gl. (5.19) in Gl. (5.16) ein:

$$g = \frac{p_w \cdot u_f \cdot \kappa_F}{\overline{x} \cdot \ln\frac{\kappa_F}{\kappa_0}} = -\rho_u \cdot K_0 \cdot \exp\left(\frac{u}{u_f} \cdot \ln\frac{\kappa_F}{\kappa_0}\right)\frac{\delta u}{\delta u} \tag{5.20}$$

Nun trennt man nach den Variablen u und x und integriert in den Grenzen von x = 0 bis x bzw. u_f bis u:

$$\int_0^x \frac{u_f \cdot \kappa_F}{\overline{x} \cdot \kappa_0 \cdot \ln\frac{\kappa_F}{\kappa_0}} \, dx = -\int_{u_f}^u \exp\left(\frac{u}{u_f} \cdot \ln\frac{\kappa_F}{\kappa_0}\right) du \tag{5.21}$$

Ausführen der Integration ergibt, aufgelöst nach u: u_F:

$$\frac{u}{u_f} = 1 + \frac{\ln\left(1 - \frac{x}{\overline{x}}\right)}{\ln\frac{\kappa_F}{k_0}} \tag{5.22}$$

Auf Bild 5.19 sind Wassergehaltsprofile, berechnet mit Gl. (5.22), dargestellt. Der Abstand $\overline{x}$ von der wasserbelasteten zur luftbespülten Oberfläche wurde von 0,1 m bis zu 0,4 m variiert. Unter Verwendung der entsprechenden Daten von Beton wurde zu jeder Schichtdicke x die zugehörige Massenstromdichte gemäß Gl. (5.19) ermittelt und diese an dem betreffenden Wassergehaltsprofil angeschrieben. Weil die Massenstromdichte bei den hier vorgestellten Betrachtungen als konstant vorausgesetzt ist (stationärer Zustand), muss man sich vorstellen, dass das Flüssigwasser mit der jeweils angegebenen Feuchtestromdichte bei x = 0 in den Baustoff eindringt und bei x = $\overline{x}$ aus dem Baustoff austritt bzw. durch Verdampfen verschwindet.

5 Stationärer Feuchtetransport in Bauteilen

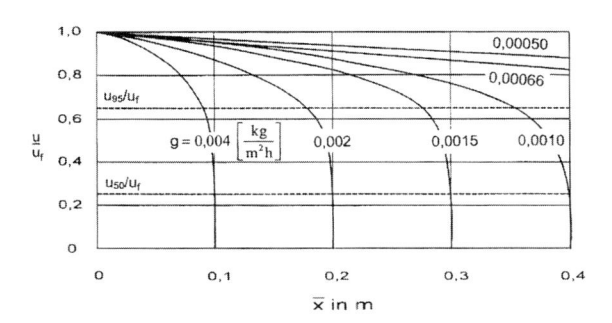

Bild 5.19
Berechnete Wassergehaltsprofile für den
Kapillartransportbereich bei einseitiger
Wasserbenetzung einer Betonschicht

5.4.2 Flüssigwassertransport und Diffusion in Serienschaltung

Normalerweise stellt sich in einer einseitig wasserbeaufschlagten, genügend feinporigen und wasserbenetzbaren Baustoffschicht in der Nähe der wasserabgewandten Seite eine trockene Zone geringer Dicke ein. In dieser nur hygroskopisch feuchten Schicht findet Wasserdampfdiffusion statt, während in der dem Wasser zugewandten Teilschicht Flüssigwassertransport bestimmend ist (Bild 5.20). Die Grenze zwischen diesen beiden Teilschichten habe die Koordinate $x = \bar{x}$, der Wassergehalt an dieser Stelle sei die Gleichgewichtsfeuchte zu 95 % relativer Luftfeuchte, also die obere Grenze des hygroskopischen Bereiches. Eine genaue Festlegung der relativen Luftfeuchte an dieser Grenze ist ohne große Bedeutung, da das Wassergehaltsprofil dort sehr steil verläuft. Im stationären Zustand, der hier betrachtet wird, müssen die Massenstromdichten in den beiden Teilschichten gleich groß sein. Für diese gilt aber:

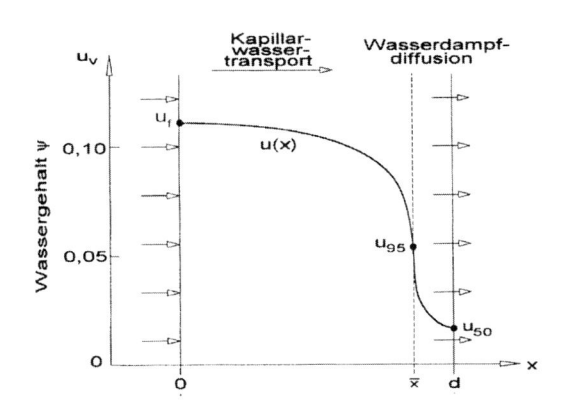

Bild 5.20
Flüssiggwassertransportbereich und Dampfdiffusionsbereich in einer einseitig wasserbenetzten, feinporigen Baustoffschicht

Flüssigwassertransport:

$$g_{FL} = \frac{\rho_w \cdot u_f \cdot \kappa_F}{\bar{x} \cdot \ln\dfrac{\kappa_F}{\kappa_0}} \qquad (5.23)$$

Diffusion:

$$g_D = \frac{\delta \cdot \Delta p}{\mu(d - \bar{x})} \qquad (5.24)$$

Gleichsetzen von Gl. (5.23) mit Gl. (5.24) liefert nach kurzer Zwischenrechnung:

$$\frac{\overline{x}}{d} = \frac{1}{1 + \dfrac{\delta \cdot \Delta p \cdot \ln \dfrac{\kappa_F}{\kappa_0}}{\mu \cdot \rho_w \cdot u_f \cdot \kappa_F}} \tag{5.25}$$

Erweitert man das zweite Glied im Nenner der rechten Seite von Gl. (5.25) im Zähler und im Nenner um die beliebige Dicke d, so steht dort das Verhältnis der Massenstromdichten infolge Diffusion und infolge von Flüssigwassertransport in Schichten aus dem betreffenden Baustoff, wenn beide die gleiche Dicke d hätten. Das bedeutet:

$$\frac{\overline{x}}{d} = \frac{g_{FL}}{g_{FL} + g_D} \tag{5.26}$$

Weil der Flüssigwassertransport sehr viel leistungsfähiger ist als die Dampfdiffusion, hat das Dickenverhältnis $\overline{x} : d$ bei den meisten Baustoffen Werte zwischen 0,9 und 1,0. Wegen der geringen Dicke der Diffusionszone darf nun allerdings der an der Oberfläche zur Luft auftretende Übergangswiderstand nicht vernachlässigt werden. Für die Diffusionsstromdichte gilt dann anstelle von Gl. (5.24) genauer:

$$g_D = \frac{\Delta p}{\dfrac{\mu}{\delta}(d - \overline{x}) + \dfrac{1}{\beta_p}} \tag{5.27}$$

Setzt man Gl. (5.23) mit Gl. (5.27) gleich und löst nach $\overline{x} \leq d$ auf, so erhält man

$$\frac{\overline{x}}{d} = \frac{1 + \dfrac{\delta}{\mu \cdot \beta_p \cdot p}}{1 + \dfrac{\delta \cdot \Delta p \cdot \ln \dfrac{\kappa_F}{\kappa_0}}{\mu \cdot \rho_w \cdot u_f \cdot \kappa_F}} \tag{5.28}$$

Eine lufttrockene Diffusionszone ist vorhanden, solange $\overline{x}$ kleiner als d ist. Diese Bedingung eingesetzt in Gl. (5.28) führt zu der Ungleichung

$$\frac{\rho_w \cdot u_f \cdot \kappa_F}{d \cdot \beta_p \cdot \Delta p \cdot \ln \dfrac{\kappa_F}{\kappa_0}} < 1 \tag{5.29}$$

Dies ist die Bedingung für einen wasserundurchlässigen Baustoff. Für diese Eigenschaft müssen also u_f und κ_f möglichst klein und die Dicke d sowie die Verdunstungsstromdichte $\beta \cdot \Delta p$ möglichst groß sein. Wenn man Gl. (5.29) mit den Kennwerten der gebräuchlichen Baustoffe ausweitet, so wird offenbar, dass nur bei Beton diese Forderung sicher erreichbar ist, wie ja die Praxis mit dem wasserundurchlässigen Beton belegt (s. Abschn. 8.2.4).

6 Instationärer Feuchtetransport in Bauteilen

6.1 Differentialgleichung der instationären Feuchtebewegung

Im allgemeinen Fall sind bei Feuchtebewegungen in Bauteilen die Transportmechanismen Wasserdampfdiffusion und kapillarer Wassertransport gleichzeitig wirksam, die Feuchtespeicherung erfolgt adsorptiv und durch Kapillarkondensation, das Bauteil setzt sich aus Schichten verschiedener Baustoffe zusammen und Wassergehalt sowie Temperatur im Bauteil und die Randbedingungen an den Bauteiloberflächen sind ausgeprägt instationär. Eine Berechnung einer derartig komplexen Situation kann nur durch numerische Simulation und nicht durch geschlossene Lösungen erreicht werden.

Beschränkt man sich auf eindimensionale Verhältnisse und betrachtet zunächst nur das Geschehen in einer Teilschicht der Dicke Δx in einem kurzen Zeitabschnitt Δt, in dem sich der Wassergehalt des Baustoffs um das Maß Δu verändert, so ergibt eine Massenbilanz für die Feuchte folgendes: Die Wassergehaltsänderung in der Teilschicht wird durch die Differenz der Feuchtigkeitsströme infolge Flüssigwassertransport (g_F) und Wasserdampfdiffusion (g_D) in das Element hinein und aus ihm heraus verursacht (Bild 6.1). Das bedeutet:

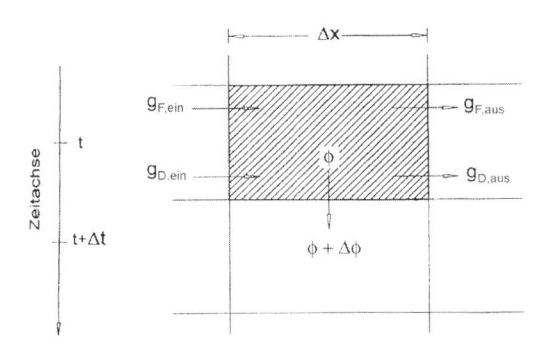

Bild 6.1
Erläuterungen zur Massenbilanzbetrachtung an einem Raum-Zeit-Element beim Feuchtetransport in einem Baustoff

$$\rho_w \cdot \Delta u \cdot \Delta x = (\Delta g_F + \Delta g_D) \cdot \Delta t \tag{6.1}$$

Die Massenstromdichte g_F bei ungesättigtem Flüssigwassertransport ist Gl. (3.16) zu entnehmen, die Massenstromdichte g_D infolge Wasserdampfdiffusion findet man in Gl. (3.7). Dies eingesetzt in Gl. (6.1) ergibt nach Division mit Δt:

$$\rho_w \cdot \Delta x \cdot \frac{\Delta u}{\Delta t} = \Delta\left(\rho_w \cdot \kappa \cdot \frac{\partial u}{\partial x}\right) + \Delta\left(\frac{\delta}{\mu} \cdot \frac{\Delta p}{\Delta x}\right) \tag{6.2}$$

Wenn nun noch mit Δx dividiert und der Grenzübergang zu unendlich kleinen Schrittweiten Δt, Δx und Δu vollzogen wird, erhält man

$$\rho_w \cdot \frac{\partial u}{\partial x} = \frac{\partial}{\partial x}\left(\rho_w \cdot \kappa \cdot \frac{\partial u}{\partial x}\right) + \frac{\partial}{\partial x}\left(\frac{\delta}{\mu} \cdot \frac{\Delta p}{\Delta x}\right) \tag{6.3}$$

Dem Vorschlag von Kießl [28] und Künzel [31] folgend, soll nun als zunächst gesuchte Größe die relative Luftfeuchte ϕ gewählt werden. Wird dabei beachtet, dass der Dampfdruck das Produkt aus relativer Luftfeuchte und Sattdampfdruck ist, sowie dass die Speicherfunktion u(ϕ) sowohl die sorptive als auch die kapillare Feuchtespeicherung umfasst, so wird anstelle von Gl. (6.3) zweckmäßigerweise wie folgt geschrieben:

$$\rho_w \cdot \frac{\partial u}{\partial \phi} \cdot \frac{\partial \phi}{\partial t} = \frac{\partial}{\partial x}\left(\rho_w \cdot \kappa \cdot \frac{\partial u}{\partial \phi} \cdot \frac{\partial \phi}{\partial x}\right) + \frac{\partial}{\partial x}\left(\frac{\delta}{\mu} p_s \cdot \frac{\partial \phi}{\partial x}\right) \tag{6.4}$$

Die gesuchte Größe ist ϕ(x, t). Sobald ϕ als Funktion von x und t bekannt ist, folgt der Wassergehalt u direkt aus der Feuchtespeicherfunktion u(ϕ). Der in Gl. (6.4) zwei Mal auftretende Ausdruck ∂u/∂ϕ ist die Ableitung der Feuchtespeicherfunktion, welche in Abschn. 2.2.3 erläutert wurde und natürlich bekannt sein muss.

Da im Allgemeinen Feuchtebewegungen in Bauteilen auch mit Temperaturveränderungen verbunden sind, muss parallel zu Gl. (6.4) auch die instationäre Wärmeleitung betrachtet werden. Die Bilanz am Raumelement ergibt die Temperaturänderung als Folge der Differenz zwischen Wärmezufluss und Wärmeabfluss:

$$(\rho_B \cdot c_B + u \cdot \rho_w \cdot c_w)\frac{\partial \theta}{\partial t} = \frac{\partial}{\partial x}\cdot\left(\lambda \cdot \frac{\partial \theta}{\partial t}\right) \tag{6.5}$$

Weil λ von der relativen Luftfeuchte bzw. dem Wassergehalt abhängt, der Sattdampfdruck temperaturabhängig ist und auch die Randbedingungen nicht selten eine Verknüpfung von Temperatur und Feuchte aufweisen (Stoffübergang!), sind die beiden Differentialgleichungen (6.4) und (6.5) miteinander gekoppelt und müssen normalerweise gemeinsam gelöst werden.

6.2 Numerische Lösung der Differentialgleichung

Die numerische Lösung der instationären Feuchte- und Wärmebewegung auf der Basis der Feuchte- und Wärmebilanzen (6.4) und (6.5) in mehrschichtigen Bauteilen ist aufwendig und setzt einschlägige Kenntnisse und Erfahrungen voraus. Obwohl es zwischenzeitlich käufliche Computerprogramme dafür gibt, ist die praktische Handhabung derselben und die Interpretation der Ergebnisse nur einer kleinen Zahl von Fachleuten möglich und aus wirtschaftlichen Gründen nur in besonderen Fällen sinnvoll. Dazu gehören Forschungs- und Entwicklungsarbeiten, bei denen eine solche Berechnung die Alternative zu kostspieligen und zeitaufwendigen Experimenten sein kann.

Als Randbedingungen für die Bauteiloberflächen müssen normalerweise die Klimafaktoren Lufttemperatur, Luftfeuchte, Sonnen- und Regeneinwirkung für stündliche Intervalle vorliegen. Die als Anfangsbedingungen zu verwendenden Temperaturen und Wassergehalte müssen vorgegeben sein, können aber auch oft frei gewählt werden, weil nach einiger Zeit die Anfangsbedingungen keinen Einfluss mehr haben.

Der Ablauf einer Berechnung ist in Bild 6.2 graphisch nach [31] dargestellt. Nach Eingabe der Stoffkennwerte, der Anfangs- und der Randbedingungen werden für den ersten Zeitschritt die relative Luftfeuchte und die Temperatur für alle Teilschichten des Bauteilquerschnitts errechnet. Danach werden die temperatur- und feuchteabhängigen Koeffizienten aktualisiert und mit diesen für den nächsten Zeitschritt unter Beachtung der neuen Randbedingungen wieder die relative Luftfeuchte und die Temperatur im Querschnitt des Bauteils ermittelt. So schreitet die Berechnung Zeitschritt um Zeitschritt weiter.

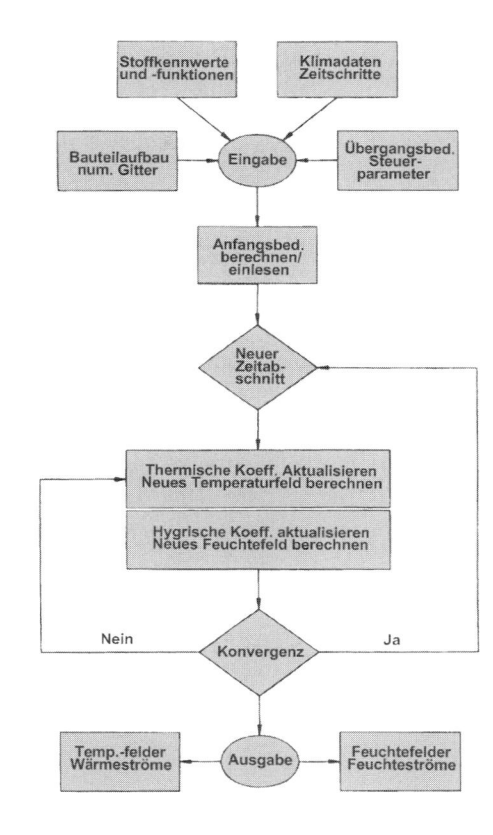

6 Instationärer Feuchtetransport in Bauteilen

Bild 6.2
Ablaufdiagramm der numerischen Berechnung instationärer Feuchte- und Temperaturbewegungen in Bauteilen nach [31]

Das Maß der Übereinstimmung von Berechnung und realem Verhalten hängt in erster Linie davon ab, wie zutreffend die Randbedingungen (meist Klimakenngrößen) und die Materialkenngrößen (Feuchtespeicherfunktion, Flüssigkeitsleitzahl, Diffusionswiderstandszahl) sind. Die eigentliche Berechnung kann durch Wahl genügend kleiner Zeitintervalle und Teilschichtdicken theoretisch beliebig genau ausgeführt werden, womit allerdings der Rechenaufwand ansteigt.

Hinweise zur Durchführung hygrothermischer Simulationsberechnungen enthalten zwei Merkblätter der Wissenschaftlich-Technischen Arbeitsgemeinschaft für Bauwerkserhaltung und Denkmalpflege [107,108].

6.3 Wasserdampfspeicherung in Baustoffoberflächen

Wenn in Räumen eine gleichmäßige Wasserdampfproduktion stattfindet und eine gleichmäßige Durchlüftung vorliegt, hat die relative Luftfeuchte der Raumluft einen bestimmten Wert und die dem Wasserdampf zugänglichen Oberflächen der raumbegrenzenden Bauteile und der Raumausstattung haben einen bestimmten und konstanten Wassergehalt. Dessen Größe richtet sich nach der relativen Luftfeuchte der Raumluft, die sich hierbei eingestellt hat und kann nach den Ausführungen in Abschn. 2.1.4 berechnet werden (stationärer Zustand).

Erfolgt nun zusätzlich eine vorübergehende Feuchtefreisetzung im Raum, so erhöht sich in dieser Zeit, in der auch die relative Raumluftfeuchte ansteigt, in den genannten Oberflächen der Wassergehalt, um nach Beendigung der zusätzlichen Feuchteproduktion wieder zu fallen. Diese vorübergehende Feuchtespeicherung in den Festkörperoberflächen im Raum bremst den sonst zu erwartenden Anstieg der relativen Luftfeuchte und ist deshalb ein erwünschter Effekt. Dieser muss künftig stärker beachtet und vielleicht sogar durch Bemessung sichergestellt werden, weil die alternativ zur Speicherung der produzierten Feuchte notwendige erhöhte Durchlüftung von Räumen in Zeiten erhöhter Feuchteproduktion aus Gründen der Einsparung von Heizenergie so weit wie möglich vermieden werden soll. Dabei erheben sich zwei Fragen: In welchem Umfang speichert eine bestimmte Oberfläche Wasserdampf, wenn die Luftfeuchte ansteigt und in welchem Maße muss ein Raum bei instationärer Feuchteproduktion mit speichernden Oberflächen ausgestattet werden, damit der Anstieg der Raumluftfeuchte einen bestimmten Grenzwert nicht übersteigt?

F. Otto [38] hat die Wasserdampfaufnahme von Baustoffproben bei einer Temperatur von 20° C bei erhöhter Luftfeuchte durch Wägung ermittelt. Für den Zeitverlauf der relativen Luftfeuchte wurden folgende Varianten ausgewählt:

a) Sinusartige Veränderung der Luftfeuchte im Laufe von 24 Stunden mit einem unteren Grenzwert von 40 %, und einem oberen Grenzwert von 60 % (verfeinerte Grundbelastung).

b) Spontaner Luftfeuchtesprung von 50 % auf 80 %. Einwirkungsdauer der erhöhten Luftfeuchte von 80 %:1 Stunde (Kochzyklus).

c) Spontaner Luftfeuchtesprung von 50 % auf 90 %. Einwirkungsdauer der erhöhten Luftfeuchte von 90 %: 30 Minuten (Duschzyklus).

Für 18 Materialien ist die gemessene Massenzunahme in Tafel 6.1. wiedergegeben. Man erkennt aus den dort angegebenen Zahlen, dass die Erhöhung der Luftfeuchte auf 90 % statt auf 80 % eine größere Wirkung hat als die Erhöhung der Einwirkungsdauer von 30 Minuten auf 60 Minuten. Beim Vergleich der Materialien erkennt man die geringe Wasserdampfaufnahme bei den Bodenbelägen aus PVC und Linoleum sowie bei den Gardinen. Eine relativ große Feuchtespeicherung beobachtet man bei Velours-Bodenteppichen, Akustikplatten auf Holzwollebasis und Gipskartonplatten. Bei den Hölzern war der Einfluss der Holzart gering, der Einfluss der Oberflächenbehandlung groß. Eine Raufasertapete mit Dispersionsanstrich hat das Speichervermögen einer Gipskartonplatte nur wenig verringert, das Speichervermögen eines Gipsputzes dagegen leicht vergrößert.

In Tafel 6.1 ist außerdem die effektive Dicke der Oberflächenzone bei der Wasserdampfaufnahme infolge der unter b) genannten Belastungsvariante angegeben. Darunter ist diejenige Materialdicke zu verstehen, welche für die festgestellte Wasserdampfspeicherung benötigt würde, wenn das Material im Bereich der effektiven Dicke die zur entsprechenden Luftfeuchte gehörige Gleichgewichtsfeuchte an jeder Stelle hätte. Die theoretisch maximale Feuchtespeicherung im Bereich der effektiven Dicke ergibt sich z.B. bei einem Anstieg der Raumluftfeuchte von 50 % auf 80 % zu

$$m_s = \rho_w \cdot (u_{80} - u_{50}) \cdot d_{eff} \tag{6.6}$$

In Wirklichkeit ist in der wasserdampfspeichernden Oberfläche natürlich nicht der Bereich der effektiven Dicke mit der maximalen Wassergehaltsdifferenz ausgestattet, sondern die Feuchteverteilung hat ein Profil, das von der Oberfläche zur Tiefe hin kontinuierlich abnimmt (Bild 6.3).

6 Instationärer Feuchtetransport in Bauteilen

Tafel 6.1 Wasserdampfspeicherung und effektive Speicherdicke von Oberflächen nach Otto [38]

Baustoff bzw. Raumausstattung	Wasserdampf-aufnahme in g/m²		Effektive Dicke in mm	Baustoff bzw. Raumausstattung	Wasserdampf-aufnahme in g/m²		Effektive Dicke in mm
	1 h 50 % → 80 %	0,5 h 50 % → 90 %	1 h 50 % → 80 %		1 h 50 % → 80 %	0,5 h 50 % → 90 %	1 h 50 % → 80 %
Normalbeton	7,5	11,0	0,8	Fugenmörtel	4,0	5,8	0,6
Zementputz	9,0	–	1,2	PVC-Bodenbelag	0,6	3,2	0,4
Kalkzementputz	7,5	–	1,2	Linoleum	1,1	4,3	0,3
Porenbeton + Gipsputz	6,5	27,0	–	Velour-Teppich, Polyamid	12,0	20,0	–
Gipskartonplatte	10,0	–	12,0	Akustikplatte			
Gipsputz	5,0	21,0	6,0	Holzbasis Buche, Fichte, Kiefer	12,0	–	6,0
Gipsputz + Rauh-faser + Disp. A	7,0	18,0	–	unbehandelt	7,0	15,0	0,2
Kalksandstein	8,0	–	3,0	lasiert	4,5	11,0	0,1
Hochlochziegel	4,0	–	4,0	gewachst	3,0	–	0,1

Bild 6.3
Tatsächliche Wassergehaltsverteilung und effektive Speicherdicke in der Nähe der Baustoffoberfläche bei instationärer Wasserdampfspeicherung

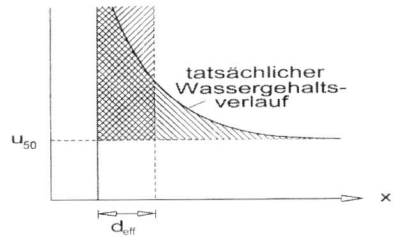

Den in Tafel 6.1 angegebenen Werten für die effektive Dicke kann entnommen werden, dass sich bei einer Einwirkungsdauer von 1 Stunde die effektive Dicke bei der Mehrzahl der Baustoffe im Millimeterbereich bewegt, jedoch Gipsbaustoffe, Kalksandsteine und Ziegel bis zu 10 mm Tiefe vom Wasserdampf erfasst werden.

Die Wasserdampfspeicherung in einer Baustoffoberfläche ist das Ergebnis der Diffusion der Raumluftfeuchte in die Festkörperoberfläche hinein, gefolgt von der adsorptiven Speicherung der Wassermoleküle an den Porenwandungen. Ist die Ursache der Speicherung ein spontaner Anstieg der Raumluftfeuchte zur Zeit t = 0 um den Betrag $\Delta\phi$, dann dringt dieser Vorgang mit guter Näherung proportional der Wurzel der Zeit in die Tiefe der Oberfläche ein, wobei der Stoffübergang und der Diffusionswiderstand des Baustoffes als Bremse wirken. Die Berechnung führt zu folgender Beziehung:

$$m_s(t) = \frac{\delta \cdot \rho_w \cdot \Delta u}{2\mu \cdot \beta_p} \left(\sqrt{1 + \frac{\beta_p^2 \cdot 4\mu \cdot p_s \cdot \Delta\phi}{\delta \cdot \rho_w \cdot \Delta u} \cdot t} - 1 \right) \quad (6.7)$$

Diese Gleichung genügt der Bedingung

für $t = 0 \to m_s(t) = 0$

Vernachlässigt man den Stoffübergangswiderstand ($\beta_p \to \infty$), so erhält man anstelle von Gl. (6.7):

$$\text{für } \beta_p \to \infty : m_s(t) = \sqrt{\frac{\delta \cdot \rho_w \cdot \Delta\phi \cdot \Delta u}{\mu} \cdot t} \quad (6.8)$$

Die Wasserdampfaufnahme bei spontaner Erhöhung der Raumluftfeuchte gehorcht also desto präziser dem Wurzel-Zeit-Gesetz, je größer der Stoffübergangskoeffizient und die Einwirkungsdauer ist. Man kann dann in Analogie zum Wasseraufnahmekoeffizienten W_D (s. Abschn. 3.2.3) einen Wasserdampfaufnahmekoeffizienten definieren:

$$m_D = W_D \cdot \sqrt{t} \tag{6.9}$$

Der Wasserdampfaufnahmekoeffizient kann gemessen und mit Gl. (6.8) geschätzt werden.

6.4 Kapillares Saugen bei begrenztem Wasserangebot

Wenn man eine Fassade mit saugfähiger Oberfläche bei starkem Schlagregenanfall beobachtet, kann man feststellen, dass zu Beginn der Regenbelastung noch alles Wasser von der Oberfläche aufgesaugt wird. Nach einer gewissen Zeit beginnt dann nicht mehr aufgesaugtes Wasser an der Fassade der Schwerkraft folgend abzulaufen. Die Erklärung dafür wird mit Bild 6.4. geliefert: Angenommen, der Schlagregen trifft mit gleichbleibender Massenstromdichte g_R auf die Fassadenfläche auf. Dann setzt das kapillare Saugen ein, das gemäß dem in Abschn. 3.2.3 erläuterten Saugversuch zu einer mit der Wurzel der Zeit zunehmenden Menge an aufgesaugtem Wasser führen würde, wenn immer genügend Wasser vorhanden wäre. Die Stromdichte des Saugens ergibt sich durch Differenzieren von Gl. (3.21) nach der Zeit zu:

$$g_B = \frac{\partial}{\partial t}(W'_w \cdot \sqrt{t}) = \frac{W'_w}{2 \cdot \sqrt{t}} \tag{6.10}$$

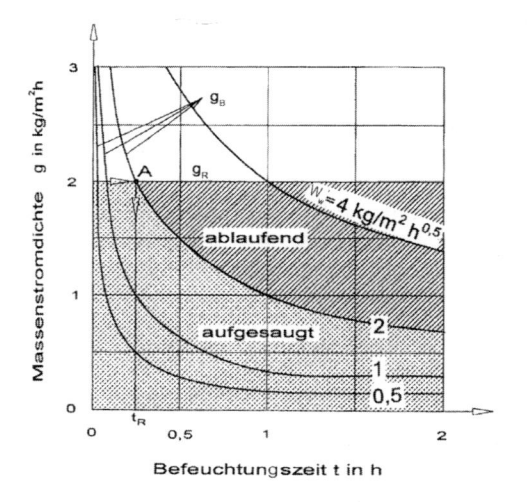

Bild 6.4
Massenstromdichte des kapillaren Saugens bei unbegrenztem und bei begrenztem Wasserangebot

Diese Stromdichte hat bei kleinen Zeiten, wie auf Bild 6.4 dargestellt, natürlich sehr hohe Werte, welche mit zunehmender Zeit und Wassereindringtiefe allmählich kleiner werden. Die als konstant angenommene Regenstromdichte g_R ist in der Anfangsphase der Beregnung daher noch kleiner als das Saugvermögen m_B der beregneten Oberfläche. Deshalb wird anfangs aller auftreffende Regen von der Oberfläche aufgesaugt.

Der Zeitpunkt t_R, zu dem die Regenstromdichte gerade so groß ist wie die Saugstromdichte, ergibt sich durch Gleichsetzen der beiden Stromdichten:

6 Instationärer Feuchtetransport in Bauteilen

$$g_R = g_B(t) = \frac{W'_w}{2 \cdot \sqrt{t_R}} \tag{6.11}$$

woraus folgt:

$$t_R = \frac{(W'_w)^2}{4(g_R)^2} \tag{6.12}$$

Weil bei Kontakt von kapillar saugfähigen Baustoffen mit flüssigem Wasser sich der Wassergehalt u_f einstellt, kann die zur Zeit t_R erreichte Wassereindringtiefe x_R wie folgt angegeben werden:

$$x_R = \frac{m_R(t)}{\rho_w \cdot u_f} = \frac{g_r \cdot t_R}{\rho_w \cdot u_f} = \frac{(W'_w)^2}{\rho_w \cdot u_f \cdot g_R} \cdot \frac{1}{4} \tag{6.13}$$

Auf Bild 6.4 ist die Massenstromdichte g_B an einer saugenden Oberfläche als Funktion der Zeit in Abhängigkeit einiger Wasseraufnahmekoeffizienten dargestellt. Wenn nun eine zeitlich konstante Schlagregenstromdichte g_R die Oberfläche belastet, so ergibt der Schnittpunkt der horizontalen Geraden für die Regenstromdichte mit der Hyperbel für die zeitlich veränderliche Stromdichte des Saugvermögens des Baustoffs den Zeitpunkt t_R, an dem beide gleiches leisten können. Solange die Zeit t_R nicht erreicht ist, wird das Saugen vom Schlagregenangebot begrenzt, danach läuft ein Teil des Schlagregens an der Fassade ab, der andere Teil wird aufgesaugt.

Auf Bild 6.4 ist für einen Baustoff mit einem Wasseraufnahmekoeffizienten von $W_w = 2$ kg/m²h^{0,5} und eine Schlagregenstromdichte von 2 kg/m²h der Punkt gleicher Saugfähigkeit mit A bezeichnet. Er entspricht einer Beregnungszeit t_R von 0,25 Stunden, ab der Niederschlagswasser an der Fassade abzulaufen beginnt. Die zur Zeit t_R erreichte zugehörige Durchfeuchtungstiefe x_R kann mit Hilfe von Gl. (6.13) errechnet werden.

Aus Gründen der Materialerhaltung ist einerseits eine kleine Durchfeuchtungstiefe einer Fassadenfläche erwünscht, was eine geringe Wasseraufnahme der beregneten Oberfläche bedingt. Das hat aber ein Abfließen des nicht aufgesaugten Niederschlages zur Folge, der dann bei evtl. vorhandenen Rissen dort zu einer erhöhten Wasseraufnahme führt. An Fassaden mit unvermeidbaren Rissen, wie z.B. bei Sichtfachwerk, ist also ein Kompromiss erforderlich, weshalb für den Wasseraufnahmekoeffizienten der Ausfachung von Sichtfachwerk der Wertebereich

$$0,3 \leq W_w \leq 2,0 \text{ kg/m}^2 \text{ h}^{0,5}$$

empfohlen wird [102].

6.5 Austrocknungs- und Befeuchtungsvorgänge

An Porenbeton von *Krischer* [32] gemessene Wassergehaltsverteilungen beim Durchfeuchten infolge Wasserkontakt und beim Austrocknen in angrenzende Luft sind auf Bild 6.5 dargestellt. Jeweils die rechtsseitige Oberfläche war wasserdicht, die Austrocknung bzw. die Befeuchtung erfolgt durch die linksseitige Oberfläche. Die Linien geben die Wassergehaltsprofile zu den angegebenen Zeiten wieder. Dazu sei folgendes bemerkt:

Der Wassergehalt im Porenbeton zu Beginn der Austrocknung lag infolge „gewaltsamer" Maßnahmen nahe der Porensättigung. Anschließend lag in der Probe ständig ein relativ kleines Wassergehaltsgefälle zu der Verdunstungsfläche hin vor. Die Austrocknungsgeschwindigkeit wird also offenbar von der Verdunstungsgeschwindigkeit des Wasserdampfes in die umgebende Luft bestimmt. Etwa ab der 14. Stunde sinkt der Wassergehalt in der Nähe der Oberfläche stark ab, die Porenbetonoberfläche hellt sichtbar auf. Nun wird weniger Wasser an der Oberfläche verdunstet. Der Knickpunkt in der Krischer'schen Knickpunktskurve ist erreicht (s. unten). Das weitere Austrocknen durch die in der Dicke laufend größer werdende, relativ trockene Oberflächenzone erfolgt nur noch nach dem Mechanismus Diffusion. Man erkennt das am konkaven Kurvenverlauf in Oberflächennähe, dessen Ausdehnung sich allmählich auf die ganze Probendicke erstreckt. Schließlich wird der kleine Wassergehalt erreicht, welcher das Gleichgewicht zur umgebenden feuchten Luft darstellt.

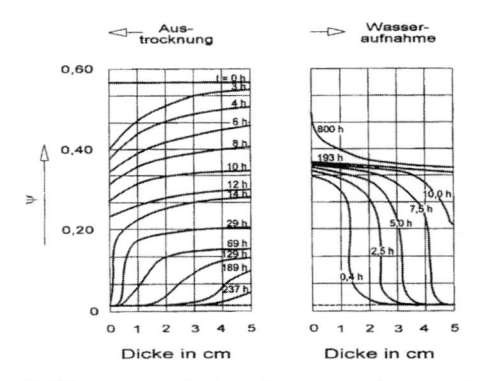

Bild 6.5
Gemessene Wassergehaltsverteilungen in Porenbeton bei einseitiger Wasseraufnahme und bei einseitiger Austrocknung nach Krischer [32]

Zeichnet man die bei der Austrocknung eines kapillarporösen Baustoffes auftretende Massenstromdichte an der Verdunstungsfläche über der Zeit auf, erhält man die nach Krischer benannte Knickpunktskurve (Bild 6.6): Die Stromdichte des Massenverlustes bleibt so lange weitgehend konstant, als der Körper bis zu seiner Oberfläche relativ feucht ist und der Nachschub aus dem Körperinneren leistungsfähiger ist als die Verdunstung. Das war beim Trocknungsprozess gemäß Bild 6.5 in den ersten 15 Stunden der Fall. In dieser Zeit herrscht an der Körperoberfläche 100 % relative Luftfeuchte. Am Knickpunkt ist derjenige Wassergehalt erreicht, bei dem die Verdunstungsstromdichte nicht mehr voll durch kapillaren Nachschub befriedigt werden kann und der Wassergehalt und die relative Luftfeuchte an der Oberfläche stark zurückgehen. Bei einem Wassergehalt von $\psi = 0,08$ im Porenbeton tritt ein weiterer, wenig ausgeprägter Knick in der Kurve auf, weil jetzt nur noch reine Dampfdiffusion ohne beschleunigenden Flüssigwassertransport möglich ist.

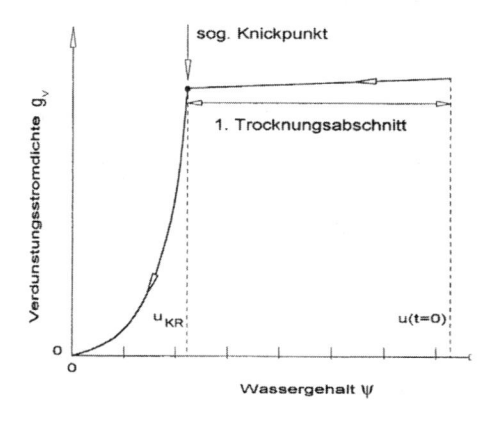

Bild 6.6
Verdunstungsstromdichte als Funktion der Zeit bei austrocknendem Porenbeton (Knickpunktkurve)

6 Instationärer Feuchtetransport in Bauteilen

Bei dem auf Bild 6.5 dargestellten Befeuchtungsversuch war an der wasseraufnehmenden Oberfläche ständig flüssiges Wasser vorhanden. Deshalb hat sich dort zunächst der kennzeichnende Wassergehalt u_f eingestellt. Die Wassergehaltsprofile zu verschiedenen Zeiten zeigen deutlich die in den Porenbeton hinein fortschreitende Wasserfront, welche in Abschn. 5.4 erklärt ist. Die Wasseraufnahme gehorcht dem Wurzel-Zeit-Gesetz. Der Endzustand der Befeuchtung wird wesentlich schneller erreicht als der Endzustand der Austrocknung, nämlich nach etwa 10 Stunden anstatt nach etwa 200 Stunden. Die Wassergehaltsverteilung für 800 h zeigt, dass der Wassergehalt „freiwillige Wasseraufnahme" langfristig nicht stabil ist, sondern dass allmählich Porensättigung eintritt.

Das Zusammenwirken von Diffusion und Flüssigwassertransport sei anhand von Bild 6.7 erläutert: Die Berechnung simuliert das Austrocknen von 5 cm dickem Porenbeton, der als Ausgangsfeuchte den nach der Hydratation vorliegenden Wassergehalt $u_H = 0{,}14$ aufweist. Im Bildteil A sind die Wassergehaltsverteilungen für den Fall dargestellt, dass Diffusion und Flüssigwassertransport wie in der Realität zusammenwirken. Auf Bildteil B ist der hypothetische Fall nachgerechnet, dass nur Flüssigwassertransport möglich ist und keine Diffusion, auf Bildteil C der ebenfalls hypothetische Fall, dass nur Diffusion möglich ist. Eine 95 %-ige Austrocknung ist nach folgenden Zeiten erreicht:

Diffusion und Kapillarität	: 8 Tage
nur Kapillarität	: 20 Tage
nur Diffusion	: 40 Tage

Dass der reale Fall des Zusammenwirkens von Kapillarität (bei den höheren Feuchten) und Diffusion (bei den niederen Feuchten) zur kleinsten Austrocknungszeit führt, kann damit erklärt werden, dass bei niedrigen Wassergehalten die Wasserdampfdiffusion leistungsfähiger ist als der Flüssigwassertransport. Für die analoge 95 %ige Durchfeuchtung durch einseitig angrenzendes flüssiges Wasser ergab eine Berechnung die gleiche Reihenfolge.

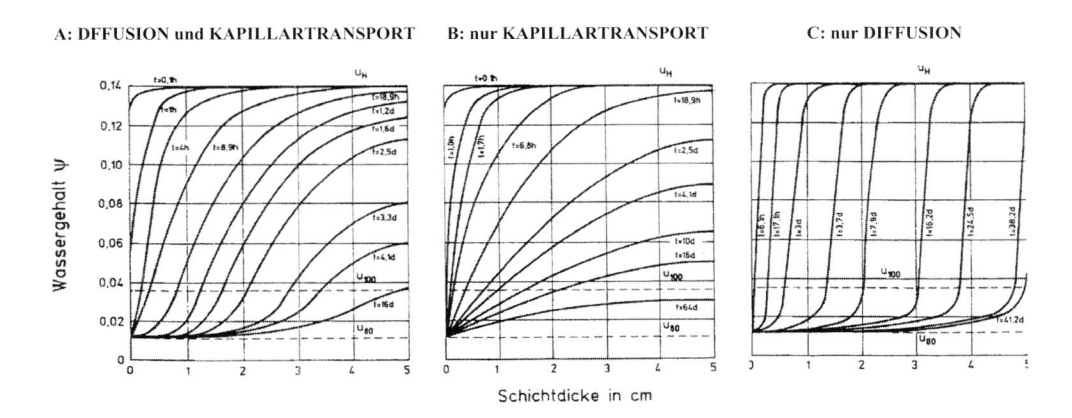

Bild 6.7 Berechnete Wassergehaltsverteilungen in austrocknendem Porenbeton, sofern Wasserdampfdiffusion und Flüssigwassertransport gemeinsam und getrennt wirken würden

7 Hygrische Beanspruchung von Bauteilen

7.1 Quellen und Schwinden der Baustoffe

Definitionsgemäß ist Schwinden bzw. Quellen von Baustoffen die Volumenänderung oder Längenänderung als Folge von Austrocknung bzw. Wasseraufnahme. Die meisten Baustoffe zeigen ein reversibles Quellen und Schwinden als Folge wechselnder Wassergehalte, manche Baustoffe zusätzlich ein irreversibles Anfangsschwinden, wie z.B. frisches Holz oder neue zementgebundene Bauteile, wenn sie das erste Mal austrocknen.

Auf Bild 7.1 sind die Maximal- und die Minimalwerte der Vertikalverformungen von Außenwänden aus fünf verschiedenen Mauerwerksarten als Folge der möglichen Ursachen vergleichend nebeneinander gestellt. Die Verformung ist als Höhenänderung bezogen auf 1 m Höhe angegeben. Das Schwinden und Quellen der Baustoffe ist also in der Regel nur für einen gewissen Anteil der Formänderungen eines Bauteils ursächlich und kann in relativ weiten Grenzen schwanken.

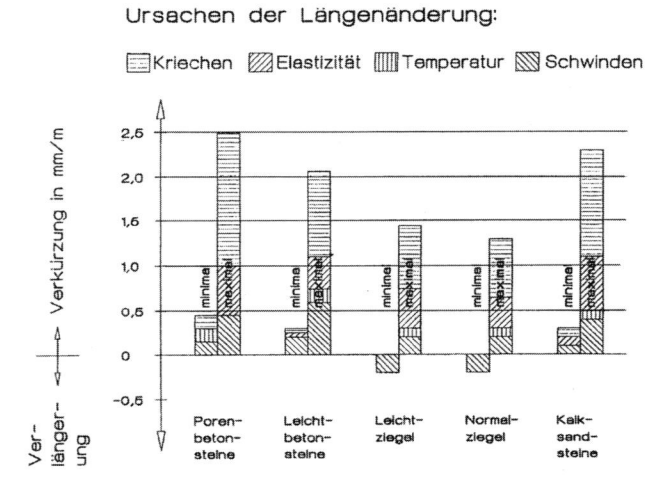

Bild 7.1
Minimal- und Maximal-Werte der Vertikalverformung verschiedener Mauerwerksarten [41]

Da die durch Quellen und Schwinden ausgelösten Längenänderungen Δl proportional der betroffenen Länge l_0 sind, ist es sinnvoll, das Ausmaß des Quellens und Schwindens durch die hygrische Dehnung ε_h zu beschreiben:

$$\varepsilon_h = \Delta l / l_0 \tag{7.1}$$

Die hygrische Dehnung hängt natürlich von der Größe der Wassergehaltsänderung ab. Auf Bild 7.2 ist die reversible hygrische Dehnung von Kiefern- und Buchenholz in den drei natürlichen Richtungen eines Stammes in Abhängigkeit von der Holzfeuchte dargestellt. Zwischen der hygrischen Dehnung und dem Wassergehalt besteht demgemäß bei Holz Proportionalität, sofern die Feuchte 40 % nicht übersteigt. Bei dieser Stofffeuchte, welche als Fasersättigungsfeuchte

7 Hygrische Beanspruchung von Bauteilen

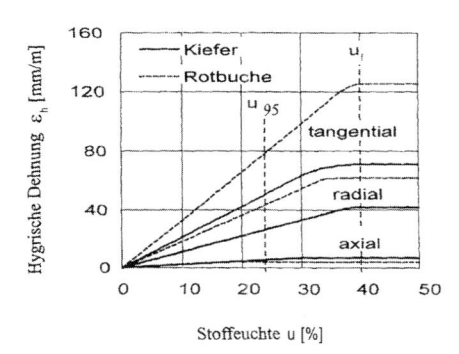

Bild 7.2
Reversible hygrische Dehnung von Holz als Funktion
des Wassergehaltes [30]

bezeichnet wird und dem Wassergehalt u_f entspricht, ist das Zellgerüst des Holzes vollständig gequollen, und eine weitere Wasseraufnahme des Holzes erfolgt nur noch in die Zellhohlräume ohne weitere Quellung (Übersättigungsbereich).

Auf Bild 7.3 sind die reversiblen hygrischen Dehnungen als Funktion der Stoff-Feuchte für einige Natursteine und einige künstliche Steine dargestellt. Die Gleichgewichtsfeuchte zu 90 % relativer Luftfeuchte ist jeweils durch einen Punkt am Kurvenverlauf angedeutet. Dadurch erkennt man, dass bei Porenbeton und bei Kalksandstein die hygrischen Dehnungen auf den hygroskopischen Wassergehaltsbereich beschränkt sind, bei den betrachteten Natursteinen und

Natursteine

Künstliche Steine

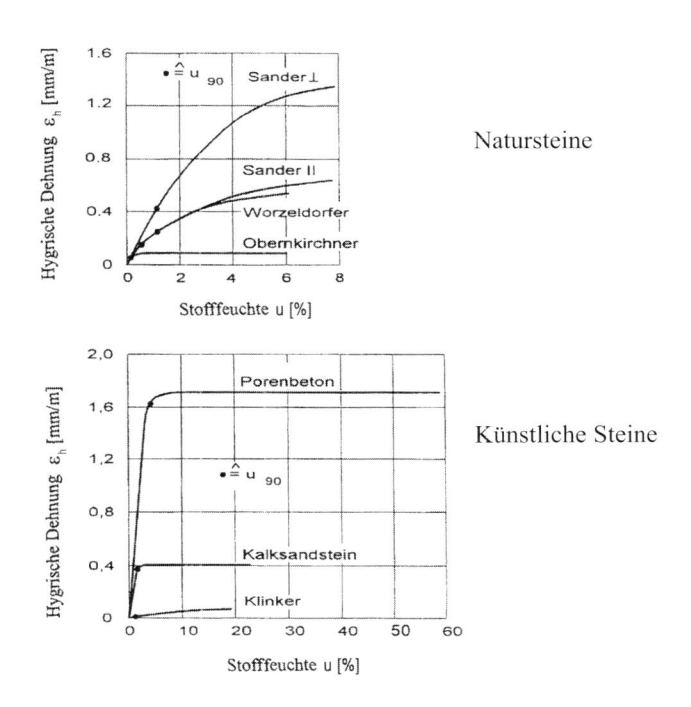

Bild 7.3 Reversible hygrische Dehnung von Natursteinen und künstlichen Steinen als Funktion des Wassergehaltes [36]

bei Klinkern jedoch nicht. Auch sind die Kurven gekrümmt, d.h. einer bestimmten Feuchteänderung entspricht nicht stets die gleiche Dehnungsänderung, wie das gemäß Bild 7.2 für Holz typisch ist. Es gilt hier:

$$\varepsilon_h = f(u) \tag{7.2}$$

Auf Bild 7.4 ist das durch Austrocknen von jungem Beton in Luft von 50 % und 70 % relativer Luftfeuchte bedingte irreversible Schwinden als Funktion der Zeit dargestellt. Das sog. Endschwindmaß beschreibt das gesamte noch zu erwartende Schwinden bis zum Gleichgewichtszustand. Aus dieser, DIN 4227 [61] entnommenen Darstellung geht hervor, dass dünne Querschnitte rascher schwinden als dicke und dass in einer Umgebung mit höherer Luftfeuchte ein geringeres Schwinden auftritt. Ferner erkennt man, dass im Alter von 90 Tagen erst ein Bruchteil der hygrischen Dehnung eingetreten ist. Die dargestellten Kurven gelten für unter Normaltemperatur erhärteten Beton üblicher Beschaffenheit.

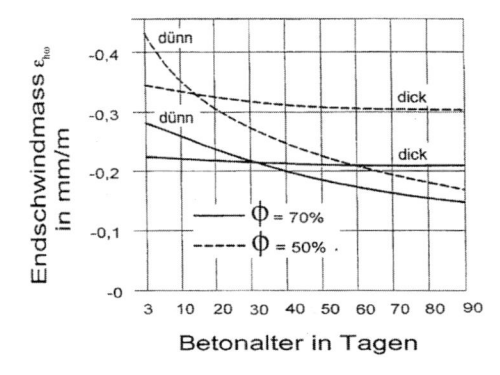

Bild 7.4
Irreversibles Endschwindmaß junger Betonbauteile nach DIN 4227

Nur wenn ein Schwinden bei großen Längenabmessungen auftritt und sich ohne Behinderung vollziehen kann, wirkt es sich in merklichen Längenänderungen aus. Z.B. ist bei Stützen und Balken aus Beton nur die Schwindverformung in der Längsrichtung und bei Betonplatten nur in Breiten- und Längenrichtung von bautechnischem Interesse. Das Gegenteil gilt für das Quellen und Schwinden von Holz, das in Faserrichtung unbedeutend ist, jedoch senkrecht zur Faser ausgeprägt auftritt und beachtet werden muss.

Bei behinderter Längenänderung kommt es zu Spannungen, unter Umständen zu Rissbildungen: Wird eine angestrebte hygrische Dehnung in vollem Umfang unterbunden, d.h. muss sie durch eine spannungsbedingte Dehnung kompensiert werden, dann gilt bei elastischen Baustoffen:

$$-\varepsilon_h = \varepsilon_\sigma = \frac{\sigma}{E} \tag{7.3}$$

Die statt der Verformung auftretende hygrische Spannung wird also durch

$$\sigma_h = E \cdot \varepsilon_h \tag{7.4}$$

angegeben. Bemerkenswert ist, dass diese Spannung von der Länge des dehnungsbehinderten Bauteils unabhängig ist.

7 Hygrische Beanspruchung von Bauteilen

Ist der Wassergehalt im Querschnitt eines Bauteils ungleichmäßig verteilt, strebt dieses auch hygrisch bedingte Krümmungen an. So ist auf Bild 7.5 der Querschnitt durch eine Wand aus Baumberger Sandstein dargestellt, welche drei Stunden lang von außen her beregnet wurde und danach 21 Stunden lang austrocknete. Im oberen Diagramm ist die Wassergehaltsverteilung am Ende der Beregnungsperiode (3 h) sowie nach der Trocknungsphase (24 h) dargestellt. Die zugehörigen Vertikalspannungen, welche vom Quellen der regennassen Wandzone herrühren, sind im unteren Diagramm für die gleichen Zeitpunkte dargestellt: Die Durchfeuchtung hatte einerseits lokale Druckspannungsspitzen im Wandquerschnitt im Sinne von Gleichung (7.4) zur Folge, denen sich eine über den Wandquerschnitt konstante Spannung infolge der Längenänderung der Wand sowie Biegespannungen infolge der Verkrümmung der Wand überlagern, weil die gewählten statischen Randbedingungen eine unbehinderte Krümmung und Längenänderung der Wand zulassen. Könnte die Wand weder eine Längenänderung noch eine Krümmung ausführen, z.B. weil sie oben und unten eingespannt ist, so würden alleine die hygrischen Spannungsspitzen gemäß Gleichung (7.4) auftreten, welche einen der Wassergehaltsverteilung entsprechenden Verlauf aufweisen.

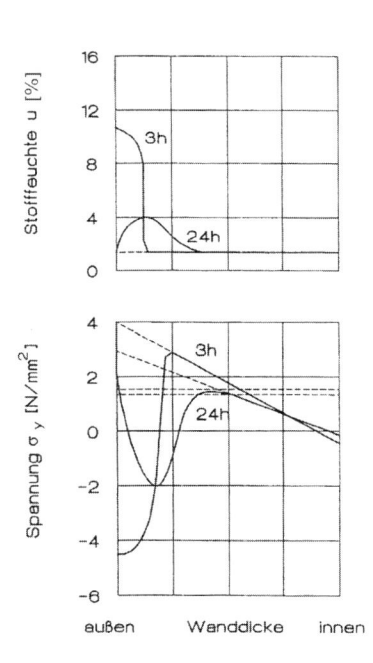

Bild 7.5
Wassergehalts- und Vertikalspannungs-Verteilung in einer Natursteinwand als Folge einer Beregnung [36]

Als weiteres Beispiel für das meist komplexe Verhalten von Baustoffen unter Mitwirkung hygrischer Spannungen zeigt Bild 7.6 das gegensätzliche Krümmen eines Streifens aus Metall und eines Holzbrettes, nachdem diese von oben her, z.B. durch Sonneneinstrahlung, erwärmt wurden. Das Metall krümmt sich buckelförmig, weil es oberseitig wärmer ist als unterseitig. Das Holz krümmt sich schüsselförmig, weil die oberseitige Austrocknung eine größere Verkürzung erzeugt als die Ausdehnung durch das oberseitige Erwärmen.

Die vorstehenden Ausführungen zeigen, dass sich den hygrisch bedingten Verformungen in der Regel weitere Verformungen überlagern: Die elastischen Formänderungen inklusive der

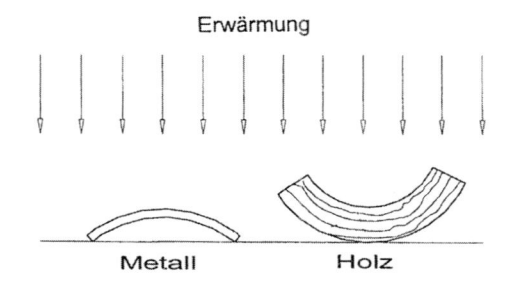

Bild 7.6
Krümmung eines Holzbrettes und einer Metallplatte infolge Wärmestrahlung von oben her [12]

statischen Randbedingungen, die Temperatureinwirkung sowie Kriech- bzw. Relaxationsvorgänge, welche Spannungen bzw. Verformungen wieder abbauen können. Weil auch noch die Elastizitätsmoduli der Baustoffe in der Regel wassergehaltsabhängig sind und schließlich Wassergehaltsverteilungen in Bauteilquerschnitten sehr zeitveränderlich, unsicher zu berechnen und nur aufwendig zu messen sind, kann die Größe und Wirkung hygrischer Verformungen und Spannungen in Bauteilen beim heutigen Kenntnisstand nur halbquantitativ erfasst werden.

7.2 Verformungen und Risse in Mauerwerk zwischen Betondecken

Die im Büro- und Wohnungsbau bevorzugt praktizierte Bauweise ist die Kombination von Wänden aus Mauerwerk mit Ortbetondeckenplatten. Würden die Mauerwerkswände in gleichem Maße und mit gleicher Geschwindigkeit schwinden wie die Betondecken, wären hygrische Spannungen und Verformungen in dieser Bauteilkombination nicht zu befürchten. Welche Verformungen und welche Risse zu erwarten sind, wenn die Betondecken stärker oder schneller schwinden als das Mauerwerk, ist im unteren Teil von Bild 7.7 schematisch dargestellt, wobei die Verformungen zur Verdeutlichung übertrieben wiedergegeben sind. Wenn umgekehrt das Mauerwerk stärker oder schneller schwindet als die Betondecke, treten die im oberen Bildteil gezeigten Verformungen und Risse auf. Beide sind im obersten Geschoss am stärksten ausgeprägt und nehmen nach unten hin ab, weil die senkrechten Pressungen der Wände durch die darüber befindliche Auflast nach unten hin zunehmende Querdehnungen bewirken, welche einer Rissbildung entgegenwirken. Bei geringer Auflast ist nach Pfefferkorn [37] dann mit vertikalen Rissen im Mauerwerk zu rechnen, wenn das Anfangsschwindmaß des Mauerwerks dasjenige der Betondecke um mehr als

$$\Delta\varepsilon_s = 0{,}2 \text{ mm} \tag{7.5}$$

überschreitet.

Für das irreversible Anfangsschwinden der in Frage kommenden Baustoffe können etwa folgende Rechenwerte angegeben werden:

Mauer-Ziegel	$\varepsilon_s = 0$ mm/m
Beton	$\varepsilon_s = -0{,}2$ mm/m
Kalksandsteine, Porenbeton	$\varepsilon_s = -0{,}4$ mm/m
Leichtbetonsteine	$\varepsilon_s = -0{,}2$ mm/m

7 Hygrische Beanspruchung von Bauteilen

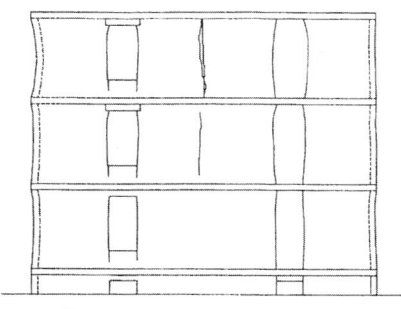

Wände schwinden mehr als Decken

Decken schwinden mehr als Wände

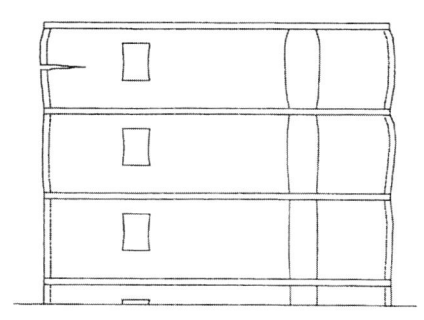

Bild 7.7
Verformungen und Risse im Mauerwerk, wenn die Betondeckenplatten mehr bzw. weniger schwinden als das Mauerwerk [37]

Die Größe der irreversiblen Schwindverkürzung wird natürlich davon beeinflusst, ob die Mauersteine vor ihrer Vermauerung abgelagert wurden und dabei austrocknen und schwinden konnten und wie sehr sie im Rohbau durchfeuchten. Auch kann ein weicher Mauermörtel, z.B. ein Leichtmörtel, die Spannungen „entschärfen", während ein Dünnbettkleber eine unverschiebliche Fuge bildet.

Der nahe liegende Gedanke, Schwindunterschiede zwischen Mauerwerk und Betondecke durch Fugen oder Gleitlager unwirksam zu machen, erweist sich als wenig hilfreich, da man aus Gründen der Standsicherheit dreidimensional ausgesteifte Raumstrukturen aus druck- sowie schubfest verbundenen Wänden und Decken herstellen muss.

Nicht nur zwischen Stahlbetondecken und Mauerwerk können geometrische Verträglichkeitsprobleme auftreten, sondern auch zwischen Innenwänden und Außenwänden. Außenwände werden in der Regel mit geringeren statischen Lasten beaufschlagt und zwecks Wärmedämmung aus leichten Steinen erstellt. Bei Innenwänden bevorzugt man aus Schallschutzgründen und wegen der höheren Belastung schwere Steine. Daher bestehen Innenwände eigentlich immer aus einem anderen Mauerwerk als Außenwände und zeigen deshalb auch meist ein anderes Verformungsverhalten. Auf Bild 7.8 sind die in Außenwänden zu erwartenden Horizontalrisse dargestellt für den Fall, dass die Innenwände weniger schwinden als die Außenwände. Auch hier nehmen Zahl, Länge und Spaltweite der Risse nach den tiefer liegenden Geschossen hin wegen der zunehmenden Pressung ab. Bei geringer Auflast ist nach Pfefferkorn schon eine Schwinddifferenz von 0,1 mm/m in vertikaler Richtung ausreichend, um Horizontalrisse im stärker schwindenden Mauerwerk zu erzeugen. Ebenso ist bekannt, dass Risse an Innenwänden auftreten, wenn diese mehr schwinden als die Außenwände.

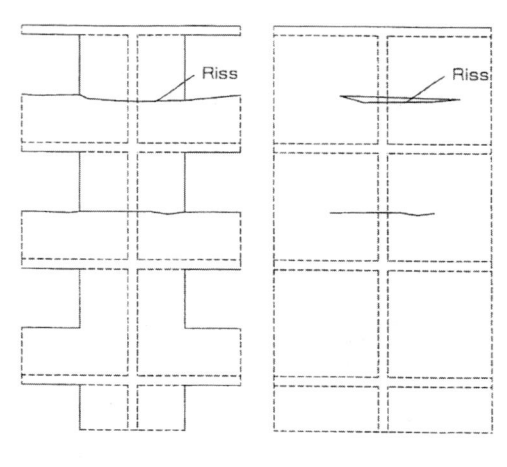

Bild 7.8
Schwindrisse im Außenmauerwerk, wenn dieses mehr schwindet als das Innenmauerwerk [37]

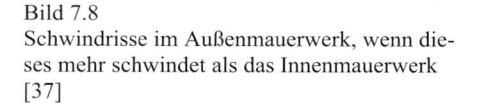

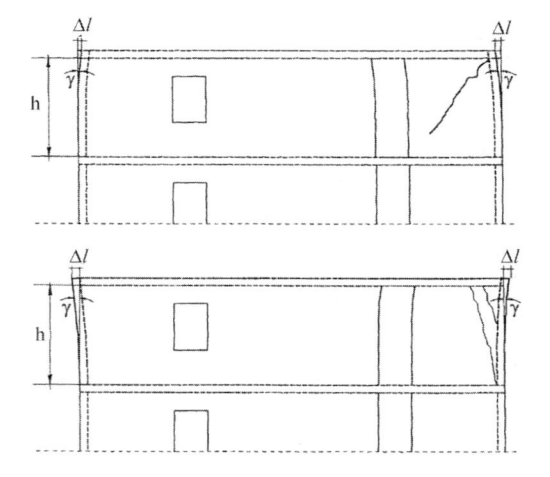

Bild 7.9
Risse und Verformungen im Mauerwerk infolge unterschiedlichen Schwindens der Betondecken darüber und darunter [37]

Ein weiteres Beispiel für ein schädliches Schwinden im Mauerwerksbau ist das unterschiedliche Schwinden zweier übereinanderliegender Geschossdecken, wodurch das dazwischenliegende Mauerwerk auf Scherung beansprucht wird und sich gegebenenfalls typische, geneigte Schubrisse bilden. Auf Bild 7.9 ist oben der Fall dargestellt, dass die obere Decke sich um die Länge Δl im Vergleich zur darunter liegenden verkürzt hat, im unteren Bildteil wird der umgekehrte Fall betrachtet. Ein solches unterschiedliches Schwinden kann darin seine Ursache haben, dass die obere Decke beidseitig luftbespült ist, während die untere auf Erdreich aufliegt. Auch könnte eine der beiden Decken nur aus Ortbeton erstellt worden sein, während die andere auf einem vorgefertigten, 5 cm dicken Betonfertigteil durch Aufbetonieren hergestellt wurde. Nach Pfefferkorn ist mit Schubrissen im Mauerwerk zu rechnen, wenn der auf Bild 7.9 erläuterte Schubwinkel γ größer wird als

$$\gamma = \frac{\Delta l}{h} = 1 : 2500 \qquad (7.6)$$

7 Hygrische Beanspruchung von Bauteilen

Ein letztes Beispiel für Risse in Konstruktionen aus Beton und Mauerwerk ist auf Bild 7.10 dargestellt: Ein zur Aussteifung auf einen Mauerwerksgiebel aufgebrachter Stahlbetongurt erzeugte nahe der Traufe Horizontalrisse im Mauerwerk, weil der Stahlbetongurt mehr schwindet als das Mauerwerk. Durch dünne Gurtquerschnitte mit starker Längsbewehrung kann das Schwinden der Gurte klein gehalten werden. Im Übrigen ist bei Beton in aller Regel nur das Anfangsschwinden von Bedeutung, nicht aber reversibles Quellen und Schwinden, weil Beton einer späteren Durchfeuchtung einen hohen Widerstand entgegensetzt, im Gegensatz zu Mauerwerk.

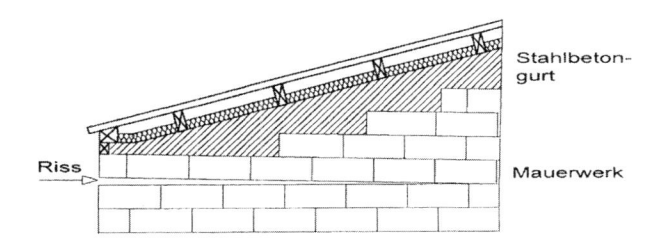

Bild 7.10
Riss im Mauerwerk als Folge des Schwindens eines Stahlbetongurtes [37]

7.3 Verformungen und Risse in Estrichen und Betonbodenplatten

Wenn Estriche auf Trennlage oder auf Dämmschicht, also ohne Haftung an einem festen Untergrund, erhärten und dabei austrocknen, so neigen sie, sofern sie nicht von weiteren Schichten mit versteifenden oder trocknungsbehindernden Eigenschaften bedeckt werden, zu schüsselförmigen Verformungen. Denn eine auf festem Untergrund lose aufliegende Estrichschicht trocknet in ihren oberen Zonen schneller als in tieferen und schwindet daher zunächst oben stärker als in den tieferen Schichten. Die sich einstellende Verformung ist von der Ausdehnung des Estrichfeldes abhängig, wie auf Bild 7.11 rechts dargestellt ist: Je kleiner das Estrichfeld, desto mehr hat es die Gestalt einer Kugelkalotte. Je größer es ist, desto mehr beschränkt sich die Aufschlüsselung auf eine Randzone, während die Feldmitte wegen der Schwere der aufgeschüsselten Ränder auf dem Untergrund flach liegen bleibt. Die umgekehrte Verformung eines Estrichs infolge buckelförmigem Verformungsbestreben ist auf der linken Seite von Bild 7.11 dargestellt. Auch hier treten kugelkalottenförmige Aufwölbungen nur bei kleinen Feldgrößen auf, bei großen Abmessungen wölben sich wiederum nur die Randzonen. Solche konvexen Verformungen sind beispielsweise dann festzustellen, wenn ein junger Estrich mit einem steifen und nicht schwindenden Bodenbelag, z.B. keramische Platten, schubfest verbunden wird und anschließend weiter austrocknet und seine restliche Schwindverkürzung ausführen will. Wenn der Estrich allerdings auf einem weichen Untergrund aufliegt, z.B. auf einer Trittschalldämmschicht, sind die Verformungskurven auf Bild 7.11 zu modifizieren. Dann werden die Buckel an den Estrichrändern kleiner, weil sich der Estrichrand in die Dämmung eindrückt. Das konvexe Wölben kann insbesondere bei im Betrieb stark austrocknenden Heizestrichen, welche bald nach ihrer Herstellung mit großformatigen Fliesen oder Natursteinplatten schubfest belegt werden, zu starken Verformungen und zu Rissbildungen führen. Auch künstlich stark getrocknetes Parkett oder Holzpflaster, welches nach der Verklebung mit dem Estrich wieder quillt, führt zu einem buckelförmigen Wölben des Estrichs.

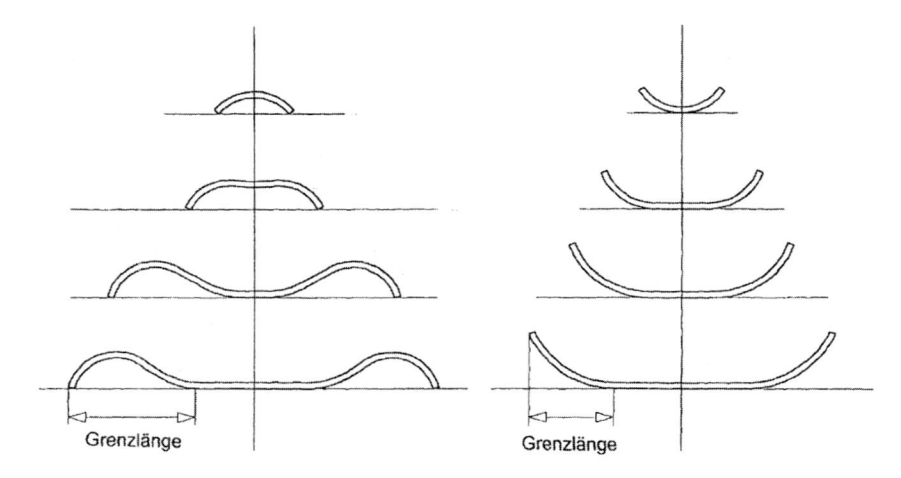

Bild 7.11 Krümmung von Estrichplatten bei konkavem und konvexem Krümmungsbestreben [13]

Auf Bild 7.12 ist gezeigt, wie starke Krümmungsbestrebungen durch Überschreiten der Biegezugfestigkeit des Estrichs zu einem Zerlegen eines Estrichfeldes in einzelne Teilfelder führen. Wenn man einen so durch Risse in kleinere Felder zerlegten Estrich untersucht, kann man an den Einzelfeldern die jeweilige Krümmung meist noch vorfinden.

Welche Konsequenzen sind aus diesen möglichen Krümmungen von Estrichen zu ziehen? Bei potentiell schüsselförmigen Verformungen ist die einseitige Austrocknung zu bremsen, z.B. durch Befeuchten, Abdecken mit einer dampfbremsenden Folie oder durch baldiges Aufbringen eines dampfdichten Bodenbelages, wenn sich dies aufgrund anderer Überlegungen nicht verbietet. Ein Abschleifen der aufgeklappten Ränder oder ein Egalisieren der Fläche mit einem Fließmörtel hätte zur Folge, dass nach der vollständigen Austrocknung, wenn die Ränder sich wieder gesenkt haben, der Bodenbelag zu den Rändern hin abfällt (Bild 7.13). Heizestriche sollten vor dem Aufbringen eines steifen Bodenbelages nach ausreichender Erhärtung durch Vorheizen ausgetrocknet werden, damit sie ihr Schwinden schon vor dem Belegen ausführen. Auch können steife Beläge, wie Fliesen und Steinplatten, in flexiblen Klebern verlegt werden, welche eine Entspannung ermöglichen. Die Größe der Fliesen oder Platten sollte in solchen Fällen kleingehalten und die Verfugung hinausgezögert werden.

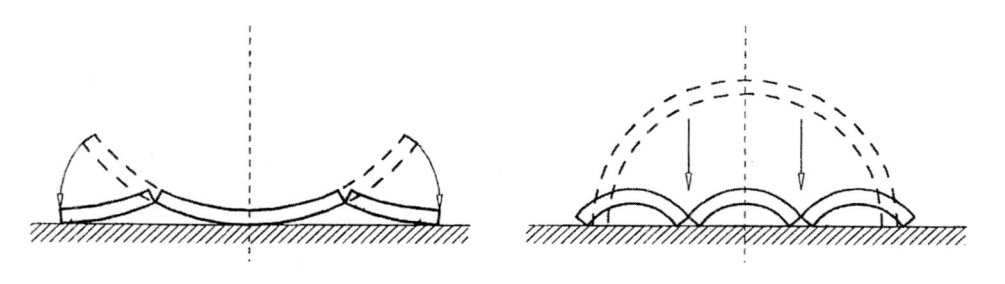

Bild 7.12 Zerlegung von Estrichen in Teilflächen durch Rissbildung infolge starkem konkavem bzw. konvexem Krümmungsbetreben [13]

7 Hygrische Beanspruchung von Bauteilen 445

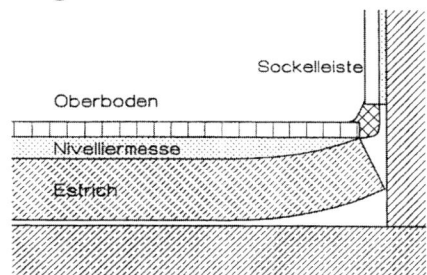

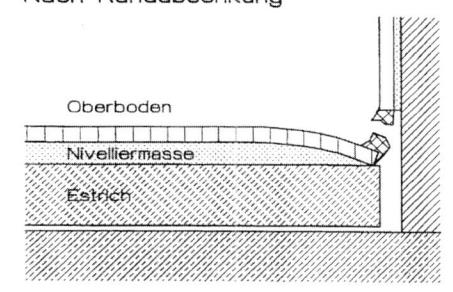

Bild 7.13
Randabsenkung eines aufgeschüsselten Estrichs nach dem Aufbringen des Bodenbelags auf den eingeebneten Estrich [13]

Wenn junge Estriche schon in der Austrocknungsphase mit dem Bodenbelag belegt werden sollen, erhebt sich auch die Frage nach der sog. Belegreife. Darauf wird in Abschnitt 8.4.4 eingegangen.

Da Estriche ohne Verbund zum Untergrund beim Austrocknen natürlich auch ihre Längenabmessungen verkleinern, müssen die Randbedingungen so beschaffen sein, dass diese Verkürzungen ohne Verhakung z.B. an Nischen, Türöffnungen, Rohrdurchbrüchen usw. möglich sind, indem Fugenspalte zu den begrenzenden Bauteilen zunächst offen gelassen werden.

Alle im vorstehenden gemachten Aussagen über das Verhalten von erhärtenden und dabei schwindenden mineralischen Estrichen gelten in analoger Weise auch für Betonplatten, z.B. erdberührende Bodenplatten aus Beton, wie sie in Industriehallen heute die Regel sind, sowie für Verkehrswege aus Beton. Wenn Polymerbeschichtungen auf erdberührende Betonplatten frühzeitig aufgebracht werden oder diese durch dampfbremsende Folien usw. an der Oberseite und an der Unterseite lange feucht gehalten werden, lassen sich die Schwindverkürzungen stark verzögern. Hinzu kommt, dass Betonbauteile ohnehin besonders langsam trocknen. Bei großen durchgehenden Betonbodenplatten ohne Fugen sind Risse auch dadurch zu vermeiden, dass man diese gut gleitfähig auf eine ebene Unterlage legt, z.B. auf mit einer Gleitschicht abgedeckten Sauberkeitsschicht, und an den Berandungen sowie im Feldbereich alle Hindernisse für Bewegungen entfernt. Risse sind durch Verpressen mit Injektionsharzen relativ leicht und sicher zu schließen. Oft sind die Kosten dafür geringer als die Kosten für das Ausbilden von Fugen. Das Verpressen sollte allerdings möglichst erst nach Beendigung des Schwindens vorgenommen werden.

Weil Betonplatten wesentlich langsamer trocknen als Estriche, wird in Neubauten immer wieder beobachtet, dass Betonfeuchte in Estriche einwandert. Dem kann durch Anordnung einer Dampfbremse auf der Oberseite der Betondecke vor dem Aufbringen der Estriche vorgebeugt werden.

7.4 Verformungen und Risse in Holzbauteilen

Wuchsbedingt hat ein Baumstamm drei natürliche Koordinaten (axiale, radiale und tangentiale Richtung). In axialer Richtung (Faser- bzw. Stammrichtung) sind die hygrischen Dehnungen relativ klein. Dies wird beim Sperrholz ausgenützt, in dem man die einzelnen Teilschichten so verleimt, dass die Faserrichtung jeweils um einen rechten Winkel verdreht ist. Bei den sog. Spanplatten liegen die Späne in der Ebene der Platte (sog. Flachpressplatte), jedoch ohne eine bestimmte Richtung zu bevorzugen. In beiden Fällen behindern die in axialer Richtung geringen Verformungen der Holzfasern die Verformungen der Platte in allen Richtungen der Plattenebene.

Betrachtet man einen Holzstamm im Querschnitt, so lässt sich dieser vereinfacht als Kreisfläche ansehen. Das Schwinden eines solchen Querschnitts wäre spannungsfrei dann möglich, wenn das Holz langsam, d.h. mit kleinem Feuchtegradient trocknen würde, und wenn die hygrischen Dehnungen in tangentialer Richtung genau so groß wären wie in radialer Richtung. Da Holz aber in tangentialer Richtung etwa zwei Mal so große hygrische Dehnungen ausführen will als in radialer Richtung, trocknen kleine Holzquerschnitte mit typischen Querschnittsverzerrungen (Bild 7.14). Größere Holzquerschnitte, welche das Zentrum des Stammes (das sog. Mark) enthalten, trocknen nach dem Zuschneiden nicht nur mit Querschnittsverzerrungen, sondern auch unter starker Rissbildung mit radialem Rissverlauf (sog. Trockenrisse). Wenn sie das Zentrum nicht einschließen, trocknen sie mit geringerer Neigung zur Rissbildung aber mit Querschnittsverzerrungen (Bild 7.15). Daher sind Holzbalken in der Regel rissig und nicht ebenflächig.

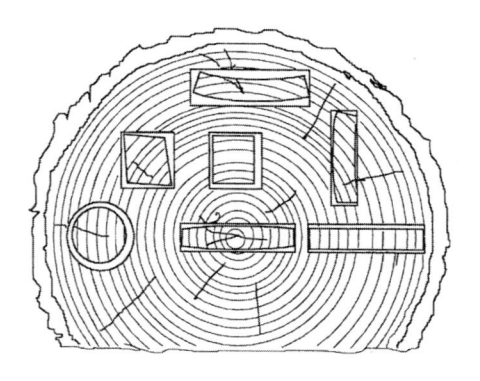

Bild 7.14
Verformung schwindender kleinformatiger Holzprofile gemäß ihrer Lage im Stammquerschnitt [20]

Bild 7.15
Rissbildung in großformatigen Holzprofilen entsprechend ihrer Lage im Stammquerschnitt [6]

Trockenrisse in größeren Holzquerschnitten beeinflussen vor allem die Scher- und die Druckfestigkeit, weniger die Zug- und die Biegefestigkeit. Trockenrisse bilden auch Eintrittspforten für Schädlinge und Wasser und sind deshalb bei Balken, welche Niederschlägen ausgesetzt sind, sehr schädlich. Trockenrissen kann entgegengewirkt werden durch langsame Trocknung und durch die Schnittführung im Sägewerk.

7 Hygrische Beanspruchung von Bauteilen

Da die Lage der radialen und tangentialen Richtung bei der Verarbeitung von Holz normalerweise nicht berücksichtigt wird, rechnet man im Holzbau nur mit einem mittleren Schwindmaß quer zur Faserrichtung. D.h., man geht von folgenden reversiblen Quell- und Schwindmaßen für eine Holzfeuchteänderung von 1 Masseprozent aus:

Nadelholz:	0,01 % längs der Faser
	0,24 % quer zur Faser
Spanplatten:	0,035 % in Plattenebene
Funiersperrholz:	0,02 % in Plattenebene

Um die reversiblen Quell- und Schwind-Verformungen von Holz im eingebauten Zustand so wenig wie möglich zur Wirkung kommen zu lassen, sollen Holzteile mit demjenigen Wassergehalt eingebaut werden, welcher die Gleichgewichtsfeuchte zur später im Mittel vorhandenen Luftfeuchte darstellt (Bild 7.16). Deshalb wird Holz vor dem Einbau manchmal künstlich getrocknet.

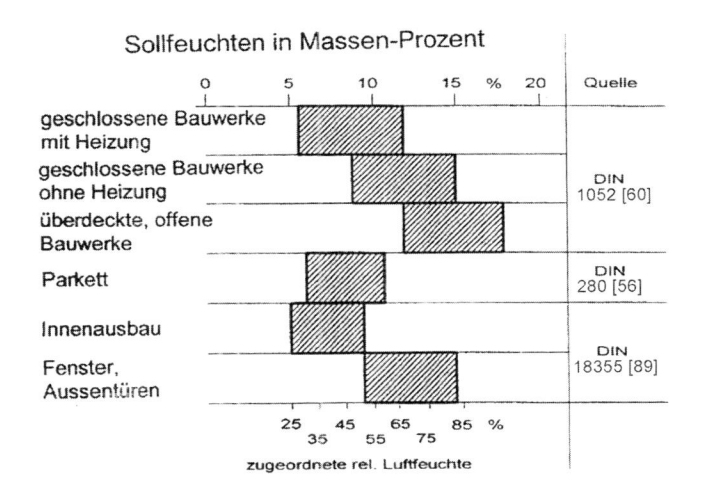

Bild 7.16
Sollfeuchten von Holz beim
Einbau in das Bauwerk

Holzbauteile mit kleinen Abmessungen quer zur Faser, die mit einem allseitigen Anstrich gegen rasche Feuchtewechsel geschützt sind, heißen „maßhaltig" und bleiben meist rissefrei. Sie werden z.B. für Türen, Fenster, Möbel, Klappläden usw. eingesetzt. Großformatige Holzquerschnitte, in welchen Trockenrisse zu erwarten sind, sowie kleinere Querschnitte ohne Oberflächenschutz, welche bei Wetterbelastung zu Oberflächenrissen neigen, werden als „nicht maßhaltig" bezeichnet. Sie müssen vor dem Zutritt von flüssigem Wasser gegebenenfalls konstruktiv geschützt werden und chemischen Holzschutz oder Imprägnierungen erhalten.

Flächige Bauteile aus Holz, wie Verkleidungen, Beplankungen, Verschalungen, müssen wegen des Quellens und Schwindens quer zur Faser aus verschieblich verbundenen Einzelteilen (Nut- und Federschalung, Rahmen mit Füllung) oder aus Sperrholz- oder Spanplatten erzeugt werden. Wenn Massivholz zunächst in kleinere Querschnitte aufgeteilt, dann getrocknet und danach wieder zu größeren Querschnitten verleimt wird, kann die Rissbildung deutlich eingeschränkt werden (z.B. bei der Brettschichtbauweise und bei zusammengesetzten Querschnitten, wie Hohlkästen, Gitterträger usw.). Konstruktive Möglichkeiten, der schädlichen Verformung und Rissbildung entgegenzuwirken, sind auf Bild 7.17 dargestellt.

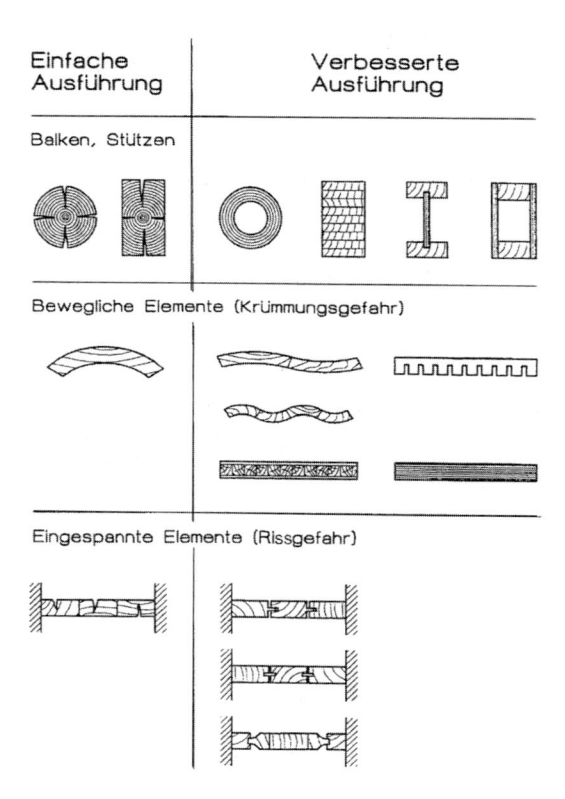

Bild 7.17
Folgen des Schwindens einfacher Holzquerschnitte und konstruktive Gegenmaßnahmen

Hygrische Verformungen können auch gewaltsam unterdrückt werden, z.B. indem die Spanplatte eines Türblattes durch beidseitige Beplankung mit Aluminiumblech biegesteif gemacht und dampfdicht eingeschlossen wird.

Wegen der außergewöhnlich großen und reversiblen Schwind- und Quell-Verformungen von Holz senkrecht zur Faserrichtung hat sich bezüglich der Verklebung von Parkett auf Estrichen die bewährte Fachregel herausgebildet, dass dazu nur Kleber mit hartplastischer Verformungscharakteristik eingesetzt werden dürfen, welche langsam sich einstellende Scherbelastungen z.B. als Folge des Quellens oder Schwindens spannungsfrei abbauen, bei den schnell und kurzfristig auftretenden Verkehrsbelastungen aber wie eine starre Verbindung wirken.

7.5 Spannungen und Dehnungen in Schichtverbundsystemen

Die meisten Bauteile bestehen aus flächig miteinander verbundenen Teilschichten, zwischen denen es aufgrund der verschiedenen Materialeigenschaften und äußeren Einwirkungen zu Spannungen kommen kann. Zum Abbau dieser Spannungen kann anstelle des unverschieblichen Haftverbundes zwischen zwei Schichten eine schubweiche Zwischenschicht eingebaut werden. Dieses Prinzip wird angewendet bei:

a) weich-elastischer Verklebung von Fliesen oder Steinplatten mit einem sich leicht biegenden oder schwindenden Untergrund,

b) Wärmedämmverbundsystemen, bei denen gewebearmierte Putze über schubweiche Wärmedämmschichten auf Außenwände mit sich bewegenden Rissen und Fugen aufgebracht werden,

c) dem Betoglass-System, bei dem großflächige Glasplatten mit einem flexiblen Kleber auf rißgefährdete, rissige oder schwindende Betonflächen als rissüberbrückende sowie pflegeleichte und chemisch hoch beständige Bekleidung aufgeklebt werden, und bei

d) rissüberbrückenden Reaktionsharzbeschichtungen mit weicher Schwimmschicht und robuster Deckschicht, welche als Bodenbelag und zugleich als Abdichtung auf Betonböden in Industriehallen, Parkhäusern, Balkonen usw. Anwendung finden.

Im Falle einer gleichmäßig quellenden oder schwindenden steifen Schicht, welche über einen schubelastischen Kleber mit einem starren Untergrund verklebt ist (Fälle a und c), ergibt sich eine linear vom Zentrum zu den, Rändern der Schicht ansteigende Scherspannungsverteilung im Kleber, wie auf Bild 7.18 dargestellt. Die Maximalwerte der Scherspannung τ und des Scherwinkels γ am Rande der Schicht haben folgende Größe, wenn ε die konstante Quell- oder Schwinddehnung und L die halbe Länge der Schicht ist:

$$\tau_{max} = \varepsilon \cdot \frac{L}{h} \quad \text{und} \quad \gamma_{max} = \varepsilon \cdot \frac{L}{h} \tag{7.7}$$

Die maximale Normalspannung in der Mitte der quellenden bzw. schwindenden, steifen Schicht hat den Wert

$$\sigma_{max} = \varepsilon \cdot G \frac{L^2}{2d \cdot h} \tag{7.8}$$

Sowohl τ_{max} als auch σ_{max} hängen von der Längenausdehnung L der schwindenden/quellenden Schicht und dem Schubmodul G sowie der Dicke h der Zwischenschicht ab und können durch die zweckmäßige Wahl dieser Größen beeinflusst werden.

Wenn man jedoch gemäß Bild 7.19 unter einer dehnelastischen Deckschicht eine schubweiche Zwischenschicht zur Überbrückung von Rissen in einem starren Untergrund einsetzt, sind die Spannungsverhältnisse komplizierter. Ein vereinfachtes physikalisches Modell bietet die sog. Doppelschicht-Theorie [14], welche voraussetzt, dass die Deckschicht nur Dehnungen, die Zwischenschicht nur Scherverformungen ausführt und die Deckschicht mit der Zwischenschicht haftend verbunden ist. Die Schubsteifigkeit S der Zwischenschicht der Dicke h,

$$S = \frac{G \cdot L}{h}, \tag{7.9}$$

und die Dehnsteifigkeit D der Deckschicht mit der Dicke d,

$$D = \frac{E \cdot d}{L}, \tag{7.10}$$

wirken wegen des Haftverbundes zusammen. Das Verhältnis der Schubsteifigkeit S zur Dehnsteifigkeit D ist entscheidend für das Verhalten der Doppelschicht:

$$r^2 = \frac{S}{D} = \frac{G}{E} \cdot \frac{L^2}{hd} \tag{7.11}$$

Ist $r^2 > 1$, liegen schubsteife Verhältnisse vor, ist $r^2 < 1$, schubweiche Verhältnisse.

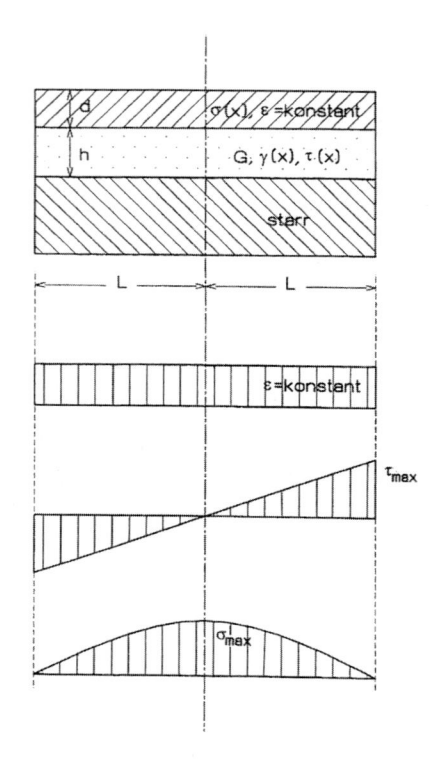

Bild 7.18
Scherspannungen in der Zwischenschicht und Normalspannungen in der Deckschicht bei einem Schichtverbundsystem mit gleichmäßig sich dehnender Deckschicht

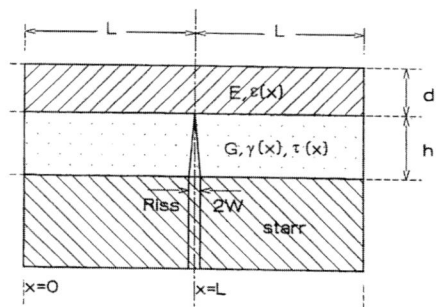

Bild 7.19
Doppelschicht, bestehend aus einer dehnelastischen Deckschicht auf einer schubweichen Zwischenschicht, auf einem gerissenen Untergrund

Der Verlauf der Dehnbeanspruchung der Deckschicht und der Scherspannung in der Zwischenschicht längs des Weges L in Abhängigkeit vom Schubsteife-Dehnsteife-Verhältnis r^2 ist auf Bild 7.20 dargestellt. Dabei ist der Wegkoordinate 0 der freie Rand der Deckschicht, der Koordinate 1 die Mitte der Deckschicht, d.h. die Position des Risses im Untergrund zugeordnet.

Die Maximalwerte der Scherspannung in der Zwischenschicht und der Dehnbeanspruchung der Deckschicht bei einem sich aufweisenden Riss treten immer direkt über dem Riss mit der um das Maß 2 w vergrößerten Spaltweite auf. Die Formeln für die maximale Scherspannung und für die überbrückbare halbe Rissweite bei vorgegebener maximaler Dehnbarkeit ε_{max} der Deckschicht ergeben sich mit der Doppelschichttheorie zu:

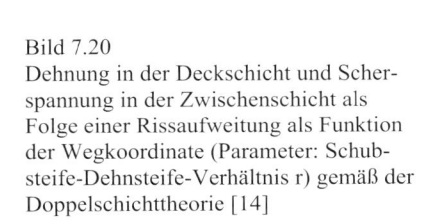

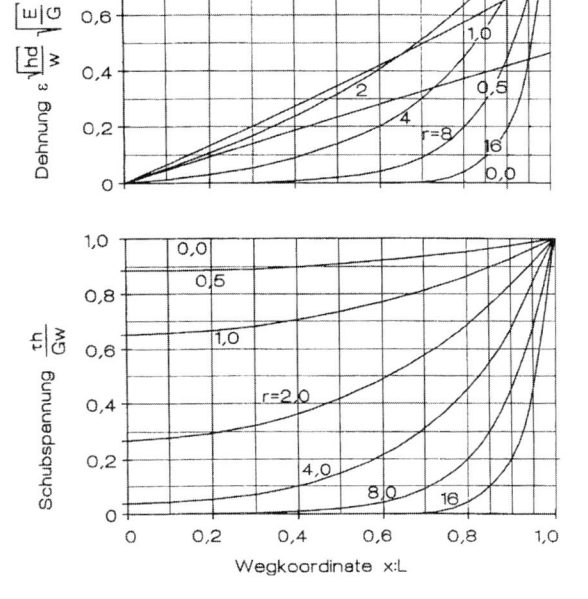

7 Hygrische Beanspruchung von Bauteilen

Bild 7.20
Dehnung in der Deckschicht und Scherspannung in der Zwischenschicht als Folge einer Rissaufweitung als Funktion der Wegkoordinate (Parameter: Schubsteife-Dehnsteife-Verhältnis r) gemäß der Doppelschichttheorie [14]

$$w = \varepsilon_{max} \cdot \sqrt{hd} \cdot \sqrt{\frac{E}{G}} \cdot \frac{e^r + e^{-r}}{e^r - e^{-r}} \tag{7.12}$$

$$\tau_{max} = \frac{G \cdot w}{h} \quad \text{und} \quad \gamma_{max} = \frac{w}{h} \tag{7.13}$$

Man erkennt am Kurvenverlauf auf Bild 7.20, dass bei großen r-Werten die Dehnbeanspruchung der Deckschicht und die Scherbelastung der Zwischenschicht sich auf die unmittelbare Umgebung des Risses konzentrieren. Beide sind dann nicht mehr von der Länge der Doppelschicht bzw. dem Abstand von Riss zu Riss abhängig. Für rissüberbrückende Beschichtungen ist dies typisch und geht aus Gleichung (7.12) hervor, weil bei großen Werten von r der ganz rechts stehende Bruch einen Wert dicht bei 1 annimmt. Da die maximale Dehnbarkeit der Deckschicht und die Moduli E und G von der stofflichen Natur der gewählten Doppelschicht bestimmt werden und nach deren Wahl feststehen, wird in der Praxis das erforderliche Maß der Rissüberbrückungsfähigkeit eines entsprechenden Beschichtungssystems durch die Dicken d und h bestimmt, das heißt, über die Auftragsmenge an Beschichtungsstoff für die schubweiche Zwischenschicht und für die Deckschicht geregelt.

8 Bautechnischer Feuchteschutz

8.1 Allgemeine Aspekte

8.1.1 Strategien des Feuchteschutzes

Hohe und damit potentiell schädliche Wassergehalte in Baustoffen treten nur dann auf, wenn entweder flüssiges Wasser von außen einwirkt, oder sich im Baustoff durch Kondensieren bildet oder herstellungsbedingt noch dort befindet. Um in Bauteilen hohe Wassergehalte zu vermeiden, werden folgende Strategien angewendet (Tafel 8.1):

Abdichten

Abdichten bedeutet, den Zutritt von flüssigem Wasser zum Bauteil durch eine flexible, flüssigwasserdichte und lückenlose Membran zu verhindern, welche großflächig die wasserbelasteten Bauteile auf der Einwirkungsseite bedeckt. Hierzu werden einerseits industriell hergestellte Bitumen- oder Polymer-Dichtungsbahnen verwendet, andererseits im flüssigen Zustand aufzubringende Stoffe, welche verfestigen und dann am Untergrund lückenlos festhaftende Beschichtungen bilden. Dichtungsbahnen müssen zu großen Flächen verklebt oder verschweißt werden. Die lückenlose Anhaftung am tragenden Bauteil ist zwar nicht notwendig, aber wünschenswert, weil nur dann bei einer Verletzung der Dichtungsbahn eine breite Unterwanderung der gedichteten Fläche unmöglich ist. Eine Abdichtung muss auch an sich immer bewegenden Rissen und Fugen, deren Vorhandensein in Bauwerken praktisch unvermeidbar ist, voll funktionsfähig bleiben. D.h. eine Abdichtung muss ausreichend rissüberbrückungsfähig sein, wofür die Flexibilität und die Schichtdicke der Abdichtung die wichtigsten Kriterien darstellen. Die Wasserdampfdiffusion durch Abdichtungen unterliegt prinzipiell keinerlei Vorgaben.

Tafel 8.1 Strategien des Feuchteschutzes: Abdichten, Ableiten, Inaktivierung der Kapillarität und bauphysikalisches Feuchtemanagement

Abdichten	Wasserkontakt durch wasserdichte, rissüberbrückende Membranen verhindern	klassische Strategien
Wasserableitung	durch im Gefälle liegende Sickerwege	
Inaktivierung des kapillaren Wassertransports	durch Beschichten oder Imprägnieren der Oberfläche oder vollvolumige Hydrophobierung	
Feuchtemanagement	Wassergehalt im Bauteil durch sinnvolle Materialwahl, Schichtenfolge, Dampfbremsen, Luftschichten usw. kleinhalten	bauphysikalische Strategie

Wasserableitung

Eine drucklose Wasserableitung benötigt wegen der Fertigungstoleranzen beim Bauen mindestens ein Gefälle von etwa 3 Prozent in der Abflussebene. Die Elemente, welche die Abfluss-

8 Bautechnischer Feuchteschutz

ebene bilden, brauchen sich nur zu überlappen, um ein Wassereindringen an den Überlappungsstellen weitgehend zu vermeiden. Dachdeckungen mit Ziegeln, Wellplatten, Betondachsteinen und das Reetdach folgen diesem Prinzip, wobei das Gefälle, die Überdeckungslänge und die Profilierung der Überlappungsbereiche für den Grad der Dichtigkeit an den Überlappungsstellen entscheidend sind. Dachdeckungen sind also nicht druckwasserdicht, sondern nur (weitgehend) regendicht, d.h. ein Wasserstau darf nicht eintreten. Bei starkem Wind können geringe Mengen Niederschläge durch die Überlappungsstellen eindringen, was nicht beanstandet werden darf. Entsprechende Deckungselemente an Fassadenflächen bezeichnet man als Schindeln, bei denen auf eine Profilierung der Überdeckungsbereiche in der Regel verzichtet wird, da hier das Gefälle ein Höchstmaß besitzt. Auch bei Rinnenauskleidungen, Gesimsen, Dränrohren usw. ist die Ableitung des Wassers im Gefälle mit sich überlappenden Elementen eine häufig angewendete Strategie. Dränschichten an Wänden und unter Bodenplatten im Erdreich sowie auf erdbedeckten Deckenflächen entlasten durch Ableiten des Wassers das Bauwerk bezüglich der Intensität der Wassereinwirkung. Selbst bei gedichteten Dächern wird durch ein Gefälle in der Wasserabflussebene die Sicherheit erhöht bzw. der Dichtungsaufwand reduziert, wie man sich durch Ermittlung der sog. Einzugsflächen potenzieller Leckagen (Bild 8.1) veranschaulichen kann.

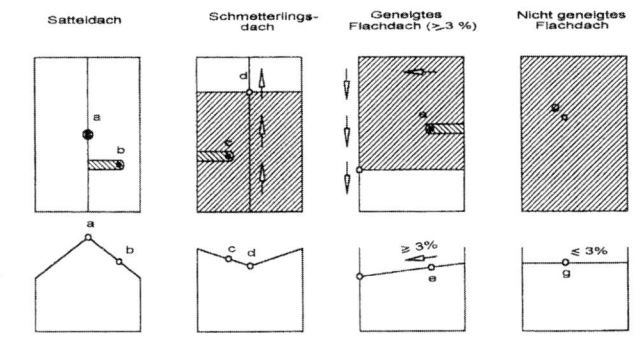

Bild 8.1
Einzugsflächen (schraffiert) von Fehlstellen in Dächern mit verschiedenen geneigten Dachflächen

Inaktivierung des kapillaren Wassertransports

Durch kapillares Saugen kann in ein feinporiges, wasserbenetzbares Baustoffgefüge in kurzer Zeit viel Wasser aufgenommen werden. Diese Flüssigwasseraufnahme kann in relativ einfacher Weise durch Imprägnierung oder Anstriche verhindert werden. Als Imprägniermittel werden heute Silikonemulsionen oder Polymerisate in gelöster oder dispergierter Form verwendet. Nach dem Imprägnieren sind die behandelten Oberflächen hydrophob, so dass auftretendes Wasser zunächst sichtbar perlend abtropft. Diese Hydrophobie an der Oberfläche verschwindet unter Witterungseinfluss im Laufe einiger Zeit. Das ist jedoch von untergeordneter Bedeutung, weil das bis in eine Tiefe von einigen Millimetern imprägnierte Baustoffgefüge seine Hydrophobie für eine längere Zeit beibehält. Auch durch filmbildende oder hydrophobe Anstriche auf der Basis von organischen Polymeren kann die Oberfläche saugfähiger Baustoffschichten wie mit einer Membran vor Wasseraufnahme geschützt werden. Doch ist wegen der geringen Schichtdicke der meisten Anstriche weder eine völlige Fehlstellenfreiheit noch ein sicheres Rissüberbrückungsvermögen gegeben, wie das bei einer Abdichtung oder bei ausdrücklich als rissüberbrückend bezeichneten Beschichtungen der Fall sein muss. Daher werden Imprägnierungen und Beschichtungen vorzugsweise dann angewendet, wenn die Wassereinwirkung immer nur relativ kurze Zeiträume umfasst und von Trocknungsperioden abgelöst wird, z.B. bei Wetterbelastung. Zu beachten ist, dass nicht alle Arten von Beschichtung filmbildend oder hydrophob und damit wirksam gegen kapillare Wasseraufnahme sind.

Manche Baustoffe können schon bei ihrer Herstellung durch Zusätze (Seifen, hydrophobe Polymere) mit einem hydrophoben Gefüge ausgestattet werden, wodurch der Schutz vor Flüssigwasseraufnahme nicht nur auf eine Oberflächenzone begrenzt ist. Andererseits werden z.B. manche Ziegelprodukte nach ihrer Herstellung noch im Werk durch Tauchen mit Silanen in einer Oberflächenzone hydrophob eingestellt.

Bauphysikalisches Feuchtemanagement

Durch kluge Wahl der Schichtenfolge, der Schichtdicken und der Materialien können Bauteile so komponiert werden, dass die Wassergehalte beim bestimmungsgemäßen Einsatz in den maßgeblichen Schichten dauerhaft unterhalb einer zulässigen Grenze bleiben. Diese Strategie kann erst angewendet werden, seit eine realitätsnahe Erfassung der Feuchtetransportprozesse in einem Bauteil mit den Hilfsmitteln der Bauphysik möglich ist. Schon vor 50 Jahren hat Glaser die nach ihm benannte Methode erfunden, mit der eine stark vereinfachte Bilanzierung der Tauwassermenge im Jahresverlauf unter bestimmten klimatischen Bedingungen möglich ist. Noch heute wird das Glaserverfahren mit in DIN 4108-3 vorgegebenen Randbedingungen in großem Umfang zur Beurteilung der Tauwassergefahr im Inneren von Außenbauteilen bei Aufenthaltsräumen im Klimagebiet „Deutschland" eingesetzt. Außerdem enthält DIN 4108 eine Liste von durch Feuchteakkumulation im Bauteilquerschnitt erfahrungsgemäß nicht gefährdeten Außenbauteilen, wenn die dort genannten bauphysikalischen Regeln eingehalten werden (s. Abschnitt 5.2.4).

Seit einigen Jahren stehen nun auch Computerprogramme zur Verfügung, mit denen die instationären Wärme- und Feuchtetransportvorgänge in geschichteten Bauteilen unter nahezu beliebigen Anfangs- oder Randbedingungen simuliert werden können. Damit können auch die notwendigen Maßnahmen zur Einhaltung eines unschädlichen Wassergehaltes ermittelt werden.

Die Möglichkeit des Feuchtemanagements in Bauteilen fördert die „diffusionsoffene" Bauweise und reduziert die früher verbreitete Anwendung von Dampfsperren, welche zu Fallen für eingedrungene Feuchtigkeit werden können, und von Hinterlüftungen, welche den Wärmeschutz schädigen und die Einfallspforte für vielerlei schädigende Stoffe bilden können. Auch kann durch die Vermeidung von Luftschichten oder Luftkanälen oft die Bauteildicke verringert und die Bauweise vereinfacht werden (s. Abschnitt 5.2.4).

8.1.2 Feuchtetechnische Eigenschaften einiger Baustoffklassen

Metalle und Gläser sind als erstarrte und nicht quellfähige Schmelzen völlig undurchlässig für Wassermoleküle, haben deshalb auch keine Wassergehalte und zeigen weder Quellen noch Schwinden. Geschäumtes Glas mit geschlossenen Zellen ist deshalb durchfeuchtungsresistent. Metallfolien werden für Dampfsperren benützt. Glasuren, d.h. dünne Glasschichten, z.B. auf Fliesen und Ziegeln, verhindern dort die Wasseraufnahme. Bei Flächen aus glasierten Fliesen oder Ziegeln muss jedoch an die Fugen gedacht werden. Bei hoher Wasserbelastung ist auch die (geringe) Wasserlöslichkeit von manchen Glasarten und die Korrosionsbeständigkeit des betreffenden Metalls zu bedenken.

Bitumen und thermoplastische Kunststoffe sind unterkühlte organische Flüssigkeiten, welche selbst keine Poren enthalten und dennoch Wassermoleküle in einem Lösungsvorgang unter Quellung aufnehmen und durch Diffusion weiterleiten können. Kapillarer Wassertransport ist bei geringen Füllstoffgehalten deswegen ausgeschlossen. Die Wassergehalte sind allgemein klein, die Weitergabe des Wassers durch Diffusion ist in der Menge sehr begrenzt und nur bei sehr geringen Schichtdicken beachtlich. Als Dampfsperre werden z.B. 0,2 bis 0,4 mm dicke Polyethylenfolien eingesetzt. Beschichtungen und Dichtungsbahnen auf Bitumenbasis sind immer noch die wichtigsten Dichtstoffe gegen das Wasser im Baugrund, wobei der günstige Preis von Bitumen dessen Anwendung fördert.

Durch Füllstoffe können Bitumen und Kunststoffe aber abgemagert und bei reichlicher Füllstoffzugabe sogar zu mörtelartigen, u.U. porigen Stoffen modifiziert werden, wie z.B. Asphalt und Polymer-Zement-Mörtel. Die Speicherfähigkeit und Durchlässigkeit für Wassermoleküle kann dadurch beachtlich zunehmen. Der hydrophobe Charakter dieser Bindemittel und die dann größeren Schichtdicken halten die Durchlässigkeit dieser Schichten für Wassermoleküle auch dann meist noch auf kleinem Niveau.

Durch Aufschäumen von Kunststoffen können Schaumkunststoffe hergestellt werden, welche ein großes Porenvolumen und deshalb eine kleine Wärmeleitfähigkeit haben. Wenn die Poren geschlossenzellig sind und die Porenwände aus hydrophobem Kunststoff bestehen, ist eine Durchfeuchtung der Schaumkunststoffe nur durch Tauwasseranfall im Gefolge von Wasserdampfdiffusion möglich, was besonders für Extruderschaum auf Polystyrolbasis gilt.

Reaktionsharze verhalten sich in feuchtetechnischer Hinsicht ganz ähnlich wie thermoplastische Kunststoffe, sie sind aber gegen Erwärmung wesentlich unempfindlicher.

Zement-, kalk- und gipsgebundene Baustoffe, wie Beton, Putz, Kalksandstein, Porenbeton usw. haben ein poriges, hydrophiles Gefüge, welches Wasser kapillar aufsaugen, speichern und als flüssiges Wasser sowie als Wasserdampf weiterleiten kann, dieses alles jedoch in sehr unterschiedlichem Maße entsprechend der Produktart. Die Porendurchmesser und das Porenvolumen können über die Rezeptur der Stoffe minimiert oder maximiert werden, um z.B. relativ wasserundurchlässige Gefüge, oder eine geringe Wärmeleitfähigkeit oder eine hohe Beständigkeit im Außenklima zu erzeugen. Die Diffusionswiderstandszahl bewegt sich auf mittlerem bis niedrigem Niveau. Ein wichtiges feuchtetechnisches Kriterium dieser Materialgruppe ist der Grad der Frostbeständigkeit, welcher mit fallender Porosität und steigender Festigkeit zunimmt. Die zu unterscheidenden Expositionsklassen bei Beton nach DIN 1045 zeigt Tafel 8.2. Bei hoher Wasserbelastung sollten kalk-, magnesit- und gipsgebundene Baustoffe vermieden und auf zementgebundene oder werksmäßig hergestellte, silikatgebundene Baustoffe zurückgegriffen werden.

Tafel 8.2   Expositionsklassen von Beton nach DIN 1045 [50] bei Betonangriff durch Frost

Klasse	Beschreibung der Umgebung	Beispiele für die Zuordnung von Expositionsklassen
XF1	Mäßige Wassersättigung ohne Taumittel	– Außenbauteile
XF2	Mäßige Wassersättigung mit Taumittel oder Meerwasser	– Bauteile im Sprühnebel- oder Spritzwasserbereich von taumittelbehandelten Verkehrsflächen, soweit nicht XF4 – Bauteile im Sprühnebelbereich von Meerwasser
XF3	Hohe Wassersättigung ohne Taumittel	– Offene Wasserbehälter – Bauteile in der Wasserwechselzone von Süßwasser
XF4	Hohe Wassersättigung mit Taumittel oder Meerwasser	– Bauteile, die mit Taumitteln behandelt werden – Bauteile im Spritzwasserbereich von taumittelbehandelten Verkehrsflächen mit überwiegend horizontalen Flächen, direkt befahrene Parkdecks – Bauteile in der Wasserwechselzone von Meerwasser – Räumerlaufbahnen von Kläranlagen

Manche **Natursteine** haben ein poriges, hydrophiles Gefüge und ähneln dann in ihren Eigenschaften den mineralisch gebundenen künstlichen Steinen, wie Sandsteine und Muschelkalke. Andere sind praktisch porenfrei und damit undurchlässig und nicht speicherfähig für Wassermoleküle, wie Basalt, Granit, Porphyr, welche wie Glas als erstarrte Schmelzen anzusehen sind. Da Natursteine in Deutschland seit etwa tausend Jahren zum Bauen verwendet werden und keiner technischen Weiterentwicklung unterliegen, kann auf einen großen Fundus an Erfahrungswissen über das Verhalten im Bauwerk, weniger über die erst in jüngster Zeit richtig verstandenen feuchtetechnischen Eigenschaften zurückgegriffen werden.

Ziegel und andere keramische Produkte sind in Brennprozessen künstlich erzeugte Baustoffe, deren feuchtetechnische Eigenschaften durch die Herstellungsbedingungen in hohem Maße gesteuert werden können: Durch hohe Temperaturen kann ein Verschmelzen des Gefüges mit absoluter Dichtigkeit für Wassermoleküle sowie Frostbeständigkeit erreicht werden, wie z.B. bei Klinkern. Man kann das Schmelzen auch beschränken auf die Oberfläche, wie z.B. bei Dachziegeln oder Vormauersteinen, welche dann Sinterhaut oder Glasur heißt. Andererseits sind porenreiche und deswegen stark saugende, hoch speicherfähige, gut wasserdampfdurchlässige und gut wärmedämmende Gefüge produzierbar, deren Frostbeständigkeit und Druckfestigkeit dann klein ist. Die Schwind- und Quellverformungen von Ziegelprodukten sind sehr gering.

Holz als ausgetrockneter Überrest eines Lebewesens hat eine Zellstruktur, welche bei Laubhölzern mit kapillarförmigen Leitungsbahnen durchsetzt ist. Die Schwind- und Quellfähigkeit der Zellstruktur aus Lignin und Cellulosefasern ist wuchsbedingt in allen drei Zylinderkoordinaten des Baumstammes unterschiedlich und so groß, dass sie bei der Konstruktion von Bauteilen aus Holz berücksichtigt werden muss. Auch die Speicherfähigkeit für Wasser ist groß, die kapillare Saugfähigkeit insbesondere in axialer Richtung beachtlich. Die Diffusionswiderstandszahl liegt in einem mittleren Bereich. Es gibt viele Holzarten mit deutlich unterschiedlichen Eigenschaften, sodass man auch durch die Wahl einer besonderen Holzart die Lösung einer bautechnischen Aufgabe erleichtern kann (Tafel 8.3). Splintholz ist bezüglich Pilzbefall anfälliger als Kernholz. Die Dauerhaltigkeit von Holzbauteilen sollte sowohl konstruktiv, als auch nach bauphysikalischen Kriterien mit dem Ziel „Trockenhalten" sichergestellt werden. Wenn das nicht genügt, ist durch zusätzliche Verwendung sog. chemischer Holzschutzmittel, welche vor Insektenbefall und Pilzbefall schützen können (Tafel 8.4), dem biologischen Abbau entgegenzuwirken. Die Verwitterung der Holzoberfläche kann durch Anstriche gebremst werden, welche auch ein schönes Aussehen erhalten und Quellen/Schwinden einschränken können. Bei starker Wasserbelastung ist Holz, weil es grundsätzlich biologisch abbaubar ist, zu vermeiden. Dabei sind Wechsel von nass und trocken schädlicher als z.B. eine ständige Unterwasserlagerung.

Tafel 8.3 Unterschiedliche natürliche Dauerhaftigkeit von Holzarten (Kernholz) gegenüber Pilzbefall [9]

Klasse	Handelsname
1 sehr dauerhaft	Jarrah, Teak
1-2	Iroko, Robinie
2 dauerhaft	Bongossi, Edelkastanie, Eiche, Western Red Cedar
2-3	Dark Red Meranti, Sipo/Sipo-Mahagoni, Yellow Cedar
3 mäßig	Douglasie*
3-4	Douglasie*, Kiefer, Lärche, Light Red Meranti
4 wenig dauerhaft	Fichte, Southern Pine, Tanne, Western Hemlock
5 nicht dauerhaft	Buche, Esche, Pappel, Southern Blue Gum

* unterschiedliche Dauerhaftigkeit je nach Herkunft

Tafel 8.4 Zuordnung der Gefährdungsklasse und der Prüfprädikate der Holzschutzmittel zur Belastung/Anwendung von Holzbauteilen gemäß DIN 68800-3 [98.2]

Niederschlags und Spritzwasser-Belastung	Anwendung			Gefährdungsklasse	Prüfprädikate des chemischen Holzschutzes
nicht möglich	Innenbauteile	$\phi_i \leq 70\ \%$	Insektenbefall kontrollierbar oder unmöglich	0	–
			Insektenbefall möglich oder nicht kontrollierbar	1	I_v
		$\phi_i \leq 70\ \%$		2	I_v, P
		Nassräume		2	I_v, P
	Außenbauteile			2	I_v, P
möglich	Erd- oder Wasserkontakt		nicht ständig	3	I_v, P, W
			ständig	4	I_v, P, W, E

8.1.3 Mögliche Folgen hoher Wassergehalte in Baustoffen

Unter **Quellung** von Baustoffen versteht man die nach außen in Erscheinung tretende Volumenzunahme eines Baustoffes infolge erhöhten Wassergehaltes. Mit einer Quellung können aber weitere Folgen verbunden sein, welche oft schwerwiegender sind als die primäre Volumenzunahme: Risse und Verformungen können auftreten, die Festigkeit und der Elastizitätsmodul können abnehmen und die Kriechverformungen sich verstärken. An Haftflächen, insbesondere von Polymerbeschichtungen, kann ein Nachlassen des Verbundes bis zum völligen Haftverlust eintreten. Im gequollenen Zustand ist auch die chemische und die mechanische Widerstandsfähigkeit beeinträchtigt. Mit strömendem Wasser können Inhaltsstoffe aus dem gequollenen Baustoff auswandern, was aus optischen Gründen meist störend ist und für die Baustoffeigenschaften positiv oder negativ zu weiten ist, je nachdem die betreffenden Inhaltsstoffe (z.B. Alkalien oder Emulgatoren) günstig oder ungünstig gewirkt haben.

Der **biologisch bedingte Materialzerfall** wird als Verrottung bezeichnet. Er wird vorzugsweise von Bakterien, Pilzen, Kleinlebewesen, Insekten oder deren Larven vorangetrieben und tritt nur bei genügend hohen Wassergehalten und nur bei solchen Stoffen auf, welche als Nahrungsmittel oder Lebensraum für die genannten Organismen dienen. Bei Holz sind es vor allem bestimmte Pilze und Schadinsekten, welche die Festigkeit von Holzbauteilen schädigen können. Daher muss Holz durch baukonstruktive Maßnahmen möglichst trocken gehalten und vor dem Zutritt von Schadinsekten geschützt, oder, wenn das nicht in ausreichendem Maße möglich ist, durch chemische Holzschutzmittel geschützt werden.

Viele der sog. „biologischen Baustoffe", wie Dämmstoffe auf Cellulosebasis oder aus Schafwolle, sind grundsätzlich durch Verrottung gefährdet, da der biologisch bedingte Abbau tierischer oder pflanzlicher Stoffe zu deren natürlichem Kreislauf gehört. Durch Trockenhalten, durch Beschränkung der Anwendung sowie durch Biogifte muss für eine angemessene Nutzungsdauer gesorgt werden.

Gewisse Bakterien spalten als Stoffwechselprodukte Säuren ab, z.B, Salpetersäure oder Schwefelsäure, welche dann säureempfindliche Steine, wie Kalksteine, Kalksandsteine, kalk- oder zementgebundenen Putz und Beton, auf oder in dem die Bakterien leben, zersetzen.

Allein schon das Vorliegen eines biologischen Bewuchses auf einer Bauteiloberflöche kann deren Zerfall fördern, weil ein biologischer Rasen Wasser speichern kann und die Wasserdampfdiffusion behindert. Wenn Oberflächen in einem Aufenthaltsraum mit biologischem Bewuchs bedeckt sind, ist dies aus hygienischen Gründen bedenklich. Denn die Anwesenheit merklicher Mengen von Mikroorganismen hat die Abgabe von Geruchstoffen und von Keimen an die Luft zur Folge. Daher müssen in Aufenthaltsräumen die Bauteiloberflächen so trocken sein, dass ein biologischer Bewuchs sich nicht einstellen kann.

Mit steigender Temperatur und Feuchte erhöht sich die Geschwindigkeit des **chemischphysikalisch bedingten Materialzerfalls.** Denn Wasser ist ein gutes Lösemittel für viele Stoffe und die Löslichkeit sowie die Reaktionsgeschwindigkeit nehmen mit der Temperatur zu. Auch bei einer geringen Löslichkeit in Wasser kann bei langfristiger, immer wieder erfolgender Wasserbelastung der Abtransport merklicher Stoffmengen durch Wasser verursacht werden. In der Regel wird der durch Wasserlöslichkeit bedingte Stoffverlust bei mineralischen Baustoffen wesentlich gesteigert, wenn der pH-Wert des Wassers sinkt. Beispiele dafür sind die Auswaschung des Fugenmörtels in Sichtmauerwerk durch sauren Regen und die Aufrauhung glattgeschalter Sichtbetonoberflächen durch sauren Regen oder saure Wässer im Laufe der Jahre.

Die **Korrosion** von Metallen setzt die Anwesenheit von flüssigem Wasser an der Metalloberfläche voraus. Z.B. beginnt Eisen zu korrodieren, wenn die Luftfeuchte etwa 65 Prozent übersteigt, d.h. der adsorbierte Wasserfilm an der Metalloberfläche genügend dick ist. Die Abbauprodukte organischer Baustoffe, z.B. von Holz oder Bitumen, haben sauren Charakter und können damit beaufschlagte Metalle, z.B. Verbindungsmittel, Blechabdeckungen, Blechrinnen usw. beschleunigt korrodieren. Daher sind die Aspekte des Korrosionsschutzes der Baumetalle mit zunehmender Feuchtigkeitsbelastung gründlicher zu berücksichtigen.

Chlorid-, Sulfat- und Nitrat-Ionen können von strömendem Wasser mitgeführt werden und in stehendem Wasser diffundieren. Alle Baumetalle (Eisen, Zink, Aluminium, Kupfer, Nirostahl) werden aber durch die genannten Ionen beschleunigt korrodiert. Daher dürfen Baustoffe nur ganz geringe Gehalte dieser Ionen aufweisen oder dürfen nur unter trockenen Bedingungen eingesetzt werden. Bei einer von außen her erfolgenden Einwirkung auf Stahlbeton (Streuen von Verkehrswegen, Kontakt mit Meerwasser usw.) ist deren Einwanderung bis zum Bewehrungsstahl durch Oberflächenschutzmaßnahmen zu verhindern.

Wasserlösliche Salze können herstellungsbedingt in Baustoffen enthalten sein, insbesondere wenn diese durch Verfestigung eines mineralischen Bindemittels (Zement, Kalk, Gips, Magnesia) an der Einbaustelle erzeugt werden. In alten Bauwerken findet man besonders hohe Konzentrationen wasserlöslicher Salze, weil diese im Laufe der Zeit aus ursprünglich nicht wasserlöslichen Substanzen durch Reaktion mit den sauren Gasen der Atmosphäre im Bauteil gebildet wurden.

Durch wasserlösliche Salze kann die Gleichgewichtsfeuchte eines Baustoffs mit der umgebenden Luftfeuchte erhöht werden, was dann Folgeschäden bedingen kann. Im Porenwasser gelöste Salze können in strömendem Wasser mitgeführt werden und in stehendem Wasser durch Diffusion wandern. Wenn das Wasser an der Oberfläche eines Bauteils verdunstet, bleiben die Salze zurück und treten als sog. Ausblühsalze auf der Bauteiloberfläche in Erscheinung. Erfolgt die Wasserverdunstung unter der Baustoff-Oberfläche, üben die gebildeten Salzkristalle einen Druck auf die Poren-Wandungen aus, der das Baustoffgefüge zerstören kann (sog. Salzsprengung). Frostschäden entstehen, wenn sich bildende Eiskristalle in analoger Weise einen Druck auf die Porenwandungen ausüben. Hohe Wassergehalte, oftmaliges Abkühlen auf Temperaturen unter Null Grad sowie niedrige Festigkeiten sind für die Frostbeständigkeit der Baustoffe ungünstig.

8.2 Schutz vor dem Wasser im Baugrund

8.2.1 Lastfalle, Dränmaßnahmen

Zur Bewertung der Intensität der Wassereinwirkung auf ein Bauteil unterscheidet man die Lastfälle Bodenfeuchte und nichtstauendes Sickwasser, nichtdrückendes Wasser sowie drückendes Wasser und aufstauendes Sickerwasser. Diese Regelung ist in DIN 18 195 [72] für die Abdichtung mit Bitumen- und Polymerdichtungsbahnen getroffen, sie wird aber im bautechnischen Feuchteschutz generell angewendet. Danach gilt (Tafel 8.5):

Bodenfeuchte ist das im Boden oberhalb des Bemessungswasserstandes immer als vorhanden anzunehmende, an Bodenteilchen gebundene Wasser, sowie das nicht stauende Sickerwasser an Außenwänden im Boden. Der Lastfall ist auf erdberührte Wände und Bodenplatten begrenzt. Bei wenig durchlässigem Boden (Durchlässigkeitsbeiwert $k \leq 10^{-4}$ m/s) ist eine Dränage erforderlich, die bei stark durchlässigem Boden ($k > 10^{-4}$ m/s) entfallen kann.

Tafel 8.5   Belastungsfälle für Abdichtungen nach DIN 18195-1 [72.1]

Wasserart	Beanspruchung
Bodenfeuchtigkeit und nichtstauendes Sickerwasser an Sohle und Außenwänden	wenig durchlässiger Boden: mit Dränage stark durchlässiger Boden: ohne Dränage

Nichtdrückendes Wasser auf Deckenflächen, in Nassräumen usw.	mäßige Beanspruchung
	    ruhende Lasten, kein Fahrzeugverkehr
	    z.B. Balkone im Wohnungsbau

	hohe Beanspruchung z.B. begrünte Dächer, Parkdecks
Drückendes Wasser von außen und aufstauendes Sickerwasser	schwache Beanspruchung z.B. zeitweise stauendes Sickerwasser
	starke Beanspruchung z.B. im Grundwasser
Drückendes Wasser von innen	z.B. im Schwimmbecken

Nichtdrückendes Wasser ist frei fließfähiges Wasser auf horizontalen Bauteilen ohne oder nur mit geringfügigem und nur vorübergehendem hydrostatischem Druck, das bei erdbedeckten Bauteilen als Sickerwasser und in Gebäuden als Brauchwasser anfallen kann. Es muss sowohl die flächige Aufnahme flüssigen Wassers in das Baustoffgefüge hinein, als auch insbesondere das Einströmen von Wasser in Risse und Fugen des Bauwerks verhindert werden. Es wird zwischen mäßiger und hoher Beanspruchung unterschieden: Eine mäßige Beanspruchung liegt vor, wenn die Lasten im Wesentlichen ruhend sind und wenn kein Fahrzeugverkehr auf der gedichteten Fläche stattfindet.

Von außen drückendes Wasser ist eine starke Beanspruchung und liegt z.B. beim ständigen Eintauchen in das Grundwasser vor. Eine schwache Beanspruchung ist z.B. zeitweise austauendes Sickerwasser, weil eine Dränage nicht eingebaut wurde, obwohl bindiger Boden vorliegt. Die Beanspruchung durch aufstauendes Sickerwasser ist aber begrenzt auf eine Einerdungstiefe von maximal 3 m unter Geländeoberfläche. Die Größe des Wasserdrucks ist bei der Festlegung der Dichtungsmaßnahmen zu berücksichtigen.

Bei Bahnenabdichtungen gemäß DIN 18195 wird die Zahl der Lagen mit dem Druck gesteigert und ein höchster Druck von 50 m Wassersäule zugelassen. Bitumendickbeschichtungen sind nur bei schwacher Beanspruchung zulässig.

Man kann die Intensität der Wasserbelastung eingeerdeter Bauteile manchmal dadurch beeinflussen (s. oben!), dass man für einen raschen Abfluss anfallendes Wassers sorgt. Dadurch kann ein Stau verhindert und der Lastfall drückendes Wasser durch den Lastfall Bodenfeuchtigkeit ersetzt werden. Dazu dienen Dränmaßnahmen. DIN 4095, Dränung zum Schutz baulicher Anlagen [57], enthält die Regeln der Dräntechnik.

Zu diesem Zweck umkleidet man die eingeerdeten Bauteile mit Dränschichten (Bild 8.2), welche aus einer Filter- und einer Sickerschicht bestehen müssen, und vor den bzw. über den Decken- bzw. unter den Bodenflächen, welche Erdkontakt haben, angeordnet werden. Die Sickerschicht muss das anfallende Wasser ableiten, die Filterschicht das Eindringen von Bodenteilchen in die Sickerschicht verhindern. Mischfilter aus einem speziellen Kies-Sand-Gemisch erfüllt beide Funktionen aufgrund ihrer Kornabstufung.

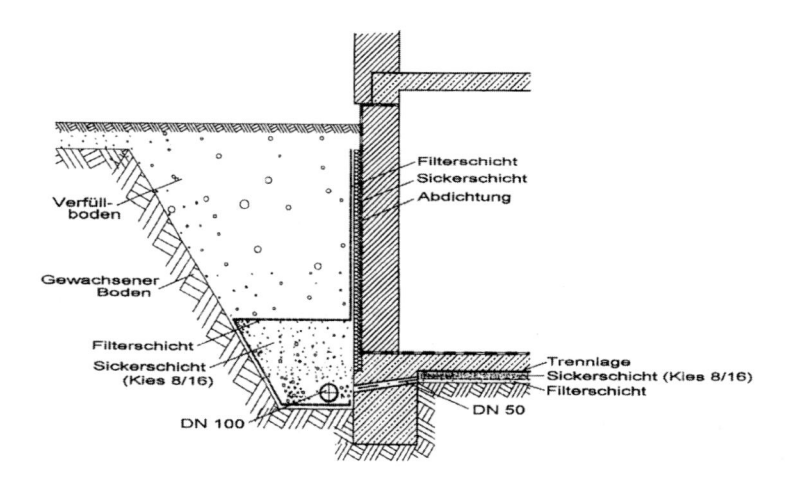

Bild 8.2 Beispiel für die Dränmaßnahmen vor einer Außenwand und unter einer Sohlplatte bei bindigem Boden

Aus Gründen des Umweltschutzes (Grundwasserabsenkung, Hochwassergefahr nach heftigen Niederschlägen) sind Dränagen kritisch zu prüfen. Außerdem sollten in einem Kostenvergleich die Schutzmaßnahmen gegen Bodenfeuchtigkeit inklusive Dränage einem Schutz gegen drückendes Wasser ohne Dränage gegenübergestellt werden.

8.2.2 Abdichtung mit Dichtungsbahnen

Die klassische Art, Bauwerke gegen Wasser im Baugrund abzudichten, ist das Aufkleben von Dichtungsbahnen gemäß DIN 18195. Diese Technologie ist von Haack und Emig [26] sowie von Lufsky [35] beschrieben und kommentiert worden. Die Broschüre „Abdichtung mit Bitumen" [1] erläutert diese Technik ebenfalls sehr eingängig.

Durch die Verwendung von industriell gefertigten Dichtungsbahnen wird eine konstante Dicke und gleich bleibende Qualität der dichtenden Schicht erreicht. Bei mehrfacher Belegung und vollflächiger Verklebung der Dichtungsbahnen miteinander und möglichst auch mit dem Bauwerk wird die Sicherheit gegen Wasserdurchtritt an Fehlstellen erheblich gesteigert.

Zur **Abdichtung gegen Bodenfeuchte** und nichtstauendem Sickerwasser wird die Dichtungsbahn als Horizontalabdichtungen in Wände und Böden eingebaut (Bild 8.3).

Ist die VOB und damit DIN 18336 [75] vereinbart, muss wie folgt gegen Bodenfeuchte und nichtstauendem Sickerwasser abgedichtet werden:

    Waagerechte Abdichtung in oder unter Wänden: 1 Lage Bitumen-Dachdichtungsbahn G200 DD nach DIN 52130 [93], lose verlegt

    Bodenplatten: 1 Lage Bitumen-Schweißbahn G 200 S4 nach DIN 52131 [94].

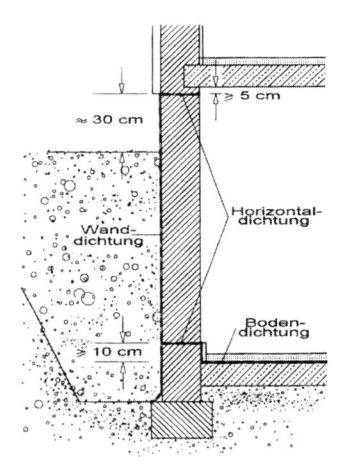

Bild 8.3
Ausführungsbeispiel für die Horizontal- und Vertikalabdichtung gegen Bodenfeuchte und nichtstandendes Sickerwasser in einem eingeerdeten Mauerwerksbau ohne Dränung

Auf Fußbodenflächen darf die Dichtungsbahn lose verlegt, punktweise befestigt oder vollflächig verklebt werden, je nach den lokalen Erfordernissen. Die Bahnen müssen überlappt und an den Überlappungen verschweißt werden. Horizontalabdichtungen in Wänden benötigen eine ebene Auflagefläche, auf welcher die Bitumendichtungsbahn lose verlegt wird. Ein Aufkleben ist wegen der Gleitgefahr nicht erlaubt, die Stöße dürfen nur überlappt oder auch verklebt werden.

DIN 18336 sieht eine vertikale Abdichtung von Außenwandflächen bei Bodenfeuchte und nichtstauendem Sickerwasser nicht vor. Dennoch können nach DIN 18195-4 auch bahnenförmige Abdichtungsmaßnahmen getroffen werden.

Die Maßnahmen gegen von außen drückendes Wasser bestehen in der vollständigen, allseitigen, wasserdichten Umhüllung der eingeerdeten Bauwerksteile je nach gewählter Art der Dichtungsbahn mit wenigstens 2, höchstens 5 Lagen von Dichtungsbahnen, welche vollflächig miteinander verklebt sein müssen. Die außen liegende Abdichtung ist der Regelfall, die innenliende Abdichtung wird nur im Sanierungsfall notgedrungen gewählt (Bild 8.4). Die Zahl und Art der Lagen richtet sich nach dem zu erwartenden maximalen Wasserdruck. Solche Abdichtungen gemäß DIN 18195 sind bis zu einem Druck von maximal 50 m Wassersäule einsetzbar. Die größte Gefahr für das Entstehen von Undichtigkeiten in einer mehrlagigen Abdichtung besteht nicht in der Fläche, sondern an Durchdringungen, sowie an Fugen und Abschlüssen.

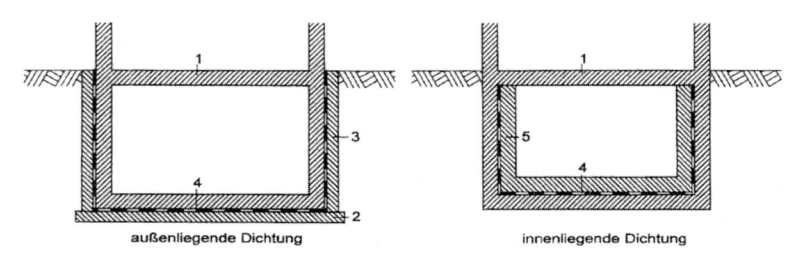

Bild 8.4 Außen- und innenliegende Abdichtung gegen drückendes Grundwasser (1 = Tragekonstruktion, 2 = Schutzbeton, 3 = Mauerwerk, 4 = Dichtung, 5 = Stützkonstruktion)

Deshalb ist eine sorgfältige Konstruktion im Detail unter Beachtung der Hinweise in den Teilen 8 und 9 von DIN 18 195 notwendig, die in Zeichnungen ihren Ausdruck finden muss.

Wasserdruckhaltende Abdichtungen nach DIN 18 195 müssen in der Lage sein, einen langsam sich öffnenden Riss im Bauwerk von maximal 5 mm Spaltweite unter voller Erhaltung der Dichtigkeit gegenüber dem drückenden Wasser zu überbrücken. Daher müssen die Bauwerke natürlich so bemessen sein, dass die zu erwartenden Rissweiten den Wert von 5 mm mit Sicherheit nicht erreichen. Weil bei der Beanspruchung von Bauwerken durch drückendes Wasser die Abdichtungsmaßnahmen nach DIN 18 195 in aller Regel gründlich geplant und ausschließlich von Fachfirmen ausgeführt werden, sind Schäden an wasserdruckhaltenden Abdichtungen relativ selten.

Bei vereinbarter VOB, d.h. Gültigkeit von DIN 18336 muss gegen von außen drückendes Wasser an vertikalen Flächen wie folgt abgedichtet werden:

– Voranstrich
– 2 Lagen nackte Bitumenbahn R 500 N nach DIN 52129 [92] und eine Lage Kupferriffelband ($d \geq 0,1$ mm) nach DIN EN 1652 [56] ,
– im Bürstenstreichverfahren aufgebrachter, Deckaufstrich.

Bei von innen drückendem Wasser ist nach DIN 18336 eine einlagige 1,5 mm dicke Kunststoff-Dichtungsbahn PVC-P nach DIN 16938 [70] vorzusehen.

Bei **nicht drückendem Wasser** dürfen als dichtende Schicht Bitumenbahnen oder Kunststoffbahnen sowie Kombinationen aus beiden eingesetzt werden. Die einlagige, lose zwischen Schutzschichten verlegte Polymer-Dichtungsbahn besitzt gegenüber der mehrfachen, verklebten bituminösen Dichtungsbahn eine erhöhte mechanische Empfindlichkeit (Dicke einer Polymerdichtungsbahn etwa 1,5 mm, Dicke von 2 Lagen Schweißbahn etwa 10 mm), hat aber den Vorteil einer angenehmen Verarbeitung und kurzen Ausführungszeit. Sie bietet nicht die gleiche Sicherheit wie eine vollflächig in allen Lagen und mit dem Bauwerk verklebte Bitumendichtung. Wegen der Perforationsgefahr müssen einlagige Kunststoffbahnen zwischen zwei kräftige Vliese oder gleichwertige Schutzschichten eingelegt werden. Die Baustellennähte müssen auf Dichtigkeit und Reißfestigkeit kontrolliert werden.

Dichtungsbahnen an vertikalen Flächen müssen am oberen Rand mechanisch befestigt werden, eine Verklebung allein ist dort nicht ausreichend.

Nach VOB bzw. DIN 18336 ist bei hoher Beanspruchung von Deckenflächen im Freien und unter Erdreich durch nichtdrückendes Wasser folgende Abdichtung zu wählen:

– Voranstrich
– 1 Lage Bitumendichtungsbahn G 200 DD nach DIN 52130 [93]
– 1 Lage Bitumendichtungsbahn PYE PV 200 DD (Oberlage) nach DIN 52132 [95]

Bei mäßiger Beanspruchung von Deckenflächen im Freien sieht die VOB bzw. DIN 18336 Folgendes vor:

- 1 Lage Kunststoff-Dichtungsbahn PVC-P nach DIN 16938 [70] 1,2 mm dick
- 1 Schutzlage aus mindestens 2 mm dicken und mindestens 300 g/m^2 schweren Bahnen aus synthetischem Vlies.

Ergänzend sei noch darauf hingewiesen, dass auch genutzte Dächer nach DIN 18195 und nicht nach den Regeln des Dachdeckerhandwerks abgedichtet werden müssen (Ausnahme: extensiv begrüntes Flachdach), wobei meist der Lastfall „nichtdrückendes Wasser, hohe Beanspruchung" gegeben ist.

Im Gegensatz zu den wenigen Varianten nach DIN 18336 erlaubt die DIN 18195 viele weitere Lösungen für die Abdichtung mit Bitumen- und Polymer-Dichtungsbahnen.

8.2.3 Abdichtung mit Beschichtungen

Erdberührte Bauwerksflächen von Wohn- und Bürogebäuden werden heute in großem Umfang mit **Bitumendickbeschichtungen** (Trocken-Schichtdicke mindestens 3 mm bei Bodenfeuchte nichtstauendem Sickerwasser und nichtdrückendem Wasser bei mäßiger Beanspruchung, mindestens 4 mm und Gewebeeinlage bei aufstauendem Sickerwasser) abgedichtet. Die Bindemittelbasis ist eine kunststoffmodifizierte Bitumenemulsion, welche bei den einkomponentigen Beschichtungsstoffen mit leichten Zuschlagstoffen und Fasern gefüllt ist. Bei zweikomponentigen Beschichtungsstoffen enthält die sog. Pulverkomponente Zement, der Wasser aus der Bitumenemulsion aufnimmt und damit die Verfestigung beschleunigt sowie durch seine Kristallbildung die Beschichtung versteift. Abdichtungen mit Bitumendickbeschichtungen sind in die Neufassung der DIN 18195 aufgenommen worden.

Polymer-Zement-Beschichtungen, oft als flexible Dichtungsschlämmen bezeichnet, enthalten als Hauptbindemittel eine Kunststoffdispersion, der vor dem Verarbeiten ein Zement-Füllstoffgemisch beigegeben wird. Wie bei den Bitumendickbeschichtungen bewirkt der Zementzusatz eine schnellere Verfestigung und eine Versteifung der Beschichtung. Übliche Mindestschichtdicken sind 2 bis 3 mm. Sie werden relativ selten eingesetzt zur Außenabdichtung, und dann auch nur bei Belastung durch Bodenfeuchte. Die Haupteinsatzgebiete sind eingeerdete Wände und Böden, welche auf der Raumseite (wenn die Außenseite unzugänglich ist) abgedichtet werden müssen, ferner Horizontalsperren im Mauerwerk, vor allem aber Nassräume und Schwimmbecken. Hierzu liegt eine Richtlinie verschiedene Herausgeber vor [101].

Polymer-Zement-Beschichtungen zur Bauwerksabdichtung müssen bauaufsichtlich zugelassen sein, da es sich um einen noch nicht in Normen geregelten Baustoff handelt. Die bei der Verarbeitung zu beachtenden Details findet man in dem Technischen Merkblatt, das der Stoffhersteller dem Produkt beifügen muss.

Die **Besonderheiten von Beschichtungen zur Abdichtung** im Vergleich zu Bahnenabdichtungen sind folgende:

Beschichtungen entstehen erst am Bauwerk durch Verfestigung von aufgetragenen Beschichtungsstoffen. Die Qualität der Beschichtung kann daher erst vor Ort nachgewiesen werden, z.B. durch repräsentative Messung der Schichtdicke, der eingetretenen Verfestigung und der Haftung am Untergrund.

Die notwendige Rissüberbrückungsfähigkeit kann nur zustande kommen bei ausreichender Mindestschichtdicke (sicherzustellen durch die Auftragsmenge und eine genügend kleine Schichtdickenschwankung). Das erfordert eine kleine Rauhtiefe des Untergrundes (Bild 8.5).

Ein ebenflächiger Untergrund ist nicht notwendig. Z.B. ist eine Buckelpiste bei verschlämmtem Bruchsteinmauerwerk unschädlich. Mauerwerk muss bündig verfugt oder mit Zementputz bekleidet werden.

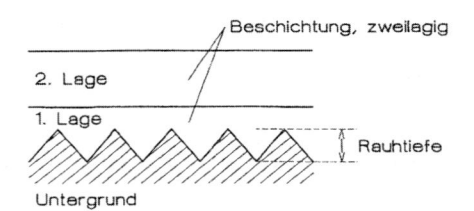

Bild 8.5
Die Rauhtiefe des Untergrundes muss klein sein im Vergleich zur Gesamtschichtdicke der Beschichtung

An besonders beanspruchten Stellen kann eine Beschichtung lokal verstärkt werden, z.B. durch Erhöhung der Schichtdicke bzw. der Zahl der Teilschichten, durch Gewebeeinlage, Vlieseinlage, Dichtbandeinlage usw.

An Kanten, Ecken usw. genügt eine geringe Abfasung im Untergrund von z.B. 10 mm oder ein Radius der Ausrundung von 5 mm. Jedoch ist an solchen Stellen eine lokale Verstärkung der Beschichtung empfehlenswert.

Auf gut vorbereitetem Untergrund und bei sorgfältiger Verarbeitung der Beschichtungsstoffe entsteht auf fast allen Untergründen eine ausgezeichnete Haftung. Daher sind mechanische Fixierungen an den Berandungen einer beschichteten Fläche, an Flanschen von Durchdringungen, Einlaufen usw. weder notwendig noch sinnvoll. Los- und Festflansche sollten unbedingt durch Klebeflansche ersetzt werden.

Polymer-Zement-Beschichtungen haben ein viskoelastisches Verhalten. Daher vermögen sie die mechanische Belastung durch das Gewicht von Schutz- und Deckschichten an geneigten und senkrechten Flächen auf den Untergrund abzuleiten. Die Schutzschichten benötigen also im Allgemeinen keine Stützkonstruktion, sodass sich an senkrechten Flächen relativ einfache Lösungen ergeben. Eine lückenlose Schutzschicht gegen mechanische Beschädigung ist jedoch wie bei Bahnabdichtungen notwendig und möglichst bald nach der Verfestigung aufzubringen. Kunststoffgebundene Beschichtungen sind haftfreundliche Untergründe für viele Mörtel, Kleber usw., im Gegensatz zu Dichtungsbahnen auf Bitumen-und Polymer-Basis.

Hitze und offene Flammen brauchen zur Verarbeitung von Bitumen- und Polymer-Zement-Beschichtungen nicht angewendet werden, Lösemittel sind in ihnen nicht enthalten. Da die genannten Beschichtungsstoffe auf wäßriger Basis rezeptiert sind, erfolgt u.U. nur eine langsame Verfestigung (z.B. bei tiefen Temperaturen, bei hohen Luftfeuchten und bei hohen Schichtdicken). Erst nach der Verfestigung dürfen relativ dampfdichte Schichten, wie Dränplatten, Perimeterdämmplatten, Folien usw., auf die Beschichtung aufgebracht werden.

Der Verarbeiter der Beschichtungsstoffe benötigt für die Angebotsabgabe und die Ausführung zu allen typischen Details Zeichnungen mit Erläuterungstexten. Die Planer und die Bauüberwachung müssen mit den Besonderheiten von Beschichtungen vertraut sein, um die gegenüber einer Bahnenabdichtung andere Planung und verstärkte Überwachung sachgerecht ausführen zu können.

8 Bautechnischer Feuchteschutz

Beschichtungen auf Polymer-Zement-Basis und Bitumendickbeschichtungen sind wesentlich wasserdampfdurchlässiger als Reaktionsharzbeschichtungen und als Dichtungsbahnen auf Bitumen- oder Polymerbasis.

8.2.4 Wasserundurchlässige Betonbauwerke

Wasserundurchlässig nennt man Beton dann, wenn der kapillare Wassertransport infolge eines geringen Kapillarporenanteils im Zementstein so gering ist, dass die Wassereindringtiefe maximal 5 cm beträgt (Bild 8.6). Das ist bei Beton mit Druckfestigkeiten von mindestens 35 N/mm^2 in der Regel der Fall.

Die Details des Bauens mit wasserundurchlässigem Beton sind unter anderem in einem Merkblatt des Deutschen Betonvereins [105] und der sog. WU – Richtlinie des Deutschen Anschlusses für Stahlbeton [104] niedergelegt.

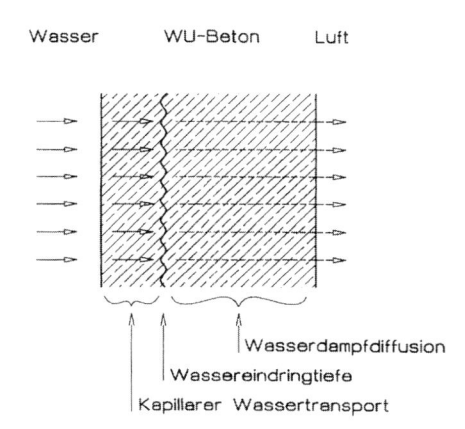

Bild 8.6
Die Wassereindringtiefe bei WU-Beton markiert die Grenze zwischen Flüssigwassertransportzone und Wasserdampfdiffusionszone

Es gelten folgende Konstruktionsgrundsätze:

– Der Beton muss wasserundurchlässig sein
– Die Betondicke muss so groß sein, dass in Anbetracht der erforderlichen Bewehrung, der Schalung und der Einbauteile ein dichtes Betongefüge herstellbar ist
– Gegen Wasserdurchtritt an Trennrissen müssen Maßnahmen ergriffen werden:
    - z.B. Vermeiden von Trennrissen
    - oder Trennrisse planmäßig abdichten
    - oder Trennrissweiten durch Bewehren begrenzen
– Durchdringungen, Arbeitsfugen, Bewegungsfugen usw. wasserundurchlässig ausbilden
– Bei hochwertiger Raumnutzung die notwendigen bauphysikalische Maßnahmen einplanen

Die Erfahrung mit wasserundurchlässigen Betonbauwerken hat gezeigt, dass Risse meist dort auftreten, wo Zwangsbeanspruchungen (infolge Hydratationswärme, elastischer Bauwerksverformung, Schwinden, Kriechen, Temperaturwechseln, Baugrundverformungen usw.) wirksam werden. Denn immer noch werden gelegentlich wasserundurchlässige Betonbauwerke wie normale Stahlbetonkonstruktionen nur für die Lastbeanspruchung sorgfältig bemessen und konstruiert, jedoch die Zwangsbeanspruchungen gar nicht oder zu wenig berücksichtigt. Das statische System muss also einfach und realitätsnah gewählt werden und die Zwangsbeanspruchungen miterfassen. Beispielsweise sollte eine Bodenplatte auf Erdreich planeben sein und auf einer Gleiten ermöglichenden Unterlage aufliegen.

Wasserundurchlässige Betonbauwerke erfordern nicht nur einen größeren Planungsaufwand und eine aufwendigere Stahlbetonkonstruktion als abzudichtende Stahlbetonbauwerke gleicher Art, auch auf der Baustelle müssen vielerlei Maßnahmen zur Verhinderung undichter Bereiche im Beton ergriffen werden:

- Erwärmung durch Hydratation klein halten (Betonrezeptur, Temperatur der Beton-Rohstoffe),
- Abkühlung des warmen, „grünen" Betons verzögern,
- Austrocknung und damit das Schwinden verzögern,
- Sinnvolle Reihenfolge der Betonierabschnitte einhalten,
- Bauwerk vor raschen Temperaturwechseln und lokalen Temperaturdifferenzen schützen
- Einbau von Fugenbändern usw. an Arbeitsfugen und Sollriss-Stellen.

Die Vorteile von Bauwerken aus wasserundurchlässigem Beton bestehen in erster Linie darin, dass im Vergleich mit abgedichteten Bauwerken

- eine gegen Beschädigungen unempfindliche „Abdichtung" entsteht,
- die Konstruktion des Bauwerkes vereinfacht wird, weil erforderliche Schutzschichten, Wandvorlagen, Ausrundungen usw. entfallen,
- der Bauablauf durch den Wegfall eines wetterempfindlichen Gewerkes (Bauwerksabdichtung) beschleunigt wird,
- eine sichere Lokalisierung von undichten Stellen möglich ist, wenn die Luftseite zugänglich ist.

Die durch den Wegfall von Abdichtungsarbeiten zunächst eingesparten Kosten werden durch vergrößerten Planungs- und Berechnungsaufwand, aufwendigere Erstellung der Betonkonstruktion und notwendige Nachdichtungsarbeiten in aller Regel wieder aufgebraucht.

Weil neue Risse in wasserundurchlässigem Beton auch noch einige Jahre nach der Erstellung infolge Schwinden und Kriechen des Betons auftreten können, ist diese Bauweise zu vermeiden bei

- Raumnutzungen, die einen Wassereinbruch nicht ertragen (elektrische Betriebsräume, hochwertigem Lagergut, ...),
- Bauwerken, deren WU-Beton-Bauteile an der Raumseite später nicht mehr zugänglich sind.

Bei stark aggressivem Grundwasser, das äußere Schutzschichten erforderlich macht, ist die Wahl einer wasserundurchlässigen Betonwanne kritisch zu prüfen.

Pfefferkorn [22] unterscheidet bezüglich der Bauwerksart drei Fälle:

a) **Weiße Wannen**

Darunter versteht man behälterartige Baukonstruktionen aus wasserundurchlässigem Beton im Erdreich. Sie können bei sorgfältiger Planung und Ausführung mit relativ geringem Risiko wasserundurchlässig hergestellt werden, weil die Einerdung den Beton feucht hält und Temperaturschwankungen bremst und der äußere Wasserdruck vorzugsweise Druckspannungen in den Bauteilen erzeugt.

b) **Rechteckige Wasserbehälter**

In ihnen entstehen aus dem inneren Wasserdruck Zugspannungen in den Umschließungsbauteilen. Diese sind jedoch im Verhältnis zu den (weniger bedenklichen) Biegespannungen gering. Im Übrigen sinkt das Risiko mit zunehmender Einbindetiefe in das Erdreich. Vor der Bemessung solcher Behälter sollten mit dem Bauherren die Anforderungen hinsichtlich des Grades der Wasserundurchlässigkeit genau festgelegt werden (Kosten-Nutzen-Analyse).

c) **Runde Wasserbehälter**

Sie sind bei Stahlbetonbauweise gekennzeichnet durch hohe Zugbeanspruchungen in der Außenwand aus dem inneren Wasserdruck, während Biegespannungen durch konstruktive Maßnahmen relativ klein gehalten werden können. Im Erdreich wirken sich der Erddruck und die Abpufferung der Temperaturwechsel günstig auf das Rissverhalten aus. Bei runden Wasserbehältern großen Durchmessers ist eine Vorspannung unbedingt ratsam.

Auch bei größter Sorgfalt bei der Planung und Ausführung wasserundurchlässiger Betonbauwerke kann man Undichtigkeiten an Fugen, im Betongefüge und (wegen der Sprödigkeit von Beton) an Rissen nicht völlig ausschließen. Sie können aber in der Regel nachträglich dauerhaft durch Injektion geschlossen werden [100, 103], wenn die undichten Betonflächen an der Luftseite zugänglich sind und bleiben. Solche Nachdichtungsmaßnahmen werden u.U. mehrere Jahre lang, jedoch mit abnehmender Tendenz, erforderlich. Darüber sollten sich Planer und Bauherr im Klaren sein und dies auch bei der Auftragsvergabe berücksichtigen.

Sollen Räume in weißen Wannen hochwertig genutzt werden, z.B. als Aufenthaltsräume oder zur Lagerung hochwertiger Güter, sind bauphysikalische Maßnahmen zu planen und auszuführen. Außer dem hier nicht behandelten Wärmeschutz sind folgende Feuchteschutzmaßnahmen vorzusehen:

Die notwendigen Maßnahmen zum **Tauwasserschutz** für Außenbauteile von Aufenthaltsräumen sind gemäß DIN 4108, Teil 3 auszuführen. Er umfasst den möglichen Tauwasseranfall an den raumseitigen Oberflächen, im Inneren des Querschnitts und an Wärmebrückenbereichen der Außenbauteile. Bei eingeerdeten Räumen ist die winterliche und die sommerliche Außenklima-Situation zu bedenken.

Die Wirkungen der **Baufeuchte** sind auf eine Zeitspanne von einigen Jahren nach der Erstellung des Bauwerks begrenzt, wobei dickere Betonbauteile wesentlich länger zum Austrocknen brauchen als dünnere. Für den baufeuchten Zustand (100 % rel. Luftfeuchte im Betonquerschnitt) sind die Parameter zu bemessen, welche die Abgabe von Wasserdampf an die Raumluft und die dadurch bedingte Erhöhung der Raumluftfeuchte bestimmen. Die eventuelle Feuchteeinwanderung in die den Beton bekleidenden Schichten einschließlich der Alkaliwirkungen sind zu bedenken.

Die **nach der Austrocknung der Baufeuchte** im stationären Zustand in den Raum durch die Außenbauteile hineindiffundierende Feuchte und ihr Einfluss auf das Raumklima ist meist nur bescheiden. Jedoch ist die zu erwartende Raumluftfeuchte dann zu prüfen, wenn die Raumnutzung ohne oder mit geringem Luftwechsel erfolgen soll, z.B. bei Lagerung feuchteempfindlicher Güter. Bei den Berechnungen müssen die erhöhten Erdreichtemperaturen in der Nähe des Bauwerks infolge der Beheizung der Räume beachtet werden.

Eine hochwertige Raumnutzung bedingt in der Regel, dass kein flüssiges Wasser von außen her bis zur raumseitigen WU-Beton-Oberfläche eindringen darf, d.h. eine Rissweitenbegrenzung als alleinige Maßnahme gegen Trennrisse genügt nicht.

8.3 Schutz vor Niederschlägen

8.3.1 Dächer mit Dachdeckung

Dächer müssen entweder **gedeckt** oder **gedichtet** werden.

Dachdeckungen sind aus einzelnen Elementen zusammengefügte Dachflächen, welche den Niederschlag ableiten, jedoch wegen der Fugen zwischen den Elementen nicht absolut wasserdicht sind wie eine Abdichtung. Die Art des Dachdeckungsmaterials (Dachziegel, Betondachsteine, Schiefer, Wellplatten, gefalzte Blechtafeln usw.), die Formgebung und die gegenseitige Anordnung (Deckungsart) der Elemente sowie die Überdeckungslänge bestimmen die Mindestdachneigung (siehe Bild 8.7) welche vorliegen muss, damit die betreffende Dachdeckung regendicht ist. Der Wind kann geringe Mengen an Regen oder Schnee durch die Fugen der Elemente hindurchtreiben. Deshalb müssen Dachdeckungen über Aufenthaltsräumen mit einer zweiten Dichtungsebene ausgestattet werden, z.B. einer Unterdeckung oder einer Unterspannbahn. Bei nicht ausgebauten Dachräumen reicht meist die normale Regendichtigkeit des Daches aus, manchmal wird aber die Dichtigkeit der Fugen zwischen den Elementen durch Mörtel oder Einlagen verbessert. Die Winddurchlässigkeit einer Dachdeckung aus kleinformatigen Elementen ist so groß, dass bei Diffusionsberechnungen die Dachdeckung bezüglich ihres Wasserdampfdiffusionswiderstandes nicht berücksichtigt zu werden braucht. Zudem werden Dachdeckungen oft hinterlüftet, um die rasche Abtrocknung der Deckelemente und der Dachlatten nach Niederschlägen zu fördern, was der Dauerhaftigkeit der Elemente und der Lattung zugute kommt.

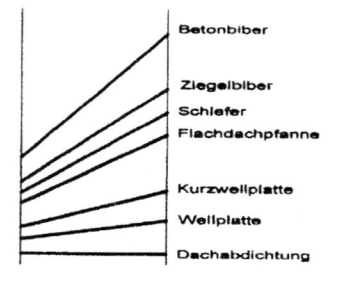

Bild 8.7
Mindestdachneigungen bei verschiedenen Dachdeckungsmaterialien

Die Deckung von Dächern ist nach den Fachregeln des Dachdeckerhandwerks [109] und nach DIN 18338, Dachdeckungs- und Dachdichtungsarbeiten [76], oder im Falle gefalzter Metalldachdeckungen nach DIN 18339 [77], Klempnerarbeiten, auszuführen.

Die **früher übliche Bauweise gedeckter Sparren- und Pfetten-Dächer über Aufenthaltsräumen** ist auf Bild 8.8 dargestellt (Symbole siehe Tafel 8.6): Kleinformatige Deckungselemente werden auf Lattung und Konterlattung aufgelegt und in der Konterlattungsebene hinterlüftet. Darunter folgt dann die zweite Dichtungsebene in Gestalt einer Unterspannbahn oder eines Unterdaches aus Holzschalung und Bitumenpappe. Metallblechdeckungen werden in der Regel auf einem Unterdach verlegt. Zwischen die Sparren wird die Wärmedämmschicht eingebaut, deren Dicke so zu bemessen ist, dass zwischen der Oberseite der Dämmschicht und der Unterseite der Unterspannbahn bzw. der Unterdeckung ein Luftspalt von wenigstens 4 cm Dicke freibleibt. Dieser wird durchlüftet, wozu an den Traufen Lufteintrittsöffnungen und an den Firsten Luftaustrittsöffnungen auszubilden sind. Die Durchlüftung hat die Aufgabe, evtl. an der Unterseite der zweiten Dichtung anfallendes Tauwasser nach außen abzuführen.

8 Bautechnischer Feuchteschutz

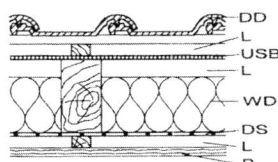

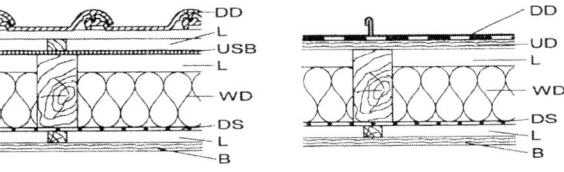

Bild 8.8
Früher übliche Steildachquerschnitte eines ausgebauten Dachraumes

Tafel 8.6 Verwendete Symbole und Kurzzeichen für Schichten in Dachquerschnitten

Kurz-zeichen	Schichtbezeichnung	Symbol	Kurz-zeichen	Schichtbezeichnung	Symbol
A	Abdichtung		OS	Oberflächenschutz:	
B	Bekleidung			Beschieferung	
	(raumseitig)			Kiesschüttung	
DA	Druckausgleichsschicht		T	Trennlage	
DD	Dachdeckung		UD	Unterdach	
	(evtl. mit Lattung)		USB	Unterspannbahn	
DR	Dränschicht		VA	Voranstrich	
DS	Dampfsperre		VS	Vegetationsschicht	
L	Luftschicht		WD	Wärmedämmschicht	

In der Ebene der Sparrenunterkanten wird meist eine großformatige Polymer- oder Metallfolie verlegt, welche als Dampfsperre und als Luftdichtung dient. Dann folgt die unterseitige Bekleidung, welche mittels Lattung in einem wenige Zentimeter großen Abstand von der Sparrenunterseite aufgebracht wird, um einen als Installationsebene verwendbaren Hohlraum freizulassen. Die Sparren sind mit chemischem Holzschutz gegen Pilz- und Insektenbefall zu versehen. Kennzeichnend aus bauphysikalischer Sicht bei dieser Bauweise ist, dass die Dampfsperre an der Sparrenunterseite möglichst undurchlässig ($s_d > 100$ m) sein muss, und dass die Wasserdampfdurchlässigkeit der Unterspannbahn bzw. der Unterdeckung keinen Begrenzungen unterliegt.

Um den chemischen Holzschutz an den Sparren zu vermeiden und die jetzt vorgeschriebenen höheren Dämmschichtdicken unterbringen zu können, werden **zeitgemäß gedeckte Dächer über Aufenthaltsräumen** nunmehr meist wie auf Bild 8.9 dargestellt ausgeführt:

Bild 8.9
Zeitgemäße Steildachquerschnitte mit Sparrenvolldämmung in diffusionsoffener Bauweise

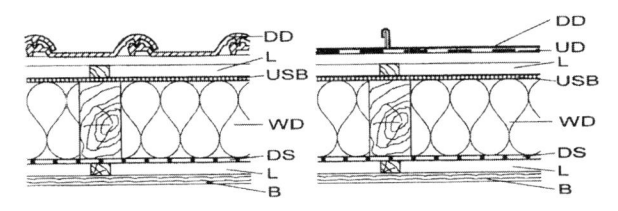

Die Deckung und ihre Tragkonstruktion (Lattung mit Konterlattung bzw. Unterdach aus Schalung und Wasser abweisender Auflage) werden wie seither ausgeführt. Dann folgt eine diffusionsoffene Unterspannbahn ($s_d \leq 0{,}3$ m). Die Sparrenquerschnitte werden relativ schmal aber hoch gewählt, sodass eine Dämmschicht von mindestens 18 cm Dicke in dem Raum zwischen Sparrenoberkante und Sparrenunterkante Platz findet. An der Sparrenunterseite ist eine großformatige Windsperre mit bescheidenem Diffusionswiderstand ($s_d\sim3$m) notwendig, der in einem Abstand von einigen Zentimetern die unterseitige Bekleidungsschicht folgt. Der Dachquerschnitt ist wegen der Wahl einer diffusionsoffenen Unterspannbahn und einer Dampfbremse statt einer Dampfsperre in der Ebene der Sparrenuntersicht relativ diffusionsoffen, sodass eingedrungene Feuchte, wenn nötig, rasch austrocknen kann.

Die Unterspannbahn und die Dampfbremse an der Sparrenunterseite schließen die Sparren nach außen hin so gut ab, dass der Zutritt von Schadinsekten zu den Sparren verhindert wird. Einem Pilzbefall wird durch die gute Austrocknungsmöglichkeit, Vermeidung von Wasserdampfkondensation im Winter und weitere, die Trockenhaltung des Holzes sicherstellende Maßnahmen in der Erstellungsphase des Daches vorgebeugt, sodass ein chemischer Holzschutz für die Sparren entfallen kann.

Wichtig für die zeitgemäße Dachausbildung mit Sparrenvolldämmung ist aus bauphysikalischer Sicht, dass die Unterspannbahn nur einen sehr geringen Diffusionswiderstand ($s_d < 0,3$ m) aufweist, wofür spezielle Produkte auf dem Markt sind. Ferner muss eine Dampfbremse, die gleichzeitig die Funktion der Luftdichtheitsschicht übernimmt, lückenlos das Einströmen warmfeuchter Raumluft in die Dämmschichtebene verhindern. Um eine Durchbrechung der Luftdichtheitsschicht durch Leitungen usw. zu vermeiden, ist zwischen Luftdichtheitsschicht und raumseitiger Bekleidung zweckmäßigerweise eine Installationsebene von wenigen Zentimetern Spaltweite anzuordnen. Die diffusionsoffene Unterspannbahn wird nicht hinterlüftet, die Dämmschicht reicht bis an die Unterseite der diffusionsoffenen Unterspannbahn heran.

8.3.2 Dächer mit Dachabdichtung

Eine Dachabdichtung stellt eine auch bei drückendem Wasser wasserdichte Membran dar, im Gegensatz zu einer Dachdeckung, die an den Überlappungsstellen stets eine gewisse Wasserdurchlässigkeit aufweist. Abgedichtete Dachflächen können deshalb beliebig geneigt, also auch horizontal sein, selbst gekrümmte Flächen sind relativ einfach abdichtbar. In der Regel werden Dachflächen nur dann abgedichtet statt gedeckt, wenn sie eine geringe Dachneigung haben.

Dachdichtungen werden nahezu ausschließlich aus Dachdichtungsbahnen auf Bitumen oder Polymerbasis hergestellt. Deshalb besteht eine technologische Verwandtschaft zur Bauwerksabdichtung gegen nichtdrückendes Wasser, siehe Abschn. 8.2.2. Dachdichtungen werden im Gegensatz zu Bauwerksabdichtungen durch die Wetterkomponenten stark belastet, insbesondere die Temperaturwechsel sind gravierend. Daher erhalten Dachabdichtungen spezielle Schichten, wie Druckausgleichs- und Trennschichten, welche bei Bauwerksabdichtungen tunlichst vermieden werden, jedoch vom Dachdeckerhandwerk als notwendig angesehen werden.

Man unterscheidet einschalige und zweischalige Dächer sowie nicht genutzte und genutzte Dächer.

Bei **einschaligen Dächern** sind alle zur Erfüllung der verschiedenen bauphysikalischen Anforderungen (Regenschutz, Wärmeschutz, Tauwasserschutz usw.) notwendigen Baustoffschichten zu einem einzigen Schichtenpaket zusammengefügt (Bild 8.10). Bei den **zweischaligen Dächern** ist der Regenschutz auf einer besonderen Unterlage aufgebracht, welche durch einen belüfteten Spalt von der darunter angeordneten zweiten Schale getrennt ist. Die untere Schale hat nahezu immer die Tragfunktion, den Schall-, den Tauwasser- und den Wärmeschutz sowie den luftdichten Abschluss zum darunter befindlichen Raum zu erfüllen. Die Bedingungen, welche zur Gewährleistung der Durchlüftung des trennenden Luftspaltes erfüllt sein müssen, sind in Abschnitt 8.4.3 angegeben.

8 Bautechnischer Feuchteschutz

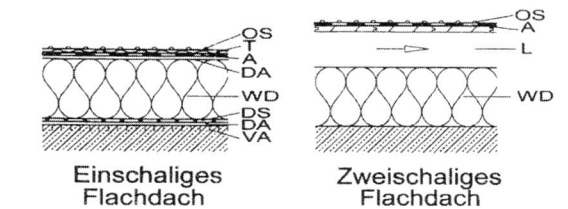

Bild 8.10
Typische Schichtfolgen beim ein- und beim zweischaligen Flachdach (schematisch)

Einschaliges Flachdach

Zweischaliges Flachdach

Bei der **bituminösen Variante der Dachdichtung** einschaliger Dächer wird in der Regel die tragende Betondecke nach Einebnung und nach Entfernen aller losen Teile mit einem Voranstrich versehen. Dann wird eine Bitumenbahn als Dampfsperre streifenförmig oder punktuell aufgeklebt, sodass eine durchgehende Luftschicht, die sog. Druckausgleichsschicht, sich unter der Dampfsperre befindet. Die Wärmedämmschicht wird ebenfalls punktuell oder streifenförmig aufgeklebt. Dann folgt die zweilagige Abdichtung, z.B. aus zwei miteinander verklebten Schweißbahnen, die zusammen eine Schichtdicke von etwa 10 mm haben. Die erste Dichtungslage wird wiederum nur linienförmig oder punktuell aufgeklebt. Die Deckschicht erhält als Oberflächenschutz entweder eine Beschichtung heller Farbe, eine Schieferbestreuung oder eine Kiesschüttung auf Trennlage. Kennzeichnend ist die Verklebung aller Schichten miteinander.

Bei einer analogen Dachabdichtung aus Polymerdichtungsbahnen wird z.B. auf die Betondeckenplatte lose eine 0,4 mm dicke Polyethylenfolie aufgelegt, welche als Dampfbremse und Druckausgleichsschicht wirkt. Darauf wird die Wärmedämmschicht lose aufgelegt. Die Dachdichtung besteht aus einer Polymerdichtungsbahn von mindesten 1,2 mm Dicke, welche zum Schutz oben und unten von einem Synthesefaser-Vlies bedeckt wird. Da alle Schichten nur lose aufeinander gelegt werden, muss gegen die abhebende Wirkung von Windsog eine Beschwerungsschicht aufgebracht werden, welche gleichzeitig auch als Oberflächenschutz wirkt. In der Regel wird eine 5 cm dicke Kiesschüttung der Körnung 16 bis 32 mm gewählt. Statt der Beschwerung kann die Abdichtung auch durch Dübel oder Anker mit der tragenden Decke verbunden werden.

Die wichtigsten Varianten der einschaligen gedichteten Dächer sind auf Bild 8.11 vergleichend dargestellt:

Klassisches Flachdach

Umkehrdach

Duodach

Industriedach

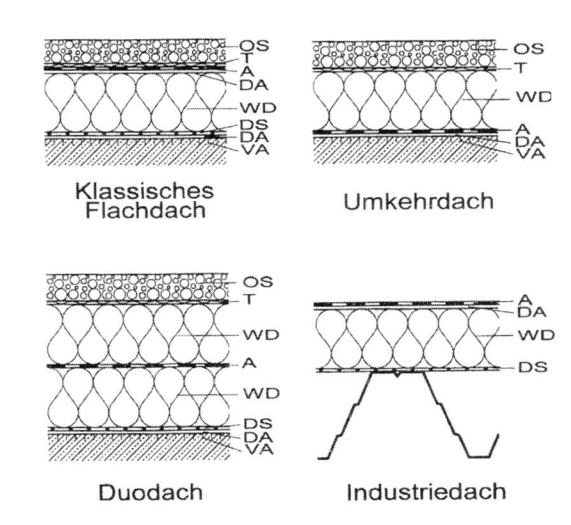

Bild 8.11
Typische Schichtenfolgen bei verschiedenen Flachdachbauweisen

Beim **klassischen (einschaligen) Flachdach** wird durch eine Dampfsperre die Wärmedämmschicht vor Tauwasser bei der im Winter auftretenden Wasserdampfdiffusion von innen nach außen geschützt. Die Abdichtung selbst benötigt einen Oberflächenschutz.

Beim **Umkehrdach** wird die Abdichtung direkt auf die tragende Decke gelegt. Den mechanischen Schutz der Abdichtung nach oben übernimmt die Wärmedämmschicht, die hier aus durchfeuchtungshemmendem Werkstoff, Extruderschaum, bestehen muss. Die Deckschicht kann ein Pflanzsubstrat, ein Plattenbelag oder eine Kiesschüttung sein. Während Kiesschüttungen unproblematisch sind, müssen die anderen Arten von Deckschichten so bemessen werden, dass die Dämmschicht auch langfristig nur wenig Wasser durch Kondensation aufnimmt. Die Dämmschicht darf bei starkem Wasseranfall nicht aufschwimmen, was durch gute Entwässerung und Auflast verhindert werden muss. Weil an Plattenfugen usw. doch in gewissem Umfang Sickerwasser bis zur Abdichtung vordringen kann, ist die Wärmedämmung reichlich zu bemessen und die Tragkonstruktion als thermische Pufferzone in schwerer Bauart auszuführen.

Beim **Duodach** liegt die Abdichtung gut geschützt zwischen zwei Lagen Wärmedämmstoff. Damit bei dieser Schichtenfolge kein Tauwasser auftritt, darf der Wärmedurchlasswiderstand aller Schichten unterhalb der Abdichtung nicht größer sein als etwa 20 % des Wärmedurchlasswiderstandes der oberhalb der Abdichtung liegenden Schichten, wenn unterhalb der unteren Wärmedämmschicht eine Dampfsperre fehlt. Die Beschwerungsschicht muss das Aufschwimmen der oberen Wärmedämmschicht verhindern. Das Duodach wird meist durch Verbesserungsmaßnahmen aus einem klassischen Flachdach erzeugt.

Ein **Industriedach** darf nur ein geringes Gewicht haben, damit große Spannweiten mit geringen Kosten erzielt werden: Auf die in der Regel vorliegende Trapezblech-Tragkonstruktion, verzinkt und beschichtet, wird eine Dampfsperre aufgeklebt. Darauf wird wiederum durch Klebung eine so druck- und biegefeste Wärmedämmschicht befestigt, dass das Dach begehbar ist. Dann folgt die Dachdichtung, meist durch Verschweißen von Polymerdichtungsbahnen hergestellt, und mit der Wärmedämmschicht nur punktuell oder linienförmig verklebt oder durch Anker mit dem Stahltrapezblech verbunden.

Eine **Nutzung von Dachflächen** kann als Terrasse, als befahrbare Verkehrsfläche sowie durch Begrünung erfolgen. Der Schichtaufbau oberhalb der Tragkonstruktion beginnt beim genutzten Dach oft mit Dampfsperre, Wärmedämmschicht und Dachabdichtung (Bild 8.12). Dann folgt aber eine Schutzschicht z.B. in Form eines kräftigen Vlieses oder einer Gummischnitzelmatte, um die Dachdichtung vor mechanischen Einwirkungen zu schützen. Beim begehbaren Dach wird die Verkehrsfläche oft von einem Plattenbelag gebildet, der auf einem Splittbett oder auf Stelzen lagert. Beim befahrbaren Dach muss eine lastverteilende Betonplatte auf einer Pufferschicht aus Sand, Splitt, Schaumstoff oder ähnlichem gelagert werden. Beim begrünten Dach wird in der Regel das Prinzip des Umkehrdaches angewandt. Die Dachdichtung wird nach oben hin gegen mechanische Einwirkungen von durchfeuchtungshemmendem Wärmedämmstoff abgeschirmt wird. Nach einer Vlieslage folgt eine Dränageschicht, z.B. aus einer 8 cm dicken Kiesschüttung der Körnung 16/32 mm. Darauf befindet sich wieder ein kräftiges Vlies als Filter für das darüberliegende Pflanzsubstrat. Die kontinuierliche Abfuhr anfallenden Wassers in der Dränageschicht muss sichergestellt sein.

Nur extensiv genutzte Dächer mit nur etwa 10 cm dicken Vegetationsschichten sind wie Dächer mit Abdichtungen nach den Fachregeln des Dachdeckerhandwerks [110] abzudichten. Befahrene, begangene und intensiv genutzte Dächer mit dickschichtigen Auflagen auf der Abdichtung sind nach den Regeln der Bauwerksabdichtung, DIN 18195 [72], auszubilden

8 Bautechnischer Feuchteschutz

(siehe Abschnitt 8.2.2). Damit entfallen bei den Letzteren die Druckausgleichsschichten und eine vollflächige Klebung mit allen ihren Vorteilen ist ausführbar.

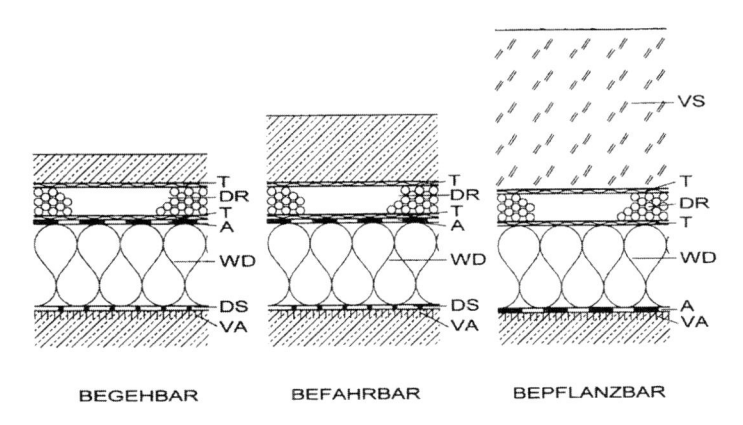

Bild 8.12 Typische Schichtenfolgen bei genutzten Fachdächern

Der Planer findet die einzuhaltenden Regeln beim Entwerfen von Dächern mit Dachabdichtungen in DIN 18531 [87], Die Ausführung von Dachabdichtungsarbeiten bei Vereinbarung der Verdingungsordnung für Bauleistungen (VOB) ist in DIN 18338 [76] geregelt. Ferner ist in DIN 18530 [86] beschrieben, wie massive Deckenkonstruktionen unter Dachabdichtungen mit Trennschichten, Lager, Ringanker usw. auszustatten sind, dass schädliche Risse und Verformungen in den Wänden und der Dachdecke vermieden werden können. Ausführliche Informationen über Bitumendichtungsbahnen und ihre richtige Anwendung enthält eine Broschüre der herstellenden Industrie [106].

8.3.3 Maßnahmen gegen Schlagregen und Spritzwasser

Gegen Schlagregen kann man eine Fassade durch die Geometrie der Fassadenoberfläche, die konstruktive Durchbildung, den Aufbau des Wandquerschnitts und durch Bautenschutzmaßnahmen an der Fassadenoberfläche schützen.

Gestalterische Maßnahmen sind weit herabgezogene Dächer, große Dachüberstände, nach unten zurückspringende Fassadenflächen, Wasser ableitende Gesimse usw. (Bild 8.13).

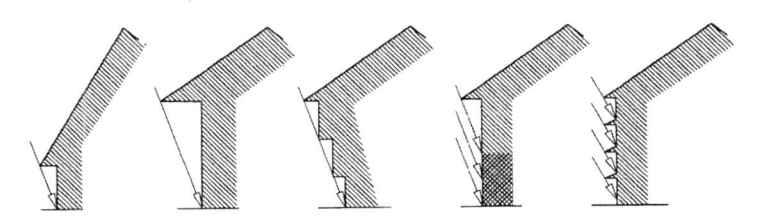

Bild 8.13 Schlagregenschutz einer Fassade durch die Formgebung der Gebäudehülle (tiefgezogenes Dach, großer Dachüberstand, geschossweise versetzte Außenwände, unterschiedliche Wandbaustoffe, Gesimse)

Die Schlagregendichtheit einer Wand ist stets anhand des gesamten **Wandquerschnitts** zu beurteilen (Bild 8.14): Einerseits kann eine homogen aufgebaute Wand aus einem Wandbaustoff gewählt werden, der von Natur aus nur wenig oder nur langsam Wasser aufnimmt, wie z.B. Sichtbeton, oder der genügend speicherfähig ist bei entsprechend großer Wanddicke (Bild A). Zweitens kann vor der Wand eine hinterlüftete Schale angebracht werden, welche den Regen abhält (Bild B). Schindeln und Platten auf Traggerüsten oder hinterlüftete Vormauerschalen wirken in diesem Sinne. Die schützende Schale muss beständig sein gegen die Regenbelastung, auch in Verbindung mit Frost usw. Sie muss nicht völlig undurchlässig sein gegen das Niederschlagswasser. Drittens kann in die Wand eine undurchlässige Schicht eingebaut werden (Bild C), z.B. eine geschlossene Mörtelschale, eine hydrophobe Kerndämmschicht oder eine Dichtungshaut in Form eines Bitumenpapiers, einer Unterspannbahn usw. Viertens kann die Oberfläche einer Wand durch Anstriche, mineralische Putze, Kunstharzputze, Imprägniermittel usw. so behandelt werden, dass sie kein kapillares Saugen mehr zeigt (Bild D). Die von Rissen in der Wand ausgehende Gefahr ist dann mehr zu beachten als im Fall A, weil das an der Wandoberfläche ablaufende Niederschlagswasser konzentriert auf die Risse einwirkt. Dem kann durch rissüberbrückende Beschichtungen oder bei Rissen mit Spaltweiten < 0,3 mm durch Hydrophobieren der oberflächennahen Wandzone entgegengewirkt werden.

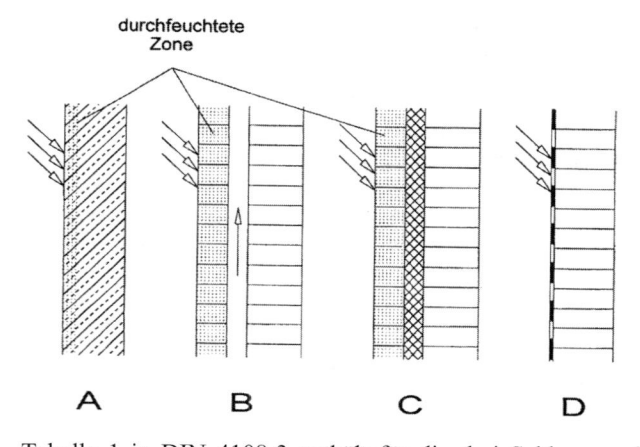

Bild 8.14
Wirkprinzipien der Schlagregendichtheit von Wandquerschnitten

Tabelle 1 in DIN 4108-3 enthält für die drei Schlagregenbeanspruchungsgruppen (s. Abschn. 3.3.1) Beispiele schlagregendichter Außenwände. Eine Kurzfassung davon ist auf Tafel 8.7 zusammengestellt. Hierbei werden die Begriffe „wasserhemmend" und „wasserabweisend" für Außenputze und Fugenmörtel mit der in Abschnitt 3.2.3 definierten Bedeutung benützt.

Beim Einsatz von **Sichtmauerwerk** sind die in DIN 1053-1 [52] angegebenen Bedingungen zu beachten: Einschaliges Sichtmauerwerk an Gebäuden für den dauernden Aufenthalt von Menschen muss in jeder Steinlage mindestens zwei Steinreihen aufweisen, zwischen denen eine durchgehende, schichtweise versetzte, hohlraumfrei vermörtelte, 2 cm dicke Längsfuge verläuft. Auch ist das Mauerwerk im gesamten Querschnitt vollfugig und kraftschlüssig zu mauern. Zweischaliges Sichtmauerwerk muss zwischen den beiden Mauerwerksschalen eine Mörtelschale von 2 cm Dicke enthalten, welche keine Unterbrechung aufweisen darf und als Putz auf die zuerst errichtete Hintermauerschale aufzubringen ist. Die Vormauerschale ist vollfugig und kraftschlüssig aus frostbeständigen Steinen zu mauern. Luftschichten bzw. der mit Kerndämmstoff gefüllte Raum zwischen den Mauerwerkschalen sind an den Fußpunkten gegen rückstauendes Sickerwasser durch Einlage von Dichtungsbahnstreifen zu schützen und nach außen zu entwässern. Einschaliges Sichtmauerwerk hat sich ebenso wie zweischaliges mit vergossener Mörtelschale ohne Luftschicht bezüglich Schlagregendichtigkeit in der Vergangenheit als riskante Bauweise erwiesen.

Bei Wandbekleidungen werden in Tafel 8.7 zwei Ausführungsarten unterschieden: Die in DIN 18515 [84] genormten Plattenverkleidungen aus angemörteltem Naturstein-, Betonwerkstein- und keramischen Platten sowie die in DIN 18516 [85] genormten, hinterlüfteten Platten auf Traggerüsten, wie z.B. Faserzementplatten.

Weit verbreitet, bewährt und sehr wirtschaftlich ist die Möglichkeit, Sichtbeton, Sichtmauerwerk, Putz, Porenbeton usw. mit **Imprägniermitteln oder Anstrichen** gegen Wasseraufnahme zu behandeln. Die Imprägnierung mit Silikonen ist bei Sichtmauerwerk sehr beliebt, da sie das Aussehen der Wandflächen nicht verändert, preiswert ist und heute eine Schutzdauer von mehr als 20 Jahren ohne weiteres erreichbar ist [113]. Fassadenputze werden praktisch ausnahmslos mit Anstrichen geschützt und dadurch länger erhalten. Ziel dieser Maßnahmen ist aus bauphysikalischer Sicht die Reduzierung der kapillaren Wasseraufnahme, weshalb natürlich nur in diesem Sinne wirksame Produkte verwendet werden sollten. In DIN 4108-3 werden für Putze und Beschichtungen zum Schlagregenschutz die im Tafel 8.8 angegebenen Anforderungen genannt.

Tafel 8.7 Empfehlungen für die Ausbildung von Außenwänden zum Schlagregenschutz gemäß DIN 4108-3

Wandbauart	Schlagregen-Beanspruchungsgruppe		
	I	II	III
Putz DIN 18550	ohne Anforderung	wasserhemmend	wasserabweisend
Wärmedämmputz	nach DIN 18550-3		
Wärmedämmverbundsystem	mit Zulassung		
Sichtmauerwerk DIN 1053	einschalig ≥ 31 cm	einschalig $\geq 37,5$ cm	zweischalig, mit oder ohne Luftschicht
Bekleidung	nach DIN 18515-1, angemörtelt oder angemauert		zusätzlich wasserabweisender Ansetzmörtel
	nach DIN 18516 -1, 3, 4 hinterlüftet		
Beton, Leichtbeton	gefügedicht		
Holzbau	mit Wetterschutz nach DIN 68800-2		

In DIN 4108-3 wird nicht auf die besonders problematischen Fassaden aus Sichtfachwerk eingegangen. An den Fugen zwischen dem Fachwerkholz und der Ausfachung bilden sich unvermeidbar Risse, in die Niederschlagswasser eindringen kann. Das macht solche Fassaden sehr schlagregenempfindlich. Eine Broschüre [102] gibt jedoch Empfehlungen, wann welche Bauweise bei Fachwerkfassaden gewählt werden sollte (Tafel 8.9). Auf Bild 8.15 ist ein entsprechender Quelle entnommener Horizontalschnitt dargestellt.

Tafel 8.8 Anforderungen an den Regenschutz von Putzen und Beschichtungen nach DIN 4108, Teil 3

Regenschutz-anforderungen	Wasseraufnahme-koeffizient W_w kg/(m² · h^{0,5})	Diffusionsäquivalente Luftschichtdicke s_d m	Produkt $W_w \cdot s_d$ kg/(m² · h^{0,5})
wasserhemmend	$0,5 < W_w < 2,0$	–	–
wasserabweisend	$W_w \leq 0,5$	$\leq 2,0$	$\leq 0,2$

Tafel 8.9   Empfehlungen für die Ausbildung von Fachwerkfassaden zwecks Schlagregenschutz [102]

Beanspruchungsgruppe	Regenbeanspruchung	Anforderungen Oberfläche/Ausfachung
I (g)	Fachwerkfassaden in geschützter Lage, wetterabgewandte oder durch benachbarte Bebauung geschützte Fassaden	Keine Anforderungen an Außenputze und Anstriche. Keine Einschränkung in der Wahl der Ausfachungsstoffe
I	Fachwerkfassaden bei geringer Regenbeanspruchung nach DIN 4108-3	Gering wasserabweisende oder wasserhemmende Außenputze, Außenanstriche $s_d \leq 0,1$ m. Dampfdurchlässige Ausfachungs- und Dämmstoffe ($\mu < 10$)
II, III	Fachwerkfassaden bei mittlerer und starker Regenbeanspruchung nach DIN 4108-3	Regenschutz durch Bekleidungen oder Putzsysteme mit Entkoppelungsschicht zwischen Fachwerk und Oberputz. Ausfachung wie bei I (g).

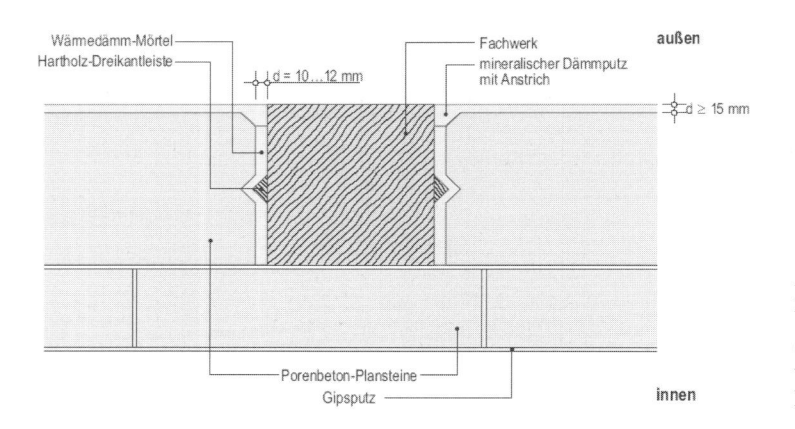

Bild 8.15
Vorschlag zur Ausmauerung von Holzfachwerkwänden mit Porenbeton [27]

In DIN 4108-3 werden auch Empfehlungen zur Ausbildung der Fugen zwischen vorgefertigten **großformatigen Wandplatten** aus Fertigbeton gegeben (Bild 8.16 und Tafel 8.10). Hierbei werden an Vertikalfugen nur bei Vorliegen der Schlagregen-Beanspruchungsgruppe III Maßnahmen für notwendig gehalten. Horizontalfugen sollen entweder offen sein und müssen dann in bestimmter Weise schwellenförmig ausgebildet werden. Sie können aber auch mit dauerelastischen Dichtstoffen verschlossen werden und brauchen dann nur noch mit entsprechend kleineren Schwellen ausgestattet sein.

Die Prüfung der Schlagregendichtheit von Fenstern ist in DIN 18055 [80] geregelt, gemäß der die Fenster in die Beanspruchungsgruppen A bis D eingeteilt werden. Die Beanspruchungsgruppe ist im Leistungsverzeichnis anzugeben. Dabei ist die Gebäudehöhe das Kriterium im Normalfall, jedoch können in Sonderfällen auch andere Aspekte (z.B. geografische Lage, Einbauart der Fenster usw.) maßgeblich sein. Bei Wahl der Gruppe D sind die Anforderungen anzugeben.

8 Bautechnischer Feuchteschutz

Bild 8.16 Vorschlag zur Ausbildung der Fugen zwischen großformatigen Außenwandelementen nach DIN 4108-3

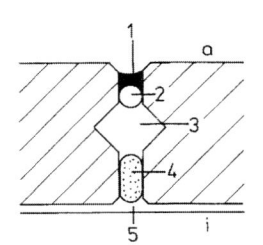

Legende:
1 Dichtstoff
2 Schaumstoffband
3 Druckentspannungskammer
4 Luftdichtung
5 Innenputz

Tafel 8.10 Zuordnung von Fugenabdichtungsarten und Schlagregenbeanspruchungsgruppen nach DIN 4108-3 für großformatige Außenwandelemente

Fugenart	Beanspruchungsgruppe I geringe Schlagregenbeanspruchung	Beanspruchungsgruppe II mittlere Schlagregenbeanspruchung	Beanspruchungsgruppe III starke Schlagregenbeanspruchung
Vertikalfugen	konstruktive Fugenausbildung			
	Fugen nach DIN 18 540 [97]		
Horizontalfugen	offene, schwellenförmige Fugen, Schwellenhöhe $h \geq 60$ mm	offene, schwellenförmige Fugen, Schwellenhöhe $h \geq 80$ mm	offene, schwellenförmige Fugen, Schwellenhöhe $h \geq 100$ mm
	Fugen nach DIN 18540 mit zusätzlichen konstruktiven Maßnahmen, z.B. mit Schwelle $h \geq 50$ mm		

Schlagregen kann nicht nur in dem Sinne wirken, dass er außen liegende Schichten durchfeuchten und in Extremfällen ganze Wände durchnässen kann. Auch die Möglichkeit einer schädlichen Wirkung des aufgenommenen Wassers, insbesondere auf nicht frostbeständige Baustoffe, ist zu beachten. Schließlich ist eine Fassade als das „Gesicht des Bauwerks" auch unter ästhetischen Aspekten zu beurteilen: Ausblühsalze, Schmutzfahnen, Auswaschungseffekte, biologischer Bewuchs usw. sind nicht selten Folgen der Beaufschlagung von Fassaden durch Regen. Die meisten Beanstandungen erfolgen wegen ungenügend ausgebildeter oder sogar fehlender Tropfkanten an Fensterbänken, Ortgängen, Mauerkronen und Attiken. Mindestabmessungen bei Ortgangblechen gehen aus Tafel 8.11 hervor.

Vermeidbare Fassadenverschmutzungen können einen Bauwerksmangel darstellen ([22], Band 4, Seiten 80/81 sowie 84/85 und 86/87]). C. *Soergel* unterscheidet dort bei den vermeidbaren Fassadenverschmutzungen die vorschnelle, die übermäßige und stellenweise Verschmutzung.

Tafel 8.11 Mindestmaße für die Abmessung von Ortgangblechen und Abstandsmaße von Tropfkanten nach den Fachregeln des Klempnerhandwerks

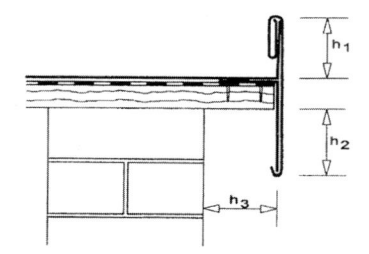

Gebäudehöhe (m)	Maße Ortgang - Abschluss		Tropfkanten-abstand $h_3{}^{1)}$
	$h_1{}^{3)}$ (mm)	$h_2{}^{4)}$ (mm)	
< 8	40 bis 60	> 50	20 bis 30[2]
8 bis 20	40 bis 60	> 80	30 bis 40[2]
> 20	60 bis 100	> 100	40 bis 50[2]

[1]) bei ungünstiger Lage höherer Mindestabstand
[2]) bei Kupfer Mindestabstand 50 bis 60 mm
[3]) Ortgangaufkantung ab Oberkante Dachbelag
[4]) Überdeckung senkrechter Bauwerksteile ab Unterkante Schalung

Spritzwasser tritt dort auf, wo Regen auf horizontale oder schwach geneigte Flächen auftrifft und an die Fassade geschleudert wird. Dabei können angrenzende, aufsteigende Bauteile durchfeuchtet und geschädigt oder nur verschmutzt werden. Gefährdet sind insbesondere Außenwände unmittelbar über dem Gelände, über Gesimsen und über Balkonkragplatten, ferner Säulenfüße, Brüstungen usw. Im Spritzwasserbereich sind daher entweder zusätzliche Schutzmaßnahmen erforderlich oder es dürfen nur gegen Feuchte, Frost und Verschmutzung unempfindliche Baustoffe eingesetzt werden. Beispielsweise ist ein Außenputz deshalb bis etwa 50 cm über der Geländeoberfläche als Zementputz auszuführen. Man kann bei gefährdeten Baustoffen, z.B. Holz, auch einen Abstand vom Spritzwasserbereich einhalten. Schäden infolge Spritzwasser werden immer wieder irrtümlich auf aufsteigende Bodenfeuchtigkeit zurückgeführt.

8.4 Schutz vor dem Wasser im Inneren des Bauwerks

8.4.1 Tauwasserschutz für Bauteiloberflächen

Wenn „Tauwasser" an raumseitigen Bauteiloberflächen erwartet wird (s. Abschnitt 2.1.2), können folgende Gegenmaßnahmen in Erwägung gezogen werden:

a) Raumdurchlüftung verbessern

Die Folgeschäden von Tauwasserbildung auf den Innenseiten von Außenbauteilen, nämlich Schimmelbefall, Ablösung von Wandbelägen, Fäulnis usw., hängen von dem Ausmaß der Raumdurchlüftung ab. So wird beim Austausch alter Fenster gegen neue, welche dicht schließende umlaufende Dichtungsbänder im Spalt zwischen Rahmen und Flügel enthalten müssen, der bauwerksbedingte Luftwechsel (Infiltration) stark vermindert. Das hebt die relative Luftfeuchte u. U. über den Grenzwert von 50 % an, welcher der Bemessung zugrunde liegt. Auch haben sich wegen der stark gestiegenen Heizkosten die Lüftungsgewohnheiten der Bewohner (oft unbewusst) im Sinne eines geringeren Lüftens verändert, weil ja die abgegebene Luft nicht nur Wasserdampf, sondern auch Wärme mitnimmt. Der Luftwechsel in beheizten Räumen, ob durch bewusstes Lüften oder durch sog. Infiltration hervorgerufen, beeinflusst die relative Raumluftfeuchte deutlich. Dennoch soll die Infiltrationsrate in beheizten Räumen aus Gründen der Energieeinsparung so klein wie möglich sein.

Schließlich trägt im Mietwohnungsbau die neuerdings ausschließlich am Wärmeverbrauch zu orientierende Heizkostenabrechnung zu einem sparsameren Lüften der Mieter bei. In dieser Lage erscheint eine Anleitung der Bewohner zu einem bewussteren Lüften der Wohnung notwendig. Allgemein verständliche Merkblätter über die Zusammenhänge von Heizen, Lüften, Tauwasserbildung, Schimmelbefall usw. sind von verschiedener Seite verfasst worden und stehen zur Verfügung. Hygrometer zur Messung der relativen Luftfeuchte, die einen Wert von 50 % nicht überschreiten soll, sind preiswert überall erhältlich.

b) Wärmeschutz des Bauteils verbessern

Je kleiner der Wärmedurchgangskoeffizient eines Außenbauteils und je günstiger die Wärmebrücken ausgebildet sind, desto geringer ist die Gefahr der Schimmel- bzw. Tauwasserbildung. Früher erfolgte Tauwasserabscheidung meist an einscheibigen Fenstern, heute sind es meist Wärmebrücken. Bei Räumen mit hohen Lufttemperaturen und hohen relativen Luftfeuchten, z.B. Hallenbäder, wird die Wärmedämmung von Außenbauteilen oft anhand der Bedingung, dass Tauwasser vermieden werden muss, in ihrem Ausmaß festgelegt. Durch die strengen Anforderungen der Energieeinsparverordnung [44] wird die Tauwasserbildung bei Neubauten im Normalbereich von Außenbauteilen nahezu sicher verhindert.

Durch noch so gute Wärmedämmung allein ist es aber nicht möglich, eine Tauwasserbildung in genutzten Räumen zu vermeiden, wenn kein ausreichender Luftwechsel erfolgt. Denn durch die Nutzer wird der Raumluft ständig Wasserdampf zugeführt, weshalb die Raumluft bei Aufenthaltsräumen mit üblicher Nutzung schon nach wenigen Stunden wasserdampfgesättigt sein muss, wenn keine Abfuhr von Wasserdampf durch Lüftung erfolgt. Durch feuchtespeicherfähige Baustoff Oberflächen, Raumausstattung usw. lässt sich die Zeit bis zur Wasserdampf Sättigung der Luft bei fehlendem Luftwechsel nur verlängern, die Sättigung aber nicht verhindern. Die Wasserdampfdiffusion durch die Außenbauteile wirkt praktisch nicht entlastend, da sie nicht genügend leistungsfähig ist. Die Forderung, dass Außenbauteile wasserdampfdurchlässig sein sollen, ist in der Regel bauphysikalisch nicht begründbar.

Raumseitige Oberflächen erdberührter Bauteile mit schlechter Wärmedämmung sind der „Schwitzwasserbildung" besonders im Sommerhalbjahr unterworfen, weil dann der Temperaturunterschied zwischen der Bauteiloberfläche und der einströmenden Außenluft am größten ist. Zur Vermeidung von solchem lüftungsbedingten Tauwasser sollte man eingeerdete Räume nicht gerade im Sommer stark lüften, sondern im Winter oder in der Übergangszeit. In diesem Sinne sind z.B. Bautenschutzarbeiten an eingeerdeten Behältern, Rohren, Tunnel usw. die stets unter kräftiger Be- und Entlüftung ausgeführt werden müssen, zweckmäßigerweise im Winterhalbjahr durchzuführen. Im Sommer ist eine Belüftung solcher Räume, wenn Tauwasser unerwünscht ist, nur mit entfeuchteter Außenluft durchzuführen.

c) Wasserdampfproduktion drosseln

Menschen, Tieren und Pflanzen geben ständig Wasserdampf ab. Auch viele menschliche Tätigkeiten, wie Baden, Duschen, Kochen, Waschen, Backen sind mit einer erheblichen Wasserdampfproduktion verbunden. Je größer die auf das Raumvolumen bezogene Wasserdampfproduktion ist, desto höhere Luftfeuchten werden erreicht. Erfahrungsgemäß steigt die Wahrscheinlichkeit des Auftretens von Tauwasser in gleichen Wohnungen mit wachsender Bewohnerzahl.

Ist die auf das Raumvolumen bezogene Wasserdampfproduktion zu hoch, sollte auf eine Drosselung hingewirkt werden, indem z.B. Pflanzen entfernt werden, das Waschen oder das Wäschetrocknen an einen anderen Ort verlegt wird usw. Manchmal ist es auch möglich, die Wasserdampfquelle einzukapseln, z.B. einen Pflanzenbehälter, ein Aquarium oder ein Schwimmbad abzudecken, oder den produzierten Wasserdampf der Abluft direkt zuzuführen, z.B. durch einen Abzug über Herd.

d) Wärmeübergang an der Wandoberfläche verbessern

Der Unterschied zwischen der Raumlufttemperatur und der raumseitigen Oberflächentemperatur eines Außenbauteils ist umso kleiner, je geringer der Wärmeübergangswiderstand ist. Daher sollten tauwassergefährdete Bereiche gut belüftet werden. In diesem Sinne können Warmluftschleier Fensterscheiben von Tauwasser freihalten, was allerdings mit einem erhöhten Wärmeverlust verbunden ist. Von gefährdeten Flächen sollten alle Hindernisse für vorbeistreichende Luft, wie Vorhänge, Möbel, Pflanzen, Wandteppiche usw. entweder entfernt oder aber mit Abstand von der Wand angeordnet werden. Bei Einbauschränken an Außenwänden ist die Tauwassergefahr in der Zone Schrankrückwand-Außenwandoberfläche besonders groß, wenn der Schrank samt Inhalt wärmedämmend wirkt und der Diffusionswiderstand des Schrankes für den Wasserdampf der Raumluft relativ klein ist (Bild 8.17).

e) Raumlufttemperatur zeitlich konstant halten

Ein instationäres Heizen, z.B. eine Temperaturabsenkung während berufsbedingter Abwesenheit oder der nächtlichen Schlafenszeit, kann ungünstig sein, weil in der Aufheizphase Tauwasser auftreten kann. Daher ist es falsch, ein Schlafzimmer den Tag über mit reduzierter Temperatur zu betreiben und abends kurz vor dem Zubettgehen die warme Luft aus anderen Räumen in das Schlafzimmer zu leiten. Spezialtapeten mit einer wenige Millimeter dicken Dämmschicht an ihrer Unterseite können bereites ausreichen, die Taubildung bei einem derartigen, instationären Heizbetrieb zu vermeiden. Lüftungsöffnungen in der Türe zwischen einer (beheizten) Wohnung und einem unbeheizten Abstellraum können dazu führen, dass im Abstellraum durch Tauwasserbildung an kalten Wandoberflächen Durchfeuchtungen auftreten.

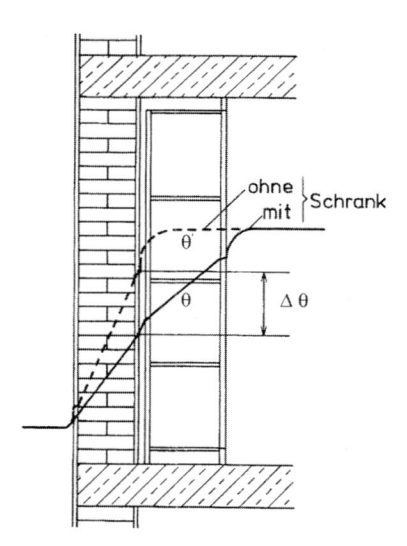

Bild 8.17
Temperaturverlauf an einer Außenwand mit und ohne Wandschrank

Bei instationärern Heizen und Lüften eines Raumes sind auch feuchtespeicherfähige Oberflächen im Raum günstig als sog. Kondensatpuffer.

f) Raumorientierung beachten

Die bauwerksbedingte Durchlüftung von Raumgruppen beruht auf der Windeinwirkung auf das Gebäude, wobei die Außenluft an bestimmten Fassadenflächen in das Gebäude eindringt und an anderen Fassadenflächen abgesaugt wird. Die relative Luftfeuchte der Raumluft wird in denjeni-

8 Bautechnischer Feuchteschutz

gen Räumen am wirksamsten erniedrigt, in welche die Außenluft eindringt, während Räume umso weniger „entfeuchtet" werden, je mehr die Durchlüftungsluft sich schon durch andere Räume bewegt und dabei Wasserdampf aufgenommen hat. Nach Süden und Westen orientierte Räume werden daher bei windbedingter Durchlüftung (Infiltration) am besten entfeuchtet. Je dichter die Gebäudehülle gegen Luftdurchgang ist, desto geringer ist dieser Aspekt zu werten.

g) Baustoffwahl bedenken

Sinnvoll ist es, an tauwassergefährdeten Oberflächen Werkstoffe einzusetzen, welche von Pilzen nicht angegriffen werden, gegen Dauerfeuchte resistent und leicht zu reinigen sind. Auch gibt es Kitte, Anstriche, Textilien, Tapeten usw. welche pilzwidrig ausgerüstet sind und damit für eine gewisse Zeit einen Befall nicht zulassen. In besonderem Maße anfällig sind solche Werkstoffe, welche biologisch abbaubare Stoffe enthalten, wie Raufasertapeten, leinölhaltige Kitte und Anstriche und unbehandeltes Holz.

In Nassräumen, wo Oberflächenkondensat nicht zu verhindern ist, kann das Abtropfen von Tauwasser von der Decke störend sein. Dies kann verhindert werden durch sog. Antikondensatputze, welche starkes kapillares Saugen zeigen und weder einen Wasserfilm auf der Oberfläche noch eine Tropfenbildung zulassen. Durch geneigte Deckenflächen kann das Tauwasser an Stellen hingelenkt werden, wo abtropfendes Wasser nicht stört.

8.4.2 Maßnahmen gegen Tauwasseranfall im Bauteilinneren

Wenn Tauwasser im Inneren von Bauteilen zu erwarten wäre (s. Abschnitt 5.2.1), kann man entweder durch Veränderung der angrenzenden Klimate (sofern dies überhaupt möglich ist) oder durch nachstehende Maßnahmen am Bauteil die Tauwassergefahr senken oder beseitigen:

a) Verändern der Schichtenfolge

Das Bestreben sollte sein, die Schichten so anzuordnen, dass deren s_d-Werte von innen nach außen abnehmen und deren Wärmedurchlasswiderstände von innen nach außen zunehmen, damit der Sattdampfdruck möglichst hoch und der Dampfdruck möglichst nieder verläuft (Bild 8.18).

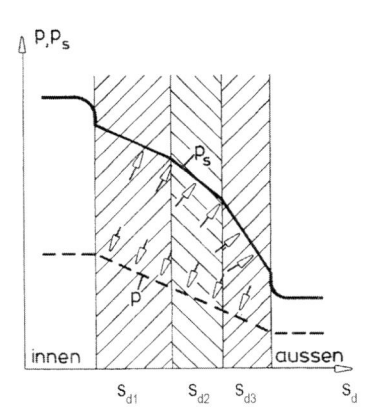

Bild 8.18
Vermeidung der Tauwassergefahr durch sinnvolle Reihenfolge der Teilschichten in einem Bauteilquerschnitt

b) Austausch von Baustoffen

Bei der Baustoffwahl wird auch über die Diffusionswiderstandszahl und die Wärmeleitfähigkeit entschieden (siehe a). Bei Innendämmung und bei Kerndämmung ist es zur Vermeidung von Tauwasser in aller Regel günstig, Dämmstoffe mit großen Diffusionswiderstandszahlen zu wählen. Bei homogenem Wandaufbau und bei außen liegender Wärmedämmung spielen die s_d-Werte der Schichten keine entscheidende Rolle. Bei Flachdächern kann eine feucht gewordene Wärmedämmschicht z.B. dann gelegentlich belassen werden, wenn eine besonders wasserdampfdurchlässige Kunststoffdichtungsbahn anstelle einer Bitumendichtungsbahn eingesetzt wird. Allgemein besteht eine Tendenz zu diffusionsoffenen Bauweisen, weil dadurch unbeabsichtigt aufgenommene Feuchte schneller wieder abgegeben werden kann.

c) Einbau von Dampfbremsen bzw. Dampfsperren

Durch Einbau von Dampfbremsen (10 m $\leq s_d <$ 100m) und Dampfsperren ($s_d \geq$ 100 m) in ein Schichtenpaket wird der Dampfdruck in dem vor dem Diffusionsstrom geschützten Bereich des Bauteils erniedrigt, im übrigen Bereich erhöht (Bild 8.19). Daher sollten solche Sperrschichten möglichst nahe an diejenige Bauteiloberfläche, welche an das Tauwasser liefernde Klima angrenzt, gelegt werden. Auf mechanischen Schutz der Sperrschicht und auf das Vorliegen ausreichender Kondensatpuffer an der Oberfläche ist unabhängig von diesem Grundsatz zu achten.

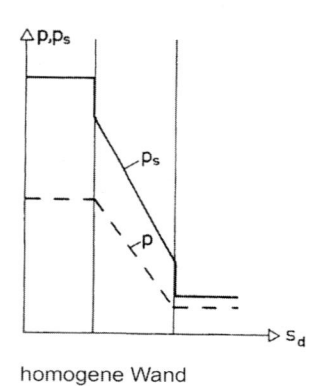

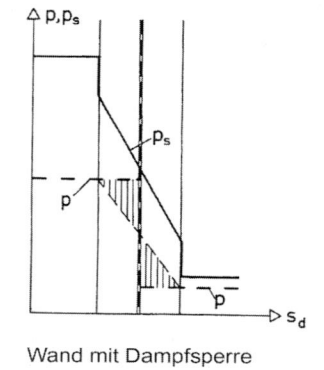

Bild 8.19
Wirkung von Dampfbremsen bzw. Dampfsperren in Schichtpaketen

Von Dampfbremsen bzw. Dampfsperren werden nebenbei oft auch weitere Funktionen erfüllt: So wirken sie beim konventionell gedichteten Flachdach als zweite Dichtungsschicht und werden auch als Notdeckung benützt, d.h. als vorläufige Dichtungsschicht bis zum Erstellen der eigentlichen Dachabdichtung. Ferner werden sie bei Bedarf auch als Winddichtung d.h. als Dichtung gegen strömende Luft eingesetzt.

d) Hinterlüften, Belüften

Durch Hinterlüften innen oder außen liegender Schichten werden diese in Bezug auf Wasserdampfdiffusion von dem übrigen Bauteil abgekoppelt. Das ist insbesondere bei außen liegenden Schichten mit großen s_d-Werten (z.B. Metallfassaden) sinnvoll oder gar erforderlich. Oft wird dabei der Wärmeschutz des Bauteils verringert. Auch müssen bestimmte Bedingungen erfüllt sein, wenn die Hinterlüftung wirksam sein soll, wozu in den Abschnitten 3.3.2 und 8.4.3 weitere Angaben zu finden sind. Wegen der Möglichkeit des Insektenbefalls von Holz durch Hinterlüftung sei auf ein Buch [42] und eine Broschüre [10] von H. Schulze verwiesen.

e) Einbau von Entlüftern oder Entspannungsschichten

In Verbindung mit relativ dampfdichten Abdichtungen werden vor allem im Dachbereich gelegentlich so genannte Dampfdruck-Entspannungsschichten eingebaut, welche durch ihre Luftdurchlässigkeit den „Dampfdruck abbauen" sollen (s. Abschn. 8.2.2). Solche Schichten reduzieren den Wasserdampfpartialdruck innerhalb des Bauteils nicht, können also auch eine Tauwasserausscheidung nicht verhindern und Tauwasser nicht in vernünftigen Zeiträumen austrocknen lassen. Sie werden vielmehr einerseits dort eingesetzt, wo heiße (bituminöse) Stoffe mit Temperaturen von mehr als 100 °C auf feuchte Bauteile aufgebracht werden müssen und wo durch die hohe Temperatur Wasser im Baustoff verdampft und Blasen erzeugt würden, wenn der Wasserdampf nicht durch die Porenkanäle in der Entspannungsschicht abgeführt werden kann. Manchmal erfüllt die sog. Dampfdruck-Entspannungsschicht auch die Funktion einer Trennlage, um beim Rissigwerden oder starken Verformungen des Untergrundes die über der Entspannungsschicht liegenden Schichten vor dem Mitreißen zu bewahren. Schließlich können Entspannungsschichten den Gesamtdruck der zwischen Dampfsperre und Dachdichtung im Bereich der Dämmung eingeschlossenen Luft entspannen, sodass die eingeschlossene Luft weder durch Überdruck noch durch Unterdruck die Dampfsperre und die Dachdichtung belasten kann.

Gering ist auch die entfeuchtende Wirkung von sog. Dachentlüftern, welche man gelegentlich in der Abdichtung von Dächern vorfindet. Eine effektive Entfeuchtung ist wie bei den Entspannungsschichten durch Dachentlüfter deshalb nicht möglich, weil die Austrocknung nur nach dem wenig leistungsfähigen Mechanismus der Diffusion erfolgt und nicht durch Strömung. Letztere setzt wirksame Gesamtdruckunterschiede und nicht nur Partialdruckunterschiede in den Belüftungskanülen voraus.

f) **Wasserdampf-Flankenübertragung**

Die Möglichkeit der Flankenübertragung von Wasserdampf ist erst vor kurzem durch zwei Schadensfälle offenbar geworden (s. Abschn. 5.3). Dieser Vorgang ist z.B. dann zu befürchten, wenn sehr wasserdampfdurchlässige Wände in Deckenhohlräume hineinreichen, diese ansonsten jedoch durch weitgehend dampf dichte Wandungen abgeschlossen sind.

g) **Sicherstellung der Luftdichtheit**

Wenn Außenbauteile für strömende Luft durchlässig sind, kann im Winter mit von innen nach außen strömender Luft in relativ kurzer Zeit viel Wasserdampf in Querschnittsbereiche niedriger Temperatur transportiert werden, wo er sich dann als Tauwasserbelag niederschlagen kann. Daher müssen Außenbauteile luftdicht sein.

8.4.3 Tauwasserschutz für Luftschichten, Luftkanäle usw.

Luftschichten und Luftkanäle werden in Bauteile zur Begrenzung einer Durchfeuchtung infolge Schlagregen, zur Abfuhr von Wasserdampf und von Tauwasser und zur Schaffung trockener und warmer Wandoberflächen eingebaut. Auch sind sie wirksam für den sommerlichen Wärmeschutz, wozu sie auf der Außenseite der Außenbauteile anzuordnen sind. Die physikalischen Gesetzmäßigkeiten der Hinterlüftung sind in Abschnitt 3.3.2 besprochen, *Gertis* [7] behandelt diese Grundlagen eingehend. Liersch [34] hat Praxis und Theorie bei belüfteten Dächern und Fassaden ausführlich untersucht.

Aus bauphysikalischer Sicht genügen recht geringe Spaltweiten bei Luftschichten, um die Feuchtigkeit aus Niederschlägen oder aus der Wasserdampfdiffusion durch strömende Luft abzuführen. Die Toleranzen in der Bauausführung lassen aber eine Mindestschichtdicke von 2 cm als ratsam erscheinen, um die Übertragung flüssigen Wassers von einer Spaltwandung zur anderen auszuschließen. Die Belüftungsöffnungen am oberen und unteren Ende einer vorgesetzten Schale sollen möglichst groß sein. Damit wird die Feuchtigkeit im Spalt rasch abgeführt. Am Fußpunkt des Spaltes soll ein schadloses Abfließen von eventuell anfallendem Tauwasser möglich sein.

DIN 18516-1 [85.1] nennt die bauphysikalischen Anforderungen an hinterlüftete Außenwandbekleidungen:

„Zur Reduzierung von Feuchte, zur Ableitung von eventuell eindringendem Niederschlag, zur kapillaren Trennung der Bekleidungen von der Dämmstoffschicht bzw. der Wandoberfläche und zur Ableitung von Tauwasser an der Innenseite der Bekleidung ist eine Hinterlüftung erforderlich.

Diese Anforderung wird in der Regel erfüllt, wenn die Bekleidungen mit einem Abstand von mindestens 20 mm von der Außenwand bzw. der Dämmstoffschicht angeordnet werden. Der Abstand darf z.B. durch die Unterkonstruktion oder durch Wandunebenheiten örtlich bis auf 5 mm reduziert werden.

Bei vertikal angeordneten Trapez- oder Wellprofiltafeln darf die Bekleidung streifenförmig aufliegen, wobei sicherzustellen ist, dass der freie Hinterlüftungsquerschnitt mindestens 200 cm^2/m beträgt.

Für hinterlüftete Außenwandbekleidungen sind Be- und Entlüftungsöffnungen zumindest am Gebäudefußpunkt und am Dachrand mit Querschnitten von mindestens 50 cm^2 je 1 m Wandlänge vorzusehen."

Belüftete Dächer, deren Wärmeschutz der DIN 4108-2 [58.1] genügt und die nach DIN 4108-3 [58.2] ohne weiteren Nachweis unbedenklich bezüglich Tauwasseranfall (Bild 8.20) sind, wurden bereits im Abschnitt 5.2.4 in der sog. Liste der unbedenklichen Bauteile aufgezählt.

Durch sinnvolle Plazierung der Ein- und Austrittsöffnungen für die Luft ist insbesondere bei komplizierten Dachflächen eine restlose Durchlüftung sicherzustellen. Bei komplizierten Gebäudeformen ist auch zu prüfen, ob die Windumströmung der Gebäude tatsächlich zu Winddruck an einer Seite des Daches und zu Windsog an der anderen Seite führt. Die Tendenz, Steildächer nicht mehr zu belüften, sondern mit einer Volldämmung auszustatten, ist in Abschnitt 8.2.3 begründet worden.

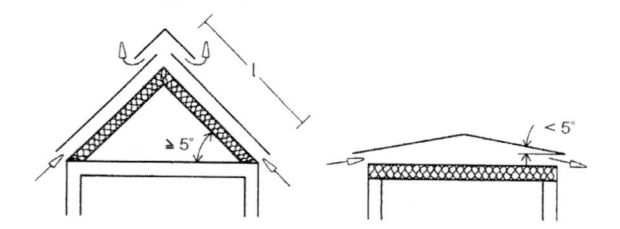

Bild 8.20
Bezeichnungen an belüfteten Dächern geringer und größerer Dachneigung

Hinterlüftete Vormauerschalen sind unbedenklich hinsichtlich Tauwasseranfall, wenn sie die Forderungen in DIN 1053-1 [52] erfüllen. Dort ist zur Sicherung der Hinterlüftung Folgendes genannt:

Luftspalt:	mindestens 4 cm dick
Beginn der Luftschicht:	≤ 10 cm über Erdgleiche
Lage der Lüftungsöffnungen:	am oberen und am unteren Spaltende, auch im Brüstungsbereich
Größe der Lüftungsöffnungen oben und unten:	jeweils 7500 mm^2 Fläche pro 20 m^2 Wandfläche

Diese in DIN 1053 genannten Forderungen führen zu einer gebremsten Hinterlüftung, welche zur Abfuhr des im Winter an der Rückseite der Außenschale anfallenden Tauwassers im Jahreszyklus ausreicht. Die Luftschicht und die hinterlüftete Außenschale dürfen bei Berechnung des Wärmedurchgangskoeffizienten nicht mit berücksichtigt werden.

Bei **durchlüfteten Kanälen** in Bauteilen, welche zur Entfeuchtung dienen sollen, ist ein rechnerischer Nachweis der Wirksamkeit empfehlenswert, da hier im Gegensatz zu Luftschichten der Strömungswiderstand für die Luft relativ groß ist.

Enge Spalte, Fugen, Risse usw. in Außenbauteilen müssen luftundurchlässig ausgebildet bzw. abgedichtet werden, um Tauwasserbildung (sowie Energieverluste, Schalldurchgang und Rauchdurchtritt) zu verhindern. Deshalb wird bei Neubauten neuerdings ein sog. Luftdichtheitskonzept als notwendig angesehen.

8.4.4 Abführen der Baufeuchte

Regelmäßig haben Bauteile unmittelbar nach der Erstellung eines Bauwerkes, also infolge der Herstellung, dem Transport und der Zwischenlagerung der Baustoffe und wegen des schlecht geschützten Zustandes im Rohbau, recht hohe Wassergehalte. Man spricht von der sog. Baufeuchte.

Früher wurden Bauten relativ langsam erstellt, und manchmal Wartefristen eingelegt, damit die nötige Trockenheit eintrat und ausreichend Erhärtungszeit für die kalkgebundenen Mörtel und Putze vorhanden war. Auch wurden Neubauten oft nicht sofort nach Errichtung bezogen, sondern z.B. erst nach einem Winter. In diesem Sinne anerkennen Gerichte heute bei Neubauwohnungen oft eine Minderung der Heizkosten im ersten Winter, weil ein Teil des Heizens für das Austrocknen des Bauwerkes und nicht für die Wärme in den Räumen aufzuwenden sei. Eine Minderung der Miete wegen Folgeschäden der Neubaufeuchte in Neubauwohnungen ist von Gerichten ebenfalls schon öfters als berechtigt angesehen worden.

Der Termin- und Kostendruck beim heutigen Bauen lässt Wartefristen und Leerstandszeiten nicht mehr zu. Deshalb wird heute einerseits über die Wahl der Baustoffe (z.B. Gussasphalt-Estrich statt Zementestrich, diffusionsoffener Teppich statt relativ dampfdichter PVC-Belag, diffusionsoffene Unterspannbahnen statt Unterspannfolie, trocken einzubauende Gipskartonplatten statt Putz) und durch die Anordnung von Sperrschichten gegen Feuchteumlagerungen, z.B. aus Betondecken in Estriche, schon im Planungszustand die zu erwartende Baufeuchte berücksichtigt. Andererseits kann durch künstliches Trocknen eine beschleunigte Abfuhr der Baufeuchte vor dem Einbau feuchteempfindlicher Ausbaumaterialien erreicht werden. Auch müssen die Nutzer von Neubauwohnungen, Büros usw. in der Anfangszeit zu kräftiger Lüftung angehalten werden.

Die Geschwindigkeit des Austrocknens bzw. der Feuchteumlagerung in einem Bauteil hängt von vielen Faktoren ab. Diese sind vor allem

– der Ausgangswassergehalt
– das Verhältnis von feuchtem Baustoff-Volumen zu Verdunstungsoberfläche
– die Bedingungen an der Verdunstungsoberfläche, d.h. die Konvektionsverhältnisse und das Dampfdruckgefälle vom Baustoff in die angrenzende Luft
– Oberflächenschichten, welche eine Austrocknung verzögern

Mit Hilfe der Computersimulation (s. Abschnitt 6.2) können für konkrete Situationen die Austrocknungsvorgänge nachgerechnet werden.

Bei der Planung und Ausführung von Holzkonstruktionen wird heute konsequent auf die Trockenheit des Holzes geachtet, um auf chemischen Holzschutz gegen Pilzbefall verzichten zu können.

Besonders langsam trocknen **Betonbauteile**. Zu deren Austrocknungsgeschwindigkeit lassen sich folgende Angaben machen:

Beton enthält nach seiner Herstellung im Durchschnitt etwa 80 kg/m^3 austrocknungsfähiges Wasser, das wegen der besonderen Porenstuktur des Zementsteins und der oft reichlichen Dicke von Betonbauteilen nur relativ langsam austrocknet. Mit zunehmender Dicke der Betonteile beträgt die Zeit vom Betonieren bis zum Erreichen der Ausgleichsfeuchte mehrere Monate bis mehrere Jahrzehnte. Dies geht aus Tafel 8.12 hervor, welche für Betonbauteile in trockener Luft die notwendige Zeit bis zum Austrocknen angibt. Umrechnungsfaktoren für die Austrocknungszeit bei zwei anderen Luftbedingungen sind zusätzlich angegeben.

Tafel 8.12 Austrocknungszeiten für Betonplatten bei ein- und zweiseitiger Austrocknungsmöglichkeit nach DIN 4227 [61]

Plattendicke in cm	Austrocknungszeit in Jahren	
	beidseitig	einseitig
5	0,25	0,6
10	0,6	1,5
20	1,5	4,0
40	4,0	8,0
80	8,0	16,0
160	16,0	30,0

Faktoren für die Austrocknungszeit:
  1,0 für trockene Luft
  1,5 allgemein im Freien
  5,0 für sehr feuchte Luft

Ein anderes Neubaufeuchte-Problem ist die Frage nach der sog. Belegreife von jungen Estrichflächen, d.h. die Frage, ob ein Bodenbelag bereits aufgebracht werden darf. Dies muss der Bodenbeleger durch eine Wassergehaltsmessung nach der Carbid-Methode prüfen und dann durch Vergleich mit vorgegebenen Grenzwerten (Tafel 8.13) entscheiden, ob er den Bodenbelag verlegen kann. Dies gilt für Zement- und Anhydrit-Estriche und ist besonders dann zu beachten, wenn feuchteempfindliche Kleber oder Bodenbeläge z.B. aus Holz oder Linoleum verwendet oder relativ dampfdichte Bodenbeläge aufgebracht werden sollen. Magnesia-Estriche sollten nicht beschichtet oder belegt werden.

Heizestriche trocknen besonders rasch und gründlich aus, sobald die Heizung in Betrieb genommen wird. Die Pfeile in Bild 8.21 geben die Richtung des Diffusionsstromes an, der wegen der unterseitigen Wärmedämmung vorzugsweise nach oben strebt. Ist der Bodenbelag gut

Tafel 8.13 Vom Bodenleger einzuhaltende maximale Estrichfeuchten (sog. Belegreife), gemessen mit der Carbid-Methode, nach [101]

Bodenbelag		Maximaler Feuchtegehalt u [%]	
		Zementestrich	Calciumsulfatestrich
Elastische Beläge	Dampfdicht	1,8	0,3
Textile Beläge	Dampfdurchlässig	3,0	1,0
Parkett Kork		1,8	0,3
Laminat		1,8	0,3
Keramische Fliesen Natur-/Betonwerksteine	Dickbett	3,0	-
	Dünnbett	2,0	0,3

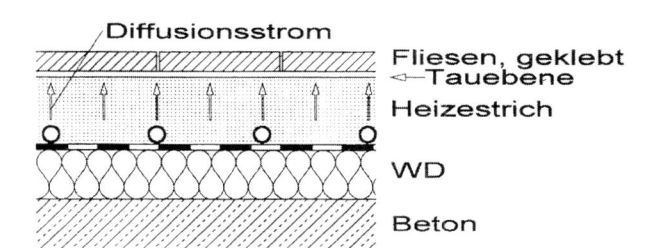

Bild 8.21
Richtung des Diffusionsstromes bei austrocknenden Heiz-Estrichen

wasserdampfdurchlässig, wäre mit schüsselförmigen Verkrümmungen und mit Schwindverformungen zu rechnen. Ist der Bodenbelag relativ dampfdicht, könnte es zu Tauwasserausfall an seiner Unterseite kommen. Daher muss man einen Heizestrich gemäß DIN 18560-2 [90] nach einer ausreichenden Erhärtungszeit zuerst vorsichtig vorheizen und dabei austrocknen sowie schwinden lassen und darf erst dann den Bodenbelag aufbringen, sofern er feuchteempfindlich ist oder das Schwinden des Estrichs behindern würde.

Durch die Lage einer Wärmedämmschicht kann die Temperatur eines feuchten Bauteils und damit sein Austrocknungsverhalten beeinflusst werden: Wärmedämmverbundsysteme an Außenwänden fördern einerseits die Austrocknung durch Erhöhen der mittleren Temperatur im Außenwandquerschnitt, aber sie erschweren andererseits auch das Austrocknen nach außen. Eine Wärmedämmschicht unter einer erdberührenden Betonbodenplatte fördert deren Austrocknung nach oben, während praktisch keine Austrocknung nach oben hin erfolgt, wenn die Dämmschicht über der erdberührenden Betonplatte liegt. Auf Bild 8.22 sind beide Situationen vergleichend dargestellt, wobei das auszutrocknende Feuechtevolumen durch Schraffur hervorgehoben und das mittlere Dampfdruckgefälle durch einen Pfeil angedeutet ist.

Besonders geeignet als Bekleidung für feuchtes (und salzhaltiges) Mauerwerk, z.B. in Altbauten und in Baudenkmälern sowie generell an Kellerwänden und an Sockeln, sind die sog. Sanierputze. Dies sind zementgebundene Leichtputze mit einem Porenanteil von mindestens 40 %. Sie sind nach bauphysikalischen Gesichtspunkten entwickelt worden, und haben einen kleinen Diffusionswiderstand und nur ein geringes kapillares Saugen. Daher ermöglichen sie eine rasche Feuchteabgabe vom Bauteil an die Luft und zeigen dabei eine trockene Oberfläche. Im Kapillarwasser transportierte Salze aus dem verputzten Bauteil können im Porenvolumen der Sanierputze schadlos abgelagert werden (Bild 8.23).

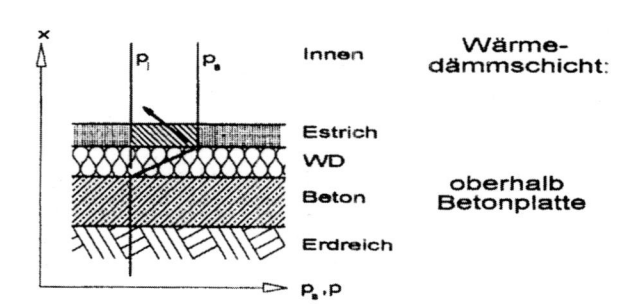

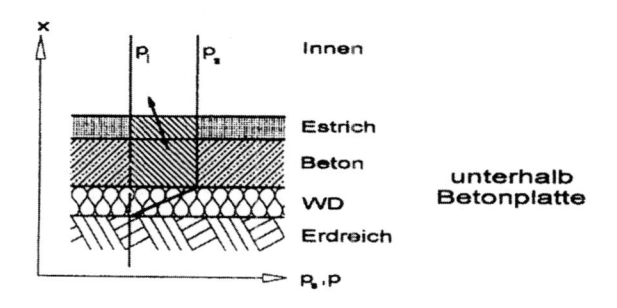

Bild 8.22
Austrocknungsverhalten einer erdberührenden Betonbodenplatte mit Anordnung der Wärmedämmschicht über bzw. unter der Betonplatte

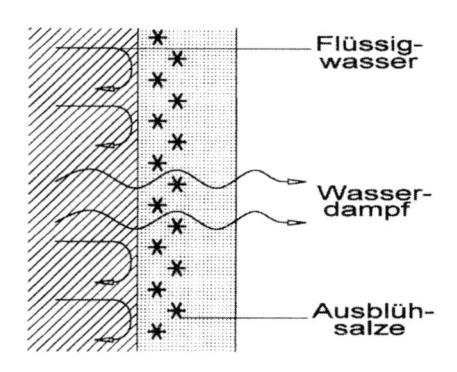

Bild 8.23
Wasserabweisende, aber Salzkristalle aufnehmende Sanierputze für die Bekleidung feuchter Wände

Eine Oberflächenbehandlung des Sanierputzes mit Anstrichen, Oberputzen usw. ist möglich, wenn die große Wasserdampfdurchlässigkeit der Putzschicht weitgehend erhalten bleibt.

Nach Überflutungen sollten die durchnässten Bauteile rasch ausgetrocknet werden, wofür spezielle Firmen und Geräte zur Verfügung stehen. Oft haben sich in den Trittschalldämmschichten unter Estrichen merkliche Wassermengen angesammelt, wenn für diese Faserdämmstoffe gewählt wurden. Durch Einblasen warmer trockener Luft in Bohrlöcher in der Estrichplatte, welche dann an den Randfugen austritt, kann u.U. die Austrocknung so beschleunigt werden, dass Folgeschäden z.B. an Bodenbelägen oder am Wandputz vermieden werden. Wenn die Überflutungsgefahr nicht beseitigt werden kann, sollten alle betroffenen Bauteile und Raumausstattungen nur aus feuchtebeständigen Werkstoffen gefertigt werden, damit nach der Überflutung eine Reinigung und eine Austrocknung zur Instandsetzung genügen.

8.4.5 Abdichtung gegen Brauchwasser

Feuchträume, wie Küchen, Bäder, WCs usw. im konventionellen Wohnungs- und Bürobau werden gegen die nutzungsbedingte Feuchtebelastung in der Regel nicht abgedichtet, weil dort zwar erhöhte Luftfeuchten, aber nur gelegentlicher Wasseranfall auftreten. Einzelne Bereiche in solchen Räumen, welche eine nennenswerte Beaufschlagung mit flüssigem Wasser erfahren z.B. die Duschecke, sollten allerdings einen erhöhten Schutz erhalten. Die Fliesenbekleidungen an Wänden und Böden sind dabei als pflegeleichte und Wasser abweisende Oberflächenschichten anzusehen, die aber wegen ihres Fugenanteils nur eine sehr begrenzte und unzuverlässige Schutzwirkung gegen Wassereinwirkung aufweisen. Eine besonders empfindliche Bauweise, z.B. ein Holzbauwerk, kann aber eine Abdichtung von Feuchträumen nahelegen.

Als **Nassräume** (im Gegensatz zu Feuchträumen) sind solche Räume anzusehen, welche oft und intensiv mit flüssigem Wasser belastet werden und daher Bodenabläufe zur Abfuhr des Wassers haben müssen. Sie sind grundsätzlich gegen die Brauchwasserbelastung abzudichten.

Die im eingeerdeten Bereich und bei genutzten Dächern übliche Abdichtung mit Bitumen- und Polymerdichtungsbahnen gemäß DIN 18195 [72] wird zur Brauchwasserabdichtung in Räumen nur ganz selten angewendet, z.B. wenn eine extreme Wasserbelastung (z.B. in einer Wäscherei, Schlachterei, öffentlichen Badeanstalt) oder eine empfindliche Bauweise (z.B. Holzkonstruktion) vorliegen und wenn im wesentlichen nur Bodenflächen abgedichtet werden sollen. Denn diese Art von Abdichtung würde an Wandflächen aufwendige Stützkonstruktionen erforderlich machen, weil die Schutzschichten sich nicht an der Abdichtung abstützen können.

Wesentlich einfachere Lösungen sind in Nassräumen mit sog. **Verbundabdichtungen** möglich: Wenn man die abdichtende Schicht in flüssiger Form als Beschichtung auf die zu schützende Oberfläche aufbringt, den Beschichtungsstoff aus einem viskoelastischen Werkstoff herstellt und zum Untergrund sowie zu den nachfolgenden Baustoff schichten Haftung gegeben ist, dann ist dies eine „Abdichtung im Verbund". Diese heißt so, weil sowohl zum Untergrund als auch zur Schutzschicht Haftungsverbund besteht. In Merkblättern [111] und [112] des Zentralverbandes des Deutschen Baugewerbes ist diese Technologie erläutert und geregelt.

Bei **Schwimmbädern** mit der Belastung durch drückendes Wasser wird eine hohe Sicherheit gegen Wasserdurchtritt durch die Kombination einer Verbundabdichtung mit einem wasserundurchlässigen Stahlbetonbecken mit Rissweitenbeschränkungs-Bewehrung erreicht: Wird nämlich die Rissweite auf Werte ≤ 0,1 mm beschränkt, dann ist eine langfristige Rissüberbrückung mit einer Verbundabdichtung kein Problem.

Als Beschichtungsstoffe für Verbundabdichtungen nennt das Merkblatt [112]:

– Kunstharzdispersionen, auch in Kombination mit Bitumen
– Kunststoff-Zement-Kombinationen
– Reaktionsharze wie Epoxide und Polyurethane.

Die Anforderungen, welche Verbundabdichtungen nach dem genannten Merkblatt erfüllen müssen, findet man auf Tafel 8.14. Reaktionsharze werden vorzugsweise bei aggressiven Wässern eingesetzt, in der Regel verwendet man Kunststoff-Zement-Kombinationen für dichtende Schicht.

Auf Bild 8.24 ist der Boden-Wandanschluss in einem Nassraum mit „Abdichtung im Verbund" dargestellt. Auf den Wandputz bzw. die Estrichoberfläche ist die abdichtende Beschichtung aufgebracht, wobei der Boden-Wand-Anschluss durch eine Dichtbandeinlage verstärkt wurde.

Die Fliesen sind auf dem Boden und an den Wänden mit einem Dünnbettmörtel direkt auf die Abdichtung aufgeklebt.

Tafel 8.14 Anforderungen an die abdichtende Beschichtung bei Abdichtungen im Verbund

Haftzugfestigkeit	$\geq 0{,}5$ N/mm^2
Frostbeständigkeit	$\geq 0{,}5$ N/mm^2
Temperaturbeständigkeit	$\geq 0{,}5$ N/mm^2
Alterungsbeständigkeit	ist gegeben, wenn Temperaturbeständigkeit nachgewiesen ist
Beständigkeit gegen Chlorwasser	$\geq 0{,}5$ N/mm^2
Beständigkeit gegen Kalkwasser	$\geq 0{,}5$ N/mm^2
Wasserundurchlässigkeit	keine Durchfeuchtung des Probekörpers unter der Abdichtung nach 7 Tagen bei 1,5 bar
Rissüberbrückung	im Innenbereich bis 0,4 mm Breite im Schwimmbad bis 0,75 mm Breite

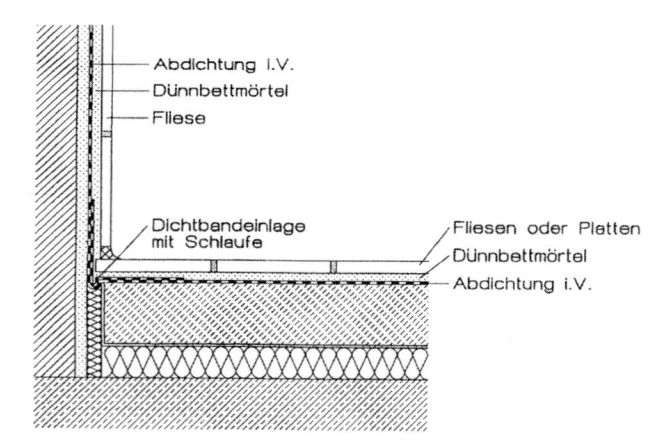

Bild 8.24 Ausbildung des Boden-Wand-Anschlusses bei einer Abdichtung im Verbund in einem Nassraum

In einfachen Fällen kann anstelle einer Abdichtung im Verbund ein spezieller Klebemörtel für die Fliesenverlegung zugleich als Abdichtung dienen. Er heißt dann Dichtkleber oder flexibler Kleber und wird auch bei Untergründen mit nicht zu vermeidenden Bewegungen zum Aufkleben der Fliesen benützt.

Eine weitere Möglichkeit, Bodenflächen in Räumen abzudichten, ist die rissüberbrückende Bodenbeschichtung. Sie wird vorzugsweise im Industriebereich, wo mit wassergefährdenden Stoffen gearbeitet wird oder diese gelagert und transportiert werden, angewendet. Man unterscheidet die einlagige Beschichtung und die zweilagige, wobei die letztere aus einer gegen mechanische Einwirkungen schützenden Deckschicht und einer die Dichtfunktion übernehmenden Schwimmschicht besteht (siehe auch Abschnitt 7.5).

IV Licht

Von Hanns Freymuth

Verzeichnis der Tafeln

		Seite
Tafel 1.1	Fenstermaße für Räume in Wohnungen und ähnliche Räume	501
Tafel 1.2	Vororientierung über Oberlichtöffnungsanteile	508
Tafel 2.1	Einige beleuchtungstechnische Begriffe, Größen, Einheiten	517
Tafel 2.2	Größenordnungen von Beleuchtungsstärken	518
Tafel 2.3	Größenordnungen von Leuchtdichten	520
Tafel 2.4	Größenordnungen von Tageslichtquotienten D	526
Tafel 2.5	Mindest-Tageslichtquotienten für noch hellen Raumeindruck	527
Tafel 2.6	Lichtminderungsfaktoren lichtundurchlässiger Fensterkonstruktionsteile k_1	534
Tafel 2.7	Verglasung: Lichttransmissionsgrade τ und -reflexionsgrade ρ	534
Tafel 2.8	Lichtminderungsfaktoren infolge verschmutzter Verglasung k_2	534
Tafel 2.9	Reflexionsgrade ρ matter Flächen	539
Tafel 2.10	Kleinster im Verhältnis zum mittleren Innenreflexionsanteil in Seitenlichträumen	539
Tafel 3.1	Anhaltsdaten zur Wirkung von Sonnenschutzvorkehrungen	558

1 Möglichkeiten und Konsequenzen der Raumbeleuchtung mit Tageslicht

Die Bürger von Schilda, die ihr Rathaus ohne Fenster gebaut hatten, begannen in ihrem Schrecken über die Finsternis darin, Tageslicht in Säcke einzubinden und hineinzutragen, und gaben sich so der Lächerlichkeit preis: Sie hatten die Sonne vergessen, der wir Licht und Wärme verdanken und die – abhängig von der Stellung der Erde zu ihr – uns Tages- und Jahreszeiten zumisst. Heute ersetzen oder ergänzen wir zwar das Tageslicht durch künstliches und halten das fast für normal, aber es bleibt auch jetzt ein Schildbürgerstreich, wenn herkömmliche Büros in einem gerade fertiggestellten Rathaus trotz großer Fensterflächen sich als zu dunkel erweisen, weil der Architekt die Öffnungen, deren ein Gebäude nun einmal bedarf, damit das Tageslicht hinein kann, unzweckmäßig ausgebildet und unangemessen verglast und zudem für die Raumflächen zu dunkle Materialien gewählt hat.

Zwischen den Extremen der bergenden Höhle, in der das Lichtloch vor allem den Ausgang markiert, und des Gewächshauses, das auf höchsten Gewinn an Sonnenstrahlung angelegt ist, gibt es sehr viele Möglichkeiten, Tageslicht in Räume einzulassen. Überlegungen dazu betreffen zunächst immer die Geometrie des Raumes und seiner Lichtöffnungen und prägen entscheidend jeden Gebäudeentwurf; wer einmal die wesentlichen Zusammenhänge erkannt hat, begeht nicht schon mit den ersten Entwurfsideen Schildbürgerstreiche und bemerkt auch rechtzeitig, welche Probleme besser gemeinsam mit einem erfahrenen Fachmann zu lösen wären.

Als Gebäude und Räume in den letzten Jahrzehnten die herkömmlichen Maße sprengten, ging dabei offenbar auch das in Jahrhunderten gewachsene Gefühl für die einem Raum jeweils angemessene Lichtöffnungsgröße verloren: das Gefühl für Zusammenhänge zwischen der Geometrie des Raumes und der Lichtöffnungen und die Konsequenzen für die Raumausstattung. Am Beispiel kennzeichnender Raumtypen seien hier einführend solche tageslichttechnischen Zusammenhänge erläutert.

1.1 Hohlraum mit Licht von außen

1.1.1 Einige Erläuterungen am Beispiel der Höhle

Stellen wir uns als den ursprünglichen und einfachen Fall einer Raumbeleuchtung mit Licht von außen eine Höhle als Hohlkugel mit einem Loch vor. Ist das Loch im Verhältnis zum Kugelraum klein und die Kugelinnenfläche nicht gerade weiß oder von sehr heller (viel Licht zurückwerfender) Eigenfarbe, so wirkt die Hohlkugel oder Höhle immer, nicht nur für unser heutiges Helligkeitsbedürfnis, zu dunkel, und das Lichtloch blendet um so mehr, je weniger Licht die Innenflächen zurückzuwerfen vermögen (je dunkler ihre Eigenfarbe ist) und je heller es außerhalb der Kugel ist. Selbstverständlich wird es in der Höhle heller, wenn man das Lichtloch vergrößert; die Eigenfarbe der Höhlenwandungen beeinflusst aber ebenfalls die Lichtquantität und entscheidet vor allem über die Beleuchtungsqualität.

Wäre die Innenfläche der Höhle ideal schwarz, so würde das vom Loch hindurchgelassene (transmittierte) Licht von ihr vollständig geschluckt (absorbiert – und dabei in Wärme umgewandelt) und nichts zurückgeworfen (reflektiert). Weil sie kein Licht zurückwerfen, wären die Höhlenwandungen auch dann nicht sichtbar, wenn viel Licht einfiele; wer sich in der Höhle aufhielte oder durch eine zweite Öffnung hineinblickte, sähe nur das blendende Loch, dessen

Entfernung und Größe sich jedoch nicht abschätzen ließen, und etwaige hellere Gegenstände, sofern Licht von außen direkt auf sie träfe. Selbst helle Dinge würden aber, vom Höhlenhintergrund aus vor dem Lichtloch gesehen, nur als schwarze Silhouette erscheinen, weil ja jedes reflektierte Licht fehlte, das ihre Rückseite hätte aufhellen können.

Wählte man ohne Veränderung des Lichtlochs für das Innere der Hohlkugel eine hellere Farbe, so würde auch der Innenraum insgesamt heller, weil die unverändert durch das Loch einfallende Lichtmenge in der Höhle vermehrt würde um das Licht, das ihre Wandungen reflektieren (welche dann, weil sie weniger Licht absorbieren, auch geringfügig kühler blieben).

Wäre die Innenfläche der leeren Höhlenkugel ideal weiß, aber nicht glänzend, so würde alles durch das Loch auf sie treffende Licht gestreut (diffus, nach allen Seiten) in steter Wiederholung zurückgeworfen, bis die gesamte Innenfläche gleich hell wäre (die gleiche Leuchtdichte aufwiese). Das Loch würde wesentlich weniger blenden, aber blickte man durch ein zweites Loch in den Kugelraum, so wären seine Größe und die des Lichtlochs wieder nicht abzuschätzen, weil sich auch im völlig schattenlosen weißen Raum von allseits gleicher Leuchtdichte keine Konturen abzeichnen.

Wir wissen aus der eigenen Erfahrung, dass man im großen Bereich zwischen diesen zwei unwirklichen Extremen des alles Licht absorbierenden und des alles Licht reflektierenden Raumes das Innere einer Höhle, in die noch Licht von außen fällt, mehr oder weniger deutlich erkennt, nach längerem Aufenthalt darin auch bei nur sehr geringer Helligkeit, besonders wenn die Höhle keine ebenmäßige Hohlkugel ist und sich Gegenstände darin befinden, sodass Schatten sich abzeichnen und Leuchtdichteabstufungen entstehen, die räumliches Sehen überhaupt erst ermöglichen. Selbst ein völlig weißer, aber von ebenen Flächen begrenzter Raum wird räumlich ablesbar, weil seine Kanten sich durch Helligkeits-(Leuchtdichte-)Unterschiede der Flächen markieren.

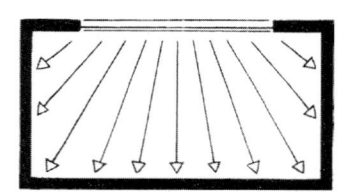

Bild 1.1 Lichteinfall von oben durch eine Lichtdecke: Prinzip im Raumquerschnitt

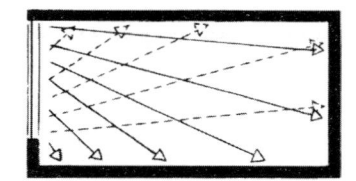

Bild 1.2 Tageslichteinfall von der Seite durch das Fenster: Prinzip im Raumquerschnitt

1.1.2 Licht von oben – Licht von der Seite

Bei den größenunabhängigen Überlegungen am abstrakten Hohlkugelmodell haben wir noch die Herkunft des Lichts vernachlässigt. In unserer Erdenwirklichkeit kommt Tageslicht immer nur vom Himmel, also aus einer (fiktiven) Kuppel, deren Mittelpunkt der jeweilige gebaute Raum bildet. Weil waagerechte Öffnungen Licht – das in der Atmosphäre gestreute des Himmels wie das unmittelbar von der Sonne kommende – aus der ganzen Himmelskuppel, senkrechte aber höchstens aus einer Hälfte empfangen können, unterscheiden sich Räume mit waagerechten von solchen mit senkrechten Lichtöffnungen schon im möglichen Lichtempfang erheblich, außerdem aber auch in der Lichtverteilung im Raum.

Durch waagerechte Einzelöffnungen (waagerechte Oberlichter) fällt direktes Licht aus der Himmelskuppel vor allem auf den Fußboden und auf die mittleren bis unteren Wandbereiche (Bild 1.1); durch senkrechte Öffnungen (Fenster) trifft direktes Licht zunächst ebenfalls, aber unter anderen Winkeln,

1 Möglichkeiten und Konsequenzen

auf Fußboden und Wände, dazu von der Umgebung, vor allem vom Erdboden reflektiertes vorwiegend auf die Raumdecke (Bild 1.2). Die lichtundurchlässigen Teile der Raumflächen mit Lichtöffnung – das ist bei waagerechten Oberlichtern die Raumdecke, bei Seitenlicht die Fensterwand – empfangen stets am wenigsten, nämlich nur von den anderen Raumflächen reflektiertes Licht. Mit der Farbgebung (der Wahl der Reflexionsgrade) für die Raumflächen lassen sich solche Nachteile der Lichtverteilung im Raum mildern, aber auch verschärfen.

Dass Räume mit Licht von oben sich – ganz abgesehen von der fehlenden Ausblickmöglichkeit – selbst bei gleicher Beleuchtung auf der Nutz- oder Arbeitsebene in ihrer Leuchtdichteverteilung charakteristisch von Seitenlichträumen unterscheiden, ist vor allem aus den schon in den Bildern 1.1 und 1.2 erkennbaren verschiedenen Auftreffwinkeln zu erklären.

Fällt ungefähr paralleles Licht aus einer begrenzten Öffnung (z. B. Projektor oder Taschenlampe) auf eine Fläche (z. B. Zeichenkarton), so ist die Fläche dann am besten beleuchtet, wenn das Licht „normal", das heißt in der Flächenachse auftrifft. Dreht man die Fläche unter dem unveränderten Lichtbündel, so empfängt sie in der Flächeneinheit weniger Licht, weil sich die gleiche Lichtmenge auf eine größere Auftrefffläche verteilt (Bild 1.3).

Durch die Lichtlöcher von Räumen fällt Licht vom Himmelsgewölbe zwar nicht parallel, aber doch nur aus ganz bestimmten Richtungen auf die Raumflächen. In Seitenlichträumen nimmt daher (Bild 1.4) das auf Tische fallende Himmelslicht mit wachsender Entfernung vom Fenster nicht nur mit dem kleiner werdenden Raumwinkel ab, aus dem Himmelsfläche für den Tisch wirksam wird, sondern auch wegen des immer ungünstigeren Auftreffwinkels, während dieses Licht an gleicher Stelle auf senkrechte, dem Fenster zugekehrte Flächen unter dem günstigsten Winkel trifft: Bei gleichem Lichtstrom (und gleichem Reflexionsgrad) sind die senkrechten Flächen nur wegen des optimalen Auftreffwinkels heller (Bilder 1.5 und 1.4). Auf einem weißen Papierblatt, im Raumhintergrund aus waagerechter in senkrechte Lage gedreht, kann man dies sehr schön beobachten. Auf **allen** Flächen von Seitenlichträumen sinken die Beleuchtungsstärken von unten nach oben ab (Bild 1.5).

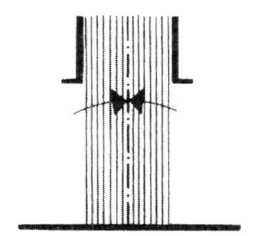

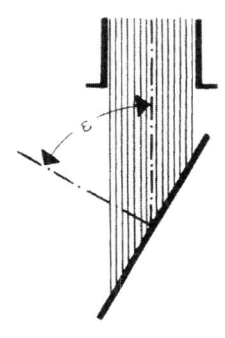

Bild 1.3 Bei unverändertem Lichtstrom nimmt die Beleuchtungsstärke auf einer Fläche mit dem Kosinus des Auftreffwinkels ε ab.

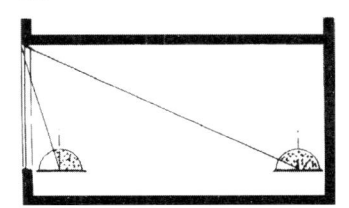

Bild 1.4 Bei Seitenlicht Abnahme der Beleuchtungsstärke mit wachsender Entfernung vom Fenster auf waagerechten ...

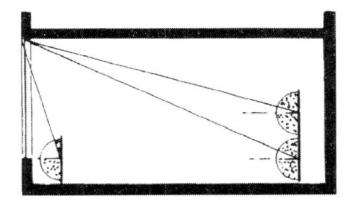

Bild 1.5 ... und auf senkrechten Flächen, die aber wegen günstigerer Auftreffwinkel besser beleuchtet sind.

In Oberlichträumen (Bilder 1.6 und 1.7) empfangen dagegen waagerechte Flächen – wegen des Auftreffwinkels – immer mehr direktes Licht als senkrechte an gleicher Stelle, und die Beleuchtungsstärken steigen nach oben an bis zu einem Wendepunkt, der bei großflächigen Öffnungen sehr hoch liegt und unter wandbündigen Lichtdecken (Bilder) ganz fehlt.

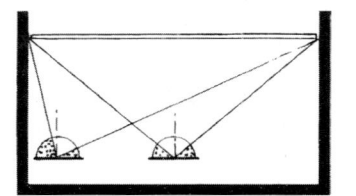

Bild 1.6 Von oben fällt auf waagerechte Flächen in Raummitte mehr Licht als am Rand und stets (Winkel!) mehr als...

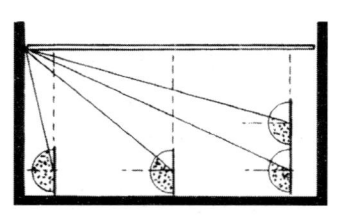

Bild 1.7 ... auf senkrechte Flächen an gleicher Stelle, auf die Raumwände mehr als auf freistehende Stellflächen.

1.2 Tageslicht durch eine Fensterwand

Die einfachste und immer noch, besonders im Wohnungsbau, häufigste Weiterentwicklung des Urraums Höhle ist der Raum mit nur einer Fensterwand. Die in unserem Klima ursprünglich sehr kleinen Fenster wurden größer, als wachsende äußere Sicherheit und bessere Ausgleichsmöglichkeiten der Klimaeinflüsse es erlaubten und lichtdurchlässige Materialien in größeren Flächen herstellbar und erschwinglich wurden. Sicherlich hat sich aber auch das Helligkeitsbedürfnis mit der Zeit gewandelt; wer sich den ganzen Tag im Freien aufhielt und nur zum Schutz vor den Unbilden der Witterung oder nachts seine Höhle oder Hütte aufsuchte, benötigte weniger Helligkeit in seiner Behausung als wir überwiegend in Gebäuden Lebenden.

1.2.1 Eigenarten und Bezeichnungen von Seitenlichtöffnungen

Nicht nur die Größe einer Seitenlichtöffnung, auch ihre Anordnung bestimmt die Tageslichtverhältnisse im Raum. Bei der Charakterisierung dieser Öffnungen und ihrer Teile werden hier zugleich definierende Bezeichnungen verwendet, weil darüber manchmal Unsicherheit herrscht.

Fenster, im Unterschied zu Oberlichtern Lichtöffnungen **in senkrechten** oder nur wenig davon abweichenden **Raumbegrenzungen** (Wänden), auch in geneigte Dächer eingebaute Dachflächen- oder Dachfenster, dienen neben der Lichtzufuhr dem oft gar nicht bewussten Kontakt nach außen, daher in der Regel **klar durchsichtig** verglast (Ausnahme: Einblickschutz).

Ob **Einzelfenster** (Bild 1.8), ggf. auch in Gruppen (Bild 1.9), oder **Fensterbänder** mit (Bild 1.10) nur schmalen oder (Bild 1.11) ohne Stützen dazwischen, ist primär nicht eine Frage der Form, sondern der Gebäudenutzung, welche entscheidend die Tageslichtverhältnisse in den Räumen, aber auch Gesicht und ggf. Konstruktion des Bauwerks bestimmt.

1 Möglichkeiten und Konsequenzen

Ganz verglaste Außenwände, ob **klar durchsichtig** als **Glaswand** oder **undurchsichtig,** aber durchscheinend als **Lichtwand,** z. B. mit Bauelementen aus Glas oder Kunststoff, ggf. mit klar durchsichtigen Einzelfenstern als Ausblickmöglichkeit (Bild 1.12), können durch hohe Sonnenwärmeeinstrahlung, die Lichtwand auch durch Brillanzeffekte oder zu hohe Eigenleuchtdichte Schwierigkeiten bereiten und erfordern sorgfältige Sonnen- und Blendschutzüberlegungen.

Hochliegende Fenster (Brüstungshöhe ≥ 1,5 m, nicht „Oberlicht") unterbinden oder behindern Ausblickmöglichkeit (Bild 1.13), aber ergänzen gut normale Fenster in zweiter Wand. Arbeitsplätze darunter ohne direktes Licht mit störender Kontrastblendung.

Ob **Brüstung opak** (lichtundurchlässig, Bild 1.8 bis 1.11), **opal** (durchscheinend, aber undurchsichtig) oder **klar durchsichtig** (fest verglast oder Fenstertür), beeinflusst durch den Beleuchtungszustand des brüstungsnahen Fußbodens die Lichtmenge im Raum und besonders den Helligkeitseindruck insgesamt. Für Ausblickmöglichkeit übliche Brüstungshöhe 80 cm bis (außer in Hochhäusern schon als extrem empfunden) 100 cm, kann niedriger sein, wenn keine Brandschutzforderung entgegensteht, aber Sicherung gegen Herausstürzen nötig (z. B. Bild 1.8).

Ob im Raum über dem Fenster sichtbare **Sturzfläche** (Bilder 1.14, 1.9, 1.10) oder nicht (1.11), beeinflusst nicht nur die Form, sondern in hohem Maße die Beleuchtung des Raumes. Für „freie" Ausblickmöglichkeit Sturzunterkante ≥ 2,1 m über Fußboden. Hohe, sonst auch die Raumdecke abdunkelnde Sturzfläche ggf. opal ausbilden oder durch Fenster in Wandfläche gegenüber oder künstliches Licht aufhellen.

Wegen Kontrastblendung waagerechte Kanten von **Fensterkonstruktionsteilen** nicht in Augenhöhe eines Stehenden oder Sitzenden (Bilder 1.13, 1.14), alle Rahmen möglichst schmal halten. **Fensterleibung** in dicken Wänden (besonders früher) oft für bessere seitliche Lichtverteilung abgeschrägt (Bild 1.15).

Jede „Verbauung" der Himmelsfläche oberhalb der Brüstung – Gebäude, Geländeanstieg, Bäume (Bild 1.11), aber besonders auch Vorsprünge über dem Fenster, Loggienseiten usw. – beschränkt den Einfall von Himmelslicht.

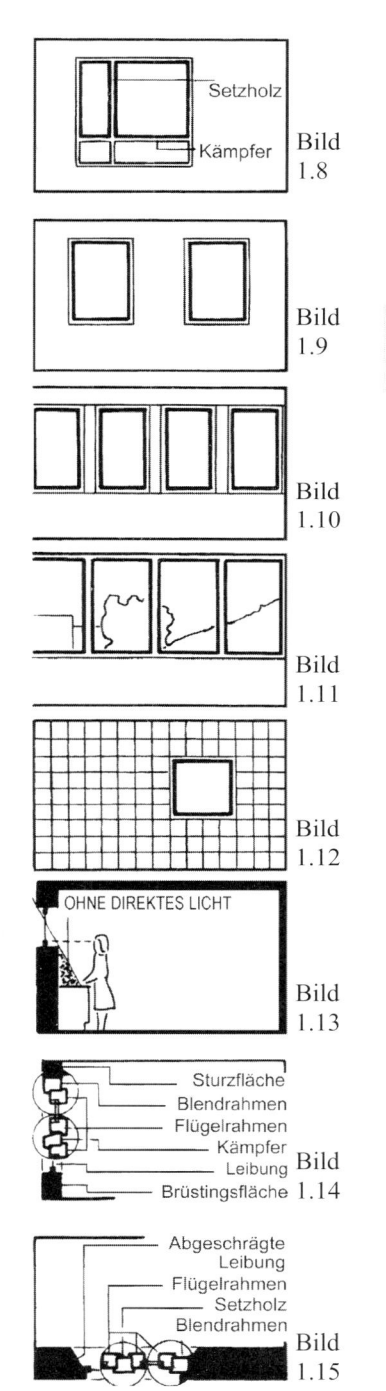

1.2.2 Einfluss der Raum- und Fensterhöhe

Es kann hier offen bleiben, ob die in den größeren Räumen der fürstlichen und der Bürgerbauten im ausgehenden Mittelalter zu beobachtenden größeren, vor allem aber höheren Fenster nur architektonisch-repräsentativ begründet waren oder ob man damals schon wusste, was erst nach dem ersten Viertel unseres Jahrhunderts weitgehend wieder vergessen wurde: dass ein Anheben der Fensteroberkante weit mehr Tageslicht in den Raum bringt als ein Verbreitern der Fenster, und zwar ganz besonders an engen Straßen (Bild 1.16).

Bild 1.17 veranschaulicht den Zusammenhang auf andere Weise: Vergrößert man bei unveränderter Fensterbreite und Raumtiefe die Fenster- und damit in der Regel auch die Geschosshöhe (hier um jeweils 25 cm), so nimmt trotz der sich ergebenden größeren Gebäudehöhe der Abstand zwischen den Gebäuden ab, der nötig wird, um im Erdgeschoss einen bestimmten Tageslichtkennwert einzuhalten. Das Bild verdeutlicht zugleich den Einfluss zunächst unwichtig erscheinender Details: In den oberen drei Beispielen sind die Fenster ohne, wegen ihrer großen Höhe in den unteren beiden jedoch mit Kämpfer (deutlich über Augenhöhe) angenommen, welcher den Zuwachs an Lichteinfallsfläche und damit die Abnahme des Gebäudeabstandes bremst.

Bei unveränderter Verbauung lassen sich mit größerer Fensterhöhe größere Raumtiefen mit Tageslicht versorgen. Setzt man eine nur geringe Verbauung voraus und nimmt als erwiesen an, dass die Helligkeitserwartung für Wohnungen allgemein geringer ist als für Arbeitsräume im weitesten Sinne – zwar wahrscheinlich, aber noch nicht wissenschaftlich bestätigt –, so ergeben sich die in den Bildern 1.18 bis 1.20 dargestellten Grenzen für einseitig in ganzer Fensterwandbreite geöffnete Räume.

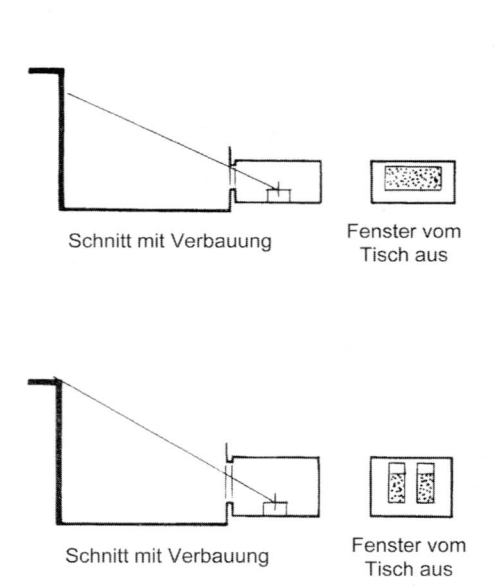

Bild 1.16 Auch bei recht hoher Verbauung lassen hohe Fenster mehr Himmelslicht in den Raum als niedere breite gleicher Fläche.

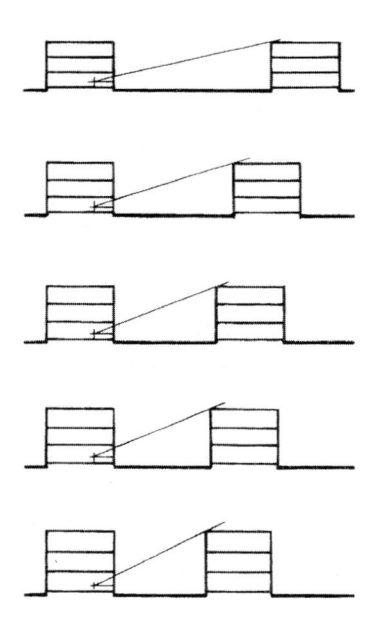

Bild 1.17 Einfluss der Fensterhöhe auf den beleuchtungstechnisch nötigen Mindestabstand

1 Möglichkeiten und Konsequenzen

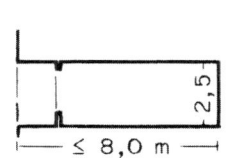

Bild 1.18 Einseitig befensterter Wohnraum mit Unterkante der vorspringenden Decke als Lichteinfallsgrenze

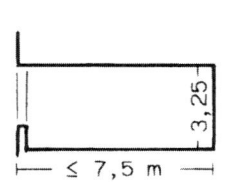

Bild 1.19 Einseitig befensterter Klassenraum: nur tafelgerichtete Sitzordnung mit Licht von links, sonst störende Blendung

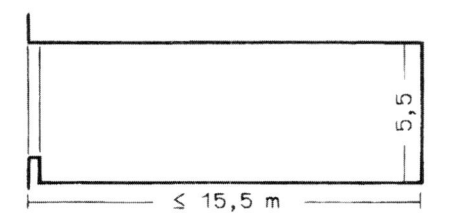

Bild 1.20 Einseitig befensterte Sporthalle: trotz quantitativ noch ausreichender Tagesbeleuchtung wegen Blendung und Silhouetteneffekt schlecht geeignet für Spiele, daher besser zweiseitig Fenster

1.2.3 Einfluss der Grundrissform

Ähnlich wie die Höhe, beeinflusst auch die Breite eines Fensters im Verhältnis zur Tiefe des Raumes dessen Tageslichtverhältnisse. Unterteilt man einen hinter einem Fensterband gelegenen Raum, so werden die Teilräume stets dunkler als der Gesamtraum, weil ihnen jeweils das Himmelslicht fehlt, das die sonst durch die abgetrennten Teile des Fensterbandes sichtbaren Himmelsflächen lieferten (Bild 1.21).

Im sogenannten „Berliner Zimmer" sitzt das Fenster zwar an sich zweckmäßig zur Beleuchtung der Ecke gegenüber (Bild 1.22), aber es ist viel zu schmal, lässt also insgesamt viel zu wenig Licht herein, und selbst in unverbauter Lage könnte auf die an das Fenster anschließenden Wände nahezu kein direktes Licht treffen, weil sie sich von ihm abkehren und zudem die diagonal gegenüberliegenden Außenwände für sie fast die gesamte Himmelsfläche verdecken; meist findet sich diese Ecklösung aber in engen Innenhöfen, in die ohnehin kaum noch Himmelslicht gelangt. Ebenso ungünstig ist die gleichfalls für Räume in einspringenden Gebäudeecken erfundene Fensterlage gegen eine seitlich anschließende Loggia (Bild 1.23).

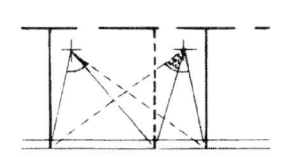

Bild 1.21 Lichtverlust durch Raumteilung

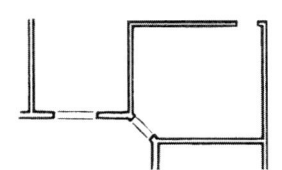

Bild 1.22 „Berliner Zimmer" in einspringender Gebäudeecke – berüchtigtes Beispiel einer schlechten Lösung

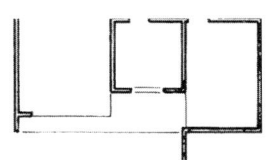

Bild 1.23 Ebenso ungünstige Lösung: Raum in einspringender Gebäudeecke mit Fenster in Loggienseite

1.2.4 Anwendungsgrenzen und Bemessungshilfen

Von der Doppelaufgabe des Fensters, Tageslicht hereinzulassen und die Sichtverbindung nach außen zu ermöglichen, ließe sich die der Beleuchtung zum Beispiel auch mit Oberlichtern lösen. Unersetzlich ist tagsüber jedoch offenbar die vom Fenster gebotene Freiheit, hinauszusehen zu können. Es muss dabei nicht „schöne" Aussicht vermitteln, sondern das Gefühl, dass man trotz des Aufenthalts im geschlossenen Raum (in der Höhle) noch mit dem Leben außen verbunden ist, etwa durch ein Stück Baum, Nachbarwände, auf die manchmal die Sonne scheint, eine Hofecke, in der etwas geschieht; die geschlossene Wand eines mit wenig Abstand frei vor dem Fenster stehenden Treppenhausturmes kann dagegen nicht mit der Umwelt verbinden und macht das Fenster wertlos. Wie wesentlich diese Kontaktmöglichkeit ist, bemerkt man erst, wenn sie behindert wird (durch zu hohe Brüstung oder zu niedrig angeordneten Sturz, siehe Abschnitt 1.2.1, oder durch starke seitliche Einengung) oder gar ganz fehlt (in tageslichtlosen oder undurchsichtig verglasten Räumen oder im Treppenturmbeispiel); entbehrlich erscheint sie nur in solchen (Groß-)Räumen, die mit vielfältigem Eigenleben selbst schon „Umwelt" bilden.

Auch die Grenzen der Beleuchtungsfunktion des Fensters zeigen sich in den Extremfällen. Nicht in normalen kleinen Zimmern, sondern erst in Räumen großer Tiefe bemerkt man auch ohne große Aufmerksamkeit, dass die Beleuchtungsstärke mit der Entfernung vom Fenster zunächst rasch, dann langsamer abnimmt (Versuch mit weißem Papierblatt und Bild 1.4), dass man beim Blick gegen die Fensterwand ähnlich wie in einer Höhle geblendet werden kann und dass die ausgeprägte Lichtrichtung die Anordnung von Arbeitsplätzen bestimmt (oder bestimmen sollte). Bei zu großen Raumtiefen versagt das Fenster als alleinige Lichtöffnung.

Die in den Bauordnungen geforderten Mindestfensterflächen sind in der Regel zu klein. DIN 5034 „Tageslicht in Innenräumen" [2] legt, weil die wechselnde Außenhelligkeit ohnehin eine konstante Arbeitsplatzbeleuchtung ausschließt, tageslichttechnische Grenzwerte nach Ergebnissen von Befragungen und begleitenden tageslichttechnischen Rechnungen [43] so fest, dass in Räumen von Wohnungen und ähnlichen Räumen ein als noch ausreichend hell empfundener Gesamteindruck zu erwarten ist. (Im Allgemeinen genügt das einfallende Tageslicht dann auch für häusliche Arbeiten jeder Art.) Auf dieser Grundlage und unter Berücksichtigung eines unbehinderten Sichtkontakts nach außen gibt Teil 4 der DIN 5034 in Tabellen Fenstergrößen für solche Wohn- und ähnliche Räume mit nur einer Fensterwand ohne Balkon oder Loggia für verschiedene Raumabmessungen und Verbauungshöhen an [2]. Für Räume geringer Tiefe bei großer Fensterwandbreite erscheinen die dann nur von der Kontaktfunktion bestimmten Fensterbreiten (unabhängig von der Raumtiefe durchsichtige Glasbreite ≥ 55 v. H. der Fensterwandbreite) allerdings sehr üppig.

Fensterabmessungen, die mit den nicht von der Kontaktfunktion, sondern vom Helligkeitseindruck bestimmten Tabellenbereichen für die größeren Raumtiefen in Teil 4 der DIN 5034 recht gut übereinstimmen, ergeben sich nach der (stark vereinfacht) auch Balkone und Loggien berücksichtigenden überschlägigen Bemessung von Wohnraumfenstern nach [43] in Tafel 1.1, mit der dort punktierten Verbauungs-Fenster-Höhenbeziehung auch für den Fall, dass man – wie in innerstädtischen Gebieten kaum anders möglich – entgegen DIN 5034 (die keine Pflichtnorm ist) auf einen hellen Gesamteindruck im Raum verzichtet und nur sicherstellen will, dass an nicht zu dunklen Tagen das Tageslicht in Fensternähe auch für feinere Arbeiten noch ausreicht.

Für andere als Wohn- und ihnen ähnliche Arbeitsräume mit Fenstern nennt Teil 1 der DIN 5034 [2] keine tageslichttechnischen Mindestwerte mehr; die in ihren Leitsätzen bis 1983 [1] angegebenen hatten sich – wenngleich nicht wissenschaftlich gesichert – als brauchbar erwiesen, erfordern aber zur Fensterbemessung, weil praktikable Tabellen fehlen, eine geometrisch-rechnerische Untersuchung und sind daher in Tafel 2.5 vor Abschnitt 2.5 angeführt, der solche Verfahren beschreibt. Als Anhalt können die in den Bildern 1.19 und 1.20 skizzierten Höhen-Tiefen-Verhältnisse dienen.

Für Arbeitsräume setzen die Arbeitsstättenrichtlinien [6] ohne nähere Begründung Mindestabmessungen für die Kontaktfunktion der Fenster fest.

1 Möglichkeiten und Konsequenzen

Tafel 1.1 Fenstermaße für Räume in Wohnungen und ähnliche Räume (nach [43]; nicht für Räume mit Dach- und anderen geneigten Fenstern)

Fensterhöhe (Rohbaumaß) in Abhängigkeit von der Höhe der **Verbauung** und den **Ansprüchen** an die Raumhelligkeit	
Lichte Raumhöhe/m ↓ ↙ Fensterhöhe/m [Diagramm: Verbauungshöhenwinkel*/° von 0 bis 40, Kurven mK und oK]	—— heller Gesamteindruck ······ Fensternähe ausreichend hell mK = mit Kämpfer, oK = ohne Kämpfer bei üblichen Höhen für Brüstung (85 cm) und Sturzfläche (≤ 30cm) * Winkel bei zeilenförmiger Verbauung parallel zum verbauten Fenster, anders als in DIN 5034 gemessen gegen die von einem Punkt 3,5 m hinter der Gebäude-(Loggien-)Außenkante, 1,0 m über dem Raumfußboden, sichtbare Verbauungsoberkante (Bild 1.17)

Fensterbreite (Rohbaumaß) in Abhängigkeit von der **Raum**beschaffenheit		
Fensteranordnung ▷ ▽	ohne Loggia davor oder Balkon darüber	hinter Loggia oder unter Balkon
nur in einer Raumwand	$\geq \dfrac{\text{m}^2 \text{ Raumgrundfläche}}{8,40 \text{ m}}$	$\geq \dfrac{\text{m}^2 \text{ Raumgrundfläche}}{6,00 \text{ m}}$
nach Bauordnung notwendige Fenster in 2 Raumwänden	1,4 fache Breite der für Räume mit Fenstern nur in einer Wand ermittelten, und zwar anteilig für Wände ohne und mit Loggia davor (s. Beispiele)	

Benutzungsbeispiele

Gegebener oder zulässiger **Verbauungs**höhenwinkel* 18°: für **hellen Gesamteindruck** Fenster**höhe** ohne Kämpfer 1,60 m (Raumhöhe 2,75 m), mit Kämpfer 1,85 m (Raumhöhe 3,00 m)

Raumgrundfläche 21 m², baurechtlich notwendige Fenster nur in **einer** Wand **ohne** Loggia davor oder Balkon darüber: Fenster**breite** $\dfrac{21 \text{ m}^2}{8,4 \text{ m}} = 2,5 \text{ m}$

Raumgrundfläche 21 m², baurechtlich notwendige Fenster nur in **einer** Wand **mit** Loggia davor: Fenster**breite** $\geq \dfrac{21 \text{ m}^2}{6,0 \text{ m}} = 3,5 \text{ m}$

Raumgrundfläche 25,2 m², baurechtlich notwendige Fenster verteilt auf **zwei** Wände, davon **eine** hinter Loggia: Die Gesamtfensterbreite müsste, lägen beide Wände hinter Loggia oder Balkon, $\geq \dfrac{25,2 \text{ m}^2}{6,0 \text{ m}} \cdot 1,4 = 5,88 \text{ m}$ betragen, und wenn beide Fensterwände ohne Loggia oder Balkon wären, $\geq \dfrac{25,2 \text{ m}^2}{8,4 \text{ m}} \cdot 1,4 = 4,2 \text{ m}$. Vorgesehen sei für die Türöffnung zur Loggia eine Breite von 2,25 m, also etwa 38 v. H. der hinter Loggia oder Balkon nötigen Gesamtbreite von 5,88 m; die restlichen 62 v. H. der Gesamtfensterbreite entfallen dann auf das Fenster ohne Loggia davor, nämlich ≥ 4,2 m · 0,62 = 2,6 m.

1.3 Tageslicht durch mehrere Fensterwände

1.3.1 Gegenüberliegende Fenster (zweiseitige Fensteranordnung)

Reicht die Raumbeleuchtung nur von einer Seite her nicht mehr aus, so sind im Stockwerksbau zwei einander gegenüberliegende Fensterwände die beleuchtungstechnisch günstigste Möglichkeit, auch größere Tiefen bei noch vertretbarer Raumhöhe mit Tageslicht zu versorgen.

Der Lichteinfall von zwei Seiten wirkt sich in seinen Nachteilen – doppelter Schattenwurf, doppelte Blendungsmöglichkeit – vor allem in Arbeitsräumen aus, die in ganzer Fläche gleichartig genutzt werden. Für Klassenräume – diese besonders intensiv genutzte, häufigste und daher auch am stärksten typisierte Sonderform des Arbeitsraums – wurde im Bemühen, die Nachteile gegenüberliegender Fenster möglichst gering zu halten, der nach dem österreichischen Architekten Franz Schuster benannte „Schustertyp", der mit je Geschoss nur zwei Klassenräumen an einem dazwischengelegenen Verkehrs- und Nebenraumelement eine zweiseitige Befensterung erst ermöglichte, nahezu normreif vervollkommnet (Bild 1.24): etwa quadratischer Raum mit großen Hauptfenstern links der Tafelwand und ihnen gegenüber lichtstreuend verglastem Nebenfensterband, dadurch schärferer Schattenwurf nur nach rechts, bereits etwas aufgehellt durch das gestreute Licht aus den Nebenfenstern; nur geringe Blendgefahr von den Nebenfenstern wegen ihrer weniger lichtdurchlässigen Verglasung und ihrer kleineren Fläche, die bei Tätigkeiten auf den Tischen sogar ganz außerhalb des Blickfelds liegt. Stören kann (vergleiche Bild 1.13) bei dunkler gehaltener Nebenfensterbrüstung ihr Kontrast zur hellen Fensterfläche darüber (oder der durch sie sichtbaren Himmelsfläche), deswegen nie dunkle Tafeln unter den Nebenfenstern! Die durch besonnte lichtstreuende Verglasungen entstehenden Probleme samt Abhilfemöglichkeiten behandelt Abschnitt 1.7.2.

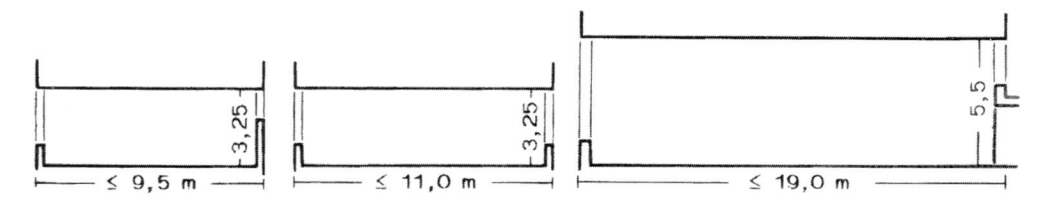

Bild 1.24 „Schustertyp" mit hochliegenden Nebenfenstern, lichtstreuend verglast

Bild 1.25 Grenzfall eines Raumes mit Hauptfenstern in zwei gegenüberliegenden Wänden

Bild 1.26 Zweiseitig befensterte Sporthalle für Hauptbewegungsrichtungen parallel zu den Fensterwänden; quer dazu Blendung möglich

1.3.2 Übereck angeordnete Fenster

Etwa rechtwinklig aneinanderstoßende Fensterwände verstärken die Nachteile mehrseitiger Fensteranordnung: in Arbeitsräumen mit Fensterwänden übereck sieht man entweder ständig gegen eine Fensterwand (Blendung!) oder schirmt mit dem eigenen Körper das Licht ab, das direkt von der zweiten Wand auf den Arbeitsplatz fallen könnte (Bild 1.27), und an Bildschirmarbeitsplätzen stört entweder die eine Fensterwand im Schirm durch Spiegelung oder die andere hinter dem Schirm durch Blendung. Wegen solcher erheblicher Qualitätseinbußen für die Arbeitsplätze verzichtete man besser auf Fensteranordnungen übereck, zumal das Beleuchtungsniveau sich durch zwei aneinandergrenzende Fensterwände nur in annähernd quad-

1 Möglichkeiten und Konsequenzen

ratischen Räumen sinnvoll anheben lässt; in langrechteckigen tiefen Räumen kann die kurze Fensterwand die Lichtverhältnisse in der ungünstigen Ecke nicht wesentlich verbessern.

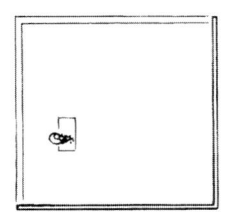

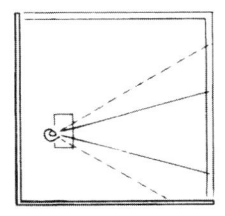

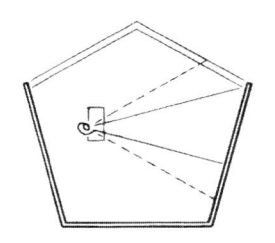

Bild 1.27 Etwa rechtwinklig übereck – störender Körperschatten oder Blendung

Bild 1.28 Fünfeckraum mit zwei aneinandergrenzenden Fensterwänden – günstige Lösung mehrseitiger Fensteranordnung (wie Klassenräume der Nachbarschaftsschule Berglen-Oppelsbohm, Aren. Behnisch & Partner, 1967)

Viel günstiger sind dagegen Fünfeckräume mit zwei aneinandergrenzenden Fensterwänden, weil man dort der – gemessen an einseitiger Fensteranordnung – zwar auch gesteigerten, aber nicht verdoppelten Blendungsmöglichkeit eher ausweichen kann (mehr geschlossene Flächen), der fensterferne Bereich aber recht gut beleuchtet ist (Bild 1.28).

In Seitenlichträumen mit rundumlaufenden Fenstern gibt es – außer etwa gegen einen Verkehrs- und Nebenraumkern – überhaupt keine blendungsfreie Blickrichtung mehr. In so formalistisch konzipierten Räumen lassen sich erträgliche Arbeitsplätze nur einrichten, wenn man mit getönter oder stark reflektierender Fensterverglasung die von innen wahrnehmbare Himmelsleuchtdichte und damit den Seitenlichteinfluss senkt und sie vorwiegend von oben (meist künstlich) beleuchtet, also zu Lasten erhöhter Bau- und Betriebskosten.

1.3.3 Anwendungsgrenzen und Bemessungshilfen

Weil die durch eine zusätzliche Fensterwand vermehrte Blendungsmöglichkeit offenbar – diese Deutung wird auch durch Befragungs- und Rechenergebnisse in [43] gestützt – das im Raum erwartete und daher nötige Helligkeitsniveau anhebt, verdoppelt man selbst mit zwei gegenüberliegenden Hauptfensterwänden nicht die mit einseitiger Anordnung befriedigend beleuchtbare Raumtiefe, sondern erreicht nur etwa das 1,5fache davon (Bild 1.25), mit Haupt- und hochliegenden Nebenfenstern höchstens das 1,2fache (Bilder 1.24 und 1.26 im Vergleich mit 1.19 und 1.20). Bei übereck befensterten Räumen gelten diese überschlägigen Tiefengrenzen für beide Richtungen.

Für mehrseitig befensterte Räume in Wohnungen und ähnliche Räume gibt Tafel 1.1 einen Anhalt zur Fensterbemessung.

Wenn unterschiedliche Verbauungsverhältnisse, ungewöhnliche Raumabmessungen (z. B. Verlassen des rechten Winkels) oder anderes die überschlägige Bemessung erschweren oder ihre Ergebnisse problematisch erscheinen, gewinnt man Sicherheit mit einer geometrisch-rechnerischen Untersuchung nach Abschnitt 2.5, welche die Randbedingungen genauer erfasst und daher oft günstigere Lösungen erlaubt als eine Faustregel.

1.4 Tageslicht durch Oberlichtöffnungen

Sehr große Räume sind durch Fenster nicht mehr ausreichend mit Tageslicht zu beleuchten. Oberlichter setzten sich als Lichtöffnungen aber im schnee- und regenreichen Klima Mitteleuropas, das eine überaus sorgfältige Detaillierung erzwingt, recht spät durch, im Wesentlichen erst, als die Industrialisierung sie unumgänglich machte, sodass man manche Oberlichtformen mit Industriehallen gleichsetzte und darüber die beleuchtungstechnischen Besonderheiten der Oberlichter vergaß.

1.4.1 Eigenarten und Bezeichnungen von Oberlichtöffnungen

Oberlichter, im Gegensatz zu Fenstern Lichtöffnungen **im oberen Raumabschluss** (in der Raumdecke oder dem Dach), können kaum noch dem Kontakt nach außen dienen, weil durch sie meist allenfalls Himmelsfläche sichtbar wäre; dennoch bleiben selbst durch undurchsichtige Oberlichter tageszeitliche und witterungsbedingte Helligkeitsschwankungen im Raum wahrnehmbar, sodass man in fensterlosen Räumen mit Oberlichtern – anders als bei ausschließlich künstlicher Beleuchtung – doch nicht ganz von der Sonne ausgeschlossen ist.

Die vielen Möglichkeiten der Oberlichtausformung lassen sich – allerdings mit manchen Überschneidungen – nach mehreren Gesichtspunkten untergliedern:

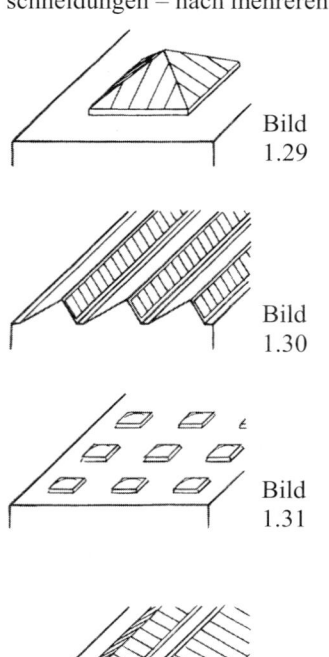

Bild 1.29

Bild 1.30

Bild 1.31

Bild 1.32

– **Einzel**oberlichter (z. B. Bild 1.29) können auch (z. B.. Lichtkuppeln, Bild 1.31) in größerer Zahl gleichmäßig über eine Raumdecke verteilt, **bandförmige** – sonst meist zu mehreren nebeneinander (z. B. Bild 1.30) – auch einzeln angeordnet werden (Bild 1.47).

– Bei **flachen** Oberlichtern ist die Öffnung (unabhängig von der Form der Abdeckung) in waagerechte bis flach (≤ 20°) geneigte Dachflächen eingeschnitten (z. B. Bilder 1.32 links **Glassatteldach** und 1.31), bei geneigten die Öffnung selbst geneigt (z. B. Bilder 1.32 rechts **Pultoberlicht** und 1.30). Je flacher die Glasneigung, um so länger bleibt Schnee liegen!

– Oberlicht-„**Verglasung**" (so auch meist für Kunststoffe) **undurchsichtig,** stark lichtstreuend (Regellösung, um störende direkte Besonnung im Raum zu unterbinden) oder mehr oder weniger **durchsichtig** (z. B. leicht lichtstreuendes Guss- oder Ornamentglas), dann aber (außer bei senkrechten Nordöffnungen oder geringen Ansprüchen an die Sehbedingungen) mit beweglichem Sonnenschutz.

– Ein Oberlicht kann **nichttragend,** auf ein raumüberspannendes Tragwerk aufgesetzt sein oder **selbsttragend** (meist bandförmig) den Raum überdecken.

Ungleichmäßige Beleuchtung – unbeanstandetes Merkmal von Seitenlichträumen – stört in Oberlichträumen. Sehr viele kleine Oberlichter erzeugen zwar sehr gute Gleichmäßigkeit, bedingen aber mehr Öffnungsfläche als wenige

1 Möglichkeiten und Konsequenzen

große, und zwar um so ausgeprägter, je höher die Schachtwandungen von der Deckenunterkante bis zum Verglasungsansatz. Abgeschrägte Wandungen mildern solche Lichtverluste und lassen mehr Licht auf die Raumwände fallen (Bilder 1.33/1.34).

Für gleiche Beleuchtung auf waagerechter Nutz- oder Arbeitsfläche erfordern flache Oberlichter weniger Öffnungsfläche als geneigte, sind aber, da ganztägig der Sonne ausgesetzt, im Sommer wegen der Wärmeeinstrahlung problematisch und daher immer so knapp zu bemessen, wie gerade noch vertretbar.

Zu flachen Oberlichtern zählen meist **Dachflächenoberlichter** (englisch: shedroof!) als Bänder (Bild 1.35 rechts) wie als Einzeloberlichter (1.35 links), ebenso **Glassatteldächer** (Querschnitt links in Bild 1.32), die auch **Raupenoberlichter** heißen, wenn sie quer über Dachknickungen hinweg laufen (Bild 1.36).

Shed- oder Sägedächer (englisch: sawtooth-roofs, z. B. Bilder 1.30, 1.37) gegen Nord sind wegen der geringeren Sonnenwärmebelastung im Sommer die raumklimatisch günstigsten geneigten Oberlichter (siehe Abschnitt 3.2.3). Der einseitige Lichteinfall verleiht Shedräumen eher Seitenlichtcharakter, noch variierbar mit (bei selbsttragenden Sheds häufigeren) Schalenformen: innen konvexe (Bild 1.38 oben) reflektieren Licht in Richtung des direkten Einfalls (die Einseitigkeit verstärkend), innen konkave (1.38 unten) mehr entgegengesetzt (die Einseitigkeit abschwächend). Dachuntersicht stets gut aufgehellt, außer 1.38 oben.

Bandförmige **Laternen- oder Monitordächer** in vielen Querschnittsformen (Beispiele Bild 1.39) ermöglichen bei etwas größerem Öffnungsbedarf als Sägedächer zweiseitigen Lichteinfall; mit Nord- und Südöffnungen Wärmebelastung im Sommer geringer als unter flachen Oberlichtern, obschon größer als unter Nordsheds; schon klassisch sind allseits, oft mehrstufig verglaste große Einzellaternen über Zentralräumen.

Licht-, auch Staub(!)decken, meist stark lichtstreuend, für sehr gleichmäßige Beleuchtung und als Schutz gegen Einblick ins Dach unter beliebigen Oberlichtkonstruktionen häufig für Gemäldegalerien (z. B. Bild 1.40), früher auch Kassenhallen u.a., vergrößern aber drastisch die benötigte Oberlichtfläche.

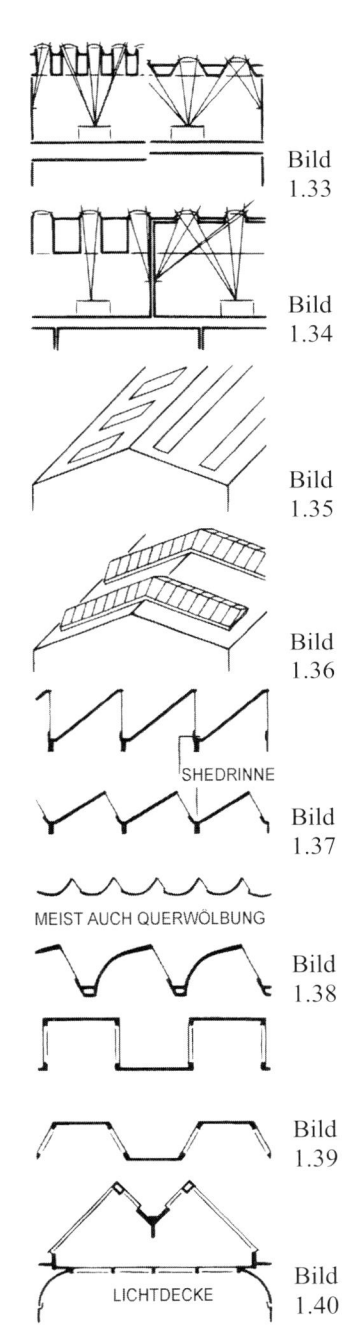

Bild 1.33

Bild 1.34

Bild 1.35

Bild 1.36

SHEDRINNE

Bild 1.37

MEIST AUCH QUERWÖLBUNG

Bild 1.38

Bild 1.39

LICHTDECKE

Bild 1.40

1.4.2 Einfluss der Raumproportion

Auch in einem innen weißen Schornstein – einem nach oben völlig offenen Oberlichtraum – ist es unten dunkel, weil der Raumwinkel, aus dem direktes Licht nach unten fallen kann, viel zu klein ist: In Oberlichträumen darf deren Höhe im Verhältnis zur oberen Raumbegrenzung nicht zu groß, sondern sollte in der Regel kleiner sein als die kürzere Ausdehnung (die Breite) der Raumgrundfläche. Man kann aber auch Räume, deren Höhe im Verhältnis zu vernünftigen oder vom Tragwerk erzwungenen Oberlichtabmessungen zu gering ist, nur schlecht, nämlich zu ungleichmäßig oder um den Preis zu großer, das Raumklima belastender Öffnungsfläche von oben beleuchten; zum Beispiel lässt eine 1,8 m dicke Dachdecke mit dann fast 2 m hohen Oberlichtschächten über nur 3 m hohen Räumen keine gleichmäßige Lichtverteilung zu (Bild 1.34 links): Die Schachthöhe von Oberlichtern muss im Verhältnis zur Raumhöhe klein sein.

Abgesehen von Sonderfällen – etwa besonderen Absichten mit der Lichtführung, wie in kultischen Räumen, oder besonderen Ansprüchen an blendungsfreie (teilbare Sporthallen, Bildtext 1.26) oder spiegelungsarme Beleuchtung (Ausstellungsräume) – wird man Räume, deren Proportionen noch eine ausreichende Beleuchtung durch Fenster erlauben, nicht mit Oberlichtern versehen. Erst für (gemessen an ihrer Höhe) große Räume werden Oberlichtlösungen immer sinnvoll. Beim Aufteilen in Teilräume, wie in teilbaren Sporthallen, sinkt das Beleuchtungsniveau gegenüber dem ungeteilten Gesamtraum, so wie es Bild 1.21 am Beispiel eines Seitenlichtraums erläutert. Die Raumproportion bestimmt neben raumklimatischen Gesichtspunkten auch die Wahl der Oberlichtart: so sind in überhohen Räumen senkrechte Oberlichtöffnungen (Bilder 1.37 oben und 1.39 oben) wenig sinnvoll, weil zuwenig direktes Licht nach unten gelangt.

1.4.3 Einfluss der Oberlichtanordnung

Weil man in Oberlichträumen wesentlich empfindlicher als in Seitenlichträumen auf Ungleichmäßigkeiten der Beleuchtung reagiert, die Raumränder aber sogar unter einer gleichmäßig hellen Lichtdecke stets weniger Licht empfangen als die Raummitte (Bild 1.6), erfordert die Oberlichtanordnung besondere Sorgfalt.

Falls die Bestimmung eines Raumes nicht gerade eine Lichtkonzentration auf seine Mitte nahelegt (oder die Wände ringsum Fenster besitzen), ist eine diesem Gleichmäßigkeitsbedürfnis zuwiderlaufende Verdichtung flacher Oberlichter gegen die Raummitte hin zumindest ungünstig oder sogar falsch (Bild 1.41 links, wenig Licht auf Wänden!); richtig ist es, Oberlichter gleichmäßig zu verteilen (1.41 Mitte), manchmal noch günstiger, sie gegen die Raumränder zu verschieben (Bild 1.41 rechts).

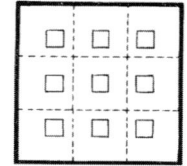

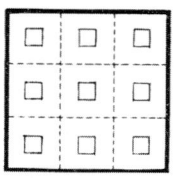

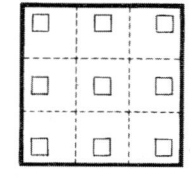

Bild 1.41 Die Anordnung von flachen Oberlichtern soll in der Regel den auch bei gleichmäßiger Verteilung (Mitte) merklichen Lichtabfall gegen die Raumränder hin nicht verstärken (links), sondern ihm eher entgegenwirken (rechts).

Diese Hauptregel für alle flachen Oberlichter über fensterlosen Räumen (Bild 1.42: Glassatteldächer) gilt ebenso für Laternen-(Monitor-)Dächer (Bild 1.43), bei denen ein Hereinziehen der zu den Oberlichtern parallelen Wände (gestrichelt) die Beleuchtung dieser Raumränder verbessern und ein Hinausschieben sie verschlechtern würde (punktiert). Auch für diese bandförmigen Oberlichter deuten die Bilder an, dass die Raumränder stets weniger direktes Licht empfangen.

1 Möglichkeiten und Konsequenzen

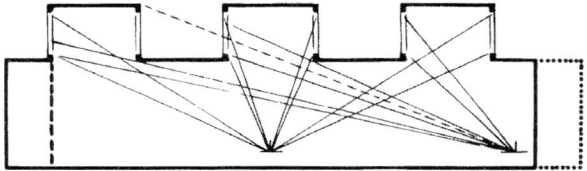

Bild 1.42 Glassatteldachhalle

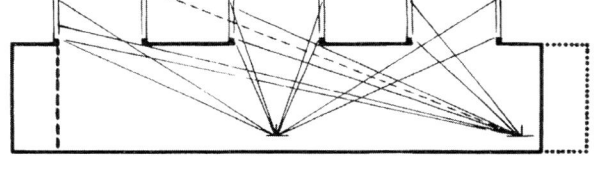

Bild 1.43 Himmelslichteinfall durch Laternendach

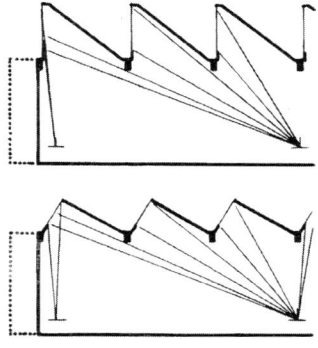

Bild 1.44 Der benachteiligte Raumrand unter dem ersten Sägezahn empfängt durch geneigte Öffnungen mehr Licht als durch senkrechte.

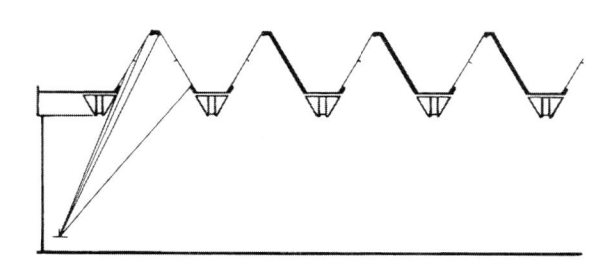

Bild 1.45 Die Zone vor dem ersten Sägezahn aufgehellt durch zusätzliche entgegengesetzte Dachöffnung

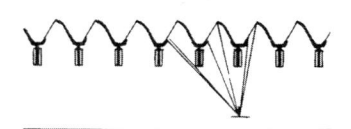

Bild 1.46 Infolge der Vollwandbinder, noch beidseitig verbreitert durch Klimakanäle, trotz des großen Öffnungsanteils unbefriedigend beleuchteter Bürogroßraum

In den mit ihrem unsymmetrischen Lichteinfall eher seitenlichtartigen Shedräumen nimmt der direkte Lichtanteil – geometrisch bedingt – entgegen der Einfallsrichtung um so merklicher ab, je steiler die Shedöffnung (Bild 1.44). Versetzte man die Wand unter dem ersten Shed nach außen (punktiert in Bild 1.44), so entstünde, falls die Wand keine ausgleichenden Fenster erhielte, eine unangenehme Zone ohne jedes direkte Licht. Wo solche Lösungen nicht zu umgehen waren, empfahl das Institut für Tageslichttechnik Stuttgart schon häufiger diesen dunklen Rand beleuchtende Öffnungen in der entgegengesetzten Dachfläche des ersten Sheds (Bild 1.45: Leichtathletikhalle der Hochschulsportanlage München, Arch. Heinle, Wischer und Partner, 1968).

Vollwandbinder zwischen oder unter Oberlichtern schränken die Lichtverteilung ähnlich ein wie zu hohe Schachtwandungen und vergrößern die notwendige Oberlichtfläche oft erheblich (Bild 1.46); zweckmäßiger sind in solchen Fällen in Fachwerk aufgelöste Binder.

1.4.4 Hinweise zur Bemessung

Obwohl der Lichteinfall durch Oberlichter – anders als bei Fenstern – meistens kaum von äußerer Verbauung beeinträchtigt wird, erlauben doch die unbegrenzte Vielfalt der Raumabmessungen – eher quadratische wie mehr langgestreckte, großflächige niedere wie kleine hohe Räume -, die zahllosen Möglichkeiten der Oberlichtausbildung und ihrer Verglasung und die vom gewählten Tragwerk abhängige innere Verbauung durch Oberlichtleibungen oder -schächte, Binder usw. keine Faustregeln zu ihrer Bemessung. Man muss in jedem Einzelfall mit den im Abschn. 2.5 beschriebenen geometrisch-rechnerischen Verfahren – das verbreitete (z. B. [13], [14]), als Teil 6 der DIN 5034 [2] sogar wieder genormte Verfahren ist unzuverlässig [18]! – die Oberlichter auf die räumlichen Gegebenheiten abstimmen oder dies einem erfahrenen Fachmann auftragen. Tageslichttechnische Richtwerte – bis auf eine Ausnahme in Teil 1 der DIN 5034 [2] nicht enthalten – nennt Abschnitt 2.4.

Sehr grob vermitteln die erläuternden Bilder dieses Abschnitts 1.4 eine Vorstellung von Oberlichtproportionen. Tafel 1.2 kann nur für erste Entwurfsüberlegungen einen ungefähren Anhalt zur Öffnungsfläche von Oberlichtern über Räumen ohne nennenswertes Seitenlicht geben. (DIN 5034 [2] beschränkt sich in Teil 1 irreführend auf eine von der Oberlichtart unabhängige Untergrenze des Dachöffnungsanteils.) Die Tafelangaben erübrigen es nicht, Oberlichter während der weiteren Planung sorgsam zu bemessen, weil eine Unterbemessung die Oberlichtentscheidung überhaupt fragwürdig machen, eine Überbemessung (vor allem flacher Oberlichter) aber ein unzumutbares sommerliches Raumklima verursachen kann. Die angenommene stark lichtstreuende (durch Eintrübung oder Einlagen undurchsichtige) Verglasung ist die einfachste und übliche Lösung, direkte oder Reflexblendung durch die Sonne zu unterbinden.

Tafel 1.2 Vororientierung über Oberlichtöffnungsanteile. Schwankungsbreiten für Räume ohne Seitenlicht mit „normaler" Dachdecke

Oberlichtart	Verglasung	Lichtdurchlässigkeit τ_{dif}	Lichtöffnungsfläche, gemessen in Öffnungsebene (Bild 1.32)
Lichtkuppeln „normaler" Größe (je Öffnung ≤ 2,5 m^2)	doppelschalig milchig eingetrübt	$0{,}67 \leq \tau \leq 0{,}77$	7 bis 12 v. H. der Raumgrundfläche
Flache (Sattel-, Raupen-, Pyramiden- u. ä.) Oberlichter	stark lichtstreuend	$\tau \approx 0{,}5$	18 bis 25 v. H. der Raumgrundfläche
60°-Sheds (-Säge-) und 60°-Laternen-(Monitor-)Dächer	stark lichtstreuend	$\tau \approx 0{,}5$	30 bis 40 v. H. der Raumgrundfläche
Senkrechtsheds (-säge-) und -laternen-(Monitor-)Dächer*)	stark lichtstreuend*)	$\tau \approx 0{,}5$	40 bis 55 v. H. der Raumgrundfläche

*) Für genau genordete senkrechte Oberlichtöffnungen ist stark lichtstreuende Verglasung nicht zwingend, wenn hochsommerliche Durchsonnung bis längstens etwa 7.30 und ab frühestens 16.30 Uhr wahrer Ortszeit nicht stört (Durchsonnungsdauer nördlich des 53. Breitengrades – etwa Bremen, Wittenberge – zunehmend; Umrechnung in mitteleuropäische Zeit siehe Abschnitt 2.2.1). Trotz der dann möglichen besser lichtdurchlässigen Verglasung ($\tau \approx 0{,}7$) Öffnungsfläche nicht umgekehrt proportional zur Lichtdurchlässigkeit verkleinern, weil sonst Blendungsstörungen wahrscheinlicher.

1 Möglichkeiten und Konsequenzen

1.5 Oberlicht gemeinsam mit Seitenlicht

Seitenlicht und Oberlicht können einander in einem Raum gut ergänzen; der Planer muss jedoch wissen, wohin Licht vorwiegend von oben und wohin vorwiegend von der Seite gelangen soll und kann. An zwei Raumtypen seien schematisch die vielen sowohl von der Raumform abhängigen wie auch sie bestimmenden Kombinationsmöglichkeiten angedeutet, bei denen manchmal die einfachen Definitionen von Seitenlicht und Oberlicht durcheinandergeraten.

Statt langrechteckiger Räume mit Tageslicht von links für tafelgerichtete Sitzordnung (Bild 1.19) benötigte der Schulbau der fünfziger und sechziger Jahre größere, eher quadratische, trotz ihrer Tiefe aber in ganzer Fläche gut mit Tageslicht beleuchtete Räume für freie Sitzgruppierungen. Neben zweiseitiger Fensteranordnung (Bild 1.24) verwendete man shedartige, meist stark lichtstreuend verglaste Dachaufsätze (oft bei nur niedrigen Hauptfenstern, damit die Räume nicht zu hoch gerieten: Bilder 1.47 und 1.48 nach [15]), auch abgewandelt zu zweiten Fensterstufen in terrassenartig abgetreppten Baukörpern (Bild 1.49); bei falscher Anordnung beleuchteten sie aber statt der Schülertische im Wesentlichen die Wand zum Flur (Bild 1.50).

Eindeutiger den Oberlichtern zuzuordnen sind ergänzende Lichtkuppeln (Bild 1.51), die in gelegentlich versuchter falscher Anordnung (Bild 1.52) jedoch kaum Tageslicht in die zu beleuchtende Raumtiefe gelangen lassen.

Beim häufigen Industriehallenquerschnitt nach Bild 1.53 empfangen die außenwandnahen Bereiche Tageslicht vorwiegend durch die unteren Fensterbänder, während sich in einer breiten Mittelzone das Licht aus dem Satteloberlicht im First und aus den hochliegenden Fensterbändern mischt. Wenn das untere Fensterband entfällt, etwa wegen eines Nachbarbauteils, bliebe ohne weitere Oberlichter (in Bild 1.54 richtig nahe der Traufe) der außenwandnahe Bereich zu dunkel. Unter günstigen Umständen – keine Unterteilung, bezogen auf die Breite große Hallenlänge – können auch recht breite Hallen ohne zusätzliche, konstruktiv immer noch problematische Dachöffnungen entstehen (Bild 1.55).

Für solche Mischformen gibt es – zumal jeweils abzuwägen ist, ob eher der Seitenlicht- oder der Oberlichtcharakter das für einen hellen Gesamteindruck anzustrebende Beleuchtungsniveau bestimmt – keine Faustregeln zur Bemessung. Einen ersten Anhalt bietet die Analyse gelungener Beispiele (für Klassenräume z. B. in [15]); um Mehrkosten verursachende Über- oder Unterbemessung zu vermeiden, empfiehlt es sich aber immer, Oberlicht und Seitenlicht in genauen Untersuchungen nach Abschnitt 2.5 aufeinander abzustimmen.

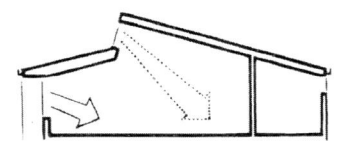

Bild 1.47 Shedartige Aufsätze immer **vor** dem (hier einseitig) zu beleuchtenden Bereich

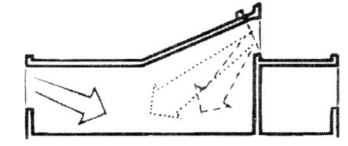

Bild 1.48 Bei entgegengesetztem Aufsatz durch Neigen auch Bereich darunter heller

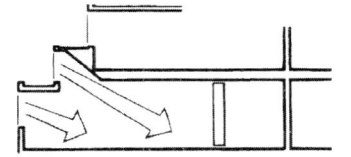

Bild 1.49 Sitzen zur Tafel: 2. Stufe durchsichtig möglich

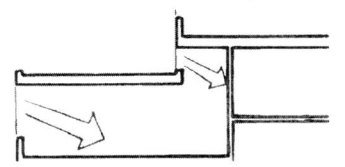

Bild 1.50 Zweite Fensterstufe viel zu weit hinten: Wandreflexion allein genügt nicht

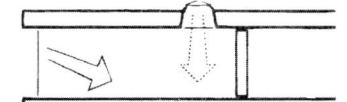

Bild 1.51 Flache Oberlichter nur **über** dem zu beleuchtenden Bereich und sparsam bemessen

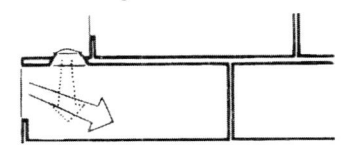

Bild 1.52 Entwurfsfehler: Fensternähe überhell, Raumtiefe trotzdem unzureichend

IV

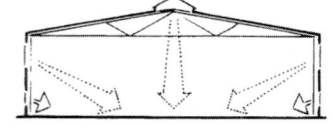

Bild 1.53 Höhere Räume benötigen zur ausreichenden Beleuchtung ihrer Ränder auch die unteren Fensterbänder ...

Bild 1.54 (oben rechts) ... oder wandnahe Oberlichter

Bild 1.55 (rechts) Laterne und Seitenlicht: so sparsam nur für ungeteilte Großhallen

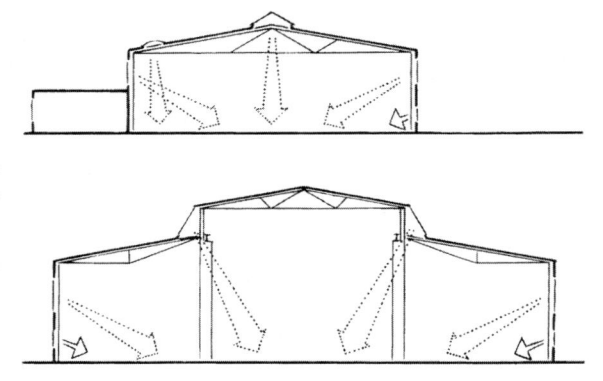

1.6 Schutz gegen störende Blendung

Das Höhlenbeispiel (Abschnitt 1.1.1) veranschaulichte, dass erst Leuchtdichte-(Helligkeits-) Unterschiede das Erkennen von Konturen und auch das Abschätzen von Entfernungen ermöglichen, zu große Leuchtdichteunterschiede jedoch durch Blendung stören. Welche Unterschiede man schon als unangenehm empfindet, hängt aber auch von der Größe der kontrastierenden Flächen ab: Der große Kontrast zwischen Schwarz und Weiß ist bei kleiner Schrift Voraussetzung für müheloses Lesen, löst aber meist Unbehagen aus im Nebeneinander größerer schwarzer und weißer Flächen.

Die Quelle fast jeder Art von Beleuchtung blendet, auch der Himmel: überfordert – häufig nur in gewissen Richtungen – die erstaunliche, jeden Fotoapparat übertreffende Fähigkeit der Anpassung (Adaptation) des gesunden Auges an gleichzeitige oder kurz aufeinander folgende Leuchtdichtekontraste. Angesichts der Vielfalt von Blendungsstörungen durch Fenster von Arbeits- bis zu Andachtsräumen erscheint es ahnungs- oder verantwortungslos, in einer „Bauphysikalischen Aufgabensammlung mit Lösungen" darauf zu beharren, ausschließlich durch direkte Sonneneinstrahlung sei Blendung im Raum möglich („richtige" Lösung 5.1 in [25]).

1.6.1 Blendung durch die Sonne

Gegen **blindmachende,** so starke Blendung, dass man eine Zeitlang nichts mehr wahrnimmt, die (abgesehen von zu grellen künstlichen Lichtquellen) tatsächlich nur die Sonne selbst verursacht, muss man sich in allen Räumen – außer bei sehr geringen Ansprüchen an die Sehbedingungen – schützen können, ebenso gegen die **physiologische,** das Sehvermögen vermindernde Blendung durch besonnte helle Flächen im Blickfeld. Man vermeidet beides üblicherweise und einfach bei Fenstern mit hellen beweglichen inneren oder (wärmewirksam besser) äußeren Vorrichtungen wie Vorhängen, Rollos, Markisen, Jalousetten usw. (nach Abschnitt 3.2 auch bei nur geringen Abweichungen von Nord), bei Oberlichtern aber, weil dort beweglicher Schutz schwierig zu warten ist, durch stark lichtstreuende Verglasung. Dass solche Scheiben bei Besonnung sehr aufgehellt werden und dann selbst blenden können, stört in Oberlichtern meist nicht; in Fenstern müssten auch stark lichtstreuende Verglasungen, besonders in etwas größeren Flächen, zusätzlich einen inneren oder äußeren beweglichen Schutz erhalten.

1 Möglichkeiten und Konsequenzen

1.6.2 Blendung durch den Himmel

Wenn Flächen hoher Leuchtdichte – hell bedeckter Himmel etwa – bei normaler (Arbeits-) Haltung im Gesichtsfeld liegen, geht die physiologische Blendung, für die beispielhaft der Tunneleffekt in einem langen, sonst dunklen Flur stehe, oft über in die sogenannte **„psychologische"**, auch ohne merklich vermindertes Sehvermögen Unbehagen erzeugende Blendung. Diese beiden Blendungsformen können einen Raum dunkler erscheinen lassen, als er ist, und – besonders die selten bewusst werdende „psychologische" Blendung – unklare Unzufriedenheit mit dem Raum wecken.

Im Roman „Der Richter und sein Henker" beschreibt Dürrenmatt sehr eindringlich, wie der Schriftsteller im recht dunklen Arbeitszimmer sich vor seinen Gästen, dem Kommissär und dem jungen Polizisten, so auf seinen Fensterplatz setzt, dass seine Befrager, obwohl er ihnen ins Gesicht sieht, ihn vor dem hellen Abendhimmel nur als dunkle Masse wahrnehmen, deren Mienenspiel sie nicht zu erkennen vermögen. Diese sehr häufige, die Grenze zwischen physiologischer und „psychologischer" Blendung verwischende Erscheinung des **Silhouettensehens** stört zwar nicht immer so; oft aber prägen die Gegenmaßnahmen einen Gebäudetyp.

Blendung durch helle Außenflächen ist eine Eigenart der Beleuchtung mit Tageslicht, der man möglichst ausweichen muss mit vernünftiger Raumeinrichtung und -nutzung. Wer seine eigenen Reaktionen sorgfältig analysiert, wird zum Beispiel einen Arbeitstisch nicht frontal gegen Fenster aufstellen, weil sonst die Augen bei jedem Aufblicken zu extremen, auf die Dauer ermüdenden, manchmal sogar Kopfschmerz verursachenden Adaptationsvorgängen gezwungen würden. Es wäre auch unsinnig, dem in der Fachliteratur oft überbetonten Silhouettensehen durch kräftig aufhellende natürliche oder (meist) künstliche Beleuchtung vom Raum her zu begegnen, solange es die als Umriss gesehene Person selbst mit einigen Schritten vom Fenster weg beheben kann (z. B. Lehrer im Klassenraum).

Erlaubt der Raumzweck kein Ausweichen, etwa in Sporthallen, in Versammlungs- oder Ausstellungsräumen (alles gegen helle Außenflächen Gesehene wird zum Schattenriss!), in Bürogroßräumen (Bild 1.27) oder in Klassenräumen mit „freier" Sitzgruppierung, so muss man, da helle Außenflächen blenden können auch an bedeckten Tagen (der Himmel besonders dann), an denen aber bewegliche Vorrichtungen die Helligkeit im Raum zu sehr senken würden, die Raumverhältnisse ändern: die von innen her wahrnehmbare Himmelsleuchtdichte durch Verglasungen geringerer Lichtdurchlässigkeit dämpfen, notfalls den Blick darauf ganz unterbinden, und zugleich die damit dem Raum entstehenden Lichtverluste ausgleichen entweder durch Vergrößern der vermindert lichtdurchlässigen Flächen oder durch zusätzliche natürliche oder künstliche Beleuchtung.

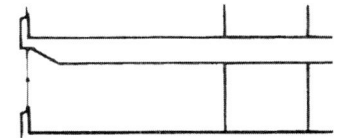

Bild 1.56 Ohne Volumenänderung in hohen Deckenraum erhöhte Fenster, die dann trotz (mit Kämpfer über Augenhöhe!) blendungsmildernd gut lichtstreuender oberer Hälfte die Klasse noch ausreichend beleuchten. Jalousetten schützen auch obere Hälfte vor Aufhellung bei Sonne (nach [18]).

Bei freier statt tafelgerichteter Sitzgruppierung in Klassenräumen blendet der Himmel oft Schüler mit Sitzrichtung gegen Fenster. Betriebskostengünstiger als getönte Sonnenschutzscheiben bei ständigem Kunstlicht (Bürogroßräume) helfen abgesenkte, die obere Himmelsfläche abdeckende Fensterstürze und zusätzliche, stark lichtstreuende Öffnungen außerhalb des Blickfelds (Bilder 1.47, 1.48) oder erhöhte (Bild 1.56) oder breitere (1.28), in der oberen Hälfte stark streuende Fenster.

Vorwiegend längs bespielte Sporthallen lassen sich ohne wesentliche Blendungsstörungen von den Längsseiten her beleuchten (Bild 1.26). In größeren, aus quergestellten Teilhallen zusammengesetzten Hallen mit Hauptspielrichtung quer zu denen in den Teilhallen werden jedoch Lichtöffnungen in Wänden – stets in einer der Hauptblickrichtungen! – zu Blendquellen, die beim Sport erheblich stören können. Für so teilbare Hallen wird daher wegen des Blendschutzes eine Tagesbeleuchtung nur von oben gefordert (z. B. Bild 1.45), obwohl die Raumgröße auch Glaswände mit ergänzenden Oberlichtern erlaubte. Fensterwände gegenüber von Tribünen machen Zuschauern das Geschehen zum Schattenspiel in jeder Halle, die nicht auch allein von oben (möglichst aus Tribünenrichtung) schon sehr hell beleuchtet ist. Erträglich werden Glaswände oder Fenster in teilbaren Sporthallen (auch in Arbeitshallen!) nur, wenn man vor den jeweils in Hauptblickrichtung gelegenen einen Blendschutz schließen kann (Markisen oder Jalousetten, notfalls auch Rollos oder Vorhänge innen im Raum); allerdings ist beim Bemessen der Oberlichter nur die durch solchen geschlossenen Blendschutz sehr verminderte Lichtdurchlässigkeit der Glaswände oder Fenster einzusetzen.

An Kassenschaltern etwa erleichtert es eine Silhouetten aufhellende natürliche oder künstliche (Gegen-)Beleuchtung, Herantretende zu erkennen.

1.7 Einflüsse der Verglasung

1.7.1 Durchsichtige Gläser

Beleuchtungstechnisch sind „durchsichtig" – aber nicht „klar"! – auch sehr gering lichtstreuende, wegen der Konturen verschleiernden Wirkung in der Umgangssprache oft als un- oder schlecht durchsichtig bezeichnete Gussgläser wie (Industrie-)Drahtglas, Antikglas, Gartenklarglas usw.; Fenster – Inbegriff freier Durchsicht, besonders von innen nach außen – sollte man aber nur in begründeten Ausnahmen anders als farblos klar verglasen. Leider verursacht der leichte Grünton aller normalen „farblosen" Flachgläser bei größerer Gesamtdicke (also auch mehrerer dünnerer Scheiben hintereinander) solche Farbverschiebungen gegen Grün, dass für Mehrfachscheiben in Räumen mit hohen Farbwiedergabeansprüchen, wie Gemäldegalerien, sich nur wirklich farblose Sondergläser eignen.

Durchsichtige Sonnenschutzscheiben lassen stets weniger Licht hindurch und verändern verschieden stark, nur wenige Typen kaum mehr als normale „farblose" Gläser, die Farben der durch sie hindurch oder von ihnen reflektiert beleuchteten oder gesehenen Flächen. Man muss immer prüfen, ob die Farbänderungen im Raum oder (durch Reflexion) in der Umgebung – durch absorbierende Scheiben aus farbiger Glasmasse in Richtung auf die Glasfarbe, durch vorwiegend reflektierende, beschichtete Scheiben in der Durchsicht (transmittierend) oft anders als in der Draufsicht (reflektierend) – und die teils erhebliche Lichteinbuße noch vertretbar sind, und auch die raumklimatischen Folgen bedenken (siehe Abschnitt 2.5.4): Absorbierte Strahlung erwärmt die Scheiben (Fenster als Strahlungsheizfläche!), reflektierte bleibt außen (stört aber vielleicht bei Nachbarn).

Klare, noch ausreichend lichtdurchlässige Sonnenschutzgläser schließen wie Sonnenbrillen direkte Sonnenblendung nicht aus und bedürfen wie alle durchsichtigen Scheiben beweglicher Schutzvorrichtungen überall dort, wo man der Sonne nicht ausweichen kann, wenn sie stört (siehe Abschnitt 3.3.5).

1.7.2 Lichtstreuende und lichtlenkende Gläser

Lichtstreuende Ornament-Gussglasscheiben hemmen zwar den Ausblick von innen (daher früher ebenso wie Mattglasscheiben oft zur Steigerung der Arbeitskonzentration in unteren Fensterfeldern, obgleich solches Verweigern der Kontaktmöglichkeit eher irritiert), genügen aber entgegen verbreiteter Meinung zumindest bei Dunkelheit außen und eingeschalteter Raumbeleuchtung nicht als Einblickschutz, den wirksam nur durch Trübung oder Einlagen stark streuende Scheiben oder allenfalls Doppelscheiben aus zwei Ornamentgläsern der Kategorie bester Lichtstreuung gewähren.

Mit besonders prismierten Gussgläsern oder Glasbausteinen kann man Licht zwar nicht vermehren, aber in bestimmte Richtungen umlenken (Bild 1.57).

Durch Oberflächenprägung lichtstreuende Gläser lassen fast ebensoviel Licht hindurch wie farblos klares Glas (bei Glasbausteinen schlucken aber die tiefen Fugen Licht), durch Trübung oder Einlagen stark streuende Scheiben wesentlich weniger, verteilen es aber gleichmäßiger. Leider blenden alle stärker geprägten, besonders jedoch lichtlenkend prismierte Gläser bei Besonnung großflächig gleißend (**Brillanz**, blindmachend) und flimmern oft sogar an bedeckten Tagen irritierend. Im Hauptblickfeld können auch besonnte stark streuende (weißlich trübe) Scheiben blenden, meist aber nicht blindmachend. Geprägte lichtstreuende Gläser bedingen daher, wenn nicht Orientierung oder starke Verbauung Sonne während der Raumnutzung ausschließen, in der Regel einen beweglichen, am besten äußeren Sonnenschutz, dagegen weißlich trübe stark lichtstreuende Verglasungen nur als größere Flächen im Hauptblickfeld.

Obwohl man mit allen lichtstreuenden Scheiben Kontraste zwischen direkt besonnten und verschatteten Flächen vermeiden, eine insgesamt gleichmäßigere Raumbeleuchtung erreichen und auch den Durchblick verschleiern oder unterbinden kann, ergeben sich aus ihren besonderen Eigenschaften doch unterschiedliche Anwendungsgebiete.

Durch Prägung lichtstreuende Gläser eignen sich besonders dort, wo Brillanz durch Besonnung nicht entstehen oder nicht stören kann: im Gebäudeinneren als Durchblick erschwerende Trennwand- oder Türscheiben oder oberhalb blickdichter Lichtdecken für Dachverglasungen, denn ihre gute Lichtdurchlässigkeit ermöglicht geringere Dachglasanteile als in Bild 1.40 und ihre dennoch (z. B. bei Difulit 597) sehr gute Lichtstreuung eine bei richtiger Zuordnung der Öffnungen sehr gleichmäßige Aufhellung der Decken.

Gegen helle Flächen sichtbare Verglasungen, wie Oberlichter im oberen Raumabschluss (in Industrie- oder Sporthallen etwa, Bild 1.42 bis 1.45), Lichtdecken (Bild 1.40) oder senkrechte Verglasungen, die den Einblick oder (wie in Bild 1.56) den Blick auf zu helle Außenflächen unterbinden und innen Schatten aufhellen sollen, führt man besser aus mit Scheiben, die das Licht durch Trübung, Mattierung oder Einlagen streuen. Die seltener verwendeten Trübgläser (Milchüberfangglas oder getrübte Kunststoffscheiben) sind in der Regel strukturlos-gleichförmig; „lebendiger" wirken bereits mattierte Gläser (wegen der Schmutzanfälligkeit nicht

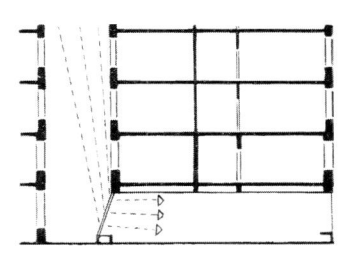

Bild 1.57 Lichtlenkende Glasbausteinwand am Lichtschacht als hinterer Abschluss eines Cafés: der sehr geringe, sonst nur den Fußboden erreichende Lichtanteil trifft so fast voll auf den Besucher und lässt vor allem die Wand selbst, in Grenzen auch den Raum hell erscheinen, obwohl insgesamt nicht mehr, sondern weniger Licht als durch normale Verglasung in den Raum gelangt (aber man nimmt, zwar gedämpft, Himmelshelligkeit statt der dunklen Hofwand wahr). Am hohen, die Sonne abschirmenden Hof keine Brillanzstörungen.

sandstrahl-, sondern ätzmattiert), besonders aber Scheiben mit Einlagen (sofern nicht aus getrübtem Kunststoff): Acryl-Kapillarfaser- oder -Schaumplatten, Glasvlies (filzartig, oft auch als aufhellende Abdeckung der „graueren" Kapillarplatten verwendet) oder Glasseidengespinst (sehr weiß mit erkennbar „gekämmtem" Faserverlauf). Die gute („transparente") Wärmedämmung der Kapillar- oder Schaumplatten erreichen Gespinst- oder Vlieseinlagen zwischen zwei Abdeckgläsern allenfalls mit weiterer Glasscheibe und Luftschicht (Tafel 3.1).

1.7.3 Spiegelungen in Gläsern

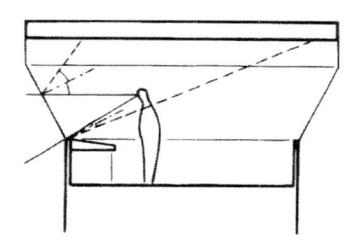

Bild 1.58 Da der Rückwurfwinkel immer dem Auftreffwinkel des Sehstrahls entspricht, kann die geneigte Steuerraumverglasung auch für den am Steuerpult im ungünstigen Fall stehenden Beobachter nur die Raumdecke spiegeln, nicht aber durch die Verglasung hinter ihm Sichtbares (Lichter des Hafen- und Straßenverkehrs, Ampeln). Decke nicht weiß, aber wegen des bei Tage sonst störenden Kontrastes auch nicht sehr dunkel, sondern mit mittleren Reflexionsgraden; nur senkrecht nach unten Licht abgebende Raumleuchten!

Dass blanke Glasscheiben (also auch durch Trübung oder Einlagen stark lichtstreuende Gläser mit blanker Oberfläche) wie alle glänzenden Oberflächen immer spiegeln, fällt nur auf – und stört dann meist auch -, wenn das, was sich im Glas spiegelt, heller ist als das, was man durch das Glas hindurch betrachten möchte. So sieht man beim Blick aus dem Fenster eines beleuchteten Raumes statt der nächtlichen Umgebung das Raumspiegelbild; für den Blick von außen auf ein Gebäude spiegeln Fenster – besonders hinter Vorsprüngen gelegene – tags fast immer (wenn nicht gerade Sonne auf von außen sichtbare helle Raumflächen trifft) den Himmel oder helle Umgebungsflächen. Diese beim Betrachten von Schaufenstern oft störende Erscheinung zeigt sich bei Doppelscheiben fast doppelt so stark wie bei Einfachscheiben und macht Scheiben mit zusätzlichen Reflexbelägen bei Tage von außen praktisch undurchsichtig.

Spiegelungen in verglasten Bildern lassen sich notfalls durch Feinstmattierung der Glasoberflächen oder (besser) aufgedampfte, das Spiegelbild in weniger störende Spektralbereiche transponierende Reflexschichten mildern. Richtiger ist es, einen Raum durch geometrische Untersuchung so zu gestalten, dass für normale Betrachtungsrichtungen in den kritischen Scheiben (auch von Vitrinen oder Fenstern) nur dunklere und daher nicht störende Flächen als Spiegelbild erscheinen können, wie es Bild 1.58 am Beispiel eines Schleusensteuerraumes zeigt.

1.7.4 Glasreinigung

Glasscheiben verschmutzen zwar nicht stärker als andere Oberflächen in gleicher Lage, aber die Verschmutzung fällt beim Durchblick auf und vermindert den Lichteinfall. Auch wenn man bei ungeschützten geneigten oder oft Schlagregenfällen ausgesetzten Verglasungen auf eine gewisse Selbstreinigung durch Abregnen vertrauen darf, sofern die Verschmutzung mehr staubig als haftend-ölig ist, muss die Planung stets, auch bei Oberlichtern, gefahrlose Möglichkeiten für die regelmäßige beidseitige Glasreinigung vorsehen: Flügelöffnungsarten, die das Putzen aller Scheiben erlauben, oder besondere Stege, Wagen, Fahrkörbe, notfalls Hubwagen. Extrem verstauben geneigte, durch Vorsprünge regengeschützte Verglasungen (Bild 1.59).

1 Möglichkeiten und Konsequenzen

1.8 Einfluss der Raumoberflächen

Wie schon am einleitenden Höhlenbeispiel angedeutet, bestimmen die Reflexionsgrade der Raumflächen im gleichen Maße wie das auf sie treffende Licht den Helligkeitseindruck im Raum. Obwohl Hartmann [26] besonders für (allerdings vorwiegend künstlich beleuchtete) Bürogroßräume zu eher dunkler Raumausstattung rät, um Peripherieblendung zu vermeiden, erscheinen zumindest für Tageslichträume helle Oberflächen richtiger, um die Lichtausbeute zu erhöhen und die Kontraste zum außen Sichtbaren zu mildern, die ja ebenfalls Blendung verursachen.

Wenn man nicht gerade Spiegeleffekte beabsichtigt, wie etwa in Repräsentationsräumen, sollte man – vor allem in Arbeitsräumen jeder Art – nur nichtglänzende, matte Materialien verwenden (Fußböden, Tischflächen!), um störende Reflexblendung auszuschließen.

Auch die Struktur der Raumflächen beeinflusst die Beleuchtung. Bei gleicher Farbgebung reflektieren ebene Flächen mehr Licht, wirken also heller, als rauhe oder durch Riefen oder Kassetten gegliederte, jedoch abhängig von der die Lichtauftreffwinkel bestimmenden Raumgeometrie (Bilder 1.60 und 1.61, [12]).

1.9 Tageslicht-„Technik"

Der Beleuchtung eines Hohlraums mit Licht von außen (mit Tageslicht) setzt die Raumgeometrie naturgemäß engere Grenzen als der Beleuchtung durch Lichtquellen im Raum selbst (mit künstlichem Licht). Die bisher (meist auf dem Papier) immer wieder unternommenen, zum Beispiel in [9] ausführlich dargestellten Versuche, diese Grenzen zu sprengen durch Lichtlenkung (mit Prismen, Spiegeln oder optischen Linsensystemen) oder sogar Lichtleitung (durch Glasstäbe oder -fasern oder flüssigkeitsgefüllte Röhren), könnten zwar in Gebieten mit überwiegend klarem Himmel trotz der unvermeidlichen, technisch bedingten Lichtverluste vielleicht aussichtsreich verlaufen, weil die direkt von der Sonne erzeugten Beleuchtungsstärken sehr hoch sind; in Klimagebieten mit häufigerer Bewölkung – und in Mitteleuropa und klimatisch ähnlichen Gebieten verdecken zu mehr als der Hälfte der Tageslichtstunden Wolken die Sonne! – darf man dagegen nur mit dem gestreut vom Himmel kommenden Licht rechnen, dessen Intensität so viel geringer ist, dass die Lichtauffangflächen, die nötig würden, um durch Fenster oder Oberlichter nicht mehr beleuchtbare Gebäudebereiche

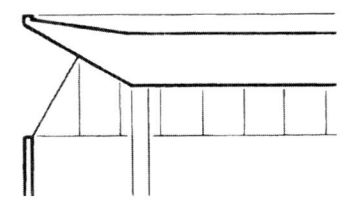

Bild 1.59 Für den Staub durch Glasneigung besseres Auflager und durch Dachvorsprung Schutz vor Abregnen

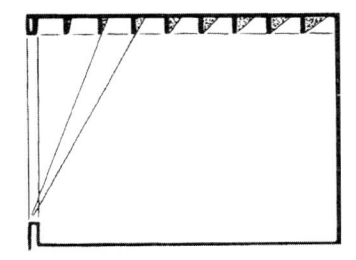

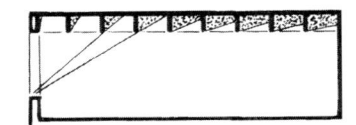

Bild 1.60 Die gleiche Decke bleibt über dem niederen Raum nicht nur wegen der kleineren Fensterfläche dunkler, sondern weil das flacher als im hohen Raum auftreffende, vorwiegend von unten reflektierte Licht mehr Kassettenflächen primär im Schatten lässt (aus [12]).

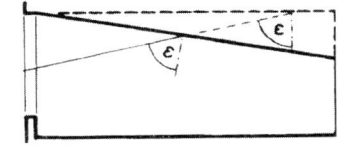

Bild 1.61 Günstigere Stellung von Wand- oder Deckenflächen zum Lichteinfall verbessert die Beleuchtung nicht nur dieser Flächen, sondern des ganzen Raumes etwas.

doch mit Tageslicht zu versorgen, wegen der Verluste beim (schon etwas schildbürgerhaft anmutenden) Transport ungleich größer werden müssten als Öffnungen, die zur unmittelbaren Tagesbeleuchtung entsprechender Raumbereiche vorzusehen wären. Durch Leitungen transportieren und verteilen lässt sich überdies einfacher als Licht, das man dafür erst konzentrieren müsste, die zu seiner Erzeugung benötigte elektrische Energie.

Auf Sonderfälle beschränkt bleiben selbst die harmlosen Möglichkeiten, die Tagesbeleuchtung der Raumtiefen zu verbessern mit lichtlenkend prismierten (Bild 1.57) oder auch nur stark lichtstreuenden (Bild 1.56) Gläsern in den nicht zur Blickverbindung nach außen notwendigen Lichtöffnungsbereichen, weil damit nie mehr, sondern stets weniger, aber besser verteiltes Licht als durch übliche Verglasungen in den Raum gelangt. Meistens muss man sich also bemühen, den häufig bereits von der Umgebung eingeschränkten Tageslichteinfall auf mehr herkömmliche – vorwiegend geometrische! – Weise durch zweckmäßige Ausbildung der Lichtöffnungen und des Raumes selbst oder des ganzen Gebäudekomplexes so gut wie möglich auszunutzen. Für die vielen Fälle, in denen die Bemessungshilfen dieses Abschnitts 1 mit den Tafeln 1.1 und 1.2 nicht ausreichen, beschreibt der folgende Abschnitt 2 die Grundlagen zu genaueren Untersuchungen.

2 Grundlagen für Untersuchungen zur Tagesbeleuchtung

2.1 Beleuchtungstechnische Begriffe und Größen

Lichtöffnungen in Gebäuden kann man auch ohne photometrische Grundkenntnisse richtig bemessen. Tafel 2.1 stellt nur grundsätzlich und ohne die Lichttechnikern geläufigen Feinheiten einige wesentliche Definitionen und Ableitungen dar; über lichttechnische Grundlagen unterrichten eingehender Fischer [14] und besonders anschaulich, wenn auch mit Blick auf künstliche Beleuchtung und nicht immer in der neuesten Schreibweise von Größen und Gleichungen, Keitz [30]. Eine leicht verständliche Physiologie des Sehens für beleuchtungstechnische Überlegungen einschließlich Grundlagenliteratur bietet Hartmann [26]. Wir beschränken uns hier auf einige Beispiele zur Bedeutung und Anwendung der in Tafel 2.1 grob definierten Größen und verzichten dabei vereinfachend durchweg auf die integrale Schreibweise der Gleichungen.

2.1.1 Lichtstrom, Lichtstärke

Licht ist nur ein Teil der von einer Lichtquelle (der Sonne oder einer beliebigen künstlichen Lichtquelle) ausgehenden elektromagnetischen Strahlung (Bild 2.1): der Anteil nämlich, der dann sichtbar wird, wenn man in die Strahlungsquelle blickt oder auf Flächen, welche auftreffende Strahlung reflektieren. In reiner Luft bleibt alle Strahlung unsichtbar; das Lichtbündel eines Scheinwerfers wird nur bemerkbar an den von ihm getroffenen Staub- und Feuchtigkeitspartikelchen.

Der „sichtbare" Strahlungsanteil beginnt mit Wellenlängen von etwa 380 nm (Farbempfindung Violett) und endet mit etwa 780 nm (Farbempfindung Rot); der kürzerwellige Anteil (< 380 nm: Ultraviolett) bräunt zum Beispiel die Haut, der längerwellige (> 780 nm: Infrarot) wirkt nur noch als Wärme. Wesentlich ist aber, dass etwa die Hälfte der wärmewirksamen Sonnenenergie als sichtbares Licht auftrifft: „Licht und Strahlung im Allgemeinen ist ... transportierte Energie. Diese Energie kann, wenn sie absorbiert wird, in andere Energieformen verwandelt werden, zum Beispiel in Wärme oder elektrische Energie" (Keitz [30]).

2 Grundlagen für Untersuchungen zur Tagesbeleuchtung

Bild 2.1 Spektrale Verteilung der Gesamtstrahlung von Sonne mit klarem Himmel auf waagerechter Fläche, wie vom Komitee E-2.1.2 der Internationalen Beleuchtungskommission (CIE) festgelegt, nach [33]. (Sonnenhöhe $\gamma_S = 90°$, Luftmasse m = 1; bei anderen Sonnenhöhen relative spektrale Verteilung kaum anders.)

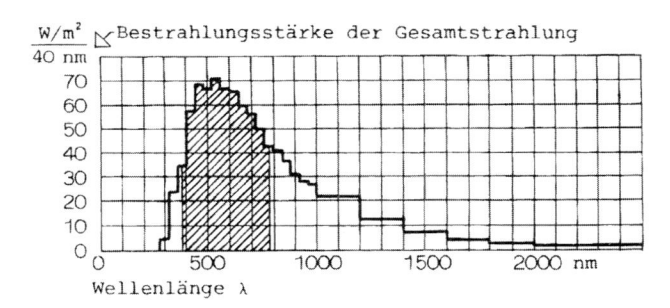

Tafel 2.1 Einige beleuchtungstechnische Begriffe, Größen, Einheiten

Größe, Symbol	Einheit	Erläuterungen
Raumwinkel Ω (Omega)	Steradiant sr (Verhältnisgröße)	Grundgröße der Photometrie, angegeben als Verhältnis der vom räumlichen Winkel ausgeschnittenen Fläche auf einer um den Winkelursprung (Lichtquelle oder Licht empfangender Punkt) gedachten Kugel zum Quadrat des Kugelradius: 1 sr = 1 m²/m² = 1 cm²/cm². Der Raumwinkel einer Kugel ist 4π, einer Halbkugel 2π.
Lichtstrom Φ (Phi)	Lumen lm	„Sichtbarer" Anteil des von einer Lichtquelle ausgehenden wie an einer Fläche reflektierten Strahlungsflusses (siehe Bild 2.1), bewertet nach dem Helligkeitsempfinden des menschlichen Auges. 1 lm = 1 cd · sr.
Lichtstärke I	Candela cd	Lichtstrom in einem sehr kleinen Raumwinkel; international festgelegte Grundgröße der Photometrie.
Beleuchtungsstärke E	Lux lx	Lichtstromdichte auf einer beleuchteten Fläche: Summe des auf eine Fläche treffenden Lichtstroms, geteilt durch diese Fläche: 1 lx = 1 lm/m² = 1 cd · sr/m².
Leuchtdichte L	Candela je Quadratmeter cd/m²	Quotient aus der Lichtstärke gegen den Betrachter und der gesehenen scheinbaren Größe (Bild 2.2) der leuchtenden Fläche. Maß der wahrgenommenen Helligkeit.
Belichtung Q_E	Luxsekunde lx · s	Produkt aus Beleuchtungsstärke und Beleuchtungsdauer (z. B. beim Photographieren).
Wellenlänge λ (lambda)	Nanometer nm	Länge der (hier sinusförmigen) Schwingung der Strahlung (siehe Bild 2.1). 1 nm = 10^{-9}m; 1 000 000 nm = 1 mm.
Transmissionsgrad τ (tau)	1 (Verhältnisgröße)	Verhältnis des durchgelassenen Strahlungsflusses zum auftreffenden beim (falls nicht anders angegeben) Auftreffwinkel (Bild 1.3) $\varepsilon = 0°$; bei wachsenden Winkeln über 45° starke Abnahme des Transmissionsgrads.
Reflexionsgrad ρ (rho)	1 (Verhältnisgröße)	Verhältnis des zurückgeworfenen Strahlungsflusses zum auftreffenden beim (falls nicht anders angegeben) Auftreffwinkel (Bild 1.3) $\varepsilon = 0°$; bei wachsenden Winkeln über 45° starke Zunahme des Reflexionsgrads.
Absorptionsgrad α (alpha)	1 (Verhältnisgröße)	Verhältnis des aufgenommenen Strahlungsflusses zum auftreffenden. Für strahlungsdurchlässige Materialien gilt $\alpha = 1 - \tau - \rho$, für undurchlässige $\alpha = 1 - \rho$.

Eine Lichtquelle (z. B. eine Leuchte) strahlt meist nach mehreren Seiten verschieden stark. Den insgesamt von ihr in den Raum abgegebenen **Lichtstrom** Φ kann man daher nur räumlich messen, zum Beispiel durch Integration über viele Einzelmessungen der **Lichtstärke I** in sehr kleinen **Raumwinkeln** Ω auf einer um die Lichtquelle gedachten Hohlkugel:

$$\Phi = \int I \cdot d\Omega \quad \text{(vereinfacht: } \Phi = I \cdot \Omega\text{)} \tag{1}$$

2.1.2 Beleuchtungsstärke

Man kann den von einer Leuchte in den Raum abgegebenen Lichtstrom Φ auch bestimmen, wenn man sie in eine vollkommen diffus (gestreut) reflektierend vorausgesetzte weiße Hohlkugel hängt, sodass der Lichtstrom sich durch Vielfachreflexion (Interflexion) gleichmäßig auf der Kugelinnenfläche **A** verteilt (Ulbrichtsche Kugel); an einer gegen direktes Licht der Leuchte abgeschirmten Stelle der Kugelinnenfläche misst man dann die Lichtstromdichte oder (nach geläufigerer Bezeichnung) die **Beleuchtungsstärke E**, den Quotienten aus auftreffendem Lichtstrom und Fläche,

$$E = \frac{\Phi}{A} \tag{2}$$

und erhält so:

$$\Phi = E \cdot A \tag{2a}$$

Eine Beleuchtungsstärke, zwar als Maß für den Lichtempfang einer Fläche die bekannteste beleuchtungstechnische Größe, kann man aber nicht sehen; allenfalls könnte man sich vorstellen, man befände sich mit seinen Augen in der Licht empfangenden Fläche, etwa einer Tischplatte, und habe vor den Augen eine Matt- oder Milchglasscheibe, welche trotz ihrer Lichtstreuung alles Licht – direkt auftreffendes wie von anderen Flächen reflektiertes – hindurchließe. Größenordnungen nennt Tafel 2.2.

2.1.3 Leuchtdichte

Wie schon im Abschnitt 1.1.1 am Höhlenbeispiel gezeigt, nimmt das Auge, wenn man nicht gerade in eine Lichtquelle hineinsieht, nur das Licht wahr, das ihm von beleuchteten Flächen zurückgeworfen wird. Setzt man eine Fläche (sei sie selbstleuchtend oder beleuchtet und Licht reflektierend) als vollkommen diffus strahlend voraus, so sieht sie aus allen Richtungen gleich hell aus, denn dann nimmt zwar die rechtwinklig (normal) zur strahlenden Fläche A wirksame Lichtstärke I_0 in Richtung gegen den Betrachter proportional zum Kosinus des Austrittswinkels ε ab (Bild 2.2), aber mit dem Kosinus ε proportional verhält sich auch die gesehene scheinbare, auf

Tafel 2.2 Größenordnungen von Beleuchtungsstärken (nach [14])

Vom Vollmond	1 lx
Von Straßenbeleuchtung etwa	10 lx
Arbeitsplatzbeleuchtung bei geringen und	100 lx
bei hohen Ansprüchen an die Sehleistungen	1 000 lx
Operationsbeleuchtung	10000 lx
Von Sonne aus 60° Höhe mit klarem Himmel	100000 lx

2 Grundlagen für Untersuchungen zur Tagesbeleuchtung

eine Ebene rechtwinklig zur Blickrichtung projizierte Größe A' zur leuchtenden Fläche A, sodass die Leuchtdichte L_ε unter allen Betrachtungswinkeln ε konstant bleibt:

$$L_\varepsilon = \frac{I_0 \cdot \cos\varepsilon}{A \cdot \cos\varepsilon} = \frac{I_0}{A} \tag{3}$$

Bild 2.2 Scheinbare Flächengröße A' als Parallelprojektion der wirklichen Fläche A auf eine zur Blickrichtung rechtwinklig gedachte Ebene. Bei vollkommener Streuung ist die Lichtstärke $I_\varepsilon = I_0 \cdot \cos\varepsilon$.

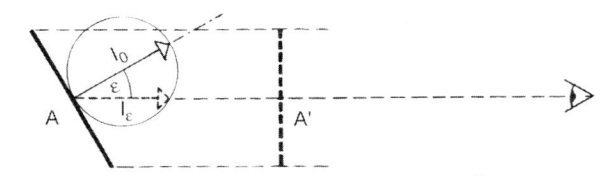

Die Lichtstärke I_0 normal (rechtwinklig, also in nur **einer** bestimmten Richtung) zur vollkommen diffus strahlenden Fläche ist der **(räumlich,** nach allen Seiten ausgestrahlte) Lichtstrom Φ, geteilt durch π:

$$I_0 = \frac{\Phi}{\pi} \tag{4}$$

Man kann also für die Leuchtdichte auch setzen:

$$L = \frac{\Phi}{A \cdot \pi} \tag{5}$$

Die Leuchtdichte L einer nicht selbstleuchtenden, sondern beleuchteten und gemäß ihrem Reflexionsgrad ρ vollkommen diffus reflektierenden Fläche A, die vom empfangenen Lichtstrom Φ nur $\Phi \cdot \rho$ reflektiert, beträgt:

$$L = \frac{\Phi \cdot \rho}{A \cdot \pi} \tag{6}$$

Da die Lichtstromdichte $\frac{\Phi}{A}$ einer beleuchteten Fläche A die Beleuchtungsstärke E ist, gilt auch:

$$L = \frac{E \cdot \rho}{\pi} \tag{7}$$

Die Leuchtdichte, das heißt die wahrgenommene Helligkeit, einer beleuchteten Fläche hängt also in gleichem Maße von der auf ihr vorhandenen Beleuchtungsstärke wie von ihrem Reflexionsgrad ab. Benutzt man die früher übliche, direkt von der Lichtstromdichte (der Beleuchtungsstärke) abgeleitete Leuchtdichte-Einheit Apostilb, wird dieser für alle Beleuchtungsüberlegungen so wichtige Zusammenhang noch deutlicher:

$$1 \text{ asb} = \frac{1}{\pi} \text{ cd/m}^2; \quad L = E \cdot \rho \text{ asb} \tag{7a}$$

Da es keine wirklich vollkommen diffus strahlenden oder reflektierenden Flächen gibt, ist allgemeiner und genauer zu formulieren: Die Leuchtdichte einer (auch räumlichen) **selbstleuchtenden** Fläche (Lichtquelle oder durchleuchtet und lichtstreuend) in Richtung auf den Betrachter ist der Quotient aus der Lichtstärke in dieser Richtung und der gesehenen scheinbaren Flächengröße; die Leuchtdichte einer **beleuchteten** Fläche ist das durch π geteilte Produkt aus der Beleuchtungsstärke auf der Fläche und dem in Betrachtungsrichtung wirksamen Reflexionsgrad.

Tafel 2.3 Größenordnungen von Leuchtdichten

Weißes Papier, Beleuchtungsstärke 100 lx			25 cd/m²
Weißes Papier, Beleuchtungsstärke 1 000 lx			250 cd/m²
Vollständig bedeckter Himmel	Sonnen-	22,5°	2 500 cd/m²
(**Mittel**, siehe aber Bild 2.10!)	höhe	60°	5 000 cd/m²
Sonne im Mittel etwa			200 000 000 cd/m²

2.1.4 Transmission, Reflexion, Absorption

Transmission ist der Durchgang von Strahlung durch ein Medium ohne Veränderung ihrer Wellenlängen, wobei aber die verschiedenen Wellenlängen verschieden gut hindurchgelassen werden. Entsprechend ist **Reflexion** der von der Wellenlänge abhängige, sie aber nicht verändernde Rückwurf von Strahlung an einer Fläche. Besonders für Farb-, Sonnenschutz- und andere Sondergläser werden Transmission und Reflexion oft spektral (abhängig von der Wellenlänge) als Kurve angegeben (siehe Abschnitt 2.5.4). Sonst misst man Transmission und Reflexion pauschal über das gesamte Spektrum mit Empfängern, deren spektrale Empfindlichkeit dem menschlichen Auge gleicht.

Klare Medien mit glatten Oberflächen verändern bei der Transmission die Lichtrichtung nicht; die Reflexion an glatten (polierten) Oberflächen folgt den Spiegelgesetzen (siehe auch Bild 1.58). Getrübte Medien oder solche mit rauhen Oberflächen streuen die transmittierte Strahlung, rauhe oder matte Flächen auch die reflektierte in verschiedene Richtungen, bei vollkommener Trübung oder Mattierung (kommt praktisch nicht, sondern nur angenähert vor) unabhängig vom Auftreffwinkel.

Absorption ist die Umwandlung der aufgenommenen (weder zurückgeworfenen noch hindurchgelassenen) Strahlung in eine andere Energieform bei Wechselwirkung mit der Materie (siehe Abschnitt 2.1.1!).

2.2 Sonne und Himmel als Lichtquelle

Die Bahn des Erdballs um die Sonne und seine Drehung um seine eigene, gegen die der Umlaufbahn um etwa 23,45° geneigte Achse bemessen Tages- und Jahreszeiten und ließen – abhängig von der Lage der Landmassen und in Wechselwirkung mit deren Vegetation – die astronomisch und meteorologisch so verschiedenen Klimazonen entstehen.

2.2.1 Astronomische Gegebenheiten

Wann die Sonne (bei klarem Himmel) auf einen bestimmten Punkt auf der Erde scheinen kann und unter welchen Höhen- und Seitenwinkeln sie zu welchen Zeiten stehen wird, lässt sich nach den in Teil 2 der DIN 5034 [2] angegebenen Gleichungen genau errechnen. Einfacher und anschaulicher kann man die Sonnenposition aus graphischen Darstellungen ablesen; am bekanntesten sind kreisförmige Projektionen der (scheinbaren) Sonnenbahnen im Himmelshalbraum auf eine waagerechte Ebene, von denen wir hier die Blätter von Tonne [44] verwenden, den der schwedische Architekt und Wegbereiter der Tageslichttechnik Gunnar Pleijel (1908-1962) bewogen hatte, die von ihm wie auch von der Commonwealth Experimental Building Station in Sydney (Australien) schon länger benutzte stereographische Projektion zu übernehmen.

Diese Blätter bilden die Sonnenbahnen etwa für den 21. Tag der eingetragenen Monate ab. Die Stundenlinien quer dazu geben die wahre Ortszeit an; es ist immer dann genau 12 Uhr mittags, wenn die Sonne den höchsten Tagesstand erreicht hat. Die Bildfolge 2.3 bis 2.6 belegt, wie viel man diesen Sonnenstandsblättern auf einen Blick entnehmen kann: in Polnähe (Bild 2.3: 79° N) geht die Sonne im Sommer nicht unter, bleibt im Winter aber ganz unter dem Horizont; in Äquatornähe (Bild 2.5: 1° N) scheint die Sonne im „Sommer" nur aus der nördlichen Hälfte des Himmels, im „Winter" nur aus der südlichen, zu den Tagundnachtgleichen (etwa 21. März und 23. September) steht sie am Äquator mittags genau im Zenit (Diagrammmittelpunkt); nahe den Wendekreisen (Bild 2.6: 23° S) steht die Sonne zur Sommersonnenwende (auf der Südhalbkugel am 21. Dezember!) mittags genau im Zenit. Man kann aus diesen Blättern die allein von der geographischen Breite bestimmte Tageslänge eines Ortes, das heißt seine astronomisch mögliche Sonnenscheindauer, sofort im Jahresgang ablesen. Die Bilder belegen auch auf einen Blick, dass die in der 2. Auflage von [25] wiederholte Behauptung, ein Fenster mit Nordorientierung sei „keiner direkten Sonneneinstrahlung ausgesetzt", für keinen Ort der Erde zutrifft.

Bild 2.4 zeigt, wie man den Stand der Sonne ermitteln kann (allerdings für beleuchtungstechnische Überlegungen sehr selten nötig): einpunktiert ist, wie (am Rand) ihr Azimutwinkel α_S, und eingestrichelt, wie (mit Zirkel an der Skala h) ihr Höhenwinkel γ_S abzulesen ist, hier für 10 Uhr etwa am 21. März und September auf 49° nördlicher Breite (z. B. etwa Paris, Karlsruhe, Wolgograd, Vancouver, Gander auf Neufundland).

Die für tageslichttechnische Überlegungen übliche Angabe der wahren Ortszeit (WOZ) macht die Diagramme unabhängig von der geographischen Länge für alle Orte gleicher geographischer Breite brauchbar. Falls ausnahmsweise Ergebnisse zu beziehen sind auf Zonenzeitangaben (z. B. Besonnung auf starre Arbeitszeiten), ist die wahre Ortszeit (WOZ) umzurechnen in die Zonenzeit, für uns in die mitteleuropäische Zeit (MEZ):

MEZ = WOZ + Zeitgleichung + Zeitdifferenz   (8)

Mitteleurop. Sommerzeit MESZ = MEZ + 1 Std.   (8a)

= osteurop. Zeit (OEZ)

Die **Zeitgleichung** nach Bild 2.7 passt die im Jahreslauf (wegen der nicht genau kreisförmigen Erdbahn um die Sonne) verschieden langen Sonnentage unserer exakt gleichtaktigen Zeiteinteilung an. Die **Zeitdifferenz** beträgt je Längengrad Abstand vom Bezugslängengrad der Zonenzeit nach Westen + 4, nach Osten − 4 Minuten, bei der auf 15° östlicher Länge bezogenen mitteleuropäischen Zeit also je Längengrad Abstand von dort nach Westen + 4 Minuten, so für Köln auf 7° Ost (15 − 7) · 4 = 32 Minuten.

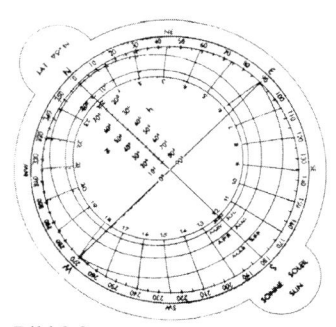

Bild 2.3

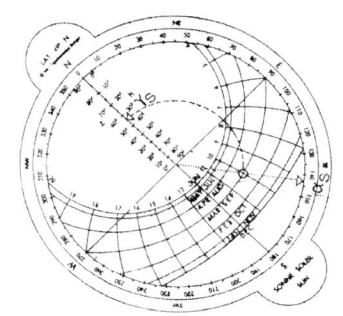

Bild 2.4

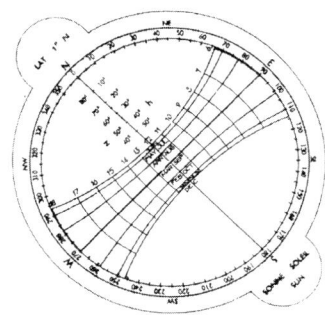

Bild 2.5

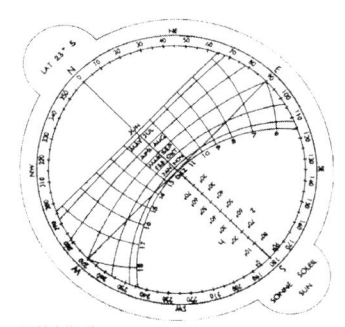

Bild 2.6

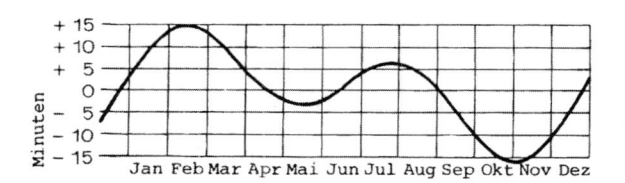

Bild 2.7 Die Zeitgleichung; die in manchen Veröffentlichungen umgekehrten Vorzeichen in Gleichung (8) **und** bei der Minutenangabe (so in DIN 5034-2 [2]) führen zum gleichen Ergebnis.

2.2.2 Meteorologische Gegebenheiten

In vielen Klimagebieten verdecken Wolken die Lichtquelle Sonne – zwar mit statistisch bekannter, örtlich verschiedener Häufigkeit, aber nicht auf Tag und Stunde vorhersehbar. Auf die Erde gelangt dann nur gestreutes Sonnenlicht, das die von oben besonnte und dadurch leuchtende Bewölkung und – sofern noch Himmelsbereiche „offen" sind – der je nach den örtlichen Trübungsverhältnissen nur leicht oder etwas stärker streuende „klare" Himmel liefern. In unserem Klima darf man im Sommer höchstens bis zur Hälfte der Tageslichtstunden direkte Sonne erwarten, im Winter – außer im Hochgebirge – nur während eines Drittels bis eines Fünftels der Tageslichtstunden. Die Besonnungsverhältnisse unterscheiden sich sogar im ehemaligen kleinen Gebiet der Bundesrepublik sehr (Bild 2.9) und hängen auch vom ausgewerteten Zeitraum ab (Berlin im September in den Bildern 2.8 und 2.9!); wenn man, besonders bei Fragen zur Sonnenenergienutzung, die Sonnenscheinwahrscheinlichkeit einbeziehen muss (das Verhältnis der tatsächlich in unverbauter Lage zu erwartenden zur astronomisch möglichen Sonnenscheindauer, auch relative Sonnenscheindauer genannt), muss man daher örtlich zutreffende Daten – Tagesgänge der **stündlichen** Wahrscheinlichkeit – beim Wetterdienst erfragen.

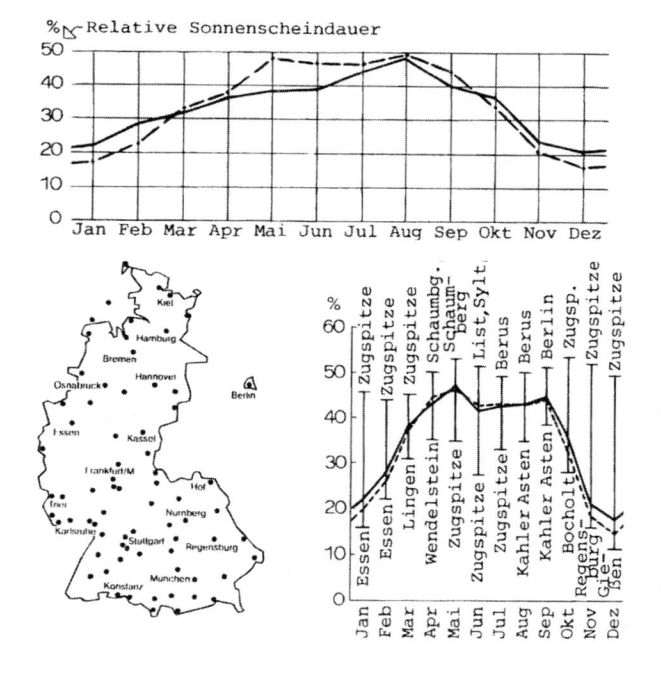

Bild 2.8 Monatsmittel der relativen Sonnenscheindauer (Prozent der astronomisch möglichen) nach [46] aus Messwerten in
– – · – – Berlin-Dahlem 1908 – 1944
―――― Stuttgart-Hohenheim 1893 – 1914

Bild 2.9 Sonnenscheinwahrscheinlichkeit (relative Sonnenscheindauer) nach [34] in der Bundesrepublik Deutschland 1951-1960

―――― Monatsmittel und Schwankungsbreite mit Extremwerten aus 71 Stationen

– – – – Monatsmittel aus den 17 namentlich bezeichneten Stationen

2.2.3 Leuchtdichteverteilung des Himmels

Die Leuchtdichte (Helligkeit) des **vollständig bedeckten** Himmels sinkt im langjährigen Mittel unabhängig von der Position der von ihm verdeckten Sonne rotationssymmetrisch (Bild 2.11!) vom Zenit zum Horizont auf ein Drittel ab (Bild 2.10); ein unter dem Winkel ε (Zenit = 0°) gesehenes Himmelsteilchen besitzt nach DIN 5034-2 [2] die auf die Zenitleuchtdichte L_z bezogene Leuchtdichte

$$L_\varepsilon = L_z \cdot \frac{1 + 2\cos\varepsilon}{3} \qquad (9)$$

Für Blendungsuntersuchungen (Kontraste zwischen sichtbaren Himmels- und Raumflächen) muss man manchmal wissen, wie groß die vom Höhenwinkel γ_S der (verdeckten) Sonne abhängige Leuchtdichte absolut ist; nach DIN 5034-2 [2] beträgt sie im Zenit:

$$L_z = \frac{9}{7\pi} \cdot (300 + 21000 \sin \gamma_S) \text{ cd/m}^2 \qquad (10)$$

Die Leuchtdichteverteilung des **klaren** Himmels ist dagegen geprägt von der jeweiligen Stellung der Sonne: nach [5] symmetrisch zu deren Achse, um die Sonne am hellsten und ihr gegenüber am dunkelsten, wie die Bilder 2.12 und 2.13 beispielhaft zeigen. Sie beziehen sich wie Bild 2.11 auf die Zenitleuchtdichte, die für den klaren Himmel jedoch noch nicht einheitlich angegeben wird.

2.2.4 Von Sonne und Himmel erzeugte Beleuchtungsstärken

Wenn man vom seltenen, ungünstigen Fall des sehr klaren (dunklen) Himmels mit nur einer dicken Wolke vor der Sonne absieht, liefert der klare Himmel für die Beleuchtung in den Räumen in aller Regel mehr Tageslicht als der vollständig bedeckte. Solange die Sonne bei klarem Himmel nicht in die Lichtöffnungen scheint, sind die Unterschiede allerdings erheblich geringer, als der Vergleich der auf unverbauter waagerechter Fläche im Freien erzeugten Beleuchtungsstärken in Bild 2.14 vermuten lässt [17].

Zustände des bedeckten wie des klaren Himmels entsprechen allenfalls zufällig einmal den aus langjährigen Mittelwerten entwickelten genormten Leuchtdichteverteilungen; tatsächlich überwiegen Mischformen mit – häufig stark bewegten – Teilbewölkungen und mannigfache Abstufungen der Eintrübung. Für Wirtschaftlichkeitsvergleiche soll als Grundlage zur Ermittlung der vom Tageslicht durchschnittlich in Räumen zu erwartenden Beleuchtungsstärken ein in Teil 2 der DIN 5034 [2] vorgeschlagener „**mittlerer Himmel**" dienen, dessen Daten

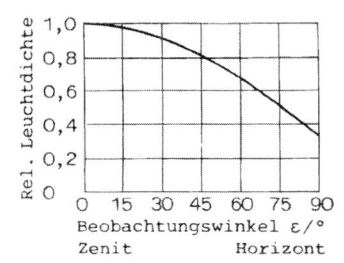

Bild 2.10 Leuchtdichteverteilung des vollständig bedeckten Himmels nach Gleichung (9) gemäß [39]

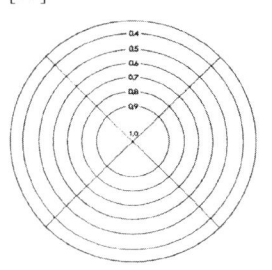

Bild 2.11 Stereographische Übertragung der Leuchtdichteverteilung von Bild 2.10

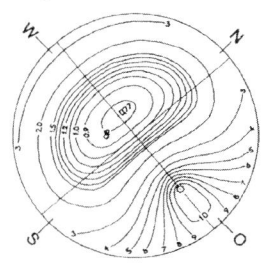

Bild 2.12 Leuchtdichteverteilung klarer Himmel, Sonnenhöhe 30°: 51° N, 21. V./VII, 7.30 Uhr WOZ

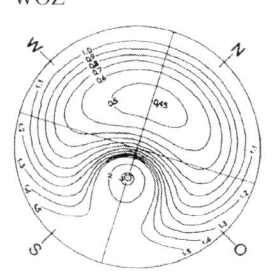

Bild 2.13 Leuchtdichteverteilung klarer Himmel, Sonnenhöhe 60°: 51° N, 21. VI., 11 Uhr WOZ

unter Berücksichtigung der örtlichen Sonnenscheinwahrscheinlichkeit jeweils aus denen des vollständig bedeckten und des (orientierungsabhängigen!) klaren Himmels zusammenzusetzen sind. Solche schwer zu bewältigenden Rechnungen (orientierungsabhängige Tagesgänge der monatlichen Mittelwerte!) müssen angesichts der stark streuenden Messwerte besonders für die Leuchtdichten des klaren Himmels und (Bild 2.14) für die von ihm erzeugten Beleuchtungsstärken jedoch fragwürdig erscheinen.

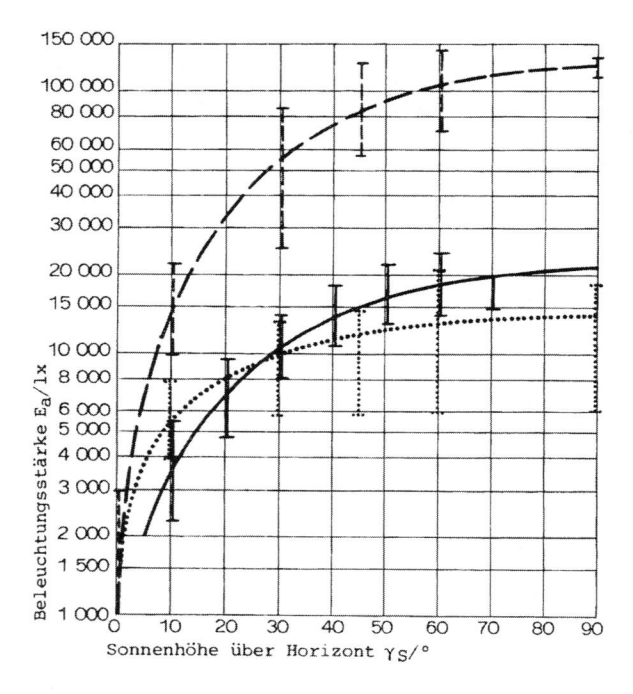

Bild 2.14 Von verschiedenen Himmelszuständen auf unverbauter waagerechter Fläche im Freien erzeugte Beleuchtungsstärken E_a in Abhängigkeit von der Sonnenhöhe γ_S

Sonne mit klarem Himmel:

– – – von Krochmann, Müller und Retzow berechnet mit Streubereich der Messergebnisse verschiedener Autoren nach [33]

Klarer Himmel ohne Sonne:

•••••••• Mittelwerte mit Streubereich der Messergebnisse I verschiedener Autoren nach [33]

Vollständig bedeckter Himmel:

—— Mittelwerte mit Streubereich der Messergebnisse verschiedener Autoren nach [32]

2.3 Bewertungsmaßstäbe für Beleuchtungsverhältnisse

2.3.1 Helligkeitswahrnehmung

Das menschliche Auge kann sich an unterschiedlichste Beleuchtungsverhältnisse anpassen: es adaptiert. Dabei registriert es die verschiedenen Leuchtdichten im Gesichtsfeld nicht linear wie ein photo-elektrisches Messgerät, sondern stellt sich innerhalb eines großen Schwankungsbereichs automatisch in einem recht verwickelten Vorgang auf eine (aus allen Leuchtdichten im Gesichtsfeld sich ergebende) mittlere Leuchtdichte ein – die Adaptationsleuchtdichte – und nimmt Helligkeits-, also Leuchtdichteunterschiede nicht absolut, sondern vergleichend wahr. Jeweils gleichzeitig gesehene Leuchtdichten stuft das adaptierte Auge durchaus richtig ab, aber wiederum nicht linear, sondern – wie bei anderen Sinneswahrnehmungen auch – etwa entsprechend den Logarithmen der Leuchtdichten (Weber-Fechnersches Gesetz); nacheinander gesehene Helligkeiten kann es jedoch nur ungenau miteinander vergleichen – eine Fläche bestimmter, unveränderter Leuchtdichte empfinden wir in hellerer Umgebung als dunkel, in dunklerer Umgebung aber als hell. Die physiologische Helligkeitswahrnehmung lässt sich daher nur schwer reproduzierbar messen und kennzeichnen.

2.3.2 Tätigkeitsbezogene Maßstäbe Leuchtdichte und Beleuchtungsstärke

Der etwa dem Logarithmus des Reizes folgenden Sinnenwahrnehmung kann man durch Ergebniswiedergabe in logarithmischem Maßstab entsprechen. Abgesehen davon, dass die Adaptation des Auges alle starr festgelegten Kennwerte problematisch macht, böte es sich an, Beleuchtungsverhältnisse durch Leuchtdichten der Raumoberflächen zu kennzeichnen. Weil aber die Leuchtdichte durch die Richtungsabhängigkeit ihres einen Faktors, des Reflexionsgrades, eine schwierige Messgröße ist, hat sich der von den Materialeigenschaften unabhängige andere Faktor der Leuchtdichte, die einfach messbare Beleuchtungsstärke, als Maßstab für den Lichtempfang der Raumoberflächen durchgesetzt, mit dem man vor allem die Leistung von Beleuchtungsanlagen einfach und objektiv vergleichen kann. Die in DIN 5035 „Innenraumbeleuchtung mit künstlichem Licht" [3] genannten Beleuchtungsstärken sollen in erster Linie (bei angenommener Beleuchtung von oben; Unterschied zum Seitenlicht siehe Abschnitt 1.1.2!) einwandfreie Lichtverhältnisse für bestimmte Sehleistungen sichern, sind also **tätigkeitsbezogen**; sie gelten, wenn nicht anders angegeben, für eine in 85 cm Höhe über dem Fußboden (etwa mittig zwischen der Arbeitshöhe eines Sitzenden und eines Stehenden) gedachte Bezugsebene. Wo es um die Grenzen der Erkennbarkeit geht – so bei der Straßen- und Tunnelbeleuchtung –, sind jedoch Kennwerte für Leuchtdichten üblich.

2.3.3 Raumbezogener Maßstab Tageslichtquotient

Es wäre wenig sinnvoll, tätigkeits- und damit eher augenblicksbezogene Beleuchtungsstärken der Bemessung von Tageslichtöffnungen zugrunde zu legen, zumal die im Raum von Sonne und Himmel erzeugten Beleuchtungsstärken von der Tages- und Jahreszeit und von der nicht vorhersehbaren Wetterlage abhängen und deshalb auch nicht zeitlich genau vorauszuberechnen sind. Man geht daher vom ungünstigeren Fall des bedeckten Himmels aus und gibt anstelle von Beleuchtungsstärken im Raum nur ihr Verhältnis zur gleichzeitigen Außenbeleuchtungsstärke an.

Dieses Verhältnis der direkt und durch Reflexion durch das Licht des vollständig bedeckten Himmels (Leuchtdichteverteilung nach Bild 2.10, wenn nicht anders vermerkt) bei schneefreier Umgebung in einem Punkt P der jeweiligen Bezugsfläche im Raum erzeugten Beleuchtungsstärke E_P zur gleichzeitigen Beleuchtungsstärke von der unverbauten Himmelshalbkugel auf waagerechter Fläche im Freien E_a bezeichnet man als den **Tageslichtquotienten D** (**D**aylight Factor; früheres deutsches Symbol T):

$$D = \frac{E_P}{E_a} \tag{11a}$$

oder üblicher

$$D = \frac{E_P}{E_a} \cdot 100\,\% \tag{11b}$$

Der Tageslichtquotient ist zwar an jedem Raumpunkt verschieden, aber er ist – bei bedecktem Himmel und unveränderten Reflexionsverhältnissen – eine jedem dieser Punkte eigene konstante, eigentlich geometrische Größe. Befragungen mit begleitenden Untersuchungen bestätigten, dass man diese seit langem benutzte, allein durch die Geometrie und die Materialeigenschaften des Raumes, seiner Lichtöffnungen und ihrer Verbauung bestimmte Verhältnisgröße zumindest in Räumen mit Seitenlicht recht gut in Beziehung setzen kann zu dem vom ganzjährigen Raumerlebnis geprägten Helligkeitseindruck der Raumbenutzer [43]. Der für bestimmte **typische** Raumpunkte als Richtwert angegebene Tageslichtquotient bezeichnet also nicht nur den Lichtempfang, sondern charakterisiert als **raumbezogene** Kenngröße in ausreichendem Maße auch allgemein die Qualität der Tageslichtverhältnisse.

Tafel 2.4 Größenordnungen von Tageslichtquotienten D

Im Freien auf unverbauter waagerechter Fläche	100 %	= 1,0
auf unverbauter senkrechte Fläche (Fenster)[*)]	50 %	= 0,5
Im Raum auf waagerechter Fläche in Tischhöhe nahe hinter dem Fenster unter günstigen	20 %	= 0,2
und unter ungünstigeren Umständen	5 %	= 0,05
in Raumtiefe: Richtwert Arbeitsräume ≥	1 %	= 0,01
in Wohnräumen oft herunter bis auf	½ %	= 0,005

[*)] Reflexionsgrad des Erdbodens $\rho_u = 0{,}2$; D auf unverbauter senkrechter Fläche ist bei $\rho_u = 0{,}1$ nur 45 % = 0,45

Für die kleinen Tageslichtquotienten auf Raumflächen ist die Prozentangabe bequemer und üblich; die als Rechenfaktoren benötigten Tageslichtquotienten auf der Verglasung von Fenstern oder Oberlichtern werden dagegen einfacher als Verhältniszahl (der Einheit 1) angegeben.

2.3.4 Gütemaßstab Gleichmäßigkeit der Beleuchtung

In Seitenlichträumen ist der Mensch seit jeher die vor allem auf waagerechten Flächen (Fußboden, Tischebene) sehr ungleichmäßige Beleuchtung gewohnt und empfindet sie als natürlich; sie wird auch meist gemildert durch eine verhältnismäßig gute Beleuchtung der Wand gegenüber den Fenstern. In Räumen mit Licht von oben und daher deutlich dunkleren Wänden, in denen man auf örtliche Ungleichmäßigkeiten viel empfindlicher reagiert, ist dagegen die **Gleichmäßigkeit g** – nämlich das Verhältnis der kleinsten (E_{min}) zur mittleren (E_m) oder zur größten Beleuchtungsstärke (E_{max}) auf der waagerechten Nutzfläche (wenn nicht anders angegeben) – ein wichtiger Gütemaßstab besonders zur Bewertung von Anlagen zur künstlichen Beleuchtung, aber auch zur Verteilung von Oberlichtöffnungen. Trotzdem enthält Teil 1 „Allgemeine Anforderungen" von 1983 der DIN 5034 „Tageslicht in Innenräumen" [2] auch für Oberlichträume keine Empfehlung zur Gleichmäßigkeit; vernünftig erscheint die noch in den inzwischen hinfälligen „Leitsätzen" der DIN 5034 „Innenraumbeleuchtung mit Tageslicht" von 1969 [1] und auch von Fischer [14] für Oberlichträume ausgesprochene und erfüllbare Empfehlung:

$$g_1 = \frac{E_{min}}{E_m} = \frac{D_{min}}{D_m} \geq \frac{1}{2} \tag{12}$$

Allerdings erübrigt auch eine gute Gleichmäßigkeit der Beleuchtung nicht Überlegungen zur Leuchtdichteverteilung im Raum, besonders zum Schutz gegen Blendung durch helle Außenflächen oder besonnte stark lichtstreuende Verglasung, wofür – obschon praktikable Bewertungsmaßstäbe noch fehlen – die Abschnitte 1.6 und 1.7.2 einige Hinweise geben.

2.4 Richtwerte von Tageslichtquotienten

Teil 1 „Allgemeine Anforderungen" der DIN 5034 „Tageslicht in Innenräumen" [2] nennt Mindestwerte von Tageslichtquotienten nur für wenige Raumtypen, weil allein für Wohnräume Grenzwerte zum Helligkeitseindruck durch Befragungen und Untersuchungen gesichert sind [43]. Die weiteren Mindestwerte in Tafel 2.5 (zum Teil nach den alten „Leitsätzen" 1969

2 Grundlagen für Untersuchungen zur Tagesbeleuchtung

der DIN 5034 [1]) haben sich jedoch in jahrzehntelanger kritischer Anwendung als brauchbar bewährt:

Bei Lichtöffnungen in mehr als einer Raumfläche etwas angehobenes Helligkeitsniveau, um der möglichen Blendung durch helle Außenflächen aus mehreren Richtungen entgegenzuwirken, der man weniger ausweichen kann;

für nicht nur in Fensternähe genutzte Arbeitsräume höhere Mindestwerte als für Wohnräume, in denen die Raumtiefe „gemütlich" sein darf;

für (meist ausgedehntere) Oberlichträume Angabe eines **Mittel**werts, der – um die hier fehlende größere Helligkeit in Fensternähe auszugleichen und eine noch ausreichende Wandbeleuchtung zu sichern – etwas höher liegt als Mittelwerte gut beleuchteter Seitenlicht-(Arbeits-)Räume.

Wenn Tageslicht vor allem Gestaltungsmittel ist, wie in Versammlungs- und besonders Gottesdiensträumen, lassen sich Tageslichtquotienten-Richtwerte nicht sinnvoll festlegen, obgleich man in solchen Räumen immer noch lesen können sollte. Die durchaus mögliche Anpassung (Adaptation) auch an sehr niedrige Beleuchtungsniveaus darf allerdings nicht gestört oder ausgeschlossen werden von blendenden Lichtöffnungen.

Die Ansprüche an Museumsräume widersprechen sich, denn jedes Licht und besonders der ultraviolette Spektralbereich sowie die mit Sonnenstrahlung in der Regel verbundenen Schwankungen des Raumklimas schädigen fast alle Ausstellungsstücke [8, 28], welche man dennoch sehr gut beleuchtet und auch belebt vom Wechsel des Tageslichts zeigen möchte. Die anzustrebenden Tageslichtverhältnisse hängen davon ab, was und auf welchem Hintergrund ausgestellt und wie Licht eingeführt werden soll. In Gemäldegalerien zum Beispiel scheinen für einen ausreichend hellen Gesamteindruck unter stark lichtstreuenden Lichtdecken (Bild 1.40) auf Wänden in hellen Farben Tageslichtquotienten um 0,75 % sinnvoll zu sein, auf Wänden in dunklen Farben wenigstens um 1 %, dagegen wesentlich höhere Tageslichtquotienten

Tafel 2.5 Mindest-Tageslichtquotienten[1)] für noch hellen Raumeindruck bei heller Farbgebung (mittlerer Raumreflexionsgrad $\rho_m \geq 0{,}5$)[2)]

Raumart	Raumbedingung	Empfehlung	Bezugsgrundlage	Quelle
Wohnräume (in Wohnungen alle Räume mit notwendigen Fenstern) und ähnliche Räume	Fenster nur in einer Wand	$D \geq 0{,}75\ \%$	Auf waagerechter Nutzfläche[3)] in halber Raumtiefe an der ungünstigeren Seite	[43; 2]
	Fenster in mehr als einer Wand	$D \geq 1\ \%$		[43]
Arbeitsräume (Büros, Werkstätten und -hallen, Unterrichtsräume, Sporthallen u. ä.)	Fenster nur in einer Wand	$D \geq 1\ \%$	Auf waagerechter Nutzfläche[3)] am ungünstigsten Punkt	[1]
	Lichtöffnungen in mehr als einer Raumfläche, sofern Seitenlicht überwiegt	$D \geq 1{,}75\ \%$		[15; 1]
	Licht überwiegend von oben	$D_m \geq 4\ \%$	Mittel auf waagerechter Nutzfläche[3)]	[1; 2]

1) Alle empfohlenen Werte setzen für Seitenlichtöffnungen als **Rechen**grundlage einen Reflexionsgrad des Raumwinkelbereichs unter dem Horizont $\rho_u = 0{,}1$ voraus, sodass der von unten, vor allem vom Erdboden auf die Verglasung reflektierte Tageslichtanteil $D_u \leq 5\ \%$ beträgt.
2) Bei dunklerer Farbgebung erhöhte Empfehlung für D, so bei $\rho_m \approx 0{,}4$ um Faktor 1,15.
3) Die Nutzfläche (0,85 m über dem Fußboden, wenn nicht anders angegeben) endet in 1,0 m Abstand von den Raumwänden.

zwischen 2 und 4 % (mit wirksameren Schutzvorrichtungen gegen zu hohe Beleuchtungsstärken an hellen Tagen) bei direkter Beleuchtung durch klar durchsichtige (aber Durchsonnung stets ausschließende) Öffnungen, welche dem Auge den unmittelbaren Vergleich mit der Außenhelligkeit aufzwingen [23, 24].

Je intensiver Lagerräume genutzt werden, um so unzweckmäßiger wird wegen der inneren Verbauung durch hohe Regale die Beleuchtung mit Tageslicht (und um so wichtiger die Ausblickmöglichkeit für darin Tätige).

2.5 Ermittlung von Tageslichtquotienten

Die angebotenen Rechnerprogramme zur Ermittlung von (beispielsweise) Tageslichtquotienten auf Raumflächen setzen durchweg den Glauben an ihre Richtigkeit voraus, denn nachprüfbar sind ihre Rechengänge nicht. Leider eignen sie sich nicht, komplexere Aufgaben zu lösen, wenn etwa in einem Museumssaal die Geometrien eines lichtdurchlässigen oberen Raumabschlusses und verglaster Dachöffnungen darüber so aufeinander abzustimmen sind, dass die Raumwände innerhalb vorgegebener Niveaugrenzen gleichmäßig beleuchtet werden – immerhin ein tageslichttechnisches Standardproblem. Zweckmäßig beginnt man mit einfacheren Aufgaben, aber wer tageslichttechnische Rechnerprogramme verwendet, sollte stets fähig sein, die damit erzielten Ergebnisse zumindest in Stichproben mit herkömmlichen Verfahren zu überprüfen. Dazu muss man die lichttechnischen Zusammenhänge kennen.

Wie das Hohlkugelbeispiel im Abschnitt 1.1.1 andeutete, setzt sich die Beleuchtungsstärke in einem Flächenpunkt und daher ebenso der Tageslichtquotient zusammen aus dem unmittelbar von der Lichtquelle empfangenen und dem von der Umgebung reflektierten Licht. Der vorwiegend geometrisch bestimmte Tageslichtquotient D in einem Punkt einer (ebenen) Innenraum- oder Außenfläche, für den wir andere Lichtquellen außer dem vollständig bedeckten Himmel stets ausschließen, besteht also aus

– dem Himmelslichtanteil D_H, erzeugt allein durch direkt auftreffendes Licht des bedeckten Himmels nach (wenn nicht anders angegeben) Bild 2.10,
– dem Außenreflexionsanteil D_V, erzeugt durch (auch mehrfach) von Flächen des Außenraums („Verbauung") reflektiertes Licht dieses Himmels,
– dazu in einem Innenraum dem Innenreflexionsanteil D_R, erzeugt durch (auch mehrfach) von den Innenraumflächen reflektiertes Himmelslicht:

$$D = D_H + D_V + D_R \qquad (13)$$

Stark lichtstreuend (undurchsichtig, weißlich durchscheinend) verglaste Öffnungen, durch die man Himmel und Verbauung nicht mehr unterscheiden kann, nimmt man als ideal streuende **selbstleuchtende** Flächen an, welche Tageslichtquotienten D_{dif} hervorrufen, bestehend aus dem „direkt" von den stark lichtstreuenden Öffnungen erzeugten Außenanteil D_a (auch als D_{dir} bezeichnet) und dem etwas anders als hinter durchsichtigen Öffnungen entstehenden Innenreflexionsanteil D_{Rdif}:

$$D_{dif} = D_a + D_{Rdif} \qquad (14)$$

Unabhängig von der Art der Verglasung ermittelt man Außenanteile und Innenreflexionsanteil stets getrennt.

2.5.1 Außenanteile $D_H + D_V$ hinter durchsichtiger Verglasung

Bei **unverglasten Rohbauöffnungen** ergäbe der Himmelslichtanteil D_{Hr} an einem Punkt sich aus der Größe der von diesem Punkt aus sichtbaren Himmelsausschnitte (dem Raumwinkel, unter dem sie erscheinen), aus deren Lage im fiktiven Himmelsgewölbe (wegen des Leuchtdichteanstiegs zum Zenit) und aus dem Winkel, unter dem das Licht auf die den Punkt enthaltende Fläche trifft. Den Außenreflexionsanteil D_{Vr} bestimmt man nach DIN 5034 bei üblicher, nicht extremer Verbauung vereinfachend so, wie wenn die Verbauungssilhouette ein die jeweilige Himmelsleuchtdichte auf 15 v. H. senkender Filter wäre; die von A. Butenschön [10] dargestellten Fehler solcher Vereinfachung erscheinen noch hinnehmbar bei etwa parallelen Verbauungen (allenfalls also sehr langen Zeilen) mit einem mittleren Reflexionsgrad (einschließlich der Öffnungen) $\rho_{Vm} \approx 0{,}3$, deren Oberkante unter einem Höhenwinkel $\alpha \leq 40°$ gegen die Öffnungs**mitte** erscheint (Bild 2.29).

Diese noch nicht durch lichtundurchlässige Fensterteile, Verglasung und ihre Verschmutzung geminderten, vielfach abhängigen Außenanteile lassen sich mit Integralgleichungen errechnen, wie sie zum Beispiel für einige Grundfälle [2] und [14] angeben. Anschaulicher, uneingeschränkter und meist auch einfacher anwendbar sind geometrisch-graphische Ermittlungen, von denen hier zwei vorgestellt seien.

Sehr einfach kann man bei rechtwinkligen Planungen die in erster Fassung schon Anfang der vierziger Jahre von der Building Research Station entwickelten englischen **Daylight Protractors** handhaben, Winkelmesser, an denen man in der Querschnittszeichnung des Raumes den Himmelslichtanteil für unendlich lange Öffnungsbänder und im Raumgrundriss den Korrekturfaktor für die jeweilige Öffnungslänge ablesen kann (Bild 2.16). Mit etwas Geschick ermittelt man ebenso den Außenreflexionsanteil. Die Winkelmesser eignen sich für alle rechtwinklig begrenzten, besonders aber bandförmigen Seiten- und Oberlichtöffnungen; das dazu erschienene Heft [38] erläutert an vielen Beispielen den Gebrauch.

Andere Verfahren unterteilen die (bedeckte) Himmelshalbkugel in viele kleine Teilfelder, von denen jedes einzelne auf der Empfangsfläche den gleichen Bruchteil der auf unverbauter waagerechter Fläche im Freien vorhandenen Beleuchtungsstärke E_a erzeugt. Man könnte sich vorstellen, dass man mit dem Auge vom Untersuchungspunkt aus abzählt, wie viele dieser Himmels-Teilfelder man durch die Lichtöffnungen sieht und wie viele die Verbauung verdeckt. Die Verfahren unterscheiden sich in der Projektion des Himmelsgewölbes.

Das für beliebige Lichtöffnungen geeignete, nach Pleijels Vorarbeiten neu entwickelte **stereographische Verfahren von Tonne** [44] erlaubt es, direkt im Grundrissplan zu arbeiten (Bild 2.17): Alle senkrechten Kanten von Lichtöffnungen und Verbauungen werden zu Radiallinien (ohne Winkelmessung unmittelbar eingetragen als Verbindungsgerade von diesen Kanten zum Untersuchungspunkt), alle waagerechten (und geneigten) Kanten zu Kreisbögen. Aus dem so konstruierten Verbauungsbild kann man für die unverglasten Öffnungen die Außenanteile des Tageslichtquotienten sowohl auf waagerechter wie (mit anderem, hier nicht abgebildetem Zählblatt) auf senkrechter Empfangsfläche abzählen, mit weiteren Zählblättern auch auf verschiedenen geneigten.

Bild 2.15 Verbauungssituation des Raumes der Bilder 2.16 und 2.17 in Grundriss und Schnitt im Maßstab 1 : 1 000 mit den Verbauungshöhenwinkeln **vom Untersuchungspunkt** aus, der hier am Rand der waagerechten Nutzfläche (1 m neben der Wand) liegt und (untypisch) 3 m hinter der Verglasung, also weder am ungünstigsten Punkt noch in halber Tiefe der Nutzfläche. Zur Konstruktion der stereographischen Verbauungskontur siehe auch Bild 3.17!

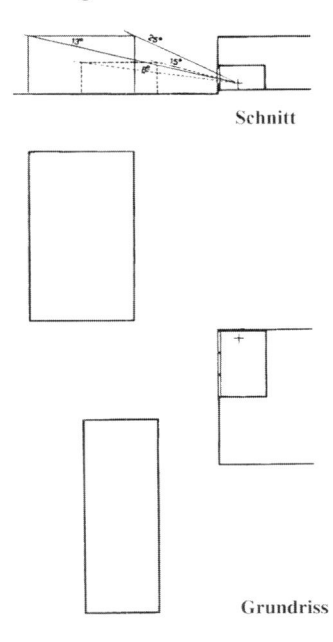

Bild 2.16 Daylight Protractor

Bei einem **unendlich** langen, unverbauten Fensterband mit gereinigter, farblos klarer Einfachverglasung (der Protractor enthält bereits die winkelabhängige Durchlassminderung dafür) würde der Himmelslichtanteil D_H (Ablesung im **Querschnitt,** hier bequem schon an den Scheibenrahmen) betragen:

    5,5 % (Glasoberkante)
   – 0,04 % (Glasunterkante)
    5,46 %

Im **Grundriss** sind am Schnittpunkt mit dem im Querschnitt gefundenen, gestrichelt eingetragenen **mittleren** Höhenwinkel (19°), unter dem der sichtbare, hier unverbaut angenommene Himmelssektor erscheint, die Korrekturfaktoren abzulesen welche die **endliche** Fensterlänge erfassen:

   Fenster I   0,18 + 0,325 = 0,505
   Fenster II 0,47 – 0,385 = 0,085
   Fenster III 0,49 – 0,485 = 0,005
   Summe Längenfaktoren   0,595

Im unverbauten Raum mit sorgfältig gereinigter Einfachverglasung ergibt sich also als Himmelslichtanteil am Untersuchungspunkt:

   5,46 % · 0,595 = 3,25 %

Die Minderungsfaktoren (vgl. Abschnitt 2.5.3) betragen für Konstruktionsteile $k_1 = 1,0$ (innerhalb der schon erfassten Rahmen keine Unterteilung), für die zweite Fensterscheibe $\tau_2 = 0,89$ (Protractor ist für Einfachverglasung ausgelegt), für Scheibenverschmutzung $k_2 = 0,95$ (häufige Reinigung); mit Gesamtminderungsfaktor
   $k_{ges} = 1,0 \cdot 0,89 \cdot 0,95 = 0,845$
   $D_H = 3,25\% \cdot 0,845 = 2,75\%$

Querschnitt

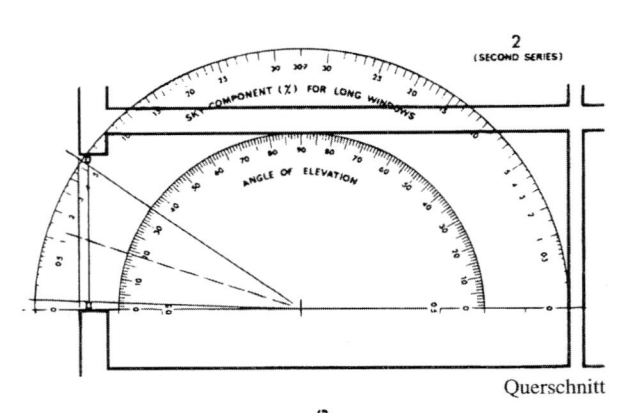

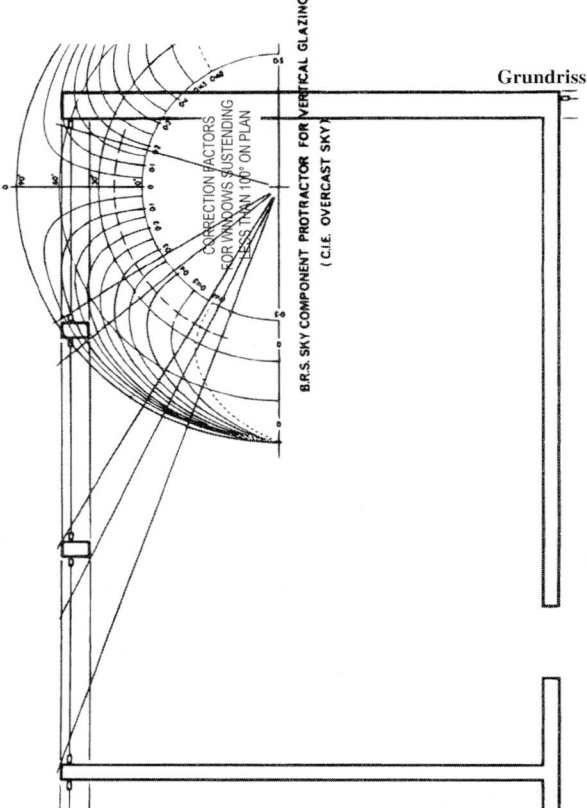

Grundriss

Den am Punkt in Bild 2.17 zusammen 38,57 gezählten Feldern (10 Felder ≙ 1 %) entspricht ein durch **unverbaute**, unverglaste Öffnungen (nicht im Rohbau) erzeugter Himmelslicht-Rohanteil $D_{Hr} = 3,86\%$.

2 Grundlagen für Untersuchungen zur Tagesbeleuchtung 531

Zum besseren Abschätzen von Teilflächen sind die zum Horizont zunehmend größeren Felder gestrichelt in Halbe und punktiert in Viertel geteilt.

Fenster	Zählfelder gesamt	verbaut
I	32,0	3,1
II	5,95	0,55
III	0,62	0,07
	38,57	3,72

IV

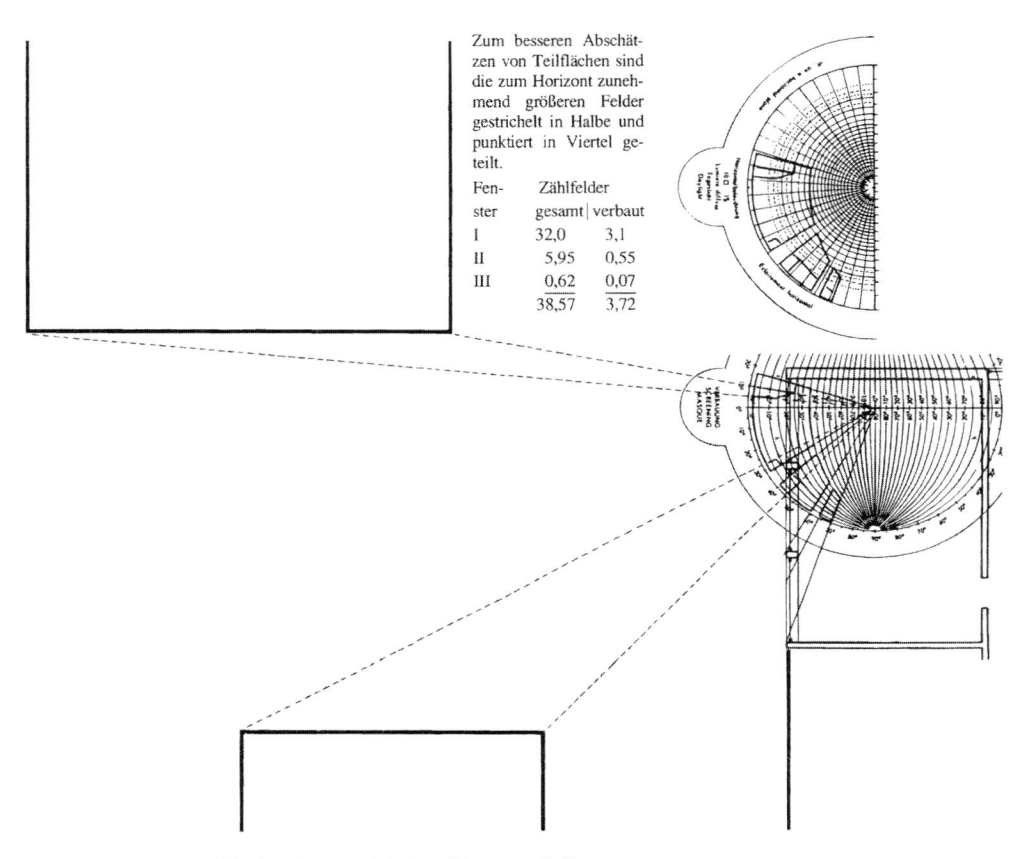

Bild 2.17 Stereographisches Raumwinkelverfahren nach Tonne

Mit dem untergelegten Verbauungsblatt als Höhenwinkelschablone ergeben sich aus den Höhenwinkeln (Bild 2.16) gegen Glasoberkante (35°) und Glasunterkante (2,5°) und den im Grundriss gefundenen seitlichen Begrenzungen die Öffnungsumrisse (schon mit Rahmen!) in stereographischer Projektion. Ebenso ist in diese Umrisse das Bild der Verbauung einkonstruiert (für Kanten rechtwinklig zur Fensterwand Schablone um 90° gedreht!).

Unter dieses Verbauungsbild legt man (oben) das Zählblatt für Beleuchtung waagerechter Flächen, das die Himmelshalbkugel in 1000 Felder teilt, und zählt die am untersuchten Punkt wirksamen ungeminderten (durch unverglaste Öffnungen erzeugten) Außenanteile $D_{Hr} + D_{Vr}$ des Tageslichtquotienten einfach als durch diese Öffnungen sichtbare Felder ab (10 Felder $\triangleq$ 1 %).

Mit den Minderungsfaktoren nach Abschnitt 2.5.3 für Konstruktionsteile $k_1 = 1{,}0$ (ohne Unterteilung innerhalb der hier schon geometrisch erfassten Rahmen), für farblos klare Doppelverglasung $\tau = 0{,}79$ (aus Bild 2.21 für Durchgangswinkel $\varepsilon \leq 45°$) und Glasverschmutzung $k_2 = 0{,}95$ (häufige Reinigung) erhält man

$$k_{ges} = k_1 \cdot \tau \cdot k_2 = 0{,}75$$

und so an diesem Punkt des wie in Bild 2.15 unverbauten Raums

$$D_H = D_{Hr} \cdot k_{ges} = 3{,}86\,\% \cdot 0{,}75 = 2{,}9\,\%$$

Hiervon weicht das mit dem Daylight Protractor in Bild 2.16 gewonnene Ergebnis um etwa 5 v. H. ab, wahrscheinlich wegen der dort nicht addierten, sondern multiplizierten Ableseungenauigkeiten.

Die Verbauung nach Bild 2.15 senkt die Leuchtdichte der verbauten Zählfelder auf 15 v. H. der Himmelsleuchtdichte, so dass man nach Bild 2.17

aus der Summe der Zählfelder   38,57
abzüglich Leuchteminderung durch Verbauung $3{,}72 \cdot 0{,}85$ = $\underline{3{,}16}$
                                    35,41

die Außenanteile des Tageslichtquotienten erhält:

$$D_H + D_V = D_{(H+V)r} \cdot k_{ges} = 3{,}54\,\% \cdot 0{,}75 = 2{,}66\,\%$$

2.5.2 Außenanteil D_a von stark lichtstreuender Verglasung

Tageslichtverhältnisse hinter lichtstreuend (nicht klar durchsichtig) verglasten Öffnungen kann man nur ungenau vorausbestimmen, weil noch nicht ausreichend bekannt ist, wie solche Materialien das Licht in den Raum hinein verteilen, das gestreut, aber unsymmetrisch auf sie trifft: vom Himmel mit Leuchtdichteverteilung nach Bild 2.10 „direkt" und aus dem Raumwinkelbereich unterhalb des Horizonts reflektiert mit wesentlich geringerer Intensität.

Bei **schwach,** durch ihre **Oberflächenstruktur** streuenden Gläsern – besonders Ornament-Gussglasscheiben – kann man stark vereinfachend so verfahren, wie wenn sie durchsichtig wären (Abschnitt 2.5.1). Bei **stark,** in ihrem **Volumen** streuender Verglasung – getrübten Gläsern (Milchüberfangglas) und Doppelscheiben mit eingelegten Glas- oder Kunststofffasern oder getrübten Folien, aber auch stark mattierten Scheiben oder stark profilierten Oberflächen wie bei Difulit ergibt sich unter der vereinfachenden Annahme idealer Streuung der Außenanteil D_a des Tageslichtquotienten D_{dif} am untersuchten Punkt aus der Leuchtdichte der stark streuenden Scheiben und dem Raumwinkel, unter dem sie am Punkt erscheinen.

Die (relative) Scheibenleuchtdichte ist das Produkt aus dem Tageslichtquotienten außen auf der Glasscheibe D_G (an einem typischen Punkt, meist mittig) und ihrer Lichtdurchlässigkeit τ_{dif} für diffus aus dem Halbraum auftreffendes Licht. Klammert man zunächst wie im Abschnitt 2.5.1 die Scheiben als Minderungsfaktor aus und betrachtet nur die unverglasten, aber unverändert streuenden Öffnungen, so gilt für den **R**oh-Außenanteil:

$$D_{a_r} = D_G \cdot D_{gl_r} \qquad (15)$$

Für **parallele zeilenförmige** Verbauung zeigen den Tageslichtquotienten D_G auf der Öffnungsebene (einschließlich des von unten reflektierten Anteils D_u!) die Bilder 2.19 oder 2.20, auf senkrechten Scheiben als noch zu summierende Einzeleinflüsse D_o und D_u Bild 2.28 auch für noch größere Verbauungshöhenwinkel, bei gleichzeitiger Verbauung von oben Bild 2.30. Wie man unregelmäßige Verbauung ermittelt, ist aufbauend auf den Erläuterungen zu Bild 2.17 in Abschnitt 2.5.5 beschrieben.

Den Tageslichtquotienten D_{gl_r} (den Raumwinkel, den die sichtbaren Kanten der leuchtenden Scheiben gegen den Untersuchungspunkt bilden) ermittelt man wegen der **gleichmäßig** vorausgesetzten Scheibenleuchtdichte mit Protractor [38] oder Zählblatt [44B] für **gleichförmige** Leuchtdichteverteilung (ohne Anstieg zum Zenit), sonst aber wie normale Tageslichtquotienten im Raum; siehe auch Bild 2.34 in Abschnitt 2.5.7

2 Grundlagen für Untersuchungen zur Tagesbeleuchtung

Bild 2.18 Vorausgesetzte Situation der Bilder 2.19/2.20: Verbauungshöhenwinkel α ab Scheibenmitte zur Oberkante einer unendlich langen Verbauung parallel gegenüber

Bild 2.19 Tageslichtquotienten D_G außen auf geneigten Glas- oder Öffnungsflächen für verschiedene Verbauungshöhenwinkel a nach Bild 2.18 bei Reflexionsgrad des Raumwinkels unter Horizont $\rho_u = 0{,}1$ (Grundlage für Tafel 2.5).

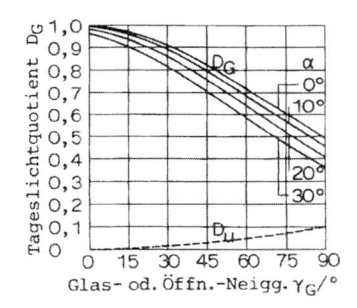

Bild 2.20 Tageslichtquotienten D_G außen auf geneigten Glas- oder Öffnungsflächen für verschiedene Verbauungshöhenwinkel a nach Bild 2.18 bei Reflexionsgrad des Raumwinkels unter Horizont $\rho_u = 0{,}2$ (wie DIN 5034 [2] voraussetzt).

2.5.3 Lichtminderungsfaktoren

Nach DIN 5034 ([2]) wären die von lichtundurchlässigen Fensterkonstruktionsteilen, Verglasung und ihrer Verschmutzung verursachten Minderungen des Tageslichteinfalls durch **gemeinsame** Minderungsfaktoren einzurechnen in die für unverglaste (Rohbau-)Öffnungen ermittelten Roh-Außenanteile $D_{H_r} + D_{V_r}$ oder D_{a_r} und in die unter gleichen Bedingungen ermittelten Roh-Innenreflexionsanteile D_{R_r} oder $D_{R_{difr}}$:

$$D = (D_{H_r} + D_{V_r} + D_{R_r}) \cdot k_1 \cdot \tau \cdot k_2 \tag{16}$$

oder

$$D_{dif} = (D_{a_r} + D_{R_{difr}}) \cdot k_1 \cdot \tau \cdot k_2 \tag{17}$$

Für **k_1 – Minderung durch Fensterkonstruktionsteile** –, näherungsweise:

$$k_1 = \frac{\text{lichtdurchlässige Glasfläche}}{\text{Rohbauöffnungsfläche}} \tag{18a}$$

setzt man besser:

$$k_1 = \frac{\text{lichtdurchlässige Glasfläche}}{\text{erfasste Öffnungsfläche}} \tag{18b}$$

Tafel 2.6 Lichtminderungsfaktoren lichtundurchlässiger Fensterkonstruktionsteile k_1 (Anhaltswerte)

Art der Lichtöffnung	k_1
Kunststofffenster, zwei- und mehrflüglig	≤ 0,55
Holzfenster zum Öffnen	0,6 bis 0,65
sehr kleine Fenster oder enge Teilung	≥ 0,35
Holzfenster ohne Flügel	0,75 bis 0,8
Großflächenfenster	≤ 0,85
Metallfenster zum Öffnen	0,7 bis 0,8
bei kleinen Fenstern oder enger Teilung	≤ 0,65
Metallfenster ohne Flügel	0,8 bis 0,9
Oberlichter mit Metallsprossen	0,85 bis 0,9

Tafel 2.7 Verglasung: Lichttransmissionsgrade τ und -reflexionsgrade ρ

Material	τ_0	ρ
Einfachscheiben		
farblos klar: Fenster-(Float-)Glas, Acrylglas	0,9	0,06 bis 0,1
Rohglas, Guss-(Ornament-)Glas	0,85 bis 0,9	0,1
Draht-Gussglas	0,8	0,1
Doppelscheiben, farblos klar: Floatglas, Acrylglas	0,8	0,15
mit Wärmeschutzbeschichtung	≈ 0,75	≈ 0,15
Stark lichtstreuende Scheiben mit Einlagen zwischen zwei farblosen Floatgläsern (abweichend τ_{dif} angegeben):		
mit Glasfasergespinst, 1 bis 1,5 mm dick	0,5 bis 0,4	0,35 bis 0,4
mit acrylgebundenem Glasvlies, 50 bis 100 g/m²	0,65 bis 0,5	0,2 bis 0,35
mit Acryl-Kapillarfaserplatten, 12 bis 24 mm dick	0,55 bis 0,5	0,25
Sonnenschutz-Doppelverglasung, Innenscheibe farblos klar, als Außenscheibe:		
reine Reflexionsgläser	0,5 bis 0,55	0,45 bis 0,4
Reflexionsgläser mit erhöhter Absorption	0,3 bis 0,65	0,35 bis 0,2
Absorptionsgläser, Scheibendicke 6 mm	0,4 bis 0,65	0,1 bis 0,15
Scheibendicke 12 mm	0,2 bis 0,5	0,1 bis 0,15
Acryl-Stegdoppelplatten, farblos klar	0,8	0,15
mit verschiedenen Weiß-Trübungen	0,75 bis 0,2	0,2 bis 0,75
Zweischalige Acryl-Lichtkuppeln üblicher Weiß-Trübungen	0,8 bis 0,65	0,15 bis 0,25

Tafel 2.8 Lichtminderungsfaktoren infolge verschmutzter Verglasung k_2 (Anhaltswerte)

Art der Lichtöffnung	k_2
Wohnungsfenster	1,0 bis 0,95
Fenster sauberer Arbeitsräume (Schulen, Büros usw.), regelmäßig gereinigt	0,95 bis 0,9
bei normaler Anordnung	0,85 bis 0,8
bei Spritzwasser (z. B. dicht oberhalb von Dächern, starren Sonnenblenden) selten gereinigt (schlechter Zugang)	0,8 bis 0,75
Oberlichter, normal verschmutzt[*)] Glasneigung 90° bis 75°	0,8
Glasneigung 70° bis 45°	0,75
Glasneigung 40° bis 10°	0,7

[*)] Bei starker Schmutzentwicklung außen oder innen nur das 0,85- bis 0,8fache der Angaben für k_2!

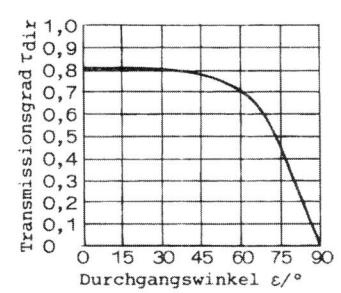

2 Grundlagen für Untersuchungen zur Tagesbeleuchtung

Bild 2.21 Transmissionsgrad einer farblos klaren Doppelscheibe für gerichtet auftreffendes Licht $\tau_{dir\,do}$, abhängig vom Auftreffwinkel ε. Für diese Scheibe beträgt der Transmissionsgrad für diffus aus dem Halbraum davor auftreffendes Licht $\tau_{dif\,do} \approx 0{,}7$.

Es bietet sich nämlich zumindest bei geometrisch-graphischer Ermittlung der Außenanteile an, die Raumwinkel vom Untersuchungspunkt aus schon auf die Rahmenkanten zu beziehen, soweit von dort sichtbar, und nur geometrisch schwieriger erfassbare Sprossen mit dem rechnerischen Minderungsfaktor k_1 zu berücksichtigen, zumal die Öffnungsleibungen oft die Rahmen zum Teil oder ganz verdecken (Bild 2.16!) sodass Gleichung (18a) hier sogar Fehler verursacht. (Dagegen ist sie durchaus brauchbar beim Ermitteln des Innenreflexionsanteils.) Falls k_1 noch nicht anders zu bestimmen ist, findet man Anhaltswerte in Tafel 2.6.

Für τ – **Lichtdurchlässigkeit der Verglasung** – soll, Fischer [14] folgend, nach DIN 5034 [2] vereinfachend der gemäß DIN EN 410 [4] gemessene Lichttransmissionsgrad für normal auf treffendes Licht $\tau_{0°}$ eingesetzt werden, allerdings mit einem Korrekturfaktor k_3, der für übliche Fensterlage im Ergebnis sowohl (für das Licht der Außenanteile) den vom Durchgangs-(Auftreff-)Winkel ε abhängigen Transmissionsgrad τ_{dir} als auch (für das aus dem ganzen Halbraum vor der Öffnung auf die Innenraumflächen fallende und von ihnen reflektierte Licht des Innenreflexionsanteils) den Transmissionsgrad τ_{dif} zutreffend berücksichtigt. Diese Vereinfachung schönt jedoch die Ergebnisse (siehe Bild 2.21!), wenn das Licht der Außenanteile unter ungünstig großen Winkeln durch die Scheiben gelangt, wie unter hochliegenden Fenstern oder Sägedächern (Bilder 1.13; 1.44 oben), sodass man wenigstens dann besser τ_{dir} gemäß den für die einzelnen Öffnungsbereiche gemittelten Durchgangswinkeln ε in die Außenanteile und τ_{dif} in den Innenreflexionsanteil getrennt einrechnet. Fehlen dafür Angaben, kann man sie für **klar durchsichtiges** Material X aus $\tau_{0°\,x}$ und den Angaben für farblos klare Doppelverglasung (do) in Bild 2.21 errechnen:

$$\tau_{\varepsilon_x} = \tau_{\varepsilon_{do}} \cdot \frac{\tau_{0°\,x}}{\tau_{0°\,do}} \tag{19a}$$

$$\tau_{dif_x} = \tau_{dif_{do}} \cdot \frac{\tau_{0°\,x}}{\tau_{0°\,do}} \tag{19b}$$

Die Anhaltswerte für τ (beim Auftreffwinkel von 0°) in Tafel 2.7 können nur die großen Unterschiede verdeutlichen, vor allem beim häufig sich ändernden Angebot von Sondergläsern, sodass man (möglichst durch Prüfzeugnisse belegte) Herstellerangaben anfordern muss. Bei **farblos durchsichtigen** Materialien veranlasst nur extreme Scheibendicke (Schutz gegen Schall und Gewalt), dass ähnlich wie bei getönten (absorbierenden) Scheiben die Transmission infolge erhöhter Absorption deutlich abnimmt.

Für stark **lichtstreuende, undurchsichtige** Materialien mit ihrer sehr unterschiedlichen Winkelabhängigkeit der vom Streuverhalten geprägten Lichtdurchlässigkeit gelten die Gleichungen (19) nicht; weil die für tageslichttechnische Rechnungen benötigten Daten solcher oft verwendeten und unentbehrlichen Materialien schwierig und bisher kaum „richtig" messbar sind, ist zudem Vorsicht gegenüber Herstellerangaben ratsam.

Spektrale
Transmissiongrade τ ———
Reflexionsgrade ρ ················
Absorptionsgrade α ▨▨▨
verschiedener Glasscheiben

Bild 2.22 Hoch strahlungsdurchlässiges Sonder-Gussglas (6 mm dicke Einfachscheibe)

Bild 2.23 Übliches Floatglas (6 mm dicke Einfachscheibe, Transmission % auch für Doppelscheibe 2 × 6 mm: mager) nach Krochmann [36,37]

Als Licht wirksamer (sichtbarer) Anteil ▨▨▨

Bild 2.24 Absorbierendes, in der Masse farbig getöntes, klar durchsichtiges, aber im Raum und in der Durchsicht farbveränderndes Glas (6 mm dicke Einfachscheibe). Fast proportional zur Scheibendicke nimmt bei gleicher Glasmasse die Absorption zu, die Transmission umgekehrt ab.

Bild 2.25 Farbneutrale Sonnenschutz-Doppelscheibe (2 × 6 mm), im (auch energetisch ausschlaggebenden) sichtbaren Bereich fast nur durch erhöhte Reflexion wirkend

Bild 2.26 Selektive, aber innen und außen verschieden farbändernde Sonnenschutz-Doppelscheibe (2 × 6 mm) hoher Licht- und recht geringer Gesamtenergie-Durchlässigkeit

Bild 2.22, 2.24 bis 2.27 nach: Deutsche Spezialglas AG Grünenplan, Flachglas AG Gelsenkirchen, Schott Glaswerke Mainz, Verein. Glaswerke GmbH Aachen

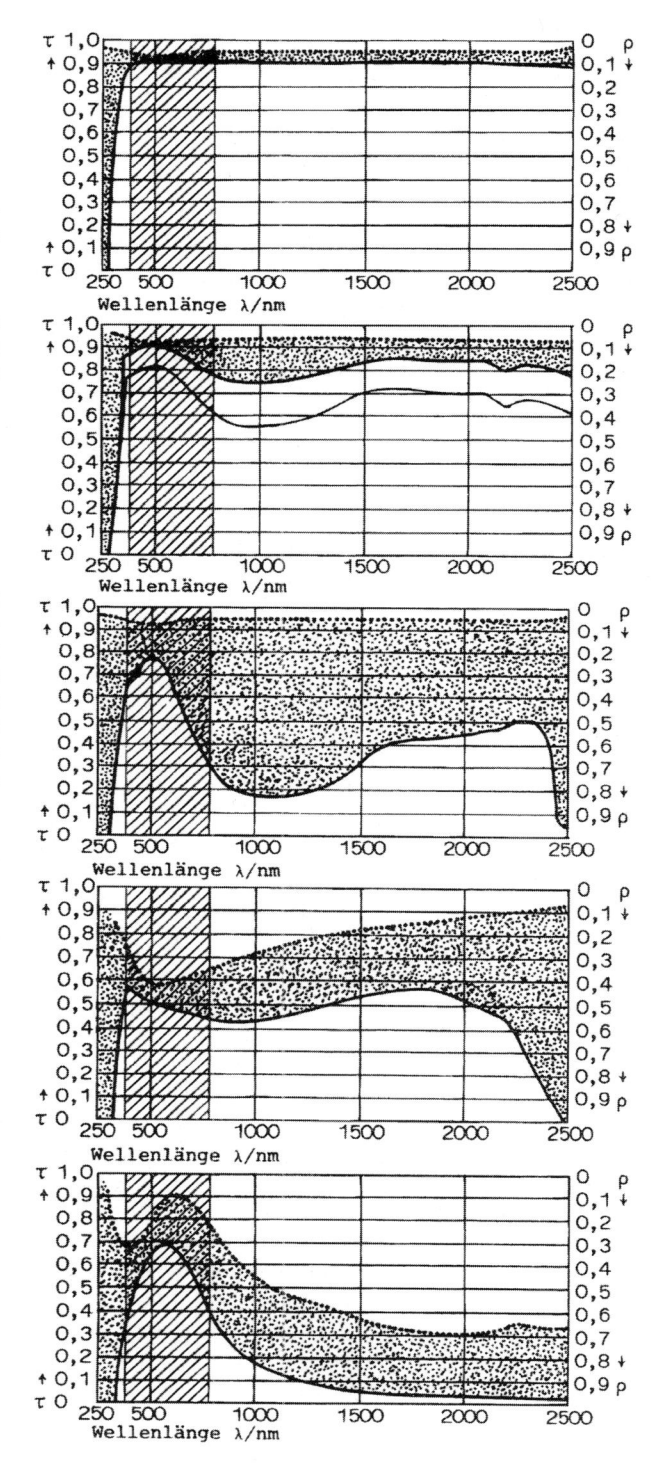

2 Grundlagen für Untersuchungen zur Tagesbeleuchtung

Für k_2 – **Lichtminderung durch Scheibenverschmutzung** – nennt Tafel 2.8 günstigere Werte als [2] und [14], weil der lineare Einfluss der Minderungsfaktoren auf die Öffnungsfläche es nahelegt, bei größerer Schmutzanfälligkeit eher häufigere Reinigung vorauszusetzen oder spürbare Helligkeitseinbußen zuzumuten, als allgemein Öffnungen nur wegen erwarteter stärkerer Verschmutzung größer als nötig zu bemessen.

2.5.4 Exkurs: Spektrale Strahlungsminderung durch Glas

Bereits das einleitende Bild 2.1 veranschaulichte, dass Licht nur ein Teil der ankommenden Sonnenstrahlung ist, aber auch ihr energetisch wirksamster. Für Beleuchtungszwecke wird man, wie im Abschnitt 2.1.4 erwähnt, nur den für diesen Bereich pauschal – mit einem an die Augenempfindlichkeit angepassten Empfänger – gemessenen Lichttransmissionsgrad τ_L und ebenso den Lichtreflexionsgrad ρ_L berücksichtigen, wie sie Tafel 2.7 für einige Verglasungen beim Auftreffwinkel $\varepsilon = 0°$ angibt (dazu noch, dass nach Bild 2.21 die fast immer von 0° abweichenden Auftreffwinkel den Lichtdurchgang durch die Verglasung weiter mindern).

Glas lässt aber auch von den anderen Bereichen des Sonnenspektrums mehr oder weniger große Anteile hindurch. Wer für Sonderfälle das jeweils angemessene Glas verwenden möchte, muss wissen, wie die Scheiben sich in ihrer Filterwirkung für die einzelnen Spektralbereiche unterscheiden.

Das für Sonnenkollektorabdeckungen entwickelte, hoch strahlungsdurchlässige Sondergussglas nach Bild 2.22 wird auch im Museumsbau oft verwendet für (mehr oder weniger) undurchsichtige Dach- und Lichtdeckenverglasungen, weil es deutlich weniger gegen Grün verfärbt als andere Gläser. Normales Fenster- oder (nach der Fertigungsart) Floatglas (Bild 2.23) lässt vor allem im Infrarot, aber auch im Sichtbaren und im Ultraviolett weniger Strahlung hindurch. Eine weiter ins Ultraviolette ausgedehnte Durchlässigkeit (Bild 2.27) ist sinnvoll nur in Gebieten sehr reiner Luft hinter großen Lichtöffnungen nutzbar; für Museen muss man aber die hohe UV-Durchlässigkeit dieser extrem farblosen Gläser bremsen.

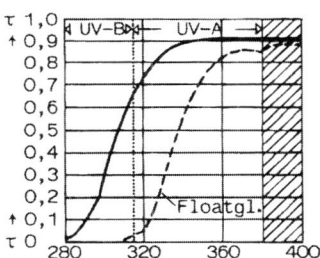

Bild 2.27 Transmissionsgrad τ eines für Ultraviolett besser durchlässigen, farblos klaren Glases (Scheibendicke je 4 mm)

Die geringe Strahlungsdurchlässigkeit der ersten, jetzt besonders im Fahrzeugbau verwendeten Sonnenschutzscheiben aus Farbglas beruht auf hoher Absorption auch im sichtbaren Bereich (Bild 2.24), die aber zugleich das außen Gesehene dunkler macht (verlängertes und erschwertes Nachtsehen). Farbneutrale Sonnenschutzscheiben wie etwa in Bild 2.25 setzen anders als die meisten übrigen Sonnenschutzverglasungen (Bilder 2.24 und 2.26) die Durchlässigkeit für Licht in fast gleichem Maße herab wie für die Gesamtenergie.

2.5.5 Innenreflexionsanteil D_R hinter durchsichtiger Verglasung

Beim Ermitteln des im Raum reflektierten Lichtanteils hilft die vorgestellte Hohlkugel, deren ideal reflektierende (weiße) Innenfläche das durch ein Loch einfallende Licht gleichmäßig verteilt. Hopkinson, Longmore und Petherbridge hatten 1954 überlegt [29], dass in einen gebauten Raum Licht nach unten vorwiegend vom Himmel und nach oben vorwiegend vom Erdboden reflektiert trifft. Sie teilten daher den Raum waagerecht in halber **Fenster**höhe und leiteten so als **mittleren** Innenreflexionsanteil D mathematisch genau ab aus der **Roh-Fenster**öffnung A_F

$$D_{R_{rm}} = \frac{A_F \cdot (D_o\% \cdot \rho_{BW} + D_u\% \cdot \rho_{DW})}{A_R \cdot (1 - \rho_m)} \qquad (20a)*$$

$$D_{R_m} = D_{R_{rm}} \cdot k_1 \cdot \tau_{dif} \cdot k_2 \qquad (21a)*$$

oder aus der durchsichtigen **Glas**fläche A_G:

$$D_{R_m} = \frac{A_G \cdot (D_o\% \cdot \rho_{BW} + D_u\% \cdot \rho_{DW})}{A_R \cdot (1 - \rho_m)} \tau_{dif} \cdot k_2 \qquad (21b)*$$

*) Siehe auch ausführliche Fußnote S. 541!

Im ersten Strahlengang reflektiert also der untere Raumteil ohne Fensterwand (ρ_{BW}) das durch die ganze Fensterglasfläche A_G von oben einfallende Licht (D_o = Tageslichtquotient in Fenstermitte aus oberem Halbraum) in den oberen Raumteil, zugleich der obere ohne Fensterwand (ρ_{dW}) das Licht von unten (D_u) in den unteren; bei weiteren Reflexionen verteilt sich das Licht auf die ganze Raumoberfläche A_R, welche das von ihr nicht reflektierte Licht absorbiert ($1 - \rho_m$).

Erläuterungen (siehe auch Abschnitt 2.5.3):

A_R Ganze Raumumschließungsfläche samt Öffnungen

ρ_m Mittlerer Reflexionsgrad der Umschließungsfläche A_R:
$\rho_m = (A_1 \cdot \rho_1 + A_2 \cdot \rho_2 + A_3 \cdot A_3 \cdot \rho_3 + A_n \cdot \rho_n) : A_R$

ρ_{BW} Mittlerer Reflexionsgrad von Fußboden und Wandflächen unterhalb der waagerechten Raumteilung durch die Fenstermitte, aber ohne die Fensterwand

ρ_{DW} Mittlerer Reflexionsgrad von Decke und Wandflächen oberhalb der waagerechten Raumteilung durch die Fenstermitte, aber ohne die Fensterwand

ρ_1 In Gleichung (22a) bis (23b) mittlerer Reflexionsgrad der von Tageslicht aus der untersuchten Öffnung zur Erstreflexion getroffenen Raumflächen

D_o, D_u, D_G Den Anteil des im Raum reflektierten Tageslichts wesentlich mitbestimmende Tageslichtquotienten auf der Glas- bzw. Öffnungsfläche, mit zunehmender Verbauung (unter Höhenwinkel α ab Öffnungsmitte) sinkend: für parallele zeilenförmige Verbauung D_o und D_u auf senkrechter Öffnungsfläche nach den Bildern 2.28 und 2.30, D_G auf geneigter lichtstreuender Öffnungsfläche nach den Bildern 2.19/2.20, ebenso für geneigte klar durchsichtige (mit $D_o = D_G - D_u$). Für nicht zeilenförmige Verbauung muss man diese Werte selbst ermitteln, entweder durch Messungen geometrisch: einfach und am genauesten stereographisch wie für waagerechte Fläche (siehe Bild 2.16), bei so nicht oder schwer erfassbarer Verbauung (etwa verwinkelten Altbauten, Bäumen) mit Horizontoscop (Abschnitt 4). Aus der stereographischen Verbauungskontur, über dem Blatt für senkrechte Empfangsfläche (Himmelsleuchtedichteverteilung nach Moon & Spencer) in Pfeilrichtung zentriert, wie in [44] und ausführlicher [44B] an Beispielen gezeigt, erhält man durch Auszählen D_o, zu dem man in der Regel den entsprechenden D_u-Wert aus Bild 2.28 ablesen kann.

2 Grundlagen für Untersuchungen zur Tagesbeleuchtung

Farben nach Helligkeit	ρ (dunkel bis hell)
Rot	0,1 bis 0,5
Gelb	0,25 bis 0,65
Grün	0,15 bis 0,55
Blau	0,1 bis 0,5
Braun	0,1 bis 0,4
Weiß (Mittel)	0,7 bis 0,75
Grau	0,15 bis 0,6
Schwarz	0,05 bis 0,1
Naturfarbene Materialien	ρ (dunkel bis hell)
Sichtbeton	0,25 bis 0,5
Sichtmauerwerk:	
rote Ziegel	0,15 bis 0,3
gelbe Ziegel	0,3 bis 0,45
Kalksandstein	0,5 bis 0,65
Holzflächen	
dunkel	0,1 bis 0,2
mittel	0,2 bis 0,4
hell	0,4 bis 0,5
Bodenplatten und -bahnen	ρ (dunkel bis hell)
dunkel	0,1 bis 0,15
mittel	0,2 bis 0,25
hell	0,3 bis 0,45

Tafel 2.9
Reflexionsgrade ρ matter Flächen
(Verglasungen siehe Tafel 2.7!)

Tafel 2.10 Kleinster im Verhältnis zum mittleren Innenreflexionsanteil in Seitenlichträumen (nach DIN 5034-3 [2])

Mittlerer Reflexionsgrad der Wände ρ_W		$\dfrac{D_{R\,min}}{D_{R\,m}}$
(dunkel)	0,3	0,65
(mittel)	0,5	0,75
(hell)	0,7	0,85

Bild 2.28 Tageslichtquotienten D_o und D_u (DIN 5034: „Fensterfaktoren" f_0 und f_u als Verhältniszahlen wie in Bild 2.19/20) außen auf senkrechter Glas- oder Öffnungsfläche, abhängig vom Verbauungshöhenwinkel α, bei Reflexionsgraden des Raumwinkels unter Horizont $\rho_u = 0{,}1$ (Voraussetzung Tafel 2.5) und (DIN 5034 [2]) $\rho_u = 0{,}2$.

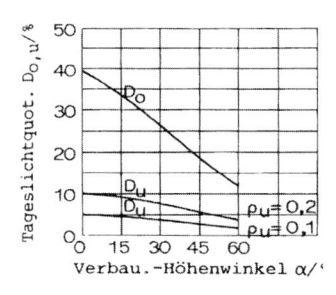

Bild 2.29 Vorausgesetzte Situation des Bildes 2.30: ab Öffnungsmitte gegen die Senkrechte Abschirmwinkel ζ zur Vorderkante des von oben (vom Zenit) Himmel verbauenden Vorsprungs über der Öffnung, gegen die Waagerechte Höhenwinkel a zur Oberkante der Verbauung gegenüber (nach DIN 5034 mit 15 v. H. der Leuchtdichte der von ihr verdeckten Himmelsflächen), beide parallel und sehr lang. Balkonbrüstung gut lichtdurchlässig!

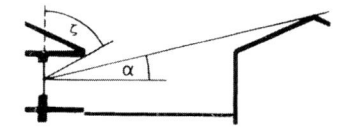

Bild 2.30 Tageslichtquotient D_o außen auf senkrechter Glas- oder Öffnungsfläche, abhängig vom Verbauungshöhenwinkel a, für verschiedene Abschirmwinkel ζ nach Bild 2.29; D_u siehe Bild 2.28!

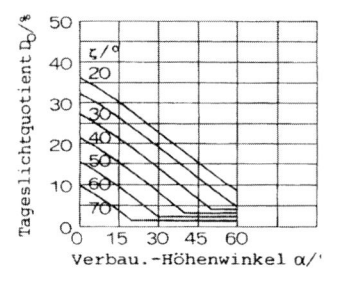

Enthalten mehrere Raumflächen Lichtöffnungen, ist der Innenreflexionsanteil aus jeder dieser Flächen getrennt zu errechnen. Weil die Raumumschließungsflächen nicht ideal reflektieren, ist er nie im ganzen Raum gleich, sondern folgt in der Tendenz den meist mit wachsender Entfernung von den Lichtöffnungen abnehmenden jeweiligen Außenanteilen $D_H + D_V$ der Tageslichtquotienten. Für die durch Fenster erzeugten gibt Tafel 2.10 grob das vom Wandreflexionsgrad abhängige Verhältnis des kleinsten (D_{Rmin} an dem zur jeweiligen Fensterwand ungünstigsten Nutzflächenpunkt) zum errechneten mittleren Innenreflexionsanteil D_R an.

Vorbehalte (z. B. von A. Butenschön in [11]) gegenüber diesem Verfahren, das zumindest bei der Verteilung des Innenreflexionsanteils nach Tafel 2.10 die Raumgeometrie vernachlässigt, sind berechtigt. Die Einschränkungen eingangs in Abschnitt 2.5.1 zur vereinfachenden Annahme der Verbauungsleuchtdichte gelten auch für die damit errechneten Tageslichtquotienten

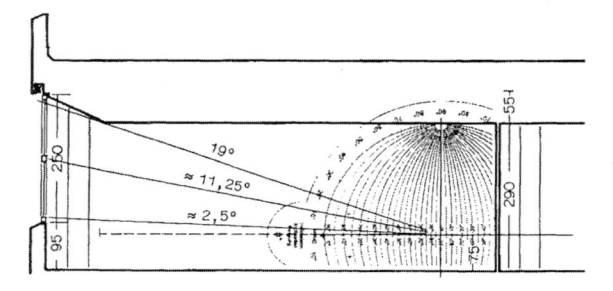

Bild 2.31 Querschnitt Normalklassenraum der Gesamtschule Stuttgart-Neugereut mit Fensterhöhenwinkeln, Planung (1973): Günter Wilhelm und Jürgen Schwarz, Stuttgart

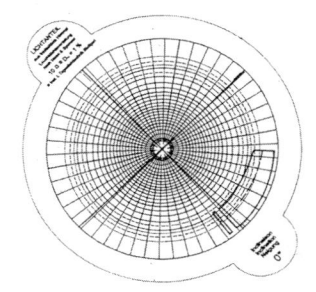

Bild 2.33 Von den 1000 Feldern des bedeckten Himmels mit Leuchtdichteverteilung nach Bild 2.10, die auf waagerechter Fläche jeweils gleiche Beleuchtungsstärke erzeugen, sind an der ungünstigsten Nutzflächenecke bei voller Klarverglasung sichtbar im Hauptfensterteil etwa 5,8, neben der Stütze 0,2, zusammen 6,0 Felder; allein unter dem Kämpfer 1,63 + 0,05 Felder.

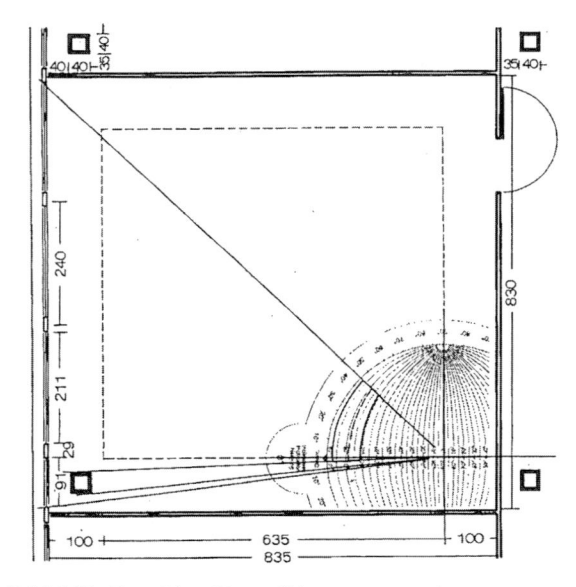

Bild 2.32 Grundriss Normalklassenraum mit stereographischem Fensterabbild

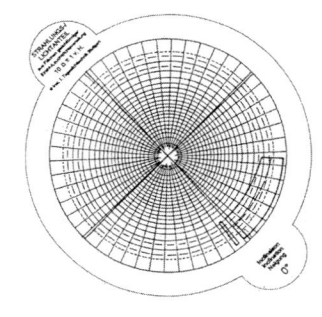

Bild 2.34 Eine stark lichtstreuend verglaste obere Fensterhälfte umfasst von 1000 Feldern eines Halbraums gleichförmiger Leuchtdichte im Hauptteil 6,95, daneben 0,25, zusammen 7,2 Felder.

2 Grundlagen für Untersuchungen zur Tagesbeleuchtung

D_o und D_u in den Bildern 2.28 und 2.30, wovon die mit Bild 2.30 vorgestellten sich zudem nur anwenden lassen für senkrechte Öffnungen unter sehr langen, seitlich nicht begrenzten Vorsprüngen (Dachüberständen, Blenden, Balkonen) ohne verschattende Balkonbrüstungen, nicht aber hinter Loggien. Durch unregelmäßige Verbauung bestimmte Tageslichtquotienten D_o sind geometrisch zu ermitteln, wie oben beschrieben.

Das in Sonderfällen unumgängliche Interflexionsverfahren folgt der Lichtverteilung genauer. Dafür zerlegt man **alle** zur Raumbeleuchtung beitragenden Flächen – auch einer Verbauung! – in kleinere Teilflächen und ermittelt zunächst die auf ihnen durch direktes Himmelslicht erzeugten Tageslichtquotienten (z. B. stereographisch nach Bild 2.16/17). Danach errechnet man in sich wiederholenden Schritten für jede Teilfläche, wieviel sie von dem auf alle anderen Teilflächen treffenden Licht in Abhängigkeit von (durch Multiplizieren mit) deren Reflexionsgrad und dem Raumwinkel, unter dem diese ihr erscheinen, durch Reflexion empfängt (für eine Verbauung durch Reflexion vom eigenen Gebäude und dem Erdboden). Dieser die Interflexion zwischen den Flächen nachvollziehende Weg über die sich aufschaukelnden (relativen) Leuchtdichten ist beendet, wenn in neuen Rechenschritten die so erhaltenen reflektierten Lichtanteile auf den Teilflächen sich nicht mehr verändern. (Raumwinkel zum Beispiel stereographisch feststellbar mit Zählblatt für gleichförmige Leuchtdichte [44B].)

Praktikabler ist das Verfahren von Hopkinson, Longmore, Petherbridge [29]; die so errechneten **Mittel**werte D_{Rm} des Innenreflexionsanteils weichen bei nicht allzu ungewöhnlichen Raumformen auch nur wenig ab von den mit Interflexionsverfahren ermittelten. Dass die kompliziert aussehenden Gleichungen (20) und (21) sich einfach anwenden lassen (abkürzende Verfahren sind schon bei nur einer Fensterwand ungenauer [14]), sei hier nach [44B] am Beispiel des unverbauten Klassenraums erläutert, den die Bilder 2.32 und 2.31/2.35 im Grundriss und dem schon in Bild 1.56 skizzierten Querschnitt zeigen. Die auffallend dicke Decke erlaubte ohne Volumenszuwachs ihr Anschrägen nach außen, um die sehr tiefen Räume trotz geringer Höhe möglichst bis zur Flurwand noch mit Tageslicht zu beleuchten. Dies Beispiel setzt zunächst in ganzer Höhe klar verglaste Fenster voraus.

Zu Beginn sind stets die Größe aller Raumflächen und ihre Farben und/oder Materialien festzulegen, die ja das Ergebnis bestimmen, also die Lichtausbeute und damit den Gesamteindruck – wie sehr, belege die gemäßigt „rustikale" Variante in ( ) zur hellen Normallösung mit weiß getönten Wänden oder in sehr hellen Farben (als Variante helles Holz); Flurwand mit Stecktafel insgesamt hell (mittel); Wandtafel dunkelgrün; Stütze Sichtbeton; Fensterrahmen hellweiß; Decke helles Weiß (weiß lasiertes Holz); Fußboden hell (mittel). Mit den Zahlenwerten aus Tafel 2.9 errechnet man zuerst den mittleren Raumreflexionsgrad ρ_m:

		A/m^2	ρ	$\rho \cdot A/m^2$	(ρ)	$(\rho \cdot A/m^2)$
Glasfläche $(2,11 \cdot 3 + 0,91) \cdot 2,18$	$A_G =$	15,78	0,15	2,37		2,37
Fensterrahmen $8,30 \cdot 2,45 - 15,78$		4,555	0,75	3,42		3,42
Fensterbrüstung $8,30 \cdot 0,95$		7,885	0,65	5,215	0,45	3,55
Flurwand $8,30 \cdot 2,90$		24,07	0,55	13,24	0,45	10,83
Rückwand $8,35 \cdot 2,90 + 1,10 \cdot 0,50 \cdot {}^1/_2$		24,49	0,65	15,92	0,45	11,02
Wandtafel $4,00 - 1,00$		4,00	0,25	1,00		1,00
Rest Tafelwand $24,49 - 4\,00$		20,49	0,65	13,32	0,45	9,22
Stütze $0,40 \cdot 4\,(3,02 + 3,20) \cdot {}^1/_2$		4,975	0,40	1,99		1,99
Fußboden $8,30 \cdot 8,35 - 0,40 \cdot 0,40$		69,145	0,35	24,20	0,25	17,285
Decke $8,30\,(7,25 + 1,21) - 0,40 \cdot 0,45$		70,04	0,73	51,13	0,55	38,52
Raumumschließungsfläche	$A_R =$	245,43		131,805		99,205
Mittlerer Raumreflexionsgrad $\rho_m =$				$0,537 \leftarrow \dfrac{131,805}{245,43}$		$0,404 \leftarrow \dfrac{99,205}{245,43}$

Zum Ermitteln der mittleren Reflexionsgrade im unteren (ρ_{BW}) und oberen Raumteil (ρ_{DW}), je ohne Fensterwand und Stützenrückseite, liegt die waagerechte Teilung in halber Höhe des Fensters nach Bild 2.31 2,50 m · 1/2 +0,95 m = 2,20 m über Fußboden.

Danach kann man einfacher, als es beim Beispiel in Bild 2.16 nötig würde, für **zeilenartige** Verbauung D_o und D_u Bild 2.28 oder 2.30 entnehmen: bei sehr niedriger Verbauung nur durch Gelände wie hier D_o = 38 %, beim geringen Bodenreflexionsgrad ρ_u = 0,1, den die Mindest-Tageslichtquotienten in Tafel 2.5 voraussetzen, D_u = 5 %.

Mittl. Reflexionsgrad unterer Raumteil		A/m²	ρ	ρ · A/m²	(ρ)	(ρ · A/m²)
Flurwand 8,30 · 2,20		18,26	0,55	10,04	0,45	8,215
Rückwand 8,35 · 2,20		18,37	0,65	11,94	0,45	8,265
Wandtafel 4,00 · 1,00		4,00	0,25	1,00		1,00
Rest Tafelwand 18,37 − 4,00		14,37	0,65	9,34	0,45	6,465
Stütze 0,40 · 3 · 2,20		2,64	0,40	1,055		1,055
Fußboden 8,30 · 8,35 − 0,40 · 0,40		<u>69,145</u>	0,35	<u>24,20</u>	0,25	<u>17,285</u>
		126,785		57,575		42,285
Mittl. Reflexionsgrad unterer Raumteil	ρ_{BW} =	<u>0,454</u>	← $\dfrac{57{,}575}{126{,}785}$	0,334	← $\dfrac{42{,}285}{126{,}785}$	

Mittl. Reflexionsgrad oberer Raumteil		A/m²	ρ	ρ · A/m²	(ρ)	(ρ · A/m²)
Flurwand 8,30 · 0,70		5,81	0,55	3,195	0,45	2,61
Rückwand 8,35 · 0,70 + 1,10 · 0,50 · 1/2		6,12	0,65	3,98	0,45	2,755
Tafelwand		6,12	0,65	3,98	0,45	2,755
Stütze 0,40 · 3 · 0,82 + 0,18 · 0,4 · 2 · 1/2		1,055	0,40	0,42		0,42
Decke 8,30 (7,25 + 1,21) − 0,40 · 0,45		<u>70,04</u>	0,73	<u>51,13</u>	0,55	<u>38,52</u>
		89,145		62,705		47,06
Mittl. Reflexionsgrad oberer Raumteil	ρ_{DW} =	<u>0,703</u>	← $\dfrac{62{,}705}{89{,}145}$	0,528	← $\dfrac{47{,}06}{89{,}145}$	

Die Tafeln 2.6 bis 2.8 im Abschnitt 2.5.3 bieten Anhaltswerte für die Lichtminderungsfaktoren. Der Faktor k_1 für Fensterkonstruktionsteile entfällt bei schon bekannten Scheibenmaßen, sodass man mit Gleichung (21b) von der Glasfläche A_G ausgehen kann, hier also A_G = (8,40m − 0,29 m · 4) · 2 · 2,09m = 15,78 m². Neben Bild 2.21 ist zur Doppelscheibe mit $\tau_0°$ = 0,81 τ_{dif} mit 0,7 angegeben; für Wärmeschutzglas mit τ_{dif} = 0,75 (Tafel 2.7) ist daraus abzuleiten τ_{dif} = 0,75 · 0,70 : 0,81 = 0,65. Für Glasverschmutzung setzen wir bei anzunehmender häufigerer Reinigung k_2 = 0,95. So erhält man nach Gleichung (21b) als **mittleren** Innenreflexionsanteil

$$\text{der hellen Normallösung: } D_{Rm} = \frac{15{,}78\,\text{m}^2 \cdot (38\% \cdot 0{,}454 + 5\% \cdot 0{,}703)}{245{,}43\,\text{m}^2 \cdot (1 - 0{,}357)} \cdot 0{,}65 \cdot 0{,}95 \approx \underline{\underline{1{,}77\,\%}}$$

$$\text{der rustikalen Variante: } D_{Rm} = \frac{15{,}78\,\text{m}^2 \cdot (38\% \cdot 0{,}334 + 5\% \cdot 0{,}528)}{245{,}43\,\text{m}^2 \cdot (1 - 0{,}404)} \cdot 0{,}65 \cdot 0{,}95 \approx \underline{\underline{1{,}077\,\%}},$$

Abschnitt 2.5.7 schließt dieses Beispiel noch ab.

Die Gleichungen (20a) bis (21b) gelten auch für durchsichtige geneigte Öffnungen, bei denen aber die gedachte Raumteilungsebene in halber Öffnungshöhe mit zu neigen und zu prüfen ist, auf welche Flächen beider Raumbereiche Tageslicht zur Erstreflexion treffen kann. Überlegungen zur Verteilung des Innenreflexionsanteils aus Oberlichtern können Tafel 2.10 folgen, müssen aber den Fußbodenreflexionsgrad einbeziehen.

2.5.6 Innenreflexionsanteil D_{Rdif} hinter stark lichtstreuender Verglasung

Abschnitt 1.6.2 empfahl bereits, als lindernden Schutz gegen mögliche Blendung in Innenräumen durch den hellen Himmel Fenster über Augenhöhe eines Stehenden stark lichtstreuend zu verglasen, samt Hinweis auf den Klassenraum, den die Bilder 2.31 und 2.32 darstellen. Es eignen sich dafür vor allem Scheiben mit Einlagen, häufig mit Glasgespinst, hier gegen die Außenscheibe mit Glasgespinst abgedeckte Acryl-Kapillarfasern (τ_{dif} = 0,47), keinesfalls aber Profilgläser (dazu siehe auch Abschnitt 1.7.2!).

Weil **stark** (fast ideal) **lichtstreuende** Verglasungen für die Wahrnehmung im Raum die Grenzen zwischen Himmel, Verbauung und Erdboden als Lichtquellen aufheben und selbst zu gleichförmig strahlenden Flächen werden, entfällt beim Ermitteln des durch sie erzeugten mittleren Innenreflexionsanteils die Trennung in unteren und oberen Raumteil, sodass die Gleichung dafür einfacher als für den Anteil hinter Klarglas lautet:

$$D_{Rdif\,r\,m} = \frac{A_F \cdot D_G \ \%}{A_R \cdot (1 - \rho_m)} \cdot \rho_1 \qquad (22a)*$$

$$D_{Rdif\,m} = D_{Rdif\,r\,m} \cdot k_1 \cdot \tau_{dif} \cdot k_2 \qquad (23a)*$$

oder:

$$D_{Rdif\,m} = \frac{A_G \cdot D_G \ \%}{A_R \cdot (1 - \rho_m)} \cdot \rho_1 \cdot \tau_{dir} \cdot k_2 \qquad (23b)*$$

Allerdings bedingen Scheiben, die das durchgelassene Licht verschieden im Raum verteilen, getrennte Verfahren, um dies Licht im Raum zu erfassen, sodass im Klassenraumbeispiel für obere und untere Fensterhälfte sowohl die Innenreflexionsanteile als auch die Außenanteile gesondert zu ermitteln sind.

Weil allein die lichtstreuend (mit ρ = 0,35) verglaste obere Fensterhälfte den mittleren Raumreflexionsgrad ρ_m gegenüber der nur klar verglasten Fassung etwas verändert, genügt es hier jedoch, die Ergebnisse von S. 539 zu ergänzen; ebenso erhält man den mittleren **Erst**reflexionsgrad ρ_1 einfach durch Addieren der Zwischenergebnisse für ρ_{BW} und ρ_{DW} von S. 540.

	A/m²	P	ρ · A/m²
Helle Normallösung: Raumflächen mit ganzflächig klar verglasten Fenstern	245,43		132,105
Stark lichtstreuende obere Fensterhälfte	7,89	0,35 − 0,15 = 0,20	1,578
Mittlerer Raumreflexionsgrad ρ_m =		0,545	← $\frac{133,683}{245,43}$
Erstreflexionsflächen unterer Raumteil	126,785		57,575
oberer Raumteil	89,145		62,705
	215,93		120,28
Erstreflexionsgrad ρ_1 =		0,557	← $\frac{120,28}{215,93}$

*) Die Gleichungen (20a) bis (21b) sowie (22a) bis (23b) entsprechen wie die ihnen zugrunde liegende Gleichung (7) in DIN 5034, Beibl. 1 [1] genau der von Hopkinson, Longmore und Petherbridge in [29] abgeleiteten Gleichung, die sich durch Tageslichtquotientenmessungen sowohl in Modellen als auch (z. B. belegt in [15]) in ausgeführten Räumen als gesichert erwiesen hat und im Entwurf Sept. 1992 zu Teil 3 „Berechnung" der DIN 5034 noch so angegeben war. Die in der gültigen Fassung Sept. 1994 der DIN 5034, Teil 3 [2] geänderten Gleichungen (32) bis (34) zur Ermittlung der Innenreflexionsanteile führen dagegen zu nachweislich falschen, viel zu niedrigen Ergebnissen und dürfen daher nicht angewendet werden.

Auch bei stark lichtstreuenden Gläsern ist für den Innenreflexionsanteil ein etwas geringerer Durchlassfaktor anzusetzen als für den Außenanteil, hier etwa $0{,}91 \cdot \tau_{dif} = 0{,}91 \cdot 0{,}47 = 0{,}43$. Diese Daten (mit $D_G = D_o + D_u = 38\,\% + 5\,\% = 43\,\%$) ergeben als **mittleren Innenreflexionsanteil** aus der stark lichtstreuenden oberen Fensterhälfte

$$D_{R_{dif\,m}} = \frac{A_{G_{dif}} \cdot D_G\,\% \cdot \rho_1}{A_R \cdot (1-\rho_m)} \cdot \tau_{dif} \cdot k_2 = \frac{7{,}89\,m^2 \cdot 43\,\% \cdot 0{,}557}{245\,m^2 \cdot (1-0{,}545)} \cdot 0{,}43 \cdot 0{,}95 = 0{,}695\,\%$$

Neu zu errechnen bleibt der mittlere Innenreflexionsanteil aus der unverändert klar verglasten unteren Fensterhälfte, nämlich **nicht** durch Halbieren des von der ganzen Fläche erzeugten, weil das Absenken der waagerechten Trennebene um ein Viertel Fensterhöhe auch ρ_{BW} und ρ_{DW} verändert (bei naher stärkerer Verbauung auch D_o!); man kann aber die Ergebnisse für ρ_{BW} und ρ_{DW} von S. 540 umrechnen um diesen Wandstreifen von 1/4 Fensterhöhe, wobei die halbe Wandtafelhöhe in diesen Streifen falle:

	A/m^2	ρ	$\rho \cdot A/m^2$
Flurwand $8{,}30 \cdot 0{,}625$	5,1875	0,55	2,853
Wandtafel $4{,}00 \cdot 0{,}50$	2,00	0,25	0,50
Rück- u. Rest Tafelwand $2 \cdot 8{,}35 \cdot 0{,}625 - 2{,}0$	8,4375	0,65	5,484
Wandstreifen $^1/_4$ Fensterhöhe	15,625		8,837

	A/m^2	ρ	$\rho \cdot A/m^2$
Unterer Raumteil bis $^1/_2$ Fensterhöhe	126,785		57,575
Wandstreifen $^1/_4$ Fensterhöhe	$-$ 15,625		$-$ 8,837
Unterer Raumteil bis $^1/_4$ Fensterhöhe	111,16		48,738
Mittlerer Reflexionsgrad unterer Raumteil $\rho_{BW}=$		0,438	$\leftarrow \dfrac{48{,}738}{111{,}16}$
Oberer Raumteil ab $^1/_2$ Fensterhöhe	89,145		62,705
Wandstreifen $^1/_4$ Fensterhöhe	$+$ 15,625		$+$ 8,837
Oberer Raumteil ab $^1/_4$ Fensterhöhe	104,77		71,542
Mittlerer Reflexionsgrad oberer Raumteil $\rho_{DW}=$		0,683	$\leftarrow \dfrac{71{,}542}{104{,}77}$

Als mittleren Innenreflexionsanteil aus der unteren Fensterhälfte erhält man also:

$$D_{R_m} = \frac{A_G \cdot (D_o\,\% \cdot \rho_{BW} + D_u\,\% \cdot \rho_{DW})}{A_R\,(1-\rho_m)} \cdot \tau_{dif} \cdot k_2$$

$$= \frac{7{,}89\,m^2 \cdot (38\,\% \cdot 0{,}483 + 5\,\% \cdot 0{,}683)}{245{,}43\,m^2 \cdot (1-0{,}544)} \cdot 0{,}65 \cdot 0{,}95 = \underline{\underline{0{,}87\,\%}}$$

2.5.7 Anwendungshinweise an einfachen Beispielen

Man kann nicht Öffnungsgrößen errechnen aus vorgegebenen Tageslichtquotienten (dies anbietende Verfahren sind ungenau oder falsch), sondern muss, da Ermittlungen von Tageslichtverhältnissen fixierte Raumgeometrien voraussetzen, von einer sinnvoll erscheinenden Annahme für Größe und Anordnung der Öffnungen ausgehen und in oft mehreren Untersuchungsschritten sich einer Optimallösung nähern.

Es lässt sich auch das auf beliebig ausgewählte Punkte von den Rauminnenflächen reflektierte Licht nicht so genau vorausbestimmen wie die auf diese Punkte direkt durch Öffnungen tref-

2 Grundlagen für Untersuchungen zur Tagesbeleuchtung

fenden Himmelslichtanteile, allenfalls angenähert mit dem in Abschnitt 2.5.5 erwähnten . Interflexionsverfahren; man muss aus der Erfahrung abschätzen, wieviel vom (wie hier) errechneten Mittelwert des im Raum reflektierten Lichts anteilig auf diese Punkte fällt. Für Räume mit Seitenlicht bietet dabei wesentliche Hilfe Tafel 2.10 mit den vom Wandreflexionsvermögen abhängigen Verhältniszahlen des auf der Nutzfläche zu erwartenden kleinsten Anteils zum errechneten Mittelwert.

Im Klassenraumbeispiel mit Klarglas in ganzer Fensterhöhe interpoliert man, Abschnitt 2.5.5 fortsetzend, nach Tafel 2.10 am ungünstigsten Nutzflächen-Eckpunkt für die helle Normallösung mit ihrem aus den Zwischenergebnissen von S. 539 abgeleiteten mittleren Wandreflexionsgrad 0,58: $D_{Rmin} = 0{,}79 \cdot 1{,}77\ \% = 1{,}40\ \%$, für die geometrisch gleiche „rustikale" Lösung und mittlerem Wandreflexionsgrad von nur 0,44 jedoch erheblich weniger: $D_{Rmin} = 0{,}72 \cdot 1{,}017\ \% = 0{,}73\ \%$.

Den hierfür mit den Bildern 2.32 und 2.33 gefundenen Himmelslicht-Rohanteil D_{Hr} am untersuchten Punkt mit 6 Feldern = 0,6 % verringern noch die Minderungsfaktoren: Aus der zwischen den Außenrahmen geometrisch erfassten Öffnungsbreite von 8,40 m – 0,29 m = 8,11 m (Bild 2.32) und der in dieser Raumtiefe durch den Deckenknick um 5 cm auf 2,25 m verkleinerten Öffnungshöhe (Bild 2.31) ergibt sich die Roh-Öffnungsfläche von 8,11m · 2,25m = 18,25 m²; teilt man die Scheibenfläche von (nach den gleichen Bildern) (2,11 m · 3 + 0,91m) · (2,25 m – 0,12 m) = 15,42 m² durch die Öffnungsfläche, erhält man als Minderungsfaktor für Fensterkonstruktion $k_1 = 0{,}84$, einen trotz der vom Kämpfer geteilten Scheiben wegen der schon im Rohwert abgezogenen äußeren Rahmen etwa Großflächen-Holzfenstern in Tafel 2.6 entsprechenden Wert.

Aus dem erfassten Himmelsviereck fällt Licht zum Kennpunkt hinten im Raum unter kleineren Auftreffwinkeln als 45° durch die Scheiben (räumlich gemessen gegen deren Flächennormalen!). Man darf hier also die nach Bild 2.21 bis 45° fast unveränderte Transmission τ bei 0° aus Tafel 2.7 verwenden. (An fensternahen Punkten wäre jedoch die dort wirksame Himmelsfläche bereits zum Auszählen in Zonen verschiedener Auftreffwinkel aufzuteilen.) – Scheibenschmutz senkt an Schulfenstern den Lichteinfall kaum unter 0,95 (Tafel 2.8). Für Fenster mit **Wärmeschutzglas** erhält man so als Himmelslichtanteil

$$D_{Hmin} = D_{Hr} \cdot k_1 \cdot \tau \cdot k_2 = 0{,}6\ \% \cdot 0{,}84 \cdot 0{,}75 \cdot 0{,}95 = 0{,}36\ \%$$

und als Tageslichtquotienten an diesem ungünstigsten Nutzflächenpunkt

bei der hellen Normallösung $D_{min} = D_{Hmin} + D_{Rmin} = 0{,}36\ \% + 1{,}40\ \% = \underline{1{,}76\ \%}$,

bei der rustikalen Variante $D_{min} = D_{Hmin} + D_{Rmin} = 0{,}36\ \% + 0{,}73\ \% = \underline{1{,}09\ \%}$.

Für den **Außen**anteil des Tageslichtquotienten aus **lichtstreuend** ausgeführter, also als Lichtquelle wirkender oberer Fensterhälfte benötigt man den **Roh**anteil D_{glr} (Raumwinkel) vom Kennpunkt gegen diese Hälfte. Man erhält ihn durch Auszählen ihrer Fläche aus Bild 2.32 über dem Zählblatt für **gleichförmige** Leucht- oder Strahldichte in Bild 2.34: Der Rohanteil ist mit 7,2 Feldern = 0,72 v. H. größer als der durch das in ganzer Höhe klar verglaste Fenster am gleichen Punkt direkt vom bedeckten Himmel mit seiner gegen den Horizont abnehmenden Leuchtdichte erzeugte. Dennoch bleibt der Anteil aus der Streuglashälfte nur sehr klein, weil auf senkrechte Flächen höchstens aus dem halben Himmelsgewölbe Licht treffen kann. Nach Bild 2.19 ist D_G bei $0° \leq \alpha \leq 5° \approx 0{,}43$, wovon die Scheibe nur $\tau_{dif} = 0{,}47$ hindurchlässt. (Mit abnehmender Flächenneigung kann D_G auf 100 % steigen!) Mit k_1 und k_2 wie beim Innenreflexionsanteil beträgt nach Gl. (15)

$$D_a = D_{glr} \cdot D_G \cdot k_1 \cdot \tau_{dif} \cdot k_2 = 0{,}72\ \text{v. H.} \cdot 43\ \% \cdot 0{,}84 \cdot 0{,}47 \cdot 0{,}95 = 0{,}115\ \%.$$

Bis an diesen ungünstigsten Nutzflächenpunkt sinkt der **Innenreflexionsanteil** aus der lichtstreuenden Fensterhälfte durch den schon auf der Seite links nach Tafel 2.10 für die helle Normallösung gemäß dem mittleren Wandreflexionsgrad von 0,58 interpolierten Minderungsfaktor von 0,79 gegenüber dem Mittelwert auf

$$D_{Rdif_{min}} = 0{,}79 \cdot D_{Rdif_m} = 0{,}79 \cdot 0 \cdot 695 = 0{,}55\ \%.$$

Der **Tageslichtquotient** aus der **Streuscheibe** beträgt demnach am Kennpunkt

$$D_{dif_{min}} = D_{a_{min}} + D_{Rdif_{min}} = 0{,}115\ \% + 0{,}55\ \% = 0{,}665\ \%.$$

Aus der **klar** verglasten unteren Fensterhälfte allein zählt man als **Außen**anteil in Bild 2.33 mit 1,63 + 0,05 = 1,68 Feldern = 0,168 % erheblich weniger als die Hälfte des für die ganze Fensterfläche ermittelten und erhält mit den Minderungsfaktoren wie oben nur

$$D_{H_{min}} = D_{a_{min}} \cdot k_1 \cdot \tau \cdot k_2 = 0{,}168\ \% \cdot 0{,}84 \cdot 0{,}75 \cdot 0{,}95 = 0{,}10\ \%.$$

Der dazu in Abschnitt 2.5.6 ermittelte Innenreflexionsanteil D_{R_m} ergibt mit dem schon nach Tafel 2.10 interpolierten Minderungsfaktor 0,79 am ungünstigsten Nutzflächenpunkt

$$D_{R_{min}} = 0{,}79 \cdot D_{R_m} = 0{,}79 \cdot 0{,}87\ \% = 0{,}69\ \%$$

Der Mindesttageslichtquotient aus der **klar** verglasten unteren Fensterhälfte beträgt so entsprechend Gleichung (13)

$$D_{min} = D_{H_{min}} + D_{R_{min}} = 0{,}10\ \% + 0{,}69\ \% = 0{,}79\ \%$$

Mit $D_{dif_{min}} = 0{,}665\ \%$ aus der stark lichtstreuenden oberen Hälfte erzeugt diese Fensterwandlösung als Mindesttageslichtquotienten an der ungünstigsten Nutzflächenecke

$$D_{min} = 0{,}79\ \% + 0{,}665\ \% = \underline{1{,}455\ \%},$$

trotz der Streuverglasung oben also erheblich mehr, als in Abschnitt 2.5.5 für die wegen der dunkleren Farben und der oberen Klarverglasung viel blendungsanfälligere „rustikale" Lösung nachgewiesen.

Im Vergleich der so ermittelten Tageslichtquotienten erkennt man den bereits beim Errechnen des Innenreflexionsanteils D_R bemerkten großen Einfluss der Raumfarbgebung, auf den schon der einleitende Abschnitt 1.1 hinwies. Dieser Einfluss sinkt zwar gegen die Fensterwand, weil dorthin die Außenanteile stärker zunehmen als das Innenreflexlicht; visuell fallen Reflexionsgradänderungen im Raum aber nicht in den Tageslichtquotienten auf, sondern in den direkt wahrgenommenen Leuchtdichten (Abschnitt 2.1.3, Gl. (7) und (7a)).

Selten wird man nur für einen einzigen Raumpunkt den Tageslichtquotienten bestimmen; erst aus mehreren Punkten entwickelte folgen von Tageslichtquotienten – Tageslichtschnitte, wie in den Bildern 2.35 und 2.36 nach dem im Abschnitt 2.3.1 erwähnten Weber-Fechnerschen Gesetz logarithmisch aufgetragen – erlauben es, schon in der Planung Einflüsse verschiedener Lichtöffnungen aufeinander abzustimmen oder (etwa auf Hängewänden in Museen) eine besondere Gleichmäßigkeit der Beleuchtung zu erzielen.

Beide Bilder zeigen, wie aus Punktergebnissen ein Tageslichtschnitt entsteht; wo man größere Schwankungen oder Verlaufsumkehrungen erwartet, legt man die Punkte enger, so in beiden Bildern gegen die Fensterwand hin, in Bild 2.36 zusätzlich unter der zweiten Fensterstufe. Nur zunächst getrennt für jede Öffnungsgruppe aus Außenanteilen und Innenreflexionsanteilen addierte Quotientenverläufe darf man zur Summenkurve zusammenzählen, wobei die Einzelkurven zur Sicherung auch zwischen den untersuchten Punkten (besonders den öffnungsnäheren) zu summieren sind. (Der genordete Fachunterrichtsraum benötigt übrigens wegen seiner tafelgerichteten Bestuhlung keinen Blendschutz durch Glas, allenfalls helle Vorhänge oder

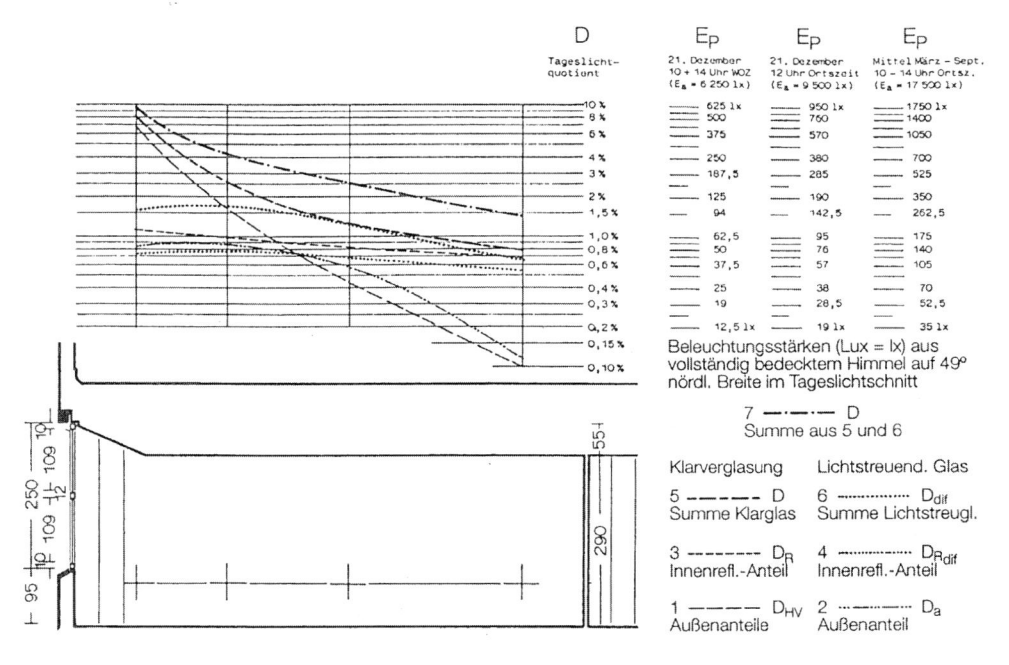

2 Grundlagen für Untersuchungen zur Tagesbeleuchtung

Bild 2.35 Klassenraumquerschnitt von Bild 2.31 mit Tageslichtschnitt und Beleuchtungsstärken

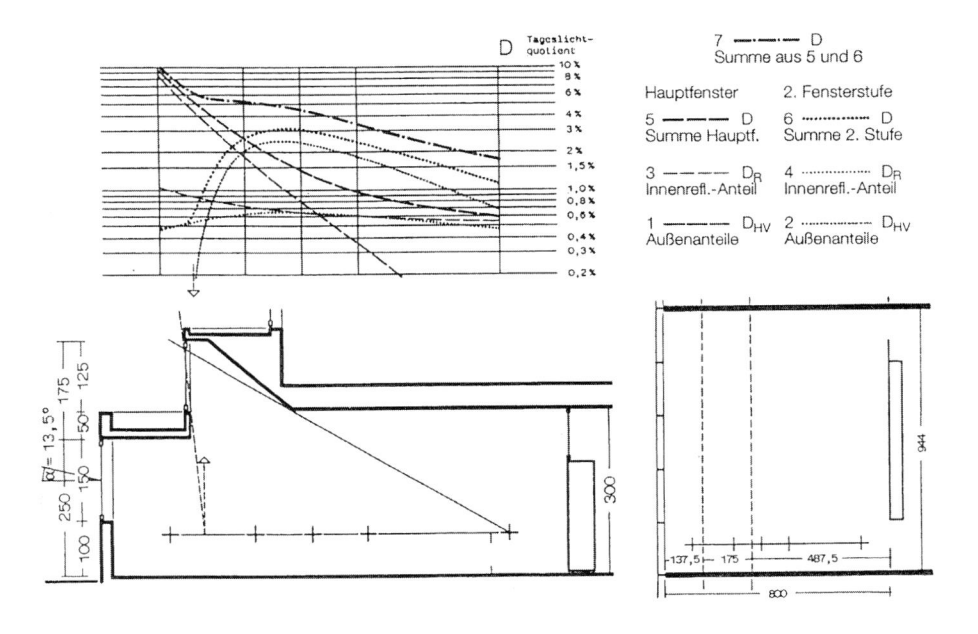

Bild 2.36 Querschnitt mit Tageslichtschnitt Fachklassenraum für die Mittelpunktschule Michelstadt (Odenwald) Planung (1958, nicht ausgeführt wegen geänderten Bildungskonzepts): Novotny-Mähner, Offenbach

Rollos gegen hochsommerliche Frühsonne.) – Durch Nachmessungen wie in [15] darf als gesichert gelten, dass im Raum reflektiertes Tageslicht, für das nach [29] und Tafel 2.10 nur Mittel- und Mindestwert nachweisbar sind, im Raum sich ähnlich verteilt wie das Direktlicht, in Bild 2.35 Kurve 3 wie 1 aus der unteren und Kurve 4 wie 2 aus der oberen Fensterhälfte, in Bild 2.36 ähnlich Kurve 3 wie 1 aus dem Haupt- und Kurve 4 wie 2 aus dem hochliegenden Fenster. Wie ein Verschieben von Zusatzöffnungen, zum Beispiel in Bild 2.36 der zweiten Stufe, die Tagesbeleuchtung in Tischebene verändern würde, lässt sich durch gleiches Verschieben ihrer Einflusskurven und neue Summenbildung leicht darstellen.

In Seitenlichträumen liegt der kennzeichnende Schnitt am Nutzflächenrand mit dem ungünstigsten Punkt. Für Oberlichträume ist aus dem typischen Schnitt quer zu bandförmigen Öffnungen etwa im Drittel bis Viertel der Raumbreite oder -länge der Mittelwert der Tageslichtquotienten einfach abzuschätzen. Für alle Flächen in Oberlichträumen darf man einen recht gleichmäßigen Verlauf des Innenreflexionsanteils voraussetzen.

2.6 Grenzen der Vorausberechnung

2.6.1 Himmelslichtanteile

Der Himmelslichtanteil D_H von Tageslichtquotienten lässt sich mathematisch genau ermitteln mit dem unter 2.5.1 beschriebenen stereographischen Verfahren von Tonne [44], dem für einfache Raumverhältnisse (mit Öffnungen unmittelbar ins Freie oder gegen den Himmel) meist sogar schnellsten und zudem anschaulichsten Rechenverfahren, das jedoch auch bei kompliziertesten Raum- und Öffnungsgeometrien nie versagt, weil es die lichtgebenden Flächen raumwinkelmäßig erfasst, wobei die Leuchtdichteverteilung des vollständig bedeckten Himmels nach Bild 2.10/2.11 (oder als Option eine gleichförmige Leuchtdichte) ebenso berücksichtigt ist wie die Winkel, unter denen das Licht auf den empfangenden Flächenpunkt trifft. Mit Hilfe von Zusatzblättern lässt sich sogar die von klar durchsichtigen Scheiben bewirkte Lichtminderung in Abhängigkeit von den tatsächlichen Durchgangswinkeln einrechnen.

Wie unter 2.5.2 angedeutet, ist diese mathematische Genauigkeit nicht mehr möglich, wenn lichtstreuende oder lichtlenkende Scheiben verwendet werden, weil man dafür Messdaten über die räumliche Lichtverteilung auf der Lichtaustrittsseite in Abhängigkeit vom Auftreffwinkel auf der Seite des Lichtempfangs benötigte, also eigentlich für die jeweilige Einbausituation gemessene Daten, denn auf eine unter bestimmtem Winkel geneigte Scheibe trifft das Licht des Himmels (mit Leuchtdichteverteilung nach Bild 2.10!) und das von Verbauung und (ggf.) Erdboden reflektierte unter völlig anderen Winkeln als auf senkrecht oder waagerecht eingebaute. Da es solche Messdaten nicht gibt, ist man gezwungen, nach dem eigenen Erfahrungs- und Kenntnisstand Ergebnisse für das gewählte lichtstreuende oder -lenkende Glasmuster zu interpolieren zwischen den (mit gleich angesetzter Lichtdurchlässigkeit) für klar durchsichtige und für ideal streuende Verglasung ermittelten.

2.6.2 Außenreflexionsanteile

Die **Kontur** einer Verbauung kann man stets genau stereographisch erfassen (falls sie komplizierter oder nicht durch Pläne belegt ist, nach Abschnitt 4 mit Hilfe eines Horizontoscops): nämlich sowohl für den Außenreflexionsanteil D_V (Abschnitt 2.5.1), für den Tageslichtquotienten auf der Glasfläche D_G als Grundlage des Außenanteils D_a (Abschnitt 2.5.2) wie für D_o als Grundlage des Innenreflexionsanteils D_R (Abschnitt 2.5.5). Schwieriger ist es, die **Leuchtdichte** der Verbauung zutreffend zu bestimmen, denn die aus DIN 5034 trotz Vorbehalten in

2 Grundlagen für Untersuchungen zur Tagesbeleuchtung

2.5.1 übernommene pauschale Annahme von 15 v.H. der jeweiligen Himmelsleuchtdichte wird zu ungenau, wenn das von Verbauung reflektierte Licht einen höheren Anteil der Raumbeleuchtung ausmacht. Es ist dann nicht zu umgehen, die tatsächliche Verbauungsleuchtdichte mit dem in Abschnitt 2.5.5 erläuterten Interflexionsverfahren nachvollziehend zu ermitteln.

Dazu wäre die Verbauung, die ja ihrerseits verbaut ist durch das den untersuchten Raum enthaltende Gebäude mit etwaigen Nachbarbauten und deswegen in ihren unteren Bereichen vielleicht sogar wesentlich weniger Himmelslicht empfängt als in den oberen, in Flächen etwa gleichen Himmelslichtempfangs und auch (Baustoffwechsel beachten!) gleichen Reflexionsvermögens zumindest waagerecht zu unterteilen und je nach örtlichen Umständen auch senkrecht, falls die Verbauung der Verbauung ungleichmäßig hoch ist oder in nebeneinander gelegenen Flächen auch verschieden reflektiert (z. B. durch Wechsel von Mauerwerksbauten und vorgehängten Glasfassaden). Für jede Teilfläche dieser einander verbauenden Konturen und auch für die mehr oder weniger waagerechte, notfalls auch zu unterteilende Fläche dazwischen (z. B. Straße, Hof) müsste an je einem für sie kennzeichnenden Punkt (auf senkrechten Flächen mittig, auf waagerechten eher exzentrisch gelegen) zunächst der Himmelslichtanteil ermittelt werden, danach, wie viel Licht jedem Punkt alle anderen von ihm aus sichtbaren Verbauungs- und Bodenflächen reflektieren gemäß ihrem (mit Zählblatt für **gleichförmige** Leuchtdichteverteilung festzustellenden) Raumwinkelanteil, ihrem Reflexionsgrad und ihrem im Arbeitsgang zuvor ermittelten Himmelslichtanteile, wie bereits für die Innenreflexionsanteile beschrieben, und zwar reihum in steter Wiederholung, bis die so errechneten Tageslichtquotienten auf den Verbauungsflächen sich nicht mehr wesentlich verändern.

Sodann lässt sich für die Punkte im Raum aus solchen Tageslichtquotienten auf den verbauenden Flächen in Abhängigkeit von (durch Multiplikation mit) deren Reflexionsgrad und dem (mit Zählblatt für gleichförmige Leuchtdichte) ermittelten Raumwinkel, unter dem sie den Raumpunkten erscheinen, der diesen Raumpunkten zukommende Außenreflexionsanteil D_R errechnen – oder entsprechend für Punkte auf der Verglasung der Außenreflexionsanteil in D_O auf durchsichtigen oder in D_G auf stark lichtstreuenden Scheiben.

2.6.3 Innenreflexionsanteile

Dass mit diesem Interflexionsverfahren auch die Innenreflexionsanteile D_R und D_{Rdif} genauer zu errechnen sind als mit dem pauschalen Verfahren nach DIN 5034 gemäß unseren Gleichungen (20a) bis (21b) und (22a) bis (23b), erläuterte schon Abschnitt 2.5.5, aber es wurde für Räume mit Seitenlicht bisher kaum genutzt, weil deren viel ungleichmäßigere Lichtverteilung seine Anwendung erheblich schwieriger macht als für Oberlichträume.

Alle Verfahren zur Ermittlung von reflektierten Lichtanteilen lassen sich so verhältnismäßig einfach nur anwenden, weil sie voraussetzen, dass die beleuchteten Flächen vollkommen streuend reflektieren, was selbst im günstigsten Fall – matt gestrichenen Wänden – nur annähernd zutrifft, für fast alle harten Bodenbeläge oder gar für nicht mattierte Glasflächen jedoch falsch ist. Angesichts vieler anderer Vereinfachungen und Unwägbarkeiten in derartigen Rechnungen – man bedenke nur, wie stark die unter gleichen Vorbedingungen im Freien gemessenen Beleuchtungsstärken schwanken (Bild 2.14) – drängt es allerdings nicht, für diesen Untersuchungsteil größere Genauigkeit anzustreben.

Für fast alle Teilschritte der hier beschriebenen Rechnungen (die damit auch nachprüfbar bleiben) lassen sich auch Computerprogramme entwickeln; dies lohnt sich vor allem für die sonst viel Zeit erfordernden Interflexionsverfahren.

3 Besonnung: Gegebenheiten, Planungskonsequenzen, Arbeitshilfen

3.1 Astronomische und Standorteinflüsse auf den Strahlungsempfang

Der von der geographischen Lage abhängige Jahres- und tageszeitliche Wechsel in der Stellung eines Orts zur Sonne (Bilder 2.3 bis 2.6) bedingt große Unterschiede im astronomisch möglichen Empfang von Sonnenstrahlungswärme. Diesen häufig noch als Überraschung empfundenen wechselnden Strahlungsempfang durch waagerechte und verschieden gerichtete senkrechte Verglasungen, wie er etwa für Mitteleuropa gilt, zeigen die Bilder 3.1 und 3.2: An klaren Tagen ist zum Beispiel durch Südfenster die im Jahreslauf geringste Sonnenwärmeeinstrahlung zur Sommersonnenwende zu erwarten, sowohl im stündlichen Maximum (Bild 3.2) wie sogar in der Tagessumme (Bild 3.1) weniger als um die gleiche Zeit durch Nordost- oder Nordwestfenster; die meiste Sonnenwärme im Winter gewinnt man dagegen durch Südfenster. Mit größerer Annäherung an den Äquator nimmt die Einstrahlung auf waagerechte Flächen zu, während ganzjährig senkrechte Flächen gegen Süd und Nord noch weniger, gegen Ost und West aber noch mehr Strahlungswärme empfangen.

3.2 Konsequenzen für Stadt- und Gebäudeplanung

Auch und gerade in unserem Klima mit einer Sonnenscheinwahrscheinlichkeit von etwa 35 % als Jahresmittel (nach Bild 2.9; korrigiert nach Bild 3.21 nur etwa 30 %!) bestimmt die Besonnung wesentlich die Qualität von Wohnräumen [43] und (positiv wie negativ) von Arbeitsräumen. Obwohl in unseren Breiten beim **Bemessen** von Lichtöffnungen stets der orientierungsunabhängige vollständig bedeckte Himmel (Bild 2.11) zugrunde zu legen ist, müssen alle Entscheidungen zu ihrer **Anordnung** – besonders aber städtebauliche Regelungen zur Gebäudeanordnung! – die Lage zur Sonne berücksichtigen, wenngleich in der Bundesrepublik bindende Richtlinien dafür bisher fehlen. Leider konnten in neuerer Zeit aus Unkenntnis gegensätzlichste Meinungen entstehen über die zweckmäßige Orientierung vor allem von Wohnungen, aber etwa auch von Schulräumen.

3.2.1 Sonnenbezogene Gebäudestellung

Die Vorzüge der für das sonnige Griechenland schon von Sokrates [49] empfohlenen Südlage, die winterlichen Sonnenwärmegewinn mit (bei genügendem Dach- oder Deckenvorsprung: Bild 3.5) sommerlichem Sonnenschutz vereint, bestätigt Bild 3.3 auch für unsere Breiten. Dass Gebäude mit Hauptfronten gegen Süd und Nord im Winter wegen der größeren und im Sommer wegen der geringeren Sonnenwärmeeinstrahlung der Fassadenorientierung gegen Ost und West überlegen sind, wurde zwar im gerade vergangenen Jahrhundert auch in Deutschland schon oft aufgefrischt (z. B. [31], [40], [48], [45], [46]), aber kaum befolgt (eine der Ausnahmen: Olympiadorf München). Während Bild 3.3 nur für die selteneren klaren Tage gilt und die im Sommer auszugleichende Sonnenwärmebelastung anzeigt, veranschaulicht Bild 3.4 nochmals, dass die Orientierung gegen Süd und Nord im Winter selbst bei durchschnittlicher Sonnenscheinhäufigkeit noch günstiger ist; sie bleibt es sogar dann, wenn zeilenförmige Verbauung die baurechtlich obere Grenze für Wohngebiete erreicht [20].

4 Tageslichttechnische Messungen

Bild 3.1 Tagessummen der Gesamtenergieübertragung bei klarem Himmel (Trübungsfaktor nach Linke T = 2,75) durch 1 m² unverbauter waagerechter und verschieden orientierter senkrechter farblos klarer Doppelverglasung, ermittelt für 49° nördl. Breite (Karlsruhe, Regensburg) mit dem Diagrammsatz Sonnenwärme [21]
········· Sommersonnenwende (etwa 21. Juni)
---- Tagundnachtgleichen (etwa 21. März/Sept.)
—— Wintersonnenwende (etwa 21. Dezember)

Bild 3.2 Größte stündliche Gesamtenergieübertragung bei klarem Himmel durch farblos klare Doppelverglasung, wie bei Bild 3.1 angegeben. Die Zahlen an den Kurven bezeichnen die Stunde der größten Einstrahlung (wahre Ortszeit)
········· Sommersonnenwende
---- Tagundnachtgleichen
—— Wintersonnenwende

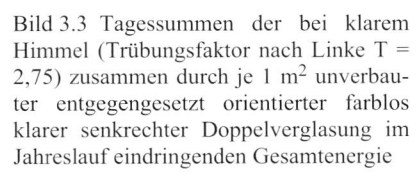

Bild 3.3 Tagessummen der bei klarem Himmel (Trübungsfaktor nach Linke T = 2,75) zusammen durch je 1 m² unverbauter entgegengesetzt orientierter farblos klarer senkrechter Doppelverglasung im Jahreslauf eindringenden Gesamtenergie
—— Süd- + Nordverglasung
---- Ost- + Westverglasung

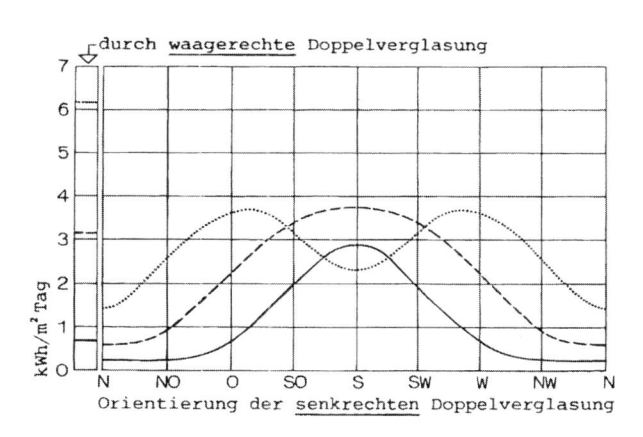

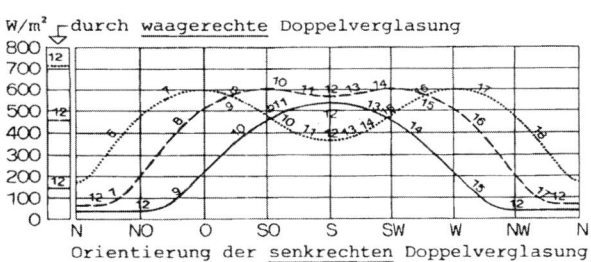

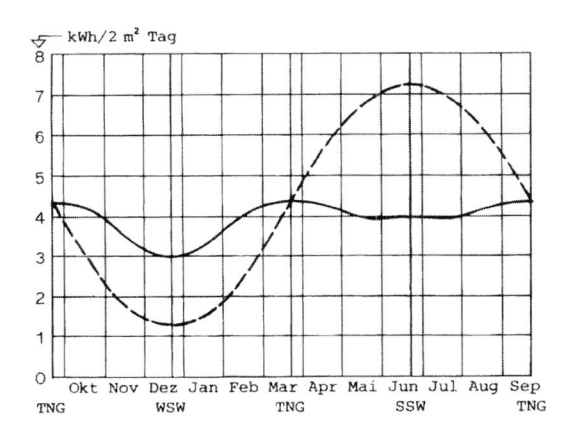

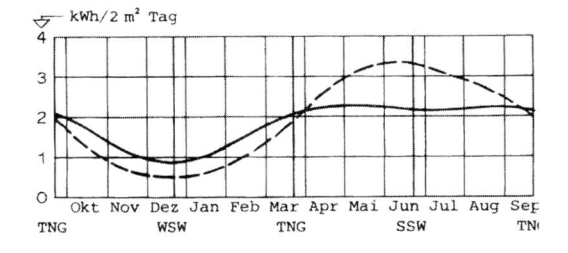

Für 51° nördl. Breite (Köln, Bebra) ermittelt mit dem Diagrammsatz Sonnenwärme [21].

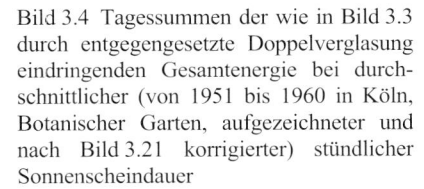

Bild 3.4 Tagessummen der wie in Bild 3.3 durch entgegengesetzte Doppelverglasung eindringenden Gesamtenergie bei durchschnittlicher (von 1951 bis 1960 in Köln, Botanischer Garten, aufgezeichneter und nach Bild 3.21 korrigierter) stündlicher Sonnenscheindauer
—— Süd- + Nordverglasung
---- Ost- + Westverglasung

Bild 3.5 Auf einer Südwand (hier auf 51° nördlicher Breite: etwa Köln) ist die Schattenlänge eines Vorsprungs zu anderen Tageszeiten im Sommerhalbjahr (hier SSW: Sommersonnenwende) noch größer, im Winterhalbjahr (hier: WSW: Wintersonnenwende) noch kleiner als mittags und zu den Tagundnachtgleichen (TNG) ganztags gleich (siehe Bild 3.12!). Diese einfache Beziehung gilt nur für genau südgerichtete Flächen (südlich des Äquators für genau nordgerichtete).

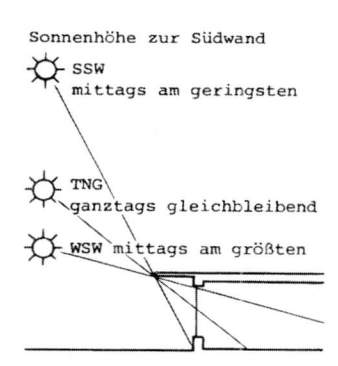

3.2.2 Sonnenschutz

Überwiegend absorbieren die Raumflächen (zum Teil erst nach mehrfacher Reflexion) die durch Lichtöffnungen eingestrahlte Energie und wandeln sie um in Wärme. Weil Glas für die langwellige (Sekundär-)Strahlung der so sich erwärmenden Flächen undurchlässig ist, kann die Sonne großflächig verglaste Räume recht schnell aufheizen (Treibhauseffekt), zumal bei dämmend bekleideten Raumbegrenzungen. Heller Blendschutz (Abschnitt 1.6.1) auf der Raumseite kann zwar – um so wirksamer, je näher er sich hinter der Scheibe befindet – einen bei kleineren Öffnungen und gutem Wärmeschluckvermögen der Raumflächen sogar genügenden Teil der unerwünschten Sonnenstrahlung direkt wieder nach außen reflektieren; meist muss man sie aber schon außen vor der Verglasung abweisen können, auf Südseiten am einfachsten nach Sokrates' Rat mit einem Vorsprung über der Öffnung (Bild 3.5), der ohne weiteres Zutun die Sonne im Sommer fernhält und im Winter fast unbehindert einlässt, allerdings für die Übergangs- und Wintermonate durch einen beweglichen hellen Schutz (z. B. weiße Vorhänge) zu ergänzen ist.

Starre senkrechte Lamellen, die vor Nordöffnungen in Sonderfällen wie Museen – wenn auch himmelslichtmindernd – seitlich einfallende Sonne abhalten (südlich des Äquators vor Südöffnungen!), gewähren sonst auf allen geographischen Breiten nur dann in gleichem Maße Sonnenschutz wie (bei mehr als 30° Abweichung von Süd dazu nur wenig besser geeignete) waagerechte Lamellen, wenn man sie so dicht anordnet, dass sie Tageslichteinfall und Ausblickmöglichkeit indiskutabel einschränken [18]. Für alle Orientierungen außer Nord und (bei genügendem starren Schutz) Süd benötigt man also in der Regel bewegliche äußere Sonnenschutzvorrichtungen, welche die Lichtöffnungen ganz frei lassen, wenn die Sonne nicht darauf scheint: dreh- oder verschiebbare Fensterläden, Jalousien oder Jalousetten und – sofern man sie so anbringen kann, dass sie die Raumlüftung durch die Fenster nicht behindern – Markisen.

3.2.3 Oberlichtausbildung

Für Oberlichtöffnungen scheiden starre Vorrichtungen als Schutz gegen Sonnenwärmeeinstrahlung grundsätzlich aus: Vorsprünge über hochliegenden Öffnungen schließen den Lichteinfall nach unten aus, Rasterkonstruktionen vor Öffnungen genügen nicht als Sonnenschutz oder lassen zuwenig Himmelslicht hindurch. (In Klimazonen großer Sonnenscheinhäufigkeit könnte aber manchmal der reflektierte Sonnenlichtanteil ausreichen.) Bewegliche Sonnenschutzvorrichtungen vermeidet man für Oberlichter möglichst wegen der Störanfälligkeit bei oft schwierigem Zugang. Am wenigsten Sonnenwärme wird zwar durch nordgerichtete **senkrechte** Öffnungen eingestrahlt, aber für gleichen Lichtstromempfang vom orientierungsunabhängigen bedeckten Himmel müssten sie auch als Oberlichter 2,5 mal größer sein als waagerechte Öffnungen (Bild 3.6). Schon vor Ende des 19. Jahrhunderts hatte man jedoch erkannt,

4 Tageslichttechnische Messungen

dass für gleichen Lichtempfang bemessene Nordöffnungen mit 60° Neigung die geringste hochsommerliche Sonnenwärmebelastung gewährleisten. (Etwa so dürfte die nur raumbezogen erfassbare **Licht**einfallsminderung durch das Glas, in den Bildern 3.6/3.7 vernachlässigt, deren Ergebnis verschieben.) Statt der als Sonnenblendschutz bewährten stark lichtstreuenden Verglasung (Abschnitt 1.4.1) kann man in unseren Breiten für Sonderfälle vor steilen Nordöffnungen (90° bis 60° Neigung) starre senkrechte Lamellen vorsehen (Bild 3.15).

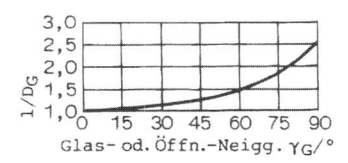

Bild 3.6 Faktor $1/D_G$ (vergleiche Bild 2.20!) zur Vergrößerung geneigter Öffnungen auf gleichen Lichtstromempfang wie waagerechte bei bedecktem Himmel (Verbauungshöhenwinkel α mit von 0° auf 90° steigendem γ_G von 0° auf 22° zunehmend).

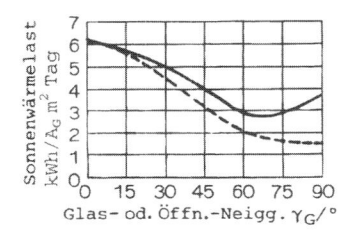

Bild 3.7 Tagessummen der Gesamtenergieeinstrahlung zur Sommersonnenwende (49° n. Br.) durch genordete Doppelverglasung
---- gleicher Glasfläche A_G
——— gleichen Lichtempfangs, also nach Bild 3.6 neigungsabhängig (durch größere Glashöhe h_G) wachsender Glasfläche A_G/D_G

3.3 Untersuchungsgrundlagen

3.3.1 Besonnungsmaßstäbe

Verbindliche Maßstäbe zur Besonnung von Gebäuden oder Freiräumen dazwischen gibt es in Deutschland nicht. Wesentliche, schon ältere Empfehlungen sollten vor allem trotz der um die Wintersonnenwende niedrigen Sonnenstände auch bei städtischen Bauweisen eine gewisse Winterbesonnung von Wohnungen sichern: So schlug Roedler 1953 [41] wegen der geringen Sonnenscheinhäufigkeit eine **tatsächliche** Besonnungsdauer während des Vierteljahrs Dezember bis Februar von insgesamt wenigstens 50 Stunden vor, während Neumann/Reichelt 1954 [40] für den 7. Februar (wie Konz [31]) als mittleren Wintertag eine **Sonnenwärmeeinstrahlung** durch die Verglasung des Hauptraums, für Ost-West-Fassaden als Summe der Einstrahlung durch Fenster auf beiden Seiten einer Wohnung, bei gegebener Sonnenscheinhäufigkeit von wenigstens 300 kcal/m² Tag ≈ 350 Wh/m² Tag empfahlen, bei klarem Himmel jedoch das Dreifache. Dieser letzte Maßstab erschien in Untersuchungen des Instituts für Tageslichttechnik Stuttgart zu Gebäudeabständen und unüblichen Bebauungsformen (z. B. [27], [16]) besonders praktikabel. Auch die Neufassung 1999 von Teil 1 der (baurechtlich nicht bindenden) DIN 5034 [2] strebt nach einem Vorschlag von M. Schmidt [42] eine bessere Winterbesonnung an mit der Forderung nach (bei klarem Himmel) wenigstens 1 Stunde Besonnung für mindestens einen Aufenthaltsraum einer Wohnung am 17. Januar aus einer Sonnenhöhe von mehr als 6°, lässt aber Schmidts Beschränkung auf Auftreffwinkel $\varepsilon \leq 75°$ fallen und erwähnt auch nicht, dass er – wie [41] und [40] – orientierungsabhängige Abstände voraussetzt, bei ihm für 51° nördl. Breite (Kassel) wechselnd von 2,04 (Ost und West) über 1,5 (60° Abweichung von Süd) bis 3,07 (Süd) der Höhe einer unendlich langen parallelen Verbauung über Brüstungshöhe des ungünstigsten verbauten Wohngeschosses. Schmidt errechnete daraus als Machbarkeitsnachweis einen mittleren Verbauungsabstand von nur 2,05 der Verbauungshöhe

Bild 3.8

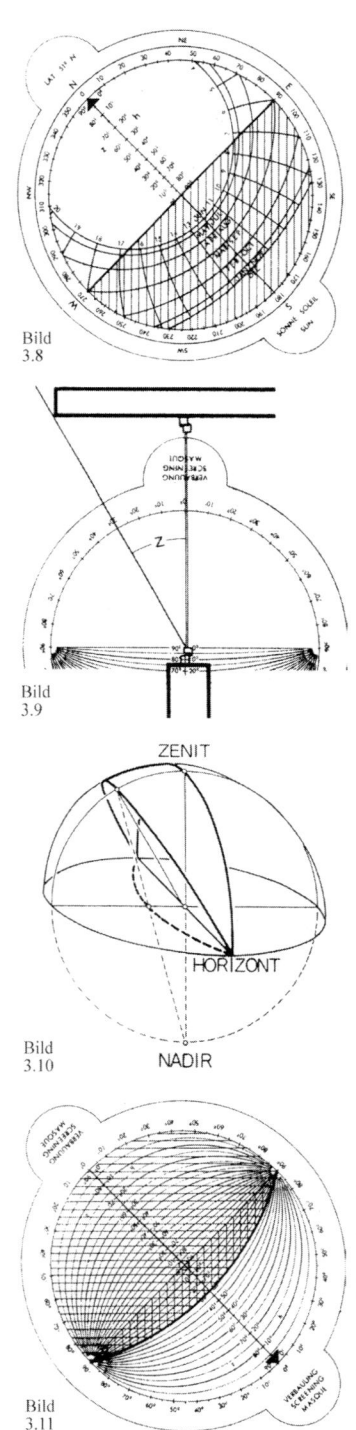

Bild 3.9

Bild 3.10

Bild 3.11

Senkrechte Nordseiten empfangen keine Sonne aus der abgedeckten Himmelssüdhälfte: Bild 3.8. Die Sonnenbahnenlänge in der freien Nordhälfte bezeichnet die Besonnungsdauer, so 21. Juni: 3.50 – 7.25 und 16.35 – 20.10 Uhr WOZ.

Aus dem vom sehr langen Vorsprung (Bild 3.9) für die Glasunterkante verdeckten Himmelssektor (isometrisch: Bild 3.10) trifft nie Sonne auf die Glasfläche. Stereographisch ist die Vorderkante des Vorsprungs in Bild 3.10 gestrichelt, im Verbauungsbild 3.11 als Grenze des verdeckten kreuzschraffierten Himmelssektors durchgezogen. Vollverschattung bei Südlage: Bild 3.12.

Senkrechte Lamellen, in Bild 3.13 im Grundriss mit Abschirmwinkeln, verdecken für die seitlichen Glaskanten senkrechte Himmelssektoren, für nur eine Seite isometrisch in Bild 3.14, als Verbauungsbild für eine Nordöffnung in Bild 3.15.

Die Verbauungsmaske einer 60°-Shedöffnung (Bild 3.16: genordet) ist das Negativ der Blendenmaske in Bild 3.11.

Die Verbauungsbilder 3.11/3.15/3.16 auf Transparentpapier, auf den Bildern 2.3 bis 2.6 mit Bleistiftspitze zentriert gedreht, zeigen die Wirkung für andere Breiten und Orientierungen!

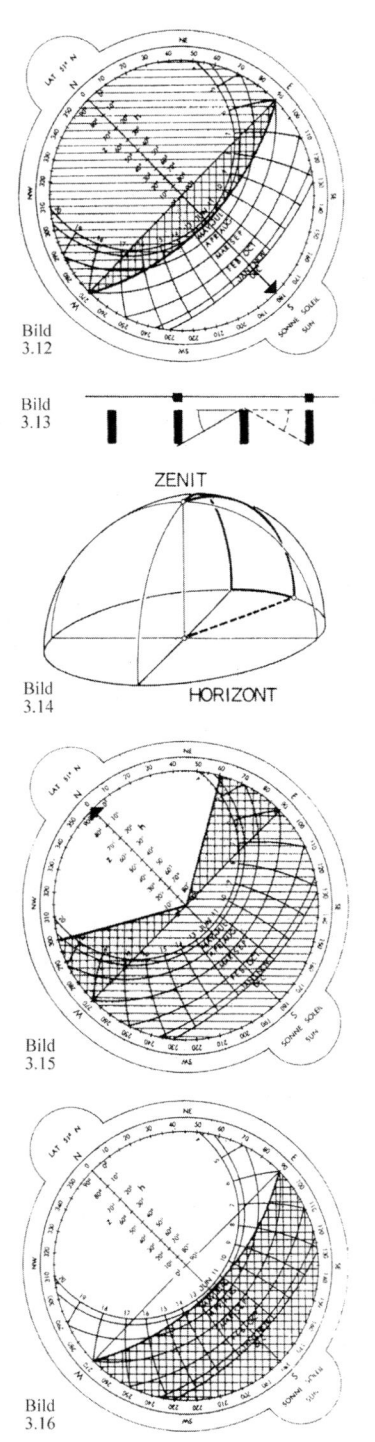

Bild 3.12

Bild 3.13

Bild 3.14

Bild 3.15

Bild 3.16

[42]; der zu erwartende Sonnenwärmegewinn bleibt allerdings unter dem von Neumann/Reichelt [40] empfohlenen Mindestwert.

Gemeinsam ist allen diesen Vorschlägen, dass sie sich nur verwirklichen lassen, wenn bei Planungen größerer zusammenhängender Wohngebiete alle Beteiligten, auch Grundeigner und Stadtplanung, sich dem Ziel einer besseren winterlichen Besonnbarkeit von Wohnungen unterordnen, denn das geltende Baurecht erlaubt geringere Gebäudeabstände und damit intensivere Grundstücksnutzungen.

3.3.2 Darstellung der Besonnbarkeit

Auch ohne gesetzlichen Zwang wird man manchmal mit Besonnungsuntersuchungen die Wahrung eines Besitzstandes belegen oder aus mehreren Möglichkeiten die besonnungsmäßig günstigste ermitteln, wofür sich das von Tonne weiterentwickelte [44] und später noch ergänzte stereographische System [21] gut bewährt hat. Am Anfang steht dabei immer, wann Sonne auf eine Gebäudefläche treffen kann oder (genauer) wann bestimmt nicht:

Begrenzt Fremdverbauung den Himmel, so kann, wie in Bild 3.17 im Querschnitt, in ungünstigen Verbauungsverhältnissen, hier für das Erdgeschoss, oft nicht die höchste Gebäudekante (hier der First), sondern tiefer, aber näher Gelegenes (hier die Traufe) die vom untersuchten Punkt aus sichtbare Verbauungskontur bilden. Über dem durchsichtigen Verbauungsblatt als Schablone zeichnet man im Grundriss (siehe auch Bild 2.16!) aus den im Schnitt ermittelten Höhenwinkeln und den radial sich abbildenden senkrechten Gebäudekanten das Verbauungsbild, hier für Fenstermitten im Erdgeschoss (durchgezogen) und im obersten Geschoss (gestrichelt), verwendbar mit untergelegtem Sonnenblatt (nach Lageplan genordet!) für Besonnungsuntersuchungen, mit untergelegtem Himmelslichtzählblatt für senkrechte Empfangsfläche auch zum Nachweis des Tageslichtquotienten D_O auf der Fensterscheibe (siehe Abschnitt 2.5.5).

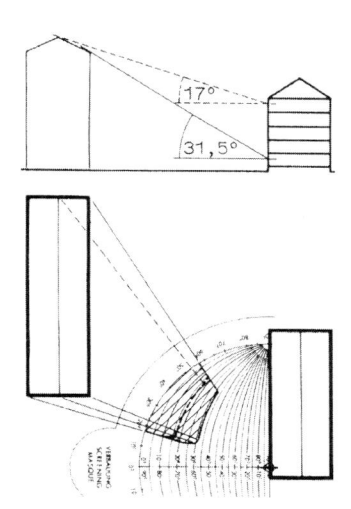

Bild 3.17 Verbauungskontur

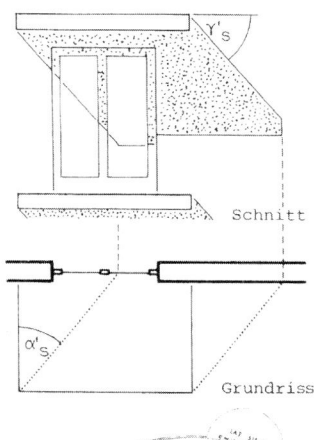

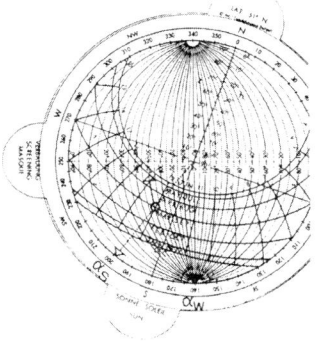

Bild 3.18 Wand, 20° von Süd nach Ost gedreht ($\alpha_W = 160°$) mit Balkonschatten am 21. März/Sept., 13 Uhr WOZ: Das Verbauungs- auf dem Sonnenblatt, mit Pol-Pol-Gerader parallel zur verschattenden Kante, zeigt den darauf bezogenen Höhenwinkel γ_s (50°); der Grundrisswinkel $\alpha'_s = \alpha_s - \alpha_W$ ist durch Parallelverschieben übertragbar.

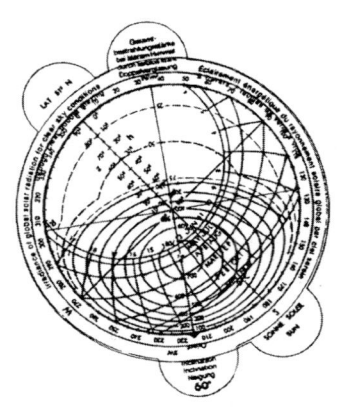

Bild 3.19 Strahlungsempfang durch eine um 60° geneigte, um 35° von Süd nach West gedrehte ($\alpha_W = 215°$) farblos klare Doppelverglasung auf 51° nördlicher Breite (etwa Köln) bei klarem Himmel; für 9 Uhr WOZ am 21. April/August liest man z. B. interpolierend ab: 150 W/m².

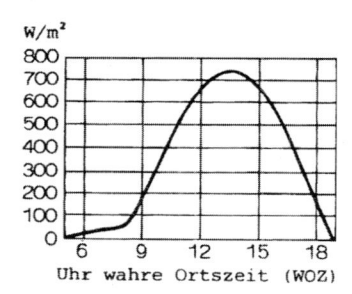

Bild 3.20 Tagesgang der Gesamtbestrahlungsstärke $E_{e\,ges}$ aus Bild 3.19 am 21. April/August; ab 8 Uhr trifft Sonne das Glas.

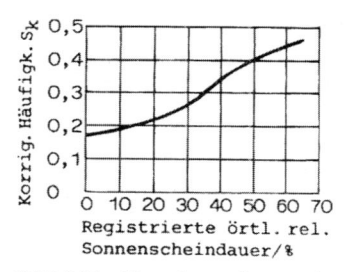

Bild 3.21 Korrektur der registrierten stündlichen relativen Sonnenscheindauer nach [47].

3.3.3 Konstruktion von Schattenwürfen

Nicht nur für „richtige" Schatten in Ansichten, sondern vor allem für Sonnenschutz- und Raumklimaüberlegungen (Größe verschatteter Glasflächen) muss man auf Gebäudeflächen fallende Schatten konstruieren, oft in Tagesgängen stündlicher Zustände, wenn nicht Modellaufnahmen (Abschnitt 4) einfacher sind. Für jeden Schattenwurf benötigt man wenigstens zwei auf die **Darstellungsebenen** bezogene Winkelangaben zum Sonnenstand: zwei Höhenwinkel (Ansicht, Schnitt) oder je einen Höhen- und Grundrisswinkel (Ansicht, Grundriss: Bild 3.18), den jeweils dritten Winkel nur zur Kontrolle. Die in Teil 2 „Grundlagen" der DIN 5034 [2] auch in Diagrammen angegebenen Azimutwinkel α_S und (tatsächlichen) Höhenwinkel γ_S der Sonne müssen jedoch erst auf die Darstellungsebene umgerechnet werden, während stereographische Blattsätze die zum Zeichnen benötigten Winkel direkt bieten: Bild 3.17, 3.18.

3.3.4 Sonnenwärmeeinstrahlung

Wärmewirksam ist das gesamte Spektrum, von dem aber die Hälfte zunächst als „sichtbares" Licht auftrifft (in Bild 2.1 schraffiert). Ebenso wie das Tageslicht besteht die wärmewirksame Gesamtstrahlung aus dem (nur bei klarem Himmel) direkt von der Sonne erzeugten Anteil, dem vom Himmel (in der Atmosphäre) gestreuten Anteil und den jeweils von der Umgebung reflektierten. Besser als die zum Errechnen aller Anteile in Teil 2 „Grundlagen" der DIN 5034 [2] auch für verschiedene Trübungen des Himmels angegebenen Gleichungen eignet sich für schnelle Vergleiche erwogener Planungsvarianten der auf die stereographischen Diagramme von Tonne [44] abgestimmte **Diagrammsatz Sonnenwärme** [21] mit Kurven gleicher Bestrahlungsstärken, weiterentwickelt [22] aus Daten zum Strahlungsempfang geneigter Flächen, die Krochmann, Özver und Orlowski [35] mit der spektralen Verteilung der Gesamtstrahlung in Bild 2.1 für einen Trübungsfaktor nach Linke T = 2,75 und einen Bodenreflexionsgrad $\rho_u = 0,2$ errechnet hatten.

Durch zentriertes Auflegen der durchsichtigen „Wärmeblätter" auf die Sonnenblätter kann man mit hinreichender Genauigkeit sofort ablesen, wie viel an Gesamtbestrahlungsstärke bei klarem Himmel oder – wenn Wolken die Sonne verdecken – wenigstens an Bestrahlungsstärke allein vom Himmel auf Flächen oder durch farblos klare Doppelverglasungen jeweils beliebiger Orientierung und (in 15°-Sprüngen) Neigungen von 0° bis 90° zu erwarten ist: Bilder 3.19/3.20. Die jeweilige Bestrahlungsstärke E_e ergibt mit der Empfangsfläche A die eingestrahlte Energiemenge Q_e:

$$Q_e = E_e \cdot A \tag{24}$$

Die Gesamtbestrahlungsstärke bei klarem Himmel E_e wie in Bild 3.20 benötigt man vor allem zur Kühllastermittlung. Die Raumheizung allein mit Sonnenenergie ist in unserem Klima wegen der geringen Sonnenscheinhäufigkeit kaum zu verwirklichen, doch kann die durch Südfenster eingestrahlte Sonnenwärme (Bild 3.1) die Heizkosten erheblich senken. Die günstigste mehrerer Lösungen zeigt meist schon ein Vergleich der Verhältnisse bei klarem Himmel. Für die tatsächlich zu erwartende Sonnenenergie erhielte man dagegen sogar dann zu günstige Ergebnisse, wenn man die für klaren Himmel angegebene Gesamtbestrahlungsstärke $E_{e_{ges}}$ (z. B. Bild 3.19) mit der vom Wetteramt genannten örtlichen mittleren stündlichen relativen Sonnenscheindauer multiplizierte und für den Rest der Stunde die mindestens gegebene mittlere Bestrahlungsstärke des Himmels E_{e_H} (ebenfalls nach [21]) ansetzte, denn als Sonnenscheindauer sind auch Zeiten (z. B. durch Dunst) verminderter Bestrahlungsstärke registriert. Man kann aber, solange andere Vorschläge (so Aydinli [7]) nicht ähnlich leicht anwendbar sind, die vom Wetterdienst mitgeteilte örtliche relative stündliche Sonnenscheindauer ersetzen durch die von Tonne und Normann [47] aus dem Vergleich von Strahlungs- und gleichzeitigen Sonnenscheindauer-Aufzeichnungen abgeleitete **korrigierte** Sonnenscheinhäufigkeit S_k in Bild 3.21 (z. B. statt 30 % relativer Sonnenscheindauer: $S_k = 0{,}26$) und erhält so die im langjährigen Mittel zu erwartende stündliche Gesamtbestrahlungsstärke E_{e_m} als Anhaltswert:

$$E_{e_m} = E_{e_{ges}} \cdot S_k + E_{e_H}(1 - S_k) \tag{25}$$

Wegen des von besonnter Umgebung reflektierten Strahlungsanteils gilt Gleichung (25) auch für Zeiten, zu denen auf die Empfangsfläche selbst (z. B. Dach oder Glasfläche) orientierungsbedingt keine Sonne treffen kann (in Bild 3.20 vor 8 Uhr). Nur für Flächenteile, die während der Besonnungszeit im Verbauungsschatten liegen, ist allein die mindestens vom Himmel zu erwartende Bestrahlungsstärke E_{eH} anzusetzen; der Fehler, dass dann auch von der Umgebung reflektierte Sonnenstrahlung entfällt, bleibt gering, weil Fremdverbauung ohnehin das unmittelbare Vorfeld mitverschattet und eigene Vorsprünge mit der Sonne auch die sie umgebenden stärker strahlenden Himmelsbereiche (Bilder 2.12/2.13) verdecken.

3.3.5 Wirksamkeit von Sonnenschutzmaßnahmen

Sonnenschutzvorkehrungen sollen, wenn es nötig ist, Blendung durch die Sonne oder auch direkte Besonnung im Raum unterbinden (Abschnitt 1.6.1) und unangenehme Raumerwärmung verhüten (Abschnitt 3.2.2), aber – zumindest außerhalb der Besonnungszeit – weder die Ausblickmöglichkeit noch den Tageslichteinfall einschränken (Abschnitt 3.2.2), sie sollen Farben nicht verändern (Abschnitt 1.7.1), die Lüftung durch die Fenster nicht behindern und möglichst keine Bedienung und Wartung erfordern.

Keine Lösung erfüllt alle diese Ansprüche. **Starre waagerechte Vorsprünge** sind zwar wartungsfrei, beschränken den Ausblick nicht und den Tageslichteinfall kaum, bieten aber vollen Sonnenschutz nur auf Südseiten im Hochsommer und bedürfen stets beweglicher Ergänzungen. **Bewegliche Vorrichtungen** muss man bedienen und warten (außen keine Sturmsicherheit!); sie sperren den Ausblick und senken den Tageslichteinfall stark, sobald man sie schließt (bedingen aber bei gut angepasster Einstellung in Räumen, die bei bedecktem Himmel noch ausreichend Tageslicht empfangen, meist kein zusätzliches Kunstlicht), behindern oder unterbinden (Markisen!) die Lüftung durch die Fenster und beeinflussen in farbiger Ausführung die Raumfarben. **Sonnenschutzverglasungen** – absorbierende erwärmen sich und geben einen Teil der nicht direkt durchgelassenen Strahlung durch Leitung und Konvektion doch an den Raum weiter – drosseln ganzjährig den Tageslichteinfall, bedürfen ebenfalls immer beweglicher Ergänzungen und verändern oft die Farbwirkung (auch außen und gespiegelt). Man muss daher stets Vor- und Nachteile möglicher Lösungen gegeneinander abwägen.

Voll- und Teilverschattung durch starre Vorsprünge lassen sich (wie der Sonnenschutz durch Fremdverbauung, der aber bei noch genügenden Tageslichtverhältnissen nie hinreicht) nur geometrisch klären (Bilder 3.9 bis 3.18). Tafel 3.1 kann nur als Anhalt dienen für Schutz und Nebeneinflüsse (Tageslichteinfall, Wärmedurchgang) durch Verglasungen, deren Angebot immer vielfältiger wird, und bewegliche Vorrichtungen, bei denen die Wirkung von Jalousien wieder vorwiegend geometrisch vom Auftreffwinkel der Strahlung bestimmt ist (Lamelleneinstellung, Sonnenposition). Innenjalousetten (und besonders die früher häufigen Jalousetten zwischen den Scheiben von Verbundfenstern) sind wegen der hohen Lamellentemperaturen immer ungünstiger als weiße Vorhänge oder Rollos. Dunkle Außenjalousetten lassen mehr Sonnenwärme ein als helle (höhere sekundäre Wärmeabgabe der heißen Lamellen an die Scheiben), vermindern den Lichteinfall um den sonst von den Lamellen reflektierten Anteil und stören durch zu harte Kontraste. Mit eingestrahlter Sonnenwärme lassen sich die Heizkosten nur dann spürbar senken, wenn keine Sonnenschutzscheiben eingebaut und zusätzlich zu äußeren Sonnenschutzvorrichtungen die Fenster für den Winter innen im Raum mit einem Blendschutz versehen sind, den man nur schließt, wenn es unumgänglich ist.

Tafel 3.1 Anhaltsdaten zur Wirkung von Sonnenschutz Vorkehrungen Wirkung **starrer** Vorrichtungen nur geometrisch bestimmbar (siehe Bilder 3.9 bis 3.18).

Sonnenschutzart	Lichttransmissionsgrad τ_{LO}	Durchlassgrad für Gesamtenergie $g^{1)}$	Wärmedurchgangskoeffizient U (bisher üblich: k) $W/(m^2K)^{2)}$	Minderung der durch farblose klare Doppelverglasung möglichen Einstrahlung auf b-Faktor: gem. VDI 2078	Minderung gegenüber klar farbloser Einfachverglasung	Lichteinfall bei ganz off. Schutz, bezogen auf klar farblose Doppelverglasung
Farblose Einfachverglasung	0,9	0,87	5,8	1,15	1,0	1,1
Farblose Doppelverglasung	0,8	0,76	$3,0^{3)}$	1,0	0,87	1,0
Farblose Dreifachverglasung	0,72	0,66	$2,1^{3)}$	0,87	0,76	0,9
Sonnenschutzart	Lichttransmissionsgrad τ_{LO}	Durchlassgrad für Gesamtenergie $g^{1)}$	Wärmedurchgangskoeffizient U (bisher üblich: k) $W/(m^2K)^{2)}$	Minderung der durch farblose klare Doppelverglasung möglichen Einstrahlung auf b-Faktor: gem. VDI 2078	Minderung gegenüber klar farbloser Einfachverglasung	Lichteinfall bei ganz off. Schutz, bezogen auf klar farblose Doppelverglasung
Stark lichtstreuende Scheiben mit 1,5 mm dicker Glasgespinsteinlage als Einfachverglasung	$\approx 0,4^{4)}$	$\approx 0,45$	4,2	$\approx 0,5$	$\approx 0,45$	< 0,45
als Doppelverglasung	$\approx 0,35^{4)}$	$\approx 0,4$	$2,6^{3)}$	$\approx 0,45$	$\approx 0,4$	< 0,4
mit 12 bis 24 mm dicker Acryl-Kapillarfaserplatteneinlage	0,55 bis $0,5^{4)}$	$\approx 0,55$	2,55 bis 1,65	$\approx 0,65$	0,6 bis 0,55	< 0,55

Tafel 3.1   Fortsetzung

Sonnenschutzscheiben als Doppelverglasung, Innenscheibe farblos klar Reflexionsscheiben	≈0,5	≈0,5	3,0³⁾	0,65	0,6 bis 0,55	0,65 bis 0,6
– mit erhöhter Absorption	0,65 bis 0,2	0,5 bis 0,2	1,6/1,4³⁾	0,65 bis 0,25	0,6 bis 0,2	0,8 bis 0,25
Absorptionsscheiben 6 mm dick	0,65 bis 0,4	0,55 bis 0,5	3,0³⁾	0,7 bis 0,65	0,65 bis 0,6	0,8 bis 0,5
12 mm dick	0,5 bis 0,2	0,3	3,0³⁾	0,4	0,35	0,6 bis 0,25
Weiße Vorhänge, Rollos, geschlossene Vertikallamellen				0,6 bis 0,55	0,5	1,0
Helle saubere Innenjalousetten (innen hinter dem Fenster)						1,0
Sonnenhöhe γ_S' ⁵⁾ 0 bis 30°, Lamellen um 45° gekippt,				0,9 bis 0,8	0,85 bis 0,75	
Lamellen geschlossen				0,7 bis 0,65	0,65 bis 0,6	
Sonnenhöhe γ_S' ⁵⁾ 30 bis 60°, Lamellen waagerecht				1,0 bis 0,85	1,0 bis 0,9	
Lamellen um 45° gekippt,				0,75 bis 0,65	0,7 bis 0,6	
Lamellen geschlossen				0,65 bis 0,6	0,6	
Sonnenhöhe γ_S' ⁵⁾ 60 bis 90°, Lamellen waagerecht				0,8 bis 0,65	0,9 bis 0,6	
Lamellen um 45° gekippt,				0,65	0,6	
Helle Außenjalousetten (außen vor dem Fenster)						1,0
Sonnenhöhe γ_S' ⁵⁾ 0 bis 30°, Lamellen um 45° gekippt,				0,5 bis 0,25	0,5 bis 0,25	
Lamellen geschlossen				0,2 bis 0,1	0,2 bis 0,1	
Sonnenhöhe γ_S' ⁵⁾ 30 bis 60°, Lamellen waagerecht				0,8 bis 0,5	0,8 bis 0,5	
Lamellen um 45° gekippt,				0,25 bis 0,1	0,25 bis 0,1	
Lamellen geschlossen				0,1	0,1	
Sonnenhöhe γ_S' ⁵⁾ 60 bis 90°, Lamellen waagerecht				0,5 bis 0,1	0,5 bis 0,1	
Lamellen um 45° gekippt,				0,1	0,1	
Helle Markisen (p ≈ 0,6), Fenster ganz verschattend				0,3	0,3	1,0

¹) $g = \tau_{e0°} + q_i$; q_i ist der an den Raum abgegebene absorbierte Energieanteil [4].
²) Die angegebenen Werte gelten nur bei Wärmestrom von innen nach außen!
³) Scheibenzwischenräume (SZR) 10 mm < SZR ≤ 16 mm
⁴) Transmissionsgrad τ_{dif} für Strahlung aus dem Halbraum!
⁵) Scheinbare, rechtwinklig zur verschattenden Kante gemessene Sonnenhöhe (Bild 3.18).

4 Tageslichttechnische Messungen

Zur **Gesamtstrahlung** der Sonne kann man sichere Ergebnisse nur aus langjährigen, meist von Meteorologen betreuten Messreihen erwarten; Teil 5 „Messung" der DIN 5034 „Tageslicht in Innenräumen" [2] gilt daher nur für einheitliche Messungen zur **Beleuchtung.** Während Einzelgrößen zwar einfach normgemäß messbar sind, über Tageslichtverhältnisse in Räumen aber wenig aussagen, bereitet das Messen von Tageslichtquotienten – nach Gleichung (11) aus der Beleuchtungsstärke am jeweiligen Raumpunkt E_P und der gleichzeitigen Beleuchtungsstärke bei vollständig bedecktem Himmel auf unverbauter waagerechter Fläche im Freien E_a – große Schwierigkeiten: lange Wartezeiten auf geeignete Wetterlagen mit halbwegs der Mittelwertkurve (Bild 2.10) entsprechender Himmelsleuchtdichteverteilung; meist durch Verbauung erzwungene indirekte Bestimmung der Außenbeleuchtungsstärke E_a aus der Leuchtdichte eines (definierten größeren) Himmelsausschnitts; starke Schwankungen in den für jeden Punkt nötigen Messreihen sogar bei stabil erscheinendem Himmelszustand. All dies gilt meist, weil es künstliche Himmel genügender Größe kaum gibt, auch bei Messungen in Modellen, die zudem im Verhältnis zum Modell kleine Messköpfe erfordern.

In fertigen Räumen kann man jedoch witterungsunabhängig und normgemäß ([2], Teil 5) die Außenanteile $D_H + D_V$ des Tageslichtquotienten ermitteln mit dem Horizontoscop von Tonne [44], [44B], einem für das stereographische Diagrammsystem entwickelten durchsichtigen Hyperbolspiegel mit Libelle, der in waagerechter Stellung dem Beobachterauge 35 cm senkrecht darüber die gesamte Himmels- oder Umgebungskontur widerspiegelt, die man auf seiner Unterseite auch nachzeichnen und dann auf Transparentpapier übertragen kann; mit Zählblatt nach Bild 2.16 erhält man die Roh-Außenanteile $D_{Hr} + D_{Vr}$. muss aber den Innenreflexionsanteil D_R nach Gleichung (20) bis (21) errechnen.

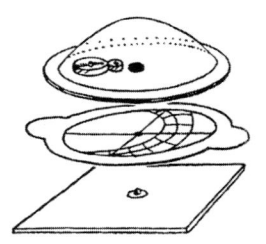

Bild 4.1 Die durchsichtige Normalausführung des Horizontoscops knöpft man auf die Diagramme.

Man kann auch mit Sonnenblatt unter dem Horizontoscop (Bild 4.1) witterungsunabhängig die Besonnbarkeit von Gelände- oder Raumpunkten prüfen (eingebauten Kompass beachten!); häufiger bewerten Ökologen damit Pflanzenstandorte. Bei Besonnungsuntersuchungen am Modell lässt sich die Lichtquelle über ihr Spiegelbild auf dem Horizontoscop an den zu simulierenden Sonnenstandort dirigieren; die dies mitunter erschwerende, vom Spiegelgesetz diktierte Forderung nach senkrecht zum Gerät stehender Beobachterblickachse entfällt bei Pleijels Kleiner Sonnenuhr (Bild 4.2). Weil künstliche Lichtquellen als Sonne meist nicht großflächig parallel strahlen, halten möglichst große Abstände zum Modell die unvermeidlichen Fehler kleiner.

Bild 4.2 Kleine Sonnenuhr von Pleijel: Das Schattenende der Stecknadel in der Mitte weist in wahrer Ortszeit (WOZ) den simulierten Sonnenstand, hier 8 Uhr etwa am 21. April/August. Für gerade Breitengrade (70° – 48° nördlicher Breite und einzelne südlichere) zu beziehen bei:
Anders Pleijel
Skånegatan 51, 4tr.
11637 Stockholm
Sweden
Email: sundial@telia.com

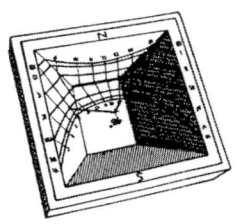

V Brand

Bearbeitet von Ekkehard Richter

1 Einführung

Wohl von Anbeginn war die Menschheit fasziniert von der Naturerscheinung Feuer. Sie lernte es schätzen, nutzen, fürchten, und sie versuchte, sich vor ihm zu schützen. Trotzdem weisen Brandschadenstatistiken noch immer steigende Tendenz auf, und schon deshalb ist eine bessere Kenntnis der Brandschutzmöglichkeiten bei allen am Bau Beteiligten wünschenswert.

Schall, Wärme, Feuchte und Licht sind physikalische Einflüsse, denen ein Bauwerk ständig oder ständig wiederkehrend ausgesetzt ist. Es ist so auszubilden, dass es sie, ohne Schaden zu nehmen, erträgt oder sie sogar optimal nutzt. Brand ist ein physikalischer Einfluss extremer Dimensionen, dem ein Bauwerk im Laufe seiner Lebensdauer mit nur geringer Wahrscheinlichkeit je unterworfen ist. Es wäre nicht sinnvoll, vor allem wirtschaftlich nicht vertretbar, zu verlangen, dass auch dieser Einfluss ohne Schaden ertragen wird.

Unter der Katastrophenbeanspruchung Brand hat ein Bauwerk bzw. haben Bauteile jedoch eine hinreichende Tragfähigkeit und Wärmeisolierung über die gesamte oder eine ausreichende Teildauer eines Schadenfeuers zu gewährleisten. Nach Ablauf dieser Dauer werden gemäß der in der Bundesrepublik Deutschland geltenden Brandschutz-„Philosophie" keine Anforderungen an das Bauwerk gestellt. Von diesem Prinzip wird nur in wenigen Sonderfällen abgewichen. Brandschutzmaßnahmen umfassen drei Hauptgebiete:

– Aktiver Brandschutz (Feuerwehr),
– vorbeugender und bekämpfender betrieblicher Brandschutz (Melde-, Warn- und Frühbekämpfungsanlagen),
– vorbeugender baulicher Brandschutz (Planung der Bauwerke, Ausbildung der Bauteile).

Das dritte Gebiet wird hier vorwiegend behandelt.

Die Regelwerke über den baulichen Brandschutz beruhen im Wesentlichen auf Erfahrungen mit wirklichen Bränden und auf Brandversuchen.

Die Forschung über die thermischen Prozesse, die die Brandbeanspruchung des Bauwerks darstellen, und über das Verhalten von Bauteilen und Bauwerken unter dieser Beanspruchung ist jung. Sie hat in Teilgebieten bereits zur Verbesserung des Normenwerks beigetragen, in anderen Teilgebieten jedoch noch keine wirklichkeitsnahe Beschreibung der Vorgänge liefern können oder aber Lösungen erarbeitet, die vorläufig nur mit großem rechnerischen Aufwand und mit Spezialwissen angewandt werden können.

Es kann daher nicht Zweck dieser Ausführungen sein, Anleitung zur Berechnung des Brandverhaltens von Bauteilen zu geben. Vielmehr soll das Verständnis der Zusammenhänge geweckt und die sinnvolle Anwendung von Normen und anderen Vorschriften erleichtert werden.

2 Ordnungen und Normen

In der Bundesrepublik Deutschland liegt die Regelung des vorbeugenden baulichen Brandschutzes in der Hoheit der Länder, die sich in Zusammenarbeit mit dem Bund darum bemühen, in Musterentwürfen möglichst einheitliche Anforderungen zu formulieren.

Ein umfassender Überblick über alle bestehenden Vorschriften auf dem Gebiet des vorbeugenden baulichen Brandschutzes wird z.B. in [18] vorgelegt. Hier kann nur eine kurzgefasste Einführung in die wichtigsten Vorschriften und Forderungen gegeben werden. Dabei wird zunächst das in Deutschland eingeführte Regelwerk vorgestellt und daran anschließend ein Ausblick auf die Europäische Brandschutznormung (EN) gegeben.

2.1 Landesbauordnungen, Verordnungen für bauliche Anlagen besonderer Art und Nutzung

Als gesetzliche Grundlagen sind zunächst die Landesbauordnungen und deren Durchführungsbestimmungen anzusehen; dort werden unter anderem Brandschutzanforderungen für bauliche Anlagen aufgestellt. Die Generalklausel des Brandschutzes, die in ähnlicher Fassung in allen Landesbauordnungen enthalten ist, lautet:

> *„Bauliche Anlagen ... müssen unter Berücksichtigung insbesondere*
> – *der Brennbarkeit der Baustoffe,*
> – *der Feuerwiderstandsdauer der Bauteile, ausgedrückt in Feuerwiderstandsklassen,*
> – *der Dichtheit der Verschlüsse von Öffnungen,*
> – *der Anordnung von Rettungswegen,*
>
> *so beschaffen sein, dass der Entstehung eines Brandes und der Ausbreitung von Feuer und Rauch vorgebeugt wird und bei einem Brand die Rettung von Menschen und Tieren sowie wirksame Löscharbeiten möglich sind."*

Ziel des Brandschutzes ist demnach sowohl die Sicherstellung der Rettung von Menschen, die sich im Einflussbereich eines Brandes befinden, die Verhinderung der Brandausbreitung und schließlich auch die Erhaltung von Sachwerten und Rettung von Tieren.

Die Anforderungen an die Bauteile werden im Einzelnen festgelegt mit den Stufen „feuerhemmend" und „feuerbeständig".

Es darf unterstellt werden, dass bei Erfüllung dieser Anforderungen die betroffenen Bauwerksnutzer entfliehen können und den Rettungsmannschaften genügend Zeit zur Bergung Verletzter bleibt. Nicht definiert und auch kaum definierbar ist, ob oder in welchem Umfang der Erhalt von Sachwerten – sowohl der Bausubstanz wie des Gebäudeinhaltes – gewährleistet ist.

Für Gebäude besonderer Art und Nutzung werden die Landesbauordnungen ergänzt durch Sonderverordnungen, die die besonderen Gegebenheiten berücksichtigen. Die wichtigsten derzeit – allerdings nicht in allen Bundesländern eingeführten – gültigen Sonderverordnungen sind die Versammlungsstätten-, die Geschäftshaus-, die Garagen-, die Krankenhaus- und die Hochhaus-Verordnung.

Alle diese Ordnungen und Verordnungen stellen mehr oder minder präzise Forderungen an die Feuerwiderstandsfähigkeit einzelner Bauteile. Die Ausbildung der Gesamtbauwerke in brandschutztechnischer Hinsicht wird beeinflusst durch die Festlegung zulässiger Brandabschnittsgrößen oder wenigstens des maximalen Abstandes von Brandwänden. Über die Ausbildung solcher Brandwände werden sogar detaillierte Anweisungen gegeben.

2.2 Richtlinien

Ergänzend zu den Verordnungen gibt es Richtlinien, die noch detailliertere Angaben enthalten und im Übrigen rechtlich einen anderen Stellenwert besitzen. Genannt seien hier die Industriebau- und Schulbau-Richtlinien; außerdem die besonders wichtige Richtlinie für die Verwendung brennbarer Baustoffe im Hochbau.

2.3 Normen

Die im Allgemeinen baustoffbezogenen Normen für den Entwurf und die Ausführung von Tragwerken des Hochbaus gehen entweder direkt in kurzen Anweisungen auf den Brandschutz ein oder führen wenigstens die speziellen Brandschutznormen als mitgeltend an.

2.3.1 DIN 4102 „Brandverhalten von Baustoffen und Bauteilen"

DIN 4102 ist die klassische, den Bauordnungen zugeordnete Norm, die den Brennbarkeitsgrad von Baustoffen und die Feuerwiderstandsfähigkeit von Bauteilen definiert und so darlegt, wie der in den Bauordnungen geforderte bauliche Brandschutz zu realisieren ist. Sie macht grundsätzlich die Untersuchung des Brandverhaltens durch Normprüfungen zur Pflicht. DIN 4102 besteht aus folgenden Teilen:

- 1 **Baustoffe;** Begriffe, Anforderungen und Prüfungen
- 2 **Bauteile;** Begriffe, Anforderungen und Prüfungen
- 3 **Brandwände und nichttragende Außenwände;** Begriffe, Anforderungen und Prüfungen
- 4 **Zusammenstellung und Anwendung klassifizierter Baustoffe, Bauteile und Sonderbauteile**
- 5 **Feuerschutzabschlüsse, Abschlüsse in Fahrschachtwänden;** Begriffe, Anforderungen und Prüfungen
- 6 **Lüftungsleitungen;** Begriffe, Anforderungen und Prüfungen
- 7 **Bedachungen;** Begriffe, Anforderungen und Prüfungen
- 8 **Kleinprüfstand**
- 9 **Kabelabschottungen;** Begriffe, Anforderungen und Prüfungen
- 11 **Rohrummantelungen, Rohrabschottungen, Installationsschächte und -kanäle sowie Abschlüsse ihrer Revisionsöffnungen;** Begriffe, Anforderungen und Prüfungen
- 12 **Funktionserhalt von elektrischen Kabelanlagen;** Begriffe, Anforderungen und Prüfungen
- 13 **Brandschutzverglasungen;** Begriffe, Anforderungen und Prüfungen
- 14 **Bodenbeläge und Bodenbeschichtungen;** Bestimmung der Flammenausbreitung bei Beanspruchung mit einem Wärmestrahler
- 15 **Brandschacht**
- 16 **Durchführung von Brandschachtprüfungen**
- 17 **Schmelzpunkt von Mineralfaserdämmstoffen;** Begriffe, Anforderungen und Prüfung
- 18 **Feuerschutzabschlüsse und Rauchschutztüren;** Prüfung der Dauerfunktionstüchtigkeit.

Teil 1 befasst sich nicht mit dem gesamten Spektrum des Brandverhaltens, also der temperaturabhängigen Veränderung von Materialkennwerten der Baustoffe, sondern ausschließlich mit ihrer Brennbarkeit. Dementsprechend werden nichtbrennbare Baustoffe (Baustoffklasse A) und brennbare Baustoffe (Baustoffklasse B) unterschieden. Vereinbarungsgemäß können aber auch Baustoffe, die in geringem Umfang brennbare Bestandteile enthalten (z.B. Gipskartonplatten bestimmter Ausbildung oder Leichtbetone mit Polystyrolzuschlag) und die Normprüfungen bestehen, „nichtbrennbar" im Sinne der Norm sein. Sie werden dann in die Baustoffklasse A 2 eingeordnet, während die klassischen nichtbrennbaren Baustoffe (Beton, Stahl, Ziegel-Mauersteine, Kalksandsteine usw.) der Baustoffklasse A 1 angehören.

Brennbare Baustoffe werden nach ihrem Entflammbarkeitsgrad unterschieden. Die Baustoffklasse B 2 kennzeichnet „normalentflammbare" Baustoffe; ihr klassischer Vertreter ist das

Holz. „Schwerentflammbare" Baustoffe werden als Baustoffklasse B 1 bezeichnet; als dafür typischer Baustoff sei die Holzwolleleichtbauplatte genannt. Die Baustoffklasse B 3 umfasst die „leichtentflammbaren" Baustoffe (z.B. unbehandelte Polystyrol-Hartschaumplatten), die nur unter ganz bestimmten Umständen überhaupt verwendet werden dürfen, nämlich wenn sie werkmäßig mit anderen Baustoffen zu mindestens normalentflammbaren Baustoffen (Baustoffklasse B 2) verarbeitet worden sind und beim Einbau diese Baustoffeigenschaft nicht verlorengeht.

Die Baustoffeigenschaften, die zu einer Einordnung in die genannten Baustoffklassen A 1 bis B 3 führen, und die Prüfverfahren sind in DIN 4102-1 definiert.

Die für das Gebiet der Bemessung von tragenden Bauteilen wichtigen Normteile sind:

– Teil 2 und 3 mit den Anforderungen (Prüfvorschriften) für Bauteile und sogenannte Sonderbauteile sowie
– Teil 4, der einen Katalog klassifizierter Baustoffe und Bauteile anbietet.

In Teil 2 wird der Begriff „Feuerwiderstandsklasse" (F 30 bis F 180) geprägt. In eine Feuerwiderstandsklasse wird ein Bauteil eingestuft, wenn sein Prototyp (2 Prüfkörper) bei einer Wärmebeanspruchung gemäß der Einheits-Temperaturzeitkurve (s. Abschn. 3.2) über eine Prüfdauer, die jeweils der Feuerwiderstandsklasse gleich oder größer ist, die Kriterien einer Normbrandprüfung erfüllt. Diese Kriterien beziehen sich zunächst auf die Aufgabe, durch Decken und Wände die Übertragung des Feuers auf benachbarte Räume zu verhindern (Raumabschluss):

– Raumabschließende Bauteile dürfen sich auf der feuerabgekehrten Seite im Mittel um nicht mehr als 140 K erwärmen; für jeden einzelnen der gemessenen Werte gilt die Grenze 180 K;
– an keiner Stelle eines raumabschließenden Bauteils – einschließlich der Anschlüsse, Fugen, Stöße – dürfen Flammen durchtreten oder darf sich ein angehaltener Wattebausch durch heiße Gase entzünden;
– raumabschließende Wände müssen einer Festigkeitsprüfung mittels Pendelstoßes von 20 Nm widerstehen.

Die weiteren Kriterien betreffen die Erhaltung der *Tragfähigkeit*:

– Tragende Bauteile dürfen unter ihrer rechnerisch zulässigen Gebrauchslast und nichttragende Bauteile unter ihrem Eigengewicht nicht zusammenbrechen;
– bei statisch bestimmt gelagerten Bauteilen, die ganz oder überwiegend auf Biegung beansprucht werden, darf die Durchbiegungsgeschwindigkeit den Wert

$$\frac{\Delta f}{\Delta t} = \frac{l^2}{9000} \qquad (2.1)$$

worin:
l = Stützweite in cm,
h = statische Höhe in cm,
Δf = Durchbiegungsintervall in cm während eines Zeitintervalls von einer Minute,
Δt = Zeitintervall von einer Minute,

nicht überschreiten.

Im Teil 3 der DIN 4102 sind entsprechende Anforderungen an Brandwände und nichttragende Außenwände, wozu auch Brüstungselemente und Fassadenschürzen gerechnet werden, definiert. Für Brandwände wird zusätzlich zu den Forderungen gemäß Teil 2 an Wände der Feuerwiderstandsklasse F 90 gefordert, dass sie aus nichtbrennbaren Baustoffen bestehen. Die günstige Wirkung von Putzen oder anderen Bekleidungen darf nicht berücksichtigt werden.

Sie sind unter ungünstiger (ausmittiger) Vertikalbelastung zu prüfen, und am Ende der Brandbeanspruchung müssen sie einer Festigkeitsprüfung mittels dreimaligen Pendelstoßes von jeweils 3000 Nm (Bleischrotsack) widerstehen.

Gegenüber anderen feuerwiderstandsfähigen Wänden sind die Forderungen an nichttragende Außenwände geringer: die Begrenzung der Temperaturerhöhung auf der feuerabgekehrten Seite entfällt bei der Brandbeanspruchung von innen, und von außen wird eine abgeminderte Temperaturbeanspruchung aufgebracht.

Teil 4 der Norm enthält Angaben über Baustoffe und Bauteile, deren Prototypen die Bedingungen der Normbrandprüfungen erfüllt haben, und die entsprechend klassifiziert sind. Durch diesen Katalog werden Brandprüfungen in vielen Fällen entbehrlich. Er bietet die Möglichkeit, den Brennbarkeitsgrad von Baustoffen abzulesen und in einfacher Weise mit Hilfe von Tafeln und Bildern die Feuerwiderstandsfähigkeit nicht nur von Bauteilen, sondern auch ihrer gegenseitigen Anschlüsse, Verbindungen, Fugen usw. zu ermitteln. Die Angaben des Kataloges beziehen sich nur auf Baustoffe und Bauteile, deren Eigenschaften im Gebrauchszustand auf der Grundlage von Normen definiert und beurteilt werden können.

DIN 4102-5 behandelt Feuerschutzabschlüsse und Abschlüsse in Fahrschächten.

Unter Feuerschutzabschlüssen sind Türen, Tore, Rolläden, Klappen usw. zu verstehen, die den Durchtritt von Feuer durch Wand- oder Deckenöffnungen verhindern sollen. Sie haben im Wesentlichen die gleichen Normkriterien zu erfüllen wie die nach Teil 2 zu prüfenden raumabschließenden Bauteile. Auf die Beanspruchung durch einen Pendelstoß wird jedoch verzichtet.

Abschlüsse in Fahrschachtwänden sind Türen und andere Abschlüsse, die so ausgebildet sind, dass Feuer und Rauch nicht in andere Geschosse übertragen werden können. Sie werden von der Flurseite einer Brandbeanspruchung gemäß Teil 2 unterworfen, wobei die dadurch auf der Schachtseite entstehende Temperaturerhöhung allerdings größer sein darf, als bei den vorher genannten Feuerschutzabschlüssen. Von der Schachtseite werden sie in einem zweiten Versuch durch Heißgas beansprucht, dessen Temperatur innerhalb von 90 min um 330 K gesteigert wird. Dabei müssen die auf der Flurseite hervorgerufenen Temperaturen innerhalb der für Feuerschutzabschlüsse geltenden Grenzen bleiben.

In den Teilen 6, 9 und 11 der Norm werden die brandschutztechnischen Anforderungen an eine Reihe weiterer Ausbauelemente, nämlich Lüftungsleitungen und deren Absperrvorrichtungen, Abschottungen für Kabeldurchführungen, Rohrummantelungen, Rohrabschottungen, Installationsschächte und -kanäle, sowie deren Abschottungen formuliert. Sie sollen gewährleisten, dass durch die genannten Elemente im Brandfall das Feuer und der Rauch nicht in benachbarte Räume oder andere Geschosse übertragen werden.

In DIN 4102-7 wird festgelegt, welche Kriterien Bedachungen zu erfüllen haben, die gemäß Bauordnung widerstandsfähig gegen Flugfeuer und strahlende Wärme sein sollen. Für die Prüfung muss ein Probedach von mindestens 5 m^2 Fläche hergestellt werden, das in seinem Aufbau und seiner Neigung dem zu beurteilenden Original entspricht. Auf dem Probedach wird eine bestimmte Menge Holzwolle verbrannt. Dabei dürfen entstehende Löcher im Dach nicht so groß werden, dass glimmende oder brennende Teile hindurchfallen können; Teile des Probedaches selbst dürfen nicht brennend oder glimmend abfallen; an der Unterseite des Daches dürfen keine Flammen auftreten; an der Oberfläche oder im Innern des Probedaches verkohlte Teile dürfen bestimmte Abmessungen nicht überschreiten; und flüssig gewordene Teile des Daches dürfen nur begrenzt brennend ablaufen.

Auch Lichtkuppeln oder andere Öffnungsabschlüsse in Dächern, die widerstandsfähig gegen Flugfeuer und strahlende Wärme sind, müssen diese Prüfungen bestehen.

Teil 8 beschreibt einen einheitlichen Kleinprüfstand für die Untersuchung von Baustoffen und Bauteilausschnitten zur Ermittlung bestimmter brandschutztechnischer Eigenschaften, z.B. Wärmefreisetzung von Baustoffen, Wärmedurchgang durch Dämmplatten und -matten, Alterungsbeständigkeit und Schwelfeuerverhalten von dämmschichtbildenden Brandschutzbeschichtungen.

Mit Hilfe der Anweisungen in Teil 12 wird untersucht, ob elektrische Kabelanlagen besonderer Bedeutung bei entsprechenden Schutzmaßnahmen (z.B. Beschichtung oder Verlegung in Kanälen) ihre Funktion während einer Brandbeanspruchung erhalten. Der Erhalt der Funktion gilt als erschöpft, sobald ein Kurzschluss in den Kabeln auftritt. Dieser ist erfahrungsgemäß bei einer Temperaturerhöhung von rund 120 K zu erwarten. Der nach dieser Norm beurteilte Funktionserhalt deckt also nicht einen Spannungsabfall durch temperaturbedingte Widerstandserhöhung ab.

Brandschutzverglasungen, deren Anforderungen und Prüfungen in Teil 13 festgelegt sind, bestehen aus ein- oder mehrlagigen lichtdurchlässigen Elementen und deren Halterungen. Man unterscheidet zwischen G- und F-Verglasungen. Die ersteren bleiben während der Brandbeanspruchung transparent, können also nur den Flammen- und Brandgasdurchtritt, nicht aber den der Wärmestrahlung verhindern. F-Verglasungen weisen zwischen mindestens zwei Glasscheiben eine Brandschutzschicht auf, die bei der Brandbeanspruchung einen undurchsichtigen, wärmedämmenden Schaum bildet. Im Sinne der Norm haben F-Verglasungen die gleichen Kriterien wie Wände zu erfüllen, also auch die Begrenzung der Temperaturerhöhung auf der dem Feuer abgekehrten Seite.

In Teil 14 wird eine Prüfung beschrieben, die dazu dient, die Flammenausbreitung auf und die Rauchentwicklung von Bodenbelägen bzw. -beschichtungen bei definierter Beanspruchung mit einem Wärmestrahler zu ermitteln. Die Ergebnisse werden der Einreihung in die Baustoffklasse B 1 nach DIN 4102-1 zugrundegelegt.

Teil 15 beschreibt den sogenannten Brandschacht, eines der Prüfgeräte, die dazu dienen, die Entflammbarkeit von Baustoffen zu prüfen, und Teil 16 legt die damit durchzuführenden Prüfungen fest. Die Prüfergebnisse können Grundlage für die Erteilung eines Prüfzeichens sein.

Bei einer Anzahl der in Teil 4 beschriebenen Bauteile ist deren Einreihung in eine Feuerwiderstandsklasse von der Wärmebeständigkeit der eingebauten Dämmschichten abhängig. Für Dämmstoffe aus Mineralfasern muss der Schmelzpunkt bei Temperaturen von mindestens 1000 °C liegen. Dieses Verhalten wird nach Teil 17 untersucht.

Teil 18 behandelt die Prüfung der Dauerfunktionstüchtigkeit von Türen und anderen Abschlüssen, die ja gewährleistet sein muss, wenn Feuerschutzabschlüsse im Fall eines Brandes wirksam werden müssen, auch wenn sie schon jahrelang in Gebrauch waren.

Analog zu den Bauordnungen behandelt DIN 4102 das Brandverhalten von Einzelbauteilen. In welchem Umfang sie das Verhalten von Gesamtkonstruktionen ausdrücklich oder stillschweigend mitberücksichtigt, wird in Abschn. 6 gezeigt.

Die Norm gestattet eindeutig, dass die untersuchten Bauteile oder Ausbauelemente nach einer Normbrandbeanspruchung von festgelegter Dauer versagen dürfen; es gibt, von Brandwänden abgesehen, keine Forderungen hinsichtlich Resttragfähigkeit oder gar Wiederverwendbarkeit. Vergleicht man damit den in den Bauordnungen implizit geforderten Sachschutz, so muss gefolgert werden, dass dieser im Rahmen der offiziellen Regelwerke nur durch erhöhte bauaufsichtliche Forderungen, d.h. effektiv geringere Beanspruchung bei einem wirklichen Brand einerseits und versteckte Reserven der Konstruktion andererseits, gewährleistet sein kann.

2.3.2 DIN 18 230 „Baulicher Brandschutz im Industriebau"; rechnerisch erforderliche Feuerwiderstandsdauer

Ziel des Berechnungsverfahrens nach DIN 18 230 ist die Ermittlung der Feuerbeanspruchung der tragenden bzw. raumabschließenden Bauteile in industriell genutzten Gebäuden infolge des Abbrandes der in einem Brandbekämpfungsabschnitt befindlichen Stoffe. Die in diesem Zusammenhang als signifikant erachteten Einflussgrößen sind:

– Brandlast in Abhängigkeit von ihrer Größe und Anordnung im Brandbekämpfungsabschnitt,
– Ventilationsbedingungen und Wärmeabzugsmöglichkeiten,
– Größe des Brandbekämpfungsabschnittes,
– Gebäudehöhe bzw. Anzahl der Geschosse,
– Möglichkeit der Brandbekämpfung einschließlich automatischer Feuerlöschanlagen.

Der Einfluss dieser Größen auf den Brandverlauf in dem Brandbekämpfungsabschnitt und dementsprechend auf die Brandbeanspruchung der Bauteile ist unterschiedlich und wird in dem Berechnungsverfahren durch in sinnvoller Weise gewichtete Bewertungsfaktoren berücksichtigt. Die dabei zugrundegelegten Größen stellen ein System aus konkretisierbaren, zum Teil aus Versuchsergebnissen ableitbaren Werten und aus vereinbarten, allgemein akzeptierten Sicherheitszuschlägen dar, durch die der Anschluss an die für bauliche Anlagen anderer Nutzung bereits geltenden Anforderungen in angemessener Weise herbeigeführt wird. Mit Hilfe einer rechnerischen Brandbelastung, die alle diese Beweitungsfaktoren berücksichtigt, werden für die Einzelbauteile erforderliche Brandschutzklassen ermittelt, die wiederum Feuerwiderstandsklassen nach DIN 4102 zugeordnet sind.

Obwohl hier also ein dem Einzelobjekt angemessener Brandschutz angestrebt wird, erfolgt eine Rückführung auf die klassische Norm, wodurch das gesamte vorhandene, in jahrzehntelanger Arbeit erworbene Wissen genutzt werden kann.

Auch DIN 18 230 betrachtet bei der Bemessung nur Einzelbauteile, worauf in der Vorbemerkung ausdrücklich hingewiesen wird.

Die Randbedingungen für die Anwendbarkeit von DIN 18 230 sind in der Industriebau-Richtlinie angegeben.

2.3.3 Sonstige als Technische Baubestimmungen eingeführte Brandschutznormen und Richtlinien im Bauwesen

DIN 18 082 Feuerschutzabschlüsse, Stahltüren T 30-1;
    – 1 Bauart A
    – 3 Bauart B

DIN 18 089 Einlagen bei Feuerschutztüren
    – 1 Mineralfaserplatten; Begriff, Bezeichnung, Anforderungen, Prüfung
    – 2 Mineralfasermatten; Begriff, Bezeichnung, Anforderungen, Prüfung

DIN 18 090 Aufzüge; Flügel- und Falttüren für Fahrschächte mit feuerbeständigen Wänden

DIN 18 091 Aufzüge; Schacht-Schiebetüren für Fahrschächte mit Wänden der Feuerwiderstandsklasse F 90

DIN 18 092 Aufzüge; Vertikal-Schiebetüren für Klein-Güteraufzüge in Fahrschächten mit Wänden der Feuerwiderstandsklasse F 90

DIN 18 093   Feuerschutzabschlüsse; Einbau von Feuerschutztüren in massive Wände aus Mauerwerk oder Beton; Ankerlagen, Ankerformen, Einbau
DIN 18 095   Türen; Rauchschutztüren
 – 1   Begriffe und Anforderungen
 – 2   Bauartprüfung der Dauerfunktionstüchtigkeit und Dichtheit
DIN 18 160   Feuerungsanlagen;
 – 1   Haus Schornsteine; Anforderungen, Planung und Ausführung
 – 2   Verbindungsstücke
 – 5   Einrichtungen für Schornsteinfegerarbeiten
 – 6   Prüfbedingungen und Beurteilungskriterien für Prüfungen an Prüfschornsteinen
DIN 18 232   Rauch- und Wärmeabzugsanlagen
 – 1   Begriffe und Anwendung
 – 2   Rauchabzüge; Bemessung, Anforderungen und Einbau
 – 3   Rauchabzüge; Prüfungen
TVR-Gas   Technische Vorschriften und Richtlinien für die Einrichtung und Unterhaltung von Niederdruckgasanlagen in Gebäuden und Grundstücken bzw. Technische Baubestimmungen – Technische Regeln für Gas-Installationen (DVGW – TRGI)
HRR   Technische Baubestimmungen – Heizräume – (Heizraumrichtlinien)
HBR   Technische Baubestimmungen – Bau und Betrieb von Behälteranlagen zur Lagerung von Heizöl – (Heizölbehälter-Richtlinien).

2.4 Europäische Brandschutznormung

Brandschutzforderungen werden auch in den Gesetzen für einen zukünftigen europäischen Binnenmarkt berücksichtigt. So enthält die 1988 beschlossene Bauproduktenrichtlinie BPR [34] hinsichtlich des Brandschutzes Anforderungen an die Tragfähigkeit des Bauwerkes, Begrenzung von Feuer und Rauch sowie Berücksichtigung von Maßnahmen zur Rettung der Bewohner des Gebäudes und zur Sicherheit der Rettungsmannschaften. Die Zielvorstellungen zum Brandschutz sind damit ähnlich – wenn auch nicht so ausführlich und detailliert wie in den Landesbauordnungen formuliert (s. Abschn. 2.1).

Zur Konkretisierung der Brandschutzforderungen der Bauproduktenrichtlinie wurden in der Europäischen Gemeinschaft die Eurocodes als harmonisierte Baunormen geschaffen. Sie werden in Zukunft die nationalen Normen ersetzen. Im konstruktiven Ingenieurbau bestehen die Eurocodes (EC) aus folgenden Teilen:

EC 1   Grundlagen des Entwurfs, der Berechnung und Bemessung sowie Einwirkungen auf Tragwerke
EC 2   Planung von Stahlbeton- und Spannbetontragwerken
EC 3   Bemessung und Konstruktion von Stahlbauten
EC 4   Bemessung und Konstruktion von Verbundtragwerken aus Stahl und Beton
EC 5   Entwurf, Bemessung und Konstruktion von Holzbauwerken
EC 6   Bemessung von Mauerwerksbauten
EC 9   Entwurf, Berechnung und Bemessung von Aluminiumkonstruktionen

Die Brandschutzteile sind den bauartspezifisch unterteilten Eurocodes für die Bemessung im Kaltzustand als Teil 1.2 angegliedert. Eine Ausnahme stellt hier der Eurocode 1 dar, in dem bauartenübergreifend im Teil 2-2 die Rechengrundlagen für die Brandeinwirkungen und Lastannahmen geregelt werden.

Die Brandschutzteile der Eurocodes besitzen eine einheitliche Gliederung; sie besteht aus

Kapitel 1:   Einführung, Ziel, Definition, Symbole
Kapitel 2:   Grundprinzipien
Kapitel 3:   Materialeigenschaften
Kapitel 4   Tragwerksbemessung für den Brandfall und
Kapitel 5   bauartenspezifische Detailangaben.

Zusätzliche Informationen enthalten die normativen und informativen Anhänge der einzelnen Brandschutzteile.

Nach Übernahme der Arbeiten an den Eurocodes durch die europäische Normenorganisation CEN erhielt jeder Eurocode eine neue offizielle Bezeichnung: z.B. erhielt der Eurocode 2 Teil 1-2 nach CEN die Bezeichnung ENV 1992-1-2 in der englischen und DIN V ENV 1992-1-2 in der deutschen Fassung; im Folgenden wird vereinfachend vom EC 2-1-2, EC 3-1-2, usw. gesprochen. Nach Fertigstellung müssen die Eurocodes zunächst als Vornorm (ENV) mit einer dreijährigen Laufzeit zur probeweisen Anwendung veröffentlicht werden, wobei bereits nach zweijähriger Geltungsdauer die Entscheidung fällt, ob die Vornorm ENV – eventuell in überarbeiteter Form – in eine verbindliche EN-Norm überführt wird und nationale Normen zum gleichen Regelungsgebiet zurückgezogen werden.

Gegenüber der deutschen Brandschutznorm DIN 4102 enthalten die Brandschutzteile der Eurocodes rechnerische Näherungs- und „exakte" Nachweisverfahren. Damit wird der Entwicklung der letzten 10 bis 20 Jahre Rechnung getragen, das Brandverhalten der Bauteile durch theoretisch/numerische Verfahren zu bestimmten. Voraussetzung hierfür war die zunehmende Verbreitung leistungsfähiger elektronischer Rechenanlagen sowie das intensive Studium des thermischen und mechanischen Material- und Bauteilverhaltens. In den Näherungs- wie in den exakten Verfahren werden bekannte Rechenansätze aus der „kalten" Bemessung für die Anwendung im „heißen" aufbereitet. In der Regel wird nachgewiesen, dass alle maßgebenden Lasteinwirkungen auch nach Ablauf der vorgeschriebenen Feuerwiderstandsdauer eines Bauteils ohne Versagen aufgenommen werden können. Dafür werden bei den Näherungsverfahren u.a. Vereinfachungen bei der Ermittlung der temperaturbedingten Tragfähigkeitsreduzierung der Bauteilquerschnitte und bei der Beschreibung des Versagenszustandes im Brandfall (z.B. Fließgelenktheorie) getroffen. Die „exakten Rechenverfahren" basieren auf computergestützten Lösungsansätzen, durch die das tatsächliche Trag- und Verformungsverhalten der Bauteile ermittelt wird. In den einzelnen Brandschutzteilen der Eurocodes sind die thermischen und mechanischen Baustoffeigenschaften angegeben, die in Form von Rechenfunktionen zur Ermittlung des Brandverhaltens der Bauteile benutzt werden können. Sie geben das charakteristische Verhalten der Baustoffe in integraler Form wieder, d.h. auf einen hohen Detaillierungsgrad zur Erfassung von Einzeleinflüssen wie Legierungszusammensetzung und chemische Zusammensetzung beim Stahl oder Feuchtetransporte und Rissverhalten beim Beton wurde zugunsten möglichst einfacher mathematischer Beschreibungen verzichtet.

Zur Zeit existiert noch kein vollständiges europäisches Regelwerk, z.B. fehlen harmonisierte Einwirkungs-(Last-)Normen sowie entsprechende Baustoffnormen. Um trotzdem die probeweise Anwendung in der ENV-Phase zu ermöglichen, werden in den meisten Mitgliedstaaten von EG und EFTA sogenannte „Nationale Vorworte" bzw. „Nationale Anwendungsdokumente (NAD)" erstellt. In Deutschland wird im nationalen Vorwort mitgeteilt, dass das NAD als Fachbericht des DIN erscheint. Im Anpassungsdokument wird der Bezug zu nationalen Regelungen hergestellt. Geregelt wird hierin ferner die Festlegung der in den Eurocodes enthaltenen sog. „indikativen", d.h. nur als Anhalt zu verstehende Zahlen, die im Text der Eurocodes durch eine Einrahmung oder durch eckige Klammern gekennzeichnet sind (boxed values). Diese Zahlenwerte können, zumindest innerhalb einer Übergangsfrist, national durch die einzelnen Länder festgelegt werden [23].

3 Brandverlauf und Modelle zu seiner Beschreibung

Der Verlauf eines Brandes wird im Wesentlichen bestimmt durch:
– Menge und Art der brennbaren Materialien (Brandlast), die das Gesamt-Wärmepotential darstellen,
– Konzentration und Lagerungsdichte der Brandlast,
– Verteilung der Brandlast im Brandraum,
– Geometrie des Brandraumes,
– thermische Eigenschaften – insbesondere Wärmeleitfähigkeit und Wärmekapazität – der Bauteile, die den Brandraum umschließen,
– Ventilationsbedingungen, die die Sauerstoffzufuhr zum Brandraum steuern,
– Löschmaßnahmen.

Als Beispiel ist auf Bild 3.1 der Einfluss der Brandlastmenge und der bezogenen Größe der Ventilationsöffnungen auf die Temperaturentwicklung im Brandraum dargestellt [6], [41].

Es muss beachtet werden, dass die quantitative Bedeutung und die gegenseitige Beeinflussung beim Zusammenspiel der genannten brandbeeinflussenden Parameter noch nicht völlig bekannt sind, insbesondere deshalb, weil Messungen bisher fast ausschließlich in relativ kleinen Räumen durchgeführt werden konnten.

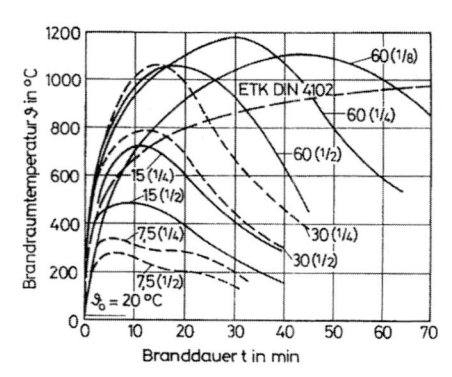

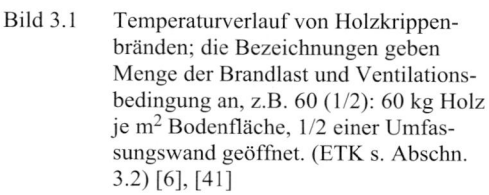

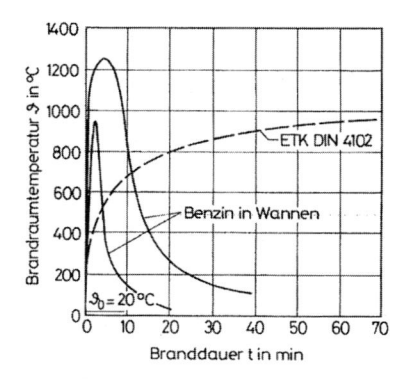

Bild 3.1 Temperaturverlauf von Holzkrippenbränden; die Bezeichnungen geben Menge der Brandlast und Ventilationsbedingung an, z.B. 60 (1/2): 60 kg Holz je m² Bodenfläche, 1/2 einer Umfassungswand geöffnet. (ETK s. Abschn. 3.2) [6], [41]

Bild 3.2 Temperaturverlauf bei Benzinbränden (ETK s. Abschn. 3.2) [8]

3 Brandverlauf und Modelle zu seiner Beschreibung

Beim Ablauf eines Brandes sind grundsätzlich drei Phasen zu beobachten:

Nach dem Zünden des Feuers entsteht zunächst ein *Schwelbrand*. In dieser Phase breitet sich der Brandherd aus und erhitzt die Raumluft mehr oder weniger schnell, bis deren Temperatur zum Feuerübersprung (flash over) auf die Brandlast im gesamten Raum ausreicht. Die Charakteristik der Schwelbrandphase ist abhängig vom Raumvolumen und besonders von der Brandlast; die anderen genannten Parameter haben wenig Einfluss. So können dicht gelagerte Brandlasten lang dauernde Brandentwicklungsphasen haben, während bei Flüssigkeitsbränden von einer Schwelbrandphase kaum noch gesprochen werden kann; hier erfolgt der flash over sehr rasch nach dem Zünden [8].

Hat der Feuerübersprung stattgefunden, beginnt die *Erwärmungsphase* des Vollbrandes. Die Raumtemperaturen wachsen nun stark an. Diese Brandphase wird außer von der Brandlast selbst (s. Bild 3.1 und 3.2) wesentlich von der Sauerstoffmenge, die im Brandraum zur Verfügung steht, also der Brandraumgeometrie und den Ventilationsbedingungen, gesteuert. Die erreichte Temperatur ist aber auch abhängig vom Material, das den Raum umschließt. Bei hoch wärmedämmenden Baustoffen (geringe Wärmeleitfähigkeit) entstehen höhere Brandraumtemperaturen. Die Dauer der Erwärmungsphase wird bestimmt von der gesamten im Brandraum vorhandenen Abbrandenergiemenge.

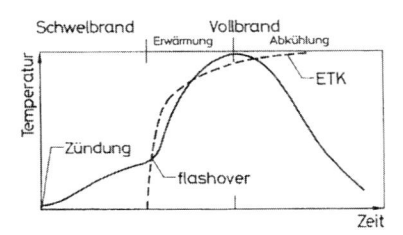

Bild 3.3
Phasen eines Brandes (ETK s. Abschn. 3.2)

Während der Erwärmungsphase des Vollbrandes werden die umgebenden Bauteile aufgeheizt, sie ist also als der eigentliche Brandangriff auf das Bauwerk anzusehen.

Die letzte Phase ist die *Abkühlphase*. Nun reicht die Energiemenge des abbrennenden Materials nicht mehr aus, um eine Steigerung oder Aufrechterhaltung der Brandraumtemperatur zu erzeugen. Dieser Zustand führt dazu, dass aus den aufgeheizten umschließenden Bauteilen ein in den Brandraum gerichteter Wärmestrom zurückfließt. Die von den Bauteilen abgegebene Wärmeenergie bestimmt dann die abnehmende Tendenz der Heißgastemperatur im Brandraum weitgehend mit.

Schematisch sind die Brandphasen auf Bild 3.3 gezeigt.

3.1 Wärme- und Massenbilanzen

Der Verlauf eines Brandes und seine Wirkung auf ein zu betrachtendes Bauteil kann durch den Ansatz von Wärme- und Massenbilanzen beschrieben werden. Ihre Lösung ist ein komplexes Problem; die am Brandgeschehen direkt und indirekt beteiligten Einflussgrößen sind außerordentlich vielfältig und auch nur teilweise erforscht, sodass eine geschlossene mathematische Formulierung des gesamten Problems gegenwärtig nicht möglich erscheint. Immerhin hat die Entwicklung der Großrechenanlagen so weit geführt, dass nunmehr auch umfangreiche Gleichungssysteme mit erträglichem Zeitaufwand gelöst werden können, sodass die Entwicklung aufwendiger Wärmebilanzmodelle für wissenschaftliche Zwecke sinnvoll erscheint. Dazu werden die zur Beschreibung des Brandgeschehens erforderlichen physikalischen Grundlagen anhand des derzeit erreichten Kenntnisstandes in der Thermodynamik, Wärme- und Brennstofftechnik und Strömungsmechanik festgelegt [37], [38].

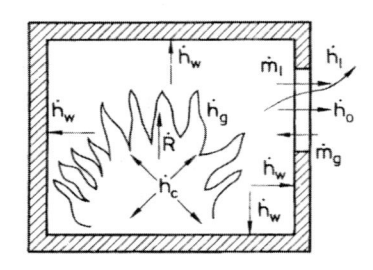

Bild 3.4
Wärme- und Massenströme in einem Brandraum

Auf Bild 3.4 sind die Komponenten einer Wärme- und Massenbilanz schematisch dargestellt. Für das gewählte Modell ist vorausgesetzt, dass
– die Temperaturverteilung im Innern des Raumes homogen ist und
– die Wandoberflächen so geartet sind, dass die Wärmeverluste durch einen eindimensionalen Ansatz beschrieben werden können.

Für die Wärmebilanz ergibt sich mit diesen Annahmen aus dem 1. Hauptsatz der Thermodynamik:

$$\dot{h}_c - (\dot{h}_l + \dot{h}_o + \dot{h}_w + \dot{h}_g + \dot{h}_s) = 0, \qquad (3.1)$$

worin:
$\dot{h}_c$ = pro Zeiteinheit durch Verbrennung und Brandnebenerscheinungen im Brandraum freigesetzte Energie,
$\dot{h}_l$ = durch den Gaswechsel (Konvektion durch Öffnungen) entzogene Energie pro Zeiteinheit,
$\dot{h}_0$ = durch die Fensterstrahlung entzogene Energie pro Zeiteinheit,
$\dot{h}_w$ = durch Konvektion und Strahlung an die Umfassungsbauteile abgegebene Energie pro Zeiteinheit,
$\dot{h}_g$ = im Brandraum gespeicherte Energie pro Zeiteinheit,
$\dot{h}_s$ = sonstige Energieanteile pro Zeiteinheit, alles in (kJ/s).

Die zugehörige Gleichung der Massenbilanz im Brandraum ist gegeben durch:

$$\dot{m}_g - (\dot{m}_l + \dot{R}) = 0, \qquad (3.2)$$

worin:

$$\dot{m}_g - (\dot{m}_l + \dot{R}) = 0,$$

$\dot{m}_g$ = ausströmende Gasmengen pro Zeiteinheit,
$\dot{m}_l$ = eintretende Luftmengen pro Zeiteinheit,
$\dot{R}$ = Abbrandrate,
alles in (kg/s).

3.2 Normbrand

Um einheitliche Prüf- und Beurteilungsgrundlagen für das Brandverhalten von Bauteilen zu schaffen, wurde auf internationaler Ebene eine sogenannte Einheitstemperaturzeitkurve (ETK) festgelegt. Ihr folgen die Bauteilprüfungen nach DIN 4102-2, -3, -5, -6, -9 und -11. Sie gehorcht dem Gesetz:

$$\vartheta - \vartheta_0 = 345 \lg (8t+1), \qquad (3.3)$$

worin:
ϑ = Brandraumtemperatur (K),
ϑ_0 = Temperatur des Probekörpers bei Versuchsbeginn (K),
t = Zeit (min).

Die Einheitstemperaturzeitkurve ist in Bild 3.5 dargestellt.

Ihr Verlauf ist z.B. auch in den Bildern 3.1 bis 3.3 gestrichelt eingezeichnet. Aus den Bildern wird deutlich, dass die ETK einen wirklichen Brand nur unzureichend wiedergeben kann. Weder simuliert sie den unterschiedlich schnellen Anstieg auf unterschiedlich hohe Temperatur in der Erwärmungsphase des Vollbrandes noch weist sie den abfallenden Temperaturrast in der Abkühlphase auf. Sie ist lediglich der Maßstab, an dem das Brandverhalten aller Bauteile – bekleideter Stahlträger, Leichtbau-Trennwand, Stahlbeton-Kassettendecke, Stahl-Schiebetor usw. – in allen Bauwerken verschiedenster Nutzung gemessen und verglichen werden kann. Es hat sich erwiesen, dass mit bauaufsichtlichen Brandschutzforderungen, die auf diesem Brandmodell basieren, ein ausreichendes Sicherheitsniveau erreicht wird.

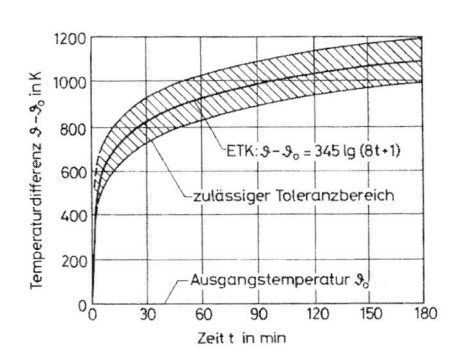

Bild 3.5
Einheitstemperaturzeitkurve (ETK) nach DIN 4102-2 und ISO 834

3.3 Äquivalente Branddauer

Das Konzept der äquivalenten Normbranddauer wurde entwickelt, um eine Vergleichbarkeit natürlicher Brände mit dem Normbrand (ETK) zu ermöglichen. Die äquivalente Normbranddauer $t_ä$ ist definiert als diejenige Zeitdauer des Normbrandes, bei der näherungsweise dieselbe Schadenwirkung in einem Bauteil erreicht wird wie durch den Gesamtablauf eines natürlichen Schadenfeuers, z.B. [7]. Im Allgemeinen ist die „Schadenwirkung" gleichzusetzen mit der erreichten Temperatur an einem kritischen Punkt des Bauteils, beispielsweise in der Bewehrung eines auf Biegung beanspruchten Stahlbetonbauteils. Für ummantelte Stahlbauteile wurde empirisch eine Näherungsformel für die äquivalente Branddauer entwickelt:

$$t_{\ddot{a}} = 0{,}067 \frac{k_f q_t}{\left(k_f \cdot \dfrac{A\sqrt{h}}{A_t}\right)^{1/2}} \text{ (min)}, \tag{3.4}$$

worin:
- q_t = Wärmemenge aller im Brandraum vorhandenen brennbaren Stoffe, bezogen auf die Einheit der inneren Oberfläche des Brandraumes (MJ/m^2),
- k_f = Beiwert zur Erfassung unterschiedlicher thermischer Eigenschaften der Bauteile, die den Brandraum umschließen (1),
- $\dfrac{A\sqrt{h}}{A_t}$ = Öffnungsfaktor zur Beschreibung der Ventilationsbedingungen (m$^{1/2}$), mit:
  - A = Fläche der Fenster- und Türöffnungen (m^2),
  - h = mittlere Höhe der Fenster- und Türöffnungen (m),
  - A_t = innere Oberfläche des Brandraumes (Boden, Decke, Wände einschließlich Öffnungen) (m^2).

Unter Vorbehalt wird Gl. (3.4) auch bei Bauteilen aus anderen Baustoffen benutzt.

DIN 18 230 „Baulicher Brandschutz im Industriebau" (s. Abschn. 2.3.2) bezieht weitere Einflüsse in die Ermittlung der äquivalenten Branddauer ein, um zu der Gleichung zu kommen:

$$t_a = q_R \cdot c \cdot w \text{ (min)} \tag{3.5}$$

worin:

$q_R = \dfrac{\Sigma (M_i \cdot H_{vi} \cdot m_i \cdot \psi_i)}{A}$ = rechnerische Brandbelastung (kWh/m^2), mit:

- M_i = Masse des einzelnen brennbaren Stoffes (kg),
- H_{vi} = Heizwert des einzelnen brennbaren Stoffes (kWh/kg),
- A = Grundfläche des Brandraumes (Brandbekämpfungsabschnittes) (m^2),
- m_i = Abbrandfaktor des einzelnen brennbaren Stoffes, der Form, Verteilung, Lagerungsdichte und Feuchte berücksichtigt (1),
- ψ_i = Kombinationsbeiwert zur Berücksichtigung eines Schutzes von brennbarem Material, z.B. Heizöl in Behältern und Leitungen (1),
- c = Umrechnungsfaktor zur Erfassung unterschiedlicher thermischer Eigenschaften der Bauteile, die den Brandraum (Brandbekämpfungsabschnitt) umfassen (min m^2/kWh),
- w = Wärmeabzugsfaktor zur Beschreibung der Ventilationsbedingungen (1).

Gl. (3.4) und (3.5) beruhen auf den gleichen Grundansätzen und führen, wenn man in Gl. (3.5) die Beiwerte m_i und ψ_i = 1 setzt, zu vergleichbaren Ergebnissen für die äquivalente Branddauer.

4 Mechanische und thermische Hochtemperatureigenschaften der Baustoffe

Die Kennwerte für das mechanische und thermische Verhalten der Baustoffe sind temperaturabhängig. Das gilt in besonderem Maße für die mechanischen Eigenschaften, aber auch die Veränderung der thermischen muss berücksichtigt werden.

4 Mechanische und thermische Hochtemperatureigenschaften

Das Ergebnis von Versuchen zur Bestimmung der mechanischen Hochtemperaturkennwerte ist nicht nur bestimmt von der jeweils gewählten Prüftemperatur, sondern hängt von vielen Versuchsbedingungen ab. Von wesentlichem Einfluss ist, ob die Probe während des Erwärmungsvorgangs unter mechanischer Beanspruchung (Vorlast) steht oder unbelastet ist; auch die Erwärmungsgeschwindigkeit ist in manchen Fällen wesentlich. Zur Beurteilung von vorgelegten Werten ist also die Kenntnis der Versuchsbedingungen wichtig.

Tafel 4.1 zeigt die drei Arten der Versuchsdurchführung zur Bestimmung der mechanischen Hochtemperaturkennwerte.

Durchgeführt werden solche Versuche ausschließlich für die wichtigsten Baustoffe, die in tragenden Konstruktionen eingesetzt werden, nämlich Stahl und Beton. Dementsprechend können auch nur für sie die Kennwerte vermittelt werden.

Tafel 4.1 Verschiedene Versuchsarten zur Ermittlung des mechanischen Verhaltens von Baustoffen bei hohen Temperaturen

Versuchsart	Spannung	Dehnung	Temperatur	Gesetz
I a) ohne Vorlast	variabel	gemessen	konstant	σ–ε-Diagramm
b) mit Vorlast				
II	konstant	gemessen	variabel	Hochtemperatur-Kriechen
III	gemessen	konstant	variabel	Hochtemperatur-Relaxation

4.1 Stahl

4.1.1 Festigkeit und Verformung

Die Zusammensetzung und der Herstellungsprozess beeinflussen die Hochtemperaturfestigkeit und das Verformungsverhalten des Stahles wesentlich. Die erhöhte Festigkeit kaltverformter Beton- und Spannstähle bei Raumtemperatur wird hervorgerufen durch Verzerrungen und Versetzungen im Mikrogefüge. Diese Verfestigung wird infolge Temperatureinwirkung im Brandfall durch eine Ausheilung der Verzerrungen und Gitterfehler zurückgebildet. Durch die größere Beweglichkeit der Versetzungen nimmt die Verformungsfähigkeit zu, und die Festigkeit verringert sich. Der Ausheilvorgang wird durch Erholung, Rekristallisation und Ausscheidungs- bzw. Koagulationsvorgänge im Werkstoffgefüge gesteuert. Die Temperaturen, bei denen diese Vorgänge einsetzen, liegen unterschiedlich hoch. Bei kaltverformten Betonstählen wird der Verfestigungseffekt bei Einwirkung von rund 400 °C über längere Zeit vollständig aufgehoben; bei höherer Temperatur verringert sich die erforderliche Einwirkungszeit.

Die festigkeitssteigernde Wirkung thermischer Nachbehandlung, die im Wesentlichen auf Ausscheidungs- und Aufspaltungsprozessen im Materialgefüge beruht, wird abgebaut, wenn die Temperatur dieser Behandlung wieder erreicht und überschritten wird.

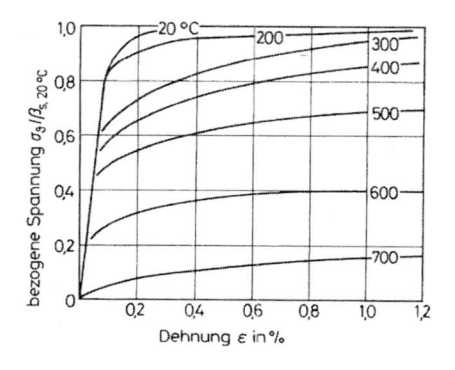

Bild 4.1   Spannungs-Dehnungs-Diagramm für Baustahl St 37.2; Versuchsart I mit Vorlast [17]

Bild 4.2   Spannungs-Dehnungs-Diagramm für kaltgezogenen Spannstahl St 1375/1570; ermittelt aus Messungen der Versuchsart II [17]

Als Beispiele sind Spannungs-Dehnungs-Diagramme bei verschiedenen Temperaturen für normalen Baustahl und zwei Spannstahlsorten gleicher Kaltfestigkeit, aber unterschiedlicher Herstellung auf den Bildern 4.1 bis 4.3 aufgezeichnet [17].

Für Stähle, die bei Raumtemperatur keine ausgeprägte Streckgrenze aufweisen, wird vereinbarungsgemäß diejenige Spannung als Fließgrenze definiert, die eine nach dem Entlasten bleibende

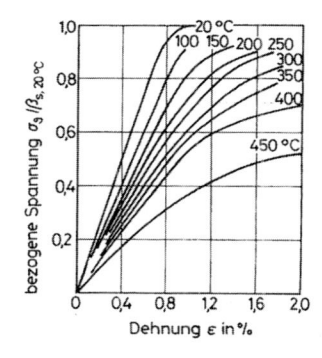

Bild 4.3   Spannungs-Dehnungs-Diagramm für einen vergüteten Spannstahl St 1420/1570; ermittelt aus Messungen der Versuchsart II [17]

Dehnung von 0,2 % erzeugt ($\beta_{0,2}$-Grenze). Entsprechend kann man auch – gegebenenfalls mit anderen Grenzwerten der plastischen Dehnung – im Hochtemperaturbereich vorgehen.

Es hat sich jedoch als praktisch erwiesen, da eine Übertragung auf das Brandverhalten von Bauteilen gut gelingt, für das Versagen des Stahls unter Hochtemperatur ein Verformungskriterium in Form einer bestimmten Dehngeschwindigkeit

$$\dot{\varepsilon} = 10^{-4}\,/\,\mathrm{s} \tag{4.1}$$

einzuführen. Die beim Erreichen dieser Dehngeschwindigkeit vorhandene Temperatur wird als *kritische Stahltemperatur* bezeichnet. Sie ist spannungsabhängig; je höher die auf die Probe aufgebrachte bzw. im Bauteil wirkende Stahlspannung ist, um so niedriger wird die kritische Stahltemperatur.

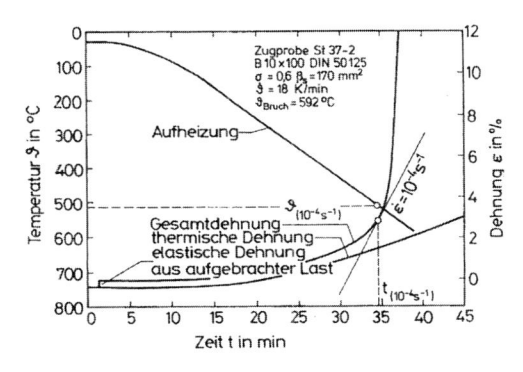

4 Mechanische und thermische Hochtemperatureigenschaften

Bild 4.4 Dehnung einer Baustahlprobe unter Last- und Temperatureinwirkung; Versuchsart II [17]

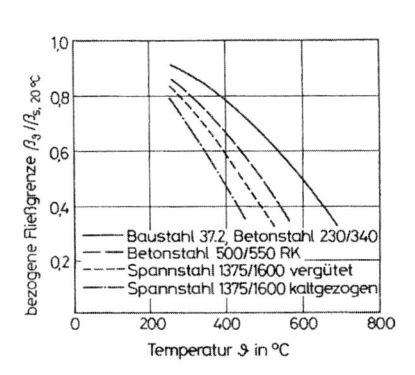

Bild 4.5 Temperaturabhängige Veränderung der Stahl-Fließgrenze; kritische Stahltemperatur

Bild 4.4 erläutert die Zusammenhänge:

Auf eine Stahlprobe wird zunächst eine Zugspannung aufgebracht, die eine elastische Dehnung erzeugt. Unter dieser Spannung wird dann die Probe erwärmt. Dabei dehnt sie sich zunächst entsprechend der thermischen Dehnung, verlässt dann aber den der thermischen Dehnung parallelen Verlauf und dehnt sich überproportional. Der kritische Wert der Dehngeschwindigkeit $\dot{\varepsilon} = 10^{-4}$/s. wird zu einer bestimmten Zeit t bzw. bei der kritischen Temperatur ϑ erreicht. Danach geht die Dehngeschwindigkeit $\dot{\varepsilon}$ sehr schnell gegen ∞, d.h. die Probe reißt.

Übertragen auf ein biegebeanspruchtes Bauteil bedeutet das eine rapide Zunahme der Durchbiegung bzw. der Durchbiegungsgeschwindigkeit (s. Abschn. 2.3.1) und damit einen Biege-(Zug-)Bruch.

Auf Bild 4.5 sind spannungsabhängige kritische Stahltemperaturen für gebräuchliche Stahlsorten angegeben (Richtwerte).

Die Festigkeitseigenschaften von Stahl unter Hochtemperatureinwirkung werden fast ausschließlich im Zugbereich ermittelt. Fußend auf wenigen Untersuchungen im Druckbereich wird unterstellt, dass das Druck- und Stauchungsverhalten dem Zug- und Dehnungsverhalten entspricht.

4.1.2 Elastizität

Der Elastizitätsmodul des Stahles nimmt mit steigender Temperatur ab, und zwar wiederum bei den nachbehandelten Stählen schneller als bei den naturharten. Der Unterschied ist jedoch nicht gravierend, und näherungsweise kann der in Bild 4.6 aufgezeichnete Verlauf als für alle Stahlsorten zutreffend angenommen werden [3].

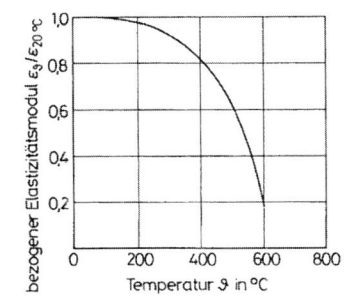

Bild 4.6 Temperaturabhängige Veränderung des Stahl-Elastizitätsmoduls [3]

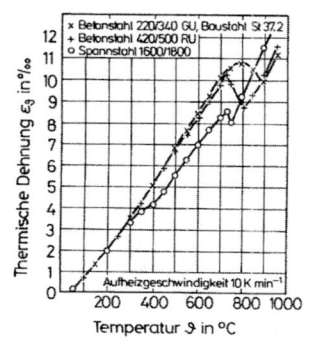

Bild 4.7 Thermische Dehnung verschiedener Stähle [17]

4.1.3 Thermische Dehnung

Die thermische Dehnung von Bau- und Betonstählen kann, wie Bild 4.7 zeigt, für den im Brandfall interessierenden Bereich bis etwa 700 °C als annähernd linear mit α_ϑ = const =

$$\alpha_\vartheta = 1,4 \cdot 10^{-5} / K \qquad (4.2)$$

angesetzt werden. Bei kaltgezogenem Spannstahl wirken sich die unter 4.1.1 beschriebenen Vorgänge in der Mikrostruktur auch auf die thermische Dehnung aus, wie gleichfalls aus Bild 4.7 zu ersehen ist. Die Unstetigkeiten in den Kurvenverläufen bei hohen Temperaturen sind auf Schrumpfeffekte zurückzuführen, die nicht eliminiert werden können [17].

4.1.4 Wärmeleitfähigkeit

Die Wärmeleitfähigkeit λ von Stählen hängt stark von ihrer Zusammensetzung ab. Während die im Bauwesen üblichen Stähle eine mit zunehmender Temperatur abfallende Tendenz zeigen, kann bei einigen hochlegierten Stählen ein Anwachsen der Wärmeleitfähigkeit mit zunehmender Temperatur beobachtet werden [33].

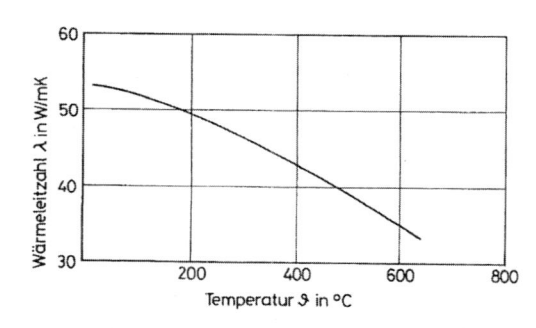

Bild 4.8
Wärmeleitfähigkeit von Baustählen St 37 und St 52 in Abhängigkeit von der Temperatur [33]

Bild 4.8 zeigt den Verlauf bei üblichen Baustählen.

4.1.5 Spezifische Wärmekapazität

Die spezifische Wärmekapazität c_p von im Bauwesen üblichen Stählen ist auf Bild 4.9 dargestellt [33].

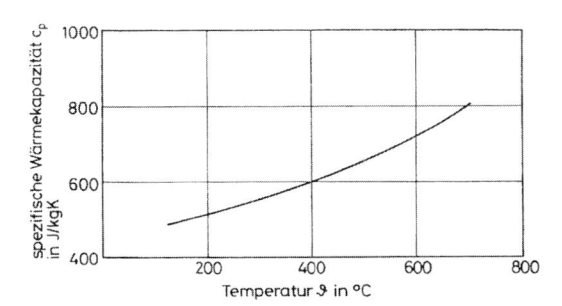

4 Mechanische und thermische Hochtemperatureigenschaften

Bild 4.9
Spezifische Wärmekapazität von üblichen Bau-, Beton- und Spannstählen in Abhängigkeit von der Temperatur [33]

4.1.6 Dichte

Für praktische Zwecke ist es ausreichend, die Dichte im Bauwesen üblicher Stähle als konstant anzusetzen mit:

$\rho = 7{,}85$ t/m³.

4.1.7 Temperaturleitfähigkeit

Die Temperaturleitfähigkeit $a = \lambda/c_p \cdot \rho$ ist – entsprechend der Entwicklung der Wärmeleitfähigkeit – beeinflusst von der Stahlzusammensetzung. Aus Bild 4.10 ist der Verlauf für übliche Baustähle zu entnehmen, der näherungsweise auch für Beton- und Spannstähle gilt.

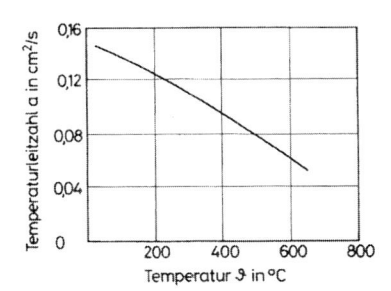

Bild 4.10
Temperaturleitfähigkeit von Baustählen St 37 und St 52 in Abhängigkeit von der Temperatur

4.1.8 Temperaturverteilung

Da Stahlbauteile, die nicht durch eine Ummantelung vor dem direkten Wärmeangriff geschützt sind, im Brandfall sehr früh versagen und im Allgemeinen keine brandschutztechnischen Forderungen erfüllen, wird der Temperaturverlauf für bekleidete Querschnitte gezeigt, wie er in [10] ermittelt wird.

Zur Berechnung der Erwärmung von ummantelten Stahlquerschnitten werden Vereinfachungen eingeführt:

– Der Stahl setzt dem Wärmedurchgang keinen Widerstand entgegen; daher ist die Temperatur des Stahlquerschnitts gleichförmig. Bei üblichen Walzprofilen ist diese Annahme genau genug. Bei sehr massigen Querschnitten, wie z.B. Vollprofilen größerer Abmessungen, führt sie zu ungünstigen Ergebnissen, da die (höhere) Temperatur der Randbereiche als maßgebend angesetzt wird.

– Die Wärmekapazität der Bekleidung wird vernachlässigt; dadurch ergibt sich ein linearer Temperaturgradient über die Bekleidungsdicke.

Bei sogenannter „leichter" Ummantelung durch moderne Methoden – Spezialputze, Brandschutzplatten – ist diese Maßnahme genau genug, bei „schwerer" Ummantelung konventioneller Art – Betonummantelung, Ummauerung – führt sie zu ungünstigen Ergebnissen.
- Der Widerstand gegen den Wärmefluss von der Bekleidung in den Stahl wird vernachlässigt.

Der Temperaturverlauf folgt damit dem auf Bild 4.11 skizzierten Schema.

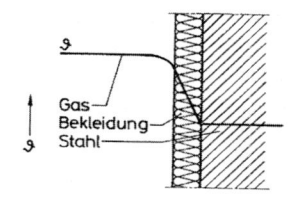

Bild 4.11
Temperaturverlauf im Heißgas, in der Bekleidung und dem Stahlprofil

Der Wärmeübergang k zwischen Heißgas und Stahl kann bei vereinfachter Erfassung der Bekleidung ausgedrückt werden als:

$$k = \frac{1}{\frac{1}{\alpha_c + \alpha_r} + \frac{d_i}{\lambda_i}} \quad (4.3)$$

α_c = konvektiver Wärmeübergangskoeffizient Heißgas-Bekleidung (W/m²K),
α_r = radiativer Wärmeübergangskoeffizient Heißgas-Bekleidung (W/m²K),
d_i = Dicke der Bekleidung (m),
λ_i = Wärmeleitfähigkeit der Bekleidung (W/mK).

λ_i ist hier nicht der in üblichen Tabellen zu findende Wert, sondern temperaturabhängig zu formulieren. Üblicherweise werden mit ihm gleichzeitig Effekte erfasst, die bei der Brandbeanspruchung eines bekleideten Stahlbauteils auftreten, wie Risse und Klüfte im Ummantelungsmaterial. Näherungsweise wird λ_i als konstant über den gesamten für tragende Stahlbauelemente in Frage kommenden Temperaturbereich angenommen [10].

Da $\frac{1}{\alpha_c + \alpha_r} \ll \frac{d_i}{\lambda_i}$, reduziert sich k für praktische Fälle auf:

$$k = \frac{\lambda_i}{d_i}. \quad (4.3a)$$

Die Erwärmung eines Stahlprofils ist außer von der Bekleidung wesentlich abhängig von dem sogenannten Profilfaktor, d.h. dem Verhältnis U/A, worin
U = erwärmter Umfang (m),
A = Fläche des Stahlprofils (m²).

Für den erwärmten Umfang ist jeweils die dem Stahlprofil zugewandte Mantelfläche der Bekleidung einzusetzen; bei profilfolgender Ummantelung ist er gleich der Stahlprofilabwicklung, bei kastenförmiger Bekleidung gleich der inneren Kastenabwicklung. Beispiele zeigt Bild 4.12.

4 Mechanische und thermische Hochtemperatureigenschaften

a) vierseitige Beflammung, profilfolgende Ummantelung

b) vierseitige Beflammung, kastenförmige Ummantelung

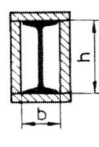

c) dreiseitige Beflammung, kastenförmige Ummantelung

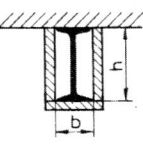

U = Abwicklung des Stahlprofils

U = 2(h+b)

U = 2h+b

Bild 4.12   Erwärmter Umfang von geschützten Stahlprofilen

Bei Vernachlässigung eventuell vorhandener Feuchte des Bekleidungsmaterials kann die Temperaturerhöhung $\Delta\vartheta_s$ eines mit „leichter" Ummantelung versehenen Stahlquerschnitts während eines Zeitintervalls Δt näherungsweise angegeben werden mit:

$$\Delta\vartheta_s = \frac{\lambda_i / d_i}{c_s \rho_s} \cdot \frac{U}{A} (\vartheta_t - \vartheta_s) \cdot \Delta t \ (K) \tag{4.4}$$

worin:

ϑ_t = mittlere Heißgastemperatur während des Zeitintervalls Δt (° C),
ϑ_s = mittlere Stahltemperatur während des Zeitintervalls Δt (° C)
Δt = Zeitintervall (s),
c_s = spezifische Wärmekapazität des Stahls (J/kgK),
ρ_s = Rohdichte des Stahls (kg/m³).

Zur Erzielung befriedigender Konvergenz der Gl. (4.4) muss das Zeitintervall Δt ausreichend klein gewählt werden.

[10] bietet Tafeln an, mit denen die Erwärmung von Stahlquerschnitten bei Normbrandbeanspruchung (ETK) in einfacher Weise ermittelt werden kann. Nachfolgend wird ein Beispiel gegeben.

Beispiel   Erwärmung eines bekleideten, allseitig beflammten Stahlquerschnitts HEB (IPB) 200 zu bestimmten Zeiten einer Normbrandbeanspruchung. Bekleidung: Spritzputz bzw. Platten auf Vermiculitebasis:

d_i = 0,03 m, λ_i = 0,15 W/mK (nach [10]), d_i/λ_i = 0,2;

bei profilfolgender Ummantelung gemäß Bild 4.12.a:

U/A = 1,15/78,1 · 10^{-4} = 147 m^{-1},

bei kastenförmiger Bekleidung gemäß Bild 4.12.b:

U/A = 4 · 0,20/78,1 · 10^{-4} = 103 m^{-1}

Der Einfluss des Profilfaktors U/A bei sonst gleichen Bedingungen ist aus Tafel 4.2 deutlich erkennbar.

Tafel 4.2 Stahltemperatur eines bekleideten Stahlprofils HEB 200 zu bestimmten Zeiten einer Normbrandbeanspruchung (Beispiel)

Zeit t (min)	Brandraumtemperatur ϑ_t (°C)	Stahltemperatur ϑ_s (°C)	
		profilfolgende Ummantelung	kastenförmige Bekleidung
0	20	20	20
30	842	206	157
60	945	379	298
90	1006	514	417
120	1049	620	515

Für die Berechnung angesetztes Zeitintervall $\Delta t = 30$ s.

[10] bietet auch Rechenverfahren zur Ermittlung der Temperaturverteilung bei Berücksichtigung des Feuchtegehalts der Bekleidung, sowie bei „schwerer" Ummantelung und auch für nackte Stahlprofile an.

4.2 Beton

Bei der Erwärmung von Beton laufen in seiner Makro- und Mikrostruktur, sowohl im Zementstein wie im Zuschlag, physikalische Vorgänge und chemische und mineralogische Umsetzungen ab. Diese Prozesse, die nicht immer gleichsinnige Wirkungen haben, überlagern sich, sodass die Analyse des sehr komplexen Gesamtverhaltens schwierig ist. Generell nimmt mit steigender Temperatur die Festigkeit ab, und die Verformungsfähigkeit wächst. Schon bei Normalbetonen verschiedener Zusammensetzung – PZ, HOZ, quarzitischer oder Kalkstein-Zuschlag – sind Verhaltensunterschiede festzustellen. Ein gegenüber dem Normalbeton deutlich unterschiedliches Verhalten zeigen Konstruktionsleichtbetone mit geblähten Zuschlägen.

4.2.1 Festigkeit

Beispiele für die Betondruckfestigkeit (σ-ε-Diagramme) für Proben ohne Vorlast in der Erwärmungsphase sind für einen Normalbeton in Bild 4.13 und für einen Leichtbeton in

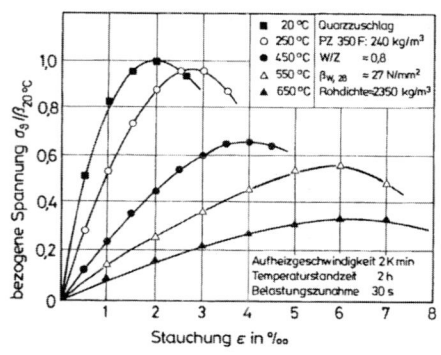

Bild 4.13 Bezogene Spannungs-Dehnungs-Kurven von Normalbeton mit quarzhaltigem Zuschlag bei hohen Temperaturen; Versuchsart I ohne Vorlast [17]

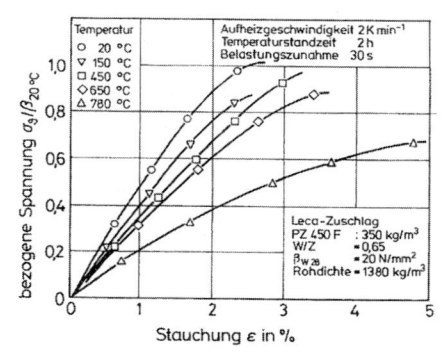

Bild 4.14 Bezogene Spannungs-Dehnungs-Kurven von Leichtbeton mit Blähtonzuschlag; Versuchsart I ohne Vorlast [17]

4 Mechanische und thermische Hochtemperatureigenschaften

Bild 4.14 wiedergegeben. Die Bilder 4.15 und 4.16 zeigen den Einfluss verschiedener Vorlasten auf die Hochtemperaturfestigkeit entsprechender Betone [17].

Die gezeigten Diagramme stellen Temperaturabhängigkeiten, gewonnen aus Versuchen mit *einachsiger Druckbeanspruchung* der Betonproben, dar. Die Betonzugfestigkeit wurde bisher nicht systematisch untersucht, und die Forschung zum *biaxialen Druckverhalten* unter erhöhter Temperatur steht an ihrem Anfang.

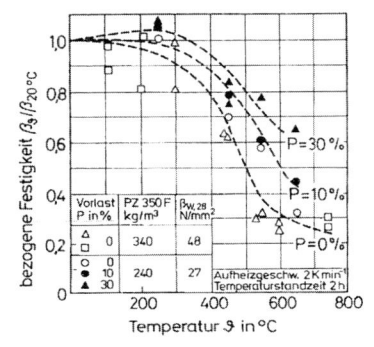

Bild 4.15 Bezogene Hochtemperaturfestigkeit von Normalbeton mit quarzhaltigem Zuschlag bei verschiedenen Vorlasten; Versuchsart I [17]

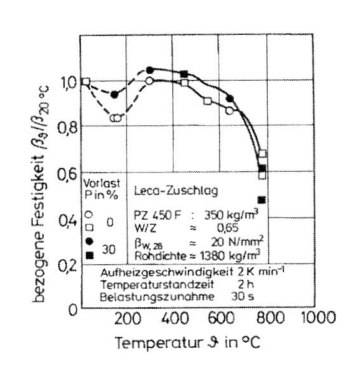

Bild 4.16 Bezogene Hochtemperaturfestigkeit von Leichtbeton mit Blähtonzuschlag bei unterschiedlicher Vorlast; Versuchsart I [17]

4.2.2 Elastizität

Der Elastizitätsmodul der Betone nimmt mit steigender Temperatur ab. Seine Abhängigkeit von der Zuschlagart und von der mechanischen Beanspruchung bei der Erwärmung der Proben zeigen die Bilder 4.17 und 4.18 [17].

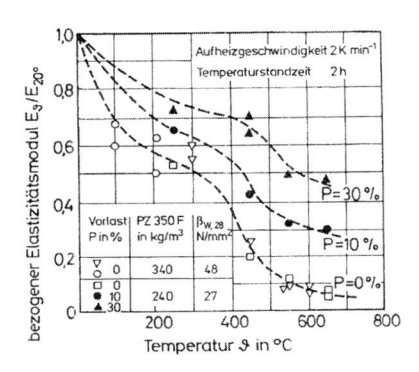

Bild 4.17 Bezogener Hochtemperatur-E-Modul von Beton mit quarzhaltigem Zuschlag bei verschiedenen Vorlasten; Versuchsart I [17]

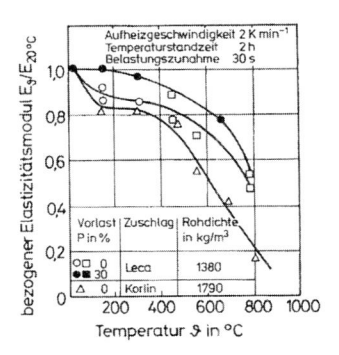

Bild 4.18 Bezogener Hochtemperatur-E-Modul von Beton mit Blähtonzuschlag bei verschiedenen Vorlasten; Versuchsart I [17]

4.2.3 Gesamtverformung

Unterwirft man entsprechend der Versuchsart II während der Aufheizzeit einen Betonkörper einer konstanten Druckspannung, dann überlagern sich der thermischen Dehnung, wie sie in 4.2.6 behandelt wird, lastabhängige stauchende Verformungsanteile. Die Dehnungen gehen mit zunehmendem Belastungsgrad zurück. Das Gesamtverformungsverhalten wird dabei nicht nur von dem Hauptparameter Belastungsgrad, sondern auch noch von anderen Größen – wie Zementgehalt, Betongüte, Lagerung, Zuschlagart usw. – beeinflusst. Die Zuschlagart spielt dabei eine dominierende Rolle.

Auf den Bildern 4.19 und 4.20 sind beispielhaft die Gesamtverformungen von Betonen mit unterschiedlichem Zuschlag (Quarz und Blähton) gegenübergestellt. In Bild 4.21 sind die Gesamtverformungen von Probekörpern aus Normalbeton mit quarzitischem Zuschlag und unterschiedlichem Zementgehalt gezeigt [17].

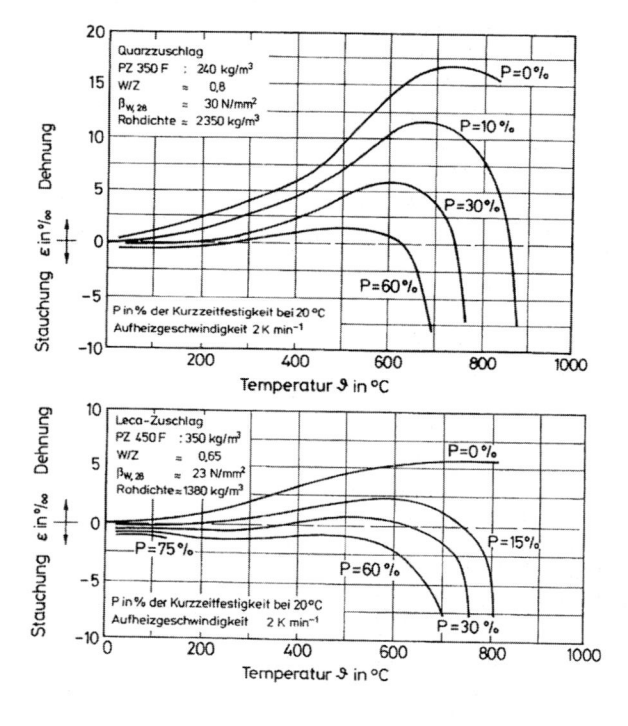

Bild 4.19
Gesamtverformung von Probekörpern aus Normalbeton mit quarzhaltigem Zuschlag bei instationärer Wärmebeanspruchung, Versuchsart II [17]

Bild 4.20
Gesamtverformung von Probekörpern aus Leichtbeton mit Blähtonzuschlag bei instationärer Wärmebeanspruchung, Versuchsart II [17]

4.2.4 Kritische Temperatur

Kritische Betontemperaturen kann man aus Diagrammen, wie sie beispielsweise die Bilder 4.19 bis 4.21 wiedergeben, ableiten. Sie sind diejenigen Temperaturen, bei denen unter konstanter Belastung die Stauchgeschwindigkeit $\dot{\varepsilon} \to \infty$.

So gewonnene Baustoffkennwerte geben am besten das Bauteilverhalten wieder, denn die Stauchgeschwindigkeit einer Probe kann beispielsweise als Stauchgeschwindigkeit der Biegedruckzone eines Stahlbetonbalkens angesehen werden. $\dot{\varepsilon} \to \infty$ bedeutet dann den Biege-(Druck-)Bruch des Bauteils.

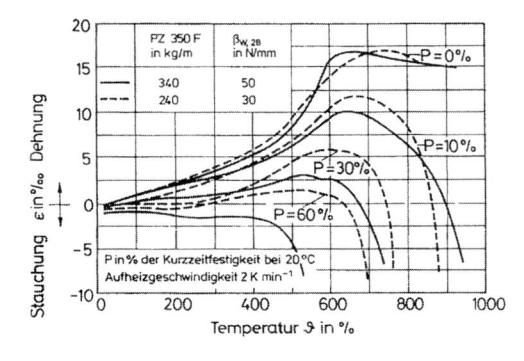

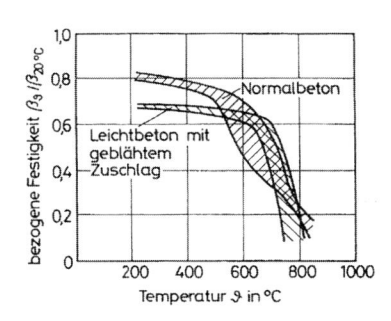

4 Mechanische und thermische Hochtemperatureigenschaften

Bild 4.21 Gesamtverformung von Probekörpern aus Normalbeton mit quarzhaltigem Zuschlag und unterschiedlichem Zementgehalt bei instationärer Wärmebeanspruchung, Versuchsart II [17]

Bild 4.22 Kritische Betontemperaturen; ermittelt aus Messungen der Versuchsart II [17]

In Bild 4.22 werden kritische Temperaturen (Streubereiche) für Normal- und Leichtbetone gezeigt [17].

4.2.5 Zwängung

Mit Prüfungen der Versuchsart III (s. Tafel 4.1) erhält man die Zwängungskräfte in dehnbehinderten Betonproben. Sie sind von verschiedenen Einflussgrößen abhängig.

Bild 4.23 zeigt als Beispiel die Zwängungskräfte in Probekörpern bei vollständiger Dehnungsbehinderung in Abhängigkeit von der Temperatur und Zeit sowie bei verschieden hohen Anfangsbelastungen (Vorlasten) bei 20 °C [17]. Danach ist die zeitliche Entwicklung der Zwangskräfte diskontinuierlich. Für den zeitlichen Verlauf sind vor allen Dingen die im Beton ablaufenden Entwässerungs- und Dehydratationsvorgänge von Einfluss.

Bild 4.23
Zwängungskräfte bei beheizten Betonprobekörpern mit quarzhaltigem Zuschlag unter vollständiger Dehnungsbehinderung in Abhängigkeit von Temperatur und Zeit sowie von verschieden hohen Vorlasten; Versuchsart III [17]

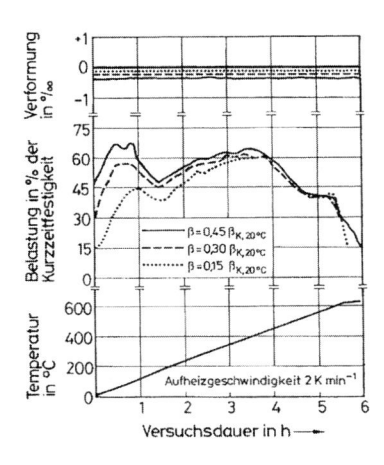

4.2.6 Thermische Dehnung

Die thermische Dehnung weicht, wie aus Bild 4.24 zu ersehen ist, deutlicher als die des Stahls von der Linearität ab. Sie ist wiederum von der Art des Betons, insbesondere von den Zuschlägen, abhängig.

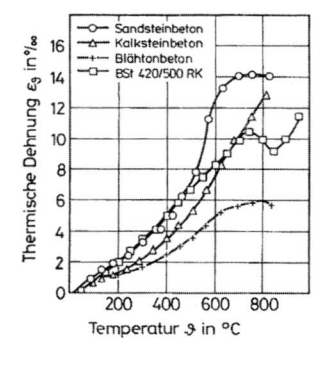

Bild 4.24
Thermische Dehnung von Betonen mit verschiedenen Zuschlägen und von Betonstahl [17]

4.2.7 Wärmeleitfähigkeit

Die Wärmeleitfähigkeit λ von Beton nimmt mit ansteigender Temperatur ab. Unterhalb rund 100 °C wird sie vom Feuchtegehalt mitbestimmt. Auch die Art des Zuschlags ist von wesentlichem Einfluss. Bild 4.25 zeigt die Tendenzen.

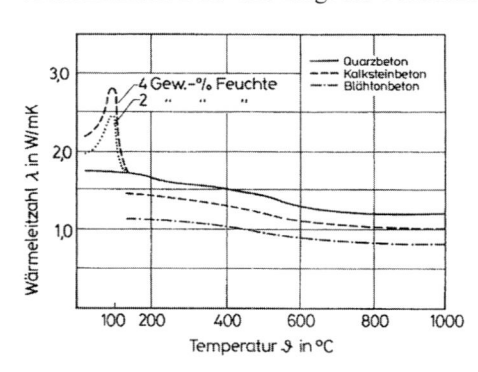

Bild 4.25
Wärmeleitfähigkeit verschiedener Betone in Abhängigkeit von der Temperatur [7]

4.2.8 Spezifische Wärmekapazität

Die spezifische Wärmekapazität c_p verschiedener Betone ist auf Bild 4.26 dargestellt.

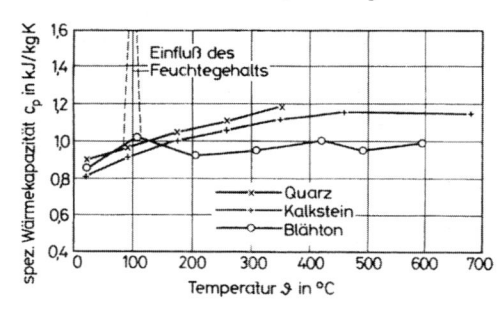

Bild 4.26
Spezifische Wärmekapazität c_p von Beton mit verschiedenen Zuschlägen bei hohen Temperaturen [7]

4.2.9 Dichte

Für praktische Zwecke ist es ausreichend, die Dichte als konstant mit ihrem Wert bei Raumtemperatur anzusetzen. Selbstverständlich muss jedoch der bei Erwärmung auftretende Wasserverlust berücksichtigt werden.

4.2.10 Temperaturleitfähigkeit

Der temperaturabhängige Verlauf der Temperaturleitfähigkeit $a = \lambda/c_p \cdot \rho$ wird zusammengesetzt aus den vorher gezeigten Komponenten und ist für einen quarzitischen Beton auf Bild 4.27 gezeigt.

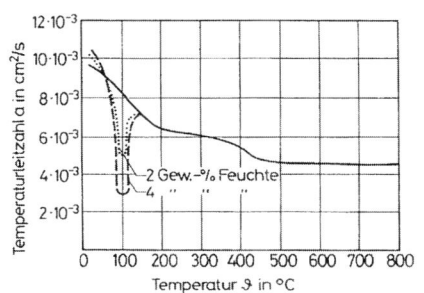

Bild 4.27
Temperaturleitfähigkeit von quarzitischem
Beton in Abhängigkeit von der Temperatur [7]

4.2.11 Temperaturverteilung

Der Temperaturverlauf zwischen Heißgas und Beton ist auf Bild 4.28 schematisch dargestellt. Die mathematische Formulierung der *Temperaturverteilung* in Querschnitten beliebigen homogenen Materials wurde erstmalig von *Fourier* angegeben. Die nach ihm benannte Differentialgleichung lautet:

$$c_p \cdot \rho \cdot \frac{\delta \vartheta}{\delta t} = \text{div } \lambda \, (\text{grad } \vartheta) + W \tag{4.5}$$

worin:
c_p = spezifische Wärmekapazität (J/kgK),
ρ = Dichte (kg/m³),
ϑ = Temperatur (K),
t = Zeit (s),
λ = Wärmeleitfähigkeit (W/mK) und
W = Wärmequelle oder -senke (J/m³s).

Für Betonquerschnitte gibt Gl. (4.5) nur eine Näherung, da zusätzlich zum Wärmetransport ein Feuchte- und Dampftransport stattfindet. Diese beiden Prozesse überlagern sich, und eine genaue Berechnung der Temperaturfelder für den allgemeinen Fall setzt die Kenntnis und Anwendung der Gesetzmäßigkeiten für gleichzeitigen Wärme- und Massentransport voraus. In wirklichkeitsnaher Vereinfachung wird der Massentransport vernachlässigt, und die durch Dehydratation des Betons und Verdampfung des Kapillarwassers bedingten Wärmesenken werden durch Modifizierung der Wärmeleitfähigkeit berücksichtigt. Es ergibt sich dann für ein ebenes Temperaturfeld mit den Koordinaten x und y aus Gl. (4.5):

$$\frac{\delta \vartheta}{\delta t} = \frac{\lambda}{c_p \cdot \rho} \left(\frac{\delta^2 \vartheta}{\delta x^2} + \frac{\delta^2 \vartheta}{\delta y^2} \right) + \frac{d\lambda}{d\vartheta} \left[\left(\frac{\delta \vartheta}{\delta x} \right)^2 + \left(\frac{\delta \vartheta}{\delta y} \right)^2 \right] \cdot \frac{1}{c_p \cdot \rho} \tag{4.6}$$

Die Stoffwerte λ, c_p und damit auch die Temperaturleitzahl $a = \lambda/p \cdot c_p$ sind als mit der Temperatur veränderlich einzusetzen (s. Abschn. 4.2.7 bis 4.2.9).

Für die vollständige Lösung des Problems müssen Randbedingungen für den *Wärmeübergang* vom heißen Gas in den Beton angesetzt werden, die von vielen Eigenschaften des Gases und des festen Körpers abhängen. Der Wärmefluss $\dot{q}$ je Oberflächeneinheit des Querschnitts wird ausgedrückt als:

$$\dot{q} = \alpha(\vartheta_t - \vartheta_{ct}), \tag{4.7}$$

worin:

$\alpha = \alpha_c + \alpha_r$ = Wärmeübergangskoeffizient (W/m²K),
α_c = konvektiver Wärmeübergangskoeffizient (W/m²K),
d_r = radiativer Wärmeübergangskoeffizient (W/m²K),
ϑ_t = Gastemperatur zur Zeit t (°C) und
ϑ_{ct} = Oberflächentemperatur des Querschnitts zur Zeit t (°C).

Für die Querschnittsoberfläche gilt ferner

$$\dot{q} = -\lambda \operatorname{grad} \vartheta_{ct}. \tag{4.8}$$

Mit Hilfe der Gln. (4.7) und (4.8) kann die Oberflächentemperatur bestimmt werden.

Wärmeübergangskoeffizienten

Der konvektive Wärmeübergangskoeffizient α_c ist eine Funktion der Gasströmung, die hauptsächlich beeinflusst wird durch die Geschwindigkeit, Temperatur und Art des Gases, aber auch durch die Gestalt und Oberflächenbeschaffenheit des festen Körpers, des Betonquerschnitts.

Für Normbrandbedingungen kann α_c näherungsweise als Konstante angenommen werden:

$\alpha_c \sim 25$ W/m²K für die erwärmte Oberfläche,

$\alpha_c \sim 18$ W/m²K für die feuerabgekehrte Oberfläche.

Der radiative Wärmeübergangskoeffizient α_r wird im wesentlichen bestimmt durch die Emission ε der Flammen, der Brandgase und der Oberfläche des Festkörpers. Er ist temperaturabhängig.

$$\alpha_r = \frac{5{,}67 \cdot 10^{-8} \cdot \varepsilon}{\vartheta_t - \vartheta_{ct}}[(\vartheta_t + 273)^4 - (\vartheta_{ct} + 273)^4]\,(W/m^2K) \tag{4.9}$$

($5{,}67 \cdot 10^{-8}$ = Stephan-Boltzmann-Konstante)

Für Normbrandbedingungen dürfen folgende Näherungen benutzt werden:
$\varepsilon \sim 0{,}5$ für die erwärmte Oberfläche,
$\varepsilon \sim 0{,}8$ für die feuerabgekehrte Oberfläche.

Temperaturfelder

Computerprogramme zur Berechnung von Temperaturfeldern in Betonquerschnitten sind von verschiedenen Autoren veröffentlicht worden, z.B. [5], [36], [47].

Bild 4.29 zeigt als Beispiel die Temperaturfelder zu bestimmten Zeiten der Normbrandbeanspruchung in dem unteren Teil eines I-Querschnitts aus quarzitischem Beton.

Mit zunehmender Masse steigt die Wärmekapazität eines Querschnitts, und mit abnehmender spezifischer Oberfläche sinkt die auf das Bauteil einwirkende, auf die Masseneinheit bezogene Wärmeenergie ab. Querschnittsform und Querschnittsgröße haben dementsprechend einen Einfluss auf den Erwärmungsvorgang (s. Bild 4.30).

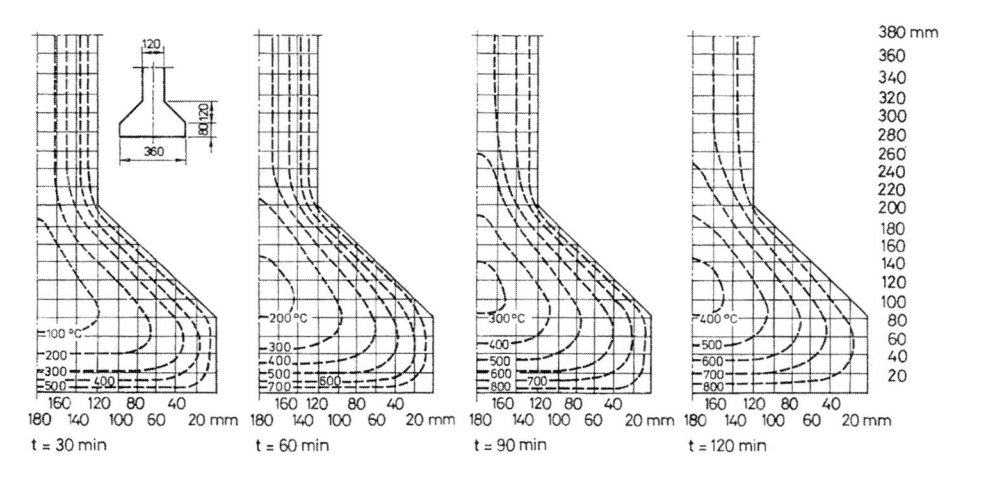

4 Mechanische und thermische Hochtemperatureigenschaften

Bild 4.29 Temperaturverteilung im unteren Teil eines I-Balkens aus quarzitischem Beton unter Normbrandbedingungen

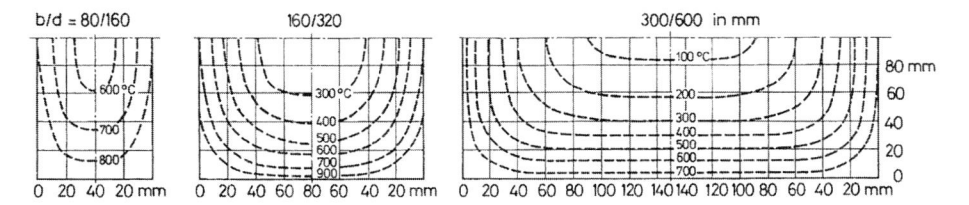

Bild 4.30 Temperaturverteilung im unteren Bereich von Rechteckbalken aus quarzitischem Beton mit unterschiedlichen Abmessungen unter Normbrandbedingungen (t = 60 min)

Entsprechend der unterschiedlichen Wärmeleitfähigkeit (s. Abschn. 4.2.7) weisen Betone mit verschiedenen Zuschlägen andere Erwärmungsgeschwindigkeiten auf, wie in Bild 4.31 beispielhaft gezeigt wird. Der Einfluss der Betonfeuchte auf die Erwärmung wird besonders deutlich im Bereich von rund 100 °C, wo durch den einsetzenden Verdampfungsvorgang Wärme verbraucht und die kontinuierliche Querschnitterwärmung vorübergehend verzögert wird. Die Dauer der Verzögerung ist vom Feuchtegehalt des Betons abhängig und wird deutlicher im Querschnittsinnern als in den Randbereichen.

Stahl hat aufgrund seiner Werkstoffeigenschaften eine erheblich höhere Wärmeleitfähigkeit als Beton. Daraus folgt für Stahlbetonquerschnitte in Abhängigkeit von Bewehrungsstahl und

Bild 4.31
Temperaturverlauf in der Symmetrieachse von dreiseitig beflammten (ETK) Rechteckbalken mit verschiedenen Zuschlägen [7]

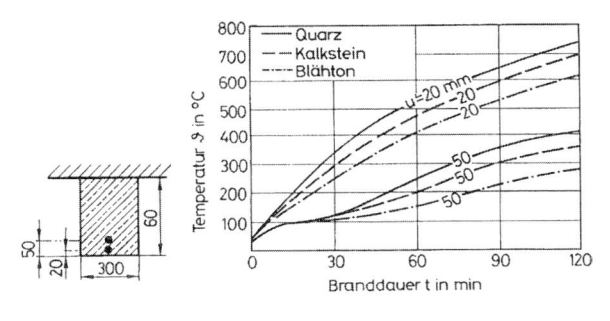

Anzahl der Bewehrungslagen eine Abweichung gegenüber Temperaturfeldern in ungestörten Betonquerschnitten. Dieser Effekt kann im allgemeinen jedoch venachlässigt werden.

In Bild 4.32 sind Temperaturgradienten, die sich nach 60 min Normbrandbeanspruchung in einem ungestörten Betonquerschnitt einstellen, denjenigen gegenübergestellt, die im Bereich von Bewehrungsstäben auftreten. Es zeigt sich, dass in guter Näherung die Temperatur eines Stahlstabes mit der Temperatur des ungestörten Betons – in Achse Stab – gleichgesetzt werden kann [16].

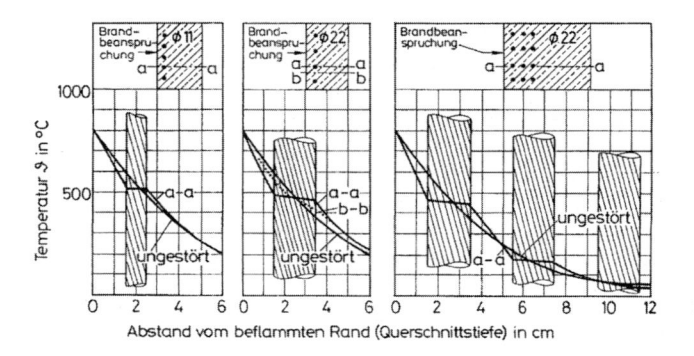

Bild 4.32
Einfluss der Bewehrung auf Temperaturverlauf in Stahlbetonplatten oder -wänden [16]

4.2.12 Temperaturverteilung in Stahl-Verbundquerschnitten

Im Gegensatz zu Stahlbeton- oder Spannbetonquerschnitten hat bei Verbundquerschnitten, die etwa den auf Bild 4.33 gezeigten Typen entsprechen, der Stahl einen wesentlichen Einfluss auf die Erwärmung. Außerdem müssen Feuchte und Dampf berücksichtigt werden, da sie nicht entweichen können bzw. am Entweichen behindert werden [19].

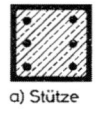

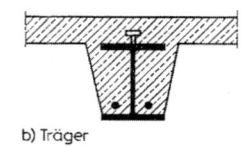

Bild 4.33
Stahl-Verbundquerschnittsausbildung (Beispiele)

4.3 Sonderbetone

Leichtbeton mit haufwerksporigem Gefüge, hergestellt mit dichtem oder porigem Zuschlag aus natürlichen oder künstlichen mineralischen Stoffen, bringt für den Gebrauchszustand gegenüber Normalbeton den Vorteil geringerer Rohdichte und in Abhängigkeit davon besserer Wärmedämmung mit. Das Verhalten dieser Betone unter Hochtemperatur ist noch nicht systematisch untersucht worden. Die praktischen Erfahrungen zeigen, wie das auch logischerweise zu erwarten ist, dass für die Veränderung der mechanischen und thermischen Materialkennwerte mit ansteigender Temperatur die gleichen Tendenzen wie bei Normalbeton gelten. Wenn Leichtbeton mit haufwerksporigem Gefüge für raumabschließende Bauteile eingesetzt wird, kann wegen der geringeren Wärmeleitfähigkeit bei gleicher Bauteildicke gegenüber Normalbeton eine höhere Feuerwiderstandsfähigkeit erreicht werden.

Diese Aussagen gelten auch für *Porenbeton*.

Gute Erfahrungen in brandschutztechnischer Hinsicht bestehen auch mit *Polystyrolschaum-Betonen*, bei denen ein Teil der mineralischen Zuschläge durch Kunststoffkügelchen ersetzt wird, während *Polyesterschaum-Betone*, bei denen das Bindemittel Kunststoff ist, für Brandschutzzwecke nicht verwendet werden können, wenn sie nicht gegen übermäßige Erwärmung geschützt sind (s. Abschn. 4.8).

4.4 Mauerwerk

Die Veränderung der mechanischen Eigenschaften der Baustoffe, aus denen Mauerwerk besteht – Stein, Mörtel, Putz –, mit der Temperatur ist nicht erforscht. Es gelten die gleichen Tendenzen, wie sie für Beton (s. Abschn. 4.2) angegeben sind. Auch für die Berechnung der Erwärmung von Mauerwerksquerschnitten aus verschiedenen Materialien gelten die gleichen grundsätzlichen Ansätze wie bei Beton. Die theoretische Ermittlung der Temperaturfelder stößt jedoch – abgesehen von der Nichtkenntnis des Temperatureinflusses auf die thermischen Materialkennwerte – auf noch größere numerische Schwierigkeiten wegen des unterschiedlichen thermischen Verhaltens der Komponenten Putz, Stein und Mörtel, sowie der häufig in den Steinen vorhandenen Hohlräume.

Man greift auf Erfahrungswerte aus Brandversuchen zurück, um – ohne genauere Kenntnis des Temperaturverlaufs im Querschnitt und der thermischen Materialentfestigung – das Verhalten von Wänden aus Mauerwerk zu beurteilen.

4.5 Holz

4.5.1 Entzündung, Abbrand

Holz ist ein brennbarer Baustoff. Bei Erwärmung tritt eine chemische Zersetzung der Holzsubstanz – Zellulose und Lignin – unter Bildung von Holzkohle und brennbaren Gasen ein, und bei genügender Konzentration dieser Gase kann eine Entzündung stattfinden, auch ohne dass eine Zündquelle anwesend ist. Weder die Temperaturgrenze, bei der die thermische Zersetzung beginnt, noch die Entzündungstemperaturgrenze können jedoch als Materialkonstanten festgelegt werden, weil die Erwärmungsdauer einen entscheidenden Einfluss besitzt. Spontane Entzündung feinzerkleinerter Holzproben tritt im Temperaturbereich von über rund 350 °C ein. Bei Erwärmung über viele Stunden kann jedoch eine Entzündung schon unter 150 °C stattfinden. Außer der Erwärmungsdauer haben die Probengröße, die Rohdichte des Holzes und der Feuchtegehalt Einfluss auf die Entzündbarkeit; hohe Rohdichte und hoher Feuchtegehalt verzögern die Entzündung.

Das Produkt der thermischen Zersetzung des Holzes, die Holzkohle, besitzt keine nennenswerte Festigkeit. Die Tiefe ihres Eindringens in einen Querschnitt wird oft als ein Maß zur Ermittlung der Resttragfähigkeit oder der Feuerwiderstandsfähigkeit von Bauteilen benutzt. Jedoch ist auch die Temperatur, bei der die Verkohlung beginnt, keine feste Grenze; einige Forscher nennen als Richtwert 300 °C, aber Holzkohlebildung wurde auch schon bei wesentlich niedrigerer Temperatur – in der Größenordnung von 100 °C – registriert.

Die Geschwindigkeit des Eindringens der Verkohlung, die sogenannte Abbrandgeschwindigkeit, ist von einer Reihe von Parametern abhängig:

– Entwicklung der Temperatur im Brandraum,
– Rohdichte des Holzes,
– Äste, Klüfte und Risse im Querschnitt,
– Feuchtegehalt bei Beginn der thermischen Beanspruchung,
– Verformung (Dehnung) durch mechanische Beanspruchung der exponierten Faser.

Bild 4.34 zeigt Streubreiten gemessener Abbrandtiefen an Rechteckbalken aus Nadelholz unter Biegebeanspruchung. Der obere Streubereich gilt für die unter Biegezugspannung stehende Unterseite, deren Gefüge gedehnt wird und von der die schützende Holzkohleschicht infolge der Durchbiegung leichter abfällt.

Hölzer mit den Daten

Rohdichte $\rho \geq 400$ kg/m^3, $p \geq 230$ kg/m^3,

Dicke d ≥ 2 mm oder $d \geq 5$ mm

sind im Sinne von DIN 4102-1 normalentflammbar (Baustoffklasse B 2). Werden diese Grenzwertpaare unterschritten, kann der Baustoff Holz leichtentflammbar (B 3) werden (s. Abschn. 2.3.1). Durch spezielle Anstriche oder Imprägnierungen kann Holz schwerentflammbar (B 1) gemacht werden.

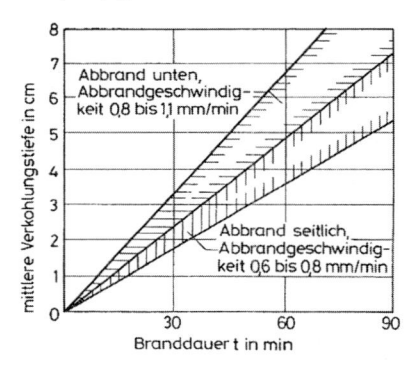

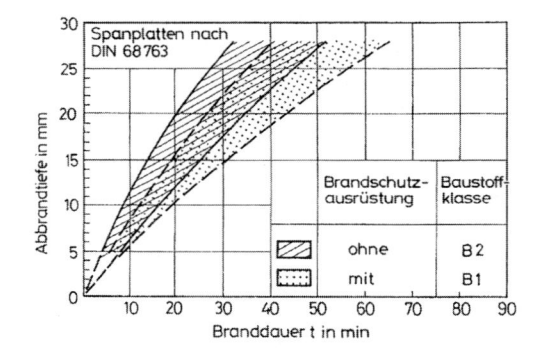

Bild 4.34 Abbrandtiefen von Nadelholzbalken, Güteklasse II, mit Rechteckquerschnitt unter Biegespannung $\sigma \approx 11$ N/mm^2 und Temperaturbeanspruchung nach der Einheitstemperatur-Zeitkurve gemäß DIN 4102 [20]

Bild 4.35 Abbrandtiefe von Spanplatten mit $p > 600$ kg/m^3 mit und ohne Brandschutzausrüstung bei Temperaturbeanspruchung nach der Einheitstemperatur-Zeitkurve gemäß DIN 4102 [26]

Bei Spanplatten wird die Schwerentflammbarkeit meistens durch eine Behandlung der Späne – Einsprühen oder Tränken – oder durch Zusätze zum Leim erreicht. Eine Brandschutzausrüstung von Spanplatten beeinflusst auch deren Abbrandgeschwindigkeit deutlich, wie aus Bild 4.35 hervorgeht.

4.5.2 Festigkeit

Die Festigkeit des Holzes bei Normaltemperatur wird von seiner Struktur, aber auch von seinem Feuchtegehalt beeinflusst. Dieser Einfluss bleibt bei erhöhter Temperatur nicht nur in den Absolutwerten, sondern auch in den bezogenen Werten der Festigkeit erhalten. Allerdings gehen diese Gesetzmäßigkeiten in den weiten, durch die zufällige Beschaffenheit des Holzes

4 Mechanische und thermische Hochtemperatureigenschaften

bedingten Streuungen der Daten weitgehend unter. Ein Beispiel (Mittelwerte) der Feuchteabhängigkeit relativer Festigkeit bei erhöhter Temperatur zeigt Bild 4.36 [12].

Die ansteigende Temperatur wirkt sich auf Druck-, Zug-, Biege- und Schubfestigkeit des Holzes unterschiedlich stark aus. Gemittelte Werte zeigt Bild 4.37 [12].

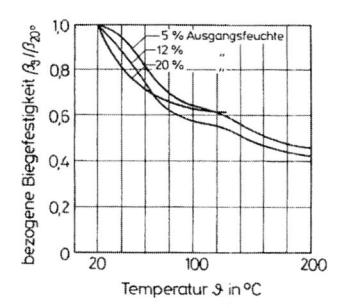

Bild 4.36 Bezogene Hochtemperatur-Biegefestigkeit von Nadelholz bei unterschiedlicher Ausgangsfeuchte (Gew.- %) [12]

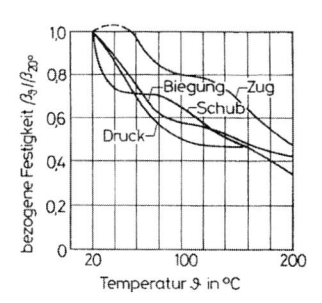

Bild 4.37 Bezogene Hochtemperaturfestigkeit von laminiertem Kiefernholz, Ausgangsfeuchte 12 Gew.- % [12]

4.5.3 Elastizität

Der temperaturabhängige Verlauf des Elastizitätsmoduls, errechnet aus der Stauchung oder der Durchbiegung von Proben, ist auf Bild 4.38 gezeigt [12].

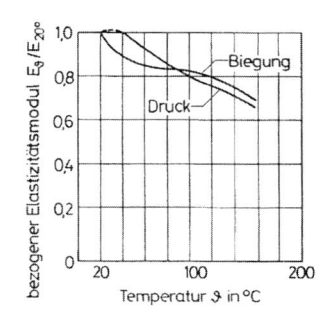

Bild 4.38
Bezogene Hochtemperatur-Elastizitätsmoduli von laminiertem Kiefernholz, Ausgangsfeuchte 12 Gew.- %[12]

4.5.4 Thermische Dehnung

Die thermische Dehnung von Holz ist im Vergleich zu Stahl oder Beton sehr gering und wird bei rapider Erwärmung, wie z.B. im Brandfall, überlagert durch Quell- oder Schrumpfprozesse infolge gleichzeitig ablaufender Feuchtigkeitsumlagerungen im Querschnitt. In Faserrichtung kann die thermische Dehnung als linear angenommen werden mit:

$$\alpha_\vartheta = (0,3 \text{ bis } 0,6) \cdot 10^{-5} \text{K}^{-1} \text{ [12]}$$

4.5.5 Wärmeleitfähigkeit

Die Wärmeleitzahl λ des Holzes kann bei Raumtemperatur in Abhängigkeit von der Rohdichte ρ und dem Feuchtegehalt m errechnet werden mit Gl. (4.10).

$$\lambda = (2{,}0 + 0{,}0406\ m)\ \rho \cdot 10^{-4} + 0{,}0238\ (W/mK)\ [12]$$

mit m in Gew.- %, ρ in kg/m³.

Die Formel ist gültig für m < 40 Gew.- %.

Die Abhängigkeit der Wärmeleitzahl von der Temperatur kann als direkt proportional dem Verhältnis der absoluten Temperatur angegeben werden:

$$\lambda_1 = \lambda_0 \cdot T_1 / T_0 \quad [12] \tag{4.11}$$

mit T_1 und T_0 in K.

Die Formel ist gültig für $\vartheta \leq 100\ °C$.

Wenige Untersuchungen liegen über die Wärmeleitfähigkeit von Holzkohle vor. Sie dürfte in weiten Grenzen um den Wert $\lambda = 0{,}07$ W/mK schwanken.

4.5.6 Spezifische Wärmekapazität

Die Angaben in der Literatur zur spezifischen Wärmekapazität c_p divergieren stark; sie sind nur teilweise in Abhängigkeit von Rohdichte, Feuchte und Temperatur formuliert. Als Anhaltswerte können angenommen werden:

$c_p = 1{,}35$ kJ/kgK für Fichtenholz,

$c_p = 1{,}47$ kJ/kgK für Buchenholz.

Die Werte sind annähernd konstant bis $\vartheta = 50\ °C$ und gelten für trockenes Holz [12].

4.5.7 Temperaturleitfähigkeit

Wegen der Unvollständigkeit der verfügbaren Informationen über die Wärmeleitfähigkeit λ und insbesondere über die spezifische Wärmekapazität c_p wird auf Angaben zur Temperaturleitzahl $a = \lambda/c_p \cdot \rho$ verzichtet.

4.5.8 Temperaturverteilung

Wegen der unzureichenden Kenntnis der thermischen Materialwerte von Holz und Holzkohle ist es nicht möglich, die Temperaturfelder in Querschnitten unter Brandbeanspruchung zutreffend rechnerisch zu bestimmen. Temperaturmessungen sind vereinzelt durchgeführt worden, ein Beispiel zeigt Bild 4.39 [20].

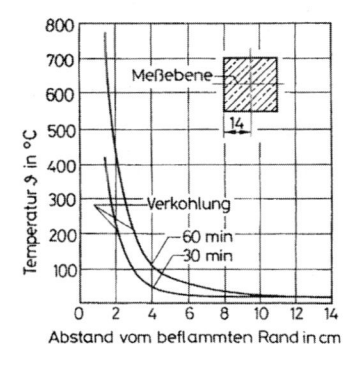

Bild 4.39
Temperaturverlauf in der Symmetrieachse eines allseitig beflammten Nadelholzquerschnitts 28/28 (cm) nach 30 und 60 min einer Brandbeanspruchung nach der Einheitstemperatur-Zeitkurve gemäß DIN 4102 [20]

4.6 Gips

4.6.1 Produkte

Gipsbaustoffe werden in folgende Hauptproduktgruppen aufgegliedert:
- Gipsputze,
- in Formen gegossene Gipsbauelemente,
- Gipskarton-Bauplatten,
- Gipsfaserplatten,
- Glasvlies-Gipsbauplatten.

Gipsputze bestehen entweder nur aus Gips, oder sie haben Beimengungen von Sand (herkömmlich), Perlite oder Vermiculite. In Formen gegossene Gipsbauelemente werden als *Deckenplatten* zur Bekleidung oder Abhängung von Rohdecken verwendet. Die gleichfalls in Formen gegossenen *Wandbauplatten* aus Gips sind leichte Bauplatten, die in der jeweils erforderlichen Wanddicke mit Nut und Feder an den Stoß- und Lagerflächen hergestellt und dort miteinander verklebt werden. Sie werden für nichttragende Trennwände verwendet. *Gipskarton-Bauplatten* sind aus einem Gipskern bestehende Platten, deren Flächen und Längskanten mit einem festhaftenden Karton ummantelt sind. Für den Brandschutz werden im Allgemeinen Gipskarton-Bauplatten F (GKF) eingesetzt, die einen verfestigten Gipskern mit einem festgelegten Zusatz genormter Glasseide besitzen. GKF-Platten werden für abgehängte Decken und als Beplankung oder Bekleidung von Wänden gebraucht. Den gleichen Anwendungsbereich haben *Gipsfaserplatten* und *Glasvlies-Gipsbauplatten*. Die ersteren bestehen aus Gips mit einer „Bewehrung" aus Zellulosefasern, bei den letzteren ist der Gipskern beidseitig mit verstärkendem Glasfaser-Gewebe umhüllt.

Im Sinne von DIN 4102-1 ist Gips ein nichtbrennbarer Baustoff (Baustoffklasse A 1). Gipskarton-Bauplatten sind ohne besonderen Nachweis schwerentflammbar (B 1), unter bestimmten Voraussetzungen hinsichtlich der Art und Dicke des Kartons und der Plattendicke können sie jedoch die Einstufung in die nichtbrennbaren Baustoffe (A 2) erreichen. Die einzigen derzeit auf dem deutschen Markt vorhandenen Gipsfaserplatten (Fermacell) und Glasvlies-Gipsbauplatten (Fireboard) sind nichtbrennbar (A 2 bzw. A 1).

4.6.2 Physiko-chemische Vorgänge bei Einwirkung erhöhter Temperatur

Abgebundener Baugips ist das Calciumsulfat-Dihydrat ($CaSO_4 \cdot 2H_2O$), das zu rund 20 Gew.- % aus chemisch gebundenem Kristallwasser besteht. Unter Einwirkung von Wärme – bei länger andauernder Beaufschlagung bereits ab 42 °C – wird die Kristallstruktur verändert; der Gips entwässert und bildet sich um zu $CaSO_4 \cdot 1/2\ H_2O$ (Hemihydrat). Bei weiter steigender Temperatur (Brandfall) wird das freigesetzte Wasser bis zum Verdampfungspunkt erwärmt und dann in Dampf übergeführt. Für die Verdampfung werden erhebliche Mengen von Wärmeenergie verbraucht, und während des gesamten Verdampfungsvorgangs steigt die Temperatur in der betroffenen Zone nicht über rund 100 °C an. Hierauf beruht die günstige Wirkung von Gipsprodukten beim Einsatz in der Brandschutztechnik, sowohl für den Schutz tragender Bauteile vor vorzeitiger übermäßiger Erwärmung wie zur Einhaltung der zulässigen Temperaturerhöhung auf der Rückseite raumabschließender Bauteile.

Bild 4.40 zeigt die Verzögerung der Erwärmung eines mit Gipskarton-Bauplatten F ummantelten Stahlträgers [13].

Dem Hemihydrat wird das restliche Kristallwasser unter Bildung des wasserfreien Anhydrits bei höherer Temperatur, ab rund 200 °C, entzogen. Bei rund 900 °C beginnt die thermische Zersetzung des Anhydrits [13].

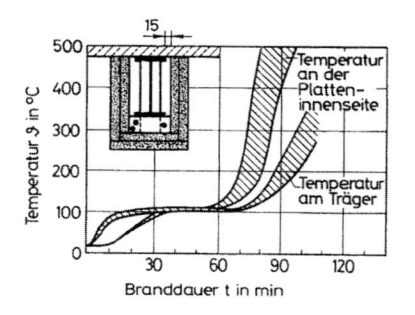

Bild 4.40
Temperaturentwicklung bei einem mit Gipskarton-Bauplatten F ummantelten, dreiseitig beflammten I-Träger unter Normbrandbedingungen [13]

4.6.3 Mechanische Eigenschaften

Systematische Untersuchungen über die Veränderung der mechanischen Eigenschaften von Gips und Gipsprodukten bei Erwärmung sind bisher nicht veröffentlicht worden.

4.6.4 Thermische Eigenschaften

Auch über die thermischen Eigenschaften von Gipsbaustoffen unter Hochtemperatureinfluss liegen nur lückenhafte Informationen vor. Die oben aufgeführten Veränderungen im molekularen Gefüge des Gipses schlagen sich im temperaturabhängigen Verlauf der Eigenschaften nieder, und auch die in den Gipsprodukten vorhandenen Beimengungen haben Einfluss.

Die *thermische Dehnung* von Gips erreicht schon bei rund 150 °C ihr Maximum und geht dann in einen rapiden Schrumpfungsprozess über. Eine Glasfaserbewehrung von Gipskarton-Bauplatten wirkt ausgleichend. Auf Bild 4.41 sind Richtwerte gezeigt [1].

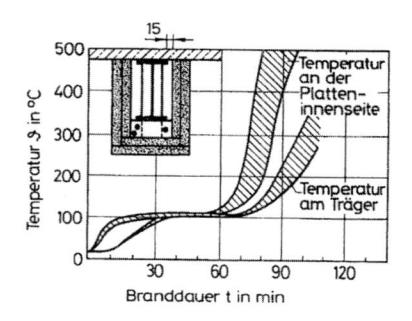

Bild 4.41 Thermische Dehnung und Schrumpfung von Gipsstein und glasfaserbewehrten Gipskarton-Bauplatten [1]

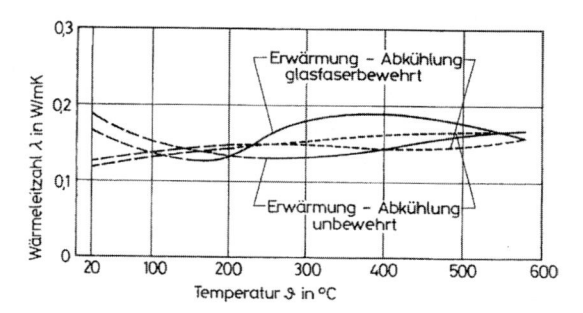

Bild 4.42 Wärmeleitfähigkeit unbewehrter und glasfaserbewehrter Gipskarton-Bauplatten im Aufheiz und Abkühlungsprozess [1]

Bild 4.42 zeigt die temperaturabhängige Entwicklung der Wärmeleitfähigkeit von Gipskarton-Bauplatten mit und ohne Glasfaserzusatz [1]. Aus der Darstellung geht auch hervor, dass der

Kurvenverlauf während des Abkühlprozesses sich deutlich von dem während der Aufheizperiode unterscheidet. Der Unterschied ist durch das Kristallwasser bedingt, das die Wärmeleitfähigkeit während des Aufheizens beeinflusst, beim Abkühlvorgang jedoch nicht mehr vorhanden ist.

4.7 Nichteisenmetalle

Der Schmelzpunkt von *Aluminium* liegt bei 658 °C. Diese Tatsache bewirkt frühes Versagen im Brandfall und schränkt die Verwendung von Aluminium und seinen Legierungen in Bauteilen, die brandschutztechnische Forderungen zu erfüllen haben, stark ein. Eine tragende Funktion kann Leichtmetallteilen nicht zugewiesen werden, sofern sie nicht ausreichend gegen Erwärmung geschützt werden. Wenn sie als sichtbare Konstruktionselemente, z.B. als Rahmen von Verglasungen, verwendet werden, handelt es sich immer um jeweils zwei voneinander unabhängige getrennte Profile, von denen das dem Feuer abgekehrte, durch eine Wärmedämmung im Innern der Konstruktion geschützte allein die tragende oder aussteifende Funktion übernehmen kann. *Andere Nichteisenmetalle* haben in diesem Zusammenhang keine Bedeutung.

4.8 Kunststoffe

Kunststoffe sind synthetische, makromolekulare Werkstoffe organischer Grundsubstanz, die sich in die Hauptgruppen der Thermoplaste, der Elastomere und der Duromere aufgliedern. Silikone sind anorganische Polymere, deren Kette aus anorganischen Bausteinen mit organischen Seitengruppen besteht. Sie zeichnen sich durch hohe Dauer-Wärmebeständigkeit (180 bis 200 °C) aus. Tafel 4.3 gibt die hauptsächlich im Bauwesen eingesetzten Kunststoffe an [35].

Tafel 4.3   Übersicht über die wichtigsten Baukunststoffe [35]

Gruppe	Kunststoff	Kurzbezeichnung	Gruppe	Kunststoff	Kurzbezeichnung
Thermoplaste	Polyäthylen	PE	Elastomere	Polyurethan[1]	PUR
	Polypropylen	PP		Alkyl-Polysulfid	
	Polyisobutylen	PIB		Polychlorbutadien	CR
	Polyvinylchlorid	PVC	Duromere	Aminoplaste	UF
	Polymethylmethacrylat	PMMA		Harnstoff-Formaldehydharze	
	Polyvinylacetat	PVAC		Melaminharze	MF
	Polystyrol	PS		Phenolharze	PF
	Polytetrafluoräthylen	PTFE		ungesättigte Polyesterharze[2]	UF
	Polyamide	PA		Epoxidharz[3]	EP
			Silikone		SI

[1] auch als Zweikomponenten-Harz (Bindemittel, Lacke)
[2] Zweikomponenten-Harz: Aushärtung durch vernetzende Polymerisation
[3] Zweikomponenten-Harz: Aushärtung durch Polyaddition

Das Verhalten aller Gruppen ist in hohem Maße temperaturabhängig. Bei niedriger Temperatur sind sie glasartig starr und gehen bei höherer Temperatur in einen – teilweise gummiartigen – elastischen Bereich über. Bei einigen Thermoplasten ist das der Gebrauchszustand. Während die Thermoplaste und Elastomere bei weiter steigender Temperatur plastizieren, fehlt bei den Duromeren ein ausgeprägter plastischer Zustand. Das Schmelzen der Kunststoffe und die thermische Zersetzung beginnen bei relativ niedriger Temperatur (s. Tafel 4.4). Die Eigenschaften der Kunststoffe bzw. ihrer Produkte können durch Beimengungen wie Füller, Plastizierer, Faserbewehrung stark beeinflusst werden.

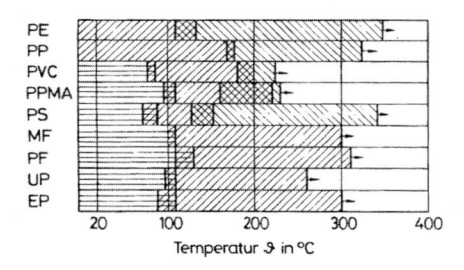

Tafel 4.4
Zustand einiger Kunststoffe in Abhängigkeit von der Temperatur, nach [9] und [42]
≡ starr
▨ elastisch
▧ plastisch
⊢ Pyrolyse

Kunststoffe können eine Brandschutzausrüstung erhalten durch Zugabe von Flammschutzmitteln, die den Verbrennungsprozess hemmen. Flammschutzmittel können je nach ihrer Beschaffenheit physikalisch und/oder chemisch in der Fest-, Flüssig- oder Gasphase wirksam werden. Häufig werden Halogene als Flammschutzmittel eingesetzt.

Die Produkte der thermischen Zersetzung von Kunststoffen sind auf Tafel 4.5 zusammengestellt (nach [9]). Stickstoffhaltige Kunststoffe – Aminoplaste – setzen in geringen Mengen hochgiftige Blausäure frei. Aus chlorhaltigem Kunststoff – PVC – entsteht bei der Pyrolyse unter anderem Salzsäure, die korrosiv auf Metalle wirkt und so auch die Bewehrung von Betonbauteilen angreifen kann. Außerdem werden toxische organische Halogenverbindungen gebildet, die wegen ihres geringen Anteils in Tafel 4.5 nicht aufgeführt sind.

Tafel 4.5   Thermische Zersetzung einiger Kunststoffe, nach [9]

Kurzbezeichnung	Zersetzungstemp. in °C	Zusammensetzung						Zerfallprodukte				
		C	H	N	Cl	O	CO/CO_2	HCN	HCl	Phenol	Styrol	Acrolein
PE	350	×	×				×					
PP	320	×	×				×					
PVC	220	×	×		×		×		×			
PMMA	230	×	×			×	×					
PS	340	×	×				×					
PUR	220	×	×	×		×	×	×				
UF	250	×	×	×		×	×	×				
MF	300	×	×	×			×	×				
PF	300	×	×			×	×			×		
UP	250	×	×			×	×				×	×
EP	350	×	×				×		×			

Die Zündtemperatur (Spontanzündung; über den Zeiteinfluss liegen noch keine Untersuchungen vor) der Kunststoffe liegt in der gleichen Größenordnung wie die des Holzes, die Heizwerte sind jedoch erheblich höher, wie aus Tafel 4.6 hervorgeht.

Tafel 4.6 Rohdichte, Heizwert und Zündtemperatur einiger Kunststoffe im nicht expandierten oder aufgeschäumten Zustand nach [9] und [42]

Kurz-bezeichnung	Rohdichte in t/m^3	Heizwert in MJ/kg	Zündtemperatur (°C) mit Pilotflamme	Zündtemperatur (°C) ohne Pilotflamme
PE	0,92 bis 1,10	34 bis 47	340	350
PP	0,91 bis 1,14	43 bis 46	320	350
PVC	0,90 bis 1,88	15 bis 22	390	450
PMMA	1,16 bis 1,25	25 bis 29	300	450
PS	≈ 1,1	37 bis 42	350	500
PTFE	≈ 2,2	4,5	560	580
PUR		24 bis 32	310	415
UF	1,45 bis 1,60	14 bis 21		
MF	1,48 bis 1,75	19	380 bis 500	570 bis 630
PF	1,18 bis 1,90	23 bis 30	335	545 bis 575
UP	≈ 1,2	18	335 bis 400	415 bis 485
EP	≈ 1,2		390	560

Die in der Literatur mitgeteilten Messwerte über Kunststoffeigenschaften sind teilweise lückenhaft und/oder weichen stark voneinander ab; letzteres ist sowohl auf die Testbedingungen wie auf nicht ganz identisches Material (Einfluss von Füllern oder Weichmachern) zurückzuführen. Die Tafeln 4.4 bis 4.6 können daher nur einen Überblick geben.

Kunststoffe sind im Sinne von DIN 4102-1 brennbare Baustoffe (Baustoffklasse B). Sofern sie leichtentflammbar (B 3) sind, müssen die Einschränkungen für ihre Verwendung (s. Abschn. 2.3.1) unbedingt beachtet werden. Durch besondere Brandschutzausrüstung können Kunststoffe schwerentflammbar (B 1) gemacht werden (s.o.).

Kunststoffe sind wegen ihrer thermischen Eigenschaften als tragende Bauteile, die Brandschutzforderungen erfüllen sollen, nicht zu gebrauchen. Werden sie wegen ihres geringen Gewichts und/oder ihrer hohen Wärmedämmfähigkeit im Gebrauchszustand als Hilfsbaustoffe eingesetzt, muss beachtet werden, dass die Dämmfähigkeit im Brandfall verlorengehen kann. Wenn z.B. in Stahlbeton-Rippendecken Zwischenbauteile aus Kunststoff (meistens Polystyrolhartschaum-Füllkörper) verwendet werden, muss man die Stahlbetonrippen als von unten und den Seiten dem Brandangriff ausgesetzt und den Deckenspiegel als allein maßgebend für den Raumabschluss betrachten.

Werden Kunststoffe jedoch als wärmedämmender Kern von Verbundelementen verwendet, kann durch entsprechende Deckschichten in Abhängigkeit von deren Art und Dicke die Temperatur des Kerns in solchen Grenzen gehalten werden, dass sein Beitrag zur Dämmfähigkeit des Elements erhalten bleibt.

Bei Polystyrolschaum-Betonen (EPS-Betonen) ist ein Teil der mineralischen Zuschläge durch Kügelchen aus expandiertem Polystyrol ersetzt. Ab Rohdichten von ≥ 560 kg/m^3, d.h. entsprechenden Maximalgehalten von EPS können solche Betone nichtbrennbar (A 2) im Sinne von DIN 4102-1 sein. Anwendungsgebiete sind vorwiegend Mauer- oder Schalungssteine,

Wandtafeln und Dämmschichten für Dächer. Brandschutztechnisch verhalten sie sich gut und können in Bauteilen für alle Feuerwiderstandsklassen eingesetzt werden.

Demgegenüber gilt für Betone, bei denen das mineralische Bindemittel durch Kunststoff ersetzt ist (z.B. Polyesterschaum-Beton) das zunächst Gesagte: Sie versagen im Brandfall frühzeitig, wenn sie nicht gegen übermäßige Erwärmung geschützt sind.

4.9 Dämmstoffe

4.9.1 Spezialputze

Bekleidungen aus Spezial-Brandschutzputzen verzögern die Erwärmung von Bauteilen und können so deren Feuerwiderstandsdauer verbessern. Auf dem deutschen Markt werden derzeit zugelassene Mineralfaser-Spritzputze mit Rohdichten zwischen rund 300 und 400 kg/m^3 bei Wärmeleitzahlen von 0,05 bis 0,22 W/mK und Vermiculite-Spritzputze mit Rohdichten zwischen rund 450 und 850 kg/m^3 bei Wärmeleitzahlen von 0,09 bis 0,22 W/mK angeboten. Sie können ohne Putzträger oder Spritzbewurf aufgebracht werden; die ausreichende Haftung im Gebrauchszustand und unter Hochtemperatur wird dann durch spezielle Haftvermittler hergestellt, die mit auf den Bauteilen befindlichen Trennschichten – Korrosionsschutzanstrichen, Schalölen, Curings – verträglich sein müssen (s. Abschn. 5.4.1). Spezial-Brandschutzputze, die ohne konventionellen Putzträger verwendet werden, bedürfen immer eines Eignungsnachweises, z.B. durch Erteilung einer bauaufsichtlichen Zulassung [28].

4.9.2 Dämmschichtbildner

Dämmschichtbildende Brandschutzbeschichtungen sind Anstrichsysteme, die vorwiegend zum Schutz von Stahlbauteilen angewendet werden. Sie bestehen aus dem Korrosionsschutz, dem Dämmschichtbildner und gegebenenfalls einem Deckanstrich. Der Dämmschichtbildner schäumt bei ansteigender Temperatur auf und bildet eine poröse, aber zunächst ausreichend standfeste Masse mit guten Wärmedämmeigenschaften. Der Schaum verändert während der Brandbeanspruchung seine Konsistenz; er kann zäh vom Untergrund abfließen oder verkohlen und verasche. Daher können mit Dämmschichtbildnern nicht beliebig hohe Feuerwiderstandsklassen von Bauteilen erreicht werden (s. Abschn. 5.4.1). Dämmschichtbildende Brandschutzbeschichtungen müssen bauaufsichtlich zugelassen werden [28].

Die chemische Zusammensetzung von dämmschichtbildenden Brandschutzbeschichtungen wird von den Herstellerfirmen der Öffentlichkeit nicht bekanntgegeben.

4.9.3 Dämmplatten

Der Schutz von tragenden Konstruktionen vor frühzeitiger Erwärmung und die Verhinderung des Übergreifens eines Brandes in benachbarte Räume kann mit Hilfe von wärmedämmenden Platten gewährleistet werden. Dafür sind sowohl nichtbrennbare wie brennbare Werkstoffe geeignet; Platten aus Kunststoffen verlieren bei erhöhter Temperatur ihre dämmenden Eigenschaften (s. Abschn. 4.8).

Tafel 4.7 zeigt die hauptsächlich für den Brandschutz eingesetzten Dämmplattenarten.

Tafel 4.7   Übersicht über die wichtigsten Dämmplatten für Brandschutzzwecke im Bauwesen

Plattenart	Baustoffklasse gemäß DIN 4102	Wärmeleitfähigkeit λ (W/mK) im Normaltemperaturbereich
Gips		
in Formen gegossene Elemente	A 1	0,29 bis 0,58
Gipskartonbauplatten	B 1 (A 2)	0,21
Gipsfaserplatten	A 2	0,29
Glasvlies-Gipsbauplatten	A 1	0,21
Fibersilikatplatten	A 1	0,08 bis 0,18
(Calciumsilikat mit Mineralfasern, Ersatz für die früher gebräuchlichen Asbestsilikatplatten)		
silikatgebundene Vermiculiteplatten	A 1	0,12
magnesit-, gips- oder zementgebundene Holzwolle-Leichtbauplatten	B 1	0,095 bis 0,15
Holzspanplatten	B 2 (B 1)	0,14 bis 0,20
Mineralfaserplatten	B 2 bis A 1, je nach Bindemittel	0,035 bis 0,050

5 Brandverhalten von Bauteilen

Das Brandverhalten von Bauteilen ist abhängig von:
– der Brandbeanspruchung (Wärme- bzw. Temperaturbeaufschlagung),
– der Erwärmung des Querschnitts (Querschnittabmessungen),
– der gleichzeitig wirkenden mechanischen Beanspruchung,
– den statischen Bedingungen,
– den temperaturabhängig veränderlichen Baustoffkennwerten.

Brandbeanspruchung

Die Brandraumtemperaturentwicklung nach der Zeit ist für verschiedene Brände in Abschn. 3 dargestellt. *Für die folgenden Ausführungen ist stets der Normbrand (ETK) nach DIN 4102/ ISO 834 zugrundegelegt.*

Querschnitterwärmung

Die Abmessungen – Masse und spezifische Oberfläche – der Bauteilquerschnitte sind maßgebend für ihre Erwärmung. Sie bestimmen damit die mit steigender Temperatur abnehmende Tragfähigkeit eines Bauteils wie auch den Wärmedurchgang auf die jeweils dem Feuer abgekehrte Seite im Hinblick auf eine bei raumabschließenden Bauteilen erforderliche Isolationswirkung.

Die Grundlagen für die rechnerische Bestimmung der Erwärmung von Beton- und ummantelten Stahlquerschnitten sind in Abschnitt 4.1.7 und 4.2.10 umrissen. Solche Berechnungen brauchen im Normalfall nicht durchgeführt zu werden; wenn die Kenntnis von Temperaturfeldern – beispielsweise in Stahlbetonbalken – erforderlich ist, kann auf Tabellenwerke zurückgegriffen werden, z.B. [7].

Mechanische Beanspruchung

Die Wahrscheinlichkeit, dass ein Bauteil während eines Schadenfeuers gleichzeitig seine volle zulässige Gebrauchslast zu ertragen hat, ist gering. Sicherheitstheoretische Überlegungen zu akzeptablen Lastkombinationen werden in nationalen und internationalen Gremien angestellt [8]. Das derzeit in der Bundesrepublik Deutschland gültige, in den Bauordnungen und DIN 4102 verankerte Sicherheitskonzept basiert auf gleichzeitiger Wirkung der vollen zulässigen Gebrauchslast und einer normierten Brandbeanspruchung. Während einer jeweils festzulegenden Dauer der Normbrandbeanspruchung muss die Gebrauchslast mit der Sicherheit > 1,0 ertragen werden.

Statische Bedingungen

Das statische System beeinflusst das Tragverhalten von Bauteilen insofern, als bei statisch unbestimmten Systemen plastische Reserven aktiviert werden und durch Behinderung der thermischen Verformungen Schnittkraftumlagerungen stattfinden.

Baustoffkennwerte

Die mit der Temperatur veränderlichen mechanischen Kennwerte der Baustoffe, insbesondere die abnehmende Festigkeit, bestimmen das Tragvermögen der Bauteile im Brandfall.

5.1 Bauteile aus Stahl

Wenn Stahlbauteile Brandschutzkriterien des *Raumabschlusses*, wie sie in DIN 4102 definiert sind (s. Abschn. 2.3.1), zu erfüllen haben, müssen dazu Hilfsbaustoffe als Wärmedämmung herangezogen werden. Solche Dämmschichten, z.B. Beton, können gleichzeitig tragende Funktionen übernehmen.

Für die *Tragfähigkeit* von Stahlbauteilen ist grundsätzlich die kritische Stahltemperatur (s. Abschn. 4.1.1) ausschlaggebend.

5.1.1 Statisch bestimmte Systeme unter Biegebeanspruchung

Das Versagen eines statisch bestimmt gelagerten Biegeträgers wird hervorgerufen durch die Bildung eines plastischen Gelenks im Querschnitt mit der größten Gebrauchsbeanspruchung, wenn dort die kritische Stahltemperatur erreicht ist.

Die kritische Stahltemperatur kann anhand des statischen Ausnutzungsgrades β_1 des Bauteils

$$\beta_1 = \frac{\text{vorh.}\,\sigma}{\beta_{S,\,20\,°C} \cdot f} = \frac{P}{P_u} \tag{5.1}$$

worin:

vorh. σ = Gebrauchsspannung im höchstbeanspruchten Querschnitt (N/mm^2),
$\beta_{S,\,20\,°C}$ = Fließgrenze des Stahls bei Raumtemperatur (N/mm^2),
f = Formfaktor nach Tafel 5.1 (Tabelle 87, DIN 4102-4) (1),
P = Gebrauchslast (kN),
P_u = plastische Grenzlast (Kaltzustand) (kN),

5 Brandverhalten von Bauteilen

nach Bild 5.1 (Tabelle 87, DIN 4102-4) ermittelt werden. Dieses ist eine gegenüber Bild 4.5 für die Norm modifizierte Kurve für den temperaturbedingten Fließgrenzenverlauf.

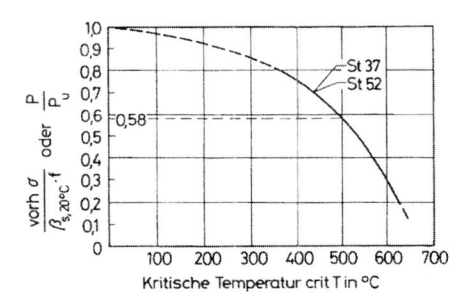

Bild 5.1 Kritische Stahltemperatur in Abhängigkeit vom Ausnutzungsgrad β_1

Tafel 5.1 Formfaktor f für verschiedene Stahlprofile

Profil	I	▭ 1:1	▭ 1:2	○	▨	⊘
f	1,14[1]	1,18	1,26	1,27	1,50	1,70

[1] Genauere Werte in Abhängigkeit von der Profilhöhe können der Richtlinie 008 des Deutschen Ausschusses für Stahlbau (DASt-Ri 008), Tabelle 3, entnommen werden.

5.1.2 Statisch unbestimmte Systeme unter Biegebeanspruchung

Unter der Voraussetzung, dass der Trägerquerschnitt im System nicht verändert wird, ist bei Einsatz der Elastizitätstheorie zu bemessen nach dem Maximalmoment max M_{el}, im Beispiel des Bildes 5.2 nach

$$\max M_{el} = M_{St} = q \frac{l^2}{12}.$$

Alle anderen Querschnitte bieten Reserven.

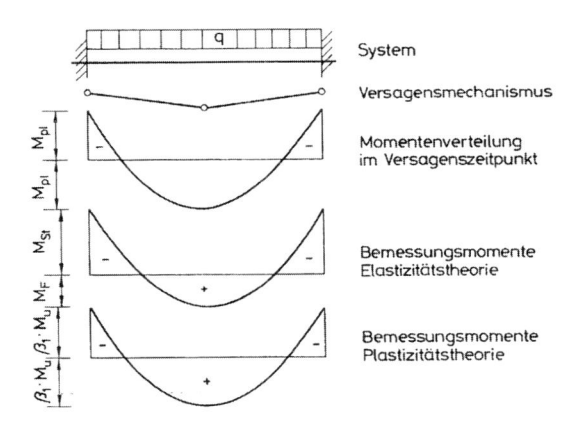

Bild 5.2
Momentenverteilung und Versagensmechanismus eines beidseitig eingespannten Trägers mit gleichmäßig verteilter Belastung

Bei Ansatz gleichmäßiger Erwärmung des Systems werden die Momente so umgelagert, dass sie in den plastischen Gelenken zum Zeitpunkt des Versagens gleich groß sind, im Beispiel

$$M_{pl} = \frac{1}{2} \cdot q \frac{l^2}{8}.$$

Damit wird die vorhandene Schnittkraft in den höchstbeanspruchten Querschnitten kleiner als der elastische Bemessungswert.

$$\beta_2 = \frac{\max M_{el}}{M_{pl}} \geq 1. \tag{5.2}$$

β2 ist die *plastische Systemreserve*. Sie ist abhängig vom statischen System. Bei der Ermittlung der kritischen Temperatur nach Bild 5.1 ist sie zu berücksichtigen durch einen modifizierten statischen Ausnutzungsgrad:

$$\beta_1 = \frac{\text{vorh. } \sigma}{\beta_{S,\,20\,°C} \cdot f \cdot \beta_2}. \tag{5.1a}$$

Wenn nach der Plastizitätstheorie bemessen wird, werden die plastischen Systemreserven bereits für den Kaltzustand ausgenutzt, und es kann unter Brandbeanspruchung keine weitere – vergünstigende – Umlagerung von Schnittgrößen stattfinden. Die kritische Temperatur ist wie bei statisch bestimmten Systemen zu ermitteln.

5.1.3 Vorwiegend auf Druck beanspruchte Systeme; Stützen

Das Brandverhalten von Stützen wird grundsätzlich von den gleichen Parametern beeinflusst, die auch die Traglast im Kaltzustand bestimmen, also:
– Schlankheit,
– Lagerungsbedingungen,
– planmäßigen oder ungewollten Lastausmitten,
– Lastausnutzungsgrad.

Bei Auslastung mit ihrer nach DIN 18 800 zulässigen Normalkraft erreichen Stahlstützen größerer Schlankheit höhere kritische (Versagens-)Temperaturen als solche mit mittlerer oder geringerer Schlankheit.

Planmäßige oder konstruktive Einspannung der Stützenköpfe oder -füße wirkt sich günstig auf das Tragverhalten aus, da sich während der Brandbeanspruchung die Enden einer Stütze samt den anschließenden Systemknoten infolge der größeren Masse etwas langsamer erwärmen als die freie Mitte und so an relativer Steifigkeit gewinnen. Ein Effekt wie bei einer weiteren Verringerung der Knicklänge ist die Folge.

Lastausmitten rufen Auslenkungen der Stützenachse hervor. Die entstehenden Momente II. Ordnung sind wegen der temperaturbedingten Verformungswilligkeit des Stahls von größerer Bedeutung als im Kaltzustand.

Eigenspannungen von Walzprofilen wirken sich ungünstig insbesondere dann aus, wenn Stützen unter Brandeinwirkung über die schwache Querschnittsachse knicken. Wenn also durch die konstruktiven Bedingungen Knicken um die starke Achse von Walzprofilstützen vorgegeben ist, werden höhere kritische Temperaturen erreicht als bei Knicken um die schwache Achse. Die Größenordnung dieses Einflusses ist von weiteren Parametern, im Wesentlichen Schlankheit, Lastkombination, Lastausmitte und dem Profil selbst, abhängig.

Zusätzlich wird das Brandverhalten von Druckgliedern durch ungleichmäßige Erwärmung des Querschnittumfangs beeinflusst.

Für den Fall definierter Schlankheit, zentrischer Lasteinragung und gleichmäßiger Erwärmung wird in [10] ein Verfahren zur Ermittlung der kritischen Stahltemperatur in Abhängigkeit vom Ausnutzungsgrad im Kaltzustand angeboten.

5.1.4 Bekleidung

Ungeschützte Stahlbauteile erfüllen im allgemeinen keine brandschutztechnischen Anforderungen. Ausnahmen sind sehr massige Profile mit geringem statischen Ausnutzungsgrad. Der Schutz gegen vorzeitige übermäßige Erwärmung kann durch verschiedene Maßnahmen gewährleistet werden [28].

Putzbekleidungen

Putzbekleidungen können die Feuerwiderstandsdauer eines Stahlbauteils erheblich verbessern. Voraussetzung dabei ist, dass der Putz während der Beanspruchung weitgehend erhalten bleibt und vom Bauteil nicht abfällt. Die Haftung des Putzes kann z.B. durch folgende Maßnahmen gewährleistet werden:

- Anordnung von Putzträgern – z.B. von Rippenstreckmetall, Streckmetall, Drahtgewebe oder ähnlichem – und ausreichende Befestigung der Putzträger am Bauteil. Konventionelle Putze werden stets auf Putzträger aufgebracht.
- Anordnung von speziellen Haftvermittlern als Haftbrücke zwischen Bauteil und Putz. Derartige Haftvermittler werden mit den zugehörigen Spezial-Brandschutzputzen (s. Abschn. 4.9.1) firmengebunden eingesetzt.

Die Haftung brandschutztechnisch notwendiger Putzbekleidungen ohne Putzträger wie Rippenstreckmetall u.a. auf Stahlbauteilen – insbesondere auf großen Flächen, z.B. auf hohen Trägern mit Steghöhen > 600 mm – ist in der Vergangenheit des öfteren als „nicht ausreichend" beurteilt worden. Die Ursache für eine schlechte Haftung waren ungenügende Verzahnung der Putzbekleidung mit dem Stahl, insbesondere in Verbindung mit Trennschichten (Korrosionsschutzanstrichen), die die Adhäsion herabsetzen, Schwindspannungen im Putz durch Trocknungs- oder Alterungsvorgänge und mechanische Beanspruchung der Bauteile. In einigen Fällen spielte die Durchfeuchtung der Putze infolge Wasserschäden eine Rolle.

Brandschutztechnische Putzbekleidungen ohne konventionellen Putzträger bedürfen eines Eignungsnachweises, z.B. durch Erteilung einer bauaufsichtlichen Zulassung [28]. Die erforderlichen Putzdicken sind aus solchen Unterlagen zu entnehmen; für Normausführungen mit Putzträgern gibt DIN 4102-4 Hinweise.

Plattenbekleidungen

Mit Plattenbekleidungen (s. Abschn. 4.9.3) werden Stahlbauteile im Allgemeinen kastenförmig ummantelt. Saubere Befestigung und sorgfältige Stoß- und Fugenausbildung ist bei dieser Art der Isolierung besonders wichtig. Tafel 5.2 zeigt als Beispiel die erforderliche Bekleidungsdicke von Gipskartonplatten für Stützen aus DIN 4102-4 (Tabelle 95).

Tafel 5.2 Mindestbekleidungsdicke d in mm von Stahlstützen mit $U/A \leq 300$ m^{-1} mit einer Bekleidung aus Gipskarton-Bauplatten F (GKF) nach DIN 18 180 mit geschlossener Fläche

Konstruktions-merkmale		Feuerwiderstandsklasse-Benennung[1]				
		F 30 – AB	F 60 – AB	F 90 – AB	F 120 – AB	F 180 – AB
		12,5[2]	12,5 + 9,5	3 × 15	4 × 15	5 × 15

[1] Sofern ein gültiger Prüfbescheid vorliegt, aus dem hervorgeht, dass die Gipskarton-Bauplatten der Baustoffklasse A angehören, sind die Konstruktionen in die Benennungen F 30 – A, F 60 – A, F 90 – A, F 120 – A und F 180 – A einzustufen.
[2] Ersetzbar durch ≥ 18 mm dicke Gipskarton-Bauplatten B (GKB) DIN 18 180.

Die Abhängigkeit der Bekleidungsdicke von Vermiculiteplatten für Bauteile unterschiedlichen Profilfaktors und unterschiedlicher kritischer Temperatur wird auf Bild 5.3 dargestellt [30]. Die Benutzung dieses Diagramms führt zu etwas günstigeren Ergebnissen als das in Abschnitt 4.1.7 angegebene Beispiel.

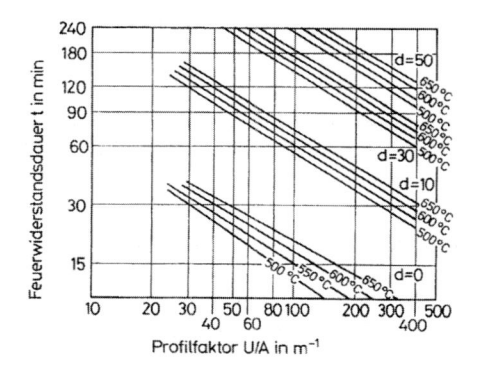

Bild 5.3
Feuerwiderstandsdauer in Abhängigkeit von der kritischen Stahltemperatur, dem Profilfaktor und der Bekleidungsdicke (Vermitecta-Platten) [30]

Beschichtungen

Die Wirkung von Brandschutzbeschichtungen aus dämmschichtbildenden Anstrichen (s. Abschn. 4.9.2) beruht darauf, dass sie unter Temperatureinfluss aufschäumen und das Stahlprofil mit einer isolierenden Hülle umgeben. Während der Brandbeanspruchung reißt die Dämmschicht im Allgemeinen auf und zersetzt sich, wodurch ihre Wirkung wieder reduziert wird. Dämmschichtbildende Anstrichsysteme, die im Übrigen einer bauaufsichtlichen Zulassung bedürfen, sind daher nur begrenzt, für niedrige Feuerwiderstandsklassen, einzusetzen [28].

Unterdecken

Der brandschutztechnische Schutz von horizontalen Stahlbauteilen kann flächig durch untergehängte Decken gewährleistet werden, die in Abschnitt 5.4 näher behandelt werden.

5.2 Bauteile aus Stahlbeton und Spannbeton

Die in Abschnitt 2.3.1 aufgeführten Kriterien des *Raumabschlusses* werden durch ausreichend dicke Wände und Deckenplatten erfüllt. Zur Bemessung des erforderlichen Querschnitts können Putze und Estriche mit herangezogen werden.

Für die *Tragfähigkeit* von Stahlbeton- und Spannbetonbauteilen ist eine ganze Reihe von Kriterien bedeutend.

5.2.1 Statisch bestimmte Systeme unter Biegebeanspruchung

Bei Brandbeanspruchung von unten – das ist fast ausnahmslos der ungünstigste Fall – ist die Biegezugzone statisch bestimmt gelagerter Bauteile dem direkten Wärmeangriff ausgesetzt und erwärmt sich deutlich schneller als die weiter innen und am nichtbeflammten Rand gelegenen Zonen (s. Abschn. 4.2.10). Die Tragfähigkeit ist dann erschöpft, wenn die *Biegezugbewehrung ihre kritische Temperatur* erreicht, d.h. unter der vorhandenen Spannung zu fließen beginnt (s. Abschn. 4.1.1).

5 Brandverhalten von Bauteilen

Die in der Längsbewehrung im Augenblick des Versagens unter Brandeinwirkung auftretende Stahlspannung kann bei statisch bestimmten Stahlbetonbauteilen mit hinreichender Genauigkeit mit dem Wert gleichgesetzt werden, der für Raumtemperatur unter Gebrauchslasten im Zustand II mit dem Mitteln der Baustatik errechnet wird. Auch bei der brandschutztechnischen Bemessung von Spannbetonbauteilen wird die Stahlspannung für den Versagenszustand unter Brandbeanspruchung näherungsweise der Stahlspannung gleichgesetzt, die sich bei Raumtemperatur unter Gebrauchslasten ergibt. Als weitere Näherung wird mit einer mittleren Stahlspannung aller Stäbe oder Spannglieder gerechnet.

Aus der Stahlspannung erhält man anhand Bild 4.5 die kritische Stahltemperatur und damit bei vorgegebenen Querschnittabmessungen aus den Temperaturfeldern (z.B. Bild 4.29 oder Bild 4.30) die notwendige *Betondeckung* der Bewehrung für die geforderte Feuerwiderstandsklasse.

Die Erwärmung eines Bewehrungsstabes oder Spanngliedes kann gleichgesetzt werden mit der seines Mittelpunktes (s. Bild 4.32), daher ist für die Bewertung der Erwärmung stets die Lage der Stab- oder Spanngliedachse in Bezug zum *nächstgelegenen* beflammten Rand des Betonquerschnitts, der sogenannte Achsabstand u, maßgebend. Vereinfachend darf ein rechnerischer mittlerer Achsabstand u_m nach dem folgenden Schema angesetzt werden (Gl. (5.3), Bild 5.4):

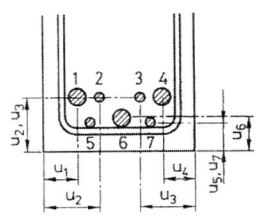

$$u_m = \frac{A_{S1}u_1 + A_{S2}u_2 + ... + A_{Sn}u_n}{A_{S1} + A_{S2} + ... + A_{Sn}} = \frac{\Sigma A_S \cdot u}{\Sigma A_S} \tag{5.3}$$

Bild 5.4
Mittlerer Achsabstand von Bewehrungsstäben

Tafel 5.3 (Tabelle 6, DIN 4102-4) zeigt am Beispiel von Balken, wie mit Hilfe der Norm anhand der Querschnittabmessungen für verschiedene Feuerwiderstandsklassen der erforderliche Achsabstand der Biegezugbewehrung ermittelt werden kann. Zugrundegelegt ist in dieser Tafel eine kritische Stahltemperatur von 500 °C. Um zu vermeiden, dass zu große Bewehrungsanteile in den stärker erwärmten Querschnittecken (s. Bilder 4.29 und 4.30) liegen, werden Mindest-Stabanzahlen n gefordert.

Ein Überschreiten der Tragfähigkeit der *Betondruckzone* ist bei statisch bestimmten Biegebauteilen im allgemeinen nicht maßgebend. Die Stege von Spannbetonbalken müssen jedoch darauf untersucht werden.

Die Verbundfestigkeiten nehmen mit steigender Temperatur ab rund 300 °C schnell ab. Bild 5.5 zeigt Werte, die für profilierte Stäbe gültig sind. Danach hängt die Verbundbruchspannung in allen Temperaturbereichen stark vom Verhältnis der Betonüberdeckung c zum Stabdurchmesser d_v ab. *Verbundversagen* darf für profilierte Stäbe ausgeschlossen werden, da kritische Verbundspannungswerte bei höheren Temperaturen als die kritischen Zugspannungswerte erreicht werden [19].

Tafel 5.3 Mindestachsabstände sowie Mindeststabzahl der Zugbewehrung von 1- bis 4seitig beanspruchten, statisch bestimmt gelagerten Stahlbetonbalken[4] aus Normalbeton

Zeile	Konstruktionsmerkmale	Feuerwiderstandsklasse				
		F 30	F 60	F 90	F 120	F 180
1	Mindestachsabstände u[1] und u_s[1] sowie Mindeststabzahl n[2] der Zugbewehrung **unbekleideter, einlagig bewehrter Balken**					
1.1	bei einer Balkenbreite b in mm von	80	≤ 120	≤ 150	≤ 200	≤ 240
1.1.1	u in mm	25	40	55[3]	65[3]	80[3]
1.1.2	u_s in mm	35	50	65	75	90
1.1.3	n	1	2	2	2	2
1.2	bei einer Balkenbreite b in mm von	120	160	200	240	300
1.2.1	u in mm	15	35	45	55[3]	70[3]
1.2.2	u_s in mm	25	45	55	65	80
1.2.3	n	2	2	3	3	3
1.3	bei einer Balkenbreite b in mm von	160	200	250	300	400
1.3.1	u in mm	10	30	40	50	65[3]
1.3.2	u_s in mm	20	40	50	60	75
1.3.3	n	2	3	4	4	4
1.4	bei einer Balkenbreite b in mm von	≥ 200	≥ 300	≥ 400	≥ 500	≥ 600
1.4.1	$u = u_s$ in mm	10	25	35	45	60[3]
1.4.2	n	3	4	5	5	5
2	Mindestachsabstände u, u_m und u_s sowie Mindeststabzahl n der Zugbewehrung bei **unbekleideten, mehrlagig bewehrten Balken**					
2.1	u_m nach Gleichung (3)[a]	$u_m ≥ u$ nach Zeile 1				
2.2	u und u_s	u und $u_s ≥ u_{F30}$ nach Zeile 1 sowie u und $u_s ≥ 0{,}5\,u$ nach Zeile 1				
2.3	Mindeststabzahl n	keine Anforderungen				
3	Mindestachsabstände u und u_s bzw. u_m von **Balken mit Bekleidungen** aus					
3.1	Putzen nach den Abschnitten 3.1.5.1 bis 3.1.5.5[a]	u, u_m und u_s nach den Zeilen 1 und 2, Abminderungen nach Tabelle 2 sind möglich, u jedoch nicht kleiner als für F 30[a]				
3.2	Unterdecken	u und $u_s ≥ 12$, Konstruktion nach Abschnitt 6.5[a]				

[1] Zwischen den u- und u_s-Werten von Zeile 1 darf in Abhängigkeit von der Balkenbreite b geradlinig interpoliert werden.
[2] Die geforderte Mindeststabzahl n darf unterschritten werden, wenn der seitliche Achsabstand u_s pro entfallendem Stab jeweils um 10 mm vergrößert wird; Stabbündel gelten in diesem Falle als ein Stab.
[3] Bei einer Betondeckung $c > 50$ mm ist eine Schutzbewehrung nach Abschnitt 3.1.5 erforderlich. [a]
[4] Die Tabellenwerte gelten auch für **Spannbetonbalken**; die Mindestachsabstände u, u_m und u_s sind jedoch entsprechend den Angaben von Tabelle 1 um die Δu-Werte zu erhöhen. [a]
[5] Bei den Balkenbreiten für F 60 bis F 180 sind kleinere Balkenbreiten möglich, wenn die Balkenbreite z.B. entsprechend Tabelle 3, Zeile 4.1 abgemindert wird. [a]
[a] Referenz bezieht sich auf DIN 4102-4

5 Brandverhalten von Bauteilen

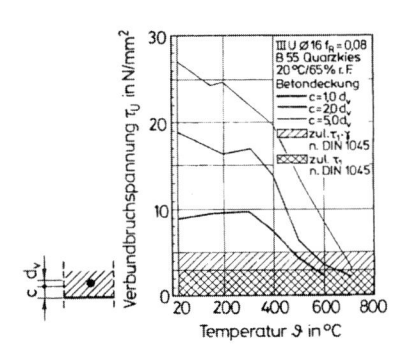

Bild 5.5   Verbundbruchspannungen bei unterschiedlichen Betonüberdeckungen in Abhängigkeit von der Temperatur [19]

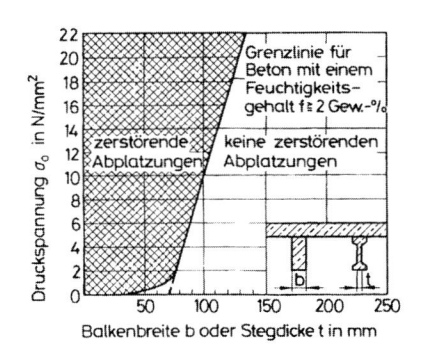

Bild 5.6   Grenzlinie zwischen zerstörenden und nichtzerstörenden Abplatzungen bei unbewehrtem oder wenig bewehrtem Beton [27]

Hinsichtlich des Querkraftverhaltens stellt sich unter Brandbeanspruchung ein komplizierter Mechanismus ein, der rechnerisch kaum zu erfassen ist. Durch gezielte Untersuchungen konnte nachgewiesen werden, dass bei statisch bestimmt gelagerten Biegebauteilen auch bei ungünstigem Momenten-Schubverhältnis *Schubversagen* nicht vor dem Biegebruch auftritt [22].

Das Tragverhalten unter Brandbeanspruchung kann drastisch verschlechtert werden, wenn *Betonabplatzungen* auftreten. Sie bewirken eine Verminderung des Querschnitts, legen unter Umständen Bewehrung frei und können so zu einem verfrühten Versagen führen.

Harmlos sind die sogenannten *Zuschlagstoff-Abplatzungen*, hervorgerufen durch physiko-chemische Hochtemperaturumwandlungen des Zuschlaggefüges, die sich auf die Bauteil-Oberfläche beschränken und keine tiefer greifenden Zerstörungen hervorrufen.

Abfallen von Betonschichten tritt in späten Brandstadien auf, wenn die äußeren, stark erwärmten Betonschichten zermürbt sind, und wird im Allgemeinen durch starke Bauteilverformungen ausgelöst. Auch hieraus sind keine gravierenden Beeinträchtigungen des Tragverhaltens zu erwarten.

Schon in frühen Stadien der Erwärmungsphase eines Vollbrandes können aber *explosionsartige* Betonabsprengungen mit den o.a. gefährlichen Effekten auftreten. Die wichtigste Ursache für explosionsartige Abplatzungen sind Zugspannungen, die beim Ausströmen von Wasser und Dampf durch Reibung an den Porenwandungen entstehen. Hinzu kommen Zwängungen, die durch den nichtlinearen Verlauf des Temperaturgradienten hervorgerufen werden, und gegebenenfalls wird durch die Überlagerung von Lastspannungen eine weitere ungünstige Beeinflussung gegeben [27].

Durch Wahl von Querschnitten mit genügend großer Wärmekapazität wird deren Erwärmung verlangsamt (s. Abschn. 4.2.10) und das Eindringen der Wasser-Verdampfungsfront verzögert. Die Reibung an den Porenwandungen mit den daraus entstehenden Beton-Zugspannungen wird damit geringer, und die Gefahr des Auftretens explosionsartiger Abplatzungen kann so vermindert werden.

Bild 5.6 zeigt in Abhängigkeit von der vorhandenen Druckbeanspruchung Querschnittabmessungen, bei denen für unbewehrten Normalbeton zerstörende explosionsartige Abplatzungen ausgeschlossen werden können. Für gefügedichten Leichtbeton mit geblähtem Zuschlag liegen solche Angaben noch nicht vor.

5.2.2 Statisch unbestimmte Systeme unter Biegebeanspruchung

Bei statisch unbestimmten Systemen treten unter Brandangriff Zwangschnittgrößen auf, die sich dem Schnittkraftverlauf aus Gebrauchslasten überlagern.

Wenn ein *Durchlaufsystem* von unten erwärmt wird, versucht sich jedes Feld infolge des von unten nach oben abnehmenden Temperaturgradienten, später auch infolge abnehmender Steifigkeit, durchzubiegen, wird an freier Verformung jedoch durch den monolithischen Zusammenhang über den Zwischenstützen gehindert. Es bauen sich Zwangmomente -ähnlich denen bei Stützenhebungen – auf, die die Feldregionen und damit die der Erwärmung am stärksten ausgesetzte Feldbewehrung entlasten, während die Stützmomente anwachsen. Der Momentenzuwachs über den Stützen ist im Allgemeinen durch das Erreichen der Fließgrenze der Stützbewehrung, die noch nicht wesentlich erwärmt ist, begrenzt. Es bilden sich plastische Gelenke über den Innenstützen. Das System versagt, wenn die Feldbewehrung ihre – durch die Spannungsreduzierung wesentlich erhöhte – kritische Temperatur erreicht.

Der Mechanismus ist auf Bild 5.7 am Beispiel eines Dreifeldbalkens dargestellt.

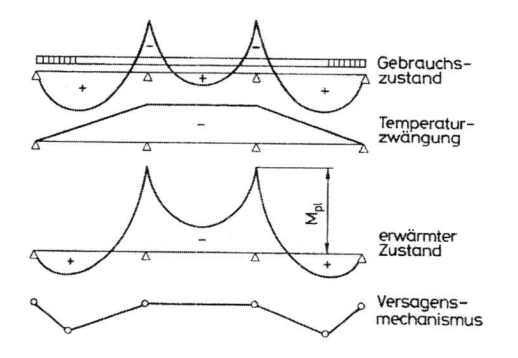

Bild 5.7
Momentenverteilung und Versagensmechanismus eines Dreifeldbalkens mit gleichmäßig verteilter Belastung im Brandfall

Voraussetzung für diesen Tragmechanismus ist neben genügender Rotationsfähigkeit der Querschnitte über den Innenstützen und ausreichender Tragfähigkeit der Biegedruckzone in den Zwischenstützenbereichen eine Verlängerung der Stützbewehrung zur Abdeckung der negativen Momente im Feldbereich, da der Momenten-Nullpunkt weiter von der Stütze wegwandert. Wegen der erhöhten kritischen Temperatur der Feldbewehrung kann deren Betondeckung geringer sein als bei statisch bestimmten Systemen.

Wenn die Stützbewehrung nicht verlängert wird, reißt unter Brandbeanspruchung der Querschnitt am Ende dieser Bewehrung auf und kann kein Moment mehr übernehmen. Solange seine Querkrafttragfähigkeit erhalten bleibt, stellt sich der auf Bild 5.8 gezeigte Mechanismus ein. Eine Vergünstigung gegenüber statisch bestimmten Systemen kann hier nicht erwartet werden.

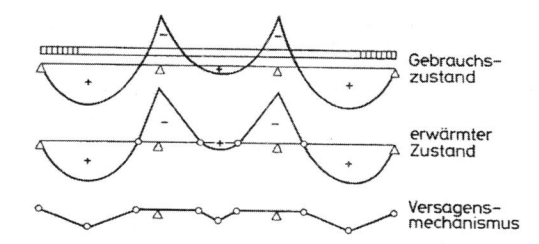

Bild 5.8
Momentenverteilung und Versagensmechanismus eines Dreifeldbalkens ohne Möglichkeit einer Umlagerung im Brandfall

Auch *flächenartige* Betonbauteile, z.B. zweiachsig gespannte Platten, weisen die Fähigkeit auf, durch Temperaturzwängungen Schnittkräfte umzulagern. Dies kann durch geringere Betondeckung der Feldbewehrung genutzt werden.

Anders als bei statisch bestimmten ist bei statisch unbestimmten Systemen die Tragfähigkeit der dem Feuer direkt ausgesetzten Biegedruckzone zu untersuchen; in ungünstigen Fällen kann bei hohen Feuerwiderstandsklassen Schub versagen maßgebend werden [22].

5.2.3 Vorwiegend auf Druck beanspruchte Systeme, Stützen, Wände

Das Brandverhalten von Stahlbetonstützen hängt im Wesentlichen von den Einflüssen ab, die auch das Verhalten im Kaltzustand bestimmen; es sind dies:

– Schlankheit,
– planmäßige oder ungewollte Lastausmitten,
– Lastausnutzungsgrad und Bewehrungsanteil,
– Lagerungsbedingungen.

Die Einflüsse sind eng miteinander verknüpft, wobei sie sich teilweise addieren, teilweise aber entgegengerichtete Wirkungen auslösen.

Infolge der großen Verformungsfreudigkeit des Betons unter erhöhter Temperatur erzeugen Lastausmitten beträchtliche seitliche Auslenkungen der Stützen; Momente aus Theorie II. Ordnung sind von größerer Bedeutung als bei „kalten" Systemen. Schlanke Stützen versagen bei gleicher Lastausnutzung eher als gedrungene. Ursache dafür ist einmal die Bemessung nach DIN 1045, die bei gedrungenen Systemen einen größeren Sicherheitsbeiwert vorsieht und zum anderen die infolge Ausfalls der über kritische Werte erwärmten Randbereiche überproportional zunehmende Schlankheit während der Brandeinwirkung.

Im Brandfall muss sich der ursprünglich von der Bewehrung aufgenommene Stützenlast-Anteil wegen der temperaturbedingten Entfestigung des Stahls weitgehend auf den Beton umlagern. Mit zunehmendem, nach DIN 1045 zur Erhöhung der zulässigen Stützenbelastung erforderlichen Bewehrungsgehalt ist diese Umlagerung selbstverständlich größer, und sie führt zu einer Überlastung des in den Stützenrandbereichen selbst durch Temperaturerhöhung geschwächten Betons, wodurch ein frühzeitiges Versagen ausgelöst werden kann. Besonders ungünstig ist dabei eine in den Querschnittecken konzentrierte Bewehrung, da dort die Erwärmung am schnellsten fortschreitet (s. Bild 4.30). Gleichmäßig an den Stützenrändern verteilte Bewehrung verzögert den Effekt. Eine solche Bewehrungsanordnung ist auch eher in der Lage, Zugkräfte aufzunehmen, wenn die Momente aus Theorie II. Ordnung so großen Einfluss gewinnen, dass auf einer Stützenseite Biegezugspannungen auftreten.

Monolithisch mit dem unteren und oberen waagerechten Anschlusssystem verbundene Stützen gewinnen, wenn sie erwärmt werden, in den Kopf- und Fußbereichen an Steifigkeit, da dort wegen der größeren Massigkeit der Aufheizvorgang langsamer abläuft. Es stellt sich eine konstruktive Teileinspannung ein, die das Brandverhalten günstig beeinflusst.

Außerdem ist das Brandverhalten von Stahlbetonstützen abhängig von einer gegebenenfalls möglichen ungleichmäßigen Erwärmung des Querschnittumfangs. Eine positive Wirkung ist vor allem dann zu erwarten, wenn die infolge Lastausmitte weniger stark gedrückte, bei Anwachsen der Momente II. Ordnung in den Biegezugbereich übergehende Stützenseite geschützt ist.

Für Stahlbetonwände gelten die vorstehenden Ausführungen sinngemäß.

5.3 Bauteile aus Holz

5.3.1 Vorwiegend auf Biegung beanspruchte Systeme; Balken

Die Feuerwiderstandsdauer biegebeanspruchter Holzbalken lässt sich rechnerisch bestimmen aus:

$$\frac{M}{W_\vartheta} = \beta_\vartheta, \qquad (5.4)$$

worin:
M = Moment aus Gebrauchslast,
W_ϑ = Widerstandmoment nach Abbrand der Querschnittränder mit:
  $b_\vartheta = b_o - 2\,v_s \cdot t$ (v_s = Abbrandgeschwindigkeit seitlich),
  $h_\vartheta = h_o - (v_u + v_o) \cdot t$ (v_u = Abbrandgeschwindigkeit unten),
  (v_o = Abbrandgeschwindigkeit oben),
  t = Branddauer,
β_ϑ = Biegefestigkeit des Holzes im erwärmten Zustand (zur Zeit t).

Mit diesem Ansatz wurden vereinfachte Bemessungstafeln entwickelt, von denen zwei Beispiele in Bild 5.9 wiedergegeben werden [20]. Für ihre Benutzung brauchen nur die Balkenquerschnitte und ihre Gebrauchsspannung bekannt zu sein. Wegen der Unzulänglichkeit der bekannten Materialdaten (s. Abschn. 4.5) musste bei der Erarbeitung dieser Diagramme stets eine Absicherung durch Brandversuche gesucht werden. (Das gilt auch für Bild 5.10).

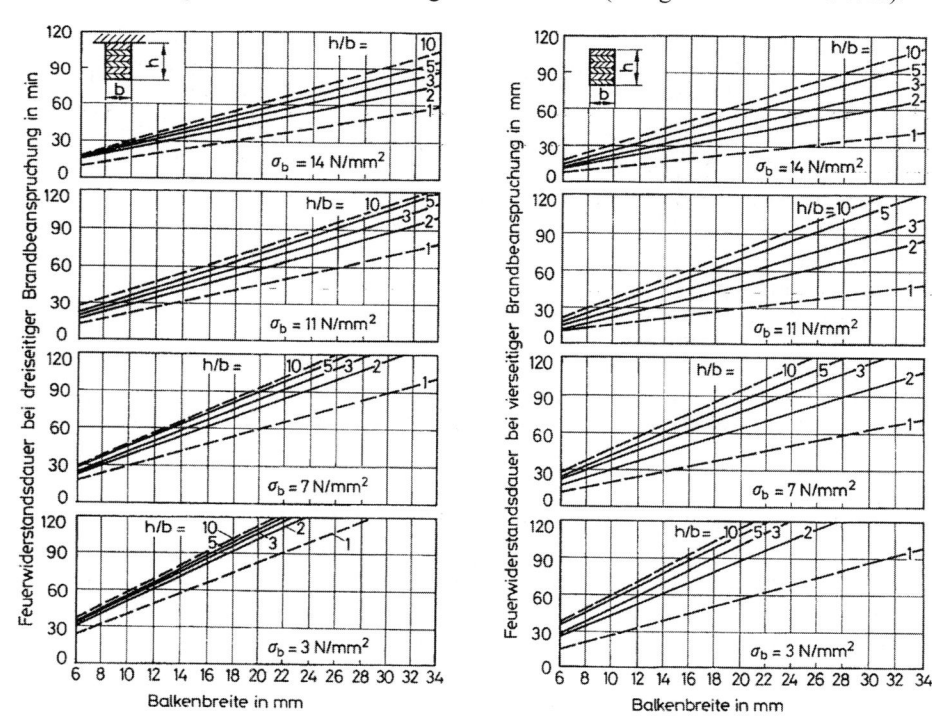

Bild 5.9   Feuerwiderstandsdauer unter Normbrandbedingungen von brettschichtverleimten Holzbalken bei drei- und vierseitiger Brandbeanspruchung [20]

5.3.2 Vorwiegend auf Druck beanspruchte Systeme; Stützen

Bei Stützen bringt der fortschreitende Abbrand neben der Verringerung des tragfähigen Holzquerschnitts eine gravierende Zunahme der Schlankheit mit sich. Die Tragfähigkeit bzw. die Feuerwiderstandsdauer der Stütze ist daher nicht nur von der Druckfestigkeit unter erhöhter Temperatur, sondern in besonderem Maße vom Elastizitätsmodul abhängig. Bild 5.10 zeigt die erforderlichen Querschnittabmessungen brettschichtverleimter Quadrat- und Rechteckstützen verschiedener Stablängen und Lagerungsbedingungen bei zwei unterschiedlichen Gebrauchsspannungswerten für Feuerwiderstandszeiten bis zu 90 min [20].

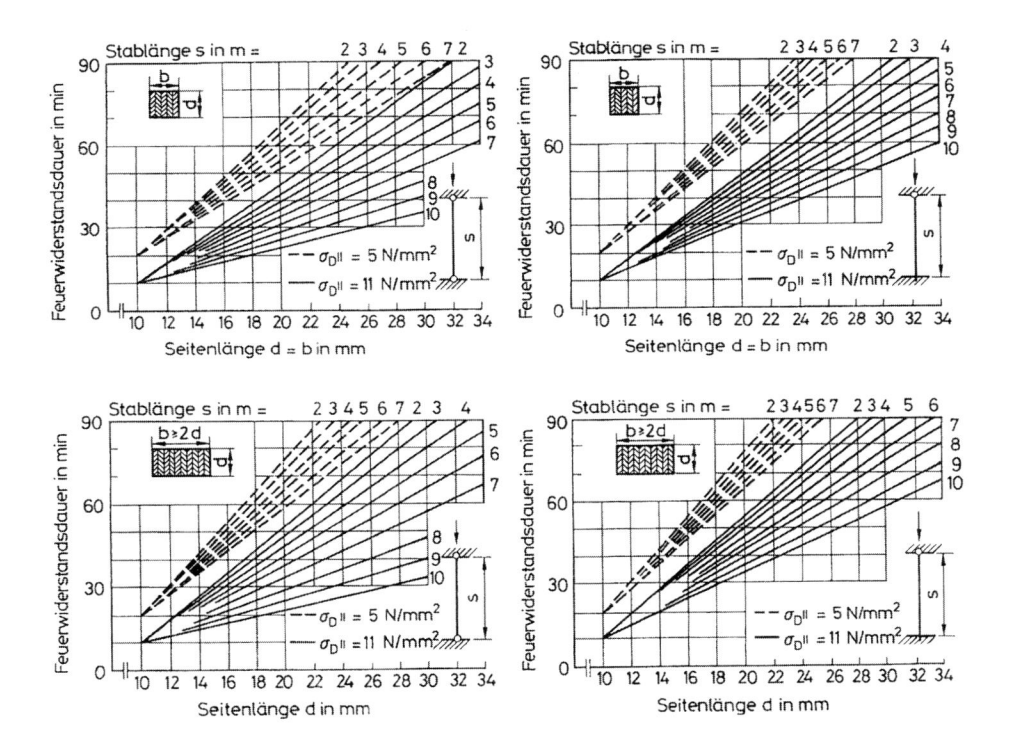

Bild 5.10 Feuerwiderstandsdauer unter Normbrandbedingungen von brettschichtverleimten Holzstützen mit quadratischem und rechteckigem Querschnitt [20]

5.3.3 Raumabschließende Holzbauteile; Decken, Wände

Decken, an die Brandschutzanforderungen gestellt werden, haben immer sowohl das Tragfähigkeits- wie auch das Raumabschlusskriterium zu erfüllen. Wände können für den Brandfall entweder nur raumabschließend (leichte Trennwände), nur tragfähig (wandartige Stützen) oder raumabschließend und tragfähig ausgebildet werden. Alle Forderungen lassen sich mit Holzbalken- und -stielen mit Spanplattenbeplankung erfüllen; im Allgemeinen werden Dämmschichten aus Mineralfasermatten oder -platten mitverwendet, und die Spanplattenbeplankung wird häufig mit Gipskarton-Bauplatten kombiniert.

5.4 Unterdecken

Unterdecken können neben ihren dekorativen und wärme- oder schalltechnischen Aufgaben auch Funktionen des Brandschutzes erfüllen. Im brandschutztechnischen „Normalfall verzögern sie die Erwärmung der darüber befindlichen Deckenkonstruktion, z.B. aus Holz oder nacktem Stahl, und gewähren zusammen mit dieser tragenden Konstruktion ausreichend lange den Raumabschluss (s. Abschn. 2.3.1) gegen einen Feuerübergriff von einem Geschoss in das andere. Wenn sie in besonderen Fällen den Raum zwischen Unterdecke und Rohdecke schützen soll, sind erhöhte Anforderungen an die Unterdecke zu stellen. Im dritten Fall, z.B. bei Fluchtwegen, kann der Schutz des Raumes unterhalb der Unterdecke vor einem Brand, der etwa durch hohe Belegung mit brennbaren Installationen im Raum zwischen Unter- und Rohdecke fortgeleitet wird, gefordert werden. Dieser Fall bedingt besondere Maßnahmen für die Abhängekonstruktion, die im Gegensatz zu den beiden anderen Fällen der direkten Flammeneinwirkung ausgesetzt ist.

Die brandschutztechnischen Aufgaben können von geputzten Unterdecken herkömmlicher Ausführungsart wie auch von Unterdecken aus vorgefertigten Platten, miteinander verspachtelt oder frei montier- und austauschbar, übernommen werden.

In erster Linie maßgebend für die Wirksamkeit der Unterdecken ist der Wärmedurchgang; er lässt sich in aller Regel mit einfachen Mitteln bestimmen und in den erforderlichen Grenzen halten. Insbesondere bei Plattendecken ist das Verhalten unter Brandbeanspruchung jedoch außerdem stark abhängig von dem Trag- und Verformungsverhalten des Plattenmaterials und damit von der Spannweite der Platten – bei den montierbaren Systemen auch von der Auflagertiefe – und dem Raster der Aufhängung an der Rohdecke, sowie der Aufhängung selber.

Bild 5.11 zeigt (nach [29]) ein Beispiel einer Platten-Unterdecke, die zusammen mit der Rohdecke die brandschutztechnischen Anforderungen des Raumabschlusses erfüllt.

Ungünstig können sich zusätzlich aufgebrachte Dämmschichten auswirken, da sie zu einem Wärmestau führen und dadurch die temperaturabhängige Festigkeit der Unterdecke vorzeitig verringern, gleichzeitig aber eine zusätzliche Belastung darstellen.

Aus diesen Gründen dürfen durch Norm oder Prüfzeugnis anerkannte Unterdeckenkonstruktionen nicht verändert werden und nur für die jeweils definierten Zwecke eingesetzt werden.

Einbauten, wie z.B. Leuchten oder klimatechnische Geräte, heben im Normalfall die brandschutztechnische Wirkung einer Unterdecke auf, jedoch ist eine ganze Reihe von Systemen auf dem Markt, die mit Einbauten eine Brandprüfung gemäß DIN 4102 bestanden haben.

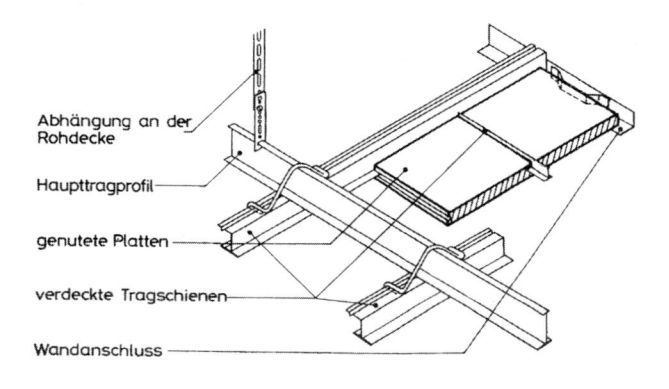

Bild 5.11
Beispiel einer Unterdecke mit verdichteten Mineralfaserplatten [29]

5 Brandverhalten von Bauteilen

Tafel 5.4 Raumabschließende[1] Wände in Holztafelbauart

Zeile	Konstruktions-merkmale	Holzrippen		Beplankung(en) und Bekleidung(en) Mindestdicke von		Dämmschicht			Feuer-widerstands-klassen-Benennung
(Variante)	Abkürzungen: MF = Mineralfaser-Platten oder -Matten HWL = Holzwolle-Leichtbauplatten	Mindest-abmessungen	zulässige Spannung	Holzwerk-stoffplatten (Mindest-rohdichte ρ = 600 kg/m³)	Gips-karton-Bau-platten F(GKF)	von Mineralfaser Platten oder -Matten		von Holz-wolle-Leicht-bau-platten	
						Dicke	Mindest-Rohdichte	Dicke	
		nach Abschnitt 4.11.2[a]	nach Abschnitt 4.11.3[a]	nach Abschnitt 4.11.4[a]		nach Abschnitt 4.11.5[a]			
		$b_1 \times d_1$ mm × mm	zul σ_D N/mm²	d_2 mm	d_3 mm	D mm	ρ kg/m³	D mm	
1		40 × 80[2]	2,5	13[3]		80	30		F30-B
2			2,5	13[3]		40	50		
3			1,25	8[3]		60	100		
4			2,5	13[3]				25	
5			1,25	8[3]				50	
6			2,5	2 × 16[4]		80	30		F60-B
7			2,5	2 × 16[4]		60	50		
8			1,25	19[5]		80	100		
9			1,25	19[5]				50	
10			0,5	2 × 19[6]		100	100		F90-B
11			0,5	2 × 19[6]				75	
12		40 × 80[2]	2,5	0	12,5[7]	60	30		F30-B
13			2,5	0	12,5[7]	40	50		
14			2,5	0	12,5[7]			25	
15			1,25	13	12,5[7]	60	50		F60-B
16			0,5	8	12,5[7]	80	100		
17			1,25	13	12,5[7]			50	
18			0,5	8	12,5[7]			50	
19			0,5	2 × 16[4]	15[8]	60	50	75	F90-B
20			0,5	19	15[8]	100	100		
21			0,5	19	15[8]				

[1] Wegen tragender, **nichtraumabschließender** Wände s. Tabelle 50 (s. auch „Wandarten, Wandfunktionen" in Abschn. 4.1.1, Seite 46).[a]
[2] Bei nichttragenden Wänden muss $b_1 \times d_1 \geq 40$ mm × 40 mm sein.
[3] Einseitig ersetzbar durch GKF-Platten mit $d \geq 12,5$ mm oder GKB-Platten mit $d \geq 18$ mm oder $d \geq 2 \times 9,5$ mm oder Bretterscha-lung nach Abschn. 4.12.4.1 Punkt f) bis i) mit einer Dicke gemäß Bild 39 von $d_w \geq 22$ mm.[a]
[4] Die jeweils raumseitige Lage darf durch Gipskarton-Bauplatten entsprechend Fußnote 3 ersetzt werden.
[5] Einseitig ersetzbar durch GKF-Platten mit $d \geq 18$ mm.
[6] Die jeweils raumseitige Lage darf durch Gipskarton-Bauplatten F mit $d \geq 18$ mm ersetzt werden.
[7] Anstelle von 12,5 mm dicken GKF-Platten dürfen auch GKB-Platten mit $d \geq 18$ mm oder $d \geq 2 \times 9,5$ mm verwendet werden.
[8] Anstelle von 15 mm dicken GKF-Platten dürfen auch 12,5 mm dicke GKF-Platten in Verbindung mit $\geq 9,5$ mm dicken GKB-Platten verwendet werden.
[a] Referenz bezieht sich auf DIN 4102-4

5.5 Trennwände

Nichttragende Trennwände können für den Brandschutz als raumabschließende Elemente eingesetzt werden, d.h. sie können bei sachgemäßer Ausbildung über eine ausreichend lange Zeitdauer den Übergriff eines Feuers von einem Raum auf den anderen verhindern. Geeignet sind dafür Ständerwerke aus beliebigen Baustoffen, deren Beplankung, im Allgemeinen in Zusammenwirkung mit einer zwischen den Stielen angeordneten Dämmschicht, den brandschutztechnischen Raumabschluss (s. Abschn. 2.3.1) bewirkt. Für die Beplankung werden häufig Kombinationen verschiedener Dämmplattenarten (z.B. Holzspanplatten/Gipskarton-Bauplatten) gewählt.

Abhängig von dem verwendeten Material wird bei Brandbeanspruchung zunächst die ein- oder mehrlagige feuerseitige Beplankung der Trennwand durch Zermürbung oder Durchbrand zerstört, ehe das Ständerwerk mit der daran befestigten, noch nicht geschädigten Beplankung der feuerabgewandten Seite angegriffen wird. Die Standfestigkeit des Ständerwerks und der Schutz der feuerabgewandten Beplankung wird deutlich verlängert durch die vorerwähnte Dämmschicht zwischen den Stielen.

Sorgfältige, norm- oder prüfzeugnisgemäße Ausführung der Anschlüsse und Fugen ist wichtig für die Funktionstüchtigkeit solcher nichttragenden Trennwände, da keine Wärmebrücken oder durch thermische Verformung aufklaffenden Spalte entstehen dürfen. Eingebaute Installationen, wie z.B. Elt-Steckdosen, können Schwachpunkte darstellen. Das zusätzliche Aufbringen von Blechbekleidungen verschlechtert das Brandverhalten im Allgemeinen erheblich, da Kräfte aus den starken thermischen Verformungen des Blechs auf die Unterkonstruktion übertragen werden.

Trennwände in Leichtbauweise, die für den Gebrauchszustand auch tragende Funktion haben, welche auch im Brandfall erhalten werden muss, sind gegebenenfalls stärker zu bemessen als nichttragende. Sie sind durchaus möglich und üblich.

Tafel 5.4 zeigt als Beispiel raumabschließende Wände mit Holzstielen. Sie entspricht Tabelle 51, DIN 4102-4, und kann für tragende und nichttragende Konstruktionen benutzt werden. Im ersten Fall ist die in den Stielen vorhandene Spannung maßgebend für die Beplankung und die Dämmschicht, während im zweiten Fall die Abmessungen der Stiele verringert werden dürfen.

5.6 Verglasungen

Eingebaute Scheiben aus üblichem Bauglas (Kalk-Natrongläser) zerspringen im Allgemeinen schon während der ersten Minuten eines Brandangriffs. Das ist darauf zurückzuführen, dass sich der erwärmte Bereich der Scheibe auszudehnen versucht, dabei aber durch den schmalen Rand, der von einem Rahmen vor Erwärmung weitgehend geschützt ist, behindert wird. Es bauen sich Spannungen auf, im warmen Innenbereich Druck, am kalten Rand Zug.

Die Größe der Zugspannungen σ_z ist vom linearen Wärmeausdehnungskoeffizienten α_ϑ, dem Elastizitätsmodul E, dem Querdehnungskoeffizienten μ des Glases und von der Temperaturdifferenz $\Delta\vartheta$ zwischen Scheibenmitte und -rand nach folgendem Gesetz abhängig:

$$\sigma_z = \frac{\alpha_\vartheta \cdot E}{1 - \mu} \cdot \Delta\vartheta. \tag{5.5}$$

Sie überschreiten sehr bald die Materialfestigkeit und leiten den Bruch ein, der im Allgemeinen von kleinen Fehlstellen der Außenkanten ausgehend zunächst senkrecht zum Scheibenrand – senkrecht zu den Zugspannungen – verläuft, dann in der Grenzzone zwischen „kaltem" Rand und „heißer" Mitte abknickt und um die Scheibe herumläuft, wodurch die erwärmte Scheibe nahe dem Rahmen großflächig herausgeschnitten wird.

Zur Verbesserung des Verhaltens kann die Temperaturdifferenz $\Delta\vartheta$ verkleinert werden durch perforierte Rahmen. Der Wärmeausdehnungskoeffizient α_ϑ, der bei normalem Fensterglas rund $9 \cdot 10^{-6}$/K beträgt, kann bei Spezialgläsern besonderer Zusammensetzung (Borosilikat) auf rund $3 \cdot 10^{-6}$/K, bei der sogenannten Glaskeramik sogar auf $0,1 \cdot 10^{-6}$/K herabgedrückt werden. Durch Vorspannung der Scheibe während des Herstellvorgangs können bleibende Druckspannungen aufgezwungen werden, die bei dem beschriebenen Beanspruchungszustand unter Brandangriff von den sich entwickelnden Zugspannungen erst abgebaut werden müssen, ehe ein Bruch auftreten kann.

Nach Überschreiten einer materialabhängigen Grenztemperatur werden die Wärmespannungen in der Glasscheibe wieder abgebaut, da ein Erweichungsprozess beginnt. Bei den genannten Borosilikatgläsern zieht sich dieser Prozess über einen weiten Temperaturbereich hin, ehe das Glas zu fließen beginnt und die Scheibe in sich zusammensinkt. Weiter verzögern lässt sich diese Versagenserscheinung durch gleichmäßige feste Einpressung in den Rahmen. Mitbestimmend ist die Schwere der Scheibe.

Mit Borosilikat- oder Glaskeramikscheiben lassen sich feuerwiderstandsfähige Verglasungen herstellen, die während des Brandvorgangs transparent bleiben. Das bedeutet aber, dass sie auch einen Teil der Wärmestrahlung passieren lassen, wodurch eine Gefährdung auf der feuerabgekehrten Seite der Verglasung – fliehende Menschen, brennbare Gegenstände – eintreten kann. Der Einsatz solcher Verglasungen ist daher nicht unbegrenzt möglich.

Das gleiche gilt für Drahtglaskonstruktionen. Diese weisen zwar nach wenigen Minuten einer Brandbeanspruchung eine Vielzahl von Sprüngen auf, werden aber durch das punktgeschweißte Drahtnetz zusammengehalten. Wenn das Drahtnetz sich nicht aus dem Rahmen ziehen kann, ist mit Drahtglasscheiben eine beachtliche Feuerwiderstandsdauer erreichbar.

Wenn eine Wärmestrahlung durch die Verglasung im Brandfall nicht zugelassen werden kann, müssen Scheibenkonstruktionen anderer Art eingesetzt werden. Diese bestehen immer aus mindestens zwei Glasscheiben, zwischen denen sich eine unter Normaltemperatur glasklare Brandschutzschicht – oft Natriumsilikat – befindet.

Im Brandfall zerspringt die dem Feuer zugekehrte Scheibe, und die Brandschutzschicht wird dem Wärmeangriff ausgesetzt. Sie schäumt unmittelbar auf und bildet eine undurchsichtige wärmedämmende Schicht, die die feuerabgekehrte Scheibe (oder Scheibenbatterie) vor übermäßiger Erwärmung und dem Zerspringen schützt. Im Sinne der Norm haben solche Verglasungen die gleichen Kriterien zu erfüllen wie Wände.

Im Gebrauchszustand sind Brandschutzverglasungen in zufriedenstellendem Maße lichtdurchlässig; die Transmission der Lichtstrahlung ist abhängig von der Glasart, sowie der Dicke und Anzahl der Scheiben. Temperaturen über 50 °C können die schaumbildenden Brandschutzschichten beeinflussen. Das ist bei der Planung zu berücksichtigen.

Brandschutzverglasungen müssen werkseitig maßgerecht hergestellt werden; späteres Zuschneiden der Scheiben ist nicht möglich [40].

6 Verhalten von Gesamttragwerken unter Brandbeanspruchung

Der vorbeugende bauliche Brandschutz geht bisher im Regelfall von der Dimensionierung von Einzelbauteilen für eine bestimmte Feuerwiderstandsdauer gemäß bauaufsichtlicher Forderung aus und lässt die wechselseitige Einwirkung benachbarter Bauteile aufeinander außer acht. Durch die Erwärmung infolge Brandbeanspruchung treten aber Dehnungen und Verdrehungen der Bauteile auf, die nur in den seltensten Fällen unbehindert sind. Vielmehr ist durch Nachbarbauteile fast immer eine Verformungsbehinderung gegeben, die das Brandverhalten des Einzelbauteils verändern kann, insbesondere aber das Verhalten des Gesamtbauwerks bestimmt.

Das monolithische Zusammenwirken einer über mehrere Felder durchlaufenden Platten- oder Balkenkonstruktion führt zu günstigem Verhalten unter Brandbeanspruchung, wie in Abschnitt 5.1.2 und 5.2.2 dargestellt ist.

Brände in einem Geschossbau bleiben häufig lokal begrenzt. In einer Geschossdecke, z.B. aus Stahlbeton, sind dann heiße Plattenbereiche von kalten umgeben, und die behinderte thermische Dehnung weckt Zwängungen im beflammten wie im nichtbeflammten Plattenteil. Die Horizontalzwängungen können als Scheibenspannungszustand angegeben werden (Bild 6.1 [46]). Die Scheibenspannungen (erwärmter Zustand) überlagern sich den aus der mechanischen Beanspruchung (Gebrauchszustand) vorhandenen Plattenspannungen. Generell ist diese Wirkung als positiv zu bezeichnen, da im beflammten Teil – bei Annahme einer Brandwirkung von unten – durch die geweckten Zwang-Druckspannungen eine Entlastung der untenliegenden und von der Erwärmung zunächst betroffenen Biegezugbewehrung der Plattenfelder eintritt. Entsprechend wird natürlich die gleichfalls erwärmte Biegedruckzone in den Stützbereichen nun stärker beansprucht, was zu Schäden führen kann, wenn diese Bereiche schon im Gebrauchszustand hoch ausgelastet waren.

Zwang-Zugbeanspruchungen, die in der kalten Umgebung geweckt werden, können zu Rissen führen; Plastifizierung der Bewehrung und nicht reversible Verformungen des Deckensystems in großen Bereichen sind bei extremer Brandintensität möglich.

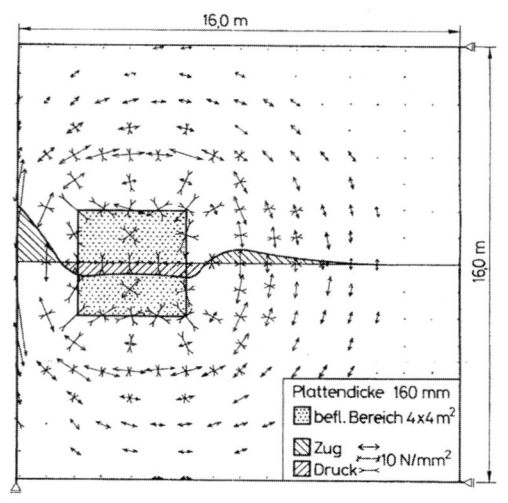

Bild 6.1
Scheibenspannungszustand einer Stahlbetondecke bei partieller Brandbeanspruchung nach ETK in der 90. Minute (Zur Demonstration der Zwangbeanspruchung wurde der ungerissene Zustand gewählt, obwohl die aufnehmbare Beton-Zugspannung überschritten wird.) [46]

6 Verhalten von Gesamttragwerken unter Brandbeanspruchung

Wie sich eine horizontale Zwängung auf das Brandverhalten einachsig gespannter Stahlbetonbauteile auswirkt, machen die auf Bild 6.2 gezeigten Versuchsbeispiele anschaulich [17]. Untersucht wurden doppelstegige Plattenbalken mit der Stützweite $l = 4{,}75$ m unter zulässiger Gebrauchsbeanspruchung. Bei zwangfreier Lagerung wäre von ihnen eine Feuerwiderstandsdauer von 90 min zu erwarten gewesen. Während der Versuche wurde jedoch die Horizontaldehnung durch Pressen behindert, deren Wirkungsebene bei Versuchsbeginn 100 mm über UK Balken lag. Die Dehnbehinderung wirkte abhängig von der Steifigkeit einer gedachten „kalten" umgebenden Konstruktion. Diese Abhängigkeit wurde nach Weg und Zeit vorweg ermittelt.

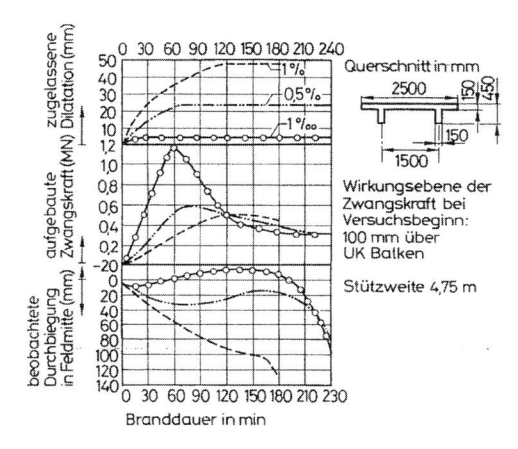

Bild 6.2
Versuchsergebnisse unterschiedlich dehnbehinderter Stahlbeton- π-Platten unter Normbrandbedingungen [17]

Der obere Teil des Diagramms zeigt den von den Pressen zeitabhängig freigegebenen Horizontal-Dehnweg in drei Varianten, im mittleren Bildteil sind die dabei aufgetretenen Horizontal-Zwangskräfte dargestellt, und unten ist die jeweils gemessene Durchbiegung der Prüfkörper aufgezeichnet. Die Tragfähigkeit der Prüfkörper war erst nach rund 180 bzw. 240 min Normbranddauer erschöpft.

Die Verformungen eines auf Biegung beanspruchten Bauteils unter Brandeinwirkung lassen sich am besten am Beispiel eines Stahlbetonplattenstreifens erläutern, der von unten erwärmt wird (s. Bild 6.3).

Die thermische Dehnung erzeugt, unabhängig von der mechanischen Beanspruchung, nicht nur eine Verlängerung $\Delta l = \alpha_\vartheta \cdot \Delta\vartheta \cdot l$, sondern infolge der stärkeren Erwärmung der unteren Querschnittspartien auch eine Durchbiegung des Bauteils. Die Verlängerung Δl ist also auf der

Bild 6.3
Temperaturverlauf in einer 10 cm dicken Betonplatte bei unterschiedlichem Brandraumtemperaturverlauf; Kurve a stellt sich nach 30 min Normbrandbeanspruchung ein, während die nahezu gleichmäßige Durchwärmung b nach vierstündiger Einwirkung eines Schwelbrandes mit rund 400 °C zu erwarten ist; die mittlere Erwärmung $\Delta\vartheta_{mittel}$ ist in beiden Fällen gleich

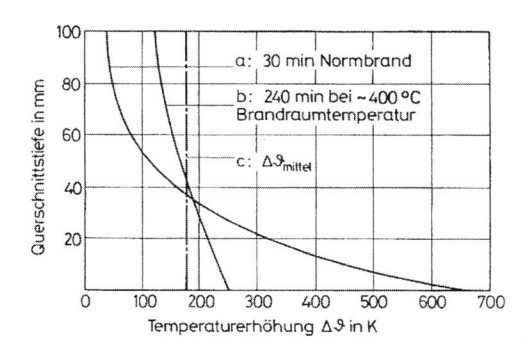

gekrümmten Bauteil-Längsachse zu messen. Bei steilen Temperaturgradienten, welche bei schnellem Anstieg der Brandraumtemperatur entstehen, ist der Anteil der Durchbiegung an der Gesamtverformung groß, und die in der Horizontalen gemessene Verlängerung bleibt relativ gering. Bei flachen Temperaturgradienten, die etwa bei lang andauernden Schwelbränden auftreten können, wirkt sich die thermische Verformung vorwiegend in horizontaler Richtung aus.

Der „thermischen" Durchbiegung addiert sich die Zunahme der „mechanischen" Durchbiegung infolge der temperaturbedingten größeren Verformbarkeit der Baustoffe.

Es gelingt nicht, den Anteil der Einflüsse generell zu quantifizieren, um so zu einer Bestimmung der wirklichen Horizontalverformung eines Tragsystems zu kommen.

Durch umgebende, nicht selbst erwärmte Tragwerksteile werden die Dilatationen der direkt beflammten Konstruktion abgebaut. Auf Bild 6.4 ist das am Beispiel einer idealisierten Stahlbetondecke gezeigt [46]. Es sind dies theoretische, mit Hilfe eines Scheibenmodells, also ohne Berücksichtigung von Durchbiegungsanteilen, gewonnene Rechenergebnisse. Auf der Abszisse des Bildes 6.4 ist als $\Delta\vartheta$ die mittlere Erwärmung des beflammten Deckenteils aufgetragen, und es zeigt sich, dass bei $\Delta\vartheta = 200$ K und dem Verhältnis $r_a/r_i = 3$ (d.h. nur 11 % beflammter Flächenanteil) die Verschiebung des kalten Außenrandes nicht wesentlich kleiner als die des warmen Innenrandes ist ($u_R/u_T = 0{,}92$). Bei $r_a/r_i = 10$ (1 % beflammter Flächenanteil) beträgt dagegen die Verschiebung des Außenrandes nur rund 25 % der Innenrandverschiebung, und zwar nahezu unabhängig von der mittleren Erwärmung des beflammten Deckenteils.

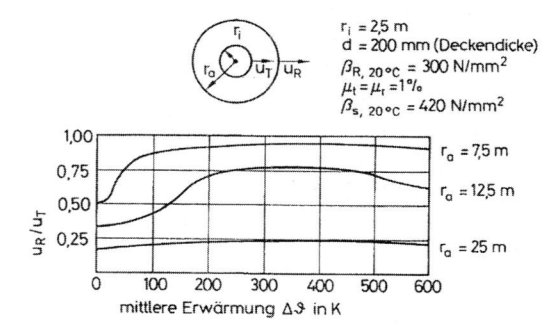

Bild 6.4
Verhältnis der Verschiebung u_R des äußeren kalten Randes zur Verschiebung u_T am Rand des beflammten Teils einer Stahlbeton-Kreisplatte (Scheibe) [46]

Es muss beachtet werden, dass die Werte nur für die gewählten Modellparameter gelten; für $r_i \neq 2{,}5$ m stellen sich andere Verhältnisse u_R/u_T ein. Das gilt selbstverständlich auch bei veränderter Steifigkeit, beispielsweise unterschiedlichem Bewehrungsgehalt μ.

Die aufgezeigten thermischen Zwangverformungen werden als Kopfverschiebungen von den horizontalen auf die vertikalen Tragelemente – Stützen und Wände – übertragen, in denen sie zusätzliche Momenten- und Querkraftbeanspruchungen auslösen, die zu Biege-Schubversagen führen können, insbesondere wenn große Geschossflächen unter Brandbeanspruchung stehen.

Sobald in einer Gruppe von benachbarten Stützen die Einzelstützen von einem Brand unterschiedlich hoch beaufschlagt werden, ist ihre thermische Dehnung unterschiedlich, und gegenseitige Behinderungen dieser Dehnung treten ein. Dadurch werden gerade bei der am stärksten thermisch beanspruchten Stütze Zwangskräfte, die sich zur Gebrauchslast addieren, geweckt. Durch Hochtemperatur-Kriech- und -Relaxationseinflüsse werden die thermischen Zwängungen im Allgemeinen jedoch wieder abgebaut, noch ehe sie zu einem verfrühten Normalkraftversagen der Stütze führen.

Bild 6.5 zeigt den Effekt einer Dehnungsbehinderung auf eine brandbeanspruchte Stahlbetonstütze an Versuchsbeispielen [17]. Es handelt sich um identische Stützen mit ausmittiger Gebrauchslast unter Normbrandbeanspruchung. Ein Versuchskörper konnte sich bei konstant gehaltener Belastung N_0 in seiner Längsrichtung frei dehnen (u). Die seitlichen Stützenausbiegungen v wuchsen dabei langsam an, bis sie im Endstadium das Versagen der Stütze bestimmten. Der zweite Versuchskörper wurde vollständig an seiner Längsverformung u gehindert; es entwickelte sich eine Zwangskraft N_Z, die verhältnismäßig früh ihr Maximum erreichte und sich wieder abbaute. Die bereits ausgelösten größeren Seitenausbiegungen v nahmen jedoch weiter zu und führten zu einem gegenüber der ungezwängten Stütze etwas früheren Versagen. Dazwischen liegen die Ergebnisse eines dritten Versuchs mit teilweiser Behinderung der Längsverformung.

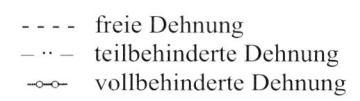

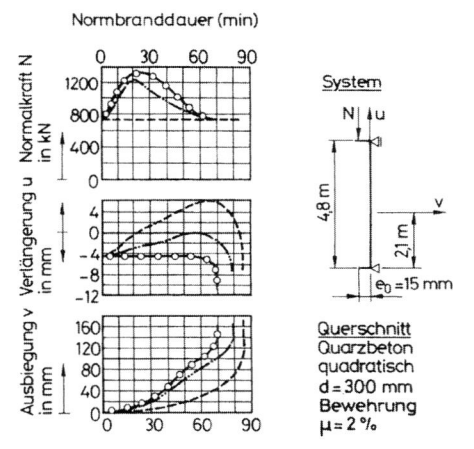

- - - - freie Dehnung
– ·· – teilbehinderte Dehnung
–o–o– vollbehinderte Dehnung

Bild 6.5
Versuchsergebnisse von frei verformbaren und dehnbehinderten Stahlbetonstützen unter Normbrandbeanspruchung [17]

7 Brandnebenwirkungen

Als Brandnebenwirkung wird die Wirkung von Rauch und Gasen, die bei der Verbrennung von Brandgut entstehen, bezeichnet.

7.1 Toxische Gase

Statistiken weisen aus, dass etwa 80 % aller Brandopfer durch Vergiftung der Atemwege den Tod fanden und nicht durch direkte Berührung mit den Flammen oder durch einstürzende Bauteile. Bei der Verbrennung beliebigen Materials wird der Luft Sauerstoff entzogen, und als Verbrennungsgase entstehen im Wesentlichen Kohlendioxid und Kohlenmonoxid. Besonders das CO ist von entscheidender Bedeutung, da eine Volumenkonzentration von 1 % bereits nach wenigen Minuten zur Bewusstlosigkeit führt und eine Flucht unmöglich macht; eine Konzentration von 3 bis 4 Vol.- % ist tödlich.

Bei der Einstufung von Verbrennungsprodukten als „toxisch" ist das Kohlenmonoxid zu etwa 95 % ausschlaggebend. Danach folgen Blausäure und Formaldehyd und erst dann die Halogene wie Chlorwasserstoff und höher toxische organische Halogenverbindungen mit etwa 1 % [11]. Die letztgenannten Stoffe werden vorwiegend bei der thermischen Zersetzung von Kunststoffen frei (s. Abschn. 4.8).

Gasanalysen, die bei realitätsnahen Brandversuchen in einem Wohngebäude durchgeführt wurden, beweisen die Gefährdung. Bild 7.1 gibt als Beispiel Messungen in einem Raum wieder, der mit seinem Nachbarraum, in dem das Feuer gezündet wurde (Primärbrandraum), nicht direkt, sondern nur über einen gemeinsamen Flur verbunden war. Die Brandlast bestand aus Möbeln (Büroeinrichtungen) ohne nennenswerten Kunststoffanteil.

Während der ersten 15 Minuten, in denen sich der Brand im Nachbarraum entwickelte, wurden CO Konzentrationen von über 3 Vol.- % registriert, während der O_2-Gehalt auf etwa die Hälfte des Normalwertes absank. Zu dieser Zeit war kein Feuer in dem betrachteten Raum, und die Temperatur war nur unwesentlich gestiegen. Als später der Brand auf den betrachteten Raum übergriff, erreichte der CO-Gehalt ein weiteres Maximum bei gleichzeitigem Absinken des O_2-Gehalts auf fast Null. Der CO_2-Gehalt zeigte dem O_2-Gehalt entgegengesetzte Schwankungen [4].

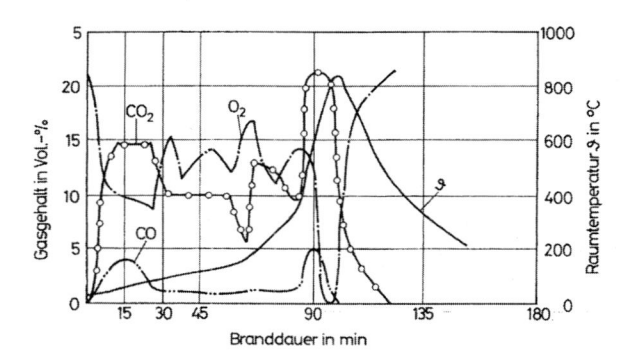

Bild 7.1
Gasanalyse bei einem Brandversuch mit Mobiliar; O_2-, CO_2- und CO-Entwicklung in einem dem Primärbrandraum benachbarten Raum [4]

7.2 Rauch

Die Gefahr des Rauchs liegt – abgesehen von den in ihm enthaltenen toxischen Gasen – darin, dass er die Sicht behindert und damit die Flucht unmöglich machen und die Rettung erheblich erschweren kann.

7.3 Korrosive Gase

Bei der thermischen Zersetzung einiger Kunststoffe werden aggressive Gase und Dämpfe freigesetzt. Von praktischer Bedeutung sind insbesondere chlorwasserstoffhaltige Brandgase, die aus dem Kunststoff Polyvinylchlorid (PVC) freiwerden (s. Abschn. 4.8). Sie kondensieren in Gegenwart der Luftfeuchte in Form von Salzsäure auf Einrichtungen und Bauteilen, die sich im Brandbereich und in der Umgebung, die nicht von unmittelbaren Brandschäden betroffen ist, befinden.

Die Salzsäure ruft an freiliegenden Metallteilen sofortige Korrosion hervor.

Beton kann durch Salzsäure unter Auflösung der festigkeitsbildenden Calciumsilikate des Zementsteins vollständig zerstört werden. Die bei Bränden chloridhaltiger Kunststoffe freigesetzten H Cl-Mengen reichen jedoch nicht aus, durch solche Reaktionen größere Betonvoluminas anzugreifen.

Bei den Reaktionen der Salzsäure mit kalkhaltigen Baustoffen, also beispielsweise Beton, entstehen Chloride, insbesondere Calciumchlorid, die durch Diffusion in das Bauteilinnere transportiert werden können. Die Diffusionsgeschwindigkeit der Chloridionen im Beton ist näherungsweise der Quadratwurzel der Zeit proportional. Sie wird weiter bestimmt durch Temperatur, Feuchtigkeit, Konzentration, sowie die Gradienten dieser Faktoren über den Querschnitt, durch Dichtheit und Hydratationsgrad, Gefügestörungen und Risse sowie Karbonatisierung. Wenn Chloridionen in ausreichender Menge zur Stahlbewehrung vordringen, ist deren Korrosionsschutz gefährdet. Teilweise werden sie jedoch korrosionsinaktiv durch physikalisch-adsorptive Bindung an die große Oberfläche des Zementgels oder durch chemische Bindung in den Hydratphasen des Zementsteins, insbesondere in Form des Friedeischen Salzes. In karbonatisierten Bereichen ist das Friedeische Salz nicht beständig [19], [24].

Als Richtwert der Grenze der kritischen korrosionsauslösenden Chloridkonzentration in Beton kann derzeit 0,4 % Cl , bezogen auf das Zementgewicht, gelten [32].

8 Ergänzende Maßnahmen

Durch eine Reihe von Maßnahmen, die den vorbeugenden baulichen Brandschutz, der durch feuerwiderstandsfähige Ausbildung der Bauteile gewährleistet wird, ergänzen, kann der Entstehung und vor allem der Ausbreitung von Schadenfeuern wirksam begegnet werden.

8.1 Früherkennungs- und -meldeanlagen

Dem vollentwickelten Brand, der dem Bauwerk (Tragwerk) gefährlich wird, geht häufig eine längere Phase der Brandentstehung voraus, während der Früherkennungs- und -meldeanlagen bereits ansprechen und häufig dazu beitragen können, dass der Brand gelöscht wird, noch ehe er ein gefährliches Stadium erreicht.

Ionisations-Brandmelder reagieren auf Unterschiede der elektrischen Leitfähigkeit „normaler" und rauchdurchsetzter bzw. mit Verbrennungsgasen vermischter, ionisierter Luft.

Optische Rauchmelder zeigen die Störung an, wenn der Lichtstrahl einer eingebauten Lichtquelle durch Rauch auf eine Fotozelle reflektiert wird.

Wärmemelder lösen über Schmelzlot oder Bimetall aus, wenn eine festzulegende Temperatur erreicht wird.

Wärme-Differentialmelder sind empfindlich gegen rasches Ansteigen der Temperatur.

Flammenimpulsmelder sprechen auf das Flackern einer Flamme, auch wenn sie keinen Rauch bildet, an.

Neben diesen automatischen Anlagen sind die von **Hand** zu betätigenden **Feuermelder** nicht zu vergessen.

8.2 Frühbekämpfungsmaßnahmen

Handfeuerlöscher, gefüllt mit Löschmitteln, die der Art der Brandlast entsprechen, können ein wirksames Mittel zur Bekämpfung eines Entstehungsbrandes sein.

Sprinkleranlagen sind selbsttätige Brandschutzeinrichtungen, die die Aufgabe haben, einen Entstehungsbrand unter Kontrolle zu halten. Sie können daher weder Löschkräfte noch sonstige Maßnahmen zur Brandbekämpfung ersetzen.

Durch Sprinkleranlagen wird Wasser mittels eines fest verlegten Rohrleitungsnetzes zu zweckmäßig verteilten, ebenfalls fest verlegten Düsen, den Sprinklern, geleitet. Die Sprinkler sind im Bereitschaftszustand der Sprinkleranlage ständig geschlossen und sprechen erst – gesteuert durch Branderkennungs- und Auslöseelemente – an, wenn sie auf ihre Öffnungstemperatur erwärmt sind. Im Brandfalle öffnen sich daher nicht alle Sprinkler, sondern nur jene, die sich im Bereich des Brandherdes befinden.

8.3 Rettungswege

Für die Bewohner eines Gebäudes ist bei Bränden die Sicherheit der Rettungswege von entscheidender Bedeutung. Grundsätzlich sollen Personen von jedem Aufenthaltsraum über Flure, notwendige Treppen und Ausgänge ins Freie gelangen können. Dieser erste Rettungsweg muss gegen Brandeinwirkung geschützt sein, er dient gleichzeitig als Angriffsweg für die Feuerwehr. Ein zweiter Rettungsweg, der z.B. über von der Feuerwehr angelegte Leitern führen kann, ist zusätzlich erforderlich.

Treppen bleiben im Brandfall nur dann als vertikale Rettungswege sicher benutzbar, wenn sie in einem eigenen Raum mit ausreichend feuerwiderstandsfähigen Wänden, dem Treppenraum, liegen, der gegen Verqualmung geschützt ist.

Flure, die allgemein zugänglich sind und als horizontale Rettungswege dienen, sollten mindestens feuerhemmende Wände und Decken haben und müssen von den Treppenräumen mit dichtschließenden Türen abgeschlossen sein.

Die Benutzung von Rettungswegen sollte nicht durch Abstellen von Gegenständen oder gar Lagerung brennbarer Stoffe beeinträchtigt sein, und selbstverständlich sollten Bauteile, die Rettungswege begrenzen (Decken, Wände), selbst nicht zur Entwicklung und Fortleitung von Flammen und Rauch beitragen.

Von wesentlicher Bedeutung für die Sicherung des Fluchtweges ist, dass er – oder zumindest die Treppenräume – rauchfrei gehalten wird. Haben Treppenanlagen Fenster, die ins Freie führen, können diese als **Rauchabzugöffnungen** dienen. Bei innenliegenden Treppen ist an der obersten Stelle des Treppenraumes eine Rauchabzugvorrichtung anzubringen. Um einen einwandfreien Rauchabzug zu ermöglichen, muss gegebenenfalls ein besonderer ins Freie führender, feuerbeständiger Abzugschacht geschaffen werden.

8.4 Rauch- und Wärmeabzuganlagen

In einem geschlossenen Raum steigen Rauch und heiße Brandgase über der vom Brand erfassten Fläche im Wesentlichen lotrecht bis zum Dach bzw. bis zur Decke auf und breiten sich dort aus. Im weiteren Verlauf füllt sich schließlich der gesamte Raum mit Rauch und heißen Brandgasen, noch ehe sich der eigentliche Brand wesentlich ausbreitet. Durch ausreichend dimensionierte und entsprechend angeordnete Zu- und Abluftöffnungen wird erreicht, dass im Brandfall die Schicht von Rauch und heißen Brandgasen ein erträgliches Ausmaß nicht überschreitet, d.h. dass unter ihr Sicht und Atemluft erhalten bleiben. Rauch- und Wärmeabzuganlagen, kurz RWA genannt, ermöglichen oder erleichtern daher in Brandfällen die Sicherung der Fluchtwege gegen Verqualmung und den schnellen und gezielten Löschangriff der Feuerwehr.

RWA sind Dachabschlüsse, die im Allgemeinen im Gebrauchszustand auch als Raumbelichtung genutzt werden. Sie geben im Brandfall Öffnungen im Dach frei, die der natürlichen Ableitung von Rauch und Brandgasen dienen; sie lassen sich im Brandfall automatisch und/oder manuell öffnen. Um die automatische Öffnung zu gewährleisten, müssen ihnen Branderkennungselemente (s. Abschn. 8.1) und Auslösevorrichtungen zugeordnet werden.

Voraussetzung für die Wirkung der RWA ist, dass im Brandfall rechtzeitig die zweckentsprechenden Zuluftöffnungen geschaffen werden. Dazu gehören vor allem Türen, Tore und, soweit sie sich in den unteren Raumbereichen – etwa in Hallen – befinden, auch Fenster.

8.5 Leitungen, Schächte, Kanäle

Lüftungsleitungen, insbesondere Klimaanlagen, können bei unsachgemäßer Ausführung innerhalb kürzester Zeit Wärme und Brandgase in Gebäuderegionen befördern, die vom Brandherd weit entfernt sind. Um solche potentielle Gefahr zu vermindern, müssen Lüftungsrohre, -schachte und -kanäle im Allgemeinen aus nichtbrennbaren Baustoffen bestehen; in Gebäuden mit mehr als zwei Vollgeschossen müssen sie so ausgeführt werden, dass Feuer und Rauch nicht in andere Geschosse übertragen werden können. Diese Forderung gilt sinngemäß auch für die Überbrückung zweier Brandabschnitte (s. Abschn. 8.7) in horizontaler Richtung.

Um die Forderung zu erfüllen, sind entweder die Leitungen so auszubilden, dass sie einem direkten Brandangriff von außen ausreichend lange standhalten, ohne dass in ihrem Innern unzulässig hohe Temperaturen erreicht werden und/oder zu hohe Rauchgaskonzentrationen auftreten, oder es sind in Decken- bzw. Wandebene Absperrvorrichtungen einzubauen, die im Gebrauchszustand offen sind und sich bei Rauch und Wärmeeinwirkung selbsttätig schließen.

Auch Schächte und Kanäle für **Installationen** haben sich als Brandüberträger erwiesen. Auch sie müssen daher aus nichtbrennbaren Baustoffen hergestellt werden; die weiteren oben genannten Forderungen werden jedoch nur bei Gebäuden mit mehr als fünf Vollgeschossen erhoben. Bild 8.1 zeigt einen ordnungsgemäß ausgeführten Installationsschacht (Beispiel nach [31]).

Bild 8.1
Schacht für Installationen, ausgebildet als Nische in einer Massivkonstruktion, abgeschlossen durch eine Leichtkonstruktion, die für Reparaturarbeiten entfernt werden kann. Bei größeren Abmessungen muss die Leichtkonstruktion ausgesteift werden [31]

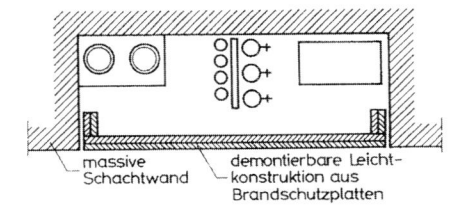

Handelt es sich bei den Installationen um *Kabel* mit PVC-haltiger Isolierung, so ist die zusätzliche Gefahr der Übertragung aggressiver Gase gegeben (s. Abschn. 4.8 und 7.3), und die Abschottung ist von besonderer Bedeutung, wenn Kabelbündel nicht in ausreichend feuerwiderstandsfähigen Schächten oder Kanälen geführt werden.

Zur Abschottung von Wand- und Deckendurchbrüchen können z.B. Brandschutzmörtel, mineralfaserhaltige Spritz- oder Pumpmassen, Schaumbildner, Beton oder Sandtassen verwendet werden. Beim Verschließen der Öffnungen ist darauf zu achten, dass auch die Hohlräume zwischen den einzelnen Kabeln oder Leitungen verschlossen werden. Bei Kabelbündeln kann dazu eine Auflockerung erforderlich sein. Bild 8.2 zeigt als Beispiel (nach [43]) die Abschottung eines Kabelbündels in einer Decke.

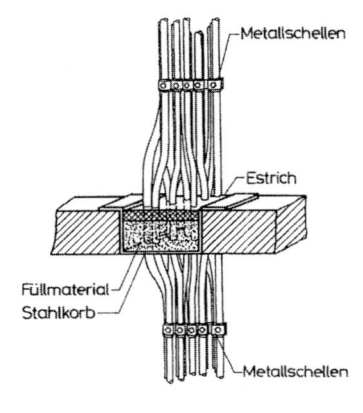

Bild 8.2
Deckenschott eines Kabelbündels [43]

Aufzugschächte müssen so ausgebildet werden, dass die durch sie gegebene Gefahr der Brand- und Rauchübertragung eingedämmt wird. Dazu sind sie in feuerbeständiger Bauart zu errichten, und an die Fahrschachttüren werden Forderungen zur Behinderung des Wärme- und Rauchdurchgangs gestellt.

8.6 Wandöffnungen; Türen und Tore

Es leuchtet ein, dass jede nicht feuerwiderstandsfähig verschlossene Öffnung in einer Wand, die brandschutztechnische Aufgaben, insbesondere die der Verhinderung des Feuerübergriffs von einem Raum auf den anderen (Raumabschluss), zu erfüllen hat, eine Schwachstelle bedeutet. Daher kommt Türen und Toren eine hohe Bedeutung zu, was sich unter anderem dadurch ausdrückt, dass sie, wenn sie Aufgaben als „Feuerschutzabschlüsse" (Normbezeichnung) zu erfüllen haben, grundsätzlich zulassungspflichtig sind, sofern sie nicht DIN 18 082 „Feuerschutzabschlüsse – Stahltüren T30-1" entsprechen.

Es bereitet im Allgemeinen keine Schwierigkeiten, die Türblätter so auszubilden, dass sie den Durchtritt des Feuers oder die Erhöhung der Temperatur auf der feuerabgewandten Seite über das zulässige Maß hinaus sicher verhindern. Jedoch suchen sich die Türblätter thermisch zu verformen und – gehalten von ihren Bändern und den geschlossenen Türschlössern – von der Zarge abzuwölben, wodurch unzulässig große Spalte entstehen können, die den Raumabschluss aufheben. Eine Feuerschutztür muss daher immer als Einheit von Türblatt, Bändern, Schloss und Zarge betrachtet werden. Es gibt keine „feuerhemmenden Zargen" oder „feuerbeständigen Türblätter"! Darüber hinaus werden von den sich verformenden Türen große Kräfte in die Wände eingeleitet, die diese nicht immer aufnehmen können und im schlimmsten Fall gemeinsam mit der eingebauten Tür vorzeitig versagen. Diese Gefahr besteht vor allem bei Leichtwänden; aber auch beispielsweise eine 11,5 cm dicke gemauerte Wand ist nicht in der

Lage, zusammen mit jeder beliebigen zugelassenen Feuerschutztür den geforderten Raumabschluss zu gewährleisten. Aus diesem Grund enthält jede bauaufsichtliche Zulassung einer Feuerschutztür oder eines -tores den Hinweis auf die erforderliche Wandausbildung.

Feuerschutztüren sind im Allgemeinen nicht gleichzeitig zum definierten Schutz gegen Rauch geeignet. Die Erfüllung beider Aufgaben wird jedoch bei Neuentwicklungen angestrebt.

8.7 Brandabschnitte

Die vertikale und horizontale Gebäudeunterteilung in Brandabschnitte ist besonders wichtig für die Begrenzung der Brandausbreitung und Erleichterung der Brandbekämpfung. Zwischen benachbarten Gebäuden können Brandabschnitte durch *Schutzabstände* gebildet werden. Es ist darauf zu achten, dass Brandschutzabstände durch sogenannte Feuerbrücken, wie brennbare Anbauten, Schuppen und dergleichen, oder durch Lagerung brennbarer Stoffe in ihrer Wirkung nicht wieder aufgehoben werden.

Wenn ein Gebäude in mehrere übereinander liegende Brandabschnitte zu unterteilen ist, werden zur horizontalen Begrenzung die *Geschossdecken* benutzt, die für diesen Zweck feuerbeständig (F90-AB nach DIN 4102-2 bzw. -4) sein müssen.

Brandwände sind Wände zur vertikalen Trennung oder Abgrenzung von Brandabschnitten innerhalb von Gebäuden oder zwischen eng stehenden benachbarten Bauwerken. Sie sind dazu bestimmt, die Ausbreitung von Feuer auf andere Gebäude oder Gebäudeabschnitte sicher zu verhindern. Dazu müssen sie aus nichtbrennbaren Baustoffen bestehen und bei Bränden den Durchgang des Feuers ausreichend lange verhindern (F90-A nach DIN 4102-3 bzw. -4), sie müssen unter Brandeinwirkung und den bei Bränden möglichen Nebenwirkungen (Stoßbeanspruchung etwa durch einstürzende Bauteile) standsicher und raumabschließend bleiben.

Die richtige Anordnung und sorgfältige Ausführung der Brandwände ist besonders wichtig. Brandwände sollen in der Regel durch alle Geschosse des Gebäudes geführt werden. Sie können versetzt angeordnet werden, wenn die dazwischenliegenden Decken feuerbeständig (F90-A nach DIN 4102-2 bzw. -4), öffnungslos und ausreichend für Trümmerlast bemessen sind. Die Abstände der Brandwandunterteilungen sind so eng wie möglich zu wählen.

Auch zwischen Gebäudeteilen, die durch Bauart oder Nutzung eine unterschiedliche Brandgefahr darstellen oder besonders schützenswert sind, können Brandwandtrennungen sehr zweckmäßig sein. Bei winkelig zusammenhängenden Gebäuden sollten Brandwände nicht in der Ecke, sondern in mindestens 5 m Abstand davon angeordnet werden, um zu verhindern, dass das Feuer an der Brandwand vorbei auf den nächsten Brandabschnitt übergreift.

Für die Ausführung der Brandwände dürfen nur dafür geeignete Baustoffe verwendet werden. Je nach Bauart und Material sind Mindestdicken nach DIN 4102-4 einzuhalten. Bauteile aus brennbaren Baustoffen dürfen in Brandwände nicht eingreifen oder über diese hinweggeführt werden. Stahlträger, Stahlstützen, Holzbalken, Schornsteine und lotrechte Leitungsschlitze dürfen die erforderliche Dicke der Brandwände nicht mindern. Brandwände sind mindestens bis unmittelbar unter die Dachdeckung zu führen; in vielen Fällen fordern die Bauordnungen jedoch, dass sie über Dach geführt oder, wenn das aus architektonischen Gründen nicht zumutbar ist, in der Ebene der Dachhaut mit einer beiderseits auskragenden, feuerbeständigen, von außen nicht sichtbaren Stahlbetonplatte abgedeckt werden.

Immer wieder kommt es durch unverschlossene *Öffnungen* in Brandwänden zu einer erheblichen Brandausweitung. Öffnungen sind daher möglichst zu vermeiden; wenn die Gebäudenutzung sie jedoch erfordert, müssen sie mit feuerbeständigen Abschlüssen versehen werden, die geschlossen zu halten sind. Sollen aus betrieblichen Gründen Brandwandtüren geöffnet bleiben, müssen sie besondere Vorrichtungen erhalten, die bei einem Brand auf Temperaturerhöhung oder Rauchentwicklung ansprechen und bewirken, dass sich die Türen selbsttätig schließen. Die Schließautomatik darf nicht durch Verkeilen oder Verstellen behindert werden.

Auf Bild 8.3 ist (nach [2]) das Beispiel einer über Dach geführten Brandwand gezeigt, die in Höhe der Dachkonstruktion Auskragungen zur Aufnahme der brennbaren Bauteile besitzt. Kabel sind auf an der Dachkonstruktion aufgehängten Pritschen herangeführt, die in der Nähe der Brandwand mit einer dämmschichtbildenden Beschichtung versehen sind, sodass sie über eine begrenzte Zeit – maximal so lange wie die Dachkonstruktion – dem Brandangriff standhalten. Die Kabelpritschen enden hier vor der Brandwand, um zu vermeiden, dass sie auf die Kabelabschottung unzulässige Kräfte ausüben, wenn sie – gegebenenfalls zusammen mit dem Dach – im Brand herabstürzen.

Es gibt aber auch bauaufsichtlich zugelassene Kabelschotts, bei denen die Kabel auf Pritschen durch die Wand geführt werden können.

Das Beispiel zeigt weiter einen durch die Brandwand geführten Lüftungskanal mit einer Absperrvorrichtung in Wandebene (s. Abschn. 8.5).

Wie Türen und Tore sind auch Kabelschotts und sonstige Absperrvorrichtungen in Brandwänden feuerbeständig auszuführen.

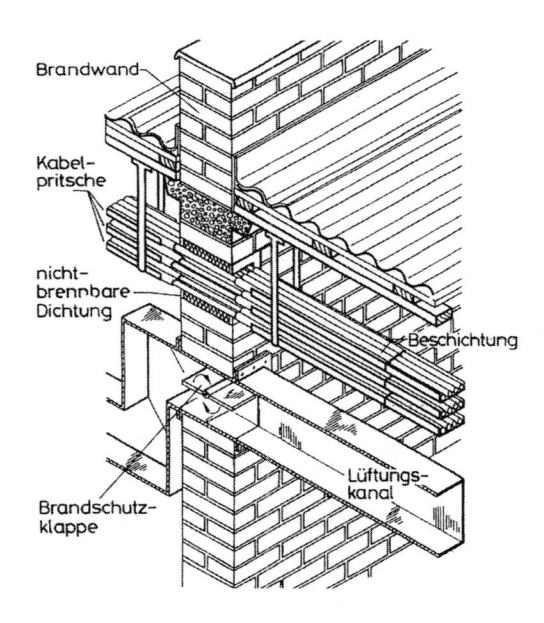

Bild 8.3
Beispiel einer Brandwandausbildung mit Kabel- und Lüftungskanaldurchleitung [2]

In Industrieanlagen ist es oft nicht leicht, einwandfreie Brandabschnittstrennungen durchzuführen, ohne störend in den Betriebsablauf einzugreifen. Erst nach gründlicher Überlegung sollte man in solchen Fällen Ersatzlösungen wählen, die in ihrer Wirkung aber Brandwände niemals voll ersetzen können.

9 Definierter Objektschutz

Nicht in allen Fällen ist die Auslegung des baulichen Brandschutzes gemäß Ordnungen und Normen (s. Abschn. 2) auf der Grundlage der Normbrandbeanspruchung (ETK) befriedigend, auch dann nicht, wenn man etwa, um ein allgemeines höheres Sicherheitsniveau zu erreichen, höhere Feuerwiderstandsklassen fordert. In solchen Fällen ist ein Brandschutz anzustreben, der so genau wie möglich auf das betreffende Einzelobjekt abgestellt ist und bei dem das durch den Brand hervorgerufene hinnehmbare Schadenausmaß festgelegt wird, der sogenannte definierte Objektschutz. Für einen solchen, meistens aufwendigen Brandschutz kommen beispielsweise in Frage: Bauwerke hohen kulturellen Wertes, Wohnhochhäuser mit nicht kalkulierbarer Evakuierungszeit, Bauwerke hohen finanziellen Wertes oder überregionaler Bedeutung, besonders aber Bauwerke, bei denen Abbruch und Neubau nach einem Schadenfeuer nicht in Frage kommen, da ihre Funktionsfähigkeit in kürzester Frist wiederhergestellt sein muss, bei denen Brandschäden aber sowohl zu besonderen Gefahren, etwa Wassereinbruch bei Tunneln oder Verseuchung bei Kernkraftwerken, wie auch zu besonders hohem technischen und finanziellen Aufwand bei der Wiederherstellung führen würden.

Das Vorgehen bei der Bemessung des vorbeugenden baulichen Brandschutzes für besonders schutzbedürftige und -würdige Bauwerke, der definierte Objektschutz also, muss, soweit möglich, alle im betreffenden Einzelfall vorhandenen Gegebenheiten des passiven und aktiven Brandschutzes einbeziehen.

Dazu können gehören: Überwachung durch Fernsehkameras, automatische Brandmelder, Handfeuermelder, Notruftelefone, automatische Löschanlagen, Handfeuerlöscher. Es ist zu überlegen, welche Zeit vergehen wird, bis ein Brand entdeckt, als gefährlich erkannt und der Feuerwehr gemeldet wird. Die Zeiten für das Anrücken der Feuerwehr und bis zum Beginn wirksamer Löscharbeiten sind zu ermitteln.

Maßgebend für die Temperaturentwicklung bis zum Beginn wirksamer Löscharbeiten, aber auch während des Löschvorgangs ist in erster Linie die vorhandene Brandlast, in einem Tunnelbauwerk beispielsweise ein brennendes Tankfahrzeug, und außerdem sind die in Abschnitt 3 aufgeführten Parameter mitbestimmend.

Für eine zutreffende Abschätzung des Brandverlaufs stehen Erfahrungen aus Großversuchen, aber auch Auswertungen von Schadenfeuern zur Verfügung. Ansätze von Wärme- und Massenbilanzen sind unter den in Abschnitt 3.1 angegebenen Einschränkungen möglich. Mit Hilfe solcher Unterlagen und der individuellen Bauwerkdaten kann die Temperatur-Zeit-Entwicklung im angenommenen Brandentstehungsraum sowie gegebenenfalls Brandfortpflanzung in Nachbarräume, vollentwickelter Brand in großen Bereichen, Wirkung von Löschmaßnahmen usw. festgelegt und der brandschutztechnischen Bemessung der tragenden Konstruktion zugrundegelegt werden.

Zur brandschutztechnischen Bemessungskategorie „Definierter Objektschutz" gehört selbstverständlich, in Zusammenarbeit mit dem Bauherrn festzulegen, ob jedes denkbare Risiko durch brandschutztechnische Maßnahmen baulicher und betrieblicher Art abgedeckt werden soll, oder ob Schäden aus Extrembeanspruchungen, deren Verhinderung die Kosten von Vorbeugemaßnahmen nochmals erheblich steigern würden, in Kauf genommen werden sollen. Die Entscheidung darüber wird der Bauherr fällen müssen, für den im Allgemeinen auch Aspekte des Versicherungsschutzes mitsprechen werden.

Bei jeder späteren Nutzungsänderung des Bauwerks ist zu prüfen, ob der ursprünglich definierte Objektschutz noch angemessen ist.

Für die tragende Konstruktion wird sich ein **beschränkter** Objektschutz als optimal erweisen, der folgenden Anforderungen entspricht:

- Bei Einwirkung der für das Bauwerk als relevant erachteten Brandbeanspruchung dürfen keine Schäden auftreten, die die Tragfähigkeit des gesamten Bauwerks oder wichtiger Einzelbauteile bleibend mindern.
- Unvertretbar große bleibende Verformungen der Konstruktion dürfen durch die Brandeinwirkung nicht entstehen.
- Wiederherstellungsarbeiten sollen mit möglichst geringem technischen, finanziellen und zeitlichen Aufwand möglich sein.

Der Nachweis der Spannungen und Formänderungen des Bauwerks in Quer- und Längsrichtung unter Berücksichtigung der Interaktion zwischen den Bauteilen ist mit Verwendung nichtlinearer temperaturabhängiger Stoffgesetze unter Zugrundelegung der zu erwartenden Wärmebeanspruchung zu führen.

Die Anwendung des Verfahrens setzt Spezialkenntnisse auf dem Gebiet der Thermodynamik, sowie des Hochtemperaturverhaltens der Baustoffe und Bauteile voraus. Außerdem sind zur Bewältigung der Rechenarbeit aufwendige EDV-Programme und leistungsfähige Großrechenanlagen erforderlich. Solange keine vereinfachten, wissenschaftlich abgesicherten Methoden verfügbar sind, muss das Verfahren Spezialisten vorbehalten bleiben.

VI Klima

Bearbeitet von Peter Häupl

Einführung

Der Begriff Klima umschließt nach einer Definition, die Alexander von Humboldt – aus geophysikalischer Sicht – gegeben hat [1], „alle Veränderungen der Atmosphäre, von denen unsere Organe merklich affiziert werden; solche sind: die Temperatur, die Feuchtigkeit..." Auf das Gebäude und seine Umgebung übertragen, lässt sich im Anschluss daran Klima definieren als die Summe aller Umweltfaktoren, die unmittelbar oder mittelbar Einfluss nehmen auf die Gesundheit und das Befinden von Menschen und Tieren, auf die Entwicklung von Pflanzen sowie auf den Zustand von Lagergütern, Produktionsverfahren, Maschinen, Apparaten und Bauwerken [2]. Auf den bauklimatischen Sachverhalt reduziert, ist es die Aufgabe der Gebäude

1. Mensch, Tier, Lagergut und Produktion vor den „Unbilden der Witterung" zu schützen und
2. ein den Bedürfnissen der Nutzer genügendes Raumklima zu schaffen, ohne dass
3. dabei an den Gebäuden selbst klimabedingte Schäden entstehen.

Die Erfüllung dieser drei Forderungen kann unter dem Begriff **Klimagerechtes Bauen** zusammengefasst werden. Klimagerecht bauen heißt, die Bauweise, Gestalt und Konstruktion von Gebäuden sowie die Anlage von Städten und Siedlungen so an das (lokale) Außenklima anzupassen, dass mit minimalem Aufwand ein nutzungsgerechtes Raumklima sowie eine optimale Standzeit der Gebäude zu sichern sind. In Hinblick auf das klimagerechte Bauen von besonderem Interesse sind Temperatur (bzw. Wärme) und Feuchte, die sowohl das Empfinden des Menschen beeinflussen als auch häufig die Ursachen von Bauschäden sind; der Schall, der zunehmend zur Quelle von Belästigungen wird, dessen Beherrschung aber auch die Qualität von Konzert- und Vortragssälen bestimmt; und das Licht, das – sowohl als Tages- als auch als Kunstlicht – eine unabdingbare Voraussetzung für die Nutzbarkeit der Gebäude ist. Die Phänomene „Licht" und „Schall" sind eindeutig an einzelne Klimaelemente gebunden und werden in den speziellen Kapiteln behandelt. Die Zustandsgrößen „Temperatur" und „Feuchte" sind in Ursache und Wirkung untereinander verknüpft. Deswegen werden in diesem Abschnitt die thermisch-hygrischen Komponenten des Außenklimas zusammenhängend dargestellt, ebenso die wärmephysiologischen Forderungen, die aus hygienischer Sicht an die thermisch-hygrischen Komponenten des Raumklimas zu stellen sind. Damit werden die baulichen Konsequenzen begründet, die sich aus der Außenklimabelastung und den wärme- und feuchtetechnischen Raumklimaforderungen ergeben. Klimagerechtes Bauen verursacht sowohl baulichen als auch energetischen Aufwand. Außer der Beleuchtung beeinflusst insbesondere der hier behandelte thermisch-hygrische Komplex beide, denn es muss zeitweilig auch geheizt und evtl. auch gekühlt werden, und der dazu benötigte Energiebedarf ist von den baulichen Voraussetzungen abhängig. Um diesen Aufwand einzuschränken, sind zwei Aufgaben zu lösen:

1. Während eines möglichst großen Teiles des Jahres muss das Raumklima innerhalb der zulässigen Grenzen gehalten werden können, auch ohne dass dazu Heiz- oder Kühlenergie eingesetzt werden muss. Bei einer solchen freien Klimatisierung ist – neben dem Einfluss des Nutzers – allein die Anlage des Gebäudes, seine Gestalt und seine Konstruktion sowie die Lüftung für das Raumklima maßgebend; das Gebäude klimatisiert sich selbst (autogen).
2. Bei sehr eng vorgegebenen Raumklimatoleranzen, wie sie z.B. für manche Produktionsprozesse benötigt werden, sowie allgemein bei extremen Außenklimazuständen sind die an das Raumklima gestellten Forderungen durch freie Klimatisierung nicht mehr zu erfüllen (z.B. in Mitteleuropa im Winter). Es muss dann zeitweilig geheizt oder über eine Klimaanlage gekühlt werden. Bei einer solchen erzwungenen (energogenen) Klimatisierung ist das Gebäude mit ökonomisch optimalem Aufwand gegen übermäßige Wärmeverluste (im Winter) bzw. Energiezufuhr (im Sommer) zu schützen.

Zur Lösung dieser Aufgaben muss der Zugriff einzelner Klimaelemente bewusst gesteuert werden, und zwar nach dem für jedes offene System geltenden Grundsatz: So wenig „Außenwelt" wie möglich, und nur so viel „Außenwelt", wie unbedingt notwendig. Die Hüllkonstruktion des Gebäudes muss „erwünschten" Klimaelementen, wie dem Tageslicht, Durchtritt gestatten und muss „störenden" Klimaelementen, anthropogenen oder technogenen Noxen wie dem Schall, hinreichend Widerstand entgegensetzen. Dazu wird für das Gebäude eine bauklimatische Konzeption benötigt, nach der die Auswahl der Bauweise und der Baustoffe getroffen werden kann und die Gegenstand der konstruktiven Durchbildung ist. Aufbauen muss eine solche „Gestaltungskonzeption" auf der Kenntnis der bauphysikalischen Wirkungsmöglichkeiten des Bauwerkes und seiner Elemente. Diese sind abhängig sowohl von den Parametern der Elemente als auch von den Randbedingungen, d.h. vom Raumklima, das für die Funktion des Gebäudes gefordert werden muss, sowie vom Außenklima, dem das Gebäude ausgesetzt ist [3].

1 Außenklima

Das wärme- und feuchtetechnische Verhalten der einzelnen Bauwerksteile und des gesamten Gebäudes wird ganzjährig also während der Heizperiode und in der Jahreszeit mit freier Klimatisierung vom Außenklima maßgeblich beeinflusst. Die bauklimatisch relevanten Komponenten [4] sind im ersten Bild 1.1 als Belastung schematisch dargestellt und neben der Abbildung aufgelistet. **Für eine bauphysikalische Bauteil- und Gebäudebemessung ist eine Quantifizierung dieser Außenklimakomponenten erforderlich:**

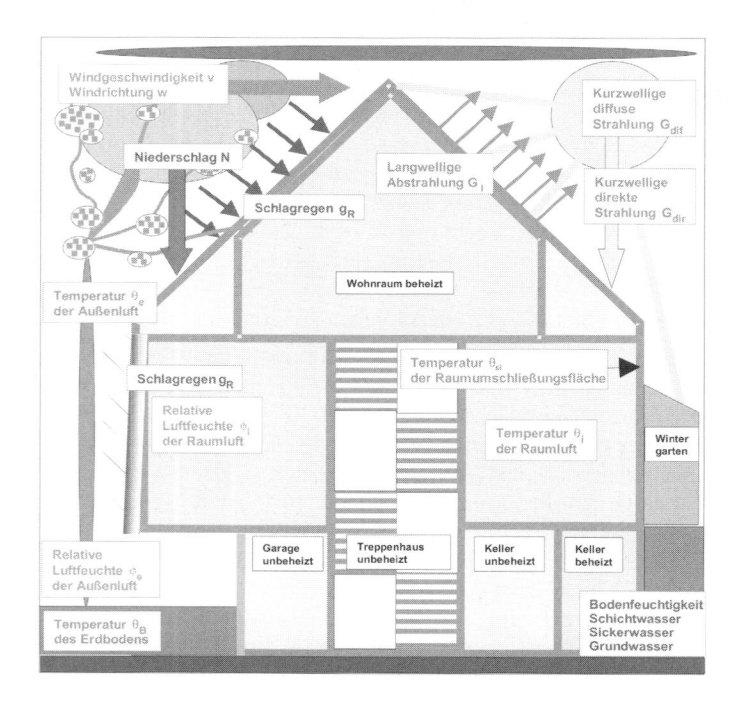

Bild 1.1
bauklimatische Belastung eines Gebäudes

1 Außenklima

- Lufttemperatur θ_e in °C
- Absolute Luftfeuchtigkeit x in kg Wasserdampf/kg Luft bzw. Partialdruck des Wasserdampfes p_D in Pa oder relative Luftfeuchtigkeit ϕ_e in % bzw. in 1
- Strahlungswärmestromdichte durch kurzwellige direkte und diffuse Strahlung der Sonne G_{dir}, G_{dif} sowie durch langwellige Abstrahlung und Gegenstrahlung G_l jeweils in W/m²
- Volumenstromdichte N bzw. Massenstromdichte g des Niederschlages in m³/m²s oder l/m²h bzw. kg/m²s
- Schlagregenstromdichte g_{Rs} (Komponente aus Wind und Niederschlag) in kg/m²s
- Luftdruck p_L in Pa.

1.1 Außenlufttemperatur

1.1.1 Jahresgang der Außenlufttemperatur

In Mitteleuropa kann der Jahresgang der Außenlufttemperatur näherungsweise durch eine harmonische Funktion (Grundschwingung) beschrieben werden. In der Abbildung 1.2 ist der gemessene Temperaturverlauf (Stundenwerte) für Dresden im Jahr 1997 mit einer gefitteten Kosinusfunktion (1.1) dargestellt.

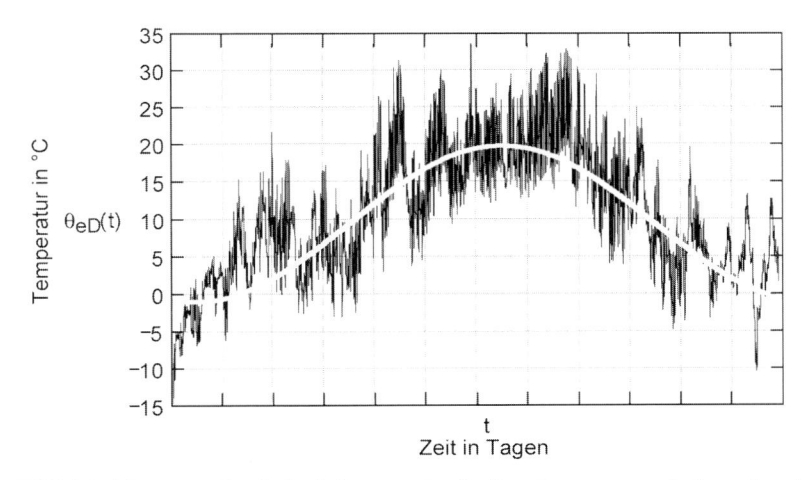

Bild 1.2 Jahresgang der Außenlufttemperatur für Dresden gemessen (schwarz) und berechnet (hellgrau) nach Gleichung (1.1)

Zahlenwerte für Dresden:
- Jahresmitteltemperatur für die Stadt Dresden θ_{emD} = 9.4 °C
- Amplitude der jährlichen Temperaturschwankung $\Delta\theta_{eD}$ = 10.4 °C
- Dauer eines Jahres T_a = 365 d
- Zeitverschiebung des Jahrestemperaturmaximums oder – minimums t_a = 15 d
- Zeit t in Tagen

$$\theta_{emD} = 9.4 \quad \Delta\theta_{eD} = 10.4$$
$$T_a = 365 \quad t_a = 15$$

$$t = 0, \frac{1}{24}..365$$

$$\theta_{eD}(t) = \theta_{emD} - \Delta\theta_{eD} \cdot \cos\left[\frac{2 \cdot \pi}{T_a} \cdot (t - t_a)\right] \quad (1.1)$$

$$\theta_{eD}(15) = -1.0 \qquad \theta_{eD}(197.5) = 19.8$$

In der Abbildung 1.3 werden die harmonischen Jahrestemperaturverläufe nach (1.1) für die Städte Dresden und Essen verglichen. Die Jahresmitteltemperaturen unterscheiden sich nur geringfügig. Die Jahrestemperaturschwankung ist in Essen gegenüber Dresden (eher kontinentales Klima) jedoch gedämpft (Maximum Dresden 19.8 °C, Maximum Essen 17.7 °C, Minimum Dresden – 1.0 °C, Minimum Essen + 1.3 °C). Die Zeitverschiebungen für das Jahresmaximum (Juli) und Jahresminimum (Januar) betragen in beiden Fällen etwa 15 Tage.

Zahlenwerte für Essen:

$$\theta_{emE} = 9.5 \qquad \Delta\theta_{eE} = 8.2$$
$$T_a = 365 \qquad t_a = 15$$

$$t = 0, \frac{1}{24}..365$$

$$\theta_{eE}(t) = \theta_{emE} - \Delta\theta_{eE} \cdot \cos\left[\frac{2 \cdot \pi}{T_a} \cdot (t - t_a)\right] \quad (1.1)$$

$$\theta_{eE}(15) = 1.3 \qquad \theta_{eE}(197.5) = 17.7$$

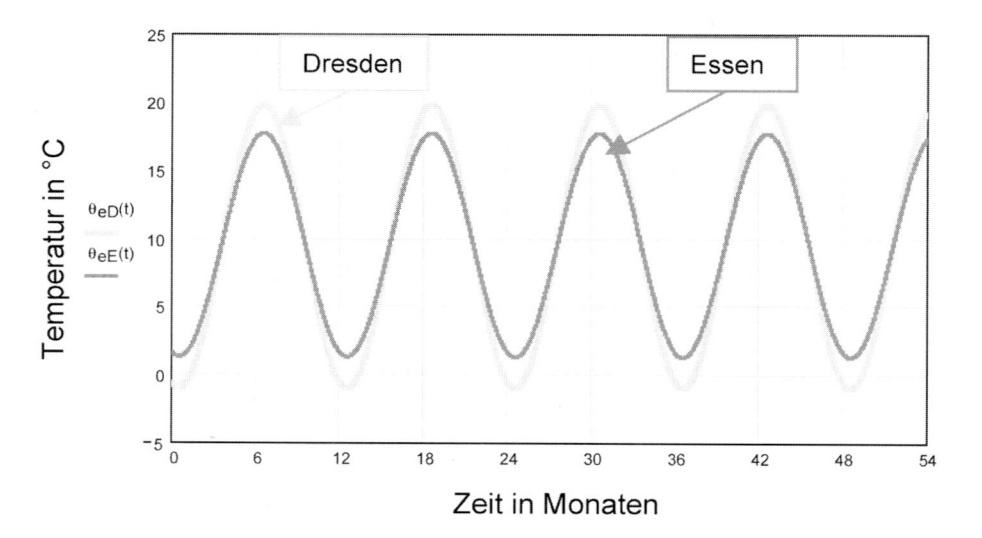

Bild 1.3 Vereinfachter Jahresgang der Außenlufttemperatur für Dresden und Essen

1 Außenklima

1.1.2 Simulation des tatsächlichen Temperaturganges

Der Einfluss der Tages- und Witterungsgänge auf die Außenlufttemperatur können durch eine Überlagerung von harmonischen Funktionen mit unterschiedlichen Periodendauern und unterschiedlichen Amplituden simuliert werden. Der Tagesgang der Temperatur wird außerdem noch durch eine Exponentialfunktion etwas deformiert, um den Einfluss der Wärmespeicherfähigkeit des Erdbodens zu berücksichtigen (Ansatz (1.2), vergleiche auch Tagesgänge Bilder 1.10 bis 1.15). Die folgenden Abbildungen 1.4, 1.5b, 1.6, 1.7 und 1.8 zeigen das Ergebnis für Mitteleuropa: Zeit t in Tagen, Dauer des Jahres T_a = 365 d, Dauer einer Witterungsperiode T_p = 10 d, Dauer eines Tages T_d = 1 d, alle Temperaturen θ und Temperaturamplituden $\Delta\theta$ in °C. Durch Änderung der genannten Parameter lassen sich andere Temperaturfiles erzeugen und damit andere Klimate simulieren.

$\Delta\theta_{em}$	$\Delta\theta_{ea}$	$\Delta\theta_{eP}$	$\Delta\theta_{ed}$
Jahresmitteltemperatur	Jahresamplitude	Witterungsamplitude	Tagesamplitude
θ_{em} = 9,0 $\Delta\theta_{ea}$ = 9,65	$\Delta\theta_{eP}$ = −15,1 $\Delta\theta_{ed}$ = 7,6	T_a = 365 t_a = 15	T_p = 10 · T_d = 1

$\theta(t) = \theta_{em} -$

$$\begin{bmatrix} \Delta\theta_{ea} \cdot \cos\left[\dfrac{2\cdot\pi}{T_a}(t-t_a)\right] \ldots \leftarrow \text{Jahresgang} \\[6pt] + \Delta\theta_{ed} \cdot \left[0{,}69+0{,}31\cdot\sin\left[\dfrac{1\cdot\pi}{T_a}(t-t_a)\right]^2\right] \cdot \left[0{,}88\cdot\sin\left[\dfrac{1\cdot\pi}{T_a}(t)\right]^2 + 0{,}12\right]\left[2\cdot e^{-\left[\cos\left[\dfrac{2\cdot\pi}{T_d}(t+0{,}150)\right]\right]^{0{,}75}}\right]\cdot\cos\left[\dfrac{2\cdot\pi}{T_d}((t+1{,}088)\right]\ldots \\[6pt] + \Delta\theta_{eP} \cdot \left[0{,}31+0{,}69\cdot\sin\left[\dfrac{1\cdot\pi}{T_a}(t-t_a)\right]^2\right] \cdot \left[\dfrac{2\cdot\pi}{T_p}(t+1)\right]\ldots \quad\begin{array}{l}\text{Modifizierter Tagesgang}\\ \leftarrow \text{Witterungsgang}\end{array} \end{bmatrix} \quad (1.2)$$

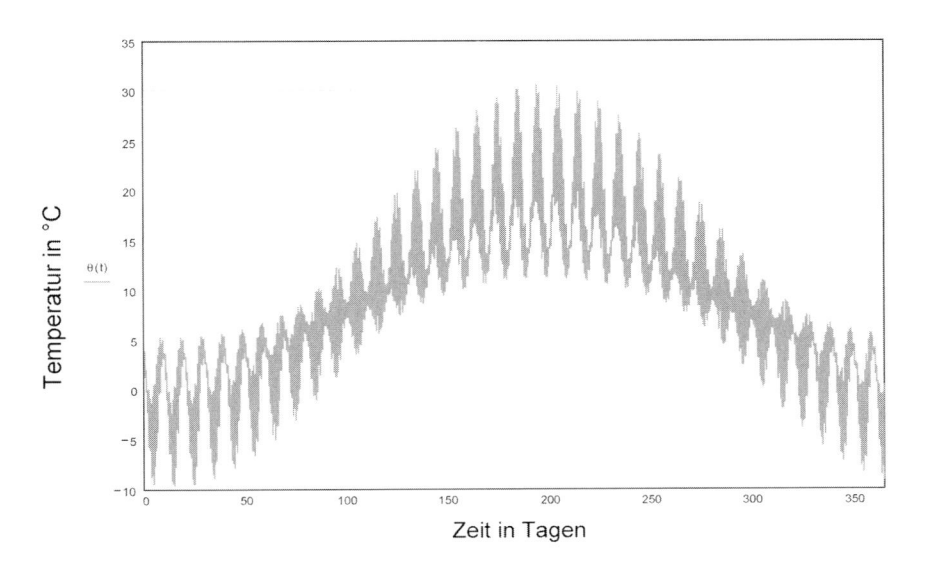

Bild 1.4   Simulierter Verlauf der Außenlufttemperatur nach (1.2)

Der durch Tagesschwankung, und Witterungsablauf präzisierte Jahresgang der Temperatur nach (1.2) ist in der Abbildung 1.4 dargestellt.

In der folgenden Darstellung Bilder 1.5a, 1.5b werden die gemessenen Temperaturen für Dresden (Stundenwerte 1997-2001) mit den Berechnungen nach (1.2) verglichen. Die Modellierung nach (1.2) ist bauklimatisch ausreichend genau. Natürlich können für exakte hygrothermische Bauteil- und Gebäudesimulationen die gemessenen Werte (in der Regel Stundenwerte) oder die Dateien der sogenannten Testreferenzjahre (TRY, Abschnitt 1.6), die für alle Klimakomponenten und Klimagebiete der Erde vorliegen, verwendet werden.

Ein direkter Vergleich der gemesenen [5] und berechneten Temperaturen für das Jahr 1997 zeigt Bild 1.6. Lediglich die warme erste Märzdekade 1997 wird nicht gut abgebildet. Für eine Witterungsperiode im Juli und eine Witterungsperiode im Januar ist in den Abbildungen 1.7 und 1.8 der Temperaturgang nach (1.2) noch einmal herausgezoomt. Die Spitzenwerte liegen bei + 31 °C, die Minimalwerte bei − 10 °C. Eine Tag- und Nachtmittelung vom Tag 193 bis Tag 195 ergibt als Höchsttemperatur 24 °C. Dieser Wert wird für eine vereinfachte Sommerbemessung der Gebäude in Mitteleuropa verwendet. Die tiefste Mitteltemperatur von − 5 °C ergibt sich aus einer Tag- und Nachtmittelung der Tage 13 bis 15. Dieser Wert dient als rechnerische Wintertemperatur für die wärme- und feuchtetechnische Bauteilbemessung.

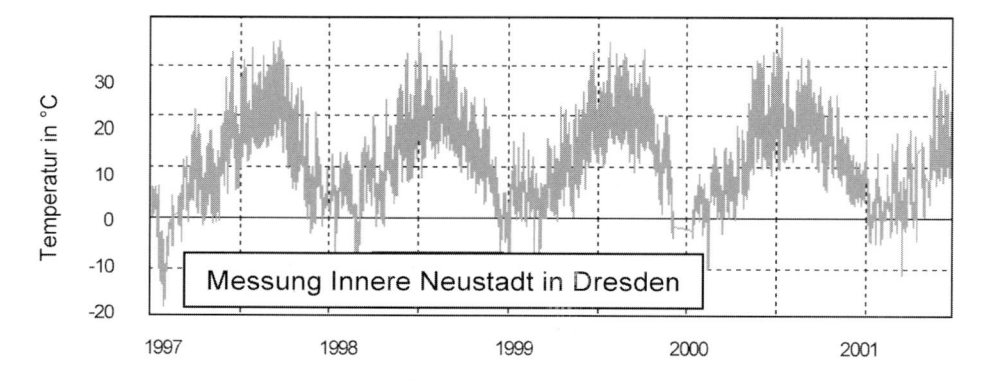

Bild 1.5a Gemessener Verlauf der Außenlufttemperatur in Dresden

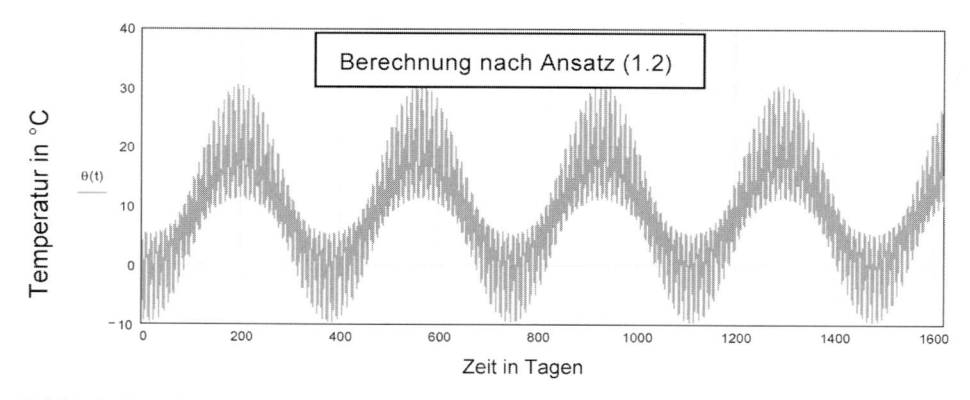

Bild 1.5b Berechneter Verlauf der Außenlufttemperatur nach (1.2) für einen Zeitraum von 4 Jahren

1 Außenklima

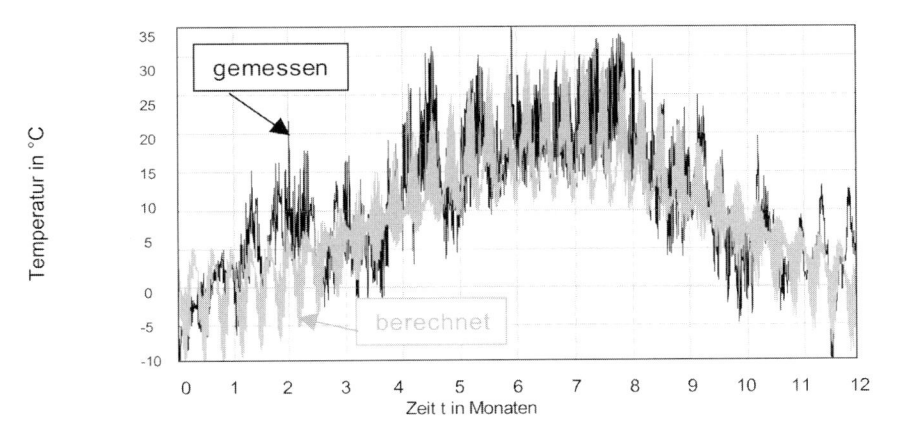

Bild 1.6 Vergleich der gemessenen Temperatur im Jahr 1997 (schwarz) mit den Rechenwerten nach (1.2) (hellgrau)

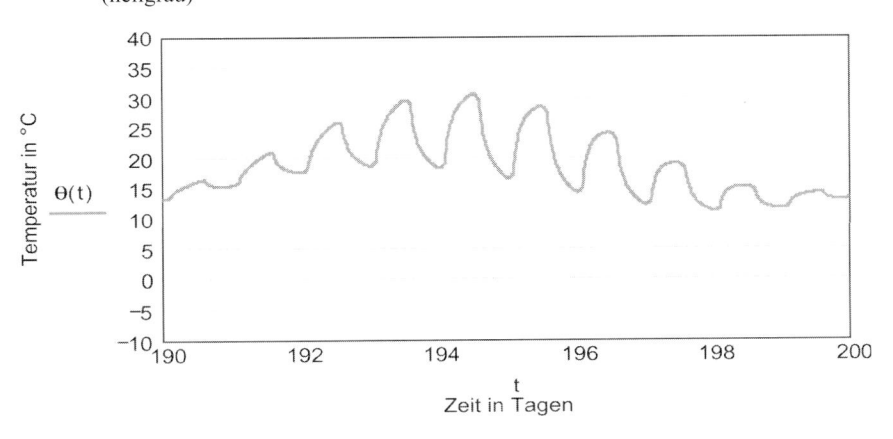

Bild 1.7 Simulierter Verlauf der Außenlufttemperatur nach (1.2) Anfang Juli

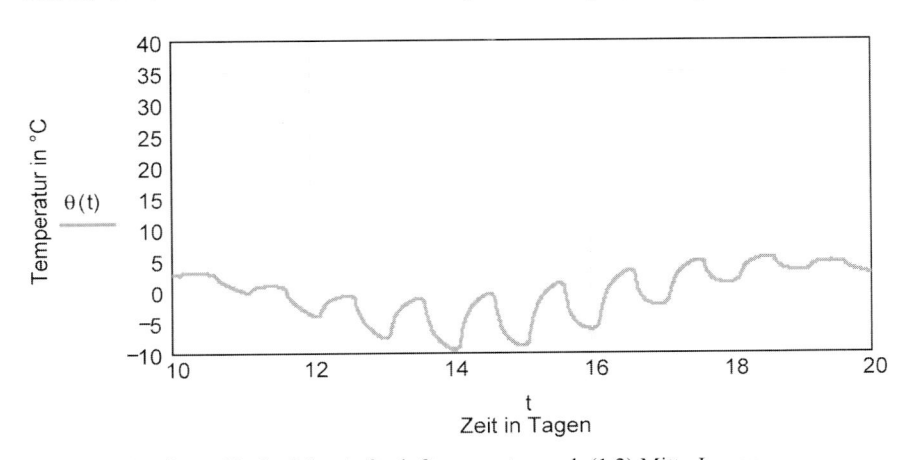

Bild 1.8 Simulierter Verlauf der Außenlufttemperatur nach (1.2) Mitte Januar

Die bisherigen Ergebnisse werden in Tabelle 1.1 durch den Mittelwert für die zwei heißesten Tage im Juli (24 °C), die zwei kältesten Tage im Januar (– 5 °C), den Jahresmittelwert (9 °C), den Mittelwert über die Heizperiode von Oktober bis April (199 Tage + 3.4 °C bzw. 185 Tage + 3.0 °C) und die Monatsmittelwerte (Januar – 0.5 °C, Februar + 0.5 °C, März 3.9 °C, April 8.8 °C, Mai 12.8 °C, Juni 16.6 °C, Juli 17.9 °C, August 16.7 °C, September 13.2 °C Oktober 8.7 °C, November 4.1 °C, Dezember + 0.6 °C) komplettiert. Werden die Monatsmittelwerte aus Tafel 1.1 über der Zeit aufgetragen, ergibt sich in etwa wieder der harmonische Jahresverlauf (1.1) mit geringfügig anderen Parametern.

Tafel 1.1   Ausgewählte Temperaturwerte für die Außenluft

Mittelwert für die 2 heißesten im Juli und die 2 kältesten Tage im Januar		
$\int_{193}^{195} \theta(t)dt \frac{1}{2} = 24.0$	$\int_{13}^{15} \theta(t)dt \frac{1}{2} = -5.0$	
Jahresmittelwert	Mittelwert für die Heizperiode	
$\int_{1}^{365} \theta(t)dt \frac{1}{365} = 9.0$	$\int_{-89}^{110} \theta(t)dt \frac{1}{199} = 3.4$	$\int_{-83}^{102} \theta(t)dt \frac{1}{185} = 3.0$
Monatsmittelwerte		
Januar	Februar	März
$\int_{1}^{31} \theta(t)dt \frac{1}{31} = -0.5$	$\int_{32}^{59} \theta(t)dt \frac{1}{28} = 0.5$	$\int_{60}^{90} \theta(t)dt \frac{1}{31} = 3.9$
April	Mai	Juni
$\int_{91}^{121} \theta(t)dt \frac{1}{30} = 8.8$	$\int_{122}^{151} \theta(t)dt \frac{1}{31} = 12.8$	$\int_{152}^{181} \theta(t)dt \frac{1}{30} = 16.6$
Juli	August	September
$\int_{182}^{212} \theta(t)dt \frac{1}{31} = 17.9$	$\int_{213}^{243} \theta(t)dt \frac{1}{31} = 16.7$	$\int_{244}^{273} \theta(t)dt \frac{1}{30} = 13.2$
Oktober	November	Dezember
$\int_{274}^{304} \theta(t)dt \frac{1}{31} = 8.7$	$\int_{305}^{334} \theta(t)dt \frac{1}{30} = 4.1$	$\int_{335}^{365} \theta(t)dt \frac{1}{31} = 0.6$

$$\theta_{eM} = 8.85 \qquad \Delta\theta_e = 9.15 \qquad t_a = 13$$

$$\theta_e(t) = \theta_{eM} - \Delta\theta_e \cdot \cos\left[2\frac{\pi}{T_a} \cdot (t - t_a)\right] \tag{1.1}$$

1 Außenklima

Zeitvektor t_x in Tagen   Temperaturvektor θ_y in °C

$$t_x = \begin{array}{|c|c|} \hline & 0 \\ \hline 0 & 15 \\ 1 & 45 \\ 2 & 75 \\ 3 & 105 \\ 4 & 135 \\ 5 & 165 \\ 6 & 195 \\ 7 & 225 \\ 8 & 255 \\ 9 & 285 \\ 10 & 315 \\ 11 & 345 \\ \hline \end{array} \qquad \theta_y = \begin{array}{|c|c|} \hline & 0 \\ \hline 0 & -0.53 \\ 1 & 0.45 \\ 2 & 3.91 \\ 3 & 8.82 \\ 4 & 12.75 \\ 5 & 16.58 \\ 6 & 17.95 \\ 7 & 16.74 \\ 8 & 13.23 \\ 9 & 8.67 \\ 10 & 4.07 \\ 11 & 0.64 \\ \hline \end{array}$$

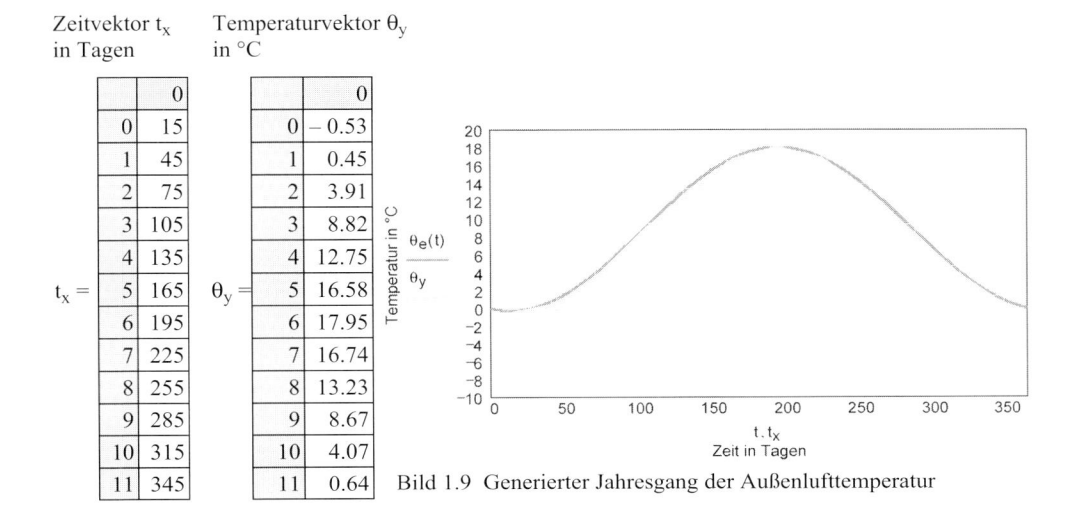

Bild 1.9 Generierter Jahresgang der Außenlufttemperatur

1.1.3 Tagesgang der Außenlufttemperatur

Der Tagesgang der Außenlufttemperatur wird durch den Wärmespeichereffekt des Erdbodens im Vergleich zum harmonischen Verlauf leicht deformiert. Der Aufheizvorgang am Vormittag und der Abkühlvorgang am Nachmittag lässt sich eher jeweils durch eine Exponentialfunktion beschreiben. Der Ansatz (1.2) für den Temperaturgang wird diesem Phänomen [6] gerecht, wie die Einzelbetrachtung typischer Tagesgänge in den Bildern 1.10 bis 1.15 bestätigt.

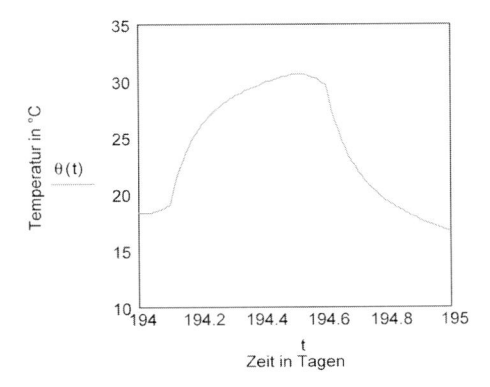

Bild 1.10 Tagesgang der Außenlufttemperatur für einen wolkenlosen Tag (Tag 194) im Juli

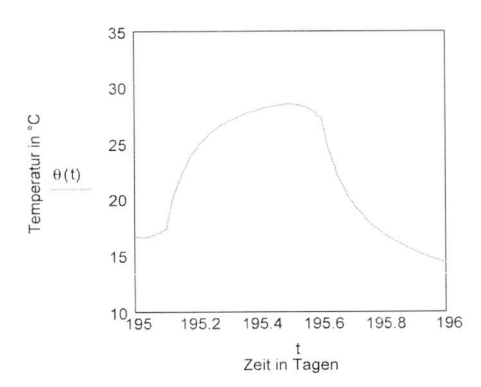

Bild 1.11 Tagesgang der Außenlufttemperatur für einen heiteren Tag (Tag 195) im Juli

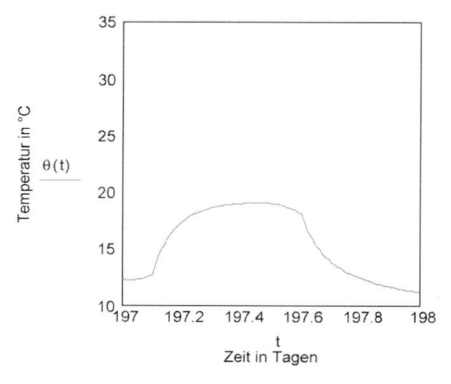

Bild 1.12 Tagesgang der Außenlufttemperatur für einen wolkigen Tag (Tag 197) im Juli

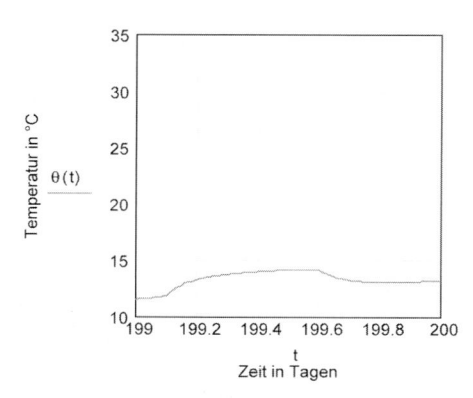

Bild 1.13 Tagesgang der Außenlufttemperatur für einen Regentag (Tag 199) im Juli

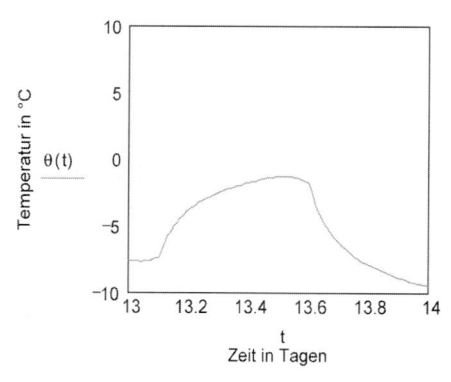

Bild 1.14 Tagesgang der Außenlufttemperatur für einen wolkenlosen Frosttag (Tag 13) im Januar

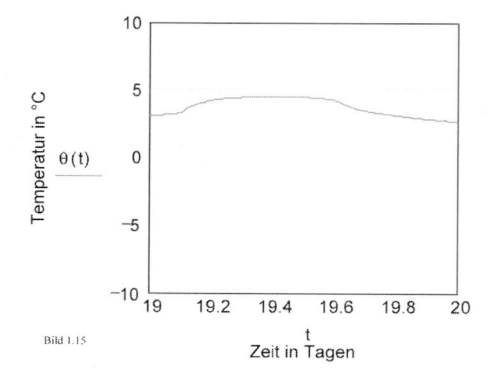

Bild 1.15 Tagesgang der Außenlufttemperatur für einen bedeckten Tauwettertag (Tag 19) im Januar

1.1.4 Summenhäufigkeit der Außenlufttemperatur

Relevant für die thermische Bemessung von Gebäuden und Bauteilen ist auch die Häufigkeit des Auftretens einer bestimmten Temperatur. Ein Maß für die Häufigkeit ist der Kehrwert der ersten Ableitung der Temperatur nach der Zeit dt/dθ (Häufigkeit in Tagen pro Temperaturintervall). Im folgenden Bild 1.16 ist für den Ansatz (1.2) dt/dθ über θ(t) aufgetragen. Durch die generierte Häufigkeitswolke wird eine GAUSSsche Normalverteilung (1.3) mit den angegebenen Parametern gelegt.

$$\theta_{em} = 9.0 \quad \theta_0 = 13 \quad h_0 = 15.84$$

$$h(t) = h_0 \cdot e^{-\left[\left(\frac{\theta_{em}-\theta(t)}{\theta_0}\right)^2\right]} \tag{1.3}$$

1 Außenklima

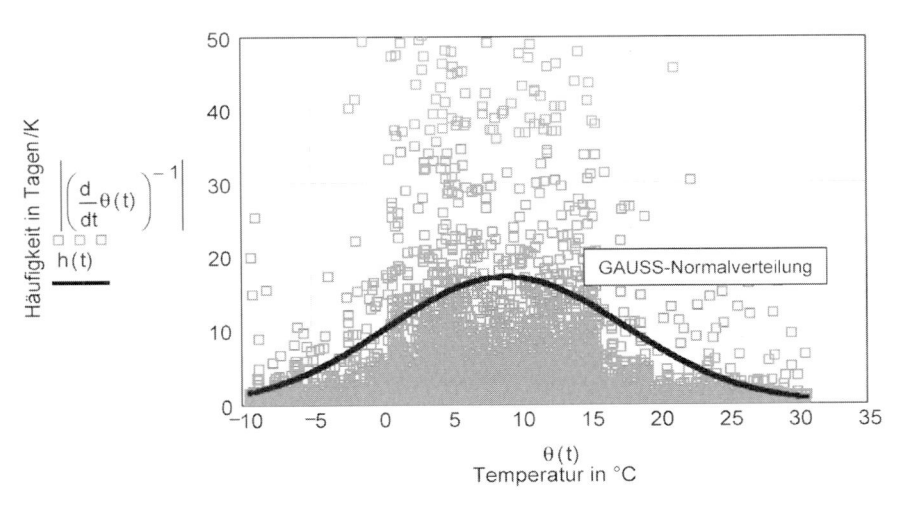

Bild 1.16 Aus Ansatz (1.2) generierte Häufigkeitsverteilung (1.3) der Außenlufttemperatur

Die Integration der Häufigkeitsverteilung über die Temperatur ergibt die Summenhäufigkeit. Die Summenhäufigkeit weist die Tage zahlenmäßig aus, die kälter als ein gewählter aktueller Temperaturwert θ_e sind. Die Integration der obigen GAUSS-Verteilung (1.3) führt auf die Fehlerfunktion $z(\theta)$ (1.4). Etwas sehr grob kann diese auch durch die Gerade $z_G(\theta)$ angenähert werden (1.5).

$$z(\theta) = \frac{-1}{2} \cdot \sqrt{\pi} \cdot h_0 \cdot \theta_0 \cdot \text{fehlf}\left(\frac{\theta_{em} - \theta}{\theta_0}\right) + 182.5 \tag{1.4}$$

$$z_G(\theta) = 12.2 \cdot \theta + 72.7 \tag{1.5}$$

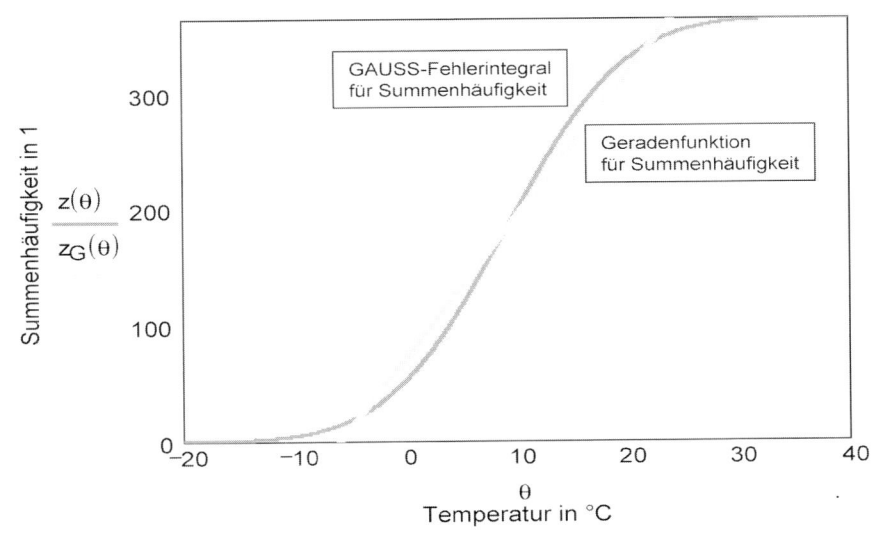

Bild 1.17 Summenhäufigkeit der Außenlufttemperatur

In die Summenhäufigkeitsfunktion (1.4) werden nun die in der Tabelle 1.2 genannten bauklimatisch relevanten Außenlufttemperaturen θ_e eingesetzt, um die Häufigkeit ihres Auftretens auszurechnen. Die Wintertemperatur – 5 °C wird in Mitteleuropa an 18 Tagen unterschritten. Etwa 2 Monate herrscht Frost. 6 Monate sind kälter (wärmer) als die Jahresmitteltemperatur.

Tafel 1.2 Bauklimatisch wichtige Außenlufttemperaturen in °C und die Häufigkeit ihres Auftretens in Tagen

– 5 °C	Wintertemperatur für den Nachweis des Mindestwärmeschutzes und des Feuchteschutzes	$z(-5) = 18.1$
0 °C	Frost-Tauwechseltemperatur	$z(0) = 52.7$
9 °C	Jahresmitteltemperatur	$z(9) = 182.5$
10 °C	Heizgrenztemperatur für den Nachweis des Heizwärmebedarfs eines Gebäudes	$z(10) = 199.6$
15 °C	Sommertemperatur für den Nachweis der Trocknung eines kondensatbefallenen Bauteils	$z(15) = 277.5$
24 °C	Sommertemperatur für den Nachweis des sommerlichen Wärmeschutzes eines Gebäudes	$z(24) = 350.9$

Die aus den thermischen Eigenschaften des Gebäudes abgeleitete Heizgrenztemperatur (Außenlufttemperatur ab der geheizt werden muss) von 10 °C wird an 199 Tagen unterschritten. 3 Monate sind wärmer als 15 °C, was für die Trocknung der Bauteile nach winterlichem Kondensatbefall wichtig ist. Schließlich wird an 2 Wochen im Jahr die mittlere Außenlufttemperatur von 24 °C überschritten, für diesen Zeitraum soll die sommerliche Auslegung der Gebäude erfolgen. Natürlich treten die genannten Zeiträume nicht am „Stück" auf.

1.2 Wärmestrahlungsbelastung

Auf ein Gebäude wirken energetisch eine Reihe von solarverursachten Wärmestromdichten ein: direkte kurzwellige Sonnenstrahlung G_{dir}, diffuse kurzwellige Strahlung G_{dif}, zusätzlich langwellige Abstrahlung und langwellige Gegenstrahlung G_l oder G_{er}. Diese Strahlungswärmestromdichten reduzieren in der kalten Jahreszeit den Heizwärmeverbrauch, können aber im Sommer zu einer unzulässigen Erhöhung der Raumtemperaturen führen. Strahlung verursacht außerdem häufig eine übermäßige Erwärmung der äußeren Bauteiloberflächen verbunden mit mechanischen Spannungen und hygrischen Umkehrdiffusionseffekten.

G_{dir} und G_{dif} werden für eine Horizontalfläche durch einfache und für beliebig orientierte Flächen durch eine modifizierte Addition zur Gesamtstrahlung G zusammengefasst. Bei kurzwelliger Strahlung in der Bauklimatik handelt es sich um elektromagnetische Wellen, die von Flächen mit einer Temperatur von etwa 6000 K (Sonnenoberfläche) abgegeben werden. Der Maximalwert von G_{dir} in 2000 km Höhe an der Atmosphärengrenze auf eine normal gerichtete Fläche beträgt $G_o = 1390$ W/m^2 (Solarkonstante). Beim Eintritt in die Atmosphäre wird diese Strahlung zum Teil absorbiert zum Teil aber gestreut und als diffuse Strahlung energetisch wieder wirksam. Der Anteil, der bei völlig trockener und unverschmutzter Luft die Normalfläche des Gebäudes erreicht, soll G_{no} und der wirkliche Wert G_n genannt werden.

Mit diesen Informationen lässt sich ein Trübungsfaktor Tr für die Atmosphäre wie folgt (Gleichung (1.6)) definieren:

$$Tr = \frac{\ln\left(\dfrac{G_o}{G_n}\right)}{\ln\left(\dfrac{G_o}{G_{no}}\right)} \quad (1.6)$$

1 Außenklima

Gleichung (1.6) nach der wirklichen Strahlungsleistungsdichte umgestellt, liefert für die Trübungen 1 bis 6 die in der Tabelle 1.3 aufgelisteten Werte für G_n in W/m².

Tafel 1.3 Trübung und ankommende Leistung

	$G_n(Tr) := G_o \cdot e^{Tr \cdot \ln(0,87)}$	
	Tr =	$G_n(Tr) =$
Tr = 1 Saubere, trockene Luft	1	1174.5
Tr = 2 Landluft Winter	2	1021.8
Tr = 3 Stadtluft Winter	3	889.0
Tr = 4 Landluft Sommer	4	773.4
Tr = 5 Stadtluft Sommer	5	672.9
Tr = 6 Industriegebiet, sehr verschmutzte Luft	6	585.4

Bei Tr = 6 erreicht also nur noch die Hälfte (G_n = 585 W/m²) der Strahlung bei sauberer Luft (G_{no} = 1175 W/m²) die Erdoberfläche.

1.2.1 Kurzwellige Strahlungswärmestromdichte auf eine Horizontalfläche

Bild 1.18 zeigt die gemessene Gesamtstrahlungswärmestromdichte G in W/m² auf eine Horizontalfläche in Dresden (Innere Neustadt, Trübung etwa 4) für den Zeitraum 1996 bis 2001.

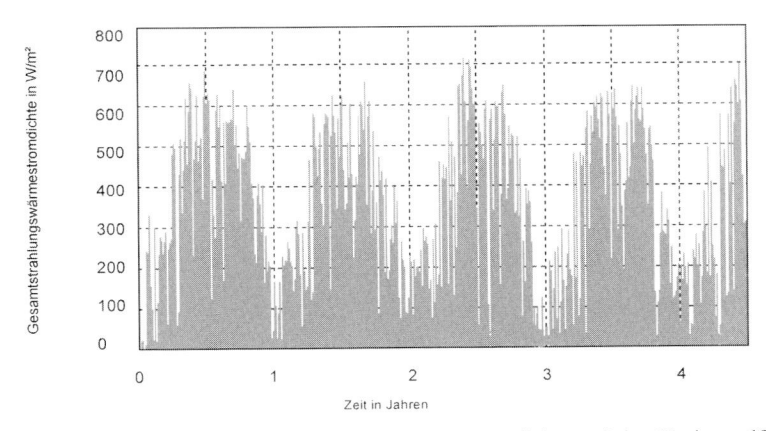

Bild 1.18 Gemessene Gesamtwärmestrahlungsstromdichte auf eine Horizontalfläche

Durch eine Überlagerung von Tages-, Witterungs- und Jahresgang lässt sich der Strahlungsverlauf ebenfalls näherungsweise mathematisch darstellen, wobei die Tageslänge D(t) (Zeit zwischen Sonnenauf- und Sonnenuntergang) mit der nachfolgenden *heaviside*schen Sprungfunktion simuliert wird: $\Phi(x) = 1$ für $x > 0$, $\Phi(x) = 0$ für $x < 0$.

Tageslängenfunktion in Abhängigkeit von der Jahreszeit:

$$D(t) = \Phi(h(t)). \tag{1.7}$$

h ist der Höhenwinkel der Sonne über dem Horizont. Er wird später im Abschnitt 1.2.2 berechnet. Ist h > 0 scheint die Sonne (Tag) und D(t) = 1, ist h < 0 steht die Sonne unter dem Horizont (Nacht) und D(t) = 0.

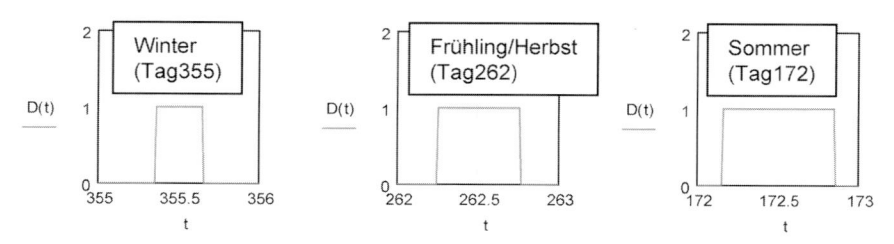

Bild 1.19 Sonnenscheindauer (Tageslängenfunktion) in Abhängigkeit von der Jahreszeit für 52 °Nord

Ähnlich wie bei der Außenlufttemperatur wird für die kurzwellige direkte Strahlung auf eine Horizontalfläche ein Verlauf mit signifikanten periodischen Anteilen (Jahresgang, Tagesgang, Witterungsgang) in Anlehnung an die Messungen angesetzt (Trübung etwa 4, Zeiten in Tagen, G und ΔG in W/m²)

Jahreslänge	Jahreszeitverschiebung	Tageslänge	Länge einer Witterungsperiode	Zeit
$T_a = 365$	$t_a = 10$	$T_d = 1$	$T_p = 10$	$t = 0, \frac{1}{96}..365$

$G_{d1} = 379$ $G_{d2} = -20$ $\Delta G_a = 200$

$$G_{die(t)} = \left[-G_{d1} \cdot \cos\left(2 \cdot \pi \frac{t}{T_d}\right) + G_{d2} - \Delta G_a \cdot \cos\left[\frac{2 \cdot \pi}{T_a} \cdot (t + t_a)\right]\right] \cdot \left(\sin\left(\pi \frac{t + t_a}{T_a}\right) \cdot 0{,}52 + 0{,}48\right) \cdot \sin\left(\pi \frac{t}{T_p}\right) \cdot D((t)) \quad (1.8)$$

Die kurzwellige diffuse Strahlung auf eine Horizontalfläche für Mitteleuropa (Trübung ebenfalls etwa 4) wird mit den gleichen Argumenten wie folgt angenähert:

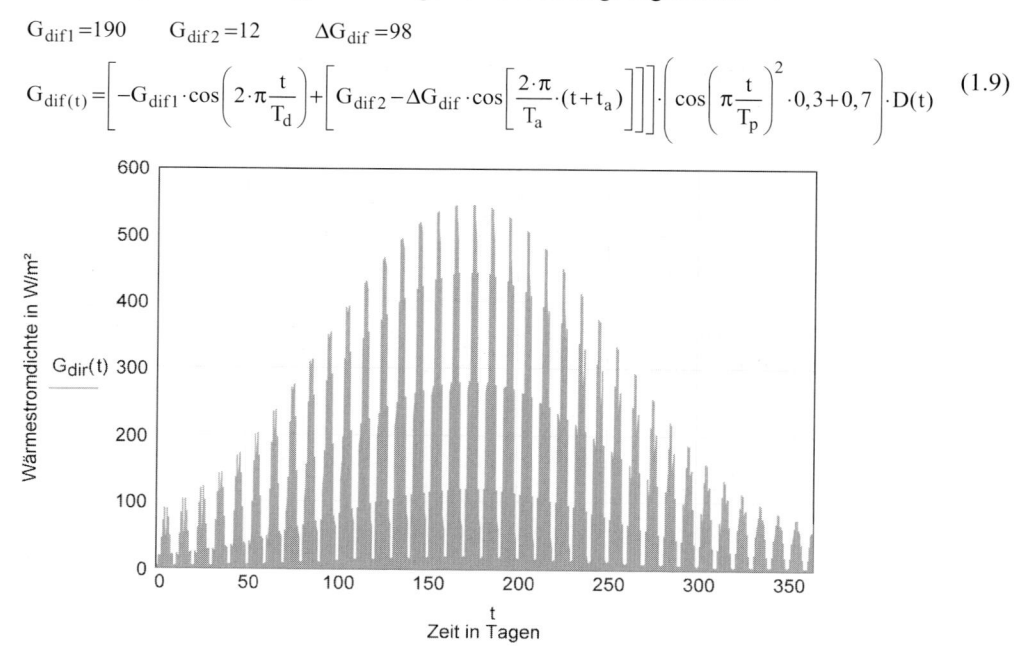

$G_{dif1} = 190$ $G_{dif2} = 12$ $\Delta G_{dif} = 98$

$$G_{dif(t)} = \left[-G_{dif1} \cdot \cos\left(2 \cdot \pi \frac{t}{T_d}\right) + \left[G_{dif2} - \Delta G_{dif} \cdot \cos\left[\frac{2 \cdot \pi}{T_a} \cdot (t + t_a)\right]\right]\right] \cdot \left(\cos\left(\pi \frac{t}{T_p}\right)^2 \cdot 0{,}3 + 0{,}7\right) \cdot D(t) \quad (1.9)$$

Bild 1.20 Kurzwellige direkte Strahlungswärmestromdichte in W/m² auf eine Horizontalfläche nach (1.8)

1 Außenklima

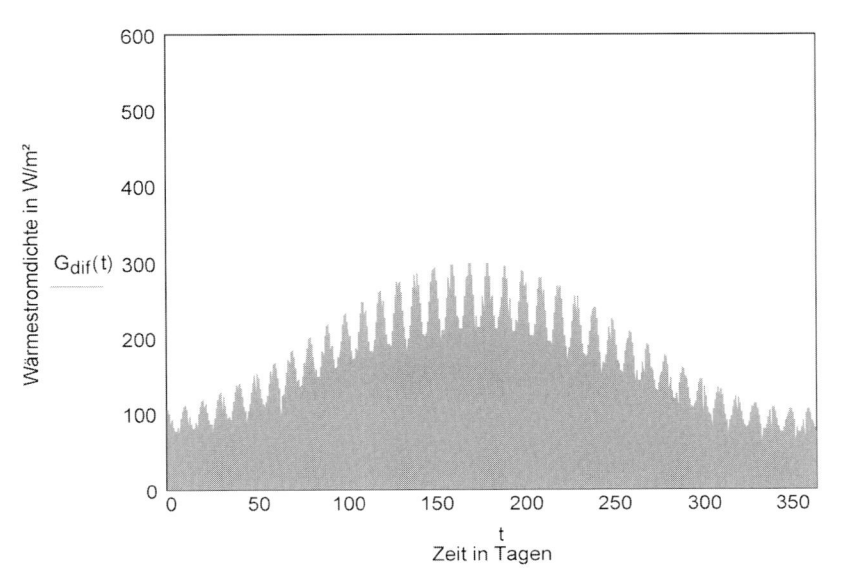

Bild 1.21 Kurzwellige diffuse Strahlungswärmestromdichte in W/m² auf eine Horizontalfläche nach (1.9)

Daraus ergibt sich der Jahresgang für die kurzwellige Gesamtstrahlungswärmestromdichte auf eine Horizontalfläche für Mitteleuropa (Trübung etwa 4):

$$G(t) = G_{dir}(t) + G_{dif}(t) \tag{1.10}$$

Eine Mittelung der Gesamtstrahlung auf eine Horizontalfläche über die winterliche Heizperiode von Oktober (Tag – 84) bis April (Tag + 101) ergibt 53 W/m², eine Mittelung über eine Schönwetterperiode von 5 Tagen im Juni (Tag 173 bis 178) ergibt 276 W/m².

$$t_H = 185 \qquad\qquad t_P = 5$$

$$\left(\int_{-84}^{101} G(t)dt\right) \cdot \frac{1}{t_H} = 52.8 \qquad \left(\int_{173}^{178} G(t)dt\right) \cdot \frac{1}{t_P} = 275.9$$

Näherungsweise kann der Jahresgang der Gesamtstrahlung auf eine Horizontalfläche, wie die Außenlufttemperatur auch, durch eine einfache harmonische Funktion dargestellt werden. Das Maximum liegt im Juni, das Minimum im Dezember. Die Mittelung über die Heizperiode ergibt mit den angegebenen Werten ebenfalls 53 W/m².

$$G_{hm} = 113 \qquad\qquad \Delta G_h = 101$$

$$G_h(t) = G_{hm} - \Delta G_h \cdot \cos\left[\frac{2 \cdot \pi}{T_a} \cdot (t + t_a)\right]$$

$$\left(\int_{-84}^{101} G_h(t)dt\right) \cdot \frac{1}{t_H} = 52.8 \tag{1.11}$$

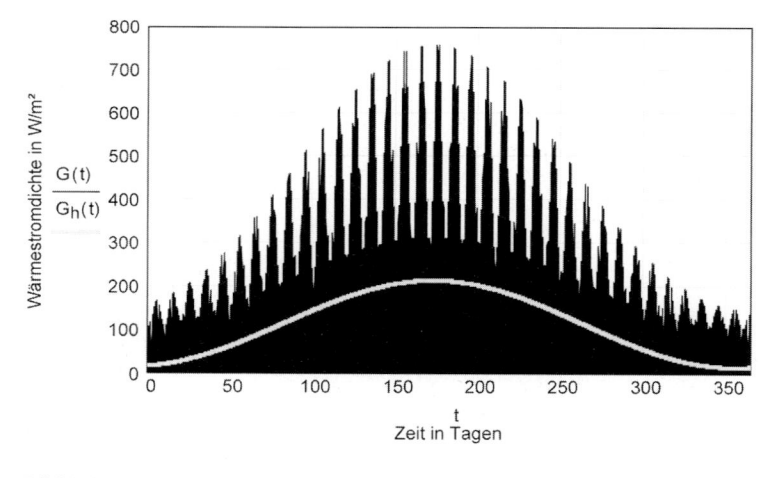

Bild 1.22 Kurzwellige Gesamtstrahlungswärmestromdichte nach (1.10)(schwarz) einschließlich der Mittelungsfunktion (hellgrau) nach (1.11) in W/m² auf eine Horizontalfläche

1.2.2 Strahlungswärmestromdichte auf beliebig orientierte und geneigte Flächen

Aus den Strahlungswerten der direkten Strahlung auf die Horizontalfläche lässt sich die direkte Strahlung auf eine beliebige Bauteilfläche (charakterisiert durch den Winkel β zur Nordrichtung und die Neigung α) in Abhängigkeit vom Sonnenstand (charakterisiert durch Höhenwinkel h und den Azimutwinkel a) berechnen [7], [3].

In der Abbildung 1.23 sind alle erforderlichen Winkel zwischen Sonnenstrahl (direkte Strahlung) und Bauteilflächennormale dargestellt. Daraus wird eine im Jahresgang veränderliche Winkelhilfsfunktion abgeleitet, mit der die Strahlung auf eine Horizontalfläche multipliziert werden muss um die Strahlungswärmestromdichte auf eine beliebig orientierte und geneigte Fläche auszuweisen.

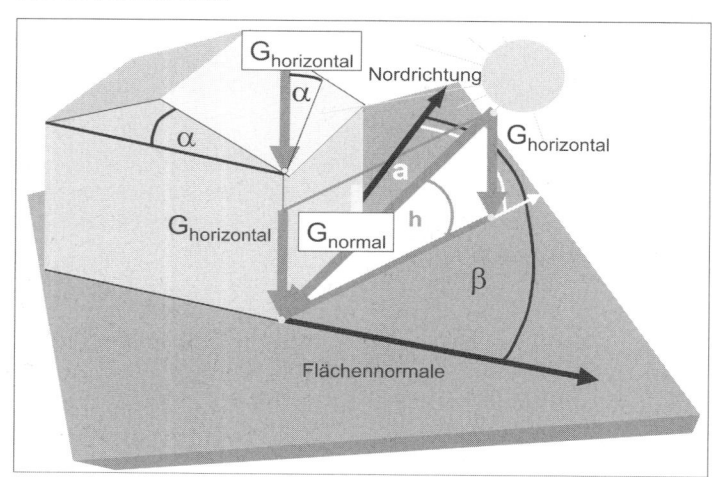

Bild 1.23 Winkelbeziehungen zwischen direkter Sonnenstrahlung und Gebäude

1 Außenklima

h	Höhenwinkel der Sonne – Winkel zwischen Sonnenstrahl und dessen „Schatten" auf die Horizontalfläche
a	Azimutwinkel der Sonne – Winkel zwischen dem „Schatten des Sonnenstrahls" und der Nordrichtung
β	Winkel zwischen Flächennormale und Nordrichtung
α	Neigungswinkel der Dachfläche
$G_{horizontal}$	Strahlungswärmestromdichte der direkten Sonnenstrahlung auf eine Horizontalfläche in W/m²

Daraus folgt die direkte Strahlungswärmestromdichte der Sonne auf eine beliebige Bauteilfläche

$$G_{dir} = G_{dir,hor} \cdot \left(\cos\alpha + \sin\alpha \cdot \frac{\cos a(a-\beta)}{\tanh} \right) \quad (1.12)$$

Diese Gleichung ist wieder mit der Sprungfunktion für Sonnenauf- und Sonnenuntergang sowie zusätzlich für die Eigenverschattung (Sonne verschwindet hinter dem Gebäudewinkel) zu multiplizieren. Außerdem sind der Sonnenhöhenwinkel h und der Azimutwinkel a in Abhängigkeit von der geografischen Lage (Breitengrad χ) und der Jahreszeit darzustellen. Diese Prozedur ist etwas aufwendig:

Sonnenhöhenwinkel h(t) (vgl. Bilder 1.24 und 1.25)

$$\sin(h(t)) = \sin(\chi) \cdot \sin(\delta(t)) - \cos(\chi) \cdot \cos(\delta(t)) \cdot \cos\left(\frac{2 \cdot \pi}{T_d} \cdot t\right)$$

$$h(t) = a\sin\left(\sin(\chi) \cdot \sin(\delta(t)) - \cos(\chi) \cdot \cos(\delta(t)) \cdot \cos\left(\frac{2 \cdot \pi}{T_d} \cdot t\right)\right)$$

$$h3(t) = h(t) \cdot \Phi(h(t)) \quad \Phi \text{ } Heavisidesche \text{ Sprungfunktion} \quad (1.13)$$

Breitengrad , Tageslänge

$$\chi = \frac{52}{180} \cdot \pi \quad T_d = 1$$

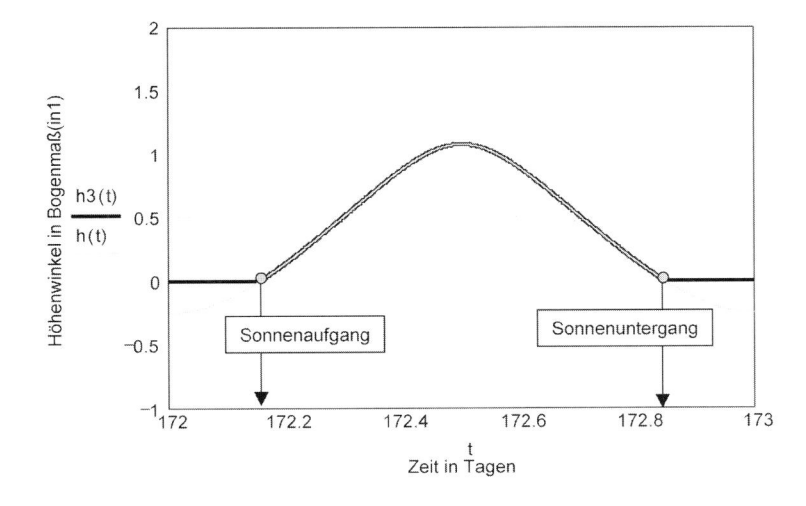

Bild 1.24 Tagesgang des Höhenwinkels der Sonne am Tag 172 (Sommertag)

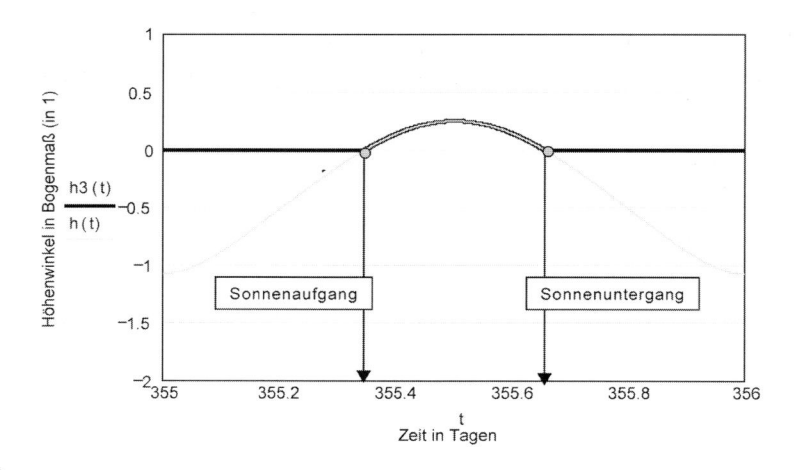

Bild 1.25
Tagesgang des Höhenwinkels der Sonne am Tag 355 (Wintertag)

VI

Jahreslänge, Jahreszeitverschiebung

$T_a = 365 \quad t_a = 10$

Deklinationswinkel $\delta(t)$ der Sonne (Bild 1.26)

$$\delta(t) = -\frac{23.5}{180} \cdot \pi \cdot \sin\left[\frac{2 \cdot \pi}{T_a} \cdot \left(t + t_a + \frac{T_a}{4}\right)\right] \tag{1.14}$$

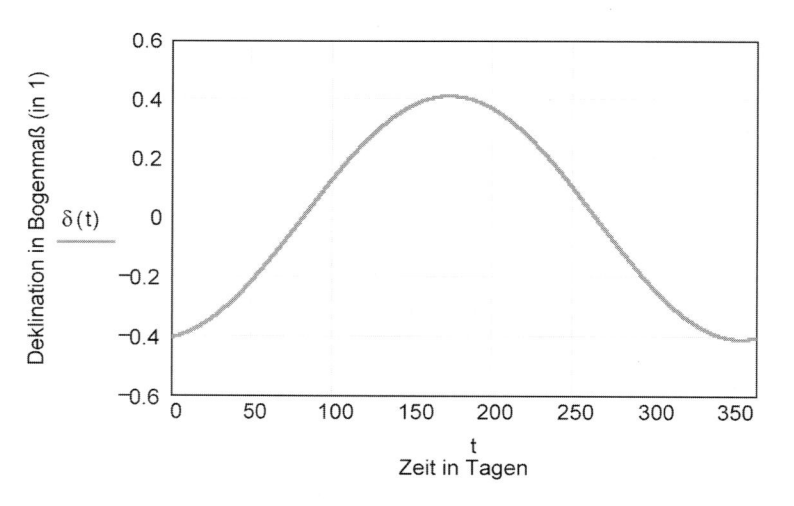

Bild 1.26
Jahresgang der Deklination der Sonne

Azimutwinkel $a(t)$ der Sonne

$$A(t) = \sin(a(t)) = \frac{\cos(\delta(t))}{\cos(h(t))} \cdot \sin\left(\frac{2 \cdot \pi}{T_d} \cdot t\right)$$

$$a(t) = a\sin\left(\frac{\cos(\delta(t))}{\cos(h(t))} \cdot \sin\left(\frac{2 \cdot \pi}{T_d} \cdot t\right)\right) \tag{1.15}$$

1 Außenklima

Bei der Berechnung des Azimutwinkels ist der Vorzeichenwechsel (Signumfunktion oder +/− Funktion) von A(t) zu beachten. Daraus folgen A1(t) und der im Tagesverlauf stetig zunehmende Azimutwinkel a2(t) (Bilder 1.27 und 1.28).

$$A1(t) = -A(t)\,\text{signum}\left(\frac{d}{dt}A(t)\right).$$

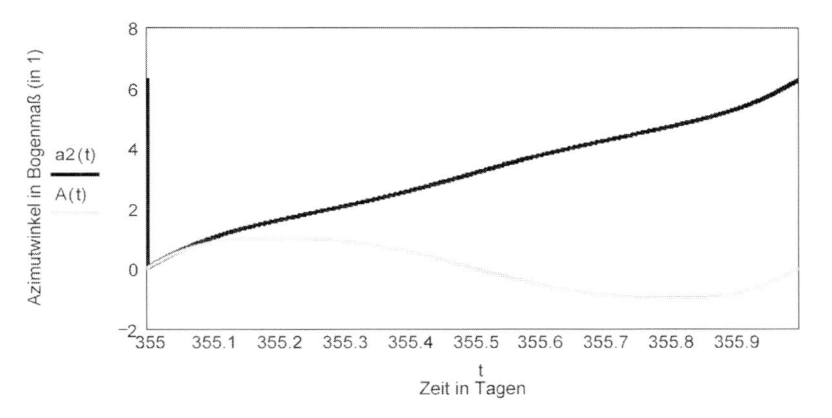

$$a2(t) = a\sin(-A1(t)) + \pi \cdot \Phi\left(-\text{signum}\left(\frac{d}{dt}A(t)\right)\right) +$$

$$+ 2\cdot\pi\cdot\Phi\left(-a\sin(-A1(t)) - \pi\cdot\Phi\left(-\text{signum}\left(\frac{d}{dt}A(t)\right)\right)\right) \tag{1.16}$$

Bild 1.27 Tagesgang des Azimutwinkels der Sonne am Tag 355 (Wintertag)

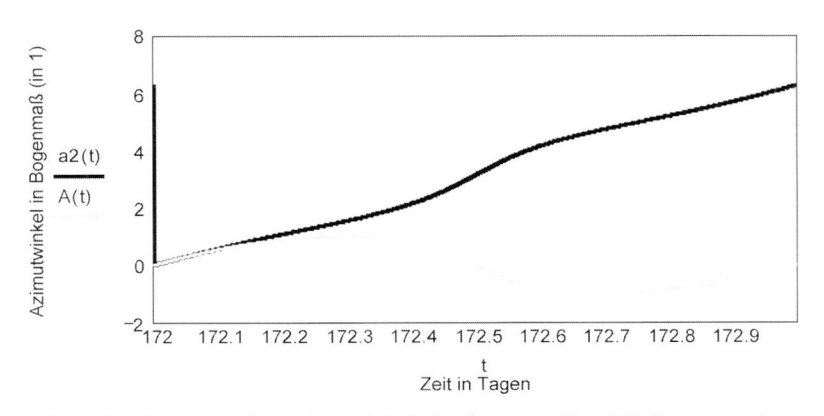

Bild 1.28 Tagesgang des Azimutwinkels der Sonne am Tag 172 (Sommertag)

Die Winkelhilfsfunktion (1.17) (letzter Term in Gleichung (1.13)) ist zu berechnen und zunächst mit der Sonnenscheindauerfunktion (Tageslängenfunktion D(t)) für die direkte Strahlung auf eine Horizontalfläche in Abhängigkeit vom Höhenwinkel h (1.7) zu multiplizieren. Daraus folgt die Winkelhilfsfunktion B1(t, β) (1.18) für die direkte Strahlung. Mit Gleichung

(1.19) wird eine **Eigenverschattungsfunktion S2 (t, α, β)** (Bauteilneigung α hier beliebig) definiert. Sie hat den Wert 1 solange die Sonne wirklich die Bauteilfläche bescheint, ansonsten verschwindet sie. Daraus ergibt sich die Winkelhilfsfunktion B2 (t, β) (1.20) für die direkte Strahlung auf eine zunächst vertikale Bauteilfläche mit Tageslängen- und Eigenverschattungsfunktion. In den folgenden Abbildungen 1.29 bis 1.31 ist die Winkelhilfsfunktion B2 (t, β) für eine vertikale Wand (α = π/2) mit unterschiedlicher Himmelsrichtung (β) dargestellt. Es sei noch einmal darauf hingewiesen, dass mit dieser Funktion die Strahlungswärmestromdichte auf eine Horizontalfläche multipliziert werden muss, um die Strahlungswärmestromdichte auf eine beliebig (β) orientierte Vertikalfläche zu berechnen. Schließlich ist in Bild 1.32 die B-Funktion für ein geneigtes Dach (hier α = 54 °) dargestellt.

$$B(t,\beta) = \frac{\cos(a-\beta)}{\tanh} = \frac{\cos(a)\cdot\cos(\beta) + \sin(a)\cdot\sin(\beta)}{\tan(h)}$$

$$B(t,\beta) = \frac{\sqrt{1-(A(t))^2}\cdot\cos(\beta)\cdot\mathrm{signum}\left(\frac{d}{dt}A(t)\right) + A(t)\cdot\sin(\beta)}{\tan(h(t))} \qquad (1.17)$$

$$D(t) = \Phi((h(t))) \quad \Phi \text{ Heavisidesche Sprungfunktion} \qquad (1.7)$$

$$B1(t,\beta) = \frac{\sqrt{1-(A1(t))^2}\cdot\cos(\beta)\cdot\mathrm{signum}\left(\left(\frac{d}{dt}A(t)\right)\right) + A(t)\cdot\sin(\beta)}{\tan(h(t))}\cdot D(t) \qquad (1.18)$$

$$S2(t,\beta) = \Phi(\cos(\alpha)\cdot D(t) + \sin(\alpha)\cdot B1(t,\beta)\cdot D(t)) \qquad (1.19)$$

$$B2(t,\beta) = \frac{\sqrt{1-A1(t))^2}\cdot\cos(\beta)\cdot\mathrm{signum}\left(\left(\frac{d}{dt}A(t)\right)\right) + A(t)\cdot\sin(\beta)}{\tan(h(t))}\cdot D(t)\cdot S2(t,\beta) \qquad (1.20)$$

$$\text{Breitengrad 52 °Nord } \chi = \frac{52}{180}\cdot\pi \quad T_d = 1 \qquad (1.20)$$

Abschließend wird noch die allgemeine Winkelhilfsfunktion (1.21) für eine beliebig orientierte und geneigte Fläche mitgeteilt und der Verlauf exemplarisch für eine Dachneigung von 54 °für den Tag 172 (vergleiche Bild 1.29) im Bild 1.32 aufgezeichnet. Sie findet ihre Anwendung in den Strahlungsleistungsberechnungen Bilder 1.39 bis 1.42.

$$B3(t,\beta) = \sin(\alpha)\frac{\sqrt{1-(A1(t))^2}\cdot\cos(\beta)\cdot\mathrm{signum}\left(\left(\frac{d}{dt}A(t)\right)\right) + A(t)\cdot\sin(\beta)}{\tan(h(t))}\cdot$$

$$\cdot D(t)\cdot S2(t,\beta) + \cos(\alpha)\cdot(D(t)\cdot S2(t,\beta)) \qquad (1.21)$$

Mit den diskutierten Winkelhilfsfunktionen ergibt sich schließlich für eine **beliebig orientierte (β) und beliebig geneigte (α) Bauteilfläche für die direkte Strahlungswärmestromdichte** $G_{\alpha\beta}(t)$

$$G_{\alpha\beta}(t, \alpha, \beta) = G_{dir}(t)\cdot[(\cos(\alpha)) + [\sin(\alpha)\cdot(B1(t, \beta))]]\cdot(D(t)\cdot S2(t, \beta)) \qquad (1.22)$$

1 Außenklima 655

Bild 1.29
Winkelhilfsfunktion für eine vertikale Fläche in Abhängigkeit von der Orientierung (Haupthimmelsrichtungen) β für den Tag 172 (Sommertag)
Neigung   Orientierung
$$\alpha = \frac{\pi}{2} \quad \beta = 0, \frac{\pi}{4} .. 2 \cdot \pi$$

Bild 1.30
Winkelhilfsfunktion für eine vertikale Fläche in Abhängigkeit von der Orientierung β für den Tag 172 (Sommertag)
$$\beta 1(\beta) = \beta \frac{360}{2 \cdot \pi}$$
$$\beta = \pi \cdot \frac{5}{8}, \pi \cdot \frac{6}{8} .. \pi \cdot \frac{7}{8}$$

Bild 1.31
Winkelhilfsfunktion für eine vertikale Fläche in Abhängigkeit von der Orientierung β für den Tag 355 (Wintertag)
$$\beta = 0, \frac{\pi}{4} .. 2 \cdot \pi$$

Bild 1.32
Winkelhilfsfunktion für eine 54° geneigte Dachfläche in Abhängigkeit von der Orientierung β für den Tag 172 (Sommertag)
Neigung   Orientierung
$$\alpha = \frac{54}{360} \cdot 2 \cdot \pi \quad \beta = 0, \frac{\pi}{4} .. 2 \cdot \pi$$

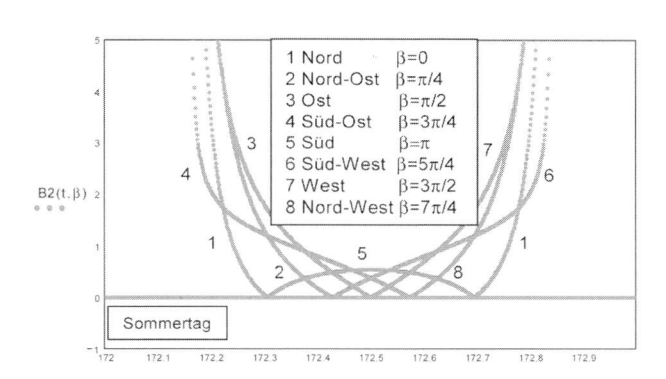

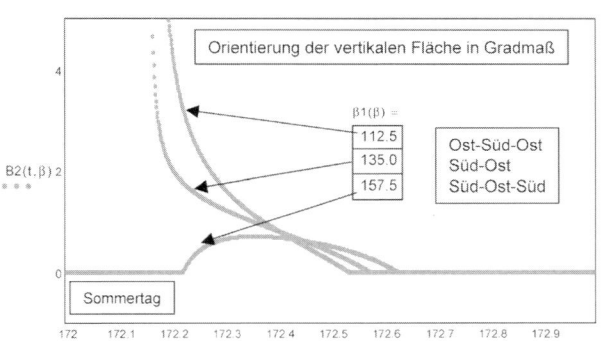

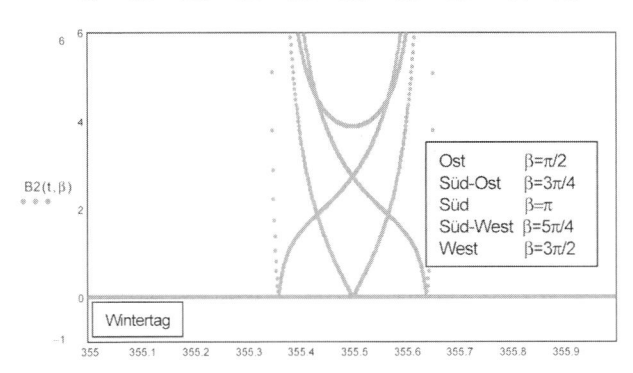

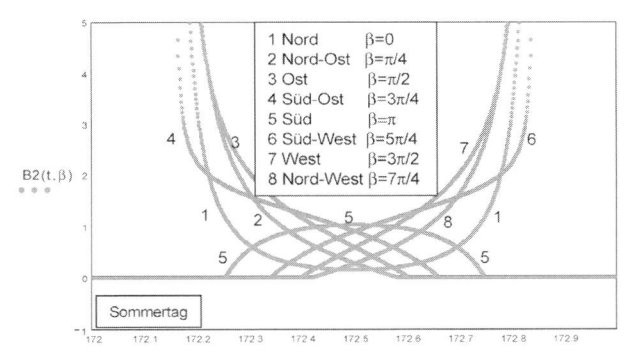

Die diffuse Strahlung ist lediglich vom Neigungswinkel α abhängig, wofür ein empirischer Ansatz gemacht wird. **Daraus folgt für die Gesamtstrahlung auf eine beliebige Bauteilfläche**:

$$G(t, \alpha, \beta) = G_{dif}(t) \cdot (0.65 + 0.35 \cdot \cos(\alpha)^3) + G_{\alpha\beta}(t, \beta) \tag{1.23}$$

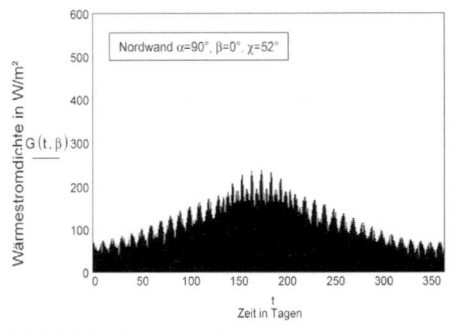

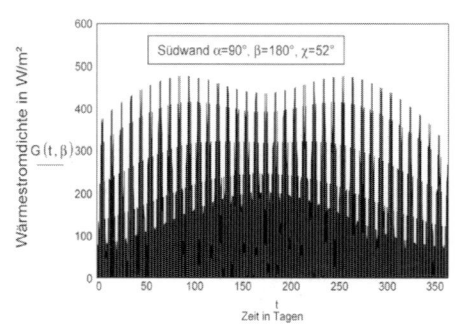

Bild 1.33 Jahresgang der Gesamtstrahlungswärmestromdichte nach (1.23) auf eine Nordwand

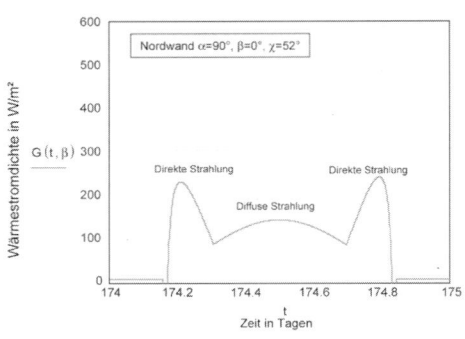

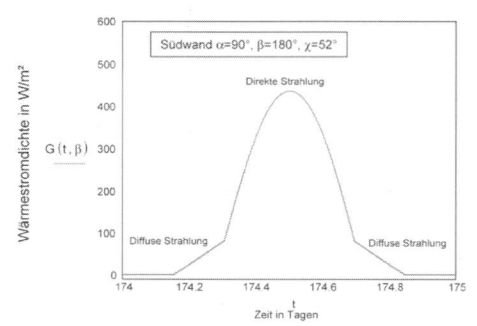

Bild 1.34 Tagesgang (Sommertag 174) der Gesamtstrahlungswärmestromdichte nach (1.23) auf eine Nordwand

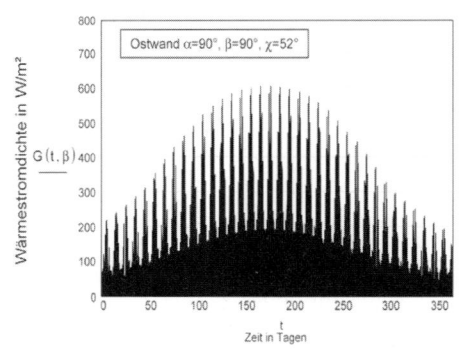

Bild 1.35 Jahresgang der Gesamtstrahlungswärmestromdichte nach (1.23) auf eine Ostwand

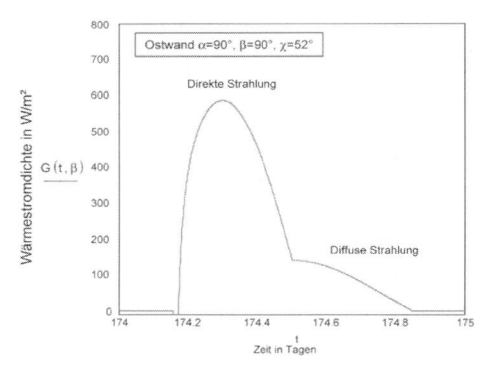

Bild 1.36 Tagesgang (Sommertag 174) der Gesamtstrahlungswärmestromdichte nach (1.23) auf eine Ostwand

Bild 1.37 Jahresgang der Gesamtstrahlungswärmestromdichte nach (1.23) auf eine Südwand

Bild 1.38 Tagesgang (Sommertag 174) der Gesamtstrahlungswärmestromdichte nach (1.23) auf eine Südwand

1 Außenklima

Die folgenden Abbildungen zeigen die direkte (dünn, schwarz) und die gesamte (dick, dunkelgrau) Strahlungswärmestromdichte auf ein um 54 ° geneigtes Steildach (vergleiche auch Bild 1.32) in Abhängigkeit von der Himmelsrichtung und für verschiedene Tage im Jahr (alles Strahlungstage aus Ansatz (1.22) und (1.23)). Zum Vergleich ist die Gesamtstrahlung auf eine Horizontalfläche (hellgrau) ebenfalls eingetragen. Der Breitengrad beträgt wie bisher in allen Abbildungen 52 °Nord.

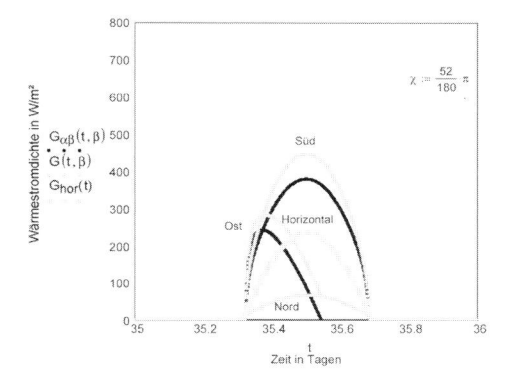

Bild 1.39 Tagesgang (Februar, Tag 35) der direkten und Gesamtstrahlungswärmestromdichte auf unterschiedlich orientierte Flächen

Bild 1.40 Tagesgang (April, Tag 95) der direkten und Gesamtstrahlungswärmestromdichte auf unterschiedlich orientierte Flächen

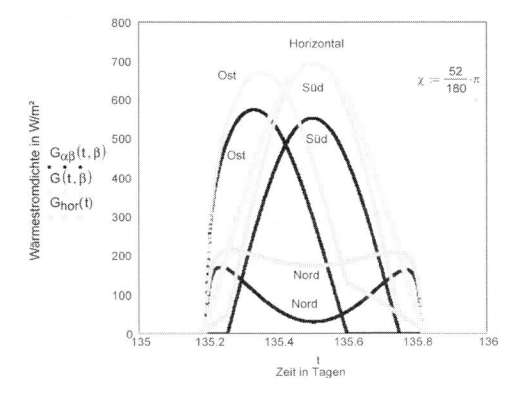

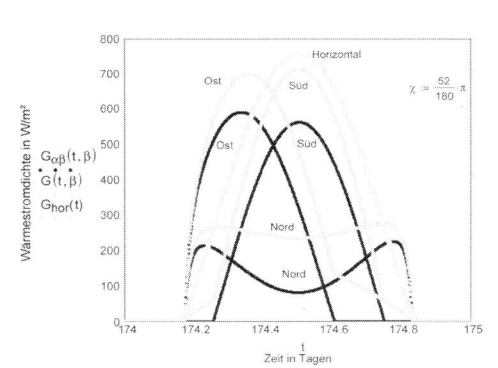

Bild 1.41 Tagesgang (Mai, Tag 135) der direkten und Gesamtstrahlungswärmestromdichte auf unterschiedlich orientierte Flächen

Bild 1.42 Tagesgang (Juni, Tag 174) der direkten und Gesamtstrahlungswärmestromdichte auf unterschiedlich orientierte Flächen

Für die wärmetechnische Bemessung der Bauteile und Gebäude während der winterlichen Heizperiode von 185 Tagen und einer sommerlichen Hitzeperiode von 5 Tagen sind die Mittelwerte durch Integration über die Strahlungswärmestromdichten $G(t,\alpha,\beta)$ nach (1.23) im folgenden tabellarisch zusammengestellt. Um eine mathematische Konvergenz der Zeitintegrale zu erreichen, schwanken die Grenzen geringfügig.

Tafel 1.4   Strahlungsbelastungen nach (1.23) in W/m² auf Wände und Dächer

Mittelwert Heizperiode 185 Tage Oktober bis April	Mittelwert Hitzeperiode 5 Tage Ende Juni	Mittelwert Heizperiode 185 Tage Oktober bis April	Mittelwert Hitzeperiode 5 Tage Ende Juni
Nordwand $\int_{-86}^{100} G(t,\beta)dt \cdot \frac{1}{t_H+1} = 22.0$	Nordwand $\int_{173}^{178} G(t,\beta) \cdot \Phi(G(t,\beta))dt \cdot \frac{1}{t_P} = 90.2$	Norddach 45° $\int_{-84}^{101} G(t,\beta)dt \cdot \frac{1}{t_H} = 26.5$	Norddach 45° $\int_{172.5}^{177.5} G(t,\beta) \cdot \Phi(G(t,\beta))dt \cdot \frac{1}{t_P} = 161.7$
Nordostwand $\int_{-86}^{100} G(t,\beta)dt \cdot \frac{1}{t_H+1} = 22.0$	Nordostwand $\int_{173}^{178} G(t,\beta) \cdot \Phi(G(t,\beta))dt \cdot \frac{1}{t_P} = 126.7$	Nordostdach 45° $\int_{-83}^{101} G(t,\beta)dt \cdot \frac{1}{t_H} = 30.8$	Nordostdach 45° $\int_{173}^{178} G(t,\beta) \cdot \Phi(G(t,\beta))dt \cdot \frac{1}{t_P} = 193.0$
Ostwand $\int_{-85}^{100} G(t,\beta)dt \cdot \frac{1}{t_H} = 34.9$	Ostwand $\int_{173}^{178} G(t,\beta) \cdot \Phi(G(t,\beta))dt \cdot \frac{1}{t_P} = 160.7$	Ostdach 45° $\int_{-86}^{100} G(t,\beta)dt \cdot \frac{1}{t_H+1} = 44.2$	Ostdach 45° $\int_{173}^{178} G(t,\beta) \cdot \Phi(G(t,\beta))dt \cdot \frac{1}{t_P} = 229.8$
Südostwand $\int_{-85}^{100} G(t,\beta)dt \cdot \frac{1}{t_H} = 51.7$	Südostwand $\int_{173}^{178} G(t,\beta) \cdot \Phi(G(t,\beta))dt \cdot \frac{1}{t_P} = 149.9$	Südostdach 45° $\int_{-83}^{100} G(t,\beta)dt \cdot \frac{1}{t_H} = 60.1$	Südostdach 45° $\int_{173}^{178} G(t,\beta) \cdot \Phi(G(t,\beta))dt \cdot \frac{1}{t_P} = 239.3$
Südwand $\int_{-85}^{102} G(t,\beta)dt \cdot \frac{1}{t_H+2} = 62.4$	Südwand $\int_{173}^{178} G(t,\beta) \cdot \Phi(G(t,\beta))dt \cdot \frac{1}{t_P} = 123.7$	Süddach 45° $\int_{-86}^{101} G(t,\beta)dt \cdot \frac{1}{t_H+2} = 67.8$	Süddach 45° $\int_{172.5}^{177.5} G(t,\beta) \cdot \Phi(G(t,\beta))dt \cdot \frac{1}{t_P} = 234.9$

Daraus ergeben sich die folgenden gerundeten Werte für die mittleren Strahlungswärmebelastung der unterschiedlich orientierten Bauteilflächen. Sie können zur Quantifizierung des Heizwärmebedarfs (Kapitel Wärme) während der Heizperiode und zur Berechnung der Raumtemperaturen bei freier Klimatisierung außerhalb der Heizperiode (Abschnitt 3.3) benutzt werden [8].

Tafel 1.5   Wichtige mittlere Strahlungsbelastungen in W/m² auf Wände und Dächer

Horizontal	Nord-90°	NO-90°	Ost-90°	SO-90°	Süd-90°	Nord-45°	NO-45°	Ost-45°	SO-45°	Süd-45°
Strahlungswärmestromdichte während der Heizperiode von 185 Tagen von Oktober bis April auf Wände (90 °) und Dächer (45 °) in W/m²										
53.0	22.0	24.0	35.0	52.0	63.0	27.0	31.0	44.0	60.0	68.0
Strahlungswärmestromdichte während einer sommerlichen Hitzeperiode von 5 Tagen Ende Juni auf Wände (90 °) und Dächer (45 °) in W/m²										
275.0	90.0	127.0	161.0	150.0	124.0	162.0	193.0	230.0	239.0	235.0

In den nächsten Abbildungen 1.43 und 1.44 soll die Abhängigkeit der Gesamtstrahlungswärmestromdichte vom Bedeckungsgrad verdeutlicht werden. Sie enthalten den Strahlungsgang auf eine Ostwand für eine Witterungsperiode im Juni (Tage 170 bis 175) und im Dezember (Tage 355 bis 360).

Abschließend sollen noch einige Befunde zur Korrespondenz zwischen Strahlung, Außenlufttemperatur und Regen aufgezeigt werden. An wolkenlosen Strahlungstagen ergibt sich auch die größte Tagesschwankung der Außenlufttemperatur und umgekehrt. (Für die Temperaturkurve (dunkelgrau) entspricht im bild 1.45 die Zahl 200 an der Ordinate 20 °C.)

Durch Regenschauer erfährt die direkte Strahlung natürlich Einbrüche (Bild 1.46, Tag 176). Die direkte Strahlung nach (1.22) wird für Regenereignisse nach Gleichung (1.32) im Abschnitt 1.4.1 mittels *heaviside*sche Sprungfunktion Φ null gesetzt. Damit steht ein allgemeines File für die kurzwellige Strahlung zur Verfügung.

1 Außenklima

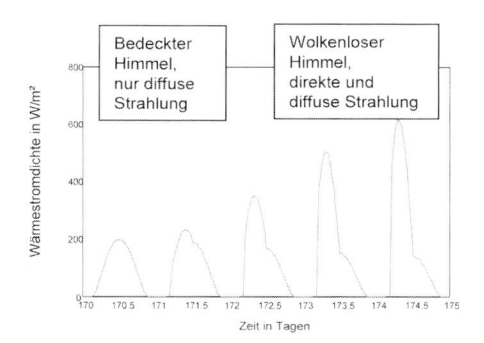

Bild 1.43 Gesamtwärmestromdichte im Juni (Tage 170 bis 175) in Abhängigkeit vom Bedeckungsgrad

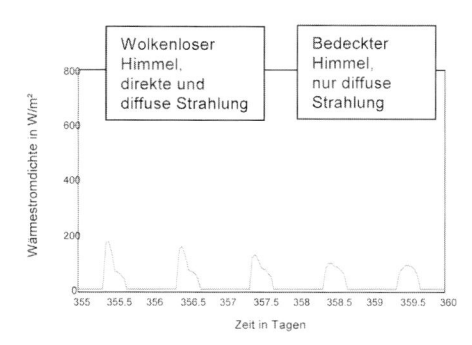

Bild 1.44 Gesamtwärmestromdichte im Dezember (Tage 355 bis 360) in Abhängigkeit vom Bedeckungsgrad

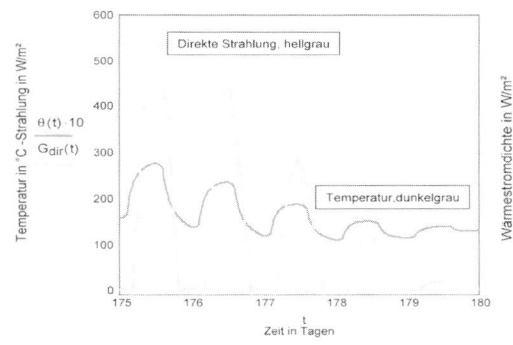

Bild 1.45 Gesamtstrahlungswärmestromdichte auf eine Horizontalfläche und Außenlufttemperatur im Juni (Tage 175 bis 180) in Abhängigkeit vom Bedeckungsgrad

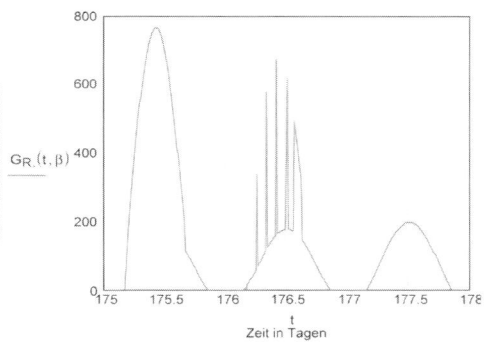

Bild 1.46 Gesamtwärmestromdichte auf ein Südostdach (45 °) im Juni (Tage 175 bis 178) in Abhängigkeit vom Bedeckungsgrad und modifiziert durch Regenereignisse am Tag 176

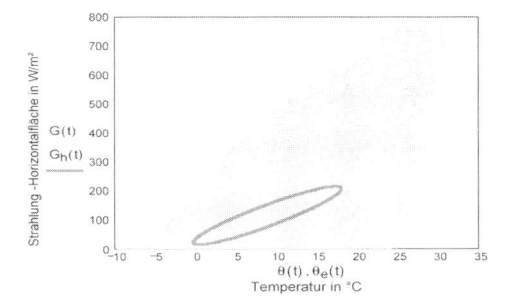

Bild 1.47
Häufigkeitsverteilung der Gesamtwärmestromdichte auf eine Horizontalfläche in Abhängigkeit von der Außenlufttemperatur

Trägt man die Gesamtwärmestromdichte auf eine Horizontalfläche über der Temperatur für das gesamte Jahr auf, zeigt die Häufigkeitswolke: Hohe Temperaturen gehören auch zu hohen Strahlungswerten, niedrige Strahlungswerte treten aber sowohl im Winter als auch im Sommer auf. Zwischen Temperatur und Strahlung existiert eine jährliche Phasen- bzw. Zeitverschiebung. Die durchgezogene Kurve stellt den Tagesmittelwert der Gesamtstrahlung auf eine horizontale Fläche (Gleichung (1.12) über den Tagesmittelwerten der Temperatur (Gleichung (1.1)) dar.

1.2.3 Langwellige Abstrahlung

Der langwellige Wärmestrahlungsaustausch zwischen Bauteiloberfläche und Umgebung findet zwischen Flächen mit Temperaturen von etwa 300 K statt. Wolken und bebaute Umgebung haben etwa die gleiche Temperatur, so dass kaum eine langwellige Abstrahlung auftritt. Die Temperatur des klaren Himmels liegt deutlich tiefer und dessen Emissionsgrad ε ist wellenlängenabhängig ($\varepsilon < 1$ im langwelligen Bereich), woraus sich Leistungsverluste bei Horizontalflächen bis 110 W/m² ergeben [9], [10]. Die resultierende langwellige Abstrahlung ist im Folgenden in Abhängigkeit von der Witterung (Bedeckungsgrad) mathematisch als Jahresgang (1.24) vereinfacht simuliert.

$$\Delta G_{lang} = 110$$

$$G_{lang}(t) = -\Delta G_{lang} \cdot \left(\sin\left(\frac{\pi}{T_p} \cdot t\right)^2 \cdot 0.98 + 0.02 \right) \cdot (1 - D(t)) \quad G_{langm} = -33.5 \quad (1.24)$$

$$G_{langm} = \int_{-82.8}^{103.1} G_{lang}(t) dt \frac{1}{t_H + 1}$$

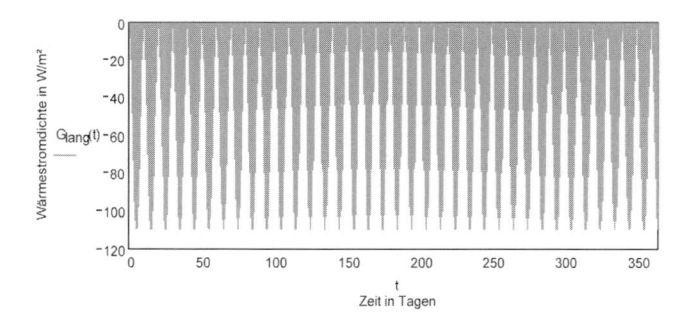

Bild 1.48
Langwellige Abstrahlung in Abhängigkeit vom Witterungsverlauf bzw. Bedeckungsgrad

Als Jahresmittelwert ergibt sich für eine Horizontalfläche etwa 33 W/m². Für Vertikalflächen liegt der Wert wegen des kleineren Raumwinkels des Himmels nur bei etwa 12 W/m². Die letzten beiden Abbildungen zeigen den Jahresgang sowie den Verlauf für 10 Wintertage der Totalstrahlung (kurzwellig und langwellig) auf eine Horizontalfläche für Mitteleuropa (52° Nord)

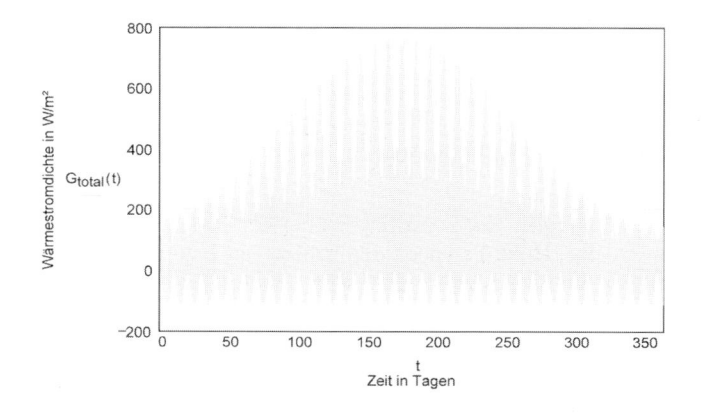

Bild 1.49
Jahresgang der totalen Wärmestromdichte in W/m² (kurz- und langwellig) auf eine Horizontalfläche

1 Außenklima

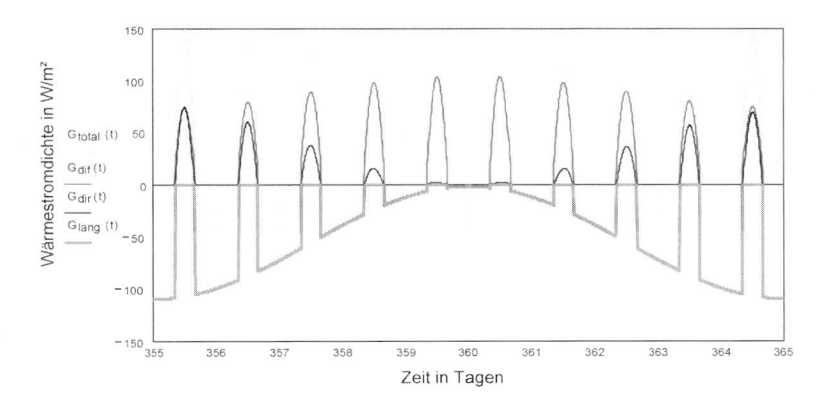

Bild 1.50
Verlauf aller Strahlungswärme stromdichten (kurz- und langwellig) auf eine Horizontalfläche im Winter (Tage 355 bis 365)

1.3 Wasserdampfdruck und relative Luftfeuchtigkeit

In der Außen- und in der Raumluft ist grundsätzlich immer auch Wasserdampf, ein unsichtbares geruchloses und nichttoxisches Gas, enthalten (siehe auch Kapitel Feuchte). Der Anteil wird in x kg Wasserdampf/1 kg Luft angegeben oder durch seinen Partialdruck p_D in Pa gekennzeichnet. Die relative Luftfeuchte φ ist definiert als Verhältnis von Partialdruck des Wasserdampfes p_D in der Luft zum Sättigungsdruck p_s des Wasserdampfes. p_s ist laut Phasenumwandlungsgesetzen der Thermodynamik sehr stark von der Temperatur abhängig, so dass außenklimatisch zwischen Tag und Nacht starke Schwankungen der relativen Luftfeuchte auftreten können. Einige physikalische Zusammenhänge zwischen x, p, θ und φ werden im Rahmen der Ableitung der *mollier*schen Enthalpie-Wasserdampfgehalts-Funktion (h-x-Diagramm [11]) im Abschnitt 2.2.2 besprochen.

1.3.1 Wasserdampfsättigungsdruck

Im Folgenden ist die Abhängigkeit von p_s von der Temperatur für $\theta < 0$ °C (Sublimationskurve) und $\theta > 0$ °C (Sättigungsdruckkurve) grafisch dargestellt (vergleiche auch Kapitel Feuchte). Die Gleichungen (1.25) und (1.26) geben analytische Berechnungsmöglichkeiten für den Sättigungsdruck in Abhängigkeit von der Temperatur an. In (1.27) sind sie mittels *Heaviside*sche Sprungfunktion zusammengefasst.

$\theta > 0$ °C

$$p_s(\theta) = 610.5 \cdot e^{\frac{21.87 \cdot \theta}{265.5 + \theta}} \quad \text{oder} \quad p_s(\theta) = 610.5 \cdot \left(1 + \frac{\theta}{148.57}\right)^{12.3} \qquad (1.25)$$

$\theta < 0$ °C

$$p_s(\theta) = 610.5 \cdot \left(e^{\frac{17.26 \cdot \theta}{237.3 + \theta}}\right) \quad \text{oder} \quad p_s(\theta) = 610.5 \cdot \left(1 + \frac{\theta}{109.8}\right)^{8.02} \qquad (1.26)$$

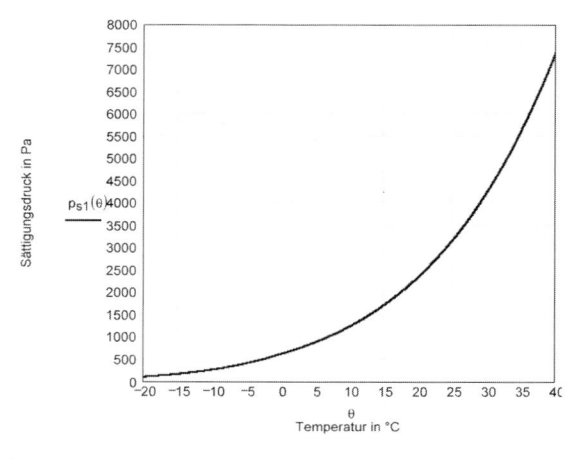

Bild 1.51
Wasserdampfsättigungsdruck in Abhängigkeit von der Temperatur

Bei Verwendung der Rechenkurven für den Jahresgang der Außenlufttemperatur (1.2) ergibt sich mit (1.27) näherungsweise der nachfolgende Jahresgang des Wasserdampfsättigungsdruckes in der mitteleuropäischen Atmosphäre. (Φ *Heaviside*sche Sprungfunktion)

$$p_{s1}(\theta) = 610.5 \cdot \left[\left(1 + \frac{\theta}{148.57}\right)^{12.3} \cdot \Phi(-\theta) + \left(1 + \frac{\theta}{109.8}\right)^{8.02} \cdot \Phi(\theta)\right] \tag{1.27}$$

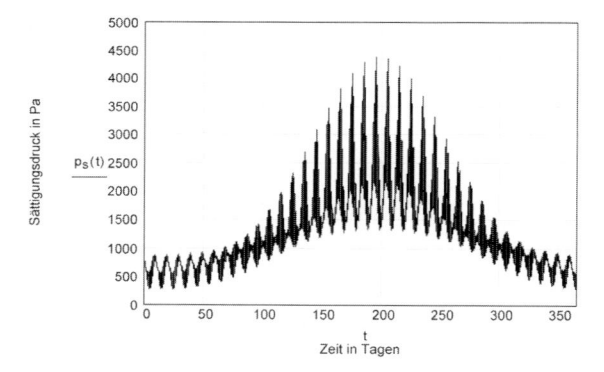

Bild 1.52
Genäherter Jahresgang des Wasserdampfsättigungsdruckes in der Außenluft in Mitteleuropa

In den folgenden Bildern 1.53 und 1.54 ist der Wasserdampfsättigungsdruck in der Atmosphäre noch einmal für Januar und Juli dargestellt.

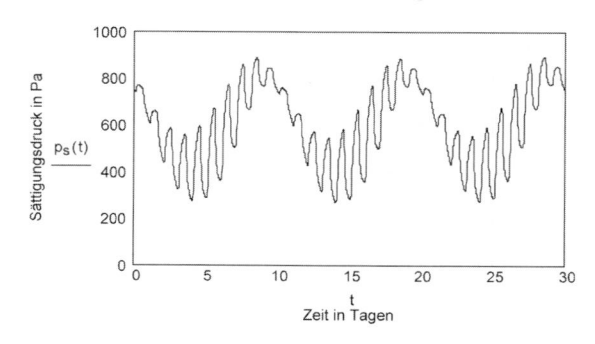

Bild 1.53
Vereinfachter Verlauf des Wasserdampfsättigungsdruckes im Januar nach (1.27)

1 Außenklima

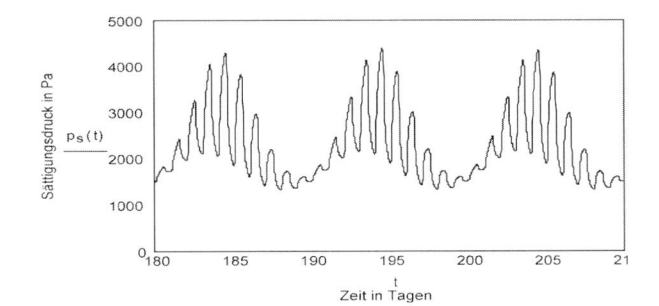

Bild 1.54
Vereinfachter Verlauf des Wasserdampfsättigungsdruckes im Juli nach (1.27)

1.3.2 Tatsächlicher Wasserdampfdruck

Der tatsächliche Dampfdruckverlauf $p_D(t)$ im Laufe eines Jahres wird entsprechend dem tatsächlich vorhandenen absoluten Feuchtegehalt x in der Atmosphäre durch Überlagerung von harmonischen Funktionen dem Wetterablauf nach empfunden (Ansatz (1.28)) und ist im Bild 1.55 dargestellt. Die Druckwerte und Druckamplituden verstehen sich in Pascal. Übersteigt der Partialdruck nach (1.28) den Sättigungsdruck (1.27) wird $p = p_s$ gesetzt (1.29).

Jahres Mittelwert in Pa	Druck amplitude des Jahresganges	Jahreszeit verschiebung in Tagen	Witterungs bedingte Amplitude	Tages amplitude des Druckes
$p_{em} = 1090$	$\Delta p_{ea} = 690$	$t_a = 30$	$\Delta p_p = 600$	$\Delta p_{ed} = 20$

$$p(t) = \begin{bmatrix} p_{em} - \Delta p_{ea} \cdot \cos\left[\frac{2 \cdot \pi}{T_a} \cdot (t - t_a)\right] \ldots \\ +\Delta p_p \cdot \cos\left[\frac{\pi \cdot 2}{T_p} \cdot (t - 1)\right] \cdot \left[\sin\left[\frac{\pi}{T_a} \cdot (t - t_a)\right]^2 \cdot 11 + 1\right] \cdot \frac{1}{12} \ldots \\ -\Delta p_{ed} \cdot \cos\left[\frac{2 \cdot \pi}{T_d} \cdot (t - t_d)\right] \cdot \left[1 + 6 \cdot \sin\left[\frac{\pi \cdot (t - t_a)}{T_a}\right]^2\right] \cdot \frac{1}{7} \end{bmatrix} \quad (1.28)$$

$$p_D(t) = p(t) \cdot \Phi(p_s(t) - p(t)) + (-p_s(t) \cdot \Phi(p_s(t) - p(t))) + p_s(t) \quad (1.29)$$

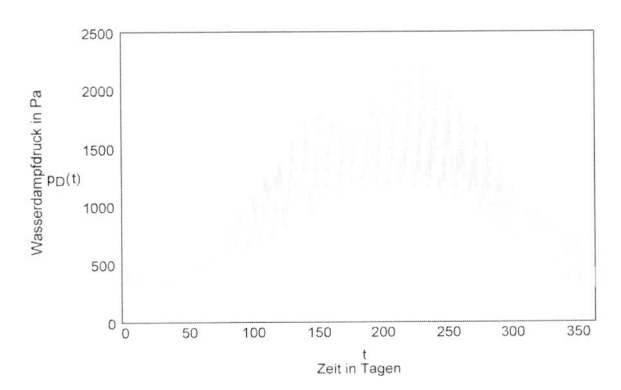

Bild 1.55
Vereinfachter Jahresgang $p_D(t)$ des Wasserdampfdruckes in Pa in der Außenluft in Mitteleuropa nach (1.29)

1.3.3 Relative Luftfeuchtigkeit

Der Quotient aus Druck und Sättigungsdruck ergibt schließlich den folgenden Jahresverlauf für die relative Luftfeuchte (1.30), wobei noch bei Regenereignissen (siehe Abschnitt 1.4) φ = 1 (mittels Sprungfunktion Φ) gesetzt worden ist.

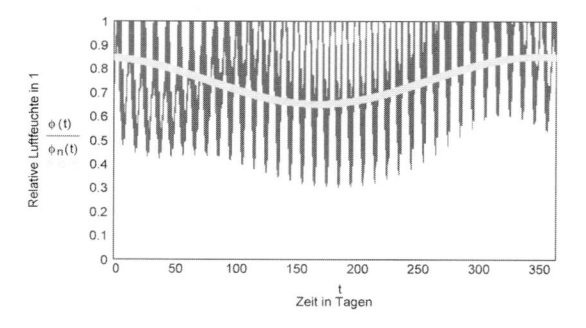

Bild 1.56
Jahresgang der relativen Luftfeuchte nach (1.30) und (1.31)

$$\phi(t) = \frac{p_D(t)}{p_s(t)}$$

$$\phi1(t) = \Phi(N(t) - 10^{-4}) + \phi(t) \cdot (1 - \Phi(N(t) - 10^{-4})) \tag{1.30}$$

Bild 1.57
Gemessene relative Luftfeuchte für Dresden im Jahre 1997

In grober Näherung lässt sich auch hier der Jahresgang durch eine harmonische Funktion darstellen.

$$\phi_n(t) = \phi_o + \Delta\phi \cdot \cos\left[\frac{2 \cdot \pi}{T_a} \cdot (t - t_{\phi a})\right] \tag{1.31}$$

Mittelwert, Amplitude und Zeitverschiebung betragen:

$\phi_o = 0{,}78 \qquad \Delta\phi = 0{,}12 \qquad T_a = 365 \qquad t_{\phi a} = -5.$

Wegen der niedrigen Temperaturen und der damit verbundenen geringen Wasserdampfaufnahme (kleiner Sättgungsdruck p_s) ist die relative Luftfeuchte der Außenluft im Winter grundsätzlich hoch. Im Sommer folgt sie den größeren temperaturabhängigen Sättigungsdruckschwankungen und liegt somit zwischen 25 % und 100 %. Die gemessenen Luftfeuchten stimmen mit den berechneten Werten nach (1.30) prinzipiell überein.

Im letzten Bild 1.59 sind die Temperaturen in Korrespondenz zu den Dampfdrücken als Häufigkeitswolke aufgetragen. Das Ergebnis entspricht der Darstellung atmosphärischer Zustände im Enthalpie- Wasserdampfgehaltsdiagramm (h-x-Diagramm, siehe Abschnitt 2.2.2). Die untere Grenzkurve ist identisch mit der Sättigungsdruckkurve.

1 Außenklima

Bild 1.58
Vergleich der nach (1.30) berechneten (hellgrau) mit den gemessenen (schwarz) Luftfeuchten für Jan./Februar 1997

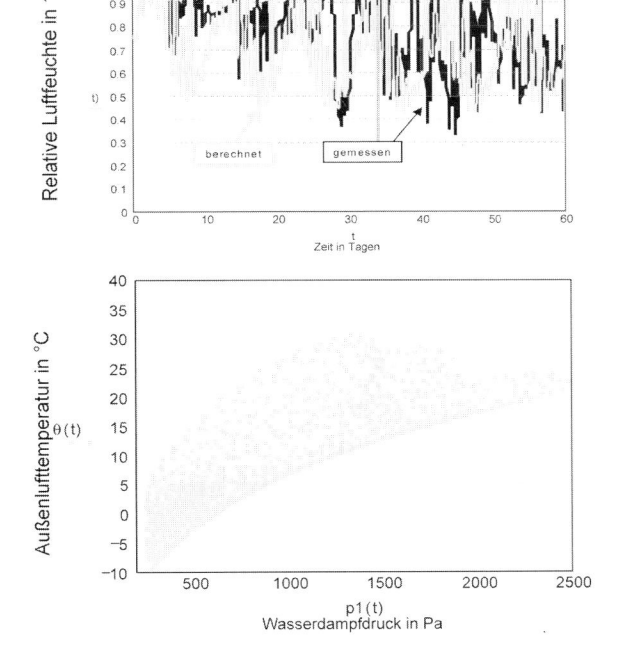

Bild 1.59
Lufttemperatur in Abhängigkeit vom Wasserdampfpartialdruck

1.4 Niederschlag und Wind

1.4.1 Regenstromdichte

Niederschlag und Wind sind stochastisch wechselnde Größen. Bauklimatisch relevant für feuchtetechnische Bemessungen äußerer Bauteiloberflächen hinsichtlich eindringenden Schlagregens in Verbindung mit der Windgeschwindigkeit und der Windrichtung ist zunächst die Regenstromdichte $g_R = dm_R/dtA$ in kg/m²s bzw. als Volumenstromdichte $N = dV_R/dtA$ in m³/m²s oder in l/m²h. Die folgende Abbildung zeigt die Messwerte auf eine Horizontalfläche für Dresden 1997. Die größten Regenmengen treten in Mitteleuropa im Juli/August auf.

$$\Delta N = 3.0 \cdot 10^{-4} \quad T_d = 1 \quad T_p = 9.41 \quad T_a = 365$$

$$C_p(t) = \Phi \left[0.35 \cdot \left(\sin\left(\frac{22 \cdot t}{T_p}\right) \right)^2 + 0.75 \cdot \sin\left(\frac{5.8 \cdot t}{T_p}\right)^2 - 0.97 \right].$$

$$N(t) = \Delta N \cdot \left[1.9 + 3.0 \cdot \sin\left[\frac{\pi \cdot 0.95}{T_a} \cdot t\right] \right]^2 \cdot \left[4 + 5.5 \cdot \sin\left[\frac{6.7}{T_a} \cdot (t + 48)\right] \right]^2 \cdot$$

$$\cdot \sin\left(\pi \cdot 12 \cdot \frac{t}{T_d}\right)^2 \cdot \cos\left(\frac{\pi}{T_p} \cdot t\right)^2 \cdot \frac{1}{2} \cdot C_p(t).$$

$$N1(t) = N(t) \cdot \Phi(N(t)) \tag{1.32}$$

Die 1.61 Abbildung enthält zum Vergleich die grafische Darstellung einer mathematischen Regensimulation nach Gleichung (1.32) ($C_p(t)$ „Regentagefunktion"). Das Zeitintegral ergibt die Jahresniederschlagsmenge in m^3/m^2, die hier mit der gemessenen Jahresmenge von 635 mm aus Bild 1.60 übereinstimmt. Durch Variation der Parameter können wie bei den bereits besprochenen Außenklimakomponenten Temperatur, Wärmestrahlung und Luftfeuchtigkeit andere Niederschlagsfiles erzeugt werden (N und ΔN in m^3/m^2h, t, T_d, T_p, T_a in Tagen).

Jahresniederschlagsmenge in m^3/m^2 (vergleiche [12]): $\int_1^{365} N1(t)dt \cdot 24 = 0.6556$

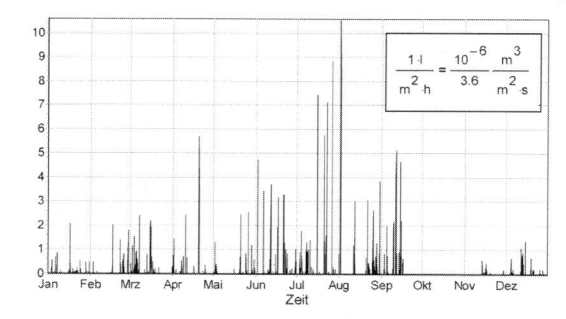

Bild 1.60
Gemessene Regenstromdichte auf eine Horizontalfläche in l/m^2h in Dresden 1997

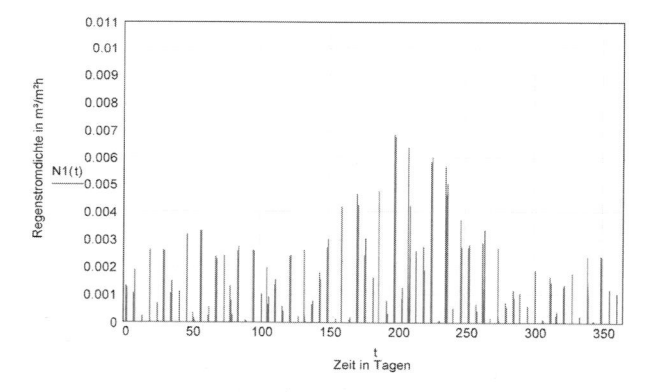

Bild 1.61
Simulierte Regenstromdichte auf eine Horizontalfläche in l/m^2h nach 1.32

1.4.2 Windgeschwindigkeit und Windrichtung

In ähnlicher Weise werden Windgeschwindigkeit und Windrichtung in Anpassung an Messwerte simuliert. Die Geschwindigkeit v1(t) in m/s und die Richtung in Form der Winkelfunktion w(t) (gemessen in Bogenmaß) werden ebenfalls grafisch dargestellt (Δv, v_m, v in m/s, t in Tagen).

$$\Delta v = 0.85 \quad v_m = 2.4$$

$$v(t) = \Delta v \cdot [(1+10 \cdot \cos(\tfrac{\pi \cdot 1}{T_a} \cdot t)^2) \cdot \cos(0.8 \cdot t) \cdot \sin(10.1 \cdot t)^2 + (1+4 \cdot \cos(0.59 \cdot t)^2) \cdot \cos(6 \cdot t)] +$$
$$+ v_m \cdot (0.8 + \cos(\tfrac{\pi}{T_a} \cdot t)^2 \cdot 0.6)$$

$$v1(t) = v(t) \cdot \Phi(v(t)) + 0.1 \quad (\Phi \text{ } \textit{Heaviside}\text{sche Sprungfunktion}) \tag{1.33}$$

Die mittlere Windgeschwindigkeit v_{mittel} beträgt in etwa 3 m/s. Dieser Wert liegt z.B. der Berechnung des konvektiven Wärmeübergangs an der Außenoberfläche von Bauteilen und der Abschätzung windbedingter Luftwechselraten in den Gebäuden zugrunde.

$$v_{mittel} = \int_2^{367} v1(t)dt \cdot \frac{1}{T_a} = 3.07$$

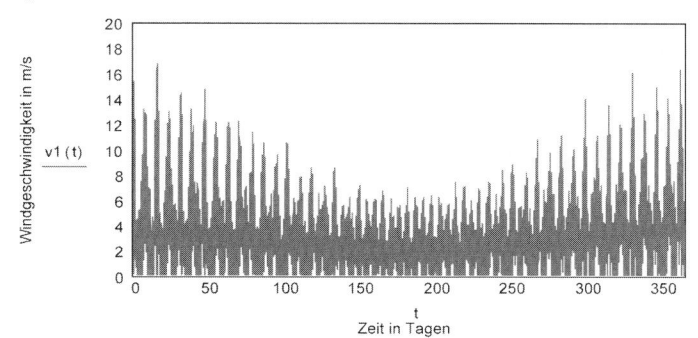

Bild 1.62
Windgeschwindigkeit in m/s nach (1.33), Mittelwert etwa 3 m/s

Gleichung (1.34) beinhaltet die mathematische Darstellung der Windrichtung. Der Jahresmittelwert der Windrichtung w_{mittel} liegt bei 180°, wenn von der Ostrichtung 0° aus gezählt wird. Das heißt der Wind weht aus westlicher Richtung

$$w_m(t) = 3.1 \cdot \Phi(124 - t) \cdot [\sin[0.08 \cdot (t + 40)]^2 \cdot 0.3 + 1] + 3.45 \cdot \Phi(t - 124) \cdot (\cos(0,5 \cdot t) \cdot 0.4 + 0.35) + 2.9 \cdot \Phi(t - 152) \cdot (\cos(0.1 \cdot t) \cdot 0.1 + 1)$$

$$w(t) = 0.75 \cdot \left[\left[\left|\sin[0.2 \cdot (t + 130)]\right| \right]^6 \cdot (-2) + 0.3 \right] \cdot \cos(20 \cdot t) + \left[0.6 + (-2.6) \cdot (|\cos(2 \cdot t)|)^{1.5} \right] \cdot (|\cos(5 \cdot t)|) + w_m(t) \quad (1.34)$$

$$w_{mittel} = \int_1^{365} w(t)dt \cdot \frac{1}{T_a} \cdot \frac{360}{2 \cdot \pi}$$

$w_{mittel} = 180.50$

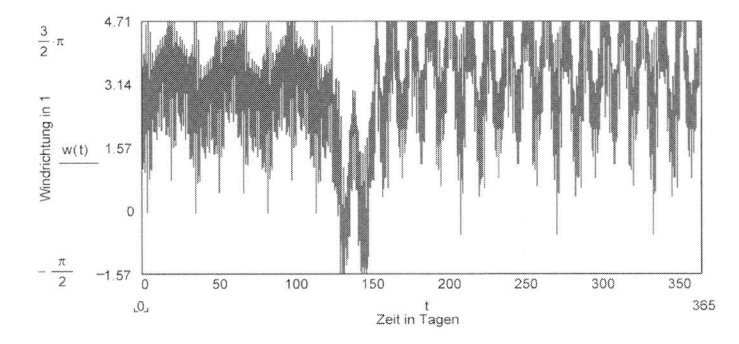

Bild 1.63
Windrichtung in Bogenmaß gegenüber der Ostrichtung nach (1.34)

Die Wind-Regenbeanspruchung lässt sich grob durch folgende Wetterschutzkriterien charakterisieren [13]:

Gebiet 1 : Jährliche Niederschlagsmenge	N < 600 mm niedrige Belastung
Gebiet 2 : Jährliche Niederschlagsmenge	600 mm < N < 800 mm mittlere Belastung
Gebiet 3 : Jährliche Niederschlagsmenge	N > 800 mm hohe Belastung

Der sogenannte Windniederschlagsindex ergibt sich aus dem Produkt von jährlicher Niederschlagsmenge und mittlerer Windgeschwindigkeit. Er ist ein einfaches und aussagekräftiges Wetterbelastungskriterium.

$$WNI = N \cdot v \ (s/m^2) \quad N \text{ in m}, v \text{ in m/s} \tag{1.35}$$

Gebiet 1 : Windniederschlagsindex $WNI < 2$ niedrige Belastung
Gebiet 2 : Windniederschlagsindex $2 < WNI < 3$ mittlere Belastung
Gebiet 3 : Windniederschlagsindex $WNI > 3$ hohe Belastung

Abschließend sollen einige Monatssituationen in Form von Häufigkeitsverteilungen und Windrosen diskutiert werden. In den Grafiken ist die Windgeschwindigkeit über der Windrichtung in Gradmaß (Kreisdiagramm) bzw. in Bogenmaß (Winkel w in 1) aufgetragen.

Im April beträgt der mittlere Winkel 176 °, es herrscht WNW Wind.

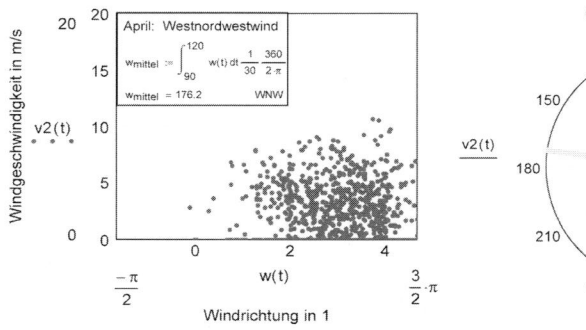

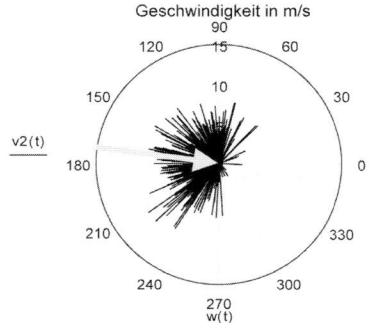

Bild 1.64
Windrichtung
im April

Im Mai beträgt der mittlere Winkel 56°, es herrscht NO Wind.

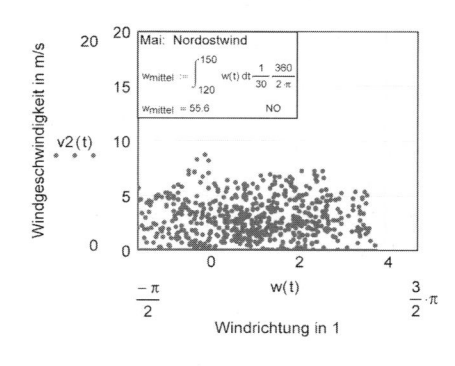

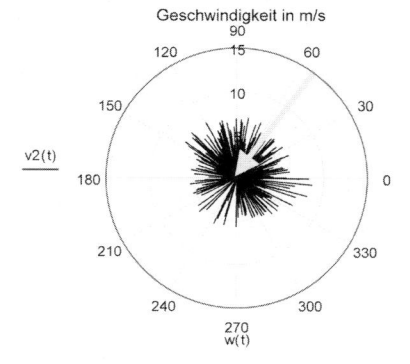

Bild 1.65
Windrichtung
im Mai

1 Außenklima

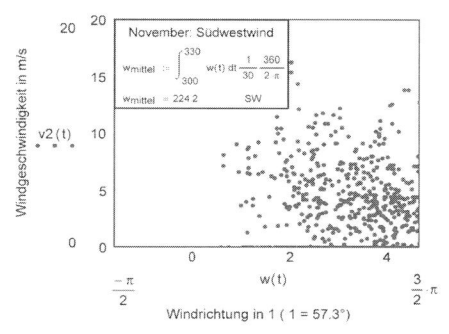

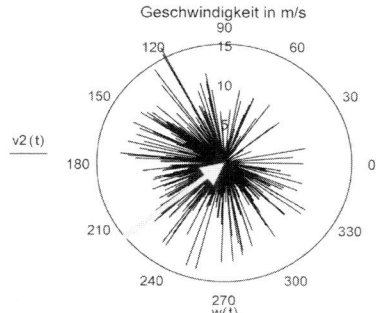

Bild 1.66 Windrichtung im November

Im November beträgt der mittlere Winkel 224°, es herrscht SW Wind.

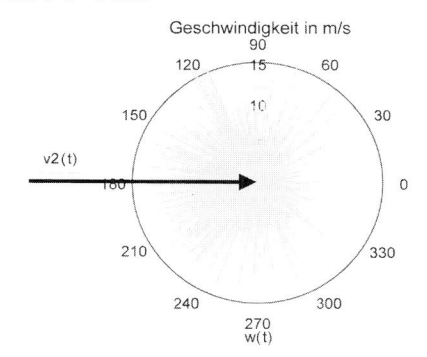

Bild 1.67 Jahreswindrose Wie auf der vorhergehenden Seite ermittelt, beträgt der mittlere Jahreswinkel etwa 180 °. Westwind ist vorherrschend.

Windgeschwindigkeit und Windrichtung beeinflussen die Druckverhältnisse am Gebäude und damit die Durchströmung eines Gebäudes und die Luftwechselrate sowie den Lüftungswärmeverlust während der Heizperiode bzw. die Raumlufttemperatur während einer sommerlichen Hitzeperiode. In Verbindung mit dem Niederschlag lässt sich die Schlagregenbeanspruchung (kapillare Wasseraufnahme der Wetterschutzschichten und Fugenabdichtungen) quantifizieren.

1.5 Schlagregenstromdichte auf eine vertikale Gebäudefläche

Aus Niederschlagsmenge, Windgeschwindigkeit und Windrichtung soll der Vektor der Regenstromdichte (Schlagregen) in kg/m²s oder kg/m²h senkrecht zur Bauteiloberfläche als Grundlage für eine wetterschutztechnische Bemessung und die Quantifizierung des eventuell eindringenden Schlagregens näherungsweise berechnet werden [14].

Auf einen Regentropfen im ungestörten Windfeld wirken die vertikale Schwerkraft F_g, die horizontale Windkraft F_w und die Reibungskraft F_r (v_L Windgeschwindigkeit)

$$F_g = \rho_w \cdot \frac{4}{3} \cdot \pi \cdot r^3 \cdot g \qquad F_w = c \cdot \frac{\rho_L}{2} \cdot v_L^2 \cdot \pi \cdot r^2 \qquad F_r = c \cdot \frac{\rho_L}{2} \cdot v_R^2 \cdot \pi \cdot r^2$$

Dichte des Regenwassers	Erdbeschleunigung	Dichte der Luft	Widerstandsbeiwert
ρ_w = 1000 kg/m³	g = 9.81 m/s²	ρ_L = 1.24 kg/m³	c

Aus dem Kräftegleichgewicht (1.36) folgen die resultierende Geschwindigkeit v_R der Regentropfen und der vertikale Richtungswinkel α_v des Geschwindigkeitsvektors v_R bzw. der Regenstromdichte g_R zur Bauteilflächennormalen. Wird die Windgeschwindigkeit $v_L = 0$ fällt der Regen senkrecht nach unten, d.h. $\cos\alpha_v = 0$ bzw. $\alpha_v = \pi/2$. Die Geschwindigkeit der Regentropfen beträgt dann v_R = 8.4 m/s für die Zahlenwerte Regentropfenradius r = 1 mm, Widerstandsbeiwert für den Regentropfen c = 0.3.

Die folgenden Abbildungen 1.69 und 1.70 zeigen die resultierende Regengeschwindigkeit v_R (1.37) und den Richtungswinkel α_v (1.38) in Abhängigkeit von der Windgeschwindigkeit v_L und dem Radius r des Regentropfens.

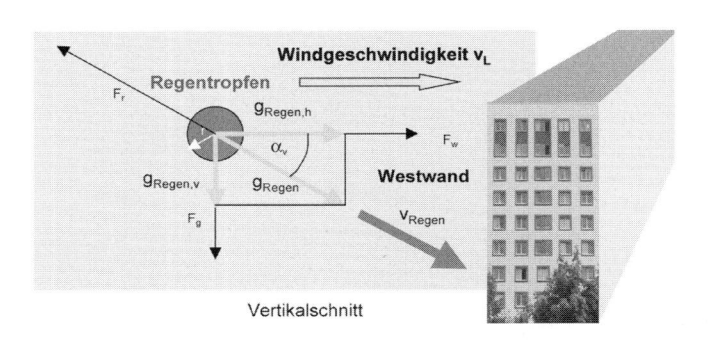

Bild 1.68
Schematische Darstellung der Regengeschwindigkeit auf eine Westwand

$$F_r^2 = F_g^2 + F_w^2 \tag{1.36}$$

$$\left(c \cdot \frac{\rho_L}{2} \cdot v_R^2 \cdot \pi \cdot r^2\right)^2 = \left(\rho_w \cdot \frac{4}{3} \cdot \pi \cdot r^3 \cdot g\right)^2 + \left(c \cdot \frac{\rho_L}{2} v_L^2 \cdot \pi \cdot r^2\right)^2$$

$$v_R(v_L, r) = v_L \cdot \left[1 + \left(\frac{\rho_w}{\rho_L} \cdot \frac{8 \cdot r \cdot g}{3 \cdot c \cdot v_L^2}\right)^2\right]^{\frac{1}{4}} \tag{1.37}$$

$$\cos(\alpha_v) = \frac{c \cdot \frac{\rho_L}{2} \cdot v_L^2 \cdot \pi \cdot r^2}{\sqrt{(\rho_w \cdot \frac{4}{3} \cdot \pi \cdot r^3 \cdot g)^2 + (c \cdot \frac{\rho_L}{2} \cdot v_L^2 \cdot \pi \cdot r^2)^2}} \tag{1.38}$$

$$v_{R0} = \sqrt{\frac{\rho_w}{\rho_L} \cdot \frac{8}{3} \cdot \frac{g}{c} \cdot r} \qquad v_{R0} = 8.39 \qquad \text{acos}(0) = 1.571$$

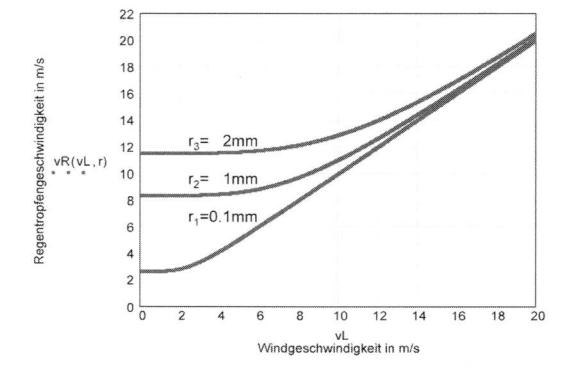

Bild 1.69
Resultierende Regengeschwindigkeit $v_R(v_L, r)$ nach (1.37)
Windgeschwindigkeit, Halbmesser und Widerstandsbeiwert der Regentropfen:
$v_L := 0{,}001 \ldots 20$
$r : = 10^{-4}, 10^{-3.} \ldots 10^{-3} \cdot 2$
$c = 0{,}3$

1 Außenklima

Der Vertikalwinkel α_v der Regenstromdichte bzw. der Regentropfengeschwindigkeit zur Flächennormalen vertikaler Gebäudeflächen ergibt sich nach (1.39)

$$\alpha v(v_L, r) = \frac{180}{\pi} \cdot a\cos\left[\frac{c \cdot \frac{\rho_L}{2} \cdot v_L^2 \cdot \pi \cdot r^2}{\sqrt{(\rho_w \cdot \frac{4}{3} \cdot \pi \cdot r^3 \cdot g)^2 + (c \cdot \frac{\rho_L}{2} \cdot v_L^2 \cdot \pi \cdot r^2)^2}}\right] \quad (1.39)$$

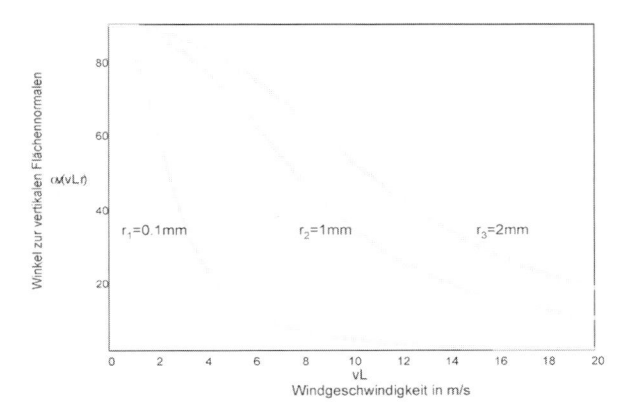

Bild 1.70
Grafische Darstellung des Vertikalwinkels α_v (α_v in Gradmaß) nach (1.39)

Die Normalkomponente der Regenstromdichte, die auf eine (hier vertikale) Bauteilfläche auftrifft, hängt nicht nur vom vorab berechneten Winkel (1.39) α_v, sondern auch von der Windrichtung gekennzeichnet durch den Winkel β zur Nordrichtung ab. Daraus folgt Gleichung (1.40).

$$g_{Rhn} = g_R \cdot \cos(\alpha_v) \cdot \cos\left(\beta - \frac{\pi}{2}\right) \quad (1.40)$$

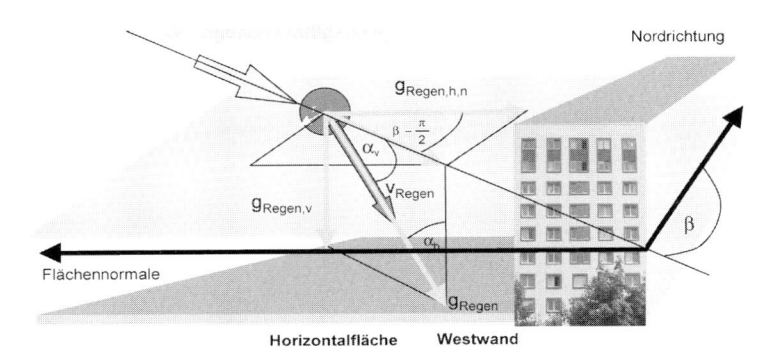

Bild 1.71
Schematische Darstellung der Normalkomponente der Regenstromdichte (Schlagregenstromdichte)

Schließlich lässt sich der Winkel α_h zwischen der Regenstromdichte und der Flächennormalen einer horizontalen Bauteilfläche (siehe auch vorhergehendes Bild) analog Gleichung (1.39) berechnen. Daraus folgt Gleichung (1.41).

$$\alpha h(v_L, r) = \frac{180}{\pi} \cdot a\cos\left[\frac{\rho_w \cdot \frac{4}{3} \cdot \pi \cdot r^3 \cdot g}{\sqrt{\left(\rho_w \cdot \frac{4}{3} \cdot \pi \cdot r^3 \cdot g\right)^2 + \left(c \cdot \frac{\rho_L}{2} \cdot v_L^2 \cdot \pi \cdot r^2\right)^2}}\right] \quad (1.41)$$

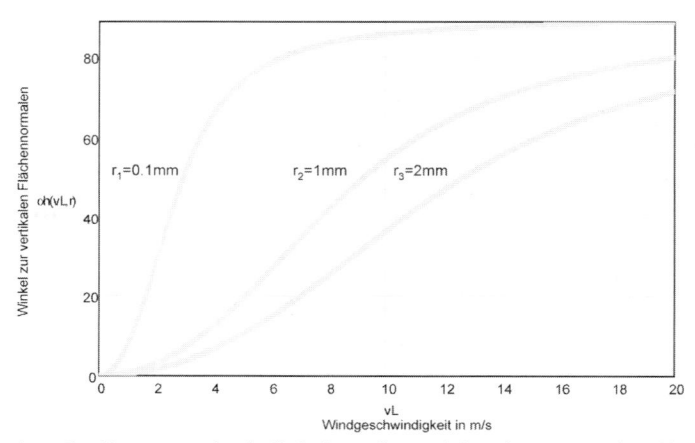

Bild 1.72
Winkel α_h der Regenstromdichte zur Flächennormalen einer horizontalen Bauteilfläche

Aus der Regengeschwindigkeit v_R lässt sich näherungsweise die Regenstromdichte berechnen. Die in der Zeit dt transportierte Regenmasse dm_R ergibt sich aus der Masse eines Tropfens multipliziert mit der Tropfenzahl dn. Die Zahl der Tropfen dn wächst in etwa mit $r^{1/2}$ und mit der resultierenden Regengeschwindigkeit (1.42). Daraus folgen für die Regenstromdichte im freien Feld in kg/m²s (1.43) und (1.44). Weht kein Wind $v_L = 0$, vereinfacht sich g_R zu (1.45). Stellt man (1.45) nach r um folgt (1.46). Der mittlere Radius des Regentropfens wächst mit der vierten Wurzel aus der Regenstromdichte. Ersetzt man r durch v_R mittels Gleichung (1.37) ergibt sich (1.47):

$$g_R = \frac{dm_R}{dt \cdot A}, \quad \frac{dm_R}{dt} = \rho_w \cdot \frac{4}{3} \cdot \pi \cdot r^3 \cdot \frac{dn}{dt}, \quad \frac{dn}{dt} = k_0 \sqrt{r} \cdot v_R \tag{1.42}$$

$$g_R = \frac{k_0}{A} v_R \cdot \rho_w \cdot \frac{4}{3} \cdot \pi \cdot r^{3.5} \tag{1.43}$$

$$g_R(v_L, r) = \frac{k_0}{A} \cdot v_L \cdot \left[1 + \left(\frac{\rho_w}{\rho_L} \cdot 8 \cdot \frac{r \cdot g}{3 \cdot c \cdot v_L^2}\right)^2\right]^{0.25} \cdot \rho_w \cdot \frac{4}{3} \cdot \pi \cdot r^{3.5} \tag{1.44}$$

$$g_R(r) = \frac{k_0}{A} \cdot \left(\frac{\rho_w}{\rho_L} \cdot 8 \cdot \frac{r \cdot g}{3 \cdot c}\right)^{0.5} \cdot \rho_w \cdot \frac{4}{3} \cdot \pi \cdot r^{3.5} \tag{1.45}$$

$$r(g_R) = B \cdot g_R^{0.25} \tag{1.46}$$

$$v_R(g_R) = D \cdot g_R^{0.125} \tag{1.47}$$

Die mittlere Regengeschwindigkeit wächst mit der achten Wurzel aus der Regenstromdichte. In Bild 1.73 ist die Regenstromdichte in kg/m²s im freien Feld nach (1.44) für realistische Parameterwerte dargestellt.

Die Beziehung (1.45) bis (1.47) gelten nur im freien Feld, also im großen Abstand vom Gebäude. Das Gebäude selbst ist von einem komplizierten Strömungsfeld umgeben [15]. Hier wird lediglich eine einfache Grenzschicht der Dicke L betrachtet, in die Regentropfen abgebremst werden (Bild 1.74).

1 Außenklima

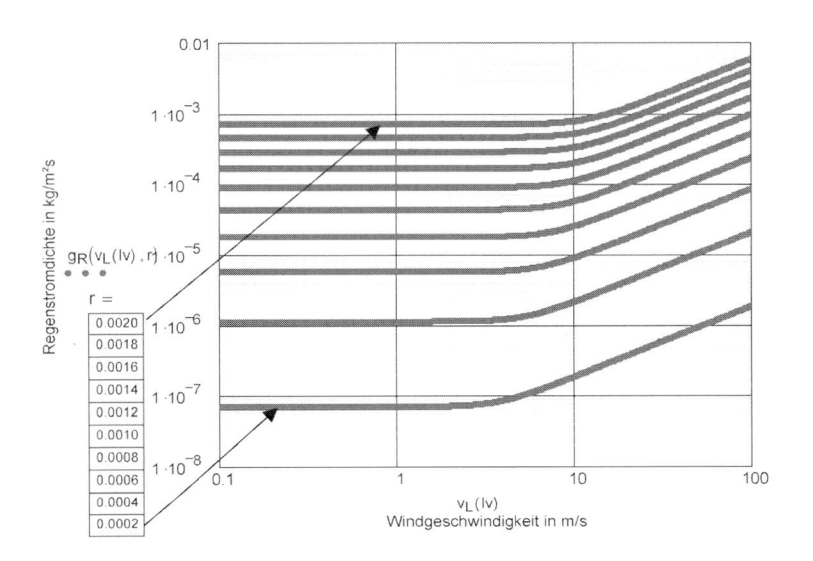

Bild 1.73 Regenstromdichte im freien Feld in Abhängigkeit von der Windgeschwindigkeit, Regentropfenradius als Parameter c = 0.3, $k_0 = 40$, A = 1, $\rho_w = 10^3$, $\rho_L = 1{,}23$, g = 9,81

Das führt zu einer Abminderung der Normalkomponente der Regenstromdichte auf die Bauteilfläche auf den Wert g_{Rhs}. Die **Abminderung wird durch den Faktor D_R, die wichtigste Kenngröße in diesem Abschnitt** charakterisiert. g_{Rhs} stellt die eigentliche Belastung der vertikalen Bauteilfläche mit Regen dar. D_R soll im Folgenden abgeschätzt werden. Die Horizontalkomponente der Regentropfengeschwindigkeit v_R wird durch eine quadratische Reibungskraft (siehe (1.36)) abgebremst.

$$g_{Rhs} = D_R \cdot g_{Rh} \tag{1.48}$$

$$-c \cdot \rho_L \cdot \frac{v_{Rh}^2}{2} \cdot \pi \cdot r^2 = m_R \cdot \frac{dv_{Rh}}{dt} = \rho_w \cdot 4 \cdot \pi \cdot \frac{r^3}{3} \cdot \frac{dv_{Rh}}{dt} \tag{1.49}$$

Die Lösung (Ortkoordinate x(t)) dieser einfachen Bewegungsgleichung lautet

$$x(t) = \frac{8 \cdot r}{3 \cdot c} \cdot \frac{\rho_w}{\rho_L} \cdot \ln\left(1 + v_{Rho} \cdot \frac{3}{8} \cdot \frac{c}{r} \cdot \frac{\rho_L}{\rho_w} \cdot t\right)$$

$$x(v_{Rh}) = \left(\frac{\rho_w}{\rho_L} \cdot \frac{8}{3} \cdot \frac{r}{c}\right) \cdot \ln\left(\frac{v_{Rh}}{v_{Rhs}}\right) \tag{1.50}$$

$$v_{Rhs}(L) = v_{Rh} \cdot e^{-\frac{\rho_L}{\rho_w} \cdot \frac{3 \cdot c}{8 \cdot r} \cdot L} \tag{1.51}$$

$$g_{Rhs} = g_{Rh} \cdot e^{-3 \cdot \frac{\rho_L}{\rho_w} \cdot \frac{c}{r} \cdot L} = D_R \cdot g_{Rh} \tag{1.52}$$

Daraus ergibt sich die Regentropfengeschwindigkeit (1.51) bzw. mit (1.47) die Regenstromdichte (1.52) direkt an der Fassade.

Die Breite der Grenzschicht L wird mittels mechanischem Energieerhaltungssatz abgeschätzt. Die anfängliche Windenergie im Volumen der Grenzschicht ergibt sich nach (1.53), wobei durch die Querschnittsverengung laut Kontinuitätsgleichung zunächst eine Erhöhung der Strömungsgeschwindigkeit erfolgt. Allerdings wird ein Teil der Bewegungsenergie durch die Arbeit der Reibungskräfte (η Zähigkeit der Luft) in der Grenzschicht abgebaut. Daraus folgt als Breite für die Grenzschicht die Gleichung (1.54). Wird die Grenzschichtbreite L in (1.51) eingesetzt, ergibt sich schließlich mit der Beziehung (1.46) r(gr) = Bgr$^{0.25}$ für die Schlagregenstromdichte (Normalkomponente der Regenstromdichte unmittelbar auf der Bauteiloberfläche) die wichtige Gleichung (1.55). Die geschilderte vereinfachte Situation ist im Bild 1.74 schematisch dargestellt. In Gleichung (1.55) lässt sich der Abminderungsfaktor D_R zur Berechnung der wirklich an der Gebäudeoberfläche ankommenden Regenstromdichte in Abhängigkeit der Windgeschwindigkeit und der auf eine Horizontalfläche auffallenden Regenstromdichte abspalten. Die Konstante E ist abhängig vom Widerstandsbeiwert c des Regentropfens, von der Luftdichte ρ_L und der Luftzähigkeit η_L von der Wasserdichte ρ_W und der Erdbeschleunigung. In den nächsten beiden Bildern 1.75 und 1.76 ist der Abminderungsfaktor zur Berechnung der Schlagregenstromdichte (hier Normalvektor der Regenstromdichte auf die Westwand) dargestellt. Die Abminderung ist insbesondere bei kleinen Windgeschwindigkeiten und kleinen Regenstromdichten erheblich.

$$W_{kin} = L \cdot H \cdot I \cdot \rho_L \cdot \frac{v_G^2}{2} \qquad \text{Bewegungsenergie} \qquad (1.53)$$

$$H \cdot I \cdot v_L = L \cdot I \cdot v_G \qquad \text{Kontinuitätsgleichung}$$

$$L \cdot H \cdot I \cdot \rho_L \cdot \frac{v_L^2}{2} \cdot \frac{H^2}{L^2} = \eta_L \cdot \frac{v_L}{L} \cdot \frac{H}{L} \cdot H \cdot I \cdot I \qquad \text{Reibungsarbeit}$$

$$L = \frac{C}{H \cdot v_L} \qquad \text{Grenzschichtbreite} \qquad (1.54)$$

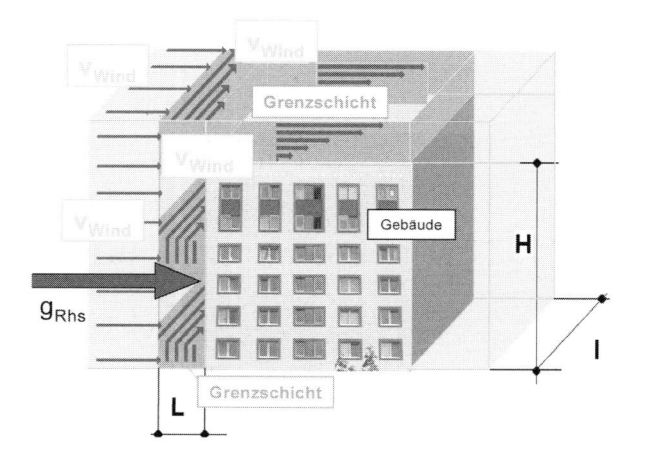

Bild 1.74
Schematische Darstellung der Strömungsgrenzschichten am Gebäuden

1 Außenklima

$$g_{Rhs} = g_{Rh} \cdot e^{-3 \cdot \frac{\rho_L}{\rho_w} \cdot \frac{c}{r} \cdot \frac{C}{H \cdot v_L}} = e^{-\frac{E}{v_L \cdot H \cdot g_R^{0.25}}} g_{Rh} = D_R \cdot g_{Rh}$$

E in kg $^{0.25}$ m^2/s $^{0.5}$, (1.55)

v_L in m/s, g_R in kg/m^{2}h, Gebäudehöhe H in m

$$D_R(v_L, n) = e^{\frac{-E}{v_L \cdot \left(\frac{g_R(n)}{3600}\right)^{0.25} \cdot H}}$$ (1.56)

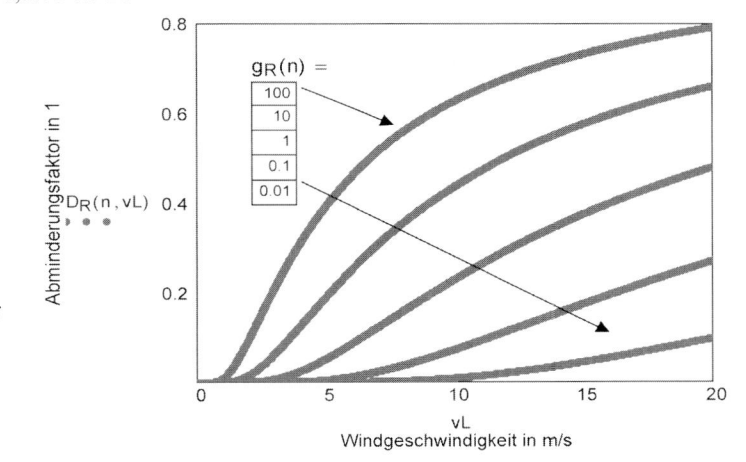

E = 38   H = 20 ρ_w = 1000

n = 2, 1 ... −2

$g_{R(n)} = 10^n$ v1 = 0, 0.01 ... 20

Bild 1.75
Abminderungsfaktor D_R für den Schlagregen in Abhängigkeit von der Windgeschwindigkeit, Regenstromdichte in kg/m^{2}h als Parameter

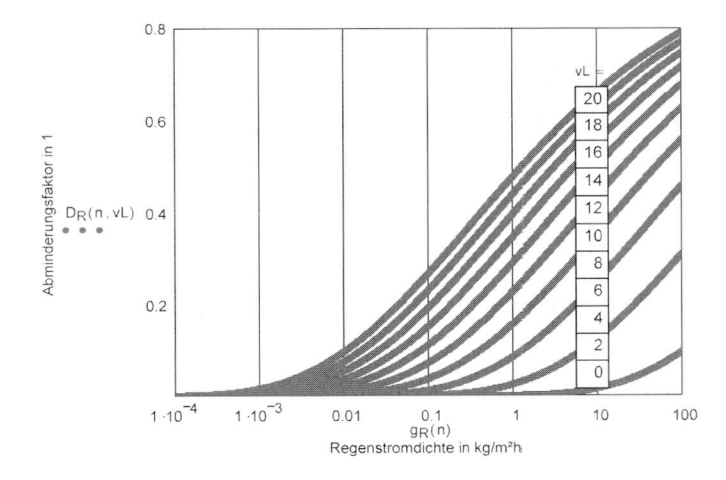

Bild 1.76
Abminderungsfaktor für den Schlagregen in Abhängigkeit von der Regenstromdichte g_R in kg/m^{2}h, Windgeschwindigkeit in v_L m/s als Parameter

Abschließend sollen die Ergebnisse auf das Regen- und Windfile des Abschnittes 1.4 angewandt werden. Die Regenstromdichte wird durch die Niederschlagsmenge N1(t), die Windgeschwindigkeit durch v1(t) und die Windrichtung β durch w(t) Gleichungen (1.32) bis (1.34) ersetzt. Daraus folgt der Abminderungsfaktor in Abhängigkeit von der Zeit (1.57). Die Werte liegen zwischen 0 und 0.3 und werden nur an Tagen mit Niederschlagsereignissen ausgewiesen.

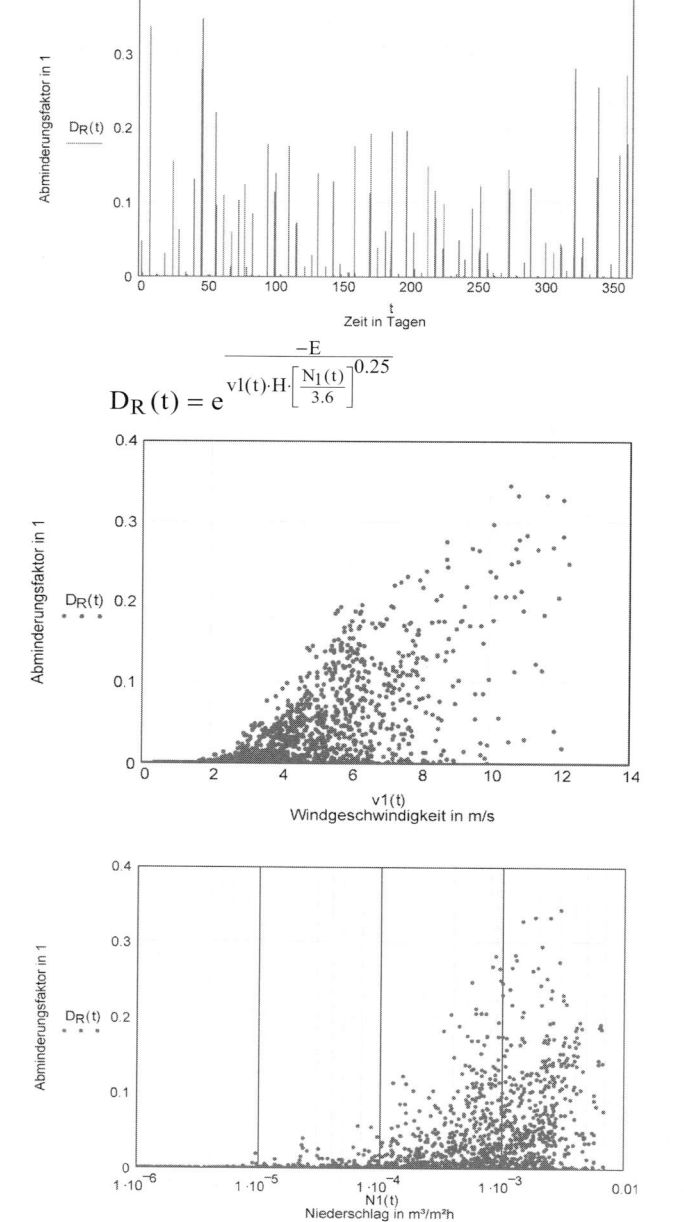

Bild 1.77
Jahresgang des Abminderungsfaktors D_R auf eine Westwand.

$$D_R(t) = e^{\dfrac{-E}{v1(t)\cdot H \cdot \left[\dfrac{N_1(t)}{3.6}\right]^{0.25}}} \tag{1.57}$$

Bild 1.78
Häufigkeitswolke für die Kombination Abminderungsfaktor D_R (Ordinate) und Windgeschwindigkeit v1(t) (Abszisse).

Bild 1.79
Häufigkeitswolke für die Kombination Abminderungsfaktor D_R (Ordinate) und Niederschlagsmenge N1(t) (Abszisse)

1 Außenklima

Außerdem ergibt sich als endgültige Regenstromdichte auf die vertikalen Bauteiloberflächen (1.58). Negative Werte werden durch die Funktion Φ(t) wieder ausgeschlossen.

$$g_{Rhs}(t) := \rho_w e^{\dfrac{-E}{vl(t) \cdot H \cdot \left(\dfrac{Nl(t)}{3.6}\right)^{0.25}}} \cdot Nl(t) \cdot \cos\left(\dfrac{\pi \cdot i}{2} - w(t)\right) \cdot \Phi(g_{Rhsl}(t)) \qquad (1.58)$$

In der letzten Bildserie wird die auf der Bauteiloberfläche ankommende Regenstromdichte (Schlagregenstromdichte g_{Rs}) in kg/m²h auf die Hauptvertikalflächen Nord-West-Süd-Ost im Jahresgang dargestellt (vgl. auch [15]).

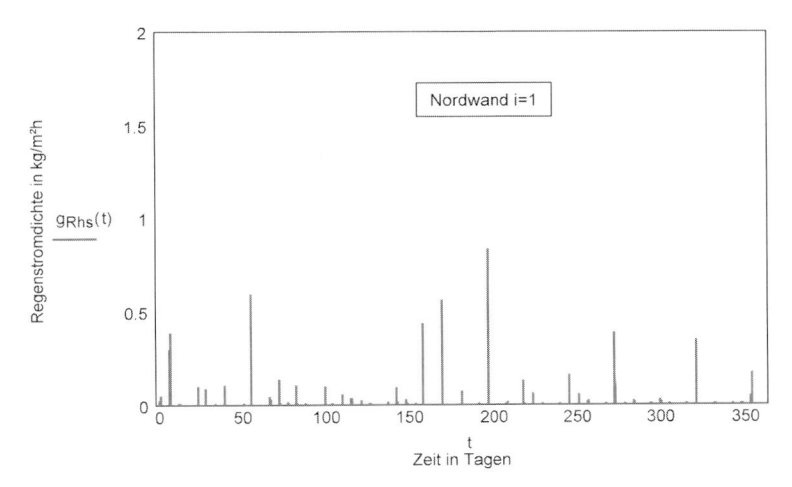

Bild 1.80 Schlagregenstromdichte in kg/m²h im Jahresgang auf eine Nordwand

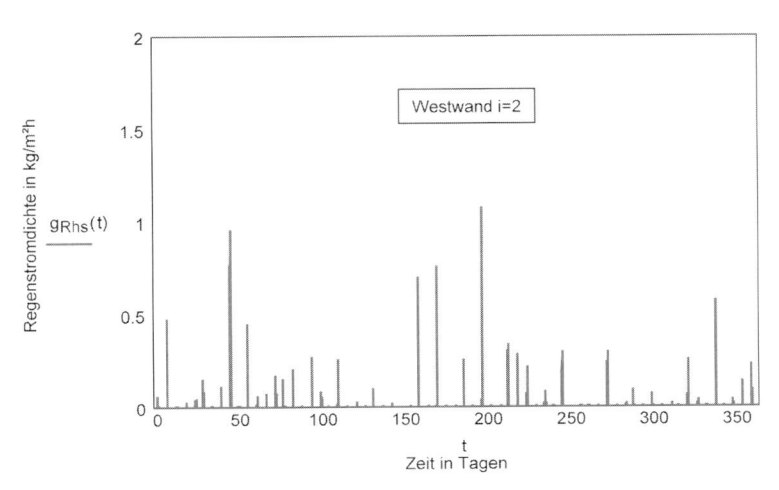

Bild 1.81 Schlagregenstromdichte in kg/m²h im Jahresgang auf eine Westwand

Mit dem Klimafile aus Abschnitts 1.2 ergibt sich hier die höchste Durchschnittsbelastung für die Westseite.

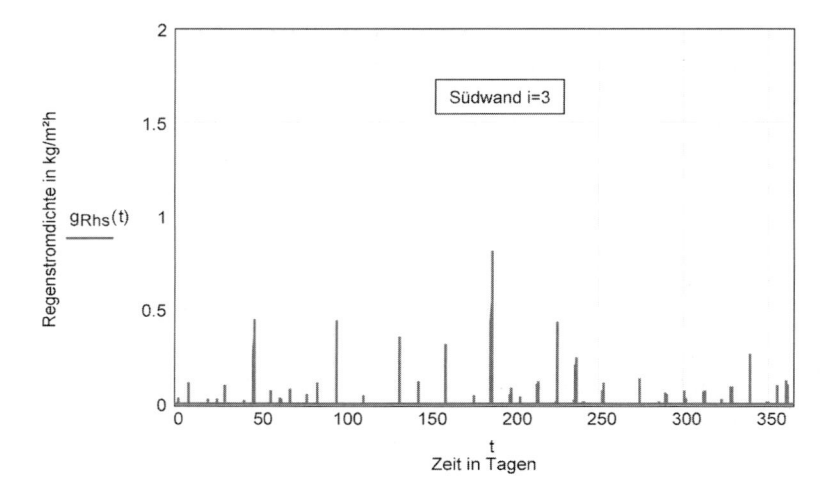

Bild 1.82 Schlagregenstromdichte in kg/m²h im Jahresgang auf eine Südwand

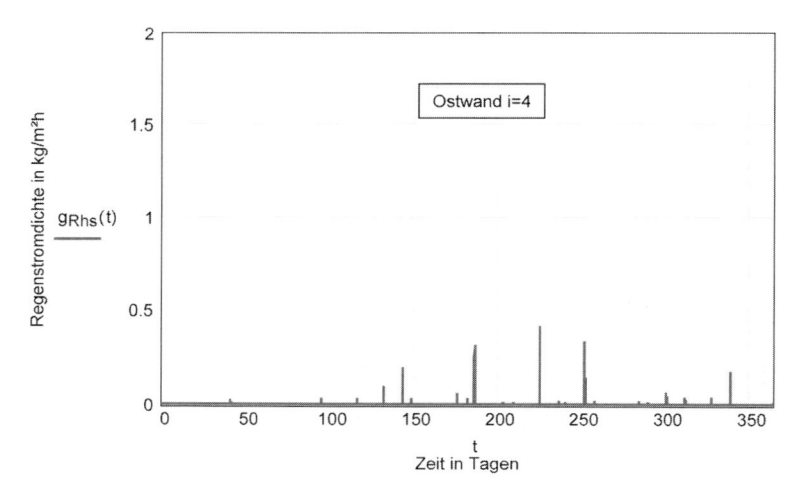

Bild 1.83 Schlagregenstromdichte in kg/m²h im Jahresgang auf eine Ostwand

Mit dem Klimafile aus Abschnitt 1.2 ergibt sich hier die geringste Durchschnittsbelastung für die Ostseite.

1.6 Testreferenzjahr

Aus langjährigen Messungen aller Klimakomponenten und Wetterbeobachtungen sind von der Meteorologie Kunstjahre, sogenannte Testreferenzjahre (Test Reference Year TRY) für alle Klimagebiete der Erde erstellt worden [4], [16]. Für Deutschland liegen 9 Testreferenzjahre vor. Im Folgenden sind die Stundenwerte für die Klimakomponenten Außenlufttemperatur, kurzwellige direkte Strahlung, kurzwellige diffuse Strahlung, kurzwellige Gesamtstrahlung,

1 Außenklima

langwellige Gesamtstrahlung (bestehend aus langwelliger Abstrahlung im 300 K-Bereich und langwelliger Himmelsgegenstrahlung bzw. Umgebungsstrahlung), relative Luftfeuchte, Niederschlag auf eine Horizontalfläche, Windrichtung und Windgeschwindigkeit für das TRY Essen dargestellt. Das Temperaturfile TRY Essen (schwarz) korrespondiert wieder relativ gut mit dem Jahresgang (hellgrau) nach Gleichung (1.2). Die direkte Strahlung nach Gleichung (1.9) liegt wegen der angenommenen Trübung 4 etwas tiefer (hellgraue Kurve in Bild 1.86a) als nach den Angaben TRY Essen (schwarze Kurve in Bild 1.86a)

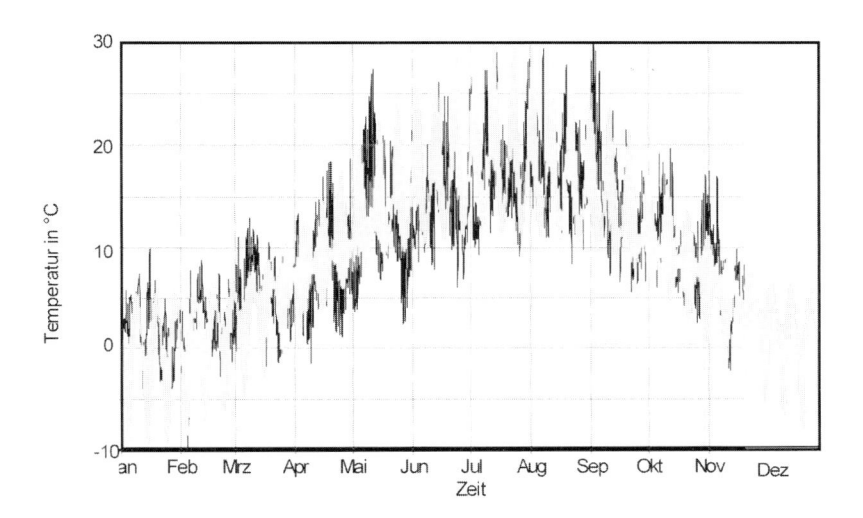

Bild 1.84 Stundenwerte der Außenlufttemperatur für das TRY Essen (schwarz) und nach (1.2)(hellgrau)

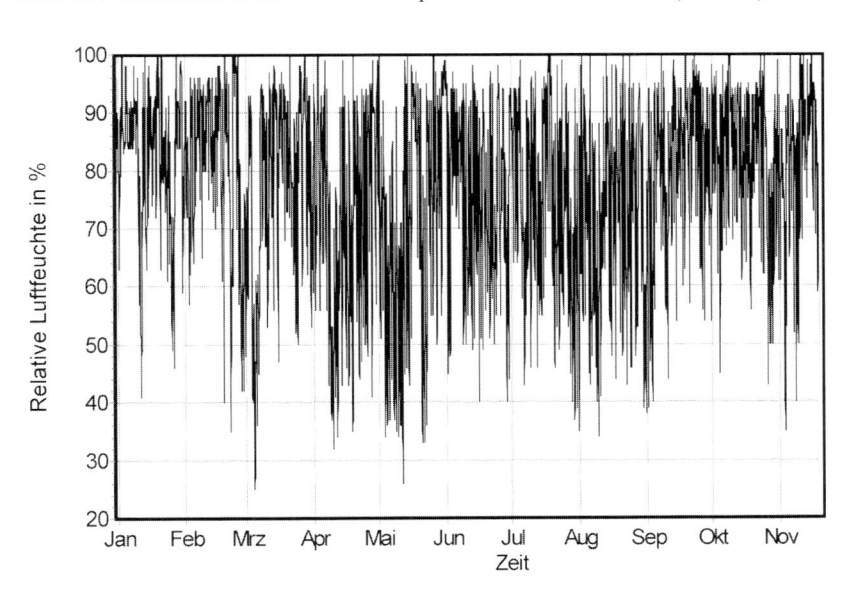

Bild 1.85 Stundenwerte der relativen Luftfeuchte der Außenluft für das TRY Essen

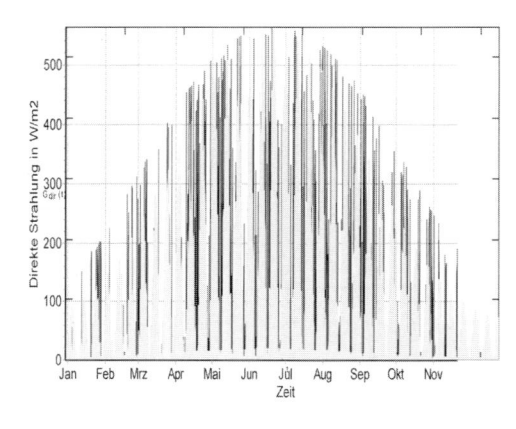

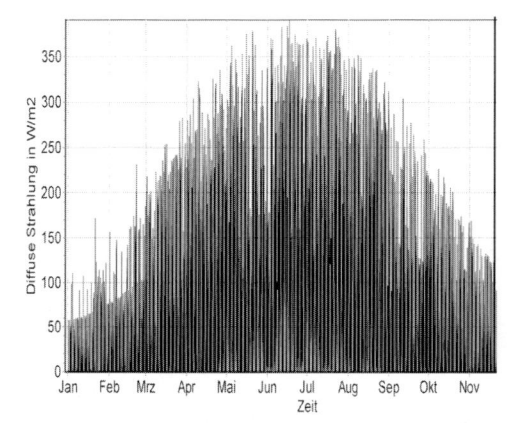

Bilder 1.86a und 1.86b Stundenwerte der direkten (schwarz TRY Essen, hellgrau nach (1.9)) und diffusen kurzwelligen Strahlung auf eine Horizontalfläche für das TRY Essen

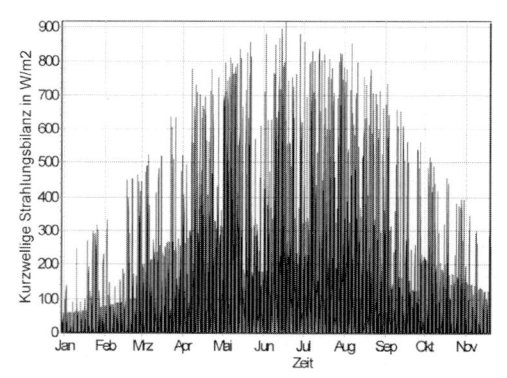

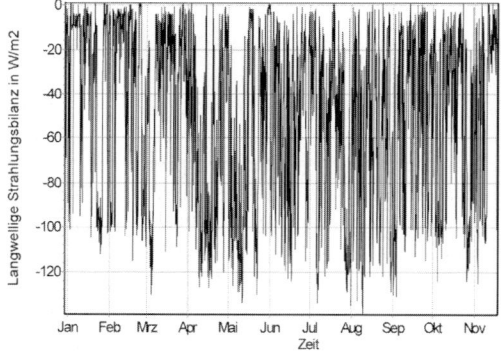

Bilder 1.87a und 1.87b Stundenwerte der kurzwelligen und langwelligen Gesamtstrahlung (in W/m^2) auf eine Horizontalfläche für das TRY Essen

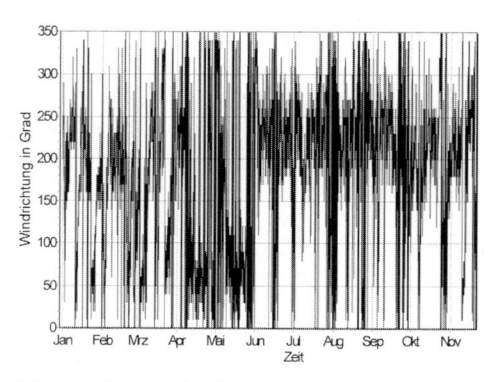

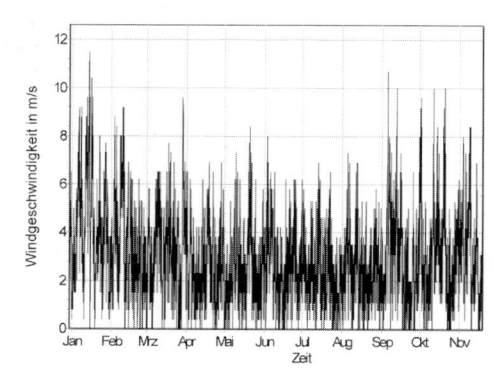

Bilder 1.88a und 1.88b Stundenwerte der Windrichtung w (in°) und Windgeschwindigkeit v (in m/s) für das TRY Essen

1 Außenklima

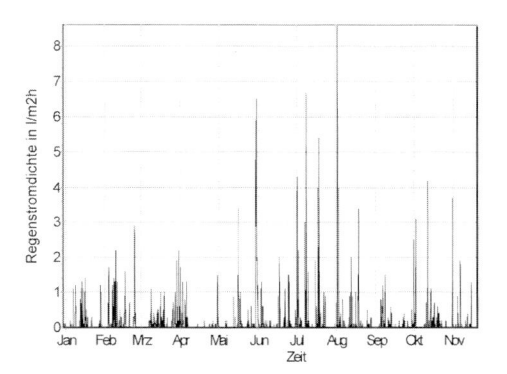

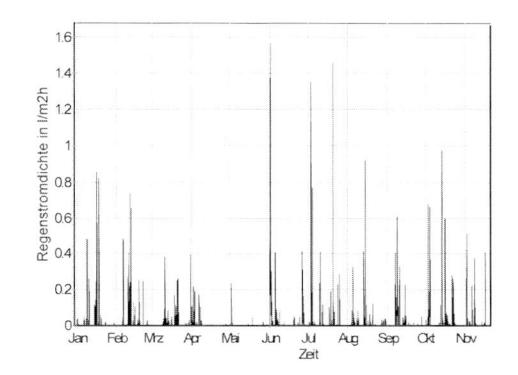

Bilder 1.89a und 1.89b Stundenwerte des Niederschlages (in l/m²h) auf eine Horizontalfläche und Schlagregen (in l/m²h) auf eine Westwand nach Abschnitt 1.5 für das TRY Essen

1.7 Lokalklimate

Das Klima größerer Gebiete wird als **Regional-, Makro- oder Großraumklima** bezeichnet. Unter einem **Mesoklima** ist das Lokalklima eines größeren Gebietes, einer Stadt, eines Wald- und Seengebietes, eines größeren Tales oder eines Berges zu verstehen. Als **Mikroklima** wird das Lokalklima einer Straße, eines Parks oder ähnliches bezeichnet. Die lokalklimatischen Einflüsse können die Lufttemperatur verringern (z.B. Seen, Wälder im Sommer) oder erhöhen (z.B. im Sommer über Felsboden, in Städten), je nachdem, ob die Sonnenstrahlungsenergie zu einem nennenswerten Teil durch Verdunstung von Wasser gebunden, vorübergehend im Boden gespeichert oder zum überwiegenden Teil sofort an die Luft abgegeben wird. Küstennahe Standorte sind im Sommer begünstigt. Dort sind die Temperaturen wegen der Wärmeträgheit der Meere ausgeglichener. Die Erwärmung der Landmasse durch die Sonneneinstrahlung sorgt für thermischen Auftrieb, der, wenn die Großraumwinde nicht zu stark wehen, kühle Seewinde (auflandige Winde) verursacht und für eine zeitweilige deutliche Abkühlung sorgt. Auch in der Nähe von Hochgebirgen können zeitweilig kühle Winde auftreten. Bergketten können den Wind abhalten, so dass in Talkesseln und dergleichen die Temperaturen höher liegen als im Umland. An den Hängen von Bergen ist die nächtliche Auskühlung besonders stark, vor allem wenn sie mit einer dichten Pflanzendecke, einer Schneedecke oder einem ähnlich gut „wärmedämmenden" Belag bedeckt sind. Gleitet diese Kaltluft an den Hängen ab, bilden sich „Kaltluftseen", die das Klima im Sommer wenigstens nachts erheblich verbessern können. Eine Bebauung quer zum Hang und quer zur Talsohle behindert den Abfluss der Kaltluft und damit die Durchspülung der Siedlung im Tal [17]. Am bemerkenswertesten ist wohl das **Stadtklima** [17]. Die große Bodenrauhigkeit vermindert die Durchlüftung des städtischen Freiraumes erheblich, sie gewinnt dadurch Einfluss auf die Temperatur. Diese liegen im städtischen Freiraum im Tagesmittel um etwa 0,5 bis 3 K höher als im Umland. Besonders aber wirkt sich die verminderte Durchlüftung auf den Schadstoffgehalt der Luft aus, sofern diese Schadstoffe in der Stadt selbst emittiert werden. Die Stadt dämpft die tägliche Temperaturamplitude, so dass sich die Maximaltemperaturen (am Nachmittag) in der Stadt nur wenig von denen des Umlandes unterscheiden. Es sind vor allem die Nachttemperaturen, die in den Ballungsgebieten höher liegen. Ursache dafür sind: **1.** Die Wärmeabgabe beheizter Gebäude, der Straßenbeleuchtung, der Industriebauten und dergleichen kann erheblich sein (das 1,5- bis 6-fache der im Winter eingestrahlten Sonnenstrahlungsenergie). **2.** In den Städten ist der Pflanzenbestand geringer, und von den versiegelten Flächen fließt das Regenwasser rasch ab; die Verdunstung und der damit verbundene Kühleffekt sind deswegen bedeutend vermindert. **3.** Die Städtische „Dunstglocke", die infolge der größeren Lufttrübung entsteht, verringert zwar die Energiezufuhr durch Sonnenstrahlung; noch stärker reduziert sie aber die nächtliche Auskühlung durch (langwellige) Abstrahlung; denn diese wird besonders durch den Wasserdampf bereits in den unteren Atmosphärenschichten absorbiert. **4.** Als Folge der höheren Temperaturen bilden sich bei geringen Windgeschwindigkeiten „Wärmeinseln" aus, die eine Mächtigkeit von der 3- bis 5-fachen mittleren Gebäudehöhe erreichen (mittlere Städte 30 bis 40 m, Großstädte 100 bis 150 m). Infolge des Auftriebs über dem Stadtkern entstehen bei Großraumwinden mit Windgeschwindigkeiten bis zu 3 m/s sogenannte Flurwinde, die vor Sonnenaufgang beginnen, bis Mittag andauern und den Dunst und die „vorgewärmte" Luft der Vorstädte in die Innenstadt verfrachten [17], [3]. Dieses Verhalten ist im Stadtkern besonders ausgeprägt, und zwischen den einzelnen Gassen einer Altstadt sind schon Temperaturunterschiede bis zu 7 K gemessen worden. Plätze und breite Straßen haben demgegenüber eine Art „Landklima" mit stärkeren täglichen Temperaturschwankungen.

2 Raumklima

Für die hygrothermische Bemessung der Bauteile und Gebäude sind auch die die raumseitigen Klimakomponenten zu quantifizieren:

- Lufttemperatur θ_i in °C
- Oberflächentemperatur der Raumumschließungsflächen θ_{Si} in °C
- Empfindungstemperatur θ_E in °C
- Absolute Luftfeuchte x in kg Dampf/kg Luft, Partialdruck des Wasserdampfes p_{Di} in Pa
- Relative Luftfeuchte ϕ_i in % oder in 1
- Strömungsgeschwindigkeit der Raumluft v_{Li} in m/s
- Luftwechselrate n_L in 1/h oder Lüftungsvolumenstrom dV_L/dt in m^3/h bzw. in m^3/h Person

Neben der Eigensicherung des Gebäude dient das Raumklima auch der Gewährleistung der Funktionssicherung, zB. der Behaglichkeit in Wohn- und Bürobauten oder der Sonderklimate in Produktionshallen, Museen usw.

2.1 Raumtemperaturen

2.1.1 Energieumsatz des Menschen

Zur Realisierung der thermischen Behaglichkeit muss ein Gleichgewicht zwischen der im menschlichen Körper erzeugten Wärmeleistung Φ_e und dem vom Körper abgegebenen Wärmestrom Φ_a mit minimalem physiologischen Thermoregulationsaufwand hergestellt werden (Bild 2.1). Die abgegebene Wärmeleistung wird maßgeblich von der Umgebungstemperatur, der körperlichen Tätigkeit aber auch vom Wärmewiderstand (siehe Kapitel Wärme) der Bekleidung beeinflusst. In der Bekleidungshygiene wird für den Wärmewiderstand die Einheit clo-unit anstelle von m^{2}K/W benutzt: R = 0,15 m^{2}K/W = 1 clo.

Die Abbildung 2.2 zeigt die trockene und feuchte Wärmeleistungsabgabe des Menschen in W bei üblicher Bekleidung (0,7 clo = 0,1 m^{2}K/W) in Abhängigkeit von der Umgebungstemperatur (genauer Empfindungstemperatur). Die Aktivitätsstufen 1 bis 4 [19] dienen als Parameter. **Bei 20 °C und ruhigem Sitzen beträgt die trockene Wärmestromabgabe 100 W.** Bei sehr hohen Umgebungstemperaturen und/oder schwerer körperlicher Arbeit erfolgt die Entwärmung ausschließlich über die feuchte Wärmeabgabe infolge der Enthalpietönung (hier Verdunstungskühlung) bei der Phasenumwandlung flüssiges Wasser/Wasserdampf. Diese Situation wird nicht mehr als behaglich bzw. erträglich empfunden.

Der Grundumsatz von Warmblütern in Abhängigkeit von ihrer Masse dargestellt in doppellogarithmischer Skalierung ergibt eine Gerade (Bild 2.3). Für m = 80 kg lassen sich die oben erwähnten 100 W ablesen. Aus der Diskussion zur Abbildung 2.2 folgt eine signifikante Abnahme der körperlichen und geistigen Arbeitsproduktivität bei Empfindungstemperaturen θ_E größer als 20 °C (Bild 2.4). Bei 26 °C ist sie etwa auf 2/3 des Ausgangswertes gesunken. **Die Empfindungstemperatur sollte demnach in der warmen Jahreszeit 26 °C nicht übersteigen** [20]. Der Behaglichkeitsbereich liegt zwischen 18 °C und 23 °C.

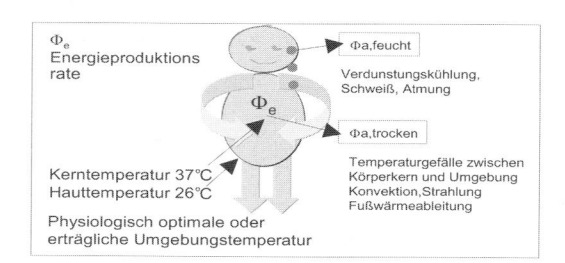

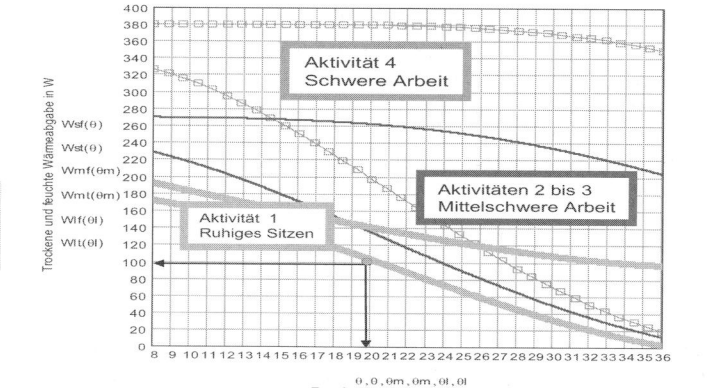

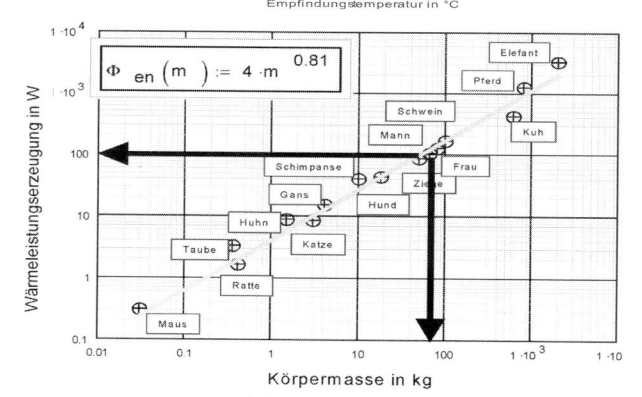

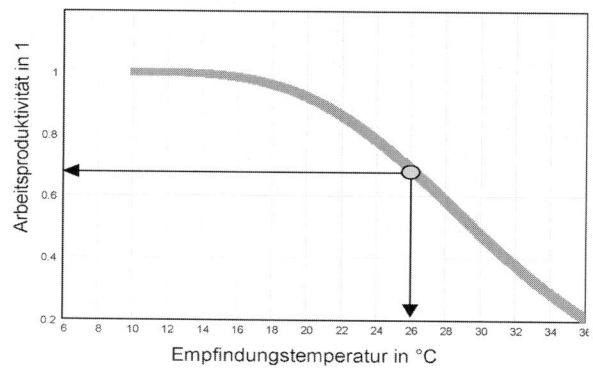

Bild 2.1
Thermisch wirksame Komponenten des menschlichen Wärmehaushaltes

Erzeugte bzw. abgegebene Wärmeleistung
Grundumsatz 85 W
Sitzen (Aktivität 1) 100 W
Leichte Tätigkeit (Aktivität 2) 150 ... 200 W
Mittelschwere Tätigkeit (Aktivität 3) 200 ... 300 W
Schwere Tätigkeit (Aktivität 4) 300 ... 700 W

Bild 2.2
Trockene und feuchte Wärmeabgabe in W in Abhängigkeit von der Umgebungstemperatur und der Schwere der Tätigkeit

$$\Phi_{en}(m) := 4 \cdot m^{0.81}$$

Bild 2.3
Energieumsatz von Warmblütern in Abhängigkeit von der Körpermasse

Bild 2.4
Abnahme der menschlichen Produktivität mit der Empfindungstemperatur

2.1.2 Raumlufttemperatur, Umschließungsflächen- und Empfindungstemperatur

Der menschliche Körper gibt den trockenen Wärmestrom in Form von Konvektion an die umgebende Raumluft und in Form von Strahlung an die umgebenden Raumumschließungsflächen ab. Vom Körperkern (θ_{Kern} = 37 °C) wird die Wärme durchblutungsabhängig zur Oberfläche ($\theta_{sKörper}$) geleitet.

$$\Phi_a = h_c \cdot (\theta_{sKörper} - \theta_i) \cdot A + h_r \cdot (\theta_{sKörper} - \theta_{sWand}) \cdot A \qquad (2.1)$$

Hierin bedeuten (Zahlenwerte beispielhaft):
- h_c = 3.5   Wärmeüberganskoeffizient infolge Strömung in W/m²K
- h_r = 4.5   Wärmeüberganskoeffizient infolge Strahlung in W/m²K
- $\theta_{sKörper}$ = 26   Temperatur der Körperoberfläche in °C
- θ_i = 20   Temperatur der Raumluft in °C
- θ_{sWand} = 17   Temperatur der Raumumschließungsfläche in °C
- A = 1.8   Körperoberfläche in m²
- Φ_a = 110.700   Wärmeabgabe in W/m² für die angegebenen Zahlenwerte

Werden beide Vorgänge zusammengefasst, lässt sich mit dem abgegebenen Wärmestrom die **Empfindungstemperatur θ_E** definieren

$$\Phi_a = (h_c + h_r) \cdot (\theta_{sKörper} - \theta_E) \cdot A \qquad (2.2)$$

(2.1) und (2.2) gleichgesetzt, ergibt die Empfindungstemperatur als gewichtetes Mittel aus der Raumluft- und der Umschließungsflächentemperatur. Die konvektiven und radiativen Übergangskoeffizienten h_c und h_r werden im Kapitel Wärme behandelt.

$$\theta_E = \frac{h_c \cdot \theta_i + h_r \cdot \theta_{sWand}}{h_c + h_r} \qquad (2.3)$$

Mit den obigen Zahlenwerten ergibt sich θ_E = 18.3 °C. Kalte Wände lassen sich durch hohe Raumlufttemperaturen kompensieren. Umgekehrt kann die Raumlufttemperatur abgesenkt werden, wenn die Raumumschließungsflächen höher temperiert sind.

In der folgenden Abbildung 2.5 ist das Behaglichkeitsfeld für das Wertepaar Raumlufttemperatur/Deckentemperatur dargestellt [21].

Es ist aus bauphysikalischer Sicht wichtig, dass die Temperatur der Raumumschließungsfläche nicht unter die Taupunkttemperatur bzw. die kritische „Schimmeltemperatur" (ϕ erreicht den Wert 80 %) absinkt. Die Taupunkttemperatur wird im Abschnitt 2.2.3 und im Kapitel Wärme diskutiert. Aus hygienischen Gründen (Wärmeentzug durch Strahlung, Fußwärmeableitung) sollte die raumseitige Oberflächentemperatur (außer bei Fenstern) nicht unter 17 °C liegen.

Der optimale Wert der Empfindungstemperatur (auch operative oder effektive Temperatur) lässt sich auch in Abhängigkeit von der Tätigkeit (Wärmeproduktionsrate Φ_e bzw. vom Körper abgegebener Wärmestrom Φ_a) und vom Wärmewiderstand der Bekleidung angeben. Diese Funktion ist mathematisch (2.4) und grafisch (Bild 2.6) im Folgenden dargestellt

$$\theta(R,\Phi) = \frac{3.3 + (24 - \Phi \cdot 1.8^{-1}) \cdot (R^{1.06} \cdot 0.07 + 0.01)^{1.085}}{0.09 + 3.6 \cdot (R^{1.06} \cdot 0.07 + 0.01)^{1.085}} \qquad (2.4)$$

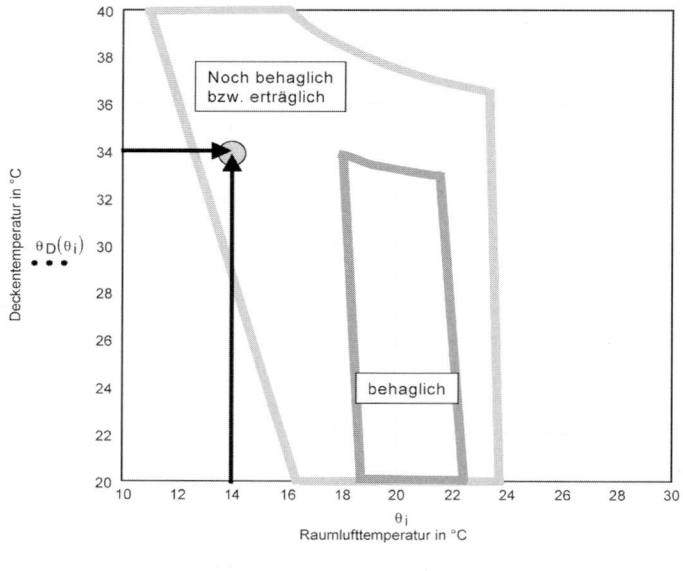

Bild 2.5   Behaglichkeitsfeld Raumlufttemperatur/Deckentemperatur

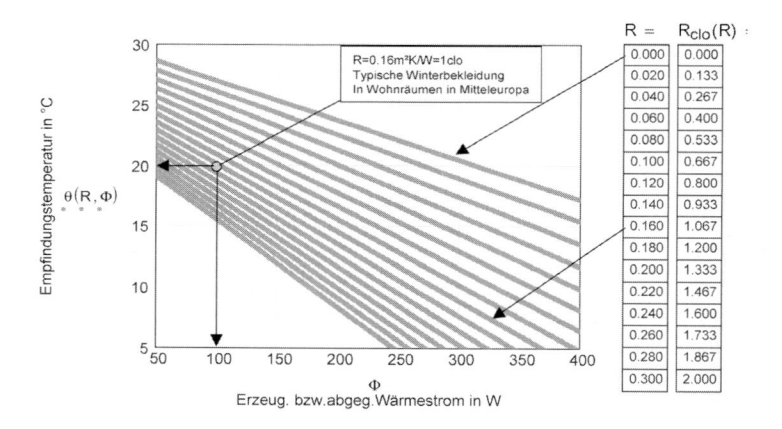

Bild 2.6   Optimale Empfindungstemperatur in Abhängigkeit vom Energieumsatz und von der Bekleidung

(relative Luftfeuchte etwa 50 %, Raumluftgeschwindigkeit unter 0.25 m/s).

Die Tabelle 2.1 enthält den Bekleidungswärmewiderstand in m²K/W und clo und seine anschauliche Zuordnung zu typischen Bekleidungsgewohnheiten.

Tafel 2.1 Wärmewiderstände typischer Bekleidung

Wärmewiderstand in m²K/W R =	in clo R$_{clo}$ (R) =	Bekleidung
0.000	0.000	Unbekleidet
0.020	0.133	Typische Bekleidung in tropischen Gebieten
0.040	0.267	
0.060	0.400	Leichte Sommerbekleidung in Mitteleuropa
0.080	0.533	Leichte Arbeitsbekleidung
0.100	0.667	
0.120	0.800	
0.140	0.933	Typische Winterbekleidung für Wohnräume
0.160	1.067	In Mitteleuropa
0.180	1.200	
0.200	1.333	
0.220	1.467	
0.240	1.600	Typische Winterbekleidung für Büroräume
0.260	1.733	In Mitteleuropa
0.280	1.867	
0.300	2.000	Typische Straßenbekleidung im Frühjahr/Herbst

Schließlich folgen daraus die angegebenen Richtwerte für die optimalen bzw. „wirtschaftlichen" Empfindungstemperaturen.

Heizperiode :	θ_i = 19 °C ... 20 °C
Sommer :	θ_i < 26 °C

2.2 Raumluftfeuchte

2.2.1 Relative Luftfeuchtigkeit

Feuchte Luft ist, wie zu Beginn des Abschnitts 1.3 und im Kapitel Feuchte beschrieben, ein Gemisch aus trockener Luft und Wasserdampf. Der Feuchtegehalt kann als Partialdruck des Wasserdampfes p_D in Pa oder als absoluter Feuchtegehalt $f = m_D/V_L$ in kg/m³ bzw. $x = m_D/m_L$ in kg/kg angegeben werden. Die relative Luftfeuchtigkeit ist definiert als Verhältnis des Dampfdruckes zum Sättigungsdruck $\phi = p_D/p_s$ (siehe Abschnitt 1.3.3). Der Feuchtegehalt der Raumluft ergibt sich aus der Raumlufttemperatur, der Ergiebigkeit der Feuchtequellen im Raum, der Temperatur und relativen Luftfeuchte der Außenluft, dem Lufvolumenstrom bzw. der Luftwechselrate zwischen Außen- und Raumluft sowie dem Feuchtespeichervermögen der Raumumschließungsflächen. Letzteres soll erst im Abschnitt 3.4.3 „Relative Luftfeuchtigkeit im Raum bei freier Klimatisierung" berücksichtigt werden.

Die Außenluftströme (Gleichung (2.9) dienen auch der Zufuhr von Sauerstoff und zum Abtransport von Luftverunreinigungen. Die Tabelle 2.2 enthält einige Richtwerte für den personen- (Spalte 0) und nutzflächenbezogenen (Spalte 1) Luftstrom in m³/h Person bzw. m³/m²h und die Luftwechselrate (Spalte 2) in 1/h.

Die Feuchtebilanz bzw. Wasserdampfstrombilanz für einen Raum unter Beachtung aller genannten Abhängigkeiten ist in der Abbildung 2.7 und Gleichung (2.5) dargestellt.

$$\frac{dm_{Dzu}}{dt} + \frac{dm_{DQu}}{dt} = \frac{dm_{Dab}}{dt} + \frac{dm_{DSp}}{dt} \qquad (2.5)$$

Tafel 2.2   Typische Luftströme und Luftwechselraten [22]

Lüftungsströme und Luftwechselraten	(0) in m³/h Person (1) in m³/m²h (2) in 1/h			
		0	1	2
Wohnung	0	40.0	2.0	0.7
Einzelbüro	1	40.0	4.0	1.3
Großraumbüro	2	60.0	6.0	2.0
Versamlungsraum	3	20.0	12.0	4.0
Klassenraum	4	30.0	15.0	5.0
Lesesaal	5	20.0	12.0	4.0
Verkaufsraum	6	20.0	5.0	1.7
Gaststätte	7	40.0	8.0	2.7

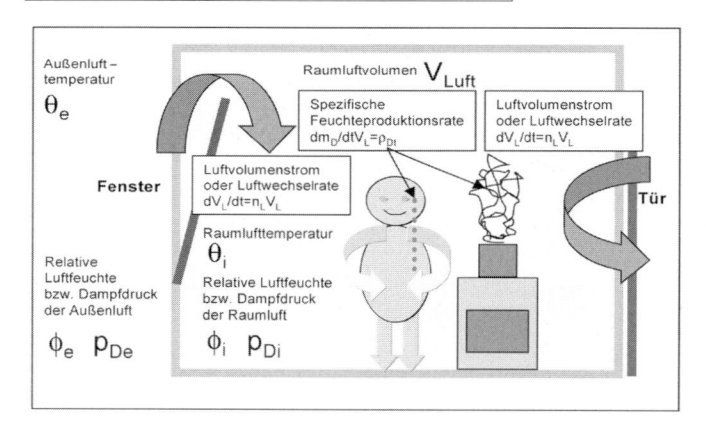

Bild 2.7
Schematische Darstellung der Feuchtebilanz in einem Raum

Mit den folgenden Definitionen und Gesetzen (2.6) bis (2.9) ergibt daraus sich die Gleichung (2.10) für die Luftfeuchte im Raum

Relative Luftfeuchte im Raum in % oder in 1

$$\phi_i = \frac{p_{Di}}{p_{si}(\theta_i)}$$

(2.6) Wasserdampfdruck im Raum in Pa

$$p_{Di} = p_{De} + p_{Dp} \qquad (2.6)$$

(2.7) Von der Feuchtequelle im Raum produzierter Wasserdampfdruck in Pa

$$p_{Dp} = \frac{\left(\dfrac{d}{dt} m_{Dp}\right) \cdot R_D \cdot T_i}{\dfrac{d}{dt} V_i} \qquad (2.7)$$

2 Raumklima

(2.8) Feuchteproduktionsrate in kg/h Gaskonstante für Wasserdampf in Ws/kgK

$$\frac{d}{dt}m_{Dp} = m_{pt} \tag{2.8}$$

$R_D = 462$

Volumen des Raumes in m³ Luftvolumenstrom in m³/h,

V_i

(2.9) Luftwechselrate in 1/h

$$\frac{d}{dt}V_i \qquad n_L = \frac{\frac{d}{dt}V_i}{V_i} \tag{2.9}$$

Vergleiche auch Tabellenwerte in Tafel 1.8

Wasserdampfdruck außen in Pa

$pDe = \phi_e \cdot p_{se}(\theta_e)$

(2.10) **Luftfeuchte im Raum**

$$\phi_i(n_L, m_{pt}) = \theta_e \cdot \frac{p_{se}(\theta_e)}{p_{si}(\theta_i)} + m_{pt} \cdot R_D \cdot \frac{273 + \theta_i}{n_L \cdot V_i \cdot p_{si}(\theta_i)} \tag{2.10}$$

Die Abbildung 2.8 zeigt als Ergebnis die relative Raumluftfeuchte in Abhängigkeit von der Luftwechselrate n_L (0 < n_L < 10/h) mit der volumenbezogenen Feuchteproduktionsrate $m_{PtV} = dmp/dtV_i$ (0 < m_{ptV} < 0.01 kg/m³h) als Parameter bei winterlichen Außenluftverhältnissen (–5 °C, 80 %). Die Feuchtespeicherung durch die Raumumschließungsflächen und Einrichtungsgegenstände ist an dieser Stelle wiederum vernachlässigt worden. Bei Normalverhältnissen – Feuchteproduktionsrate 4 g/m³h (Feuchteabgabe der Bewohner, Zimmerpflanzen, Kochen) und Luftwechselrate 0,7/h ergibt sich eine Raumluftfeuchte von 47 %.

Beispiel:

Außenklima	Raumklima	Raumluftfeuchte
$\theta_e = -5$	$\theta_i = 20$	
$p_{se}(\theta_e) = 610.500$	$p_{si}(\theta_i) = 2335.317$	$\phi_i(n_L, m_{ptV}) = \phi_e \cdot \frac{p_{se}(\theta_e)}{p_{si}(\theta_i)} + m_{ptV} \cdot R_D \cdot \frac{273+\theta_i}{n_L \cdot p_{si}(\theta_i)}$
$\phi_e = 0.8$		
Feuchtequellrate	Luftwechselrate	$\phi_i(n_L, m_{ptV}) = 0.469 \longrightarrow \phi_i = 47\%$
$m_{ptV} = 0,010, 0,008 \ldots 0.0$	$n_L = 0.01, 0,0105 \ldots 10.0$	

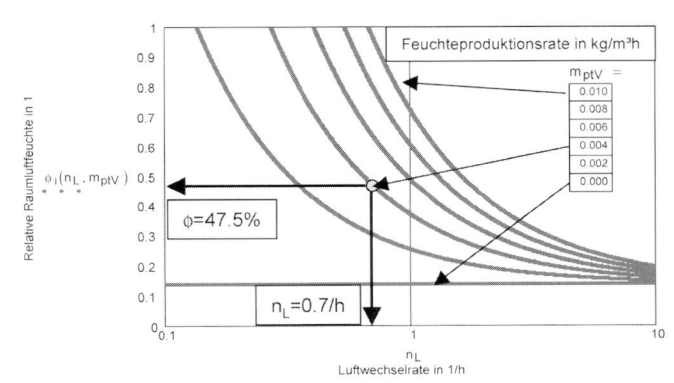

Bild 2.8
Relative Luftfeuchte in Abhängigkeit von der Luftwechselrate, Feuchtequellstärke als Parameter

Die Feuchteabgabe des Menschen bei der Aktivität 1 (Sitzen) in Abhängigkeit von der Empfindungstemperatur ist zur Orientierung in der Grafik 2.9 ausgewiesen. Die relative Luftfeuchte der Raumluft ist in der Tabelle 2.3 auch zahlenmäßig (jetzt in %) in Abhängigkeit von der volumenbezogenen Feuchteproduktionsrate $m_{pVt} = dm_P/dtV_i$ und der Luftwechselrate n_L dargestellt. Werte größer als 100 % (kleine Luftwechselraten und hohe Feuchteproduktionsraten) können nicht auftreten und bedeuten: Es bildet sich Tauwasser in der Raumluft bzw. an kälteren Bauteiloberflächen. Wird keine Feuchtigkeit im Raum produziert, ergibt die Zufuhr der trocken kalten Außenluft eine relative Luftfeuchte für die obigen Klimawerte von lediglich 13.7 % im Raum.

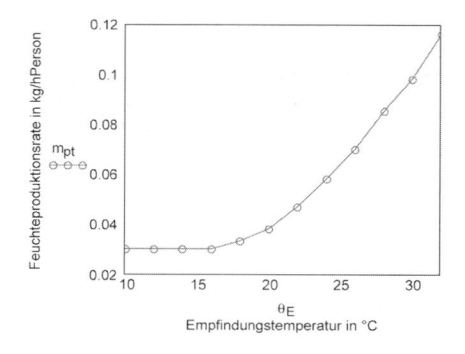

Bild 2.9
Feuchteabgabe des Menschen in kg/h Person

Tafel 2.3 Relative Luftfeuchte der Raumluft als Funktion der Luftwechselrate und der Feuchtequellstärke

n_L in 1/h		0.20	0.40	0.60	0.80	1.00	1.20	1.40	1.60	1.80	2.00	2.20	2.40	2.60	2.80	3.00	3.20	3.40	3.60	3.80	4.00
in kg/m³h		0	1	2	3	4	5	6	7	8	9	10	11	12	13	14	15	16	17	18	19
0.000	0	13.7	13.7	13.7	13.7	13.7	13.7	13.7	13.7	13.7	13.7	13.7	13.7	13.7	13.7	13.7	13.7	13.7	13.7	13.7	13.7
0.001	1	42.7	28.2	23.4	21.0	19.5	18.6	17.9	17.4	17.0	16.6	16.4	16.2	16.0	15.8	15.7	15.6	15.4	15.4	15.3	15.2
0.002	2	71.7	42.7	33.1	28.2	25.3	23.4	22.0	21.0	20.2	19.5	19.0	18.6	18.2	17.9	17.6	17.4	17.2	17.0	16.8	16.6
0.003	3	100.1	57.2	42.7	35.5	31.1	28.2	26.2	24.6	23.4	22.4	21.6	21.0	20.4	20.0	19.5	19.2	18.9	18.6	18.3	18.1
0.004	4		71.7	52.4	42.7	36.9	33.1	30.3	28.2	26.6	25.3	24.3	23.4	22.7	22.0	21.5	21.0	20.6	20.2	19.8	19.5
0.005	5		86.2	62.0	50.0	42.7	37.9	34.4	31.9	29.8	28.2	26.9	25.8	24.9	24.1	23.4	22.8	22.3	21.8	21.4	21.0
0.006	6		100.7	71.7	57.2	48.5	42.7	38.6	35.5	33.1	31.1	29.6	28.2	27.1	26.2	25.3	24.6	24.0	23.4	22.9	22.4
0.007	7			81.4	64.5	54.3	47.6	42.7	39.1	36.3	34.0	32.2	30.7	29.4	28.2	27.3	26.4	25.7	25.0	24.4	23.9
0.008	8			91.0	71.7	60.1	52.4	46.9	42.7	39.5	36.9	34.8	33.1	31.6	30.3	29.2	28.2	27.4	26.6	25.9	25.3
0.009	9			100.7	79.0	65.9	57.2	51.0	46.3	42.7	39.8	37.5	35.5	33.8	32.4	31.1	30.0	29.1	28.2	27.5	26.8
0.010	10				86.2	71.7	62.0	55.1	50.0	45.9	42.7	40.1	37.9	36.0	34.4	33.1	31.9	30.8	29.8	29.0	28.2

Abschließend soll die Raumluftfeuchte mit dem Außenklima Bild 1.56 (Gleichung (1.30)) aus dem Abschnitt 1.1.3 berechnet werden. Die Luftwechselrate wird periodisch im Jahresgang angesetzt: n_L = 1.2/h als winterliches Minimum, n_L = 2.2/h als sommerliches Maximum. Die Feuchteproduktionsrate findet in etwa mit dem Durchschnittswert von 4.5 g/m³h Eingang in die Rechnung. Die Feuchtespeicherung der Raumumschließungsfläche wird wiederum an dieser Stelle nicht berücksichtigt, wodurch die großen Schwankungen der Raumluftfeuchte zu erklären sind.

Beispiel:

$$\theta_{io} = 22 \quad \Delta\theta_i = 2 \quad t_1 = -20 \quad n_o = 1{,}7 \quad \Delta n = 0{,}5$$

$$\theta_i(t) = \theta_{io} - \Delta\theta_i \cdot \cos\left[\frac{2 \cdot \pi}{T_a}(t + t_1)\right]$$

$$n(t) = n_o - \Delta n \cdot \cos\left[\frac{2 \cdot \pi}{T_a}(t + t_1)\right] \quad m_{ptV} = 0.0045$$

$$\phi_i(t) = \phi_{ie}(t) \cdot \frac{p_{se}(t)}{p_{si}(t)} + m_{ptV} \cdot R_D \cdot \frac{273 + \theta_i t}{n(t) \cdot p_{si}(t)}$$

2 Raumklima

Näherungsweise lässt sich hier der Jahresgang der Raumluftfeuchte durch eine harmonische Funktion mit einer Zeitverschiebung von 20 Tagen darstellen. Demnach tritt im Beispiel das Minimum mit 43 % im Januar das Maximum mit 62 % im Juli auf.

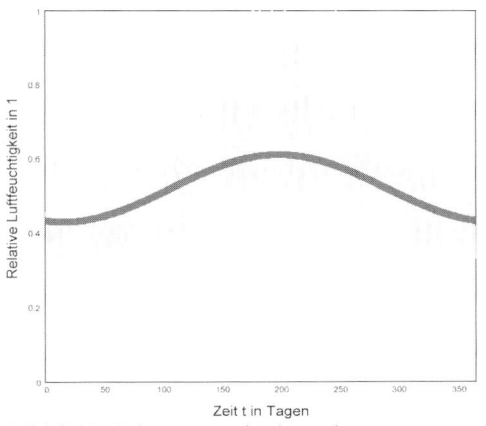

Bild 2.10 Jahresgang der berechneten relativen Luftfeuchte der Raumluft

Bild 2.11 Jahresgang der gemessenen relativen Luftfeuchte der Raumluft

$t_{na} = 20$ Zeit in Tagen
$\phi_{io} = 0.52$ $\Delta\phi_i = 0.09$

$$\phi_n(t) = \phi_{io} - \Delta\phi_i \cdot \cos\left[\frac{2\cdot\pi}{T_a}(t - t_{na})\right] \quad (2.11)$$

Ein ähnliches Verhalten zeigt die im Jahre 1997 gemessene Raumluftfeuchte in einem Testhaus Dresden-Talstraße [5]. Die Schwankungen sind durch die Feuchtepufferung der Raumumschließungsfläche gedämpft.

Daraus ergeben sich, wenn man nicht Gleichung (2.11) oder die tatsächlichen Werte als Bemessungsgrundlage benutzen muss, folgende vereinfachte Eckwerte für die relative Luftfeuchtigkeit der Raumluft:

Wohnräume mit kontinuierlichem Heizungsbetrieb $\phi_{iWinter} \leq 50\ \%$ $\phi_{iSommer} = 60\ \%$
Wohnräume mit unterbrochenen Heizungsbetrieb $\phi_{iWinter} \leq 60\ \%$ $\phi_{iSommer} = 60\ \%$

2.2.2 Enthalpie und Wasserdampfgehalt (h-x-Diagramm)

Ergänzend sollen die Zusammenhänge zwischen den eingangs definierten Luftfeuchten und den Enthalpieänderungen feuchter Luft bei thermodynamischen Zustandänderungen mitgeteilt werden [11]. Grundlage bilden die Gasgleichungen für Wasserdampf und Luft

$$p_D = \frac{m_D}{V_L} R_D \cdot T \qquad R_D = 462 \qquad p_L = \frac{m_L}{V_L} \cdot R_L \cdot T \qquad R_L = 287 \quad (2.12)$$

Daraus ergeben sich die folgenden Beziehungen für die absolute Feuchte x in kg/kg:

$$x = \frac{R_L}{R_D} \cdot \frac{p_D}{p_L} \quad x = 0.662 \cdot \frac{p_D}{p_L} \quad p = p_L + p_D$$

$$x = 0.662 \cdot \frac{p_D}{p - p_D} \quad x(\theta) = \frac{0.622 k \cdot \phi \cdot p_s(\theta)}{p - \phi \cdot p_s(\theta)} \quad (2.13)$$

bzw. für die relative Luftfeuchte

$$\phi(\theta) = \frac{x}{0.622 + x} \cdot \frac{p}{p_s(\theta)} \qquad p_s(\theta) = 610.5 \cdot \left(e^{\frac{17.26 \cdot \theta}{237.3+\theta}} \cdot \Phi(\theta) + e^{\frac{21.87 \cdot \theta}{265.5+\theta}} \cdot \Phi(-\theta) \right) \quad (2.14)$$

Für die Dichte feuchter Luft folgt

$$\rho = \frac{m_L + m_D}{V_L} \qquad \rho = \frac{1}{R_L} \cdot \frac{p}{T} - \left(\frac{1}{R_L} - \frac{1}{R_D} \right) \cdot \frac{p_D}{T} \quad (2.15)$$

Feuchte Luft ist also grundsätzlich leichter als trockene Luft.
Die meisten Zustandsänderungen in der Bauphysik laufen isobar ab, so dass die Wärmeaufnahme oder Wärmeabgabe bei Zustandsänderungen aus den Enthalpieänderungen bestimmt werden kann. Die spezifische Enthalpie feuchter Luft lautet

$$h = h_L + x(q) \cdot h_D \qquad h_L = c_{pL} \cdot (\theta - \theta_0) \qquad h_D = c_{pD} \cdot (\theta - \theta_0) + r \cdot \theta_0 \quad r = 2.5 \cdot 10^6 \quad (2.16)$$

mit den spezifischen Wärmekapazitäten von Luft bzw. Wasserdampf in Ws/kgK:

$$c_{pL} = 1000 \quad c_{pD} = 1860$$

und der spezifische Phasenumwandlungsenthalpie r (Wasser in Wasserdampf) in Ws/kg.
Die Umstellung nach θ ergibt

$$\theta(x, h) = \theta_0 + \frac{h - x \cdot r}{c_{pL} + x \cdot c_{pD}} \quad (2.17)$$

Die Darstellung dieser Beziehung zeigt das *mollier*sche h-x-Diagramm (Bild 2.14).

Beispiel:

50 kg feuchte Luft (Gesamtdruck p = 101.3 kPa, relative Luftfeuchte ϕ = 50 %) der Temperatur θ_1 = 35 °C werden auf θ_2 = 20 °C abgekühlt. Wieviel Kondensat m_K entsteht und welche Wärmmenge Q wird an die Luft abgegeben?

$\theta_1 = 35 \quad m_L = 50 \quad \theta_2 = 20$

$\phi_1 = 0.5 \quad p = 1.013 \cdot 10^5 \quad \phi_2 = 1 \quad r = 2.5 \times 10^6 \quad c_{pL} = 1.005 \times 10^3$

$p_s(\theta 1) = 5.613 \times 10^3 \quad p_s(\theta_2) = 2.335 \times 10^3 \quad c_{pD} = 1.86 \times 10^3$

$x_1(\theta_1) = \dfrac{0.622 \cdot \phi_1 \cdot p_s(\theta_1)}{p - \phi_1 \cdot p_s(\theta_1)} \qquad x_1(\theta_1) = 0.0177$

$x_2(\theta_2) = \dfrac{0.622 \cdot \phi_2 \cdot p_s(\theta_2)}{p - \phi_2 \cdot p_s(\theta_2)} \qquad x_2(\theta_2) = 0.0147$

$m_K = m_L \cdot (x_1(\theta_1) - x_2(\theta_2)) \qquad m_K = 0.152 \text{ in kg}$

$\Delta h = (c_{pL} + x_1(\theta_1) \cdot c_{pD}) \cdot (\theta_1 - \theta_0) + x_1(\theta_1) \cdot r - [(c_{pL} + x_2(\theta_2) \cdot c_{pD}) \cdot (\theta_2 - \theta_0) + x_2(\theta_2) \cdot r]$

$\Delta h = 2.329 \times 10^4$

$Q = \Delta h \cdot m_L \qquad Q = 1.165 \times 10^6 \text{ in Ws}$

Das heißt: m_K = 152 g Wasserdampf kondensieren und Q = 1.165 · 10^6 Ws = 324 kWh werden freigesetzt. Diese Zustandsänderung ist im folgenden h-x-Diagramm Bild 2.14 auch grafisch dargestellt, und sowohl die Kondensatmenge als auch die frei werdende Energie lassen sich direkt ablesen.

2.2.3 Taupunkttemperatur

Wird feuchte Luft der Temperatur θ und der relativen Luftfeuchte φ wie im Beispiel dargestellt, abgekühlt, steigt die relative Luftfeuchte und ab φ = 1 bildet sich Tauwasser. Der bei θ vorhandene Partialdruck des Wasserdampfes wird zum Sättigungsdruck.

Mit

$$p_s(\theta_T) = \phi \cdot p_s(\theta)$$

folgt

$$p_s(\theta) = 610{,}5 \cdot \left(1 + \frac{\theta}{109.8}\right)^{8.02}$$

$$610{,}5 \cdot \left(1 + \frac{\theta_T}{109.8}\right)^{8.02}$$

$$= 610{,}5 \cdot \left(1 + \frac{\theta}{109.8}\right)^{8.02} \cdot \phi$$

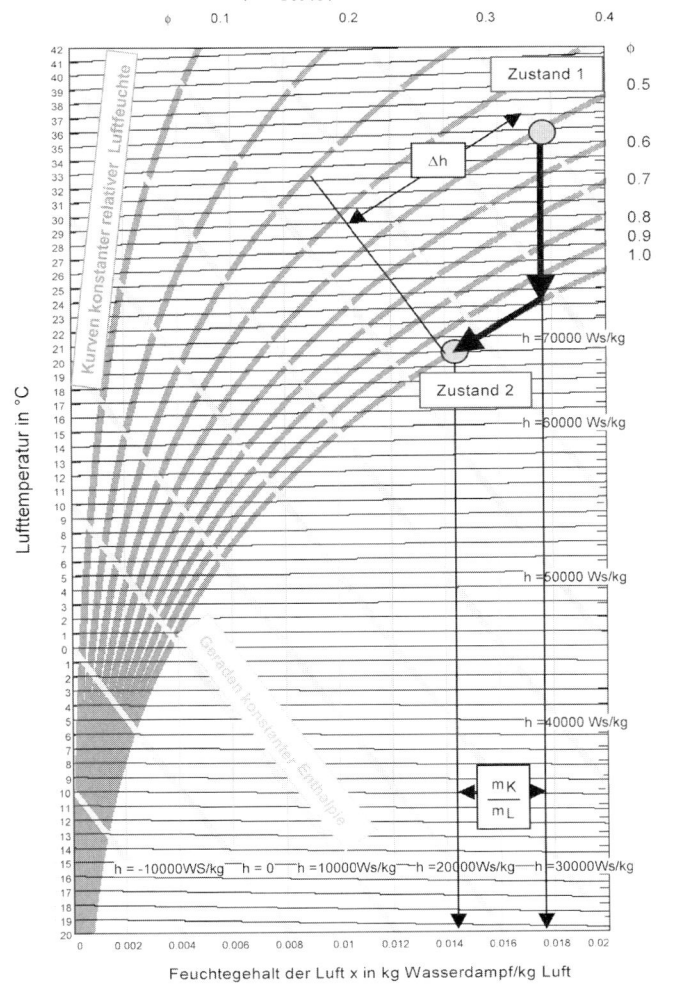

Bild 2.12
Temperatur-, Enthalpie- und Wasserdampfgehalt
(h-x-Diagramm)

Diese Beziehung wird nach der Taupunkttemperatur θ_T umgestellt.

$$\theta_T(\theta,\phi) = \phi^{0.1247} \cdot (109.8 + \theta) - 109.8 \tag{2.18}$$

θ_T ist abhängig von der Raumlufttemperatur θ und der relativen Feuchte ϕ der Raumluft.

Die folgenden Bilder 2.13 und 2.14 zeigen die Taupunkttemperatur θ_T in Abhängigkeit von der Lufttemperatur θ und der Luftfeuchte ϕ. Bei 20 °C Lufttemperatur und 60 % relativer Luftfeuchtigkeit beträgt die Taupunkttemperatur 12 °C.

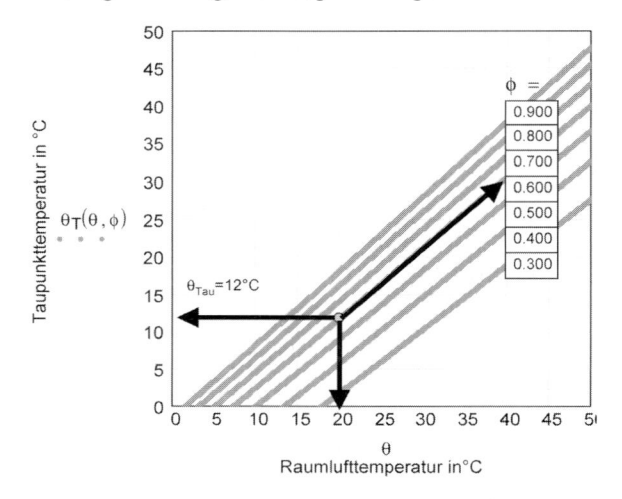

Bild 2.13
Taupunkttemperatur in Abhängigkeit von der Lufttemperatur, relative Luftfeuchte als Parameter

Die grafische Darstellung 2.14 zeigt ebenfalls die Taupunkttemperatur nach Gleichung (2.18), jetzt aber in Abhängigkeit von der relativen Luftfeuchtigkeit ϕ der Raumluft und der Raumlufttemperatur θ als Parameter.

Um die Eigensicherung der Bauteile zu gewährleisten, muss eine wesentliche Forderung der Bauphysik eingehalten werden: **An und in den Bauteilen ist Tauwasser zu vermeiden bzw. zu begrenzen** (siehe auch Kapitel Feuchte) [23].

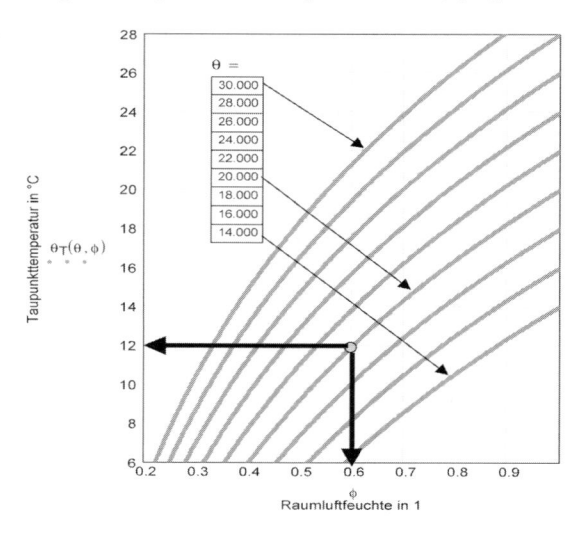

Bild 2.14
Taupunkttemperatur in Abhängigkeit von der relativen Luftfeuchtigkeit, Lufttemperatur als Parameter

2 Raumklima

Abschließend wird die Taupunkttemperatur in Abhängigkeit von der Lufttemperatur und relativen Luftfeuchtigkeit noch tabellarisch für den Bereich 5 °C < θ < 40 °C und 10 % < φ < 90 % mitgeteilt. Hierbei ist zu beachten, dass für Taupunkttemperaturen kleiner als 0 °C die Sublimationskurve (1.25) anstelle der Sättigungsdruckkurve (1.26) verwendet werden muss. Die Bereiche werden wieder unter Zuhilfenahme der *Heaviside*-Sprungfunktion $\Phi(\theta_{T1})$ bzw. $\Phi(\theta_{T2})$ getrennt.

$$i = 0, 1 \ldots 35 \quad j = 0, 1 \ldots 7$$
$$\theta(i) = 1 \cdot i + 5 \quad \phi(j) = 0{,}1 \cdot j + 0{,}1$$
$$\theta_{T1}(i, j) = \phi(j)^{0{,}1247} \cdot (109{,}8 + \theta(i)) - 109{,}8 \quad \theta_{T1} > 0$$
$$\theta_{T2}(i, j) = \phi(j)^{0{,}0813} \cdot (148{,}57 + \theta(i)) - 148{,}57 \quad \theta_{T2} > 0$$
$$\theta_T(i, j) = \theta_{T1}(i, j) \cdot \Phi(\theta_{T1}(i, j)) + \theta_{T2}(i, j) \, \Phi(-\theta_{T1}(i, j))$$

Das Wertetripel $\theta = 20$ °C, $\phi = 60$ %, $\theta_T = 12$ °C ist hervorgehoben. Bei $\theta = 5$ °C und $\phi = 10$ % würde eine Tauwasserbildung (besser Reifbildung) erst bei $\theta_T = -21{,}2$ °C auftreten. Bei $\theta = 35$ °C und $\phi = 90$ % bildet sich bereits bei $\theta_T = 33{,}1$ °C Tauwasser (Problem bei der Kühlung von Räumen).

Tafel 2.4 Taupunkttemperatur in Abhängigkeit der relativen Luftfeuchte und der Lufttemperatur

φ in %		10.0	20.0	30.0	40.0	50.0	60.0	70.0	80.0	90.0
θ in °C		0	1	2	3	4	5	6	7	8
5.0	0	-21.2	-13.8	-9.3	-6.0	-3.4	-1.2	0.0	1.8	3.5
6.0	1	-20.4	-13.0	-8.4	-5.1	-2.5	-0.3	1.0	2.8	4.5
7.0	2	-19.6	-12.1	-7.5	-4.2	-1.5	0.7	1.9	3.8	5.5
8.0	3	-18.7	-11.2	-6.6	-3.2	-0.6	0.7	2.9	4.8	6.5
9.0	4	-17.9	-10.3	-5.7	-2.3	0.4	1.7	3.8	5.7	7.4
10.0	5	-17.1	-9.4	-4.8	-1.4	0.1	2.6	4.8	6.7	8.4
11.0	6	-16.2	-8.6	-3.9	-0.5	1.0	3.5	5.7	7.7	9.4
12.0	7	-15.4	-7.7	-3.0	0.5	1.9	4.5	6.7	8.7	10.4
13.0	8	-14.6	-6.8	-2.1	1.4	2.8	5.4	7.7	9.6	11.4
14.0	9	-13.8	-5.9	-1.2	0.6	3.7	6.4	8.6	10.6	12.4
15.0	10	-12.9	-5.1	-0.3	1.5	4.7	7.3	9.6	11.6	13.4
16.0	11	-12.1	-4.2	0.7	2.4	5.6	8.2	10.5	12.5	14.4
17.0	12	-11.3	-3.3	1.6	3.3	6.5	9.2	11.5	13.5	15.3
18.0	13	-10.4	-2.4	0.2	4.2	7.4	10.1	12.4	14.5	16.3
19.0	14	-9.6	-1.6	1.0	5.1	8.3	11.1	13.4	15.5	17.3
20.0	15	-8.8	-0.7	1.9	6.0	9.3	12.0	14.4	16.4	18.3
21.0	16	-7.9	0.2	2.8	6.9	10.2	12.9	15.3	17.4	19.3
22.0	17	-7.1	1.1	3.6	7.8	11.1	13.9	16.3	18.4	20.3
23.0	18	-6.3	2.0	4.5	8.7	12.0	14.8	17.2	19.4	21.3
24.0	19	-5.5	2.8	5.3	9.6	12.9	15.7	18.2	20.3	22.3
25.0	20	-4.6	0.5	6.2	10.4	13.8	16.7	19.1	21.3	23.2
26.0	21	-3.8	1.3	7.1	11.3	14.8	17.6	20.1	22.3	24.2
27.0	22	-3.0	2.1	7.9	12.2	15.7	18.6	21.0	23.2	25.2
28.0	23	-2.1	2.9	8.8	13.1	16.6	19.5	22.0	24.2	26.2
29.0	24	-1.3	3.8	9.7	14.0	17.5	20.4	23.0	25.2	27.2
30.0	25	-0.5	4.6	10.5	14.9	18.4	21.4	23.9	26.2	28.2
31.0	26	0.3	5.4	11.4	15.8	19.3	22.3	24.9	27.1	29.2
32.0	27	1.2	6.2	12.2	16.7	20.3	23.2	25.8	28.1	30.1
33.0	28	2.0	7.0	13.1	17.6	21.2	24.2	26.8	29.1	31.1
34.0	29	2.8	7.9	14.0	18.5	22.1	25.1	27.7	30.1	32.1
35.0	30	3.7	8.7	14.8	19.4	23.0	26.1	28.7	31.0	33.1
36.0	31	4.5	9.5	15.7	20.3	23.9	27.0	29.7	32.0	34.1
37.0	32	0.4	10.3	16.5	21.1	24.8	27.9	30.6	33.0	35.1
38.0	33	1.1	11.1	17.4	22.0	25.8	28.9	31.6	33.9	36.1
39.0	34	1.9	11.9	18.3	22.9	26.7	29.8	32.5	34.9	37.1
40.0	35	2.6	12.8	19.1	23.8	27.6	30.8	33.5	35.9	38.0

2.2.4 Einfluss der Luftfeuchte und Strömungsgeschwindigkeit auf die Behaglichkeit

Der physiologisch optimale Bereich und der noch behagliche bzw. Erträglichkeitsbereich für die Empfindungstemperatur ist in Abhängigkeit von der Tätigkeit (Wärmeproduktionsrate Φ_e bzw. vom Körper abgegebener Wärmestrom Φ, Aktivitäten 1 bis 4)) und von der Luftfeuchte noch einmal im h-x-Diagramm und im einfachen Luftfeuchte-Temperaturdiagramm (Aktivität 2) dargestellt. Der menschliche Körper ist hinsichtlich der Luftfeuchte relativ tolerant wie das Behaglichkeitsfeld zeigt. Luftfeuchten von über 80 % werden ab 23 °C als schwül empfunden, weil die feuchte Entwärmung des Körpers behindert wird. Luftfeuchten unter 20 % führen zur Reizung der Schleimhäute. Die Aktivität 4 wird nicht mehr als erträglich empfunden.

Das Strömungsgeschwindigkeitsfeld im Raum wird durch den Luftdurchsatz dV_L/dt bzw. die Luftwechselrate n_L, die Lüftungsöffnungen, Fenster, Türen usw. das Temperaturfeld und die damit verbundenen Auftriebskräfte sowie die Einrichtung und Nutzung geprägt. Geschwindigkeitsfelder in Räumen lassen sch analytisch nicht oder nur sehr grob berechnen Die Strömungsverhältnisse in der Nähe der Raumumschließungsflächen sind verantwortlich für den bauphysikalisch wichtigen konvektiven Wärmeübergangswiderstände. Im Folgenden ist lediglich das Behaglichkeitsfeld für das Wertetripel Luftgeschwindigkeit-Raumlufttemperatur-Luftfeuchte im h-x-Diagramm und im zweiten Bild die einfache Korrespondenz zwischen Luftgeschwindigkeit und Empfindungstemperatur dargestellt. Die maximale Geschwindigkeit (keine Zugempfindung) kann in Abhängigkeit von der Temperatur mit Gleichung (2.19) abgeschätzt werden

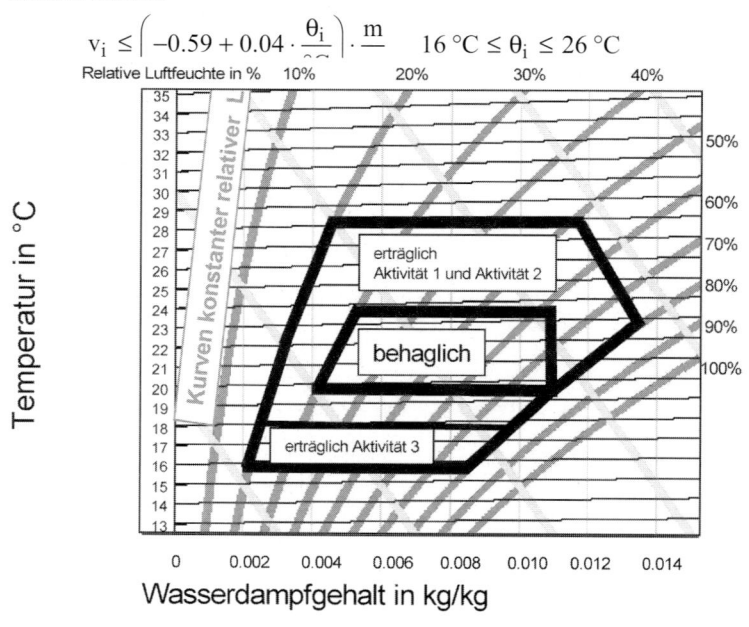

$$v_i \leq \left(-0.59 + 0.04 \cdot \frac{\theta_i}{°C}\right) \cdot \frac{m}{s} \qquad 16\,°C \leq \theta_i \leq 26\,°C$$

Bild 2.15 Behaglichkeits- bzw. Erträglichkeitsfeld für θ_E und φ im h-x-Diagramm

2 Raumklima

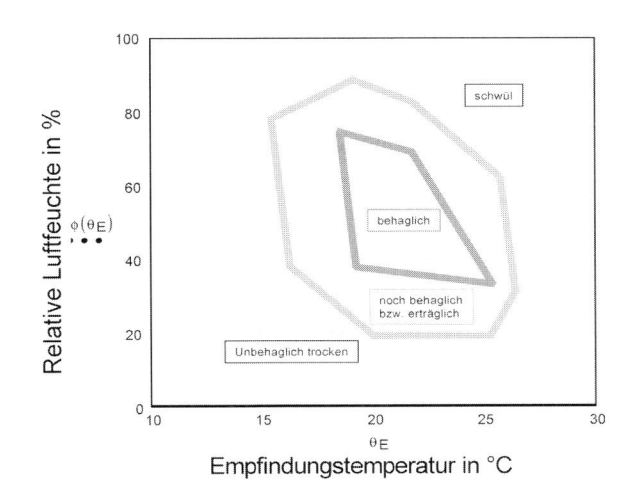

Bild 2.16
Behaglichkeits- bzw. Erträglichkeitsfeld für Empfindungstemperatur und relative Luftfeuchte

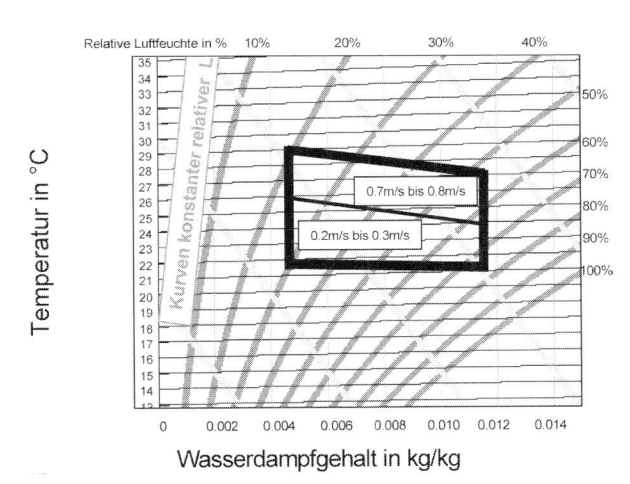

Bild 2.17
Behaglichkeitsfeld für die Raumluftgeschwindigkeit im h-x-Diagramm

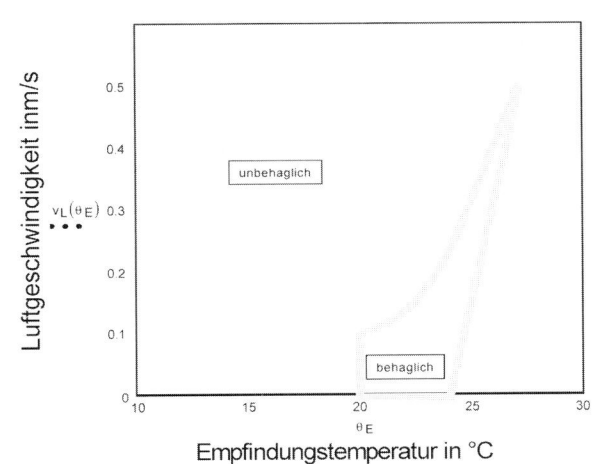

Bild 2.18
Behaglichkeitsfeld für Raumluftgeschwindigkeit und Empfindungstemperatur

3 Temperatur und Raumluftfeuchte bei freier Klimatisierung

3.1 Einführung

Klimatisierung verlangt eine klimagerechte Gestaltung und Konstruktion des Gebäudes. Freie Klimatisierung, bei der sich das Gebäude selbst (autogen) klimatisiert, beruht ausschließlich auf der bauklimatischen Wirksamkeit des Gebäudes und seiner Elemente: einen hinreichenden Wärmewiderstand der Hüllkonstruktion, eine ausreichende Wärme- und Feuchtespeicherwirkung des Baukörpers sowie eine dem Klima angepasste Lüftung.

Bei erzwungener (energogener) Klimatisierung wird das Raumklima durch Aufbereitungsenergie (Heiz- bzw. Kühlenergie) erzwungen. Die Raumlufttemperatur wird dadurch annähernd konstant gehalten; deswegen ist das Zeitverhalten des Baukörpers von geringer Bedeutung. Außer der Dämpfung der Transmissionswärme beim Durchgang durch die Umfassungskonstruktion ist durch die Bauwerksmasse lediglich die Dämpfung der instationären (Strahlungs-)Anteile der Transmissionswärmelast, der Strahlungslast sowie der inneren Wärmelast zu beeinflussen. Deswegen sind es im Wesentlichen nur der Wärmewiderstand der Hüllkonstruktion und – in weit geringerem Maße – die Dämpfung der instationären Lastkomponenten, über die der Baukörper mitwirken kann. Er hilft, den Aufwand für die Heizung und für die Kühlung auf ein vertretbares Maß zu senken und den bauhygienischen Wärmeschutz zu sichern. Im Regelfalle wird in Mitteleuropa das Gebäude aber nur beheizt. Der Wärmewiderstand der Hüllkonstruktion braucht dann nur auf die Heizphase abgestimmt zu sein; das Gebäude muss aber außerdem auch den Forderungen genügen, die sich aus der freien Klimatisierung während der warmen Jahreszeit ergeben, [3]. In einem beheizten Gebäude wird der Wasserdampfgehalt der Raumluft normalerweise nicht geregelt. Der Wasserdampfgehalt stellt sich dann frei ein, während die Raumlufttemperatur durch Zufuhr von Heizenergie konstant gehalten wird. Nur wenn die Funktion des Gebäudes eine konstante Feuchte fordert, wird durch Luftbefeuchtung bzw. -entfeuchtung der vorgegebene Wasserdampfgehalt erzwungen. Dazu werden Klimaanlagen benötigt [23],[24].

Bei freier (autogener) Klimatisierung „folgt" das Raumklima dem Außenklima. Das Raumklima ändert sich unter dem Einfluss des Außenklimas und der Nutzung ständig. Diese Änderungen werden vom Baukörper mehr oder weniger stark gedämpft. An dieser Dämpfung ist besonders auch die Innenkonstruktion beteiligt. Sie schlägt sich vor allem im Wärmeabsorptionsvermögen (Abschn. 3.2.1 und 3.2.2) nieder. Eine analoge Wirkung der raumseitigen Oberfläche des Gebäudes ergibt sich auch bei der Dämpfung des Wasserdampfgehaltes der Raumluft; diese wird durch das hygrische Absorptionsvermögen (Abschn. 3.3.2) gekennzeichnet. Im gemäßigten Klima Mitteleuropas ist es erforderlich, die Gebäude während der kalten Jahreszeit zu beheizen; während der warmen Jahreszeit reicht in der Regel die freie Klimatisierung aus. Zur freien Klimatisierung genügt es dann, die thermischen Eigenschaften der Gebäude und die Lüftungseinrichtungen so zu bemessen, dass unter extremen sommerlichen Witterungsbedingungen eine als zulässig erachtete Raumlufttemperatur (Abschn. 2.1.2) nicht überschritten wird.

Im Abschnitt 3 werden Näherungsmodelle und analytische Verfahren zur Berechnung der Empfindungstemperatur sowie der relativen Luftfeuchtigkeit der Raumluft bei freier Klimatisierung vorgestellt. Der Einfluss des Außenklimas, der nutzungsbedingten Wärme- und Feuchtequellen im Raum, des Wärmewiderstandes der Hüllkonstruktion, des Wärme- und **Feuchtespeichervermö-**

gens der **Raumumschließungsfläche und des Lüftungsregimes** wird quantifiziert und exemplarisch diskutiert.

3.2 Raumtemperaturen bei freier Klimatisierung

3.2.1 Wärmeabsorptionsvermögen von Bauteiloberflächen

Tages- und Jahresgang der Außenlufttemperatur lassen sich wie im Abschnitt 1 Außenklima ausgeführt näherungsweise durch eine harmonische Funktion darstellen. Das Gleiche gilt für die Raumtemperaturen außerhalb der Heizperiode. Diese Belastung führt zu einem periodischen Zeitverlauf und einer örtlichen Dämpfung des Temperaturfeldes im Bauteil verbunden mit einer entsprechenden Wärmespeicherung. Das Wärmeabsorptionsvermögen der Raumumschließungsfläche hat umgekehrt maßgeblichen Einfluss auf die Raumtemperaturen (Raumlufttemperatur, Oberflächentemperatur, Empfindungstemperatur) und soll deshalb zunächst quantifiziert werden. Die Wärmeleitungsgleichung $a \cdot \frac{\partial^2}{\partial x^2} \theta = \frac{\partial}{\partial t} \theta$ wird für den folgenden Fall gelöst: Die angrenzende Außen- oder Raumlufttemperatur schwankt nach einer harmonischen Zeitfunktion (3.1) z.B. mit einer Periodendauer T = 24 h = 1 Tag. Die Randbedingung 3. Art für die übergehende Wärmestromdichte an der Bauteiloberfläche für x = 0 formuliert (3.2). Daraus ergibt sich das Temperaturfeld (3.3) im Bauteil. Darin bedeuten **b** (3.4) die **Wärmeeindringfähigkeit**, φ (3.5) die Phasenverschiebung zwischen der Temperaturschwankung in der Luft und an der Oberfläche, und h ist der Wärmeübergangskoeffizient. $\Delta\theta_s$ (3.6) ist die Amplitude der Temperaturschwankung an der Bauteiloberfläche. Das Verhältnis $\Delta\theta_s/\Delta\theta_L$ wird auch als **Temperaturamplitudendämpfung** bezeichnet.

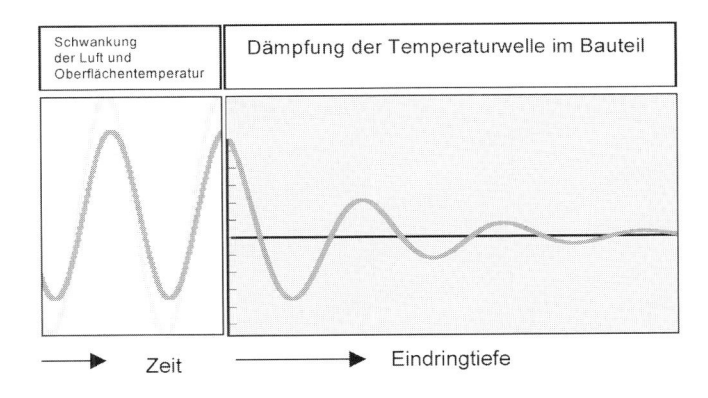

Bild 3.1 Schematische Darstellung der Dämpfung einer Temperaturwelle im Bauteil

$$T = 24 \quad\quad t = 0, 0.001 \ldots 72$$

$$\theta_L(t) = \Delta\theta_L \cdot \cos\left(\frac{2 \cdot \pi}{T} \cdot t\right) \tag{3.1}$$

$$q_{\ddot{u}}(t) = h \cdot (\theta_L(t) - \theta(0,t)) = \left(-\lambda \cdot \frac{d}{dx}\theta\right)_{xRand} \qquad (3.2)$$

$$\theta(x,t) = \frac{\Delta\theta_L}{\sqrt{1 + \frac{b}{h} \cdot \sqrt{\frac{\pi}{T}} + \left(\frac{b}{h}\right)^2 \cdot 2 \cdot \frac{\pi}{T}}} \cdot e^{\left(-\sqrt{\frac{\pi}{T \cdot a}}\right) \cdot x} \cdot \cos\left(\frac{2 \cdot \pi}{T} \cdot t - \sqrt{\frac{\pi}{T \cdot a}} \cdot x - \phi\right) \qquad (3.3)$$

$$b = \sqrt{\frac{\lambda^2}{a}} = \sqrt{\lambda \cdot \rho \cdot c} \qquad (3.4)$$

$$\tan(\phi) = \frac{1}{1 + \frac{h}{b} \cdot \sqrt{\frac{T}{\pi}}} \qquad (3.5)$$

$$\Delta\theta_s = \frac{\Delta\theta_L}{\sqrt{1 + \frac{2 \cdot b}{h} \cdot \sqrt{\frac{\pi}{T \cdot 3600}} + \left(\frac{b}{h}\right)^2 \cdot 2 \cdot \frac{\pi}{T \cdot 3600}}} \qquad (3.6)$$

Beispiel: Berechnung des Temperaturfeldes in einem Ziegelmauerwerk bei periodischer Tagesschwankung der Lufttemperatur zwischen 18 °C und 30 °C

$\Delta\theta_L = 6 \quad T = 24 \qquad \lambda = 0.75 \quad \rho = 1400 \quad c = 850 \quad b = \sqrt{\lambda \cdot \rho \cdot c} \quad a = \frac{\lambda}{\rho \cdot c}$

$\theta_{oL} = 24 \quad t = 0, 0.05 .. 120 \quad h = 15 \qquad\qquad b = 944.722 \quad a = 6.303 \times 10^{-7}$

Tagesgang der Lufttemperatur
$$\theta_L(t) = \Delta\theta_L \cdot \cos\left[\frac{2 \cdot \pi}{T} \cdot (t - 14)\right] + \theta_{oL}$$

Zeitliche Phasenverschiebung der Bauteiltemperatur und Temperaturamplitudendämpfung
$$\phi = \operatorname{atan}\left(\frac{1}{1 + \frac{h}{b} \cdot \sqrt{\frac{T \cdot 3600}{\pi}}}\right) \qquad \Delta\theta_s = \frac{\Delta\theta_L}{\sqrt{1 + \frac{2 \cdot b}{h} \cdot \sqrt{\frac{\pi}{T \cdot 3600}} + \left(\frac{b}{h}\right)^2 \cdot 2 \cdot \frac{\pi}{T \cdot 3600}}}$$

$\phi = 0.269 \qquad \Delta\theta_s = 4.193$

Tagesgang der Bauteiloberflächentemperatur $\quad x := 0$

$$\theta_s(x,t) = \frac{\Delta\theta_L}{\sqrt{1 + \frac{2 \cdot b}{h} \cdot \sqrt{\frac{\pi}{T \cdot 3600}} + \left(\frac{b}{h}\right)^2 \cdot 2 \cdot \frac{\pi}{T \cdot 3600}}} \cdot e^{-\sqrt{\frac{\pi}{T \cdot 3600}} \cdot x} \cdot \cos\left[\frac{2 \cdot \pi}{T} \cdot (t - 14) - \sqrt{\frac{\pi}{T \cdot 3600 \cdot a}} \cdot x - \phi\right] + \theta_{oL}$$

In der Abbildung 3.2 sind die Tagesgänge der Luft- und der Oberflächentemperatur dargestellt. Die Amplitude θ_S ist gegenüber θ_L von 6 K auf 4.2 K gedämpft und um $\phi = 0.269$ (t = 1 h) phasenverschoben.

Das nächste Bild 3.3 zeigt das eindringende Temperaturfeld (3.3) im Zweistundentakt. Die Einhüllende (Exponentialfunktion in (3.3)) beschreibt die Dämpfung der Temperaturwelle im Bauteil. In einer Tiefe x_E (Eindringtiefe) ist die Amplitude auf den e-ten Teil abgeklungen (Exponent in (3.3) gleich 1).

$$x_E = \sqrt{a \cdot \frac{T}{\pi}} \qquad (3.7)$$

3 Temperatur und Raumluftfeuchte bei freier Klimatisierung

Beispiel:

$$T = 24 \cdot 3600$$
$$\rho = 1400 \quad c := 850 \quad \lambda = 0.75$$
$$a = \frac{\lambda}{\rho \cdot c} \quad a = 6.303 \times 10^{-7}$$
$$x_E = \sqrt{a \cdot \frac{T}{\pi}} \quad x_E = 0.132$$

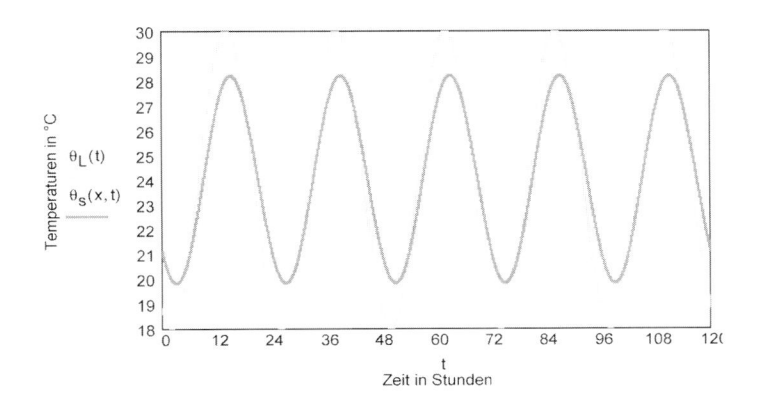

Bild 3.2
Schwankung der Raumluft- und der Oberflächentemperatur

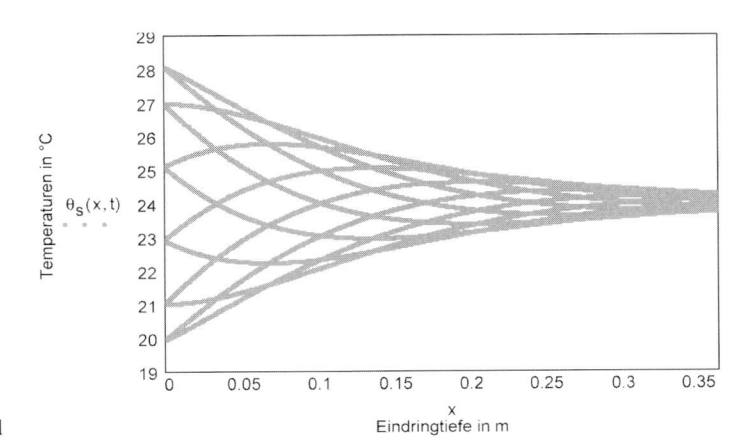

Bild 3.3
Temperaturfeld in einer 360 mm dicken Ziegelwand

Schließlich zeigt Bild 3.4 für die gleichen Materialwerte eine räumliche Darstellung des gedämpft in die Ziegelwand eindringenden Temperaturfeldes bei periodischer Belastung.

Mit Hilfe der Randbedingung (3.2) lässt sich die Wärmestromdichte (3.8) über die Bauteiloberfläche und nach einer Zeitintegration die während T/2 = 12 h gespeicherte bzw. wieder abgegebene Wärmemenge (3.9) berechnen.

Beide Gleichungen enthalten den **Wärmespeicherkoeffizienten S** (3.10) und den wichtigen **Wärmeabsorptionskoeffizienten B** (3.11). Letzterer ist außer von λ, ρ und c auch vom Wärmeübergangskoeffizienten h, genauer vom konvektiven Übergangskoeffizienten h_c abhängig.

$$q(t,\lambda,\rho) = \Delta\theta_L \cdot \frac{S(\lambda,\rho)}{\sqrt{1 + \frac{S(\lambda,\rho)}{h} \cdot \sqrt{2} + \frac{S(\lambda,\rho)^2}{h^2}}} \cdot \cos\left(2 \cdot \frac{\pi}{T} \cdot t - \phi(\lambda,\rho) + \frac{\pi}{4}\right) \quad (3.8)$$

$$Q_{\frac{T}{2}} = 2 \cdot \frac{T}{2 \cdot \pi} \cdot \Delta\theta_L \cdot \frac{S}{\sqrt{1 + \frac{S}{h} \cdot \sqrt{2} + \frac{S^2}{h^2}}} \quad (3.9)$$

$$S(\lambda,\rho) = \sqrt{\lambda \cdot \rho \cdot c \cdot \frac{2 \cdot \pi}{T}} \quad (3.10)$$

$$B(\lambda,\rho) = \frac{S(\lambda,\rho)}{\sqrt{1 + \frac{S(\lambda,\rho)}{h_c} \cdot \sqrt{2} + \frac{S(\lambda,\rho)^2}{h_c^2}}} \quad (3.11)$$

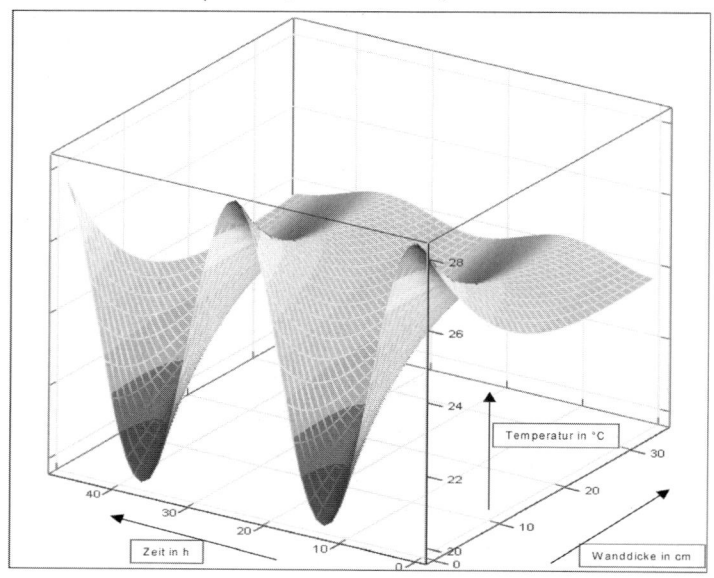

Bild 3.4
Periodisches gedämpftes Temperaturfeld in einer 360 mm dicken Ziegelwand

Der Teil mit der Eindringtiefe x_E der Konstruktion wird bei periodischen thermischen Belastungen zur Definition der speicherwirksamen Bauwerksmasse benutzt. Davon wird im Abschnitt 3.2.3 bei der Modellierung der sich frei einstellenden Raumtemperaturen Gebrauch gemacht. Da die Temperaturleitfähigkeiten $a = \lambda/\rho c$ der Baustoffe sich nur wenig voneinander unterscheiden, kann auch die Eindringtiefe in etwa als Material unabhängig betrachtet werden.

$$\text{Mit} \quad R = \frac{x_E}{\lambda} \qquad S = b \cdot \sqrt{\frac{2 \cdot \pi}{T}}$$

kann der Exponent in (3.3) noch nach (3.12) ersetzt werden:

$$\sqrt{\frac{\pi}{T \cdot a}} x_E = \frac{R \cdot S}{\sqrt{2}} \quad (3.12)$$

3 Temperatur und Raumluftfeuchte bei freier Klimatisierung

Er enthält jetzt den Wärmewiderstand R und den Wärmespeicherkoeffizienten S bis zur Eindringtiefe x_E. In diesem Kontext soll abschließend der **Wärmeabsorptionswert B als Maß für die Wärmeaufnahme der Raumumschließungsfläche** [2], [3], [25] in Abhängigkeit von der Materialdichte ρ, der spezifischen Wärmekapazität c, der Wärmeleitfähigkeit λ und des konvektiven Wärmeübergangswertes h_c dargestellt werden. Der Wärmeabsorptionswert B hat die Maßeinheit W/m^2K wie der U-Wert, ist also ein Maß für den Wärmestrom in das Bauteil, nur dass hier neben dem Übergang und der Leitung auch die Speicherung einen wesentlichen Einfluss nimmt.

Für h_c = 3 W/m^2K, c = 950 Ws/kgK und T = 24.3600 s ergeben sich in Abhängigkeit von ρ und λ die folgenden B-Werte (Bild 3.5 und Tafel 3.1). Sie liegen für einen **Halbtageszeitraum zwischen 0.13 W/m^2K bei PUR-Schaum und 2.65 W/m^2K bei Granit.**

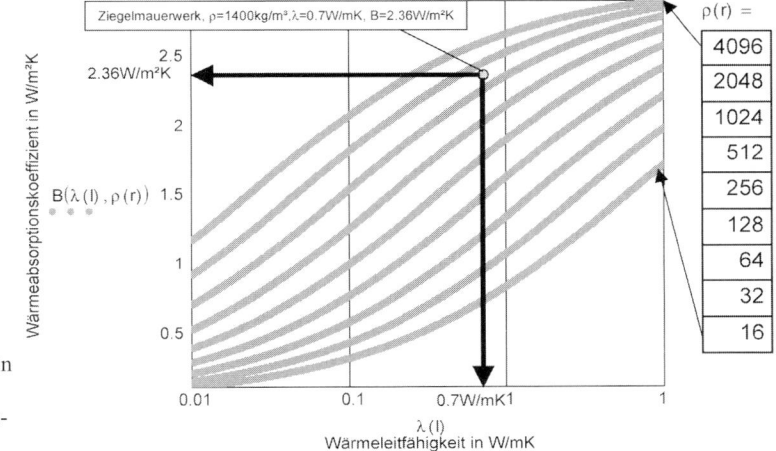

Bild 3.5
Wärmeabsorptionskoeffizient B in W/m^2K in Abhängigkeit von der Dichte und der Wärmeleitfähigkeit

Tafel 3.1 Wärme- Absorptionskoeffizient B in W/m^2K in Abhängigkeit von der Dichte und der Wärmeleitfähigkeit

ρ in kg/m³		2048.0	1448.2	1024.0	724.1	512.0	362.0	256.0	181.0	128.0	90.5	64.0	45.3	32.0	22.6	16.0	11.3
λ in W/mK		0	1	2	3	4	5	6	7	8	9	10	11	12	13	14	15
2.048	0	2.65	Granit	52	2.44	2.36	2.26	2.15	2.03	1.90	1.77	1.63	1.48	1.34	1.21	1.07	0.95
1.448	1	2.59	2.52	2.44	2.36	2.26	2.15	2.03	1.90	1.77	1.63	1.48	1.34	1.21	1.07	0.95	0.83
1.024	2	2.52	2.44	2.36	2.26	2.15	2.03	1.90	1.77	1.63	1.48	1.34	1.21	1.07	0.95	0.83	0.73
0.724	3	2.44	2.36	Ziegel	.15	2.03	1.90	1.77	1.63	1.48	1.34	1.21	1.07	0.95	0.83	0.73	0.63
0.512	4	2.36	2.26	2.15	2.03	1.90	1.77	1.63	1.48	1.34	1.21	1.07	0.95	0.83	0.73	0.63	0.55
0.362	5	2.26	2.15	2.03	1.90	1.77	1.63	1.48	1.34	1.21	1.07	0.95	0.83	0.73	0.63	0.55	0.47
0.256	6	2.15	2.03	1.90	1.77	1.63	1.48	1.34	1.21	1.07	0.95	0.83	0.73	0.63	0.55	0.47	0.40
0.181	7	2.03	1.90	1.77	1.63	1.48	1.34	1.21	1.07	0.95	0.83	0.73	0.63	0.55	0.47	0.40	0.34
0.128	8	1.90	1.77	1.63	1.48	1.34	1.21	1.07	0.95	0.83	0.73	0.63	0.55	0.47	0.40	0.34	0.29
0.091	9	1.77	1.63	1.48	1.34	1.21	1.07	0.95	0.83	0.73	0.63	0.55	0.47	0.40	0.34	0.29	0.25
0.064	10	1.63	1.48	1.34	1.21	1.07	0.95	0.83	0.73	0.63	0.55	0.47	0.40	0.34	0.29	0.25	0.21
0.045	11	1.48	1.34	1.21	1.07	0.95	0.83	0.73	0.63	0.55	0.47	0.40	0.34	0.29	0.25	0.21	0.18
0.032	12	1.34	1.21	1.07	0.95	0.83	0.73	0.63	0.55	0.47	0.40	0.34	0.29	0.25	0.21	0.18	0.15
0.023	13	1.21	1.07	0.95	0.83	0.73	0.63	0.55	0.47	0.40	0.34	0.29	0.25	0.21	PUR-Schaum		0.13
0.016	14	1.07	0.95	0.83	0.73	0.63	0.55	0.47	0.40	0.34	0.29	0.25	0.21	0.18	0.15	0.13	0.11
0.011	15	0.95	0.83	0.73	0.63	0.55	0.47	0.40	0.34	0.29	0.25	0.21	0.18	0.15	0.13	0.11	0.09

Wird die ungefähre Dichteabhängigkeit der Wärmeleitfähigkeit

$$\lambda(\rho) = 0.03 + 7.65 \cdot 10^{-6} \cdot (\rho - 1)^{1.6} \tag{3.12}$$

in die Gleichung (3.11) eingesetzt, ergibt sich der B-Wert nach (3.13)

$$B(\rho) = \frac{S(\rho)}{\sqrt{1 + \frac{S_{(\rho)}}{h_c} \cdot \sqrt{2} + \frac{S_{(\rho)}^2}{h_c^2}}} \tag{3.13}$$

lediglich in Abhängigkeit von der Dichte des Wandmaterials. Der Verlauf des Wärmeabsorptionskoeffizienten ist in Bild 3.6 (neben der Tages- jetzt auch für die Jahresschwingung) grafisch dargestellt. Übertrifft die Eindringtiefe der Temperaturwelle x_E die Wanddicke d wird das Speichervermögen auch vom Wärmeübergangswert h_{oe} an der Austrittsseite der Welle bestimmt. Der Speicherkoeffizient S lässt sich jetzt näherungsweise nach Gleichung (3.14) berechnen. (Der Einfluss von S nimmt linear mit d zu, und der Einfluss von h_{oe} nimmt linear mit d ab). Die von der Tagesschwingung der Raumluft erzeugte Temperaturwelle dringt in etwa 0.1 m bis 0.2 m in die Wand ein. Für größere Dicken wird die Wand zum Halbraum, und es gilt wieder (3.11) bzw. (3.13).

$$x_E(\rho) := \sqrt{\frac{\lambda(\rho)}{\rho \cdot c} \cdot \frac{T}{\pi}} \quad S_{(\rho)} := \left[\left[(S_{(\rho)})^{-1} \cdot \frac{d1(\lambda,\rho,d)}{x_E(\rho)} \right] + h_{ce}^{-1} \cdot \left(1 - \frac{d}{x_E(\rho)}\right) \cdot \Phi\left(1 - \frac{d}{x_E(\rho)}\right) \right]^{-1} \tag{3.14}$$

$$d1(\rho, d) = d \cdot \Phi(x_E(\rho) - d) + x_E(\rho) \cdot \Phi(d - x_E(\rho))$$

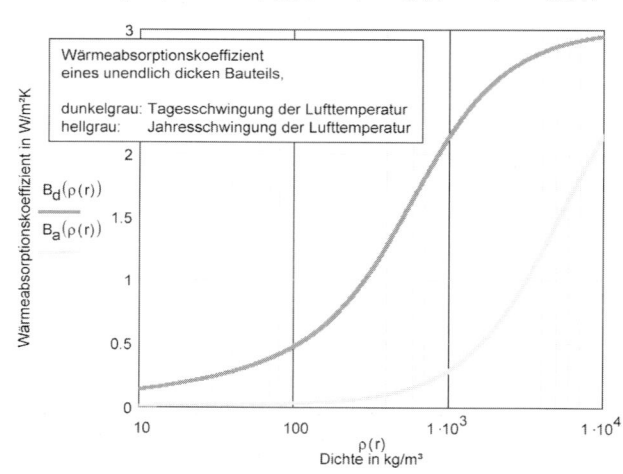

Bild 3.6
B-Wert für Tages- und Jahresschwingung in Abhängigkeit von der Dichte

Im letzten Bild 3.7b dieser Serie wird der Wärmeaufnahmekoeffizient des Außenbauteils bei anliegendem Jahresgang der Lufttemperaturschwingung betrachtet. Jetzt können Wandstärken erst ab 2 m bis 3 m als unendlich dick angesehen werden (mittelalterliche Burgen und Kirchen, erdanliegende Bauteile). Für geringere Schichtstärken ist der Wärmeübergangswert an der Austrittsfläche neben dem Speicherwert S von maßgeblichem Einfluss auf den B-Wert.

Innerer konvektiver Übergangswert in W/m²K $\quad h_c = 2.8$

Äußerer konvektiver Übergangswert in W/m²K $\quad h_{ce} = 2.8$

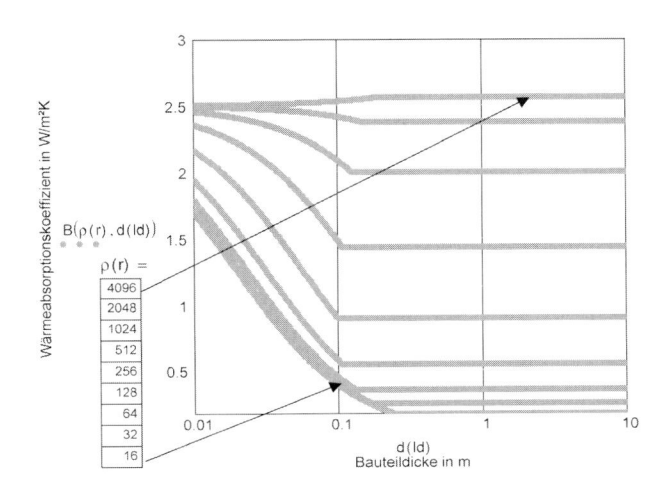

3 Temperatur und Raumluftfeuchte bei freier Klimatisierung

Bild 3.7a
B-Wert für eine endlich dicke
Wand, Tagesgang

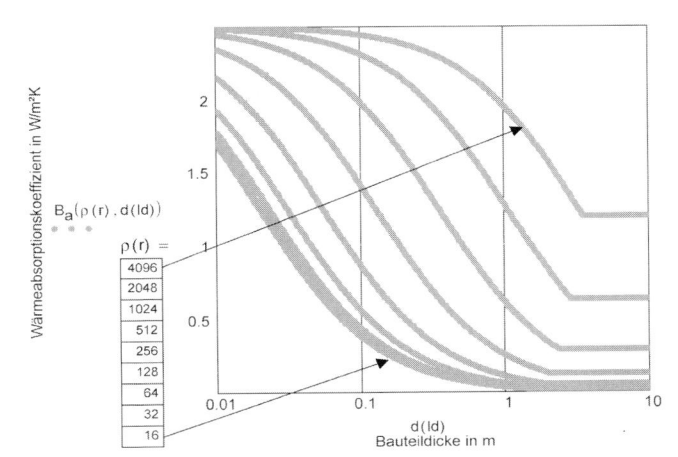

Bild 3.7b
B-Wert für eine endlich dicke
Wand, Jahresgang

3.2.2 Tagesgang der Raumtemperaturen

Modellierung

In diesem Abschnitt soll der Tagesgang der Empfindungstemperatur in einem Raum (Mitteltemperatur aus Raumluft- und Umschließungsflächentemperatur) näherungsweise in Abhängigkeit vom Außenklimas (Außenlufttemperatur und Wärmestrahlung), von den Gebäudeparametern (Wärmetransportwiderstände der Hüllkonstruktion und Wärmeabsorptionsvermögen der Bauteile), von der Lüftung und der Raumnutzung (innere Wärmequellen) bei freier Klimatisierung berechnet werden [26], [27]. Das Tagesmaximum, das Tagesminimum und der Tagesmittelwert für den eingeschwungenen Zustand werden mit den Vorgaben der Euronorm EN ISO 13792 [28] für 3 Basisräume verglichen. Bleiben diese Temperaturen innerhalb einer Marge von 1.5 K kann das Verfahren für die Planung benutzt werden. Das hier entwickelte Modell basiert auf folgenden Wärmestrombilanzen:

1. Wärmestrombilanz für die Außenoberfläche der opaken Bauteile
2. Wärmestrombilanz für die Raumluft
3. Wärmestrombilanz für die innere Raumumschließungsfläche

Diese Bilanzen führen auf ein System von Bestimmungsgleichungen für die die Raumumschließungsflächentemperatur und die Raumlufttemperatur. Die Differentialgleichungen lassen sich vereinfacht lösen, indem alle thermischen Belastungen während eines 4-stündigen Zeitraumes konstant gehalten werden sich dann aber sprungförmig ändern. Dadurch kann das unterschiedliche Zeitverhalten der Belastungen (Außenlufttemperatur harmonische Funktion, Lüftung und innere Wärmequellen nutzungsbedingt oft sprungförmig) genügend genau abgebildet werden. Die 6 anfallenden Zeitfunktionen für die Raumtemperaturen sind einfache Exponentialfunktionen für den Erwärmungs- bzw. Abkühlvorgang. Die 6 Endwerte also um 4Uhr, 8Uhr, 12Uhr, 16Uhr, 20Uhr, 24Uhr lassen sich über eine Regression näherungsweise durch eine Sinusfunktion verbinden. Die Endtemperatur um 4Uhr ist Ausgangspunkt für die Berechnung des folgenden Tagesganges. Dadurch kann der generelle Aufheizvorgang während einer Schönwetterperiode als Grundlage der Beurteilung des sommerlichen Wärmeschutzes, aber auch das thermische Verhalten eines Raumes für einen beliebigen Witterungsgang außerhalb der Heizperiode analytisch simuliert werden.

Der Einfluss aller Belastungen und Gebäudeparameter bleibt bei einer analytischen Formulierung transparent, und folglich können auch generelle Aussagen zum Raumklima in der Vorbemessungsphase von Gebäuden gemacht werden. Das Verfahren liegt auch als nutzerfreundliche Software SUN für den praktischen Gebrauch vor. In Bild 3.8 sind alle Wärmeströme, die den Raum be- oder entlasten dargestellt. Sie werden im Folgenden bilanziert und zur Berechnung der Raumlufttemperatur der inneren Oberflächentemperatur und der Empfindungstemperatur benutzt.

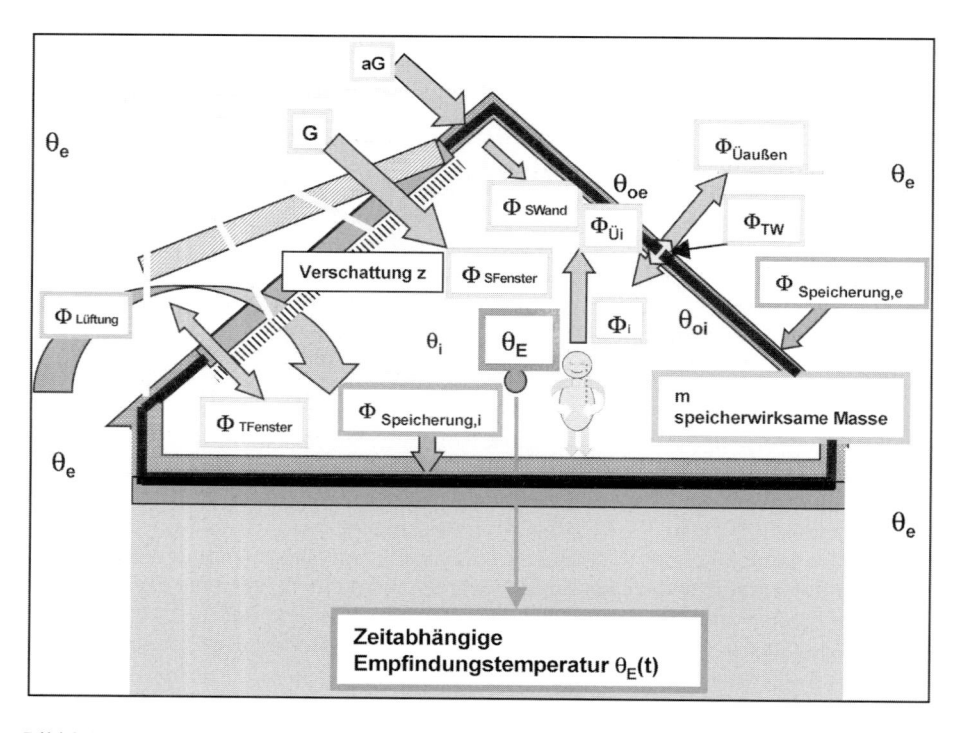

Bild 3.8 Schematische Darstellung aller be- und entlastenden Wärmeströme für einen Raum bei freier Klimatisierung außerhalb der Heizperiode

3 Temperatur und Raumluftfeuchte bei freier Klimatisierung

1. Wärmestrombilanz für die äußere Oberfläche der opaken Bauteile

Die Wärmeströme in der Bilanzgleichung (3.15) bedeuten:

$$\Phi_{SWE} = \Phi_{Spe} + \Phi_{TW} + \Phi_{Üe}. \tag{3.15}$$

(3.16) Von der opaken Außenoberfläche (Wände, Dach) absorbierter Strahlungswärmestrom, a Absorptionskoeffizient der Außenoberfläche für kurzwellige Strahlung

$$\Phi_{SWe} = \sum_{j=1}^{n} a_j \cdot G_j \cdot A_{ej} = S_W \tag{3.16}$$

(3.17) Von der speicherwirksamen Masse der opaken Außenoberfläche aufgenommener Wärmestrom, $C_e = c_e m_e$ Wärmekapazität der äußeren speicherwirksamen Bauwerksmasse in Ws/K

$$\Phi_{SPe} = \sum_{j=1}^{n} c_{ej} \cdot m_{ej} \cdot \frac{d\theta_{oe}}{dt} = C_e \cdot \frac{d\theta_{oe}}{dt} \tag{3.17}$$

(3.18) Von der opaken Außenoberfläche zur Innenoberfläche geleitete Wärmestrom, U' spezifischer Wärmedurchgangswert der Wand (ohne Wärmeübergangskoeffizienten innen und außen) in W/m²K, $T'_W = U'A_W$ Wärmedurchgangswert der Wand in W/K, $1/T'_W$ Wärmedurchlasswiderstand des Außenbauteils in K/W

$$\theta_{TW} = \sum_{j=1}^{n} U'_j \cdot A_{Wej} \cdot (\theta_{oe} - \theta_{oi}) = T'_W \cdot (\theta_{oe} - \theta_{oi}) \tag{3.18}$$

(3.19) Von der Außenoberfläche an die Umgebung zurückübertragener Wärmestrom, h_e äußerer konvektiver und radiativer Übergangskoeffizient, $Ü_e = h_e A_{We}$ Wärmeübergangswert in W/K außen

$$\Phi_{Üe} = \sum_{j=1}^{n} h_{e.j} \cdot A_{Wej} \cdot (\theta_{oe} - \theta_e) = Ü_e (\theta_{oe} - \theta_e) \tag{3.19}$$

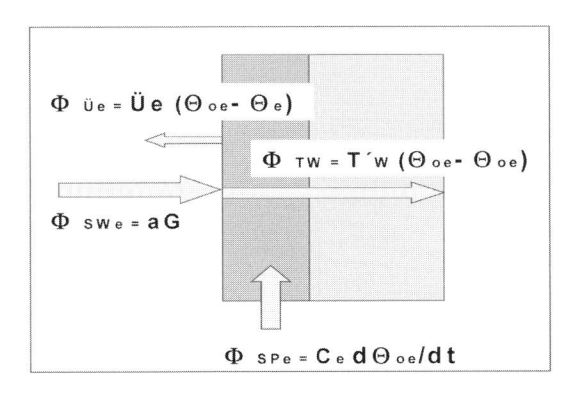

Bild 3.9a
Energiebilanz-Außenoberfläche

2. Wärmestrombilanz für die Raumluft

Entsprechend gilt für die Bilanzgleichung (3.20):

$$\Phi_L + \Phi_{TF} + \Phi_{Üi} + \frac{\Phi_I}{2} = \Phi_{SPL} \tag{3.20}$$

(3.21) Über den Lüftungsstrom bzw. die Luftwechselrate n_L zwischen Außen- und Raumluft ausgetauschter Wärmestrom, L Wärmeübertragungswert infolge Lüftung in W/K

$$\Phi_L = \rho_L \cdot c_{pL} \cdot n_L \cdot V_L \cdot (\theta_e - \theta_i) = L \cdot (\theta_e - \theta_i) \tag{3.21}$$

(3.22) Zwischen Außen- und Raumluft über die Fenster transmittierter Wärmestrom, U_F klassischer spezifischer Wärmedurchgangswert des Fensters in W/m²K, $T_F = U_F A_F$ Wärmedurchgangswert in W/K, $1/T_F$ Wärmedurchgangswiderstand des Fensters in K/W

$$\Phi_{TF.} = \sum_{j=1}^{n} U_{Fj} \cdot A_{Fj} \cdot (\theta_e - \theta_i) = T_F \cdot (\theta_e - \theta_i) \tag{3.22}$$

(3.23) Von der Innenoberfläche konvektiv an die Raumluft übertragener Wärmestrom, $Ü_i = h_{ci}A_{Wi}$ innerer Übergangswert in W/K, $1/Ü_i$ Wärmeübergangswiderstand innen in K/W

$$\Phi_{Üi} = \sum_{j=1}^{n} h_{cij} \cdot A_{Wij} \cdot (\theta_{oi} - \theta_i) = Ü_i(\theta_{oi} - \theta_i) \tag{3.23}$$

(3.24) Von den inneren Wärmequellen (Leistung I in W) konvektiv an die Raumluft übertragener Wärmestrom

$$\frac{\Phi_I}{2} = \frac{I}{2} \tag{3.24}$$

(3.25) Von der Raumluft gespeicherter Wärmestrom, C_L Wärmekapazität der Luft

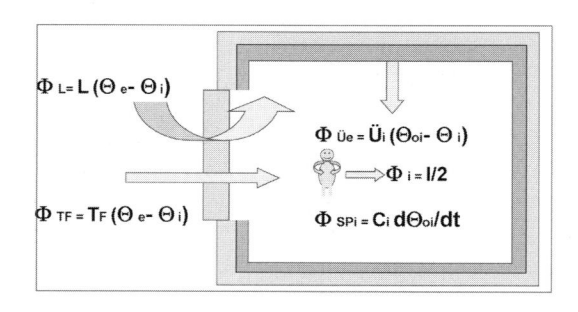

$$\Phi_{SPL} = C_L \cdot \frac{d}{dt}\theta_i \tag{3.25}$$

Bild 3.9b Energiebilanz für die Raumluft

3. Wärmestrombilanz für die innere Raumumschließungsfläche

Schließlich lauten die Wärmeströme in der Bilanzgleichung (3.26):

$$\Phi_{SF} + \Phi_{TW} + \Phi_{Üi} + \frac{\Phi_I}{2} = \Phi_{SPi} \tag{3.26}$$

(3.27) Durch die Fenster in den Raum eindringender Strahlungswärmestrom, f_R Rahmenfaktor oder Glasflächenanteil, z Verschattungsgrad, g Glasdurchlasskoeffizient, G spezifischer Strahlungswärmestrom in W/m²

$$\Phi_{SF} = \sum_{j=1}^{n} f_{Rj} \cdot z_j \cdot g_j \cdot G_j \cdot A_{Fj} = S_F \tag{3.27}$$

(3.28) Von der opaken Außenoberfläche zur Innenoberfläche geleiteter Wärmestrom, U′ spezifischer Wärmedurchgangswert der Wand (ohne Wärmeübergangskoeffizienten innen und außen) in W/m²K, $T'_W = U'A_W$ Wärmedurchgangswert der Wand in W/K, $1/T'_W$ Wärmedurchlasswiderstand der Wand in K/W

$$\Phi_{TW} = \sum_{j=1}^{n} U'_j \cdot A_{Wej} \cdot (\theta_{oe} - \theta_{oi}) = T'_W (\theta_{oe} - \theta_{oi}) \tag{3.28}$$

(3.29) Von der Innenoberfläche konvektiv an die Raumluft übertragener Wärmestrom, $Ü_i = h_{ci}A_{Wi}$ Übergangswert in W/K, $1/Ü_i$ Wärmeübergangswiderstand innen in K/W

$$\Phi_{Üi} = \sum_{j=1}^{n} h_{cij} \cdot A_{Wij} \cdot (\theta_{oi} - \theta_i) = Ü_i (\theta_{oi} - \theta_i) \tag{3.29}$$

(3.30) Von den inneren Wärmequellen (Leistung I in W) radiativ an die Raumschließungshöhe übertragener Wärmestrom

$$\frac{\Phi_I}{2} = \frac{I}{2} \tag{3.30}$$

(3.31) Von der speicherwirksamen Masse der Innenoberfläche aufgenommener Wärmestrom, $C_i = c_i m_i$ Wärmekapazität der inneren speicherwirksamen Bauwerksmasse in Ws/K

$$\Phi_{SPi} = \sum_{j=1}^{n} c_{ij} \cdot m_{ij} \cdot \frac{d\theta_{oi}}{dt} = C_i \cdot \frac{d\theta_{oi}}{dt} \tag{3.31}$$

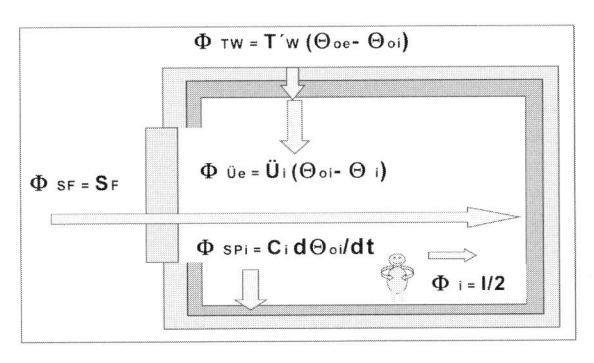

Bild 3.9c
Energiebilanz-Innenoberfläche

Für die Berechnung der **Raumlufttemperatur θ_i** und der **Oberflächentemperatur der Raumumschließungsfläche θ_{oi}** kann die Wärmespeicherung der Raumluft vernachlässigt werden. Daraus folgt für die drei Wärmestrombilanzen mit den oben (Gleichungen (3.16) bis (3.31)) eingeführten Abkürzungen in vereinfachter Form.

$$\text{Bilanz 1: } S_W = T'_W \cdot (\theta_{oe} - \theta_{oi}) + \ddot{U}_e \cdot (\theta_{oe} - \theta_e) + C_e \cdot \frac{d\theta_{oe}}{dt} \tag{3.32}$$

$$\text{Bilanz 2: } 0 = (L + T_F) \cdot (\theta_e - \theta_i) + \ddot{U}_i \cdot (\theta_{oi} - \theta_i) + \frac{J}{2} \tag{3.33}$$

$$\text{Bilanz 3: } C_i \cdot \frac{d\theta_{oi}}{dt} = S_F + T'_W \cdot (\theta_{oe} - \theta_{oi}) + \ddot{U}_i \cdot (\theta_{oi} - \theta_i) + \frac{J}{2} \tag{3.34}$$

Dieses einfache Differentialgleichungssystem lässt sich nach den drei Temperaturen θ_{oe}, θ_{oi} und θ_i auflösen, wobei nur die Zeitabläufe für die letztgenannte Raumluft- und Innenoberflächentemperatur θ_i bzw. θ_{oi} relevant für das vorliegende Problem sind.

Die thermischen Belastungsgrößen Außenlufttemperatur θ_e, Strahlung durch die Fenster S_F, Strahlung durch die Wand S_W, Lüftung L und die inneren Wärmebelastungen J sollen sich, wie oben vorausgesetzt, alle 4 Stunden sprungförmig ändern und anschließend im Zeitintervall n jeweils konstant bleiben. Daraus ergibt sich für den allgemeinen Zeitabschnitt n der sechs definierten Tageszeiten 4.00 – 8.00, 8.00 – 12.00, 12.00 – 16.00, 16.00 – 20.00, 20.00 – 24.00, 0.00 – 4.00 folgende Exponentialfunktion als Lösung für die für alle Teilflächen als gleich betrachtete Oberflächentemperatur der Raumumschließungsfläche.

$$\theta_{oi,n} = \theta_{oi,n-1} + (\theta_{oi,\lim,n} - \theta_{oi,n-1}) \cdot \left(1 - e^{-\beta_n \cdot t}\right) \tag{3.35}$$

Darin bedeuten $\theta_{oi,n-1}$ die Ausgangstemperatur zu Beginn des Zeitintervalls n und $\theta_{oi,\lim,n}$ die innere Oberflächentemperatur nach unendlich langer Aufheiz- oder Abkühlzeit mit den im Intervall n gültigen Belastungsgrößen.

$$\theta_{oi,\lim,n} = \theta_{e,n} + \frac{\dfrac{S_{Wn}}{\ddot{U}_e} \cdot \dfrac{1}{\dfrac{1}{T'_W} + \dfrac{1}{\ddot{U}_e}} + S_{Fn} + \dfrac{J_n}{2 \cdot (L_n + T_F)} \cdot \dfrac{1}{\dfrac{1}{L_n + T_F} + \dfrac{1}{\ddot{U}_i}} + \dfrac{J_n}{2}}{\left(\dfrac{1}{\dfrac{1}{T'_W} + \dfrac{1}{\ddot{U}_e}} + \dfrac{1}{\dfrac{1}{L_n + T_F} + \dfrac{1}{\ddot{U}_i}}\right)} \tag{3.36}$$

Die fiktive Endtemperatur (3.36) hängt lediglich von den beiden Strahlungsbelastungen durch die Fenster bzw. Wände S_{Fn} und S_{Wn}, der inneren Belastung J_n und den Übertragungswiderständen $1/T'_W$ (Transmission durch die Wände ohne Wärmeübergangswiderstände an den Bauteiloberflächen), $1/(L_n + T_F)$ (Lüftung und Transmission durch die Fenster), $1/\ddot{U}_e$ und $1/\ddot{U}_i$ (Übertragungswiderstände an der außenseitigen und raumseitigen Bauteiloberfläche) ab. Sie steigt mit den Strahlungsbelastungen und den inneren Wärmequellen und sinkt mit der Luftwechselrate. Die wärmespeichernden Eigenschaften der Raumumschließungsfläche C_i und der Außenoberfläche C_e gehen nicht ein.

Als Zeitkonstante β_n bzw. als Einstellzeit τ_n für jeden vierstündigen Zeitabschnitt ergeben sich die folgenden Gleichungen, wobei nur die zweite Lösung bauklimatisch relevant ist.

3 Temperatur und Raumluftfeuchte bei freier Klimatisierung

$$\beta_{n1} = -\frac{En}{2} + \sqrt{\left(\frac{En}{2}\right)^2 + Bn} \quad \beta_{n2} = -\frac{En}{2} - \sqrt{\left(\frac{En}{2}\right)^2 + Bn} \quad (3.37a), (3.37b)$$

$$\tau_{n1} = \frac{3}{\beta_{n1}} \quad \tau_{n2} = \frac{3}{\beta_{n2}} \quad (3.38a), (3.38b)$$

$$B_n = -\frac{(T'_W + \ddot{U}_e)}{C_e \cdot C_i} \cdot \left(\frac{1}{\frac{1}{\ddot{U}_i} + \frac{1}{L_n + T_F}} + \frac{1}{\frac{1}{T'_W} + \frac{1}{\ddot{U}_e}} \right) \quad (3.39a)$$

$$E_n = \frac{\ddot{U}_i}{C_i \cdot (L_n + T_F)} \cdot \left(\frac{1}{\frac{1}{\ddot{U}_i} + \frac{1}{L_n + T_F}} \right) - \frac{(T'_W + \ddot{U}_e)}{C_e} - \frac{(T'_W + \ddot{U}_i)}{C_i} \quad (3.39b)$$

Das Zeitverhalten hängt neben den Übertragungswiderständen hauptsächlich von den Wärmespeicherfähigkeiten (Wärmekapazitäten C_i und C_e) ab, wobei die Wärmespeicherfähigkeit der inneren Oberfläche in der Regel stärker eingeht. Die beiden Strahlungsbelastungen durch die Fenster bzw. Wände S_{Fn} und S_{Wn}, sowie die inneren Belastung J_n haben jetzt keinen Einfluss (siehe auch Bilder 3.24 bis 3.27)

Da das thermische Signal während der genannten sechs 4-Stundenzeitabschnitte entsprechend der Temperaturleitfähigkeit $\lambda/\rho c$ der Baustoffe von der Innenoberfläche nach den Ausführungen im vorhergehenden Abschnitt 3.2.1 etwa $x_E = 120$ mm tief in die Konstruktion eindringt, ist dieser Bereich zur Ermittlung der speicherwirksamen Bauwerksmassen m_i und m_e anzusetzen. Linearisiert man das eindringende Signal in den Abbildungen 3.3 und 3.4 ergibt sich z.B. für die speicherwirksame Masse der Raumumschließungsfläche etwa $m_i = \rho_i A_i x_E/2$. Daraus lassen sich die innere und äußere Wärmekapazität für mehrschichtige Umfassungskonstruktionen wie folgt ermitteln.

pi, pe Zahl der innen(außen)liegenden Teilflächen der Hüllfläche li, le Zahl der erfassten Schichten von der Innen (Außen) Oberfläche aus gerechnet

$$C_i = m_i \cdot c_i \qquad C_e = m_e \cdot c_e \qquad (3.35a), (3.35b)$$

$$m_i = \sum_{k=1}^{pi} \sum_{j=1}^{li} \rho_{j,i} \cdot d_{j,i} \cdot A_{k,i} \qquad m_e = \sum_{k=1}^{pi} \sum_{j=1}^{le} \rho_{j,l} \cdot d_{j,i} \cdot A_{k,i} \qquad (3.37a), (3.37b)$$

$$\sum_{j=1}^{li} d_{j,i} < 60\,\text{mm} \qquad \sum_{j=1}^{le} d_{j,i} < 60\,\text{mm} \qquad (3.38a), (3.38b)$$

Die Funktion des Wärmeabsorptionsvermögens wird jetzt von der speicherwirksamen Masse bzw. der Wärmekapazität C_i und C_e und den Übertragungswiderständen $1/\ddot{U}_i$ und $1/\ddot{U}_e$ übernommen.

Die Raumlufttemperatur θ_{in} lässt sich aus der Raumumschließungsflächentemperatur über die Bilanzgleichung 2 ermitteln, und die Empfindungstemperatur ergibt sich in etwa als arithmetisches Mittel aus beiden Temperaturen zu $\theta_E = \theta_{eff} = (\theta_{oi} + \theta_i)/2$

$$\theta_{i,n} = \frac{\theta_{oi,n} \cdot U_i + \theta_{oi,n} \cdot (L_n + T_F) + \frac{J_n}{2}}{L_n + T_F + \ddot{U}_i} \qquad \theta_{En} = \theta_{effn} = \frac{\theta_{oi,n} + \theta_{i,n}}{2} \qquad (3.39), (3.40)$$

Beispiel: Raumtemperaturen für in der Norm EN ISO 13792 festgelegten Testräume

Die Testräume der internationalen Norm EN ISO 13792 [28] sind in der Zeichnung 3.10 abgebildet. Alle Gebäudeparameter und thermischen Belastungen sind auf den folgenden Seiten (Tafeln 3.2 und 3.3) vor Beginn der jeweiligen Berechnungen aufgeführt. Der Testraum 1 zeichnet sich auf Grund der abgehängten leichten Decke durch eine geringe Bauwerksmasse aus. Beim Testraum 2 handelt es sich um den Normalfall im Zwischengeschoss. Der Testraum 3 besitzt zwar die größte speicherwirksame Bauwerksmasse, wird aber durch die indirekt wirkende Strahlung über das Dach thermisch am meisten belastet

Alle Testräume unterliegen dem in der Norm angegebenen Außenklima (Temperatur und Strahlung), Nutzungsregime (innere Wärmequellen hauptsächlich von 12 Uhr bis 20 Uhr) und Lüftungsregime (Tafel 3.3). Die Ergebnisse (Tafeln 3.4 und 3.5) werden jeweils am Ende jeder Rechenserie für die Räume 1,2,3 kurz diskutiert und mit den Vorgaben der Norm verglichen. Weichen die täglichen Maximal- und Minimalwerte sowie die Durchschnittswerte für die Empfindungstemperatur nicht mehr als 1.5 K von den Normvorgaben ab, kann das vorgestellte vereinfachte Rechenmodell z.B. auch für die Planung des baulichen sommerlichen Wärmeschutzes benutzt werden.

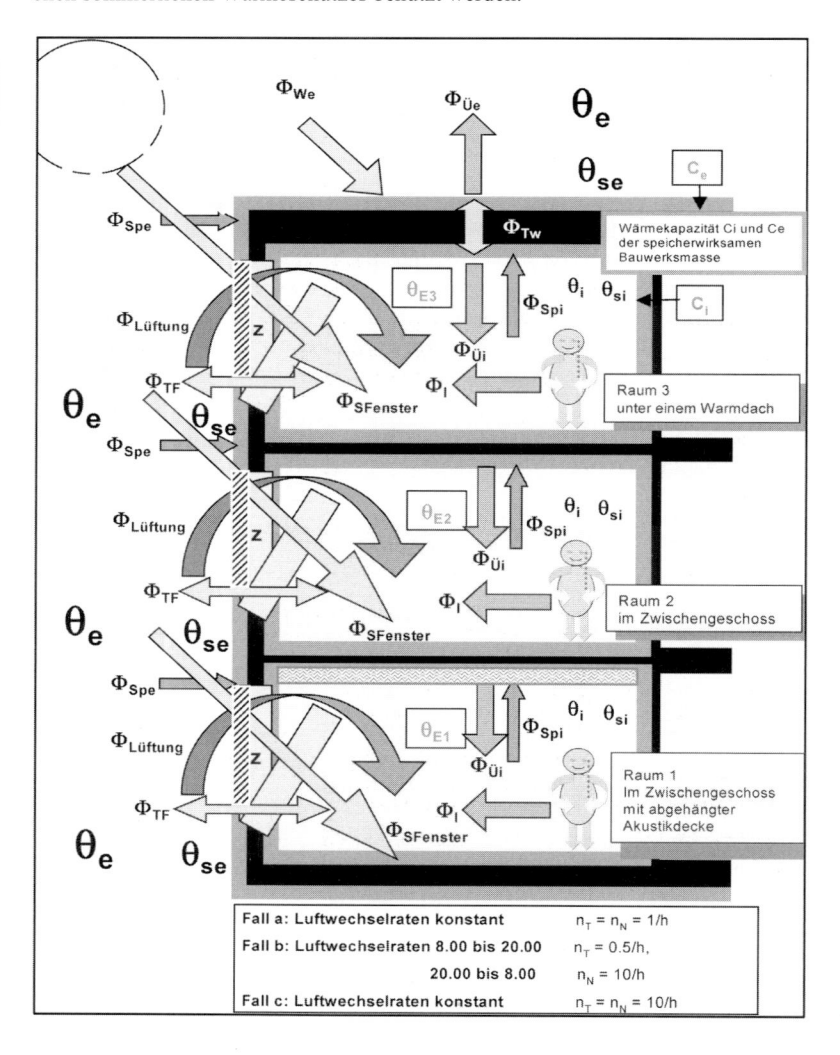

Bild 3.10 Testräume mit thermischen Belastungen

3 Temperatur und Raumluftfeuchte bei freier Klimatisierung

Tagesgang der Empfindungstemperatur außerhalb der Heizperiode bei freier Klimatisierung

Fall 1a: Raum im Zwischengeschoss mit leichter abgehängter Akustikdecke, Luftwechselrate konstant n = 1/h

Tafel 3.2 Gebäudeparameter

WÄRMEÜBERGANGSWIDERSTÄNDE

Eingabewerte Wärmeübergangswerte an der Innen- und Außenoberfläche

$h_i = 7.5$ $h_{ic} = 2.2$ $h_e = 14$ in W/m²K

Berechnete Werte

$R_i = \dfrac{1}{h_i}$ $R_e = \dfrac{1}{h_e}$

$R_i = 0.13$ $R_e = 0.07$ in m²K/W

DACHFLÄCHEN

Eingabewerte

	Fläche in m²	Dichte in kg/m³	U-Wert in W/m²K	Absorptionskoeffizient
Horizontal	$A_{d1} = 0$	$\rho_{d1} = 2000$	$k_{d1} = 0.44$	$a_{d1} = 0.8$
Horizontal	$A_{d2} = 0$	$\rho_{d2} = 1500$	$k_{d2} = 0.3$	$a_{d2} = 0.8$

U'-Werte nur für das Bauteil, ohne Übergangswiderstände in W/m²K

$k_{d1}' = \dfrac{k_{d1}}{1-(R_i+R_e)\cdot k_{d1}}$ $k_{d1}' = 0.48$

$k_{d2}' = \dfrac{k_{d2}}{1-(R_i+R_e)\cdot k_{d2}}$ $k_{d2}' = 0.32$

AUSSENWÄNDE

Eingabewerte

	Fläche in m²	Dichte in kg/m³	U-Wert in W/m²K	Absorptionskoeffizient
Süd	$A_{we1} = 0$	$\rho_{we1} = 1000$	$k_{we1} = 0.5$	$a_{w1} = 0.6$
West	$A_{we2} = 3$	$\rho_{we2} = 1400$	$k_{we2} = 0.6$	$a_{w2} = 0.6$
Nord	$A_{we3} = 0$	$\rho_{we3} = 1400$	$k_{we3} = 0.4$	$a_{w3} = 0.3$
Ost	$A_{we4} = 0$	$\rho_{we4} = 1000$	$k_{we4} = 0.5$	$a_{w4} = 0.5$

Berechnete Werte U'-Werte nur für das Bauteil, ohne Übergangswiderstände in W/m²K

$k_{we1}' = \dfrac{k_{we1}}{1-(R_i+R_e)\cdot k_{we1}}$ $k_{we1}' = 0.56$

$k_{we2}' = \dfrac{k_{we2}}{1-(R_i+R_e)\cdot k_{we2}}$ $k_{we2}' = 0.68$

$k_{we3}' = \dfrac{k_{we3}}{1-(R_i+R_e)\cdot k_{we3}}$ $k_{we3}' = 0.44$

$k_{we4}' = \dfrac{k_{we4}}{1-(R_i+R_e)\cdot k_{we4}}$ $k_{we4}' = 0.56$

INNENWÄNDE

Eingabewerte

	Fläche in m²	Dichte in kg/m³	Volumen in m³
	$A_{wi1} = 15$	$\rho_{wi1} = 160$	$V_I = 50$
	$A_{wi2} = 10$	$\rho_{wi2} = 160$	
	$A_{wi3} = 15$	$\rho_{wi3} = 160$	
	$A_{wi4} = 20$	$\rho_{wi4} = 160$	
DECKE	$A_{de} = 20$	$\rho_{de} = 140$	
FUSSBODEN	$A_n = 20$	$\rho_n = 1400$	

Berechnete Werte Innere Raumumschliessungsfläche in m²

$A_{oi} = A_{wi1} + A_{wi2} + A_{wi3} \ldots$
$\qquad + A_{we1} + A_{we1} + A_{we2} + A_{we3} + A_{we4}$
$\qquad + A_{d1} + A_{d2} + A_{de} + A_n$

$A_{oi} = 83.00$

FENSTER

Eingabewerte

	Fläche in m²	Verschattungsgrad	U-Wert in W/m²K	Rahmenfaktor	Glasdurchlassgrad
Süd	$A_{f1} = 0$	$z_1 = 0.33$	$k_{f1} = 1.8$	$f_{r1} = 0.9$	$g_1 = 0.65$
West	$A_{f2} = 7$	$z_2 = 0.33$	$k_{f2} = 1.8$	$f_{r2} = 0.9$	$g_2 = 0.65$
Nord	$A_{f3} = 0$	$z_3 = 0.33$	$k_{f3} = 1.8$	$f_{r3} = 0.9$	$g_3 = 0.65$
Ost	$A_{f4} = 0$	$z_4 = 0.2$	$k_{f4} = 1.2$	$f_{r4} = 0.9$	$g_4 = 0.65$
Horizontal	$A_{f5} = 0$	$z_5 = 0.2$	$k_{f5} = 1.4$	$f_{r5} = 0.7$	$g_5 = 0.5$

Berechnete Werte Gesamtdurchlassgrad

$s_{f1} = z_1 \cdot g_1 \cdot f_{r1}$ $s_{f1} = 0.19$
$s_{f2} = z_2 \cdot g_2 \cdot f_{r2}$ $s_{f2} = 0.19$
$s_{f3} = z_3 \cdot g_3 \cdot f_{r3}$ $s_{f3} = 0.19$
$s_{f4} = z_4 \cdot g_4 \cdot f_{r4}$ $s_{f4} = 0.12$
$s_{f5} = z_5 \cdot g_5 \cdot f_{r5}$ $s_{f5} = 0.07$

SPEICHERWIRKSAME BAUWERKSMASSE m IN kg UND WÄRMEKAPAZITÄT C IN Ws/K

Eingabewerte Spezifische Wärmekapazität in Ws/kgK $c = 900$

Berechnete Werte Speicherwirksame Masse in kg und Gesamtwärmekapazität in Ws/K

$m_{wi} = 0.06 \cdot (A_{wi1} \cdot \rho_{wi1} + A_{wi2} \cdot \rho_{wi2} + A_{wi3} \cdot \rho_{wi3} + A_{wi4} \cdot \rho_{wi4})$ $m_{wi} = 576.00$

$m_{we} = 0.06 \cdot (A_{we1} \cdot \rho_{we1} + A_{we2} \cdot \rho_{we2} + A_{we3} \cdot \rho_{we3} + A_{we4} \cdot \rho_{we4})$ $m_{we} = 252.00$

$m_{de} = 0.06 \cdot A_{de} \cdot \rho_{de} + 0.05 \cdot (A_{d1} \cdot \rho_{d1} + A_{d2} \cdot \rho_{d2})$ $m_{de} = 168.00$

$m_n = 0.06 \cdot A_n \cdot \rho_n$ $m_n = 1680$

$m_i = m_{wi} + m_{we} + m_{de} + m_n$ $\dfrac{m_i}{A_n} = 133.80$ $m_i = 2676$

$C_i = c \cdot m_i$ $C_i = 2.41 \times 10^6$

$C_e = c \cdot m_{we}$ $C_e = 2.27 \times 10^5$

Tafel 3.2 Gebäudeparameter (Fortsetzung-Transportkoeffizienten)

SPEZIFISCHER TRANSMISSIONSWÄRMESTROM T'$_w$ UND T$_F$ IN W/K
Berechnete Werte

$T'w = kd1 \cdot Ad1 + kd2 \cdot Ad2 + kwe1 \cdot Awe1 + kwe2 \cdot Awe2 + kwe3 \cdot Awe3 + kwe4 \cdot Awe4$ T'w = 2.05

$Tf = kf1 \cdot Af1 + kf2 \cdot Af2 + kf3 \cdot Af3 + kf4 \cdot Af4$ Tf = 12.60

SPEZIFISCHER ÜBERGANGSWÄRMESTROM Ü$_i$ UND Ü$_e$ IN W/K
Berechnete Werte

Üi = hic · Aoi   nur konvektiver Übergang an der raumseitigen Oberfläche   Üi = 182.60

Üe = he · (Ad1 + Ad2 + Awe1 + Awe2 + Awe3 + Awe4)   Üe = 42.00

Tafel 3.3 Thermische Belastungen

AUSSENLUFTTEMPERATUREN IN °C   Zeitschritt   t = 14400

Eingabewerte

04.00-08.00	08.00-12.00	12.00-16.00	16.00-20.00	20.00-24.00	00.00-04.00
Te1 = 13	Te2 = 20.5	Te3 = 27.3	Te4 = 23.5	Te5 = 16.6	Te6 := 13

AUFFALLENDE STRAHLUNGSWÄRMESTROMDICHTE G IN W/m²

H: Horizontal O: Ost S: Süd W: West N: Nod

Eingabewerte (Die Normwerte weichen etwas von den Werten nach Abschnitt 1.2.2 ab)

04.00-08.00	08.00-12.00	12.00-16.00	16.00-20.00	20.00-24.00	00.00-04.00
GH1 = 170	GH2 = 700	GH3 = 780	GH4 = 305	GH5 = 0	GH6 = 0
GO1 = 400	GO2 = 440	GO3 = 120	GO4 = 40	GO5 = 0	GO6 = 0
GS1 = 120	GS2 = 380	GS3 = 380	GS4 = 120	GS5 = 0	GS6 = 0
GW1 = 40	GW2 = 120	GW3 = 445	GW4 = 600	GW5 = 0	GW6 = 0
GN1 = 50	GN2 = 40	GN3 = 40	GN4 = 0	GN5 = 0	GN6 = 0

STRAHLUNGSWÄRMESTROM DURCH DIE FENSTER S$_F$ IN W

Berechnete Werte

04.00-08.00	Sf1 = sf1·Af1·GS1 + sf2·Af2·GW1 + sf3·Af3·GN1 + sf4·Af4·GO1 + sf5·Af5·GH1	Sf1 = 54.05
08.00-12.00	Sf2 = sf1·Af1·GS2 + sf2·Af2·GW2 + sf3·Af3·GN2 + sf4·Af4·GO2 + sf5·Af5·GH2	Sf2 = 162.16
12.00-16.00	Sf3 = sf1·Af1·GS3 + sf2·Af2·GW3 + sf3·Af3·GN3 + sf4·Af4·GO3 + sf5·Af5·GH3	Sf3 = 601.35
16.00-20.00	Sf4 = sf1·Af1·GS4 + sf2·Af2·GW4 + sf3·Af3·GN4 + sf4·Af4·GO4 + sf5·Af5·GH4	Sf4 = 810.81
20.00-24.00	Sf5 = 0	Sf5 = 0.00
00.00-04.00	Sf6 = 0	Sf6 = 0.00

VON DER AUSSENOBERFLÄCHE ABSORBIERTER STRAHLUNGSWÄRMESTROM S$_W$ IN W

Berechnete Werte

04.00-08.00	Sw1 = aw1·Awe1·GS1 + aw2·Awe2·GW1 + aw3·Awe3·GN1 + aw4·Awe4·GO1	Sw1 = 72.00
	Sd1 = ad1·Ad1·GH1 + ad2·Ad2·GH2	Sd1 = 0.00
08.00-12.00	Sw2 = aw1·Awe1·GS2 + aw2·Awe2·GW2 + aw3·Awe3·GN2 + aw4·Awe4·GO2	Sw2 = 216.00
	Sd2 = ad1·Ad1·GH2 + ad2·Ad2·GH2	Sd2 = 0.00
12.00-16.00	Sw3 = aw1·Awe1·GS3 + aw2·Awe2·GW3 + aw3·Awe3·GN3 + aw4·Awe4·GO3	Sw3 = 801.00
	Sd3 = ad1·Ad1·GH3 + ad2·Ad2·GH3	Sd3 = 0.00
16.00-20.00	Sw4 = aw1·Awe1·GS4 + aw2·Awe2·GW4 + aw3·Awe3·GN4 + aw4·Awe4·GO4	Sw4 = 1080.00
	Sd4 = ad1·Ad1·GH4 + ad2·Ad2·GH4	Sd4 = 0.00
20.00-24.00	Sw5 = 0 Sd5 = 0	Sw5 = 0.00 Sd5 = 0.00
00.00-04.00	Sw6 = 0 Sd6 = 0	Sw6 = 0.00 Sd6 = 0.00

3 Temperatur und Raumluftfeuchte bei freier Klimatisierung

Tafel 3.3 Thermische Belastungen (Fortsetzung)

LUFTWECHSELRATE n IN 1/h UND SPEZIFISCHER LÜFTUNGSWÄRMESTROM L IN W/K					
Eingabewerte					
04.00-08.00	08.00-12.00	12.00-16.00	16.00-20.00	20.00-24.00	00.00-04.00
n1 = 1	n2 = 1	n3 = 1	n4 = 1	n5 = 1	n6 = 1
Berechnete Werte					
L1 = n1·Vl·0.34	L2 = n2·Vl·0.34	L3 = n3·Vl·0.34	L4 = n4·Vl·0.34	L5 = n5·Vl·0.34	L6 = n6·Vl·0.34
L1 = 17.00	L2 = 17.00	L3 = 17.00	L4 = 17.00	L5 = 17.00	L6 = 17.00

BELASTUNG DURCH INNERE WÄRMEQUELLEN ,ENTLASTUNGEN DURCH ERDREICH O.Ä.					
Eingabewerte : q in W/m², J in W					
04.00-08.00	08.00-12.00	12.00-16.00	16.00-20.00	20.00-24.00	00.00-04.00
q1i = 0.25	q2i = 3.25	q3i = 7.75	q4i = 8	q5i = 10	q6i = 0
q1b = 0	q2b = 0	q3b = 0	q4b = 0	q5b = 0	q6b = 0
Berechnete Werte					
q1 = q1i + q1b	q2 = q2i + q2b	q3 = q3i + q3b	q4 = q4i + q4b	q5 = q5i + q5b	q6 = q6i + q6b
l1 = q1·An	l2 = q2·An	l3 = q3·An	l4 = q4·An	l5 = q5·An	l6 = q6·An
l1 = 5.00	l2 = 65.00	l3 = 155.00	l4 = 160.00	l5 = 200.00	l6 = 0.00

Tafel 3.4   Ergebnisse

Zeitkonstante β in 1/s,
Auf- bzw. Entladezeit τ in h für die 6 täglichen Zeitabschnitte
E und B Hilfsgrößen zur Berechnung von β und τ

04.00-08.00	$\beta_{12} = \frac{E1}{2} - \sqrt{\left(\frac{E1}{2}\right)^2 + B1}$	$\beta_{12} = 1.13858 \times 10^{-5}$ $D_1 = 1 - \exp(-\beta_{12} \cdot t)$ $D_1 = 0.1512$	$\tau_1 = \frac{3}{\beta_{12} \cdot 3600}$	$\tau_1 = 73.19$
08.00-12.00	$\beta_{22} = \frac{E2}{2} - \sqrt{\left(\frac{E2}{2}\right)^2 + B2}$	$\beta_{22} = 1.13858 \times 10^{-5}$ $D_2 = 1 - \exp(-\beta_{22} \cdot t)$ $D_2 = 0.1512$	$\tau_2 = \frac{3}{\beta_{22} \cdot 3600}$	$\tau_2 = 73.19$
12.00-16.00	$\beta_{32} = \frac{E3}{2} - \sqrt{\left(\frac{E3}{2}\right)^2 + B3}$	$\beta_{32} = 1.13858 \times 10^{-5}$ $D_3 = 1 - \exp(-\beta_{32} \cdot t)$ $D_3 = 0.1512$	$\tau_3 = \frac{3}{\beta_{32} \cdot 3600}$	$\tau_3 = 73.19$
16.00-20.00	$\beta_{42} = \frac{E4}{2} - \sqrt{\left(\frac{E4}{2}\right)^2 + B4}$	$\beta_{42} = 1.13858 \times 10^{-5}$ $D_4 = 1 - \exp(-\beta_{42} \cdot t)$ $D_4 = 0.1512$	$\tau_4 = \frac{3}{\beta_{42} \cdot 3600}$	$\tau_4 = 73.19$
20.00-24.00	$\beta_{52} = \frac{E5}{2} - \sqrt{\left(\frac{E5}{2}\right)^2 + B5}$	$\beta_{52} = 1.13858 \times 10^{-5}$ $D_5 = 1 - \exp(-\beta_{52} \cdot t)$ $D_5 = 0.1512$	$\tau_5 = \frac{3}{\beta_{52} \cdot 3600}$	$\tau_5 = 73.19$
00.00-04.00	$\beta_{62} = \frac{E6}{2} - \sqrt{\left(\frac{E6}{2}\right)^2 + B6}$	$\beta_{62} = 1.13858 \times 10^{-5}$ $D_6 = 1 - \exp(-\beta_{62} \cdot t)$ $D_6 = 0.1512$	$\tau_6 = \frac{3}{\beta_{62} \cdot 3600}$	$\tau_6 = 73.19$

Tafel 3.4   Fortsetzung

$$E1 = \frac{Üi}{Ci \cdot (L1+Tf)} \left(\frac{1}{\frac{1}{Üi}+\frac{1}{L1+Tf}} \right) - \frac{(T'w+Üe)}{Ce} - \frac{(T'w+Üi)}{Ci}$$
$$E1 = -2.00 \times 10^{-4}$$

$$B1 = \frac{(T'w+Üe)}{Ce \cdot Ci} \left(\frac{1}{\frac{1}{Üi}+\frac{1}{L1+Tf}} + \frac{1}{\frac{1}{T'w}+\frac{1}{Üe}} \right)$$
$$B1 = -1.21 \times 10^{-9}$$

$$E2 = \frac{Üi}{Ci \cdot (L2+Tf)} \left(\frac{1}{\frac{1}{Üi}+\frac{1}{L2+Tf}} \right) - \frac{(T'w+Üe)}{Ce} - \frac{(T'w+Üi)}{Ci}$$
$$E2 = -2.00 \times 10^{-4}$$

$$B2 = \frac{(T'w+Üe)}{Ce \cdot Ci} \left(\frac{1}{\frac{1}{Üi}+\frac{1}{L2+Tf}} + \frac{1}{\frac{1}{T'w}+\frac{1}{Üe}} \right)$$
$$B2 = -1.21 \times 10^{-9}$$

$$E3 = \frac{Üi}{Ci \cdot (L3+Tf)} \left(\frac{1}{\frac{1}{Üi}+\frac{1}{L3+Tf}} \right) - \frac{(T'w+Üe)}{Ce} - \frac{(T'w+Üi)}{Ci}$$
$$E3 = -2.00 \times 10^{-4}$$

$$B3 = \frac{(T'w+Üe)}{Ce \cdot Ci} \left(\frac{1}{\frac{1}{Üi}+\frac{1}{L3+Tf}} + \frac{1}{\frac{1}{T'w}+\frac{1}{Üe}} \right)$$
$$B3 = -1.21 \times 10^{-9}$$

$$E4 = \frac{Üi}{Ci \cdot (L4+Tf)} \left(\frac{1}{\frac{1}{Üi}+\frac{1}{L4+Tf}} \right) - \frac{(T'w+Üe)}{Ce} - \frac{(T'w+Üi)}{Ci}$$
$$E4 = -2.00 \times 10^{-4}$$

$$B4 = \frac{(T'w+Üe)}{Ce \cdot Ci} \left(\frac{1}{\frac{1}{Üi}+\frac{1}{L4+Tf}} + \frac{1}{\frac{1}{T'w}+\frac{1}{Üe}} \right)$$
$$B4 = -1.21 \times 10^{-9}$$

$$E5 = \frac{Üi}{Ci \cdot (L5+Tf)} \left(\frac{1}{\frac{1}{Üi}+\frac{1}{L5+Tf}} \right) - \frac{(T'w+Üe)}{Ce} - \frac{(T'w+Üi)}{Ci}$$
$$E5 = -2.00 \times 10^{-4}$$

$$B5 = \frac{(T'w+Üe)}{Ce \cdot Ci} \left(\frac{1}{\frac{1}{Üi}+\frac{1}{L5+Tf}} + \frac{1}{\frac{1}{T'w}+\frac{1}{Üe}} \right)$$
$$B5 = -1.21 \times 10^{-9}$$

$$E6 = \frac{Üi}{Ci \cdot (L6+Tf)} \left(\frac{1}{\frac{1}{Üi}+\frac{1}{L6+Tf}} \right) - \frac{(T'w+Üe)}{Ce} - \frac{(T'w+Üi)}{Ci}$$
$$E6 = -2.00 \times 10^{-4}$$

$$B6 = \frac{(T'w+Üe)}{Ce \cdot Ci} \left(\frac{1}{\frac{1}{Üi}+\frac{1}{L6+Tf}} + \frac{1}{\frac{1}{T'w}+\frac{1}{Üe}} \right)$$
$$B6 = -1.21 \times 10^{-9}$$

Tafel 3.5   Ergebnisse
Raumtemperatur
Innere Oberflächentemperatur θ_{oi} bzw. Toi am Ende der 6 täglichen Zeitabschnitte
Raumlufttemperatur θ_i bzw. Ti
und
Empfindungstemperatur θ_E bzw. T_{eff} am Ende der 6 täglichen Zeitabschnitte

INNERE OBERFLÄCHENTEMPERATUREN °C

Berechnete Werte   **Eingabewert** Toi0 = 31.93

04.00-08.00
$$Toi1 = Toi0 + \left[Te1 + \frac{\left(\frac{Sf1}{Üe}+\frac{Sf1}{T'w}+\frac{Sw1+Sd1}{Üe}\right)\left(\frac{1}{L1+Tf}+\frac{1}{Üi}\right)}{\frac{1}{Üe}+\frac{1}{T'w}+\frac{1}{Üi}+\frac{1}{L1+Tf}} + \frac{\left(\frac{1}{Üe}+\frac{1}{T'w}\right)\left(\frac{I1}{Üi \cdot 2}+\frac{I1}{L1+Tf}\right)}{\frac{1}{Üe}+\frac{1}{T'w}+\frac{1}{Üi}+\frac{1}{L1+Tf}} - Toi0 \right] \cdot D_1 \quad Toi1 = 29.41$$

08.00-12.00
$$Toi2 = Toi1 + \left[Te2 + \frac{\left(\frac{Sf2}{Üe}+\frac{Sf2}{T'w}+\frac{Sw2+Sd2}{Üe}\right)\left(\frac{1}{L2+Tf}+\frac{1}{Üi}\right)}{\frac{1}{Üe}+\frac{1}{T'w}+\frac{1}{Üi}+\frac{1}{L2+Tf}} + \frac{\left(\frac{1}{Üe}+\frac{1}{T'w}\right)\left(\frac{I2}{Üi \cdot 2}+\frac{I2}{L2+Tf}\right)}{\frac{1}{Üe}+\frac{1}{T'w}+\frac{1}{Üi}+\frac{1}{L2+Tf}} - Toi1 \right] \cdot D_2 \quad Toi2 = 29.35$$

12.00-16.00
$$Toi3 = Toi2 + \left[Te3 + \frac{\left(\frac{Sf3}{Üe}+\frac{Sf3}{T'w}+\frac{Sw3+Sd3}{Üe}\right)\left(\frac{1}{L3+Tf}+\frac{1}{Üi}\right)}{\frac{1}{Üe}+\frac{1}{T'w}+\frac{1}{Üi}+\frac{1}{L3+Tf}} + \frac{\left(\frac{1}{Üe}+\frac{1}{T'w}\right)\left(\frac{I3}{Üi \cdot 2}+\frac{I3}{L3+Tf}\right)}{\frac{1}{Üe}+\frac{1}{T'w}+\frac{1}{Üi}+\frac{1}{L3+Tf}} - Toi2 \right] \cdot D_3 \quad Toi3 = 33.36$$

16.00-20.00
$$Toi4 = Toi3 + \left[Te4 + \frac{\left(\frac{Sf4}{Üe}+\frac{Sf4}{T'w}+\frac{Sw4+Sd4}{Üe}\right)\left(\frac{1}{L4+Tf}+\frac{1}{Üi}\right)}{\frac{1}{Üe}+\frac{1}{T'w}+\frac{1}{Üi}+\frac{1}{L4+Tf}} + \frac{\left(\frac{1}{Üe}+\frac{1}{T'w}\right)\left(\frac{I4}{Üi \cdot 2}+\frac{I4}{L4+Tf}\right)}{\frac{1}{Üe}+\frac{1}{T'w}+\frac{1}{Üi}+\frac{1}{L4+Tf}} - Toi3 \right] \cdot D_4 \quad Toi4 = 37.43$$

20.00-24.00
$$Toi5 = Toi4 + \left[Te5 + \frac{\left(\frac{Sf5}{Üe}+\frac{Sf5}{T'w}+\frac{Sw5+Sd5}{Üe}\right)\left(\frac{1}{L5+Tf}+\frac{1}{Üi}\right)}{\frac{1}{Üe}+\frac{1}{T'w}+\frac{1}{Üi}+\frac{1}{L5+Tf}} + \frac{\left(\frac{1}{Üe}+\frac{1}{T'w}\right)\left(\frac{I5}{Üi \cdot 2}+\frac{I5}{L5+Tf}\right)}{\frac{1}{Üe}+\frac{1}{T'w}+\frac{1}{Üi}+\frac{1}{L5+Tf}} - Toi4 \right] \cdot D_5 \quad Toi5 = 35.31$$

00.00-04.00
$$Toi6 = Toi5 + \left[Te6 + \frac{\left(\frac{Sf6}{Üe}+\frac{Sf6}{T'w}+\frac{Sw6+Sd6}{Üe}\right)\left(\frac{1}{L6+Tf}+\frac{1}{Üi}\right)}{\frac{1}{Üe}+\frac{1}{T'w}+\frac{1}{Üi}+\frac{1}{L6+Tf}} + \frac{\left(\frac{1}{Üe}+\frac{1}{T'w}\right)\left(\frac{I6}{Üi \cdot 2}+\frac{I6}{L6+Tf}\right)}{\frac{1}{Üe}+\frac{1}{T'w}+\frac{1}{Üi}+\frac{1}{L6+Tf}} - Toi5 \right] \cdot D_6 \quad Toi6 = 31.94$$

Für Toi6=Toi0 ist der eingeschwungene Zustand erreicht

3 Temperatur und Raumluftfeuchte bei freier Klimatisierung

Tafel 3.5   Ergebnisse (Fortsetzung)

RAUMLUFTTEMPERATUR IN °C			EMPFINDUNGSTEMPERATUR IN °C	
04.00-08.00	$Ti1 = \dfrac{L1 \cdot Te1 + \dfrac{I1}{2} + Üi \cdot Toi1 + Tf \cdot Te1}{L1 + Üi + Tf}$	$Ti1 = 27.14$	$Teff1 = Toi1 \cdot 0.5 + Ti1 \cdot 0.5$	$Teff1 = 28.27$
08.00-12.00	$Ti2 = \dfrac{L2 \cdot Te2 + \dfrac{I2}{2} + Üi \cdot Toi2 + Tf \cdot Te2}{L2 + Üi + Tf}$	$Ti2 = 28.27$	$Teff2 = Toi2 \cdot 0.5 + Ti2 \cdot 0.5$	$Teff2 = 28.81$
12.00-16.00	$Ti3 = \dfrac{L3 \cdot Te3 + \dfrac{I3}{2} + Üi \cdot Toi3 + Tf \cdot Te3}{L3 + Üi + Tf}$	$Ti3 = 32.88$	$Teff3 = Toi3 \cdot 0.5 + Ti3 \cdot 0.5$	$Teff3 = 33.12$
16.00-20.00	$Ti4 = \dfrac{L4 \cdot Te4 + \dfrac{I4}{2} + Üi \cdot Toi4 + Tf \cdot Te4}{L4 + Üi + Tf}$	$Ti4 = 35.87$	$Teff4 = Toi4 \cdot 0.5 + Ti4 \cdot 0.5$	$Teff4 = 36.65$
20.00-24.00	$Ti5 = \dfrac{L5 \cdot Te5 + \dfrac{I5}{2} + Üi \cdot Toi5 + Tf \cdot Te5}{L5 + Üi + Tf}$	$Ti5 = 33.17$	$Teff5 = Toi5 \cdot 0.5 + Ti5 \cdot 0.5$	$Teff5 = 34.24$
00.00-04.00	$Ti6 = \dfrac{L6 \cdot Te6 + \dfrac{I6}{2} + Üi \cdot Toi6 + Tf \cdot Te6}{L6 + Üi + Tf}$	$Ti6 = 29.29$	$Teff6 = Toi6 \cdot 0.5 + Ti6 \cdot 0.5$	$Teff6 = 30.61$

Tafel 3.6   Endergebnis : Tagesgang der Empfindungstemperatur Testraum 1 Lüftungsregime a, Regressionsannäherung durch eine harmonische Funktion (3.41)

$\theta 1a(t) = F1a(t, u1a)_0$
$\theta 1amt(t) = u1a_0$

Vektor der Tagesgangfunktion F(t,u) und ihrer Parameter-Ableitungen	Vektor mit den geschätzten Parametern: Tagesmittelwert u0 und Amplitude u1 der Empfindungstemperatur, Zeitverschiebung des Temperaturmaximums gegenüber 18.00 Uhr	Zeitvektor	Temperaturvektor

$$F1a(t,u) = \begin{bmatrix} u_0 - u_1 \cdot \sin\left[\dfrac{\pi}{12} \cdot (t - u_2)\right] \\ 1 \\ -1 \cdot \sin\left[\dfrac{\pi}{12} \cdot (t - u_2)\right] \\ u_1 \cdot \dfrac{\pi}{12} \cdot \cos\left[\dfrac{\pi}{12} \cdot (t - u_2)\right] \end{bmatrix}$$ (3.41)

$vg = \begin{pmatrix} 21.5 \\ 4 \\ 1.5 \end{pmatrix}$

$vx := \begin{pmatrix} t1 \\ t2 \\ t3 \\ t4 \\ t5 \\ t6 \end{pmatrix}$ $vy1a := \begin{pmatrix} Teff1(t1) \\ Teff2(t2) \\ Teff3(t3) \\ Teff4(t4) \\ Teff5(t5) \\ Teff6(t6) \end{pmatrix}$

$vx = \begin{pmatrix} 0 & 8.00 \\ 1 & 12.00 \\ 2 & 16.00 \\ 3 & 20.00 \\ 4 & 24.00 \\ 5 & 4.00 \end{pmatrix}$ $vy1a = \begin{pmatrix} 0 & 28.27 \\ 1 & 28.81 \\ 2 & 33.12 \\ 3 & 36.65 \\ 4 & 34.24 \\ 5 & 30.61 \end{pmatrix}$

Anpassungsfunktion zur genauen Ermittelung der Parameter u0, u1, u2

$u1a = genanp(vx, vy1a, vg, F1a)$

$u1a = \begin{pmatrix} 0 & 31.95 \\ 1 & 4.20 \\ 2 & 2.77 \end{pmatrix}$

Tagesmittelwert der Empfindungstemperatur u0 in °C $u1a_0 = 31.95$
Amplitude der Empfindungstemperatur u1 in K $u1a_1 = 4.20$
Periodendauer T in h $T = 24$
Zeitverschiebung u2 in h $u1a_2 = 2.77$
Temperaturmaximum 20.50 Uhr $t_{max} = 18 + u1a_2$ $t_{max} = 20.77$

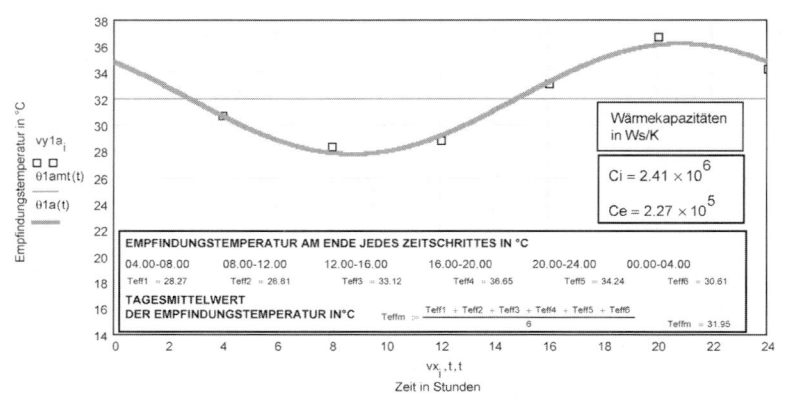

Bild 3.11 Tagesgang der Empfindungstemperatur für den Testraum 1 (Raum im Zwischengeschoss mit leichter abgehängter Akustikdecke) und das Lüftungsregime a, (n = 1/h in allen 6 Zeitsegmenten)

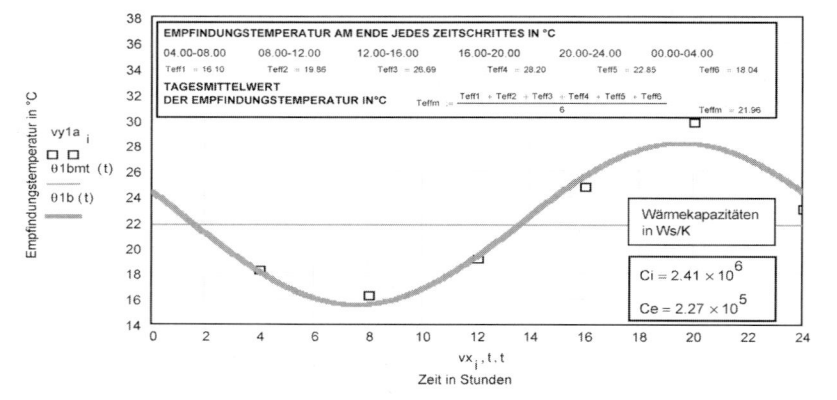

Bild 3.12 Tagesgang der Empfindungstemperatur für den Testraum 1, Lüftungsregime b (n = 0.5 h von 8 Uhr bis 20 Uhr, n = 10/h von 20 Uhr bis 8 Uhr)

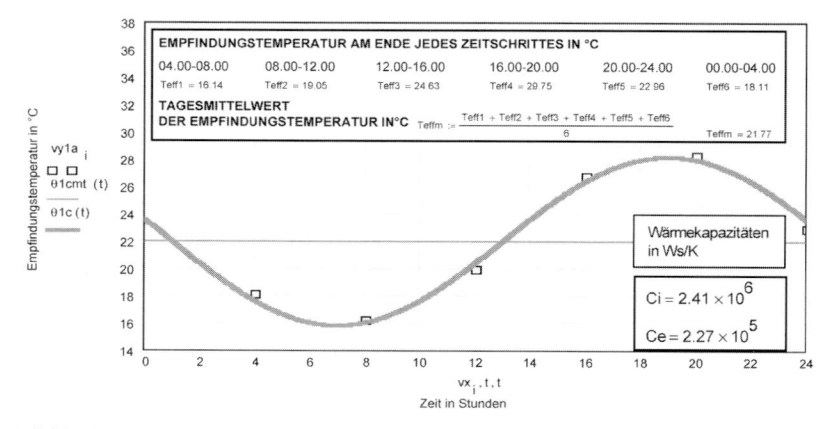

Bild 3.13 Tagesgang der Empfindungstemperatur für den Testraum 1, Lüftungsregime c, n = 10/h in alle 6 Zeitsegment)

3 Temperatur und Raumluftfeuchte bei freier Klimatisierung

Der Fall 1a ist komplett durchgerechnet und grafisch dargestellt (Bild 3.11). Die Fälle 1b und 1c sind nur grafisch dargestellt (Bilder 3.12 und 3.13). Durch die abgehängte Decke besitzt der Raum 1 die geringste speicherwirksame Masse bzw. Wärmekapazität ($C_i = 2.4 \cdot 10^6$ Ws/K). Die Amplitude der Tagesschwankung der Empfindungstemperatur im eingeschwungenen Zustand erreicht mit 7 K im Fall 1b die höchsten Werte.

Vom Standpunkt der Lüftung schneidet Fall a (Luftwechselrate durchweg 1/h) für alle 3 Testräume am schlechtesten ab. Die Empfindungstemperatur liegt bei den vorgegebenen Außenklimawerten und den inneren Lasten zwischen 28 °C und 36 °C. Nach Abschnitt 2.1.2 soll der Durchschnittswert 26 °C nicht überschreiten [10].

Bei gesplitterter Lüftung (Tag 8.00 Uhr bis 20.00 Uhr 0.5/h, Nacht 20.00 bis 8.00 Uhr 10/h) sinken alle Raumtemperaturen deutlich ab: Die Empfindungstemperatur schwankt zwischen 16 °C und 30 °C. Das Gleiche gilt für eine durchweg hohe Luftwechselrate von 10/h. Das Maximum tritt in allen hier berechneten Fällen in den Abendstunden zwischen 19.00 Uhr und 21.00 Uhr auf (Westfenster, innere Belastungen hauptsächlich zwischen 12.00 Uhr und 24.00 Uhr, siehe Tafel 3.3).

Am günstigsten ist der Fall 2b: Eine relativ hohe Speicherung ($C_i = 4.4 \cdot 10^6$ Ws/K) sowie hohe Nachtlüftung (10/h, Einströmen kühler Nachtluft) und niedrige Taglüftung (0.5/h, Verhinderung der Zufuhr warmer Tagluft) ergeben einen optimalen Verlauf der Empfindungstemperatur zwischen 18 °C um 7.00 Uhr und 26 °C um 20.00 Uhr (Bild 3.15)

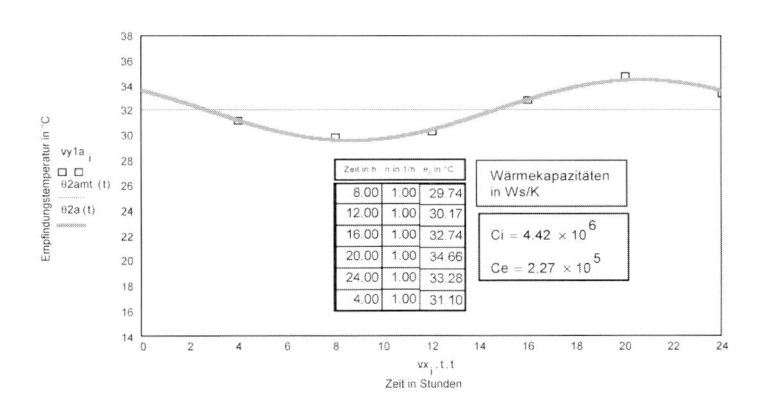

Bild 3.14
Tagesgang der Empfindungstemperatur, Fall 2a

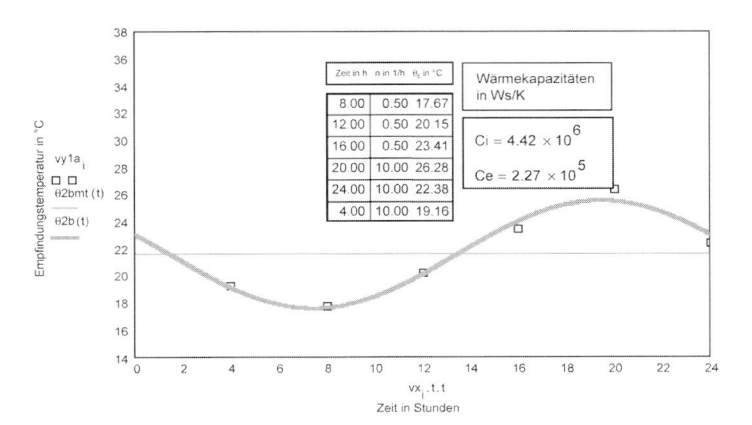

Bild 3.15
Tagesgang der Empfindungstemperatur, Fall 2b

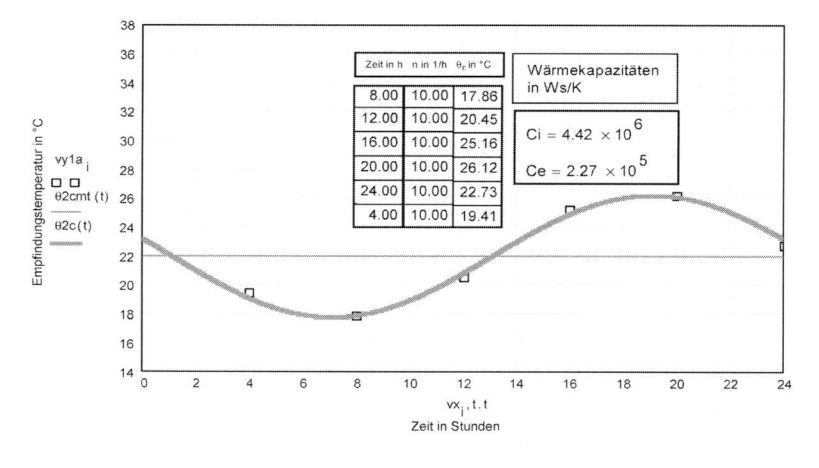

Bild 3.16
Tagesgang der Empfindungstemperatur, Fall 2c

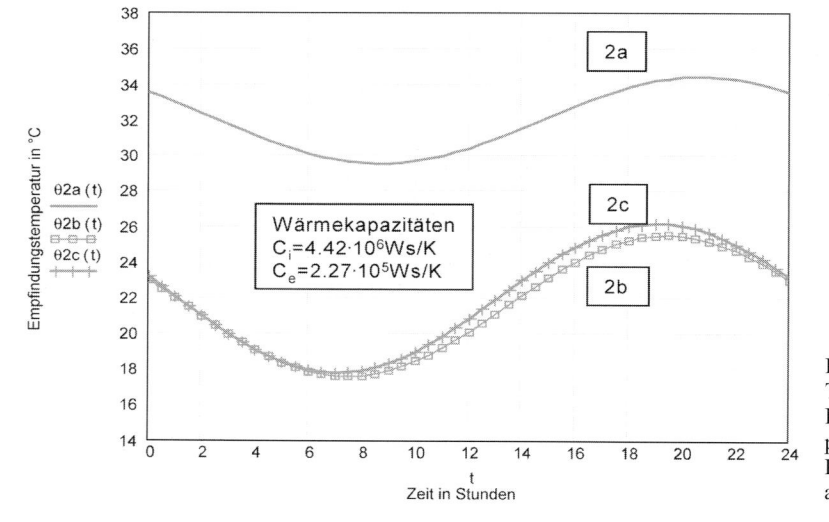

Bild 3.17
Tagesgang der Empfindungstemperaturen, Raum 2, Lüftungsregime a, b, c

Der Testraum 3 unter dem Warmdach besitzt die größte speicherwirksame Bauwerksmasse, weil auch die außenliegende Schicht des Daches mit $C_e = 2.4 \cdot 10^6$ Ws/K das Raumklima beeinflusst ($C_i = 4.4 \cdot 10^6$ Ws/K). Dafür ist aber die thermische Belastung infolge des indirekt wirkenden Strahlungswärmestroms durch das Dach am größten. Die Empfindungstemperatur übersteigt deshalb im Lüftungsfall a sogar die 36 °C Marke (Bild 3.17). Am günstigsten schneidet hier der Fall 3c mit der hohen Dauerlüftung von 10/h ab (Minimum 18 °C, Maximum 28 °C). Das Maximum wird etwa 30 Minuten früher als in den anderen Testräumen erreicht, weil über das Dach der normale Tagesgang des Außenklimas (wenn auch stark reduziert) durchgreift.

Bild 3.22 zeigt noch einmal alle Tagesgänge der Empfindungstemperatur bei freier Klimatisierung im Überblick. Der Tagesgang der Außenlufttemperatur ist entsprechend der Modellvoraussetzungen als Treppengrafik hinterlegt. In der Tafel 3.7 werden die Werte nach dem hier vorgestellten analytischen Verfahren SUN für alle Fälle mit den Normwerten verglichen. Außer im Fall 1b wird die Bedingung $\Delta\theta_E < 1.5$ K eingehalten.

3 Temperatur und Raumluftfeuchte bei freier Klimatisierung

Das Beispiel wird mit der Quantifizierung des Einstellvorganges für den Raum 1, Lüftungsfall a abgeschlossen. Beginnend mit einer inneren Oberflächentemperatur von $\theta_{oi} = 20\ °C$ steigt die Empfindungstemperatur bei der sich stetig wiederholenden Tagesbelastung nach Tafel 3.3 innerhalb von 7 Tagen (Bild 3.23) auf den eingeschwungenen Zustand nach Bild 3.11 an.

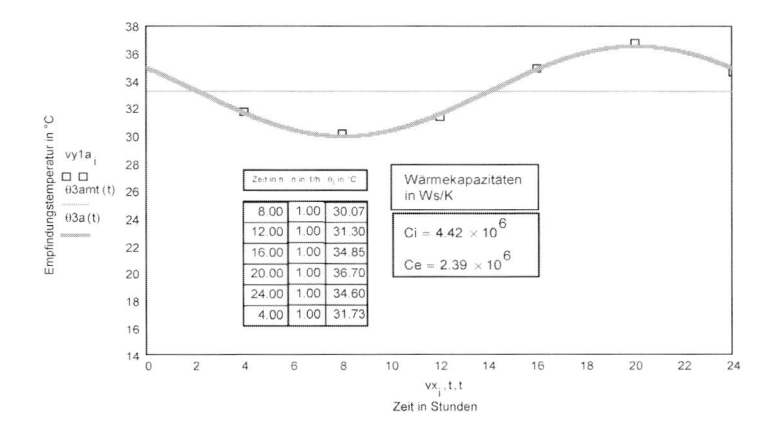

Bild 3.18
Tagesgang der Empfindungstemperatur, Fall 3a

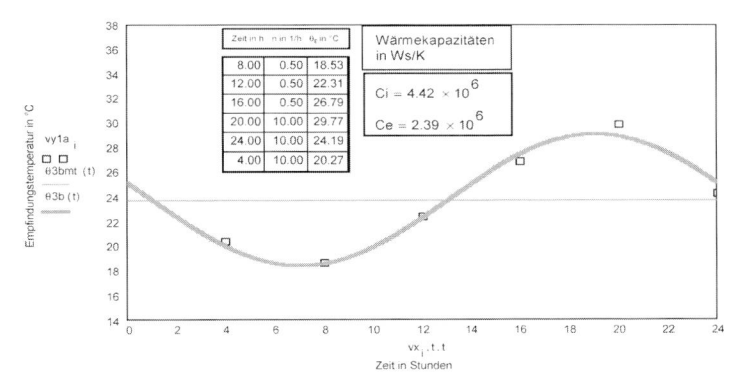

Bild 3.19
Tagesgang der Empfindungstemperatur, Fall 3b

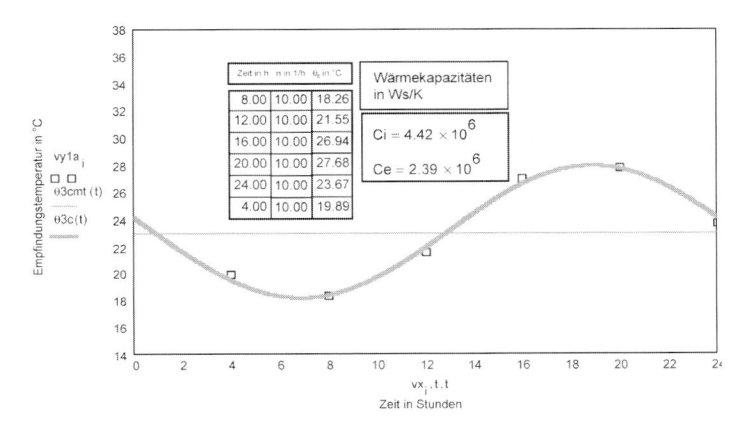

Bild 3.20
Tagesgang der Empfindungstemperatur, Fall 3c

Bild 3.21 Tagesgang der Empfindungstemperaturen, Raum 3, Lüftungsregime a, b, c

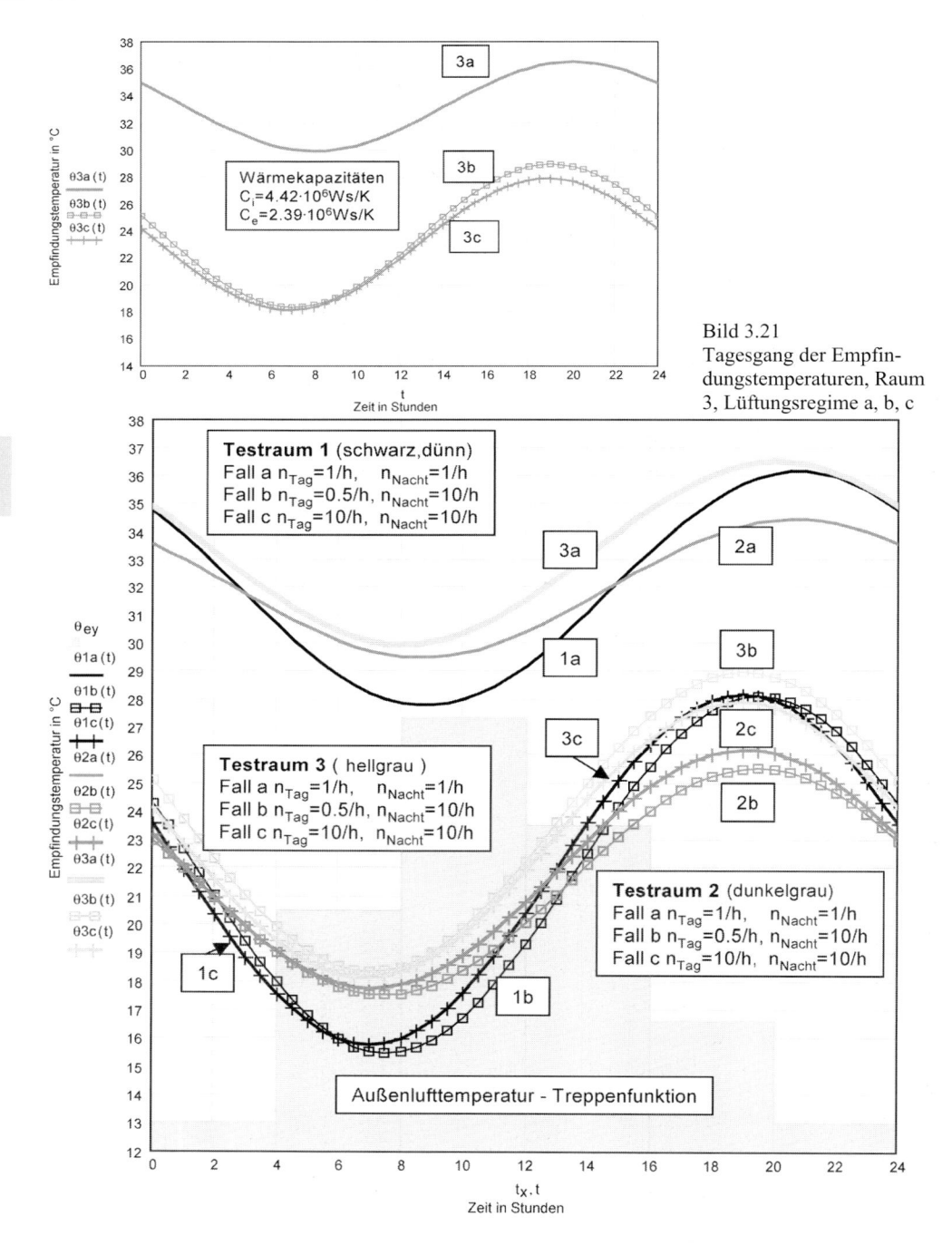

Bild 3.22 Tagesgang der Empfindungstemperaturen, Räume 1,2,3, Lüftungsregime a, b, c

3 Temperatur und Raumluftfeuchte bei freier Klimatisierung

Tafel 3.7 Empfindungstemperaturen (Maximum, Minimum, Durchschnittswert), Räume 1, 2, 3, Lüftungsregime a, b, c, Vergleich mit den Vorgaben nach EN ISO 12792

	Luftwechselrate n_L in 1/h			Empfindungstemperatur					
				Maximalwert θ_{max} in °C		Mittelwert θ_{mittel} in °C		Minimalwert θ_{min} in °C	
	Nacht	Tag		SUN	EN ISO	SUN	EN ISO	SUN	EN ISO
Raum1 Zwischengeschoss mit abgehängter Akustikdecke	1.0	1.0	0	36.2	36.6	31.9	31.1	27.7	27.0
	10.0	0.5	1	29.8	31.8	21.8	23.0	16.1	16.6
	10.0	10.0	2	28.1	28.7	22.0	21.8	15.8	16.2
Raum2 Zwischengeschoss	1.0	1.0	3	34.4	34.3	31.9	31.1	29.5	28.8
	10.0	0.5	4	26.3	27.5	21.5	22.6	17.7	18.5
	10.0	10.0	5	27.9	26.6	22.0	21.7	17.8	17.9
Raum3 Obergeschoss, unter einem Warmflachdach	1.0	1.0	6	36.7	35.8	33.1	32.8	30.1	30.6
	10.0	0.5	7	29.8	29.4	23.6	24.4	18.5	19.7
	10.0	10.0	8	27.9	27.4	23.0	22.7	18.2	19.0

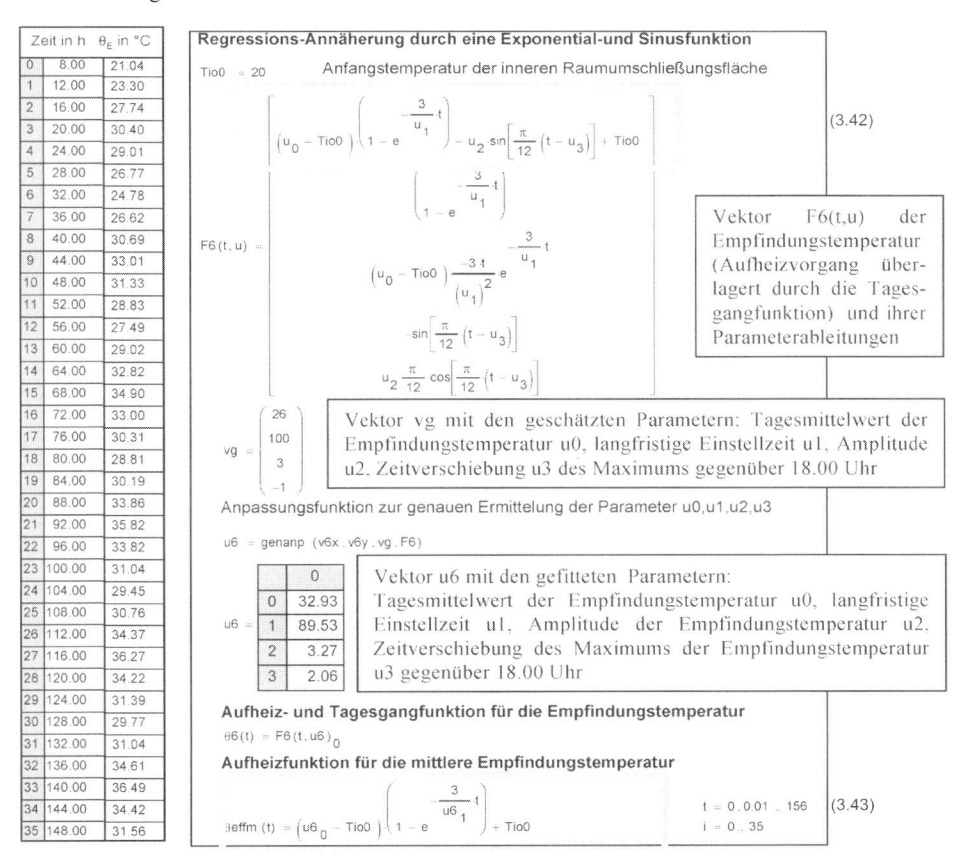

Tafel 3.8 Einstellvorgang der Empfindungstemperatur θ_E für den Raum 1, Lüftungsregime a, Tage 1 bis 7

Zeit in h	θ_E in °C
0	8.00	21.04
1	12.00	23.30
2	16.00	27.74
3	20.00	30.40
4	24.00	29.01
5	28.00	26.77
6	32.00	24.78
7	36.00	26.62
8	40.00	30.69
9	44.00	33.01
10	48.00	31.33
11	52.00	28.83
12	56.00	27.49
13	60.00	29.02
14	64.00	32.82
15	68.00	34.90
16	72.00	33.00
17	76.00	30.31
18	80.00	28.81
19	84.00	30.19
20	88.00	33.86
21	92.00	35.82
22	96.00	33.82
23	100.00	31.04
24	104.00	29.45
25	108.00	30.76
26	112.00	34.37
27	116.00	36.27
28	120.00	34.22
29	124.00	31.39
30	128.00	29.77
31	132.00	31.04
32	136.00	34.61
33	140.00	36.49
34	144.00	34.42
35	148.00	31.56

Regressions-Annäherung durch eine Exponential- und Sinusfunktion

Tio0 = 20   Anfangstemperatur der inneren Raumumschließungsfläche

$$F6(t,u) = \begin{bmatrix} (u_0 - Tio0)\left(1 - e^{-\frac{3}{u_1}t}\right) - u_2 \cdot \sin\left[\frac{\pi}{12}(t - u_3)\right] + Tio0 \\ \left(1 - e^{-\frac{3}{u_1}t}\right) \\ (u_0 - Tio0)\frac{-3 \cdot t}{(u_1)^2}e^{-\frac{3}{u_1}t} \\ -\sin\left[\frac{\pi}{12}(t - u_3)\right] \\ u_2 \frac{\pi}{12}\cos\left[\frac{\pi}{12}(t - u_3)\right] \end{bmatrix} \quad (3.42)$$

Vektor F6(t,u) der Empfindungstemperatur (Aufheizvorgang überlagert durch die Tagesgangfunktion) und ihrer Parameterableitungen

$$vg = \begin{pmatrix} 26 \\ 100 \\ 3 \\ -1 \end{pmatrix}$$

Vektor vg mit den geschätzten Parametern: Tagesmittelwert der Empfindungstemperatur u0, langfristige Einstellzeit u1, Amplitude u2, Zeitverschiebung u3 des Maximums gegenüber 18.00 Uhr

Anpassungsfunktion zur genauen Ermittlung der Parameter u0, u1, u2, u3

u6 = genanp(v6x, v6y, vg, F6)

$$u6 = \begin{array}{|c|c|} \hline 0 & 32.93 \\ \hline 1 & 89.53 \\ \hline 2 & 3.27 \\ \hline 3 & 2.06 \\ \hline \end{array}$$

Vektor u6 mit den gefitteten Parametern: Tagesmittelwert der Empfindungstemperatur u0, langfristige Einstellzeit u1, Amplitude der Empfindungstemperatur u2, Zeitverschiebung des Maximums der Empfindungstemperatur u3 gegenüber 18.00 Uhr

Aufheiz- und Tagesgangfunktion für die Empfindungstemperatur

$\theta 6(t) = F6(t, u6)_0$

Aufheizfunktion für die mittlere Empfindungstemperatur

$$\theta effm(t) = (u6_0 - Tio0)\left(1 - e^{-\frac{3}{u6_1}t}\right) + Tio0 \qquad \begin{array}{l} t = 0, 0.01 \ldots 156 \\ i = 0 \ldots 35 \end{array} \quad (3.43)$$

VI

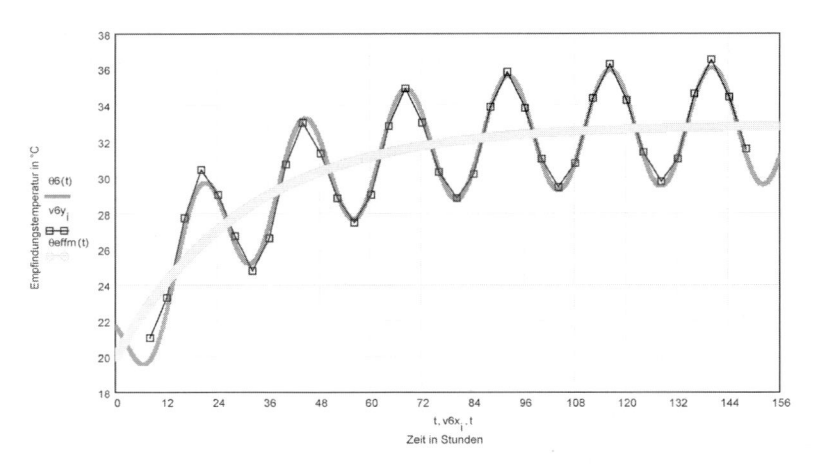

Bild 3.23 Aufheizvorgang (7 Tage) der Empfindungstemperaturen, Raum 1, Lüftungsregime a

Der Mittelwert der Empfindungstemperatur im Raum wächst bei freier Klimatisierung während einer Schönwetterperiode mit einer (1-e)-Funktion und erreicht etwa nach 7 Tagen für den Raum 1 mit der klimatischen Belastung Fall 1a den quasistationären Endwert (hier etwa 33 °C). Diesem Einstellvorgang überlagert sich eine Tagesschwingung mit einer Amplitude von 3 K, wobei das Maximum jeweils gegen 20 Uhr auftritt.

Auf der Basis des Beispiels sollen noch einige allgemeine Aussagen zur Gleichgewichts(End)-Temperatur nach (3.36) und zur Einstellzeit bzw. thermischen Trägheit des Gebäudes nach (3.37) bis (3.39) bei freier Klimatisierung gemacht werden. Bilder 3.24 und 3.25 zeigen die höchstmögliche Erwärmung gegenüber der Außenlufttemperatur bei den nach Tafeln 3.3 und 3.4 gegebenen Gebäudedaten, Luftwechselraten, Strahlungsbelastungen und Wechsel der inneren Wärmequellen. Lediglich die relevanten Größen Strahlungsleistung durch die Fenster und Luftwechselrate werden variiert. Bei S_F = 400 W (20 W/m^2 Fußbodenfläche) Sonneneinstrahlung durch die Fenster schwankt die maximale Übertemperatur zwischen 4.5 K (Luftwechselrate n = 9.5/h) und 16 K (Luftwechselrate n = 0.6/h).

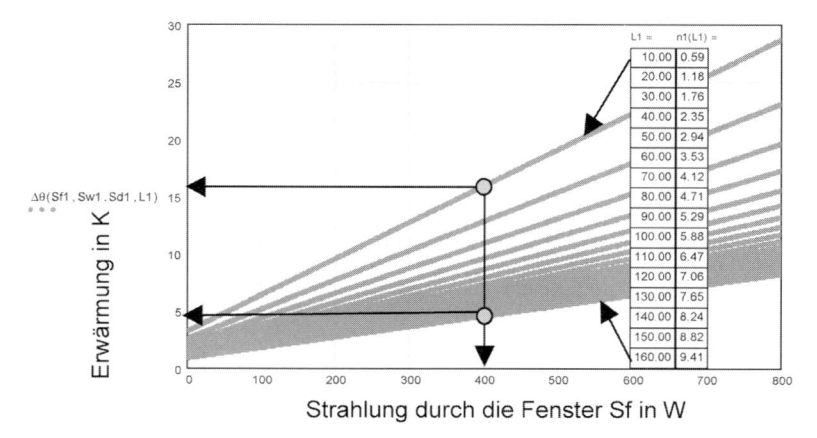

Bild 3.24 Maximale Erwärmung der Raumluft in Abhängigkeit von der Strahlung durch die Fenster, Luftwechselrate als Parameter

3 Temperatur und Raumluftfeuchte bei freier Klimatisierung

Wird die indirekte Strahlungsbelastung durch das Dach abgeschaltet (Raum 3 geht über in den Zwischengeschoss-Raum 2), sinkt die maximale Übertemperatur auf 13 K bzw. 3 K (Bild 3.25).

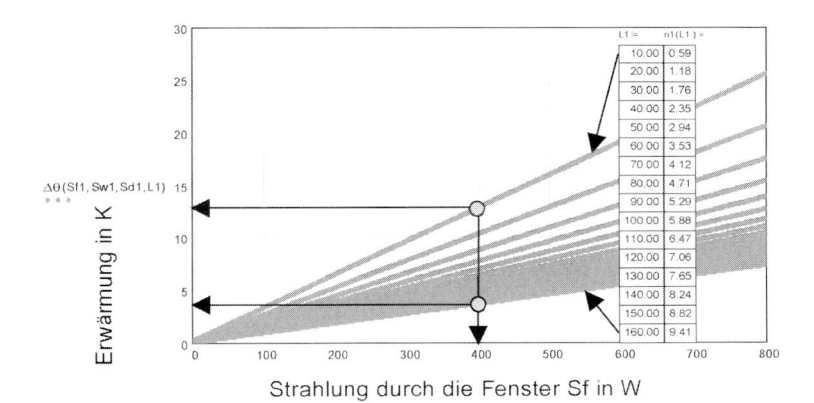

Bild 3.25 Maximale Erwärmung der Raumluft in Abhängigkeit von der Strahlung durch die Fenster, n_L als Parameter, $S_{Dach} = 0$

Das Wärmebeharrungsvermögen wird maßgeblich von der speicherwirksamen Masse bzw. von der Wärmekapazität und der Lüftung beeinflusst. In Bild 3.26 beträgt die Luftwechselrate $n_L = 1/h$ (spezifischer Lüftungswärmestrom L = 17 W/K). Die Einstellzeit steigt in doppeltlogarithmischer Skalierung linear mit der Wärmekapazität Ci der inneren Raumumschließungsfläche. Die Wärmekapazität Ce der außenliegenden zum Raum gehörenden Masse dient als Parameter. Erreicht ihr Wert die innere Wärmekapazität Ci wird auch sie relevant für die Wärmespeicherung und damit für den thermischen Einstellvorgang aller Raumtemperaturen. Im Beispiel ist der Einfluss der Außenmaße nur im Raum 3 (Betonflachdach) erkennbar.

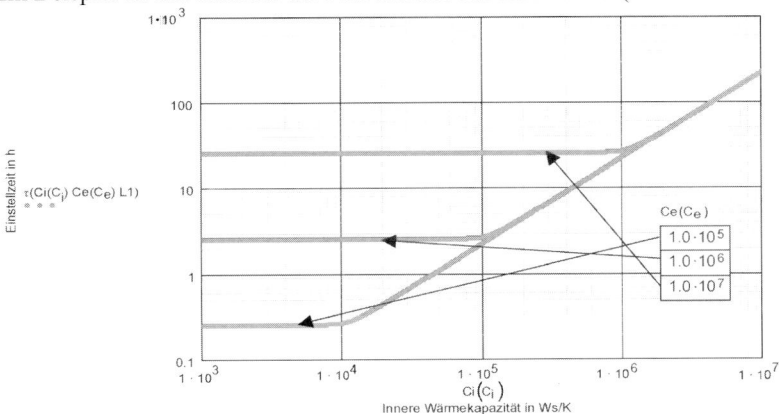

Bild 3.26 Einstellzeit in Abhängigkeit von der inneren Wärmekapazität (Wärmekapazität der Raumumschließungsfläche), äußere Wärmekapazität als Parameter, $n_L = 1/h$

Das letzte Bild 3.27 zeigt, wie die Einstellzeit für die Raumtemperaturen mit zunehmender Luftwechselrate abnimmt, also das gewünschte Wärmebeharrungsvermögen reduziert wird.

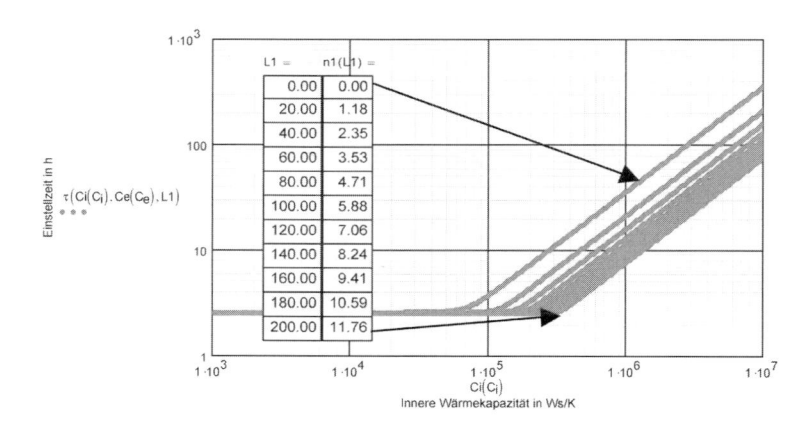

Bild 3.27
Einstellzeit in Abhängigkeit von der inneren Wärmekapazität (Wärmekapazität der Raumumschließungsfläche), Luftwechselrate als Parameter, Ce = 10^6Ws/K

L1	n1(L1) =
0.00	0.00
20.00	1.18
40.00	2.35
60.00	3.53
80.00	4.71
100.00	5.88
120.00	7.06
140.00	8.24
160.00	9.41
180.00	10.59
200.00	11.76

Generell folgt für Mitteleuropa: Bei einer Fensterfläche $A_F < 0.35 \cdot A_{Nutz}$ (Nutzfläche), einer Außenverschattung z·g < 0.3, einer Luftwechselrate am Tag $n_T = 0.5$/h und in der Nacht $n_N = 3$/h, einer speicherwirksamen Bauwerksmasse von $m/A_{Nutz} > 700$ kg/m^2 ($C/A_{Nutz} = 7 \cdot 10^5$Ws/m^{2}K) und einer inneren Wärmelast von 5 W/m^2 Nutzfläche bleibt die Empfindungstemperatur auch während einer extremen fünftägigen Schönwetterperiode im Sommer im Mittel unter 26 °C.

3.3 Raumluftfeuchte bei freier Klimatisierung

3.3.1 Modellierung der Stoffströme im Raum unter Berücksichtigung der Speicherfähigkeit der Raumumschließungsfläche

In Erweiterung des im Abschnitt 2.2.1 vorgestellten Modells soll die sich bei freier Klimatisierung einstellende relative Luftfeuchte im Raum unter Berücksichtigung der **Feuchtespeicherfähigkeit der Raumumschließungsfläche** berechnet werden. Ausgehend von der Stoffbilanz (Wasserdampfstrombilanz) Gleichung (3.44) wird der periodische Jahres- bzw. Tagesgang des Wasserdampfpartialdrucks und der relativen Raumluftfeuchte mit Mittelwert, Amplitude und Phasen- bzw. Zeitverschiebung bei gegebenem Außenklima, bekannter periodischer Feuchteproduktions- und Luftwechselrate modelliert. Das Ergebnis lässt sich auf weitere Belastungsfälle, z.B. Tagesgang der Raumluftfeuchte im Winter in wenig beheizten Räumen (Kirchen) bei periodisch angesetzten inneren Feuchtequellen (Besuchern) usw. übertragen.

$$\frac{dm_{Dzu}}{dt} + \frac{dm_{DQu}}{dt} = \frac{dm_{Dab}}{dt} + \frac{dm_{DSp}}{dt} \quad (3.44)$$

In der Feuchtebilanzgleichung (3.44) bedeuten:

(3.45) von außen über eine periodische Luftwechselrate zugeführter Wasserdampfstrom

$$\frac{dm_{Dzu}}{dt} = \frac{p_{De} \cdot V_L \cdot n_L}{R_D \cdot T_e} = \quad (3.45)$$

$$\frac{p_{Dem} \cdot V_L \cdot n_{Lm}}{R_D \cdot T_e} + \frac{p_{Dem} \cdot V_L \cdot \Delta n_L + \Delta p_{De} \cdot V_L \cdot n_{Lm}}{R_D \cdot T_e} \cdot \cos\left(2 \cdot \pi \cdot \frac{t}{T}\right)$$

Jahres- bzw. Tagesgang des Dampfpartialdrucks in der Außenluft

3 Temperatur und Raumluftfeuchte bei freier Klimatisierung

$$p_{De}(t) = p_{Dem} - \Delta p_{De} \cdot \cos\left(2 \cdot \pi \cdot \frac{t}{T}\right)$$

(3.46) periodische Luftwechselrate

$$n_L(t) = n_{Lm} - \Delta n_L \cdot \cos\left(2 \cdot \pi \cdot \frac{t}{T}\right) \qquad (3.46)$$

(3.47) im Raum erzeugter Dampfstrom (innere Feuchtelast)

$$\frac{dm_{DQu}}{dt} = \rho_{Dt} \cdot V_L \qquad (3.47)$$

Räume mit niedriger innerer Feuchtelast $\qquad \rho_{Dt} \leq 0.002 \cdot \dfrac{kg}{m^3 \cdot h}$

Räume mit mittlerer innerer Feuchtelast $\qquad 0.002 \cdot \dfrac{kg}{m^3 \cdot h} \leq \rho_{Dt} \leq 0.006 \cdot \dfrac{kg}{m^3 \cdot h}$

Räume mit hoher innerer Feuchtelast $\qquad \rho_{Dt} \geq 0.006 \cdot \dfrac{kg}{m^3 \cdot h}$

(3.48) nach außen über die Luftwechselrate abgeführter Dampfstrom

$$\frac{dm_{Dab}}{dt} = \frac{p_{Di} \cdot V_L \cdot n_L}{R_D \cdot T_i} \qquad (3.48)$$

Von der Raumumschließungsfläche gespeicherter Dampfstrom

$$\frac{dm_{Dsp}}{dt}$$

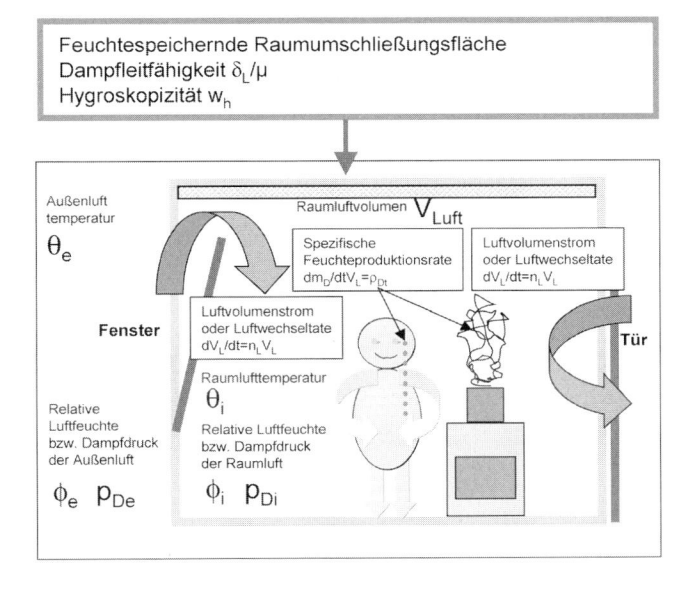

Bild 3.28
Wasserdampfstrombilanz für einen frei klimatisierten Raum

Der gespeicherte Dampfstrom wird im folgenden Abschnitt zunächst separat quantifiziert, ehe er in die Bilanzgleichung (3.44) eingesetzt und zur Berechnung der Raumluftfeuchte benutzt wird.

3.3.2 Feuchteabsorptionsvermögen der Raumumschließungsflächen

Um ein einfaches Kriterium für das Feuchteabsorptionsvermögen der Raumumschließungsfläche zu definieren, wird die Lösung der linearisierten Wasserdampfleitungsgleichung bei einer periodischen Belastung und einer Sprungbelastung einer inneren Wandoberfläche durch die Raumluft erstellt und diskutiert [29]. Eine Rückwirkung auf das Raumklima soll zunächst nicht stattfinden.

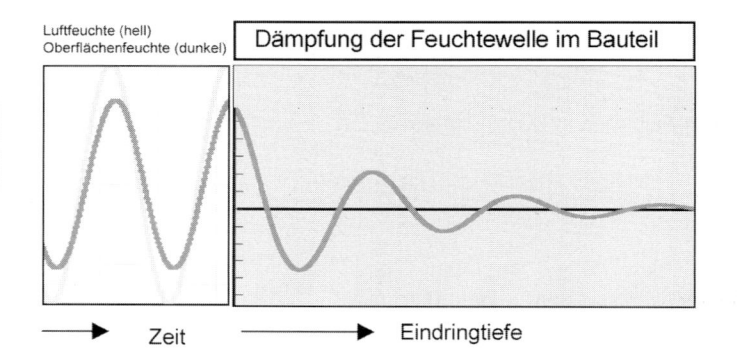

Bild 3.29
Schematische Darstellung der eindringenden Feuchtewelle

$$\frac{\partial}{\partial t}[\rho_w \cdot w + \rho_v \cdot (w_s - w) - \rho_{so}] = \frac{\partial}{\partial x}\left[\left[K_w(p_c, T) + \delta \cdot e^{-\frac{p_c}{\rho_w \cdot R_v \cdot T}} \cdot \left(\frac{p_s}{\rho_w \cdot R_v \cdot T}\right)\right] \cdot \frac{\partial}{\partial x} p_c\right]$$
$$+ \frac{\partial}{\partial x}\left[\left[\delta \cdot e^{-\frac{p_c}{\rho_w \cdot R_v \cdot T}} \cdot \left(\frac{d}{dT} p_s + \frac{p_s \cdot p_c}{\rho_w \cdot R_v \cdot T^2}\right)\right] \cdot \frac{\partial}{\partial x} T\right] \quad (3.49)$$

$$\frac{\partial}{\partial x}\left[\delta \cdot \left(\frac{\partial}{\partial x} p_D\right)\right] = \frac{\partial}{\partial t} w \quad (3.50)$$

In der allgemeinen Feuchteleitungsgleichung (3.49) [30], [31], [32] für poröse Baustoffe werden die temperaturabhängigen Terme und die kapillare Leitung K_w (keine Tauwasserbildung an der Bauteiloberfläche) weggelassen. Daraus folgt die **isotherme Feuchteleitungsgleichung (3.50) im hygroskopischen Bereich**. Der Dampfdruckgradient wird mittels Sorptionsisotherme durch den Gradienten des Wassergehaltes ersetzt (3.51). Der Anstieg (3.53) der Sorptionsisotherme (Beton siehe Abbildung 3.20) wird im Bereich zwischen $\phi = 40\ \%$ und $\phi = 80\ \%$ verwendet. Eine Linearisierung im gesamten Bereich ergibt für $\phi = 100\ \%$ den maximalen hygroskopischen Feuchtewert w_h als Kenngröße. Daraus folgt die Version (3.54) für die Feuchteleitungsgleichung. Die Lösung bei periodischem Wechsel der Luftfeuchte im Raum (3.55) ergibt die Gleichung (3.56) für den periodischen phasenverschobenen Feuchteverlauf in der Oberfläche.

3 Temperatur und Raumluftfeuchte bei freier Klimatisierung

$$\frac{\partial}{\partial x} p_D = \frac{\partial}{\partial w} p_D \cdot \left(\frac{\partial}{\partial x} w\right) = \frac{\frac{\partial}{\partial x} w}{\frac{\partial}{\partial p_D} w} = \frac{\frac{\partial}{\partial x} w}{\left(\frac{\partial}{\partial \phi} w\right) \cdot \frac{1}{p_s}} \qquad (3.51)$$

$$\frac{\partial}{\partial x}\left[\delta \cdot \left[\frac{\frac{\partial}{\partial x} w}{\left(\frac{\partial}{\partial \phi} w\right) \cdot \frac{1}{p_s}}\right]\right] = \frac{\partial}{\partial t} w \qquad (3.52)$$

$$\frac{\partial}{\partial x}\left[\delta \cdot \left(\frac{\partial}{\partial x} w\right)\right] = \left(\frac{\partial}{\partial t} w\right) \cdot \left[\left(\frac{\partial}{\partial \phi} w\right) \cdot \frac{1}{p_s}\right]$$

$$\delta = \frac{\delta_L}{\mu} \qquad \frac{\partial}{\partial \phi} w = \frac{\Delta w}{\Delta \phi} = \frac{w(0.8) - w(0.4)}{0.4} = \frac{w_h}{1} \qquad (3.53)$$

$$\frac{\delta_L}{\mu} \cdot \frac{\partial^2}{\partial x^2} w = \frac{w_h}{p_s} \cdot \left(\frac{\partial}{\partial t} w\right) \qquad T = 24 \cdot 3600 \qquad (3.54)$$

$$\phi_L(t) = (\phi_{Luft} - \phi_{Wand}) \cdot \cos\left(\frac{2 \cdot \pi}{T}\right) + \phi_{Wand} \qquad (3.55)$$

$$w(x, t, h_c, \mu, w_h) = \frac{(\phi_{Luft} - \phi_{Wand}) \cdot w_h}{\sqrt{1 + \frac{b_D(\mu, w_h)}{\beta(h_c)} \cdot \sqrt{\frac{\pi}{T}} + \left(\frac{b_D(\mu, w_h)}{\beta(h_c)}\right)^2 \cdot 2 \cdot \frac{\pi}{T}}} \cdot e^{-\sqrt{\frac{\pi}{T \cdot a_D(\mu, w_h)}} \cdot x} \cdot$$

$$\cdot \cos\left(\frac{2 \cdot \pi}{T} \cdot t - \sqrt{\frac{\pi}{T \cdot a_D(\mu, w_h)}} \cdot x - \gamma(h_c)\right) + \phi_{Wand} \cdot w_h \qquad (3.56)$$

Darin bedeuten **b_D** die **Feuchte (Wasserdampf)eindringfähigkeit** (3.57) [29], **a_D** die **Feuchtefeldleitfähigkeit** (3.58) (verantwortlich für die Signalgeschwindigkeit), γ (3.59) die Phasenverschiebung zwischen Raumluft- und Oberflächenfeuchte und β (3.60) der Stoffübergangskoeffizient für den Wasserdampf an der Bauteiloberfläche.

$$b_D(\mu, w_h) = \sqrt{\frac{\delta_L}{\mu} \cdot \frac{\rho_w \cdot w_h}{p_s}} \qquad (3.57) \qquad a_D(\mu, W_h) = \frac{\delta_L}{\mu} \cdot \frac{p_s}{\rho_w \cdot w_h} \qquad (3.58)$$

$$\gamma(h_c) = a\tan\left(\frac{1}{1 + \frac{\beta(h_c)}{b_D(m, w_h)} \cdot \sqrt{\frac{T}{\pi}}}\right) \qquad (3.59) \qquad \beta = 7 \cdot 10^{-9} \cdot \frac{m \cdot s \cdot K}{W} \cdot h_c \qquad (3.60)$$

Die Lösung entspricht den thermischen Ergebnissen (3.3) bis (3.5) im Abschnitt 3.2.1.

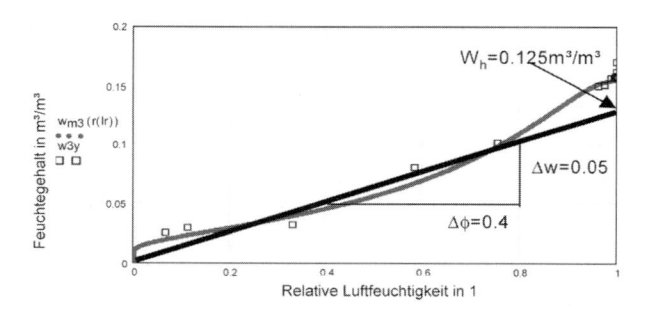

Bild 3.30
Gemessene und nach [32] berechnete Sorptionsisotherme für Beton. Die Linearisierung ergibt einen Anstieg der Sorptionsisotherme von $\Delta w/\Delta \varphi = \Delta w_h/1 = 0.125$

Beispiel: Feuchtefeld in einer mit Klimaputz beschichteten Wandoberfläche:

$\delta_L = 1.85 \cdot 10^{-10}$ $W_h = 0.1$ $\varphi_{Wand} = 0.4$ $h_c = 5$ $\rho_w = 1000$

$\mu = 5$ $p_s = 2336$ $\varphi_{Luft} = 0.8$ $\beta = 7 \cdot 10^{-9} \cdot \dfrac{m \cdot s \cdot K}{W} \cdot h_c$

$a_D = \dfrac{\delta_L}{\mu} \cdot \dfrac{p_s}{\rho_w \cdot W_h}$ $a_D = 8.643 \times 10^{-10}$ $b_D = \sqrt{\dfrac{\delta_L}{\mu} \cdot \dfrac{\rho_w \cdot W_h}{p_s}}$ $b_D = 1.259 \times 10^{-6}$

Im Gegensatz zur Temperaturwelle (3.3) dringt die Feuchtewelle (3.55) nur geringfügig in das Bauteil ein. Für das Feuchteabsorptionsvermögen der Raumumschließungsfläche ist also nur der oberflächennahe Bereich maßgebend. Tiefere Schichten tragen nicht zur Aufnahme von Feuchtigkeit aus der Raumluft bei. Bild 3.31 zeigt das Feuchtefeld nach (3.55) für die obigen Zahlenwerte im 3-Stundentakt.

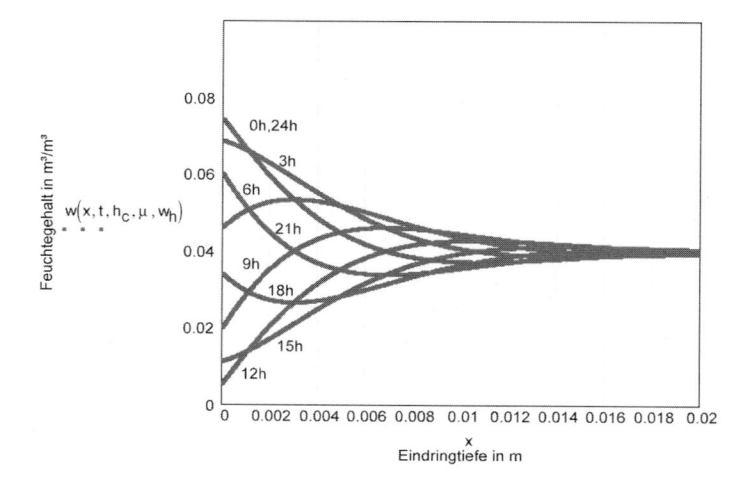

Bild 3.31
Feuchtefeld im oberflächennahen Bereich einer Wand (feuchteabsorbierender Klimaputz)

Wird die Ortsableitung vom Feuchtefeld an der Bauteiloberfläche (x = 0) mit der Dampfleitfähigkeit δ multipliziert, ergibt sich die Dampfstromdichte g_D über die Oberfläche (vgl. auch Gleichung (3.8)).

3 Temperatur und Raumluftfeuchte bei freier Klimatisierung

$$g_D(t,\mu,w_h,h_c) = \frac{(\phi_{Luft} - \phi_{Wand}) \cdot w_h \cdot \left(b_D(\mu,w_h) \cdot \sqrt{\frac{2\pi}{T}}\right)}{\sqrt{1 + \frac{b_D(\mu,w_h)}{\beta(h_c)} \cdot \sqrt{\frac{\pi}{T}} + \left(\frac{b_D(\mu,w_h)}{\beta(h_c)}\right)^2 \cdot 2 \cdot \frac{\pi}{T}}} \cdot \cos\left(2\frac{\pi}{T}t - \gamma(h_c) + \frac{\pi}{4}\right) \quad (3.61)$$

Die Integration von (3.61) z.B. über einen halben Tag, liefert die aufgenommene bzw. wieder in den Raum abgegebene flächenbezogene Feuchtemenge M_T in kg/m² (3.62). Sie ist grafisch im Bild 3.33 und in der Tabelle 3.9 für $\Delta\phi = 0.4$ in **Abhängigkeit vom µ-Wert** und der **Hygroskopizität w_h** dargestellt. M_T enthält den **Feuchteabsorptionskoeffizienten B_D** eines Bauteils (3.63) in kg/m²sPa. Er ist vergleichbar mit dem Wärmeabsorptionskoeffizienten B Gleichung (3.11) im Abschnitt 3.1.1 und ist im Bild 3.32 grafisch dargestellt. Wegen der nicht anschaulichen Zahlenwerte und Maßeinheit sollte zur Charakterisierung der Speichereigenschaft der Raumumschließungsfläche eher M_T (Bild 3.33) benutzt werden.

$$M_T(w_h,\mu,h_c) = \frac{\sqrt{\frac{2\pi}{T}} \cdot b_D(\mu,w_h) \cdot \frac{T}{\pi} \cdot p_s \cdot (\phi_{Luft} - \phi_{Wand})}{\sqrt{1 + \sqrt{\frac{2\pi}{T}} \cdot \frac{b_D(\mu,w_h)}{\beta(h_c)} \cdot \sqrt{2} + \frac{2\pi}{T} \cdot \frac{b_D(\mu,w_h)^2}{\beta(h_c)^2}}} \quad (3.62)$$

$$B_D(w_h,\mu,h_c) = \frac{\sqrt{\frac{2\pi}{T}} \cdot b_D(\mu,w_h)}{\sqrt{1 + \sqrt{\frac{2\pi}{T}} \cdot \frac{b_D(\mu,w_h)}{\beta(h_c)} \cdot \sqrt{2} + \frac{2\pi}{T} \cdot \frac{b_D(\mu,w_h)^2}{\beta(h_c)^2}}} \quad (3.63)$$

Raumumschließungsflächen absorbieren die Feuchte gut, wenn die Dampfleitfähigkeit δ/μ groß (µ klein) und die Hygroskopizität w_h des Materials sowie der Stoffübergangskoeffizient β groß sind.

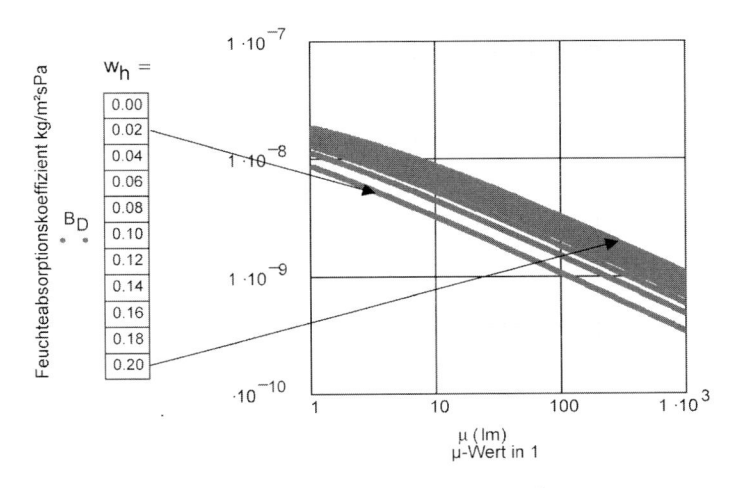

Bild 3.32 Feuchteabsorptionskoeffizient B_D in kg/m² sPa (Feuchteaufnahme pro Sekunde und Pa Wasserdampfdruckdifferenz) in Abhängigkeit vom µ-Wert und der Hygroskopizität

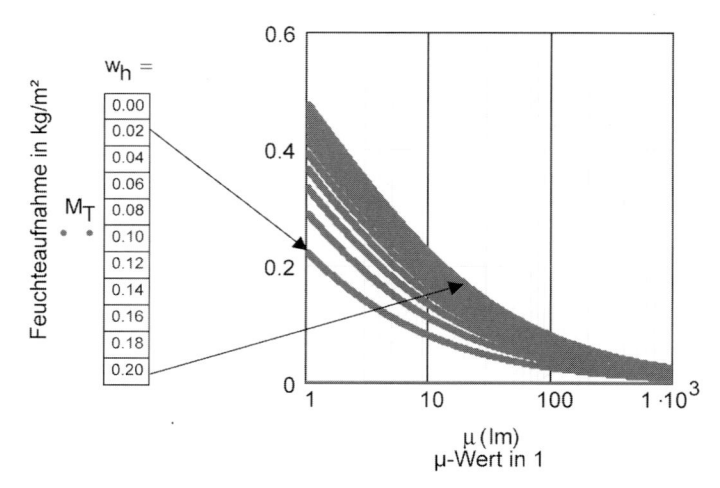

Bild 3.33 Grafische Darstellung der hygroskopischen Feuchteaufnahme einer Bauteiloberfläche in Abhängigkeit vom µ-Wert und der Hygroskopizität w_h bei periodischer Luftfeuchteschwankung der Raumluft (Amplitude $\Delta\phi = 0{,}4$) konvektiver Wärmeübergangskoeffzient $h_c = 5$ W/m^{2}K, ($\beta = 3{,}5 \cdot 10^{-8}$ s/m)

Die innerhalb einer Halbperiode von 12 h von der Wandoberfläche aufgenommenen Feuchtemengen liegen zwischen 0 kg/m^2 und maximal 0.48 kg/m^2.

Tafel 3.9 Darstellung der von der Raumumschließungsfläche innerhalb von 12 Stunden gespeicherte Feuchtemenge M_T in kg/m^2 in Abhängigkeit von µ und w_h, $h_c = 5$ W/m^{2}K ($\beta = 3.5 \cdot 10^{-8}$ s/m)

w_h in m³/m³		0.00	0.02	0.04	0.06	0.08	0.10	0.12	0.14	0.16	0.18	0.20
µ in 1		0	1	2	3	4	5	6	7	8	9	10
1	0	0.000	0.223	0.291	0.335	0.368	0.395	0.417	0.436	0.452	0.466	0.479
2	1	0.000	0.168	0.223	0.261	0.291	0.315	0.335	0.353	0.368	0.382	0.395
4	2	0.000	0.124	0.168	0.199	0.223	0.244	0.261	0.277	0.291	0.303	0.315
8	3	0.000	0.090	0.124	0.148	0.168	0.184	0.199	0.211	0.223	0.234	0.244
16	4	0.000	0.065	0.090	0.109	0.124	0.137	0.148	0.158	0.168	0.176	0.184
32	5	0.000	0.047	0.065	0.079	0.090	0.100	0.109	0.117	0.124	0.130	0.137
64	6	0.000	0.034	0.047	0.057	0.065	0.073	0.079	0.085	0.090	0.095	0.100
128	7	0.000	0.024	0.034	0.041	0.047	0.052	0.057	0.061	0.065	0.069	0.073
256	8	0.000	0.017	0.024	0.029	0.034	0.037	0.041	0.044	0.047	0.050	0.052
512	9	0.000	0.012	0.017	0.021	0.024	0.027	0.029	0.031	0.034	0.036	0.037
1024	10	0.000	0.009	0.012	0.015	0.017	0.019	0.021	0.022	0.024	0.025	0.027

Zur experimentellen Charakterisierung der Feuchtespeichereigenschaften eignet sich eine Belastung durch einen Luftfeuchtesprung. Unter Berücksichtigung des Stoffübergangskoeffizienten b lautet jetzt das Feuchtefeld in der Wand (3.64):

$$w(x,t) = w_h \cdot \left[-e^{\frac{\mu \cdot b \cdot h_c}{\delta_L} \cdot x + \left(\frac{\mu \cdot b \cdot h_c}{\delta_L}\right)^2 \cdot a_D \cdot t} \cdot (\phi_{Luft} - \phi_{Wand}) \cdot \text{erfc}\left(\frac{x}{\sqrt{4 \cdot a_D \cdot t}} + \frac{\mu \cdot b \cdot h_c}{\delta_L} \cdot \sqrt{a_D \cdot t}\right) + (\phi_{Luft} - \phi_{wand}) \cdot \text{erfc}\left(\frac{x}{\sqrt{4 \cdot a_D \cdot t}}\right) + \phi_{Wand} \right]$$

3 Temperatur und Raumluftfeuchte bei freier Klimatisierung

Beispiel: Feuchtespeichernder Putz:

$\delta_L = 1.85 \cdot 10^{-10}$ $w_h = 0.1$ $\phi_{Wand} = 0.4$ $h_c = 5$ $\rho_w = 1000$

$\mu = 5$ $p_s = 2336$ $\phi_{Luft} = 0.8$ $\beta = 7 \cdot 10^{-9} \cdot \dfrac{m \cdot s \cdot K}{W} \cdot h_c$ $\beta = 7 \cdot 10^{-9}$

$a_D = \dfrac{\delta_L}{\mu} \cdot \dfrac{p_s}{\rho_w \cdot w_h}$ $a_D = 8.643 \times 10^{-10}$ $b_D = \sqrt{\dfrac{\delta_L}{\mu} \cdot \dfrac{\rho_w \cdot w_h}{p_s}}$ $b_D = 1.259 \times 10^{-6}$

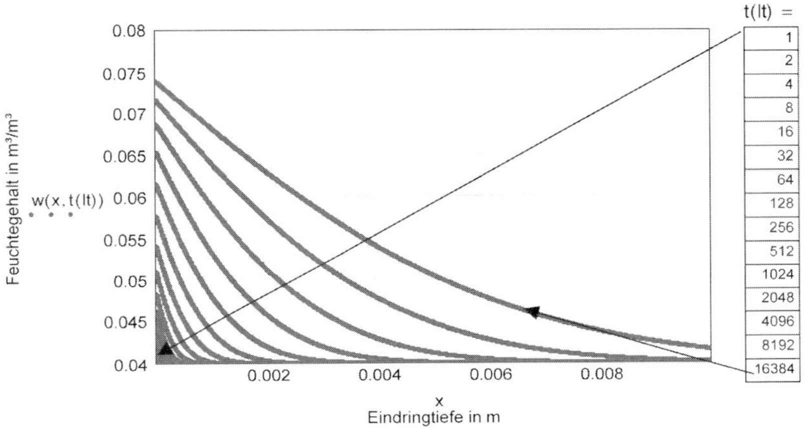

Bild 3.34 Eindringendes Feuchtefeld nach (3.64) bei einem angelegten Luftfeuchtesprung von 40 % auf 80 %

Die Integration über das Feld (Flächeninhalt unter der Kurvenschar) ergibt die vom Bauteil aufgenommene Feuchtemenge M1(t) in kg/m².

$$M1(t) = p_s \cdot (\phi_{Luft} - \phi_{Wand}) \cdot \left[\dfrac{2 \cdot \sqrt{t} \cdot b_D}{\sqrt{\pi}} - \dfrac{\delta_L \cdot \rho_w \cdot w_h}{\mu \cdot b \cdot h_c \cdot p_s} \cdot \left[1 - e^{\left(\frac{\mu \cdot b \cdot h_c}{\delta_L}\right)^2 \cdot a_D \cdot t} \cdot \left(\mathrm{erfc}\left(\dfrac{\mu \cdot b \cdot h_c}{\delta_L} \cdot \sqrt{a_D \cdot t} \right) \right) \right] \right] \quad (3.65)$$

Der Ausdruck konvergiert mathematisch schlecht, geht aber für t > t_k in die einfache Form M3(t) (3.66) über. Unter Benutzung der Sprungfunktion Φ lassen sich beide Ausdrücke zu M(t) (3.67) zusammenfassen. Die typische Feuchtebeladung ist im nächsten Bild 3.35 dargestellt.

$$t > t_K \qquad t_K = 30 \cdot \dfrac{\delta_L \cdot \rho_w \cdot w_h}{\mu \cdot (b \cdot h_c)^2 \cdot p_s} \qquad t_K = 3.879 \times 10^4 \quad (3.66)$$

$$M3(t) = (\phi_{Luft} - \phi_{Wand}) \cdot \left(\dfrac{2 \cdot \sqrt{t} \cdot b_D}{\sqrt{\pi}} - \dfrac{\delta_L \cdot \rho_w \cdot w_h}{\mu \cdot b \cdot h_c \cdot p_s} \right) \cdot p_s$$

$$M(t) := p_s \cdot (\phi_{Luft} - \phi_{Wand}) \cdot$$

$$\cdot \left[\left[\dfrac{2 \cdot \sqrt{t} \cdot b_D}{\sqrt{\pi}} - \dfrac{\delta_L \cdot \rho_w \cdot w_h}{\mu \cdot b \cdot h_c k \cdot p_s} \cdot \left[1 - e^{\left(\frac{\mu \cdot b \cdot h_c}{\delta_L}\right)^2 \cdot a_D \cdot t} \cdot \left(\mathrm{erfc}\left(\dfrac{\mu \cdot b \cdot h_c}{\delta_L} \cdot \sqrt{a_D \cdot t} \right) \right) \right] \right] \cdot \phi(t_K - t)$$

$$\cdot \left(\dfrac{2\sqrt{t} \cdot b_D}{\sqrt{\pi}} - \dfrac{\delta_L \cdot \rho_w \cdot w_h}{\mu \cdot b \cdot h_c \cdot p_s} \right) \cdot 1.02 \cdot \Phi(t - t_K) \right] \quad (3.67)$$

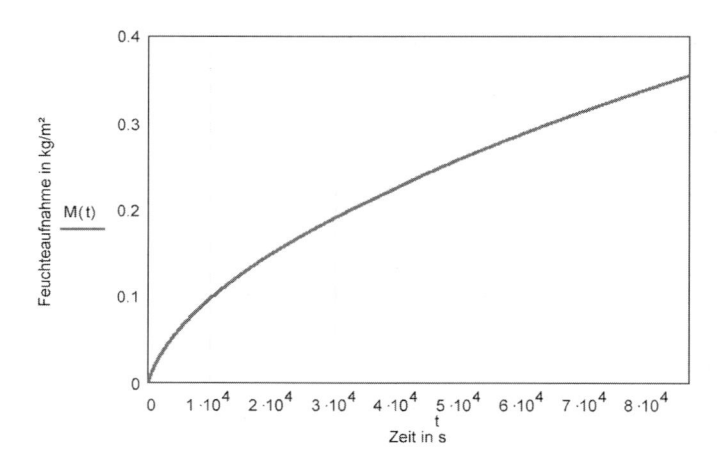

Bild 3.35
Integrale Feuchtezunahme nach (3.67) bei einem angelegten Luftfeuchtesprung von 40 % auf 80 %

Dauert die Sprungbelastung t_d (hier Erhöhung der Luftfeuchte von 40 % auf 80 %) 12 Stunden an und liegt die Belastungszeit über der Konvergenzzeit t_K kann mit M3(t_d) die aufgenommene Feuchtemenge (berechnet oder gemessen) zur Kennzeichnung des Feuchtespeicherverhaltens von Raumumschließungsflächen genutzt werden (3.68). Bild 3.36 zeigt die Feuchtezunahme in Abhängigkeit von der Hygroskopizität w_h mit μ als Parameter [33].

$$t_d = 12 \cdot 3600$$

$$M_{12}(w_h, \mu, h_c) = p_s \cdot 1.02 \cdot (\phi_{Luft} - \phi_{Wand}) \cdot \left(\frac{2 \cdot \sqrt{t_d} \cdot b_D(\mu, w_h)}{\sqrt{\pi}} - \frac{\delta_L \cdot \rho_w \cdot w_h}{\mu \cdot b \cdot h_c \cdot p_s} \right)$$

$$\delta_L = 1.85 \cdot 10^{-10}$$

$$\phi_{Wand} = 0.4 \quad h_c = 5 \quad M_{12}(w_h, \mu, h_c) = p_s \cdot 1.02 \cdot (\phi_{Luft} - \phi_{Wand}) \cdot \left[2 \cdot \sqrt{\frac{t_d}{\pi} \cdot \left(\frac{\delta_L}{\mu} \cdot \frac{\rho_w \cdot w_h}{p_s} \right)} - \frac{\delta_L \cdot \rho_w \cdot w_h}{\mu \cdot b \cdot h_c \cdot p_s} \right] \quad (3.68)$$

$$\phi_{Luft} = 0.8 \quad b = 7 \cdot 10^{-9}$$

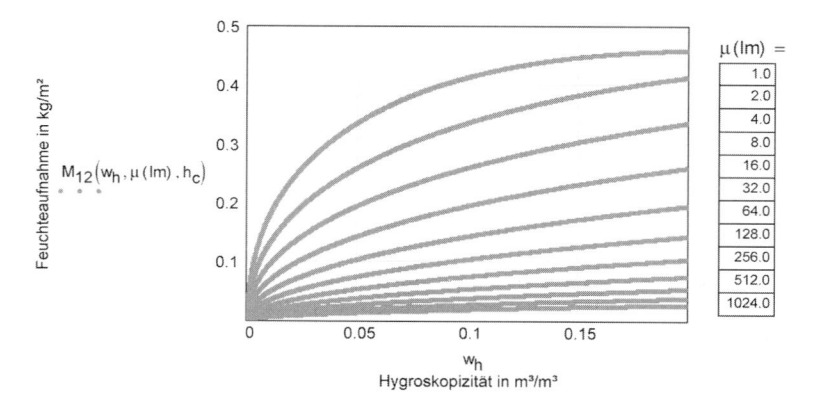

Bild 3.36
Feuchtezunahme in einer Wand in Abhängigkeit von der Hygroskopizität, μ-wert als Parameter

$\mu(lm) = $ 1.0, 2.0, 4.0, 8.0, 16.0, 32.0, 64.0, 128.0, 256.0, 512.0, 1024.0

Die Tabellenwerte für M_{12} in kg/m² enthalten wieder die Abhängigkeiten von μ und w_h. Sie unterscheiden sich nicht sehr stark von den Werten bei periodischer Belastung: In 12 h können maximal 0,45 kg/m² Feuchte von der Raumumschließungsfläche gespeichert. Hingewiesen sei

3 Temperatur und Raumluftfeuchte bei freier Klimatisierung

noch auf folgenden Tatbestand: Die Transportfunktion enthält nur den Dampftransport (μ-Wert), bei einer Reihe von Stoffen wird aber bereits das Porenoberflächenwasser durch Kapillardrücke bewegt (siehe allgemeine Transportgleichung (3.49) so dass die Feuchtabsorption auch größer als nach (3.68) ausfallen kann.

Tafel 3.10 Von einer Wand bei einem Luftfeuchtesprung von 40 % auf 80 % aufgenommenen Feuchtemenge in kg/m²

w_h in m³/m³		0,00	0,02	0,04	0,06	0,08	0,10	0,12	0,14	0,16	0,18	0,20
μ in 1		0	1	2	3	4	5	6	7	8	9	10
1	0	0,000	0,238	0,312	0,358	0,390	0,413	0,430	0,442	0,451	0,456	0,458
2	1	0,000	0,177	0,238	0,280	0,312	0,337	0,358	0,375	0,390	0,403	0,413
4	2	0,000	0,130	0,177	0,211	0,238	0,261	0,280	0,297	0,312	0,325	0,337
8	3	0,000	0,094	0,130	0,156	0,177	0,195	0,211	0,225	0,238	0,250	0,261
16	4	0,000	0,068	0,094	0,114	0,130	0,144	0,156	0,167	0,177	0,187	0,195
32	5	0,000	0,048	0,068	0,082	0,094	0,104	0,114	0,122	0,130	0,137	0,144
64	6	0,000	0,034	0,048	0,059	0,068	0,075	0,082	0,088	0,094	0,099	0,104
128	7	0,000	0,025	0,034	0,042	0,048	0,054	0,059	0,063	0,068	0,072	0,075
256	8	0,000	0,017	0,025	0,030	0,034	0,038	0,042	0,045	0,048	0,051	0,054
512	9	0,000	0,012	0,017	0,021	0,025	0,027	0,030	0,032	0,034	0,037	0,038
1024	10	0,000	0,009	0,012	0,015	0,017	0,019	0,021	0,023	0,025	0,026	0,027

3.3.3 Jahresgang der Raumluftfeuchte

Nach der Quantifizierung des Feuchtespeichervermögens der Raumumschließungsfläche soll der Jahresgang der Raumluftfeuchte bei freier Klimatisierung berechnet werden. Für den Jahrgang des Wasserdampfdruckes in der Raumluft wird der periodischer Ansatz (3.69) gemacht. Mit diesem Ansatz folgt für die abgeführte Dampfmenge (3.70).

$$p_{Di}(t) = p_{Dim} - \Delta p_{Di} \cdot \cos\left(2 \cdot \pi \cdot \frac{t - t_{ei}}{T}\right) \tag{3.69}$$

$$\frac{dm_{Dab}}{dt} = \frac{p_{Dim} \cdot V_L \cdot n_{Lm}}{R_D \cdot T_i} - \frac{\Delta p_{Di} \cdot V_L \cdot n_{Lm}}{R_D \cdot T_i} \cdot \cos\left(2 \cdot \pi \cdot \frac{t - t_{ei}}{T}\right) - \frac{p_{Dim} \cdot V_L \cdot \Delta n_L}{R_D \cdot T_i} \cdot \cos\left(2 \cdot \pi \cdot \frac{t}{T}\right) \tag{3.70}$$

$$\frac{dm_{DSp}}{dt} = \frac{\Delta p_{Di} \cdot \sqrt{\frac{2 \cdot \pi}{T}} \cdot b_D \cdot A_i}{\sqrt{1 + \sqrt{\frac{2 \cdot \pi}{T}} \cdot \frac{b_D}{\beta} \cdot \sqrt{2} + \frac{2 \cdot \pi}{T} \cdot \frac{b_D^2}{\beta^2}}} \cdot \cos\left(2 \cdot \pi \cdot \frac{t - t_{ei} - t_{oi}}{T} + \frac{\pi}{4}\right) \tag{3.71}$$

$$t_{oi}(\mu, w_h) = \frac{T}{2 \cdot \pi} \cdot \operatorname{a\,tan}\left(\frac{1}{1 + \frac{\beta}{b_D(\mu, w_h)} \cdot \sqrt{\frac{T}{\pi}}}\right) \tag{3.72}$$

Die von der Raumumschließungsfläche hygroskopisch gespeicherte Wasserdampfmenge ergibt sich nach (3.61) zu (3.71). t_{ei} ist die Zeitverschiebung zwischen dem Feuchtegang der Außen- und der Raumluft, t_{oi} die Zeitverschiebung zwischen dem Feuchtegang der raumumschließenden Oberfläche und der Raumluft. Letztere ergibt sich aus Gleichung (3.59) zu (3.72). Die

Wasserdampfströme (3.45),(3.47),(3.70),(3.71) werden in die Bilanzgleichung (3.44) eingesetzt. Daraus folgt (3.73).

$$\frac{\Delta p_{De} \cdot n_L \cdot V_L + \Delta n_L \cdot p_{Dem} \cdot V_L}{R_D \cdot T_e} \cdot \cos\left(2 \cdot \pi \cdot \frac{t}{T}\right) + \frac{p_{Dem} \cdot V_L \cdot n_{Lm}}{R_D \cdot T_e} + \rho_{Dt} \cdot V_L =$$

$$\frac{p_{Dim} \cdot V_L \cdot n_{Lm}}{R_D \cdot T_i} - \left[\left(\frac{\Delta p_{Di} \cdot V_L \cdot n_{Lm}}{R_D \cdot T_i}\right) \cdot \cos\left(2 \cdot \pi \cdot \frac{t_{ei}}{T}\right) + \frac{p_{Dim} \cdot V_L \cdot \Delta n_L}{R_D \cdot T_i}\right] \cdot \cos\left(2 \cdot \pi \cdot \frac{t}{T}\right) \ldots$$

$$+ \frac{-\Delta p_{Di} \cdot V_L \cdot n_{Lm}}{R_D \cdot T_i} \cdot \sin\left(2 \cdot \pi \cdot \frac{t_{ei}}{T}\right) \cdot \sin\left(2 \cdot \pi \cdot \frac{t}{T}\right) \ldots$$

$$+ \frac{-\Delta p_{Di} \cdot \sqrt{\frac{2 \cdot \pi}{T}} \cdot b_D \cdot A_i}{\sqrt{1 + \sqrt{\frac{2 \cdot \pi}{T}} \cdot \frac{b_D}{\beta} \cdot \sqrt{2} + \frac{2 \cdot \pi}{T} \cdot \frac{b_D^2}{\beta^2}}} \cdot$$

$$\cdot \left[\left(\cos\left(2 \cdot \pi \cdot \frac{t_{ei} + t_{oi}}{T} - \frac{\pi}{4}\right)\right) \cdot \cos\left(2 \cdot \pi \cdot \frac{t}{T}\right) + \sin\left(2 \cdot \pi \cdot \frac{t_{ei} + t_{oi}}{T} - \frac{\pi}{4}\right) \cdot \sin\left(2 \cdot \pi \cdot \frac{t}{T}\right)\right] \quad (3.73)$$

Das Gleichsetzen der konstanten Terme in dieser Gleichung ergeben die bekannten Beziehungen für den **Mittelwert des Wasserdampfpartialdruckes (3.74) bzw. der relativen Luftfeuchte** (3.75) im Raum:

$$p_{Dim} = p_{Dem} + \frac{dm_{DQu} \cdot R_D \cdot T_i}{dt \cdot n_{Lm} \cdot V_L} \quad (3.74)$$

$$\phi_{im} = \phi_{em} \cdot \frac{p_s(T_e)}{p_s(T_i)} + \frac{\rho_{Dt}}{n_{Lm}} \cdot \frac{R_D \cdot T_i}{p_s(T_i)} \quad (3.75)$$

Hinweis: Zunächst ergibt sich $\quad p_{im} = p_{em} \cdot \frac{T_e}{T_i} + \frac{\rho_{Dtm}}{n_{Lm}} \cdot R_D \cdot T_i$

Wird die Lüftungsstrombilanz aber für feuchte Luft (Massensumme aus Luft und Wasserdampf) aufgestellt folgt (3.75) (vergleiche auch Gleichung (2.10) im Abschnitt 2.2.1) Das Gleichsetzen der Terme mit sin (2π/T) ergibt die **Zeitverschiebung t_{ei} zwischen dem Gang der Raumluftfeuchte und der Außenluftfeuchte**

$$t_{ei}(\mu, w_h) = \frac{T}{2 \cdot \pi} \cdot a \tan\left[\frac{\sin\left(t_{oi}(\mu, w_h) \cdot \frac{2 \cdot \pi}{T} - \frac{\pi}{4}\right)}{\frac{n_{Lm} \cdot V_L}{R_D \cdot T_i} \cdot \frac{\sqrt{1 + \sqrt{\frac{2 \cdot \pi}{T}} \cdot \frac{b_D(\mu, w_h)}{\beta} \cdot \sqrt{2} + \frac{2 \cdot \pi}{T} \cdot \frac{b_D(\mu, w_h)^2}{\beta^2}}}{\sqrt{\frac{2 \cdot \pi}{T}} \cdot b_D(\mu, w_h) \cdot (-A_i)} - \cos\left(t_{oi}(\mu, w_h) \cdot \frac{2 \cdot \pi}{T} - \frac{\pi}{4}\right)}\right] \quad (3.76)$$

Schließlich liefert der Vergleich der cos (2π/T)-Terme die **Amplitude der Wasserdampfdruckschwankung Δp_i** im Raum

3 Temperatur und Raumluftfeuchte bei freier Klimatisierung

$$\Delta p_i(\mu, w_h) = \frac{\dfrac{V_L}{R_D \cdot T_e} \cdot (\Delta p_e \cdot n_{Lm} + \Delta n_L \cdot p_{em}) - \dfrac{V_L}{R_D \cdot T_i} \cdot \Delta n_L \cdot p_{im}}{\dfrac{V_L}{R_D \cdot T_i} n_{Lm} \cdot \cos\left(t_{ei}(\mu, w_h) \dfrac{2\pi}{T}\right) + \dfrac{\sqrt{\dfrac{2\pi}{T}} b_D(\mu, w_h) \cdot A_i}{\sqrt{1 + \sqrt{\dfrac{2\pi}{T}} \dfrac{b_D(\mu, w_h)}{\beta} \sqrt{2} + \dfrac{2\pi}{T} \dfrac{b_D(\mu, w_h)^2}{\beta^2}}} \cos\left[(t_{oi}(\mu, w_h) + t_{ei}(\mu, w_h)) \dfrac{2\pi}{T} - \dfrac{\pi}{4}\right]}$$

(3.77)

Damit sind alle Größen im Ansatz (3.69) für den Zeitverlauf des Wasserdampfdrucks bestimmt, und es lässt sich auch der **Zeitverlauf der relativen Feuchte** im Raum ermitteln

$$\phi_i(t, \mu, w_h, \Delta\rho) = \frac{p_i(t, \mu, w_h, \Delta\rho)}{p_{si}} \qquad p_{si} = 610.5 \cdot \left(1 + \frac{T_i - 273}{109.8}\right)^{8.02} \qquad (3.78)$$

Beispiel:

Der Jahresgang der Raumluftfeuchte (Raumvolumen 50 m³, Innenoberfläche A_i = 200 m²) ist in Abhängigkeit vom Außenklima $T_e(t)$ und $p_e(t)$, der Feuchteproduktion im Raum ρ_{Dt} = 5 g/m³h, einer periodischen Luftwechselrate n_{Lm} = 2/h, Δn_L = 1,4/h und der Feuchtespeicherfähigkeit der Raumumschließungsfläche (w_h = 0.25 m³/m³, μ = 1, 10, 100, 1000 und μ = 2, w_h = 0, 0.05, 0.10, 0.15, 0.20, 0.25 m³/m³) zu ermitteln. Alle Zahlenwerte für die Berechnung von $p_i(t)$ nach (3.69) sind im Folgendem zusammengestellt.

$A_i = 200 \qquad V_L = 50 \qquad T_e(t) = T_e - \Delta T_e \cdot \cos\left[\dfrac{2\pi}{T} \cdot (t - 15 \cdot 24 \cdot 3600)\right]$

$\delta_L = 1.85 \cdot 10^{-10} \qquad R_D = 462 \qquad p_e(t) = p_{em} - \Delta p_e \cdot \cos\left[\dfrac{2\pi}{T} \cdot (t - 18 \cdot 24 \cdot 3600)\right]$

$h_c = 5 \qquad \beta = 7 \cdot 10^{-9} \cdot h_c \qquad p_{se}(t) = 610.5 \cdot \left(1 + \dfrac{T_e(t) - 273}{109.8}\right)^{8.02} \qquad \phi_e(t) = \dfrac{p_e(t)}{p_{se}(t)}$

$\rho_w = 1000 \qquad m = 0, 1..3$

$w_h = 0.25 \qquad \mu(m) = 10^m \qquad T_i = 293 \qquad \Delta T_i = 1 \qquad n_{Lm} = \dfrac{2.0}{3600} \qquad \Delta n_L = \dfrac{1.4}{3600} \qquad \rho_{Dt} = \dfrac{0.005}{3600}$

$T_i(t) = T_i - \Delta T_i \cdot \cos\left[\dfrac{2\pi}{T} \cdot (t - 15 \cdot 24 \cdot 3600)\right]$

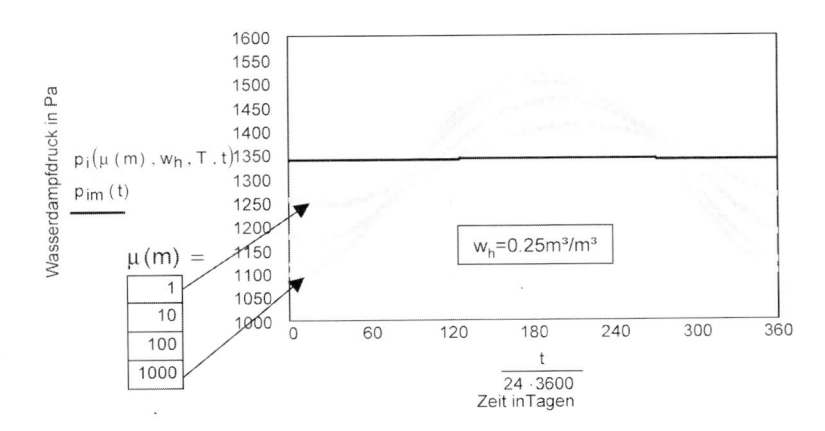

Bild 3.37 Jahresgang des Wasserdampfdruckes im Raum in Abhängigkeit von der Hygrosnopizität w_h und des Dampfwiderstandskoeffizienten μ des Innenoberflächenmaterials.

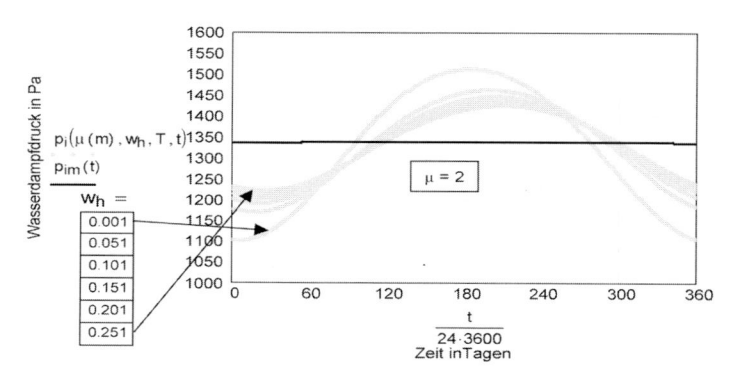

Bild 3.38
Jahresgang des Wasserdampfdruckes im Raum in Abhängigkeit von der Hygroskopizität w_h und des Dampfwiderstandskoeffizienten μ des Innenoberflächenmaterials

Speichert die Raumumschließungsfläche nicht ($\mu = 1000$, $w_h = 0,001$ m³/m³ z.B. Glas, Fliesen, Metall), schwankt die Raumluftfeuchte bei den oben gegebenen Zahlenwerten zwischen 50 % im Winter und 62 % im Sommer. Bei gut absorbierenden Materialien ($\mu = 1$, $w_h = 0.25$) lässt sich eine signifikante Dämpfung erreichen (Minimum 57 %, Maximum 58 %), die mit einer Phasen- bzw. Zeitverschiebung verbunden ist (Maximum im Herbst). Bei im Sinne der Speicherung praktikablen Werten von $\mu = 10$ und $w_h = 0,05$ m³/m³ (Lehmputz) ergibt sich immer noch eine Schwankung zwischen 52 % und 60 %. Das Feuchtepuffervermögen von Putzen wird für den Jahresgang oftmals überschätzt. Tageslastspitzen lassen sich aber relativ gut dämpfen, wie im nächsten Abschnitt gezeigt wird.

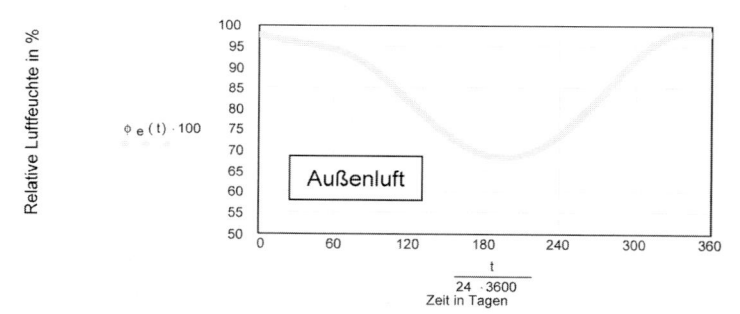

Bild 3.39

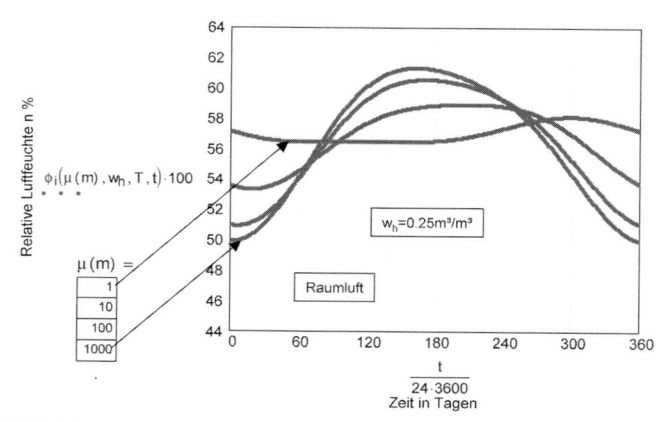

Bilder 3.39 bis 3.41 Jahresgang der relativen Luftfeuchtigkeit der Außenluft (Bild 3.39) und der Raumluft in Abhängigkeit von des Dampfwiderstandskoeffizienten μ (Bild 3.40) und der Hygroskopizität w_h (Bild 3.41) des Innenoberflächenmaterials

Bild 3.40

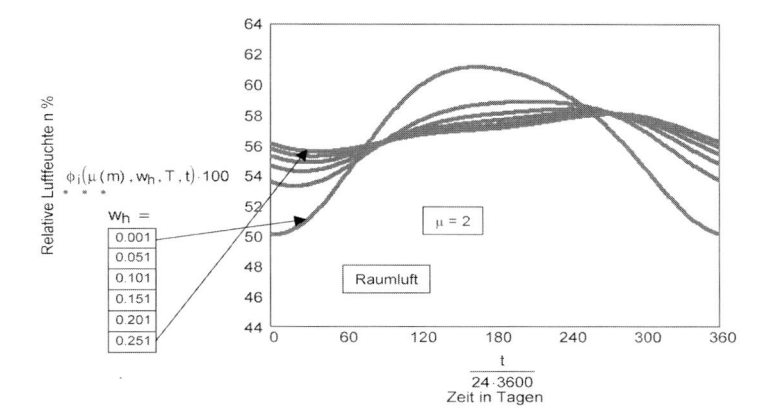

3 Temperatur und Raumluftfeuchte bei freier Klimatisierung

Bild 3.41

3.3.4 Tagesgang der Raumluftfeuchte

Ein wichtiges Problem ist die Quantifizierung der Dämpfung von Feuchtelastspitzen durch die hygrischen Eigenschaften der Raumumschließungsfläche im Tagesverlauf. Diese Aufgabe wird für einen Wintertag unter den folgenden Voraussetzungen gelöst: Die Außenlufttemperatur bleibt konstant, der Partialdruck des Wasserdampfes schwankt mit geringer Amplitude.

$$T_e = 273 \text{ in K} \qquad p_{em} = 550 \qquad \Delta p_e = -10 \text{ in Pa}$$

$$p_{se} = 611.5 \cdot \left(1 + \frac{T_e - 273}{109.8}\right)^{8.02} \text{ in Pa} \qquad p_e(t) := p_{em} - \Delta p_e \cdot \cos\left(2 \cdot \frac{\pi}{T} \cdot t\right) \text{ in Pa} \qquad \phi_e(t) = \frac{p_e(t)}{p_{se}}$$

Die Raumlufttemperatur bleibt ebenfalls konstant. Die Feuchtequellstärke im Raum ändert sich periodisch, sie erreicht am Mittag ihren Höchstwert. Die Luftwechselrate wird der Feuchtelastrate nachgeführt, um die Spitzen der Raumluftfeuchte zu dämpfen.

$$T_i = 293 \qquad \frac{dm_D}{dt \cdot V_L} = \rho_{Dt} \qquad \rho_{Dtm} = \frac{0.006}{3600} \qquad \Delta \rho = \frac{0.0035}{3600} \qquad n_{Lm} = \frac{0.70}{3600} \qquad \Delta n_L = \frac{0.05}{3600}$$

$$p_{si} = 611.5 \cdot \left(1 + \frac{T_i - 273}{109.8}\right)^{8.02} \qquad \rho_{Dt}(t, \Delta \rho) = \rho_{Dtm} - \Delta \rho \cdot \cos\left(\frac{2 \cdot \pi}{T} \cdot t\right) \qquad n_L(t, \Delta n_L) = n_{Lm} - \Delta n_L \cdot \cos\left(\frac{2 \cdot \pi}{T} \cdot t\right)$$

T in K, p in Pa $\qquad \rho_{Dt}$ in kg/m³s $\qquad$ n in 1/s

Die fixen Stoffkennwerte und die Übertragungskoeffizienten an der Wandoberfläche lauten:

$h_c = 5 \qquad \beta = 7 \cdot 10^{-9} \cdot h_c \qquad \delta_L = 1.85 \cdot 10^{-10} \qquad R_D = 462 \qquad \rho_w = 1000$

in W/m²K $\qquad$ in s $\qquad$ in s $\qquad$ in Ws/kgK $\qquad$ in kg/m³

Die Raumumschließungsfläche und das Raumvolumen betragen wieder $A_i = 200$ m² bzw. $V_L = 50$ m³. Für die Feuchtespeicherung der Raumumschließungsfläche verantwortlich sind die maximale hygroskopische Feuchte w_h und der Wasserdampfdiffusionskoeffizient µ. Die Lösung entspricht den Gleichungen (3.69) und (3.72) bis (3.77) für den Jahresgang. Die Periodendauer beträgt jetzt natürlich T = 1 Tag = 86400 s, und die innere Feuchtelast soll sich periodisch ändern. Der Tagesmittelwert des Wasserdampfdruckes liegt nach (3.74) bei 1751 Pa. Die Feuchteeindringfähigkeit b_D, die beiden Zeitverschiebungen t_{ei} und t_{oi} und die Amplitude der inneren Dampfdruckschwankung Δp_i sind zahlenmäßig in der Tafel Bild 3.42 ausgewiesen. In der Abbildung 3.42 ist der Tagesgang der Raumluftfeuchte in Abhängigkeit von der Außenluftfeuchte, der Feuchtelast im Raum, der Luftwechselrate und der Pufferwirkung der Raumumschließungsfläche für die obigen Zahlenwerte dargestellt. Die Raumluftfeuchte schwankt zwischen 47 % und 97 % (Kondensation an den Bauteiloberflächen) bei hygrisch nicht speichernden Oberflächen (µ = 10000, w_h = 0.001) und 71 % und 74 % (keine Tauwasserbildung an den Bauteiloberflächen) bei einer hygrisch stark speichernden (µ = 5, w_h = 0.25) inneren Raumumschließungsfläche. Bei sprungförmigen Belastungsänderungen (Lüftung und Feuchtequellen) kann das Verfahren nach Abschnitt 3.2.2 auch zur Ermittlung des Tagesganges der Raumluftfeuchte angewendet werden.

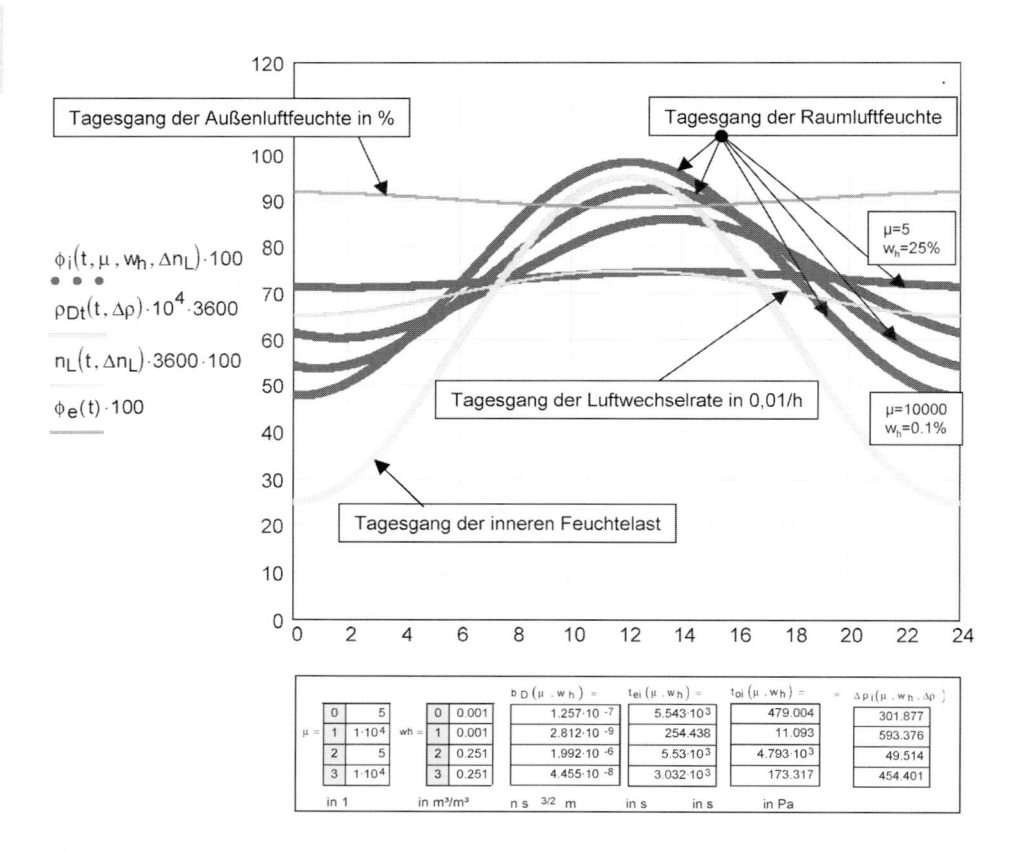

					$b_D(\mu, w_h) =$	$t_{ei}(\mu, w_h) =$	$t_{oi}(\mu, w_h) =$	=	$\Delta p_i(\mu, w_h, \Delta p)$
	0		5	0.001	$1.257 \cdot 10^{-7}$	$5.543 \cdot 10^3$	479.004		301.877
µ =	1	$1 \cdot 10^4$	$w_h =$	1	0.001	$2.812 \cdot 10^{-9}$	254.438	11.093		593.376
	2	5		2	0.251	$1.992 \cdot 10^{-6}$	$5.53 \cdot 10^3$	$4.793 \cdot 10^3$		49.514
	3	$1 \cdot 10^4$		3	0.251	$4.455 \cdot 10^{-8}$	$3.032 \cdot 10^3$	173.317		454.401
	in 1			in m³/m³	in s $^{3/2}$ m	in s	in s		in Pa

Bild 3.42   Tagesgang der Raumluftfeuchte (dunkle Kurvenschar) in Abhängigkeit von der Feuchtelast, der Luftwechselrate und des Feuchtespeichervermögens der Raumumschließungsfläche

4 Lüftung

Lüftung wird benötigt, um hygienische Forderungen zu erfüllen (s. Abschnitt 2) und um Feuchteschäden zu verhüten (Kapitel „Feuchte" und Abschnitt 2). Durch Lüften müssen sowohl die Stofflast als auch die Wärmelast abgeführt werden, und die Lüftung hat Einfluss auf das Wärmebeharrungsvermögen des Gebäudes (Abschnitt 3.2). Die Lüftungseinrichtungen müssen nach derjenigen Last berechnet werden, zu deren Abtransport der jeweils größere Förderstrom benötigt wird. Während der Heizperiode ist allein die Stofflast abzuführen, und dafür genügt ein vergleichsweise kleiner Förderstrom. In der warmen Jahreszeit hingegen erfordert die Abführung der Wärmelast häufig eine wesentlich intensivere Lüftung, die dann für die Bemessung der Lüftungseinrichtungen maßgebend ist (Abschnitt 3.2.2). Wird das Gebäude zur Einsparung von Heizenergie „abgedichtet", muss, um feuchtebedingte Bauschäden zu verhüten und um die hygienischen Forderungen zu erfüllen, immer noch – also auch während der kalten Jahreszeit – eine auf Emission von Wasserdampf, von Riech- und Ekelstoffen u. dgl. (Abschnitt 2.2) abgestimmte Mindestlüftung gewährleistet sein. In den meisten Fällen genügt freie Lüftung (auch als „natürliche" Lüftung bezeichnet). Bei freier Lüftung wird die Luft durch Windkräfte und/oder durch thermischen Auftrieb, also durch die Temperatur- bzw. Dichteunterschiede der Luft, bewegt. Damit durch die verfügbaren „freien" Kräfte ein Luftaustausch zwischen Innen- und Außenraum zustande kommen kann, muss die Hüllkonstruktion des Gebäudes mit hinreichend groß bemessenen Lüftungsöffnungen versehen sein. Die Möglichkeiten der freien Lüftung sind begrenzt. Wo sie nicht ausreicht, wird erzwungene Lüftung mit Lüftungs- oder Klimaanlagen erforderlich. Die erzwungene Lüftung ist leistungsfähiger als die freie, und Lüftungsanlagen sind anpassungsfähiger, und zwar besonders auch an die räumlichen und baulichen Bedingungen. Allerdings sind Lüftungs- und Klimaanlagen aufwendiger; unter anderem benötigen sie zum Antrieb der Lüfter Energie, um die Lüftung „erzwingen" zu können.

4.1 Windbelastung

Wird ein Gebäude von Wind (Abschnitt 1.4 und 1.5) angeströmt, so entsteht auf der Luvseite ein Überdruck p_{pos}, auf der Leeseite ein Unterdruck p_{neg} (Bild 4.1). Diese Drücke sind von der Geschwindigkeit v des Windes abhängig; sie sind proportional dem dynamischen Druck des Windes

$$p_{dyn} = \frac{\rho_L}{2} \cdot v^2 \qquad (4.1)$$

Beim einzelnen, frei stehenden Gebäude beträgt der luvseitige Überdruck je nach der Gebäudeform etwa

$$p_{pos} = (0.8 \ldots 1.2) \cdot p_{dyn} \qquad (4.2)$$

der leeseitige Unterdruck

$$p_{neg} = -(0.2 \ldots 0.5) \cdot p_{dyn} \qquad (4.3)$$

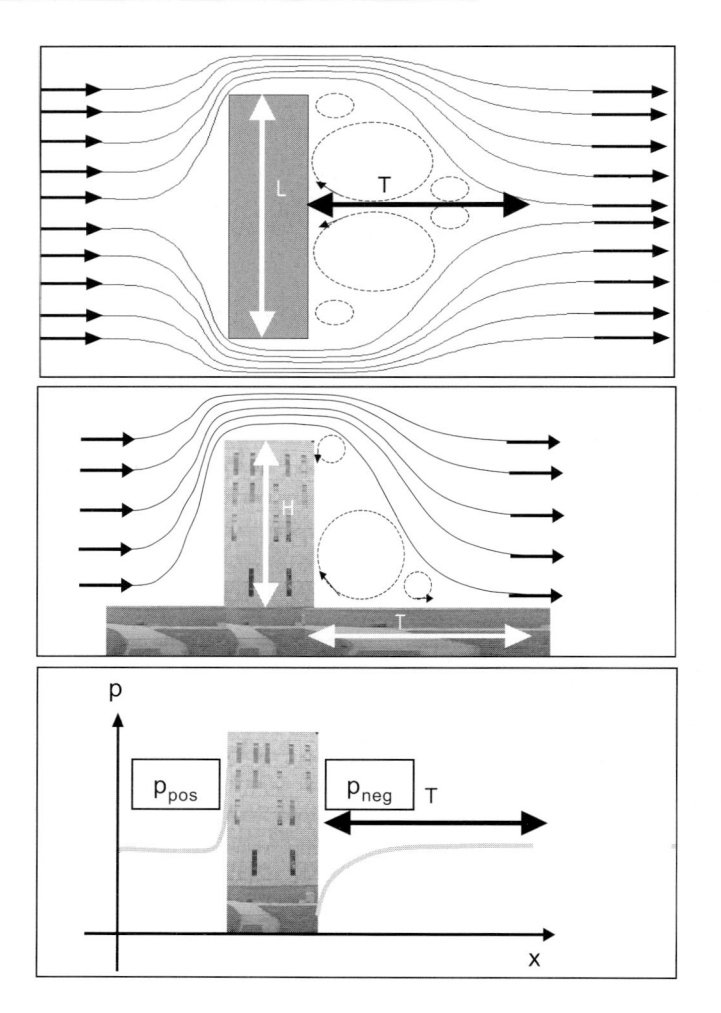

Bild 4.1   Stromlinienverlauf und Druckverteilung bei der Umströmung eines Gebäudes (schematisch)

Die Druckdifferenz ($p_{pos} - p_{neg}$) bewirkt im Gebäude eine „Querlüftung". Das Gebäude verdrängt die Strömung. Deswegen sind über dem Gebäude die Windgeschwindigkeiten höher und der dynamische Druck größer als im ungestörten Umland (in Bild 4.1 erkennbar an den dichter zusammen gedrängten Stormlinien). Nach dem Satz von Bernoulli

$$p_{dyn} + p_{stat} = p_{ges} = \text{constant} \tag{4.4}$$

muss sich, da sich der Gesamtdruck p_{ges} nicht ändern kann, bei steigendem dynamischen Druck p_{dyn} der statische Druck p_{stat} verringern. Über dem Dach herrscht also Unterdruck – ebenso wie auf der Leeseite des Gebäudes. Ragen die Lüftungsöffnungen, wie z.B. die Mündungen von Lüftungsschächten bis in die Windströmung hinein (Bild 4.1), so unterstützt der durch den Wind erzeugte Unterdruck die Lüftung. Die Windströmung legt sich erst in einiger Entfernung hinter dem Gebäude wieder an den Erdboden an. Im Lee des Gebäudes bleibt ein stark verwirbeltes Gebiet, ein „Windschatten" bzw. ein „Totwassergebiet". Die Luftgeschwin-

4 Lüftung

digkeit beträgt dort höchstens 1/3 der Windgeschwindigkeit v. Dieses windgeschützte „Totwassergebiet" hat – in Richtung der Windströmung – eine Länge von T = (2 bis 7)×H, bei einer Gebäudehöhe von z.B. H = 10 m also etwa von T = 20 bis 70 m. Das kürzere Totwassergebiet von T = 2 H Länge tritt bei kurzen Frontlängen (quer zur Strömungsrichtung) von etwa L < (2 bis 3)H auf, also bei Einfamilienhäusern, Punkthäusern und dergleichen, die allseitig umströmt werden können. Die längsten Totwassergebiete bilden sich bei Zeilenbebauung (Frontlänge L < 30 H) aus, bei denen an sich nur das Dach überströmt wird. Windlüftung ist nur bei hohen Außenlufttemperaturen erwünscht. Bei niedrigen Außenlufttemperaturen, speziell während der Heizperiode, ist Windlüftung zwar auch nicht zu vermeiden, sie muss aber eingeschränkt werden; denn sie verursacht Zugerscheinungen und erhöht den Heizenergiebedarf der Gebäude [8], [34]. In gemäßigten und kalten Klimaten ist deshalb Windschutz notwendig [35].

Ist der Abstand x zweier Gebäude kleiner als die Länge T des Totwassergebietes, so befindet sich das leeseitig gelegene Gebäude im Totwassergebiet, im Windschatten des luvseitigen Gebäudes. Der Winddruck an seiner Fassade ist geringer und damit auch die Querlüftung vermindert. Dieser Windschutz wird durch den Windschutzfaktor beschrieben [35], dem Verhältnis der Anströmgeschwindigkeit v_S am windgeschützten Gebäude zur ungestörten Windgeschwindigkeit v (Bild 4.2).

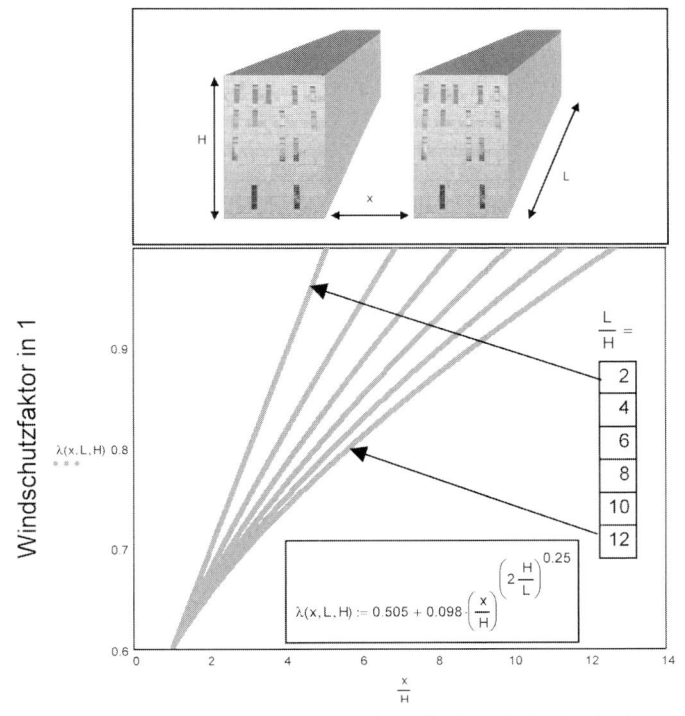

Bild 4.2   Windschutzfaktoren in Abhängigkeit von der Gebäudehöhe H, der Frontlänge des Gebäudes L und Abstand x zwischen den Gebäuden

Je nach Windgebiet, der Gebäudehöhe H und dem erreichbaren mittleren Windschutzfaktor $\lambda = V_S/v$ kann die Lage von Gebäuden innerhalb von Gebäudeensembles, Baumgruppen oder anderer etwa gleich hoher Strömungshindernisse als „geschützt", „normal" oder „frei" definiert werden.

In dieser Reihenfolge steigt die maximale Anströmgeschwindigkeit $V_{S,max}$ und folglich auch die Windbelastung (Tafel 4.1), der die Gebäude ausgesetzt sind. Am Rande von Siedlungen oder auch größeren Plätzen ist die Windlage immer als „frei" einzustufen., falls nicht gleich hohe Bäume oder dergleichen für Windschutz sorgen. Die Windbelastung wirkt sich vor allem auf die **Fugenlüftung** aus. Der Fugenluftstrom (in m³/h), der durch die Funktionsfugen der Fenster und Türen strömt, ist

$$\frac{dV}{dt} = 3600 \cdot \frac{s}{h} \cdot a \cdot l \cdot \Delta p^{\frac{2}{3}} \qquad a = (0.2 \ldots 0.6) \cdot 10^{-4} \cdot \frac{m^3}{m \cdot s \cdot Pa^{\frac{2}{3}}} \qquad (4.5)$$

Die Fugenlänge beträgt bei üblichen Fenstern (Fensterfläche A_F) etwa $l/A_F = 3$ bis 4 m/m². Der Fugendruchlasskoeffizient liegt bei neuen Fenstern in der in (4.5) angegebenen Größenordnung [36].

Die Schließfugen (Funktionsfugen) der Fenster und Türen müssen hinreichend luftdurchlässig sein, um bei Windstille eine gewisse Grundlüftung gewährleisten zu können. Diese ist notwendig, um wenigstens den lebensnotwendigen Sauerstoffgehalt unabhängig vom Willen des Gebäudenutzers zu sichern und um die Zufuhr der Verbrennungsluft für, Gasgeräte und dergleichen nicht zu behindern. Deswegen darf die Fugendurchlässigkeit einerseits einen bestimmten Wert nicht unterschreiten; sie darf aber andererseits auch nicht so groß sein, dass der Heizenergiebedarf unwirtschaftlich hoch wird. Die Funktionsfugen sind folglich Lüftungselemente, die bemessen werden müssen, und zwar in Abhängigkeit von der Windschutzlage. Mit den Werten nach Tafel 4.1 sind beide Forderungen zu erfüllen: die Mindestlüftung ist gewährleistet und der Förderstrom ist nach oben hinreichend begrenzt. Da sich Fugen aber kaum exakt nach einer solchen Maßtoleranz bemessen lassen, ist es zweckmäßig, einen Teil der Fugenfläche zu schließen, so dass die zulässige Fugendurchlässigkeit nach Tafel 4.1 mit der restlichen, nicht verschlossenen Fugenfläche erreicht wird; die offen gebliebenen Fugen sind nach den oberen Toleranzwerten zu bemessen, um die Grundlüftung bei Windstille gewährleisten zu können. Oder es können auch sämtliche Fugen geschlossen und die Lüftung definierten Lüftungsöffnungen übertragen werden (wie z.B. die „Zuglöcher" in alten Gebäuden, die benötigt wurden, um den offenen Feuerstätten Verbrennungsluft zuzuführen, und die heute durch Schieber o.ä. nur teilweise zu schießende Lüftungsöffnungen ersetzt werden sollten).

Die Fugenlüftung muss auf die Funktionsfugen der Fenster und Türen beschränkt werden; dort ist sie nach Ort und Durchlässigkeit zu kontrollieren. Bau- und Montagefugen lassen sich nicht kontrollieren und müssen abgedichtet werden, wenn sie nicht zu vermeiden sind.

Bei niedrigen Gebäuden ist Windschutz einfacher zu erreichen als bei hohen, unter anderem auch, weil in geringer Höhe die Windgeschwindigkeiten klein sind und außerdem Bäume und dergleichen zum Windschutz herangezogen werden können. Reicht der Windschutz nicht aus (z.B. bei Hochhäusern), muss auf freie Lüftung verzichtet, die Hüllkonstruktion des Gebäudes so weit wie möglich luftundurchlässig ausgeführt und das Lüften Lüftungs- oder Klimaanlagen übertragen werden.

Tafel 4.1 Definition von Windschutzlagen und zulässiger Fugendurchlässigkeit, bezogen auf die Bruttogeschossfläche A_B

	Windgebiet	Gebäudehöhe H in m	Windschutzlage geschützt	Windschutzlage normal	Windschutzlage frei		Windschutzlage geschützt	Windschutzlage normal	Windschutzlage frei
Windschutzfaktoren λ	A Binnentiefland	10 30	$\leq 0{,}85$ $< 0{,}6$	1 $\leq 0{,}8$	1 1	Maximale Anströmgeschwindigkeit $v_{s,max}$ in m/s	6	8,5	11
	B Gebirgsvorland	10 30	$\leq 0{,}75$ 0	1 $\leq 0{,}7$	1 $\leq 0{,}9$	zulässige Fugendurchlässigkeit $\sum_n \frac{a \cdot l}{A_B}$ in $m^3/m^2s\ Pa^{2/3}$	$1{,}1 \cdot 10^{-4}$	$0{,}8 \cdot 10^{-4}$	$0{,}5 \cdot 10^{-4}$
	C Küstengebiet	10 30	$\leq 0{,}65$ 0	$\leq 0{,}95$ $\leq 0{,}6$	1 $\leq 0{,}8$	Mittlerer Fugenluftstrom $\frac{dV/dt}{A_B}$ in m^3/m^2h	1,4±0,6	1,3±0,7	1,2±0,8

4.2 Thermischer Auftrieb

Der Luftdruck nimmt mit der Höhe über dem Erdboden nach der sogenannten „barometrischen Höhenformel", einer Exponentialfunktion, ab. Bis in etwa 150 m Höhe über dem Erdboden, also in dem für das Bauen interessierenden Bereich, kann der Druckverlauf in guter Näherung durch eine Gerade approximiert werden, und mit dem Gesetz von Boyle-Mariotte ergibt sich ein Gradient des (statischen) Druckes von

$$\frac{dp}{dy} = -g \cdot \rho_L \qquad (4.6)$$

(g = Erdbeschleunigung, y = Höhen-Koordinate). Nach dem Gesetz von Gay-Lussac ist die Dichte der Luft proportional 1/T, wenn T die absolute Lufttemperatur ist. Ist die Temperatur der Luft im Gebäude höher als die Außenlufttemperatur, wie das mindestens während der Heizperiode vorausgesetzt werden kann, so ist die Dichte der Luft im Gebäude kleiner als die Dichte der Außenluft, und auch der Gradient des Druckes p_i im Gebäude ist kleiner als der des Außendruckes p_e (Bild 4.3) Hat ein Raum, der ansonsten geschlossen ist, Öffnungen nur in einer Ebene, so gleichen sich in dieser Ebene, der „neutralen Fläche", Innen- und Außendruck aus. Oberhalb und Unterhalb dieser neutralen Fläche ist die Differenz zwischen den Drücken p_i im Gebäude und p_e außerhalb des Gebäudes. Oberhalb der neutralen Fläche (y > 0) ist $p_i > p_e$, unterhalb (y < 0) ist $p_i < p_e$.

$$\Delta p = p_i - p_e = (\rho_i - \rho_e) \cdot g \cdot y \qquad (4.7)$$

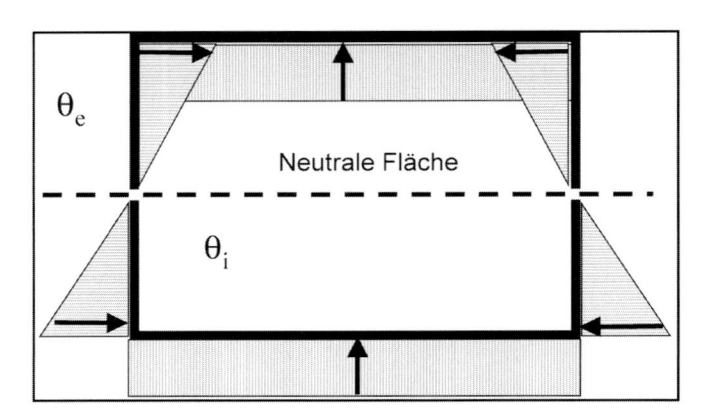

Bild 4.3 Druckverteilung an der Umschließungskonstruktion eines Raumes, der zum Außenraum nur in der Ebene der neutrale Fläche eine Verbindung hat, Lufttemperatur $\theta_i > \theta_e$

Ein ähnlicher Druckaufbau wie in Bild 4.3 ergibt sich (Bild 4.4), wenn Öffnungen (z.B. Fensterfugen) an jeder Außenwand gleichmäßig über die Höhe des Gebäudes verteilt sind. Sind sämtliche Fenster geschlossen, liegt die neutrale Fläche in jedem Geschoss in Fenstermitte (Raumluft-Außenluft), im Treppenhaus etwa in halber Höhe des Schachtes (Außenluft-Schacht). In jedem Geschoss und im Schacht baut sich ein Differenzdruck auf, unter dessen Einfluss unterhalb der neutralen Fläche Außenluft zuströmt, oberhalb der neutralen Fläche Luft aus dem Gebäude abströmt. Außerdem strömt, wenn die Temperatur im vertikalen Schacht niedriger ist als in den Geschossen, aus den unteren Geschossen Luft in den Schacht über, und in die oberen Geschosse dringt Luft aus dem Schacht ein (Schacht-Raumluft in Bild 4.4).

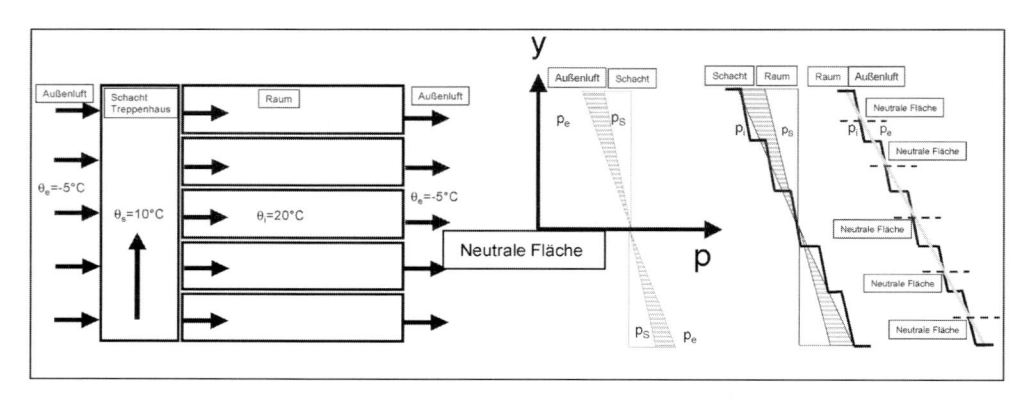

Bild 4.4 Druckverteilung in einem Gebäude mit vertikalem Schacht (Treppenhaus)

Im Schacht (Treppenhaus, Aufzugs-, Müllabwurfschacht und dergleichen) bewirkt also der thermische Auftrieb eine vertikale Luftbewegung, der sich Abluft aus den unteren Geschossen beimischt. Diese durch luftfremde Stoffe (Wasserdampf, Riech- und Ekelstoffe, Küchendünste usw.) vorbelastete Luft, die außerdem durch die Wärmelast der unteren Geschosse „vorgewärmt" ist, wird über die Türfugen den oberen Geschossen zugeführt. Sie belastet diese hygienisch und thermisch. Die Erwärmung kann zu etwa $0{,}4 \pm 0{,}2$ K je Geschoss abgeschätzt werden [2], und im zeitlichen Mittel dürfte die Temperatur im obersten Geschoss eines 5-geschossigen Gebäudes um etwa 2 K höher liegen als im Erdgeschoss. Aus diesem Grunde ist in sehr hohen Gebäuden, zumindest in Hochhäusern, der Luftaustausch über die vertikalen Verbindungswege einzuschränken. Dazu ist die Fugendurchlässigkeit so klein wie möglich zu halten, und der Auftriebsströmung ist ein möglichst großer Widerstand entgegenzusetzen (z.B. durch Türen in den Zugängen zu den Geschossen). Ist die Temperatur der Luft im Gebäude niedriger als im Außenraum, kehren sich die Druckdifferenzen und damit auch die Strömungsrichtungen gegenüber den hier diskutierten Beispielen um. Durch zeitweiliges Öffnen der Fenster sowie durch Wind wird der Druckaufbau gegenüber Bild 4.4 verändert. Der Winddruck verursacht eine „Querlüftung". Er überlagert sich dem thermischen Auftrieb und verschiebt die neutrale Fläche auf der Luvseite nach oben, auf der Leeseite nach unten.

4.3 Freie Lüftung durch thermischen Auftrieb

Die Lüftungsöffnungen in der Hüllkonstruktion werden grundsätzlich nach thermischen Randbedingungen und für Windstille bemessen. Darüber hinaus muss dafür gesorgt werden, dass der Wind die Lüftung nicht behindert, sondern, da sein Einfluss nie völlig ausgeschaltet werden kann, die Lüftung eher unterstützt. Je nach Lüftungselement, durch das die Luft gezielt zu- und/oder abströmen soll wird unterschieden zwischen **Fensterlüftung, freier Schachtlüftung und Dachaufsatzlüftung**.

Unter (autarker) **Fensterlüftung** wird die Lüftung eines Raumes ausschließlich über geöffnete Fenster verstanden. Wird ein Fenster geöffnet und ist die Raumlufttemperatur höher als die Außenlufttemperatur, so strömt über die obere Hälfte des Fensters Raumluft aus dem Raum ab, über die untere Hälfte dringt Außenluft in den Raum ein (Bild 4.5).

Die Strömungsgeschwindigkeiten ergeben sich gemäß Gleichung (4.4) aus dem Differenzdruck nach Gleichung (4.7). Demzufolge ist der Förderstrom, der infolge des thermischen Auftriebs über die Lüftungsfläche A_L fließt nach (4.8) zu berechnen

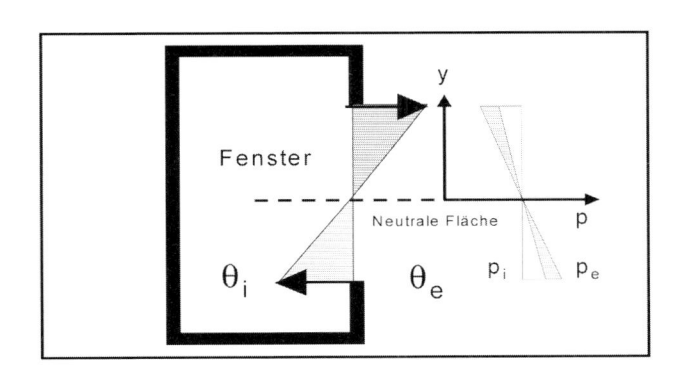

Bild 4.5
Strömung durch ein Fenster bei autarker Lüftung

$$\frac{dV}{dt} = \sqrt{H \cdot (\theta_i - \theta_e)} \tag{4.8}$$

$$\Phi = \frac{dV}{dt} \cdot \rho_L \cdot c_L \cdot (\theta_i - \theta_e) \tag{4.9}$$

Nach der Wärmetransportgleichung wird dabei ein Wärmestrom Φ nach (4.9) transportiert. Um eine Wärmelast abzuführen, ohne dass die Übertemperatur im Raum unzulässig hoch wird, sind Lüftungsflächen A_L nach Bild 4.6 erforderlich. Günstig sind große (lichte) Fensterhöhen H und Fenster mit rechteckigem Lüftungsquerschnitt. Eine Intensivierung der Lüftung ist in hohen Räumen zu erreichen, wenn die Lüftungsfläche auf zwei Ebenen aufgeteilt wird. Statt der Fensterhöhe bestimmt dann der Abstand H zwischen den beiden Fenster-Mitten (4, 5 in Bild 4.6) das wirksame Druckgefälle und erhöht, ohne dass die Fensterfläche vergrößert werden muss, den Förderstrom. Im allgemeine, besonders aber wenn eine Stofflast abzuführen ist, wird das Fenster nur zeitweilig geöffnet. Bei geöffnetem Fenster treten dann Förderströme von 200 bis 1000 m³/m²h auf, die kleineren Werte im Sommer, die größeren im Winter. Dabei sinkt die Temperatur im Gebäude ab, und die Lüftung wird nur noch durch die in der Baukonstruktion gespeicherte Wärme aufrecht erhalten. Bei der in Mitteleuropa üblichen Bauweise wird deswegen auch bei längerem Öffnen der Fenster ein Luftwechsel von 10 m³/m²h kaum überschritten [2]. Die spezifische (auf den Lüftungswärmestrom bezogene) Lüftungsfläche lässt sich in Abhängigkeit von der wirksamen höre H und dem Fugendurchasskoefizienten a nach Gleichung (4.10) berechnen.

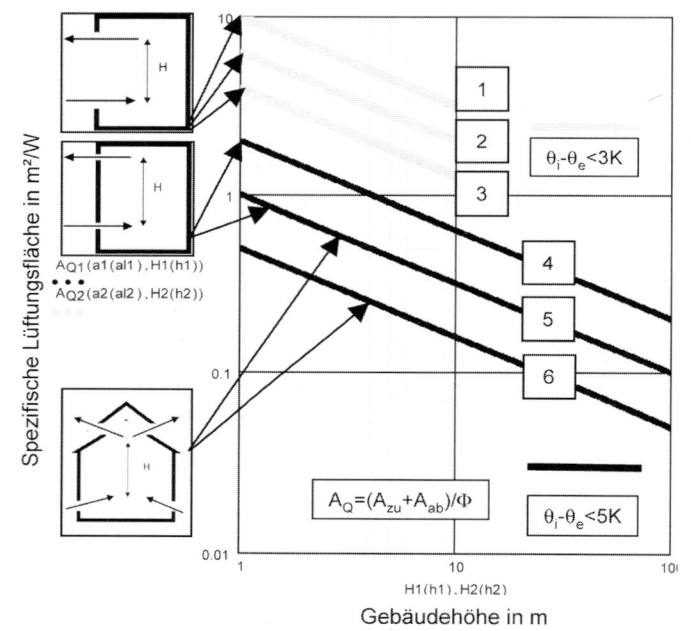

Bild 4.6   Spezifische Lüftungsfläche als Funktion der wirksamen Höhe H [2]

$$h1 = 0, 0.001 \ldots 2 \qquad a11 = -0.3, 0 \ldots 0.3$$
$$H1(h1) = 10^{h1} \qquad a1(a11) = 10^{a11}$$
$$A_{Q1}(a1, H1) = a1 \cdot H1^{-0,5} \tag{4.10}$$

Fenster- und Fugenlüftung wechseln einander ab. Während der unzureichenden – Fugenlüftung (Fugenluftstrom siehe Tafel 4.1) steigt der Gehalt an Kohlendioxid und anderen luftfremden Stoffen an (Bild 4.7). Bei Überschreiten einer Geruchsgrenze, bei zu hoher Temperatur oder weil „Lüftungspausen" eingeplant sind, wird das Fenster geöffnet, und die Konzentrationen sinken auf etwa die gleichen Werte ab, die auch in der Außenluft vorhanden sind. Werden etwa stündlich für jeweils mehrere Minuten die Fenster geöffnet, kann bei dieser unterbrochenen Lüftung im Mittel über die Nutzungszeit mit einem Förderstrom von 50 bis 100 m³/m²h gerechnet werden. Allgemein genügt eine Lüftungsfläche von $A_L/V_R > 0,02$ m² je m³ umbauter Raum, wenn nur eine Außenwand befenstert ist, $A_L/V_R > 0,01$ m² je m³, wenn einander gegenüber oder über Eck liegende Wände befenstert sind, also (mit Windunterstützung) eine gewisse Querlüftung möglich ist. Sind Menschen die einzigen Emittenten (z.B. Büros, kleine Lesesäle), genügen für Dauerlüftung Lüftungsflächen von $A_L/z > 0,1$ m² je Person, für unterbrochene Lüftung $A_L/z > 0,3$ m² je Person [37].

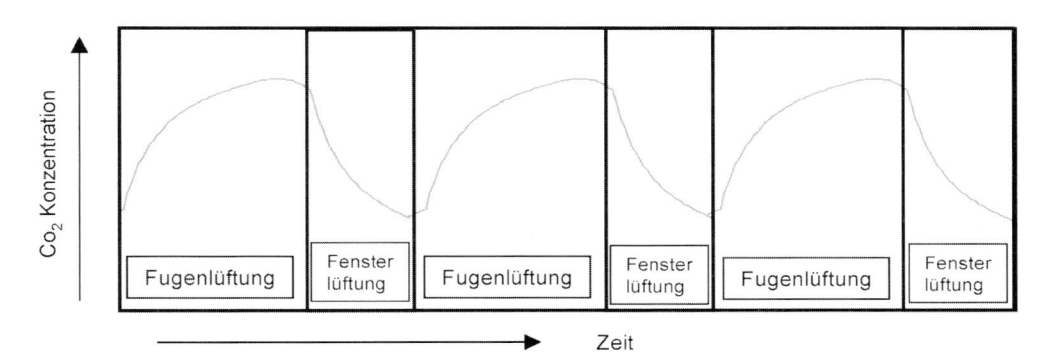

Bild 4.7 Kohlendioxidkonzentration in Abhängigkeit von der Zeit bei unterbrochener Lüftung (Wechsel von Fugen- und Fensterlüftung) (schematisch)

Innenliegende Räume, vor allem sanitäre Räume, können durch **freie Schachtlüftung** [37], [36] gelüftet werden (Bild 4.8). Die Schächte sind, um den Strömungswiderstand nicht unnötig zu erhöhen, lotrecht und mit gleichbleibendem Querschnitt bis über das Dach zu führen. Bei Windstille ist dann mit einer Geschwindigkeit der Abluft im Schacht nach (4.11) zu rechnen (v in m/s; Höhe H in m; $(\theta_i - \theta_e)$ in K).

$$v = 0,12 \cdot \sqrt{H \cdot (\theta_i - \theta_e)} \quad (4.11)$$

Ist die Mündung eines Lüftungsschachtes (Bild 4.8a) die einzige Verbindung zu Außenluft, liegt eine neutrale Fläche an der Schachtmündung, und es wird keine Luft gefördert. Eine Luftbewegung kommt nur zustande, wenn außer der Schachtmündung, der Abluftöffnung, auch eine Zuluftöffnung vorhanden ist (Bild 4.8b). Außerdem müssen Fenster- und/oder Türfugen hinreichend luftdurchlässig sein, um die Luftzufuhr nicht zu behindern.

Im Sommer kehrt sich, wenn die Außenluft wärmer ist als die Raumluft, die Strömungsrichtung um; es dringt Außenluft über den Schacht in den innenliegenden Raum ein. Das kann zur Belästigung führen (Toilettengeruch und dergleichen) und schränkt die Anwendbarkeit der freien Schachtlüftung ein.

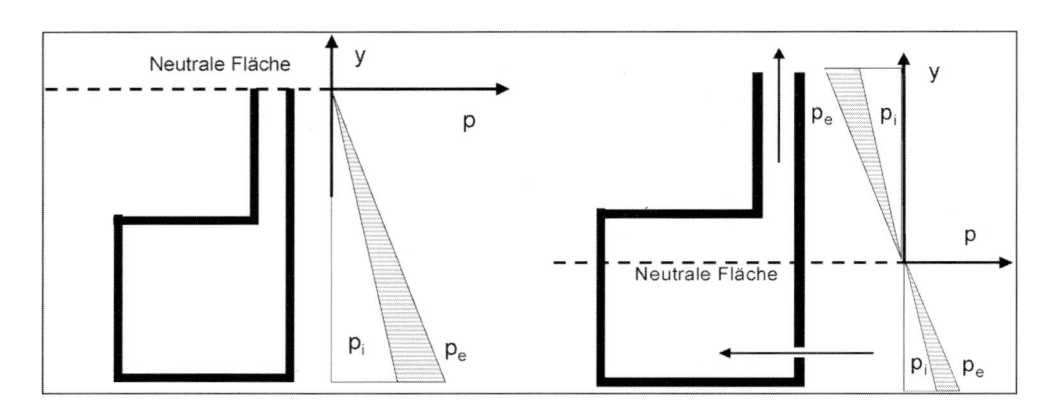

Bild 4.8 Druckaufbau an einem Lüftungsschacht ohne Zuluftöffnung (links) und mit Zuluftöffnung (rechts)

In Gebäuden, in denen die innere, nutzungsbedingte Wärmelast das ganze Jahr über größer ist als die Wärmeverluste durch Transmission, kann die Überschusswärme ganzjährig mit einer Dachaufsatzlüftung abgeführt werden (Bild 4.6). Das ist möglich bei Warmbetrieben mit einer inneren Wärmelast von $\Phi_N/V_R > 20$ W/m³ und bei Heißbetrieben (z.B. Stahlwerken, Glaswerken und dergleichen). Hier muss, um einen hinreichenden Lüftungseffekt zu erzielen, die Gebäudehöhe H möglichst groß sein (Bild 4.6), und nur um des Lüftungseffektes willen werden diese Hallen häufig höher gebaut als für die Raumnutzung erforderlich. Windleitflächen vor dem Dachaufsatz (Bild 4.6) verhindern Störungen durch den Wind [38], [2], [37].

5 Klimagerechtes Bauen

Gestalt und Konstruktion der Gebäude müssen dem Klima des Standortes angepasst werden, ebenso die Anlage der Siedlungen und Städte. Ein gleiches Klima führt auch zu gleichen – klimagerechten – Grundmodellen der Gebäude und Siedlungen. Klimate, die qualitativ gleiche Grundmodelle provozieren, lassen sich zu Klimatypen, ihre regionalen Vorkommen zu Klimagebieten zusammenfassen.

5.1 Klimaeinteilung

Die Merkmale für die Einteilung der Klimate ergeben sich aus dem Anliegen, das mit dieser Einteilung verfolgt wird, in Hinblick auf das klimagerechte Bauen also aus der Einflussnahme des Außenklimas auf das Raumklima sowie aus der (mittelbaren und unmittelbaren) Beanspruchung der Baukonstruktion durch das Außenklima.

Primäre Merkmale für eine übersichtliche Einteilung der Klimate der Erde in einige wenige Klimatypen sind die Temperatur und – in Verbindung mit ihr – die Feuchte der Außenluft.

Diese beeinflussen maßgeblich den Wärme- und Feuchteschutz, die notwendige Lüftung und die Heizung der Gebäude. Die Wirkung der anderen Klimaelemente (Abschn. 1; äußert sich meist nur in Verbindung mit der Außenlufttemperatur (z.B. Wind) oder m speziellen Kombinationen (z.B. Schlagregen); sie begründen regionale oder auch nur lokale Subvarianten der primären Klimatypen.

Das gilt selbst für die Sonnenstrahlung. Natürlich ist die Sonnenstrahlung die Ursache für die Temperaturverteilung auf der Erde. Aber nicht die maximale Intensität der Sonnenstrahlung ist es, die z.B. die hohen Temperaturen in den Tropen verursacht, sondern ihre Andauer, d. h. ihre geringen jahreszeitlichen Schwankungen und die geringe Bewölkung. Von hohen geografischen Breiten abgesehen, weist die regionale Verteilung der jährlichen Maxima der Einstrahlung an Strahlungstagen keine relevanten Unterschiede auf - gleiche Lufttrübung vorausgesetzt. Erst bei längerfristigen Mittelwerten begründet die Bewölkung gewisse Unterschiede. Z.B. liegt die Tagessumme der Globalstrahlung im Mittel über den Monat Juni in Mitteleuropa bei etwa 5 kWh/m²d, im vorderen Orient bei etwa 8 kWh/m²d. Daraus ergeben sich aber noch keine bauklimatischen Konsequenzen. Über die Notwendigkeit eines Sonnenschutzes und die Anforderungen, die daran zu stellen sind, entscheidet letztlich die Außenlufttemperatur; nur die konstruktiven Parameter des Sonnenschutzes werden vom Sonnenstand (Abschnitt 1.2.2) bestimmt.

Andere Klimaelemente wie Schallfeld und lufthygienische Belastung sind anthropogene bzw. technogene Noxen und bieten in allen Klimagebieten die gleichen Probleme.

Die Merkmale ergeben sich aus dem Verhalten der Gebäude. Für **erzwungene Klimatisierung,** also z.B. für die Heizperiode, wenn die Raumlufttemperatur als konstant vorausgesetzt werden kann, sind die Differenzen zwischen Außenlufttemperatur und Raumtemperatur maßgebend. Dafür sind die durchschnittlichen Jahresminima und -maxima der Temperatur heranzuziehen sowie die entsprechenden Werte des Wasserdampfgehaltes. In Anlehnung an eine auf technische Fragestellungen orientierte Klimaeinteilung [17] genügt es in diesem Zusammenhang, zwischen kalten Klimaten (F), gemäßigtem Klima (T), trockenem oder aridem (A), warmfeuchtem oder humidem (H) sowie Meeresklima (M) zu unterscheiden.

Bei **freier Klimatisierung** sind zeitliche Veränderungen der Raumlufttemperatur nicht zu vermeiden. Diese sind sogar bewusst in die Bauentscheidungen einzubeziehen, denn sie können das Raumklima entlasten. Die gegenüber erzwungener Klimatisierung veränderten Randbedingungen machen es notwendig, auch Differenzen zwischen Außenlufttemperaturen (Amplituden) zu berücksichtigen, um die „Dynamik" des Außenklimas zu nutzen, und zwar Differenzen zwischen

$\vartheta_{e,a}$ = durchschnittliches Jahresmittel der Außenlufttemperatur
$\vartheta_{e,max,h}$ = durchschnittliches maximales Tagesmittel während des wärmsten Monats
$\vartheta_{e,m,h}$ = durchschnittliches Monatsmittel während des wärmsten Monats.

In warmen Klimaten ist außerdem die Luftfeuchte ein entscheidendes Merkmal für die Klimaeinteilung.

Nur wenn der Wasserdampfgehalt der Außenluft gering ist, kann durch Verdunstungskühlung (z.B. Versprühen von Wasser) warme Luft auf erträgliche Temperaturen abgekühlt werden (V in Bild 5.1), ohne dass die Luftfeuchte unerträglich hoch wird Durch Wärmespeicherung in der Baukonstruktion können bei gleichbleibendem Wasserdampfgehalt (x = const) die Temperaturen der am Tage sehr warmen Luft auf erträgliche Werte verringert werden (S in Bild 5.1), die Temperaturen der kühlen Nachtluft durch Speicherentladung (E·m Bild 5.1) auf erträgliche Temperaturen angehoben werden, ohne dass ein Tauwasserniederschlag zu befürchten ist. Warme Klimate, in denen diese Bedingungen während des größten Teiles des Jahres erfüllt sind (etwa $x_e \leq 15$ g/kg), werden als **„warm-trocken" (arid)** definiert.

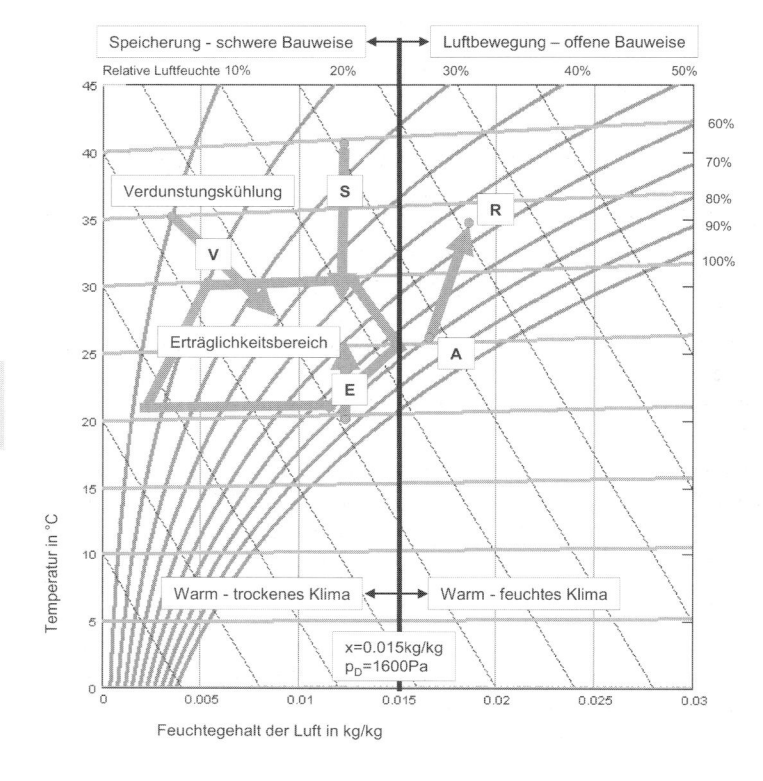

Bild 5.1 Abgrenzung des warm-trockenen vom warm-feuchten Klima
R Raumluftzustand, der sich aus dem Außenluftzustand
A ergibt, wenn keine Speichervorgänge wirksam sind
V Zustandsänderung bei Verdunstungskühlung
S Zustandsänderung bei Wärmespeicherung
E Zustandsänderung bei Speicherentladung.

Bei hoher Luftfeuchte wird das warme Klima als schwül empfunden und ist nur noch in bewegter Luft zu ertragen. Außerdem liegt die Außenlufttemperatur dann in der Regel nur wenig über der Taupunkttemperatur, sodass Tauwasserniederschlag nur durch intensives Lüften zu verhindern ist. Ohne Klimaanlage ist es nicht möglich, den Wasserdampfgehalt der Luft im Raum wesentlich zu verringern. Im Gegenteil erhöht sich dieser noch durch die Wasserdampflast (Abschnitt 2.2.1) bei Nutzung des Gebäudes (Zustandsänderung A → R in Bild 5.1). Deswegen ist eine völlig andere Bauweise notwendig, die es in keinem anderen Klimagebiet gibt, eine leichte, offene Bauweise mit einer intensiven Querlüftung und folglich einem kleinen Wärmebeharrungsvermögen. Dieser Klimatyp, in dem während eines großen Teiles des Jahres der Wasserdampfgehalt der Außenluft $x_e > 15$ g/kg ist, wird als **warm-feuchtes** oder **humides (H)** Klima bezeichnet.

5.2 Autochthone Bauweisen

Wie stark die Anpassung an das Außenklima die gebaute Umwelt prägt, wird deutlich beim Betrachten autochthoner Bauweisen, also von Bauweisen, die sich ungestört am Ort entwickeln konnten. Diese sind in der Regel dem jeweiligen örtlichen Klima optimal angepasst [33], [40], [41], [42], [43], wofür übrigens schon im Altertum Regeln aufgestellt worden sind. Denn schließlich gab es in den warmen Klimaten bis vor wenigen Jahrzehnten zur freien Klimatisierung keine Alternative, und Gebiete mit längerer Heizzeit waren in der Regel arm an Brennstoffen – zumindest nach dichter Besiedlung. An den autochthonen Bauweisen lassen sich deswegen die Grundmodelle und Prinzipien ablesen, die auch für das Bauen der Gegenwart noch Gültigkeit haben.

5.2.1 Kaltes Klima

Gebiete mit kaltem Klima (F) liegen in der Arktis und Antarktis sowie im Norden Amerikas und Asiens. Das kalte Klima ist gekennzeichnet durch langanhaltende sehr niedrige Temperaturen. Die Normalwerte der Monatsmitteltemperaturen liegen im kältesten Monat zwischen – 60 °C und – 5 °C, im wärmsten Monat zwischen – 23 °C und + 17 °C [17]. Es treten starke Winde und starker Schneefall auf, sodass die Gefahr von Verwehungen besteht. Hauptziel des Bauens sind Wärmeschutz und minimaler Heizenergiebedarf.

Wegen des geringen Dargebotes an Sonnenstrahlungsenergie ist kein „sommerlicher" Wärmeschutz erforderlich, sondern es sind in diesen Gebieten - ebenso wie im Hochgebirge -dunkle Bauwerksoberflächen üblich, um die Energie der Sonnstrahlung weitgehend für die auch im Sommer benötigte Heizung zu nutzen.

Eine vollkommene Anpassung an das kalte Klima ist mit dem Iglu der Eskimos erreicht worden. Die Halbkugelform nähert sich einem Körper kleinster Oberfläche, die große Wanddicke ergibt einen hinreichenden Wärmeleitwiderstand, und die dichtgefrorenen Fugen verringern den Lüftungswärmeverlust auf vernachlässigbar kleine Werte. In diesen brennstoffarmen Zonen reicht dann eine Beheizung durch innere Wärmelast (der Wärmeabgabe von Menschen und Tieren) sowie durch Tranlampen aus.

Die Gebäude haben in dieser Zone ihre Haustür an einer der Längsseiten, die parallel zur Hauptwindrichtung liegen, sodass weder eine unerwünschte Durchlüftung noch eine Verwehung des Eingangs möglich ist. Sie sind häufig aufgeständert. Die Siedlungen sind dicht bebaut, mit geringen Gebäudeabständen, um Windschutz zu erzielen.

5.2.2 Gemäßigtes Klima

Die Gebiete mit gemäßigtem Klima (T) schließen sich südlich an die kalten Klimagebiete des Nordens an, auf der Südhalbkugel besetzen sie die südlichen Ränder der Kontinente. Nord-, Mittel- und große Teile Südeuropas zählen dazu. Die Normalwerte der Monatsmittel liegen im kältesten Monat zwischen – 15 °C und 11 °C, im wärmsten Monat zwischen 10 °C und 25 °C. Es wird Heizung benötigt, aber auch sommerlicher Wärmeschutz.

Im kalt-gemäßigten Klima (Skandinavien, Island) waren unter anderem erdüberdeckte Gebäude üblich, in die Erde abgesenkte Räume, mit Balken, Erdstoffaufschüttungen und Rasensoden abgedeckt. Wegen des wirksamen Wärmeschutzes durch die erdanliegenden Flächen reichte die innere .Wärmelast (Menschen, Tiere, Kochfeuer) zur Heizung aus. Erdüberdeckte Gebäude gab es auch in Mitteleuropa, wegen der für ein extrem großes WBV zu hohen Luftfeuchte aber nur als Winterwohnung.

Das ganzjährig genutzte Wohnhaus des gemäßigten Klimas ist ein Gebäude mit großem (bis mäßigem) Wärmebeharrungsvermögen (Bild 5.2), mit Heizung und einem wirksamen heizenergetisch motivierten Wärmeschutz. Im Tiefland herrschen Baustoffe großer Dichte vor, die zu einem großen Wärmebeharrungsvermögen beitragen und die Temperaturschwankungen dämpfen. In kälteren Regionen, im Gebirge und im kalt-gemäßigten Klima des Nordens und

Ostens tritt dieser Aspekt hinter der Notwendigkeit, Heizenergie zu sparen, zurück. Des besseren Wärmeschutzes wegen wird Holz als Baustoff bevorzugt. Nur im Küchenbereich sorgen schwere Wände aus Bruchsteinmauerwerk oder ähnlichem für die Dämpfung und Speicherung der dort zeitweilig frei werdenden intensiven Energieströme.

Der heizenergetisch motivierte Wärmeschutz prägt auch die Funktionslösungen der Gebäude. Das niedersächsische Bauernhaus z.B. (Bild 5.3) schützt durch niedrig temperierte Pufferzonen (Ställe, Abstellräume, Bergeräume im Dach) den Wohnbereich gegen Wärmeverluste, ebenso wie (autochthone) japanische Bauernhäuser im vergleichbaren Klima. Das Prinzip der Pufferzonen findet sich auch im Grundriss des Bürgerhauses, selbst im warmgemäßigten Klima Oberitaliens.

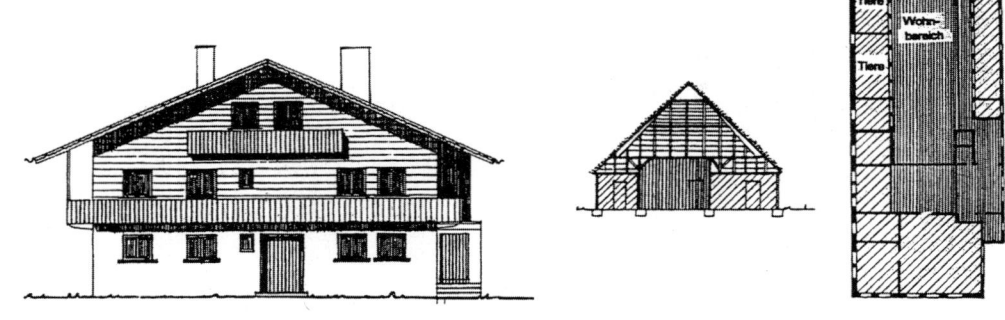

Bild 5.2 Wohngebäude im gemäßigten Klima (Oberbayern)

Bild 5.3 Pufferzonen im niedersächsischen Bauernhaus

Das zweischalige durchlüftete Dach löst den Widerspruch zwischen der Forderung nach Dichtheit gegen Regen und Ableitung des diffundierenden Wasserdampfstromes. Die Dachneigung ergibt sich aus der Art der Niederschläge. Das Rieddach des niedersächsischen Bauernhauses leitet den Regen ab, ohne dass das Klima ihm schaden kann. In den Städten, wo die Brandgefahr solche leicht brennbaren Dächer verbietet, sorgt das extrem steile Dach der norddeutschen Backsteingotik für ein schnelles Abgleiten des Pappschnees und verhindert damit die Durchfeuchtung der Dacheindeckung und ihre Zerstörung durch Frost-Tau-Wechsel. Im Gegensatz dazu verlangen Gebirgs- oder Vorgebirgslagen das flache Dach (Bild 5.2), das die über den gesamten Winter ständig vorhandene Schneedecke auf dem Dach hält und in den Wärmeschutz einbezieht [17]

In windschwachen Gebieten erfüllt ein offener Balkon (Bild 5.2) seine Funktion, während in den schlagregengefahrdeten Gebirgslagen und küstennahen Standorten eine Verglasung von Balkons und Veranden deren Nutzungsdauer erhöht und außerdem energetisch motivierte Pufferzonen schafft.

5.2.3 Trockenes Klima

Die warmen Klimate finden sich etwa zwischen ± 30° geographischer Breite. Im warmtrockenen (ariden) Klima liegen die Normalwerte der Monatsmitteltemperaturen während des wärmsten Monats > 23 °C. We^en der niedrigen Luftfeuchte können die täglichen Tempera-

5 Klimagerechtes Bauen

turamplituden Werte bis etwa 8_e -15 K erreichen, sodass Tagesmaxima bis 50 °C vorkommen, aber auch Tagesminima bis in Gefrierpunktnähe.

Es dominiert der Schutz gegen hohe Temperaturen. Dafür ist ein extrem großes Wärmebeharrungsvermögen notwendig, also Massivbauten mit dicken Wänden aus schweren Baustoffen (Bild 5.4) und mit hellen (weißen) Oberflächen. Die Gebäude sind nicht aufgeständert und meistens auch nicht unterkellert, sodass die Speichermasse des Erdreiches genutzt werden kann [44]. An Standorten mit sehr hohen Temperaturen liegen die Wohnräume eventuell vollständig unter der Erde, nur über ein Oberlicht oder ähnlichem mit der Außenwelt verbunden [40] oder man wohnt sogar in Höhlen. Das unterirdische Wohnen bringt gegenüber dem oberirdischen dort Vorteile, wo das Klima einen ausgesprochen kontinentalen Charakter hat, wo also die Amplitude des Jahresganges der Außenlufttemperatur nach Gleichung (1.1) groß und die Luftfeuchte gering ist

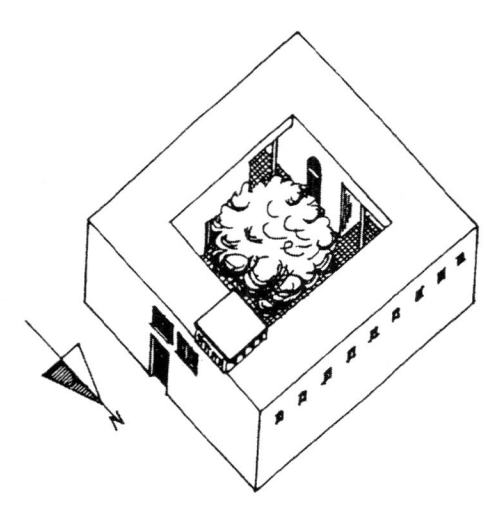

Bild 5.4   Taschkenter Wohnhaus [1]

In Küstennähe, in einem maritimen Klima (Meeresklima (M)), ist der Unterschied zwischen den Sommer- und Wintertemperaturen gering, sodass durch eine Dämpfung des Jahresganges keine merkliche Wirkung auf die Raumlufttemperatur erzielt wird. Deswegen genügen dort oberirdische Gebäude mit großem oder mäßigem WBV, die sehr hoch sein können, wenn mit kühlen Seewinden gerechnet werden kann (Hochhäuser in Jemen). Die Mehrgeschossigkeit sorgt für kleine Dachflächen und damit für kleine Wärmelasten.

Ist einzig und allein sommerlicher Wärmeschutz erforderlich, so bringt eine Wärmedämmung gemäß Gl. (3.39) nur dort Nutzen, wo die vom Bauteil absorbierte Sonnenstrahlungsenergie einen größeren Wärmestrom zufuhrt als unter dem Einfluss des Temperaturgefälles abströmt. Für voll besonnte Außenbauteile ist dieses Kriterium – auch bei weißen Oberflächen – wohl immer erfüllt; ansonsten ersetzt die Beschattung die Wärmedämmung. Deswegen haben in warm-trockenen Klimaten voll beschattete Außenbauteile häufig nur eine geringe Dicke [44].

Die Lüftung ist variabel: am Tage wird nur wenig gelüftet (Fenster geschlossen), aber nachts, wenn die Außenluft abgekühlt ist, muss eine intensive Lüftung möglich sein (vgl. Abschn. 3.2.3). Wo mit nur schwachen Winden zu rechnen ist, wird mit Luftschächten großen Querschnittes für eine ausreichende freie Schachtlüftung gesorgt. Sind zeitweilig kühle auflandige

Winde zu erwarten, wird mit Windtürmen gelüftet, die die Dächer um etwa 6 m überragen (Bild 5.5). Die Wände der Windturmnischen sind häufig mit wassergetränktem Filz, Strohmatten und dergleichen behängt, die bei der trockenen Luft der ariden Zonen für eine wirksame (Verdunstungs-)Kühlung sorgen [40].

Wo Sandstürme zu befürchten sind, müssen die Fugen dicht und Dächer 1-schalig sein.

Bei jahreszeitlich wechselndem Klima, wie es z.B. in Hochtälern vorkommt, liegt häufig eine „leichte", heizbare Winterwohnung im Obergeschoss über der „schweren" Sommerwohnung, die sich im Erd- oder Kellergeschoss befindet [44].

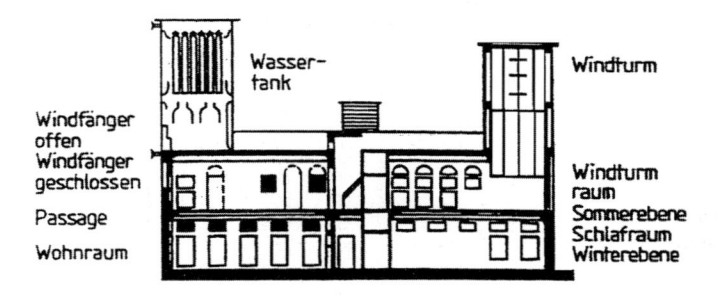

Bild 5.5
Gebäude mit Windturm am Persischen Golf [19]

Die Straßen sind eng, damit die Freiflächen beschattet werden und der heiße Wind weder in die Freiräume noch in die Gebäude eindringen kann. Die Gebäude der Stadt wirken als einheitlicher Block. Dies entspricht dem Grundsatz einer „windgerechten" Stadt in den warm-trockenen (ariden) Klimazonen. In den Küstenstädten (Klimatyp M) dagegen^ so^eii breite, annähernd senkrecht zur Küstenlinie verlaufende Straßen dafür, dass der auflandige Wind die Stadt „kühlt" [45].

5.2.4 Warm-feuchtes Klima

Warm-feuchtes Klima tritt vor allem im Regenwald sowie in den Flussniederungen üiid Deltagebieten der Tropen auf. Dort wird ein großer Teil der eingestrahlten Sonnenstcahlungsenergie als latente Wärme (durch Verdunstung) gebunden. Deswegen sind die Lufttemperaturen nicht ganz so hoch wie im warm-trockenen Klima; dafür ist aber der Wasserdampfgehalt wesentlich höher. Es ist immer schwül; dieses Klima ist für den Menschen das am schwersten zu ertragende (Abschn. 5.1).

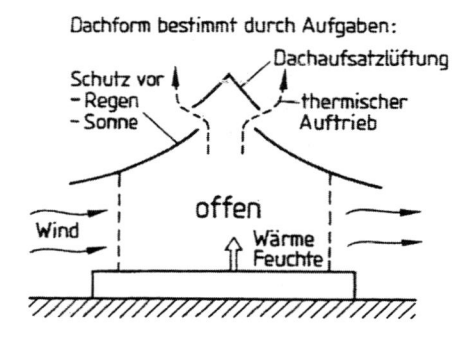

Bild 5.6
Grundmodell eines frei gelüfteten Wohngebäudes im warm-feuchten Klima

5 Klimagerechtes Bauen

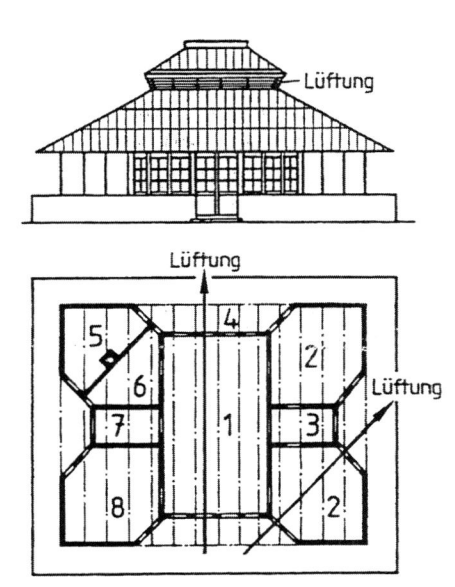

Bild 5.7
Bungalow in Hinterindien
1 Wohnraum   5 Küche
2 Schlafraum   6 Wirtschaftsraum
3 Duschraum   7 Vorratsraum
4 Veranda   8 Arbeitsraum

Meistens genügt ein Schutz gegen Regen und gegen Sonnenstrahlung. Deswegen ist das Dach das dominierende Element des Gebäudes (Bild 5.6). Es sorgt für eine Beschattung des Aufenthaltsbereiches, und es hat einen hinreichenden Dachüberstand, um die außerordentlich intensiven tropischen Regengüsse gefahrlos (Spritzwasser!) abzuleiten. Um die Beschattung zu erleichtern, sind die (geöffneten) Hauptfassaden nach Norden und Süden orientiert, vorausgesetzt, die Hauptwindrichtung Hegt so, dass dann noch eine hinreichende Durchlüftung gewährleistet ist. Andernfalls entscheiden die Windverhältnisse über die Orientierung. Wenigstens 40 bis 80 % der Fläche der Außenwände sind offene Lüftungsflächen (Bild 5.7).

Muss zeitweilig mit Windstille oder mit geringen Windgeschwindigkeiten gerechnet werden, sorgen Lüftungsaufsätze (Dachaufsätze) für Lüftung (Bilder 4.6 und 5.6).

Die Bebauung ist locker, damit die Gebäude ihre Durchlüftung nicht gegenseitig behindern. Günstig ist deswegen Hangbebauung. Die lockere Bebauung ermöglicht die Anlage von Gärten, die gut durchlüftet und in die Wohnfunktion integriert sind [16]. Die Gebäude sind häufig aufgeständert [46], [47], um die Aufenthaltszone in den Bereich höherer Luftgeschwindigkeiten zu brüfgen und um das Wärmebeharrungsvermögen des Gebäudes zu verringern.

Im warm-feuchten Klima besteht in hohem Maße die Gefahr, dass sich an den Bauteilen Tauwasser niederschlägt und Bauschäden, Schimmelbildung, Pilzbefall usw. verursacht. Deswegen ist eine ständige Durchlüftung aller Räume, auch der Schrankräume und Nischen (Bild 5.7) notwendig, und es werden vorwiegend leichte Baustoffe verwendet, um das Wärmebeharrungsvermögen so klein zu machen wie möglich.

Anhang

Symbolverzeichnis

I Schall

A	m²	äquivalente Schallabsorptionsfläche
D_n	dB	Normschallpegeldifferenz
D_v	dB	Stoßstellendämmung, Verzweigungsdämm-Maß
L	dB	Schalldruckpegel
L_A	dB(A)	A-Schallpegel
L_I	dB	Schallintensitätspegel
L_{In}	dB(A)	Installationsschallpegel
L_m	dB(A)	Mittelungspegel (Dauerschallpegel)
L_n	dB	Normtrittschallpegel
$L_{n,W}$	dB	bewerteter Normtrittschallpegel
L_v	dB	Schnellepegel
L_W	dB	Schalleistungspegel
Δ_L	dB	Trittschallminderung
$\Delta L_W(VM)$	dB	Verbesserungsmaß
LSM	dB	Luftschallschutzmaß
R	dB	Luftschalldämm-Maß
R_W	dB	bewertetes Schalldämm-Maß
S	m	Fläche eines Bauteils oder Einbaufläche
T	s	Nachhallzeit
TSM	dB	Trittschallschutzmaß
V	m³	Volumen
c	m/s	Schallgeschwindigkeit
f	Hz	Frequenz
f_o	Hz	Resonanzfrequenz
f_g	Hz	Grenzfrequenz, Koinzidenzfrequenz
k		Korrekturfaktoren
m'	kg/m²	flächenbezogene Masse
p	N/m²(Pa)	Schalldruck
r	m	Entfernung, Abstand
r_g	m	Grenzradius (Hallradius)
s'	N/m³	dynamische Steifigkeit
v	m/s	Schallschnelle
a		Schallabsorptionsgrad
λ	m	Wellenlänge
ρ	kg/m³	Dichte

II Wärme

A	m²	Fläche
C	W/m²	Strahlungskonstante
C_S	W/m²	Strahlungskonstante des schwarzen Strahlers
D	1	Deckelfaktor
I	W/m²	Strahlungsintensität
M	W/m²	spezifische Ausstrahlung
M_s	W/m²	spezifische Ausstrahlung des schwarzen Strahlers
M_λ	W/m³	spektrale spezifische Ausstrahlung
P	Pa	Luftdruck
Q	J	Wärmemenge

Symbol	Einheit	Bedeutung
Q_H	kWh/a	Jahres-Heizwärmebedarf
$R_{i,a}$	m² · K/W	Wärmeübergangswiderstand, innen bzw. außen
R_λ	m² · K/W	Wärrnedurchlaß widerstand
S_F	W/(m² · K)	Strahlungsgewinnkoeffizient
T	s	Periodendauer
T	K	thermodynamische Temperatur oder Kelvintemperatur
TAV	i	Temperaturamplitudenverhältnis
V	m³	Volumen
V	m³/s	Volumenstrom
a	m²/s	Temperaturleitfähigkeit
a	l	Strahlungsabsorptionsgrad
b	J/(m² · K · s^{0,5})	Wärmeeindringkoeffizient
c	J/(kg · K)	spezifische Wärmekapazität
c	m/s	Lichtgeschwindigkeit im Vakuum
f	l	Fensterflächenanteil
f_o	l	modifizierte Fourierzahl
g	l	Gesamtenergiedurchlass grad
k	J/K	Boltzmann-Konstante
k	W/(m² · K)	Wärmedurchgangskoeffizient
R_k	m² · KAV	Wärmedurchgangswiderstand
m	kg/m²	flächenbezogene Masse
n	h^{-1}	Luftwechselzahl
q	W/m²	Wärmestromdichte
r	l	Temperatur-Reduktionsfaktor
s	m	Dicke
t	s, h	Zeit, Zeitspanne, Dauer
z	l	Abminderungsfaktor
x, y, z	m	kartesische Koordinaten
Λ	W/(m² · K)	Wärmedurchlaßkoeffizient
Φ	W	Wärmestrom
α	W/(m² · K)	Wärmeübergangskoeffizient
α	l	Absorptionsgrad
ϑ	°C	Celsius-Temperatur
ε	l	Emissionsgrad
λ	W/(m · K)	Wärmeleitfähigkeit
λ	m	Wellenlänge
φ	rad	Phasenverschiebung
ρ	l	Reflexionsgrad
ρ	kg/m³	Dichle
σ	W/(m² · K^4)	Stefan-Boltzmann-Konstante
τ	l	Transmissionsgrad

Indizes:

L	Luft		i	Konvektion
R	Rechenwert		m	Mittelwert
a	außen		max	Maximalwert
c	innen		o	Oberfläche
eq	äquivalent		r	Strahlung

III Feuchte

Symbol	Einheit	Bedeutung
A	m²	Fläche
A_W	kg/m²s^{0,5}	Wasseraufnahmekoeffizient
C	–	Formfaktor

Symbolverzeichnis

Symbol	Einheit	Bezeichnung
D	N/mm^2	Dehnsteifigkeit
D	m^2/h	Diffusionskoeffizient
E	kg/(m · h · Pa)	Effusionskoeffizient
E	N/mm^2	Elastizitätsmodul
F	N	Kraft
G	kg/h	Massenstrom
G	N/mm^2	Schubmodul
I	W/m^2	Strahlungsintensität
K	kg/(m · h · V)	spezifische elektrokinetische Durchlässigkeit
K	Pa/V	spezifische elektrokinetische Steighöhe
L	mm	Längenausdehnung
M	kg	Masse
$\overline{M}$	–	Relative Molmasse
O	m^2/g	Oberfläche
P	Pa	Gesamtdruck
P_K	Pa	Kapillardruck
P_{SP}	N/m	Spreitungsdruck
P_{ST}	Pa	Staudruck der Luft
P	Pa	Gesamtdruck
R_v	J/kg/K	Gaskonstante des Wasserdampfs
$\overline{R}$	kJ/kmolK	Universelle Gaskonstante
$R_{1,2}$	m	Hauptkrümmungsradien
Re	–	Reynolds-Zahl
R_{si}, R_{se}	m^{2}K/W	Wärmeübergangswiderstand
R_T	m^{2}K/W	Wärmedurchgangswiderstand
S	N/mm^2	Schubsteifigkeit
T	K	Thermodynamische Temperatur
U	V	elektrische Spannung
U	W/m^{2}K	Wärmedurchgangskoeffizient
V	m^3	Volumen
$\dot{V}$	m^3/h	Volumenstrom
W_w	kg/(m^2 · h^{0,5})	Wasseraufnahmekoeffizient
a	m^3/(m · h · Pa$^{2/3}$)	Fugendurchlasskoeffizient
a	–	Absorptionskoeffizient
b	–	Approximationsfaktor
b	m	Breite
c	–	Wechselwirkungsparameter
d	m	Dicke
d	m	Durchmesser
f_{Rsi}	–	Temperaturfaktor
g	kg/(m^2 · h)	Massenstromdichte
g	m/s^2	Erdbeschleunigung
h	m	Höhenkoordinate
h	W/m^{2}K	Wärmeübergangskoeffizient
h	m	Dicke einer sog. Zwischenschicht
k	m/s	Durchlässigkeitswert
k_D	kg/(m · h · Pa)	spezifische Durchlässigkeit nach Darcy
l	m	Länge
m	kg/m^2	flächenbezogene Masse
n	h^{-1}	Luftwechselrate
n	–	Exponent
n	–	Rauhigkeit
p	Pa	Partialdruck des Wasserdampfs, Druck

q	W/m²	Wärmestromdichte
$\dot{q}$	W/m²	Energiestromdichte
r	–	Schubsteife-Dehnsteife-Verhältnis
r	m	Radius
r	kJ/kg	Verdunstungswärme
s_d	m	äquivalente Luftschichtdicke
t	s, h, d, a	Zeitkoordinate
u	–	massebezogener Wassergehalt
u	–	Wassergehalt, Feuchte
u_v	–	Volumenbezogener Wassergehalt
v	m/s	Geschwindigkeit
w	m	Rißbreite
w	kg/m³	Wassergehalt
x, y, z	m	Wegekoordinaten
α	–	Diffusionskoeffizienten-Verhältnis
β	m/h, s/h	Wasserdampfübergangskoeffizient
β_p	kg/m² h · Pa kg/m² s · Pa	Wasserdampfübergangskoeffizient
σ	N/mm²	Spannung
ε_h	–	Hygrische Dehnung
γ	–	Scherwinkel
θ	–	Randwinkel der Benetzung
δ	kg/(m · h · Pa)	(Wasserdampf-)Diffusionsleitkoeffizient
η	Pa · s	Viskositätskoeffizient, dynamischer
λ	–	Reibungsbeiwert
λ	W/mK	Wärmeleitfähigkeit
ν	g/m³	Konzentration
ν	kg/m³	Volumenbezogene Luftfeuchte
ν	m²/s	Viskositätskoeffizient, kinematischer
θ	°C, K	Temperatur
τ	N/mm²	Scherspannung
$\varkappa$	m²/h	Flüssigkeitsleitzahl nach Krischer
$\overline{\lambda}$	m	mittlere freie Weglänge
μ	–	Diffusionswiderstandszahl
ρ	kg/m³	Dichte
σ	N/m	Oberflächenspannung
ϕ	–	relative Luftfeuchtigkeit
ψ	–	volumenbezogener Wassergehalt
ξ	–	Durchflussbeiwert

Indizes:

A	Austritt		a	Umgebung
B	Baustoff		e	außen
D	Diffusion		f	frei, freiwillig
D	Wasserdampf		h	hygrisch
E	Eintritt		i	innen
F	Flüssigwassertransport		k	Konvention
K	Kapillar		o	oben
L	Luft		s, sat	Sättigungszustand
T	Tauperiode		s	Oberfläche
V	Verdunstungsperiode		s	Strahlung
W	Wasser im Flüssigzustand, Wind		s	Schwinden
			u	unten

IV Licht

A	m^2	Fläche
A'	m^2	scheinbare, auf eine Ebene rechtwinklig zur Blickrichtung projizierte Größe einer Fläche
D	%; 1	Tageslichtquotient
E	lx	Beleuchtungsstarke
E_e	W/m^2	Bestrahlungsstärke
I	cd	Lichtstärke
L	cd/m^2	Leuchtdichte
Q_E	$lx \cdot s$	Belichtung
Q_e	Wh; kWh	Energiemenge
S_k		korrigierte Sonnenscheinhäufigkeit
T		Trübungsfaktor nach Linke
U	$W/(m^2 \cdot K)$	Wärmedurchgangskoeffizient (bisher üblich; k)
b		b-Faktor: nach VDI 2078 Einstrahlungsminderung gegenüber farblos klarer Einfachverglasung
g		Gesamtenergiedurchlassgrad
g		Gleichmäßigkeit der Beleuchtung
h	m	Höhe (Fenster-, Raum- usw.)
k_1		Lichtminderungsfaktor lichtundurchlässiger Fensterkonstruktionsteile
k_2		Lichteminderungsfaktor infolge Glasverschmutzung
k_3		Lichtminderungsfaktor, der von 0° abweichende Lichteinfallswinkel berücksichtigt
m		Luftmasse
Φ	lm	Lichtstrom
Ω	sr	Raumwinkel
α	1	Absorptionsgrad
α	°	Azimutwinkel (DIN 5034, Teil 2 [2]), aber auch Verbauungshöhenwinkel (DIN 5034, Teil 4 [2])
γ	°	Höhen- oder Neigungswinkel zur Waagerechten
ε	°	Winkel zur Flächennormalen (z.B. Lichteinfall)
ζ	°	Neigungswinkel zur Senkrechten
λ	nm	Wellenlänge
ρ	1	Reflexionsgrad
ρ_1	1	hinter stark (ideal) lichtstreuender Verglasung mittlerer Reflexionsgrad aus den zur Erstreflexion von Tageslicht getroffenen Raumflächen
τ	1	Transmissionsgrad

Indizes:

B	Fußboden		do	(klare) Doppelverglasung
D	Decke		e	Energie
F	Fenster		ges	Gesamt-
G	Glas, Verglasung		gl	gleichförmig
H	Himmel		i	innen
L	Licht		m	Mittel-
P	(Untersuchungs-)Punkt		min	Mindest-, Kleinst-
R	Reflexion		o	oben, oberer Halbraum
S	Sonne		r	Rohbau
V	Verbauung		u	unten, unterer Halbraum
W	Wand		x	gewählte Verglasung
a	außen		z	Zenit
dif	diffus, gestreut			

V Brand

A	m²; cm²	Fläche
Ä	1	Intervall; Differenz
E	N/mm²	Elastizitätsmodul
H	kWh/kg	Heizwert
M	kNm	Moment
M	kg	Masse
N	kN	Normalkraft
P	kN	Last
P	kN/m; kN/m²	Belastung je Längen- oder Flächeneinheit
Q	kN	Last
R	kg/s	Abbrandrate
T	K	Temperatur, absolut
U	m	Umfang
V	cm; mm	Verformung
V	mm/min	Abbrandgeschwindigkeit
a	W/(m² · K)	Wärmeübergangszahl
a	cm²/s	Temperaturleitzahl
b	cm; mm	Breite
c	min m²/kWh	Umrechnungsfaktor
cp	J/kgK	spezifische Wärmekapazität
d	cm; mm	Dicke
d	cm; mm	Durchmesser
e	%; ‰	Dehnung, Stauchung
f	cm; mm	Durchbiegung
f	1	Formfaktor
h	cm; mm	statische Höhe, Querschnittshöhe
h	kJ/s	Energiestromdichte
k	W/m²K	Wärmeübergangszahl
l	m	Stützweite
m	%	Feuchtegehalt
m	1	Abbrandfaktor
m	kg/s	Massenstromdichte
n	1	Anzahl
q	kN/m; kN/m²	Belastung je Längen- oder Flächeneinheit
q	MJ/m²; kg/m²	Brandbelastung, ausgedrückt als Wärmemenge je Flächeneinheit oder Holzgewicht je Flächeneinheit
q	kJ/s	Wärmestromdichte
r	m; cm	Radius
s	m	Stablänge
t	min	Zeit
u	cm; mm	Verformung
u	cm; mm	Achsabstand
w	1	Wärmeabzugsfaktor
	1/K	Wärmeausdehnungszahl
w	cm	Widerstandsmoment
w	J/m³s	Wärmequelle oder -senke
ß	N/mm²	Festigkeit
ß	1	Ausnutzungsgrad
ε	1	Emission
ε	t/s	Dehngeschwindigkeit
ϑ	°C; K	Temperatur
λ	W/(m · K)	Wärmeleitzahl

Symbolverzeichnis

μ	%	Bewehrungsgrad
μ	1	Querdehnungszahl
υ	1	Sicherheit
ρ	kg/m³	Dichte
σ	N/mm²	Spannung
τ	N/mm²	Spannung

VI Klima

A	m²	Fläche
A_B	m²	Bodenfläche, Bruttogeschossfläche
A_L	m²	Lüftungsfläche
B	W/(m²·K)	Wärmeabsorptionskoeffizient
BH	kg/(m²·K)	hygrischer Absorptionskoeffizient
E	W/m²	Intensität der Sonnenstrahlung
E_{diff}	W/m²	diffuse Strahlung
E_{glob}	W/m²	Globalstrahlung
E_S	W/m²	direkte Strahlung
E_V	W/m²	Gesamtstrahlung auf vertikale Flächen
M	kg/h	Massenstrom
Q	W	Wärmestrom
R	m²·K/W	Wärmeleitwiderstand
RH	m²·K/kg	hygrischer Widerstand
S	W/(m²·K)	Wärmespeicherkoeffizient
SH	kg/(m²·K)	hygrischer Speicherkoeffizient
T	–	Trübungsfaktor
V	m³/h	Volumenstrom, Förderstrom
V_R	m³	Volumen eines Raumes
W	W/(m²·K)	Wärmewert, Wärmekapazitätsstrom
X	g/kg, kg/kg	Wasserdampfgehalt der Luft
Y	Wh/(m²·K)	thermische Admittanz
YH	kg/(m²·K)	Hygrische Admittanz
a	m²/h	Temperaturleitfähigkeit
a	m³/(m·s·Pa^{2/3})	Fugendurchlasskoeffizient
a_D	m²/h	Dampfdruckleitfähigkeit
a_S	–	Absorptionsgrad
b	J/(s^{0,5}·m²·K)	Wärmeeindringkoeffizient
c	Wh/(kg·K)	spezifische Wärmekapazität
c_L	Wh/(kg·K)	spezifische Wärmekapazität von Luft
d	m	Dicke
dHsp	m	Hygrisch speicherwirksame Dicke
dsp	m	thermisch speicherwirksame Dicke
k	W/(m²·K)	Wärmedurchgangskoeffizient
P	Pa	Druck:
q	W/m²	Wärmestromdichte
t	h, s	Zeit
u	m/s	Geschwindigkeit
w	m/s	Windgeschwindigkeit
θ	K	Temperaturdifferenz
$\hat{\theta}$	K	Temperaturamplitude
α	W/(m²·K)	Wärmeübergangskoeffizient
η	–	Dämpfungsfaktor
ϑ	°C	Temperatur

Symbol	Einheit	Bezeichnung
ϑ_e	°C	Außenlufttemperatur
ϑ_L	°c	Lufttemperatur (allgemein)
ϑ_{oD}	°c	operative Temperatur
λ	W/(m·K)	Wärmeleitfähigkeit
λ_D	kg/(m·h)	Dampfleitfähigkeit
ρ	kg/m³	Dichte
ρ_L	kg/m³	Dichte von Luft
τ_D	h	Schwingungsdauer
φ	o	geographische Breite
φ	%	relative Feuchte
ω	h⁻¹	Kreisfrequenz

Indizes:

A_w	Wasseraufnahmekoeffizient kg/m²s0,5		g	gesamt
D	Dehnsteifigkeit N/mm²		h	Wärmeübergangskoeffizient W/m²k
E	Elastizitätsmodul N/mm²			Durchflussbeiwert
G	Schubmodul N/mm²		h	Dichte einer sog. Zwischenschicht
H	Horizontalfläche		i	innen
M	Wärmedurchgangskoeffizient W/m²k		k	Reibungsbeiwert –
N	nutzungsbedingt		m	zeitliches Mittel
O	Energiestromdichte W/m²		m	Volumenbezogene Luftfeuchte kg/m³
	Wärmestromdichte W/m²		$\bar{m}$	Monats mittel
	Schubsteife-Dehnsteife-Verhältnis-		max	Maximum
R	Schubsteifigkeit N/mm²		p	Ordnungszahl
	(kurzwellige) Strahlung; Stoff		q	(langwellige) Strahlung
R_{si}, R_{se}	Scherspannung N/mm²		q	Universelle Gaskonstante kj/kmol K
RT	Spannung N/mm²		r	Wärmeübergangswiderstand m²k/W
	Transmission		**s**	Rissbreite m
S	Volumenbezogener Wassergehalt –		u_v	
T			w	
T			β_D	Wasserdampfübergangskoeffizient
W				kg/m²h·Pa,
a	Absorptionskoeffizient –			kg/m²s Pa r_v
a	Jahr, Jahresgang		p_v	m/h, m/s
b	Approximationsfaktor –			Konvektion
b	Breite m		ε_f	Hygrische Dehnung –
c	Wechselwirkungsparameter –		γ	Scherwinkel –
c	Wechselwirkungsparameter –		η	Luftwechselrate h⁻¹
d	Tag, Tagesgang		λ	relative Molmasse
e	Außenraum, Umgebung		ν	Oberfläche m²/g
f_{Rsi}	Temperaturfaktor –		τ	Wasserdampf

Symbol	Einheit	Bezeichnung
A	m²	Fläche
B	W/m²K	Wärmeabsorptionskoeffizient
B_D	kg/m²sPa	Feuchteabsorptionskoeffizient
B	1	Winkelhilfsfunktion
C	Ws/K	Wärmekapazität
D	1	Tageslängenfunktion
D_R	1	Abminderungsfaktor für Schlagregen
E	kg^{0,25} m²/s^{0,5}	Schlagregenkoeffizient
F	N	Kraft
G	W/m²	Strahlungswärmestromdichte

Symbolverzeichnis

Symbol	Einheit	Bezeichnung
H	m	Höhe
I, J	W	Leistung innerer Wärmequellen
K_w	s	Kapillarwasserleitfähigkeit
L	m	Dicke einer Grenzschicht
L	m	Gebäudelänge
L	W/K	spezifischer Lüftungswärmestrom
M	kg/m²	flächenbezogene Masse
N	m³/m²s, l/m²h	Volumenstromdichte des Niederschlages
P	Pa	Druck
Q	Ws	Wärmemenge
R	Ws/kgK	Gaskonstante
R	m²K/W	Wärmewiderstand
S	W	aufgenommene Strahlungswärmestrom
T	a, d, h, s	Periodendauer
T	K	absolute Temperatur
T	W/K	spezifischer Transmissionswärmestrom
T	m	Länge der Totzone
Tr	1	Trübung
U	W/m²K	spezifischer Wärmedurchgangskoeffizient
Ü	W/K	spezifischer Übergangswärmestrom
V	m³	Volumen
X	m	Ortkoordinate
X	kg/kg	massebezogener Wasserdampfgehalt
a	1	Absorptionskoeffizient
a	1,°	Azimutwinkel
a	m²/s	Temperaturleitfähigkeit
a_o	m²/s	Dampfdruckleitfähigkeit
b	$Ws^{0,5}/m^2K$	Wärmeeindringfähigkeit
b_D	$s^{1,5}/m$	Feuchteeindringfähigkeit
c	Ws/kgK	spezifische Wärmekapazität
c	1	Widerstandsbeiwert
d	m	Schichtdicke
f	1	Rahmenfaktor oder Glasflächenanteil
g	m²/s	Erdbeschleunigung
g	1	Glasdurchlasskoeffizient
g	kg/m² s, kg/m²h	Massenstromdichte, Regenstrorndichte, Feuchtestromdichte, Dampfstromdichte
h	Ws/kg	spezifische Enthalpie
h	W/m²K	Wärmeübergangskoeffizient
h	d/K	Häufigkeit
l	m	Länge
m	kg	Masse
n	1/h	Luftwechselrate
q	W/m²	Wärmestromdichte
r	m	Radius
r	Ws/kg	spezifische Phasenumwandlungsenergie
s	W/m²K	Wärmespeicherkoeffizient
t	h, s	Zeit
v	m/s	Geschwindigkeit
w	m³/m³	volumenbezogener Feuchtegehalt
z	1	Zahl der Tage, Zahl der Personen
z	1	Verschattungsfaktor

Symbol	Einheit	Bezeichnung
$\Delta\theta$	K	Temperaturamplitude
Δp	Pa	Druckamplitude
$\Delta\phi$	1, %	Amplitude der Luftfeuchte
Δn	1/h	Amplitude der Luftwechselrate
Φ	W	Wärmestrom
Φ	1	Haeviside-Sprungfunktion
α	1, °	Winkel
β	1, °	Winkel
β	1/s	Zeitkoeffizient
β	s	Stoffübergangskoeffizient
γ	1, °	Winkel
δ	1/°	Winkel
δ	s	Dampfleitfähigkeit
ϵ	1	Emissiohskoeffizient
ϕ	1, %	Relative Luftfeuchtigkeit
λ	W/mK	Wärmeleitfähigkeit
λ	1	Windschutzfaktor
μ	1	Dampfdiffusionskoeffizient
θ	°C	Temperatur
ρ	Kg/m^3	Dichte
τ	d, h, s	Einstellzeit
χ	1, °	Breitengradwinkel
η	Pas	Zähigkeit

Indizes

D	Dampf	S	Strahlung	g	gesamt
D	Dresden	S	Süd	g	Schwerkraft
D,d	Dach	Sp	Speicherung	h	hygroskopisch
E	Eindringtiefe	T	Transmission	i	innen
E.eff	Empfindung	T	Taupunkt	j	Laufindex
E	Essen	T	Periodendauer	k	Laufindex
F,f	Fenster	Ü,ü	Übergang	lang	langwellig
G	Gerade	V	Volumen	m	mittel
H	Heizperiode	V	Dampf	max	Maximum
H,h	horizontal	V	Volumenableitung	min	Minimum
I	Leitung	V	vertikal	n	Laufmdex
K	Kondensat	W	Wand	n	Näherung
L	Lüftung	W	West	n	normal
L	Luft	X	in x Richtung	r	Reibung
N	Nord	X	Ortableitung	r	radiativ
O	Anfangswert	a	Jahr	s	Sättigung
O	Ost	a, ab	abgeführt	s	Oberfläche
O	Oberfläche	aß	winkelbezogen	stat	statisch
P	Produktion	c	konvektiv	t	Zeitableitung
P	Periode	d	Tag	w	Widerstand
Qu	Quelle	dif	diffus	w	Wasser
R	Rahmen	dir	direkt	y	in y Richtung
R	Regen	dyn	dynamisch	z	in z Richtung
R	resultierend	e	außen	zu	zugeführt

Literaturverzeichnis

I Schall

A) Bücher

[1]   Autorenkollektiv, Leitung W. Schirmer: Lärmbekämpfung. Berlin: Verlag Tribüne

[2]   Cremer, L.: Die wissenschaftlichen Grundlagen der Raumakustik, Band II. Stuttgart: Hirzel-Verlag

[3]   Fasold/Sonntag/Winkler: Bauphysikalische Entwurfslehre, Bau- und Raumakustik. Köln: Verlagsgesellschaft R. Müller GmbH

[4]   Gösele, K.; Schule, W.: Schall, Wärme, Feuchte. Grundlagen, Erfahrungen und praktische Hinweise für den Hochbau. Wiesbaden/Berlin: Bauverlag

[5]   Heckel, M; Müller, H.A.: Taschenbuch der Technischen Akustik. Berlin/Heidelberg: Springer-Verlag

[6]   Sälzer/Moll/Wilhelm: Schallschutz dementierter Bauteile. Wiesbaden/Berlin: Bauverlag

B) Aufsätze und Forschungsberichte

[7]   Alternative Veränderung von Flächen- und Ausstattungsstandards im mehrgeschossigen Wohnungsbau und ihre Auswirkung auf die Kosten des Bauwerks, Bericht F 1934. Schriftreihe „Bau- und Wohnforschung" des Bundesministers für Raumordnung, Bauwesen und Städtebau, 1983

[8]   Berger, L.; Über die Schalldurchlässigkeit. Diss. TH München, 1911

[9]   Bethke, C; Dämmig, P.; Raatze G., Fischer, H.: Messunsicherheit bauakustischer Kurzprüfverfahren. Abschlussbericht der PTB Braunschweig 1978 bzw. Kurzbericht aus der Bauforschung Nr. 10/78-139

[10] Cremer, L.: Theorie der Schalldämmung dünner Wände bei schrägem Einfall. In: Akustische Zeitschrift 7 (1942) S. 81

[11] Cremer, H. und L.: Theorie der Entstehung des Klopfschalls. In: Frequenz 1 (1948) S. 61

[12] Döbereiner, W.: Aktuelle Rechtsfragen zum Schall- und Wärmeschutz im Hochbau. In: Der Sachverständige, X, Heft 4

[13] Eitel, H.: Zum Trittschallschutz von Treppen. In: Lärmbekämpfung 28 (1981) S. 48 und FBW-Blätter 4- **1981** und 5 – 1983

[14] Gerretsen, E.: Calculation of the sound transmission between dwellings by partitions and flanking structures; Applied Acoustics, 12 (1979), S. 413 – 433

[15] Gerretsen, E.: Calculation of airborne and impact sound insulation between dwellings; Applied Acoustics, **19** (1986), S. 245 – 264.

[16] Gerretsen, E.: Europäische Entwicklungen zur Prognose des Schallschutzes in Bauten; wksb Zeitschrift für Wärmeschutz, Kälteschutz, Schallschutz, Brandschutz, Neue Folge, Heft 34 (1994), S. 1 -9.

[17] Gösele, K.: Vereinfachte Werprüfung des Schallschutzes in Bauten. Bundesbaublatt Heft 4 (1977)

[18] Gösele, K.: Zur Abhängigkeit der Trittschallminderung von Fußböden von der verwendeten Deckenart. In: Schallschutz von Bauteilen. S. 10, Berlin: Wilhelm Ernst & Sohn 1960

[19] Gösele, K.: Die Beurteilung des Trittschallschutzes von Rohdecken. In: Ges. Ing. 85 (1964) S. 261 und Vereinfachte Berechnung des Trittschallschutzes von Decken, FBW-Blätter, Heft 2, 1964

[20] Gösele, K.; Koch, S.: Bestimmung der Luftschalldämmung von Bauteilen nach einem Kurzverfahren. In: Berichte aus der Bauforschung, Heft 68, S. 85

[21] Gösele, K.; Gießelmann, KL: Ein stark vereinfachtes Verfahren zur Bestimmung des Trittschallschutzmaßes von Decken. DAGA 76 – Berichtsband S. 217, Düsseldorf: VDI-Verlag 1976

[22] Gösele, K.: Ein einfaches Körperschallmeßgerat für bauakustische Zwecke. VDI-Berichte, Bd. 8 (1968), S. 161

[23] Gösele, K.; Lutz, P.: Schallschutz von Außenbauteilen. Bericht BS 23/76 des Instituts für Bauphysik (IBP), Stuttgart, im Auftrag der Forschungsgemeinschaft Bauen und Wohnen, FBW-Blät-ter 1 und 2 (1978)

[24] Gösele, K.: Die Luftschalldämmung von einschaligen Trennwänden und Decken. In: Acustica 20 (1968) S. 334 und FBW-Blätter 1968, Folge 4

[25] Gösele, K.: Berechnung der Luftschalldämmung in Massivbauten unter Berücksichtigung der Schallängsleitung. In: Bauphysik Heft 3/84 und Heft 4/84, S. 121 bis 126

[26] Gösele, K.: Zur Festlegung von Mindestanforderungen an den Luftschallschutz zwischen Wohnungen. In: Bauphysik 10 (1988) Heft 6

[27] Gösele, K.: Schalltechnische Eigenschaften von Trockenputz. Mitteilung 1 des Instituts für Bauphysik der Fraunhofer-Gesellschaft, 1973

[28] Gösele, K.: Zum Schallschutz von zweischaligen Haustrennwänden. In: Betonwerk + Fertigteil-Technik Heft 5/1977, S. 235

[29] Gösele, K.: Schallschutz von Haustrennwänden – Möglichkeiten und Mängel. In: Bundesbaublatt Heft 3, März 1981, S. 174

[30] Gösele, K.: Zur Schalldämmung von doppelschaligen Haustrennwänden, derzeitiger Stand. In: FBW-Blätter 6/1984 bzw. DAB 11/1984

[31] Gösele, K.: Schallschutz von Bauteilen aus Beton. In: beton 26 (1976) Heft 1, S. 26

[32] Gösele, K.; Gießelmann, K.: Berechnung des Trittschallschutzmaßes von Rohdecken. DAGA 76 – Berichtsband S. 221. Düsseldorf: VDI Verlag 1976

[33] Gösele, K.: Verfahren zur Vorausbestimmung des Trittschallschutzes von Holzbalkendecken. In: Holz als Roh- und Werkstoff 37, 1976, S. 213 bzw. Informationsdienst Holz „Schallschutz mit Holzbalkendecken" EGH-Bericht 1981 und Holzbau-Handbuch, Reihe 3: Bauphysik, Teil 3: Schallschutz, Folge 3: Holzbalkendecken, April 1993

[34] Gösele, K.; Voigtsberger, CA.: Der Einfluss der Bauart und der Grundrissgestaltung auf das entstehende Installationsgeräusch in Bauten. In: Ges. Ing. 101 (1980) S. 79

[35] Gösele, K.: Mangelhafter Schallschutz, weil der Wärmeschutz verbessert wurde. In: Bundesbaublatt 6 (1976) S. 271

Literaturverzeichnis

[36] Gösele, K.; Lakatos, B.; Koch, S.: Untersuchungen von schall- und bautechnischen Möglichkeiten nachträglicher Verbesserung der Schalldämmung bei bestehenden Gebäuden nach außen. Forschungsbericht 78 – 105C4501 Umweltbundesamt 1980

[37] Gösele, K.: Schalldämmung von Montagewänden. In: Bundesbaublatt Heft 5 (1972) S. 236

[38] Gösele, K.; Lutz, P.: Untersuchungen zur Vorherberechnung der Schallabstrahlung von Fabrikhallen. Fortschritt-Berichte der VDI-Z. Reihe 11, Nr. 21 (1975) und Lutz, P.: In: Licht-Luft -Schall, Schallimmissionsschutz beim Industriebau. S. 240 bis 261

[39] Koch, S.; Mechel, F. P.: Einbau schalldämmender Fenster in Altbauten. Bericht BS 70/82 des Fraunhofer Instituts für Bauphysik im Auftrag der Forschungsgemeinschaft Bauen und Wohnen (s. auch FBW-Blätter 2/1981)

[40] Lutz, P.; Lott, G.; Jenisch, R.: Untersuchungen des Schall- und Wärmeschutzes in Pilotprojekten für den kostengünstigen Wohnungsbau und beispielhafte Lösungen für bauphysikalische Schwachstellen. Kurzberichte aus der Bauforschung, Febr. 1991, Bericht Nr. 19, IRB-Verlag, Heft 32 (1991)

[41] Lott, G.: Schallschutzprobleme bei der Altbausanierung. Vortrag auf Bauphysikertreffen 1987. FHT-Stuttgart-Veröffentlichungen Bd. 4 (1987)

[42] Lutz, P.: Einschalige Reihenhaus-Trennwand – Ungenügender Luftschallschutz infolge Schall-Längsübertragung durch Decke. Bauschäden-Sammlung Bd. 3, S. 110. Stuttgart: Forum-Verlag 1978

[43] Lutz, P.: Wohnungstrennwände aus Normalbeton, Mehrschicht-Leichtbauplatten und Beschichtung – Ungenügender Luftschallschutz. Bau schaden-Sammlung Band 3, S. 108. Stuttgart: Forum-Verlag 1978

[44] Lutz, P.: Einfluss von SchaJlbrücken beim schwimmenden Estrich auf den Luftschallschutz zwischen Wohnungen. DAGA '85 Stuttgart. FHT-Stuttgart-Veröffentlichungen Bd. 3 (1987)

[45] Lutz, P.; Lakatos, B.: Schalldämmung von Rolläden und Rolladenkästen. In: Kampf dem Lärm 24 (1977), Heft 2

[46] Lutz, P.: Schalldämmende Lüftungsschleusen im Fensterbereich. FBW-Blätter 5/1977

[47] Lutz, P.: Lärmminderung durch Abschirmwirkung von Gebäuden. In: baupraxis 9/1973

[48] Lutz, P.: Schalltechnische Probleme beim Dachgeschoss-Ausbau. In: Ingenieurblatt 4 (34), Juli/August 1988

[49] Malonn, H.; Paschen, H.; Siteiner, J.: Zum Schallschutz bei Treppen. In: Bauingenieur 57 (1982) S. 85

[50] Nutsch, J.: Wirtschaftlicher Schallschutz bei Reihenhauswänden. In: wksb 20/1986

[51] Sabine, W.C.: Amer. Arch. and Building News, 1920

[52] Seyfried, J.: Einfluss der Schallängsleitung flankierender Wände von Holzbalkendecken auf die Luftschalldämmung. Diplomarbeit im Studiengang Bauphysik der FHT Stuttgart, 1988

[53] Veres, E.; Brandstetter, K.; Eitel, H.: Schalltechnische Bestandsaufnahme in Mehrfamilienhäusern aus den 50er Jahren und frühen 60er Jahren. In: Bauphysik 11 (1989) Heft 1

[54] Schneider, M.; Lutz, P.: Konstruktive Maßnahmen zur Verringerung der Schallängsleitung bei leichten wärmedämmenden Außenwänden. FHT-Stuttgart-Veröffentlichungen, Band 16, 1992 (Bauphysikertreffen)

[55] Lutz, P.: Neufassung der DIN 4109 – Kritische Anmerkungen aus der Sicht der Praxis. In: wksb, Neue Folge Sonderausgabe September 1990
[56] Lutz, P.: Schalldämmung und Schallängsleitung von Steildächern. In: wksb 31 (1992) und Bauschäden-Sammlung 9.1/92 und 9.2/92 sowie DAB 9/92 (24. Jahrgang)

C) Normen, Richtlinien, Vorschriften

[57] Allgemeine Schulbauempfehlungen (ASE) vom 8. Juli 1983
[58] DIN 1320 Akustik; Grundbegriffe
[59] DIN 18 005-1 Schallschutz im Städtebau, Berechnungsverfahren
[60] DIN 18 032-1 Sporthallen, Hallen für Turnen und Spielen; Richtlinien für Planung und Bau
[61] DIN 18 041 Hörsamkeit in kleinen bis mittelgroßen Räumen
[62] DIN 4109 (09.62) und (11.89)

DIN 4109 (09.62)   Schallschutz im Hochbau
Blatt 1: Begriffe
Blatt 2: Anforderungen
Blatt 3: Ausführungsbeispiele
Blatt 4: Schwimmende Estriche auf Massivdecken, Richtlinien für die Ausführung
Blatt 5: Erläuterungen (Ausg. 1963)
DIN 4109   (11.89) Schallschutz im Hochbau, Anforderungen und Nachweise
Beiblatt 1: Ausführungsbeispiele und Rechenverfahren
Beiblatt 2: Hinweise für Planung und Ausführung, Vorschläge für einen erhöhten Schallschutz, Empfehlungen für den Schallschutz im eigenen Wohn- und Arbeitsbereich

[63] DIN 45 630 Bl. 2 Grundlagen der Schallmessung. Normalkurven gleicher Lautstärkepegel
[64] DIN 45 635 Geräuschmessung an Maschinen, Blatt 2: Luftschallmessung; Hallraumverfahren
[65] DIN 45 641 Mittelungspegel und Beurteilungspegel zeitlich schwankender Schallvorgänge DIN 45 645 Einheitliche Ermittlung des Beurteilungspegels für Geräuschimmissionen
[66] DIN 45 642 Messung von Verkehrsgeräuschen
[67] DIN 45 651 Oktavfilter für elektroakustische Messungen
[68] DIN 45 652 Terzfilter für elektroakustische Messungen
[69] DIN 52 210 Bauakustische Prüfungen; Luft- und Trittschalldämmung
Teil 1: Messverfahren (Ausg;. 1984)
Teil 2: Prüfstände für Schalldämm-Messungen an Bauteilen (Ausg. 1984)
Teil 3: Prüfung von Bauteilen in Prüfständen und zwischen Räumen am Bau (Ausg. 1987)
Teil 4: Ermittlung von Einzahl-Angaben (Ausg. 1984)
Teil 5: Messung der Luftschalldämmung von Außenbauteilen am Bau (Ausg. 1985)
Teil 6: Bestimmung der Schiachtpegeldifferenz (Ausg. 1980)
Teil 7: Bestimmung des Schall-Längsdämmaßes (Vornorm 1984)

Literaturverzeichnis

[70] DIN 52 212 Bauakustische Prüfungen. Bestimmung des Schallabsorptionsgrades im Hallraum

[71] DIN 52 216 Bauakustische Prüfungen. Messung der Nachhallzeit in Zuhörerräumen

[72] DIN 52 217 Bauakustische Prüfungen – Flankenübertragung – Begriffe

[73] DIN EN ISO 140-1: Messung der Schalldämmung in Gebäuden und von Bauteilen; Teil 1: Anforderungen an Prüfstände mit unterdrückter Flankenübertragung

[74] DIN EN 140-3: Messung der Schalldämmung in Gebäuden und von Bauteilen; Teil 3: Messung der Luftschalldämmung von Bauteilen in Prüfständen

[75] DIN EN ISO 140-4: Messung der Schalldämmung in Gebäuden und von Bauteilen; Teil 4: Messung der Luftschalldämmung zwischen Räumen

[76] DIN EN ISO 140-5: Messung der Schalldämmung in Gebäuden und von Bauteilen; Teil 5: Messung der Luftschalldämmung von Fassadenelementen und Fassaden in Gebäuden

[77] DIN EN ISO 140-6: Messung der Schalldämmung in Gebäuden und von Bauteilen; Teil 6: Messung der Trittschalldämmung von Decken in Prüfständen

[78] DIN EN ISO 140-7: Messung der Schalldämmung in Gebäuden und von Bauteilen; Teil 7: Messung der Trittschalldämmung von Decken in Gebäuden

[79] DIN EN ISO 140-8: Messung der Schalldämmung in Gebäuden und von Bauteilen; Teil 8: Messung der Trittschallminderung durch eine Deckenauflage auf einer massiven Bezugsdecke in Prüfständen

[80] DIN EN 140-10: Messung der Schalldämmung in Gebäuden und von Bauteilen; Teil 10: Messung der Luftschalldämmung kleiner Bauteile in Prüfständen

[81] DIN EN ISO 717-1: Einzahlangaben für die Schalldämmung in Gebäuden und von Bauteilen; Teil 1: Luftschalldämmung

[82] DIN EN ISO 717-2: Einzahlangaben für die Schalldämmung in Gebäuden und von Bauteilen; Teil 2: Trittschalldämmung

[83] EN 12354-1: Bauakustik – Berechnung der akustischen Eigenschaften von Gebäuden aus den Bauteileigenschaften; Teil 1: Luftschalldämmung zwischen Räumen (z.Z. noch Normentwurf)

[84] EN 12354-2: Bauakustik – Berechnung der akustischen Eigenschaften von Gebäuden aus den Bauteileigenschaften; Teil 2: Trittschalldämmung zwischen Räumen (z. Z. noch Normentwurf)

[85] EN 12354-3: Bauakustik – Berechnung der akustischen Eigenschaften von Gebäuden aus den Bauteileigenschaften; Teil 3: Luftschalldämmung gegen Außenlärm, (z.Z. noch Normentwurf)

[86] EN 12354-4: Bauakustik – Berechnung der akustischen Eigenschaften von Gebäuden aus den Bauteileigenschaften; Teil 4: Schallübertragung von innen nach außen, (z. Z. noch Normentwurf)

[87] Europ. Normentwurf „Acoustics – Laboratory measurement of the flanking transmission of air-borne and impact noise between adjoining rooms; part 1: frame document", Dokument CEN/TC 126/WG6/N45

[88] Mitteilungen Institut für Bautechnik (IfBt) 5/1975, S. 143

[89] RLS-90 Richtlinien für den Lärmschutz an Straßen (1990)

[90]   VDI 2058, Bl. 1 Beurteilung von Arbeitslärm in der Nachbarschaft bzw. TALärm: Technische Anleitung zum Schutz gegen Lärm, Allg. Verw. Vorschrift der BReg. vom 16. Juli 1968

[91]   VDI 2569 Schallschutz und akustische Gestaltung im Büro

[92]   VDI 2571 Schallabstrahlung von Industriebauten

[93]   VDI 2714 Schallausbreitung im Freien

[94]   VDI 2719 Schalldämmung von Fenstern und deren Zusatzeinrichtungen

[95]   Sechzehnte Verordnung zur Durchführung des Bundes-Immissionsschutzgesetzes (Verkehrslärmschutzverordnung – 16. BimSchV) vom 12. Juni 1990. In: Bundesgesetzblatt (1990) Teil I, S. 1036 f.

II Wärme

A) Aufsätze

[1]   Anderson, B.R.: The Thermal Resistance of Airspaces in Building Constuctions. In: Building an Enviroment, Vol 16, Nr. 1, p. 35 (1981)

[2]   Becker, R.: Verhütung von Schimmelbildung in Gebäuden. Teil 1: Bauphysikalische Zusammenhänge bei der Tauwasserbildung. In: Bauphysik 9 (1987), S. 79

[3]   Becker, R., Putermann, M.: Verhütung von Schimmelbildung in Gebäuden. Teil 2: Einfluss von Oberflächenmaterialien. In: Bauphysik 9 (1987), S. 107

[4]   Boy, E.: Transparente Wärmedämmstoffe, Perspektiven und Probleme beim künftigen Einsatz. In: Bauphysik 11 (1989), S. 21

[5]   Boy, E.; Bertsch, K.: Transparente Wärmedämmung: Wärmedämmung und passive Solarenergienutzung in einem System. In: WKSB 32 (1987), S. 29

[6]   Cziesielski, E.: Wärmebrücken im Hochbau, In Bauphysik 7 (1985), S. 145

[7]   Eicker, U.: Sonnenklar. Mit der transparenten Wärmedämmung von der Altbausanierung zum Niedrigenergiehaus. In: db deutsche bauzeitung (1995), S. 118

[8]   Erhorn, H.: Schimmelpilzanfälligkeit von Baumaterialien. In: IBP-Mitteilungen 17 (1990), Nr. 196 Stuttgart

[9]   Frangoudakis, A.; Kupke, Chr.; Mechel, F.: Berechnung des Wärmedurchganges durch mehrschichtige Wände mit gleichzeitiger Wärmeleitung, Konvektion und Strahlung. In: Ges. Ing. 103 (1982), S. 35

[10]   Frank, W.: Heizwärmeverbrauch und Außendämmung. In: Ges. Ing. 93 (1972), S. 137

[11]   Frank, W.; Holz, D.; Snatzke, Chr.: Untersuchungen über die atmosphärische Strahlung. In: Ges. Ing. 97 (1976) S. 193

[12]   Fritz, W.; Kirchner, H.-H.: Beitrag zur Kenntnis der Wärmeleitfähigkeit poröser Stoffe. In: Wärme- und Stoffübertragung 3 (1970), S. 156 und 6 (1973), S. 78

[13]   Gertis, K.; Hauser, G.: Temperaturbeanspruchung von Stahlbetondächern. In: IBP Mitteilung 10 (1975). Neue Forschungsergebnisse, kurz gefasst des Institutes für Bauphysik der Fraunhofer-Gesellschaft

[14] Gertis, K.: Passive Solarenergienutzung – Umsetzung von Forschungserkenntnissen in den praktischen Gebäudeentwurf. In: Bauphysik 5 (1983), S. 183

[15] Gertis, K.; Erhorn, H.; Reiß, J.: Klimawirkung und Schimmelpilzbildung bei sanierten Gebäuden. Proceedings Bauphysik-Kongress, Berlin (1997), S. 241

[16] Hauser, G.; Schulze, HL; Wolfseher, U.: Wärmebrücken im Holzbau. In: Bauphysik 5 (1983), Heft 1, S. 17 und Heft 2, S. 42

[17] Hauser, G.: Passive Solarenergienutzung durch Fenster, Außenwände und temporäre Wärmeschutzmaßnahmen. In: Heizung, Lüftung, Haustechnik 34 (1983), S. 111, S. 200 und S. 259

[18] Hingerl, K.: Aschauer, H: Transparente Wärmedämmung mit Papierwaben. In: Bauphysik 17 (1995), H. 2, S. 44 und H. 3, S. 90

[19] Holz, D.; Künzel, H.: Einfluss der Wärmespeicherfähigkeit von Bauteilen auf die Raumlufttemperatur im Sommer und Winter auf den Heizenergieverbrauch. In: Ges. Ing. 101 (1980), S. 50

[20] Jenisch, R.; Schule, W.: Die Ermittlung der Temperaturverhältnisse in Räumen mit zeitlich unterbrochenem Heizbetrieb. In: Ges. Ing. 81 (1960), S. 368

[21] Künzel, H.: Verhütung und Behebung von Schäden an Außenwänden und Außenverkleidungen. In: Bundesbaublatt (1971), Heft 6

[22] Künzel, H.; Snatzke, Chr.: Das Fenster und seine Wärmebilanz bei Berücksichtigung der Sonneneinstrahlung und zusätzlichen Schutzmaßnahmen. In: Klima- und Kälteingenieur 5 (1977), S. 191

[23] Künzel, H.: Feuchtigkeitsverhältnisse, Temperaturverhältnisse und Wärmeschutz bei nicht belüfteten Flachdächern mit über der Abdichtung angebrachter Wärmedämmung aus extrudiertem Polystyrol-Hartschaum. In: Ges. Ing. 99 (1978), S. 361

[24] Künzel, H.; Snatzke, Chr.: Wärmeverlust und Wärmegewinn durch Fenster. In: Glasforum 1 (1979), S. 37

[25] Künzel, H.; Großkinsky, Th.: Nicht belüftet, voll gedämmt: Die beste Lösung für das Steildach. In: WKSB27(1989), S. 1

[26] Krischer, O.; Käst, W.: Zur Frage des Wärmebedarfs beim Anheizen selten beheizter Gebäude. In: Ges. Ing. 78 (1957), S. 321

[27] Kupke, Chr.: Temperatur- und Wärmestromverhältnisse bei Eckausbildungen und auskragenden Bauteilen. In: Ges. Ing. 101 (1980), S. 88

[28] Kupke, Chr.: Einfluss von Lichtmauermörtel auf die Wärmedämmung aus Vollsteinen. In: Bauphysik 2 (1980), S. 217

[29] Kupke, Chr.; Tanaka, T.: Wärmebrücken. In: WKSB, Sonderausg. August 1980

[30] Rath, J.: Transparente Wärmedämmung. Einsatzmöglichkeit und bauphysikalische Voraussetzungen. In: Veröffentlichungen der Hochschule für Technik Stuttgart. Bd. 33, Bauphysikertreffen 1995

[31] Rath, J.; König, N: Bauphysikalische Beanspruchung von Außenwänden mit transparenter Wärmedämmung. In: IBP Mitteilung 244-20 (1993). Neue Forschungsergebnisse, kurz gefasst.

[32] Rieche, G.: Anwendung von Polyurethan-Ortschäumen zur Sanierung sowie zum Wärme- und Feuchteschutz von Flachdächern. In: Deutsche Bauzeitschrift 29 (1981), S. 383

[33] Roeser, R.: Berechnungen der Temperaturen und Wärmeströme geometrischer Wärmebrücken des Kühlrippentyps, insbesondere betonierten Kragplatten. In: Bauphysik 7 (1985), Heft 1, S. 1

[34] Rouvel, L.; Wenzel, B.: Kenngrößen zur Beurteilung der Energiebilanz von Fenstern während der Heizperiode. In: HLH 30 (1979), S. 285

[35] Schmidt, E.: Das Differenzverfahren zur Lösung von Differentialgleichungen der nichtstationären Wärmeleitung, Diffusion und Impulsausbreitung. Forsch, a. d. Gebiet d. Ingenieurwesens 13 (1942), S. 177

[36] Schule, W.: Über die Wärmeleitfähigkeit von Porenstoffen. In: Ges. Ing. 69 (1948), Heft 6

[37] Schule, W.: Untersuchungen über die Wirkung von Wärmebrücken in Montagewänden. In: Schriftenreihe der Forschungsgemeinschaft Stuttgart – Aus der Forschung für die Praxis – Heft 3 (1963)

[38] Schule, W.; Jenisch, R.; Lutz, R: Wärmeschutztechnische Untersuchungen an Montagebauten. Berichte aus der Bauforschung, Heft 60, S. 9, (1969)

[39] Schule, W.; Lutz, H.: Lufttemperatur und Luftfeuchtigkeit in Wohnungen. In: Ges. Ing. 83 (1962), Heft 8, S. 217

[40] Schule, W.; Greulich, H.; Giesecke, M.: Wärmeleitfähigkeit von Hüttenbimsbeton. In: Ges. Ing. 96 (1975), Heft 4, S. 97

[41] Schule, W.; Jenisch, R.; Greulich, H.: Wärmedämm-Messungen an feuchten Bauteilen. In: Ges. Ing. 97 (1976), Heft 1, S. 17 und Heft 2, S. 23

[42] Schuh, H.: Differenzenverfahren zur Berechnung von Temperatur-Ausgleichsvorgängen bei eindimensionaler Wärmeströmung in einfachen und zusammengesetzten Körpern. In: VDI-For-schungsheft 459, Ausg. B, Band 23 (1957)

[43] Schulze, H.: Geneigte Dächer ohne chemischen Holzschutz? In: WKSB 27 (1989), S. 8

[44] Sick, H.: TWD zur Tageslichtnutzung. Tagungsband zum Seminar TWD in der Architektur, FhG – ISE 1993

[45] Wagner, A.; Kasper, F.-J.; Rudolfi, R.: Die Anwendung numerischer Methoden bei der Beurteilung des Wärmeschutzes von Fenstern. In: Bauphysik 4 (1982), S. 49

[46] Waubke, N.V.: Schimmelbefall in Wohnungen – Hygienische und stoffliche Aspekte. In: Bauphysik 9 (1987), Heft 9, S. 163

[47] Waubke, N. V.: Pilzbefall kunststoffgebundener Putze und Spachtelmassen des Bauwesens. Zwischenbericht Wa 368/4 zu einer von der deutschen Forschungsgemeinschaft geförderten Forschungsarbeit (1981)

[48] Werner, H.: Auswirkung meteorologischer Einflussgrößen auf die Wärmebilanz von Fenstern während einer Heizperiode. In: Ges. Ing. 101 (1980), S. 63

[49] Wolfseher, N.: Verfahren zur Berechnung zwei- oder dreidimensionaler Temperatur- und Wärmestromfelder in Bauteilen, die stationären bzw. instationären Randbedingungen ausgesetzt sind. In: Bauphysik 2 (1980), S. 83

Literaturverzeichnis

Bücher und Broschüren

[50] Achtziger, J.: Verfahren zur Beurteilung des Wärmeschutzes und der Wärmebrücken von mehrschaligen Außenwänden und Maßnahmen zur Verminderung der Transmissionswärmeverluste von Fassaden. Diss. TU Berlin 1989

[51] Binder, L.: Über äußere Wämeleitung und Erwärmung elektrischer Maschinen. Diss. TH München 1910

[52] Cammerer, J. S.: Tabellarium aller wichtigen Größen für den Wärme- und Kälteschutz. Mannheim 1973

[53] D'Ans, J.; Lax, E.: Taschenbuch für Chemiker und Physiker. Berlin/Göttingen/ Heidelberg 1949

[54] Deutsche Gesellschaft für Mauerwerksbau: Schriftenreihe Wärmebrücken Lösungsvorschläge. Essen 1983

[55] Eicker, U.: Solare Technologien für Gebäude. B. G. Teubner Stuttgart/Leipzig/ Wiesbaden 2001

[56] Gertis, K.: Die Erwärmung von Räumen infolge Sonneneinstrahlung durch Fenster. Berichte aus der Bauforschung, Heft 66. Berlin: Wilhelm Ernst & Sohn 1970

[57] Grigull, U.; Sander, H.: Wärmeleitung. Berlin/Heidelberg/New York 1979

[58] Gröber; Erk; Grigull: Die Grundgesetze der Wärmeübertragung. Berlin/Göttingen/ Heidelberg 1963

[59] Hauser, G.: Stiegel, H.: Wärmebrückenatlas für den Mauerwerksbau. Wiesbaden und Berlin 1990

[60] Hauser, G.; Gertis, K.: Kenngrößen des instationären Wärmeschutzes von Bauteilen. Berichte aus der Bauforschung Heft 103. Berlin: Wilhelm Ernst & Sohn

[61] Hauser, G.: Rechnerische Vorbestimmung des Wärmeverhaltens großer Bauten. Diss. Universität Stuttgart 1977

[62] Heindl, W.; Krec, K.; Panzhauser, E.; Sigmund, A.: Wärmebrücken. Wien/New York 1987

[63] Informationsdienst Holz, Bauphysikalische Daten – Außenbauteile. Hrsg.: Entwicklungsgemeinschaft Holzbau (EGH) in der Dt. Ges. für Holzforschung, München

[64] Jenisch, R.: Tauwasserschäden. Schadenfreies Bauen Band 16, IRB Verlag, Stuttgart 1996

[65] Liersch, K.W.: Belüftete Dach- und Wandkonstruktionen. Bd. 1: Vorhangfassaden. Wiesbaden/Berlin 1981

[66] Mainka, G.-W.; Paschen, HL: Wärmebrückenkatalog. Stuttgart: B.G. Teubner 1986

[67] Reidat, R.: Klimadaten für Bauwesen und Technik. Berichte des Deutschen Wetterdienstes Nr. 64 (Band 9) Offenbach a. M. 1960

[68] Schule, W.: Wärmeleitfähigkeit von Baustoffen. Berichte aus der Bauforschung, Heft 77, S. 5, Berlin: Wilhelm Ernst & Sohn 1972

[69] Schule, W.; Kupke, Chr.: Wärmeleitfähigkeit von Blähton-Betonen ohne und mit Quarzsandzusatz. Berichte aus der Bauforschung, Heft 77, S. 15, Berlin: Wilhelm Ernst & Sohn

[70] Wanner, H. U.: Belastung der Raumluft durch Menschen (Kohlendioxyd, Gerüche) in Luftqualität in Innenräumen. Hrsg. von Aurand; Seifert; Wegener. Stuttgart: Gustav Fischer Verlag 1982

[71] Wegener, J.; Schlüter, G.: Die Bedeutung des Luftwechsels für die Luftqualität von Wohnräumen. In: Luftqualität in Innenräumen. Hrsg. von Aurand; Seifert; Wegener, S. 31, Stuttgart: Gustav Fischer Verlag 1982

[72] Wolfseher, N.: Rechnerische Ermittlung mehrdimensionaler Temperaturfelder unter stationären und instationären Bedingungen. Diss. Universität Essen 1978

[73] Zeitler, M. G.: Allgemein gültiges Modell zur Berechnung der Wärmeleitfähigkeit poröser Stoffe und Stoffschichten. Diss. GHS Essen 2000

Normen und andere Regelwerke

[74] DIN 1053-1 Mauerwerk, Berechnung und Ausführung

[75] DIN 4108-2 Wärmeschutz im Hochbau. Wärmedämmung und Wärmespeicherung. Anforderungen und Hinweise für Planung und Ausführung

[76] DIN 4108-3 Wärmeschutz im Hochbau. Klimabedingter Feuchteschutz. Anforderungen und Hinweise für Planung und Ausführung

[77] DIN V 4108-4 Wärmeschutz und Energieeinsparung in Gebäuden. Wärme- und feuchteschutztechnische Kennwerte

[78] DIN 4108-5 Wärmeschutz im Hochbau. Berechnungsverfahren (weitgehend ersetzt durch DIN EN ISO 6946)

[79] DIN V 4108-6 Wärmeschutz und Energieeinsparung in Gebäuden. Berechnung des Jahresheizwärmebedarfs von Gebäuden

[80] DIN V 4108-7 Wärmeschutz im Hochbau. Luftdichtheit von Bauteilen und Anschlüssen. Planungs- und Ausführungsempfehlungen sowie -beispiele

[81] DIN 4108 Beiblatt 2 Wärmeschutz und Energieeinsparung in Gebäuden. Wärmebrücken. Planungs- und Ausführungsbeispiele

[82] DIN 4226-2 Zuschlag für Beton. Zuschlag mit porigem Gefüge (Leichtzuschlag). Begriffe, Bezeichnung, Anforderungen und Überwachung

[83] DIN 4701 Regeln für Berechnung des Wärmebedarfs von Gebäuden

[84] DIN 5496 Temperaturstrahlung

[85] DIN 18 055 Fenster, Fugendurchlässigkeit, Schlagregendichtheit und mechanische Beanspruchung. Anforderung und Prüfung

[86] DIN 18 164-1 Schaumkunststoffe als Dämmstoffe für das Bauwesen. Dämmstoffe für die Wärmedämmung

[87] DIN 18 164-2 Schaumkunststoffe als Dämmstoffe für das Bauwesen. Dämmstoffe für die Trittschalldämmung

[88] DIN 18 165-1 Faserdämmstoffe als Dämmstoffe für das Bauwesen. Dämmstoffe für die Wärmedämmung

[89] DIN 18 165-2 Faserdämmstoffe als Dämmstoffe für das Bauwesen. Dämmstoffe für die Trittschalldämmung

[90] DIN 18 530 Massive Deckenkonstruktionen für Dächer. Richtlinien für Planung und Ausführung

[91] DIN 52 611-1 Wärmeschutztechnische Prüfung. Bestimmung des Wärmedurchlasswiderstandes von Bauteilen. Prüfung im Laboratorium

[92] DIN 52 611-2 Wärmeschutztechnische Prüfung. Bestimmung des Wärmedurchlasswiderstandes von Bauteilen. Weiterbehandlung der Meßwerte für die Anwendung im Bauwesen

[93] DIN 52 612-1 Wärmeschutztechnische Prüfung. Bestimmung der Wärmeleitfähigkeit mit dem Plattengerät. Durchführung und Auswertung

[94] DIN 52 612-2 Wärmeschutztechnische Prüfung. Bestimmung der Wärmeleitfähigkeit mit dem Plattengerät. Weiterbehandlung der Meßwerte für die Anwendung im Bauwesen

[95] DIN EN 410 Glas im Bauwesen. Bestimmung der lichttechnischen und strahlungsphysikalischen Kenngrößen von Verglasungen

[96] DIN EN 832 Wärmetechnisches Verhalten von Gebäuden. Berechnung des Heizenergiebedarfs. Wohngebäude

[97] DIN EN ISO 10 456 Wärmeschutz – Baustoffe und -produkte. Bestimmung der Nenn- und Bemessungswerte

[98] DIN EN 12 207 Fenster und Türen. Luftdurchlässigkeit. Klassifizierung

[99] DIN EN 12 524 Baustoffe und -produkte. Wärme- und feuchteschutztechnische Eigenschaften. Tabellierte Bemessungswerte

[100] DIN EN ISO 6946 Bauteile. Wärmedurchlasswiderstand und Wärmedurchgangskoeffizient. Berechnungsverfahren

[101] DIN EN ISO 7345 Wärmeschutz. Physikalische Größen und Definitionen

[102] E DIN EN ISO 9972 Wärmeschutz. Bestimmung der Luftdurchlässigkeit von Gebäuden. Differenzdruckverfahren

[103] DIN EN ISO 10 211-1 Wärmebrücken im Hochbau. Wärmeströme und Oberflächentemperaturen. Allgemeine Berechnungsverfahren

[104] DIN EN ISO 10 211-2 Wärmebrücken im Hochbau. Wärmeströme und Oberflächentemperaturen. Berechnungsverfahren für linienförmige Wärmebrücken

[105] DIN EN ISO 13 370 Wärmetechnisches Verhalten von Gebäuden. Wärmeübertragung über das Erdreich. Berechnungsverfahren

[106] DIN EN ISO 13 789 Wärmetechnisches Verhalten von Gebäuden. Spezifischer Transmissionswärmeverlustkoeffizient. Berechnungsverfahren

[107] Richtlinien für die Planung und Ausführung von Dächern mit Abdichtung. Flachdachrichtlinien: 1991-05 mit Änderungen Mai 1992

[108] Verordnung über energiesparenden Wärmeschutz und energiesparende Anlagentechnik bei Gebäuden (Energiesparverordnung – EnEV) vom 16. November 2001

III Feuchte

A) Aufsätze

[1] Abdichtungen mit Bitumen. Ausführungen unter Geländeoberfläche Arbit-Schriftenreihe 57. Arbeitsgemeinschaft der Bitumen-Industrie e.V., Hamburg 1992

[2] Biasin, K.; Krumme, W.: Die Wasserverdunstung in einem Innenschwimmbad. In: Elektrowärme, Heft 32 (1974), S. 85 bis 99

[3] Brunauer, S.; Emmett, P. H.; Teller, E.: Adsorption of Gases in Multimolecular Layers. In: J. Am.Chem.Soc. February (1938), S. 309 bis 319

[4] Brunauer, S.; Deming, L. S.; Deming, W.E.; Teller, E.: On a Theorie of the van der Waals Adsorption of Gases. In: J. Am.Chem.Soc. July (1940), S. 1723 bis 1732

[5] Edelmann, A.: Aufsteigende Feuchtigkeit in Mauern. In: Deutsche Bauzeitung, Heft 10 (1971), S. 1046 bis 1050

[6] P.Frech: Beurteilungskriterien für Rissbildung bei Bauholz im konstruktiven Holzbau, bauen mit holz 9/87

[7] Gertis, K.: Belüftete Wandkonstruktionen. Berichte aus der Bauforschung. Heft 72 (1972). Wilhelm Ernst und Sohn, Berlin/München/Düsseldorf

[8] Glaser, H.: Graphisches Verfahren zur Untersuchung von Diffusionsvorgängen. In: Kältetechnik, Heft 10 (1959), S. 345 bis 349

[9] Informationsdienst Holz: Wohngesundheit im Holzbau. Arbeitsgemeinschaft Holz e.V., Düsseldorf, 1998

[10] Informationsdienst Holz: Baulicher Holzschutz. Reihe 3, Bauphysik. Arbeitsgemeinschaft Holz e.V. Düsseldorf

[11] Jenisch, R.: Berechnung der Feuchtigkeitskondensation und die Austrocknung, abhängig vom Außenklima. In: Gesundheits-Ingenieur, Teil 1, Heft 9 (1971), S. 257 bis 284 und Teil 2, Heft 10(1971), S. 299 bis 307

[12] H. Klopfer: Thermisch-hygrische Spannungen in Stahlbetonbauteilen. Deutsches Architektenblatt (1987), Heft 6, S. 753 bis 756, Heft 9, S. 1029 bis 1032

[13] H. Klopfer: Spannungen und Verformungen von Industrie-Estrichen. boden – wand – decke (1988), Heft 2, S. 120 bis 128, Heft 3, S. 71 bis 77

[14] H. Klopfer: Eine Theorie der Rissüberbrückung durch Beschichtungen (Doppelschichttheorie). Bautenschutz und Bausanierung (1982), Heft 2, S. 59 bis 66, Heft 3, S. 86 bis 92

[15] Neumann, A.W.; Seil, P. L: Bestimmung der Oberflächenspannung von Kunststoffen aus Benetzungsdaten unter Berücksichtigung des Gleichgewichts-Spreitungsdrucks. In: Kunststoffe, Heft 10 (1967), S. 829 bis 834

[16] G. Reinmann, E. Kabelitz: Außenbekleidung aus Holz. Informationsdienst Holz, Düsseldorf 1996

[17] Rose, D.A.: Water movement in unsaturated porous materials. In: Rilem Bulletin No. 29, Decembre 1965, S. 119 bis 123

[18] Schaad, W.: Praktische Anwendungen der Elektro-Osmose im Gebiete des Grundbaues. In: Die Bautechnik, Heft 6 (1958), S. 210 bis 216

[19] Schuch, M.; Wanke, R.: Strömungsspannungen in einigen Torf- und Sandproben. In: Zeitschrift für Geophysik, Heft 2 (1967), S. 94 bis 109

[20] H. Schulze: Baulicher Holzschutz. Informationsdienst Holz, Holzbauhandbuch Reihe 3, Teil 5, Düsseldorf 1997

[21] Wittmann, F.H.; Boekwijt, W.O.: Grundlage und Anwendbarkeit der Elektroosmose zum Trocknen durchfeuchteten Mauerwerks. In: Bauphysik, Heft 4 (1982), S. 123 bis 127

B) Bücher und Broschüren

[22] Bauschäden-Sammlung, Sachverhalt – Ursachen – Sanierung. Hrsg. Günter Zimmermann. Bd. 1 bis 14. Fraunhofer IRB Verlag, Stuttgart: 1974 bis 2003

[23] Berichte aus der Bauforschung. Berlin/München/Düsseldorf: Wilhelm Ernst & Sohn

  [23.1] Schwarz, B.: Schlagregen. Meßmethoden – Beanspruchung – Auswirkung. Heft 86, 1973

  [23.2] Gertis, K: Belüftete Wandkonstruktionen. Thermodynamische, feuchtigkeitstechnische und strömungsmechanische Vorgänge in Kanälen und Spalten von Außenwänden. Wärme- und Feuchtigkeitshaushalt belüfteter Wandkonstruktionen. Heft 72, 1972

[24] Deutscher Ausschuss für Stahlbeton. Berlin/München/Düsseldorf: Wilhelm Ernst & Sohn

  [24.1] Hundt, J.: Wärme- und Feuchtigkeitsleitung in Beton unter Einwirkung eines Temperaturgefälles, Heft 256

  [24.2] Werner, H.; Gertis, K.: Energetische Kopplung von Feuchte- und Wärmeübertragung an Außenflächen, Heft 258

[25] Fraunhofer Institut Bauphysik: WUFI-Wärme und Feuchte instationär; PC-Programm zur Berechnung des gekoppelten Wärme- und Feuchtetransports in Bauteilen.

[26] Haack, A.; Emig, K. F.: Abdichtungen. In: Grundbau-Taschenbuch, 4. Auflage, Band 2. Verlag Ernst & Sohn, 1991

[27] Homann M.: Richtig Planen mit Porenbeton. Fraunhofer IRB Verlag Stuttgart 2003

[28] Kießl, K.: Kapillarer und dampfförmiger Feuchtetransport in mehrschichtigen Bauteilen. Rechnerische Erfassung und bauphysikalische Anwendung. Diss. Universität Essen (Gesamthochschule), 1983

[29] Koerner, G.; Rossmy, G.; Sänger, G.: Oberflächen und Grenzflächen. Ein Versuch, die physikalisch-chemischen Grundgrößen darzustellen und sie mit Aspekten der Anwendungstechnik zu verbinden. Goldschmidt informiert, Heft 2. Essen: Th. Goldschmidt AG, 1974

[30] F. Kollmann: Technologie des Holzes und der Holzwerktoffe. 2. Auflage. Springer-Verlag Berlin 1951

[31] Künzel, H. M.: Verfahren zur ein- und zweidimensionalen Berechnung des gekoppelten Wärme- und Feuchtetransports in Bauteilen mit einfachen Kennwerten. Diss. Universität Stuttgart 1994

[32] Krischer, O.; Käst, W.: Die wissenschaftlichen Grundlagen der Trocknungstechnik. 3. Aufl. Berlin/Heidelberg/New York: Springer-Verlag, 1978

[33] Krus, M.: Feuchtetransport- und Speicherkoeffizienten poröser mineralischer Baustoffe. Theoretische Grundlagen und neue Messtechniken. Diss. Universität Stuttgart, 1995

[34] Liersch, K.W.: Belüftete Dach- und Wandkonstruktionen. Bauverlag GmbH, Wiesbaden
- [34.1] Band 1: Vorhangfassaden. Bauphysikalische Grundlagen des Wärme- und Feuchteschutzes. Bauverlag, Wiesbaden 1981
- [34.2] Band 2: Vorhangfassaden. Anwendungstechnische Grundlagen. Bauverlag, Wiesbaden 1984
- [34.3] Band 3: Dächer. Bauphysikalische Grundlagen des Wärme- und Feuchteschutzes. Bauverlag, Wiesbaden 1986
- [34.4] Band 4: Dächer. Anwendungstechnische Grundlagen. Bauverlag, Wiesbaden 1990

[35] Lufsky, K.: Bauwerksabdichtung. 5. Aufl. Stuttgart: B.G. Teubner, 2001

[36] U. Möller: Thermohygrische Formänderungen und Eigenspannungen von natürlichen und künstlichen Mauersteinen. Dissertation Stuttgart 1993

[37] Otto, F.: Einfluss von Soiptionsvorgängen auf die Raumluftfeuchte. Diss. Universität Kassel, 1995

[38] W. Pfefferkorn: Rissschäden an Mauerwerk. Uraschen erkennen, Rissschäden vermeiden. IRB-Verlag Stuttgart 1994

[39] Recknagel, Sprenger, Hönmann: Taschenbuch für Heizung und Klimatechnik. 66. Auflage. R. Oldenbourg Verlag München-Wien, 1992

[40] Ripphausen, Bernd: Untersuchungen zur Wasserdurchlässigkeit und Sanierung von Stahlbetonbauteilen mit Tennrissen. Diss. Aachen 1989

[41] P. Schubert: Eigenschaftswerte von Mauerwerk, Mauersteinen und Mauermörtel. Mauerwerk-Kalender 1991

[42] Schulze, H.: Holzbau. B.G. Teubner Verlag, Stuttgart 2005

[43] Schadenfreies Bauen. IRB- Verlag Stuttgart
- [43.1] Band 2: G. O. Lohmeyer: Schäden an Flachdächern und Wannen aus wasserundurchlässigem Beton. 1993
- [43.2] Band 8: E. Cziesielski, M. Bonk: Schäden an Abdichtungen in Innenräumen. 1994
- [43.3] Band 13: Klaas, H. und E. Schulz: Schäden an Außenwänden aus Ziegel- und Kalksandstein-Verblendmauerwerk. 1995
- [43.4] Band 16: R. Jenisch: Tauwasserschäden. 1996

C) Normen und andere Regelwerke

[44] Verordnung über energiesparenden Wärmeschutz und Anlagentechnik bei Gebäuden (Energieeinsparverordnung - EnEV). Ausgabe Dezember 2004

[45] Bauordnung für das Land Nordrhein-Westfalen - Landesbauordnung. Gesetz- und Verordnungsblatt für das Land Nordrhein-Westfalen Nr. 29 vom 13. April 1995

[46] DIN EN 206: Beton - Teil 1: Festlegung, Eigenschaften, Herstellung und Konformität. Ausgabe 2001-07

[47] DIN 280: Parkett-Teil 1: Parkettstäbe, Parkettriemen und Tafeln für Tafelparkett. Ausgabe 1990-04

Literaturverzeichnis

[48] DIN EN 772: Prüfverfahren für Mauersteine - Teil 11: Bestimmung der kapillaren Wasseraufnahme von Mauersteinen aus Beton, Porenbetonsteinen, Betonwerksteinen und Natursteinen sowie der anfänglichen Wasseraufnahme von Mauerziegeln. Ausgabe 2004-06

[49] DIN EN 1015: Prüfverfahren für Mörtel für Mauerwerk - Teil 18: Bestimmung der kapillaren Wasseraufnahme von erhärtetem Mörtel (Festmörtel). Ausgabe 2003-03

[50] DIN 1045: Tragwerke aus Beton, Stahlbeton und Spannbeton - Teil 2: Beton; Festlegung, Eigenschaften, Herstellung und Konformität; Anwendungsregeln zu DIN EN 206-1. Ausgabe 2001-07

[51] DIN 1052: Entwurf, Berechnung und Bemessung von Holzbauwerken - Allgemeine Bemessungsregeln und Bemessungsregeln für den Hochbau. Ausgabe 2004-08

[52] DIN 1053: Mauerwerk - Teil 1: Berechnung und Ausführung. Ausgabe 1996-11

[53] DIN 1101: Holzwolle-Leichtbauplatten und Mehrschicht-Leichtbauplatten als Dämmstoffe für das Bauwesen - Anforderungen, Prüfung. Ausgabe 2000-06

[54] DIN 1102: Holzwolle-Leichtbauplatten und Mehrschicht-Leichtbauplatten nach DIN 1101 als Dämmstoffe für das Bauwesen; Verwendung, Verarbeitung. Ausgabe 1989-11

[55] DIN EN 1264: Fußboden-Heizung - Systeme und Komponenten - Teil 4: Installation. Ausgabe 2001-12

[56] DIN EN 1652: Kupfer und Kupferlegierungen - Platten, Bleche, Bänder, Streifen und Ronden zur allgemeinen Verwendung. Ausgabe 1998-03

[57] DIN 4095: Baugrund; Dränung zum Schutz baulicher Anlagen; Planung, Bemessung und Ausführung. Ausgabe 1990-06

[58] DIN 4108: Wärmeschutz und Energie-Einsparung in Gebäuden

[58.1] Teil 2: Mindestanforderungen an den Wärmeschutz. Ausgabe 2003-07

[58.2] Teil 3: Klimabedingter Feuchteschutz; Anforderungen, Berechnungsverfahren und Hinweise für Planung und Ausführung. Ausgabe 2001-07

[58.3] Teil 4: Wärme- und feuerschutztechnische Bemessungswerte. Ausgabe 2004-07

[58.4] Teil 6: Berechnung des Jahresheizwärme- und des Jahresheizenergiebedarfs. Ausgabe 2003-06

[59] DIN 4219: Leichtbeton und Stahlleichtbeton mit geschlossenem Gefüge

[59.1] Teil 1: Anforderungen an den Beton, Herstellung und Überwachung, Ausgabe 1979-12

[59.2] Teil 2: Bemessung und Ausführung, Ausgabe 1979-12

[60] DIN 4223: Vorgefertigte bewehrte Bauteile aus dampfgehärtetem Porenbeton - Teil 1: Herstellung, Eigenschaften, Übereinstimmungsnachweis. Ausgabe 2003-12

[61] DIN 4227: Spannbeton - Teil 1: Bauteile aus Normalbeton mit beschränkter oder voller Vorspannung. Ausgabe Juli 1988

[62] DIN 4232: Wände aus Leichtbeton mit haufwerksporigem Gefüge. Ausgabe 1987-09

[63] DIN 4701: Regeln für die Berechnung der Heizlast von Gebäuden - Teil 2: Tabellen, Bilder, Algorithmen. Entwurf 1995-08

[64] DIN ISO 9277: Bestimmung der spezifischen Oberfläche von Feststoffen durch Gasadsorption nach dem BET-Verfahren. Ausgabe 2003-05

[65] DIN EN ISO 12571: Wärme- und feuchtetechnisches Verhalten von Baustoffen und Bauprodukten - Bestimmung der hygroskopischen Sorptionseigenschaften. Ausgabe 2000-04

[66] DIN EN ISO 12572: Wärme- und feuchtetechnisches Verhalten von Baustoffen und Bauprodukten - Bestimmung der Wasserdampfdurchlässigkeit. Ausgabe 2001-09

[67] DIN EN ISO 13788: Wärme- und feuchtetechnisches Verhalten von Bauteilen und Bauelementen - Raumseitige Oberflächentemperatur zur Vermeidung kritischer Oberflächenfeuchte und Tauwasserbildung im Bauteilinneren - Berechnungsverfahren. Ausgabe 2001-11

[68] DIN EN 13813: Estrichmörtel, Estrichmassen und Estriche- Estrichmörtel und Estrichmassen - Eigenschaften und Anforderungen. Ausgabe 2003-01

[69] DIN EN ISO 15148: Wärme- und feuchtetechnisches Verhalten von Baustoffen und Bauprodukten - Bestimmung des Wasseraufnahmekoeffizienten bei teilweisem Eintauchen. Ausgabe 2003-03

[70] DIN 16938: Kunststoff-Dichtungsbahnen aus weichmacherhaltigem Polyvinylchlorid (PVC-P) nicht bitumenverträglich; Anforderungen. Ausgabe Dezember 1986

[71] DIN 18055: Fenster; Fugendurchlässigkeit, Schlagregendichtheit und mechanische Beanspruchung; Anforderungen und Prüfung. Ausgabe 1981-10

[72] DIN 18195: Bauwerksabdichtungen

[72.1] Teil 1: Grundsätze, Definitionen, Zuordnung der Abdichtungsarten. Ausgabe 2000-08

[72.2] Teil 2: Stoffe. Ausgabe 2000-08

[72.3] Teil 3: Anforderungen an den Untergrund und Verarbeitung der Stoffe. Ausgabe 2000-08

[72.4] Teil 4: Abdichtungen gegen Bodenfeuchte (Kapillarwasser, Haftwasser) und nichtstauendes Sickerwasser an Bodenplatten und Wänden, Bemessung und Ausführung. Ausgabe 2000-08

[72.5] Teil 5: Abdichtungen gegen nichtdrückendes Wasser auf Deckenflächen und in Nassräumen; Bemessung und Ausführung. Ausgabe 2000-08

[72.6] Teil 6: Abdichtungen gegen von außen drückendes Wasser und aufstauendes Sickerwasser; Bemessung und Ausführung. Ausgabe 2000-08

[72.7] Teil 7: Abdichtungen gegen von innen drückendes Wasser; Bemessung und Ausführung. Ausgabe 1989-06

[72.8] Teil 8: Abdichtungen über Bewegungsfugen. Ausgabe 2004-03

[72.9] Teil 9: Durchdringungen, Übergänge, An- und Abschlüsse. Ausgabe 2004-03

[72.10] Teil 10: Schutzschichten und Schutzmaßnahmen. Ausgabe 2004-03

[72.11] Teil 100: Vorgesehene Änderungen zu den Normen DIN 18195 Teil 1 bis 6. Entwurf 2003-06

[72.12] Teil 101: Vorgesehene Änderungen zu den Normen DIN 18195-2 bis DIN 18195-5. Entwurf 2005-09

[72.13] Beiblatt 1: Bauwerksabdichtungen - Beispiele für die Anordnung der Abdichtung bei Abdichtungen. Ausgabe 2006-01

[73] DIN 18332: VOB Vergabe- und Vertragsordnung für Bauleistungen - Teil C: Allgemeine Technische Vertragsbedingungen für Bauleistungen (ATV); Naturwerksteinarbeiten. Ausgabe 2002-12

Literaturverzeichnis

[74] DIN 18333: VOB Verdingungsordnung für Bauleistungen - Teil C: Allgemeine Technische Vertragsbedingungen für Bauleistungen (ATV); Betonwerksteinarbeiten. Ausgabe 2000-12

[75] DIN 18336: VOB Vergabe- und Vertragsordnung für Bauleistungen - Teil C: Allgemeine Technische Vertragsbedingungen für Bauleistungen (ATV); Abdichtungsarbeiten. Ausgabe 2002-12

[76] DIN 18338: VOB Vergabe- und Vertragsordnung für Bauleistungen - Teil C: Allgemeine Technische Vertragsbedingungen für Bauleistungen (ATV); Dachdeckungs- und Dachabdichtungsarbeiten. Ausgabe 2002-12

[77] DIN 18339: VOB Vergabe- und Vertragsordnung für Bauleistungen - Teil C: Allgemeine Technische Vertragsbedingungen für Bauleistungen (ATV); Klempnerarbeiten. Ausgabe 2002-12

[78] DIN 18352: VOB Vergabe- und Vertragsordnung für Bauleistungen - Teil C: Allgemeine Technische Vertragsbedingungen für Bauleistungen (ATV); Fliesen- und Plattenarbeiten. Ausgabe 2002-12

[79] DIN 18353: VOB Vergabe- und Vertragsordnung für Bauleistungen - Teil C: Allgemeine Technische Vertragsbedingungen für Bauleistungen (ATV) - Estricharbeiten. Ausgabe 2005-01

[80] DIN 18355: VOB Vergabe- und Vertragsordnung für Bauleistungen - Teil C: Allgemeine Technische Vertragsbedingungen für Bauleistungen (ATV) -Tischlerarbeiten. Ausgabe 2005-01

[81] DIN 18356: VOB Vergabe- und Vertragsordnung für Bäuleistungen - Teil C: Allgemeine Technische Vertragsbedingungen für Bauleistungen (ATV); Parkettarbeiten. Ausgabe 2002-12

[82] DIN 18365: VOB Vergabe- und Vertragsordnung für Bauleistungen - Teil C: Allgemeine Technische Vertragsbedingungen für Bauleistungen (ATV); Bodenbelagarbeiten. Ausgabe 2002-12

[83] DIN 18367: VOB Vergabe- und Vertragsordnung für Bauleistungen - Teil C: Allgemeine Technische Vertragsbedingungen für Bauleistungen (ATV); Holzpflasterarbeiten. Ausgabe 2002-12

[84] DIN 18515: Außenwandbekleidungen

 [84.1] Teil 1: Angemörtelte Fliesen oder Platten; Grundsätze für Planung und Ausführung. Ausgabe 1998-08

 [84.2] Teil 2: Anmauerung auf Aufstandsflächen; Grundsätze für Planung und Ausführung. Ausgabe 1993-04

[85] DIN 18516: Außenwandbekleidungen, hinterlüftet

 [85.1] Teil 1: Anforderungen, Prüfgrundsätze. Ausgabe 1999-12

 [85.2] Teil 3: Naturwerkstein; Anforderungen, Bemessung. Ausgabe 1999-12

 [85.3] Teil 4: Einscheiben-Sicherheitsglas; Anforderungen, Bemessung, Prüfung. Ausgabe 1990-02

 [85.4] Teil 5: Betonwerkstein; Anforderungen, Bemessung. Ausgabe 1999-12

[86] DIN 18530: Massive Deckenkonstruktionen für Dächer; Planung und Ausführung. Ausgabe 1987-03

[87] DIN 18531 Dachabdichtungen - Abdichtungen für nicht genutzte Dächer
[87.1] Teil 1: Begriffe, Anforderungen, Planungsgrundsätze. Ausgabe 2005-11
[87.2] Teil 2: Stoffe. Ausgabe 2005-11
[87.3] Teil 3: Bemessung, Verarbeitung der Stoffe, Ausführung der Dachabdichtungen. Ausgabe 2005-11
[87.4] Teil 4: Instandhaltung. Ausgabe 2005-11

[88] DIN 18540: Abdichten von Außenwandfugen im Hochbau mit Fugendichtstoffen. Ausgabe 1995-02

[89] DIN 18550: Putz und Putzsysteme - Ausführung. Vornorm 2005-04

[90] DIN 18560: Estriche im Bauwesen - Teil 2: Estriche und Heizestriche auf Dämmschichten (schwimmende Estriche). Ausgabe 2004-04

[91] DIN 50008: Klimate und ihre technische Anwendung; Konstantklimate über wäßrigen Lösungen -Teil 1: Gesättigte Salzlösungen, Glycerinlösungen. Ausgabe 1981-02

[92] DIN 52129: Nackte Bitumenbahnen; Begriff, Bezeichnung, Anforderungen. Ausgabe 1993-11

[93] DIN 52130: Bitumen-Dachdichtungsbahnen - Begriffe, Bezeichnungen, Anforderungen. Ausgabe 1995-11

[94] DIN 52131: Bitumen-Schweißbahnen - Begriffe, Bezeichnungen, Anforderungen. Ausgabe 1995-11

[95] DIN 52132: Polymerbitumen-Dachdichtungsbahnen - Begriffe, Bezeichnungen, Anforderungen. Ausgabe 1996-05

[96] DIN 52615: Bestimmung der Wasserdampfdurchlässigkeit von Bau- und Dämmstoffen. Ausgabe 1987-11

[97] DIN 52617: Bestimmung des Wasseraufnahmekoeffizienten von Baustoffen. Ausgabe 1987-05

[98] DIN 68800: Holzschutz
[98.1] Teil 2: Vorbeugende bauliche Maßnahmen im Hochbau. Ausgabe 1996-05
[98.2] Teil 3: Vorbeugender chemischer Holzschutz. Ausgabe 1990-04

[99] Arbeitsgemeinschaft Mauerziegel u.a.: Richtlinie für die Planung und Ausführung von Abdichtungen erdberührter Bauteile mit flexiblen Dichtungsschlämmen. Ausgabe Januar 1999

[100] Bundesminister für Verkehr, Bau und Stadtentwicklung, Bundesanstalt für Straßenwesen: ZTV-ING Zusätzliche Technische Vertragsbedingungen und Richtlinien für Ingenieurbauten. Ausgabe 2003

[101] Bundesverband Flächenheizungen: Richtlinie für den Einsatz von Bodenbelägen auf Fußbodenheizungen - Anforderungen und Hinweise. Ausgabe Februar 2004

[102] Bundesverband Porenbetonindustrie e.V.: Bericht 9 -Ausmauerung von Holzfachwerk. Ausgabe Dezember 2000

[103] Deutscher Ausschuss für Stahlbeton: DAfStb-Richtlinie Schutz und Instandsetzung von Betonbauteilen - (Instandsetzungsrichtlinie). Ausgabe Oktober 2001

[104] Deutscher Ausschluss für Stahlbeton: DAfStb-Richtlinie Wasserundurchlässige Bauwerke aus Beton (WU-Richtlinie). Ausgabe November 2003

[105] Deutscher Betonverein e.V.: DBV-Merkblatt - Wasserundurchlässige Baukörper aus Beton. Fassung Juni 1996

[106] VDD Industrieverband Bitumen-Dach- und Dichtungsbahnen e.V.: Technische Regeln für die Planung und Ausführung von Abdichtungen mit Polymerbitumen- und Bitumenbahnen (abc der Bitumenbahnen). Ausgabe 2003

[107] Wissenschaftlich-Technische Arbeitsgemeinschaft für Bauwerkserhaltung und Denkmalpflege e.V.: Merkblatt 6-1 -01/D; Leitfaden für hygrothermische Simulationsberechnungen. Ausgabe Mai 2002

[108] Wissenschaftlich-Technische Arbeitsgemeinschaft für Bauwerkserhaltung und Denkmalpflege e.V.: Merkblatt 6-2-01/D; Simulation wärme- und feuchtetechnischer Prozesse. Ausgabe Mai 2002

[109] Zentralverband des Deutschen Dachdeckerhandwerks: Fachregeln für Dachdeckungen

[110] Zentralverband des Deutschen Dachdeckerhandwerks: Fachregeln für Dächer mit Abdichtungen (Flachdachrichtlinien). Ausgabe September 2001

[111] Zentralverband Deutsches Baugewerbe: Hinweise für die Ausführung von Verbundabdichtungen mit Bekleidungen und Belägen aus Fliesen und Platten im Außenbereich. Ausgabe Januar 2005

[112] Zentralverband Deutsches Baugewerbe: Hinweise für Planung und Ausführung keramischer Beläge im Schwimmbadbau. Ausgabe Oktober 2005

[113] Ziegel Bauberatung: Merkblatt 1.4.3 -Anstriche und Imprägnierungen für Ziegelsichtmauerwerk. Ausgabe 1992

IV Licht

[1] DIN 5034 „Innenraumbeleuchtung mit Tageslicht" „Leitsätze", Dezember 1969 (ersetzt durch DIN 5034, Teil 1, Februar 1983/Oktober 1999 [2]) Beiblatt 1 „Berechnung und Messung", November 1963

[2] DIN 5034 „Tageslicht in Innenräumen"

Teil 1 „Allgemeine Anforderungen", Oktober 1999
Teil 2 „Grundlagen", Februar 1985
Teil 3 „Berechnung", September 1994
Teil 4 „Vereinfachte Bestimmung von Mindestfenstergrößen für Wohnräume", September 1994
Teil 5 „Messung", Januar 1993
Teil 6 „Vereinfachte Bestimmung zweckmäßiger Abmessungen von Oberlichtöffnungen in Dachflächen", Juni 1995

[3] DIN 5035 „Innenraumbeleuchtung mit künstlichem Licht" Teil 1 „Begriffe und allgemeine Anforderungen", Juni 1990 Teil 2 „Richtwerte für Arbeitsstätten", September 1990

[4] DIN EN 410 „Glas im Bauwesen – Bestimmung der lichttechnischen und strahlungsphysikalischen Kenngrößen von Verglasungen." Deutsche Fassung Dez. 1998 (als Ersatz für DIN 67507, Juni 1980)

[5] Internationale Beleuchtungskommission (CIE): Standardization of luminance distribution on clear skies. CJE-Veröffentlichung Nr. 22 (TC-4.2), 1973

[6] Arbeitsstättenverordnung 1975 mit Arbeitsstättenrichtlinie 7/1 (Sichtverbindung nach außen)

[7] Aydinli, S.: Über die Berechnung der zur Verfügung stehenden Solarenergie und des Tageslichtes. Diss. Fachbereich Umwelttechnik der TU Berlin, 1980. Fortschritt-Berichte der VDI-Zeit-schriften, Reihe 6, Nr. 79. Düsseldorf, 1981

[8] Aydinli, S., Hubert, G. S., Krochmann, E. und L: On the Deterioration of Exhibited Museum Objects. Internationale Beleuchtungskommission (CIE), Publication No. 89 (1991), Technical Collection 1990/3, S. 25 bis 36

[9] Becker, D.: Tageslicht und Energie. Strahlungslenkende Reflektorsysteme zur Tagesbeleuchtung und Energieeinsparung. Diplomarbeit am Lehrstuhl für Bauplanung und Entwerfen Prof. O. Uhl, Universität Karlsruhe, 1983/84. Überarbeitet als Buch: Becker-Epsten, D.: Tageslicht und Architektur. Karlsruhe, 1987

[10] Butenschön, A.: Verfahren zur Bestimmung des Außenreflexionsanteils des Tageslichtquotienten. Lichttechnik 1977, Heft 4, S. 168, 170, 172 bis 174

[11] Butenschön, A.: Untersuchung über den Einfluss von Vorbauten auf die Beleuchtung von Innenräu

[10] Butenschön, A.: Verfahren zur Bestimmung des Außenreflexionsanteils des Tageslichtquotienten. Lichttechnik 1977, Heft 4, S. 168, 170, 172 bis 174

[11] Butenschön, A.: Untersuchung über den Einfluss von Vorbauten auf die Beleuchtung von Innenräumen mit Tageslicht. Diss. Fachbereich 21 (Umwelttechnik) der Technischen Universität Berlin, 1977

[12] Dickel, L.; Freymuth, H.: Beleuchtung kirchlicher Räume. Der Architekt 1976, Heft 2, S. 81 bis 85

[13] Esser KG (Hrsg.): Wie hell ist hell? Düsseldorf, 1970. 128 S.

[14] Fischer, U.: Tageslichttechnik. Köln, 1982. 167 S.

[15] Freymuth, H.: Beleuchtung und Klima in Räumen für Kinder. (Der Einfluss von Beleuchtung, Besonnung, Beheizung und Lüftung auf die bauliche Gestaltung von Spiel- und Arbeitsräumen in Kindergärten und Schulen.) Bauwelt 1971, Hefte 1 bis 9, sowie Veröffentlichung 89/1971 der Forschungsgemeinschaft Bauen und Wohnen Stuttgart (FBW). 48 S.

[16] Freymuth, H: Tageslichttechnische Untersuchungen an Terrassenhäusern. S. 176 bis 190 im Werkbericht: Städtebauliche Verdichtung durch terrassierte Bauten in der Ebene. Beispiel Wohnhügel. Bearb. von H. Schröder u.a. Informationen aus der Praxis – für die Praxis Nr. 33 des Bundesministeriums für Städtebau und Wohnungswesen. Bonn, 1972

[17] Freymuth, H.: Über Leuchtdichteverteilung und Beleuchtungsstärken in Räumen. Überlegungen zu Kostenvergleichen zwischen Tageslicht und künstlichem Licht. TAB Technik am Bau 1974, Heft 5, S. 375, 376, 379, 380, 383

[18] Freymuth, H: Tageslichttechnik in der Bauplanung. S. 9 bis 132 in: Licht, Luft, Schall. Hrsg. von J. Eberspächer. Stuttgart, 1977

[19] Freymuth, H.: Tageslichttechnische Entwurfsüberlegungen am Beispiel von Sporthallen. Deutsches Architektenblatt 1979, Heft 9, S. 1063 bis 1067

Literaturverzeichnis

[20] Freymuth, H.: Zusammenhänge zwischen Besonnung, Tagesbeleuchtung und Stadtplanung. S. 39 bis 44 in Groß, Jesberg, Oeter u.a.: Licht im Hoch- und Städtebau. Hrsg. vom Institut für Landes- und Stadtentwicklungsforschung des Landes Nordrhein-Westfalen (ILS). Band 3.021. Dortmund, 1979

[21] Freymuth, H. und G.: Diagrammsatz Sonnenwärme. Veröffentlichung 135 der Forschungsgemeinschaft Bauen und Wohnen Stuttgart (FBW), 1982. 26 + 3 Diagramme und 16 S. Text (siehe auch [44]!)

[22] Freymuth, H. und G.: Diagrammsatz Sonnenwärme. Eine Art Rechenscheibe zur schnellen Bestimmung des Sonnenwärme-Strahlungsempfangs. FBW-Blätter 1 – 1983

[23] Freymuth, H.: Tageslichttechnische Entwurfsunterstützung am Beispiel von Museumsräumen. Bauwelt 1989, Heft 32, S. 1185 bis 1191. Als durchgesehener Sonderdruck beim Institut für Tageslichttechnik Stuttgart (s. [43])

[24] Freymuth, H.: Beleuchtung in Museen: Schonendes Zeigen der Ausstellungsgüter in hell wirkenden Räumen. Bauphysik-Kalender 2002, hrsg. von E. Cziesielski. Berlin, 2000, S. 645-668

[25] Gertis, K.; Mehra, Seh.; Veres, E.; Kießl, K: Bauphysikalische Aufgabensammlung mit Lösungen. Stuttgart, Leipzig, 2. Aufl. 2000

[26] Hartmann, E.: Beleuchtung am Arbeitsplatz. Studie für das Staatsministerium für Arbeit und Sozialordnung. München, 1982. 56 S.

[27] Heinle, E.; M. Church; H. Lohss; H. Dehlinger: Das Olympische Dorf in München. S. V/O bis 32 im Sonderband „Bauten der Olympischen Spiele 1972 München" der Architektur Wettbewerbe. Stuttgart, 1969

[28] Hubert, G. S., Aydinli, S.: Zur Beleuchtung musealer Exponate unter Beachtung neuerer konservatorischer Erkenntnisse. LICHT 1991, Heft 7/8, S. 556 bis 572, 576, 577

[29] Hopkinson, R. G.; Longmore, J.; Petherbridge, P.: An Empirical Formula for the Computation of the Indirect Component of Daylight Factor. Transactions of the Illuminating Engineering Society 19 (1954), Heft 7, S. 201 bis 219

[30] Keitz, H. A.E.: Lichtberechnungen und Lichtmessungen. Eine Einführung in das System der lichttechnischen Größen und Einheiten und in die Photometrie. 2. Aufl. Eindhoven, 1967.385 S.

[31] Konz, F.: Der Einfluss der Besonnung auf Lage und Breite von Wohnstraßen. Diss. TH Stuttgart, 1931. Mitteilungen der Versuchsanstalt für Straßenbau der Technischen Hochschule zu Stuttgart, Heft 5, 1932

[32] Krochmann, J.: Über die Horizontalbeleuchtungsstärke der Tagesbeleuchtung. Lichttechnik 1963, Heft 11, S. 559 bis 562

[33] Krochmann, J.; Müller, K.; Retzow, U.: Über die Horizontalbeleuchtungsstärke und die Zenitleuchtdichte des klaren Himmels. Lichttechnik 1970, Heft 11, S. 551 bis 554

[34] Krochmann, J.; Schmid, O.: Über die Sonnenwahrscheinlichkeit in Deutschland. Lichttechnik 1974, Heft 10, S. 428 bis 429, und Heft 11, S. 466 bis 468

[35] Krochmann, L; Özver, Z.; Orlowski, P.: Über die Bestrahlungsstärke durch Sonne und klaren Himmel auf geneigter Fläche. TAB Technik am Bau 1975, Heft 6, S. 441 bis 443, 445, 446

[36] Krochmann, J.: The Total Energy Transmittance of Glazing. Meaning and Measurements. International Symposium „Energy and Building Envelope". Thessaloniki, 1986

[37] Krochmann, J.: Strahlungsdaten hinter einer zweifachen Isolierverglasung. Kurzberichte aus der Bauforschung/Juli 1987, Bericht Nr. 88

[38] Longmore, J. (Department of the Environment/Building Research Station):

BRS Daylight Protractors. Her Majesty's Stationery Office, London, 1986

Bestellung bei Building Research Establishment (Bookshop) Garston, Watford, WD2 7JR, mit Nummer des Protractors:	Protractor-Nr. für bedeckten Himmel mit	
	gleichförmiger Leuchtdichteverteilung*	Leuchtdichteverteilung nach DIN 5034 (s. auch Bild 2.10)
Senkrechte (Einfach-)Verglasung (90°)	Nr. 1	Nr. 2
Waagerechte (Einfach-) Verglasung (0°)	Nr. 3	Nr. 4
(Einfach-)Verglasung, geneigt um 30°	Nr. 5	Nr. 6
(Einfach-)Verglasung, geneigt um 60°	Nr. 7	Nr. 8
Unverglaste Öffnungen belieb. Neigung	Nr. 9	Nr. 10

[39] Moon, P.r und Eberle Spencer, D.: Illumination from a Non-Uniforra Sky. New York, Illuminating Engineering 37 £1942), S. 707

[40] Neumann, E., unter Mitarbeit von W. Reichelt: Die städtische Siedlungsplanung unter besonderer Berücksichtigung der Besonnung. Stuttgart, 1954. 143 S.

[41] Roedler, F.: Die wahre Sonneneinstrahlung auf Gebäude. 2. Teil: Berücksichtigung der Beschattung und Bewölkung. Gesundheitsingenieur 1953, Heft 21/22, S. 337 bis 350

[42] Schmidt, M.: Mindestbesonnung in Wohnungen. Forum Städte-Hygiene 1995, Nov./Dez., S. 346 bis 353

[43] Seidl, M., und H. Freymuth, unter Mitarbeit von R. Weeber: Mindestabstände zwischen Gebäuden und Fenstergrößen für ausreichende Tagesbeleuchtung. Forschungsbericht aus dem Institut für Lichttechnik der TU Berlin und dem Institut für Tageslichttechnik Stuttgart für das Innenministerium des Landes Nordrhein-Westfalen. Stuttgart, 1978. VI + 317 S., Kurzfassung 33 S.

[44] Tonne, F.; Besser bauen mit Besonnungs- und Tageslicht-Planung. Schorndorf 1954. Teil 1 41 S., Teil 2 26 S. + 7 Diagramme (davon Sonnenblätter 49°, 51°, 53° n. Br.)

Auch in neuer Ausgabe: Leben und planen mit Sonne und Tageslicht. Kombinationen drehbarer stereographischer Diagrammscheiben von F. Tonne, ergänzt und kommentiert von H. Freymuth
A für Aufschlüsse im Gelände; Stuttgart 2001, 32 S. + 9 Diagrarrme
B (erweitert) für Bau- und Stadtplanung; Stuttgart 2005, 96 S.·'". + 9 Diagramme

---

*) Entspricht nicht der Empfehlung der Internationalen Beleuchtungskommission (CIE); die entsprechenden Protractors eignen sich aber zur Ermittlung von Tageslichtquotienten hinter stark lichtstreuenden Gläsern nach Abschnitt 2.5.2.

Bestellung, auch von Sonnenblättern für nahezu alle anderen bewohnbaren ungeraden Breitengrade sowie des auf dieses Diagrammsystem abgestimmten Horizontoscops, beim Institut für Tageslichttechnik Stuttgart, Osterbronnstraße 30, 70565 Stuttgart

[45] Tonne, F.: Was ist bei Besorgung und Tageslicht im Hochbau zu beachten? S. 20 bis 32 in: Handbuch des Bauwesens 1955. Stuttgart, 1955

[46] Tonne, F.: Tageslicht-technische Gesichtspunkte zum Schulbau. baukunst und werkform 1956, Heft 7, S. 387 bis 389

[47] Tonne, F., und Normann, W.: Die Berechnung der Sonnenwärmestrahlung auf senkrechte und beliebig geneigte Flächen unter Berücksichtigung meteorologischer Messungen. Zeitschrift für Meteorologie 1960, Heft 7-9, S. 166 bis 179

[48] Völckers, O.; F. Tonne; A. Becker-Freyseng: Licht und Sonne im Wohnungsbau. Veröffentlichung 39/1955 der Forschungsgemeinschaft Bauen und Wohnen Stuttgart

[49] Xenophon: Memorabilien. 3. Buch, Kapitel 8

V Brand

[1] Alexander, B.: Behaviour of gypsum and gypsum products at high temperature. In: RTT.F.M PHT 44, Paris

[2] Allianz Brandschutz Service: Brandwände und Brandabschnitte nach den Landesbauordnungen. Merkblatt ABS 2.2.1.2, München 1980

[3] Anderberg, Y.: Behaviour of steel at high temperatures. In: RILEM PHT 44, Paris

[4] Bechtold R. et al.: Brandversuche Lehrte; Brandversuche an einem zum Abbruch bestimmten viergeschossigen modernen Wohnhaus. Bundesminister für Raumordnung, Bauwesen und Städtebau, Nr. 04.037. Bonn, 1978

[5] Becker J. et al.: FTRES-T, a Computer Program for the Fire Response of Structures – Thermal. University of California, Berkeley (USA), Rep. No. UCB FRG 74-1, 1974

[6] Butcher E. G. et al.: Further experiments on temperatures reached by steel in building fires. Symposium on behaviour of structural steel in fire. Her Maj. Stationary Office, London, 1968

[7] CEB (Comite Euro-International du Beton): Design of Concrete Structures for Fire Resistance. Bull. d'Information No. 145, Paris, 1982

[8] CIB (Conseil International du BAatiment) W 14 Workshop „Structural Fire Safety": A Concep-tual Approach Towards a Probability Based Design Guide on Structural Fire Safety". Fire Safety Journal, Elsevier Sequoia, Lausanne, 1983

[9] Cluzel, D.: Behaviour of plastics used in construction at high temperatures. RILEM PHT 44, Paris

[10] ECCS (European Convention for Constructional Steelwork), Techn. Comm. 3 – Fire Safety of Steel Structures: European Recommendations for the Fire Safety of Steel Structures, Amsterdam: Elsevier, 1983

[11] Einbrodt, H.J.; Jesse, H.: Über die Toxizität der Brand- und Schwelgase bei Kabelbränden. GAK 12/83

[12] Hadvig, S.: Behaviour of wood at high temperatures. RILEM PHT 44, Paris [13] Hanusch, H.: Gipskartonplatten; Trockenbau, Montagebau, Ausbau. Köln-Braunsfeld: R. Müller, 1978

[14] ISO (International Organization for Standardization): International Standard 834 – Fire resistance tests – elements of building construction. 1975

[15] Kallenbach W. et al.: Brandschutz in Baudenkmälern und Museen. Arbeitsgruppe öffentlichrechtliche Versicherung im Verband der Sachversicherer e.V., Hamburg, 1980

[16] Kordina K. et al.: Erwärmungsvorgänge an balkenartigen Stahlbetonteilen unter Brandbeanspruchung. Schriftenreihe Deutscher Ausschuss für Stahlbeton, Heft 230, Berlin, 1975

[17] Kordina K. et al.: Arbeitsbericht 1978 – 1980 des Sonderforschungsbereichs 148 „Brandverhalten von Bauteilen". TU Braunschweig, 1980

[18] Kordina, K.; Meyer-Ottenu, C: Beton-Brandschutz-Handbuch. Düsseldorf: Beton-Verlag, 1981

[19] Kordina K. et al.: Arbeitsbericht 1981 – 1983 des Sonderforschungsbereichs 148 „Brandverhalten von Bauteilen". TU Braunschweig, 1983

[20] Kordina, K.; Meyer-Ottens, C: Holz-Brandschutz-Handbuch. Deutsche Gesellschaft für Holzforschung, München, 1983

[21] Kordina, K.; Krampf, L.: Empfehlungen für brandschutztechnisch richtiges Konstruieren von Betonbauwerken. Schriftenreihe Deutscher Ausschuss für Stahlbeton, Heft 352, Berlin, 1984

[22] Krampf, L.: Untersuchungen zum Schubverhalten brandbeanspruchter Stahlbetonbalken. Festschrift Kordina, München: W. Ernst & Sohn, 1979

[23] Litzner, H.-U.: Europäisches Regelwerk für den Betonbau. Beitrag in: Stahlbeton- und Spannbetontragwerke nach Eurocode 2. Springer-Verlag, Berlin 1993

[24] Locher, F.W.; Sprung, S.: Einwirkung von salzsäurehaltigen PVC-Brandgasen auf Beton. In: beton, Hefte 2 und 3, (1970)

[25] Martin, H.: Zeitlicher Verlauf der Chloridionenwanderung in Beton, der einem PVC-Brand ausgesetzt war. In: Betonwerk + Fertigteil-Technik, Hefte 1 und 2, (1975)

[26] Meyer-Ottens, C. et al.: Brandschutz; Untersuchungen an Wänden, Decken und Dacheindeckungen. Berichte aus der Bauforschung, Heft 70, W. Ernst & Sohn, Berlin, 1971

[27] Meyer-Ottens, C: Zur Frage der Abplatzungen an Betonbauteilen aus Normalbeton bei Brandbeanspruchung. Diss. TU Braunschweig, 1972

[28] Meyer-Ottens, C: Brandverhalten von Bauteilen. Schriftenreihe Brandschutz im Bauwesen (BRABA), Heft 22 I und IL, E. Schmidt Verlag, Berlin, 1981

[29] Odenwald-Faserplattenwerk: Kennen Sie Owakustik-Decken. Druckschrift 838, Amorbach

[30] Österreichischer Stahlbauverband: Österreichisches Brandschutz-Handbuch, Wien: 1979

[31] Promat Gesellschaft für moderne Werkstoffe mbH: Vorbeugender Brandschutz im Hochbau. Düsseldorf: 1983

[32] Richartz, W.: Die Bindung von Chlorid bei der Zementerhäftung. Zement – Kalk – Gips, 1969, Heft 10

[33] Richter, F.: Die wichtigsten physikalischen Eigenschaften von 52 Eisenwerkstoffen. Stahleisen-Sonderberichte Heft 8, Verlag Stahleisen, Düsseldorf, 1973

[34] Richtlinie des Rates vom 21. Dezember 1988 zu Angleichung der Rechts- und Verwaltungsvorschriften der Mitgliedsstaaten über Bauprodukte (89/106/EWG). Amtsblatt der Europäischen Gemeinschaften Nr. L 40/12 vom 11.02.1989

[35] Rostisy, F. S.: Baustoffe. Stuttgart/Berlin/Köln/Mainz: Kohlhammer, 1983

[36] Rudolphi, R.; Müller, T.: ALGOL-Computerprogramm zur Berechnung zweidimensionaler instationärer Temperaturverteilungen mit Anwendungen aus dem Brand- und Wärmeschutz. BAM-Forschungsbericht 74, Berlin, 1980

[37] Schneider, U.; Haksever, A..: Wärmebilanzberechnungen für Brandräume mit unterschiedlichen Randbedingungen. Forschungsbericht des Instituts für Baustoffe, Massivbau und Brandschutz, TU Braunschweig, 1978

[38] Schneider, U.; Haksever, A.: Probleme der Wärmebilanzberechnung von natürlichen Bränden und Gebäuden. In: Bauphysik 1 (1981)

[39] Schneider, U.: Verhalten von Beton bei hohen Temperaturen. Schriftenreihe Deutscher Ausschuss für Stahlbetonbau, Heft 337, Berlin (1982)

[40] Schott-Information: Brandschutzglas. Heft 4, Mainz (1976)

[41] Thomas, P. H.: The Fire Resistance Required to Survice a Burn Out. Fire Research Note No. 901, Fire Research Station Boreham Wood (England), 1970

[42] Troitzsch, J. et ai.: Brandverhalten von Kunststoffen. München/Wien: Carl Hanser Verlag, 1982

[43] VDS (Verband der Sachversicherer): Brandschutz in Kabel-, Leitungs- und Stromschienen-Anlagen. Köln, Form 2025, 9/77

[44] VDS (Verband der Sachversicherer): Richtlinien für Rauch- und Wärmeabzuganlagen (RWA), Planung und Einbau. Köln, Form 301, 3/79

[45] VDS/VFDB (Verband der Sachversicherer/Vereinigung zur Förderung des deutschen Brands-chutzes)-Fachtagung Bauen und Brandschutz: Vorträge, Verband der Sachversicherer, Köln, 1979

[46] Walter, R.: Partiell brandbeabspruchte Stahlbetondecken – Berechnung des inneren Zwanges mit einem Scheibenmodell. Diss. TU Braunschweig, 1981

[47] Wickström, U.: TASEF-2, A Computer Program for Temperature Analysis of Structures Exposed to Fire. Lund Institute of Technology, Report No. 79-2, Lund, 1979

VI Klima

A) Aufsätze

[1] Ferstl, K.: Traditionelle Bauweisen und deren Bedeutung für die klimagerechte Gestaltung moderner Bauten. Schriftenreihe der Sektion Architektur, TU Dresden (1980) 16, S. 59 bis 69

[2] Frank, W.: Raumklima und thermische Behaglichkeit. Schriftenreihe aus der Bauforschung, Berlin (1976) 104, S. 1 bis 36

[3] Hahn, H.: Zur Kondensation an raumseitigen Oberflächen unbeheizter Gebäude. Schriftenreihe der Sektion Architektur, TU Dresden (1986) 26, S. 91 bis 97

[4] Mc Conell, W. J.; Spiegelmann, M.: Reactions of 745 clercs to summer air conditioning. In: Heat. pip. Air Cond. 12 (1940) S. 317 bis 322

[5] Nehring, G.: Über den Wärmefluss durch Außenwände und Dächer in klimatisierten Räumen infolge der periodischen Tagesgänge der bestimmenden meteorologischen Elemente. In: Ges.-Ing. 83 (1962) 7, S. 185 bis 189; 8, S. 230 bis 242; 9, S. 253 bis 269

[6] Petzold, K.; Graupner, K.; Roloff, J.: Zur Praktikabilität von Verfahren zur Ermittlung des jährlichen Heizenergiebedarfs. Schriftenreihe der Sektion Architektur, TU Dresden (1990) 30, S. 179 bis 186

[7] Petzold, K.; Hahn, H.: Ein allgemeines Verfahren zur Berechnung des sommerlichen Wärmeschutzes frei klimatisierter Gebäude. In: Luft- und Kältetechnik 24 (1988), S. 146 bis 154

[8] Roloff, J.: Zur Definition von Windschutzlagen für Gebäude. Schriftenreihe der Sektion Architektur, TU Dresden (1988), 28 S. 177 bis 1980

[9] Valko, P.: Strahlungsmeteorologische Unterlagen zur Berechnung des Kühlbedarfs von Bauten. In: Schweiz. Bl. f. Heizung und Lüftung (1967) 1, S. 9 bis 21

B) Bücher und Broschüren

[10] Angus, T. C: The Control of Indoor Climate. Oxford: Pergamon Press Ltd., 1968

[11] Aronin, J.E.: Climate and Architecture. New York: Reinhold Publ. Corp., 1953

[12] Böer, W.: Technische Meteorologie. Leipzig: B.G. Teubner Verlagsges., 1964

[13] Branicki, O.: Das Klima von Potsdam. Berlin: Verlag D. Reimers, 1963

[14] Dietze, L.: Freie Lüftung von Industriegebäuden. Berlin: Verl. f. Bauwesen, 1987

[15] Dreyfus, J.: Le confort dans l'habitat en pays tropical. Paris: Editions Eyrolles, 1960

[16] Egli, E.: Die neue Stadt in Landschaft und Klima. Erlenbach, Zürich: Verlag f. Architektur, 1951

[17] Fanger, P.O.: Thermal Comfort – Analysis and Applicatons in Environmental Engineering. Kopenhagen: Danish Technical Press, 1970

[18] Halbouni, G.: Untersuchungen zur Entwicklung des Wohnungsbaus in trocken-heißem Klima – dargestellt am Beispiel E'amaskus. Diss. TU Dresden, 1978

[19] Hardenberg, J. v.: Entwerfen natürlich klimatisierter Häuser für heiße Klimazonen am Beispiel des Iran. Düsseldorf: Werner-Verlag GmbH, 1980

Literaturverzeichnis

[20] Häupl, P.: Feuchtetransport in Baustoffen und Bauwerksteilen. Diss. (B) TU Dresden 1986
[21] Haussier, W.: Das Mollier-ix-Diagramm für feuchte Luft und seine technischen Anwendungen. Dresden und Leipzig: Verlag v. Theodor Steinkopff, 1960
[22] Hillmann, G.; Nagel, J.; Schreck, H: Klimagerechte und energiesparende Architektur. Karlsruhe: C. F. Müller, 1981
[23] Hinzpeter, H: Studie zum Strahlungsklima von Potsdam. Veröff. d. meteorol. u. hydrol. Dienstes d. DDR Nr. 10(1953) [24] Humboldt, A. v.: Fragments des Climatologie et de Geologie asiatiques. I.II Paris 1831
[25] Lat, Kyaw: Einfluss des feucht-tropischen Klimas auf Gebäudeabstände, Geschossflächen und Wohndichten im Massenwohnungsbau. Diss. TU Dresden, 1974
[26] Lippsmeier, G.: Tropenbau. München: Callwey Verlag, 1969
[27] Olgay, V.; Olgay, A.: Design with climate. Princeton, N.J.: Princeton University Press, 1963
[28] Petzold, K: Raumlufttemperatur. 2. Aufl. Berlin: Verlag Technik, 1983, und Wiesbaden: Bauverlag, 1983 [29] Petzold, K: Wärmelast. 2. Aufl. Berlin: Verlag Technik, 1980
[30] Petzold, K: Raumklimaforderungen und Belastungen; Thermische Bemessung der Gebäude; Lüftung und Klimatisierung. Abschn. 5.4 bis 5.6 in H.-J. Papke (Hrsg.): Handbuch der Industrieprojektierung. 2. Aufl. Berlin: Verlag Technik, 1983
[31] Petzold, K.: Zu einigen bauklimatischen Fragestellungen bei Wiederaufbau der Frauenkirche in Dresden. 9. Bauklimatisches Symposium der TU Dresden (1994), Tagungsbeiträge Bd. 2, S. 504
[32] Petzold, K; Martin, R.: Die Wechselwirkung zwischen der Außenwand und einem sich frei einstellenden Raumklima. Dresdner Bauklimatische Hefte, Heft 2. Dresden: Verlag der Technischen Universität, 1996
[33] Richter, W.: Lüftung im Wohnungsbau. Berlin: Verlag Bauwesen, 1983
[34] Rietschel, H; Raiß, W.: Lehrbuch der Heiz- und Lüftungstechnik. 15. Aufl. Berlin/Göttingen/Heidelberg: Springer-Verlag, 1968
[35] Saini, B.S.: Architecture in Tropical Australia. Paper Nr. 6 Architectural Association. London: Lund Humphries Ltd., 1970
[36] Schulze, R.: Strahlenklima der Erde. Darmstadt: Dr. Dietrich Steinkopff Verlag, 1970
[37] Tropanpetra, Pandean: Klimaangepasster Wohnungsbau in Indonesien. Diss. Universität Hannover, 1983
[38] Vifruv: Zehn Bücher über Architektur (Übers, v. C. Fensterbusch) Berlin: Akademie-Verlag, 1964

C) Normen

[39] DIN 1946 Raumlufttechnik (VDI-Lüftungsregeln), Teil 2: Gesundheitstechnische Anforderungen. Entw. Aug. 1991; Teil 6: Lüftung von Wohnungen. Ausg. November 1989
[40] DIN 4108 Wärmeschutz im Hochbau. Ausg. August 1981
[41] DIN 4701 Regeln für die Berechnung des Wärmebedarfs von Gebäuden. Ausg. März 1983

[42] DIN 4710 Meteorologische Daten. Ausg. November 1982
[43] DIN ISO 7730 Gemäßigtes Umgebungsklima. Entw. Oktober 1987
[44] DIN 50019 Technoklimate. Klimate und ihre technische Anwendung. Ausg. November 1979

Literatur

[1] Humboldt, A. v.: Fragments des Climatologie et de Geologie asiatiques I, II Paris 1831
[2] Petzold, K. Raumlufttemperaturen, 2. Auflage, Berlin, Verlag Technik, 1983 und Wiesbaden : Bauverlag, 1983
[3] Petzold, K. Wärmelast, 2. Auflage, Berlin, Verlag Technik, 1980
[4] Blümel, K. et. al. Die Entwicklung von Testreferenzjahren (TRY) für Klimagebiete der Bundesrepublik Deutschland, BMFT-Bericht TB-T-86-051, 1986
[5] Häupl, P. et. al. Entwicklung leistungsfähiger Wärmedämmsysteme mit wirksamen physikalischem Feuchteschutz, Forschungsbericht für das BMWT (Nr. 0329 663 B/0), TU Dresden, 2003
[6] Lufttechnische Arbeitsmappe Institut für Luft- und Kältetechnik Dresden, 1976
[7] Züricher, C, Frank, Th. Bauphysik, Bau und Energie, Stuttgart: B. G. Teubner und Zürich: Hochschulverlag, 1997
[8] DIN 4108 Wärmeschutz und Energieeinsparung in Gebäuden Teil 6: Berechnung des Jahresheizwärme- und Jahresheizenergiebedarfes, Berlin, Beufh Verlag GmbH, 2000
[9] Probst, R. Modellierung der kleinräumigen saisonalen Variabilität der Energiebilanz des Einzugsgebietes Spissibach mittels eines geografischen Informationssystems, Universität Bern, 2000
[10] Angström, A. K. Solar and terrestrial radiation, Quarterly Journal of the Royal Meteorological Society 50, 121-125, 1924
[11] Eisner, N., Dittmann, A. Grundlagen der technischen Thermodynamik, Berlin, Akademie Verlag, 1993
[12] Meterologischer Dienst der DDR-Handbuch für die Praxis, Reihe 3,Band 14, Klimatologische Normalwerte 1951 bis 1980, Potsdam,1987
[13] DIN 4108: Wärmeschutz und Energieeinsparung in Gebäuden Teil 3: Feuchtigkeitsschutz, Berlin, Beuth Verlag GmbH, 2001
[14] Häupl, P., Fechner, H., Stopp, H. Study of Driving Rain, Feuchtetag 1995, Tagungsband 3. 81-93, BAM Berlin, 1995
[15] Blocken, B. Wind-Driven Rain on buildings, Ph. D. thesis, KU Leuven, 2004
[16] Deutscher Wetterdienst, Testreferenzjahre für Deutschland für mittlere und extreme Witterungsverhältnisse TRY,Offenbach, Eigenverlag Deutscher Wetterdienst 2004
[17] Böer, W. Technische Meteorologie, Leipzig, B. G. Teubner, 1964
[18] DIN EN ISO 7730 Gemäßigtes Umgebungsklima,Berlin, Beuth Verlag GmbH, 1987
[19] Rietschel, H., Raiß, W. Lehrbuch der Heiz- und Lüftungstechnik, Berlin, Göttingen, Heidelberg, Springer-Verlag, 1968

[20] DIN 1946, Raumlufttechnik Teil 2:Gesundheitstechnische Anforderungen, Berlin, Beuth Verlag GmbH, 1994

[21] Fanger P.O. Thermal Comfort - Analysis and Applications in Environmental Engineering, Kopenhagen, Danish Technical Press, 1970

[22] DIN 1946, Raumlufttechnik Teil 2: Gesundheitstechnische Anforderungen, Berlin, Beuth Verlag GmbH, 1991

[23] Recknagel, H., Sprenger, E., Schramek, E. R. Taschenbuch für Heizung und Klimatechnik, München, R. Oldenbourg-Verlag, 2001

[24] Keller, B., Magyari, E., Tian, Y. Klimatisch angepasstes Bauen : Eine allgemeingültige Methode, 11. Bauklimatisches Symposium, Tagungsband 1, S. 113-125, Dresden, TU-Verlag, 2002

[25] Petzold, K., Hahn, H. Ein allgemeines Verfahren zur Berechnung des sommerlichen Wärmeschutzes frei klimatisierter Räume, Berlin, Luft- und Kältetechnik 24 (1986), S. 146-154

[26] Häupl, P. Ein einfaches Nachweisverfahren für den sommerlichen Wärmeschutz, wksb, Heft 37 (1996), S. 12-15, Wiesbaden, Zeittechnik Verlag GmbH

[27] Häupl, P. Praktische Ermittlung des Tagesganges der sommerlichen Raumtemperatur zur Validierung der EN ISO 13792, wksb, Heft 45 (2000), S. 17-23, Wiesbaden, Zeittechnik Verlag GmbH

[28] DIN EN ISO 13792 Wärmetechnisches Verhalten von Gebäuden - sommerliche Raumtemperaturen bei Gebäuden ohne Anlagentechnik - Allgemeine Kriterien für vereinfachte Berechnungsverfahren, Berlin, Beuth-Verlag 1997

[29] Häupl, P., Stopp, H. Feuchtetransport in Baustoffen und Bauteilen, TU Dresden, Diss. B. 1986

[30] Grunewald, J. Diffuser und konvektiver Stoff- und Energietransport in kapillarporösen Baustoffen, TU Dresden, Diss. 1997

[31] Künzel,H. M. Verfahren zur ein- und zweidimensionalen Berechnung des gekoppelten Wärme- und Feuchtetransportes in Bauteilen mit einfachen Kennwerten, Stuttgart, Diss. 1994

[32] Grunewald, J., Häupl, P. Gekoppelter Feuchte-, Luft-, Salz- und Wärmetransport in porösen Baustoffen, In: Bauphysikkalender 2003, S. 377-435, Berlin, Ernst & Sohn Verlag für Architektur und technische Wissenschaften GmbH, 2003

[33] JISA 1470-1: 2002 Test method of adsorption/desorption efficiency for building materials to regulate an indoor humidity -Part 1: Response method of humidity, Japanese Standards Association, 2002

[34] Neufassung der Energieeinsparverordnung Bundesgesetzblatt Jahrgang 2004, Teil 1 Nr. 64, Bonn, 2004

[35] Roloff, J. Zur Definition von Windschutzanlagen für Gebäude, TU Dresden, Schriftenreihe der Sektion Architektur (1988) 28, S. 146-154

[36] Richter, W. Lüftung im Wohnungsbau, Berlin, Verlag für Bauwesen, 1983

[37] Petzold, K. Raumklimaforderungen und Belastungen, thermische Bemessung der Gebäude, Lüftung und Klimatisierung, Handbuch der Industrieprojektierung, Abschn. 5.4 bis 5.6, Berlin, Verlag Technik, 1983

[38] Dietze, L. Freie Lüftung von Industriegebäuden, Berlin, Verlag für Bauwesen, 1987
[39] Angus, T. C. The Control of Indoor Climate, Oxford, Pergamon Press Ltd. 1968
[40] Hardenberg, J. v. Entwerfen natürlich klimatisierter Häuser für heiße Klimazonen am Beispiel des Iran, Düsseldorf, Werner-Verlag GmbH, 1980
[41] Hillmann, G, Nagel, J., Schreck, H. Klimagerechte und energiesparende Architektur, Karlsruhe, C. F. Müller, 1981
[42] Ferstl, K. Traditionelle Bauweisen und deren Bedeutung für die klimagerechte Gestaltung moderner Bauten, Schriftenreihe der Sektion Architektur, 16, S. 59-69 TU Dresden, 1980
[43] Gertis, K. (Hrsg.) Gebaute Bauphysik, Stuttgart, Fraunhofer IRB Verlag, 1998
[44] Halbouni, G Untersuchungen zur Entwicklung im trocken-heißen Klima - dargestellt am Beispiel Damaskus,TU Dresden, Diss. 1978
[45] Egli, E. Die neue Stadt in Landschaft und Klima, Erlenbach, Zürich, Verlag f. Architektur, 1981
[46] Lat, K. Einfluss des feucht-tropischen Klimas auf Gebäudeabstände, Geschossflächen und Wohndichten im Massenwohnungsbau,TU Dresden, Diss. 1974
[47] Tropanpetra, P. Klimaangepasster Wohnungsbau in Indonesien, Universität Hannover, Diss. 1983

Sachwortverzeichnis

A

Abdichtung 463
Absorption 117, 520
Absorptionsgrad 517
A-Schallpegel 10
Auftrieb
    – thermischer 745
Außenklima 636
Außenlärm 89
Außenlärmpegel
    – maßgeblicher 90
Außenlufttemperatur 637, 643
Außenreflexionsanteil 548
Austrocknungsvorgang 433

B

Bauakustik 8
Bauen
    – klimagerechtes 750
Baufeuchte 485
Bauregelliste 221
Beanspruchung
    – hygrische 436
Befeuchtungsvorgang 433
Beleuchtungsstärke 517, 518
Belichtung 517
Bergersches Massengesetz 40
Berliner Zimmer 499
Besonnung 550
Betonbauwerk
    – wasserundurchlässiges 465
Blendung 510

C

Carrier-Diagramm 347

D

Dachdeckung 468
Dampfbremse 482
Dampfsperre 482
Diffusionswiderstandszahl 369

E

Effusion 366
Elektrokinese 394
Endenergie 318, 319
Energieausweis 332
Energiebedarf 277
Energiebedarfsausweis 309
Energiebedarfsnachweis 323
    – nach EnEV 2007 325
Energiebilanzierung 317
Energieeffizienz
    – gesamte 316
Energieeinsparverordnung 274, 299
Energieflussdiagramm 275
Energieverbrauch 277

B (Brand)

Brand 563
Brandabschnitt 629
Brandbeanspruchung 603, 620
Branddauer
    – äquivalente 575
Brandnebenwirkung 623
Brandverhalten 603
Brandverlauf 572

EnEV 274
EnEV 2002 299
 – für den Altbau 309
EnEV 2007 .... 322, 332
Enthalpie 691
Estrich 443

F

Fensterhöhe 498
Fensterlüftung 145, 747
Feuchte 337
Feuchteschutz
 – bautechnischer 452
Feuchtespeicherung 341, 353
Feuchtetransport 365
 – instationärer 427
 – stationärer 401
Feuchteübergang 396
Flammenimpulsmelder 625
Flanken-Schalldämm-Maß 57
Flüssigkeitsleitkoeffizient 376
Fourier-Gleichung 122
Frequenz 5
Frequenzbewertungskurve 10
Frühbekämpfungsmaßnahme 626
Früherkennungsanlage 625
Frühmeldeanlage 625
Fugenlüftung 744

G

Gas
 – korrosives 624
 – toxisches 623
Gebäude-Wärmebedarf 280
Geräusch 5
Gesamt-Energieeffizienz 316

Gesamtschallpegel 9
Glas
 – lichtlenkendes 513
 – lichtstreuendes 513
Glaser-Verfahren 404
Glasreinigung 514
Gleichgewichtsfeuchte 354
Grenzfrequenz 40
Grenzradius 21

H

Hallradius 21
Handfeuerlöscher 626
Heizung 296
Heizwärmebedarf 276, 319
Helligkeitswahrnehmung 524
Helmholtzresonator 7
Himmelslichtanteil 548
Hochtemperatureigenschaft 576
Hörschwelle 5

I

Innenreflexionsanteil 538, 549
Installation 627
Ionisations-Brandmelder 625

J

Jahresverfahren
 – vereinfachtes 304

K

Klang 5
Klima 635
Klimatisierung 698, 726
Kohlendioxid-Emission 335
Körperschall 4

Körperschallisolierung 78
Körperschallübertragung 57

L

Lautstärke 9
Lautstärkeempfinden 9
Leuchtdichte 517, 518
Licht 489
Lichtminderung 537
Lichtminderungsfaktor 533
Lichtstärke 516, 517
Lichtstrom 516, 517
Lokalklima 681
Lösungsdiffusion 367
Luftfeuchtigkeit 664
Luftschall 4
Luftschalldämmung 12, 39, 55, 64
Luftschallübertragung 58
Luftschallverbesserungsmaß 58, 60
Lüftung 741
Lüftungsleitung 627
Lüftungswärmeverlust 147

M

Mesoklima 681
Messung
 – tageslichttechnische 559
Mindestwärmedurchlasswiderstand 194
Mindest-Wärmeschutz
 – hygienischer 256
Mittelungspegel 11
Monatsbilanzverfahren 303

N

Nachhallzeit 22
Nicht-Wohngebäude 325
Niederschlag 665
Norm-Trittschallpegel 15

O

Oberflächentemperatur 182
Oberlicht 504
Oberlichtanordnung 506
Oberlichtausbildung 552
Oberlichtöffnung 504

P

phon 9
Präzisionsschallpegelmesser 11
Primärenergie 318

Q

Quellen 436

R

Rauchabzuganlage 626
Rauchabzugöffnung 626
Rauchmelder 625
Raumakustik 20
Raumbeleuchtung 493
Raumdurchlüftung 388
Raumhöhe 498
Raumklima 683
Raumluftfeuchte 687, 735, 739
Raumlufttemperatur 480
Raumlüftung 146
Raumtemperatur 683
Raumwinkel 517
Reflexion 117, 520

Reflexionsgrad 517
Regenstromdichte 665
Rettungsweg 626

S

Schall 1
Schallabsorber 25
Schallabsorptionsfläche 20
Schallabsorptionsgrad 20
Schallbrücke 49
Schalldruck 4
Schalldruckpegel 8
Schallfeld 21
Schallgeschwindigkeit 6
Schallintensität 6
Schallintensitätspegel 9
Schalllängsleitung 42
Schallleistung 6
Schallleistungspegel 9
Schallpegel
   – bewerteter 10
Schallschnelle 6
Schallschnellepegel 9
Schallschutz 30
   – in Skelettbauten 98
   – städtebaulicher 101
Schallwelle 4
Schattenwurf 556
Schimmelbildung 348
Schimmelpilz 182
Schlagregen 473
Schlagregenbelastung 383
Schlagregenstromdichte 669
Schmerzgrenze 5
Schnellepegeldifferenz 57
Schwinden 436

Seitenlichtöffnung 496
Sommerkondensation 421
Sonnenschutz 552
Sonnenschutzmaßnahme 267, 557
Sonnenstrahlung 167
Sonnenwärmeeinstrahlung 553, 556
Spiegelung 514
Sprinkleranlage 626
Spritzwasser 473
Spuranpassungseffekt 40
Staubablagerung 184
Stoffübergangskoeffizient 396
Stoßstellendämm-Maß 60
Strahlungsgesetz 116
Strahlungsminderung 537
Strahlungswärmestromdichte 650

T

Tagesbeleuchtung 516
Tageslicht 493, 496, 502, 504
Tageslicht-„Technik" 515
Tageslichtquotient
   – Ermittlung 528
   – Richtwert 526
Taupunkttemperatur 693
Tauwasserbildung 416
Tauwasserschutz 478, 483
Temperatur 111
Temperaturleitfähigkeit 581, 589
Temperaturverteilung 581, 589
Testreferenzjahr 678
Transmission 117, 520
Transmissionsgrad 517
Transmissionswärmeverlust 166
Trittschall 4
Trittschalldämmung 12, 15, 62, 65

Sachwortverzeichnis

Trittschallminderung 16
Trittschallschutzmaß 17
Trittschall-Verbesserungsmaß 17

V
Verglasung 512

W
Wärme 107
Wärmeabzuganlage 626
Wärmebedarf 277
Wärmebewegung 122
– instationäre 139
Wärmebrücke 180, 185
Wärmebrückenkatalog 191
Wärmebrückenproblem 182
Wärmedämmstoff 133
Wärme-Differentialmelder 625
Wärmedurchgangskoeffizient 126, 254
Wärmedurchgangswiderstand 126
Wärmedurchlasswiderstand 123, 135
Wärmekapazität
– spezifische 580
Wärmelehre 109
Wärmeleistung 277
Wärmeleitfähigkeit . 128, 133, 215, 580, 595
Wärmeleitung 113
Wärmemelder 625
Wärmeschutz 148
– baulicher 215

– energiesparender 274
Wärmestrahlung 115
Wärmestrahlungsbelastung 646
Wärmetransport 112
Wärmeübergang 114
Wärmeübergangskoeffizient 243
Wärmeübergangswiderstand 126, 242
Wärmeverlust 182
– Lüftung 289
– Transmission 281
Wärmeverlustwert 195
Warmwasserbedarf 295
Wasseraufnahmekoeffizient 379
Wasserdampfdruck 661
Wasserdampfdruckschwankung 736
Wasserdampf-Flankenübertragung 421
Wasserdampfgehalt 691
Wasserdampfpartialdruck 736
Wasserdampfproduktion 146, 479
Wasserdampfsättigungsdruck 661
Wasserdampfspeicherung 429
Wassergehalt
– hygroskopischer 358
Wasserverdunstung 400
Wellenlänge 6, 517
Wind 665
Windbelastung 741
Windgeschwindigkeit 666
Windrichtung 666

Energie sparen, bewerten und erzeugen

Laasch, Thomas / Laasch, Erhard
Haustechnik
Grundlagen - Planung - Ausführung
12., überarb. und akt. Aufl. 2008. ca. XVIV, 880 S. mit 876 Abb. u. 231 Tab.
Geb. ca. EUR 59,90 ISBN 978-3-8351-0181-4

Haustechnische Räume - Trinkwasserversorgung - Entwässerung - Schallschutz - Gasversorgung - Elektrische Anlagen - Blitzschutz - Wärmeversorgung - Einzelheizungen - Zentralheizungen - Lüftungsanlagen - Warmwasserbereitung - Hausabfallentsorgung - Aufzugsanlagen

Weglage, Andreas / Gramlich, Thomas / Pauls, Bernd / Pauls, Stefan / Schmelich, Ralf / Pawliczek, Iris
Energieausweis - Das große Kompendium
Grundlagen - Erstellung - Haftung
2., aktual. Aufl. 2008. ca. XII, 500 S. Geb. ca. EUR 49,90
ISBN 978-3-8348-0443-3

Der Energieausweis: Rechtliche und geschichtliche Entwicklung, formale Darstellung - Praktische Erstellung des Energieausweises - Berechnungsbeispiel - Baukonstruktive Grundlagen, Wärmeumfassende Gebäudehüllflächen - Gebäudetechnik - Bauwerkskenndaten und Typologien - Qualitätssicherung - Rechtliche Grundlagen - Anhang: Tabellen zur Gebäudetypologie, Bauteiltypologie und Klimadaten, Übersicht relevanter Größen und Symbole, Lexikon wichtiger Begriffe des energiesparenden Bauens, Gesetzestexte

Konrad, Frank
Planung von Photovoltaik-Anlagen
Grundlagen und Projektierung
2007. VIII, 158 S. mit 51 Abb. u. 16 Tab. Br. EUR 24,90
ISBN 978-3-8348-0106-7

Grundlagen - Förderungen - Investition - Bauliche Anforderungen - Wirtschaftlichkeit - Musterverträge

VIEWEG+TEUBNER

Abraham-Lincoln-Straße 46
65189 Wiesbaden
Fax 0611.7878-400
www.viewegteubner.de

Stand Januar 2008.
Änderungen vorbehalten.
Erhältlich im Buchhandel oder im Verlag.